CHEMISTRY *for* ENVIRONMENTAL ENGINEERING *and* SCIENCE *fifth edition*

환경화학

김덕찬 · 배재호 · 문경환 공역

CLAIR N.
SAWYER

PERRY L.
McCARTY

GENE F.
PARKIN

Mc Graw Hill
도서출판 동화기술

Chemistry for Environmental Engineering and Science, 5th Edition

10 DH 20 22

Original: Chemistry for Environmental Engineering and Science, 5th Edition © 2002
By Clair Sawyer, Perry McCarty, Gene Parkin
ISBN 978-0-07-248066-5

This authorized Korean translation edition is published by Dong Hwa Technology Publishing Co. in arrangement with McGraw-Hill Education Korea, Ltd. This edition is authorized for sale in the Republic of Korea.

This book is exclusively distributed by Dong Hwa Technology Publishing.

When ordering this title, please use ISBN 978-89-425-1755-8

Printed in Korea

저자서문

환경공학 교육은 대체로 대학원 과정에서 이루어지고 있으며, 지금까지 학생들은 주로 토목공학과 출신들이었다. 일반적으로 토목공학의 교육과정에서는 학생들에게 화학과 생물학을 충분히 가르치지 않고 있다. 환경공학자에게는 이러한 분야의 지식이 필수적이므로, 대학원 교과과정은 부족한 지식을 보충할 수 있도록 구성되어야 한다. 근래에는 다른 이·공학 분야를 전공한 학생들도 이 분야에 진출하고 있다. 이들중 일부는 토목공학과 출신 학생들과 마찬가지로 화학과 생물학에 관한 지식이 부족하기 때문에 중요한 일반개념들을 접할 필요가 있다.

현재 미국에서는 토목공학과 학부과정에서 환경공학의 특별과정이나 학위과정을 도입하고 있는 추세이다. 이와 같은 학생들에게도 화학이나 미생물학의 중요한 개념에 대한 이해가 매우 필요하다.

이 책은 학부과정에서 1년 정도 화학을 배운 환경공학도들의 첫 화학과목의 교재로 쓰기 위해 만든 것이다. 환경공학자에게는 화학에 대한 폭넓은 기초지식이 요구되므로, 이 책에서는 이 점을 고려하여 여러 화학분야의 주요사항들을 요약, 설명하여 학생들의 사고방향을 이끌어 주고, 전문연구분야를 선택할 때 도움이 되게 하며, 나아가 앞으로의 연구에서 얻게 될 개념을 더욱 훌륭하게 발전시키는 데 도움이 되도록 하였다.

이 책의 목적은 두가지 이다. 첫째는 환경공학 실무에서 각별히 중요한 화학적 측면을 중점적으로 설명하는 것이며, 둘째는 일반적으로 물 및 폐수의 분석과 관련된 특정한 정량분석화학 분야에 대한 이해의 바탕을 마련하여 학생들에게 환경공학 실무 및 연구의 모든 면에 대한 기초를 제공하는 것이다.

환경공학자들을 위한 교과과정에서 중점 과목들에는 상당한 변화가 계속되고 있다. 즉 지표수, 지하수 처리과정에서 용수 및 폐수의 수질, 그리고 대기질에 변화를 일으키는 화학현상에 대한 기본적인 이해가 더욱 강조되고 있는 추세이다. 이와 같은 화학현상에 대한 이해는 유해폐기물에 의한 오염, 독성물질의 방출에 의한 대기오염, 핵폐기물의 처분, 오존층 파괴, 그리고 기후변화 등의 복잡한 문제를 해결하려는 공학도에게 매우 필요한 사항이다.

이 책은 두 부분으로 구성되어 있다. 제 I 편에서는 환경공학자들을 위한 화학의 기초개념들만을 다루었다. 여기에는 일반화학, 물리화학, 화학평형, 생화학, 콜로이드화학,

핵화학 등이 포함되었으며, 모두 환경공학에의 응용을 강조하였다. 이번 개정판에서는 일반화학, 물리화학, 그리고 평형화학 부분을 개정하였고, 새로운 예제와 연습문제들을 추가하였으며, 고체-액체 경계면에서의 화학에 대한 내용도 언급하였다. 유기화학 부분에서는 염화 유기용매 등 환경적으로 중요한 유기화합물에 대하여 강조하였으며, 유기화합물의 환경 및 공학 시스템내에서의 거동과 유기화합물의 구조-활성 관계에 대한 내용이 첨가되었다. 생화학 부분도 수정되었으며 특히 생물학적 분해, 새로운 생분해 경로, 분자생물학, 그리고 유전자공학의 내용이 첨가되었다. 콜로이드 및 핵화학을 다루는 장에도 새로운 내용을 수록하였다. 이와 같이 수정된 내용은 환경화학의 원리를 강의하는 데 보다 적적할 것으로 생각된다.

제 Ⅱ 편은 분석 측정법에 대하여 다루고 있다. 그리고 분석자료의 통계적 처리기법에 대한 내용이 추가되었다. 모든 분석과정에는 오류가 발생될 수 있으며 이러한 오류로 인한 불확도를 평가하기 위한 방법을 가르칠 필요성이 있다. 그러므로 이 장에서는 분석자료를 이용하여 중요한 결정을 하게 될 분석화학자나 관련부처, 환경분야 전문가들을 위해 측정결과의 불확도를 평가하고 기술하는 방법에 대하여 설명하였다.

다음 몇몇 장에서는 정량분석, 정성분석 및 기기분석에 관한 일반적인 설명을 담았으며, 이 내용들은 환경공학자들에게 특히 중요한 물 및 폐수의 분석법들을 다룬 뒷 장들을 위한 기본지식으로 활용할 수 있다. 분석법에 관련된 장들에서는 각 분석법에 관련된 기초화학을 강조하였으며 환경공학 실무에서 각 항목의 중요성에 대하여 지적하였다. 따라서 분석법에 관련된 장들은 American Public Health Association에서 출판된 "Standard Methods for the Examination of Water and Wastewater" 또는 American Public Health Association, American Water Works Association, 그리고 Water Environment Federation에서 공동 출판된 요약본인 "Standard Methods for the Examination of Water and Wastewater"의 각 분석 측정법에 대한 상세한 내용을 수록하고 있으므로 이들 책과 함께 이용하면 수질분석 실험과목과 병행하는 강좌의 교재로 매우 유용할 것이다. 마지막 장은 앞장에서 기술된 기기분석에 의한 미량오염물질의 측정방법을 설명하고 있으며, 미량오염물질에 대한 U.S. EPA나 WHO의 음용수 수질기준이나 권고치가 수록되어 있다. 제 Ⅱ 편은 환경화학에서 실험을 수행하는 데 있어서 강의자료로 가장 중요한 분야라고 생각한다. 이 책 4판 이후 "Standard Method"의 개정 내용은 본 개정판에 수정하여 기록하였다.

대부분 장의 끝에는 연습문제를 실어 중요한 개념들을 강조하고 강의의 효과를 높이도록 하였다. 또한 학생들이 원리를 쉽게 이해하도록 예제를 실었다. 화학의 기초개념을 강조한 제 I 편에서는 학생들이 중심적인 원리를 이해하고 있는지 스스로 판단할 수 있도록 많은 문제들에 해답을 달아 놓았다. 교재의 요건을 갖추기 위해서 전반적으로 내용을 간결하게 쓸 수밖에 없었다. 이것이 너무 지나치다고 생각하는 독자들에게는 관용을 바라며, 이런 분들은 권위있는 관련서적들을 통해 더 깊이 있는 설명을 참조하기 바란다. 각 장의 마지막에 특히 중요한 참고문헌들을 수록하였다.

이 책을 출판하는 데 있어서 일부에 오류가 있는 것은 피할 수 없는 일이므로 이 점 사과드린다. 다행스럽게도 제5판에서는 출판사인 McGraw-Hill에서 웹사이트를 통해 학생이나 교수들에게 무료로 정오표를 download 할 수 있도록 하고 있다. 연습문제에 대한 해답집 또한 이 웹사이트에서 교수들에 한해 download 할 수 있도록 하고 있다. 추가적인 연습문제나 풀이해답들이 이 웹사이트를 통해 제공되기를 희망한다. 웹사이트의 주소는 http://www.mhhe.com/sawyer 이다. 교재에서 오류가 발견될 경우에도 웹사이트를 통해 즉각적으로 알려주면 감사하겠으며, e-mail주소는 웹사이트의 정오표 부분에 수록되어 있다. 이 책을 저술하는 데 있어 세심한 조언과 폭넓은 도움을 아끼지 않으신 Iowa 대학의 동료 Michelle Scherer와 Pedro Alvarez, Keri Hornbuckle, Craig Just, Jerry Schnoor, Richard Valentine에게 특별한 감사를 드린다. 또한 Washington대학의 Mark Benjamin, Pennsylvania 주립대학의 William Burgos, Clemson 대학의 Cindy Lee, Texas Austin 대학의 Howard Liljestrand, Louisiana 주립대학의 John Pardue, Central Florida 대학의 Andrew Randall과 이 책에 대해 많은 논평과 추천을 해 준 많은 독자들에게도 깊은 감사를 표하고 싶다. 이 개정판을 준비하는 데 있어 보내준 사려 깊고 세심한 많은 조언들에 감사드리며 교수나 학생들에게 유익한 교재가 되기를 희망한다.

Perry L. McCarty
Gene F. Parkin

역자서문

이 책은 환경공학자 및 환경과학자에게 필요한 화학 여러 분야의 기초지식을 충실하게 공부할 수 있도록 구성된 훌륭한 교과서인 C. N. Sawer, P. L. McCarty와 G. F. Parkin 교수의 "Chemistry for Environmental Engineering and Science" 5판의 번역서이다. 이 책은 수질 오염, 대기오염, 폐기물 처리, 유해물질 관리, 환경생태학, 환경 미생물학 등에 필요한 기초 지식을 담고 있으므로 이들 분야를 공부할 때 참고서로도 유용하게 사용될 것으로 판단된다.

지난 4판 번역본에서는 역자들의 역량 부족으로 인하여 많은 오류 및 오역이 있었음을 시인하고, 이 같은 실수가 이번 개정판에서는 다시 반복되지 않기를 바랄 뿐이다. 그러나 아직도 많은 부분에서 잘못된 점이 있을 것이므로 이를 지적해 주시면 수정하여 더 좋은 책이 될 수 있도록 노력하겠다. 지적 및 토의 사항은 다음에 수록된 역자들의 전자메일로 보내주시기 바란다: 김덕찬, dckim@uos.ac.kr, 배재호, jhb@inha.ac.kr, 문경환, moon@korhealth.ac.kr

본 역서에서 용어의 번역은 가급적 환경공학에서 사용하는 일반적인 용어를 사용하고, 일반적으로 사용되지 않는 용어는 영문과 같이 표현하였다. 그러나 아직 환경공학 한글 용어 표기법이 미비한 실정이어서 본 역서의 일부 용어에 어색한 점이 있을 것이다. 특히 화합물의 명명법은 대한화학회에서 제정 발표한 체제를 따랐으므로 다소 생소하게 느껴질 수도 있을 것이다.

이 책이 환경공학 및 과학자들의 화학의 이해에 도움이 되기를 바라며, 본 역서를 펴낼 수 있게 하여 주신 도서출판 동화기술의 여러 분께 감사드린다.

CONTENTS

CHAPTER 29

황산염 723

CHAPTER 30

인과 인산염 731

CHAPTER 31

기름과 그리스 738

CHAPTER 32

휘발성 산 744

CHAPTER 33

가스의 분석 755

CHAPTER 34

미량 오염물질 764

PART 1

환경공학을 위한 기초화학

CHAPTER 1

서 론

환경공학 및 과학은 산업발전, 자원의 이용, 그리고 인구의 도시집중으로 인한 인간의 건강 및 환경문제를 다루기 위하여 지난 세기 동안 전문적인 직업으로 발전하여 왔다. 지난 2세기 동안 음용수의 생물학적 및 화학적 오염, 강물의 오염, 그리고 대기와 토양의 심각한 오염이 발생하였다. 이 같은 문제를 해결하기 위하여 환경공학자는 인간의 건강 및 생태학적 문제를 해결하기 위하여 필요한 화학, 물리, 그리고 생물학적 새로운 원리를 배우기 위하여 과학자들과 밀접한 공동연구를 수행하여 왔다.

오랫동안 환경공학의 주 관심사는 안전한 음용수의 공급과 분뇨의 위생적 처분이었다. 과학 및 공학적 원리를 적용하여 소화기 계통 전염병의 확산 방지에 성공하게 되면서 예방의학이란 새로운 개념이 생겨나게 되었던 것이다. 인구의 증가와 그에 따른 산업활동의 증대, 에너지 및 자동차 사용의 증가와 더불어 새로운 기술에 의한 신종산업이 출현하여 기존 문제들은 더욱 심화되었고 상수도, 폐기물 처리, 대기오염 및 지구환경변화 등의 분야에 새로운 문제들이 나타나게 되었다. 이와 같은 문제의 대부분은 환경 공학 및 과학자의 도전을 필요로 하는 것들이다.

다년간에 걸쳐 기존 환경문제들이 심각해지고 새로운 문제들이 제기되면서 환경보호의 철학이 근본적으로 변화되었다. 환경공학 본래의 주 목적은 위생적으로 안전한 수돗물을 공급하고 비위생적인 상태를 방지하기 위하여 폐기물을 처분하는 것이었다. 그러나 미학, 경제학, 레크리에이션 및 생활수준 향상과 관련된 많은 요소들은 중요해졌으며, 이는 현대 환경공학 및 과학자들이 짊어질 새로운 책임분야가 되었다. 오늘날 주요한 환경오염 문제는 용수 및 하수의 처리, 지표수 및 지하수 오염, 유해폐기물 관리, 핵폐기물 관리, 산성비, 독성 대기오염물질, 오존층 파괴, 지구기후변화 등을 들 수 있다. 이와 같은 문제들을 이해하고 문제점을 해결 또는 최소화시킬 수 있는 방안을 개발하기 위하여 화학에 대한 기본적인 이해가 필수적이다.

| 1.1 | 물

물은 생명 유지에 필요한 물질의 하나이며, 오랫동안 인간에게 각종의 질병을 일으키는 원천이라고도 생각되어 왔다. 물을 매개체로 질병이 전염된다는 사실이 증명된 것은 약 150년 전으로, 그 이후 위생적으로 안전하고 적합한 물의 공급에 관심을 기울이게 되었다. 그러나 지표수 및 지하수와 같은 원수는 산업 및 농업활동의 증가로 인하여 점차 오염되어 왔다. 시간이 경과함에 따라 상수공급에 대한 기준은 더욱 엄격해져서 현대의 수질공학자들은 색, 탁도, 맛, 냄새, 질산이온, 유해한 금속이온 및 농약, 유기염소 용매 등의 각종 유기화학물질들이 포함되지 않은 깨끗한 물을 만들도록 요구받고 있다. 화학물질들 중에는 암, 출산장애, 내분비계 교란과 심장병 등 건강문제와 관련된 것들도 있다. 현재 85종 이상의 화학물질들이 미국 환경청(U. S. EPA)의 음용 수질기준으로 설정되어 있으며, 세계보건기구(WHO)는 음용수 수질기준 권고치에 100여개의 화학물질을 열거하고 있다. 또한 이 밖에 공공급수에는 경도(hardness)와 총 고형물의 함량이 낮으며, 부식성이 없고, 물때(scale)를 생성하지 않는 물이 요구된다. 이와 같이 물을 공급하기 위해서는 화학자, 생물학자 및 공학자들이 일체가 되어 지혜를 모아 노력하지 않으면 안 된다. 화학자는 콜로이드화학, 물리화학 및 유기화학의 지식을 이용하여 색, 탁도, 유해한 금속이온 및 유기물의 제거 부식과 물때의 생성 방지에 관련된 문제들은 해결하는 데 큰 역할을 할 수 있다. 또한 생물학자는 수중 생물로부터 생겨난 맛과 냄새문제를 해결하는 데 커다란 역할을 할 수 있다. 따라서 전문분야에 관계없이 이러한 문제의 해결을 위하여 협력하며 노력하는 여러 분야의 사람들은 모두 진정한 의미에서의 환경공학자들이다.

물 수요는 인구 증가와 더불어 증대해 가고 있으며, 생활수준이 향상되면서 더욱 급격히 증대되고 있다. 이와 같은 두 가지 요인으로 인하여 물 공급이 점점 더 큰 어려움을 겪게 되었다. 상수 원수의 수질이 좋지 않거나 오염되었을 경우에는 수질기준에 맞도록 정수처리를 해서 사용하여야 한다. 이와 같은 상황은 인구증가와 산업의 성장이 계속되는 한 지속될 것이며, 그 복잡성도 더욱 심해질 것으로 예상된다. 수자원이 부족한 지역에서는 인구 1인당 용수 사용량 및 산업 용수의 심각한 부족을 어느 정도라도 보충하기 위해 처리된 폐수를 다시 이용하는 경우도 생겨날 것이다. 과학자 및 공학자들은 모든 지혜를 다하여 이와 같은 문제들에 대한 대책을 강구하여야 할 것이다.

용수공급에 있어서 당면하고 있는 문제는 선진국과 저개발국의 경우 큰 차이를 보이고 있다. 예를 들어 미국의 경우는 음용수에 있어서 유기화합물에 대한 수질 기준은 발암성이 있다고 의심되는 물질에 의한 암의 발생위험을 최소화시키고자 하는 관점에 기준을 두고 설정된다. 이때 수용 가능한 위험확률(acceptable risk)은 만분의 일 또는 백만 분의 일로서, 이는 사람이 70년 동안 음용수를 섭취할 경우 암에 걸릴 확률이 10^{-4}에서 10^{-6} 정도 증가함을 의미한다. 발암성이 의심되는 물질을 이 정도 수준으로 처리하는 것은 결코 쉽지 않은 일이다. 저개발국의 경우 5세 이하의 어린이가 매년 수백만 명씩 수인성 질병에 의하여 사망하고 있다. 따라서 용수공급을 담당하는 공학자들의 목적은 상황에 따라 매우 다를 수 밖에 없다.

1.2 폐수 및 하천오염의 관리

인간 생활에 의해 발생하는 폐기물의 처분은 항상 심각한 문제이다. 도시가 발전함에 따라 공중위생과 미관을 고려하여 하수를 도시로부터 떨어진 곳으로 이송하기 위한 배수구와 하수관망이 필요하게 되었으며, 하수는 인근의 하천 및 수역에 방류되었다. 그러나 하천 및 수역에는 환경문제를 일으키지 않고 폐기물을 수용할 수 있는 능력에 한계가 있음을 곧 알게 되었다. 이것이 처리시설이 개발되는 계기가 되었으며 그 개발에는 화학자, 생물학자 및 엔지니어들이 중요한 역할을 수행하고 있다. 특히 화학자는 각 처리공정 효율의 평가와 공정에서 일어나고 있는 생물화학적 및 물리화학적 변화를 이해하는 데 필요한 분석 방법을 개발하는 책임을 지고 있다. 지난 20~30년 사이 폐수처리에 대한 과학과 기술은 커다란 진보를 이루었다. 이와 같은 진보는 다양한 분야의 교육훈련을 받은 과학자들에 의해 확립된 폐수처리의 기초지식으로 인하여 가능할 수 있었다. 이와 같은 기본지식을 실제 폐수처리 시스템과 결합시켜 그 처리가 경제적이 되도록 하는 것이 엔지니어들이 맡은 책임이다.

모든 자연수는 유기물질을 산화할 수 있는 능력을 가지고 있으므로 유기물 및 암모니아성 질소 부하가 물속에서 용존산소량의 범위 내로 유지되면, 공해문제를 일으키지 않는다는 것은 오래 전부터 알려져 온 사실이다. 또한 수중생물이 생명을 보전하기 위해서는 용존산소 농도가 일정한 수준으로 유지되어야만 한다는 것도 알려진 사실이다. 이 농도한계를 확인하기 위하여 많은 연구가 수행되어 왔다. 이러한 조사 연구에는 생물학자, 화학자, 공학자들의 결속된 노력이 필요하며 그렇게 해야만 완전한 평가를 할 수 있게 된다. 과거에는 하천을 다음과 같이 크게 네 종류로 분류하였다. (1) 수중생물의 성장은 고려하지 않으나 공해문제를 일으키지 않는 폐기물의 수송에 사용되는 하천, (2) 오염물질의 부하가 어류의 번식에 지장을 주지 않도록 제한된 하천, (3) 레크리에이션의 목적으로 이용되는 하천, (4) 상수도원으로 사용되는 하천.

앞서 언급한 바와 같이 역사적으로 지표수의 오염에 관한 가장 큰 관심은 용존산소에 관한 것이었다. 하지만, 최근 수 십년간 지표수 및 지하수의 오염에 있어서 산업체 및 농·축산업으로부터 발생하는 오염물질에 대한 관심이 증가하고 있는 추세이다. 지난 반세기 동안 제초제 및 살충제용으로 수많은 화학물질들이 개발, 생산되어 왔다. 이와 같은 화학물질들은 강우시 수역으로 유입되어 수역의 생태계에 큰 영향을 미친다. 화학자 및 생물학자들은 물질의 환경 위해성 판정에 대한 연구를 수행하였으며, 그 결과 많은 물질들의 사용이 법으로 금지되게 되었다. 이에 대한 연구는 계속 필요하지만 다행히 앞으로 개발되는 화학물질들은 보다 환경친화적이거나, 적어도 현재 사용되는 물질보다 환경에의 영향이 적거나 현재와 동일하다고 입증되기 전에는 사용되지 않을 것이다. 산업체에서 생산 및 사용되고 있는 많은 종류의 유기화합물 및 중금속들도 지표수 및 지하수를 오염시킨다. 이와 같은 물질들은 인체의 건강뿐만 아니라 수생 생태계에도 악영향을 미치므로 폐수처리 공정을 통하여 방류하기 전에 제거하여야 한다. 따라서 이들 화학물질에 대한 환경에서의 거동을 이해하고 처리공정을 개발하기 위해서는 화학에 대한 탄탄한 이해가 필요하다.

| 1.3 | 산업 및 유해 폐기물

환경공학에서 가장 노력이 필요한 분야는 산업 및 유해폐기물의 처리 및 처분일 것이다. 기존 산업체에서 배출하고 있는 폐기물도 그 종류가 다양하지만, 새로운 산업공정에서도 새로운 폐기물을 배출하므로 이 문제들을 해결하기 위해서는 화학에 대한 지식이 필수적이다. 무기화학의 지식으로 해결될 수 있는 문제들이 있는 반면, 어떤 것들은 유기화학, 물리화학 또는 콜로이드 화학, 생화학 또는 방사능화학의 지식을 필요로 하는 것들도 있다. 앞으로 공업기술의 발전에 따라 산업폐기물은 더욱 다양해질 것으로 예상되며, 따라서 화학은 처리기술개발의 기초로서, 또 처리방법에 대한 선택기준으로서의 역할을 하게 될 것이다.

유해폐기물 관리와 관련된 문제들은 매우 복잡하다. 미국의 경우 매년 1억 톤 이상의 유해폐기물이 발생하고 있다. 유해화학물질은 인간의 건강 및 환경을 위협할 잠재력이 매우 크기 때문에 미국 EPA는 유해화학물질로 오염된 1,200곳 이상의 지점들을 National Priority 또는 Superfund 목록으로 지정하여 관리하고 있으며, 그 수는 크게 늘어날 전망이다. 이 밖에도 산업체의 활동, 지하 저장탱크의 누출, 미국 국방성 및 에너지성 등 정부기관의 활동으로 인하여 처리 및 복원을 필요로 하는 오염된 토양 및 지하수가 널리 산재되어 있다. 새롭게 생성된 유해폐기물의 관리, 기존 오염지역의 처리 및 복원은 여러 분야의 과학자 및 공학자의 협조를 필요로 한다. 이 같은 문제에 있어서 또 다른 중요한 점은 분석화학이다. 산업폐수, 침출수 및 오염된 지표수 등에 포함된 수많은 화학물질의 분석을 위한 시료채취, 성분분석, 그리고 정량 분석은 가장 어려운 일중 하나이다.

산업 및 유해폐기물의 관리에 있어 미래의 환경문제는 대체물질의 개발 및 사용을 통한 폐기물 발생량 감소, 폐기물의 재활용 및 유효물질의 회수, 그리고 폐기물 감량화를 통하여 해결될 수 있다는 것을 강조할 필요가 있다. 발생된 폐기물을 처리하는 것보다는 오염 자체를 감소시키는 것이 보다 경제적인 방법이라는 것은 가장 일반적인 진리이다.

1.4 대기 오염 및 지구 환경 변화

도시 주민들에게 상수도와 폐수처리가 가장 중요한 것이기는 하지만 이 문제들을 해결하는 것만으로 만족할 만한 환경이 보장되는 것은 아니다. 대기오염은 인구밀도와 거의 정비례하여 증가하고 있다. 대기오염은 난방장치, 소각로, 자동차 등으로부터 발생하는 연소 생성물 및 공장에서 배출하는 가스, 연무와 연기 등과 밀접한 관계가 있다. 대부분 대기오염 문제의 강도는 대체로 대기 중에 배출되는 입자상 물질(분진)과 대기의 상태에 관계된다. 일반적으로 눈에 보이는 분진은 적절한 규제로 통제할 수 있다. 가장 심각한 상황은 대기역전 현상이 일어나기 쉬운 곳에서 연소와 공장으로부터 배출되는 가스가 폐쇄된 대기 중에 체류할 때 생겨난다. 대기역전 현상이 빈번히 일어나는 Los Angeles의 경우가 그 대표적인 예이다. 다른 몇몇 대도시들에서도 이와 같은 현상이 가끔 일어나고 있다.

맑은 날씨에 대도시에서 대기역전 현상이 일어나는 경우에는 흔히 "스모그"라고 불리는 안개(haze)가 대기 중에 생겨난다. 이런 상태가 되면 대기는 눈이나 호흡기관을 강하게 자극하게 된다. 이 자극은 대단히 강하므로 개별 배출원으로부터의 직접 배출물질에 그 원인이 있다고 보기는 어렵다. 이 문제에 대하여 집중적인 연구가 수행되어 그 원인에 대한 많은 이론들이 발표되어 있다. 현재로는 자동차 배기가스 중 이산화질소와 불포화 탄화수소들이 광화학 반응을 일으켜 오존, 폼알데하이드, 유기질소화합물 등 건강에 영향을 미치는 여러 가지 물질을 생성하는 것으로 그 견해가 일치되고 있다. 이 물질은 대기 중의 입자상 물질에 응축되어 안개를 생성한다. 화학의 지식은 이와 같이 불분명한 요인을 밝혀내는 데 중요한 역할을 하고 있다.

수 십년 전에는 이와는 전혀 다른 형태의 대기오염이 큰 관심의 대상이 된 적이 있다. 그것은 핵폭발에 의하여 대기 중에 유입되는 방사성 물질에 의한 것으로, 확산된 방사성 핵종들이 "낙진"(fall out)으로 떨어져 내려와 동물과 식물에 대하여 큰 영향을 미쳤다. 대기 중에서의 핵실험이 제한되어 이 문제는 크게 감소되기는 하였으나, 또 다른 용도로의 핵에너지의 사용으로 인하여 대기 중에 방출하는 방사성 물질이 새로운 공포의 대상이 되고 있다. 즉, 원자력 발전소 건설에 따른 문제가 그것이다. 비록 Chernobyl이나 Three Mile Island에서 사고가 있기는 하였지만 경험으로 미루어 볼 때 적절하게 설계, 운영되고 있는 발전소에서 이러한 공포는 거의 근거가 없는 것임을 알 수 있다. 환경을 위협하는 중요한 것은 "핵재"(nuclear ash)의 수송, 분리, 그리고 방사성 폐기물의 처분과정에서 주로 생겨난다. 화석 연료의 공급은 앞으로 계속 감소되고 그 사용에 따른 문제점 때문에 원자력은 태양 에너지, 풍력, 그리고 바이오매스와 같은 새로운 에너지원과 함께 대체 에너지로서의 잠재력이 크다. 따라서 핵폐기물의 처리는 주요한 도전의 하나이다. 최근에는 라돈이 함유된 건축자재로 만들어진 집안에서 고농도로 검출되는 라돈 등과 같은 방사성물질도 문제가 되고 있다.

오늘날 오염문제는 그 특성상 한 지역의 지엽적인 문제가 아닌 지구 전체의 문제라는 사실이 보다 명백해지고 있다. 즉, 한 지역에서 인간 활동이 다른 지역의 환경에 큰 영향을 미치고 있으며, 이는 방사능 낙진의 경우를 생각하면 매우 명백하다. 현재 지구환경 문제로는 성층권 오존층 파괴와 지구 온난화를 들 수 있다. 이 두 문제의 원인 파악 및 대책 마련에 있어 화학적인 원리에 대한 지식은 매우 중요하다. 오존층 파괴는 지구 표면에서 생성되어 성층권으로 이동한 염화 불화 탄소가 관련된 복잡한 광화학 반응을 통하여 일어난다는 것이 밝혀졌다. 성층권은 발암성을 지닌 자외선의 복사로부터 지구표면을 보호하는 데 매우 중요하다. 이와 같은 사실의 발견 때문에 염화 불화 탄소의 사용이 금지되었으며, 대체물질이 개발되고 있다.

이산화탄소, 수증기, 메탄, 염화 불화 탄소, 질소, 산화물, 그리고 오존과 같은 가스상 물질은 지표면에서 방출되는 열을 차단, 흡수하기 때문에 "온실 가스"로 불리어진다. 대기권에서 이들 가스상 물질의 농도는 인간의 활동에 의하여 계속 증가하고 있는 추세이며, 이들 가스는 지구에서 방출되는 열을 차단하기 때문에 지구 온난화를 일으킬 수 있는 잠재력을 지니고 있다. 일반적으로 이들 가스상 물질의 농도가 증가한다고 알려져 있지만, 이들 물질이 온도 상승을 주도하는 지에 대한 이해가 필요한 상태이며, 환경화학에 대한 보다 정확한 지식은 이 같은 문제를 올바르게 이해하는 데 큰 도움이 될 것이다.

1.5 요 약

지금까지 설명한 바와 같이 수많은 환경문제 해결을 위해서는 과학자와 공학자들이 협력하여 노력해야 하며, 많은 경우 화학자들이 대단히 중요한 역할을 한다는 것을 알 수 있다. 장래에 생겨날 문제들은 지금까지의 문제들과 마찬가지로 대단히 복잡할 것으로 예상되며, 화학은 계속해서 중요한 역할을 할 것이다. 건실한 화학교육을 받는 공학자는 그들의 지식이 해결되지 않은 문제들을 정복하는 데 도움이 되며, 같은 또는 관련된 문제들을 연구하고 있는 다른 과학자들과의 교류에 도움이 되는 것을 알 수 있다. 다음의 장들은 이러한 목적을 구현하고자 하는 것이다.

CHAPTER 2

일반화학의 기초개념

학부 1학년생들에게 가르치는 화학의 지식과 기본개념은 교육기관과 학생들의 전공분야에 따라 아주 다르다. 대부분의 학교들이 공학계열 학생들에게는 이학계열 학생들과 아주 다른 교과과정을 부여하고 있다. 이와 같은 교과과정의 차이와 공학자에게 기본지식의 필요성 때문에 일반화학의 중요한 부분들을 복습해 둘 필요가 있다.

2.1 원소, 원소기호, 원자량, 그램 원자량

일반적인 원소들의 이름은 대부분의 학생들이 잘 기억하고 있을 것이다. 그러나 그 원소기호들은 잘 생각나지 않는 경우도 있다. 이것은 원소기호가 주로 라틴어, 그리스어 또는 독일어의 원소명에서 유래되었으며, 때로는 원소의 이름이 비슷하여 하나의 원소기호가 여러 개의 원소이름을 연상하게 하는 것들도 있기 때문이다. 이와 같은 유사성의 좋은 예는 마그네슘(magnesium)의 Mg와 망간(manganese)의 Mn으로, 이들은 혼동하기가 쉽다.

마그네슘, 망간과 기타 라틴어나 다른 외국어에서 유래한 원소들의 기호는 그대로 암기하거나, 그 특이한 명칭과 함께 연상하여 기억하여야 한다. 다음 표 2.1에는 라틴어, 그리스어 및 독일어에서 유래된 기호를 가진 원소들을 수록하였다.

원소의 원자량은 어떤 기준 원자와 비교한 원자의 상대적 무게를 나타낸 것이다. 1961년 탄소의 동위원소 C^{12}의 원자량을 정확히 12로 정하여 기준 원자량으로 채택하였다. 이 기준에 따라, 산소 원자량은 15.9994가 되며 실제로 사용할 때는 16으로 한다.

각 원소의 원자량은 표에서 쉽게 찾아볼 수 있으므로, 이 값들을 반드시 기억해야 할 필요는 없다. 그러나 아주 흔히 사용되는 원소들, 즉 수소, 산소, 탄소, 칼슘, 마그네슘, 나트륨(sodium), 황, 알루미늄, 염소 및 그 밖에 몇 가지는 기억하고 있는 것이 편리하다.

표 2.1 라틴어(L), 그리스어(G) 및 독일어(Gr) 이름에서 유래된 기호를 가진 원소들

원 소	기호가 유도된 이름	원소기호
안티모니(Antimony)	Stibium, L.	Sb
구리(Copper)	Cuprum, L.	Cu
금(Gold)	Aurium, L.	Au
철(Iron)	Ferrum, L.	Fe
납(Lead)	Plumbum, L.	Pb
수은(Mercury)	Hydragyrum, Gr.	Hg
칼륨(Potassium)	Kalium, L.	K
은(Silver)	Argentum, L.	Ag
나트륨(Sodium)	Natrium, L.	Na
주석(Tin)	Stannum, L.	Sn
텅스텐(Tungsten)	Wolfram. G.	W

원자량은 보통 유효숫자 셋째 자리에서 반올림한 값을 사용한다. 그러므로 원자량은 알루미늄 27.0, 염소 35.5, 금 197, 요오드 127 등이다.

원소들은 일반적으로 동위원소의 혼합물로 존재하기 때문에 원자량은 정수가 아니다. 염소가 좋은 예로, 원자량이 35, 37인 두 동위원소로 이루어져 있기 때문에 염소의 원자량은 35.45가 된다. 카드뮴은 원자량이 110부터 116까지 8개의 동위원소들로 구성되어 있다.

원소의 **그램 원자량**은 그 원소의 원자량에 해당하는 그램수의 양을 말한다. 이것은 무게와 관련된 문제들을 풀 때 대단히 중요하게 사용된다.

2.2 화합물, 화학식, 분자량, 그램 분자량, 몰, 당량

화합물들의 개념은 쉽게 확립이 되지만, 각 화합물과 정확한 화학식의 연결은 항상 쉽게 이루어지지는 않는다. 이러한 어려움은 때로 원소기호를 틀리게 사용했기 때문에 겪을 수도 있으나, 그보다는 원자가에 대한 이해의 부족이 원인일 때가 많다. 원자에 대하여는 2.4에 설명되어 있다. 원소기호와 원자가에 세심한 주의를 기울인다면, 화학식을 틀리게 쓰는 일은 없을 것이다.

분자량의 계산은 분자식이 복잡한 경우가 아니면 별로 힘든 일이 아니다. 계산에서 어려움은 구조식을 쓰고 연습함으로써 대부분 쉽게 극복할 수 있다. 정확한 분자량은 공학 계산의 기본으로서 대단히 중요하다는 것을 강조해 둔다.

그램 분자량(GMW 또는 줄여서 MW)은 그 화합물의 분자량에 그램을 붙여 나타낸 것으로 화학식량이라고도 한다. 이는 또한 몰(mol)이라고 부른다. 이것은 **몰 용액**(molar solution)을 만들 때 특히 중요하다. 1몰 용액은 1 그램 분자량을 물에 녹인 다음 그 부피를

1L로 만든 용액이며, 1몰랄 용액은 1kg의 물에 1 그램 분자량을 녹여 만든 용액으로 그 부피는 1L를 약간 넘게 된다.

당량(equivalent) 및 **노르말 농도**(normality)에 대한 개념은 매우 중요하다. 이에 대하여는 11장에 자세하게 언급되어 있으며, 여기에서는 간략하게 개념만 소개하도록 한다. 당량 또는 **등가무게**(equivalent weight, EW)는 다음과 같이 정의한다.

$$EW = \frac{MW}{Z}$$

여기서 Z = (1) 이온전하의 절대값, (2) 산 – 염기반응에서 한 물질이 반응 또는 생성할 수 있는 H^+ 또는 OH^- 이온의 수, 또는 (3) 산화 – 환원반응에서 원자가(valence) 변화량의 절대값이다. 따라서, 1당량은 1몰을 그 물질의 EW로 나눈 값이 된다. 당량 개념의 효율성은 예제 2.1에 나타나 있다.

예제 2.1

(a) 칼슘이온(Ca^{2+})의 등가무게는 얼마인가?

$$EW = MW/Z = \text{몰당 } 40\text{ g}/2 = \text{당량당 } 20\text{ g}$$

(b) 탄산칼슘($CaCO_3$)의 등가무게는 얼마인가?

이 문제를 풀기 위하여 다음과 같은 반응식을 생각할 수 있다.

$$CaCO_3 + 2H^+ = Ca^{2+} + H_2CO_3$$

$$EW = MW/Z = (40 + 12 + (3 \times 16))/2 = \text{몰당 } 100\text{g}/2 = \text{당량당 } 50\text{ g}$$

다른 방법으로는 $CaCO_3$가 Ca^{2+}와 CO_3^{2-}로 구성되었기 때문에 각 구성물질의 전하의 절대값이 2라는 사실로부터

$$EW = 100\text{ g}/2 = \text{당량당 } 50\text{ g}$$

(c) Ca^{2+}농도가 40 mg/L일 때 $CaCO_3$로 표시한 농도는 얼마인가?(물의 경도는 흔히 mg/L $CaCO_3$)로 표시됨)

당량이란 개념은 한 이온 또는 물질 1당량이 화학적으로 다른 이온 또는 물질 1당량과 동일하다는 것이다. 그러므로 농도가 당량/리터로 표시된 경우 쉽게 가감 또는 변환할 수 있다.

$$\text{eq/L } Ca^{2+} = (40\text{ mg/L}) \times (1\text{ eq}/20\text{ g}) \times (1\text{ g}/1000\text{ mg}) = 0.002\text{ eq/L } Ca^{2+}$$

$$\text{mg/L as } CaCO_3 = (0.002\text{ eq/L}) \times (50\text{ g/eq}) \times (1000\text{ mg/g}) = 100\text{ mg/L } CaCO_3$$

농도는 eq/L에 1000을 곱하여 밀리당량(miliequivalent)으로도 표시될 수 있음을 인지할 것(또는 EW in mg)

| 2.3 | Avogadro 수

어떤 화합물이라도 1몰에는 같은 수의 분자가 들어 있다고 정의되어 있다. 이 분자들의 수를 Avogadro 수라고 부르며, 대략 6.02×10^{23}이다. 이것은 그때의 상황에 따라 몰당의 원자수, 분자수, 이온수, 전자수 또는 입자수로 나타낸다.

$$6.02 \times 10^{23} \text{ O 원자} = 16.0\text{g O}$$

$$6.02 \times 10^{23} \text{ H 원자} = 1.01\text{g O}$$

$$6.02 \times 10^{23} \ H_2O \text{ 분자} = 18.0\text{g } H_2O$$

$$6.02 \times 10^{23} \ OH^- \text{ 이온} = 17.0\text{g } OH^-$$

이 숫자의 크기는 상상하기 어려울 정도로 엄청나다. 사람의 평균수명이 2.2×10^9초이므로 Avogadro수에 도달하기까지는 2×10^{14}번의 생을 살아야만 한다는 것을 생각해 보면 그 크기가 어느 정도인지 짐작될 것이다.

| 2.4 | 원자가, 산화상태 및 결합

원자가와 결합이론에 대한 지식은 올바른 화학식을 구하는 중요한 단서이다. 일반적으로 정전기학의 지식을 응용하면 일정한 원자가(또는 **산화상태**)를 가진 원소와 라디칼들로 쉽게 화학식을 쓸 수 있다. 그러나 원소가 여러 가지의 산화상태를 가져 다양한 이온, 분자 및 라디칼을 형성하거나, 항상 일정하지 않은 명명법에 대한 지식이 부족할 때는 화학식을 쓰기가 매우 곤란해진다.

일반적으로 분자들과 일부 이온들 및 라디칼 두 개 이상의 원자들이 일정한 형태로 결합하여 **이온결합**이나 **공유결합**을 이룬다. 이온결합은 한 원자에서 다른 원자로 전자가 이동하여 형성된다. 따라서 한 원자는 양전하를 가진 **양이온**(cation)이 되고 다른 원자는 음전하를 가진 **음이온**(anion)이 된다. 생성된 이온 쌍(ion pair)은 정전기적 인력으로 느슨하게 결합된다. 공유결합의 경우에는 전자들이 이동하지 않고 원자들 사이에 공유된다. 같은 원자들로 이루어진 분자들, 즉 Cl_2, N_2 및 O_2 등에서는 전자들을 균등하게 공유한 **공유결합**(covalent bond)을 형성한다. 한편 서로 다른 원자들로 구성되어 있는 이핵분자에서는 결합에 사용된 전자들을 균등하게 공유되지 않는다. 이와 같은 결합을 **극성 공유결합**(polar covalent)이라고 부른다.

원자의 원자가나 산화수는 그 원자가 얻거나 잃는, 또는 다른 원자와 공유하는 전자의 수에 의하여 결정된다. 원자가 이론에 의하면 대부분의 원자는 중성자, 양성자(+) 및 전자(−)들로 구성되어 있다. 중성자와 양성자는 핵 속에 들어 있으며, 전자는 그 수가 핵 속의 양성자 수(원자번호)와 같으며 핵의 바깥 쪽 궤도에 질서 있게 배열되어 있다. 최외각의 궤도에는 원자가 전자(valence electron)를 수용하고 있다. 만일 원자가 전자를 잃게 되면 양으로 하전된 이온이 되며, 전자를 얻는 경우에는 음으로 하전된 이온이 된다. 아르곤과 같이 이미 완전히 채워진 궤도를 가지고 있는 비활성 원소들을 제외한 나머지의 다른 원자들은 최외각의 전자배치를 완전하게 하려는 방향으로 전자를 잃거나 얻으려 한다. 이렇게 되기 위해서는 어떤 형태로든 다른 원자와 협력하여야 한다. 이온을 생성할 때는, 두 원소의 원자들이 산화 또는 환원된다. 즉, 한 원자는 전자를 얻는 반면 다른 원자는 전자를 잃는다. 이와 같은 전자의 교환에서 금속이나 금속성 원소는 그 최외각의 궤도에 전자를 갖지 않은 안정된 상태로 되기 위해 전자를 잃는다. 비금속 원소는 금속원소로부터 전자를 얻어 최외각의 궤도에 8개의 전자를 채워 안정한 배치를 이룬다. 이와 같은 전자의 교환은 대체로 많은 양의 에너지 방출을 수반한다. 간단한 예로, 나트륨과 염소 사이의 반응을 그림 2.1에 나타내었다.

염소원자는 산소와 여러 가지 형태로 결합을 하며, 극성 공유결합의 예를 보여준다. 염소원자는 최외각의 궤도에 7개의 전자를 가지고 있다. 산소원자는 최외각의 궤도에 6개의 전자를 가지고 있으며, 궤도를 완전히 채우기 위해서는 두 개의 전자가 더 필요하다.

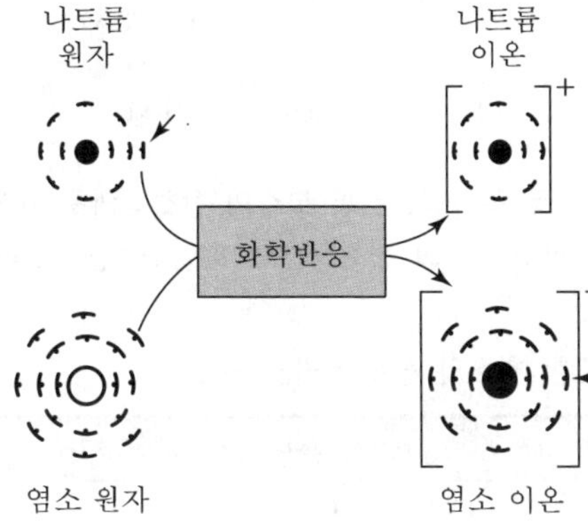

⇧ **그림 2.1** 화학반응이 일어나는 동안 전자의 이동을 통한 +의 산화상태를 가진 나트륨 이온과 -의 산화상태를 가진 염화이온을 생성

필요한 전자들은 그림 2.2에서와 같이 염소원자와 여러 방식으로 전자를 공유하여 전하를 갖거나 갖지 않은 여러 가지 분자종들을 형성함으로써 얻을 수 있다. 최외각의 전자들은 간단히 점으로 나타내었다. 염소는 산소와 함께 전자를 한 개, 세 개, 네 개, 다섯 개 또는 일곱 개를 공유하여 각각 Cl_2O, ClO_2^-, ClO_2, ClO_3^-, Cl_2O_7을 형성한다. 이들 중 ClO_2^-와 ClO_3^-을 생성한 본래의 산화물들이 분리된 적은 없다. 그러나 +1, +3, +4, +5, +7의 산화수를 가진 염소의 화합물들은 잘 알려져 있다. 황, 질소, 할로겐들은 최외각의 전자를 8개로 완성하기 위하여 전자를 얻거나 공유할 수 있으며, 안정된 배치를 가지기 위하

여 한 개 또는 여러 개의 전자를 내놓을 수 있으므로 여러 산화수를 가질 수 있는 비금속 원소들이다. 망간, 크롬, 구리 및 철 등은 한 개 혹은 그 이상의 전자를 내놓거나 공유하여 여러 산화상태를 가질 수 있는 금속원소의 예이다. 특히 망간은 둘, 셋, 넷, 여섯 또는 일곱 개의 전자를 방출하거나 공유할 수 있다. 일부 중요한 원소에 대한 산화수 및 원자가는 표 2.2에 주어져 있으며, 이는 산화환원 반응의 균형을 맞추는 데 매우 유용하다.

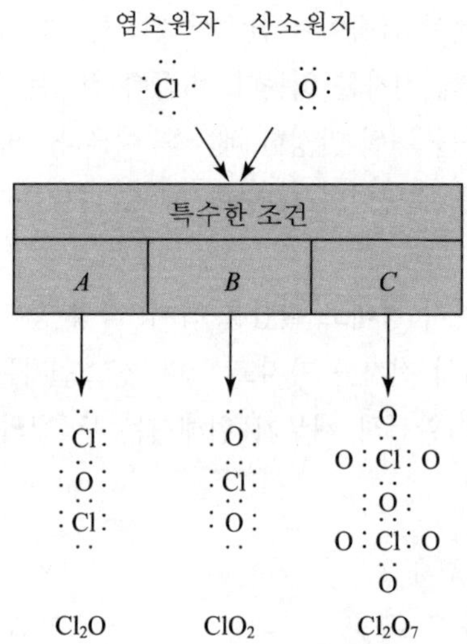

그림 2.2 염소는 전자를 공유함으로써 복수의 산화상태를 가진다. 염소는 +6를 제외한 +1 부터 +7의 산화상태의 화합물들을 형성한다.

표 2.2 일부 중요한 원소의 산화수(원자가)

	원 소	가장 흔한 산화수(원가가)
고정	O	-2, 0
	H	+1, 0
	Ca, Mg	+2, 0
	K, Na	+1, 0
가변	N	+5, +4, +3, +2, +1, 0, -3
	Cl	+7, +5, +4, +3, +1, 0, -1
	Mn	+7, +6, +4, +3, +2, 0
	S	+6, +4, +2, 0, -2
	Fe	+3, +2, 0
	Cu	+2, +1, 0
	Cr	+6, +3, 0
	C	+4, +3, +2, +1, 0, -1, -2, -3, -4

| 2.5 | 명명법

무기화합물의 명명법에 대하여 몇 가지 엄격한 규칙이 있다. 유기화합물의 명명법은 5장에 수록되어 있다. 이성분 화합물(두개 이상의 원소로 구성될 물질)에 대하여는 어미에 **-ide**를 붙인다.[1] 예로, 무수(anhydrous) HCl은 hydrogen chloride(염화수소)라고 부른다. 명명에 착오를 일으키는 대부분은 산소를 가진 산의 이름이다(산소산 및 그와 관련된 산소음이온). 일반적으로 산의 명명법은 그 산을 특징 지워 주는 원소의 산화상태에 따른다. 최고의 산화상태를 가진 산은 sulfuric(황산), phosphoric(인산) 및 chromic(크롬산) 등과 같이 어미에 **-ic**를 붙여 부른다.[2] 이 산들의 염은 **-ate**를 붙여 부른다.[3] 다음으로 낮은 산화상태의 산에 대하여는 sulfurous(아황산), phosphorous(아인산) 및 chromous(아크롬산)와 같이 어미에 **-ous**를 붙여 부른다.[4] 이 산들의 이온은 **-ite**를 붙여 부른다.[5] 만일 산에 더 낮은 산화상태가 존재하면, 그들은 hypochlorous와 hypophosphorous(하이포아인산)와 같이 hypo…ous(하이포아…산)로 부르며, 이온은 hypo…ite(하이포아…산이온)라고 부른다.[6]

할로젠의 산소산들과 같은 종류는 위에서 설명한 세 가지 산 이외의 산이 존재할 때도 있다. 이런 경우에는 최고의 산화상태의 산에 대하여 perchloric(과염소산)이나 periodic(과요오드산)과 같이 per－를 사용하며 그 이온 per…ate(과…산이온)라고 부른다.[7] 산화상태가 7인 망간을 가지고 있는 산인 $HMnO_4$는 permanganic acid(과망간산)라고 부르며 그 이온은 permanganate(과망간산이온)이다. $HMnO_4$에 대하여 접두어, per－를 사용하는 것과 같이 모든 per…acid(과…산)들은 7의 산화상태를 가진 원소를 포함하고 있다. 또 하나의 잘 알려진 망간의 산으로는 manganic acid(망간산)가 있으며 여기서의 망간은 6의 산화상태를 가지고 있다.

명명법은 표 2.3에 요약되어 있다. 산은 수화(hydration)된 정도에 따라, 오쏘(ortho), 메타(meta) 및 파이로(pyro)를 사용하여 명명하기도 한다. 여러 종류의 인산 및 이온 그리고 중크롬산이온은 널리 사용되는 가장 중요한 예이다(표 2.3). 오쏘산은 무수산(acid anhydride)이 가장 높게 수화된 형태이며, 그 예로는 sulfuric(H_2SO_4), phosphoric(H_3PO_4), phosphorus(H_3PO_3), chromic(H_2CrO_4) 등이 있다. 메타산은 다음 식과 같이 오쏘산 한 분자로부터 한 분자의 물을 제거함으로써 유도된다.

---

0) 대한 화학회에서는 음성이 큰 쪽의 원소명 끝에 화를 붙인 다음 다른쪽 원소명을 붙여 나타낸다. 예) 염화수소(HCl), 산화니켈(NiO, nickel oxide) (역자주)
2) 대한 화학회의 명명법에서는 산을 붙여 명명한다. 예) 황산, 인산, 크롬산, 탄산(H_2CO_3)
3) —산이온이라고 한다. 예) 황산이온
4) 아…산이라고 부르며, 염은 산에서와 같은 방식을 사용한다.
5) 아—산이온이라고 한다. 예) 아황산이온
6) 하이포아…산이라고 하며, 염은 산에서와 같은 방식을 사용한다.
7) 과…산이라고 하며, 이온은 산에서와 같은 방식을 사용한다.

표 2.3 산소산 및 그 이온들의 명명법

산의 이름	화학식	이온의 이름
산화상태를 기준으로 할 때		
아황산(Sulfurous)	H_2SO_3	아황산이온(Sulfite)
황산(Sulfuric)	H_2SO_4	황산이온(Sulfate)
아질산(Nitrous)	HNO_2	아질산이온(Nitrite)
질산(Nitric)	HNO_3	질산이온(Nitrate)
하이포아염소산(Hypochlorous)	$HOCl$	하이포아염소산이온(Hypochlorite)
아염소산(Chlorous)	$HOCl_2$	아염소산이온(Chlorite)
염소산(Chloric)	$HOCl_3$	염소산이온(Chlorate)
과염소산(Perchloric)	$HOCl_4$	과염소산이온(Perchlorate)
과망간산(Permanganic)	$HMnO_4$	과망간산이온(Permanganate)
아인산(Phosphorous)	H_3PO_3	아인산이온(Phosphite)
인산(Phosphoric)	H_3PO_4	인산이온(Phosphate)
크롬산(Chromic)	H_2CrO_4	크롬산이온(Chromate)
수화상태를 기준으로 할 때		
오쏘인산(Orthophosphoric)	H_3PO_4	오쏘인산이온(Orthophosphate)
메타인산(Metaphosphoric)	HPO_3	메타인산이온(Metaphosphate)
파이로인산(Pyrophosphoric)	$H_4P_2O_7$	파이로인산이온(Pyrophosphate)
파이로크롬산(Pyrochromic)	$H_2Cr_2O_7$	중크롬산이온(Dichromate)

$$\underset{\text{Ortho}}{H_3PO_4} \xrightarrow{\triangle} \underset{\text{Meta}}{HPO_3} + H_2O \uparrow$$

여기서 △ =가열(heat), ↑는 물이 빠져나가는 것을 의미한다.

오쏘산은 오쏘산이온을, 메타산은 메타산이온을 생성한다. 파이로(pyro)산은 이론적으로 다음과 같이 두 분자의 오쏘산에서 한 분자의 물이 제거되어 생성된 것이라고 생각할 수 있다.

$$2H_3PO_4 \xrightarrow{\triangle} H_4P_2O_7 + H_2O \uparrow$$

$$\underset{\text{Ortho}}{2H_2CrO_4} \xrightarrow{\triangle} \underset{\text{Pyro}}{H_2Cr_2O_7} + H_2O \uparrow$$

유리상태의 파이로산은 알려져 있지 않으나 그 이온들은 잘 알려져 있다. 크롬산의 파이로산이온은 흔히 중크롬산이온(dichromate)이라고 부르며, 이것은 명명법의 규칙으로부터 벗어난 예이다.

| 2.6 | 화학반응식 : 중량관계 및 질량과 전하의 보전

화학반응을 방정식으로 표현할 때 항상 유의해야 할 기본규칙은 계수를 맞추어야 하는 것이다. 질량은 보전되어 반응식 양변의 각 원자의 총량은 같아야 한다. 또한 반응식 한편의 전하의 합은 다른 편의 전하의 합과 같아야 한다. 화학반응식의 계수를 맞추기 위해서는 반응이 올바르게 나타내져야 하며, 사용된 모든 분자식들도 정확하여야 한다. 이와 같은 조건들이 만족되어 있지 않으면 중량 관계(weight relationship)는 무의미하게 된다. 중량관계는 반응물질 공급장치의 크기와 약품 저장고의 규모 및 그 구조물의 설계와 공학적 고찰을 위한 원가계산의 기준으로 사용되므로 그 중요성은 재론할 필요가 없을 것이다.

예제 2.2

중량관계	NaOH	+ HCl	→ NaCl	+ H_2O
	(23+16+1)	(1+35.5)	(23+35.5)	(2×1)+16
	40	36.5	58.5	18

▌해답

그러므로 40 g의 NaOH와 36.5 g의 HCl이 반응하여 NaCl 58.5g과 H_2O 18 g을 생성한다.

예제 2.3

중량관계	2HCl +	Na_2CO_3 →	H_2O +	2NaCl +	CO_2
	2(1+35.5) +	(2×23)+12+(3×16)	(2×1)+16	2(23+35.5)	12+(2×16)
	73	106	18	117	44

▌해답

이 경우에는 2몰, 즉 73 g의 HCl이 1몰, 106 g의 Na_2CO_3와 반응하여 1몰, 18 g의 H_2O와 2몰, 117 g의 NaCl 및 1몰, 44 g의 CO_2를 생성한다.

| 2.7 | 산화-환원 반응식

산화와 환원의 개념은 앞서 2.4절에서 설명한 바와 같이 원자구조와 전자의 이동에 대한 개념에 기초를 두고 있다. 원자, 분자 또는 이온이 **전자를 잃을 때 산화**된다고 하며 반대로 **전자를 얻을 때는 환원**된다고 말한다. 그림 2.1에서 나트륨이 염소와 반응하여 염화 나트륨을 생성할 때, 나트륨 원자는 전자 한 개를 잃게 되어 나트륨 이온(Na^+)으로 산화된다. 염소 원자는 전자 한 개를 얻어 염소이온(Cl^-)으로 환원된다.

원자들 사이에서 산화-환원반응이 일어나 극성 공유 결합을 가진 분자 또는 이온이 생성될 때, 일관된 개념을 가지고 설명하기 위해서는 몇 가지 가정이 필요하다. 그 좋은 예가 수소와 산소의 연소반응이다.

$$2H_2 + O_2 \rightarrow 2(H^+ - O^{2-} - H^+) \tag{2.1}$$

또는

$$2H:H \;+\; :\ddot{O}:\ddot{O}: \;\rightarrow 2:\ddot{O}:H \text{ (with H above O)}$$

H_2와 O_2는 **동종핵 공유결합 분자**(homonuclear covalent molecule)들이다. 여기서 전자들은 동종핵의 중심에 의해 균등하게 공유되어 있다고 약속하기로 한다. 따라서 원자들이 분자를 생성할 때, 어느 원자도 전자를 읽거나 얻은 것이 없으므로 산화수(산화상태 또는 원자가)는 0이 된다. 물은 **이종핵 극성 공유결합 분자**(heteronuclear polar covalent molecule)이다. H_2O에서 전자들은 수소와 산소 사이에 불균등하게 공유되어 있다. 산소원자는 전자를 소유하려는 힘이 크기 때문에 산소는 수소보다 더 **전기음성**(electronegative)이라고 말한다. 이 때문에 물 분자에서 산소는 음전하를, 수소는 양전하를 띠려는 경향을 가진 극성 공유결합이 발생한다. 산화수(oxidation number) 계산을 위하여, 더 전기음성인 원소가 공유전자들을 완전히 가지고 있다고 약속하기로 한다. 이것은 공유결합을 이온결합으로 과장하여 해석하는 것이다. 물분자를 생성할 때, 각 수소원자의 산화수 또는 원자가는 +1(산화된다)이며 산소의 산화수는 -2(환원된다)이다. 수소와 산소가 환경공학에서 관심있는 이종핵분자들과 이온들에 포함될 때는 항상 이와 같은 산화수들을 갖는다.

하나 이상의 산화수를 나타낼 수 있는 원소를 포함하고 있는 화합물은 가끔 명명하기 어려울 때가 있다. 지금은 International Union of Pure and Applied Chemistry(IUPAC)에서 제정한 명명법을 흔히 사용하고 있다. 이 명명법에서는 양의 산화상태에 있는 원소의 산화수를 그 원소 바로 뒤의 괄호 속에 로마숫자로 표시한다. 즉, $FeCl_2$는 iron(II) chloride[염화제1철(II)]로, $FeCl_3$는 iron(III) chloride[염화제2철(III)]로, 그리고 Cl_2O_7은 chlorine(VII) oxide[산화 염소(VII)]로 나타낸다. 또 원소의 산화수를 말할 때는 Fe(III)이라고도 표기하는 것은, 철이 이온(Fe^{3+})으로 존재한다거나 이종핵 이온이나 분자 내에서의 존재형태를 나타내는 것이 아니고, 철이 +3의 산화상태를 가지고 있음을 의미한다. 이 명명법은 혼동을 피하는 데 크게 도움이 된다.

이와 같은 산화와 환원의 개념으로부터 산화제와 환원제에 대한 일반적인 정의를 유도할 수 있다. 산화제는 전자를 받을 수 있는 물질이다. 예를 들면,

O(0), Cl(0), Fe(III), Cr(VI), Mn(IV), Mn(VII), N(V), N(III), S(0), S(IV), S(VI)

환원제는 전자를 줄 수 있는 물질이다. 예를 들면,

H(0), Fe(0), Mg(0), Fe(II), Cr(III), Mn(IV), N(III), Cl(−I), S(0), S(−II), S(IV)

여기서 Mn(Ⅳ), N(Ⅲ), S(0)와 S(Ⅳ)는 위의 두 계열에 모두 포함되어 있는 것을 볼 수 있다. 중간 산화 상태에 있는 원소들은 그 조건에 따라 산화제 또는 환원제로 될 수 있다.

기본적으로 산화는 환원을 동반하지 않고는 일어날 수 없으며, 산화제가 얻은 전자의 수와 환원제가 잃은 전자의 수는 같아야 한다. 산화－환원 반응의 균형을 맞추기 위해서는 전하도 보전되어야 하므로 얻은 전자수와 잃은 전자수는 같아야 한다.

간단한 산화-환원반응들

$$H_2^{\circ} + Cl_2^{\circ} \rightarrow 2H^{+}Cl^{-} \tag{2.2}$$

$$4Fe^{\circ} + 3O_2^{\circ} \rightarrow 2Fe_2^{3+}O_3^{2-} \tag{2.3}$$

$$Mg^{\circ} + H_2^{+}SO_4^{2-} \rightarrow Mg^{2+}SO_4^{2-} + H_2^{\circ} \tag{2.4}$$

$$2Fe^{2+} + Cl_2^{\circ} \rightarrow 2Fe^{3+} + 2Cl^{-} \tag{2.5}$$

$$2I^{-} + Cl_2^{\circ} \rightarrow I_2^{\circ} + 2Cl^{-} \tag{2.6}$$

위의 각 반응식 2.2～2.6에서 산화제가 얻은 전자의 수는 환원제가 잃은 전자의 수와 일치한다. 위 첨자$^{\circ}$(예를 들어, H_2°)는 산화수가 0임을 의미한다.

복잡한 산화 - 환원반응들

많은 산화-환원반응들이 그 진행을 위하여 산이나 물과 같은 제3의 물질을 필요로 한다. 산화제가 $KMnO_4$ 또는 $K_2Cr_2O_7$과 같이 산소를 포함하는 화합물일 경우에는 반응생성물의 하나로 물이 생성된다. 복잡한 산화－환원반응은 다음의 세 단계를 거쳐 간단하게 그 계수를 맞출 수 있다.

1. 반응식의 골격을 쓴다. 분자식이나 이온형태의 어느 것을 써도 좋으나 실제 일어나고 있는 반응을 정확히 나타내는 것이어야 한다.
2. 산화수의 변화 또는 전자의 이동수에 따라 반응식의 계수를 맞춘다. 즉, 전자 손익의 균형을 맞춘다.
3. 통상적인 방식으로 반응식을 완결한다.

다음은 이 방법을 실제로 어떻게 이용하는 지를 나타낸 예들이다.

예제 2.4

단계 1

$$KMnO_4 + FeSO_4 + H_2SO_4 \rightarrow Fe_2(SO_4)_3 + K_2SO_4 + MnSO_4 + H_2O \tag{a}$$

또는

$$MnO_4^- + Fe^{2+} + H^+ \rightarrow Fe^{3+} + Mn^{2+} + H_2O \tag{b}$$

칼륨 이온과 황산이온(이들은 산화나 환원이 되지 않았음)이 반응에 관여하지 않는 사실을 이해할 수 있으면, 반응식 (b)는 반응식 (a)의 이온형태인 것을 알 수 있다. 이 단계에서는 두 식 모두 계수가 맞추어져 있지 않은 점에 유의하기 바란다.

단계 2

$+5\times 2 = 10e$ 얻음

$$2KMn^{7+}O_4 + 10Fe^{2+}SO_4 + H_2SO_4 \rightarrow 5Fe_2^{3+}(SO_4)_3 + K_2SO_4 + 2Mn^{2+}SO_4 + H_2O$$

$-1\times 10 = 10e$ 잃음

$+5e$ 얻음

또는

$$MnO_4^- + 5Fe^{2+} + H^+ \rightarrow 5Fe^{3+} + Mn^{2+} + H_2O$$

$-5e$ 잃음

단계 2에서는 황산 제이철(ferric sulfate) 한 분자 속에 두 개의 철 원자가 들어 있으므로 2와 5의 최소공배수인 모두 10개의 전자들이 관여하게 된다.

단계 3

$$2KMnO_4 + 10FeSO_4 + 8H_2SO_4 \rightarrow 5Fe_2(SO_4)_3 + K_2SO_4 + 2MnSO_4 + 8H_2O \tag{2.7}$$

또는

$$MnO_4^- + 5Fe^{2+} + 8H^+ \rightarrow 5Fe^{3+} + Mn^{2+} + 4H_2O \tag{2.8}$$

예제 2.5

단계 1

$$K_2Cr_2O_7 + KI + H_2SO_4 \rightarrow Cr_2(SO_4)_3 + K_2SO_4 + I_2 + H_2O$$

또는

$$Cr_2O_7^{2-} + I^- + H^+ \rightarrow Cr^{3+} + I_2 + H_2O$$

단계 2

$+3\times 2 = 6e$ 얻음

$$K_2Cr_2^{6+}O_7 + 6KI^- + H_2SO_4 \rightarrow Cr_2^{3+}(SO_4)_3 + K_2SO_4 + 3I_2^\circ + H_2O$$

$-1\times 6 = 6e$ 잃음

$+3\times 2 = 6e$ 얻음

$$Cr_2O_7^{2-} + 6I^- + H^+ \rightarrow 2Cr^{3+} + 3I_2^\circ + H_2O$$

$-1\times 6 = 6e$ 잃음

단계 3

$$K_2Cr_2O_7 + 6KI + 7H_2SO_4 \rightarrow Cr_2(SO_4)_3 + 4K_2SO_4 + 3I_2 + 7H_2O \tag{2.9}$$

또는

$$Cr_2O_7^{2-} + 6I^- + 14H^+ \rightarrow 2Cr^{3+} + 3I_2 + 7H_2O \tag{2.10}$$

산화제와 환원제 둘 다에 속하는 특수한 원소들의 경우, 반응에 의해 높은 산화상태에 있는 원소가 낮은 산화상태에 있는 같은 원소를 산화하여 최종 산화상태가 같아지게 되는 산화-환원반응은 반응식이 대단히 복잡해진다. 좋은 예로 요오드화 칼륨과 요오드산 칼륨의 반응을 들 수 있다. 이 반응은 사이오 황산 나트륨(sodium thiosulfate) 용액을 표준화 할 때, 요오드를 방출시키기 위해 이용하는 반응이다.

단계 1

$$KH(IO_3)_2 + 10KI + H_2SO_4 \rightarrow I_2 + I_2 + K_2SO_4 + H_2O$$

유리 상태의 요오드는 산화제와 환원제 둘 다에서 생성되므로 반응식에 I_2를 반복해서 나타내는 것이 바람직하다.

단계 2

$+5 \times 2 = 10e$ 얻음

$$KH(I^{5+}O_3)_2 + 10KI^- + H_2SO_4 \rightarrow I_2 + 5I_2 + K_2SO_4 + H_2O$$

$-1 \times 10 = 10e$ 잃음

단계 3

$$2KH(IO_3)_2 + 20KI + 11H_2SO_4 \rightarrow 12I_2 + 11K_2SO_4 + 12H_2O \tag{2.11}$$

단계 3의 반응식의 계수를 맞추기 위해서는 칼륨을 중심으로 하여 정리한 식에 2를 곱해 주어야 한다. 이 반응식을 이온 형태로 나타내면 다음과 같이 된다.

$$IO_3^- + 5I^- + 6H^+ \rightarrow 3I_2 + 3H_2O \tag{2.12}$$

반쪽 반응식의 이용

유기 화합물이 관여하는 반응을 포함하여 복잡한 산화－환원반응의 진행을 간략하게 나타낼 수 있는 또 한 가지 방법은 반쪽 반응식을 이용하는 것이다. 표 2.4에는 여러 반쪽 반응식들을 나타내었다. 반쪽반응식은 환원 반응으로 표시하는 것이 일반적이다. 반쪽 반응식은 단일 원소에 대한 계수가 맞추어진 산화－환원반응식이다. 반쪽 반응식에는 전자들이 반응물질의 하나로 나타내져 있다. 용액 속에서 유리된 상태의 전자가 생길 수 없으므로 반쪽반응식은 완전한 반응식은 아니다. 완전한 반응식은 한 반쪽 반응식에 다른 역방향으로의 반쪽 반응식을 더하여 만들어진다. 예를 들어 식 (2.12)는 표 2.4의 반응 15에 반응 14의 역방향으로의 반응식을 더하여 얻을 수가 있다.

반응	$\frac{1}{5}IO_3^- + \frac{6}{5}H^+ + e^- = \frac{1}{10}I_2 + \frac{3}{5}H_2O$
반응 14의 역반응	$I^- = \frac{1}{2}I_2 + e^-$
합계	$\frac{1}{5}IO_3^- + I^- + \frac{6}{5}H^+ = \frac{3}{5}I_2 + \frac{3}{5}H_2O$
×5 = 식 (2.12)	$IO_3^- + 5I^- + 6H^+ = 3I_2 + 3H_2O$

표 2.4의 ΔG, E_0 및 pE^0값의 의미는 4.10절에서 설명되어 있다. 수질화학에서 중요한 산화-환원반응의 대부분은 이 표의 반쪽 반응식들을 조합하여 구할 수 있다. 이 밖의 반쪽 반응식들은 다음과 같은 순서에 따라 쉽게 구할 수 있다. 예로 요오드의 경우 환원된 종으로 I_2를, 그리고 산화된 종으로 IO_3^-를 들어 설명하도록 하자.

단계 1 높은 산화상태의 원소를 포함하는 종들을 왼쪽에 나타내고, 환원상태의 종들을 오른쪽에 놓아 반쪽반응식을 만들고 이 원소에 대하여 계수를 맞춘다.

$$2IO_3^- = I_2$$

단계 2 식의 한쪽에 적당한 몰수의 물 분자를 첨가하여 산소의 계수를 맞춘다.

$$2IO_3^- = I_2 + 6H_2O$$

단계 3 반응식의 한쪽에 적당한 수의 H^+을 첨가하여 수소의 계수를 맞춘다.

$$2IO_3^- + 12H^+ = I_2 + 6H_2O$$

단계 4 반응식의 왼쪽에 전자들을 더하여 전하수지(charge balance)를 맞춘다. 이렇게 하여 계수가 맞추어진 반쪽 반응식이 만들어진다.

$$2IO_3^- + 12H^+ + 10e^- = I_2 + 6H_2O$$

단계 5 단계 4의 방정식을 전자의 수로 나누어 1전자 당량의 반응식을 구한다.

$$\frac{1}{5}IO_3^- + \frac{6}{5}H^+ + e^- = \frac{1}{10}I_2 + \frac{3}{5}H_2O$$

표 2.4 반쪽 반응식

번호	환원되는 원소	반쪽 반응식	ΔG^0(kJ/mol)	E^0(volts)	pE^0
1	C	$\frac{1}{4}CO_2(g)+\frac{7}{8}H^++e^-=\frac{1}{8}CH_3COO^-+\frac{1}{4}H_2O$	−6.88	0.071	1.20
2	C	$\frac{1}{4}CO_2(g)+H^++e^-=\frac{1}{24}C_6H_{12}O_6+\frac{1}{4}H_2O$	1.08	−0.011	−0.19
3	Cl	$\frac{1}{2}Cl(g)+e^-=Cl^-$	−131.30	1.361	23.00
4	Cl	$\frac{1}{2}Cl(aq)+e^-=Cl^-$	−134.75	1.397	23.60
5	Cl	$\frac{1}{2}ClO^-+H^++e^-=\frac{1}{2}Cl^-+\frac{1}{2}H_2O$	−165.84	1.719	29.05
6	Cl	$\frac{1}{8}ClO_4^-+H^++e^-=\frac{1}{8}Cl^-+\frac{1}{2}H_2O$	−133.93	1.388	23.46
7	Cr	$\frac{1}{6}Cr_2O_7^{2-}+\frac{7}{3}H^++e^-=\frac{1}{3}Cr^{3+}+\frac{7}{6}H_2O$	−131.71	1.365	23.07
8	Cu	$\frac{1}{2}Cu^{2+}+e^-=\frac{1}{2}Cu(s)$	−32.75	0.339	5.74
9	Fe	$\frac{1}{2}Fe^{2+}+e^-=\frac{1}{2}Fe(s)$	39.44	−0.409	−6.91
10	Fe	$Fe^{3+}+e^-=Fe^{2+}$	−74.27	0.770	13.01
11	Fe	$\frac{1}{3}Fe^{3+}+e^-=\frac{1}{3}Fe(s)$	1.53	−0.016	−0.27
12	H	$H^++e^-=\frac{1}{2}H_2(g)$	0.00	0.000	0.00
13	Hg	$\frac{1}{2}Hg^{2+}+e^-=\frac{1}{2}Hg(l)$	−76.80	0.796	13.45
14	I	$\frac{1}{2}I_2(s)+e^-=I^-$	−51.59	0.535	9.04
15	I	$\frac{1}{5}IO_3^-+\frac{6}{5}H^-+e^-=\frac{1}{10}I_2(s)+\frac{3}{5}H_2O$	−116.71	1.210	20.44
16	Mn	$\frac{1}{2}MnO_2(s)+2H^++e^-=\frac{1}{2}Mn^{2+}+H_2O$	−118.63	1.230	20.78
17	Mn	$\frac{1}{5}MnO_4^-+\frac{8}{5}H^++e^-=\frac{1}{5}Mn^{2+}+\frac{4}{5}H_2O$	−143.90	1.491	25.21
18	Mn	$\frac{1}{3}MnO_4^-+\frac{4}{3}H^++e^-=\frac{1}{3}MnO_2+\frac{2}{3}H_2O$	−162.00	1.679	28.38
19	N	$\frac{1}{6}NO_2^-+\frac{4}{3}H^++e^-=\frac{1}{6}NH_4^++\frac{1}{3}H_2O$	−86.09	0.892	15.08
20	N	$\frac{1}{8}NO_3^-+\frac{5}{4}H^++e^-=\frac{1}{8}NH_4^++\frac{3}{8}H_2O$	−84.95	0.880	14.88
21	N	$\frac{1}{3}NO_2^-+\frac{4}{3}H^++e^-=\frac{1}{6}N_2(g)+\frac{2}{3}H_2O$	−145.72	1.510	25.52
22	N	$\frac{1}{5}NO_3^-+\frac{6}{5}H^++e^-=\frac{1}{10}N_2(g)+\frac{3}{5}H_2O$	−120.04	1.244	21.03
23	O	$\frac{1}{4}O_2(g)+H^++e^-=\frac{1}{2}H_2O$	−118.59	1.229	20.77
24	S	$\frac{1}{6}SO_4^{2-}+\frac{4}{3}H^++e^-=\frac{1}{6}S(s)+\frac{2}{3}H_2O$	−34.02	0.353	5.96
25	S	$\frac{1}{8}SO_4^{2-}+\frac{5}{4}H^++e^-=\frac{1}{8}H_2S(aq)+\frac{1}{2}H_2O$	−29.00	0.301	5.08
26	S	$\frac{1}{4}SO_4^{2-}+\frac{5}{4}H^++e^-=\frac{1}{8}S_2O_3^{2-}+\frac{5}{8}H_2O$	−26.26	0.272	4.60
27	S	$\frac{1}{2}SO_4^{2-}+H^++e^-=\frac{1}{2}SO_3^{2-}+\frac{1}{2}H_2O$	10.43	−0.108	−1.83
28	Zn	$\frac{1}{2}Zn^{2+}+e^-=\frac{1}{2}Zn(s)$	73.55	−0.762	−12.88

$E^0=\frac{-\Delta G^0}{96.485\text{kJ/volt}\cdot\text{eq}}$ 그리고 $pE^0=16.9E^0$

| 2.8 | 금속과 비금속

금속과 비금속의 구분은 우리가 생각하는 것처럼 그렇게 명확하지는 않다. 일반적으로 전자를 쉽게 잃어버리고 양이온을 형성하는 원소를 금속이라고 한다. 금속은 유리 상태에서 전기 전도도가 큰 전도체이다. 전자를 소유하려는 힘이 크고 전자를 얻어 음이온을 형성하려는 경향을 가진 원소들을 비금속이라 한다. 금속과 비금속을 판단하는 데는 흔히 다음의 두 가지 방법을 이용한다. (1) 금속의 대부분은 질산 이온과 황산 이온 같이 산소를 가지고 있는 음이온과 염을 형성할 때, 양이온 부분으로 된다. 비금속은 이와 같이 되지 않는다. (2) 금속들은 적어도 하나의 염기성이 센 산화물을 형성한다. 그러나 일부 산화물과 수산화물은 용해도가 아주 낮기 때문에 이 방법을 모든 금속의 일반적인 판단기준으로 사용할 수는 없다.

| 2.9 | 기체 법칙

기체법칙들, 특히 액체에 대한 기체의 용해도 또는 용액으로부터 기체의 제거와 관련된 기체법칙들은 환경공학에서 대단히 중요하다.

Boyle의 법칙

Boyle의 법칙에 의하면 **일정한 온도에서 기체의 부피는 그 압력에 반비례한다**. 이 법칙의 중요한 적용 예는 현장조건에서 측정한 기체부피를 표준조건으로 환산하는 것이며, 이것은 특히 고도가 높은 지역에서 중요하다.

Charles의 법칙

Charles의 법칙에 의하면 **일정한 압력에서 기체의 부피는 절대온도에 정비례한다**. 절대온도 척도를 사용할 줄 알면 이 법칙을 이해하고 적용함에 별다른 문제가 없을 것으로 짐작된다. Charles의 법칙은 부피가 일정한 용기 내의 여러 가지 온도에서의 압력을 계산하는 데 많이 쓰인다. Boyle의 법칙과 결합시킨 식은 기체용기의 크기를 결정하는 데 이용된다.

일반화된 기체법칙

일정한 양의 기체에 대하여 Boyle의 법칙과 Charles의 법칙을 결합시켜 한 식으로 나타내면 다음과 같이 된다.

$$PV = \beta T \tag{2.13}$$

여기서 β는 기체의 무게에 비례하는 상수이며 P, V 및 T는 각각 기체의 압력, 부피 절대온도를 나타낸다. 상수 β는 기체 몰 수의 함수로 알려져 있으며(Avogadro의 법칙), 이 관계들을 종합하면 다음 식으로 표현되는 일반적인 기체법칙, 즉 이상기체 법칙이 유도된다.

$$PV = nRT \tag{2.14}$$

여기서 n은 기체의 몰수이며, R은 모든 기체에 대하여 보편적으로 사용할 수 있는 상수이다. 기체상수 R의 값은, P, V 및 T를 측정하는 데 사용한 단위에 따라 달라진다. R의 값을 결정하는 한 방법으로, 이상기체 1몰이 1기압, 273 K에서 22.414 L의 부피를 차지한다는 사실을 기억하고 있으면 편리하다. 이것을 이상기체 법칙에 대입하여 계산하면 R은 0.082 L·atm/mol·K이다.

예제 2.6

25℃, 2 atm의 압력에 있는 메탄가스(CH_4) 10,000 kg을 저장하는 데 필요한 탱크의 부피를 구하여라.

해답

CH_4가스의 분자량은 $12+(1)(4)=16$ g, 10,000 kg은 몰수로 $\dfrac{10{,}000{,}000}{16}=625{,}000$ mol

이상기체 법칙으로부터

$$V = \frac{nRT}{P} = \frac{625{,}000(0.082)(273+25)}{2} = 7.64\times10^6 \text{ liter}$$

그러므로 필요한 탱크의 부피는 7.64×10^6 L이다.

Dalton의 부분압력 법칙

이 법칙은 여러 가지 방법으로 표현되고 있으나 기본적으로 다음과 같이 말할 수 있다. **공기와 같은 혼합기체 속에서 각 성분 기체는 서로 독립적으로 압력을 나타낸다. 각 기체의 부분압력은 혼합물 속에서의 그 기체의 양(부피 퍼센트)에 비례한다. 바꾸어 말하면, 그 기체가 혼합기체의 전체부피를 단독으로 차지하고 있을 때에 나타내는 압력과 같다.** 이 법칙의 기본개념은 Henry의 법칙과 결합시켜 여러 가지 공학적 계산에 사용되고 있다.

Henry의 법칙

Henry의 법칙에 의하면 **일정한 온도에서 일정한 부피의 액체에 용해되는 기체의 양은 그 액체 위에 미치는 기체의 압력에 비례한다.** 식으로 나타내면,

$$K_H = \frac{P_{\text{gas}}}{C_{\text{equil}}} \tag{2.15}$$

여기서 C_{equil} = 평형상태에서 액체에 용해된 기체의 농도

P_{gas} = 액체 위의 기체의 부분압력이다.

K_H = 주어진 온도에서 그 기체의 Henry의 법칙 상수이다.

액체와 관련된 문제들을 다룰 때 Henry의 법칙은 다른 어떤 기체법칙보다 중요하다. Dalton의 부분압력 법칙과 Henry의 법칙을 확실히 이해하면 기체의 액상으로의 이동과 액체로부터 기상으로의 이동이 포함된 문제들을 적절히 풀 수 있게 된다. 예를 들어, 20℃의 물속에 있는 산소의 Henry의 법칙상수 K_H는 0.73 atm-m^3/mol이다. 공기는 부피로 21%의 산소를 포함하고 있으므로, 공기의 전체압력이 1 atm일 때 공기 중의 산소의 부분압력은 Dalton의 법칙에 따라 0.21 atm이 된다. 따라서 20℃의 물과 1 atm의 공기가 접촉하고 있을 때, 산소의 평형농도는 0.21/0.73 = 0.288 mol/m^3 또는 0.288(32,000)/1000 = 9.2 mg/L이다.

환경공학 분야에서 기체의 액체로의 이동과 관련된 문제들을 다루게 되는 것은 액체를 호기성 상태(aerobic conditions)로 유지하기 위하여 포기(aeration)에 의해 산소를 첨가하는 경우이다. 액체로부터 기체를 제거하려 할 때도 일종의 포기장치를 사용하여 수행한다. 이와 같은 공정들에서는 대체로 대기압 또는 대기압 부근에서 액체 속으로 공기 기포를 통과시키거나, 공기 속으로 액체 방울을 떨어지게 하거나, 공기에 노출된 표면 위로 액체가 얇은 막(film)의 상태로 흐르게 하는 방법으로 기체 이동이 일어나도록 한다. Henry의 법칙은 평형법칙의 하나이며 기체 이동 속도와는 직접적인 관계가 없다. 그러나 주어진 기체-액체계가 평형으로부터 어느 정도 벗어나 있는지는 알 수가 있으므로 결국 기체 이동속도에 대한 인자의 하나로 된다. 그러므로 산소의 용해속도는 Henry의 법칙에 의해 주어진 평형농도와 액체 속에서의 실제 농도와의 차이에 비례하게 된다.

$$\frac{dC}{dt} \propto (C_{\text{equil}} - C_{\text{actual}})$$

이 개념은 활성슬러지법과 같은 호기성 폐수처리 및 호수와 하천의 재포기 능력 평가를 위한 계산에 이용된다.

액체 속의 이산화 탄소, 황화수소, 사이안화수소, 그리고 트라이클로로에틸렌 및 사염화탄소와 같은 다양한 휘발성 유기 화합물 등의 기체들을 제거하는 데도 흔히 포기방법(또는 탈기법이라고도 함)을 이용한다. 그 일반적인 원리는 기체가 액체로 이동할 때와 같다. 그러나 이 경우에는 공기 중에서의 이들 기체의 부분압력이 대단히 낮기 때문에, Henry의 법칙에 따라 C_{equil}가 C_{actual}보다도 훨씬 낮다. 그러므로 앞서의 식으로 주어지는 이동속도

는 음의 값이 되며 기체는 용액으로 이동하지 않고 반대로 액체를 떠나게 된다. 물에 용해되어 있는 어떤 휘발성 물질이 주어진 온도에서 높은 증기압을 나타내는 경우에는 이 원리를 적용하여 제거한다. 이에 대한 예제 및 토의는 5.34절에 주어져 있다.

Graham의 법칙

Graham의 법칙은 기체확산에 관한 법칙으로서, **기체의 확산속도(조그마한 구멍을 통한 기체의 탈출)는 기체 분자량의 제곱근에 반비례한다.** 이 법칙은 분자량이 각각 대략 2, 32, 71.5 그리고 160인 수소, 산소, 염소 및 브롬의 확산속도를 비교하여 보면 잘 이해할 수 있다. Graham의 법칙에 따라, 수소의 확산속도에 비해 산소는 약 1/4, 염소는 1/6, 브롬은 약 1/9 정도의 확산속도를 나타낸다. 이 법칙은 산업 위생과 대기오염 방지 분야에 널리 응용되고 있다. 기체 분자량은 액체로의 기체이동(예를 들어, 산소의 포기공정) 및 액체로부터 기체이동(예를 들어, 물에서 오염가스를 제거하는 것)에 있어서도 역시 중요하다.

Gay-Lussac의 결합 부피 법칙

Gay-Lussac의 법칙은 기체분석법의 이해에 바탕이 되는 법칙이다. 이 법칙에 의하면, **기체가 관련된 화학반응에서는 반응하는 기체와 생성된 기체의 부피 사이에는 정수관계가 성립한다.** 이 법칙은 다음의 예로 설명할 수 있다.

$$C + \underset{\underset{\text{1부피}}{\square}}{O_2} \rightarrow \underset{\underset{\text{1부피}}{\square}}{CO_2} \qquad (2.16)$$

산소 1부피가 탄소(고체)와 결합하여 이산화 탄소 1부피를 생성한다. 또는

$$\underset{\underset{\text{1부피}}{\square}}{CH_4} + \underset{\underset{\text{2부피}}{\square\,\square}}{2O_2} \rightarrow \underset{\underset{\text{1부피}}{\square}}{CO_2} + \underset{\underset{\text{0부피}}{?}}{2H_2O} \qquad (2.17)$$

산소 2부피가 메탄 1 부피와 반응하여 이산화 탄소 1부피를 생성한다. 만일 반응계의 온도를 100℃ 이상으로 유지한다면, 2부피의 수증기가 생성될 것이다. 대체로 계의 온도는 다시 실온으로 냉각되게 되므로 수증기는 응축되어 기체상으로부터 분리된다. 따라서 물의 부피는 기체 생성물의 부피를 측정하는 데 영향을 미치지 않으므로 0으로 간주한다.

❙ 2.10 ❙ 용 액

불포화 용액, 포화 용액 및 과포화 용액의 개념은 대체로 일반과학 또는 일반화학에서 충분히 공부하였을 것으로 짐작한다. **몰**과 **몰랄**이란 용어에 대하여는 2.2절에서 설명하였으나 완전히 이해하지 못했을 수도 있을 것으로 생각된다. 몰랄 용액은 보통 용액의 물리

적 성질, 즉 어는점 및 끓는점 등과 관련하여 사용한다. 몰 농도는 일반적으로 여러 가지 평형계산을 할 때 사용한다. 정량분석에는 보통 11.4절에서 설명하는 노르말 용액을 사용한다.

증기압력

액체 속에 비휘발성 용질(solute)이 존재하면, 그 용액의 증기압력은 순수한 용매의 증기압력보다 항상 낮아진다. 즉, 물에 설탕, 소금이나 또는 이와 비슷한 물질이 녹아 있게 되면 이들 용액의 증기압력은 순수한 용매의 증기압력보다 항상 낮아진다. 이러한 현상은 액체 표면에서 용질 입자(이온 또는 분자)들이 물리적인 방해작용을 하기 때문인 것으로 믿어진다.

라울트의 법칙(Raoult's Law)

라울트의 법칙은 다음과 같다 : **여러 물질이 혼합된 용액에서 어느 물질의 증기압(분압) P_i는 혼압액에서 그 물질의 몰 분율(X_i)에 순수한 상태에서 그 물질의 증기압(P^0)을 곱한 것과 같다.**

$$P_i = X_i P^0 \tag{2.18}$$

여러 물질의 P^0 값은 Handbook of Chemistry and Physical와 같은 참고서적에서 찾아 볼 수 있다. 물 분율은 혼합액에서 물질 i의 농도를 나타낸다.[8] 그 값은 무차원 값으로 존재하는 물질 i의 몰 수(n_i)를 존재하는 모든 물질의 몰 수(n_j)로 나눈 값이다.

$$X_i = \frac{n_i}{\sum_j n_j} \tag{2.19}$$

라울트의 법칙은 용액 위의 증기압이 용액 중의 농도와 관련이 있다는 점에서 헨리의 법칙과 유사하다. 이상 용액(ideal solution)에서 그 둘은 동일한 표현이다. 그러나 현실적으로 일반 비이상 용액에 대해 물질 i의 농도가 낮은 경우(예를 들어, 물의 몰 분율이 1.0에 가까운 묽은 용액) 일반적으로 헨리의 법칙을 사용한다. 반면 라울트 법칙은 물질 i의 농도가 높은 경우(예를 들어, 석유 혼합물과 염소계 용매와 같은 유해 물질)에 적용된다. 이상적인 행동으로부터의 편차는 2.12에 설명한 활동도 계수 및 fugacity를 이용하여 보정한다.

---

8) D. R. Lide (ed.) "Handbook of Chemistry and Physics," 82nd ed.; CRC Press, Boca Raton, FL, 2001

예제 2.7

벤젠, 톨루엔, 에틸벤젠, 그리고 자일렌(이들 네 물질은 BTEX라고 함)은 휘발유의 주요 성분이다. 25℃에서 각 순수 액체의 증기압은 0.126, 0.0380, 0.0126, 그리고 0.01177 기압이다.[9] 이들 물질이 같은 몰수로 혼합된 용액이 라울트의 법칙을 따른다고 가정하여, 각 물질의 증기압을 계산하고, 혼합액의 총 증기압을 계산하시오.

▌해답

라울트의 법칙에 의하면 $P_i = X_i\,P^0$. 이 예제에서 각 물질에 대해 $X_i = 0.25$이다.

$$P_{\text{benzene}} = 0.25(0.126) = 0.0315\text{ atm}$$
$$P_{\text{toluene}} = 0.25(0.0380) = 0.0095\text{ atm}$$
$$P_{\text{ethylbenene}} = 0.25(0.0126) = 0.0032\text{ atm}$$
$$P_{\text{xylene}} = 0.25(0.0117) = 0.0029\text{ atm}$$
$$P_{\text{total}} = 0.0315 + 0.0095 + 0.0032 + 0.0029 = 0.0417\text{ atm}$$

예제 2.8

만일 예제 2.7에 주어진 BTEX 혼합물이 물과 평형을 이루고 있다면 라울트 법칙과 헨리의 법칙을 이용하여 물에 대한 벤젠의 용해도를 추정하라. 벤젠에 대한 K_H 값은 25℃에서 0.0055 atm·m^3/mol이다.[10]

▌해답

예제 2.7에서 $P_{\text{benzene}} = 0.0315\text{ atm}$. 헨리의 법칙, 식 (2.15)는

$$C_{\text{equil}} = P_{\text{gas}} / K_H$$

그러므로

$C_{\text{equil}} = 0.0315/0.0055 = 5.73\text{ mol/m}^3$ 또는 0.00573 M

벤젠의 분자량은 78이므로 수용액에서 그 농도는 447 mg/L이다.

라울트 법칙은 용질이 물 및 기타 용매의 어는점 및 끓는점에 미치는 영향을 파악하는 데에도 이용될 수 있다. 라울트 법칙에 의하면 설탕과 같은 비전해질이 6.02×10^{23}(아보가드로 수) 분자 또는 입자만큼 물에 용해된 경우 증기압도 그에 상응하여 감소하며, 따라서 끓는점은 0.52℃, 어는점은 1.86℃ 낮아진다. NaCl과 같은 전해질은 2개의 이온을 생성하므

9) R. P. Schwarzenbach, P. M. Gschwend, and D. M. Imboden, "Environmental Organic Chemistry," Wiley, New York, 1993

10) Ibid.

로 1몰 용액에선 아보가드로수의 두 배만큼의 입자가 생성되고, 따라서 그 영향 역시 두 배가 된다.

| 2.11 | 평형과 Le Chatelier의 원리

화학반응은 거의 모두 어느 정도 가역성을 가지고 있다. 화학반응이 어느 한 방향으로 진행하여 생성물을 생성하는 반응물질의 농도가 이와는 반대 방향인 역반응에서 반응물질을 생성하는 생성물의 농도와 균형을 이룰 때, 이 반응은 평형에 도달했다고 말한다. 최종 평형상태를 결정하는 데는 반응물질의 농도와 생성물의 농도가 중요하다. 다음과 같이 일반적인 반응식으로 나타낸 평형계를 생각해 보자.

$$\mathrm{A + B \leftrightarrows C + D} \tag{2.20}$$

A 또는 B가 증가하면, 평형은 오른쪽으로 이동할 것이다. 반대로 C 또는 D가 증가하면 평형은 왼쪽으로 이동할 것이다. 이와 같이 농도의 변화에 따라 평형의 위치가 이동하는 것은 바로 Le Chatelier의 원리에 의한 것이다. 이 원리에 의하면, **평형에 있는 반응은 평형을 방해하는 어떤 힘이나 요인의 효과를 적게 하려는 방향으로 반응을 조절한다.**

평형에 있는 화학반응은 다음과 같이 나타낼 수 있다.

$$\frac{[\mathrm{C}]\,[\mathrm{D}]}{[\mathrm{A}]\,[\mathrm{B}]} = K \tag{2.21}$$

여기서 K는 주어진 온도에서의 상수이며, **평형상수**라고 부른다. 또 [ ]표시는 **평형상태에 있는 화학 종의 농도**를 의미한다. 이 식을 **평형 상수식**이라고 부르며, 네 개의 물질 중 어느 한 물질의 농도가 변화하면 다른 모든 물질의 농도도 변화하게 되는 것을 쉽게 알 수 있다. 이와 같은 방식의 표현은 자연과학 및 환경공학과 같은 응용과학에서 널리 사용하고 있는 것이므로 확실하게 이해하고 있어야 한다. 일반적인 반응은

$$a\mathrm{A} + b\mathrm{B} + \ldots \leftrightarrows c\mathrm{C} + d\mathrm{D} + \ldots$$

여기서 a, b, c 및 d는 반응에 참여하고 있는 각 물질의 몰수이다. 이 반응의 평형 상수식은

$$\frac{[\mathrm{C}]^{c}\,[\mathrm{D}]^{d}\cdots}{[\mathrm{A}]^{a}\,[\mathrm{B}]^{b}\cdots} = K \tag{2.22}$$

이 식은 **질량 작용 법칙**이라고도 불린다. 반응의 반응물질과 생성물질이 물과 같은 용매에 녹아 있을 때 평형 상수식의 농도는 보통 mol/L로 나타낸다. 고체, 기체 및 용매의 농도

를 나타내는 방법은 2.12절에 설명되어 있다.

2.12 활동도와 활동도 계수

평형관계는 수용액에 염, 산, 염기, 가스, 그리고 기타 물질이 혼합된 경우에도 흔히 적용된다. 이 같은 용액의 농도가 높아지면 평형의 정량적인 효과는 농도의 변화에 기초하여 계산한 값보다 적어지게 된다. 그러므로 각 이온 또는 물질의 유효농도, **활동도**(activity)는 그들의 실제 농도와 달라져야 한다. 활동도가 농도와 같지 않은 경우 그 물질은 **비이상적**(nonideally)이라고 한다. 이 같은 점은 양이온과 음이온 사이의 친화력 및 반응의 열역학으로 일부 설명이 가능하다. **이상적인**(ideal) 상태는 활동도가 농도와 같은 경우에 발생한다.

그러므로 정확한 결과를 얻기 위해서는 실제농도보다는 활동도 또는 유효농도가 사용되어야 한다.

$$\frac{\{\mathrm{C}\}^{\mathrm{c}}\{\mathrm{D}\}^{\mathrm{d}}}{\{\mathrm{A}\}^{\mathrm{a}}\{\mathrm{B}\}^{\mathrm{b}}} = K \tag{2.23}$$

여기서 { } 괄호는 활동도를 농도와 구분하기 위하여 사용되었다.

위 관계에서 활동도를 표현하기 위한 일반적인 규칙이 필요하다. 대부분의 교재에서 활동도와 농도의 관계는 다음과 같다:

$$\gamma_i = \frac{\{i\}}{[i]} \tag{2.24}$$

여기서 γ_i = 물질 i의 활동도 계수

$\{i\}$ = 물질 i의 활동도

$[i]$ = 물질 i의 농도

보다 정확하게 표현하자면 물질 i의 농도는 다음과 같이 물질 i의 **기준상태**(reference state)에 대한 상대값으로 표현되어야 한다.

$$\gamma_i = \frac{\{i\}}{[i]/[i]_o} \tag{2.25}$$

여기서 $[i]_o$는 기준상태에서 물질 i의 농도이다.

그러므로 활동도 $\{i\}$는 무차원이다. 물에 용해된 이온과 물질의 기준상태는 주로 1.0 M이다. 용매의 기준상태는 몰 분율이 1.0인 순수한 용매이다. 고형물의 기준상태는 몰 분율이 1.0인 순수한 고체이다. 기체의 기준상태는 순수한 가스(즉, 1기압)이다. 그러므로 대부분

의 경우 $[i]_o = 1.0$이고, 따라서 식 (2.25)는 식 (2.24)와 같다. 이 책에서는 식 (2.24)를 사용하기로 하자.

불행하게도 정확한 활동도 계수는 일반적으로 쉽게 결정되는 수치가 아니다. 활동도 대신 실제 농도를 이용하여 평형관계를 계산하는 경우에는 오차가 발생하지만, 묽은 용액에서는 오차가 큰 편이 아니다. 또한 평형관계를 계산함에 있어 고도의 정확도가 필요한 것도 아니다. 이 같은 이유에서 이 책에서는 일반적으로 평형계산을 위한 활동도 계수를 1이라고 가정하였다. 활동도 계수에 대한 보다 자세한 토의 및 계산 방법은 4.3에 주어져 있다.

평형관계를 계산함에 있어 농도 또는 활동도를 사용하는 것은 개인이 결정할 문제이다. 물론 이는 대상 이온과 물질의 종류 및 농도에 따라 결정되어야 한다. 그러나 용액, 용질, 고체, 그리고 기체에 대하여 활동도 또는 농도를 표현하는 일부 규약을 알아둘 필요가 있다. 이는 보고된 평형상수를 이용할 때 특히 필요하다. 표현 방법은 다음과 같다.

1. 용액중의 이온과 분자 :

$$\{i\} = \gamma_i [i]$$

여기서 $\{i\}$ = 물질 i의 활동도

$[i]$ = 물질 i의 농도, mol/L

γ_i = 물질 i의 활동도 계수

묽은 용액에서 γ_i는 1.0에 가까우므로 $\{i\} = [i]$

2. 용액중의 용매 또는 혼합액체 :

$$\{i\} = \gamma_i X_i$$

여기서 X_i는 물질 i의 몰 분율(2.10절에서 정의되었음). 수용액에서 용매는 물이다. 그러므로 $X_{H_2O} \approx 1$ (이것은 $[H_2O]/[H_2O]_o = 1$을 의미한다). 여기서 기준상태에 대하여 $\gamma_{H_2O} = 1$이다. 그러므로 $\{H_2O\} = 1.0$. 이는 학생들에게 다소 혼돈이 된다. 그러나 규약에 의해 $\{H_2O\} = [H_2O] = 1.0$이라고 가정한다. 그러므로 묽은 용액에서는 활동도 상수를 표현할 때 물을 제외시킨다. 다량의 용해성 염을 포함한 바닷물의 경우 $\gamma_{seawater} \approx 0.98$로, 이는 평형상태의 계산에 큰 영향을 미칠 수 있다.

3. 수용액과 평형을 이루고 있는 순수 고체 및 액체 :

$$\{i\} = [i] = 1.0$$

물과 같이 순수한 고체 및 액체의 농도 또는 활동도는 평형상수를 표현할 때 포함시킬 필요가 없다.

4. 수용액과 평형을 이루고 있는 가스 :

$$\{i\} = \gamma_i P_i$$

여기서 P_i는 기압으로 표현된 가스의 분압이다. 총기압이 감소하면 γ_{gas}는 1.0에 가까워진다. 대기압 상태에서 반응이 일어나면 $i \approx P_i$이다. 공기는 21%의 산소를 포함하므로 $P_{O_2} = 0.21$ 기압 $= \{O_2\} = [O_2]$

가스의 경우 분압의 단위를 가진 **퓨가시티**(fugacity) 개념도 사용된다. Morel과 Hering [11]은 활동도와 용액의 이온의 관계로 퓨가시티(fugacity)와 가스와의 관계를 설명하였다. 즉, 퓨가시티는 비이상적인 기체의 행동을 설명한다. Mackay[12]는 퓨가시티가 환경공학 및 과학에 어떻게 사용되는가를 설명하였다. Schwarzenbach 등[13]은 퓨가시티를 상(phase)으로부터 "벗어나고자 하는 경향"의 척도로 설명하였다.

2.13 평형 상수식의 응용

식 (2.22)와 (2.23)은 평형관계의 일반식이다. 이 식들은 수용액 속에 들어있는 물질들을 여러 가지 면에서 이해할 수 있게 하고, 또 그 물질들을 제어하는 방법을 찾는 데에도 도움이 된다. **균일 화학 평형계**(homogeneous chemical equilibria)는 반응물질들과 생성물이 같은 물리적 상태 또는 상(phase)에 있는 평형계이며, 기체들 사이의 반응, 물에 용해된 물질들 간의 반응은 이것에 속한다. 수용액 중에서의 균일 화학 평형계의 예로는 약한 산과 약한 염기의 이온화와 착물 형성 등이 있다.

불균일 화학 평형계(heterogeneous chemical equilibria)는 둘 이상의 물리적 상에 있는 물질들에 의한 평형계이다. 예를 들면, 기체 - 액체의 용해도에 대한 평형, 고체 - 액체의 용해도에 대한 평형, 두 종류의 용매에 분배되는 물질에 대한 평형, 한 물질의 액체상과 기체상 사이 또는 액체상과 고체상 사이의 상평형 등이 있다. 환경공학 및 과학에서 특히 중요한 균일 및 불균일 평형계의 예들을 다음에 간단히 소개한다. 상세한 것은 제3장 및 4장에서 설명하겠다.

---

11) F. M. M. Morel and J. G. Hering, "Principles and Applications of Aquatic Chemistry," Wiley, New York, 1993.
12) D. Mackay, Finding Fugacity Feasible, *Env. Sci. Tech.,* 13 : 1218-1223(1979).
13) R. P. Schwarzenbach, P. M. Gschwend, and D. M. Imboden, "Environmental Organic Chemistry."

이온화

이온화의 이론은 1887년에 완성된 Svante Arrhenius의 박사학위 논문에서 비롯된다. Arrhenius의 이론에 의하면, 모든 산, 염기 및 염들이 물에 용해되면 이온으로 해리한다. 그는 서로 다른 화합물의 당량용액(equivalent solution)[14]이 자주 전도도에 큰 차이를 나타내는 것을 알게 되었다. Arrhenius는 이 현상이 해리 또는 이온화도의 차이에서 연유하는 것으로 설명하였으며, 현재도 수용액 속에서 관찰되는 여러 가지 현상을 설명하는 데 쓰이고 있다.

물의 이온곱

수용액 계에서 가장 중요한 평형관계는 물이 수소이온 또는 양성자와 수산화이온으로 해리하는 것이다.

$$H_2O \leftrightarrows H^+ + OH^- \tag{2.26}$$

양성자는 대단히 작은 입자이며 대단히 큰 전하 : 부피 비를 가지고 있다. 따라서 양성자는 양전하가 크지 않은 어느 것에나 쉽게 부착하는 성질이 있다. 수용액 속에서는 물 분자에 쉽게 부착하며, 이에 따라 물의 해리식 (2.26)보다 다음과 같이 나타내는 것이 더 정확한 표현이 된다.

$$2H_2O \leftrightarrows H_3O^+ + OH^- \tag{2.27}$$

H_3O^+는 **하이드로늄 이온**(hydronium ion)이라고 부른다. 하이드로늄 이온은 물분자와 반응하여 또 다른 수화물을 형성하므로 식 (2.27)도 물의 해리를 완전히 정확하게 나타낸 것은 아니다. 그러나 이것을 실제로 사용할 때는 식 (2.26)에서와 같이 간단하게 나타낼 수 있다. 그러므로 물의 이온 곱(ion product)은 다음과 같이 쓸 수 있게 된다(활동도 대신에 몰농도를 사용함).

$$\frac{[H^+][OH^-]}{[H_2O]} = K_W \tag{2.28}$$

$[H_2O]$는 규약에 따라 1이 되므로, 물이 이온 곱은 다음과 같이 간단한 형태로 나타낼 수 있다.

$$[H^+][OH^-] = K_W = 10^{-14} \quad 25℃에서 \tag{2.29}$$

이 평형식을 만족시킬 때의 $[H^+]$와 $[OH^-]$의 수치는 물만에 의해 생성된 것인지 또는 수용액 중의 다른 성분에 의해 공급된 것인지에는 관계없이 수용액 중에 존재하는 모든 H^+과 OH^- 이온을 포함한다.

---

14) 11.4절의 정의를 참조하여라.

산과 염기의 이온화

산의 고전적인 정의는 물에 용해되었을 때 양성자(H^+)를 생성하는 물질이다. 염기는 물에서 수산화 이온(OH^-)을 생성한다. 산과 염기 세기의 변화는 Arrhenius의 이온화 이론으로 설명할 수 있다. 센 산과 센 염기는 모두 묽은 용액 속에서 거의 100% 이온화, 즉 완전히 해리된다고 간주한다. 예를 들어, 센 산 HA는

$$HA \rightleftarrows H^+ + A^-$$

$$\frac{[H^+][A^-]}{[HA]} = K_A$$

센 산의 K_A값은 매우 커서 용액 속에서 해리되지 않은 산(HA)은 거의 존재하지 않는다.

그러나 약한 산과 약한 염기는 아주 조금밖에 이온화하지 않으므로 대부분의 경우 퍼센트로 이온화도를 나타내는 것은 적당하지 않다. 이들에 대해서는 다음에 설명하는 평형상수식을 이용할 수 있다.

전형적인 1가산(한 개의 양성자를 냄)인 아세트산에 대하여는,

$$HAc \rightleftarrows H^+ + Ac^-$$

$$\frac{[H^+][Ac^-]}{[HAc]} = K_A = 1.75 \times 10^{-5} \qquad 25℃에서 \qquad (2.30)$$

여기서는 Ac^-는 아세트산 이온을 나타낸 것이다.

전형적인 2가산(두 개의 양성자를 낼 수 있음)인 탄산에 대하여는,

$$H_2CO_3 \rightleftarrows H^+ + HCO_3^-$$

$$\frac{[H^+][HCO_3^-]}{[H_2CO_3]} = K_{A1} = 4.45 \times 10^{-7} \qquad 25℃에서 \qquad (2.31)$$

$$HCO_3^- \rightleftarrows H^+ + CO_3^{2-}$$

$$\frac{[H^+][CO_3^{2-}]}{[HCO_3^-]} = K_{A2} = 4.69 \times 10^{-11} \qquad 25℃에서 \qquad (2.32)$$

전형적인 염기(암모니아; NH_3)에 대하여는,

$$NH_3 + H_2O \rightleftarrows NH_4^+ + OH^-$$

$$\frac{[NH_4^+][OH^-]}{[NH_3]} = K_B = 1.75 \times 10^{-5} \qquad 25℃에서 \qquad (2.33)$$

물의 농도는 앞서 2.12절에서 설명한 이유로 식 (2.33)에 포함시키지 않는다. 약한 산, 약한 염기 및 염의 이온화 상수는 각종 핸드북 및 정량분석화학이나 물리화학 교과서에 표로 수록되어 있는 것을 참조하기 바란다.

예제 2.9

증류수에 3g의 아세트산을 녹이고 1L의 용액으로 만들었다. 아세트산 이온의 농도는 얼마이겠는가?

해답

이 용액의 몰 농도는 3/60, 즉 0.05 M이다.

x몰의 아세트산이 이온화하여 H^+와 Ac^-를 생성한다고 하면,

$$[HAc] = (0.05 - x) \text{ mol/L}$$

$$[H^+] = [Ac^-] = x \text{ mol/L}$$

그리고

$$K_A = \frac{[H^+][Ac^-]}{[HAc]} = \frac{(x)(x)}{0.05 - x} = 1.75 \times 10^{-5}$$

$x = [Ac^-] = 9.27 \times 10^{-4}$ mol/L 그러므로 0.05 M의 아세트산은 $9.27(10^{-4})(100)/0.05$ 즉, 1.85%가 이온화한다. pH는 $-\log [H^+]$로 정의되며, 이 경우 3.03이다. 산-염기 반응은 4.5에 자세히 설명되고 있다.

착이온

착이온은 하나 이상의 중심이온(주로 금속)과 **리간드**(ligand)라고 불리는 한 개 이상의 이온 또는 물질의 결합물로서, 리간드는 중심이온을 안전화시켜 용액 속에 존재하도록 한다. 예를 들어, Hg^{2+}과 Cl^-이 물속에 존재하게 되면, 이들은 서로 결합하여 분리되지 않는 가용성 $HgCl_2(aq)$으로 된다. 여기서 (aq)는 수용액 속에 존재하고 있음을 의미한다. 염소 이온은 여러 비율로 수은과 결합하여 여러 종류의 착물을 생성할 수 있다. 각종 수은-염소 이온 착물에 대한 평형상수는 다음 반응들로부터 구할 수 있다.

$$Hg^{2+} + Cl^- \rightleftarrows HgCl^+ \tag{2.34}$$

$$HgCl^+ + Cl^- \rightleftarrows HgCl_2 \tag{2.35}$$

$$HgCl_2 + Cl^- \rightleftarrows HgCl_3^- \tag{2.36}$$

$$HgCl_3^- + Cl^- \rightleftarrows HgCl_4^{2-} \tag{2.37}$$

반응식 (2.34)~(2.37)에 대한 평형 상수식들은 다음과 같다(활동도 대신 몰농도를 이용하였음).

$$\frac{[HgCl^+]}{[Hg^{2+}][Cl^-]} = K_1 = 10^{6.72} = 5.25 \times 10^6 \tag{2.38}$$

$$\frac{[HgCl_2]}{[HgCl^+][Cl^-]} = K_2 = 10^{6.51} = 3.24 \times 10^6 \tag{2.39}$$

$$\frac{[HgCl_3^-]}{[HgCl_2][Cl^-]} = K_3 = 10 \tag{2.40}$$

$$\frac{[HgCl_4^{2-}]}{[HgCl_3^-][Cl^-]} = K_4 = 10^{0.97} = 9.33 \tag{2.41}$$

착물반응(complex reaction)을 쓰는 방식은 식 (2.38)~(2.41)에서와 같이 분리반응보다 생성반응으로 나타내는 것이 관례다. 이때는 평형상수를 **안정도 상수**라고 부른다. 안정도 상수의 수치는 반응에 의해 생성된 착물 속의 염소 이온들의 수를 나타낸다.

때때로 착물생성에 대한 총괄반응을 검토하는 것이 편리할 때도 있다. 총괄반응들은 앞서 나타낸 단계적 반응식 (2.34)에서 (2.37)을 조합하여 만든다.

$$Hg^{2+} + Cl^- \rightleftarrows HgCl^+ \qquad \frac{[HgCl^+]}{[Hg^{2+}][Cl^-]} = \beta_1 \tag{2.42}$$

$$Hg^{2+} + 2Cl^- \rightleftarrows HgCl_2 \qquad \frac{[HgCl_2]}{[Hg^{2+}][Cl^-]^2} = \beta_2 \tag{2.43}$$

$$Hg^{2+} + 3Cl^- \rightleftarrows HgCl_3^- \qquad \frac{[HgCl_3^-]}{[Hg^{2+}][Cl^-]^3} = \beta_3 \tag{2.44}$$

$$Hg^{2+} + 4Cl^- \rightleftarrows HgCl_4^{2-} \qquad \frac{[HgCl_4^{2-}]}{[Hg^{2+}][Cl^-]^4} = \beta_4 \tag{2.45}$$

여기서 평형상수들에 대한 수치는 식 (2.38)로부터 (2.41)까지에서와 같은 의미를 가진다. 다만 $\beta_1 = K_1$, $\beta_2 = K_1K_2$, $\beta_3 = K_1K_2K_3$ 및 $\beta_4 = K_1K_2K_3K_4$이다. 때로 가장 높은 착물의 총괄생성반응의 안정도 상수의 역수를 그 반응의 불안정도 상수(instability constant)라고 부른다. 그러므로,

$$HgCl_4^{2-} \rightleftarrows Hg^{2+} + 4Cl^- \qquad \frac{[Hg^{2+}][Cl^-]^4}{[HgCl_4^{2-}]} = K_{inst} \tag{2.46}$$

예제 2.10

하천의 염소 이온 농도는 대체로 10^{-3} M 정도이다. 만일 $HgCl_2(aq)$의 농도가 10^{-8} M(음용수 중의 Hg의 허용농도)이라면 Hg^{2+}, $HgCl^+$, $HgCl_3^-$ 및 $HgCl_4^{2-}$ 의 농도는 각각 얼마이겠는가?

해답

식 (2.39)로부터

$$[HgCl^+] = \frac{[HgCl_2]}{K_2[Cl^-]} = \frac{(10^{-8})}{(10^{6.51})(10^{-3})} = 3.3 \times 10^{-12}\ M$$

식 (2.38)로부터

$$[Hg^{2+}] = \frac{[HgCl^+]}{K_1[Cl^-]} = \frac{3.3(10^{-12})}{(10^{6.72})(10^{-3})} = 5.9 \times 10^{-16}\ M$$

식 (2.40)으로부터

$$[HgCl_3^-] = K_3[HgCl_2][Cl^-] = 10(10^{-8})(10^{-3}) = 10^{-10}\ M$$

식 (2.41)로부터

$$[HgCl_4^{2-}] = K_4[HgCl_3^-][Cl^-] = 9.33(10^{-10})(10^{-3}) = 9.3 \times 10^{-13}\ M$$

이 계산들로부터 자연수 중의 수은의 대부분은 중성인 $HgCl_2(aq)$종으로 존재하며 이온화된 형태의 수은은 거의 없는 것을 알 수 있다. 금속의 흡착특성은 착물화, pH, 전하, 그리고 흡착제(고체)의 영향을 받는다. 자세한 사항은 3.13 및 4.9에 주어져 있다.

다른 용해성 분자나 이온도 수은과 같은 금속과 결합하여 착물을 형성하는 리간드로 작용할 수 있다. 리간드에는 H^+, OH^-, CO_3^{2-}, NH_3, F^-, CN^-, $S_2O_3^{2-}$ 등과 기타 여러 무기 및 유기물의 종들이 있다. 금속과 암모니아의 착물이 흔한 예이다. 예를 들면, 은은

$$Ag^+ + 2NH_3 \rightleftarrows Ag(NH_3)_2^+$$

$$\frac{[Ag(NH_3)_2^+]}{[Ag^+][NH_3]^2} = \beta_2 = 1.74 \times 10^7 \tag{2.47}$$

이와 같은 착이온들은 모두 해리 생성물의 하나를 제거하는 물리적 또는 화학적 조건을 만들어 주면 쉽게 파괴된다.

은-암모니아 착이온은 수소 이온을 생성하는 물질을 첨가하여 분해할 수 있다. 이 경우에는 더 안정한 착이온인 NH_4^+이 생성됨으로써 분해가 일어난다. 암모늄 이온(NH_4^+)의 생성반응식에 대한 평형은 다음과 같다.

$$NH_3 + H^+ \rightleftarrows NH_4^+$$

$$\frac{[NH_4^+]}{[NH_3][H^+]} = K = 1.8 \times 10^9 \tag{2.48}$$

수산화나트륨과 같은 센 염기를 첨가하면, 아주 조금 이온화되는 물의 생성을 통하여

$[H^+]$ 농도가 감소된다. 따라서 은−암모니아 평형은 완전하게는 아니지만 왼쪽으로 이동하게 된다. 이 수용액을 끓여 암모니아를 증발시켜 버리면 평형은 완전히 파괴된다. 이것이 바로 암모니아성 질소를 증류법으로 분리하여 분석측정하는 기본원리이다.

용해도곱

모든 고체는 그것이 아무리 불용성인 것이라도 어느 정도는 녹는다. 예컨대, 염화은과 황산바륨은 모두 아주 불용성인 것으로 간주되고 있다. 그러나 비록 적은 양이긴 하나 물에 녹아 다음과 같은 평형을 이룬다.

$$AgCl(s) \rightleftharpoons Ag^+ + Cl^- \tag{2.49}$$

$$BaSO_4(s) \rightleftharpoons Ba^{2+} + SO_4^{2-} \tag{2.50}$$

$$Cu(OH)_2(s) \rightleftharpoons Cu^{2+} + 2OH^- \tag{2.51}$$

화합물의 결정은 질서있게 배열된 이온들로 구성되어 있다. 그러므로 어떤 화합물의 결정들을 물속에 넣으면 표면 부분의 이온들은 물로 이동하게 되고, 염의 경우에는 완전히 용해될 때까지 또는 포화상태에 도달할 때까지 계속해서 용해된다. 불용성 물질은 포화값이 대단히 작아서 빠르게 포화상태에 도달한다. 염화 은, 황산 바륨 및 기타 불용성 화합물들에서는 고체 또는 결정성 물질과 평형을 이룰 수 있는 이온 농도가 대단히 작다.

고체상태 화합물의 결정과 용액 속의 이온들 사이의 평형은 평형 상수식에 따른다고 할 수 있으며 수학적으로 균일 평형계로 생각하여 취급할 수 있다. 예로, 식 (2.49)의 염화 은의 평형을 활동도 대신 몰 농도를 이용하여 생각해 보자.

$$\frac{[Ag^+][Cl^-]}{[AgCl](s)} = K \tag{2.52}$$

그러나 $[AgCl](s)$은 고체상태로 존재하는 염화 은을 나타낸다.

$$[Ag^+][Cl^-] = K_{sp} \tag{2.53}$$

여기서 상수 K_{sp}는 용해도곱 상수라고 부른다.

인산 삼칼륨(tricalcium phosphate)과 같이 더욱 복잡한 화합물의 경우를 생각해 보자. 이 화합물은 다음과 같이 이온화한다.

$$Ca_3(PO_4)_2(s) \rightleftharpoons 3Ca^{2+} + 2PO_4^{3-} \tag{2.54}$$

용해도 곱은 식 (2.53)에 따라

$$[Ca^{2+}]^3[PO_4^{3-}]^2 = K_{sp} \tag{2.55}$$

표 2.5 대표적인 용해도곱 상수들

평형 반응식	K_{sp} 25℃	환경공학에서의 중요성
$MgCO_3(s) \rightleftharpoons Mg^{2+} + CO_3^{2-}$	4×10^{-5}	경도제거, 물때
$Mg(OH)_2(s) \rightleftharpoons Mg^{2+} + 2OH^-$	9×10^{-12}	경도제거, 물때
$CaCO_3(s) \rightleftharpoons Ca^{2+} + CO_3^{2-}$	5×10^{-9}	경도제거, 물때
$Ca(OH)_2(s) \rightleftharpoons Ca^{2+} + 2OH^-$	8×10^{-6}	경도제거
$CaSO_4(s) \rightleftharpoons Ca^{2+} + SO_4^{2-}$	2×10^{-5}	연도가스 탈황
$AgCl(s) \rightleftharpoons Ag^+ + Cl^-$	3×10^{-10}	염소이온분석, 중금속 제거
$Ag_2CO_3(s) \rightleftharpoons 2Ag^+ + CO_3^{2-}$	8.5×10^{-12}	중금속 제거 및 거동
$AgOH(s) \rightleftharpoons Ag^+ + OH^-$	2×10^{-8}	중금속 제거
$Ag_2SO_4(s) \rightleftharpoons 2Ag^+ + SO_4^{2-}$	1.6×10^{-5}	중금속 제거
$Ag_2S(s) \rightleftharpoons 2Ag^+ + S^{2-}$	1×10^{-49}	중금속 제거 및 거동
$CdCO_3(s) \rightleftharpoons Cd^{2+} + 2CO_3^{2-}$	1.8×10^{-14}	중금속 제거 및 거동
$Cd(OH)_2(s) \rightleftharpoons Cd^{2+} + 2OH^-$	2×10^{-14}	중금속 제거
$CdS(s) \rightleftharpoons Cd^{2+} + S^{2-}$	1.4×10^{-29}	중금속 제거 및 거동
$Cr(OH)_3(s) \rightleftharpoons Cr^{3+} + 3OH^-$	6×10^{-31}	중금속 제거
$CuCO_3(s) \rightleftharpoons Cu^{2+} + CO_3^{2-}$	2.3×10^{-10}	중금속 제거 및 거동
$Cu(OH)_2(s) \rightleftharpoons Cu^{2+} + 2OH^-$	2×10^{-19}	중금속 제거
$CuS(s) \rightleftharpoons Cu^{2+} + S^{2-}$	1×10^{-36}	중금속 제거 및 거동
$NiCO_3(s) \rightleftharpoons Ni^{2+} + CO_3^{2-}$	1.5×10^{-7}	중금속 제거 및 거동
$Ni(OH)_2(s) \rightleftharpoons Ni^{2+} + 2OH^-$	2×10^{-16}	중금속 제거
$NiS(s) \rightleftharpoons Ni^{2+} + S^{2-}$	1.4×10^{-24}	중금속 제거 및 거동
$PbCO_3(s) \rightleftharpoons Pb^{2+} + CO_3^{2-}$	7.4×10^{-14}	중금속 제거 및 거동
$Pb(OH)_2(s) \rightleftharpoons Pb^{2+} + 2OH^-$	2.5×10^{-16}	중금속 제거
$PbS(s) \rightleftharpoons Pb^{2+} + S^{2-}$	1×10^{-28}	중금속 제거 및 거동
$PbSO_4(s) \rightleftharpoons Pb^{2+} + SO_4^{2-}$	1.6×10^{-8}	중금속 제거
$ZnCO_3(H_2O)(s) \rightleftharpoons Zn^{2+} + CO_3^{2-} + H_2O$	5.5×10^{-11}	중금속 제거 및 거동
$Zn(OH)_2(s) \rightleftharpoons Zn^{2+} + 2OH^-$	8×10^{-18}	중금속 제거
$ZnS(s) \rightleftharpoons Zn^{2+} + S^{2-}$	1×10^{-22}	중금속 제거 및 거동
$Al(OH)_3(s) \rightleftharpoons Al^{3+} + 3OH^-$	1×10^{-32}	응집
$Fe(OH)_3(s) \rightleftharpoons Fe^{3+} + 3OH^-$	6×10^{-38}	응집, 철 제거, 부식
$Fe(OH)_2(s) \rightleftharpoons Fe^{2+} + 2OH^-$	5×10^{-15}	응집, 철 제거, 부식
$FeCO_3(s) \rightleftharpoons Fe^{2+} + CO_3^{2-}$	2.8×10^{-11}	철 제거 및 거동
$FeS(s) \rightleftharpoons Fe^{2+} + S^{2-}$	5×10^{-18}	철 제거 및 거동, 비생물학적 환원제
$Mn(OH)_3(s) \rightleftharpoons Mn^{3+} + 3OH^-$	1×10^{-36}	망간제거
$Mn(OH)_2(s) \rightleftharpoons Mn^{2+} + 2OH^-$	5×10^{-15}	망간제거
$AlPO_4(s) \rightleftharpoons Al^{3+} + PO_4^{3-}$	3.2×10^{-23}	인제거
$Ca_3(PO_4)_2(s) \rightleftharpoons 3Ca^{2+} + 2PO_4^{3-}$	1×10^{-27}	인제거
$CaHPO_4(s) \rightleftharpoons Ca^{2+} + HPO_4^{2-}$	3×10^{-7}	인제거
$Ca_5(PO_4)_3OH(s) \rightleftharpoons 5Ca^+ + 3PO_4^{3-} + OH^-$	8×10^{-55}	인제거
$FePO_4(s) \rightleftharpoons Fe^{3+} + PO_4^{3-}$	1.3×10^{-22}	인제거
$Fe_3(PO_4)_2 \rightleftharpoons 3Fe^{2+} + 2PO_4^{3-}$	1×10^{-36}	인제거
$CaF_2 \rightleftharpoons Ca^{2+} + 2F^-$	3×10^{-11}	불소화
$BaSO_4(s) \rightleftharpoons Ba^{2+} + SO_4^{2-}$	1×10^{-10}	황산이온 분석

불용성 물질에 대한 용해도곱 상수는 정성 분석화학 및 정량 분석화학 또는 화학 핸드북 등에서 쉽게 찾아볼 수 있다. 수질화학에서 중요한 용해도곱 상수들을 표 2.5에 나타내었다.

단순히 용해도곱 상수 값들만을 비교하여 화합물들의 상대적인 용해도를 예측하려는 것은 불가능하다. 식 (2.54)와 (2.55)에서 보는 바와 같이 한 개의 분자로부터 두 개 이상의 이온이 생성되는 경우, 계산식 속에 2제곱 또는 3 제곱 값이 포함되기 때문이다. 두개의 이온을 생성하는 황산 바륨(barium sulfate)과 세 개의 이온을 생성하는 불화 칼슘(calcium fluoride)의 예를 통하여 이 점을 설명하면 다음과 같다. S를 금속의 용해도라고 하면 $BaSO_4$에 대해서

$$[Ba^{2+}] = S = [SO_4^{2-}]$$

그리고

$$[Ba^{2+}][SO_4^{2-}] = S^2 = K_{sp} = 1 \times 10^{-10} \tag{2.56}$$

그러므로 $S = 1 \times 10^{-5}$이고 황산 바륨의 용해도도 1×10^{-5}이다. 마찬가지로 $CaF_2(s)$에 대하여도

$$[Ca^{2+}] = S$$

$$[F^-] = 2S$$

$$[Ca^{2+}][F^-]^2 = (S)(2S)^2 = K_{sp} = 3 \times 10^{-11} \tag{2.57}$$

그러므로 $S = 1.96 \times 10^{-4}$이고 CaF_2의 용해도는 1.96×10^{-4} M이다.

CaF_2는 $BaSO_4$보다 약 20배 정도 용해도가 큰 것을 알 수 있다. 이와 같은 사실로부터 더 잘 녹는 물질(CaF_2)이 플루오르화 이온 농도의 2제곱으로 인하여 더 작은 용해도곱 상수를 가지게 되는 것을 알 수 있다. 세 개 이상의 이온을 생성하는 화합물의 용해를 설명하는 데 기본적으로 알아두어야 할 사항이다.

1. 불포화 용액의 경우, 이온의 몰 농도의 곱은 용해도곱 상수보다 작다. 즉, 종 AB에 대하여 $[A^+][B^-] < K_{sp}$
2. 과포화 용액의 경우, 이온의 몰 농도 곱은 용해도곱 상수보다 크다. 즉, $[A^+][B^-] > K_{sp}$

첫 번째의 경우, 만일 용해되지 않은 AB가 존재하면, $[A^+][B^-] = K_{sp}$로 될 때까지 용액으로 녹아 들어가서 포화용액으로 된다. 두 번째의 경우, 용액에 AB의 결정을 넣어주거나 결정핵이 생성되도록 내부의 힘이 작용하기까지는 아무 일도 일어나지 않는다. 그런 다음 이온농도가 포화용액 중의 농도와 같아질 때까지 감소되면서 침전물을 생성한다.

공통 이온 효과

용해도를 평형 상수식과 관련시키면, 평형상태와 용해도가 낮은 염의 용액에 공통 이온(common ion)을 첨가했을 때의 효과에 대한 예측을 수학적으로 처리할 수 있는 장점이 있다. 예로, 황산 바륨의 포화용액을 생각해 보자. 식 (2.56)에 나타낸 바와 같이 $[Ba^{2+}]$과 $[SO_4^{2-}]$은 각각 1×10^{-5}로 같을 것이다. 만일 외부로부터 $BaCl_2$와 같은 형태로 바륨이온을 첨가하여 바륨 이온 농도를 증가시키면, 동일한 K_{sp}를 유지하기 위해서는 황산 이온 농도는 감소되어야 하고 $BaSO_4$의 침전은 증가되어야 한다. 예로, $BaSO_4$로 포화된 용액 10×10^{-5} mol/L의 $BaCl_2$를 첨가한다면, x mol의 $BaSO_4$가 침전될 것이다. $[Ba^{2+}]$와 $[SO_4^{2-}]$에 다음과 같은 변화가 일어나야 한다.

$$\underset{(1\times10^{-5}+10\times10^{-5}-x)}{Ba^{2+}} \quad + \quad \underset{(1\times10^{-5}-x)}{SO_4^{2-}} \quad \rightarrow \quad \underset{x}{BaSO_4(s)}$$

용해도곱의 원리에 따라

$$(11.0\times10^{-5}-x)(1.0\times10^{5}-x)=K_{sp}=1\times10^{10}$$

x에 관해서 풀면 0.90×10^{-5} mol/L의 $BaSO_4$가 추가로 침전되며, 바륨 이온과 황산 이온은 다음과 같은 새로운 평형농도를 갖는 것을 알 수 있다.

$$[Ba^{2+}]=(11.0\times10^{-5})-(0.90\times10^{-5})=10.1\times10^{-5}$$
$$[SO_4^{2-}]=(1.0\times10^{-5})-(0.90\times10^{-5})=0.10\times10^{-5}$$

이 계산으로부터 $[SO_4^{2-}]$가 크게 감소되는 것을 알 수 있다. 이것은 **공통 이온 효과**의 한 응용 예로서, 환경 실무에서 뿐만 아니라 정성 및 정량 분석화학에서 목적하는 이온들을 완전히 침전시키려 할 때 자주 이용하는 방법이다. 예를 들어, 경도(Ca^{2+} 및 Mg^{2+})는 CO_3^{2-}를 첨가하여 $CaCO_3(s)$로, 그리고 OH^-를 첨가하여 $Mg(OH)_2(s)$로 침전하여 제거된다.

이종 이온 효과

이종 이온 효과(diverse ion effect)는 아주 조금 녹는 물질들의 용해도에 이것과 관련이 없는 이온들이 나타내는 역효과(adverse effect)를 말한다. 이론적으로는 이와 같은 이온들이 화학평형에서 아무런 역할도 하지 않으나, 침전시키려는 물질의 용해도를 증가시켜 정량분석을 불가능하게 하는 일이 자주 있다.[15] 질산 이온은 염화 은에 이러한 효과를 나타낸다.

---

15) 이런 경우는 흔히 염용효과(salting-in effect)라고 부른다.(역자주).

많은 물리화학 교재들이 염화 탈륨(thallous chloride, TlCl)의 용해도에 미치는 질산 이온의 효과를 대표적인 예로 설명하고 있다. 정석분석 및 정량분석에서 이 영향을 방지하기 위해서는, 이종 이온들의 농도를 가능한 한 낮게 유지하여야 한다.

이종 이온 효과는 가끔 용해도곱에서 활동도 보정을 고려함으로써 설명할 수 있다. $CaCO_3(s)$를 예로 들어보자.

$$K_{sp} = \{Ca^{2+}\}\{CO_3^{2-}\} = \gamma[Ca^{2+}]\gamma[CO_3^{2-}]$$

이온 세기(관련이 없는 이온의 농도 증가)가 증가하면서 γ가 감소하여 1.0보다 작아지기 때문에(4.3절 참조) 평형상태에 있는 용액중 Ca^{2+} 및 CO_3^{2-}의 농도는 증가하게 된다.

공통 이온은 어느 농도까지만 대단히 효과적일 수 있으며 농도가 높아지면 오히려 이종 이온 효과를 나타낸다. 이는 앞에서 설명한 바와 같이, 착이온이 생성되기 때문인 것으로 흔히 설명되고 있다. 은 이온을 침전시키기 위하여 염산을 사용할 때 이러한 현상이 나타난다. 염산이 과잉으로 첨가되면 가용성 $AgCl_2^-$ 착물이 생성되기 때문이다.

$$AgCl(s) + Cl^- \rightarrow AgCl_2^- \tag{2.58}$$

그러므로 첨가하는 염산의 양을 주의하여 조절해야 한다.

| 2.14 | 화학평형의 이동방법

환경공학자는 균일계나 불균일계에서 평형상태에 있는 물질을 일상적으로 다룬다. 환경공학자는 분석화학자와 마찬가지로 Le Chatelier의 원리에 따라 계에 스트레스를 가하여 목적하는 변화가 일어나도록 할 수 있어야 한다. 스트레스는 대부분 화학자들이 사용하는 것과 같은 방법을 이용한다. 그러므로 반응이 완전히 진행되도록 평형의 위치를 이동시키는 방법들을 고찰해 볼 필요가 있다. 이를 위하여 대체로 다음과 같은 다섯 가지 방법들이 이용된다.

불용성 물질의 생성

모든 침전반응은 평형을 이동시키는 한 방법이다. 이 경우에는 용해도곱 원리, 용해도곱 상수, 그리고 공통 이온 효과에 대한 지식이 필요하다. 산업폐수로부터 구리, 아연 등의 금속 이온들을 수산화 칼슘으로 침전시켜 제거하고 또 센물을 석회-소오다회로 처리하여 단물로 만드는 것 등은 화학평형을 이동시키는 방법을 응용한 좋은 예들이다. 이런한 침전반응과 관련된 반응식들을 표 2.5에 나타내었다.

조금 이온화하는 화합물의 생성

평형상태에 있는 계에서 이온들 중의 하나와 결합하여 아주 조금 이온화하는 화합물을 생성하는 시약을 첨가함으로써 그 평형상태를 깨뜨릴 수 있다. 산성 폐수 및 알칼리성 폐수의 중화반응은 이 방법을 이용하는 것으로서 수소 이온과 수산화 이온 사이의 반응에 의해 조금 이온화하는 물이 생성되도록 하는 것이다.

$$H^+(\text{산성폐수}) + NaOH \rightarrow H_2O + Na^+ \tag{2.59}$$

이와 같은 반응을 이용하여 공장폐수의 pH를 생물학적 처리에 알맞은 범위가 되도록 조절한다.

이 방법으로 평형을 이동시키는 것은 수산화 제이철 및 수산화 알루미늄 등과 같은 금속 수산화물 침전을 녹이는 데 흔히 이용하고 있다.

$$Fe(OH)_3(s) + 3H^+ \rightarrow Fe^{3+} + 3H_2O \tag{2.60}$$

$$Al(OH)_3(s) + 3H^+ \rightarrow Al^{3+} + 3H_2O \tag{2.61}$$

착이온의 생성

불용성 염류와 수산화물들을 용해시키는 데 착이온 생성반응이 이용될 수 있다. 예로, 염화 은은 수산화 암모늄 용액에 쉽게 녹는다. 이것은 은 이온이 수산화 암모늄 속에 들어있는 NH_3 분자와 결합하여 $[Ag(NH_3)_2]^+$를 생성하기 때문이다. 결과적으로, 용액은 은 이온과 염화 이온에 대한 불포화용액이 되므로 포화용액을 형성하기 위해 고체 염화 은이 용액으로 녹아 들어가게 된다. 반응은 다음과 같다.

$$AgCl(s) + 2NH_3 \rightarrow [Ag(NH_3)_2]^+ + Cl^- \tag{2.62}$$

수산화 암모늄이 충분히 존재할 경우에는 염화 은은 모두 용액으로 녹아 들어가게 된다. 반응식 (2.62)에 대한 평형상수식은 다음과 같이 쓸 수 있다.

$$\frac{[Ag(NH_3)_2^+][Cl^-]}{[NH_3]^2} = K \tag{2.63}$$

상수 K의 값은 염화 은의 용해도곱 데이터와 암모니아-은 착물의 불안정도 상수로부터 결정할 수 있다. 이 계산 방법은 대부분의 정량분석에 관한 교재에 설명되어 있으니 참조하기 바란다.

아연과 구리의 수산화물들도 위에서와 같은 이유로 수산화 암모늄에 용해된다. 이는 $[Zn(NH_3)_4]^{2+}$와 $[Cu(NH_3)_4]^{2+}$ 착이온이 생성되기 때문이다. 놋쇠 가공공장 폐수중의 구리와 아연을 침전시키는 데 수산화 암모늄을 사용하지 않는 것은 바로 이 때문이다.

사이안화 나트륨이 포함되어 있는 공장폐수는 특이 어류에 독성이 강하며, 하천 물에 희석되어 사이안화 이온 농도가 아주 낮은 수준이 되어도 독성을 나타낸다. 사이안화 이온도 착이온을 형성시켜 분해 또는 비활성화할 수 있다. 현재는 다른 효율적인 방법이 개발되어 사용되고 있으나, 전에는 황산 제일철로 처리하여 사이안화 이온 농도를 감소시켰다. 이 반응에서는 Fe^{2+}이 CN^-과 결합하여 착이온 $Fe(CN)_6^{4-}$을 생성하며, 칼륨 이온이 존재할 때 여분의 Fe^{2+}가 Fe^{3+}로 산화되면서 감청(Prussian blue)색 침전물이 형성된다.

$$Fe^{3+} + K^+ + [Fe(CN)_6]^{4-} \rightarrow KFe[Fe(CN)_6](s) \tag{2.64}$$

기체 생성물의 형성

기체를 생성하는 반응에서는 생성된 기체가 반응계로부터 제거됨으로써 반응이 완전히 완결되는 쪽으로 진행된다. 황화 제일철과 같은 금속 황화물을 염산에 녹일 때 이 방법을 이용하여 반응이 완결되도록 한다.[16)]

$$FeS(s) + 2H^+ \rightarrow H_2S\uparrow + Fe^{2+} \tag{2.65}$$

그러나 모든 금속 황화물이 염산에 녹는 것은 아니다. 구리와 수은의 황화물은 염산에 녹지 않는다. 구리와 수은의 황화물들은 용해도가 대단히 낮기 때문에, 황화 이온의 평형 농도도 대단히 낮으며, 진한 염산 속에서도 기체로 방출시킬 만큼 충분한 양의 황화수소를 생성하지 못한다. 따라서 이 황화물들은 녹지 않는다.

산업폐수 처리에서 전에는 수용액 중의 사이안 화합물들을 황산으로 처리하여 제거하였다.

$$2CN^- + 2H^+ + SO_4^{2-} \rightarrow 2HCN\uparrow + SO_4^{2-} \tag{2.66}$$

이때 기체로 발생되는 사이안화 수소는 대량의 공기로 희석하여 높은 굴뚝으로 강제 상승시켜 분산되도록 함으로써, 심각한 대기오염 문제가 가급적 발생하지 않도록 하였다. 최근에는 사이안화 이온을 산화반응이나 기타의 방법으로 분해하여 처리하고 있다.

산화와 환원

반응을 완결시킬 수 있는 매우 확실한 방법은 산화 및 환원반응을 이용하는 방법이다. 이 방법에서는 평형반응에 포함된 이온들 중 하나 또는 그 이상을 파괴하여 반응이 완결되는 쪽으로 진행되도록 한다. 대표적인 예는 다음 반응식에서와 같이 사이안화 이온을 염소

16) 화살표는 생성된 기체가 방출되는 것을 나타낸다.

로 분해하는 것이다.

$$2CN^- + 5Cl_2 + 8OH^- \rightarrow 10Cl^- + 2CO_2 + N_2\uparrow + 4H_2O \tag{2.67}$$

앞에서 설명한 바와 같이, 이 반응은 다음의 두 가지 이유로 완결된다.

1. 사이안화 이온은 이산화 탄소와 질소로 산화된다.
2. 질소는 기체이므로 반응계에서 제거된다.

질소의 생성은 사이안화 이온의 산화에 의한 것이므로 질소가스의 발생 여부로부터 반응이 완결되었는지를 알 수 있다.

2.15 양쪽성 수산화물

금속 산화물이나 금속 수산화물들은 염기성이며 산과 반응하여 염을 생성한다. 수산화 제이철과 같이 불용성의 금속 수산화물들은 산에 쉽게 녹아 염을 생성하지만 염기성 용액에는 녹지 않는다. 비금속의 산화물들은 산성이며 불용성의 비금속 산화물들은 염기에는 녹지만 산에는 녹지 않는다. 이와 같은 성질을 이용하여 금속과 비금속을 구분하기도 한다.

알루미늄, 아연, 크롬 및 기타 몇 가지 원소들의 수산화물들은 산과 염기 모두에 녹는다. 이러한 것들을 **양쪽성** 수산화물(amphoteric hydroxide)이라고 하며 정성분석과 화학공업에서는 이들을 분리하는 데 이 성질을 자주 이용한다.

불용성의 금속 수산화물도 물론 그 이온들과 평형을 이룬다. 예로, 수산화 제이철은 그 용해도까지만 녹아 Fe^{3+}과 OH^-이온을 생성한다.

$$Fe(OH)_3(s) \rightleftharpoons Fe^{3+} + 3OH^- \tag{2.68}$$

포화용액에서는

$$[Fe^{3+}][OH^-]^3 = K_{sp} \tag{2.69}$$

여기에 센 산을 첨가하면, OH^- 이온들은 산의 H^+ 이온들과 결합하여 조금 이온화하는 물을 생성하며, $[OH^-]$는 감소되어

$$[Fe^{3+}][OH^-]^3 < K_{sp} \tag{2.70}$$

로 된다. 따라서 수산화 제이철은 식 (2.69)의 조건을 성립시키기 위해 녹게 된다. 충분한 양의 산이 첨가된다면, 수산화 제이철이 모두 녹게 될 것이다. 염기에 용해되는 불용성 비금속산화물들도, 이 불용성 산화물이 H^+ 및 산의 라디칼과 평형을 이루는 것을 제외하고는 같은 방식으로 설명할 수 있다.

양쪽성 수산화물은 수산화 이온과 착물을 생성한다. 산성과 염기성의 모든 조건에서 착물을 생성하며, 이 착물들은 하전된 이온들이므로 물에 녹는다. 그러나 이들 두 극단 사이의 중간 조건에서 생성된 착물은 전기적으로 중성이며 물에 녹지 않는다. 수산화 알루미늄이 좋은 예이다. Al^{3+}과 OH^-의 단계적 반응들은 다음과 같다.

$$Al^{3+} + OH^- \rightleftharpoons Al(OH)^{2+} \tag{2.71}$$

$$Al(OH)^{2+} + OH^- \rightleftharpoons Al(OH)_2^+ \tag{2.72}$$

$$Al(OH)_2^+ + OH^- \rightleftharpoons Al(OH)_3(aq) \tag{2.73}$$

$$Al(OH)_3 + OH^- \rightleftharpoons Al(OH)_4^- \tag{2.74}$$

센 산성조건에서는 OH^- 농도가 낮아 양으로 하전된 이온들, 즉 Al^{3+}와 $Al(OH)^{2+}$종들이 나타난다. 센 염기를 천천히 가해주면 OH^- 농도가 증가되고, 이 이온들은 중성의 불용성 종인 $Al(OH)_3(s)$가 생성될 때까지 전하를 감소시키면서 알루미늄 착물에 첨가되기 시작하며, 용액으로부터 침전물을 생성한다. 계속해서 염기를 가해주면, 용액 중의 OH^-의 농도는 더욱 증가되고 음으로 하전된 가용성의 $Al(OH)_4^-$ 이온이 생성되어 침전이 녹게 된다.

실제로 Al^{3+}와 Fe^{3+}와 같은 금속이온들도 H^+과 마찬가지로 수용액 중에서 이와 같은 형태로 존재하지 않는다. 센 양전하 때문에 이 이온들은 쉽게 수화(hydration)되어 $[Fe(H_2O)_6]^{3+}$와 $[Al(H_2O)_6]^{3+}$와 같은 종을 형성한다. 그러나 이 책에서는 식의 복잡성을 덜기 위해 이 종들을 Fe^{3+}와 Al^{3+}의 기호로 나타내기로 한다.

수산화 알루미늄의 양쪽성 성질은 정수공정과 산업폐수 처리에서 응집제(coagulant)로 이것을 사용할 때의 제한요인들 중의 하나이다. 수산화 아연과 수산화 크롬의 양쪽성은 Zn^{2+}와 Cr^{3+}를 포함하고 있는 산업폐수를 처리할 때 반드시 고려해 주어야 한다.

연습문제

2. 1 다음 화합물의 그램 분자량과 당량을 계산하여라. Z를 산정하기 위해서는 반응식을 가정해야 할 것이다.

(a) $MgCO_3$ (b) $NaNO_3$ (c) CO_2 (d) K_2HPO_4

답 : (a) 84.3, 42.15 (b) 85, 85 (c) 44, 22 (d) 174.2, 87.1

2. 2 다음 화합물의 그램 분자량과 등가무게를 계산하여라.

(a) $BaSO_4$ (b) Na_2CO_3 (c) H_2SO_4 (d) $Mg(OH)_2$

2. 3 다음 물질 10 g/L를 포함하고 있는 용액의 몰농도를 계산하여라.

(a) NaOH (b) Na_2SO_4 (c) $K_2Cr_2O_7$ (d) KCl

답 : (a) 0.25 M (b) 0.0704 M (c) 0.034 M (d) 0.134 M

2. 4 (a) 0.15 M 용액 2 L에 들어 있는 $KMnO_4$의 무게를 계산하여라.

(b) 0.15 N 용액 2 L에 들어 있는 $KMnO_4$의 무게를 계산하여라.

2. 5 물에 칼슘 이온 44 mg/L과 마그네슘 19 mg/L를 포함되어 있다. $CaCO_3$ mg/L로 표시되는 경도는 얼마인가? 경도는 다가 양이온의 합임을 주의하여라.

답 : 188 mg/L

2. 6 물에 중탄산 이온(HCO_3^-) 118 mg/L와 탄산 이온(CO_3^{2-}) 19 mg/L가 포함되어 있으며 pH가 9.5이다. $CaCO_3$ mg/L로 표시되는 알칼리도는 얼마인가? 알칼리도는 때때로 다음과 같이 정의되는 것을 주의하여라.

eq/L of Alk $= [HCO_3^-] + 2[CO_3^{2-}] + [OH^-] - [H^+]$이며 [ ]는 mol/L를 나타낸다.

2. 7 다음 반응의 계수를 맞추어라.

(a) $CaCl_2 + Na_2CO_3 \rightarrow CaCO_3 + NaCl$

(b) $Ca_3(PO_4)_2 + H_3PO_4 \rightarrow Ca(H_2PO_4)_2$

(c) $MnO_2 + NaCl + H_2SO_4 \rightarrow MnSO_4 + H_2O + Na_2SO_4 + Cl_2$

(d) $Ca(H_2PO_4)_2 + NaHCO_3 \rightarrow CaHPO_4 + Na_2HPO_4 + H_2O + CO_2$

2. 8 다음 반응의 계수를 맞추어라.

(a) $FeS + HCl \rightarrow FeCl_2 + H_2S$

(b) $Cl_2 + KOH \rightarrow KCl + KClO_3 + H_2O$

(c) $FeSO_4 + K_2Cr_2O_7 + H_2SO_4 \rightarrow Fe_2(SO_4)_3 + Cr_2(SO_4)_3 + K_2SO_4 + H_2O$

(d) $Al_2(SO_4)_3{\cdot}14H_2O + Ca(HCO_3)_2 \rightarrow Al(OH)_3 + CaSO_4 + H_2O + CO_2$

2. 9 다음 반응의 계수를 맞추어라.

(a) $Fe(OH)_2 + H_2O + O_2 \rightarrow Fe(OH)_3$

(b) $KI + HNO_2 + H_2SO_4 \rightarrow NO + I_2 + H_2O + K_2SO_4$

(c) $H_2C_2O_4 + KMnO_4 + H_2SO_4 \rightarrow CO_2 + MnSO_4 + K_2SO_4 + H_2O$

(d) $SO_3^{2-} + Fe^{3+} + H_2O \rightarrow SO_4^{2-} + Fe^{2+} + H^+$

2.10 다음 반응의 계수를 맞추어라.

(a) $HClO \rightarrow HClO_3 + HCl$

(b) $NO_2^- + MnO_4^- + H^+ \rightarrow NO_3^- + Mn^{2+} + H_2O$

(c) $Cl^- + NO_3^- + H^+ \rightarrow Cl_2 + NO + H_2O$

(d) $I_2 + IO_3^- + H^+ + Cl^- \rightarrow ICl_2^- + H_2O$

2.11 반쪽 반응을 이용하여 다음 산화-환원반응의 완결된 반응식을 구하여라.

(a) I^-의 I_2로의 산화와 MnO_2의 Mn^{2+}로의 환원

(b) $S_2O_3^{2-}$의 SO_4^{2-}로의 산화와 Cl_2의 Cl^-로의 환원

(c) NH_4^+의 NO_3^-로의 산화와 O_2의 H_2O로의 환원

(d) CH_3COO^-의 CO_2로의 산화와 $Cr_2O_7^{2-}$의 Cr^{3+}로의 환원

(e) $C_6H_{12}O_6$의 CO_2로의 산화와 NO_3^-의 N_2로의 환원

답 :

(a) $2I^- + MnO_2 + 4H^+ \rightarrow I_2 + Mn^{2+} + 2H_2O$

(b) $S_2O_3^{2-} + 4Cl_2 + 5H_2O \rightarrow 2SO_4^{2-} + 8Cl^- + 10H^+$

(c) $NH_4^+ + 2O_2 \rightarrow NO_3^- + H_2O + 2H^+$

(d) $3CH_3COO^- + 4Cr_2O_7^{2-} + 35H^+ \rightarrow 6CO_2 + 8Cr^{3+} + 22H_2O$

(e) $5C_6H_{12}O_6 + 24NO_3^- + 24H^+ \rightarrow 30CO_2 + 12N_2 + 42H_2O$

2.12 반쪽 반응식을 이용하여 다음 산화–환원반응의 완결된 반응식을 구하여라.

(a) Mn^{2+}의 MnO_2로의 산화와 O_2의 H_2O로의 환원

(b) $S_2O_3^{2-}$의 SO_4^{2-}로의 산화와 I_2의 I^-로의 환원

(c) NH_4^+의 NO_2^-로의 산화와 O_2의 H_2O로의 환원

(d) $5C_6H_{12}O_6$의 CO_2로의 산화와 $Cr_2O_7^{2-}$의 Cr^{3+}로의 환원

(e) CH_3COO^-의 CO_2로의 산화와 SO_4^{2-}의 H_2S로의 환원

2.13 다음 환원반응들에 대한 반쪽 반응식을 구성하여라.

(a) SO_4^{2-}에서 S로

(b) NO_3^-에서 NO_2^-로

(c) CH_3COO^-에서 $CH_3CH_2CH_2COO^-$로

답 :

(a) $\frac{1}{6}SO_4^{2-} + \frac{4}{3}H^+ + e^- = \frac{1}{6}S + \frac{2}{3}H_2O$

(b) $\frac{1}{2}NO_3^- + H^+ + e^- = \frac{1}{2}NO_2^- + \frac{1}{2}H_2O$

(c) $\frac{1}{2}CH_3COO^- + \frac{5}{4}H^+ + e^- = \frac{1}{4}CH_3CH_2CH_2COO^- + \frac{1}{2}H_2O$

2.14 다음 환원반응들에 대한 반쪽 반응식을 작성하여라.

(a) CO_2의 CH_4로의 환원

(b) S의 H_2S로의 환원

(c) CH_3COO^- + CO_2의 $CH_3CH_2COO^-$로의 환원

2.15 적당한 반쪽 반응식을 만들어 H_2S의 S로의 산화와 Fe^{3+}의 Fe^{2+}로의 환원에 대한 완결된 산화-환원반응식을 구하여라.

답 : $H_2S + 2Fe^{3+} \rightarrow S + 2Fe^{2+} + 2H^+$

2.16 적당한 반쪽 반응식을 만들어 CH_3CH_2OH의 CO_2로의 산화와 NO_3^-의 NO_2^-로의 환원에 대한 완결된 산화－환원반응식을 구하여라.

2.17 $CaCO_3$로부터 65 g의 $CaSO_4$만드는 데는 몇 몰의 H_2SO_4가 필요하겠는가?

답 : 0.478

2.18 산성조건에서 6 g의 $K_2Cr_2O_7$으로 여분의 KI를 산화시켰을 때 생성되는 요오드(I_2)는 몇 g인가? [식 (2.9) 참조]

2.19 이산화 탄소 120 lb가 1.5 atm과 40℃에서 차지하는 부피는 몇 ft^3인가?

답 : 750 ft^3

2.20 산소가 5 atm, 0℃의 10 L들이 통 속에 들어 있다. 산소의 무게는 몇 g인가?

2.21 메탄 25 g의 연소에 필요한 25℃, 0.21 atm의 산소의 부피를 구하여라.

답 : 364 L

2.22 에탄가스(CH_3CH_3) 6 g을 산소로 연소한다. (a) 몇 몰의 물이 생성되겠는가? (b) 몇 몰의 이산화 탄소가 생성되겠는가? (c) 생성된 이산화 탄소는 1 atm과 20℃에서 몇 L인가?

2.23 어떤 혼합기체가 25℃와 1 atm에서 100 mg/L의 H_2S기체를 포함되고 있다. 이 기체의 부분압력을 구하여라.

답 : 0.072 atm

2.24 부피 30L의 혼합기체가 25℃에서 12 g의 메탄, 1 g의 질소 및 15 g의 이산화 탄소를 포함하고 있다. 다음을 계산하여라. (a) 각 기체의 몰수 (b) 각 기체가 나타내는 부분압력 (c) 혼합기체의 전체압력 (d) 각 기체의 부피 퍼센트

2.25 5L의 물이 0.3 atm의 부분압력을 가진 이산화 탄소를 포함하고 있는 기체혼합물과 평형을 이루고 있다. 이산화 탄소의 용해도에 대한 Henry의 법칙 상수가 31.6 atm-L/mol이라면 25℃에서 물에 용해된 이산화 탄소의 양은 얼마인가?

답 : 2.09 g

2.26 부피로 21%의 산소를 포함하고 있는 혼합기체가 0.81 atm에서 20℃의 물과 평형을 이루고 있을 때 용해된 산소의 농도를 구하여라.

2.27 비수용성 액체(NAPL) 혼합액에 100 kg의 테트라클로로에텐[C_2Cl_4, 과염소에텐(PCE)라

고도 부름], 100 kg의 벤젠(C_6H_6), 100 kg의 톨루엔(C_7H_8), 80 kg의 에틸벤젠(C_8H_{10}), 그리고 60 kg의 자일렌(C_8H_{10})이 포함되어 있다. NAPL에 포함된 각 물질의 몰 분율을 계산하시오.

2.28 테트라클로로에텐(PCE)와 BTEX(벤젠, 톨루엔, 에틸벤젠, 자일렌) 혼합 NAPL의 몰 분율은 다음과 같다 : PCE=0.10, B=0.15, T=0.15, E=0.08, 그리고 X=0.10. 25℃에서 각 물질의 증기압[17]은 PCE=0.0251, B=0.126, T=0.038, E=0.0126, 그리고 *X*=0.0117이고, PCE의 헨리법칙 상수 K_H는 26.9 atm-L/mol이다.

(a) 라울트와 헨리의 법칙이 적용된다고 가정하고, NAPL 혼합액과 평형을 이루고 있는 물에서 PCE 농도를 추정하라

(b) BTEX가 존재하기 때문에 수용액에서 PCE 농도가 감소된 양을 추정하라. 힌트: 먼저 PCE만 존재하는 NAPL(몰 분율=1.0)에 대한 PCE 농도를 추정하시오.

2.29 수용액에서 측정된 트라이클로로에텐(TCE) 농도가 20 mg/L이다. 물이 고밀도 비수용성 액체(dense non-aqueous-phase liquid, DNAPL)과 접촉하고 있는 물(25℃)이 TCE를 포함하고 있다. 라울트와 헨리의 법칙이 적용된다고 가정하고, DNAPL에서 TCE의 몰 분율을 구하시오. 25℃에서 TCE의 헨리법칙 상수 K_H는 11.6 atm-L/mol, 증기압은 0.0977 atm이다.[18]

2.30 25℃에서 다음 용액의 이온화되는 퍼센트와 수소 이온 농도를 계산하여라.

(a) 0.10 M H_2CO_3 (b) 0.01 M H_2CO_3

답 : (a) 0.211%, 2.11×10^{-4} mol/L (b) 0.67%, 6.67×10^{-5} mol/L

2.31 하이포아염소산(HOCl) 0.05 M 용액의 이온화 퍼센트와 수소 이온 농도를 계산하여라. 하이포아염소산의 이온화 상수는 25℃에서 2.9×10^{-8}이다.

2.32 (a) 카드뮴(II)과 염화 이온과의 사이에서 생성되는 처음 네 개의 착물에 대한 반응식과 평형상수식을 써라.

(b) $CdCl_4^{2-}$의 불안정도 상수에 대한 평형 상수식을 써라.

2.33 (a) 구리(Ⅱ)와 NH_3 사이에서 생성되는 처음 5개의 착물에 대한 반응식과 평형 상수식을 써라. 여섯 번째 착물은 이론적으로는 가능하지만, 그 생성물이 아직 확인되지 않고 있다.

(b) 구리(Ⅱ)와 NH_3 사이의 네 번째 착물에 대한 총괄 반응식과 평형 상수식을 써라.

2.34 카드뮴(Ⅱ)과 염화 이온 사이의 착물들에 대한 평형상수는 $K_1=100$, $K_2=4.0$, $K_3=0.63$, $K_4=0.20$이다. $Cd^{2+}=10^{-8}$M과 $Cl^{-}=10^{-3}$M로부터 생성되는 처음 네 개의 염화

17) Schwarzenbach, Gschwend, and Imboden, "Enviromental Organic Chemistry," Wiley, New York, 1993.

18) Ibid.

카드뮴 착물의 몰농도를 구하여라. 가장 지배적인 종은 어느 것인가?

답 : 1×10^{-9}, 4×10^{-12}, 2.52×10^{-15}, 5.04×10^{-19}, Cd^{2+}

2.35 문제 34에서 염화 이온의 농도를 바닷물에서와 같은 0.5 M이라고 하여 다시 계산하여라.

2.36 카드뮴(Cd)은 자유 금속(Cd^{2+})이 리간드와 착물을 형성한 경우보다 독성이 크다고 알려져 있다. 총 용해성 Cd($C_{T,Cd}$=$[Cd^{2+}]$+모든 용해성 Cd 착물) 농도가 10^{-4} M로 측정되었다. Cd의 독성을 낮게 유지하기 위해서는 Cd^{2+} 농도를 10^{-7} M 이라고 유지하는 것이 바람직하다. 환경공학자가 Cd^{2+} 착물을 형성시키기 위해 0.4 M NaCl을 첨가하자고 권하였다. 활동도 보정 및 어떠한 고형물의 생성도 무시한다. Cd과 염소이온과의 착물 4가지($\log \beta_1=2.0$, $\log \beta_2=2.6$, $\log \beta_3=2.4$, $\log \beta_4=1.7$)만 고려한다.

(a) NaCl의 첨가가 $[Cd^{2+}]$ 농도를 10^{-7} M 이하로 낮추는 데 도움이 되는가?

(b) $[Cd^{2+}]$는?

2.37 황산 바륨의 포화용액에 염화 바륨을 첨가하여 $[Ba^{2+}]=0.0001$ M이 되도록 하였다. 황산 이온의 농도를 (a) mol/L (b) mg/L (c) 이온 수/L로 구하여라.

답 : (a) 10^{-6} mol/L (b) 0.096 mg/L (c) 6.02×10^{17}이온/L

2.38 염화 은의 포화용액에 질산 은을 첨가하여 $[Ag^{+}]=0.0001$ M이 되도록 하였다. 염화 이온의 농도를 (a) mol/L (b) mg/L (c) 이온 수/L로 구하여라.

2.39 (a) 다음 화합물들의 용해도곱 상수를 나타내는 식을 써라.

(1) AgCl (2) CuS (3) $MgNH_4PO_4$ (4) $Au(OH)_3$ (5) Ag_2CrO_4 (6) $BaCO_3$

(b) (a)의 화합물들의 용액에서 양이온의 농도를 저하시키기 위해서는 각각 어떤 이온을 용액에 첨가하여야 하는가? 이유를 설명하여라.

2.40 흔히 공통 이온이 대량으로 첨가되어도 용해도가 증가되는 것은 무엇 때문인가?

2.41 다음 용어들을 설명하여라.

(a) 공통 이온 효과 (b) 착 이온 (c) 용해도곱 상수 (d) 양쪽성 수산화물 (e) 이종 이온 효과 (f) 불균일 평형계 (g) 균일 평형계 (h) 반응의 완결로의 유도 (i) 포화 용액

2.42 다음 각 화합물의 물에 대한 용해도 값으로부터, 각각의 용해도곱 상수를 구하여라.

(a) $Mg_3(PO_4)_2$, 6.1×10^{-5} mol/L (b) FeS, 6.3×10^{-9} mol/L (c) $Zn_3(PO_4)_2$, 1.6×10^{-7} mol/L (d) CuF_2, 7.4×10^{-3} mol/L

2.43 수용액으로부터 칼슘 이온을 제거하는 데는 수산화 나트륨과 탄산 나트륨 중 어느 것을 사용하는 것이 더 좋은가? 그 이유는?

2.44 수용액으로부터 마그네슘 이온을 제거하는 데는 수산화 나트륨과 탄산나트륨 중 어느 것을 사용하는 것이 더 좋은가? 그 이유는?

2.45 다음 중 어느 것이 물에서 칼슘 이온을 제거하는 데 효과적인가? 답을 정당화 시킬 수 있는 계산 근거를 제시하시오. 이 문제를 풀 때 칼슘 착물은 무시하시오.

(a) NaOH

(b) K_2CO_3

(c) K_2SO_4

(d) KF

2.46 반응 $NH_3 + H_2O \rightleftarrows NH_4^+ + OH^-$에서 진행시키는 방법은?

(a) 반응을 오른쪽으로 진행시키는 방법은 몇 가지가 있는가? (b) 왼쪽으로는 (c) 어떤 조건에서 반응이 한 쪽으로 완결되는가?

2.47 다음과 같은 조건에서는 몇 mg/L의 마그네슘 이온이 물에 녹겠는가?

(a) 10^{-5} M의 OH^- (b) 10^{-3} M의 OH^-

2.48 어느 도금공장의 폐수에 20 mg/L의 Cu^{2+}가 포함되어 있다. $Ca(OH)_2$를 가하여 침전법으로 구리 농도를 0.5 mg/L로 낮추려고 한다. 수산화 이온 농도(mol/L)를 얼마로 증가시켜야 하는가?

답 : 1.6×10^{-7} mol/L

2.49 어떤 폐수가 50 mg/L의 Zn^{2+}를 포함하고 있다. 아연을 침전시켜 그 농도를 1 mg/L로 낮추려면 pH를 얼마로 올려야 하는가? 만일 pH를 너무 높이 올렸다면 어떤 역효과가 생기겠는가?

2.50 철이 (a) Fe^{2+}의 형태, (b) Fe^{3+}의 형태로 존재하는 경우, 정수장에서 철의 농도를 0.03 mg/L 이하로 감소시키기 위해서는 각각의 경우 pH를 얼마로 해야 하는가?

답 : (a) 10.0 (b) 3.7

2.51 망간이 (a) Mn^{2+}의 형태로, (b) Mn^{3+}의 형태로 존재할 경우, 정수장에서 망간의 농도를 0.01 mg/L 이하로 감소시키기 위해서는 각각의 경우 pH를 얼마로 하여 처리해야 하는가?

2.52 정수장에서 적절한 양의 불화 나트륨을 첨가하여 불소 이온 농도를 1 mg/L로 증가시키려고 한다. 물에 200 mg/L의 칼슘이 포함되어 있다면, 이 농도의 불소 이온이 물에 녹을 수 있겠는가? 계산과정을 보여라.

2.53 용액 속에 10^{-6} M의 PO_4^{3-}가 포함되어 있을 때, 어느 정도의 Ca^{2+} 농도(mg/L)에서 $Ca_3(PO_4)_2$ 침전물이 생성되겠는가?

2.54 만일 시료 중의 CO_3^{2-}농도가 100 mg/L라면, (a) Ca^{2+} (b) Mg^{2+}의 최대 용해도는 각각 몇 mg/L이겠는가?

답 : (a) 0.12 mg/L (b) 583 mg/L

2.55 (a) 만일 과잉의 AgCl을 증류수에 섞는다면 평형상태에서 이 용액 속의 은의 농도는 몇 mg/L가 되겠는가? (b) 이 용액에 수산화 암모늄을 첨가하여 NH_3 농도를 0.01 mol/L가 되도록 하였다면 용액 중의 은의 총 농도는 얼마가 되겠는가? 식 (2.63)에서 $K=5\times10^{-3}$으로 가정하여라.

참고문헌

Benjamin, M.M : "Water Chemistry", McGraw-Hill, New York, 2002.

Chang, R : "Chemistry," 7th ed., McGraw-Hill, New York, 2002.

Dean, J. A.: "Lange's Handbook of Chemistry," 15th ed., McGraw-Hill, New York, 1999

Kotz, J. C., and K. S. Purcell: "Chemistry and Chemical Reactivity," 2nd ed., Saunders, Philadelphia, 1991.

Levine, I. N.: "Physical Chemistry", 5th ed., McGraw-Hill, New York, 2002

Lide, D. R. (ed.): "Handbook of Chemistry and Physics," 82nd ed., CRC Press, Boca Raton, FL, 2001

Mahan, B. H. and R. J. Meyers : "University Chemistry," 4th ed., Benjamin/Cummings, Menlo Park, Ca 1987.

Oxtoby, D. W., W. A. Freeman, and T. F. Block: "Chemistry : Science of Change," Saunders, Philadelphia, 1998.

Pankow, J. F.: "Aquatic Chemistry Concepts," Lewis, Chelsea, MI, 1991.

Pauling, L.: "General Chemistry," 3rd ed., Freeman, San Francisco, 1970.

CHAPTER 3

물리화학의 기초개념

3.1 서 론

물리화학(physical chemistry)은 화학현상에 관한 법칙이나 보편적 해석을 다루는 학문 분야이다. 물리학에 관한 지식은 물리화학을 공부하는 데뿐만 아니라 화학에 대한 기초로서도 대단히 중요하다. 물리화학의 몇 가지 개념들은 일반화학, 정성분석화학 및 정량분석화학 등에서 항상 소개하고 있다. 이들 교과과정에서 다루는 물리화학의 내용은 그 범위를 점점 더 확대해 가는 추세에 있으며, 고등학교 과정의 화학에서도 교사들은 어떤 화학반응이 왜(why) 일어나는가를 가르치려 하고 있다. 앞의 일반화학에서 소개한 바 있는 원자가와 화학결합, 산화-환원반응, 기체법칙, Raoult의 법칙, 화학평형 관계식, 이온화 이론, 용해도곱 원리와 그 밖에 균일계와 불균일계 평형의 문제들은 모두 물리화학에서 다루고 있는 토픽의 예이다. 이와 같은 토픽들 중에는 더욱 상세한 설명과 다른 여러 관련된 개념에 의한 설명을 필요로 하는 것들도 있다.

3.2 열역학

열역학(thermodynamics)은 물리 및 화학공정에 수반되는 에너지 변화(energy change)를 연구하는 학문이다. 화학반응에 수반되는 에너지 변화는 대단히 중요하다. 여기서는 환경공학 및 과학과 가장 관계가 깊은 것들만을 간단히 설명하려고 한다. 우선 열과 일의 관계를 간단히 설명한다.

열과 일

열과 일은 에너지의 한 형태이다. 열 에너지는 일로 바뀔 수 있으며, 일은 열 에너지로 바뀔 수 있다. 증기기관과 마찰손실은 이와 같은 전환의 예들이다.

열은 오직 온도 차이에 의해서만 한 계에서 다른 계로 이동하는 에너지의 형태이다. 분자 차원에서 물질의 온도는 분자의 평균 병진 에너지(average translational energy)에 관계된다고 알려져 있으며, 열의 흐름은 이러한 분자 에너지의 이동에 의한 것이다. 열의 기본 단위는 칼로리(cal)이며 물 1 g을 1℃ 올리는 데 1칼로리의 열이 필요하다. 공학에서는 일반적으로 영국열량단위(British Thermal Unit, Btu)로 나타내며, 이것은 1 lb의 물을 1℉ 올리는 데 필요한 열량이다. 1 Btu는 252cal 또는 1,054 주울(J)에 해당한다. 어떤 물질의 비열(specific heat)은 그 물질 1 g을 1℃ 올리는 데 필요한 열량이며, 다음과 같이 나타낸다.

$$C = \frac{q}{M\Delta T} \tag{3.1}$$

여기서 C = 비열
q = 가해진 열량(cal 또는 J)
M = 물질의 무게(g)
ΔT = 물질의 상승된 온도(℃)

를 나타낸다. 물의 비열의 15℃에서 1.000 cal/g·℃이고 이 값은 0～100℃의 온도범위에 걸쳐 1% 이내의 차이를 나타낸다. 그러므로 제한된 범위의 온도에 대하여는 비열이 일정하다고 생각해도 좋다. 비열에는 일정 부피에서의 비열 C_v와 일정 압력에서의 비열 C_p의 두 가지가 있다. 액체와 고체의 경우에는 이들 두 값에 차이가 없지만, 기체의 경우에는 일정한 압력에서 기체가 팽창하는 데 여분의 열 에너지가 필요하기 때문에 C_p가 C_v보다 더 크다.

용융열(heat of fusion)은 어떤 물질의 용융 온도에서 그 물질을 녹이는 데 필요한 열량이며, **증발열**(heat of vaporization)은 어떤 물질의 끓는점에서 그 물질을 증발시키는 데 필요한 열량이다. 물에 대한 이 값들은 각각 333과 2,258 J/g이다. 환경공학자 및 과학자는 가열, 증발, 건조, 소각 등의 문제에서 비열, 용융열, 증발열 등의 지식을 필요로 하는 경우가 많다. 더욱이 여러 산업 공정에는 냉각수를 필요로 하는 증발이나 건조공정이 포함된다. 증발열은 응축과정에서 냉각수로 전달되며, 데워진 물은 유입수역에서 열공해(thermal pollution)를 일으키게 된다. 이는 산업과 공공기업체의 물 사용량이 증가함에 따라 점점 커다란 문제로 되고 있다.

화학계에 수반되는 **일**은 대체로 팽창 일(work of expansion)이다. 계는 그 주위에 대해 일을 하거나, 계 자체에 대하여 행해지는 일을 받기도 한다. 그 방향은 계의 부피가 팽창 또는 수축 여부에 따라 결정된다. 일(dw)은 보통 힘×거리로 표현되며, 폐쇄계(closed system)에 대해서는 압력(P)×부피(dV)변화에 해당한다. 즉,

$$dw = PdV \tag{3.2}$$

일은 ft-lb 또는 joule(J)로 나타낸다. 열과 일은 둘 다 에너지의 형태이므로 같은 단위로 나타낼 수 있으며, 1 cal의 열량은 4.184 J에 해당한다. 1 Btu의 열량은 778 ft-lb에 해당한다.

에너지

열역학 제1법칙에 의하면 에너지는 창조될 수도 소멸될 수도 없다. 화학계에 수반되는 에너지는 다음과 같이 세 가지의 양으로 나누어 다루는 것이 가장 편리하다. 즉, 행하여지는 일과 이동하는 열 그리고 계 내부에 축적되는 에너지 등이다. 화학계는 실험실 비이커의 내용물에서부터 대규모 활성슬러지 플랜트에 이르기까지 매우 다양하다. 에너지 보존법칙에 의하며, 계 내부로 유입되거나 계의 외부로 유출되는 열 또는 일은 계에 축적된 전체 에너지에 반드시 변화를 일으키게 된다. 이것을 식으로 나타내면

$$\Delta E = q - w \tag{3.3}$$

여기서 $\Delta E =$ 계의 내부 에너지(internal energy) 변화, $q =$ 계 내부로 유입된 열 그리고 $w =$ 계에 의해서 행해진 일이다. 계 내부로 열이 흡수되면 q는 양(positive)의 값이 되며, 반대로 계가 열을 방출하는 경우에는 q가 음의 값이 되는 것에 유의하기 바란다. 또한 주위가 계에 대해서 일을 하면, w는 음의 값을 가지게 된다.

화학반응계에서 행해진 일이란, 일반적으로 식 (3.2)에 나타낸 것과 같이 팽창 일(expansion work)이다. 계의 부피가 팽창된다면, 계는 주위에 대하여 일을 하게 되며, 이때 w는 양의 값이 된다. 반대로 부피가 축소되었을 때에는 계에 대하여 일이 행해진 것이며, 이때 w는 음의 값을 가진다. 만일 계의 부피가 일정하게 유지된다면, 그때는 팽창 일이 행해질 수 없으며 w는 0이다. 이러한 경우에는

$$\Delta E = q_v \quad (V = \text{상수}) \tag{3.4}$$

이 되며, 여기서 q_v는 일정부피계(constant-volume system)에 흡수된 열량이다. 그러므로 일정부피계에서는 내부 에너지의 변화와 흡수된 열량이 같다. 이 식은 일정부피계에 대해서는 편리하지만, 환경공학자 및 과학자가 관심을 가지고 있는 화학계는 대부분 대기에 개방되어 있으므로, 일정한 부피보다는 일정한 압력에서 조작이 이루어지는 일정압력계이다. 이런 계에 대해서는 엔탈피의 개념을 도입시키게 된다.

엔탈피

계의 엔탈피(enthalpy), H는 다음과 같이 정의된다.

$$H = E + PV \tag{3.5}$$

여기서 E = 계의 내부 에너지
P = 계의 압력
V = 계의 부피

내부 에너지의 변화를 초래하는 어떤 화학적인 변화가 일어나는 일정압력계(constant-pressure system)를 생각해 보자. 일정한 압력하에서 흡수된 열을 q_p라 하면, 계에 의해서 행해진 일은 식 (3.2)를 적분하면 구해진다. 일정 온도와 일정 압력에서 이 적분은 $w = P(V_2 - V_1)$이 되며, 여기서 V_1은 계의 초기부피이고, V_2는 변화가 일어난 후의 최종부피이다. 계의 내부 에너지 변화는 다음과 같이 된다.

$$\Delta E = E_2 - E_1 = q_p - w = q_p - P(V_2 - V_1)$$

이 식을 정리해서 다시 쓰면, 다음 식을 얻는다.

$$(E_2 + PV_2) - (E_1 + PV_1) = q_p$$

괄호 안의 항들은 계의 최종 및 초기 엔탈피와 같으므로,

$$H_2 - H_1 = q_p \text{ 또는 } \Delta H = q_p \quad (T\text{와 } P\text{는 일정}) \tag{3.6}$$

그러므로 **일정한 온도와 압력에서 계에 의해 흡수된 열량은 계의 엔탈피 변화와 같다.** 열의 흡수를 수반하는 화학변화, 즉 ΔH가 양의 값을 갖게 되는 화학변화를 **흡열반응**(endothermic reaction)이라고 하며, 열의 방출을 수반하는 화학변화는 ΔH가 음의 값을 가지며 **발열반응**(exothermic reaction)이라고 한다.

계의 총 엔탈피(total enthalpy, H)는 측정하기가 곤란하다. 그러나 우리에게 관심이 있는 것은 엔탈피의 절대값이 아닌 엔탈피의 변화량이다. 비교를 위한 기준을 설정하여 놓으며, 주어진 반응의 엔탈피의 **변화량**이나 열량의 변화량을 미리 측정해서 구해놓은 여러 가지 화학반응의 표준 엔탈피 값으로부터 계산해 낼 수 있다.

어떤 물질의 표준상태는 25℃, 1 atm에서 그 물질이 안정한 상태로 있는 것이라고 생각하면 편리하다. 예로써 이 조건에서 산소에 대한 표준상태는 기체이고, 수은은 액체, 황은 사방형의 결정체이다. 규약에 따라 표준상태에서의 **원소**(chemical element)의 엔탈피는 영(0)으로 정한다. 따라서 어떤 **화합물**의 표준 엔탈피는 그 구성원소들이 반응하여, 그 화합물을 생성할 때의 반응열이며, 이때 반응물과 생성물들은 모두 25℃, 1 atm의 표준상태에 있다. 예를 들면,

$$H_2(g) + \frac{1}{2}O_2(g) \rightarrow H_2O(l) \qquad \Delta H_f^0 = -286{,}000\text{ J}$$

$$C(c)+O_2(g) \rightarrow CO_2(g) \qquad \Delta H_f^0 = -394{,}000\text{J}$$

각 원소나 화합물 뒤의 괄호 안에 있는 기호는 그 원소나 화합물의 표준상태를 나타낸다. 엔탈피 윗 첨자 0과 아래첨자 f 는 1 atm과 25℃(298 K)에서 반응물과 생성물의 **표준 생성열**(standard heat of formation)을 나타낸다. 아래 첨자로 쓰인 수치는 절대온도이다. 중요한 몇 가지 화합물에 대한 표준 엔탈피를 표 3.1에 나타내었다. 그 밖의 여러 가지 화합물에 대하여는 이 장의 끝에 참고문헌으로 열거되어 있는 핸드북에서 찾아 볼 수 있다. 또한 부록 A에도 여러 값들이 수록되어 있다.

표 3.1 25℃에서의 생성 엔탈피와 표준 자유에너지

물질	상태*	ΔG_f^0 kJ/mol	ΔH_f^0 kJ/mol	물질	상태	ΔG_f^0 kJ/mol	ΔH_f^0 kJ/mol
Ca^{2+}	*aq*	−553.6	−542.9	H_2O	*l*	−237.18	−285.80
$CaCO_3$	*s*	−1128.76	−1206.87	H_2O	*g*	−228.60	−241.8
CaF_2	*s*	−1175.6	−1228.0	HS^-	*aq*	12.05	−17.6
$Ca(OH)_2$	*s*	−896.76	−986.6	H_2S	*g*	−33.4	−20.6
$CaSO_4$	*s*	−1322.0	−1434.5	H_2S	*aq*	−27.87	−39.3
CH_4	*g*	−50.79	−74.6	H_2SO_4	*l*	−690.0	−814
CH_3CH_3	*g*	−32.89	−84.67	Mg^{2+}	*aq*	−454.8	−466.9
CH_3COOH	*aq*	−399.6	−488.4	$Mg(OH)_2$	*s*	−833.5	−924.5
CH_3COO^-	*aq*	−369.41	−486.0	Na^+	*aq*	−261.9	−240.1
CH_3CH_2OH	*l*	−174.8	−277.7	NH_3	*g*	−16.4	−45.9
$C_6H_{12}O_6$	*aq*	−917.22		NH_3	*aq*	−26.65	−80.83
Cl_2	*g*	0	0	NH_4^+	*aq*	−79.37	−132.5
Cl_2	*aq*	6.9	−23.4	NO_2^-	*aq*	−37.2	−104.6
Cl^-	*aq*	−131.3	−167.20	NO_3^-	*aq*	−111.34	−207.4
CO_2	*g*	−394.38	−393.51	O_2	*g*	0	0
CO_2	*aq*	−386.23	−412.92	O_2	*aq*	16.32	−11.71
CO_3^{2-}	*aq*	−527.80	−677.10	OH^-	*aq*	−157.2	−230.0
F^-	*aq*	−278.8	−332.6	S^{2-}	*aq*	79.5	30.1
Fe^{2+}	*aq*	−78.87	−89	SO_4^{2-}	*aq*	−744.63	−909.3
Fe^{3+}	*aq*	−4.6	−48.5	Zn^{2+}	*aq*	−147.1	−153.9
HCO_3^-	*aq*	−586.85	−692.00	ZnS	*s*	−201.3	−206.0
H_2CO_3	*aq*	−623	−699				

aq = 수용성, *s* = 고체, *l* = 액체, 1 kcal=4.180 kJ

표준 엔탈피 값은 각종 반응에서 발생되는 열량을 구하는 데 사용할 수 있다. 이러한 계산에서 가장 유의하여야 할 점은 생성물과 반응물의 존재상태(기체, 액체, 고체)로서, 이는 그 상태에 따라 반응열이 크게 달라지기 때문이다. 먼저, 화학 반응식은 양변의 균형이 맞게 쓰여야 한다. 반응열은 생성물들의 표준 엔탈피의 합계에서 반응물들의 표준 엔탈피의 합계를 뺀 것이 된다. 한편, 표준 엔탈피는 kJ/mol로 주어지게 되므로, 이 값들에 반응에 참여한 몰수를 곱해야 한다.

예제 3.1

메탄 가스의 연소반응에 대한 알짜 연소열(net heat of combustion)과 **총연소열**(gross heat of combustion)을 계산하여라.

해답

총연소열은 연소에서 생성된 수증기가 응축되어 액체 물로 될 때 방출되는 열량이다.

$$\underset{-74.6}{CH_4(g)} + \underset{0}{2O_2} \rightarrow \underset{-393.51}{CO_2(g)} + \underset{2(-285.80)}{2H_2O(l)}$$

연소반응에 대한 $\Delta H_f^0 = (-393.51) + 2(-285.80) - (-74.6)$

$= -890.51\ \text{kJ/mol}$ 메탄

알짜연소열은 물이 증기나 기체상태로 남는 경우의 발열량이며, 일반적으로 이 값이 중요하다.

$$\underset{-74.6}{CH_4(g)} + \underset{0}{2O_2} \rightarrow \underset{-393.51}{CO_2(g)} + \underset{2(-241.8)}{2H_2O(g)}$$

연소반응에 대한 $\Delta H_f^0 = (-393.51) + 2(-241.8) - (-74.6)$

$= -802.51\ \text{kJ/mol}$메탄

이 연소반응에 대한 ΔH_f^0는 음의 값이므로, 메탄가스의 연소반응은 열을 방출한다.

예제 3.2

1N H_2SO_4 1 L와 1 N NaOH 1 L를 혼합할 때 용액의 대략적인 온도 증가량을 계산하여라.

해답

황산은 센 산이고 수산화 나트륨은 센 염기이므로 이 두 화합물은 용액 속에서 완전히 이온화한다. 또 이 두 용액이 혼합되면, Na_2SO_4가 생성된다. 그러므로 수용액의 엔탈피는 각 이온에 대한 엔탈피의 합과 같다.

$$\Delta H^0_{(H_2SO_4)} = 2\Delta H^0_{(H^+)} + \Delta H^0_{(SO_4^{2-})} = 2(0) + (-909.3) = -909.3$$

$$\Delta H^0_{(\text{NaOH})} = \Delta H^0_{(\text{Na}^+)} + \Delta H^0_{(\text{OH}^-)} = (-240.1) + (-230.0) = -470.1$$

$$\Delta H^0_{(\text{Na}_2\text{SO}_4)} = 2\Delta H^0_{(\text{Na}^+)} + \Delta H^0_{(\text{SO}_4^{2-})} = 2(-240.1) + (-909.3) = -1{,}389.5$$

중화반응은	$\frac{1}{2}H_2SO_4(aq)$ +	$NaOH(aq)$ →	$H_2O(l)$ +	$\frac{1}{2}Na_2SO_4(aq)$
ΔH_f^0	$\frac{1}{2}(-909.3)$	-470.1	-285.80	$\frac{1}{2}(-1389.5)$

중화반응에 대한 $\Delta H^0 = (-285.80) + \frac{1}{2}(-1{,}389.5) - \frac{1}{2}(-909.3) - (-470.1)$

$$= -55.80\ \text{kJ/mol} = -13.34\ \text{kcal/mol}$$

혼합용액의 최종부피는 2 L이고 무게는 약 2,000 g이 될 것이다. 이 용액은 주로 물로 이루어져 있으므로, 그 비열은 1 cal/g·℃라고 할 수 있다. 식 (3.1)로부터,

$$T = \frac{13{,}340}{2{,}000 \times 1} = 6.67\text{℃}$$

따라서 용액의 초기 온도가 25℃였다면, 이 용액은 31℃쯤으로 상승될 것이다.

용융열, 증발열, 비열 등과 마찬가지로 반응열에 대한 지식은 소각, 습식산화, 연소, 소화조의 가열, 화학적 처리 및 열공해 문제 등에서 중요하다.

엔트로피

화학의 많은 부분에서는 계의 평형상태와 계가 자발적으로 평형상태를 향하여 이동하려는 경향에 대해 관심을 가지고 있다고 할 수 있다. **엔트로피**의 개념은 물리적인 변화와 화학적인 변화의 자발성에 대한 일반적인 판단기준으로 사용할 수 있는 열역학적 함수이다. 엔트로피의 개념은 모든 계는 본질적으로 평형상태로 접근하려는 경향이 있음을 말해주는 열역학 제2법칙에 기초를 두고 있다. 평형상태의 중요성은 계가 아직 평형상태에 있지 않을 때만 계로부터 일이 얻어질 수 있는 사실로 알 수 있다. 만일 어떤 계가 평형상태에 있다면 어떤 프로세스도 자발적으로 일어나지 않으며, 또 아무런 물리적 및 화학적인 변화도 일어나지 않는다. 화학자들은 이 엔트로피의 개념을 화학반응에서의 평형위치를 나타내는 데에 사용한다. 엔트로피는 다음의 미분 방정식으로 정의된다.

$$dS = \frac{dq_{\text{rev}}}{T} \tag{3.7}$$

여기서 S는 계의 엔트로피이고, T는 절대온도이다. q_{rev}는 화학변화가 무한히 느리고 가역적으로 일어날 때 계가 흡수한 열량이다. 엔탈피와 마찬가지로 우리가 관심을 가지는 것은 계의 엔트로피의 변화량이며, 이것은 다음과 같이 계산된다.

$$\Delta S = S_2 - S_1 = \int_1^2 \frac{dq_{rev}}{T} \tag{3.8}$$

열역학 제3법칙에 의하면, 물질의 엔트로피는 절대온도(K)가 0일 때 0이다. 그러므로 원소들과 화합물들의 어떤 표준상태에서의 절대 엔트로피는 초기상태를 0 K의 평형상태를 취하여 적분함으로써 구할 수 있다.

엔트로피의 중요성은 어떤 계에서 자발적인 변화가 일어날 때, 그 계에 포함된 모든 변화에 대한 총 엔트로피 변화(total entropy change)를 계산하면, 그 값이 양(positive)의 값으로 얻어진다는 데에 있다. 그러므로 **고립 계(isolated system)에서의 모든 자발적인 변화는 엔트로피의 증가와 더불어 일어난다.** 만일 어느 계에서 물리적 또는 화학적 변화가 상태 a로부터 상태 b로 일어날 수 있는지를 판단하고자 할 때는 엔트로피 변화를 계산하여 필요한 정보를 얻을 수 있게 된다. 만일 계 전체의 ΔS가 양의 값을 가지면 그 변화는 자발적으로 일어날 수 있으며, ΔS가 음의 값을 가질 경우에는 그 변화는 역방향, 즉 상태 b에서 a로 일어나려고 할 것이다. 그러나 ΔS가 0이라면, 계는 평형상태에 있게 되며 따라서 변화는 어느 방향으로도 자발적으로 일어나지 않는다.

분자 차원에서, 엔트로피는 통계적으로 다루어진다. 계는 고도의 질서 있는 상태(ordered state)에서 무질서한 상태(random state)로 이동하려는 경향을 가지고 있다. 계가 무질서해 질수록 계의 엔트로피는 더욱 증가하게 된다. 예를 들어, 만일 두 가지 이상기체가 밀폐된 용기 안에 함께 넣어진다면, 그 기체 분자들은 격리된 상태로 있지 않고 혼합될 것이다. 이 자발적인 과정은 용기 안에서 내부 에너지의 변화없이 일어나지만, 엔트로피는 증가하게 된다.

자유에너지

열역학의 초기의 개념에서는 반응에 의해 발생된 열이 반응 추진력(driving force)의 수단이 된다고 하는 잘못된 생각을 가졌었다. 지금은 에너지를 얻거나 잃을 수 없는 고립계에서는 엔트로피 변화가 반응의 추진력이라고 생각하고 있다. 환경공학에서 일어나는 것과 같이 일반적인 계에서 어떤 반응이 자발적으로 일어날 것인지를 판단하기 위해서는 에너지와 엔트로피의 두 인자를 모두 고려하여야 한다. 이러한 목적에 **자유에너지**(free energy)의 개념이 이용된다. 자유에너지(G)는 다음과 같이 정의된다.

$$G = H - TS \tag{3.9}$$

여기서 H = 엔탈피(J)

T = 절대온도 K(℃ + 273.15)

S = 엔트로피(J/K)

일정온도와 압력에서 주어진 반응에 대한 자유에너지의 변화는

$$\Delta G = \Delta H - T\Delta S \ (T\text{와 } P\text{는 일정}) \tag{3.10}$$

식 (3.5)로부터, P가 일정할 때는

$$\Delta H = H_2 - H_1 = (E_2 + P_2 V_2) - (E_1 + P_1 V_1) = \Delta E + P\Delta V$$

식 (3.3)에 ΔE를 대입하면, $\Delta H = q - w + P\Delta V$를 얻는다.

식 (3.8)로부터 T가 일정할 때는 $T\Delta S$가 q_{rev}와 같은 것을 알 수 있다. 만일 어떤 계의 변화가 아주 천천히 일어나서 에너지의 손실이 최소로 된다고 하면 q는 q_{rev}로, 그리고 w는 이 변화로부터 얻을 수 있는 최대의 일인 w_{max}로 된다. 그러므로

$$\Delta G = q_{\mathrm{rev}} - w_{\mathrm{max}} + P\Delta V - q_{\mathrm{rev}}$$

그리고

$$-\Delta G = w_{\mathrm{max}} - P\Delta V$$

$P\Delta V$는 압력에 대항하여 계가 팽창할 때, "낭비"(wasted)되는 일의 부분이다. 그러므로 $-\Delta G$는 최대 일과 낭비된 일(wasted work)의 차이이다. 다시 말하면, $-\Delta G$는 계의 변화로부터 얻을 수 있는 **유용한 일**(useful work)이다.

$$-\Delta G = w_{\mathrm{useful}} \ (T\text{와 } P\text{는 일정}) \tag{3.11}$$

원칙적, 자발적으로 진행하려는 경향이 있는 어떠한 프로세스도 유용한 일을 하도록 만들어질 수 있다. 자유에너지의 변화는 일정 압력 하에서 프로세스로부터 얻을 수 있는 유용한 일을 측정하는 것이므로, 그 프로세스의 자발성을 측정하는 것이기도 하다.

일정 압력계에서 상태 a로부터 b로의 변화를 생각해 보자. 만일 이 변화에 대하여 ΔG가 음의 값을 갖는다면, 그 프로세스는 진행될 수 있다. 만일 ΔG가 양의 값을 가진다면 이때도 프로세스는 진행될 수 있으나 방향은 역방향, 즉 상태 b에서 a로 진행하게 된다. ΔG가 0이라면, 계는 평형상태에 있으며, 프로세스는 어느 방향으로도 진행되지 않는다. 이것은 대단히 중요한 관계를 나타내는 것이며 화학자에게는 열역학에서 가장 중요한 부분의 하나이다.

자유에너지의 개념을 유용하게 사용하기 위해서는, 자유에너지의 변화를 결정하기 위한 기준이 반드시 필요하게 된다. 엔탈피의 경우에서와 마찬가지로 25℃, 1 atm(즉, 단위활동도)에서 안정한 상태에 있는 원소의 자유에너지를 0으로 정한다. 전기 화학적으로는 활동도(activity)가 1 (약 1 N 용액)인 수소 이온의 표준 자유에너지를 0으로 한다.

화합물의 표준 자유에너지(ΔG_f^0)는 화합물을 구성하는 원소들로부터 그 화합물이 생성될 때의 자유에너지이며, 이 때 반응물과 생성물은 모두 25℃, 1 atm의 표준상태에 있는 것으로 해야 한다. 표 3.1 및 부록 A에는 여러 가지 화합물에 대한 표준 자유에너지가 나타나 있다.

화학반응에 수반되는 자유에너지 변화는 계산으로 바로 구할 수 있으며, 그 반응이 진행될 방향은 자유에너지 변화의 부호로부터 결정할 수 있다. 화학평형에 대한 지식으로부터 계가 평형에 도달할 때까지는 반응은 오로지 주어진 방향으로만 진행된다는 것을 알 수 있다. 또 자유에너지는 반응이 일어나는 방향뿐만 아니라 반응이 도달하게 되는 계의 평형상태를 결정하는 데에도 이용된다. 상세한 설명을 하지 않더라도 반응의 진행방향은 반응물과 생성물의 농도에 의존한다는 사실을 알 것이다. 따라서 자유에너지의 계산에 농도를 반드시 고려해 주어야 한다. 다음 반응을 생각해 보자.

$$aA + bB \rightleftharpoons cC + dD$$

이 반응의 자유에너지는 각종 반응물과 생성물들의 농도를 고려하여 나타내면 다음과 같이 된다.

$$\Delta G = \Delta G^0 + RT\ln\frac{\{C\}^c\{D\}^d}{\{A\}^a\{B\}^b} \tag{3.12}$$

여기서 ΔG = 반응의 자유에너지 변화

ΔG^0 = 표준 자유에너지 변화

R = 기체상수 = 8.314 J/K-mol = 1.99 cal/K-mol

T = 절대온도, K

{ } 안의 항은 각종 반응물과 생성물의 활동도를 나타낸 것이며, 이것은 2.12절에서의 활동도의 표현방식에 따른 것이다. $\{C\}^c(D)^d/\{A\}^a\{B\}^b$ 항은 반응지수(reaction quotient) Q라고 불린다.

식 (3.12)의 상세한 전개는 다른 물리화학 교과서를 참고하기 바란다. 이 식은 생성물과 반응물의 어떤 활동도(또는 농도)에 대하여도 그 반응의 방향을 예측할 수 있게 해주므로 중요하다. 만일 자유에너지 변화(ΔG)가 음수이면 반응은 오른쪽으로 진행되며, 양수이면 역방향으로 진행된다. 만일 반응을 평형상태로까지 진행되도록 둔다면, 그것은 더 이상의 추진력이 작용하지 않는 위치에 도달할 것이다. 이 때의 ΔG는 0으로 되며, 따라서

$$\Delta G^0 = -RT\ \ln\left(\frac{\{C\}^c\ \{D\}^d}{\{A\}^a\ \{B\}^b}\right)_{\text{equilibrium}} \tag{3.13}$$

아래 첨자 “equilibrium”의 의미는 계가 평형에 있을 때만 이 식이 맞는다는 것을 나타낸다. 평형상태에서는 생성물과 반응물의 농도비가 평형상수와 같아진다.

$$\frac{\{C\}^c\ \{D\}^d}{\{A\}^a\ \{B\}^b} = K$$

그러므로 식 (3.3)은 다음과 같은 형태로 쓸 수 있다.

$$\Delta G^0 = -RT\ln K \tag{3.14}$$

이 식은 열역학의 중요한 성과의 하나로, 반응의 평형상수와 열역학적 성질의 관계를 나타낸 것이다. 이 식을 이용하면 어떤 반응에 대한 평형상수를 전혀 다른 반응으로부터 구해 놓았던 반응물과 생성물들의 열역학적 성질로부터 계산해 낼 수 있다.

Q와 K를 비교하면 반응이 오른쪽 또는 왼쪽 어느 방향으로 진행할 것인지, 또는 평형상태에 있는지 확인할 수 있다. 만일 Q가 K보다 작으면 반응은 왼쪽에서 오른쪽으로 진행한다. 만일 Q가 K보다 크면 반응은 오른쪽에서 왼쪽으로 진행한다. Q가 K와 같으면 반응은 평형상태이다.

예제 3.3

자유에너지의 개념을 이용하여 25℃의 탄산에 대한 제1단계 이온화 상수를 구하여라. 제1단계 이온화에 대한 이온화 반응식과 자유에너지는 다음과 같다.

$$H_2CO_3(aq) \rightleftharpoons H^+(aq) + HCO_3^-(aq)$$

$H_2CO_3(aq)$	$H^+(aq)$	$HCO_3^-(aq)$
−623	0	−586.85

해답

반응의 자유에너지 $\Delta G_f^0 = (-586.85) + (0) - (-623) = 36.15$ kJ

식 (3.14)로부터, $\ln K_1 = -\Delta G_f^0 / RT = -36{,}150/8.314(298) = -14.59$

그러므로 $K_1 = 4.61 \times 10^{-7}$

따라서 $$\frac{[H^+][HCO_3^-]}{[H_2CO_3]} = 4.61 \times 10^{-7}$$

예제 3.4

자유에너지의 개념을 이용하여, 25℃에서 이산화 탄소의 물에 용해도 상수를 구하여라. 반응식과 자유에너지는 다음과 같다.

$$CO_2(aq) = CO_2(g)$$

$CO_2(aq)$	$CO_2(g)$
-386.23	-394.38

반응의 자유에너지 $\Delta G_f^0 = (-394.38) - (-386.23) = -8.15$ kJ

식 (3.14)로부터, $\ln K_1 = -8{,}150/8.314(298) = +3.29$

그러므로 $K_{sol} = 26.8$ atm-L/mol

따라서 $$\frac{CO_2(g)\text{atm}}{CO_2(aq)\text{mol/L}} = 26.8 \text{ atm-L/mol}$$

2.9절에서 설명한 Henry의 법칙상수를 자유에너지의 계산으로부터도 구할 수 있다.

예제 3.5

자유에너지의 개념을 이용하여, 25℃에서 CaF_2의 용해도 곱을 계산하여라.

▮해답

CaF_2의 용해도에 대한 식과 자유에너지는 다음과 같다.

$$CaF_2(c) \rightleftarrows Ca^{2+}(aq) + 2F^-(aq)$$
$$-1175.6 \qquad -553.6 \qquad 2(-278.8)$$

반응의 자유에너지, $\Delta G^0 = (-553.6) + 2(-278.8) - (-1175.6) = 64.4\ kJ$

식 (3.14)로부터, $\ln K_{sp} = -64{,}400/8.314(298) = -25.99$

그러므로 $K_{sp} = -5.14 \times 10^{-12}$

이 계산으로부터,

$$[Ca^{2+}][F^-]^2 = 5.14 \times 10^{-12}$$

예제 3.6

물에 Ca^{2+} 및 F^-의 농도가 각각 20 mg/L 및 0.1 mg/L라면 $CaF_2(c)$는 용해될 것인가, 침전될 것인가, 아니면 용액은 $CaF_2(s)$에 대하여 평형상태인가? 활동도계수는 무시하여라.

▮해답

$$Q = [Ca^{2+}][F^-]^2$$

$$[Ca^{2+}] = (20\ mg/L)/(40{,}000\ mg/mol) = 5.0 \times 10^{-4}\ M$$
$$[F^-] = (0.1\ mg/L)/(19{,}000\ mg/mol) = 5.3 \times 10^{-6}\ M$$
$$Q = (5.0 \times 10^{-4}\ M)(5.3 \times 10^{-6}\ M)^2 = 1.4 \times 10^{-14}$$

Q가 K_{sp}보다 작으므로 $(1.4 \times 10^{-14} < 5.14 \times 10^{-12})$ 반응은 왼쪽에서 오른쪽으로 진행하며 $CaF_2(s)$는 더 용해될 것이다.

식 (3.12)와 (3.13)을 이용하여도 이 문제를 풀 수 있다.

$$\Delta G = RT\ln(Q/K)$$

여기서 Q는 K보다 작기 때문에 ΔG는 음의 값이다. 그러므로 반응은 왼쪽에서 오른쪽으로 진행된다.

평형상수에 대한 온도의 영향

자유에너지와 평형상수의 관계, 그리고 자유에너지와 엔탈피 사이의 관계로부터 온도에 따른 평형상수의 변화를 열역학적으로 예측할 수 있다. 이 관계를 미분형으로 나타내면,

$$\frac{d\ln K}{dT} = \frac{\Delta H^0}{RT^2} \tag{3.15}$$

이 식은 온도가 상승함에 따라 발열반응에 대해서는 평형상수가 감소하고, 반면에 흡열반응에 대해서는 평형상수가 증가함을 보여준다. 환경에서 대상으로 하는 현상은 대개 온도 범위가 한정되어 있으므로, ΔH^0는 대체로 일정하며, 다음의 적분형을 사용할 수 있다.

$$\ln\frac{K_{(T_2)}}{K_{(T_1)}} = -\frac{\Delta H^0}{R}\left(\frac{T_1 - T_2}{T_1 T_2}\right) \tag{3.16}$$

따라서 만일 어떤 반응의 한 온도에서의 평형상수를 알고 있다면, 다른 온도에서의 평형상수를 그 반응의 생성물과 반응물에 대한 표준 엔탈피 값으로부터 계산해 낼 수 있다.

예제 3.7

앞의 [예제 3.3]에서 구한 25℃에서 탄산의 이온화 상수, $K_1 = 4.61 \times 10^{-7}$으로부터 10℃에서의 이온화 상수를 계산하여라.

▌해답

이 반응에 대한 반응식과 생성 엔탈피는 다음과 같다.

$$\begin{array}{lccccc} & H_2CO_3(aq) & \rightleftharpoons & H^+(aq) & + & HCO_3^-(aq) \\ \Delta H_f^0 & -699 & & 0 & & -692.0 \end{array}$$

반응의 엔탈피 $\Delta H_f^0 = (-692.0) - (-699) = 7\ \mathrm{kJ/mol}$

식 (3.16)으로부터

$$\ln\frac{K_{10}}{K_{25}} = \frac{-7{,}000}{8.314}\left[\frac{298-283}{(298)(283)}\right] = -0.150$$

그러므로 $K_{10} = e^{-0.150}(4.61 \times 10^{-7}) = 3.97 \times 10^{-7}$

| 3.3 | 액체의 증기압

분자운동론(kinetic-molecular theory)에 의하면 액체도 기체와 마찬가지로 부단히 운동을 하고 있으며, 분자들은 액체의 표면으로부터 대기 중으로 끊임없이 날아가고 있다. 열린

계(open system)에서는 이 분자 입자들의 대부분은 결코 액체로 되돌아오지 않으며 그리고 이 액체는 증발하고 있다고 말한다. 그러나 닫힌 계(closed system)에서는 날아간 분자 입자들이 기체상에서의 그들의 농도에 비례하여 다시 액체상으로 돌아온다. 마침내 돌아오는 속도와 날아가는 속도가 같아지고, 계는 평형상태에 도달하게 된다. 이 때, 이 증기는 포화되었다고 말한다. 이 상태에서 증기가 나타내는 압력을 증기압력(vapor pressure)이라고 한다. 모든 용액의 증기압력은 온도가 높아짐에 따라 증가한다. 물과 몇 가지 액체 유기화합물에 대한 증기압력을 표 3.2에 나타내었다. 이 표에서 증기압력은 규칙적으로 상승하지는 않는다는 것을 알 수 있다. 그러나 대략적으로 볼 때, 증기압력은 온도가 10℃ 상승함에 따라 1.5배 증가하는 것을 볼 수 있다. 증기압력을 계산하는 데는 대체로 다음의 Rankine 공식이나, 이 식을 변형한 식이 주로 사용된다.

$$\log p = \left(\frac{A}{T}\right) + B \log T + C \tag{3.17}$$

여기서 p = 증기압력
T = 온도
A, B, C = 상수

"International Critical Tables"나 화학의 핸드북들에는 여러 가지 화합물에 대한 증기압력 자료가 수록되어 있다. 또한 어떤 온도에서의 증기압력을 계산해 낼 수 있는 공식과 상수값들도 수록되어 있다.

표 3.2 액체의 증기압력, atm

온도, ℃	물	에틸알코올	*n*-헥산	벤젠
0	0.006	0.016	0.060	0.035
10	0.012	0.031	0.099	0.060
20	0.023	0.058	0.158	0.098
30	0.042	0.104	0.244	0.156
40	0.073	0.178	0.364	0.238
50	0.122	0.292	0.528	0.354
60	0.197	0.464	0.745	0.511
70	0.308	0.714	1.036	0.720
80	0.467	1.068	1.397	0.968
90	0.692	1.562	1.851	1.337
100	1.000	2.228	2.416	1.768

어떤 액체의 증기압력이 그 액체 위의 대기압과 같아질 때, 그 액체는 **끓는점**(boiling point)에 도달했다고 말한다. 이러한 상태에서는 열을 받은 액체가 기체로 변해 액체를 통하여 기포(bubble)로 되어 상승하며 액체 표면에서 밖으로 달아나게 되므로 격렬한 요동이

일어나게 된다.

어느 정도의 증기압력을 가진 용액은 기압을 감소 또는 증가시켜 여러 온도에서 끓게 할 수 있다. 물은 실온에서도 압력을 0.028 atm 정도로 감소시키면 끓는다. 반면에, 13.6 atm에서 조작되는 스팀 보일러 안에서의 물의 끓는점은 194.4℃로 된다. 이 원리는 유기성 슬러지를 연소시키는 습식 산화 공정(wet oxidation process)에 적용될 수 있다. 이 방법에서는 유기물이 물의 온도를 250～300℃ 정도로 높일 수 있도록 특별히 설계된 반응기에서 용존산소에 의해 수용액상 속에서 화학적으로 산화된다. 물이 끓지 않도록 하면서 이런 범위의 온도를 유지하기 위해서는 40～85 atm의 압력이 필요하다. 슬러지 고형물의 산화율과 산화속도는 온도가 높아짐에 따라 현저하게 증가한다. 그러나 이러한 반응기에서 사용할 수 있는 최고 온도는 **임계온도**(이 온도 이상에서는 압력에 관계없이 물은 더 이상 액체 상태로 존재할 수 없게 된다)에 의해 정해지며, 물의 임계온도는 374℃이다. 이 임계온도에 아주 가까운 온도에서 물을 액체상으로 유지하는 데 필요한 압력을 **임계압력**이라고 한다. 물의 임계압력은 218 atm이다.

| 3.4 | 표면장력

분자운동론에 의하면 액체 분자들은 서로 끌어당기고 있다. 액체 표면 위의 기체상의 속의 분자들은 아주 넓게 분산되어 있으므로, 액체 표면에서는 분자들 간의 힘에 균형이 잡히지 않게 된다. 그 결과 **표면**의 분자들은 **장력**(tension)을 받게 되어 최소의 표면적을 갖도록 스스로 조절하게 되며, 얇은 표면층을 형성한다. 이 표면장력의 성질이 액체 방울을 구상으로 만들며, 물의 모세관 현상을 일으키고, 또 물과 같은 액체가 그들이 적실 수 있는 다공성 물질 속을 통과할 수 있게 하는 것이다. 흙 속으로의 물의 이동은 이와 같은 현상의 좋은 예이다.

표면장력을 가장 정확하게 측정하는 방법은 모세관 속을 올라간 액체의 높이를 측정하는 것이다. 물을 비롯한 대부분의 액체는 유리관의 벽을 적시며, 벽에 들러붙은 액체는 표면장력 때문에 전체표면적을 감소시키려고 관 안으로 물을 끌어올리게 된다. 이것이 모세관 현상의 기본원리이며, 식물과 동물의 조직에 물과 영양분을 공급하는 데에 대단히 중요하다. 표면장력을 측정할 때 사용되는 유리관 속의 액체가 정지상태에 있을 때에는 위로 끄는 힘과 아래로 작용하는 힘이 서로 같아진다. 아래로 작용하는 힘은 $\pi r^2 h\rho g$, 위로 끄는 힘은 $2\pi r\gamma \cos\theta$로 표시된다.

$$\pi r^2 h\rho g = 2\pi r\gamma \cos\theta \tag{3.18}$$

또는

$$\gamma = \frac{h\rho g r}{2\cos\theta} \tag{3.19}$$

여기서 γ = 표면장력, N/m

ρ = 액체의 밀도, kg/m^3

g = 중력가속도, m/s^2

h = 높이, m

r = 반지름 m

θ = 액체가 모세관의 벽과 이루는 각

물을 비롯한 많은 액체의 경우, θ는 아주 작으므로 $\cos\theta$는 1로 간주할 수 있다. 따라서

$$\gamma = \frac{1}{2} h\rho g r \quad \text{또는} \quad h = \frac{2\gamma}{\rho g} \cdot \frac{1}{r} \tag{3.20}$$

이 식은 모세관에서의 액체의 상승높이와 관의 반지름과의 관계를 잘 나타내고 있다. 키가 100 m 정도나 되는 거대한 나무(sequoia)의 모세관은 아주 가늘지 않으면 안 된다.

모세관 작용은 접촉하고 있는 표면을 적시지 않은 액체에 있어 중요하다. 그 예로 유리와 접하고 있는 수은이나 모래와 접하고 있는 기름 및 염화 용매 등을 들 수 있다. 수은은 유리 표면에서 넓게 퍼지지 않고 자신들끼리 방울을 형성한다. 모세관에서 수은은 유리 벽면과 오목한(concave) 형상이 아닌 볼록한(convex) 형상을 유지하며, 그 면은 유리관에서 아래로 낮아지게 된다. 석유계 탄화수소나 염화 용매 등으로 오염된 토양 및 지하수에 있어서도 이들 비수용성 액체(NAPL)들은 물과 함께 퍼지기 보다는 토양의 공극 내에서 입자들이 모여 작은 방울을 형성하기 때문에 제거하기가 곤란하다. 따라서 모세관 작용은 오염된 토양 및 지하수의 처리를 매우 어렵게 만든다.

Poiseuille의 법칙

G. Hangen과 J. L. Poiseuille은 모세관을 통하여 흐르는 액체의 거동이 액체의 점성(viscosity)에 관계된다는 사실을 발견하고, 다음이 식으로 나타내었다.

$$\mu = \frac{\pi P r^4}{8 V l} t \tag{3.21}$$

여기서 V = 액체의 부피

μ = 액체의 점도

l = 모세관의 길이

r = 모세관의 반지름

t = 시간

P = 모세관에서 액체의 압력

환경공학자 및 과학자는 모세관을 통한 액체의 흐름에 관계된 문제에 자주 접한다. 좋은

예가 슬러지 여과로, 슬러지 속의 **공극**(void area)은 뒤틀린 모세관이라고 볼 수 있다. 제거되어야 할 액체는 일정한 점도를 가진 물이므로 물의 이동속도나 부피가 중요해진다. **Hagen-Poiseuille의 식**을 다시 쓰면

$$Q = \frac{\pi P r^4}{8\mu l} \tag{3.22}$$

Q값은 V/t로서 모세관을 통한 유속이다. 식 (3.22)로부터 액체의 부피유속(volume flow)을 일정하게 유지하는 데 필요한 압력차를 결정할 때에 가장 중요한 인자는 모세관의 지름이라는 것을 알 수 있다. Hagen-Poiseuille의 법칙은 필터보조제(filter aid)와 소석회와 같은 화학약품이 여과 조작에서 어떻게 유익한가를 설명하는데, 그리고 여과나 여과에 관련된 문제들을 연구하기 위한 기초개념으로서 유용하다.

| 3.5 | 이성분 혼합물

물과 에탄올처럼 잘 섞이는 액체의 이성분 혼합물(binary mixture)은 그 조성에 따라 증기압력이 차이를 나타내며, 이 증기압력은 두 성분을 증류하여 분리하는 데에 영향을 미치므로 중요하다. 혼합물들은 모두 다음 세 부류 중 한 가지에 속하며, 이들 각각은 현저하게 다른 성질을 가지고 있다.

Class I

Class I 에 속하는 모든 혼합물의 증기압력은 조성에 관계없이 그 혼합물 속의 휘발성이 가장 높은 성분의 증기압력보다 항상 낮으며, 휘발성이 가장 낮은 성분의 증기압력 보다는 항상 높다. 따라서 Class I 에 속하는 용액의 끓는점은 항상 이들 두 성분의 끓는점의 중간에 있게 된다. 증류할 때 생겨나는 증기에는 휘발성이 높은 성분이 액체상태보다 항상 훨씬 많이 포함된다. 이런 혼합용액은 분별 증류법(fractional distillation)에 의하여 완전히 분리할 수 있다.

그림 3.1은 액체상 및 증기상의 조성을 나타낸 것으로, Class I 에 속하는 이성분 혼합물이 어떻게 분별증류에 의하여 완전히 분리될 수 있는지를 보여준다. 만일 조성이 x인 A와 B의 혼합용액이 끓는점까지 가열된다면, 이 용액은 l 에 해당하는 온도를 가질 것이며, 이때 생성된 증기는 증기 곡선 위의 ν에 해당되는 조성을 가지게 된다. 만일 조성 ν의 이 증기를 응축시킨다면, 조성이 x'에 해당하는 용액이 얻어지며, 여기에는 성분 B가 훨씬 많이 포함되어 있게 된다. x'의 조성을 가진 혼합용액을 재증류(redistillation)하면, x''의 조성을 가진 증기가 생성된다. 분별증류관(fractionating column)에서는 연속적으로 증발과 응축을

행하여 순수한 B성분을 증류생성물로 얻으며, 증류탑 속의 잔류물로는 상대적으로 순수한 A성분이 남아 있게 된다. 여러 가지 화합물이 Class I 에 속하는 이성분 혼합물을 형성한다.

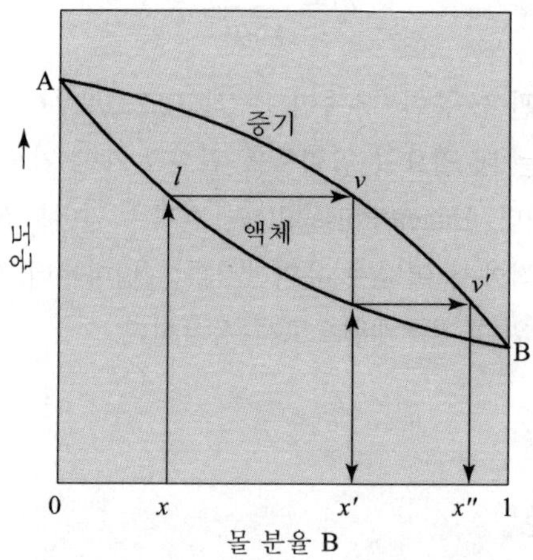

그림 3.1 Class I 이성분 혼합용액을 증류하는 과정에서의 액체상과 증기상의 조성변화

Class II

Class Ⅱ에 속하는 이성분 혼합물들은 어느 특정한 몰 비(mol ratio)에서 증기압력이 혼합용액 중의 두 성분의 증기압력보다 낮아지며, 따라서 이러한 혼합비들에서는 두 성분의 끓는점보다 높은 끓는점을 가지게 된다. 이러한 혼합용액의 증류에서는 혼합용액이 극소 증기압력 또는 극대 끓는점을 가진 조성에 도달할 때까지는 두 성분 중의 어느 하나가 비교적 순수한 형태로 분류되어 나온다. 그러나 극소 증기압력 또는 극대 끓는점에 도달하면, 불변 끓음 혼합물(constant boiling mixture)이 얻어지게 되어 증기와 액체의 성분조성이 같게 되고, 따라서 증류에 의한 방법으로는 더 이상의 분리가 불가능해진다.

그림 3.2는 Class Ⅱ에 속하는 이성분 혼합용액의 액체상과 증기상의 조성을 나타낸 것이다. 만일 조성이 x'인 혼합용액이 증류된다면 생성된 증기에는 성분 A가 많으므로 분별증류법에 의해서 부분적으로 비교적 순수한 형태로 회수할 수 있다. 그러나 액체상으로부터 성분 A가 제거됨에 따라 액체상의 조성이 x로 될 때까지 액체상에는 성분 B가 점점 많아지게 된다. 조성이 x가 되는 점에서는 증기상과 액체상의 조성이 같아지며, 더 이상 분류가 불가능한 불변 끓음 혼합물로 된다. 마찬가지로 만일 조성이 x''인 혼합용액을 증류한다면 B성분을 증류생성물로 얻을 수 있으며, 남게 되는 용액의 조성은 x에 접근하게 되므로, 이때도 역시 불변 끓음 혼합물이 남는다. 염산, 브롬화 수소산(HBr), 요오드화 수소산(HI), 플루오르화 수소산(HF), 질산, 폼산(formic acid) 등의 수용액은 모두 Class

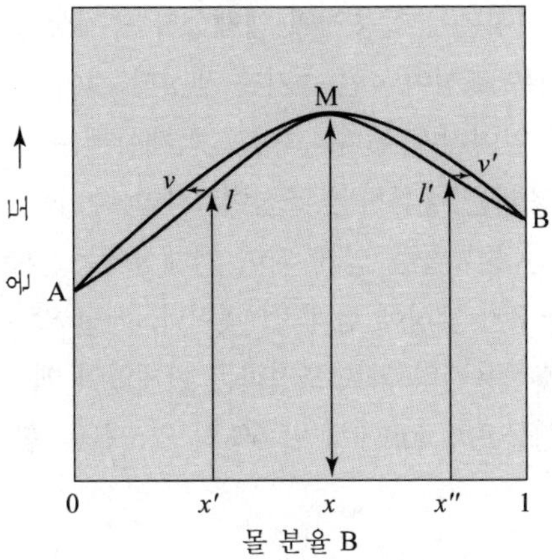

⇧ **그림 3.2** Class II 이성분 혼합물의 증류과정에서의 액체상과 증기상의 조성변화

의 이성분 혼합용액이다. 1 atm의 압력에서 염산의 불변 끓음 혼합물은 20.2%의 HCl을 포함하며, 정량분석의 일차 표준시약으로 자주 사용된다.

Class III

Class III의 이성분 혼합용액은 그 혼합용액의 어떤 특정한 몰 비에서 혼합된 두 성분보다 더 큰 증기압력을 가지며, 이 몰 비에서는 혼합된 두 성분 중의 어느 것보다도 더 낮은 끓는점을 갖는다. Class III의 혼합용액을 증류하면, Class II의 혼합용액에서와 정반대의 결과가 나타난다. 증류물은 두 성분을 일정한 비율로 포함하며, 잔류액에는 어느 한 성분이 상대적으로 높은 농도로 남게 된다.

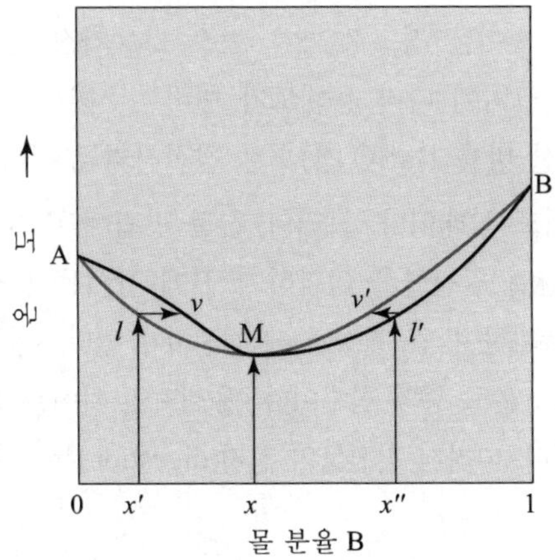

⇧ **그림 3.3** Class III 이성분 혼합물의 증류과정에서의 액체상과 증기상의 조성변화

그림 3.3은 Class Ⅲ의 이성분 혼합용액의 액체상과 증기상에 대한 조성을 나타낸 것이다. 조성이 x'인 혼합용액은 조성이 ν인 증기를 생성할 것이다. 이 증기를 분별 증류하면, 조성이 x인 증류생성물이 얻어지게 된다. 그리고 액체상에는 성분 A가 점점 풍부해질 것이다. 조성이 x''인 혼합용액을 증류하면 조성이 ν'인 증기를 생성하게 된다. 이 증기를 분별 증류하면, 조성이 x인 증류물을 얻게 되며 액체상에는 성분 B가 더 많이 있게 된다. 결국에는 순수한 성분 A나 B가 액상에 남게 될 것이다. 에틸 알코올과 물은 이런 종류의 이성분 혼합용액을 이루며, 혼합용액의 최초 조성과는 관계없이 액상 중에 두 성분이 존재하는 한 이 혼합용액의 증류생성물은 1 atm에서 95.6%의 알코올을 함유한다.

| 3.6 | 액체에서 고체의 용해

액체에 녹는 고체의 양은 온도의 함수이며, 용매 및 용질의 특성과도 관계가 있다. 불포화, 포화, 과포화 용액에 대한 일반적인 개념은 일반화학 과정에서 충분히 다루고 있다. 그러나 결정이나 입자 크기의 중요성 및 온도가 용해도에 미치는 영향에 대해서는 거의 설명되지 않고 있다.

입자크기의 중요성

고체의 용해도는 입자의 크기가 감소할수록 증가하는 경향을 나타낸다. 예를 들면, 거친 입자로 된 $CaSO_4(s)$는 25℃에서 2.08 g/L까지 물에 용해되지만, 미세한 입자로 된 $CaSO_4(s)$는 2.54 g/L까지 용해된다. 이러한 현상은 입자의 크기가 감소할수록 질량 대 표면적 비와 고체의 증기압력이 증가하기 때문인 것으로 알려져 있다. 콜로이드 크기의 입자는 현미경의 관찰 한계를 벗어날 정도로 매우 작으므로 가장 큰 용해도를 나타낸다.

정량분석에서는 입자의 크기에 따라 용해도가 변하는 사실을 이용하는 경우가 자주 있다. 예로, 황산 이온을 황산 바륨 $BaSO_4(s)$으로 침전시켜 분석하는 무게분석에서, 최초에 형성되는 침전물은 콜로이드 상태이다. 그러나 침전 방법에 주의를 하면 몇 개의 큰 결정들을 생성시킬 수 있다. 만일 침전물을 여과하기 전에 잠시동안 정치해 두면, 콜로이드 크기의 입자들은 용액 속을 통과하여, 큰 결정 위에 침전하게 된다. 이동 속도는 존재하는 결정의 수와 용해도의 차이, 그리고 온도 등의 함수이다. 용해도의 차이는 온도와 교환속도에 따라서 증가하는 것으로 알려져 있다. 따라서 침전물의 침지(digestion)는 보통 용매의 끓는점에 가까운 온도에서 수행한다.

온도의 영향

일반적으로 액체에 대한 고체의 용해도는 온도가 상승함에 따라 증가한다. 그러나 몇 가지의 예외가 있다. 용해도에 미치는 온도의 영향은 주로 용액의 총 열효과(total heat effect)에 의한 것이다. 용해열(heat of solution)이 흡열일 때 용해도는 온도가 상승함에 따라 증가한다. 용해열이 발열이면, 반대로 온도가 상승함에 따라 용해도는 감소하게 된다. 용해될 때 열의 변화가 거의 없으면, 용해도는 온도의 변화에 대해 거의 영향을 받지 않는다. 이러한 고찰은 모두 Le Chatelier의 원리와 3.2절에서 설명한 열역학 법칙에 의한 것이다.

그림 3.4는 몇 가지 고체의 물에 대한 용해도 곡선 및 용해열의 관계를 나타낸 것이다. 황산 나트륨과 같이 일부 고체들의 용해도 곡선이 도중에 급격한 변화를 나타내는 것은 분자조성과 용해열의 변화 때문이다.

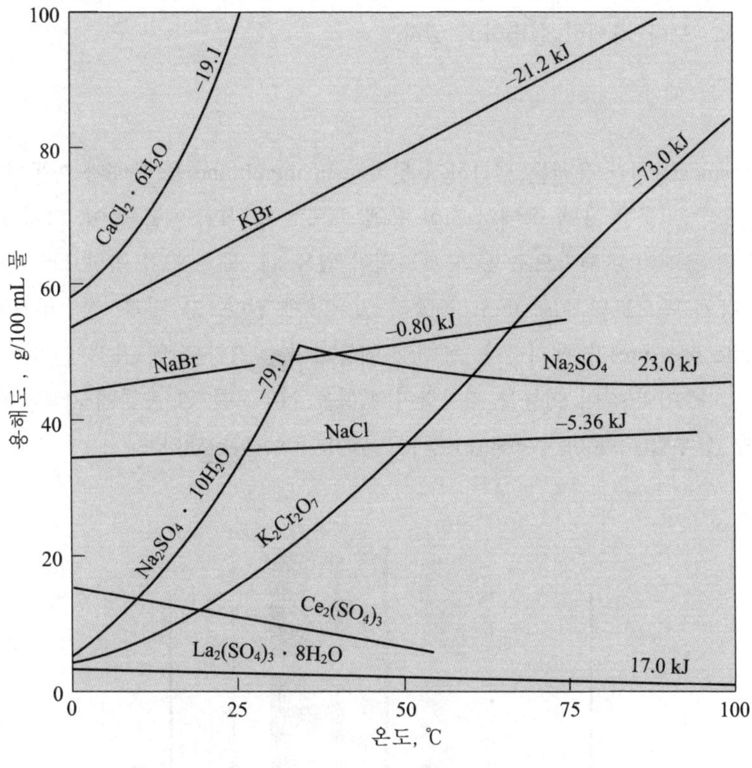

그림 3.4 물에 대한 용해도와 용해열과의 관계

3.7 막 공정 : 삼투 및 투석

막 공정(membrane process)은 물, 폐수, 그리고 가스로부터 입자 및 용질을 제거하기 위해 점차 널리 사용되고 있다. 환경 규제의 강화, 공정 기술의 발전, 그리고 경제성의 향상과 더불어 막 공정의 사용이 증가하게 되었다. 일반적으로 막 공정은 제거되는 오염물의

막 공정	적용 입자 또는 용질의 크기 범위, μm
마크로여과(Macrofiltration)	$>100\sim100$
정밀여과(Microfiltration)	$0.1\sim10$
한외여과(Ultrafiltration)	$0.005\sim0.1$
나노여과(Nanofiltration)	$0.001\sim0.005$
역삼투(Reverse Osmosis)	<0.001
투석(Dialysis)	<0.001

크기에 따라 구분된다. 다음 표는 막 공정에 대한 일반적인 구분을 나타내고 있다 $(1\ \mu\text{m} = 1\ \text{micron} = 10^{-6}\ \text{m})$.

역삼투 및 투석은 용액으로부터 용해성 이온도 제거할 수 있다. 다음 절에서는 역삼투와 투석의 원리를 보다 자세히 설명하고 있다.

삼투압

삼투현상(osmosis)이란 용질은 투과하지 못하는 막(membrane)을 용매가 이동하는 현상이다. 흐름의 방향은 묽은 용액 쪽에서 진한 용액 쪽으로 향한다. 예를 들어, 그림 3.5에 보인 바와 같이, 염 용액이 반투막으로 물과 분리되어 있을 때, 물은 양쪽 방향으로 이동이 가능하지만 염 용액 쪽으로의 이동이 보다 빨리 일어나게 된다. 그 결과, 정수두차(difference in hydrostatic pressure)가 생겨난다. 용매가 이동하려는 경향은 염 용액에 압력을 가하여 저지할 수 있다. 이와 같이 이동을 저지하여 평형을 이루도록 염 용액에 가해져야 하는 여분의 압력을 **삼투압**(osmotic pressure)이라고 하며, π로 나타낸다.

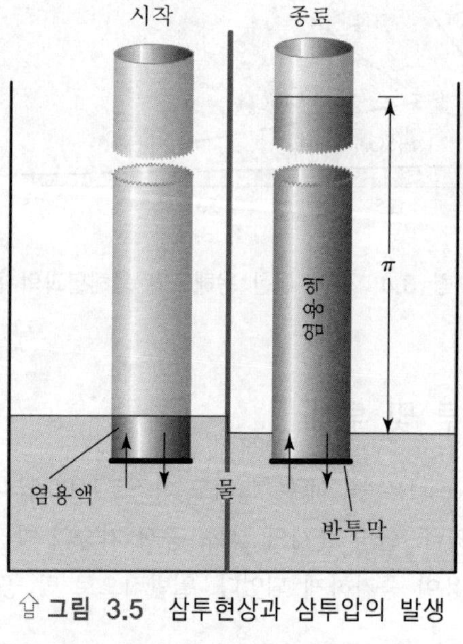

그림 3.5 삼투현상과 삼투압의 발생

용매만이 막을 통과하여 이동하게 하는 추진력은 막 양쪽 용매의 증기 압력의 차이에 의한 것이다. 묽은 용액으로부터 막을 통과하여 용매가 진한 용액쪽으로 이동하는 것은 증기 압력 차이에 의한 추진력을 이겨낼 때까지 계속된다. 비압축성 용매(incompressible solvent)의 경우, 평형에서의 기압으로 표시된 삼투압은 다음 식으로부터 계산할 수 있다.

$$\pi = \frac{RT}{V_A} \ln \frac{P_A^0}{P_A} \tag{3.23}$$

여기서 R = 0.08206 L atm/mol·K

T = 온도, K

P_A^0 = 묽은 용액에서 용매의 증기압

P_A = 진한 용액에서 용매의 증기압

V_A = 용매몰당 부피(물의 경우 0.018 L)

앞서 2.10절에서 설명한 Raoult의 법칙에서, 묽은 용액에서의 용매의 증기압력의 감소는 용액 속 다른 물질의 몰분율에 정비례한다. 이 사실로부터 삼투압과 진한 용액 속 입자의 몰농도 c와 관련시켜 다음과 같이 다시 쓸 수 있다.

$$\pi = cRT \tag{3.24}$$

이 식은 Raoult의 법칙이 적용되는 묽은 용액에 대해서만 유효하다.

이 삼투압의 원리를 이용하는 예로는 염분이 들어있는 물을 **역삼투법**(reverse osmosis)으로 탈염하는 경우를 들 수 있다. 역삼투법은 그 이름이 의미하는 바와 같이 삼투현상의 역이며, 물은 반투막을 통해 염수로부터 담수쪽으로 이동한다. 이러한 이동은 삼투압 이상의 압력을 염수 쪽에 가함으로써 일어나게 할 수 있다. 반투막은 염수에 대해서는 이온과 입자들을 용액 속에 그대로 남게 하는 여과와 같은 역할을 하고, 물만이 막을 통과하도록 한다. 이론적으로, 이 공정은 삼투압보다 조금 높은 압력에서 진행될 수 있다. 그러나 실제로, 막을 통한 어느 정도의 물의 흐름을 얻기 위해서는 상당히 높은 압력이 필요하다. 또한 물이 막을 통해 빠져나감에 따라 남아있는 염수의 염분 농도가 증가하게 되어 삼투압의 차이는 더 커지게 된다. 이 방식으로 염분을 제거하는 데 소요되는 이론적인 최소 에너지는 삼투압에 탈염되는 용액의 부피를 곱한 것과 같아진다.

예제 3.8

염분이 있는 지하수중 주요 이온들의 몰 농도가 다음과 같다. ; Na^+, 0.02 ; Mg^{2+}, 0.015 ; Ca^{2+}, 0.01 ; K^+, 0.001 ; Cl^-, 0.025 ; HCO_3^-, 0.001 ; NO_3^-, 0.002 ; SO_4^{2-}, 0.012

(a) 반투막을 사이에 두고 한쪽에 염수, 다른 한쪽에 순수한 물이 들어 있을 때 삼투압의 차이는 대략 얼마인가? 온도는 25℃로 가정하여라.

▌해답

염수 중 전체입자의 몰농도는

$$c = 0.02 + 0.015 + 0.01 + 0.001 + 0.025 + 0.001 + 0.002 + 0.012 = 0.086\ \mathrm{M}$$

식 (3.24)로부터

$$\pi = cRT = \frac{0.086\ \mathrm{mol}}{\mathrm{L}} \times \frac{0.08206\ \mathrm{L\text{-}atm}}{\mathrm{mol\cdot\ K}} \times (273 + 25)\mathrm{K}$$
$$= 2.10\ \mathrm{atm}$$

(b) (a)에서, 만일 처음 염수의 75%를 담수로 얻으려고 한다면, 이때 발생될 삼투압차를 상쇄시키기 위해 필요한 최소의 압력은 얼마인가?

▌해답

75%의 담수를 얻으려면, 처음 4부피의 염수에 녹아있던 염분이 막을 통해서 순수한 물 3부피가 빠져나간 뒤의 1부피의 염수에 농축되어야 한다. 그러므로 이때 남아있는 염수 중의 염분 농도는 초기 염수의 4배, 즉 약 0.344 M이 된다. 그러므로

$$\pi = 0.344 \times 0.08206 \times 298 = 8.41\ \mathrm{atm}$$

따라서 막을 통해 순수한 물을 밀어내기 위해서는 8.41 atm 이상의 압력이 필요하게 된다.

투석

엄밀히 말해 환경공학자가 삼투원리를 이용하는 기회는 별로 많지 않다. 그러나 투석(dialysis)이라고 불리는 삼투와 관련된 현상은 삼투압보다 자주 이용한다. 용매에 의해 젖는 특수한 투과성을 가진 막을 사용하여, 이온은 통과할 수 있으나 고분자 유기물질이나 콜로이드 입자는 통과하지 못하도록 할 수가 있다. 이와 같이 하여 용질을 분리할 수 있다. 이것을 **투석**이라고 한다.

투석은 콜로이드 현탁액(colloidal suspension)으로부터 전해질(electrolyte)을 제거하여 콜로이드를 안정화하는 방법으로 널리 쓰인다. 투석은 그림 3.6에서 보는 바와 같이 유기물질로 오염된 산업폐수로부터 수산화 나트륨을 회수하는 데 이용된다. 이 방법에서는 폐수를 투과막으로 된 용기에 넣고 용기(cell)의 주위에 물을 채운다. 나트륨 이온과 수산화 이온은 용기의 벽을 통해 밖의 물로 이동한다. 물은 증발시켜 수산화 나트륨을 회수하고 용기 속의 유기 폐기물은 따로 처분해 버린다. 폐수 중의 수산화 나트륨이 상당히 고농도가 아니면 투석법은 경제성이 없으므로, 이런 경우에는 반드시 농축을 하여야 한다. 면방직 공장의 알칼리 처리 폐액(mercerizing waste)이 그 예이다.

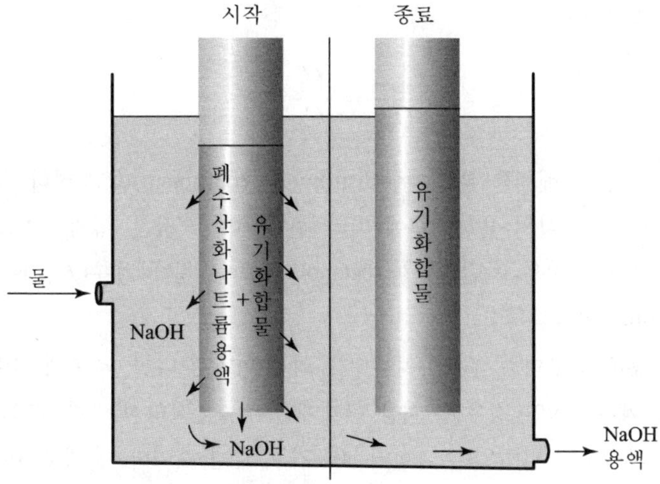

그림 3.6 산업폐수로부터 수산화 나트륨을 회수하는 간단한 투석용기

투석 원리는 염수의 탈염에도 사용할 수 있다. 이 경우, 염수는 용기의 안과 밖 모두에 넣는다. 용기 바깥의 물에 전극을 설치하고 전류를 흘리면, 용기 안에 있는 이온들이 반투막을 통해 밖에 있는 물에 농축된다. 3.9절에서 설명하는 바와 같이, 양이온은 환원전극(cathode)을 향해서, 음이온(anion)은 산화전극(anode)을 향해서 흐르게 된다. 이렇게 하여 용기 안에 있는 염수가 탈염된다. 이 방법을 **전기투석**(electrodialysis)이라고 부르며, 이온의 농도구배와 반대로 흐르도록 하기 위해 전기 에너지를 사용한다. 실제 대규모의 공정에서는 효율을 높이기 위해서 여러 개의 얇은 연속 흐름형의 용기를 사용한다. 전기투석은 폐수로부터 중금속, 질산이온, 경도(Ca^{2+} 및 Mg^{2+}), 그리고 라듐과 같은 특정 오염물질을 제거하기 위하여 사용되기도 한다.

3.8 용매 추출의 원리

산업 및 유해 폐기물에는 값진 성분들이 포함되어 있는 경우가 많으며, 이 물질들은 NAPL(non-aqueous-phase liquid, 비수용성 액체)라고 불리는 물과 섞이지 않는 용매, 석유계 에터, 다이에틸 에터, 벤젠, 클로로폼, 헥산, 다이클로로메탄, 또는 기타 여러 가지의 유기용매 등을 사용하여 추출(extraction)하는 방법으로 효과적이고 경제적으로 회수할 수 있다. 또한, 여러 가지 수질 분석법에서도 측정과정 중에 분석 시료에 포함되어 있는 단일 성분이나 복합물을 추출하는 경우가 많다. 계면 활성제의 분석과 각종 중금속의 분석에서 그 예를 찾아볼 수 있다. 그러므로 용매 추출의 원리는 환경공학에서 매우 중요한 사항이다.

물과 섞이지 않는 용매를 수용액에 잘 섞으면, 수용액에 들어있던 용질은 두 용매에 대한 용해도에 따라 두 용매에 분배된다. 용질의 농도가 낮거나 중간 정도의 농도에서는 이 분배비는 항상 일정하다.

$$\frac{C_{\text{용매}}}{C_{\text{물}}} = \frac{C_s}{C_w} = K \tag{3.25}$$

평형상수 K, 또는 분배비를 **분배 계수**(distribution coefficient)라고 한다. 물과 섞이지 않는 용매는 목적하는 물질의 용해능력에 따라 선택하며, K값은 대체로 1보다 크다. 분배 계수 중 특히 중요한 것은 옥탄올–물(octanol–water) 분배 계수(K_{ow})이며, 그 용도는 5.34절에 기술되어 있다.

만일 사용된 용매의 부피가 추출하려는 시료의 부피와 같다면, 추출에 관련된 계산은 간단해진다. 분배 계수가 9인 경우는, 처음 단계에서 추출물질의 90%가 추출되고, 연속되는 각 단계에서도 계속해서 남아있는 물질의 90%가 추출될 것이다. 용매로 3회 추출을 하면, 그 물질의 99.9%가 제거될 것이다.

폐수와 같은 부피의 용매를 사용하는 것은 실질적으로 거의 불가능하므로, 계산이 약간 복잡해진다. 산업폐수 처리에서 일반적인 문제는 n회 추출 후 어느 만큼이 수용액 속에 남아있게 될 것인가 하는 것이다. 분배 계수를 정의하는 식은 추출되는 물질의 양과 액체의 양으로 나타낼 수 있다.

$$K = \frac{C_s}{C_w} = \frac{(W_0 - W_1)/V_s}{W_1/V_w} \tag{3.26}$$

여기서 W_0 = 수용액에 원래 존재하던 물질의 무게

W_1 = 1회 추출 후 용액 속에 잔류하는 무게

V_s = 용매의 부피

V_w = 물의 부피

$$W_1 = W_0 \frac{V_w}{KV_s + V_w} \tag{3.27}$$

두 번째 추출에서는

$$W_2 = W_1 \frac{V_w}{KV_s + V_w} \tag{3.28}$$

또는 최초의 시료에 대하여

$$W_2 = W_0 \frac{V_w}{KV_s + V_w} \frac{V_w}{KV_s + V_w}$$

$$= W_0 \left(\frac{V_w}{KV_s + V_w} \right)^2 \tag{3.29}$$

그러므로 n회의 추출후 수용액에 남는 물질의 무게는

$$W_n = W_0 \left(\frac{V_w}{KV_s + V_w} \right)^n \tag{3.30}$$

식 (3.30)은 일반식으로 이용할 수 있다. 즉, 만일 분배 계수를 알고 있을 때, 정해진 횟수의 추출로 수용액 중의 물질 농도를 일정한 수준으로 감소시키는 데 필요한 용매의 부피를 계산하거나, 정해진 부피의 용매에 대하여 필요한 추출 횟수를 계산하는 데 사용할 수 있다.

환경공학자에게 중요한 관련 현상은 "공동용매(cosolvent)"이다. 이에 대한 중요한 예는 휘발유의 산소 함량을 높이기 위해 에탄올을 첨가하는 것으로 이는 1990년 Clean Air Act에 의해 규정되었다. 가솔린에 에탄올을 첨가하면 예기치 않은 문제가 발생할 수 있다.[1)] 물과 혼합성이 있는 에탄올이 공동용매로 존재하면 벤젠, 톨루엔, 에틸벤젠, 그리고 자일렌(BTEX)과 같은 휘발유의 구성성분의 물에 대한 용해도가 증가한다. 둘째, 만일 에탄올-휘발유 혼합물(에탄올과 휘발유는 혼합성이 있음)이 다량의 물을 오염시키면, 휘발유는 두 상(phase), 에탄올-물 상과 그 위를 떠다니는 휘발유가 많은 상으로 분리된다. 이 같은 행태 때문에 에탄올-휘발유 혼합물을 송유관에 주입하면 안 된다.

또 다른 복잡한 예는 NAPL로 오염된 토양을 공동용매를 이용하여 세척하는 경우이다. NPAL은 물보다 가벼울 수도(LNAPL) 또는 무거울 수도(DNAPL) 있다. 에탄올과 같이 물과 혼합성이 있는 공동용매는 NAPL의 용해도를 높여 추출 및 회수 효과를 높이기 위하여 첨가될 수 있다.[2)] 계면활성제도 역시 사용될 수 있다.[3)] 이 들을 적용할 때 표면장력(모세관 현상), 밀도, 그리고 점도 등의 영향 또한 중요하다.

| 3.9 | 전기화학

전기화학(electrochemistry)은 전기식 현상과 화학적 현상 사이의 관계를 다루는 학문 분야이다. 전기화학에 관한 지식은 환경공학에서 여러 가지로 응용된다. 전해질 용액에 대한 현상과 전해질 용액 속의 전극에서 발생하는 현상에 대한 연구 및 부식(corrosion)에 대한

---

1) S. E. Powers, D. Rice, B. Dooher, and P. J. J. Alvarez, Will Ethanol-Blended Gasoline Affect Groundwater Quality, *Env. Sci. Tech.*, **30** : 24A-30A(2001).

2) J. W. Jawitz, R. K. Sillan, M. D. Annable, P. S. C. Rao, and K. Warner, In-Situ Alcohol Flushing of a DNAPL Source Zone at a Dry Cleaner Site, *Env. Sci. Tech.*, **34** : 3722-3729(2000).

3) K. D. Pennel, G. A. Pope, and L. M. Abriola, Influence of Viscous and Buoyancy.

이해를 위해서는 전기화학의 지식이 필요하다. 환경공학자들이 흔히 다루게 되는 분석방법 중 많은 것이 전기화학적인 측정법에 기초를 두고 있다. 또한 널리 이용되고 있는 하천의 자동 연속 수질 측정장치도 전기화학의 원리를 이용한 것으로, 화학적 성질을 전기적 충격(impulse)으로 바꾸어 기록하는 것이다. 전기화학의 원리는 산화-환원 반응(4.10절)을 이해하는 데도 유용하다. 여기서는 전기화학에 대한 기초적인 개념을 개략적으로 설명하겠다. 더 자세한 내용은 다른 물리화학 교재를 참고하기 바란다.

용액에 흐르는 전류

전류는 금속 전도체 뿐만 아니라 전해질 용액을 통해서도 흐를 수 있다. 그러나 이들 사이에는 기본적으로 다음과 같은 중요한 차이가 있다.

금속을 통해 흐르는 전류의 특성

1. 금속의 화학적 성질은 변하지 않는다.
2. 전류는 전자에 의해 운반된다.
3. 온도의 상승은 저항을 증가시킨다.

용액을 통해 흐르는 전류의 특성

1. 용액에서 화학변화가 일어난다.
2. 전류는 이온에 의해 운반된다.
3. 온도의 상승은 저항을 감소시킨다.
4. 대체로 전기저항이 금속의 경우보다 크다.

용액을 통해 흐르는 전류의 중요한 특징은 용액 속에 설치된 전극을 향해서 이동하는 이온에 의해 전류가 운반되는 것이다. 또한 전극 주위의 용액에서 화학변화가 일어나 용액의 화학적 특성을 변화시킨다. 먼저 이 두 가지 현상, 즉 전류 또는 전도도(conductivity)와 전극에서의 화학적 변화에 대하여 각각 설명하겠다.

전도도

용액의 전도도는 전류를 흐르게 하는 용액의 능력을 측정한 것이며, 용액 속의 이온의 수와 형태에 따라 달라진다. 전도도는 그림 3.7과 같은 Wheatstone bridge circuit(전기저항 측정기)에 연결된 **전도도 측정용기**(conductivity cell)에서 측정할 수 있다. 전기회로를 이렇게 배치하면 측정용기(cell)에 의한 전기저항을 측정할 수 있다. 측정은 전기저항을 변화시켜 가면서 전류계 *A*에서 전류가 흐르지 않을 때의 저항 값을 측정한다. 현재 사용되는 기기는 직접 결과를 얻을 수 있도록 이 같은 조작을 자동적으로 수행한다. 이와 같은 전기적 상태에 도달하게 되면, *D*점에서의 포텐셜(potential)은 *E*점의 포텐셜과 같아지며, 용액이 나타내는 저항은 다음 관계식으로 구해진다.

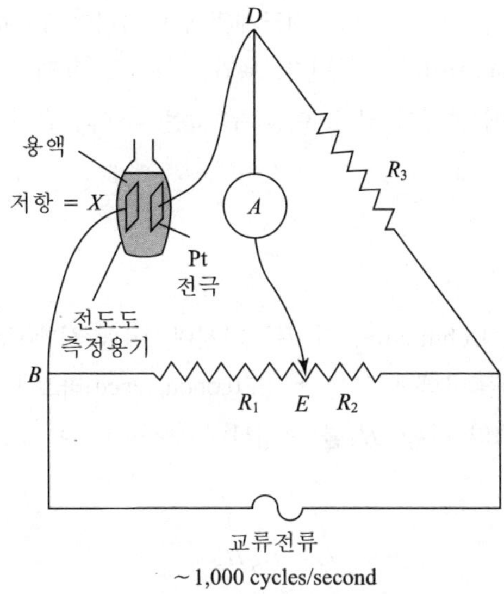

그림 3.7 전도도 측정장치

$$X = R_3 \frac{R_1}{R_2} \tag{3.31}$$

저항의 측정에는 특별한 주의가 필요하다. 직류전류를 사용하는 경우에는, 전극에서의 **편극효과**(polarization effect) 때문에 **겉보기 저항**(apparent resistance)이 시간에 따라 변한다. 이와 같은 바람직하지 않은 효과는 전류의 흐름 방향을 빠르게 변화시킴으로써 극복될 수 있다. 초당 수천 헤르쯔(Hz)의 교류가 이런 목적에서 사용된다. 또한 측정용기의 백금전극을 백금흑(platinum black)으로 피복하면, 더욱 안정해져 재현성 있는 측정값이 얻어진다. 연속적인 측정 및 현장사용을 위하여 스테인레스강 같은 흔한 금속으로 만들어진 전극도 자주 사용된다.

이러한 조건들이 갖추어지면, 전해질 용액으로 채워진 전도도 측정용기는 Ohm의 법칙에 따르게 된다. 즉,

$$E = IR \tag{3.32}$$

여기서 E = 기전력, volts
I = 전류, Ampere
R = 측정용기의 저항, ohm

저항은 전도체의 기하학적 형태에 따라 달라진다. 즉

$$R = \rho \left(\frac{l}{A} \right) \tag{3.33}$$

여기서 l은 전도체의 길이, 그리고 A는 전도체의 단면적이다. ρ(ohm-cm)의 값은 전도체의 **비저항**(specific resistance)이라고 불린다. 우리는 대체로 용액의 비저항 보다는 **비전도율**(specific conductance)에 관심이 있다. 이들 두 값은 다음과 같이 서로 반비례의 관계를 가지고 있다.

$$\kappa = \frac{1}{\rho} \tag{3.34}$$

여기서 κ는 비전도율로, 1/ohm-cm의 단위를 가지며, 이를 시멘(siemen, S)이라고 한다. 비전도율은 1 cm^3의 전해질 용액에 의한 전도도(conductance)라고 할 수 있다. 실제로 전도도 측정용기는 표준 용액의 저항, R_S를 측정하여 보정하며 이 값으로부터 용기상수(cell constant), C를 구한다.

$$C = \kappa_S R_S \tag{3.35}$$

표준 용액으로는 대개 0.0100 N KCl이 사용되며, 25℃에서 0.0014118S, 또는 좀 더 편리한 단위로 쓰면, 1411.8 μS의 비전도율을 가지고 있다. 미지 시료의 비전도율은 이 용기의 저항 R을 측정한 후, 다음 관계식을 사용하여 구할 수 있다.

$$\text{비전도율} = \frac{C}{R} \tag{3.36}$$

비전도율에 대한 온도변화의 영향이 매우 크므로, 표준 용액과 미지 시료의 저항이 반드시 같은 온도에서 측정되도록 주의해야 한다.

비전도율 측정법은 수질분석에서 시료 중의 용존 고형물(dissolved solid) 함량을 신속하게 추정하려고 할 때 자주 이용된다. 만일 유통형 셀(flow-through cell)을 사용하는 경우 하천이나 폐수 배수로로부터 시료를 측정용기에 펌핑하며 비전도율을 연속적으로 측정 기록할 수 있다. 용존 고형물의 농도는 비전도율 μS에 0.55~0.9 범위의 경험적인 계수를 곱하여 대략적인 값을 구할 수 있다. 사용하는 정확한 계수 값은 용액 중의 이온의 성분들에 따라서 달라지며, 다음과 같이 정의되는 새로운 변수, **당량 전도도**(equivalent conductance), Λ를 이용하여 나타낸다.

$$\Lambda = \frac{1{,}000}{N}\kappa \tag{3.37}$$

여기서 N은 염 용액의 노르말 농도이다. 이상적인 이온 용액에서 κ는 N에 비례하여 변하므로, Λ는 용액의 노르말 농도가 변하더라도 일정한 값이 된다. 그러나 일반적으로 이상적인 거동으로부터 벗어나 있기 때문에 Λ는 용액의 염 농도가 증가함에 따라 약간 감소한다.

표 3.3 무한 희석 용액의 25℃에서의 S-cm^3/eq으로 나타낸 당량 이온 전도도

양이온(cation)	λ_0^+	음이온(anion)	λ_0^-
H^+	350.1	OH^-	199.2
Na^+	50.1	HCO_3^-	44.5
K^+	73.5	Cl^-	76.3
NH_4^+	73.7	NO_3^-	71.4
$\frac{1}{2}Ca^{2+}$	59.5	CH_3COO^-	41.0
$\frac{1}{2}Mg^{2+}$	53.1	$\frac{1}{2}SO_4^{2-}$	80.0
$\frac{1}{2}Ba^{2+}$	45	F^-	55.4

출처 : J. A. Dear, "Lange's Handbook of Chemistry," 15th ed., McGraw-Hill, Inc., New York, 1999.

전류는 염(salt)의 양이온과 음이온에 의해 운반되지만, 그 정도는 다르다. 따라서 염의 당량 전도도는 양이온의 당량 이온 전도도, λ_0^+와 음이온의 당량 이온 전도도, λ_0^-와의 합이다.

$$\Lambda_0 = \lambda_0^+ + \lambda_0^- \tag{3.38}$$

아래첨자 0은 용액이 이상적인 거동으로부터 가장 적게 벗어나는, 무한 희석 용액인 경우의 당량 전도도를 나타낸다. 표 3.3에 몇 가지의 당량 이온 전도도 값들을 나타내었다. 이 값들은 온도 변화에 대단히 크게 영향을 받는 점에 유의하여야 한다. 수소 이온과 수산화 이온을 제외하고는, 당량 이온 전도도의 크기는 일반적으로 거의 비슷한 것을 알 수 있다.

수소 이온과 수산화 이온은 수용액 속에서 다른 이온들보다 이동하기가 쉬우며, 이들이 전류의 대부분을 운반한다. pH가 높은 용액이나 낮은 용액에서 전도도의 측정값으로부터 고형물의 농도를 추정하려고 할 때는 이와 같은 사실이 고려되어야 한다. 수용액의 대략적인 화학적 조성을 알고 있으면 당량 이온 전도도 값을 이용하여 보다 적절한 전도율대 용존 고형물 농도 환산계수를 구할 수 있다. 또 하나의 중요한 점은, 이온만이 전류를 운반할 수 있다는 것이다. 그러므로 약한 산이나 약한 염기의 이온화되지 않은 종(species)들은, 비록 수용액 중의 전제 용존 고형물의 대부분을 차지한다고 할지라도, 전류를 운반하지 못한다. 또한 에틸 알코올이나 글루코오스와 같이 전하를 갖지 않은 가용성 유기물질 역시 전류를 운반하지 못하며, 따라서 전도율에 의해 측정되지 않는다.

예제 3.9

25℃에서 NaCl 용액의 비전도율(κ)은 125×10^{-6}S이다. NaCl의 농도는 대략 몇 mg/L인가?

해답

식 (3.38)과 표 3.3으로부터 NaCl의 당량전도도는

$$\Lambda = \lambda_0^+ + \lambda_0^- = 50.1 + 76.3 = 126.4\ \text{S-cm}^3/\text{eq}$$

용액의 대략적인 노르말 농도는, 식 (3.37)로부터

$$N \cong 1{,}000(\kappa)/\Lambda_0 = 1{,}000(125 \times 10^{-6})/126.4 = 0.99 \times 10^{-3}\ \text{eq/L}$$

NaCl의 당량은 58.5이다. 그러므로

NaCl 용액의 농도 $\cong (0.99 \times 10^{-3})(58.5 \times 10^3) = 58\ \text{mg/L}$

전류와 화학변화

수용액 속에 전극을 설치하고 직류전류를 흐르게 하면, 전극에서 화학변화가 일어난다. 화학변화의 특성은 용액의 조성, 전극의 성질, 그리고 가해진 기전력(electromotive force)의 크기에 따라 달라진다.

그림 3.8에 나타낸 HCl 용액에 백금전극을 담갔을 때 일어날 화학변화를 생각해 보자. 약 1.3 volt의 전압을 걸어주면, 환원전극에서는 H_2가, 산화전극에서는 Cl_2가 발생된다. 전류의 흐름은 다음과 같다: 전지의 추진력에 의해 전자들이 외부 금속 전도체를 통해 그림에서의 화살표 방향으로 이동한다. 이러한 흐름은 환원전극에 음전하를, 산화전극에 양전하를 띠게 한다. 용액을 통한 전류의 흐름은, 양이온(H^+)의 음으로 하전된 환원전극으로의 이동과 음이온(Cl^-)의 양으로 하전된 산화전극으로의 이동에 의하여 지속된다.

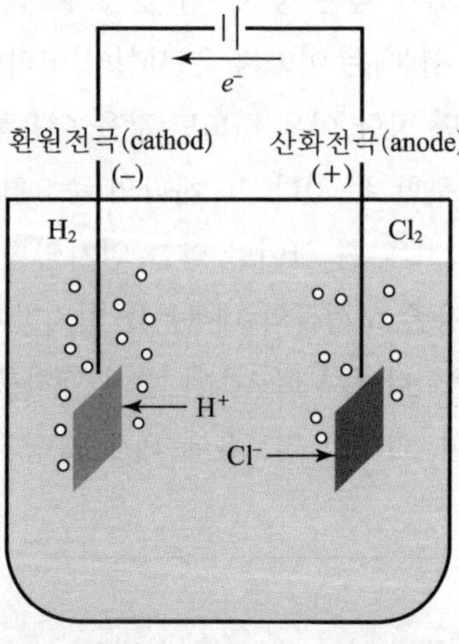

$H^+ + e^- \rightarrow \frac{1}{2}H_2$　　　$Cl^- \rightarrow \frac{1}{2}Cl_2 + e^-$

⇧ 그림 3.8 염산 용액의 전기분해

H^+ 이온이 환원전극에 도착하여 전자와 만나면, 다음의 반쪽 반응(half reaction)에 따라 H_2 가스로 환원된다.

$$H^+ + e^- \rightarrow \frac{1}{2}H_2\,(g) \tag{3.39}$$

Cl^- 이온은 산화전극에 도착하여 전자를 버리고, 다음의 반쪽반응에 의하여 Cl_2 가스로 산화된다.

$$Cl^- \rightarrow \frac{1}{2}Cl_2(g) + e^- \tag{3.40}$$

Cl^- 이온에서 방출된 전자는 전지의 추진력에 의한 펌프작용으로 외부 회로를 통하여 음극으로 보내어져 H^+ 이온에 의하여 받아들여지도록 한다. 전지는 전류의 흐름을 지속시켜 반응이 진행되도록 하는 추진력의 역할을 한다. 위에서 설명한 바와 같이, **환원**은 환원전극(cathod)에서 일어나고, **산화**는 산화전극(anode)에서 일어난다. 용액에서 일어나는 전체적인 화학변화는 다음과 같다.

환원전극에서의 환원	$H^+ + e^- \rightarrow \frac{1}{2}H_2\,(g)$
산화전극에서의 산화	$Cl^- \rightarrow \frac{1}{2}Cl_2\,(g) + e^-$
알짜 변화	$H^+ + Cl^- \rightarrow \frac{1}{2}H_2\,(g) + \frac{1}{2}Cl_2\,(g)$

화학변화를 일으키기 위해서는 외부 회로에서의 전자의 흐름이 필요하다. 전극에서 1당량의 화학변화를 일으키기 위해서는 외부회로를 통해서 Avogadro수 만큼의 전자가 흘러야 한다. 이 전자의 양을 패러데이(Faraday), F라고 한다. 전자의 유속은 보통 암페어(ampere)로 측정되는 전류 I로 나타낸다. 1 패러데이는 1 암페어의 전류가 96,500초 동안에 흐르는 전류량과 같다. 또한 1암페어는 1 쿨롱/초(coulomb/s)로도 정의되며, 따라서 1 패러데이는 96,500쿨롱에 해당한다.

예제 3.10

NaCl 용액을 통해서 전류가 흐르게 되면, 다음 식에 따라 환원전극에서는 H_2 가스가, 산화전극에서는 Cl_2 가스가 발생한다.

환원전극	$H_2O + e^- \rightarrow OH^- + \frac{1}{2}H_2$
산화전극	$Cl^- \rightarrow \frac{1}{2}Cl_2(g) + e^-$
알짜	$H_2O + Cl^- \rightarrow OH^- + \frac{1}{2}H_2 + \frac{1}{2}Cl_2$

만일 0.2 A의 전류를 24시간 동안 용액을 통해 흐르게 한다면, 몇 g의 Cl_2가 발생되겠는가?

▮해답

이 시간 동안에 흐른 전류의 양은 (0.2쿨롱/초)(24×60×60초)=17,300쿨롱

그러므로 일어나는 화학변화의 당량은 17,300/96,500 즉, 0.179 당량이다. Cl_2의 당량은 35.5 이므로

$$\text{생성된 } Cl_2 = 0.179(35.5) = 6.35 \text{ g}$$

전기화학 전지

앞서 지적한 바와 같이 하나의 전극에서 발생하는 화학적인 변화는 사용된 전극의 종류에 따라 부분적으로 변한다. 용액 속에 담겨진 하나의 전극은 **반쪽 전지**를 구성한다. 그림 3.8에 나타낸 바와 같이 두 개의 반쪽 전지가 전형적인 화학전지를 구성한다. 일부의 반쪽 전지는 물의 구성성분 및 특성을 분석하기 위하여 사용되며, 이에 대하여는 12장에 자세하게 기술되어 있다.

두 개의 반쪽 전지를 연결시켜 이들 사이로 이온이 통과할 수 있게 하면, 전기화학전지 즉, 갈바니 전지(galvanic cell)가 얻어진다. 그림 3.8에 나타낸 전지는 한 종류만의 용액이 들어있는 아주 간단한 전기화학 전지이다. 그러나 대부분의 전기화학 전지는 각 반쪽 전지마다 용액이 서로 다르며, 이 용액들은 서로 섞이지 않도록 분리되어 있다. 이러한 경우에는, 용액 상호간의 확산을 가능한 한 억제하면서 이온들만이 통과할 수 있도록 한 염 다리(salt bridge)를 사용한다(그림 3.9 참조).

만일 전기화학 전지의 두 전극을 금속 도체를 사용하여 연결시켜 놓으면, 전자들이 이 외부회로를 통해서 흐르게 되고, 용액에서는 화학변화가 일어나기 시작한다. 또한, 그림

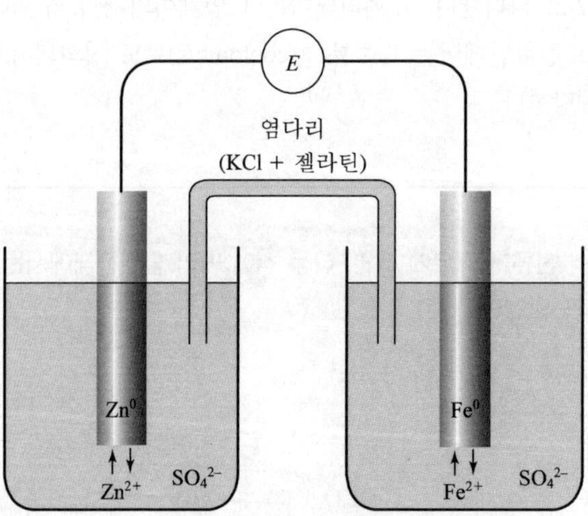

⇧ **그림 3.9** 전기화학 전지

3.9에서와 같이 반쪽 전지들을 전압계(voltmeter)로 연결시키면, 전지에 의해서 기전력(electromotive force, emf)이 발생되는 것을 알게 된다. 이 기전력(emf)은 반쪽 전지 용액에서 일어나는 화학반응을 진행시키는 추진력의 척도이다. 즉, 기전력으로부터 반응의 화학 퍼텐셜이나 자유에너지를 구할 수 있다. 이러한 사실로부터 전기화학적 전위와 화학적 자유에너지 사이의 관계를 구할 수가 있다. 전기 에너지는 **joule**로 측정되며, 1 joule은 1볼트의 기전력에 대하여 1A의 전류가 1초 동안 흘렀을 때 발생하는 에너지이다. 전기 에너지는 전압 E와 전류 I 그리고 시간 t의 곱인 EIt로 구해지며, 볼트·쿨롱(volt·coulomb) 또는 joule의 단위를 갖는다.

1몰의 화학변화를 일으키는 데 소비되는 전기 에너지는 zEF이며, 여기서 z는 몰당의 당량수, F는 당량당의 패러데이 또는 쿨롱(coulomb)이며, E는 양의 값이 되므로, 자유에너지와 전기에너지 사이에는 다음과 같은 관계식이 성립된다.

$$\Delta G = -zFE \tag{3.41}$$

다음의 화학반응을 생각해 보자.

$$a\text{A} + \text{bB} \rightleftharpoons \text{cC} + \text{dD}$$

식 (3.41)의 E에 대한 관계식을 자유에너지 식 (3.12)에 대입하면, 전지의 기전력과 반응물 및 생성물의 농도 사이의 관계는 다음 식과 같이 된다.

$$E = E^0 - \frac{RT}{zF}\ln\frac{\{\text{C}\}^{\text{c}}\{\text{D}\}^{\text{d}}}{\{\text{A}\}^{\text{a}}\{\text{B}\}^{\text{b}}} \tag{3.42}$$

여기서 기체상수, R의 값은 전기단위로 나타내며 8.314 J/K·mol이다. 이 식은 전지의 표준 전극 전위와 생성물 및 반응물의 활동도(activity)와의 관계를 나타내는 중요한 식이다. 이 식은 때때로 Nernst식으로 불린다. 25℃에서 ln을 log로 바꾸면 식 (3.42)는

$$E = E^0 - \frac{0.059}{z}\log\frac{\{\text{C}\}^{\text{c}}\{\text{D}\}^{\text{d}}}{\{\text{A}\}^{\text{a}}\{\text{B}\}^{\text{b}}} \tag{3.43}$$

생성물과 반응물의 활동도가 1일 때, 로그항의 값은 1이 되며, $E = E^0$(표준상태의 기전력)가 된다.

전지의 기전력은 자유에너지나 엔탈피 값을 계산할 때와 마찬가지로 표의 값을 이용하여 계산할 수 있다. 이 표에는 표준 수소 전극에 대한 각종 반쪽 전지의 표준전위가 실려 있으며, 규약에 따라 표준 수소 전극의 전위는 E^0는 0이다. 두 반쪽 전지의 표준 전위 사이의 차를 구하여, 전체 전지의 전위를 결정할 수 있다. 몇 가지 중요한 반쪽 전지에 대한 표준 전위를 표 3.4에 실었다. 표 3.4에서 E^0값은 1 mol의 e^- 변화반응을 기준으로 작성되었다. 예를 들어,

▌표 3.4 25℃의 물에서의 표준 전극전위

반쪽 전지 반응	E^0, volt
$O_2(g) + 4H^+ + 4e^- \rightarrow 2H_2O$	1.229
$Ag^+ + e^- \rightarrow Ag(s)$	0.799
$Fe^{3+} + e^- \rightarrow Fe^{2+}$	0.771
$Ag_2CrO_4(s) + 2e^- \rightarrow 2Ag(s) + CrO_4^{2-}$	0.446
$Cu^{2+} + 2e^- \rightarrow Cu(s)$	0.337
$AgCl(s) + e^- \rightarrow Ag(s) + Cl^-$	0.222
$S(s) + 2H^+ + 2e^- \rightarrow H_2S(g)$	0.141
$2H^+ + 2e^- \rightarrow H_2(g)$	0.000
$Pb^{2+} + 2e^- \rightarrow Pb(s)$	-0.126
$Sn^{2+} + 2e^- \rightarrow Sn(s)$	-0.136
$Fe^{2+} + 2e^- \rightarrow Fe(s)$	-0.441
$S(s) + 2e^- \rightarrow S^{2-}$	-0.48
$Zn^{2+} + 2e^- \rightarrow Zn(s)$	-0.763
$Zn(OH)_2(s) + 2e^- \rightarrow Zn(s) + 2OH^-$	-1.245
$ZnS(s)+2e^- \rightarrow Zn(s)+S^{2-}$	-1.44
$Al^{3+} + 3e^- \rightarrow Al(s)$	-1.66
$Mg^{2+} + 2e^- \rightarrow Mg(s)$	-2.37
$Mg(OH)_2(s) + 2e^- \rightarrow Mg(s) + 2OH^-$	-2.69

W. M. Latimer, "Oxidation Potentials," 2nd ed., Prentice-Hall, Znglewood Cliffs. N. I., 1952

$$\frac{1}{2}\mathrm{Fe}^{2+} + e^- = \frac{1}{2}\mathrm{Fe}\,(s)$$

전지가 평형상태에 도달하면, 전류는 흐를 수 없게 되며, 전지의 기전력은 0이 된다. 이런 경우의 표준 전지 전위와 반응의 평형상수 사이의 관계는 식 (3.14)와 (3.41)을 이용하여 구할 수 있다.

$$E^0 = \frac{\Delta G^0}{zF} = \frac{RT}{zF}\ln K \tag{3.44}$$

또는 식 (3.43)으로부터

$$E^0 = \frac{0.059}{z}\log K \quad \text{또는} \quad \log K = 16.9zE^0 \tag{3.45}$$

예제 3.11

표준 전극 전위를 이용하여 25℃에서 염화 은(AgCl)에 대한 용해도곱 상수(K_{sp})를 구하여라.

▌해답

평형식은

$$\mathrm{AgCl}\,(s) \rightleftharpoons \mathrm{Ag}^+ + \mathrm{Cl}^-$$

그리고 $$[Ag^+][Cl^-] = K_{sp}$$

표 3.4로부터 다음의 두 반쪽 전지로 구성된 전지는 총괄 반응식이 다음과 같이 된다.

		E^0 volts
	$Ag(s) \rightarrow Ag^+ + e^-$	-0.799
	$AgCl(s) + e^- \rightarrow Ag(s) + Cl^-$	0.222
알짜	$AgCl(s) \rightarrow Ag^+ + Cl^-$	-0.577

그러므로 윗 식에서 계산된 바와 같이 알짜반응(net reaction)에 대한 E^0는 -0.577 volt이며, K_{sp}는 식 (3.43)을 이용하여 다음과 같이 구할 수 있다.

$$E^0 = \frac{RT}{zF} \ln K_{sp}$$

$$-0.577 = \frac{8.314(273+25)}{(1)(96{,}500)} \ln K_{sp}$$

$$\ln K_{sp} = -22.5 \quad \text{그리고} \quad K_{sp} = 1.7 \times 10^{-10}$$

예제 3.12

$Cl_2(g)$는 NH_4^+를 NO_3^-로 산화시키는 데 이용될 수 있는가?

해답

표 2.4에 나타낸 반쪽 반응식은 산화−환원반응식의 균형을 세우는 데 이용되며, E^0는 총괄 반응식에서 계산될 수 있다. 이 문제에서 총괄 산화-환원반응식을 구하기 위하여 표 2.4의 반쪽 반응식 3에서 반쪽 반응식 20을 빼면,

		E^0 volts
	$\frac{1}{8}NH_4^+ + \frac{3}{8}H_2O \rightarrow \frac{1}{8}NO_3^- + \frac{5}{4}H^+ + e^-$	-0.882
	$\frac{1}{2}Cl_2(g) + e^- \rightarrow Cl^-$	1.361
알짜	$\frac{1}{8}NH_4^+ + \frac{1}{2}Cl_2(g) + \frac{3}{8}H_2O \rightarrow \frac{1}{8}NO_3^- + Cl^- + \frac{5}{4}H^+$	0.479

E^0가 양의 값을 가지므로 답은 "그렇다"이다. 즉, 이 반응식은 이론적으로 언급된 바와 같이 진행될 수 있다.

기전력과 산화환원 반응은 4.10에 보다 자세히 토의되어 있다.

갈바니 방식

아연 금속 전극과 철 금속 전극을 염다리와 외부 금속성 전도체로 접속시키면, 그림 3.9와 같은 전지가 구성된다. 이 전지의 전지 반응과 표준 전위는 다음과 같이 된다.

		E^0
Zn전극	$Zn(s) \rightarrow Zn^{2+} + 2e^-$	0.763
Fe전극	$Fe^{2+} + 2e^- \rightarrow Fe(s)$	−0.441
알짜	$Zn(s) + Fe^{2+} \rightarrow Zn^{2+} + Fe(s)$	0.322

전위가 양의 값이므로, 생성물과 반응물의 활동도가 1에 가까울 때 반응은 위에 쓰인 대로 진행한다. 즉, 아연 이온은 용액으로 용해되려고 하고, 철 이온은 철 전극에서 석출되려고 한다. 이와 같은 아연의 **희생적인 작용**으로, 철이 용해가 방지된다. 전기화학 전지를 갈바니 전지라고 하는 것처럼, 이와 같은 부식방지 방법을 **갈바니 방식**(galvanic protection)이라고 한다. 철을 아연으로 도금하여 부식을 방지하는 것은 이 기본원리를 이용한 것이다.

이상의 설명으로부터 두 금속이 전기적으로 접촉하게 되면, 더 큰 전극 전위를 가진 금속이 스스로 용출되면서 다른 금속을 보호하게 되는 것을 알 수 있다. 보호되는 쪽 전극은 음전하를 가져 환원전극(cathod, 음극)이 되므로 이것을 **음극방식**(cathodic protection)이라고 한다. 철에 주석을 도금한 경우, 주석이 철 표면에 완전히 덮여 있지 않으면 철이 녹슬게 되는 것은 위의 사실로부터 설명할 수 있다. 동관과 철관을 접합시킬 때, 절연물을 사용하여 접합시켜야 하는 것이 규칙으로 정해져 있는 이유도 이와 같은 원리에 근거한 것이다. 두 반쪽 전지를 연결하는 외부회로에 전지를 설치하며, 어느 쪽이든 한쪽의 전극이 음극으로 될 수 있으며, 그 전극이 부식으로부터 보호된다. 외부회로에 있는 전지의 전기 에너지가 반쪽 전지의 화학에너지를 상쇄시킬 수 있게 되어, 반응은 역방향으로 진행하게 된다. 이러한 전기화학적 원리로 산화전극(anode, 양극)의 희생적 작용이나 또는 인위적으로 음전위를 주어 강관, 탱크와 구조물 등의 음극 방식을 하고 있다.

3.10 반응 속도론

반응 속도론(chemical kinetics)은 반응이 진행되는 속도를 다루는 물리화학의 한 분야이다. 많은 반응들이 주어진 온도에서 반응물질들 중의 하나, 둘 또는 그 이상의 농도의 작은 정수 멱(integral power)에 비례하는 속도를 가지고 있다. 예를 들면, 가능한 반응물이 A, B, C인 반응의 경우, 이 반응의 농도 의존성을 나타내는 반응의 속도식은 다음 형태들 중의 하나가 된다.

속도$= kC_a$	1차
속도$= kC_a^2$ 또는 $kC_a C_b$	2차
속도 $= kC_a^3$ 또는 $kC_a^2 C_b$ 또는 $kC_a C_b C_c$	3차

여기서 C_a, C_b 및 C_c는 각각 반응물질 A, B, C의 농도를 나타낸다. 이와 같이 간단한 속도식에 따라서 진행하는 반응을 1차, 2차 또는 3차 반응이라고 부른다. 반응의 **차수**(order)는 반응식에 있는 농도 항의 지수 합으로 정의된다. 그러나 모든 반응이 이런 간단한 속도식을 갖는 것은 아니다. 어떤 속도식은 농도 항의 지수가 분수이며, 어떤 것은 더욱 복잡한 대수식으로 되어 있는 것도 있다. 반응속도상수 k의 단위는 반응의 차수 및 농도 단위에 따라 변하기 때문에 주의를 기울여야 한다.

환경공학 및 과학자들은 속도가 느린 반응을 다루는 경우가 많으며, 따라서 실질적인 반응을 다룰 수 있는 속도식이 필요하다. 이 같은 현상은 생물학적 변환, 미생물 성장 및 사멸, 포기(aeration), 방사능 붕괴, 소독, 화학적 가수분해, 그리고 산화 및 환원반응의 경우에 적용된다. 반응차수가 2차 이상인 경우나 복잡한 반응이 일어나는 경우도 있지만 대부분의 반응은 1차 반응이다. 자세한 사항은 5.34절에 소개되어 있다.

영차 반응

영차 반응에서는 반응속도가 기질의 농도와 무관하다.

$$-\frac{dC}{dt} = k \tag{3.46}$$

여기서 C는 반응물질의 농도이고 k는 단위가 농도/시간인 속도상수이다. 생물학적으로 유발되는 많은 반응, 특히 단순 또는 용해성 기질을 포함한 반응은 넓은 농도 범위에 걸쳐 선형적으로 일어난다. 즉, 농도와 시간의 관계는 직선으로 표시된다. 이러한 반응을 **영차 반응**(zero order reaction)이라고 한다. 환경적으로 중요한 반응의 예로는 암모니아의 아질산으로의 산화 및 호기성 미생물에 의한 글루코오스의 산화 등을 들 수 있다. 그러나 이와 같은 생물학적인 반응은 모두 기질의 농도가 0에 가까워짐에 따라 속도가 느려진다. 이에 대하여는 효소 반응(enzyme reaction)에서 다루고 있다.

일차 반응

방사성 원소의 붕괴는 **1차 반응**(first order reaction)의 가장 대표적인 예이다. 이 반응에서 붕괴속도는 붕괴되지 않은 물질의 양에 정비례하며, 수학적으로 다음과 같이 표현된다.

$$-\frac{dC}{dt} = kC \tag{3.47}$$

여기서 마이너스 부호는 시간이 경과함에 따라 물질의 양이 감소됨을 나타내며, C는 농도, 그리고 k는 반응속도상수로 [1/시간]의 단위를 갖는다. 시간 $t=0$에서의 초기 농도가 C_0이고 시간 t 에서의 농도가 C로 낮아졌다고 하면, 식 (3.47)은 다음과 같이 적분된다.

$$-\int_{C_0}^{C}\frac{dC}{C}=k\int_{0}^{t}dt$$

$$-\ln\frac{C}{C_0}\ \text{또는}\ \ln\frac{C}{C_0}=kt \tag{3.48}$$

즉,

$$C=C_0e^{-kt} \tag{3.49}$$

$\log_{10}$으로 바꾸어 주면, 식 (3.48)과 식 (3.49)는 다음과 같이 된다.

$$\log_{10}\frac{C}{C_0}=-\frac{kt}{2.303}=-k't\ \text{그리고,}\ C=C_0 10^{-k't} \tag{3.50}$$

식 (3.48)로부터 알 수 있듯이 1차 반응에 대하여는 $\ln(C/C_0)$대 t를 도시하면 직선이 얻어지게 되는 것을 알 수 있다. 이 방법으로 어떤 반응이 1차인지 아닌지를 확인할 수가 있다. 이 경우 속도상수 k는 이 직선의 기울기로부터 직접 구할 수 있다. 속도상수는 음의 값을 가질 수 없기 때문에 구한 기울기에 (−)를 곱하여 구한다. 마찬가지로 $\log_{10}(C/C_0)$ 대 t의 관계도 직선으로 표현된다. 속도상수 k는 직선의 기울기에 −2.303을 곱하여 계산한다.

방사성 물질의 붕괴속도는 **반감기**(half life), 즉 그 물질의 양이 처음의 반으로 감소하는 데 걸리는 시간으로 나타내는 것이 일반적이다. 1차 반응의 반감기, $t_{1/2}$은 식 (3.48)에 $t=t_{1/2}$일 때의 농도, $C=\frac{1}{2}C_0$를 대입하여 구할 수 있다. 즉,

$$t_{1/2}=\frac{\ln 2}{k}=\frac{0.693}{k} \tag{3.51}$$

환경분야의 여러 가지 현상을 설명하는 데에 이 반감기 형식의 표현을 사용하는 경향이 늘고 있다(5.34 참조).

환경공학자는 붕괴반응 이외의 분야에서도 1차 반응에 대한 개념이 적용되는 것을 알게 된다. 예를 들면, 물에서 산소의 용해는 주어진 일련의 조건하에서 1차 반응이다(2.9절). 또 다른 경우로 정확한 1차 반응은 아니지만, 거의 1차 반응으로 다루어 질 수 있는 반응들도 있다. 소독에 의한 미생물의 사멸속도는 종종 1차 반응으로 간주되며, 그 속도는 살아 남아 있는 미생물의 농도에 지배된다. 또한 생화학적 산소요구량(BOD) 시험에서 박테리아에 의한 유기물의 분해도 대체로 그 반응속도가 남아 있는 유기물의 농도에만 지배되는 1차 반응으로 간주된다. 그러나 실제로는 대단히 복잡한 반응이며, BOD 시험 데이터를 잘못 해

석하지 않기 위해서는 1차 반응이라는 가정의 한계를 잘 이해하고 있어야 한다. BOD 시험에서의 반응속도에 대하여는 22.2절에서 자세히 설명하겠다.

예제 3.13

스트론튬(Sr^{90})은 공중 위생상 중요한 방사성 물질로 반감기가 29년이다. 주어진 양의 Sr^{90}의 99.9%를 감소시키기 위해서는 얼마동안 저장해야 하는가?

해답

식 (3.51)로부터 $k = 0.693/t_{1/2} = 0.693/29\text{년} = 2.39 \times 10^{-2}/\text{년}$, 요구되는 시간은 초기 양의 99.9%가 감소되어 C가 $0.001\,C_0$로 되는 데 걸리는 시간이다.

그러므로, 식 (3.48)로부터

$$-kt = \ln(0.001\,C_0/C_0) = \ln 0.001$$

$$t = -\ln 0.001/2.39 \times 10^{-2} = 289\text{년}$$

예제 3.14

제시된 자료는 염소 소독의 효율을 평가한 실험이다. 1차 반응식으로 가정하고, 속도상수를 결정하여라.

시간(분)	잔류하는 대장균%	C/C_0	$\ln(C/C_0)$
0	100	1.0	0.000
10	70	0.70	−0.357
20	21	0.21	−1.561
30	6.3	0.063	−2.765
60	0.6	0.006	−5.116

식 (3.48)을 이용하면 $\ln(C/C_0)$와 t의 관계로부터 기울기 $-k$의 직선을 얻는다. 선형회귀법으로 유추한 선을 포함한 자료에 대한 그림이 아래에 주어져 있다. 연구자는 결정계수(coefficient of determination)로 정의되는 r^2가 사용된 반응의 표현식과 자료가 일치하는지를 판단하는 데 사용된다는 것을 알아야 한다. r^2의 값이 커질수록(1.000이 최대) 표현식과 자료는 일치한다. 회귀선의 식과 r^2값은 10장에서 설명한 방법을 사용하거나, 계산기나 컴퓨터 그래픽 소프트웨어를 사용하여 결정할 수 있다.

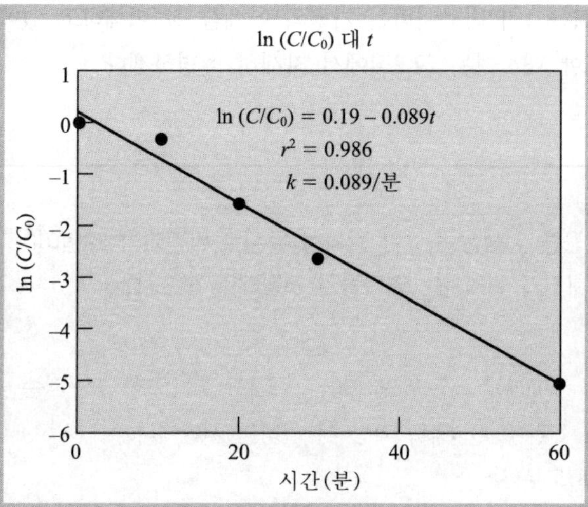

가스–액체 물질전달 속도 수용액으로부터 또는 수용액으로의 가스전달 속도는 2.9절에 주어진 바와 같이 1차 속도식을 이용하여 설명할 수 있다.

$$\frac{dC}{dt} = K_L a (C_{\text{equil}} - C) \tag{3.52}$$

여기서 C = 물에서의 농도(질량/부피)

C_{equil} = 가스 상과 평형을 이루고 있는(Henry의 법칙) 물에서의 농도(질량/부피)

$K_L a$ = 1차, 전체 물질전달 속도상수(time^{-1})

수용액으로 또는 수용액으로부터 물질전달(플럭스, flux)은 일련의 저항으로 생각될 수 있다 : 내부(bulk) 가스 상으로부터 정지 가스필름(stagnant gas film)을 거쳐 가스-물의 경계면, 그리고 정지 액체필름에서 내부 액체 상으로의 전달(two-film theory). 반응속도는 가스필름 또는 액체필름을 통과하는 플럭스에 의해 결정된다. 이것은 다음과 같은 관계식으로 가장 잘 이해될 수 있다.

$$\frac{1}{K_L a} = \frac{RT}{K_H k_g a} + \frac{1}{k_w a} \tag{3.53}$$

여기서 R = 0.08206 L-atm/mol-K

T = 온도, K

a = 경계면대 물의 부피비, m^{-1}

K_H = 헨리법칙상수, L-atm/mol

k_g = 가스상 물질전달 속도상수, m/s

k_w = 액체상 물질전달 속도상수, m/s

K_H가 큰 물질에 대해서는 두 번째 항이 크기 때문에 액체필름 물질전달이 전체 속도를 좌우한다. K_H가 작은 물질에 대해서는 첫 번째 항이 크기 때문에 가스필름 물질전달이 속도를 결정한다. 이와 같은 점은 액체 또는 기체를 혼합하면 물질전달속도가 증가할 것인지를 예측하는 데 실질적으로 적용될 수 있다. 또한 two-film 모델과 더불어 surface renewal 및 침투(penetration) 모델도 가스－물의 물질전달을 설명하기 위해 사용되고 있다.[4)]

이차반응

이차반응(second-order reaction)은 반응속도가 반응물질 중 한 성분의 농도의 제곱에 비례하거나, 두 가지 다른 반응물질의 농도의 곱에 비례하는 반응이다. 그러므로 만일 총괄 이차반응(overall second-order reaction)이 다음과 같은 형태라면

$$A + B \rightarrow \text{생성물}$$

이 반응에 대한 반응속도식은 다음과 같이 된다.

$$-\frac{dC_a}{dt} = k_a C_a^2 \tag{3.54}$$

또는

$$-\frac{dC_a}{dt} = k_a C_a C_b \tag{3.55}$$

여기서 C_a와 C_b는 각각 A와 B의 농도이다. 반응물질 B의 감소도 같은 방법에 의하여 다음 식으로 표현된다.

$$-\frac{dC_b}{dt} = k_b C_b^2 \tag{3.56}$$

또는

$$-\frac{dC_b}{dt} = k_b C_a C_b \tag{3.57}$$

식 (3.54) 및 (3.56)을 적분하면 다음과 같다.

$$1/A = 1/A_0 + k_a t \tag{3.58}$$

$$1/B = 1/B_0 + k_b t \tag{3.59}$$

4) W. J. Weber, Jr., and A. DiGiano, "Process Dynamics in Environmental Systems," John Wiley & Sons, New York, 1996.

그러므로 $1/A$ 또는 $1/B$과 t 와의 관계가 직선으로 표현되면, 2차 반응이라고 생각할 수 있다. 식 (3.55) 및 (3.57)의 적분 형태는 대부분의 물리화학 교재에서 찾아 볼 수 있다.

2차 반응식은 공동대사(cometabolism)에 의하여 할로젠화 유기화합물이 분해되는 경우와 분해대상 유기물의 농도가 매우 낮은 (< 1 mg/L) 경우의 생물학적 분해를 표현하는 데 매우 중요하게 사용될 수 있다. 이 같은 경우에 분해속도식은 다음과 같다.

$$-\frac{dC}{dt} = kCX \tag{3.60}$$

여기서 C는 분해대상 유기물의 농도이고 X는 미생물의 농도이다. 이 반응식은 식 (3.55)에 표현한 것과 같은 형태이다. 생물학적 분해시 X 역시 상수로 볼 수 있으며, 이 경우 반응속도식은 다음과 같다.

$$-\frac{dC}{dt} = k'C \tag{3.61}$$

여기서 k'가 유사 1차 반응 속도 상수인 전형적인 **유사 1차 반응**으로 표현된다. 물론 반응식은 X가 상수이건 아니건 상관없이 C에 관하여는 1차 반응이다. 이와 같은 반응식의 표현은 환경공학에서 중요하게 다루어지는 다른 반응을 위하여도 사용된다.

연속 반응

연속 반응(consecutive reaction)은 복잡한 반응이지만, 환경적 중요성이 크므로 이들 반응의 속도식을 잘 이해하여야 한다. 연속 반응에서는 제1단계 반응의 생성물이 다음 반응의 반응물로 된다.

$$\mathrm{A} \xrightarrow{k_1} \mathrm{B} \xrightarrow{k_2} \mathrm{C} \tag{3.62}$$

여기서 반응물 A는 속도상수 k_1에 의해 결정되는 속도로 생성물 B로 전환된다. 그 다음에는 생성물 B가 제2단계 반응에 대한 반응물이 되며, 속도상수 k_2에 의해 결정된 속도로 생성물 C로 전환된다. 만일 연속반응의 각 단계의 반응속도가 1차 반응이라고 한다면, 반응물과 생성물의 분해와 생성에 대한 반응속도는 다음과 같은 미분 방정식으로 된다.

$$-dC_a/dt = k_1 C_a \tag{3.63}$$

$$dC_b/dt = k_1 C_a - k_2 C_b \tag{3.64}$$

$$dC_c/dt = k_2 C_b \tag{3.65}$$

만일 $t=0$일 때, $C_a = C_a^0$, $C_b = C_b^0$, $C_c = C_c^0$ 라면, 어떤 시간 t에서의 각 성분의 농도는 다음 식으로 구해진다.

$$C_a = C_a^0 e^{-k_1 t} \tag{3.66}$$

$$C_b = \frac{k_1 C_a^0}{k_2 - k_1}(e^{-k_1 t} - e^{-k_2 t}) + C_b^0 e^{-k_2 t} \tag{3.67}$$

$$C_c = C_a^0 \left(1 - \frac{k_2 e^{-k_1 t} - k_1 e^{-k_2 t}}{k_2 - k_1}\right) + C_b^0 \left(1 - e^{-k_2 t}\right) + C_c^0 \tag{3.68}$$

식 (3.67)은 유기물 오염에 의해 야기되는 하천의 산소부족(oxygen deficit)을 나타내는 데 흔히 이용된다. 이 경우 C_b는 농도 C_a인 유기물질의 생물학적 산화에 의한 제1단계 반응에서 생겨나는 산소 부족량이라고 할 수 있다. 동시에 이 산소부족량은 연속반응의 제2단계 반응에서 공기 중의 산소가 재포기(식 (3.52) 참조)됨에 따라 감소된다. 식 (3.67)을 이 경우에 사용하면 잘 알려진 Streeter-Phelps식이 된다.

연속 반응은 또한 박테리아에 의한 암모니아의 질산화(nitrification)를 설명하는 데도 이용되고 있다. 여기서 암모니아는 *Nitrosomonas* 박테리아에 의해 아질산 이온(nitrite)으로 산화되고, 아질산 이온은 다음 제2단계에서 *Nitrobacter* 박테리아에 의해 질산 이온(nitrate)으로 산화된다.

$$NH_3 \xrightarrow[Nitrosomonas]{O_2} NO_2^- \xrightarrow[Nitrobacter]{O_2} NO_3^- \tag{3.69}$$

연속 반응에서 여러 형태 질소의 생성 및 소멸은 간단하게 하기 위하여, 1차 반응 속도론(first-order kinetics)에 따르는 것으로 가정한다. 이 가정에 따라 생겨나는 질소의 형태 변화를 그림 3.10에 나타내었다. NO_2^-와 NO_3^-의 농도는 $t=0$일 때 0이며, $k_1 = 2k_2$라고 가정한다. 사실상, 질산화에 대한 반응 속도식은 훨씬 더 복잡하므로, 이 식을 실제로 적용하려 할 때는 이러한 가정의 한계를 잘 이해하고 있어야 한다. 그림 3.10에서 나타낸 질소 형태의 변화는 살수여상(trickling filter)에서 암모니아가 산화될 때 또는 암모니아가 방류된 하천의 하류에서 자주 나타나는 전형적인 것이다.

연속 반응형의 속도론은 폐수처리 플랜트에서 미생물의 성장과 소멸을 설명하는 데 자주 이용된다. 또한 혐기성 폐수처리과정에서 일어나는 유기물 분해의 단계적 반응을 설명하는 데도 이용되고 있다. 이와 같이 연속 반응형 속도론은 환경공학의 여러 분야에서 널리 응용되고 있다.

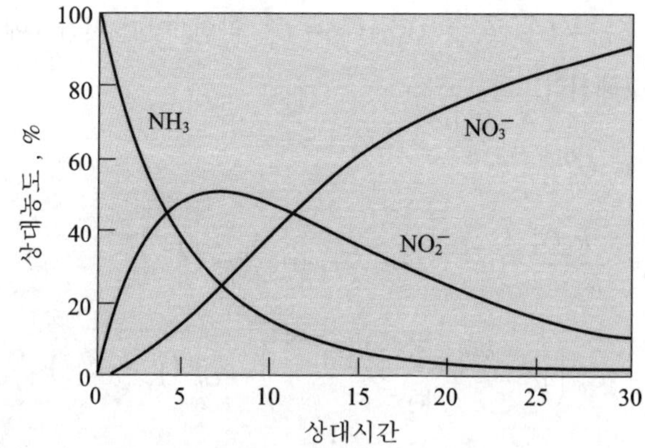

그림 3.10 연속 1차 반응으로 가정한 질산화 과정에서의 질소의 변화

효소 반응

폐수의 생물학적 처리시에는 효소 반응이 일어나며, Michaelis와 Menten[5)]은 이 효소 반응에 대하여 처음으로 복잡한 형태의 반응 속도론을 제시하였다. 미생물 분해는 일련의 효소 촉매 반응을 포함하기 때문에, Michaelis-Menten 식은 미생물의 성장과 폐수의 분행에 대한 반응 속도론을 설명하는 데에도 경험적으로 확장 이용되고 있다. 그림 3.11은 기질(substrate) 또는 폐수의 농도, S와 효소 또는 미생물의 단위 무게 당 유기물 이용 속도, V/E 사이에서 일반적으로 관찰되는 관계를 나타낸 것이다.

효소 반응에 대한 Michaelis-Menten 식의 가장 단순한 형에서는, 다음의 반응을 가정한다. 여기서 E_f는 유리 효소, S는 기질, 그리고 E_cS는 효소-기질 복합체이다.

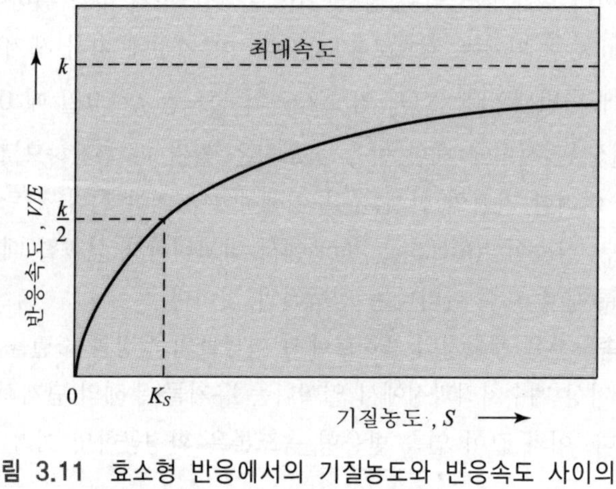

그림 3.11 효소형 반응에서의 기질농도와 반응속도 사이의 관계

5) Michaelis and Menten, *Biochem. Zeit.*, **49** : 333(1913)

$$E_f + S \underset{k_{-1}}{\overset{k_1}{\rightleftharpoons}} E_cS \overset{k}{\rightleftharpoons} E_f + \text{생성물} \tag{3.70}$$

유리 효소와 기질이 결합할 때는 k_1의 속도로 E_cS가 생성된다. 이 복합체는 불안정하여, 속도 k_{-1}으로 본래의 유리 효소와 기질로 분해되거나 속도 k로 유리 효소와 생성물로 분해된다. 이때 계에서의 전체 효소 농도, E는 항상 일정하며, $[E_f]+[E_cS]$와 같다. 식 (3.70)으로부터 효소-기질 복합체의 생성속도는

$$\begin{aligned} d[E_cS]/dt &= k_1[E_f][S] - (k_{-1}+k)[E_cS] \\ &= k_1S([E]-[E_cS]) - (k_{-1}+k)[E_cS] \end{aligned} \tag{3.71}$$

E_cS의 생성속도는 총괄 반응속도에 비하여 매우 빠르기 때문에 총괄 반응속도를 산정할 때 E_cS는 유사 정상상태(pseudo steady-state) 농도로 간주될 수 있다. 즉, $d[E_cS]/dt = 0$이다. 따라서

$$k_1S([E]-[E_cS]) = (k_{-1}+k)[E_cS]$$

위의 식을 정리하면, 다음 식을 얻는다.

$$\frac{S([E]-[E_cS])}{[E_cS]} = \frac{(k_{-1}+k)}{k_1} = K_s \tag{3.72}$$

또는

$$[E_cS] = \frac{ES}{K_s+S} \tag{3.73}$$

생성물의 생성속도는 반응의 총괄 속도(overall velocity)와 같으며, $V = k[ES]$로 주어진다. 그리고 식 (3.73)에서의 관계로부터 총괄 속도는 다음과 같이 E와 S의 함수로 된다.

$$V = \frac{kES}{K_s+S}$$

또는

$$\frac{V}{E} = \frac{kS}{K_s+S} \tag{3.74}$$

상수 k와 K_s의 의미는 그림 3.11에 나타나 있다. 상수 k는 반응의 최대속도를 나타내며, 상수 K_s는 반응속도가 최대 속도의 반일 때의 기질 농도에 해당한다. K_s는 보통 반속도상수(half velocity coefficient)라고 불린다. 식 (3.72)에 대하여 다음과 같이 중요한 두 가지 극한적인 경우를 생각할 수 있다.

$$V/E \cong k'S \quad S \ll K_s \text{ 일 때 } (k' = k/K_s) \tag{3.75}$$

그리고

$$V/E \cong k \quad S \gg K_s \text{ 일 때} \tag{3.76}$$

식 (3.75)는 기질의 농도가 K_s에 비해 충분히 낮을 경우, 효소 반응의 속도가 S에 정비례하는 것을 나타낸다. 따라서 이 반응은 기질에 대하여 일차 반응이 된다. 그러나 S가 K_s보다 훨씬 클 때는, 반응속도는 S의 농도에 관계없이 최대 속도로 된다. 이 때는 기질에 대하여 **영차 반응**으로 된다.

연속식 (3.74)와 불연속식 (3.75) 및 (3.76)은 모두 생물학적 반응속도를 설명하는 데 자주 이용된다. 이 식들은 모두 어느 정도 경험적인 것이기는 하지만, 복잡한 생물학적 반응의 반응전체를 설명하는 데는 충분히 타당한 실제적인 결과를 얻도록 해준다.

예제 3.15

Michaelis–Menten 식을 이용하여 박테리아에 의한 폐수처리를 설명하기 위해 상수 값을 구하는 실험을 하였다. 이 실험에서 폐수의 기질 농도가 높을 때, 1 g의 박테리아가 최대속도 20 g/일로 폐수를 분해하는 것을 알았다. 또한 박테리아 주변의 폐수 농도가 15 mg/L 일때는 같은 양의 박테리아가 10 g/일의 속도로 폐수를 분해한다는 것도 알았다. 만일 폐수 농도가 5 mg/L로 유지되고 있다면, 2 g의 미생물에 의한 폐수의 분해속도는 얼마이겠는가?

해답

상수 k는 폐수이용의 최대 속도이며, 20 g/일- g이다. 상수 K_s는 최대속도의 1/2, 즉 10 g/일-g 일 때의 기질의 농도와 같으므로 $K_s = 15\ \text{mg/L}$이다. 따라서 식 (3.72)로부터

$$V/E = 20S/(15+S)$$

E=박테리아의 무게$=2\ g$, 그리고 $S = 5\ \text{mg/L}$이므로,

$$V = 2(20)(5)/(15+5) = 10\ \text{g/일}$$

예제 3.15는 매우 흥미롭지만 한 두 개의 측정치를 이용하여 반응속도 상수를 결정하는 것은 바람직하지 않다.

반응속도에 대한 온도의 영향

대부분의 화학 반응과 생물학적 반응의 반응속도는 일반적으로 온도가 올라감에 따라 높아진다. 온도가 10℃ 올라갈 때마다 반응속도는 대략 두 배로 높아진다. 생물학적 반응에서는 어떤 최적 온도에 도달할 때까지는 이 법칙이 어느 정도 맞는다. 그 이상의 온도에서는 속도가 오히려 감소하는데, 이는 고온이 되면 효소가 파괴되기 때문인 것으로 짐작되고 있다.

온도에 따른 속도상수의 변화는 Arrhenius식에 의해 다음과 같이 수학적으로 표현된다.

$$d\ln k / dT = E_a / RT^2 \tag{3.77}$$

여기서 $d\ln k/dT$ = 온도에 따른 반응속도상수의 자연대수값의 변화
R = 일반기체 상수
E_a = 활성화에너지로 불리는 반응의 상수

일정 구간에서 식 (3.77)을 적분하면,

$$\ln\frac{k_2}{k_1} = \frac{E_a(T_2 - T_1)}{RT_2T_1} \tag{3.76}$$

여기서 k_2와 k_1은 각각 온도 T_2와 T_1에서의 반응속도상수이며, 온도는 절대온도 K로 나타낸다.

환경공학 및 과학자에게 중요한 대부분의 반응은 상온근처의 좁은 온도범위에서 조작된다. 이 경우, T_2T_1값의 변하는 매우 작으므로, 상수로 간주하는 것이 실용적이다. 그러므로 E_a/RT_2T_1는 상수 A로 간주할 수 있으므로 반응속도와 온도와의 관계를 나타내는 다음의 근사식을 얻을 수 있다.

$$\ln\frac{k_2}{k_1} = A(T_2 - T_1) \tag{3.79}$$

또는

$$k_2 = k_1 e^{A(T_2 - T_1)} \tag{3.80}$$

온도의 영향을 나타내는 또 다른 일반적인 표현식은

$$k_2 = k_1 A^{(T_2 - T_1)} \tag{3.81}$$

물론 식 (3.80)과 (3.81)에 사용되는 A값은 다르다. 식 (3.81)에 사용되는 A값은 e^{E_a/RT_1T_2}이다. 식 (3.80)과 (3.81)은 모두 환경공학에서 반응속도에 대한 온도의 영향을 나타내는 데에 일반적으로 이용되고 있다. A를 상수로 생각하였으나, 더러는 작은 온도범위에 대해서도 크게 변화할 때가 있다. 예로 BOD의 반응속도(제23장 참조)에서의 식 (3.80)의 A는 4～20℃ 사이에서는 0.135이지만 20～30℃ 사이에서는 0.056까지 감소하는 것으로 알려져 있다.[6] 그러므로 평가된 온도범위 밖의 온도에서 A값을 사용하게 되는 경우에는 반드시 주의를 기울여야 한다.

---

6) G. J. Schroepfer, M. L. Robins, and R. H. Susang, The Research Program on the Mississippi River in the Vicinity of Minneapolis and St. Paul, "Advances in Water Pollution Research," vol. I. Pergamon, London, 1964.

| 3.11 | 촉매작용

촉매(catalyst)는 화학반응의 속도를 변화시키는 능력을 가지고 있다. 반응속도를 빠르게 또는 느리게 하는 효과가 있는 것을 각각 정촉매와 역촉매(또는 부촉매)라고 한다. 촉매는 반응에서의 실제 역할과는 무관하게 반응이 끝나면 본래의 상태로 회복이 된다. 또한 반응의 최종 평형상태에는 아무런 영향을 미치지 않으며, 단지 활성화 에너지를 변화시켜 평형에 도달되는 속도를 바꾼다. 정촉매는 환경공학자에게 흥미있는 특성을 가지고 있다. 즉 통상적으로는 반응이 일어나지 않는 농도에서도 반응이 시작, 또는 지속될 수 있게 한다.

촉매는 환경공학에서 대기오염 방지를 위하여 사용된다. 황화 수소(H_2S)는 촉매를 사용하면 통상적으로 연소가 불가능한 농도에서도 아황산으로 산화된다. 촉매장치는 자동차, 트럭, 버스 등의 배기 가스 중에 포함되어 있는 올레핀 화합물을 산화시켜 스모그를 방지하는 수단의 하나로도 사용된다. 박테리아와 기타 미생물에 의해 생성되는 효소들은 무기 및 유기 오염물의 가수분해, 산화반응, 환원반응 등 중요한 수많은 반응들을 상온에서 일어날 수 있도록 해주는 유기촉매들이다.

| 3.12 | 흡 착

수착(sorption)은 환경오염물질의 거동 및 이동과정과 처리반응조 내에서의 오염물질의 제거과정을 이해하는 데 매우 중요하다. 수착은 보통 오염물질이 어느 한 상(phase)으로부터 다른 상으로 농축되거나 이동하는 것으로 정의된다. **흡수(absorption)**는 오염물질이 어느 한 상으로부터 다른 상으로 분배되는 것을 뜻한다. 예로 산소가스의 물에 용해(흡착)와 농약 DDT의 유기용매인 헥산으로의 흡수를 들 수 있다. **흡착(adsorption)**은 어느 상에 존재하고 있는 이온이나 분자가 다른 상의 표면에 응축되거나 농축되는 과정이다. 수착과정은 4.9절, 5.34절과 7장에서도 설명되어 있다. 흡착은 이 절에서 자세히 토의되어 있다.

공기나 물속에 들어있는 오염물질을 활성탄에 흡착시키는 것은 공기나 물의 정화에 흔히 이용하고 있는 방법이다. 농축된 물질을 **피흡착질**(adsorbate)이라 하고, 흡착을 하는 고체를 **흡착제**(adsorbent)라고 한다. 일반적으로 흡착에는 **물리흡착**, **화학흡착**, **교환흡착**(exchange adsorption)의 세 가지 형태가 있다. 물리흡착은 비교적 일반적이며, 분자 사이의 약한 인력 또는 van der Waals 힘의 작용에 의한 것이다. 여기서 흡착된 분자는 고체표면의 특정부위에 고정되는 것이 아니고, 전체표면을 자유롭게 이동한다. 더욱이 흡착된 물질은 흡착제의 표면에 농축되어 여러 개의 겹쳐진 층을 형성한다. 일반적으로 물리흡착은 가역적이다. 즉, 농도를 감소시키면 본래 흡착되었던 양과 같은 정도의 양이 다시 탈착(desorb)된다.

반면에 화학흡착(chemical adsorption 또는 chemisorption)은 훨씬 강한 힘에 의한 것으로, 화학결합을 형성하는 것에 비교될 정도이다. 보통은 흡착된 물질이 표면에 단지 한 분자 두께의 층을 형성하며 분자는 표면의 한 부위에서 다른 부위로의 이동이 자유롭지 못한 것으로 생각되고 있다. 표면이 단분자층(monomolecular layer)으로 덮여지면, 흡착제의 능력은 완전히 소멸되어 버린다. 화학흡착은 거의 비가역적이다. 흡착된 물질을 제거하기 위해서는 일반적으로 흡착제를 높은 온도로 가열하여야 한다.

교환흡착은 피흡착질과 표면과의 사이에 전기적 인력이 작용하여 흡착되는 현상이다. 이온 교환이 이런 종류에 속하며, 물질의 이온이 표면 위의 반대 전하 부위로 정전기적 인력에 의해 끌려가서 표면에 농축된다. 일반적으로 3가 이온과 같이 큰 전하를 가진 이온이 1가 이온과 같이 작은 전하를 가진 이온보다 반대 전하의 부위로 더 세게 끌린다. 또한 이온의 크기(수화반경, hydrated radius)가 작을수록 더욱 세게 끌린다. 이들 세 종류의 흡착 사이에는 현저한 차이가 존재하나, 주어진 흡착현상이 어느 종류에 속하는지를 결정하기는 어려운 경우도 있다.

흡착은 표면현상이므로 흡착속도 및 흡착량은 이용된 고체 표면적의 함수로 된다. 활성탄은 단위 질량당의 표면적이 대단히 커서 흡착제로 널리 이용되고 있다. 활성탄은 일반적으로 목재나 석탄을 CO_2, 공기, 수증기 등의 기체들 중 하나의 기체 분위기 속에서 300～1,000℃로 가열한 다음, 물이나 대기중에서 급냉시켜 제조한다. 이 제조과정에서 나무세포의 내부는 완전히 제거되어 아주 작고 균일한 세공을 가진 다공성 구조로 된다. 활성탄의 표면적은 1 g 당 1,000 m^2 정도이며, 세공은 지름이 10～1,000 angstroms(Å)인 크기를 가지고 있다. 일정한 온도와 압력에서 활성탄은 일정한 양의 기체를 흡착한다. 압력이 증가하면 더 많은 양을 흡착하며, 압력이 감소하면 더 적게 흡착한다. 흡착된 기체의 양을 압력에 대하여 도시하면, 그림 3.12에서와 같이 곡선을 나타낸다.

용액으로부터 용질의 흡착은 기체와 마찬가지로 일반적인 법칙에 따르며, 이 같은 사실은 그림 3.13에 나타낸 아세트산(acetic acid)과 벤조산(benzoic acid)의 흡착에 대한 예에서 잘 알 수 있다. 곡선의 특성은 그림 3.12에 나타낸 것과 유사함을 알 수 있다. 이들 자료로부터 일정한 양의 흡착제에 의해 흡착되는 물질의 양은 그 물질의 특성과 농도에 의존한다고 결론지을 수 있다. 또한 그림에는 나타나 있지 않지만, 온도 역시 중요한 인자이다.

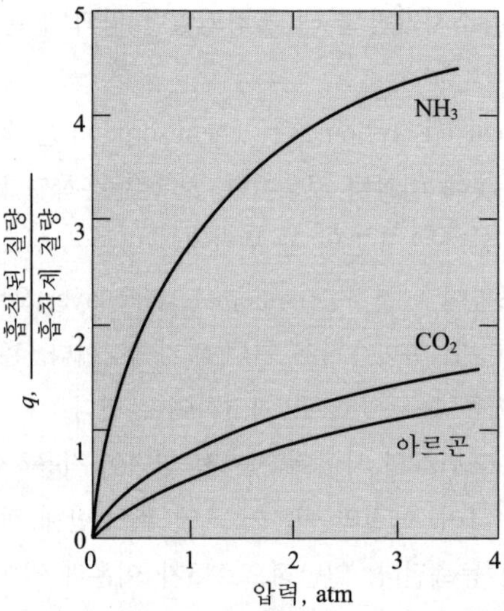

⇧ 그림 3.12 일정온도에서의 활성탄의 기체 흡착량과 압력과의 관계

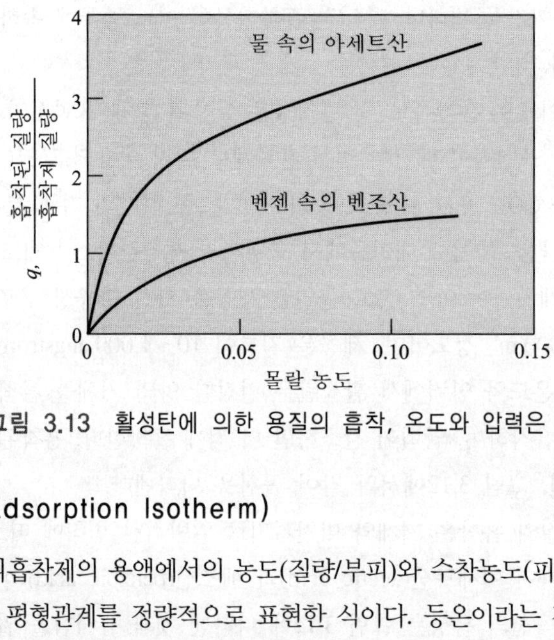

⇧ 그림 3.13 활성탄에 의한 용질의 흡착, 온도와 압력은 일정

등온 흡착식(Adsorption Isotherm)

등온 흡착식은 피흡착제의 용액에서의 농도(질량/부피)와 수착농도(피흡착제의 질량/흡착제의 질량) 사이의 평형관계를 정량적으로 표현한 식이다. 등온이라는 것은 주어진 온도에서의 관계를 강조하기 위하여 사용되었다. 가장 널리 사용되는 네 가지 등온 흡착식은 **선형(Linear), Langmuir, Freundlich,** 그리고 **BET**이다. 어느 흡착식을 적용하여야 할 것인가에 대한 결정은 주어진 상황(예를 들어 반응조 대 자연 환경) ; 피 흡착제의 성질, 농도, 그리고 숫자(예를 들어 소수성 대 친수성, 유기물 대 금속, 중성 또는 하전된 물질, 고농도 대 저농도, 단일 오염물질 대 복합오염물질) ; 흡착제의 종류(예를 들어 입상 활성탄(GAC), 이온교환수지, 산화철 광물, 또는 대수층 물질) ; 유체의 종류(예를 들어 가스, 물,

또는 유기용매), 그리고 환경인자(예를 들어 pH, 이온강도)에 따라 달라진다. 선형식은 Freundlich 식의 특별한 경우로, 자연환경에서 유기물의 수착을 설명하는 데 종종 사용되며, 이에 대해서는 5.34에 토의하였다.

Langmuir 등온식 이 등온 흡착식은 단일 피 흡착제가 흡착제의 단일 자리(site)와 결합하며 흡착제의 모든 표면 지점이 흡수제에 대하여 같은 친화도를 가진다고 가정한다. Langmuir 등온식은 표면착물이론(surface complexation theory)을 이용하여 개발할 수 있다.[7]

$$q = q_m \frac{K_{\text{ads}} C}{1 + K_{\text{ads}} C} \tag{3.82}$$

여기서 q = 수착된 농도(일부 교재는 I를 사용함)로 간혹 흡착 밀도라고도 부름 (피흡착제의 질량/흡착제의 질량)

q_m = 흡착제의 최대 피흡착제 수용 능력(피흡착제 질량/흡착제 질량)

C = 피흡착제의 수용액 농도(질량/부피)

K_{ads} = 흡착제의 피흡착제에 대한 친화도

C가 커지면 커질수록 흡착제의 지점은 포화되고 q는 q_m에 접근한다. 상수 q_m 및 K_{ads}는 식 (3.82)를 그림 3.14에 나타낸 바와 같이 선형화시켜 구할 수 있다.

$$\frac{1}{q} = \frac{1}{q_m K_{\text{ads}}}\left(\frac{1}{C}\right) + \frac{1}{q_m} \tag{3.83}$$

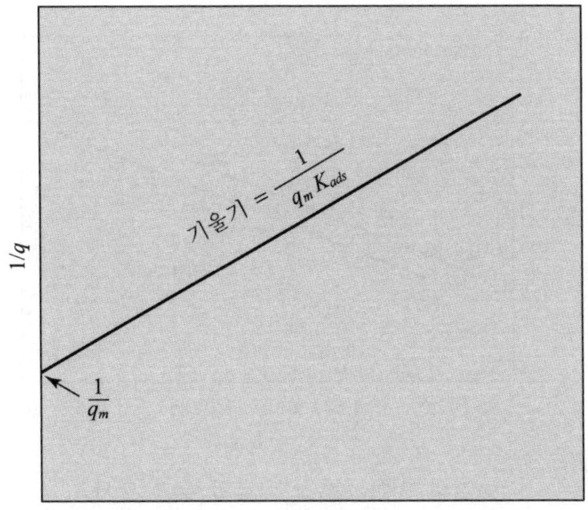

⇧ **그림 3.14** Langmuir 등온식의 직선형태

7) M. M. Benjamin, "Water Chemistry," McGraw-Hill, New York, 2002.

Langmuir 등온식은 하나 이상의 피흡착제에 의한 경쟁적 흡착(competitive adsorption) 및 주어진 피흡착제에 대하여 다른 친화도를 가진 site를 가진 흡착제를 설명하기 위하여 수정될 수 있다.[8),9)]

Freundlich 등온식 Freundlich는 흡착현상에 대해 많은 연구를 수행하여 용액으로부터 흡착을 다음과 같이 표현할 수 있다고 제시하였다.

$$q = KC^{1/n} \tag{3.84}$$

Freundlich 등온식은 각 피흡착제 대하여 서로 다른 친화도를 갖는 흡착제상의 자리(site)가 존재하며 각 자리는 Langmuir 등온식을 따른다는 가정을 이용하면 Langmuir 등온식으로부터 유도할 수 있다.[10)] 여기서 K는 흡착제의 능력을 나타내는 척도(피흡착제 질량/흡착제 질량)이고, n은 흡착밀도가 변함에 따른 피흡착제에 대한 친화도가 어떻게 변하는가를 나타내는 척도이다. $n=1$인 경우 Freundlich 등온식은 선형 등온식과 같아지며, 이는 모든 흡착제의 자리가 피흡착제에 대하여 동일한 친화도를 가짐을 나타낸다. $n > 1$이라는 것은 흡착밀도가 감소함에 따라 친화도가 감소함을 나타낸다. 식 (3.84)를 선형으로 변화시키면(그림 3.15 참조) K와 n값을 구할 수 있다.

$$\log q = \log K + \frac{1}{n}\log C \tag{3.85}$$

Langmuir와 Freundlich 등온식의 계수는 같은 실험자료를 이용하여 평가할 수 있다(예제 3.16). 일반적으로 대상 피흡착제을 포함한 용액에 다른 양의 흡착제를 첨가한다. 이 용액

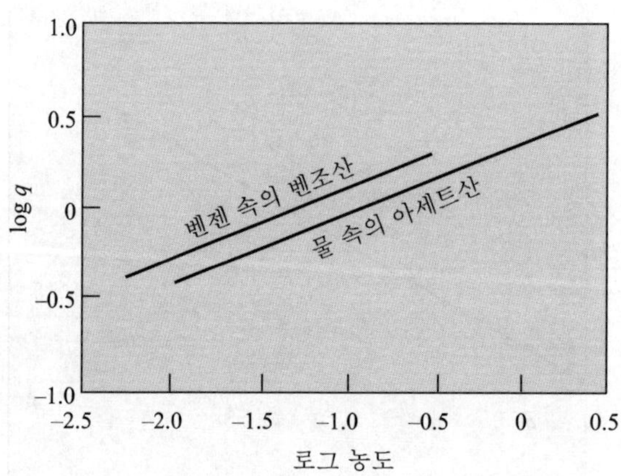

그림 3.15 흡착 자료의 로그 도시

---

8) Ibid

9) Weber and DiGiano, "Process in Environmental Systems,"

10) Benjamin, "Water Chemistry"

을 혼합한 후 평형상태에 도달할 때까지 기다린 다음(이때 시간은 한 시간에서 수십 시간이다) 피흡착제의 농도를 측정한다. 초기 농도를 알면 q (제거된 피흡착제의 질량/흡착제의 질량)을 계산할 수 있다. 그 다음 식 (3.83) 및 (3.85)을 이용하여 q_m, K_{ads}, K, 그리고 n은 최소자승 선형회귀법으로 구할 수 있다. 주어진 조건에서 어느 등온식이 잘 맞는지는 통계적인 분석을 통하여 결정하면 된다. 그와 같은 분석방법은 10장에 설명되어 있다.

BET 등온식 BET 등온식은 Brunauer, Emmett, 그리고 Teller가 다층흡착(피흡착제가 여러 층으로 흡착되는 것, multilayer adsorption)을 설명하기 위하여 Langmuir 등온식을 확장한 것이다. 즉, 이 모델은 여러 층의 피흡착질이 표면에 축적되며, Langmuir 등온식이 각층에 적용되는 것으로 생각하는 것이다. 따라서 Langmuir 등온식보다 좀 더 복잡해지며 다음과 같은 식으로 표현된다.

$$\frac{q}{q_m} = \frac{bC}{(C_s - C)[1 + (b-1)C/C_s]} \tag{3.86}$$

C_s는 용액 속의 피흡착질에 대한 포화농도를 나타낸다. 물론 C가 C_s보다 커지게 되면, 용질은 용액으로부터 고체나 액체상태로 침전되거나 응축되어, 표면에 농축된다. BET 등온식은 다음과 같이 쓸 수도 있다.

$$\frac{C}{q(C_s - C)} = \frac{1}{bq_m} + \frac{(b-1)}{bq_m}\left(\frac{C}{C_s}\right) \tag{3.87}$$

이 식에서 C_s와 b값은, 식 (3.84)의 좌변항 대 C/C_s를 도시하여 얻은 직선의 기울기와 절편으로부터 구할 수 있다. 그림 3.16은 BET 등온선의 형태와 직선 식을 나타낸 것이다.

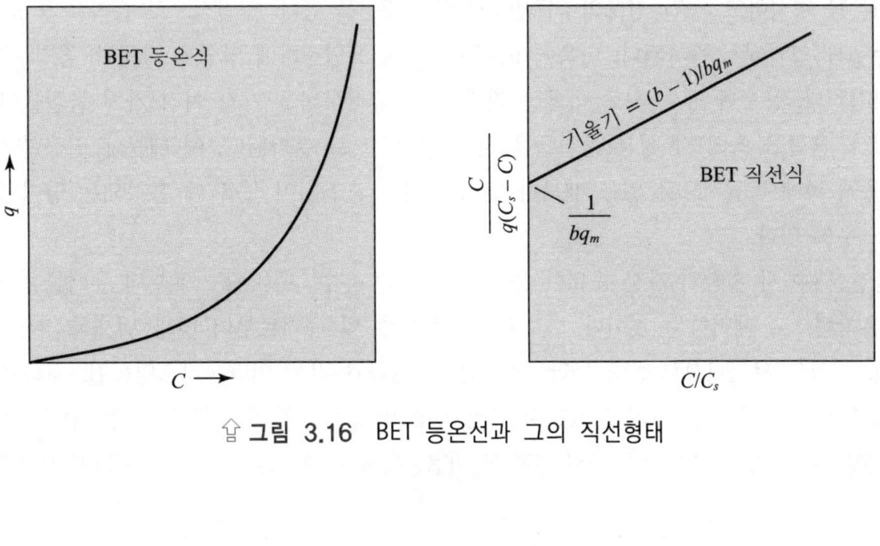

⇧ **그림 3.16** BET 등온선과 그의 직선형태

흡착 동온식은 평형식이며, 흡착제와 피흡착질을 포함하는 상이 충분한 시간 동안 접촉하여 평형에 도달한 후의 상태에 적용된다. 그러나 기체나 액체 중의 오염물질을 제거하기 위한 실제 공정에서는, 물질이 고체 흡착제에 흡착되는 속도가 중요해진다. 흡착에 의한 오염물질의 제거는 본질적으로 세 단계를 거쳐 일어난다. 우선 오염물질이 액체상 또는 기체상으로부터 액체의 경계층(boundary layer)을 통해서 흡착제의 바깥면으로 이동하여야 한다. 다음, 흡착제의 세공을 통해서 안으로 확산되어 이동해야 한다. 최종적으로, 오염물질이 흡착제에 부착된다. 만일 흡착제를 포함하는 상(phase)이 정지상태에 있다면, 세 단계 중에서 경계층을 통한 확산이 가장 느리게 일어나며, 이 단계가 속도 결정 단계로 된다. 이 경우, 만일 유체를 저으면, 경계층의 두께는 감소될 것이며 흡착속도는 증가할 것이다. 그러나 난류가 심해져, 다음 단계인 세공 내로의 확산단계가 가장 느린 단계가 되면, 이때부터는 난류상태가 증대되어도 흡착속도를 증가시키지 못한다. 그러므로 흡착속도는 흡착되는 물질의 일반적인 특성과 경계층을 통해 세공 속으로 확산되는 상대적인 속도에 의존하며, 피흡착질을 포함하고 있는 유체의 교반을 증가시키는 것은 흡착 속도를 증가시킬 수도, 증가시키지 않을 수도 있게 된다.

물속의 오염물질을 활성탄에 흡착시킬 때, 흡착속도와 흡착량은 모두 피흡착질분자와 흡착제의 특성에 의존한다. 흡착량은 피흡착질의 물에 대한 용해도에 어느 정도 지배된다. 용해도가 낮은 물질일수록 더 쉽게 흡착된다. 친수성 기(hydrophilic group)와 소수성 기(hydrophobic group)를 함께 가지고 있는 분자에서는 소수성 기의 말단이 흡착제 표면에 부착되려 할 것이다. 다음, 피흡착질과 흡착제 표면과의 상대적 친화성(affinity)도 앞서 일반적인 흡착의 세 형태에 관해 설명한 바와 같이, 하나의 인자가 된다. 마지막으로, 분자의 크기가 중요한데, 이것은 흡착제 세공 속으로 들어갈 수 있는 능력 및 표면으로 확산되는 속도에 영향을 미치기 때문이다. 교환흡착의 경우를 제외하고는, 이온은 중성종(neutral species)보다 흡착되기 어렵다. 많은 유기물들이 높은 pH에서는 음이온을, 낮은 pH에서는 양이온을 형성하고, 중간 정도의 pH범위에서는 중성을 띤다. 일반적으로 흡착은 중성종이 있는 pH 영역에서 증가된다. 더욱이 pH는 흡착제 표면전하에 영향을 미치며, 흡착능력을 변화시킨다. 용수나 폐수 시료 속에는 각각 다른 흡착특성을 가진 여러 가지 물질들이 들어있다. 혼합물 속의 각 성분 물질들은 서로 경쟁적으로 흡착된다. 이 때문에 일정한 물질이 용액 속에 독립적으로 있을 때보다 여러 물질과 혼합되어 있을 때 흡착되는 양이 훨씬 적을 수도 있다.

환경실무에서 흡착의 가장 중요한 용도 중 하나는 용수, 폐수, 공기로부터 유기물을 활성탄 흡착법으로 제거하는 것이다. 그 예로는 음용수 및 공기로부터 맛과 냄새를 유발하는 물질, 그리고 트라이할로메탄, 농약, 유기염소화합물과 같은 미량유기오염물질, 처리된 폐수로부터 잔류 유기물, 그리고 침출수, 산업폐수 및 유해물질의 처리 등을 들 수 있다. 이때 분말 또는 입상 활성탄을 물과 혼합한 다음, 흡착된 물질과 같이 침전시키거나 여과하여 제거한다. 많은 양의 유기물질을 제거하여야 할 때는, 깊은 활성탄 여과상(fiter bed)으로 물을 통과시키는 활성탄 여과법을 사용하면 활성탄을 보다 효율적으로 이용할 수 있고, 양질의 처리수를 얻을 수 있다. 이 방법은 흡착 등온식의 원리를 실제로 응용한 것이며, 몇 가지 점에서 역류추출법(countercurrent extraction)과도 비교될 수 있다. 대기 오염물질은 활성탄이 충전된 탑에 공기를 통과시킴으로써 제거할 수 있다. 활성탄 흡착은 여러 종류의 오염물질에 대하여 널리 이용되고 있다. 최근에는 높은 효율로 재생할 수 있는 특수한 활성탄이 개발되어 경제성이 현저하게 개선되고 있다.

예제 3.16

입상 활성탄(GAC)를 이용한 처리수의 용해성 유기질소(SON)의 처리 가능성을 실험하였다. 초기 SON 농도 0.9 mg/L인 폐수 1리터에 각기 다른 양의 GAC를 첨가한 후 20℃, pH =7.5에서 2시간 동안 접촉시켰다. 다음 표에 주어진 자료와 선형회귀분석(10장 참조)을 이용하여 Langmuir 또는 Freundlich 등온식 중 어느 것이 더 잘 맞는지 결정하시오.

첨가된 GAC 질량	C, mg/L SON
0.2	0.77
0.5	0.65
2.0	0.32
5.0	0.19
10	0.14
20	0.09
50	0.06

해답

제거된 mg SON $= V(C_o - C) = (1 \text{ 리터})(0.9 - C)$

GAC, (g)	C_o, mg/L	C, mg/L	$q = \dfrac{\text{제거된 mg SON}}{\text{gGAC}}$
0.2	0.90	0.77	0.650
0.5	0.90	0.65	0.500
2.0	0.90	0.32	0.290
5.0	0.90	0.19	0.142
10.0	0.90	0.14	0.076
20.0	0.90	0.09	0.041
50.0	0.90	0.06	0.017

Freundlich 등온식의 경우

$$\log q = \log K + \frac{1}{n} \log C$$

$\log q$ 대 $\log C$ 그림을 그려야 한다. Langmuir 등온식의 경우

$$\frac{1}{q} = \frac{1}{q_m K_{ads}}\left(\frac{1}{C}\right) + \frac{1}{q_m}$$

$1/q$ 대 $1/C$ 그림을 그려야 한다.

q	C	$1/q$	$1/C$	$\log\ q$	$\log\ C$
0.650	0.77	1.54	1.30	−0.187	−0.114
0.500	0.65	2.00	1.54	−0.301	−0.187
0.290	0.32	3.45	3.13	−0.538	−0.495
0.142	0.19	7.04	5.26	−0.848	−0.721
0.076	0.14	13.2	7.14	−1.12	−0.854
0.041	0.09	24.4	11.1	−1.39	−1.05
0.017	0.06	58.8	16.7	−1.77	−1.22

Freundlich 등온식에 대한 그림 :

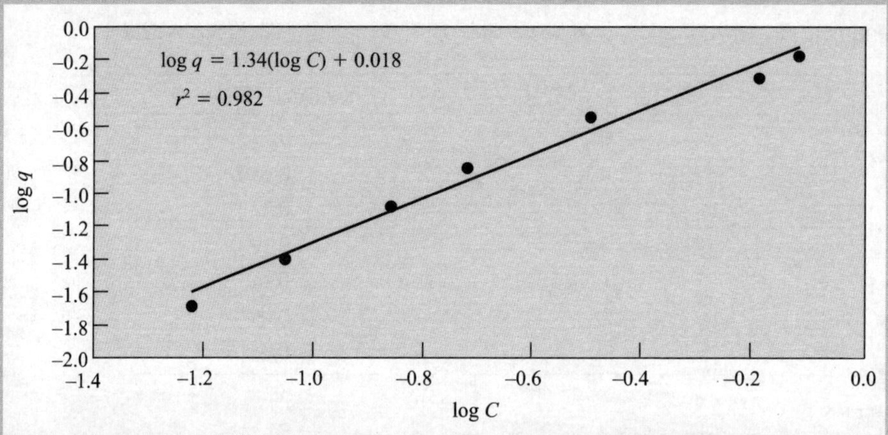

Langmuir 등온식에 대한 그림 :

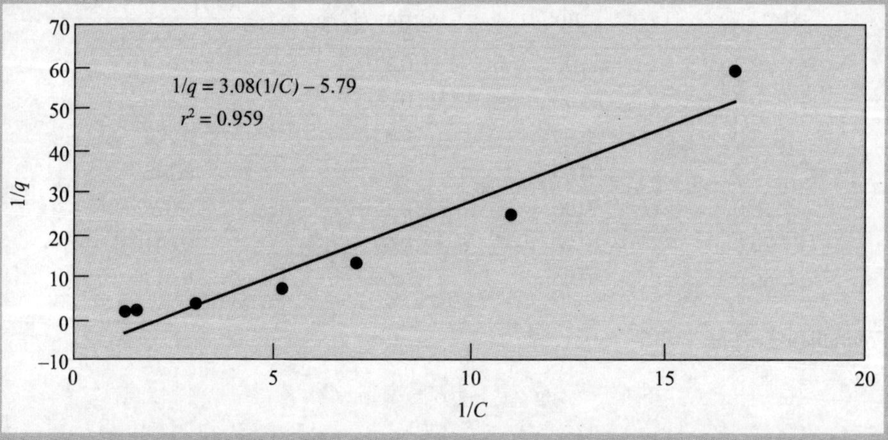

두 그림을 비교하면 Freundlich 등온식이 보다 잘 맞는 것을 알 수 있다. 그러므로

$$\log q = 1.34 \log C + 0.018$$

또는 $\log \frac{q}{C^{1.34}} = 0.018$

이로부터 $q = 10^{0.018} C^{1.34} = 1.04 C^{1.34}$

$$n = \frac{1}{1.34} = 0.746$$

연습문제

3. 1 표준 생성 엔탈피를 이용하여 에탄(기체)의 알짜 연소열을 kJ/mol 에탄으로 구하여라.

답 : −1,428 kJ/mol

3. 2 혐기성 소화조로부터 배출가스 중에는 때때로 소량의 수소기체가 포함된다. 이 가스를 태워서 얻을 수 있는 알짜 연소열(kJ/mol)을 구하여라.

3. 3 1%의 황산(10,000 mg/L)이 포함되어 있는 폐수를 $Ca(OH)_2(s)$를 녹인 진한 석회 슬러리로 중화시킨다. 중화하기 전의 물의 온도가 15℃였다. 중화한 후에는 몇 도로 되겠는가?

답 : 17.7 ℃

3. 4 (a) 20℃의 물 1 L를 1 atm에서 증발시키는 데 필요한 열량은 몇 kJ인가 ?

(b) 만일 (a)번 문제의 물에 30,000 mg/L의 아세트산이 포함되어 있다면, 이 아세트산을 연소시켜 발생되는 열로 물을 증발시키는 데 필요한 열량을 충분히 얻을 수 있겠는가?

3. 5 (a) 표준 생성 자유에너지를 이용하여 25℃에서 황화아연($ZnS(s)$)의 용해도곱 상수를 구하여라.

(b) 만일 Zn^{2+}이 10^{-3} M이고 S^{2-}이 10^{-3} M이라면, 반응은 어느 쪽으로 진행되겠는가? 활동도 계수는 무시하여라.

답 : 3.67×10^{-24}, 침전한다.

3. 6 (a) Mg^{2+}는 경도를 유발하는 주요 성분 중 하나이지만, $Mg(OH)_2$로 침전시켜 물에서 제거할 수 있다. 표준 생성 자유에너지를 이용하여, 25℃에서 $Mg(OH)_2$의 평형상수(K_{sp})를 계산하여라.

(b) $Mg(OH)_2(s)$의 용해는 흡열반응인가 발열반응인가? 풀이 과정을 보여라.

3. 7 (a) 표준 생성 자유에너지를 이용하여 25℃에서 $CaCO_3(s)$의 K_{sp}를 계산하여라.

(b) 물이 25℃에서 $CaCO_3(s)$와 평형일 때, Ca^{2+}의 몇 mg/L인가? 단, CO_3^{2-}농도는 5 mg/L이다.

(c) 대부분 지하수의 수온인 16℃에서 K_{sp}를 계산하여라.

(d) 16℃의 지하수 시료의 Ca^{2+}와 CO_3^{2-}의 농도는 각각 100 mg/L 및 10 mg/L이다. 이 물은 $CaCO_3$(s)와 평형상태인가? 만일 아니라면, $CaCO_3(s)$는 용해되는가, 또는 침전되는가?

답 : 4.99×10^{-9}, 2.4 mg/L, 5.88×10^{-9}, 아니오, 침전한다.

3. 8 (a) 25℃에서 황화수소의 용해도 상수(헨리의 법칙 상수)를 표준 생성 자유에너지로부터 구하시오.

(b) 표준 생성 엔탈피와 (a)에서 구한 용해도 상수를 이용하여 10℃에서 황화수소의 용해도 상수를 추정하시오.

(c) H_2S의 냄새(계란 썩는 냄새) 문턱농도, 즉 일반인이 냄새를 감지할 수 있는 농도는 약 1 ppm(10^{-6} atm)이다. 대기 중의 H_2S가 문턱농도로 존재하며 물과 평형상태에 있다면 25℃에서 수용액중의 농도는 얼마인가? 10℃에서는?

3. 9 (a) 표준 생성 자유에너지를 이용하여 20℃에서 물에 녹아있는 이산화 탄소 가스의 용해도 상수를 구하여라.

(b) 만일 20℃에서 호수에 용해된 CO_2의 농도가 2.2 mg/L이면 호수는 대기의 CO_2(분압 $10^{-3.5}$ atm)와 평형인가?

답 : 23.4 atm-L/mol 휘발한다.

3.10 열역학적 고찰로부터 35℃에서 아세트산의 이온화 상수를 구하여라.

3.11 (a) 다음의 반응식은 물에서 암모늄의 해리를 설명한다.

$$NH_4^+(aq) \rightleftarrows NH_3(aq) + H^+(aq)$$

표준 생성 엔탈피와 표준 생성 자유에너지를 이용하여, 25℃와 10℃에서 평형(해리) 상수를 계산하여라.

(b) 비이온성인 암모니아(NH_3)는 물고기에 독성 영향이 있다. 물의 pH가 7일 때 25℃와 10℃에서 NH_3와 NH_4^+의 비를 구하여라.

답 : 5.74×10^{-10}, 1.90×10^{-10}, 5.74×10^{-3}, 1.90×10^{-3}(온도가 감소함에 따라 상대적인 NH_3 농도는 약 1/3로 감소한다.)

3.12 35℃에서의 황산의 제1단계 이온화 상수를 열역학을 이용하여 구하라.

답 : 1.33×10^{-7}

3.13 산소 분자에 의해 제1철(Fe^{2+})이 제2철(Fe^{3+})로 산화되는 것은 다음 식에 의하여 설명

될 수 있다.

$$4Fe^{2+}(aq)+O_2(g)+4H^+(aq)=4Fe^{3+}(aq)+2H_2O(l)$$

(a) 생성 자유에너지를 이용하여, 25℃에서 이 식의 평형상수를 구하여라.

(b) 물이 대기와 평형이며 pH는 2, 그리고 총가용 철 농도가 1mg/L일 때 $Fe^{2+}(aq)$와 Fe^{3+}(aq)의 농도를 계산하여라.

답 : 1.19×10^{31}, 4.51×10^{-11} M, 1.79×10^{-5} M

3.14 다음 산-염기 반응을 생각하자.

$$Fe^{3+}(aq)+3H_2O \rightleftharpoons Fe(OH)_3(s)+3H^+$$

(a) 열역학을 이용하여 25℃에서 평형상수 K를 구하시오.

(b) 용액의 Fe^{3+} 농도가 10^{-4} M, pH가 7.5라면 $Fe(OH)_3(s)$의 생성 가능성을 a)에서 구한 K 값을 이용하여 계산하시오.

3.15 혐기성 상태에서 양성자(H^+)를 수소가스(H_2)로 환원시키며 철 원소가 부식되는 반응(Fe^0가 Fe^{2+}로 산화)을 생각하자.

$$Fe^0+2H^+ \rightleftharpoons Fe^{2+}+H_2(g)$$

(a) 열역학을 이용하여 25℃에서 평형상수 K를 구하시오.

(b) T = 25℃, pH = 10, 그리고 $[Fe^{2+}]=10^{-3}$ M인 경우에 H_2의 분압이 어느 정도이면 반응이 일어나지 않는가?

3.16 암모늄(NH_4^+)이 산소에 의해 질산 이온(NO_3^-)으로 산화되는 반응은 다음과 같다:

$$NH_4^++2O_2(g)=NO_3^-+2H^++H_2O$$

열역학을 이용하여 25℃에서 평형상수 K를 구하시오. 이 반응은 열역학적으로 가능한가? 그 이유을 들어 설명하시오.

3.17 (a) 호기성 및 혐기성 상태하에서의 아세트산 이온 1 몰의 생물학적 분해반응에 대한 표준 자유에너지를 구하여라.

호기성 : $CH_3COO^-(aq)+2O_2(g) \rightarrow HCO_3^-+H_2O(l)+CO_2(g)$

혐기성 : $CH_3COO^-(aq)+H_2O(l) \rightarrow HCO_3^-+CH_4(g)$

(b) 주어진 양의 아세트산 폐수를 처리하는 경우, 위의 두 상태 중 어느 상태가 더 많은 미생물의 증식이 가능하다고 생각하는가? 이유를 설명하여라.

3.18 (a) 혐기성 생물학적 분해되는 과정에서 유기물이 메탄으로 변화할 때 주요 중간생성물의 하나가 프로피온산 이온($CH_3CH_2COO^-$)이다. 프로피온산 이온이 메탄으로 변환되는 과정은 다음 반응식으로 표현할 수 있다.

$$4CH_3CH_2COO^-(aq)+6H_2O(l)=7CH_4(g)+CO_2(g)+4HCO_3^-(aq)$$

반응물과 생성물이 동일한 활동도라고 가정할 때 프로피온산 이온으로부터 메탄의 생성은 열역학적으로 가능한가?

(b) 그러나 메탄은 프로피온산 이온으로부터 직접 형성되지 않는다고 알려져 있다. 즉 프로피온산 이온은 다음과 같이 박테리아에 의해 아세트산 이온(CH_3COO^-)과 수소로 변환된다.

$$CH_3CH_2COO^-(aq) + 2H_2O(l) = CH_3COO^-(aq) + 3H_2(g) + CO_2(g)$$

이 반응식이 열역학적으로 일어나기 어려움을 보여라. 잘 운전되고 있는 혐기성 반응조에서 프로피온산 이온 메탄으로 효과적으로 변환된다. 프로피온산 이온이 아세트산 이온과 수소로 변환되는 과정은 열역학적으로 알맞지 않은데 어떻게 이것이 가능한 지에 대하여 설명하여라.

답 : (a) $\Delta G^0 = -229.9$ kJ/mol이므로 가능하다. (b) $\Delta G^0 = 71.65$ kJ/mol로 양의 값이므로 표전상태에서 불가능하다.

3.19 1 atm에서 아이소프로필 알코올의 끓는점은 82.5℃이고, 물의 끓는점은 100℃이다. 무게로 12.5%의 물과 87.5%의 아이소프로필 알코올을 포함하고 있는 혼합물의 끓는점은 80.4℃이고, 이 온도에서의 증기의 조성은 액체상의 조성과 같다. 어떤 공장폐수가 10,000 mg/L의 아이소프로필 알코올을 포함하고 있다면, 이 폐수를 분별증류하여 물로부터 알코올을 제거하는 것이 가능한가? 이유를 설명하여라.

답 : 가능하다.

3.20 어떤 산업 폐수가 무게로 10%의 유기용매를 함유하고 있으며, 1 atm에서의 끓는점은 105℃이다. 이 폐수의 증기는 폐수에서 보다 유기용매를 더 많이 포함하고 있다. 순수한 용매의 끓는점은 80℃이다. 분별증류법으로 순수한 용매를 얻을 수 있는가? 또는 순수한 물을 얻을 수 있는가? 이유를 설명하여라.

3.21 (a) 1 atm에서 n-뷰틸 알코올은 117.8℃에서 끓는다. 이 알코올 1몰당 2.52몰의 물을 함유하고 있는 이성분 혼합물은 92.4℃에서 끓으며, 이 혼합물의 증기 조성은 혼합물 액체상의 조성과 같다. 1 atm에서 이 혼합물의 기체-액체 평형에 대한 대략의 온도-조성선도를 그려보아라.

(b) 어떤 산업 폐수가 무게로 90%의 물과 10%의 n-뷰틸 알코올을 함유하고 있다. 이 폐수의 분별증류에서 생성될 증류액과 잔류액의 조성은 어떻게 되겠는가?

답 : (b) 증류액은 0.716 몰분률의 H_2O를 포함하고, 잔류액은 순수한 H_2O이다.

3.22 부티르산(butyric acid)의 끓는점은 1 atm에서 163.5℃이다. 부티르산을 낮은 농도로 포함하고 있는 폐수를 증류하면, 증류액에는 본래의 폐수에서 보다 부티르산이 더 많이 포함되는 것을 알았다. 부티르산과 물의 이성분 혼합물은 어느 부류에 속하는지 설명하여라.

3.23 반투막의 한쪽에 0.01 M Na_2SO_4, 0.02 M $MgCl_2$ 및 0.03M $CaCl_2$를 포함하고 있는 수용

액이 있고, 다른 한쪽에는 증류수가 놓여있다. 삼투압은 대략 얼마이겠는가?

답 : 4.4 atm

3.24 (a) 20,000 mg/L의 NaCl 수용액의 증기압력은 100℃에서 약 8.4 mmHg 정도 내려간다. 이 농도의 NaCl 수용액이 반투막에 의해 증류수와 격리되어 있을 때 삼투압을 계산하여라.

(b) 이 소금물 1,000 리터로부터 소금을 제거하는 데 필요한 이론적인 최소 에너지를 liter-atm, kilowatt-hour의 단위로 각각 계산하여라.

3.25 페놀은 같은 1부피의 물에 비하여 아이소프로필 에테르에 거의 12배나 더 잘 녹는다. 만일 매번의 추출시 에테르 대 폐수의 부피를 0.2로 하여 행한다면, 2,000 mg/L의 페놀을 포함하고 있는 폐수를 100 mg/L 이하의 농도로 감소시키려면, 몇 번의 추출을 해야 하겠는가?

답 : 3회

3.26 피크르산(picric acid)의 용해도는 20℃에서 벤젠 100 g에 대하여 9.56 g, 물 100 g에 대해서는 1.4 g이다. 만일 어떤 산업폐수가 5,000 mg/L의 피크르산을 함유하고 있다면, 물 2 kg에 대하여 1 kg의 벤젠으로 1회 추출했을 때 피크르산 농도는 얼마가 되겠는가?

3.27 100 mg/L의 $CaCl_2$와 75 mg/L의 $NaSO_4$를 포함하고 있는 용액의 25℃에서의 대략적인 비전도율은 얼마나 되겠는가?

답 : 384μS

3.28 KCl 표준용액(0.01 N)을 25℃에서 전도도 측정 용기에 놓았을 때 1,000 ohm의 저항을 나타내는 것을 알았다. 그 다음 $MgCl_2$ 용액을 이 용기에 넣었더니, 25℃에서 3,000 ohm의 저항이 측정되었다. $MgCl_2$의 농도는 대략 몇 mg/L인가?

3.29 $CaCl_2$ 용액의 비전도율은 200×10^{-6}S이다. $CaCl_2$의 농도를 mg/L로 계산하여라.

답 : 81.8 mg/L

3.30 이온은 용액의 전도도에 기여할 수 있으나, 이온화하지 않은 분자는 기여하지 못한다. 이것을 이용하여 아세트산 1,000 mg/L를 포함하는 용액의 25℃에서의 대략적인 비전도율을 추정해 보아라. 아세트산의 이온화 상수는 1.75×10^{-5}이다.

3.31 용액을 통해 0.02A의 전류를 24시간 동안 흐르게 하면, 은 산화전극(silver anode)으로부터 얼마만한 양의 은이 용액 속으로 녹아 들어가겠는가?

답 : 1.93 g

3.32 묽은 황산 용액에 전류를 흐르게 하면, 환원전극에서는 수소가스가, 산화전극에서는 산소가스가 발생된다. 이 용액에 1A의 전류를 1시간 동안 흐르게 하면, 전극에서 발생될 가스의 부피는 1 atm, 0℃에서 얼마인가?

3.33 표준 전기화학 전위로부터 다음 금속들 중 어느 것이 철의 부식을 방지하는 데 희생적으로 작용할지를 판단하여라. 알루미늄, 구리, 납, 마그네슘, 은, 주석, 아연

답 : 알루미늄, 마그네슘, 아연

3.34 구리선에 의해 연결된 아연과 철 막대를 2,000 mg/L의 Zn^{2+} 이온과 5 mg/L의 Fe^{2+} 이온을 포함하는 용액에 설치하였다. 어떤 반응이 일어나는가?

3.35 표준 전극 전위를 이용하여 25℃에서의 $Mg(OH)_2(s)$의 용해도곱 상수를 계산하여라.

답 : 1.5×10^{-11}

3.36 하천에서의 대장균(coliform)의 자연사멸에 대한 연구에서, 36%의 대장균이 10시간 이내에 죽고 59%가 20시간 이내에 죽는 것을 알았다. 만일 사멸속도가 1차 반응속도식을 따르고, 잔류하고 있는 균의 수에 비례한다면, 대장균의 99%가 사멸하는 데는 시간이 얼마나 걸리겠는가?

3.37 어떤 하천의 유속이 3.2 km/h이고 BOD가 0이다. 그러나 이 하천은 6 mg/L의 산소부족량을 나타낸다. 하류 16 km에서는 대기로부터의 포기에 의한 흡수로 산소부족량이 4 mg/L로 감소된다. 이 하천의 흐름 조건은 전체거리에 걸쳐 일정하다. 포기속도가 부족량에 비례한다고 가정한다면, 최초 지점으로부터 50 km 하류에서의 산소부족량은 얼마이겠는가?

답 : 1.45 mg/L

3.38 방사성 핵종인 P^{32}는 반감기가 14.3일이다. 10 mg/L의 P^{32}를 포함하고 있는 폐수의 농도를 0.3 mg/L로 감소시키려면 얼마 동안 저장해야 하는가?

3.39 제초제인 아트라진(atrazine)의 반감기는 약 14일로 추정되고 있다. 100일 후에는 초기 아트라진의 몇 %가 잔류하겠는가?

3.40 실험실 결과에 의하면 트라이클로로 에틸렌(TCE)은 1차 반응식을 따르며 반감기는 150일이다. 현재 지하수에서 농도가 15μg/L라면 TCE가 음용수 기준치인 5μg/L로 되는 데 걸리는 시간은 얼마인가?

3.41 화학반응의 속도를 구하기 위하여 실험을 수행하였다. 농도는 시간(h)에 따라 측정되었고 그 자료는 다음 그림에 나타낸 바와 같다.

이것은 0차, 1차 또는 2차 반응인가? 이유를 설명하여라. 속도상수를 구하여라(적당한 단위를 언급하여라).

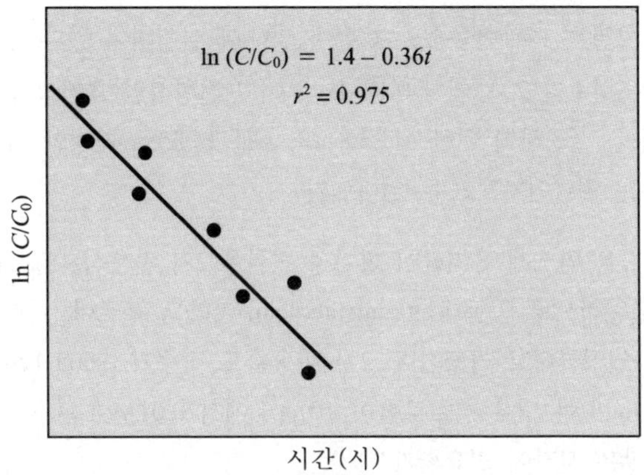

3.42 다음 자료는 시간 경과 따라 어떤 물질의 농도(mg/L) 변화를 측정한 것이다.

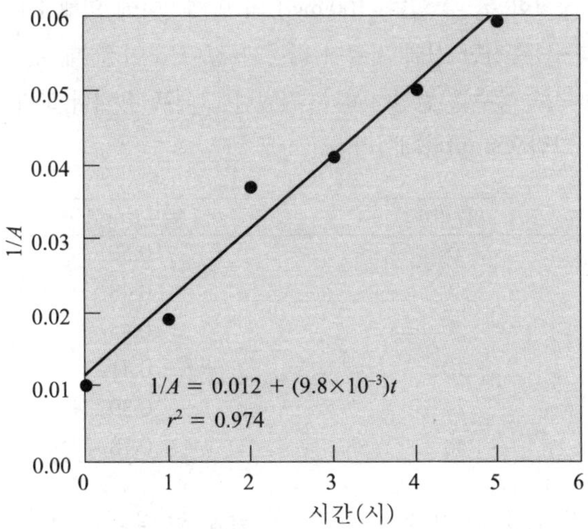

(a) 이 반응은 0차, 1차 또는 2차 반응 중 어느 것인가? 그 이유는?

(b) 반응속도 상수를 계산하여, 단위와 함께 제시하시오.

3.43 물에서 화학 성분의 감소에 대한 실험자료가 다음과 같이 주어질 때 자료는 0차, 1차 또는 2차 반응속도 표현에 알맞은가? 이유를 충분히 설명하고, 적절한 단위를 사용하여 속도상수를 구하여라.

시간(h)	농도(mg/L)
0	100
0.5	61
1	37
2	14
3	5.0
5	0.67

답 : 1차, 1.0 h^{-1}

3.44 박테리아의 사멸은 1차 반응속도 표현에 의해서 설명되어 왔다. 만일 박테리아 사멸의 1차 반응 속도상수가 20℃에서 0.10 day^{-1}이고(전형적인 호기성 종속영양균), 속도상수의 온도 영향을 설명하기 위한 식 (3.81)의 A를 1.035로 가정할 때, 30℃에서의 1차 반응 속도상수는 얼마인가? E_a는 얼마인가?

3.45 클로로폼과 같은 염소계 유기물이 혐기성 변환은 2차 반응식으로 표현할 수 있다. 이 같은 공정을 일반적으로 공동대사(cometabolism)이라고 부르며, 이때 일반적으로 박테리아의 농도는 일정하다고 가정한다. 2차 반응속도 상수가 0.005 L/mg-d이고 박테리아의 농도가 100 mg/L인 경우 클로로폼이 10μg/L에서 0.01μg/L로 감소하려면(99.9% 감소율) 얼마나 많은 시간이 필요한가?

3.46 1,1,1-트라이클로로에탄과 같은 유기염소화합물의 생물학적 변환은 2차 반응속도 표현을 이용하여 정형화 될 수 있다. 100 mg/L의 박테리아에 의해 1,1,1-트라이클로로에탄의 생물학적 변환을 측정한 실험 자료가 다음과 같이 주어질 때, 유사 1차 반응 속도 상수와 2차 반응 속도 상수를 결정하여라. 적절한 그래프 용지나 그래픽 소프트웨어를 이용하여 자료를 그림으로 나타내어라.

시간(h)	농도(mg/L)
0	0.50
2	0.48
5	0.45
10	0.41
24	0.30
48	0.18

답 : 유사 1차 반응 $k = 0.0213\ h^{-1}$; 이차 반응 $k = 2.13 \times 10^{-4}\ L/mg \cdot h$

3.47 황화철(FeS)에 의한 1,1,1-트라이클로로에탄(1,1,1-TCA)의 분해는 잔류하는 1,1,1- TCA 농도(M) 및 FeS의 표면적 농도(m^2/L)에 의존하는 2차 반응식으로 알려져 있다. 혐기성 박테리아에 의한 1,1,1-TCA의 분해 역시 1,1,1-TCA 농도(M) 및 미생물 농도(mg/L)에 대한 2차 반응식이다. 시스템 내에 FeS와 박테리아가 동시에 존재할 경우에 각 반응은 독립적인 2차 반응식이라고 가정할 수 있다.

(a) FeS와 박테리아에 의한 1,1,1-TCA의 분해속도를 묘사할 수 있는 식을 수립하시오.

(b) (a)에서 구한 식을 제거가 1,1,1-TCA만에 대한 1차식이며 단일 속도상수를 가지는 유사 1차식으로 표현하시오. 이 경우 속도상수에 대한 식은 어떻게 표현되는가?

3.48 화학흡착, 교환흡착, 물리흡착의 차이를 설명하여라.

3.49 한계악취 30인 물의 악취를 제거하기 위해 Freundlich 등온흡착식을 이용하여, 활성탄의 흡착능력에 대한 평가를 하였다. 활성탄의 단위 투여량 당 제거되는 악취에 로그를 취하고 이것을 잔류악취에 대하여 도시하여, 식 (3.84)의 상수 K와 n이 각각 0.5와 1.0인

것을 알 수 있었다. 한계악취를 4 단위로 감소시키는 데 필요한 활성탄의 투여량은 몇 mg/L인가?

참고문헌

Adamson, A. W.: "A Textbook of Physical Chemistry," 3rd ed., Academic Press, Orlando, FL, 1986.

Atkins, P. W.: "Physical Chemistry," 4th ed., Oxford Univ. Press, Oxford, Great Britain, 1990.

Benjamin, M. M.: "Water Chemistry," McGraw-Hill, New York, 2002.

Daniels, F., and R. A. Alberty : "Physical Chemistry," 5th ed., Wiley, New York, 1979.

Dean, J. A. (ed.): "Langes Handbook of Chemistry," 15th ed., McGraw-Hill, New York, 1999.

Levine, I. N.: "Physical Chemistry," 5th ed., McGraw-Hill, New York, 2002.

Lide, D. R. (ed.): "Handbook of Chemistry and Physics," 82nd ed.: CRC Press, Boca Raton, FL, 2001.

Noggle, J. H.: "Physical Chemistry," 2nd ed., Scott Foresman, Boston, 1989.

Snoeyink, V., and D. Jenkins : "Water Chemistry," Wiley, New York, 1980.

CHAPTER 4

화학평형의 기초개념

4.1 서 론

화학평형에 대한 지식은 자연수와 오염된 물속의 각종 성분들 사이의 관계를 정량적으로 결정하고, 물의 상태변화가 각종 화학종들에 미치는 영향을 이해하는 데 필요한 지식으로, 그 중요성이 점차 증대되고 있다. 폐수 및 위생매립지 침출수 처리에 물리-화학적 방법이 보급되고 있고, 유기·무기화합물들의 환경에서의 거동에 대한 이해가 필요하므로 이에 대한 지식은 더욱 중요해지고 있다. 화학평형에 대한 지식은 유해물질을 제거하기 위한 용수 및 폐수의 최적 처리방법을 평가하고, 폐수가 방류수역에 미치는 영향을 이해하는 데 도움이 된다. 화학평형은 2장에서 설명한 평형관계와 3장에서 다룬 평형관계의 열역학에 바탕을 두고 있다. 그러므로 이 4장을 이해하기 위해서는 2장과 3장을 잘 이해하고 있어야 한다.

4.2 평형 계산의 한계

수계(water system)의 평형을 자세히 검토하기에 앞서, 평형 계산의 한계를 어느 정도 알아둘 필요가 있다. 대부분의 물들, 특히 지표수와 폐수는 유입되는 태양 에너지와 하천과 폐수에 포함된 유기물과 무기물 때문에 동적 변화(dynamic change)를 겪고 있다. 이와 같은 계에서는 평형상태에 도달하기 어려우므로, 수계의 다양한 모든 종들 사이의 관계를 정확하게 나타내는 평형계산은 기대할 수 없다. 그러나 반응이 어느 방향으로 진행할 것인지, 또 그 반응이 어느 만큼 진행되었을 때 평형에 도달하게 될 것인지는 예측할 수 있다. 또한 어떤 특정한 화학반응이 일어날 것인지 아닌지를 예측할 수도 있다.

반응 중에는 가용성인 산과 염기들 사이의 반응과 같이 아주 빠르게 일어나서 수 초 내에 평형에 도달하는 것이 있는 한편, 자연수 속에서의 산화－환원반응과 같이 대단히 느리게 일어나서 수 년 또는 수백 년이 경과되어도 평형에 도달하지 못하는 반응도 있다. 그러나 이렇게 느리게 진행되는 대부분의 산화－환원 반응들도 박테리아에 의한 촉매작용을 받을 때는 빠르게 일어나서, 반응에서 방출되는 에너지가 미생물 증식에 이용될 수 있다. 침전 반응들은 필요한 화학성분이 과잉으로 물에 첨가될 때 쉽게 일어난다. 그러나 이 반응은 참평형(true equilibrium)에 도달하기 전에 정지하기 쉽다. 이것은 초기에 형성되는 침전물이 불완전하게 결정화되거나 용해도가 큰 비결정질이기 때문이다. 이와 같은 비결정질 고체로부터 결정성 고체로의 재구성(reconstitution)은 대단히 느리게 일어난다. 평형 계산은 수계의 화학적 성질이 변화할 방향을 아는 데는 도움이 되지만, 그 변화가 진행되는 속도는 나타내지 못한다. 그러므로 평형 계산에 의하여 예측된 변화에 대한 잠재력을 실질적으로 평가하려면 변화에 대한 반응 속도론의 이해가 필요하다. 불행히도, 환경공학 및 과학에서 중요한 여러 가지 화학변화에 대한 반응속도 자료는 부족한 형편이다.

평형 계산의 또 하나의 한계는 자연수 속에서의 중요한 반응들의 대부분에 대한 정확한 평형상수가 구해져 있지 않은 점이다. 물의 해리에 대한 평형상수는 아주 정확히 알려져 있다(20℃에서 $1.008 \pm 0.001 \times 10^{-14}$). 그러나 잘 알려진 약한 산과 약한 염기들에 대한 값들의 정확도는 ±0.5%에서부터 ±10%까지 변화하고 있다. 용해도곱 상수들은 대부분 거의 비슷한 정확도를 가지고 있으나, 황화물과 같이 연구자들에 따라 수십～수백 배의 차이가 있는 값들이 보고되어 있는 것들도 있다. 착이온의 형성상수(formation constant)들도 정확도가 큰 폭으로 변하므로 이 값들을 사용할 때는 특히 주의하여야 한다. 이와 같이 정확도가 낮은 값들을 사용하게 되면, 때때로 평형 관계에 있는 낮은 농도의 성분들을 측정할 수가 없게 되며, 반응이 평형에 도달되었는 지를 판단할 수 없게 되고, 또 실제 용액 속에서 일어나는 반응이 불분명해진다. 예로, 과거에 구해진 $Al(OH)_3$(깁사이트, gibbsite)의 용해도곱 상수는 대부분 부정확하였다. 그것은 침전으로 생성된 고체가 때로 깁사이트일 수도 있으나 대개는 깁사이트와 깁사이트의 수화물과 수산화물의 혼합물이었기 때문이다.

이와 같은 불확실성들은 평형계산의 유용성을 크게 제한한다. 그러나 환경 실무에 실제적으로 이용하기에 충분한 정도의 정확성을 가진 평형상수들도 많이 알려져 있으며 평형상태에 쉽게 도달되는 경우들도 많이 있다. 주어진 문제를 올바르게 해결하기 위해서는 예측의 정확도와 그 한계를 잘 이해하고 있어야 한다.

| 4.3 | 이온 활동도계수

전해질의 해리 또는 이온화에 대한 기본 지식은 이미 2.13절에서 설명하였다. 2.12절에서 설명한 바와 같이, 이온화된 물질의 용액 농도가 높아짐에 따라 평형관계에서 그들의 정량적인 효과는 단순히 용액의 몰 농도의 변화만으로 계산한 것보다 점차 작아지게 된다. 이 차이를 수정하기 위해 활동도 또는 유효 농도의 개념이 도입되었다. 이온 또는 분자의 활동도는 그 몰 농도에 식 (2.24)에 나타낸 활동도계수 γ를 곱하여 구할 수 있다.

실제로는 활동도 대신 몰 농도를 사용하여 대략적으로 계산하여도 무방하다. 또한 4.2절에서 설명한 평형 계산의 한계요인들이 포함된 경우, 활동도를 사용하여 정밀하게 계산하는 것은 아무런 의미가 없다. 그러나 특별한 경우, 보다 정확한 계산이 실용적이고 필요한 때도 있다. 이와 같은 경우에는 이상성(ideality)으로부터 벗어나는 경향을 가진 이온들의 활동도를 추정하는 방법이 필요하다.

Lewis와 Randall은 전해질 용액의 이온 활동도계수는 용액 속의 전하를 띠고 있는 입자들의 농도와 관계가 있는 것을 알았다. 그들은 이상적 거동으로부터 벗어나는 원인이 되는 용액 속의 모든 이온들 사이의 상호작용을 경험적으로 나타낸 이온 세기(ionic strength) 개념을 도입하여 설명하였다. 이온 세기, μ는 용액의 특성이며 다음과 같이 정의된다.

$$\mu = \frac{1}{2}\sum_i C_i Z_i^2 \tag{4.1}$$

여기서 C_i는 i 이온의 몰 농도, Z_i는 전하이며, μ는 용액 속의 이온들 모두의 합을 구한 것이다. 이온 세기는 용액의 전반적인 특성이며, 용액 속의 어떤 특정한 이온의 성질이 아니라는 점에 유의해야 한다. Lewis와 Randall은 묽은 용액 속에서 주어진 이온의 활동도계수는 같은 이온 세기의 모든 용액에서 같은 것을 발견하였다. 자연의 담수에 대하여, Langelier[1]는 대략적인 이온 세기를 용존 고형물(dissolved solid)의 농도(mg/L)에 2.5×10^{-5}을 곱하여 구할 수 있음을 보여주었다.

Lewis와 Randall의 개념은 Debye와 Hückel에 의하여 이온의 활동도계수와 그 이온이 들어있는 용액의 이온 세기를 관계지은 일반이론으로 확장되었다. 이 이론은 이온 세기가 0.1 이하인 묽은 용액에만 적용된다. 다행히도 환경공학에서 및 과학에서 다루는 수용액은 바닷물을 제외하고는, 이보다 묽은 용액이므로 이 이론을 적용할 수 있다. 이 경우에는 Debye-Hückel의 기본관계로부터 유도된 Güntelberg 근사식이 흔히 이용된다.

$$\log \gamma = -0.5Z^2 \frac{\sqrt{\mu}}{1+\sqrt{\mu}} \tag{4.2}$$

여기서 Z는 활동도 계수를 구하려는 이온의 전하이다. 이 이론은 반대되는 전하를 가진 이온들은 서로 끌어당기고 있기 때문에 전하를 갖지 않은 같은 수의 입자들로 구성된 용액의 행동과 달라지게 된다는 개념으로부터 발전된 것이다. 다음의 Davies 관계식은 농도가 최대 0.5 M인 용액에 대해서 구한 μ와 함께 적용할 수 있다고 보고되었다.

---

1) W. F. Langelier, The Analytical Control of Anti-Corrosion Water Treatment, *J. Amer. Water Works Assoc.*, **28** : 1500(1936).

$$\log \gamma = -0.5Z^2\left(\frac{\sqrt{\mu}}{1+\sqrt{\mu}} - 0.2\mu\right) \tag{4.3}$$

일반적으로 농도가 0.5 M 보다 높은 경우에 구한 μ를 이용하여 적절한 γ를 예측할 수 있는 만족할 만한 관계식은 없다고 알려져 있다.

많은 비전해질(전하가 없거나 중성인 물질의 γ값은 1보다 크다. 물에서 이온성 물질의 농도가 증가함에 따라 전하를 띄지 않은 물질이 물로부터 제거되려는 경향은 열역학적으로 유리해진다. 전하를 띄지 않은(중성) 무기물(예를 들어 NH_3(aq), CO_2(aq), O_2(g) 등)에 대해 활동도 보정을 위한 관계식이 존재한다.[2),3)] 중성 유기물에 대한 보정은 복잡하다. 표준기준상태(2.12절 참조)는 몰 분율이 1.0인 순수 액체를 가정하기 때문에 일반적으로 γ값은 1보다 매우 크다. 그러므로 수용액상의 농도는 몰 분율로 표시되어야 한다. Schwarzenbach 등은 중성 물질에 대해 γ를 계산하는 방법을 자세히 설명하였다.[4)]

대부분의 환경 공학 및 과학 적용 예에서는 γ가 1.0에 가깝기 때문에 농도가 활동도와 같다고 생각할 수 있다. 이 책에서는 별도로 표기하지 않는 한 이온 및 비전해질의 활동도 계수를 1.0으로 가정한다. 그러나 일부 예제 및 연습문제에서는 학생들이 활동도 보정의 개념과 친숙해지도록 활동도 보정을 다루었다.

예제 4.1

$MgCl_2$ 0.01 M과 Na_2SO_4 0.02 M을 포함하고 있는 용액의 각 이온의 활동도계수와 활동도를 계산하여라.

해답

이 염들이 녹게 되면, 다음과 같은 몰 농도(C)와 전하 Z를 가진 이온들을 생성한다.

이온	C(M)	Z	CZ^2
Mg^{2+}	0.01	+2	0.04
Na^+	0.04	+1	0.04
Cl^-	0.02	−1	0.02
SO_4^{2-}	0.02	−2	0.08
			$\sum C_i Z_i^2 = 0.18$

식 (4.1)로부터, $\mu = \frac{1}{2}\sum_i C_i Z_i^2 = 0.09$

식 (4.2)로부터, $\log \gamma = -0.5Z^2 \frac{\sqrt{0.09}}{1+\sqrt{0.09}} = -0.115Z^2$

2) V. L. Snoeyink and D. Jenkins, "Water Chemistry," Wiley, New York, 1980.
3) J. F. Pankow, "Aquatic Chemistry Concepts," Lewis, Chelsea, MI, 1991.
4) R. P. Schwarzenbach, P. M. Gachwend, and O. M. Imboden, "Environmental Organic Chemistry,"

식 (4.3)으로부터, $\log\gamma = -0.5Z^2\left(\frac{\sqrt{0.09}}{1+\sqrt{0.09}} - 0.2(0.09)\right) = -0.106Z^2$

Güntelberg 추정식을 사용하면 $Z=1$인 이온에 대해 $\log\gamma = -0.115$이고 $\gamma = 0.77$이며, Davies 관계를 이용하면 $\log\gamma = -0.106$이고 $\gamma = 0.78$이다. $Z=2$인 이온에 대해서 Güntelberg 추정식을 사용하면 $\log\gamma = -0.46$이고 $\gamma = 0.35$이며, Davies 관계를 이용하면 $\log\gamma = -0.424$이고 $\gamma = 0.38$이다. 그러므로 각 이온에 대한 활동도 계수와 활동도는 다음과 같다.

Ion	γ	Güntelberg 활동도 $=\gamma C$	γ	Davies 활동도 $=\gamma C$
Mg^{2+}	0.35	0.0035	0.38	0.0038
Na^+	0.77	0.031	0.78	0.031
Cl^-	0.77	0.015	0.78	0.016
SO_4^{2-}	0.35	0.0070	0.38	0.0076

이 계산으로부터 2가 이온의 유효농도(활동도)는 실제 분석 농도보다 대단히 작은 것을 알 수 있다.

4.4 평형문제의 풀이

평형문제를 풀 때는, 먼저 정성적으로 어떤 반응이 일어날 것인가를 예측하는 것이 도움이 된다. 이 예측에는 Le Chatelier의 원리가 유용하게 쓰인다. 이 원리에 의하면, 변화가 생기게 되면 화학계는 그 변화에 영향을 감소시키려는 방향으로 진행하여 변화에

대응하려고 한다. 예로, $CaSO_4(s)$로 포화되어 있는 용액에 SO_4^{2-}을 가해주면 용액 속 칼슘 이온의 일부가 첨가된 SO_4^{2-}와 반응하여 변화의 효과를 줄인다. 즉, SO_4^{2-} 농도의 증가를 감소시킨다. 여기서 설명하고 있는 Le Chatelier의 원리는 평형상수를 적용할 수 있는 화학계에서는 반드시 이 평형상수에 따라서 변화한다는 사실을 정성적으로 말해주는 것이다.

개념적으로 볼 때 평형 문제의 풀이는 간단하다. 첫째로, 모든 화학반응은 질량보존 법칙을 따른다. 질량보존이란, 반응에 참여한 각 원소의 질량이 반응이 일어나기 전, 일어나는 동안, 또 끝난 후에도 변하지 않고 같다는 것을 뜻한다. 또한 반응에 의하여 파괴되지 않은 화합물의 양도 변하지 않는다는 것을 뜻한다. 예로, 수산화 나트륨을 아세트산 용액에 가하면, CH_3COOH로 존재하던 아세트산의 일부는 이온화되어 아세트산 이온, CH_3COO^-를 생성한다. 질량보존 법칙에 따라, 수산화나트륨이 가해져도, 아세트산과 아세트산 이온의 몰 농도의 합계, $[CH_3COOH]+[CH_3COO^-]$는 항상 일정해야 한다. 그 합을 용액 중 총 농

도 C_T로 나타내기로 한다. 일부 교재 및 software에서는 X의 총 농도를 TOTX로 표시하기도 한다. 둘째로, 전기적 중성(electroneutrality)이 반드시 유지되어야 한다. 이것은 용액 속의 모든 양으로 하전된 종들은 같은 수의 음으로 하전된 종들과 균형을 이루고 있어야 한다는 뜻이다. 예를 들어, 염화 나트륨의 수용액에서는

$$[Na^+]+[H^+]=[Cl^-]+[OH^-]$$

그리고 수산화 칼슘의 용액 속에서는

$$2[Ca^{2+}]+[H^+]=[OH^-]$$

칼슘의 농도는 전하가 2가이기 때문에 1몰의 Ca^{2+}는 2몰의 양전하에 해당한다. 좀 더 설명한다면, 만일 1몰의 수산화 칼슘, $Ca(OH)_2$를 물 1L에 넣으면, 1몰의 Ca^{2+}와 2몰의 OH^-로 해리될 것이다. 그러므로 $[Ca^{2+}]=1$ 그리고 $[OH^-]=2$로 된다. 이때 $[H^+]$는 아주 적을 것이고, 그래서 무시할 수 있다. 위의 식을 이용하면, $2(1)+0=2$이므로 전기적 중성이 유지되는 것을 알 수 있다.

셋째로, 일부의 산-염기의 평형 문제는 양성자 조건(proton condition)을 이용하여 쉽게 풀 수 있다. 양성자 조건이란 적절한 기준 물질에 관한 양성자의 질량수지라고 생각할 수 있다. 즉, 양성자를 많이 지닌 물질은 이에 상응하는 만큼 양성자가 부족한 물질과 균형을 이루어야 한다. 물은 언제나 H^+와 OH^-에 대한 기준 물질로 사용된다. H_2O와 관련하여 H^+(H_3O^+)는 양성자가 1개 과잉인 반면 OH^-는 양성자가 1개 부족하다. 용액중 산-염기에 대한 기준 물질로는 첨가된 물질이 사용된다. 예를 들어 아세트산이 첨가된 경우에는 CH_3COOH가 기준 물질이며 CH_3COO^-는 CH_3COOH에 비하여 양성자가 1개 부족하다. 양성자 조건이라는 개념은 학생들이 이해하기 쉽지 않지만, 이 장에 포함된 예제를 통하여 이해할 수 있다고 생각된다. 마지막으로 관련된 모든 반응들은 평형 상태를 향하여 진행하여야 하며, 평형상태에서는 모든 평형 관계가 만족되어야 한다. 수용액상 만을 포함하고 있는 평형문제의 풀이 과정을 단계적으로 나누어 보면 다음과 같이 된다.

1. 고찰하고자 하는 평형 문제를 주의 깊게 정의한다. 즉, 어떤 화학반응이 일어나는가? 무엇이 무엇과 반응을 하는가? 평형의 초기 조건과 최종 조건은 무엇인가?
2. 초기 조건에 존재하는 계의 모든 구성성분들은 열거한다. 모든 계가 물을 포함하고 있으므로 H_2O, H^+, OH^-가 들어있게 된다. 초기 조건에 존재하는 라디칼 및 중성 종들도 열거한다.
3. 초기에 존재하는 각 원소에 대하여, 평형에 도달한 후에 나타내게 될 형태 또는 종들을 모두 열거한다.
4. 초기 조건의 각 원소나 화합물들에 대한 각 종들의 농도를 구하고, 질량수지(mass balance)와 전하수지(charge balance)식을 세운다.

5. 관여하고 있는 종들 사이의 모든 평형 수식들을 평형상수와 함께 열거한다. 평형상수는 3장에서 언급한 바와 같이 열역학을 이용하여 계산하고, 온도 변화에 따른 보정을 할 수 있다.
6. 계에 대한 질량수지와 전하수지의 관계식들을 모두 열거하고, 산-염기 문제에 적절한 양성자 조건을 열거한다. 위의 단계 5의 평형상수식들과 함께 미지 종들의 수 만큼의 독립 방정식들이 구해져야 한다.
7. 위 5 및 6단계의 식들을 연립 방정식으로 풀어 평형에 있는 각 종의 농도를 구한다.

기체 또는 고체상 같은 또 다른 상이 포함된 문제에서는, 각 상 사이와 각 상 내에서의 질량수지식과 전하수지식을 구해야 하며, 이를 계산에 포함시켜야 한다.

예제 4.2

아세트산 10^{-2} mol을 25℃에서 적당한 양의 물에 녹인 후 용액의 전체부피를 1 L로 만들었다. 용액 속에 들어 있는 모든 종들의 평형농도를 계산하여라.

해답

1. 이 문제는 약한 1가 산의 물에서의 이온화에 관한 것이다. 아세트산을 물속에 넣으면 다음과 같이 이온화된다.

$$CH_3COOH \leftrightharpoons CH_3COO^- + H^+$$

2. 초기조건에 존재하는 원소와 화합물은, CH_3COOH, H_2O, H^+ 및 OH^-이다.
3. 평형에 도달한 후 나타나게 될 화학 종들은

아세트산 : $CH_3COOH(HAc)$와 $CH_3COO^-(Ac^-)$

물 : H_2O, H^+, OH^-

4. 초기조건은

$[HAc] = 10^{-2}\ \mathrm{mol/L} = C_T$

$[H_2O] = 1$ L의 용액(이온화에 따른 질량의 변화는 무시한다)이며,

$[H^+] = [OH^-] = 10^{-7}\ \mathrm{mol/L}$

5. 관련된 평형상수식들은(이 문제에서 몰 농도는 활동도와 같다.)

$$[H^+][OH^-] = K_W = 10^{-14} \quad 25℃에서 \tag{4.4}$$

$$\frac{[H^+][Ac^-]}{[HAc]} = K_A = 1.8 \times 10^{-5} \quad 25℃에서 \tag{4.5}$$

6. 질량수지식과 전하수지식 :

아세트산 물질의 질량은 이온화되는 동안에도 보존된다. 즉,

$$[HAc] + [Ac^-] = C_T \tag{4.6}$$

모든 양이온들과 음이온들 사이의 전하수지는,

$$[H^+] = [OH^-] + [Ac^-] \tag{4.7}$$

H_2O와 HAc를 기준물질로 한 양성자 조건은 :

$$[H^+] = [OH^-] + [Ac^-]$$

이 경우 전하 수지식과 양성자 조건은 동일하다.

7. 이 네 개의 식들 [식 (4.4)으로부터 (4.7)까지]을 풀어, 네 개의 미지의 종류 HAc, Ac^-, H^+와 OH^-의 농도를 구할 수 있다. $[Ac^-]$는 식 (4.4)과 (4.7)을 조합하여 다음 식을 만들어 풀면 된다.

$$[Ac^-] = [H^+] - K_W / [H^+] \tag{4.8}$$

다음으로 식 (4.5)와 식 (4.6)를 조합하여,

$$[H^+][Ac^-] = K_A(C_T - [Ac^-]) \tag{4.9}$$

마지막으로 식 (4.8)의 $[Ac^-]$를 식 (4.9)에 대입하여, $[H^+]$ 이외의 모든 변수들을 제거시키고 정리하면 다음의 최종식을 얻는다.

$$[H^+]^3 + K_A[H^+]^2 - (K_A C_T + K_W)[H^+] - K_A K_W = 0 \tag{4.10}$$

식 (4.10)는 $[H^+]$에 대하여 시행착오법으로 풀어서 구하고, 다음 $[H^+]$를 식 (4.4)에서부터 식 (4.7)에 대입하여 그 밖의 다른 종들의 평형 농도를 구한다. 그 결과는

$$[H^+] = 4.15 \times 10^{-4}$$
$$[OH^-] = 2.41 \times 10^{-11}$$
$$[HAc] = 9.59 \times 10^{-3}$$
$$[Ac^-] = 4.15 \times 10^{-4}$$

예제 4.2에서와 같은 다항식의 해는 시행착오법을 프로그램 할 수 있는 계산기 또는, PC의 스프레드시트(spreadsheet) 소프트웨어를 이용하여 풀 수 있다. 또한 다음 4.5절에서 설명하는 바와 같이, 간단하게 가정하여 근사적으로 푸는 방법도 있다. 도해법(graphical solution)을 이용하면, 계산이 빠르고 또 관련된 평형 현상을 감각적으로 이해할 수 있다. 도해법에 대하여는 4.5절에서부터 4.10절에 걸쳐 설명되어 있다. 컴퓨터를 이용하는 방법도 개발되어 있으며, 일반적으로 여러 가지 종들이 평형을 이루고 있는 복잡한 평형 문제를 풀 때 필요하다. 보다 구체적인 사항은 이 장의 나머지 부분에 제시되어 있다.

4.5 산과 염기

산과 염기의 개념에 대하여는 앞서 2.13절에서 간단히 소개한 바 있다. 센 산과 센 염기는 묽은 용액에서 완전히 이온화하지만, 약한 산과 약한 염기는 부분적으로만 이온화한다. 산은 용액의 수소 이온 농도를 증가시키며, 염기는 수산화 이온농도를 증가시킨다. 일정한 온도에서 이 두 이온의 활동도(대략적으로는 물 농도)의 곱은 일정하며, K_W로 나타낸다. 수소 이온 농도를 몰 농도나 활동도로 나타내는 것은 매우 불편한 일이어서, pH로 표현하는 방법이 개발되어 있다.

물의 pH는 대단히 중요한 특성으로, 대부분의 화학종들 사이의 평형과 응집효과, 물의 금속 부식 포텐셜, 물의 생물에 대한 적합성, 그리고 그 밖의 물의 수질 특성 등에 관계된다. 그러므로 환경공학자 및 과학자는 자연수의 pH에 미치는 영향 인자들을 잘 이해하고 있어야 한다.

pH와 p(x)의 개념

1909년 Sϕrensen은 수소 이온 농도를 음의 로그값으로 나타내고, 이 값을 pH^+값으로 표시하는 방법을 제안하였다. 그 후 이 기호를 간단히 pH로 하여 사용해 오고 있다. 이것을 식으로 나타내면 다음과 같이 된다.

$$\mathrm{pH} = -\log\{\mathrm{H}^+\} \quad \text{또는} \quad \mathrm{pH} = \log\frac{1}{\{\mathrm{H}^+\}} \tag{4.11}$$

다른 물질이 들어있지 않은 물에서는 활동도가 몰 농도와 같으며, $\{H^+\}$과 $\{OH^-\}$는 같아서 전기적으로 중성이 되며, 25℃에서 그 곱 K_W 는 10^{-14}이다. 이러한 조건은 $\{H^+\} = \{OH^-\} = 10^{-7}$임을 의미하며, pH는 7로 이것을 물에 대한 중성 pH로 간주하고 있다. pH 눈금은 일반적으로 0에서부터 14까지의 범위로 나타내진다. pH가 7 이하일 때는 수소 이온 농도가 수산화 이온 농도보다 높으며, 이 물은 산성이라고 한다. pH가 7 이상일 때는 반대로 되며, 이 물은 염기성이라고 한다. pH 전극을 이용하여 pH를 측정할 때에는 수소 이온의 몰 농도가 아닌 활동도를 측정하는 것을 알아둘 필요가 있다(16장 참조).

수소 이온 농도를 pH로 표현하는 방법은, 약한 산이나 약한 염기 용액의 이온화상수 또는 기타의 이온들의 농도와 같이 작은 수치를 나타내는 데에도 유용하다. 이러한 목적에 $\mathrm{p}(x)$라고 하는 표현방식을 사용하며, 이것은 다음과 같이 정의된다.

$$\mathrm{p}(x) = -\log_{10} x = \log_{10}\frac{1}{x} \tag{4.12}$$

여기서 x는 주어진 화학 종의 농도 또는 평형상수 등이다. pH가 수소 이온 농도의 음의 로그 값이듯이, pOH는 수산화 이온 농도의 음의 로그 값을 의미하며, $\mathrm{p}K_W$는 물의 이온화

상수의 음의 로그 값이다. 물에 대한 질량 작용의 법칙으로부터

$$\{H^+\}\{OH^-\} = K_W$$

그러므로

$$-\log\{H^+\} - \log\{OH^-\} = -\log K_W \tag{4.13}$$

또한

$$pH + pOH = pK_W \tag{4.14}$$

25℃에서 $K_W = 1 \times 10^{-14}$이므로 $pK_W = 14$이다.

약한 산과 약한 염기들에 대하여, pK_A는 약한 산 이온화상수의 음의 로그값이며, pK_B는 약한 염기 이온화 상수의 음의 로그값을 의미한다. 환경적으로 중요한 여러 가지 약한 산과 약한 염기들의 이온화 상수와 pK_A 및 pK_B 값들을 표 4.1과 표 4.2에 나타내었다. 약한 산과 그 짝염(또는 약한 염기와 그 짝산) 사이에는 25℃에서 다음과 같은 관계가 있다.

$$pK_A + pK_B = 14 \tag{4.15}$$

표 4.1 25℃에서 대표적인 약한 산의 이온화 상수

산	평형식	K_A	pK_A	환경적 중요성
아세트산	$CH_3COOH \rightleftharpoons H^+ + CH_3COO^-$	1.8×10^{-5}	4.74	유기 폐기물
암모늄	$NH_4^+ \rightleftharpoons H^+ + NH_3$	5.56×10^{-10}	9.26	질산화
붕산	$H_3BO_3 \rightleftharpoons H^+ + H_2BO_3^-$	$5.8\times10^{-10}(K_{A1})$	9.25	질소 분석
탄산†	$H_2CO_3^* \rightleftharpoons H^+ + HCO_3^-$	$4.3\times10^{-7}(K_{A1})$	6.37	용도 많음
	$HCO_3^- \rightleftharpoons H^+ + CO_3^{2-}$	$4.7\times10^{-11}(K_{A2})$	10.33	
하이포아브롬산	$HOBr \rightleftharpoons H^+ + OBr^-$	2.3×10^{-9}	8.64	살균
불산	$HF \rightleftharpoons H^+ + F^-$	7.1×10^{-4}	3.15	불소화
사이안산	$HCN \rightleftharpoons H^+ + CN^-$	4.8×10^{-10}	9.32	독성
황화수소산	$H_2S \rightleftharpoons H^+ + HS^-$	$9.1\times10^{-8}(K_{A1})$	7.04	냄새, 부식
	$HS^- \rightleftharpoons H^+ + S^{2-}$	$1.3\times10^{-13}(K_{A2})$	12.89	
하이포아염소산	$HOCl \rightleftharpoons H^+ + OCl^-$	2.9×10^{-8}	7.54	살균
페놀	$C_6H_5OH \rightleftharpoons H^+ + C_6H_5O^-$	1.2×10^{-10}	9.92	맛, 산업폐수
인산	$H_3PO_4 \rightleftharpoons H^+ + H_2PO_4^-$	$7.5\times10^{-3}(K_{A1})$	2.12	완충용액의 제조
	$H_2PO_4^- \rightleftharpoons H^+ + HPO_4^{2-}$	$6.2\times10^{-8}(K_{A2})$	7.21	식물의 영양소
	$HPO_4^{2-} \rightleftharpoons H^+ + PO_4^{3-}$	$4.8\times10^{-13}(K_{A3})$	12.32	
프로피온산	$CH_3CH_2COOH \rightleftharpoons H^+ + CH_3CH_2COO^-$	1.3×10^{-5}	4.89	유기성 폐기물, 혐기성 소화

† 규약에 의해 $[H_2CO_3^*]$는 실제 탄산 농도$[H_2CO_3]$와 용해된 이산화 탄소$[CO_2(aq)]$의 합이다.

▌표 4.2 25℃에서 대표적인 약한 염기들의 이온화 상수

화합물	평형식	K_B	pK_B	환경적 중요성
아세트산이온	$CH_3COO^- + H_2O \rightleftharpoons CH_3COOH + OH^-$	5.56×10^{-10}	9.26	유기 폐기물
암모니아	$NH_3 + H_2O \rightleftharpoons NH_4^+ + OH^-$	1.8×10^{-5}	4.74	살균,영양소
붕산이온	$H_2BO_3^- + H_2O \rightleftharpoons H_3BO_3 + OH^-$	1.72×10^{-5}	4.76	질소분석
탄산이온	$CO_3^{2-} + H_2O \rightleftharpoons HCO_3^- + OH^-$	$2.13\times10^{-4}(K_{B2})$	3.67	용도가 다양함
	$HCO_3^- + H_2O \rightleftharpoons H_2CO_3^* + OH^-$	$2.33\times10^{-8}(K_{B1})$	7.63	
수산화칼슘	$CaOH^+ \rightleftharpoons Ca^{2+} + OH^-$	$3.5\times10^{-2}(K_{B2})$	1.46	연수화(softening)
수산화마그네슘	$MgOH^+ \rightleftharpoons Mg^{2+} + OH^-$	$2.6\times10^{-3}(K_{B2})$	2.59	연수화(softening)

또는

$$K_A K_B = K_W = 10^{-14} \tag{4.16}$$

예를 들어 표 4.1에 나타낸 바와 같이 아세트산의 pK_A가 4,74이면 아세트산 이온의 pK_B는 표 4.2에 나타낸 바와 같이 9.26이다, 따라서 4.74+9.26=14이다.

산염기의 평형문제 풀이

산-염기의 평형 문제를 풀 때, 평형상태는 매우 빨리 도달하기 때문에 반응속도는 일반적으로 무시한다. 센 산은 약산에 비하여 K_A 값이 매우 크기 때문에(표 4.1) 물에 첨가되는 즉시 완전히 이온화된다. 일반적으로 센 산에는 과염소산($HClO_4$, pK_A(25℃) = −7), 염산(HCl, pK_A(25℃) = −3), 황산(H_2SO_4, pK_A(25℃) = −1.99), 질산(HNO_3, pK_A(25℃) = −1.3) 등이 있다. 마찬가지로 센 염기(예를 들어 NaOH, KOH, $Ca(OH)_2$와 같은 수산화물 염)도 물에 첨가되면 즉시 완전히 이온화된다고 가정한다. 센 산 및 염기가 완전히 이온화되지 않는 유일한 경우는 첨가된 농도가 10^{-7} 이하인 경우로서, 이는 예제 4.4에서 다루었다.

문제 풀이에 사용되는 원리는 (1) 평형 관계, (2) 질량수지, (3) 전하수지, 그리고 적절한 경우 (4) 양성자 조건이다. 문제 풀이의 일반적인 방법은 모든 미지수를 확인하고, 미지수 숫자와 같은 수의 방정식, 즉 n개의 미지수에 대해 n개의 방정식을 세우는 것이다. 그 다음 방정식을 풀면 되는데, 이를 위해 여러 가지 방법이 사용될 수 있다. 스프레드시트 방식, 도해법, 그리고 미지수의 숫자를 줄이기 위해 단순화 가정을 이용하는 방법 등이 사용될 수 있다. 매우 복잡한 문제는 컴퓨터를 이용하여 해를 구할 수 있다. 앞서 제시한 여러 문제 풀이 방법에 대한 예는 다음에 설명되어 있다.

정확한 해 스프레드시트 소프트웨어를 이용한 방법의 장점 중 하나는 $\{H^+\}$ 또는 $[H^+]$를 유일한 미지수로 이용한 단일 식을 만들 수 있다는 점이다. 이는 1가 아세트산에 대한 예제 4.2와 같이 단순한 문제를 풀 때 적용될 수 있다. 그 대신 전하수지를 대체하기 위하여 α라고 불리는 **이온화 분율**(ionization fraction)을 사용할 수 있다. 이 같은 개념이 다음에 설명되어 있다.

이온화 분율에 대한 식은 질량수지 및 평형상수식으로부터 구한다. 가장 복잡한 3가산의 예를 들어보자, 여기서는 활동도 보정을 무시하고 몰 농도를 평형상수식에 사용하자.

$$H_3A \rightleftharpoons H_2A^- + H^+ \qquad K_{A1} = \frac{[H_2A^-][H^+]}{[H_3A]} \tag{4.17}$$

$$H_2A^- \rightleftharpoons HA^{2-} + H^+ \qquad K_{A2} = \frac{[HA^{2-}][H^+]}{[H_2A]} \tag{4.18}$$

$$HA^{2-} \rightleftharpoons A^{3-} + H^+ \qquad K_{A3} = \frac{[A^{3-}][H^+]}{[HA^{2-}]} \tag{4.19}$$

$$C_{T,H_3A} = [H_3A] + [H_2A^-] + [HA^{2-}] + [A^{3-}] \tag{4.20}$$

α값은 다음에 정의되어 있으며, 아래 첨자는 주어진 종이 잃은 양성자의 수를 나타낸다.

$$\alpha_0 = \frac{H_3A}{C_{T,H_3A}} = \frac{\text{잃은 양성자의 수가 0인 종의 농도}}{\text{용액 중 종의총농도}}$$

$$\alpha_1 = \frac{H_2A^-}{C_{T,H_3A}} = \frac{\text{잃은 양성자의 수가 1인 종의 농도}}{\text{용액 중 종의총농도}}$$

$$\alpha_2 = \frac{HA^{2-}}{C_{T,H_3A}} = \frac{\text{잃은 양성자의 수가 2인 종의 농도}}{\text{용액 중 종의총농도}}$$

$$\alpha_3 = \frac{A^{3-}}{C_{T,H_3A}} = \frac{\text{잃은 양성자의 수가 3인 종의 농도}}{\text{용액 중 종의총농도}}$$

C_{T,H_3A}를 알면 이 식들을 이용하여 $[H^+]$만이 미지수인 식을 만들 수 있다. 예를 들어 $[H_3A]$를 $[H^+]$, C_{T,H_3A} 그리고 평형상수 K_{A1}, K_{A2} 및 K_{A3}로 표현한 식을 만들어 보자. 여기서는 활동도 보정은 무시한다. 모든 것을 $[H_3A]$항으로 표시하기 위하여 평형상수를 이용하여 시작하자.

$$[H_2A^-] = \frac{K_{A1}[H_3A]}{[H^+]}$$

$$[HA^{2-}] = \frac{K_{A2}[H_2A^-]}{[H^+]} = \frac{K_{A2}K_{A1}[H_3A]}{[H^+]^2}$$

$$[A^{3-}] = \frac{K_{A3}[HA^{2-}]}{[H^+]} = \frac{K_{A3}K_{A2}K_{A1}[H_3A]}{[H^+]^3}$$

$$\begin{aligned} C_{T,H_3A} &= [H_3A] + [H_2A^-] + [HA^{2-}] + [A^{3-}] \\ &= [H_3A] + \frac{K_{A1}[H_3A]}{[H^+]} + \frac{K_{A2}K_{A1}[H_3A]}{[H^+]^2} + \frac{K_{A3}K_{A2}K_{A1}[H_3A]}{[H^+]^3} \\ &= [H_3A]\left(1 + \frac{K_{A1}}{[H^+]} + \frac{K_{A2}K_{A1}}{[H^+]^2} + \frac{K_{A3}K_{A2}K_{A1}}{[H^+]^3}\right) \end{aligned}$$

α값의 정의로부터

$$\alpha_0 = \frac{[H_3A]}{C_{T,H_3A}}$$

적절히 대입하면

$$\alpha_0 = \frac{1}{1 + \frac{K_{A1}}{[H^+]} + \frac{K_{A1}K_{A2}}{[H^+]^2} + \frac{K_{A1}K_{A2}K_{A3}}{[H^+]^3}} \tag{4.21}$$

$[H_2A^-]$, $[HA^{2-}]$, 그리고 $[A^{3-}]$에 대해서도 유사하게 표현할 수 있다.

$$\alpha_1 = \frac{1}{\frac{[H^+]}{K_{A1}} + 1 + \frac{K_{A2}}{[H^+]} + \frac{K_{A2}K_{A3}}{[H^+]^2}} \tag{4.22}$$

$$\alpha_2 = \frac{1}{\frac{[H^+]^2}{K_A K_{A2}} + \frac{[H^+]}{K_{A2}} + 1 + \frac{K_{A3}}{[H^+]}} \tag{4.23}$$

$$\alpha_3 = \frac{1}{\frac{[H^+]^3}{K_A K_{A2} K_{A3}} + \frac{[H^+]^2}{K_{A2}K_{A3}} + \frac{[H^+]}{K_{A3}} + 1} \tag{4.24}$$

2가산에 대해서는 K_{A3}가 없으므로 α_3도 존재하지 않는다($\alpha_0, \alpha_1, \alpha_2$만 존재). 1가 산은 K_{A3} 및 K_{A2}가 없으므로 α_2 및 α_3가 존재하지 않는다(α_0 및 α_1만 존재). 이제 $[H^+]$만이 미지수인 "주 식(master equation)"을 만들기 위해서 이 식들을 전하수지 또는 양성자 조건과 함께 사용하면 된다.

예제 4.3

25℃에서 HCl 농도가 10^{-2} M이 되도록 첨가하였다. 활동도 보정을 무시하고 평형 pH를 계산하라.

해답

HCl은 센 산($K_A = 10^3$)이므로 물에서 완전히 이온화되어 $[H^+] = [Cl^-] = 10^{-2}$이라고 가정

할 수 있다. 이 경우 pH = 2.0이다. 그러나 정확한 해를 얻기 위한 식을 세워보자.
몰 농도가 활동도라고 가정하였으므로 평형상수는

$$[H^+][OH^-] = K_W = 10^{-14} \qquad \text{at } 25℃$$

$$\frac{[H^+][Cl^-]}{[HCl]} = K_A = 10^3 \qquad \text{at } 25℃$$

염산에 대한 질량수지는

$$[HCl] + [Cl^-] = C_{T,HCl} = 0.01$$

전하수지는

$$[H^+] = [OH^-] + [Cl^-]$$

1가 산에 대한 α_1의 정의는 $[Cl^-] = \alpha_1 C_{T,HCl}$ 이다. 전하수지에 이를 대입하면

$$[H^+] = \frac{K_W}{[H^+]} + \alpha_1 C_{T,HCl} \tag{4.25}$$

$C_{T,HCl}$는 알고 있고 α_1은 $[H^+]$ 및 K_A의 함수이므로(식 (4.22)) 위 식에서 미지수는 $[H^+]$만이다. 식 (4.22)를 식 (4.25)에 대입하고, 전하수지를 정리하면 다음 식을 얻는다.

$$[H^+]^3 + K_A[H^+]^2 - (K_A C_{T,HCl} + K_W)[H^+] - K_A K_W = 0$$

이것은 식 (4.10)이다! 그러므로 식(4.10) 또는 식 (4.25)는 물에 1가 산을 첨가하는 모든 경우에 적용될 수 있다. 첨가되는 산의 양(C_T) 또는 산의 특성(K_A)이 평형 pH를 결정한다. 이 예제에서 $C_{T,HCl} = 0.01$M, $K_A = 10^3$이다. 스프레드시트를 이용한 해가 다음에 주어져 있다. "왼쪽"은 식 (4.25)의 왼쪽 항을 나타내고, "오른쪽"은 식(4.25)의 오른쪽 항을 나타낸다. % 오차는 다음 식을 이용하여 계산하였다: % 오차 = 100([1 − 오른쪽 항/왼쪽 항])

pH	$[H^+]$	α_1	왼쪽	오른쪽	% 오차
1.00	0.100000	0.999900	0.100000	0.009999	90.001000
1.91	0.012303	0.999988	0.012303	0.010000	18.717948
1.92	0.012023	0.999988	0.012023	0.010000	16.824623
1.93	0.011749	0.999988	0.011749	0.010000	14.887196
1.94	0.011482	0.999989	0.011482	0.010000	12.904641
1.95	0.011220	0.999989	0.011220	0.010000	10.875906
1.96	0.010965	0.999989	0.010965	0.010000	8.799916
1.97	0.010715	0.999990	0.010715	0.010000	6.675570
1.98	0.010471	0.999990	0.010471	0.010000	4.501741
1.99	0.010233	0.999990	0.010233	0.010000	2.277278
2.00	**0.010000**	**0.999990**	**0.010000**	**0.010000**	**0.001000**
2.01	0.009772	0.999990	0.009772	0.010000	−2.328299
2.02	0.009550	0.999990	0.009550	0.010000	−4.711855
2.03	0.009333	0.999991	0.009333	0.010000	−7.150931

해는 pH = 2.0이다. 일반적으로 센 산이 고농도로 첨가될 경우에 pH는 $-\log C_T$이다. (주 : Excel과 같은 스프레드시트의 Solver routine을 이용하면 시행착오법 문제를 빨리 수렴하여 풀 수 있다.)

예제 4.4

예제 4.3을 첨가된 HCl의 농도가 10^{-8} M인 경우에 대해 다시 풀어라. $C_{T,\text{HCl}}=10^{-8}$ M이다. 이 경우 물의 이온화를 무시할 수 없다. 예제 4.3에서 사용한 모든 식은 여기서도 사용할 수 있지만 다른 점은 $C_{T,\text{HCl}}$에 있다. 마찬가지로 식 (4.25)를 풀면 된다.

$$[\text{H}^+] = \frac{K_\text{W}}{[\text{H}^+]} + \alpha_1 C_{T,\text{HCl}}$$

스프레드시트를 이용한 해는 다음에 주어져 있다.

pH	$[\text{H}^+]$	α_1	왼쪽	오른쪽	% 오차
6.70	2.00E-07	1.00E+00	2.00E-7	6.01E-08	69.869263
6.80	1.58E-07	1.00E+00	1.58E-7	7.31E-08	53.879710
6.90	1.26E-07	1.00E+00	1.26E-7	8.94E-08	28.960983
7.00	1.00E-07	1.00E+00	1.00E-7	1.10E-07	−10.00000
6.91	1.23E-07	1.00E+00	1.23E-7	9.13E-08	25.802350
6.92	1.20E-07	1.00E+00	1.20E-7	9.32E-08	22.499265
6.93	1.17E-07	1.00E+00	1.17E-7	9.51E-08	19.045024
6.94	1.15E-07	1.00E+00	1.15E-7	9.71E-08	15.432607
6.95	1.12E-07	1.00E+00	1.12E-7	9.91E-08	11.654667
6.96	1.10E-07	1.00E+00	1.10E-7	1.01E-08	7.703514
6.97	1.07E-07	1.00E+00	1.07E-7	1.03E-08	3.571098
6.98	**1.05E-07**	**1.00E+00**	**1.05E-7**	**1.05E-08**	**−0.751010**
6.99	1.02E-07	1.00E+00	1.02E-7	1.08E-08	−5.271631

해는 6.98이다. 원하는 경우 pH 6.97 및 6.98 사이의 값을 이용하여 % 오차를 줄일 수 있다.

예제 4.5

25℃에서 Na_2HPO_4가 10^{-4} M인 용액의 평형 pH를 계산하라. Na_2HPO_4는 물에서 완전히 용해되며 활동도 보정은 무시한다.

$$[\text{H}^+][\text{OH}^-] = K_\text{W} = 10^{-14} \qquad 25℃\text{에서}$$

$$\frac{[\text{H}^+][\text{H}_2\text{PO}_4^-]}{[\text{H}_3\text{PO}_4]} = K_\text{A1} = 7.5 \times 10^{-3} \qquad 25℃\text{에서}$$

$$\frac{[H^+][HPO_4^{2-}]}{[H_2PO_4^-]} = K_{A2} = 6.2\times10^{-8} \qquad 25℃에서$$

$$\frac{[H^+][PO_4^{3-}]}{[HPO_4^{2-}]} = K_{A3} = 4.8\times10^{-13} \qquad 25℃에서$$

질량수지식은

$$C_{T,PO_4} = 10^{-4} = [H_3PO_4] + [H_2PO_4^-] + [HPO_4^{2-}] + [PO_4^{3-}]$$

$$C_{T,Na} = 2\times10^{-4} = [Na^+]$$

전하수지는

$$[Na^+] + [H^+] = [OH^-] + [H_2PO_4^-] + 2[HPO_4^{2-}] + 3[PO_4^{3-}]$$

α에 대한 정의와 식 (4.22)에서 (4.24)를 사용하여 전하수지식에 대입하면 다음 식을 얻는다

$$C_{T,Na} + [H^+] = \frac{K_W}{[H^+]} + \alpha_1 C_{T,PO_4} + 2\alpha_2 C_{T,PO_4} + 3\alpha_3 C_{T,PO_4}$$

$$= \frac{K_W}{[H^+]} + C_{T,PO_4}(\alpha_1 + 2\alpha_2 + 3\alpha_3)$$

$C_{T,Na}$ 및 C_{T,PO_4} 알고 있고 α값들은 $[H^+]$ 및 K_A값들의 함수이므로 식에서 미지수는 $[H^+]$ 하나이다. 이 문제에 대한 스프레드시트 해는 다음에 주어져 있다.

pH	$[H^+]$	α_1	α_2	α_3	왼쪽	오른쪽	% 오차
9.00	1.00E-09	1.59E-02	3.84E-01	4.72E-04	2.00E-04	2.08E-04	−4.2298
8.00	1.00E-09	1.39E-01	8.61E-01	4.13E-05	2.00E-04	1.87E-04	6.4468
8.70	2.00E-09	3.12E-02	9.69E-01	2.33E-04	2.00E-04	2.02E-04	−0.9580
8.60	2.51E-09	3.89E-02	9.61E-01	1.84E-04	2.00E-04	2.00E-04	−0.0520
8.50	3.16E-09	4.85E-02	9.51.E-01	1.44E-04	2.00E-04	1.98E-04	0.8393
8.51	3.09E-09	4.75E-02	9.52E-01	1.48E-04	2.00E-04	1.99E-04	0.7497
8.52	3.02E-09	4.64E-02	9.53E-01	1.52E-04	2.00E-04	1.99E-04	0.6602
8.53	2.95E-09	4.54E-02	9.54E-01	1.55E-04	2.00E-04	1.99E-04	0.5710
8.54	2.88E-09	4.44E-02	9.55E-01	1.59E-04	2.00E-04	1.99E-04	0.4819
8.55	2.82E-09	4.35E-02	9.56E-01	1.63E-04	2.00E-04	1.99E-04	0.3929
8.56	2.75E-09	4.25E-02	9.57E-01	1.67E-04	2.00E-04	1.99E-04	0.3040
8.57	2.69E-09	4.16E-02	9.58E-01	1.71E-04	2.00E-04	2.00E-04	0.2151
8.58	2.63E-09	4.07E-02	9.59E-01	1.75E-04	2.00E-04	2.00E-04	0.1261
8.59	**2.57E-09**	**3.98E-02**	**9.60E-01**	**1.79E-04**	**2.00E-04**	**2.00E-04**	**0.0371**
8.60	2.51E-09	3.89E-02	9.61E-01	1.84E-04	2.00E-04	2.00E-04	−0.0520

답은 8.59이다. 원하는 경우 pH 8.59 및 8.60 사이의 값을 이용하여 % 오차를 줄일 수 있다.

근사해 스프레드시트를 이용한 해법은 예제 4.3에서 4.5에 명확하게 설명되어 있다. 그러나 학생들은 C_T의 영향, 산의 강도(K_A), 또는 첨가된 물질의 종류(산 또는 짝염)의 영향을 직관적으로 파악하지 못하고 있을 수도 있다. 단순화 가정을 이용하면 이 같은 "화학적 직관"을 개발할 수 있으며, 시험과 같이 스프레드시트를 이용할 수 없는 경우에도 문제를 풀 수도 있다. 단순화 가정을 하는 데에는 몇 가지 기준이 있다. 첫째 C_T를 10^{-7}과 비교한다. C_T가 10^{-7}보다 작은 경우에 pH는 7.0이라고 가정한다. C_T가 10^{-7}보다 크거나 같은 경우에는 첨가된 물질의 형태를 고려하여야 한다. 만일 산이 첨가되었다면 $\{H^+\}$가 $\{OH^-\}$보다 크고, $\{HA\}$가 $\{A^-\}$보다 크다고도 가정할 수 있다. 만일 염이 첨가되었다면 $\{OH^-\}$가 $\{H^+\}$가 보다 크고, 아마 $\{A^-\}$가 $\{HA\}$보다 크다고 가정할 수 있다. 센 산 및 염기에 대한 가정은 약한 산 및 염기에 대한 가정과는 다르다. 문제가 더 복잡한 경우(예를 들어 2가 및 3가 산), 다른 가정이 추가되어야 한다. 가장 유용한 전략은 미지수의 개수를 줄여 2차식으로 표현하는 것이다. 문제의 해를 구한 다음에는 사용한 가정이 올바른지 확인하여야 한다. 몇 가지 예제가 다음에 주어져 있다.

예제 4.6

예제 4.4를 단순화 가정을 이용하여 다시 풀어라.

▌해답

사용할 평형 상수식은 (몰 농도가 활동도와 같음) :

$$[H^+][OH^-] = K_W = 10^{-14} \qquad 25℃ \text{ 에서}$$

$$\frac{[H^+][Cl^-]}{[HCl]} = K_A = 10^3 \qquad 25℃ \text{ 에서}$$

염산에 대한 질량수지는

$$[HCl] + [Cl^-] = C_{T,HCl} = 10^{-8}$$

전하수지는

$$[H^+] = [OH^-] + [Cl^-]$$

$C_{T,HCl}$이 10^{-7}에 가까우므로 $[H^+] > [OH^-]$라고 가정할 수 없다. HCl은 센 산이므로 완전히 이온화할 것이다. 그러므로 초기 가정은 $C_{T,HCl} \cong [Cl^-]=10^{-8}$이다. 이 경우 전하수지는

$$[H^+] = \frac{K_W}{[H^+]} + 10^{-8}$$

이차식으로 정리하면

$$[H^+]^2 - 10^{-8}[H^+] - 10^{-14} = 0$$

이차식의 근의 공식을 이용하면

$$[H^+] = \frac{-(-10^{-8}) \pm \sqrt{(-10^{8})^2 - 4(1)(-10^{-14})}}{2} = 1.05 \times 10^{-7}$$

그러므로 pH = 6.98이다. 가정을 검토할 필요가 있으며 이를 위해 α값들을 사용할 수 있다.

$$[HCl] = \alpha_0(10^{-8}) \qquad [Cl^-] = \alpha_1(10^{-8})$$

pH = 6.98에서

$$\alpha_0 = \frac{1}{1 + \dfrac{10^3}{10^{-6.98}}} = 1.05 \times 10^{-10}$$

$$\alpha_1 = \frac{1}{1 + \dfrac{10^{-6.98}}{10^3}} = 1.00$$

$[HCl] = 1.05 \times 10^{-18}$ M, 그리고 $[Cl^-] = 10^{-8}$이므로 가정은 옳다.

예제 4.7

단순화를 위한 가정을 사용하여, 25℃에서 물에 아세트산 농도가 10^{-2} M인 용액의 평형 pH를 계산하여라. 활동도 보정은 무시하라.

해답

이 경우 C_T는 10^{-2}로 10^{-7}보다 매우 크다. 산이 첨가되었으므로 활동도계수를 무시하고, $[H^+]$가 $[OH^-]$보다 크며, [HAc]가 $[Ac^-]$보다 크다고 가정할 수 있다. 관련된 평형 관계는(이 문제에서 몰농도가 활동도와 같다)

$$[H^+][OH^-] = K_W = 10^{-14}$$

$$\frac{[H^+][Ac^-]}{[HAc]} = K_A = 1.8 \times 10^{-5}$$

아세트산의 질량수지는

$$[HAc] + [Ac^-] = 0.01$$

H_2O와 HAc를 기준 물질로 사용한 전하수지와 양성자 조건은 동일하다.

$$[H^+] = [OH^-] + [Ac^-]$$

앞의 가정에서 ($[H^+] \gg [OH^-]$)이므로, 전하수지는 다음과 같이 된다.

$$[H^+] \cong [Ac^-]$$

만일 $x = [H^+] = [Ac^-]$라고 하면 아세트산의 질량수지로부터 $[HAc] = 0.01 - x$ 이다.이를 아세트산의 평형 관계에 대입할 수 있다.

$$\frac{x^2}{0.01 - x} = 1.8 \times 10^{-5}$$

전체를 정리하면

$$x^2 + 1.8 \times 10^{-5}x - 1.8 \times 10^{-7} = 0$$

이 식은 2차 방정식의 근의 공식을 이용하여 풀 수 있다.

$$x = \frac{-(1.8 \times 10^{-5}) \pm \sqrt{(1.8 \times 10^{-5})^2 - 4(1)(-1.8 \times 10^{-7})}}{2}$$

$$= 4.15 \times 10^{-4}$$

따라서, $[H^+] = 4.15 \times 10^{-4}$ 또는 $pH = 3.38$이다. 이것은 단순화 가정을 사용하지 않는 예제 4.2에서 얻은 답과 같다.

pH가 3.38이므로 $[H^+]$가 $[OH^-]$보다 훨씬 크다는 가정은 옳은 것이다. $[Ac^-] = 4.14 \times 10^{-4}$이므로 $[HAc]$가 $[Ac^-]$보다 크다는 두 번째 가정도 옳다. 아세트산의 질량수지에서

$$[HAc] = 0.01 - 4.14 \times 10^{-4} = 9.59 \times 10^{-3}$$

예제 4.8

예제 4.7의 용액에 0.01 M NaCl이 첨가되었다. 활동도 계수를 사용한다고 가정하고 예제 4.3을 다시 풀어라. NaCl은 물에 첨가되는 즉시 완전히 이온화된다는 것을 주의해야 한다.

해답

이 문제에서, 평형관계는

$$\{H^+\}\{OH^-\} = K_W = 10^{-14}$$

$$\frac{\{H^+\}\{Ac^-\}}{\{HAc\}} = K_A = 1.8 \times 10^{-5}$$

질량수지는

$$C_{T,HAc} = 0.01 = [HAc] + [Ac^-]$$

$$C_{T,Na} = 0.01 = [Na^+]$$

$$C_{T,Cl} = 0.01 = [Cl^-]$$

전하수지는

$$[H^+] + [Na^+] = [OH^-] + [Ac^-] + [Cl^-]$$

H_2O와 HAc를 기준 물질로 사용한 양성자 조건은

$$[H^+] = [OH^-] + [Ac^-]$$

질량수지, 전하수지, 그리고 양성자 조건 사이의 관계는 활동도가 아닌 몰 농도가 요구되는 것에 주의하여라. 활동도계수를 구하기 위하여 이온 세기를 계산하여야 한다. HAc는 약한 산이므로 이온화는 무시될 수 있고($[Ac^-] \cong 0$), 이온 세기는 전적으로 첨가된 NaCl로 가정할 수 있다.

$$\mu = \frac{1}{2}\sum_i C_i Z_i^2 = 0.5[0.01(1)^2 + 0.01(-1)^2] = 0.01\ \mathrm{M}$$

Güntelberg 근사식[식 (4.2)]을 이용하면

$$\log\gamma = -0.5Z^2\frac{\sqrt{0.01}}{1+\sqrt{0.01}} = -0.0455Z^2$$

따라서, $Z=1$의 이온들의 $\log\gamma = -0.0455$로 $\gamma = 0.90$이다.
예제 4.3에서와 같이 산이 첨가되므로 $\{H^+\}$가 $\{OH^-\}$보다 매우 크다고 가정을 할 수 있다. 여기서, $[Na^+] = [Cl^-] = 0.01$이므로 전하수지는 줄여서

$$[H^+] \cong [Ac^-]$$

로 예제 4.3의 경우와 같다. 다시 $x = [H^+] = [Ac^-]$로 놓을 수 있다. HAc는 이온화되지 않는 종이고, 용액의 이온 세기가 0.01M 보다 작은 경우 $\{HAc\} = [HAc]$이므로 아세트산에 대한 질량수지는 $[HAc] = 0.01 - x$ 임을 알 수 있다. 평형조건에 대입하면

$$\frac{(0.9x)(0.9x)}{0.01-x} = 1.8\times10^{-5}$$

전체를 정리하면

$$x^2 + 2.22\times10^{-5}x - 2.22\times10^{-7} = 0$$

이 식은 2차 방정식의 근의 공식을 이용하여 풀 수 있다.

$$x = \frac{-(2.22\times10^{-5}) \pm \sqrt{(2.22\times10^{-5})^2 - 4(1)(-2.22\times10^{-7})}}{2}$$

$$= 4.60\times10^{-4}\ \mathrm{M} = [H^+] = [Ac^-]$$

따라서 $[H^+] = 0.9(4.60\times10^{-4})$ 또는 pH=3.38이다. 이것은 활동도계수가 사용되지 않았던 예제 4.7의 경우와 같은 답이다. 비록 pH는 크게 변하지 않았지만, [HAc]와 $[Ac^-]$의 값은 각각 대략 0.5와 10% 가량 변하였다.

예제 4.9

NaAc 0.01 M 용액의 25℃에서의 평형 pH를 활동도계수를 포함하여 계산하여라. NaAc는 물에 첨가되면 곧 용해되고 나트륨은 다른 나트륨염과 마찬가지로 이온으로만 존재한다.

해답

염기의 형태로 물에 첨가되므로, 평형 관계는

$$\{H^+\}\{OH^-\} = K_W = 10^{-14}$$

$$\frac{\{OH^-\}\{HAc\}}{\{Ac^-\}} = K_B = 5.56 \times 10^{-10}$$

질량수지는

$$C_{T,HAc} = 0.01 = [HAc] + [Ac^-]$$

$$C_{T,Na} = 0.01 = [Na^+]$$

전하수지는

$$[H^+] + [Na^+] = [OH^-] + [Ac^-]$$

H_2O와 Ac^-를 기준물질로 사용한 양성자 조건은

$$[H^+] + [HAc] = [OH^-]$$

활동도계수를 구하기 위하여 이온세기를 계산하여야 한다. 약한 염기인 NaAc가 물에 첨가되므로 $[Ac^-]$에 비하여 상대적으로 작은 $[HAc] \cong 0$이고, 이온세기는 전적으로 첨가된$[Na^+]$와 $[Ac^-]$에 의한 것이라고 가정할 수 있다.

따라서

$$\mu = \frac{1}{2}\sum_i C_i Z_i^2 = 0.5(0.01(1)^2 + 0.01(-1)^2) = 0.01\text{M}$$

Güntelberg 근사식을 이용하면 $\log\gamma = -0.0455$와 $\gamma = 0.90$으로 예제 4.8의 경우와 같다. 염기의 형태로 첨가되었으므로 $[H^+]$가 $[OH^-]$보다 매우 크다고 가정할 수 있다.

양성자의 조건은

$$[HAc] \cong [OH^-]$$

$x = [HAc] = [OH^-]$라고 하면 질량수지에서 $[Ac^-] = 0.01 - x$이다. 활동도 보정후 평형상태 표현에 대입하면 다음의 식을 얻는다.

$$\frac{(x)(0.9x)}{0.9(0.01-x)} = 5.56 \times 10^{-10}$$

전체를 곱하고 정리하면

이 식은 2차 방정식의 근의 공식을 이용하여 풀 수 있다.

$$x^2 + 5.56 \times 10^{-10}x - 5.56 \times 10^{-12} = 0$$

$$x = \frac{-(5.56 \times 10^{-10}) \pm \sqrt{(5.56 \times 10^{-10})^2 - 4(1)(-5.56 \times 10^{-12})}}{2}$$

$$= 2.36 \times 10^{-6}\text{M} = [OH^-] = [HAc]$$

pH에 대하여 풀면

$$\{OH^-\} = 0.90(2.36 \times 10^{-6}) = 2.12 \times 10^{-6} M$$
$$\{H^+\} = 4.72 \times 10^{-9} M$$
$$pH = 8.33$$

우리는 두 개의 중요한 가정을 확인해야 한다. 위의 결과는 $\{OH^-\}$가 정말로 $\{H^+\}$보다 크다는 것을 보인다. [HAc]는 2.36×10^{-6} M로 0.01 M보다 매우 작은 것으로 보아, 이온 세기는 Na^+와 Ac^- 때문이라는 가정은 옳았다.

위의 예제 4.3에서 4.9는 1가 산 염기에 대한 것으로 상대적으로 간단한 가정을 사용하였다. 다음은 다가 산의 예로 약간 더 복잡하지만 유사한 방법으로 풀 수 있다.

예제 4.10

예제 4.5를 단순화 가정을 이용하여 다시 풀어라.

해답

관련된 평형관계는

$$[H^+][OH^-] = 10^{-14} \quad 25℃에서 \quad (1)$$

$$\frac{[H^+][H_2PO_4^-]}{[H_3PO_4]} = K_{A1} = 7.5 \times 10^{-3} \quad 25℃에서 \quad (2)$$

$$\frac{[H^+][HPO_4^{2-}]}{[H_2PO_4^-]} = K_{A1} = 6.2 \times 10^{-8} \quad 25℃에서 \quad (3)$$

$$\frac{[H^+][PO_4^{3-}]}{[HPO_4^{2-}]} = K_{A3} = 4.8 \times 10^{-13} \quad 25℃에서 \quad (4)$$

질량수지는

$$C_{T.PO_4} = 10^{-4} = [H_3PO_4] + [H_2PO_4^-] + [HPO_4^{2-}] + [PO_4^{-3}] \quad (5)$$

$$C_{T.Na} = 2 \times 10^{-4} = [Na^+] \quad (6)$$

전하수지는

$$[H^+] + [Na^+] = [OH^-] + [H_2PO_4^-] + 2[HPO_4^{-2}] + 3[PO_4^{3-}] \quad (7)$$

H_2O와 HPO_4^{2-}를 기준 물질로 사용한 양성자 조건은

$$[H^+] + [H_2PO_4^-] + 2[H_3PO_4] = [OH^-] + [PO_4^{3-}] \quad (8)$$

$C_{T.PO_4} = 10^{-4}$로 상대적으로 이온 세기가 낮으므로 활동도 계수는 무시할 수 있다. 식 (1)부터 (8)에서 우리는 6개의 미지물질(H_3PO_4, $H_2PO_4^-$, HPO_4^{2-}, PO_4^{3-}, H^+, 그리고

OH^-)과 이 문제를 풀기 위하여 7개의 방정식을 가지고 있다. 첫번째 할 일은 문제를 단순화하기 위하여 가정을 세우는 것이다.

예제 4.6에서 4.8과 같이 먼저 $[H^+]$와 $[OH^-]$의 기대치를 비교하여 그 중 하나를 무시할 수 있는지 알아본다. HPO_4^{2-}는 물에 첨가될 때 산 또는 염기로 작용할 수 있다.

$$HPO_4^{2-} + H_2O \rightleftharpoons H_2PO_4^- + OH^- \qquad (pK_{B2}=6.79)$$

$$HPO_4^{2-} \rightleftharpoons PO_4^{3-} + H^+ \qquad (pK_{A3}=12.31)$$

pK_{B2}가 pK_{A3}보다 작으므로, HPO_4^{2-}는 산이라기 보다는 강한 염기이므로 $[OH^-]$가 $[H^+]$보다 크다고 가정할 수 있다(또한, pK_{B2}가 pK_{A2}(7.21)보다 작다는 것은 $H_2PO_4^-$가 산으로 작용하려는 경향보다는 HPO_4^{2-}가 염기로 작용하려는 경향이 큰 것을 나타낸다). 다른 형태의 인산도 질량수지에서 제거해 보자.

HPO_4^{2-}가 첨가되었고 H_3PO_4는 HPO_4^{2-}와 직접적인 평형관계에 있지 않으므로 H_3PO_4는 많은 양으로 존재하지는 않으리라 예상된다. 마지막으로, HPO_4^{2-}는 산이라기 보다는 강한 염기이므로 PO_4^{3-}의 농도보다 클 것으로 예상된다. 이 가정을 사용하면, 양성자 조건 (식 8)은 다음과 같이 된다.

$$[H_2PO_4^-] \cong [OH^-]$$

그리고 질량수지는

$$10^{-4} \cong [H_2PO_4^-] + [HPO_4^{2-}]$$

$x = [H_2PO_4^-] = [OH^-]$라 놓고, pK_{B2}=6.79인 염기 평형조건에 대입하고, 활동도계수를 무시하면 다음을 얻는다.

$$\frac{(x)(x)}{(0.0001 - x)} = 1.62 \times 10^{-7}$$

전체를 곱하고 정리하면

$$x^2 + 1.62 \times 10^{-7} x - 1.62 \times 10^{-11} = 0$$

이 식은 2차방정식의 근의 공식을 이용하여 풀 수 있다.

$$x = \frac{-(1.62 \times 10^{-7})\sqrt{\pm(1.62 \times 10^{-7})^2 - 4(1)(-1.62 \times 10^{-11})}}{2}$$

$$= 3.94 \times 10^{-6}\,M = [OH^-] = [H_2PO_4^-]$$

pH에 대하여 풀면

$$[H^+] = 2.54 \times 10^{-9}\,M$$

$$pH = 8.60$$

이 값은 예제 4.5의 정확한 해(pH=8.59)와 유사하다.
사용된 가정을 확인하자. 위에서 구한 결과는 정말로 $[OH^-]$가 $[H^+]$보다 크다는 것을 보인다. 평형 식을 이용하고, $[H^+]=2.54\times10^{-9}$ M, $[H_2PO_4^-]=3.94\times10^{-6}$M이므로, 다음과 같은 계산을 할 수 있다.

$$[HPO_4^{2-}]=9.62\times10^{-5}\text{ M}$$
$$[H_3PO_4]=1.33\times10^{-12}\text{ M}$$
$$[PO_4^{3-}]=1.82\times10^{-8}\text{ M}$$

우리가 가정한 것과 같이 $[H_3PO_4]$는 매우 작고, $[HPO_4^{2-}]$는 $[PO_4^{3-}]$보다 큰 것을 알 수 있다. 만일 가정으로부터 초래된 오차를 계산하고자 한다면, 질량수지, 전하수지, 양성자 조건에 대해 다음 식을 이용하면 한다.

$$\%\text{오차}=\left(1-\frac{\text{오른쪽항}}{\text{왼쪽항}}\right)\times100$$

질량수지, 전하수지, 양성자 조건에 농도를 대입함으로써, 이들 방정식의 오른쪽 항과 왼쪽항의 합을 얻을 수 있다. 예를 들어, 질량수지식을 확인해 보면,

$$10^{-4}=1.33\times10^{-12}+3.94\times10^{-6}+9.62\times10^{-5}+1.82\times10^{-8}$$

%오차식을 사용하여 계산된 오차는 0.4%이다. 전하수지와 양성자 조건에서 오차는 각각 0.43%와 −0.39%이다. 만일 이렇게 계산된 오차가 알맞지 않다고 생각되면, pH를 약간 조절하고 모든 관련 물질의 농도를 새롭게 계산한 후, 오차를 다시 확인한다. 대부분의 경우, 5~10% 미만의 오차는 받아들일 수 있다.

로그 농도 도표

산-염기 문제를 풀이하는 또 다른 방법의 하나가 로그 농도 도표이다. 이 도해법에서는 pH를 주변수로 가로 좌표에, 각 물질의 로그 농도는 세로 좌표에 나타낸다. 로그농도−pH 도표는 질량수지를 나타낸다. 즉, 모든 pH값에서 질량수지가 맞아야 한다. 문제를 풀기 위해서는 먼저 주어진 물질의 농도를 pH 및 기지의 값(예를 들어 K_W, K_A, C_T)의 함수로 표현하여야 한다. 0.02M 아세트산 수용액을 이용하여 설명할 것이며, 그 결과는 그림 4.1에 나타나 있다. Excel과 같은 소프트웨어를 이용하면 로그 농도−pH (log C−pH) 도표를 그릴 수 있다.

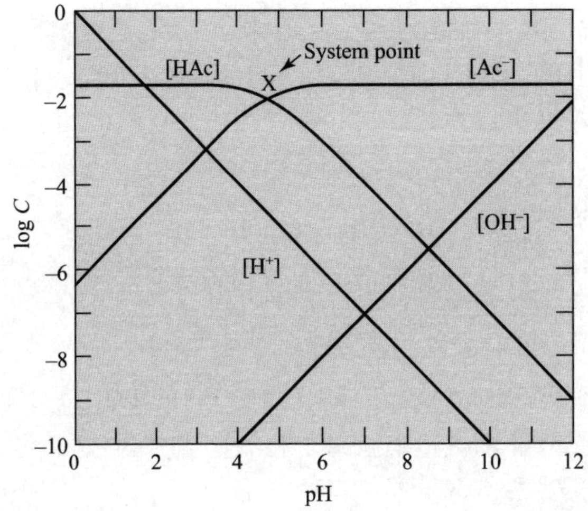

그림 4.1 0.02M 아세트산 용액에 대한 로그 농도 도표

약한 일가산에 대한 로그 농도 도표 아세트산에 대한 식 (4.4)부터 (4.7)까지에 주어진 관계들은 모든 1가 산들에 적용된다. $[H^+]$에 대한 선은 다음 관계식으로부터 구한다.

$$\log[H^+] = -pH \tag{4.26}$$

$[OH^-]$에 대한 선은 다음 관계식으로부터 구해진다.

$$\log[OH^-] = pH - pK_W \tag{4.27}$$

아세트산과 아세트산 이온의 농도는 식 (4.5)와 (4.6)를 α_0 및 α_1의 정의와 함께 조합하여 구할 수 있다.

$$[HAc] = \alpha_0 C_T = \frac{C_T[H^+]}{K_A + [H^+]} \tag{4.28}$$

그리고,

$$[Ac^-] = \alpha_1 C_T = \frac{C_T K_A}{K_A + [H^+]} \tag{4.29}$$

$[HAc]$와 $[Ac^-]$의 로그값은 각각 짧은 곡선에 의해 연결된 직선으로 나타난다. 두 직선의 교점(intersection)을 시스템 포인트(system point)라고 부르며, 이 점에서 $pH = pK_A$ 이다. 이 점의 왼쪽에서는 $[H^+]$가 K_A보다 크며, 따라서 식 (4.28)과 (4.29)로부터 로그 농도값은 다음과 같이 간단히 된다.

$$\log[HAc] \cong \log C_T \tag{4.30}$$

$$\log[Ac^-] \cong \log C_T - pK_A + pH \tag{4.31}$$

식 (4.30)은 수평선을 나타내며, 식 (4.31)은 기울기가 +1인 직선이며, 이 두 선은 모두 시스템 포인트를 지난다.

시스템 포인트의 오른쪽에서는 $[H^+]$가 K_A보다 작으며, 로그 농도는 다음과 같이 된다.

$$\log[HAc] \cong \log C_T + pK_A - pH \tag{4.32}$$

그리고

$$\log[Ac^-] \cong \log C_T \tag{4.33}$$

식 (4.32)는 기울기가 −1인 직선으로 나타나며, 식 (4.33)은 수평선이며, 두 선 모두 시스템 포인트를 지난다.

시스템 포인트의 바로 아래에서는 $[HAc] = [Ac^-] = \frac{1}{2}C_T$ [식 (4.6)으로부터]. $\frac{1}{2}C_T$의 로그값은 $\log C_T + \log 0.5$ 또는 $\log C_T - 0.3$이다. 그러므로 수평선과 사선을 연결하는 곡선은 시스템포인트보다 로그값으로 0.3만큼 아래의 지점에서 교차하게 된다.

로그 농도 도표의 작성 로그 농도-pH 도표의 작성방법은 간단하다. 먼저 용액의 농도, $\log C_T$의 수평선을 그린다. $pH = pK_A$의 지점에 시스템 포인트를 나타내고, 이 시스템 포인트의 왼쪽과 오른쪽으로 45° 기울기를 가진 직선을 그린다. 시스템 포인트로부터 로그값으로 0.3만큼 아래에 위치하는 점을 지나도록 수평선과 45°의 사선을 짧은 곡선으로 연결한다. $[H^+]$와 $[OH^+]$ 직선은 45°의 대각선으로, pH = 7과 $\log C = -7$의 점을 교차하도록 그린다. 따라서 이 작도에는 어떤 계산도 필요치 않다. 용액의 농도가 변화하면, 그에 따라 [HAc]와 $[Ac^-]$의 곡선을 위나 아래로 간단히 이동시키면 된다. 투명한 용지를 사용하여 이들을 겹쳐서 보면, 산과 염기 평형에 대한 풀이를 쉽게 할 수 있게 된다.

약한 1가 염기에 대한 로그 농도 도표 그림 4.2는 0.01 M 용액의 $[NH_3]$와 $[NH_4^+]$에 대한 pH의 영향을 나타낸 도표이다. 도표의 작성방법은 시스템 포인트가 다음의 관계로 구해진다는 것을 제외하고는, 본질적으로 약한 산에 대한 것과 같다.

$$pH = pK_W - pK_B \tag{4.34}$$

암모니아의 pK_B는 4.74이므로 시스템 포인트의 pH는 14−4.74, 즉 9.26이다.

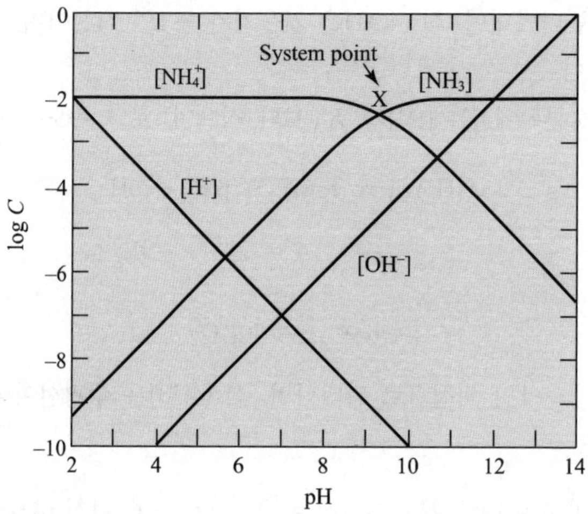

⇧ **그림 4.2** 0.01 M 암모니아 용액에 대한 로그 농도 도표

약한 산과 약한 염기에 대한 로그 농도 도표 그림 4.3은 0.1 M 수산화 암모늄과 0.1 M 아세트산의 혼합용액에 대한 로그 농도 도표이다. 이와 같은 성분들은 자연수와 폐수 중에 흔히 들어있는 것들로, 특히 혐기성 소화조에 비교적 높은 농도로 존재한다. 이 로그 농도 도표는 각 물질에 대한 선들을 하나의 도표 속에 함께 그려서 작성한다.

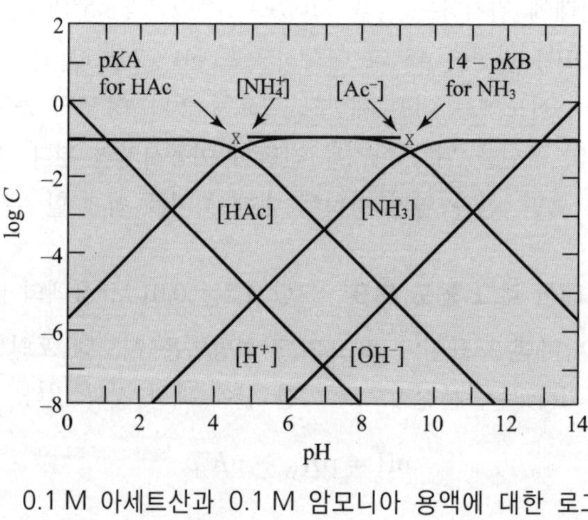

⇧ **그림 4.3** 0.1 M 아세트산과 0.1 M 암모니아 용액에 대한 로그 농도 도표

다가산 및 염기에 대한 로그 농도 도표 로그 농도 도표는 다가 산(polyprotic acid)과 다가 염기(polyprotic base)들을 포함하고 있는 평형문제의 풀이에 대단히 유용하다. 자연수의 pH를 조절하는 데 가장 중요한 탄산 계(carbonic acid system)를 예로 들어 설명하겠다. 그림 4.4는 0.01M H_2CO_3 용액의 로그 농도 도표를 나타낸 것이다.

이 계에 적용되는 방정식들은 다음과 같다.[5)]

$$\frac{[H^+][HCO_3^-]}{[H_2CO_3^*]} = K_{A1} = 4.3 \times 10^{-7} \qquad pK_{A1} = 6.37$$

$$\frac{[H^+][CO_3^{2-}]}{[HCO_3^-]} = K_{A2} = 4.7 \times 10^{-11} \qquad pK_{A2} = 10.33$$

$$[H_2CO_3^*] + [HCO_3^-] + [CO_3^{2-}] = C_T = 10^{-2}$$

그리고

$$[H^+][OH^-] = K_W = 10^{-14} \qquad pK_W = 14$$

계의 각 종에 대하여 이 식들을 풀면 다음의 식들이 구해진다.

$$[H_2CO_3^*] = \alpha_0 C_T = \frac{C_T}{1 + K_{A1}/[H^+] + K_{A1}K_{A2}/[H^+]^2} \tag{4.35}$$

$$[HCO_3^-] = \alpha_1 C_T = \frac{C_T}{1 + [H^+]/K_{A1} + K_{A2}/[H^+]} \tag{4.36}$$

$$[CO_3^{2-}] = \alpha_2 C_T = \frac{C_T}{1 + [H^+]/K_{A2} + [H^+]^2/K_{A1}K_{A2}} \tag{4.37}$$

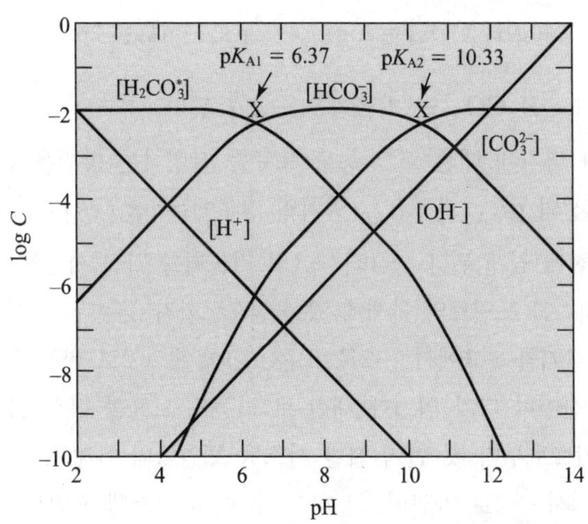

그림 4.4 0.01M 탄산의 로그 농도 도표

---

5) 통상적으로 $[H_2CO_3]$를 실제 탄산 농도, $[H_2CO_3]$와 녹아 있는 이산화 탄소 농도, $[CO_2(aq)]$를 더한 것으로 한다. 즉 $[H_2CO_3^*] = [H_2CO_3] + [CO_2(aq)]$

이 계에 대한 로그 농도 도표의 작성방법은 1가 산과 1가 염기에 대한 것과 같으나, pH가 pK_{A1}보다 낮은 영역에서는 $[CO_3^{2-}]$선의 기울기가 $+1$로부터 $+2$로 바뀌는 것이 다르다. 또한 $[H_2CO_3^*]$선의 기울기도 pH가 pK_{A2}보다 커질 때 -1에서 -2로 바뀐다. 이렇게 기울기가 바뀌는 것은 다음과 같은 이유 때문이다. 첫째로, 식 (4.37)에서 pH가 pK_{A1}보다 작을 때는($[H^+] \gg K_{A1}$) 분모의 끝 항이 다른 끝 항들에 비해 훨씬 크므로,

$$[CO_3^{2-}] \cong \frac{C_T}{[H^+]^2/K_{A1}K_{A2}}$$

그리고 $$\log[CO_3^{2-}] \cong \log C_T + \log K_{A1} + \log K_{A2} - 2\log[H^+]$$

또는 $$\log[CO_3^{2-}] \cong \log C_T - pK_{A1} - pK_{A2} + 2pH$$

그러므로 pH에 대한 $\log[CO_3^{2-}]$ 직선의 기울기는 2로 된다. 마찬가지로 pH가 pK_{A2}보다 클 때는, 식 (4.35)의 끝의 항이 다른 항들에 비해 훨씬 크므로,

$$[H_2CO_3^*] \cong \frac{C_T}{K_{A1}K_{A2}/[H^+]^2}$$

이 식을 로그 형으로 나타내면,

$$\log[H_2CO_3^*] = \log C_T + pK_{A1} - pK_{A2} - 2pH$$

따라서 pH에 대한 $\log[H_2CO_3^*]$의 기울기는 -2가 된다.

2가 산 또는 2가 염기에 대한 로그 농도 도표를 작성하는 방법은 간단하다. 시스템 포인트는 $\log C_T$ 수평선의 pK_{A2}과 pK_{A2}(염기의 경우에는 $pK_W - pK_{B1}$, $pK_W - pK_{B2}$)에 해당하는 pH 값의 교점에 있게 된다. $+1$과 -1의 기울기를 가진 사선을 각 시스템 포인트로부터 인접해 있는 시스템 포인트의 아래에 있는 점으로까지 긋는다. 인접한 시스템 포인트에서부터의 직선은 기울기를 -1에서 -2로 또는 $+1$에서 $+2$로 바꾸어서 그린다.

2가 이상의 다가 산이나 다가 염기에 대한 로그 농도 도표를 작성하는 방법도 비슷하며, 이 때는 시스템 포인트로부터 첫 번 인접한 시스템 포인트의 아래쪽 좌측으로 그어지는 직선의 기울기가 $+1$에서 $+2$로 바뀌며, 그 다음 두 번째 시스템 포인트 아래쪽 좌측으로 그어지는 직선은 $+2$에서 $+3$으로 바뀐다. 이 방법에 대한 증명은 직접 해보기 바란다. 그림 4.5는 3가산인 인산에 대한 로그 농도 도표이다.

로그 농도 도표를 이용한 예제 풀이 산-염기의 평형문제에 로그 농도 도표를 이용하는 방법은 다음의 예제에 나타나 있다. 로그 농도-pH 도표는 질량수지 및 시스템

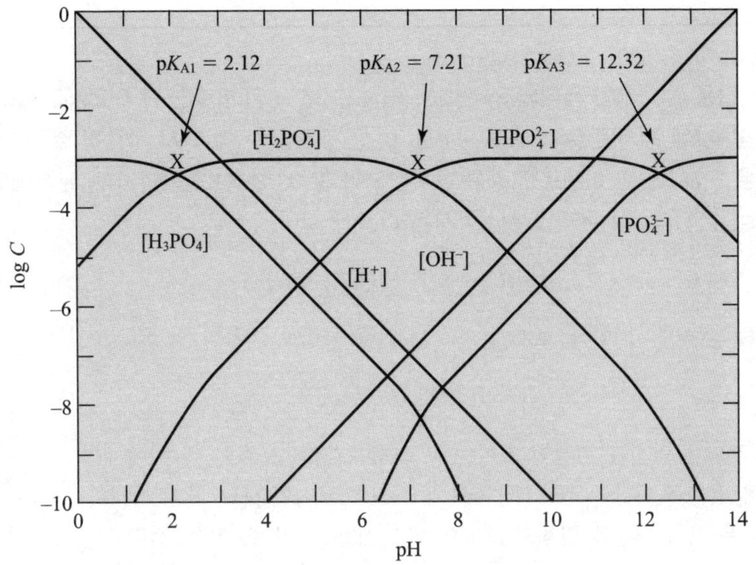

그림 4.5 10^{-3}M 인산에 대한 로그 농도 도표

포인트를 나타내는 그림이라는 사실을 명심하여야 한다. 예제 4.11에서 4.15에서는 활동도 보정을 하지 않았으나 만일 활동도 보정이 필요한 경우에는 시스템 포인트의 위치가 변하게 된다. 산-염기 문제를 풀기 위하여 로그 농도-pH 도표는 전하수지 및 양성자 조건과 함께 사용되어야 한다.

예제 4.11

아세트산 0.02 M 용액의 25℃에서 평형 pH를 추정하여라. 그림 4.1에 제시된 로그 농도 도표는 이 문제를 푸는 데 이용될 수 있다. 전하수지와 양성자 조건(H_2O와 HAc는 기준 물질이다)은 동일하다.

$$[H^+] = [OH^-] + [Ac^-]$$

답을 구하는 방법은 방정식을 만족시키는 로그 농도−pH 도표 상의 점을 찾는 것이다. 아마 이 문제의 가장 쉬운 해결 방법은 도표에서 전하수지에 포함된 물질이 나타내는 직선의 교점을 찾는 것이다.

$[H^+]$와 $[OH^-]$ 직선의 교점(pH = 7)을 살펴보면 $[Ac^-]$가 1×10^{-7}보다 크기 때문에 이 pH에서는 전하수지가 맞지 않는다는 것을 알 수 있다. 정답은 $[H^+]$와 $[Ac^-]$ 직선이 만나는 곳으로 pH는 대략 3.2이다. [HAc]와 $[Ac^-]$ 사이의 질량수지는 도표 내 어떤 pH에서도 만족된다는 점을 주의하여라.

예제 4.12

아세트산 칼륨 0.02 M인 용액의 25℃에서 평형 pH를 추정하여라. 단 이온세기 보정은 무시한다. 그림 4.1에 제시된 로그 농도 도표는 이 문제를 푸는 데 다시 사용될 수 있다. 실제로 그림 4.1은 아세트산과 아세트산 칼륨이 혼합되어 총 0.02M이 첨가된 어떤 문제에의 해결에도 사용될 수 있다. 이 문제의 전하수지는 다음과 같다.

$$[H^+]+[K^+]=[OH^-]+[Ac^-]$$

여기서 $[K^+]$은 0.02 M이다. H_2O와 Ac^-를 기준 물질로 사용한 양성자 조건은

$$[H^+]+[HAc]=[OH^-]$$

이 경우, 정답은 양성자 조건이 풀리는 로그 농도−pH 도표의 점 위에 있고, 전하수지를 이용하여 이 답을 확인한다. $[H^+]$와 $[OH^-]$ 직선의 교점인 pH 7인 조건에서는 [HAc]가 1×10^{-7}보다 매우 크기 때문에 양성자 조건이 맞지 않음을 알 수 있다. 정답은 $[OH^-]$와 [HAc]직선이 만나는 곳으로 pH는 대략 8.5이다. 전하수지를 이용하여 이 정답을 확인하면, 이 답이 옳은 것을 알 수 있다.

예제 4.13

염화 암모늄 0.01 M 용액의 25℃에서 평형 pH를 추정하여라. 단 이온 세기 보정은 무시한다. 그림 4.2에 제시된 로그 농도 도표는 이 문제를 푸는 데 사용될 수 있다. 이 문제의 전하수지는 다음과 같다.

$$[H^+]+[NH_4^+]=[OH^-]+[Cl^-]$$

여기서 $[Cl^-]$ 은 0.01 M이다. H_2O와 NH_4^+를 기준 물질로 사용한 양성자 조건은

$$[H^+]=[OH^-]+[NH_3]$$

이 경우, 정답은 양성자 조건이 풀리는 로그 농도-pH 도표의 점 위에 있고, 전하수지를 이용하여 이 답을 확인한다. $[H^+]$와 $[OH^-]$직선의 교점인 pH 7 조건에서는 $[NH_3]$가 1×10^{-7}보다 매우 크기 때문에 양성자 조건이 맞지 않음을 알 수 있다. 정답은 $[H^+]$와 $[NH_3]$ 직선이 만나는 곳으로 pH는 대략 5.8이다. 전하 수지를 이용하여 이 정답을 확인하면, 이 답이 옳은 것을 알 수 있다.

예제 4.14

염화 암모늄과 아세트산 각각 0.1 M인 용액의 25℃에서 평형 pH를 구하여라. 단 이온 세기 보정은 무시한다. 그림 4.3에서 제시된 로그 농도 도표는 이 문제를 푸는 데 사용될 수 있

있다. 이 문제의 전하수지는 다음과 같다.

$$[H^+]+[NH_4^+]=[OH^-]+[Ac^-]+[Cl^-]$$

여기서 $[Cl^-]$는 0.01M이다. H_2O, HAc, 그리고 NH_4^+를 기준으로 한 양성자 조건은

$$[H^+]=[OH^-]+[Ac^-]+[NH_3]$$

이 경우, 정답은 양성자 조건이 풀리는 로그 농도-pH 도표의 점 위에 있고, 전하수지를 이용하여 이 답을 확인한다. $[H^+]$와 $[OH^-]$ 직선의 교점인 pH 7인 조건에서 살펴보면 $[Ac^-]$와 $[NH_3]$가 1×10^{-7}보다 매우 크기 때문에 양성자 조건이 맞지 않음을 알 수 있다. 마찬가지로, $[H^+]$와 $[NH_3]$의 교점에서는 $[Ac^-]$가 크기 때문에 맞지 않다. 정답은 $[H^+]$와 $[Ac^-]$ 직선이 만나는 곳으로 대략 2.8이다. 전하수지를 이용하여 이 답을 확인하면 옳은 것을 알 수 있다. 학생들은 이 정답에서 이온세기가 대략 0.10 M이면 $\gamma=0.76$으로, 이는 평형 pH를 바꿀 만큼 크다는 점에 주의하여야 한다. 만일 이 같은 점이 사실인지 조사하려면 pK_A로 정의된 시스템 포인트를 활동도계수를 이용하여 수정하고 pH 간격도 $-\log[H^+]$로 바뀌어야 한다. 이 문제를 푸는 대안으로 초기 pH를 2.8로 가정한 후 앞서 설명한 대수법을 이용할 수 있다.

예제 4.15

중탄산 나트륨 0.01 M 용액의 25℃에서 평형 pH를 추정하여라. 단 이온 세기 계수는 무시하여라. 그림 4.4에서 제시된 로그 농도 도표는 이 문제를 푸는 데 사용될 수 있다. 이 문제의 전하수지는 다음과 같다.

$$[H^+]+[Na^+]=[OH^-]+[HCO_3^-]+2[CO_3^{2-}]$$

여기서 $[Na^+]$은 0.01 M이다. H_2O와 HCO_3^-를 기준 물질로 사용한 양성자 조건은

$$[H^+]+[H_2CO_3^*]=[OH^-]+[CO_3^{2-}]$$

이 경우, 정답은 양성자 조건이 풀리는 로그 농도-pH 도표의 점 위에 있고, 전하수지를 이용하여 이 답을 확인한다. $[H^+]$와 $[OH^-]$직선의 교점인 pH 7인 조건에서는 $[H_2CO_3^*]$와 $[CO_3^{2-}]$가 1×10^{-7} 보다 매우 크고, 서로 같지 않기 때문에 양성자 조건이 맞지 않음을 알 수 있다. 세 가지 다른 교점을 고려할 수 있다. 정답은 $[H_2CO_3^*]$와 $[CO_3^{2-}]$ 직선이 만나는 곳으로 pH는 대략 8.3이다. 전하수지를 이용하여 이 정답을 확인하면, 이 답이 옳은 것을 알 수 있다.

열린 계 대 닫힌 계

이제까지는 닫힌 계 즉 가스상과 상호 교환이 없는 경우의 액체를 다루어 왔다. 일부 산 및 염의 경우 그 같은 상황은 적절하지 않으며, 이는 경우에 따라 매우 중요하다. 예를 들어 인산(H_3PO_4)는 가스상에 분배되지 않는다. 반면 이산화 탄소(CO_2), 암모니아(NH_3), 이황화 수소(H_2S)는 가스로서 물과 가스 사이에 분배될 수 있다. 이 같은 경우 Henry의 법칙을 이용하여 물-가스 사이의 평형관계를 설명한다. 다음에는 CO_2를 이용하여 그 같은 문제의 풀이를 설명하였다. CO_2를 선택한 이유는 CO_2가 자연에 널리 존재하고 있고 공학적 폐수처리 반응조 및 자연수의 pH를 결정하는 데 중요하기 때문이다.

다음은 주요한 평형상태(활동도 보정은 무시)와 질량수지를 나타낸 것이다.

$$\mathrm{HCO_3^*(aq)} \rightleftharpoons \mathrm{CO_2(g)} + \mathrm{H_2O} \qquad K_H = \frac{P_{\mathrm{CO_2}}}{[\mathrm{H_2CO_3^*}]} = 3.16\frac{\mathrm{atm}}{\mathrm{M}} \text{ at } 25℃$$

$$\mathrm{H_2CO_3^*} \rightleftharpoons \mathrm{HCO_3^-} + \mathrm{H^+} \qquad K_{\mathrm{A1}} = 4.3\times10^{-7}$$

$$\mathrm{HCO_3^-} \rightleftharpoons \mathrm{CO_3^{2-}} + \mathrm{H^+} \qquad K_{\mathrm{A2}} = 4.7\times10^{-11}$$

$$C_T = [\mathrm{H_2CO_3^*}] + [\mathrm{HCO_3^-}] + [\mathrm{CO_3^{2-}}]$$

닫힌 계에서 그림 4.4에 나타낸 바와 같이 pH와 관계없이 C_T는 상수이다. 열린 계에서는 가스와 액체사이에 교환이 있으며 평형상태의 $[\mathrm{H_2CO_3^*}]$는 가스상 CO_2 농도에 따라 결정되며, 그 값은 pH와 무관하다.

$$[\mathrm{H_2CO_3^*}] = P_{\mathrm{CO_2}}/K_H$$

$[\mathrm{H_2CO_3^*}]$는 pH의 변화와 관계없이 일정한 반면 C_T는 변하는 것은 명백하다. pH가 증가하면 $[\mathrm{HCO_3^-}]$와 $[\mathrm{CO_3^{2-}}]$는 증가한다. 그러므로 pH가 증가하면 C_T는 증가한다. 이 같은 관계는 그림 4.6에 나타낸 열린 계에 대한 로그농도−pH 도표에 예시되어 있다. 닫힌 계에 대해 사용한 답을 구하는 절차는 열린 계의 평형문제에도 그대로 적용하면 된다.

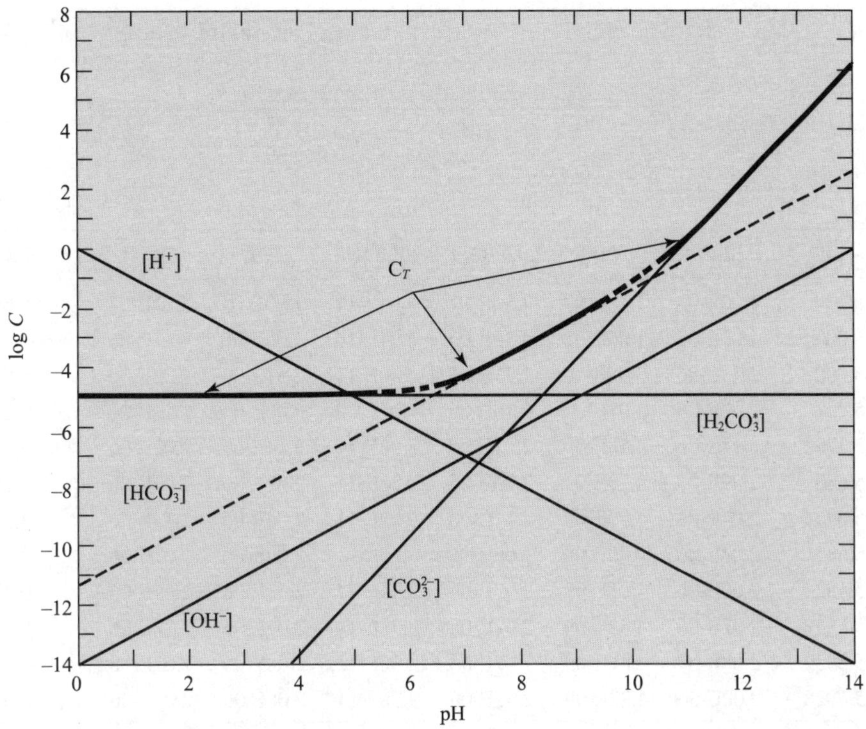

⇧ 그림 4.6 열린계에서 탄산에 대한 로그 농도 도표
[K_H=31.6 atm/M : $P_{CO_2}=10^{-3.5}$ atm(316 ppm CO_2) ; T=25℃

예제 4.16

대기중의 CO_2 분압이 $10^{-3.5}$ atm (현재 CO_2 함량 추정치는 350 ppm 또는 $10^{-3.46}$ atm임)인 경우 대기와 평형을 이루는 깨끗한 물의 pH를 구하라.

해답

다른 양이온 및 음이온이 없다고 가정하면 이 문제에 대한 전하수지는

$$[H^+] = [OH^-] + [HCO_3^-] + 2[CO_3^{2-}]$$

열린 계이므로 $[H_2CO_3^*]$는 다음과 같이 구할 수 있다.

$$[H_2CO_3^*] = P_{CO_2}/K_H = 10^{-3.5}/3.16 = 1.00 \times 10^{-5}\text{M}$$

전하수지에 대입하여 정리하면

$$[HCO_3^-] = \frac{K_{A1}[H_2CO_3^*]}{[H^+]} = \frac{(4.3 \times 10^{-7})(1.00 \times 10^{-5})}{[H^+]} = \frac{4.30 \times 10^{-12}}{[H^+]}$$

$$[CO_3^{2-}] = \frac{K_{A2}[HCO_3^-]}{[H^+]} = \frac{K_{A1}K_{A2}[H_2CO_3^*]}{[H^+]^2} = \frac{2.02 \times 10^{-22}}{[H^+]^2}$$

이제 위 식을 전하수지에 대입하여 단 하나의 미지수 $[H^+]$에 대하여 정리하면

$$[H^+] = \frac{K_W}{[H^+]} + \frac{4.30\times10^{-12}}{[H^+]} + \frac{2\times2.02\times10^{-22}}{[H^+]^2}$$

위 식은 스프레드시트를 이용하여 풀 수 있다.

pH	$[H^+]$	$[OH^-]$	$[HCO_3^-]$	$2[CO_3^{2-}]$	왼쪽	오른쪽	% 오차
5.000	1.00E-05	1.00E-09	4.30E-07	4.04E-12	1.00E-05	4.31E-07	95.69
6.000	1.00E-06	1.00E-08	4.30E-06	4.04E-10	1.00E-06	4.31E-06	−331.02
5.600	2.51E-06	3.98E-09	1.71E-06	6.40E-11	2.51E-06	1.72E-06	31.69
5.700	2.00E-06	5.01E-09	2.16E-06	1.01E-10	2.00E-06	2.16E-06	−8.26
5.670	2.14E-06	4.68E-09	2.01E-06	8.84E-11	2.14E-06	2.02E-06	5.71
5.680	2.09E-06	4.79E-09	2.06E-06	9.26E-11	2.09E-06	2.06E-06	1.26
5.690	2.04E-06	4.90E-09	2.11E-06	9.69E-11	2.04E-06	2.11E-06	−3.39
5.681	2.08E-06	4.80E-09	2.06E-06	9.30E-11	2.08E-06	2.07E-06	0.81
5.682	2.08E-06	4.81E-09	2.07E-06	9.34E-11	2.08E-06	2.07E-06	0.35
5.683	2.07E-06	4.82E-09	2.07E-06	9.38E-11	2.07E-06	2.08E-06	−0.11
5.6825	2.08E-06	4.81E-09	2.07E-06	9.36E-11	2.08E-06	2.07E-06	0.12
5.6828	**2.08E-06**	**4.82E-09**	**2.07E-06**	**9.38E-11**	**2.08E-06**	**2.08E-06**	**−0.02**

그러므로 깨끗한 비의 pH는 대략 5.68이다. 그림 4.6에서 이 pH는 $[H^+]$와 $[HCO_3^-]$ 선이 교차하는 점이다. 만일 $P_{CO_2} = 10^{-3.46}$ atm이라면 평형 pH는 5.66으로 감소할 것이다.

예제 4.17

여러 가지 탄산 광물이 [예를 들어 $CaCO_3(s)$, $MgCO_3(s)$, $CaCO_3 \cdot MgCO_3(s)$] 포함된 지하수 시료를 대기에 노출시키지 않고 채취하였다. 시료를 분석한 결과 C_T는 10^{-3} M, pH는 7.60이었으며, 다른 약 산 및 염기는 시료에 포함되지 않았다. 활동도 보정을 무시하라.

(a) 이 시료의 산 중화능력(ANC)은 얼마인가?

(b) 고형물이 포함되지 않은 지하수가 대기(P_{CO_2} =$10^{-3.5}$ atm)에 노출되었다. pH는 어떻게 변하겠는가?

(c) ANC(알칼리도라고도 부르며, 18장에 자세히 설명되어 있음)는 다음 식으로 결정한다. ANC의 단위는 eq/L이다.

$$\text{ANC} = [OH^-] - [H^+] + \sum_{i=0}^{n} \text{eq/L 약한 산의 짝염}$$

여기서 ANC는 OH^-, H^+, HCO_3^-, 그리고 CO_3^{2-}에 의해 다음과 같이 결정된다.

$$\text{ANC} = [\text{OH}^-] - [\text{H}^+] + [\text{HCO}_3^-] + 2[\text{CO}_3^{2-}]$$
$$\text{ANC} = [\text{OH}^-] - [\text{H}^+] + C_{T,CO_3}(\alpha_1 + 2\alpha_2)$$
$$[\text{H}^+] = 10^{-7.6} = 2.51 \times 10^{-8}\text{M}$$
$$[\text{OH}^-] = 10^{-6.4} = 3.98 \times 10^{-7}\ \text{M}$$
$$C_{T,\text{CO}_3} = 10^{-3}\text{M}$$

해답

(a) pH가 7.6, $\alpha_1 = 0.943$,(식 4.36에서) 그리고 $\alpha_2 = 1.76 \times 10^{-3}$(식 4.37에서)이므로

$$\text{ANC} = 3.98 \times 10^{-7} - 2.51 \times 10^{-8} + 10^{-3}(0.943 + 2(1.76 \times 10^{-3}))$$
$$\text{ANC} = 9.47 \times 10^{-4}\ \text{eq/L} = 47\ \text{mg/L as CaCO}_3$$

($CaCO_3$의 당량은 50,000 mg이다. 18장 참조)

(b) 항상 해왔던 바와 같이 주 방정식에 대한 전하수지는

$$C_B + [\text{H}^+] = [\text{OH}^-] + [\text{HCO}_3^-] + 2[\text{CO}_3^{2-}] + C_A$$

C_B는 센 염기성 양이온(예를 들어 Na^+, Ca^{2+})의 합이며, C_A는 센산 음이온(예를 들어 Cl^-, NO_3^-)의 합이다.

(a) 에서 CO_2에 노출되기 전 용액에 대해 $C_B - C_A = \text{ANC} = 9.47 \times 10^{-4}$, $C_B - C_A$는 물이 CO_2에 노출되어도 변하지 않는다. 그러므로 새로운 전하수지는

$$9.47 \times 10^{-4} + [\text{H}^+] = [\text{OH}^-] + [\text{HCO}_3^-] + 2[\text{CO}_3^{2-}]$$

물이 대기에 노출되어 평형상태에 도달하면

$$[\text{H}_2\text{CO}_3^*] = P_{\text{CO}_2}/K_H = 10^{-3.5}/31.6 = 10^{-5}\ \text{M}$$

또한 $[\text{H}_2\text{CO}_3^*] = \alpha_0 C_{\text{T,CO}_3}$이므로

$$C_{T,\text{CO}_3} = \frac{10^{-5}}{\alpha_0}$$

전하수지에 대입하면 다음과 같이 된다.

$$9.47 \times 10^{-4} = \frac{10^{-14}}{[\text{H}^+]} - [\text{H}^+] + \frac{10^{-5}}{\alpha_0}(\alpha_1 + 2\alpha_2)$$

이 식을 스프레드시트를 이용하여 풀면 pH = 8.33이다. 또한 CO_2가 시스템에서 제거되며 $\text{ANC}(C_B - C_A)$를 일정하게 유지시키기 위해 pH가 증가한다.

pH	$[H^+]$	α_0	α_1	α_2	왼쪽	오른쪽	% 오차
8	1.00E-08	2.26E-02	9.73E-01	4.57E-03	9.47E-04	4.35E-04	54.06
9	1.00E-09	2.22E-03	9.53E-01	4.48E-02	9.47E-04	4.71E-03	−397.80
8.3	5.01E-09	1.14E-02	9.79E-01	9.18E-03	9.47E-04	8.76E-04	7.49
8.4	3.98E-09	0.07E-03	9.79E-01	1.16E-02	9.47E-04	1.11E-03	−17.01
8.33	4.68E-09	1.07E-02	9.80E-01	9.84E-03	9.47E-04	9.40E-04	0.75
8.34	4.57E-09	1.04E-02	9.80E-01	1.01E-02	9.47E-04	9.62E-04	−1.62
8.332	4.66E-09	1.06E-02	9.80E-01	9.89E-03	9.47E-04	9.44E-04	0.28
8.333	4.65E-09	1.06E-02	9.80E-01	9.91E-03	9.47E-04	9.47E-04	0.04
8.334	4.63E-09	1.06E-02	9.80E-01	9.93E-03	9.47E-04	4.49E-04	−0.19

그림 4.6에서도 유사한 결과를 얻을 수 있다. 먼저 전하수지에서 $[H^+]$, $[OH^-]$, 그리고 $[CO_3^{2-}]$는 $[HCO_3^-]$보다 상대적으로 작으므로, ANC는 $[HCO_3^-]$와 같다. 그러므로 찾는 점은 $\log[HCO_3^-] = \log ANC = \log(9,47 \times 10^{-4}) = -3.02$이다. 이는 pH 8.3 근처에서 나타난다.

용액에 산 또는 염기의 첨가

산 또는 염기가 용액에 첨가되면, 그 속에 존재하는 여러 화학종들과 상호작용을 일으켜 새로운 평형 관계를 이루는 방향으로 변화가 일어난다. 여기서 일어나게 될 화학변화의 성질은, 존재하고 있는 화학종들의 특성과 농도에 의존한다. 이 화학변화들은 4.4절에서 설명한 순서에 따라 예측할 수 있다. 그러나 계산을 하기가 지루할 뿐만 아니라, 계산만으로는 일어나는 상호작용을 직관적으로 이해하기 곤란할 때가 자주 있다. 이 과정들을 이해하는 상호작용을 직관적으로 이해하는 데 도움이 되도록, 산-염기 적정에 관하여 설명하겠다. **적정**(titration)은 정확히 측정된 양의 화학약품 또는 시약을 용액에 넣고, 원하는 변화가 일어나도록 하는 방법이다. 적정에 대하여 몇 가지 예를 들어 설명하겠다. 또한 산-염기 평형문제를 푸는 데 도움이 되는 가정에 의한 근사적 풀이 방법도 함께 설명하겠다.

센 산과 센 염기의 적정 센 염기를 센 산으로 적정할 때, 초기 pH는 염기로 인해 대단히 높으며, 대체로 12~13 정도에 이른다. 산이 첨가됨에 따라 처음에는 변화가 매우 작으며, 그 다음에 약 10까지 천천히 감소한다. 이후부터는 급격히 감소하며 4 정도에 이르게 된다. 그 다음 다시 변화가 아주 느려진다. 이 과정을 도시하면 그림 4.7과 같이 되며, 이것을 적정곡선이라고 한다. 그림에서 pH 10과 4의 범위에서는 거의 수직으로 변화하는 것을 알 수 있다. 그러므로 화학량적 종말점(stoichiometric end point) 또는 **당량점**(equivalence point)은 이 두 pH값 사이의 어딘가에 있게 된다. 당량점은 초기에 존재하고 있던 산(또는 염기)의 당량에 해당하는 염기(또는 산)가 첨가되는 지점이다. 반대로 센 산을 센 염기로 적정할 때는, 그림 4.7에 보인 바와 같이, 앞의 것과 거울상의 관계를 가진 아주 닮은 꼴의 적정곡선이 얻어진다.

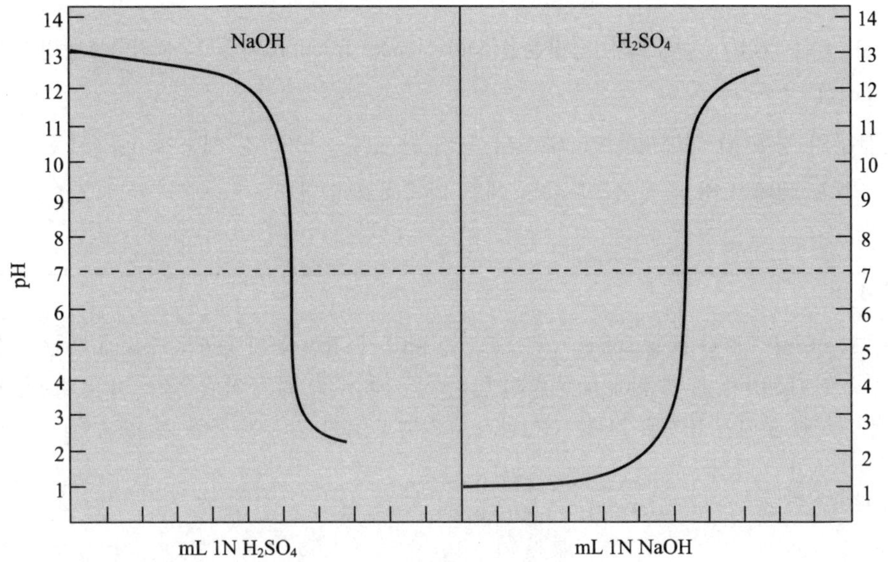

그림 4.7 센 염기와 센 산의 적정곡선

센 산과 센 염기의 적정에서는 앞서 설명한 정성적인 특성뿐만 아니라 정량적인 변화를 파악하는 것도 중요하다. 정량적인 관계는 용액의 농도가 알려진 경우 쉽게 얻을 수 있다. 계산시 활동도 대신 이온 농도를 사용하면 정확한 pH값을 얻을 수 없지만 그 결과를 실용적인 목적으로 사용하기에 충분하다.

적정문제는 전하수지를 이용하여 풀 수 있다. 센 산인 HCl을 센 염기인 NaOH로 적정하는 경우를 고려하여 보자. 이 경우 중화반응은 다음과 같다.

$$NaOH + HCl \rightarrow H_2O + Na^+ + Cl^- \tag{4.38}$$

전하수지는

$$[Na^+] + [H^+] = [OH^-] + [Cl^-]$$

C_0를 HCl의 몰 농도, V_0를 적정될 HCl의 부피, C를 NaOH의 몰 농도, V를 적정에 사용된 NaOH의 부피라고 하면 전하수지는 다음과 같이 표현된다.

$$\frac{VC}{V_0 + V} + [H^+] = [OH^-] + \frac{V_0 C_0}{V_0 + V} \tag{4.39}$$

식 (4.39)는 다음과 같이 표현할 수 있다.

$$\frac{V_0 C_0}{V_0 + V}\left(\frac{CV}{C_0 V_0} - 1\right) = [OH^-] - [H^+] \tag{4.40}$$

$$\frac{V_0 C_0}{V_0 + V}(f - 1) = \frac{K_W}{[H^+]} - [H^+] \tag{4.41}$$

여기서 f 는 CV/C_0V_0로서 **당량분율**(equivalence fraction)이라고 불린다. 당량점에서 $f = 1$이다.

대부분의 경우 윗 식에서 C가 C_0보다 훨씬 큰 값을 사용하기 때문에 $V_0 + V$는 V_0와 거의 같다. 예제 4.18은 윗 식의 사용 예를 나타내고 있다.

예제 4.18

0.01 M HCl용액 500 mL를 0.5 M NaOH로 적정한다. 첨가된 적정 용액의 부피에 대한 pH를 계산으로 구하여라. 이 적정에 대한 중화 반응식은 식 (4.38)에 주어져 있다. 식 (4.40)은 첨가된 NaOH 부피의 함수로 pH를 계산하기 위하여 다음과 같이 수정될 수 있다:

$$\frac{500(0.01)}{500 + V}\left(\frac{0.5\,V}{500(0.01)} - 1\right) = [OH^-] - [H^+]$$

▌해답

적정을 시작할 때, 0.01 M 산 용액 중의 $[H^+]$ 농도는 0.01이다. pH는 $-\log[H^+]$, 즉 2이다. V는 500 mL에 비하여 작으므로 무시하고, $[OH^-]$를 $[H^+]$에 비하여 무시할 수 있다고 가정하면 첨가된 5.0 mL의 염기에 의해 HCl의 50%가 중화되며, 따라서 $[H^+] = 5\times10^{-3}$으로 된다. 이때, pH는 2.3으로 될 것이다. 9.0 mL의 염기가 가해지면, 산은 단지 10%만이 남게 되며, $[H^+] = 10^{-3}$, 그리고 pH는 3으로 1만큼 증가하게 된다.

당량점($f = 1$)은 정확히 10 mL의 염기가 가해질 때 얻어지며, 이때 용액은 NaCl과 물만을 포함한다. NaCl은 중성의 염이므로 용액의 pH값은 7이다.

당량점을 지나게 되면, $[OH^-]$는 $[H^+]$보다 커지고 식 (4.41)은 다음과 같이 된다.

$$\frac{500(0.01)}{500 + V}\left(\frac{0.5\,V}{500(0.01)} - 1\right) \cong \frac{K_W}{[H^+]}$$

만일 0.5M NaOH 11 mL를 가해주었다면, $[H^+]=10^{-11}$이고 pH는 11이다.

표 4.3에 적정에 대한 여러 계산된 값들을 나타내었다. pH가 4로 증가될 때까지, 99%의 산이 중화되는 것을 알 수 있으며, 실질적인 적정은 완결된 것으로 간주할 수 있다. 이 점에 도달된 다음에는 NaOH를 단지 0.2 mL만 가해도 pH가 10으로 상승하게 된다.

표 4.3 500 mL의 0.01 M HCl 용액에 0.5 M NaOH를 가했을 때 계산된 pH

mL 0.5 M NaOH		중화된 HCl	moles per liter		pH
적정량	과잉량	%	$[H^+]$	$[OH^-]$	
0.00	0.0	0	1.0×10^{-2}	1.0×10^{-12}	2.0
5.00	0.0	50	5.0×10^{-3}	2.0×10^{-12}	2.3
9.00	0.0	90	1.0×10^{-3}	1.0×10^{-11}	3.0
9.90	0.0	99	1.0×10^{-4}	1.0×10^{-10}	4.0
9.99	0.0	99.9	1.0×10^{-5}	1.0×10^{-9}	5.0
9.999	0.0	99.99	1.0×10^{-6}	1.0×10^{-8}	6.0
10.00	0.0	100	1.0×10^{-7}	1.0×10^{-7}	7.0
10.10	0.1	100	1.0×10^{-10}	1.0×10^{-4}	10.0
11.00	1.0	100	1.0×10^{-11}	1.0×10^{-3}	11.0
20.00	10.0	100	1.0×10^{-12}	1.0×10^{-2}	12.0

약한 산과 염기의 적정 약한 산을 센 염기로 적정할 때 적정곡선의 특성은 그 산이 1가 산인지 또는 다가 산인지, 즉 수소 이온을 한 개 내는지 또는 둘 이상을 내는지에 따라 달라진다. 조금 이온화하는 산의 초기 pH는 이온화도에 크게 의존하며, 그 적정곡선도 그림 4.8에서와 같이 현저하게 달라진다. 일반적으로 자연수의 pH는 주로 약한 산과 그들의 염에 영향을 받고 있으므로, 이들의 화학을 이해하고 있어야 한다. 이와 같은 이유에서, 약한 산과 약한 염기를 포함하고 있는 물에 센 산이나 센 염기를 첨가했을 때, 이 물의

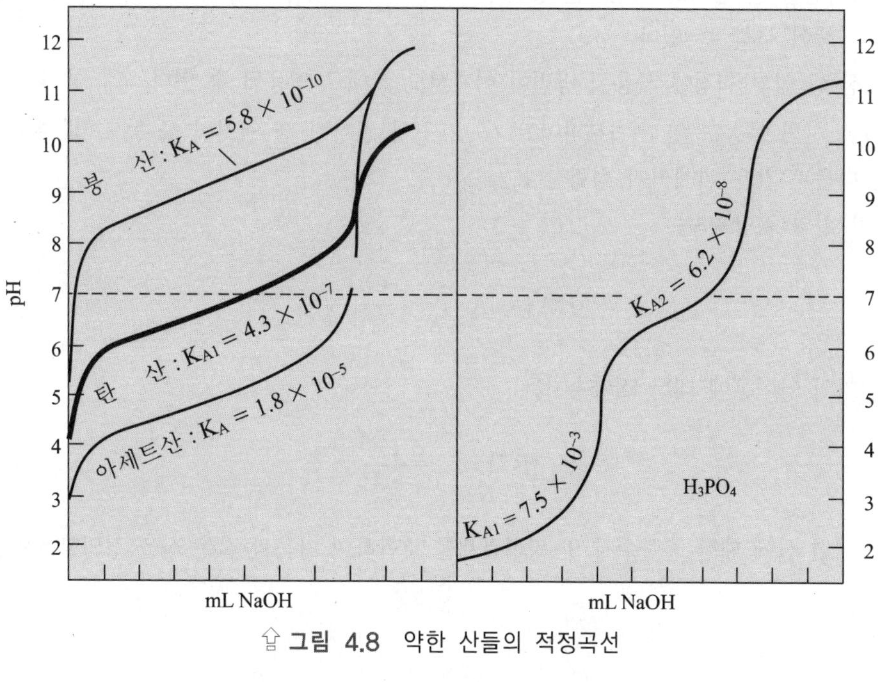

그림 4.8 약한 산들의 적정곡선

pH에 미치는 영향을 나타내는 수학적 관계식들이 필요하게 된다. 이와 같은 관계식들은 적정의 당량점의 pH에 미치는 인자들을 나타내는 것이기도 하다

먼저, 약한 1가산을 센 염기로 적정할 때를 생각해 보자. 이 산은 다음과 같이 이온화한다

$$HA \rightleftharpoons H^+ + A^- \tag{4.42}$$

적정하는 동안의 pH를 계산하는 데 고려해야 할 평형관계(이온 세기 효과는 무시)는, 산과 물에 관한 평형상수식이다.

$$\frac{[H^+][A^-]}{[HA]} = K_A \tag{4.43}$$

$$[H^+][OH^-] = K_W \tag{4.44}$$

약한 산이 센 염기로 적정될 때 일어나는 중화 반응은 다음과 같다

$$HA + B^+ + OH^- \rightarrow B^+ + A^- + H_2O \tag{4.45}$$

여기서 B^+는 센 염기에 결합되어 있는 양이온을 나타낸다. NaOH나 KOH와 같은 센 염기들은 용액 속에서 완전히 이온화하여 Na^+와 K^+는 양이온으로 존재한다. 용액이 전기적 중성을 유지하기 위해서는, 양이온들의 전하에 몰 농도를 곱한 것의 합이 음이온들에 대한 값들의 합과 같아야 한다. 이때 전하수지는

$$[H^+] + [B^+] = [A^-] + [OH^-] \tag{4.46}$$

약한 1가산을 센 염기로 적정하는 동안 $[H^+]$는 식 (4.43), (4.44), 그리고 (4.45)의 연립 방정식을 풀어 구할 수 있다

센 산-센 염기 적정에 사용된 방법이 여기서도 그대로 적용될 수 있다. C_0 및 V_0가 각각 약한 산의 몰농도 및 초기부피이고 C 및 V가 첨가된 센 염기의 몰 농도 및 부피라고 하면 다음과 같은 관계식이 성립한다.

약한 산의 질량수지는

$$[HA] + [A^-] = \frac{C_0 V_0}{V_0 + V} \tag{4.47}$$

센 염기의 양이온에 대한 질량수지는

$$[B^+] = \frac{CV}{V_0 + V} \tag{4.48}$$

또한, 약한 산에 대한 질량수지 및 평형관계를 조합하여 다음과 같은 식을 정의할 수 있다.

$$\alpha_o = \frac{[\mathrm{HA}](\mathrm{V}_0 + \mathrm{V})}{C_0 V_0} = \left(1 + \frac{K_\mathrm{A}}{[\mathrm{H}^+]}\right)^{-1} \tag{4.49}$$

$$\alpha_1 = \frac{[\mathrm{A}^-](V_0 + V)}{C_0 V_0} = \left(1 + \frac{[\mathrm{H}^+]}{K_\mathrm{A}}\right)^{-1} \tag{4.50}$$

전하수지는 다음과 같이 표현된다.

$$\frac{CV}{V_0 + V} + [\mathrm{H}^+] = [\mathrm{OH}^-] + \alpha_1\left(\frac{C_0 V_0}{V_0 + V}\right) \tag{4.51}$$

위 식들을 다시 정리하면

$$\frac{CV}{C_0 V_0} = f = \alpha_1 + \left(\frac{K_\mathrm{W}}{[\mathrm{H}^+]} - [\mathrm{H}^+]\right)\left(\frac{V_0 + V}{C_0 V_0}\right) \tag{4.52}$$

식 (4.52)는 적정곡선을 그리는 데 사용할 수 있다. 여기서도 예제 4.7부터 4.15까지 사용된 단순화 가정들과 유사한 가정을 사용할 수 있다.

예제 4.19

0.01 M 아세트산 500 mL를 0.5 M의 NaOH로 적정한다. 사용된 적정용액의 부피에 대한 pH를 계산으로 구하여라. 활동도 보정은 무시한다.

해답

적정을 시작할 때 이 문제는 예제 4.2 및 4.7과 같다. 예제 4.7에서 $[\mathrm{H}^+]$는 $[\mathrm{OH}^-]$보다 매우 크다고 가정하고, 2차 방정식의 근의 공식을 이용하여 계산한 평형 pH는 3.38이였다.

0.5 M NaOH 1 mL가 첨가된 후, $f = 0.1$이고 V_0에 비하여 V를 무시하면 식 (4.52)는 다음과 같다.

$$0.1 = \alpha_1 + \left(\frac{K_\mathrm{W}}{[\mathrm{H}^+]} - [\mathrm{H}^+]\right)\left(\frac{1}{0.01}\right)$$

$[\mathrm{H}^+]$가 $[\mathrm{OH}^-]$보다 훨씬 크다는 점을 인정하면, 다음 방정식이 전개될 수 있다.

$$0.001 = 0.01\alpha_1 - [\mathrm{H}^+]$$

이 식을 전개하여 정리하면

$$[\mathrm{H}^+]^2 + 1.02\times10^{-3}[\mathrm{H}^+] - 1.62\times10^{-7} = 0$$

2차 방정식의 근의 공식을 이용하면 pH는 3.87이다.

0.5 M NaOH 10 mL가 가해질 때, $f = 1$이고 당량점에 도달된다. 여기서 용액은 0.01 M의 아세트산나트륨 용액으로 생각될 수 있다. 예제 4.9의 경우와 같이 $[\mathrm{OH}^-]$가 $[\mathrm{H}^+]$보다 크다고 가정할 수 있고, 식 (4.52)는 다음과 같이 된다.

$$0.0098 = 0.0098\alpha_1 + \frac{K_W}{[H^+]}$$

$[H^+]$에 대한 위 방정식을 풀면 pH가 8.37이다,.

다른 부피의 0.5 M NaOH와 연관된 pH값은 유사하게 계산될 수 있다. 이렇게 계산한 결과를 다음의 표에 요약하였다.

V(mL)	f	pH
0.0	0.0	3.38
1.0	0.1	3.87
2.5	0.25	4.37
5.0	0.5	4.75
7.5	0.75	5.22
9.0	0.9	5.70
10	1.0	8.37
10.1	1.01	10.0
11	1.1	11.0
12	1.2	11.3
20	2.0	12.0

예제 4.19에 근사식을 사용하면 계산은 더욱 단순화될 수 있다. 이것은 C_0 mol/L의 약한 산 HA용액을 센 염기 $B^+ + OH^-$로 적정하는 동안 초기, 중간점, 당량점의 pH 계산으로 나누어 설명하였다.

적정의 초기 초기에 용액은 약한 산만을 포함하고 있다. 즉 $[B^+] = 0$, 그리고 pH는 낮아서 $[OH^-] \ll [H^+]$이다. 그러므로 전하수지 [식 (4.46)]으로부터, $[H^+]$와 $[A^-]$는 거의 같은 것을 알 수 있다.

$$[H^+] \cong [A^-] \tag{4.53}$$

식 (4.43)의 $[A^-]$에 $[H^+]$를 대입하고, $[H^+]$에 대하여 풀면

$$[H^+] \cong \sqrt{K_A[HA]} = \sqrt{K_A(C_0 - [A^-])} \tag{4.54}$$

대부분의 경우, 적정의 초기에는 $[A^-] \ll C_0$이므로, 다음과 같은 근사식을 이용할 수 있다.

$$[H^+] \cong \sqrt{K_A C_0} \tag{4.55}$$

이로부터 pH는

$$\mathrm{pH} = -\log[\mathrm{H}^+] \cong -\frac{1}{2}\log K_A - \frac{1}{2}\log C_0$$

또는

$$\mathrm{pH} \cong \frac{1}{2}(\mathrm{p}K_A - \log C_0) \tag{4.56}$$

예제 4.20

아세트산 0.01 M(600 mg/L)용액의 pH를 계산하여라.

해답

식 (4.56)의 근사법에 의하여

$$\mathrm{pH} \cong \frac{1}{2}(\mathrm{p}K_A - \log C_0) = \frac{1}{2}(4.74 + 2) = 3.37$$

검산 : $[\mathrm{Ac}^-] = [\mathrm{H}^+] = 0.0004 \ll 0.01$. 그러므로 이 근사법은 타당하다(약한 산의 경우, 근사법이 타당성을 가지기 위해서는, $[\mathrm{H}^+]$가 산의 몰 농도보다 아주 작아야 한다. 염기에 대하여도 이와 유사한 조건이 적용된다).

예제 4.21

0.01 M 인산 용액의 pH를 계산하여라.

해답

식 (4.56)의 근사법으로부터

$$\mathrm{pH} \cong \frac{1}{2}(\mathrm{p}K_A - \log C_0) = \frac{1}{2}(2.12 + 2) = 2.06$$

검산 : $[\mathrm{H_2PO_4^-}] = [\mathrm{H}^+] \cong 0.01 = C_0$ 그러므로 이 근사식은 맞지 않는다.

식 (4.54)를 이용하여 보다 나은 근사식을 만들어보자.

$$[\mathrm{H}^+] = [\mathrm{H_2PO_4^-}] = \sqrt{K_A((0.01) - [\mathrm{H_2PO_4^-}])}$$

$$[\mathrm{H_2PO_4^-}]^2 = (7.5\times10^{-5}) - (7.5\times10^{-3})[\mathrm{H_2PO_4^-}]$$

$$[\mathrm{H_2PO_4^-}] = \frac{-7.5\times10^{-3} \pm \sqrt{(7.5\times10^{-3})^2 + 4(7.5\times10^{-5})}}{2}$$

$$= 5.7\times10^{-3}\,\mathrm{mol/L}$$

$$[\mathrm{H}^+] = [\mathrm{H_2PO_4^-}] = 5.7\times10^{-3}\,\mathrm{mol/L}$$

$$\mathrm{pH} = 2.25$$

식 (4.56) 근사법을 사용했을 때의 pH의 오차는 0.2였다. 그러나 식 (4.54) 근사법을 이용했을 때는 pH 오차가 0.01 이하로 된다.

적정의 중간점 적정이 진행됨에 따라 식 (4.45)에 나타낸 바와 같이, $[A^-]$는 증가하고 [HA]는 감소한다. 중화가 50% 완료되면, $[B^+] \cong \frac{1}{2}C_0$ 이며, 또 $[B^+]$와 $[A^-]$의 농도가 중요하게 된다. 그러므로 $[H^+] \ll [B^+]$이고, $[OH^-] \ll [A^-]$이다.
따라서 전하수지[식 (4.46)]로부터

$$[B^+] \cong [A^-] \cong \frac{1}{2}C_0 \tag{4.57}$$

또한

$$[HA] + [A^-] = C_0$$

$$[HA] \cong \frac{1}{2}C_0$$

식 (4.43)에 $[HA]$와 $[A^-]$의 값을 대입하면,

$$\frac{[H^+]\left(\frac{1}{2}C_0\right)}{\frac{1}{2}C_0} \cong K_A$$

그러므로

$$[H^+] \cong K_A \tag{4.58}$$

그리고

$$pH \cong pK_A \tag{4.59}$$

식 (4.59)는 이온화상수를 pK_A의 형태로 나타낸 것이다. pK_A는 약한 산의 반이 중화되었을 때 나타낼 pH를 가리킨다. 약한 산일수록 pK_A값은 높아지며, 따라서 중화의 중간점에서의 pH도 높아진다.

적정의 당량점 적정의 당량점에서는, 첨가된 염기의 당량과 최초 용액$(f = 1)$중의 산의 당량은 같다. 즉, $[B^+] = C_0$. 또한 대체로 pH도 충분히 높아서 $[H^+] \ll [OH^-]$이다. 그러므로 전하수지[식 (4.46)]로부터,

$$C_0 \cong [A^-] + [OH^-] \tag{4.60}$$

그리고

$$C_0 - [A^-] \cong [OH^-]$$

그러나

$$C_0 - [A^-] = [HA]$$

따라서

$$[HA] \cong [OH^-] = \frac{K_W}{[H^+]} \tag{4.61}$$

식 (4.43)에 식 (4.61)을 대입하면,

$$\frac{1}{[H^+]} = \left[\frac{[A^-]}{K_W\,K_A}\right]^{1/2} \tag{4.62}$$

적정의 종말점에서는 $[A^-] \cong C_0$이므로, 당량점의 pH는 다음과 같은 근사법으로 구할 수 있다.

$$pH \cong \frac{1}{2}(\log C_0 + pK_A + pK_W) \tag{4.63}$$

이 식은 당량점의 pH가 산의 농도뿐만 아니라 평형상수에도 의존하고 있음을 의미한다. 흔히 실제 분석에서는 넓은 농도 범위에서 충분한 정확도를 가진 결과를 주는 적정의 당량점 pH를 선정할 수 있다. 그렇지 않은 경우에는, 농도의 개념을 적용하여야 가장 적합한 당량점의 pH를 선정할 수 있게 된다. 식 (4.63)은 약한 산일수록 그리고 그 농도가 높을수록, 당량점의 pH가 높아지는 것을 증명하고 있다.

약한 염기를 센 산으로 적정하는 경우에도, 약한 산에 대해서 사용한 동일한 방식을 이용하여 여러 점에서의 pH를 구할 수 있다. 약한 염기의 적정은 산의 적정과 거울상 관계에 있으며, 산의 적정에 대한 식들에 pH 대신 pOH를, pK_A 대신 pK_B를 대입하여 적용한다. 약한 산과 약한 염기의 적정에 대한 pH의 근사식들을 정리하면 다음과 같다.

약한 산을 센 염기로 적정할 때

적정의 초기	$pH \cong \frac{1}{2}(pK_A - \log C_0)$	(4.56)
적정의 중간점	$pH \cong pK_A$	(4.59)
적정의 당량점	$pH \cong \frac{1}{2}(\log C_0 + pK_A + pK_W)$	(4.60)

약한 염기를 센 산으로 적정할 때

적정의 초기	$pH \cong pK_W - \frac{1}{2}pK_B + \frac{1}{2}\log C_0$	(4.64)
적정의 중간점	$pH \cong pK_W - pK_B$	(4.65)
적정의 당량점	$pH \cong \frac{1}{2}(pK_W - pK_B - \log C_0)$	(4.66)

이온화 상수가 약 10^{-7} 이하이거나 pK 값이 7 이상인 약한 산과 약한 염기의 적정의 당량점에서의 변곡점은 명확하게 나타나지 않으므로 정확히 찾아내기 어렵다.

이와 같은 사실은 그림 4.8에서 이온화 상수가 크게 차이가 나는 세 가지의 약한 산들에 대한 적정곡선들로부터 이해할 수 있다. 아세트산 용액의 초기의 pH는 약 3이다. 센 염기로 적정을 하면, pH는 약 7까지 천천히 상승하고 그 다음 pH 10에 도달하기까지는 급격하게 상승한다. 당량점은 대체로 pH 8과 9 사이의 곡선이 급하게 상승하는 부분 속에 있게 된다. 탄산(carbonic acid)의 경우, 이온화 상수가 10^{-7}으로 아세트산의 10^{-5}보다 훨씬

적으며, 따라서 초기의 pH도 훨씬 높다. 또 같은 이유로 중간점과 당량점의 pH도 훨씬 높다. 탄산의 적정시의 pH는 8이 될 때까지는 급격한 변화가 없다. 실제로 흔히 접하는 농도에서, 이온화 상수가 10^{-7}보다 큰 약한 산들은 모두 pH 8.5 부근에서 곡선의 변곡점, 즉 당량점을 나타낸다. 탄산은 제2 이온화 상수를 가지므로 pH 8.5에서 적정곡선이 수직선으로부터 오른쪽으로 꺽이게 된다. 이와 같은 다가 약산의 적정곡선은 인산의 예에 자세히 설명되어 있다.

붕산(boric acid)은 이온화 상수가 10^{-7}이하인, 아주 약한 산의 좋은 보기이다. 이 산은 pH가 11 정도에 도달하기 전에는 완전히 중화되지 않는다. 붕산의 적정곡선을 보면, 이 pH에서의 변곡점을 찾아내기가 매우 어려우며, 적정으로 붕산의 농도를 정확히 측정하는 것은 불가능한 것을 알 수 있다.

인산의 적정곡선은 한 개 이상의 측정 가능한 수소 이온(양성자)을 생성하는 약한 다양성자산 산(polyprotic acid)이 적정과정에서 나타내는 거동을 잘 보여주는 좋은 보기이다. 그림 4.8에서, 인산의 제1단계 이온화는 센 산의 경우와 유사하며, 수소 이온은 염기를 충분히 가해주어 pH가 4 정도에 도달할 때 중화된다. 제 2단계 이온화에서 생성된 수소 이온은 pH가 8.5 정도까지 상승되어야 중화된다. 세 번째 수소 이온을 생성하는 인산의 제3단계 이온화 (K_{A3}=4.8×10^{-13})는 탄산의 제 2단계의 이온화와 마찬가지로, 보통의 적정으로는 측정할 수 없다. 다양성자산의 적정과정의 pH 계산은 반드시 각 단계의 이온화에 대한 평형 관계를 동시에 고려하여야만 정확하게 풀 수 있으므로, 1가 산에 대한 것보다 훨씬 복잡해진다. 자세한 설명을 하기에 앞서, 각 단계의 이온화에 대한 당량점의 pH는 이온화에 대한 pK_A와 그 다음 단계 이온화에 대한 pK값의 평균과 대략적으로 같다는 것을 지적해 둘 필요가 있다. 예로, 인산의 경우 pK_{A1}=2.12, pK_{A2}=7.21이며, 제 1단계와 제2단계의 사이의 당량점의 pH는 (2.12 + 7.21)/2, 즉 4.67이 된다.

그림 4.9는 약한 염기들의 전형적인 적정곡선들을 나타낸 것이다. 실제 흔히 다루게 되는 농도에서 이온화상수가 10^{-7}보다 큰 약한 염기들은 pH 4 또는 이보다 높은 pH에서 당량점이 나타난다. 탄산 나트륨이나 아세트산 나트륨과 같은 센 염기와 약한 산의 염들은 알칼리성이며, 적정과정에서 염기와 같은 거동을 나타낸다(그림 4.9 참조). 이런 점들을 고려하면, 이들의 이온화는 아래 아세트산 이온에 대하여 보인 것과 같이 일어나는 것으로 생각할 수 있다.

$$CH_3COO^- + H_2O \rightleftharpoons CH_3COOH + OH^-$$

그리고 평형상수식은 다음과 같이 된다.

$$\frac{[OH^-][CH_3COOH]}{[CH_3COO^-]} = K_B$$

K_B는 K_W/K_A와 같으며, 여기서 K_A는 아세트산의 이온화상수이다. 또한 약한 산과 센 염기로부터 생성된 염의 pK_B는 $pK_W - pK_A$와 같다. 이와 같은 정의로부터 약한 염기의 적정에 대한 식 (4.64)부터 식 (4.66)까지를 이용하여, 약한 산의 염을 적정하는 동안 변화하는 pH를 구할 수 있다. 약한 산의 염들에 대한 적정곡선은 단순히 산의 적정곡선을 반대로 놓은 것과 같으며, 산의 적정곡선과 거울상의 관계에 있다. 이것은 아세트산과 탄산의 적정곡선(그림 4.8), 그리고 그 염인 아세트산 나트륨과의 중탄산 나트륨 적정곡선(그림 4.9)을 비교해 보면 쉽게 알 수 있다.

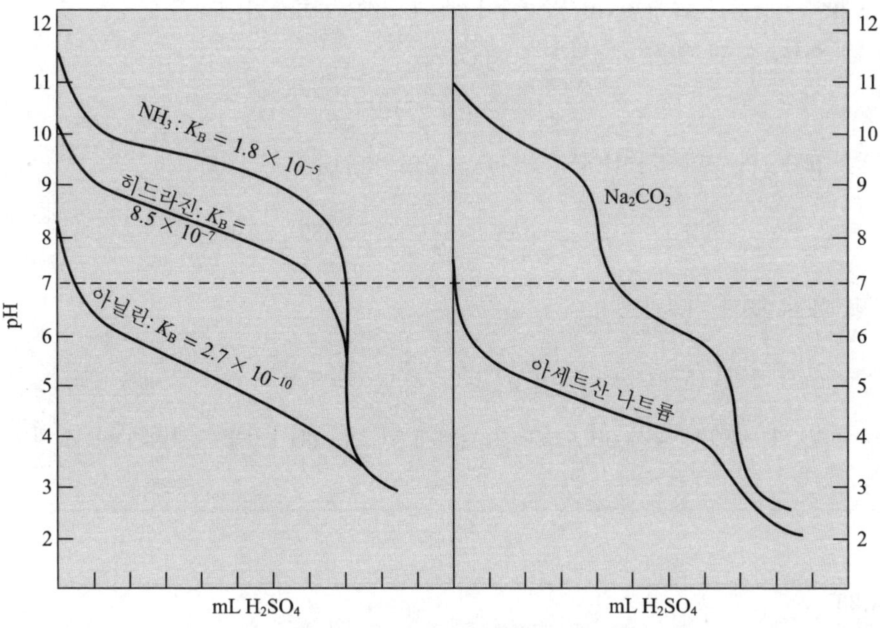

⇧ **그림 4.9** 약한 염기와 약한 산의 염에 대한 적정곡선

탄산 나트륨의 적정곡선은 두 단계로 이온화하는 염기의 특성을 나타내고 있다. 이 용액의 초기 pH는 아주 높으며, 센 산으로 적정하는 동안 두 단계로 중화반응이 일어난다. 센 산을 가하면, pH 약 8.5에서 미미한 변곡점을 나타내면서 pH가 점차 감소된다. 이 점은 CO_3^{2-}가 HCO_3^-로 전환되는 당량점을 해당한다.

$$CO_3^{2-} + H^+ \rightarrow HCO_3^-$$

산을 더 가하면 pH가 약 5가 될 때까지 감소한다. 그 다음 곡선은 pH 4.5인 변곡점을 지나게 된다. 이점은 HCO_3^-가 H_2CO_3로 전환되는 당량점이다.

$$HCO_3^- + H^+ \rightarrow H_2CO_3$$

예제 4.22

H_2S 34 mg/L(0.001 M)을 포함하고 있는 용액을 NaOH용액으로 적정한다. 이 산의 제 1단계 이온화에 대한 초기의 pH, 중간점의 pH 및 당량점의 pH를 계산하여라.

해답

초기의 pH는 식 (4.56)의 근사법을 이용하여,

$$\text{pH} \cong \frac{1}{2}(\text{p}K_\text{A} - \log C_0) = \frac{1}{2}(7.04 + 3.0) = 5.02$$

검산 : $[\text{H}^+] = [\text{HS}^-] = 10^{-5} \ll 10^{-3}$, 따라서 이 근사법은 타당하다.

중간점의 pH는 식 (4.59)의 근사법을 이용하여

$$\text{pH} \cong \text{p}K_{\text{A1}} = 7.04$$

당량점의 pH는 이 산이 2가 산이므로, 다음과 같이 하여 구할 수 있다.

$$\text{pH} \cong \frac{1}{2}(\text{p}K_{\text{A1}} + \text{p}K_{A2}) = \frac{1}{2}(7.04 + 12.89) = 9.97$$

이 값을 식 (4.63)과 비교하면

$$\text{pH} \cong \frac{1}{2}(\log C_0 + \text{p}K_\text{A} + \text{p}K_\text{W}) = \frac{1}{2}(-3 + 7.04 + 14) = 9.02$$

적정을 하면 pH 9.97에 앞서 pH 9.02에 도달하게 되므로, pH 9.0을 당량점의 pH로 사용하여도 좋다.

예제 4.23

10^{-4} mol/L의 프로피온산 나트륨을 포함하고 있는 용액을 H_2SO_4로 적정할 때 초기, 중간점 및 당량점의 pH를 계산하여라.

해답

프로피온산 나트륨은 약한 산(CH_3CH_2COOH)과 센 염기(NaOH)의 염이므로, 약한 염기처럼 작용한다.

$$\text{p}K_\text{B} = \text{p}K_\text{W} - \text{p}K_\text{A} = 14 - 4.89 = 9.11$$

초기 pH는 식 (4.64)로부터

$$\text{pH} \cong \text{p}K_\text{W} - \frac{1}{2}\text{p}K_\text{B} + \frac{1}{2}\log C_0 = 14 - \frac{1}{2}(9.11) + \frac{1}{2}(-4) = 7.45$$

중간점의 pH는 식 (4.65)로부터,

$$\text{pH} \cong \text{p}K_\text{W} - \text{p}K_\text{B} = 14 - 9.11 = 4.89$$

당량점의 pH는 식 (4.66)을 사용하여

$$pH \cong \frac{1}{2}(pK_W - pK_B - \log C_0) = \frac{1}{2}(14 - 19.11 + 4.0) = 4.45$$

검토해 보면 위의 근사식들이 모두 만족할 만하다는 것을 알 수 있다.

적정에 대한 로그 농도 도표 이용 도해법으로도 산-염기 적정시 당량점과 적정 중간의 pH를 구할 수 있다. 그림 4.1을 예로 들어보자. 식 (4.26)부터 식 (4.29)까지의 관계는 적정 과정 중의 모든 점에서 만족되어야 한다. 또한 전하수지도 만족되어야 한다. 즉,

$$[B^+] + [H^+] = [OH^-] + [Ac^-] \tag{4.67}$$

센 염기는 완전히 이온화하므로, NaOH와 같은 1가 염기를 사용하여 적정한다면, $[B^+]$는 가해진 염기의 몰 농도와 같아질 것이다. NaOH를 가하기 전의 초기조건은

$$[H^+] = [OH^-] + [Ac^-] \tag{4.68}$$

산성 조건에서는 $[OH^-]$가 $[OH^+]$에 비하여 아주 작을 것이므로, 식 (4.68)은 다음의 근사식으로 나타낼 수 있다.

$$[H^+] \cong [Ac^-] \tag{4.69}$$

그러므로 용액의 초기 pH는 그림 4.1에서 $[H^+]$ 선과 $[Ac^-]$ 선의 교점에서 근사적으로 구해진다. 그때 pH는 3.2이다. 염기가 가해짐에 따라 $[B^+]$는 $[H^+]$ 또는 $[OH^-]$보다 곧 훨씬 커지게 되어 식 (4.67)은 다음과 같은 근사식으로 나타낼 수 있게 된다.

$$[B^+] \cong [Ac^-] \tag{4.70}$$

그러므로 첨가한 염기의 양에 따라 변화된 pH는 도표에서 식 (4.67)이 만족되는 점에서 구할 수 있다. 적정의 중간점에서는, $[B^+] = \frac{1}{2}C_0 = [Ac^-] = [HAc]$이므로, 중간점은 pK에 위치하게 된다. 마지막으로 당량점에서는 $[B^+] = C_0 = [HAc] + [Ac^-]$로 되므로, 식 (4.67)에 이를 대입하여 다음의 관계를 얻는다.

$$[HAc] + [H^+] = [OH^-] \tag{4.71}$$

염기성 조건이 되면 $[OH^-]$가 $[H^+]$보다 훨씬 커지므로, 당량점의 pH는 [HAc]와 $[OH^-]$ 선의 교점에서 근사적으로 구해진다. 그림 4.1에서 이 당량점은 대략 pH 8.5에서 나타나고 있다.

도해법을 이용하면, 적정의 초기 pH와 중간점 및 당량점이 곡선들이 교점에서 근사적으로 나타나므로 쉽게 구할 수 있게 된다. 약한 산의 농도가 바뀔 때에는 [HAc]의 수평선과

$[Ac^-]$의 곡선을 위 또는 아래로 이동시켜, 이들 여러 점들을 구할 수 있게 된다. 곡선을 위로 이동시키는 것은 약한 산의 농도가 증가하여 초기의 pH가 낮아지고, 당량점 pH가 증가되는 것을 의미한다. 그러나 적정의 중간점 pH는 물론 바뀌지 않는다.

수산화 암모늄의 예(그림 4.2)를 이용하면 약한 염기를 센 산으로 적정할 때의 초기 pH와 당량점은 약한 산을 센 염기로 적정할 때와 같음을 알 수 있다. 0.01 M 수산화 암모늄 용액의 초기 pH는 $[NH_4^+]$와 $[OH^-]$선의 교점에서 구하며, 약 10.6이다. 센 산으로 적정할 때의 당량점은 $[NH_3]$와 $[H^+]$선의 교점에서 구하며, 약 5.7이다.

그림 4.4와 4.5는 두 종류의 약한 산 용액 속에 존재하는 종들에 미치는 pH의 영향을 설명하고 있다. 예로, 탄산 하나만에 의한 pH는 $[HCO_3^-]$와 $[H^+]$의 선들의 교점에서 근사적으로 구해진다. 이 용액을 NaOH로 적정하면, 두 개의 당량점이 나타나게 된다. 첫 당량점은 0.01 M의 Na^+의 당량이 첨가되어 나타나는 것으로, $[H_2CO_3^*]$와 $[CO_3^{2-}]$선의 교점, 즉 pH 8.3이 된다. 두 번째 당량점은 다시 0.01 M의 Na^+이 첨가된 후에 도달하게 되며, 대략 $[OH^-]$와 $[HCO_3^-]$의 선의 교점, 즉 pH 11.1에서 나타나게 된다. 적정 도중의 여러 지점에서의 pH는 다음 전하수지식이 만족되는 점들에서 구한다.

$$[Na^+]+[H^+]=[HCO_3^-]+2[CO_3^{2-}]+[OH^-]$$

적정 도중 각 종의 농도를 계산으로 구하려면, 시행 오차법을 사용해야 하며, 이때 로그 농도 도표를 이용하면 대단히 편리하다.

더욱 복잡한 문제도 로그 농도 도표를 이용하여 풀 수 있다. 0.1 M의 수산화 암모늄과 0.1 M의 아세트산이 용해된 것을 나타내는 그림 4.3을 고려하여 보자. 이 도표에 의해, 센 염기(NaOH) 또는 센 산(HCl)의 첨가에 의하여 pH가 변화될 때의 여러 가지 종들의 농도를 알 수 있다. 염기 또는 산의 첨가에 의해 생겨나는 각 조건은 일반적으로 다음 전하수지식으로 나타낼 수 있다.

$$[H^+]+[NH_4^+]+[Na^+]=[OH^-]+[CO_3COO^-]+[Cl^-]$$

여기서 $[Na^+]$와 $[Cl^-]$는 각각 첨가된 NaOH와 HCl의 몰 농도를 나타낸다.

아세트산과 수산화 암모늄이 증류수에 첨가된 초기 조건에서, $[Na^+]$와 $[Cl^-]$는 0이며, $[H^+]$와 $[OH^-]$는 $[NH_4^+]$와 $[CH_3COO^-]$에 비하여 대단히 작다. 따라서 초기 pH는 $[NH_3]$와 $[HAc]$선의 교점, 즉 약 7.0이 된다.

여러 종류의 약한 산과 염기들을 포함하는 더 복잡한 계도 같은 방식으로 풀 수 있다. 각각의 물질에 대한 로그 농도 도표를 한 곳에 그리고, 전하수지식을 나타낸 다음, 다른 방정식들과의 조합으로 문제를 푼다. 로그 농도 도표를 직접 이용해가면서 시행 오차법으로 문제를 푸는 것이 가장 빠른 방법이다.

| 4.6 | 완충제

완충제(buffers)는 산 또는 염기가 용액에 가해지거나 용액 내에서 생성될 때, 용액의 **pH가 변화하지 않도록 저항작용을 하는 용액 속의 물질**이라고 정의된다. 실제로 pH를 일정하게 유지하기 위해 완충 용액을 이용하는 경우가 대단히 많다. 완충 용액은 보통 약한 산과 그 염(**짝염기**)의 혼합물 또는 약한 염기와 그 염(**짝산**)의 혼합물로 구성된다. 완충작용의 이해를 위한 기본적인 설명은 앞서 4.5절에서 이미 다룬 바 있다. 그림 4.8과 4.9에 의하면 약한 산이나 약한 염기를 적정할 때, 적정곡선의 기울기는 중간점에서 최소로 되는 것을 알 수 있다. 즉, 이 점에서 가해진 적정액의 부피에 대하여 pH의 변화가 가장 작으며, 따라서 **완충능력**은 이 점에서 가장 크다. 이 중간점에서는 용액 속에 이온화된 산 또는 염기와 이온화되지 않은 산 또는 염기가 같은 농도로 들어있게 된다. 식 (4.59)와 (4.65)에 나타낸 바와 같이, 적정 중간점에서의 pH는 약한 산에 대하여는 pK_A, 약한 염기에 대하여는 pK_W-pK_B와 같다. 그러므로 표 4.1과 4.2에 수록된 pK값들로부터 여러 가지 산과 염기들이 어느 pH에서 가장 효과적인 완충능력을 가지고 있는 지를 알 수 있다.

약한 산과 염기 및 그 염들은 pK값 부근의 pH에서 완충제로서 가장 효과적이지만, 산대 염 또는 염기대 염의 상대적인 농도를 변화시킴으로써 pK값의 ± 1 pH 단위 범위 내에서도 효과적으로 완충능력을 나타낼 수 있다. 약한 산에 대한 평형상수식을 예를 들어 이에 대하여 설명한다(활동도 보정은 생략).

$$K_A = \frac{[H^+][A^-]}{[HA]}$$

이 식을 변형하여 다시 쓰면,

$$\frac{1}{[H^+]} = \frac{1}{K_A}\frac{[A^-]}{[HA]}$$

따라서

$$pH = pK_A + \log\frac{[\text{염}]}{[\text{산}]} \tag{4.72}$$

식 (4.72)는 약한 산과 그 염으로 만들어진 완충 용액의 pH가 그 산과 염의 농도 비에 의존함을 뜻한다. 따라서 약한 산과 그 염의 용액은 농도 비가 항상 같게 유지되는 한, 농도에 관계없이 일정한 pH를 가진다. 그러나 완충능력의 관점에서 보면, 산과 염의 실제농도가 높을수록 산 또는 염기의 첨가된 양에 대하여 변화되는 수치는 더욱 작아지게 되며, 완충 작용은 더욱 효과적으로 된다.

식 (4.72)는 약한 산과 짝염기(활동도 보정은 무시)에 대한 평형 조건, 질량수지, 전하수지, 그리고 첨가된 약한 산 및 짝염기의 농도가 $[H^+]$ 및 $[OH^-]$ 농도보다 매우 높다는 가정들을 조합하여 얻어진 것임을 알 수 있다. 따라서 식 (4.72)는 진한 완충 용액의 좋은 예이다.

인산의 제 2단계 이온화 반응에 대한 p*K*값은 7에 아주 가까우므로(7.21), 인산염들은 중성 부근의 pH를 가진 완충 용액을 만드는 데에 대단히 유용한 화합물이다. 이들은 분석화학에서 흔히 사용한다. 환경공학에서는 특히 생화학적 산소 요구량(BOD)을 측정할 때 중성의 pH를 유지하기 위해 인산염을 사용하고 있다. 산으로 제1인산 칼륨(KH_2PO_4) 그리고 이 산에 대한 염기로는 제2인산 칼륨(K_2HPO_4)과 제2인산 나트륨(Na_2HPO_4)의 두가지가 사용된다. 이 염들은 용액 속에서 이온화하여 다음과 같은 평형을 이룬다.

$$H_2PO_4^- \rightleftharpoons H^+ + HPO_4^{2-}$$

자연수의 완충능력은 대부분 탄산과 탄산염에 의한 것이지만, 알칼리도의 측정 목적은 수용액중의 모든 산들과 그 염들에 의한 완충능력을 측정하기 위한 것이라는 사실을(제18장 참조) 유의할 필요가 있다. 이 사실은 특히 산업폐수의 분석에 있어 중요하다. 산업폐수의 완충능력을 평가하는 최적의 방법은 산이나 염기의 표준 시약을 사용하여, 전위차 적정으로 하는 방법이다. 적정량과 pH 사이의 관계를 그린 곡선으로부터 완충능력과 그 완충제가 특히 효과적인 pH 범위를 알 수 있다.

완충능력은 생물학적 처리의 대상이 되는 폐수의 중요한 특성이다. 예로 당과 같은 중성 화합물의 산화에서는 중간체로 각종 유기산들이 생성된다. 이때 만일 완충능력이 불충분하면, pH가 낮아져 박테리아의 활동을 저해하게 된다. 그 한 예로, 폼알데하이드(formaldehyde)가 포함된 경우 수분 내에 pH가 4.5까지 저하되며, 완충제가 적당한 첨가되지 않으면 처리공정은 기능을 상실한다. 혐기성 소화공정에서 슬러지로부터 메탄을 생성하는 초기 단계는 완충능력이 부족하면 방해를 받는다. 혐기성 공정에서 유기산이 다량으로 생성되는 경우 pH 조건을 유지시키기 위하여 소화조에 석회(lime)를 투입하는 방법이 자주 이용되고 있다. 석회는 이산화 탄소와 물과 반응하여 탄산염인 중탄산 칼슘(calcium bicarbonate)을 생성한다. 그러므로 탄산과 그 염의 완충 작용에 대한 이해는 소화조의 제어에 아주 중요하다.

암모니아를 산화시키면 아질산과 질산이 생성된다. 이 때 질산화 박테리아의 활동에 적합한 환경을 유지시키기 위해서는 이들 산은 중화되어야 한다. 물고기가 죽는 것과 같은 환경에 대한 악영향을 방지하기 위해서는 자연수에 유입되는 산성비가 중화되어야 한다. 먹는물의 염소소독시 염소와 암모니아가 반응하여 생성되는 산 역시 중화되어야 한다. 자연수 중의 중탄산염(bicarbonate)은 다른 염 및 약산과 더불어 이와 같은 중요한 역할을 한다. 만일 이들 중탄산염의 양이 불충분한 경우에는, 석회나 수산화 나트륨과 같은 알칼리성 물질을 넣어주어 적절한 pH를 유지하도록 한다.

예제 4.24

0.01 M 아세트산과 0.01 M의 아세트산 나트륨을 포함한 완충 용액의 pH를 계산하여라. 그 다음 첨가된 HCl이 0.001 M인 용액의 pH를 계산하여라.

해답

식 (4.72)에서

$$\mathrm{pH} = \mathrm{p}K_\mathrm{A} + \log\frac{[0.01]}{[0.01]} = 4.74 + 0 = 4.74$$

첨가된 HCl이 모두 해리된다고 가정하면, 식 (4.72)는 다음과 같이 된다.

$$\mathrm{pH} = 4.74 + \log\frac{(0.01 - 0.001)}{(0.01 + 0.001)} = 4.74 - 0.09 = 4.65$$

이 용액에 대하여 전하수지를 사용하면 위의 답이 옳은 것을 알 수 있다.

4.7 완충값

용액의 완충능력은 **완충값**(buffering index, 때로는 **완충 세기**라고도 함) β에 의하여 정량적으로 나타낸다. 완충값 β는 적정에서 가한 센 염기의 몰수(C_B) 또는 센 산의 몰수(C_A)의 기울기로 정의된다.

$$\beta = \frac{dC_\mathrm{B}}{d\mathrm{pH}} = -\frac{dC_\mathrm{A}}{d\mathrm{pH}} \tag{4.73}$$

완충값은 pH에 일정한 변화를 일으키는 데 필요한 산 또는 염기의 몰 수를 뜻한다. β는 적정곡선으로부터 쉽게 결정될 수 있으나, 용액의 조성이 알려져 있는 경우에는 계산으로도 구할 수 있다. 예로, 농도가 C_T인 1가 산의 용액에 대하여는, 식 (4.28)과 (4.29)를 적용한다. 만일 이 용액에 C_B 몰의 염기가 첨가되면, 식 (4.67)의 전하수지가 만족되어야 한다. 즉

$$C_\mathrm{B} + [\mathrm{H}^+] = [\mathrm{OH}^-] + [\mathrm{A}^-] \tag{4.74}$$

식 (4.28)과 (4.29)를 위 식과 조합하면,

$$C_\mathrm{B} = \frac{K_\mathrm{W}}{[\mathrm{H}^+]} - [\mathrm{H}^+] + \frac{C_T K_\mathrm{A}}{K_\mathrm{A} + [\mathrm{H}^+]} \tag{4.75}$$

또한
$$\frac{dC_B}{dpH} = \frac{dC_B}{d[H^+]}\frac{d[H^+]}{dpH} \tag{4.76}$$

그리고
$$pH = -\log[H^+] = -\ln[H^+]/2.303$$

따라서
$$d[H^+]/dpH = -2.303[H^+]$$

그리고
$$\beta = dC_B/dpH = -2.303[H^+](dC_B/d[H^+]) \tag{4.77}$$

식 (4.75)의 C_B를 $[H^+]$에 대하여 미분하고, 식 (4.77)에 대입하면

$$\beta = 2.303\left[\frac{K_W}{[H^+]} + [H^+] + \frac{C_T K_A [H^+]}{(K_A + [H^+])^2}\right] \tag{4.78}$$

따라서 주어진 완충 용액의 pH와 약한 산과 그 짝염기의 몰 농도를 알면, 완충값은 식 (4.78)에 이 값들을 직접 대입하여 구할 수 있게 된다. 약한 염기의 경우에는, 식 (4.78)에서 K_A 대신에 K_W/K_B를 대입하면 된다. 다양성자산이나 염기들의 β를 구하는 계산방법도 알려져 있다.[6),7)]

예제 4.25

0.2 mol/L의 아세트산과 0.1 mol/L의 아세트산 이온을 가하여 완충용액을 만들었다. 용액의 pH는 NaOH를 가하여 5.0으로 조정하였다. pH를 5.1로 올리기 위해서는 몇 mol/L의 NaOH가 필요한가?

해답

$$C_T = 0.2 + 0.1 = 0.3\ \text{mol/L}$$
$$[H^+] = 10^{-5}$$

식 (4.78)로부터

$$\beta = 2.303\left[\frac{10^{-14}}{10^{-5}} + 10^{-5} + \frac{0.3(1.8\times10^{-5})(10^{-5})}{(1.8\times10^{-5}+10^{-5})^2}\right]$$
$$= 0.16\text{mol/L}(\text{단위 pH당 염기의 양})$$

필요한 NaOH $= (5.1-5.0)(0.16) = 0.016\ \text{mol/L}$

---

6) J. N. Butler, "Ionic Equlibrium," Adddison-Wesley, Reading, MA., 1964.
7) W. Stumm and J. J. Morgan, "Aquatic Chemistry," 3rd ed., Wiley-Intersience, New York, 1996.

| 4.8 | 착물형성

착물의 일반적인 명명법과 착물 형성에 대한 기본개념은 2.13절에서 설명하였다. 또 염의 용해도에 미치는 착물 형성의 영향에 대하여는 4.9절에서 설명한다. 대부분의 금속들은 여러 가지 리간드들과 착물을 형성하여, 양전하 또는 음전하를 띤 종으로 되거나 중성의 종으로 된다. 금속 착물들은 전하의 크기, 형상 및 이동도(mobility)가 각각 서로 다르기 때문에 그 화학적인 성질도 각기 서로 다르다. 일반적으로 금속은 자유금속(free metal)일 경우 독성이 가장 크지만 착물을 형성하면 독성이 더 강해지는 것들도 있다. 일부 착물은 미생물에 대한 영양금속의 이용성을 감소시키기도 하며, 또 어떤 것들은 화학적인 응집, 활성탄 흡착과 이온교환으로 쉽게 제거되는 것들도 있다. 착물 생성의 지식은 자연수계에서의 금속의 거동을 이해하는 데 도움이 되며, 또한 금속의 제거를 위한 처리 시스템을 설계할 때 큰 도움이 된다.

단핵 착물

단핵 착물(mononuclear complex)은 하나의 중심 금속 이온에 여러 개의 중성 또는 음이온성 리간드들이 결합되어 이루어진 것이다. 중심 이온과 리간드의 한 지점만 결합된 것을 **한자리 리간드**(monodentate ligands)라고 한다. 이 중심 이온에 결합되어 있는 리간드의 수를 **배위수**(coordination number)라고 부른다. 용액 속의 금속 이온들은 착물 상태로 있지 않은 것은 없으며, 이들은 항상 용매 분자들과 결합되어 있다. 그러므로 Cu^{2+}는 수용액 속에서 수화된 $Cu(H_2O)_6^{2+}$로 존재하며, Al^{3+}는 $Al(H_2O)_6^{3+}$로 존재한다. 수용액 속에서 생성되는 다른 착물들은 물 분자가 다른 리간드들로 치환된 것이라고 생각할 수 있다. 따라서 구리의 수산화 착물은 다음과 같이 생성된 것이라고 생각할 수 있다.

$$Cu(H_2O)_6^{2+} + H_2O \rightleftharpoons Cu(H_2O)_5(OH)^+ + H_2O^+$$

쓰기에 편하게 하기 위해, 일반적으로 착물로부터 물 분자를 제외하고 다음과 같이 간략한 식으로 나타낸다.

$$Cu^{2+} + H_2O \rightleftharpoons CuOH^+ + H^+ \tag{4.79}$$

그러나 식 (4.79)는 흔히 다음과 같이 표현된다.

$$Cu^{2+} + OH^- \rightleftharpoons CuOH^+ \tag{4.80}$$

단핵 금속 이온들과 리간드들의 수에 대한 단계적 형성상수(안정도상수)들을 표 4.4에 나타내었다. 표 4.5는 수산화 착물에 대한 값을 나타내고 있으나, 문헌에 따라 그 값이 크

| 표 4.4 여러 가지 리간드와 금속착물의 단계적 형성상수들

리간드	금속이온	상수의 로그값 K_1	K_2	K_3	K_4	출처
Cl^-	Ag^+	3.45	2.22	0.33	0.04	a
	Cd^{2+}	2.0	0.6	−0.2	−0.7	b
	Fe^{2+}	0.36	0.04			a
	Fe^{3+}	1.48	0.65	−1.0		a
	Hg^{2+}	6.72	6.51	1.00	0.97	a
	Pb^{2+}	1.60	0.18	−0.1	−0.3	a
	Zn^{2+}	0.43	0.02	0.05	−0.3	c
F^-	Ag^+	0.4				b
	Al^{3+}	7.0	5.6	4.1	2.4	b
	Cd^{2+}	1.0	0.4			b
	Cr^{3+}	5.2	4.0	2.8		b
	Fe^{3+}	6.0	4.6	3.1		b
	Mg^{2+}	1.82				a
	Pb^{2+}	2.0	1.4			b
CN^-	Cd^{2+}	6.0	5.1	4.6	2.2	b
	Hg^{2+}	17.0	15.8	3.5	2.7	b
	Zn^{2+}	5.7	5.4	5.0	3.5	b
HS^-	Ag^+	14.05	4.4			c
	Cd^{2+}	10.17	6.36	2.18	2.19	c
	Pb^{2+}	15.27	1.3			c
	Zn^{2+}	14.94	1.16			c
HCO_3^-	Ca^{2+}	11.59				b
	Mg^{2+}	11.49				b
CO_3^{2-}	Ca^{2+}	3.2				b
	Cu^{2+}	6.7	3.5			b
	Mg^{2+}	3.4				b
SO_4^{2-}	Ag^+	1.3				a
	Al^{3+}	3.73				a
	Ca^{2+}	2.3				a
	Cd^{2+}	2.3	0.9	−0.5		b
	Cr^{3+}	3.0				b
	Cu^{2+}	2.4				b
	Fe^{2+}	2.3				a
	Fe^{3+}	4.04	1.30			a
	Pb^{2+}	3.7				a
	Zn^{2+}	2.1	1.0			b
NH_3	Ag^+	3.32	3.92			a
	Cd^{2+}	2.51	1.96	1.30	0.79	a
	Cu^{2+}	3.99	3.34	2.73	1.97	a
	Hg^{2+}	8.8	8.7	1	0.78	a
	Ni^{2+}	3.0	2.18	1.64	1.16	a
	Zn^{2+}	2.18	2.25	2.31	1.96	a
아세트산 이온	Ag^+	0.7	−0.1			a
	Cu^{2+}	2.2	1.4			b
	Cd^{2+}	1.9	1.3			b
	Cr^{3+}	5.4	3.0	2.8		b
	Fe^{2+}	1.4				b
	Fe^{3+}	4.0	3.6	2.0		b
	Hg^{2+}	6.1	4.0	4.0	3.5	b
	Pb^{2+}	2.7	1.4			b
	Zn^{2+}	1.6	0.2			b

a. L. S. Sillen and A. E. Mertell, Stability Constants, *Spec. Publs.,* 17, 1964, and **25**, 1971, Chemical Society, London.
b. F. M. M. Morel and J. J. Hering, "Principles and Applications of Aquatic Chemistry," Wiley Interscience, New York, 1993.
c. M. M. Benjamin, "Water Chemistry," McGraw-Hill, New York, 2002.

표 4.5 여러 단핵 수산화 착물에 대한 단계적 형성 상수들

리간드	상수의 로그값*				출처
	K_1	K_2	K_3	K_4	
Ag^+	2.3	1.9			a
Ba^{2+}	0.64				a
Ca^{2+}	1.51				a
	1.15				b
Cd^{2+}	6.08	2.62	−0.32	0.04	a
	3.9	3.7			b
Cr^{3+}	10.0	8.3	5.70	4.6	b
Cu^{2+}	6.0	7.18	1.24	0.14	a
Fe^{2+}	4.5	2.9	3.6		b
Fe^{3+}	11.5	9.3			a
Hg^{2+}	10.3	11.4			a
	10.6	11.2	−0.90		b
Mg^{2+}	2.60				a
Mn^{2+}	3.4				a
	3.4	2.4	1.4	0.5	b
Ni^{2+}	4.0				a
	4.1	4.9	3.0		b
Pb^{2+}	7.82	3.06	3.06		a
	6.3	4.6	3.0		b
Zn^{2+}	4.15	6.00	4.11	1.26	a
	5.0	6.1	2.5	1.2	b

a. L. S. Sillen and A. E. Mertell, Stability Constants, *Spec. Publs.*, **17**, 1964, and **25**, 1971, Chemical Society, London.

b. F. M. M. Morel and J. J. Hering, "Principles and Applications of Aquatic Chemistry," Wiley Interscience, New York, 1993.

게 변하는 것을 알 수 있다. 이 같은 차이는 특히 유기성 리간드에 대해서는 흔한 일이다. 그럼에도 불구하고 상수들이 알려져 있는 경우 주어진 일련의 조건에서 착이온의 농도는 비교적 쉽게 계산해 낼 수 있다. 구리와 암모니아의 착물을 생각해 보자.

$$Cu^{2+} + NH_3 \rightleftharpoons CuNH_3^{2+} \tag{4.81}$$

$$CuNH_3^{2+} + NH_3 \rightleftharpoons Cu(NH_3)_2^{2+} \tag{4.82}$$

$$Cu(NH_3)_2^{2+} + NH_3 \rightleftharpoons Cu(NH_3)_3^{2+} \tag{4.83}$$

$$Cu(NH_3)_3^{2+} + NH_3 \rightleftharpoons Cu(NH_3)_4^{2+} \tag{4.84}$$

식 (4.81)에서 (4.84) 반응에 대한 단계적 평형상수들은

$$\frac{[CuNH_3^{2+}]}{[Cu^{2+}][NH_3]} = K_1 = 9.8 \times 10^3 \tag{4.85}$$

$$\frac{[Cu(NH_3)_2^{2+}]}{[CuNH_3^{2+}][NH_3]} = K_2 = 2.2 \times 10^3 \tag{4.86}$$

$$\frac{[\mathrm{Cu(NH_3)_3^{2+}}]}{[\mathrm{Cu(NH_3)_2^{2+}}][\mathrm{NH_3}]} = K_3 = 5.4 \times 10^2 \tag{4.87}$$

$$\frac{[\mathrm{Cu(NH_3)_4^{2+}}]}{[\mathrm{Cu(NH_3)_3^{2+}}][\mathrm{NH_3}]} = K_4 = 9.3 \times 10 \tag{4.88}$$

수용액 속에서 구리와 암모니아의 여러 가지 착물 형성의 중요성은 로그 농도 도표를 이용하여 가장 잘 설명될 수 있다. 이 도표에서는, 암모니아 리간드를 주변수(master variable)로 취하여 그림 4.10에서와 같이 pNH_3 ($-\log[NH_3]$)를 가로축에 나타낸다. 이 계산은 착물을 형성하고 있지 않은 Cu^{2+}의 농도를 임의의 어떤 일정한 값, 예를 들면 10^{-7} M으로 정하면 아주 간단하게 이루어진다. 농도가 고정되면, 식 (4.85)에서 (4.88)은 로그 농도 도표에서 모두 직선으로 나타나게 된다. 식 (4.85)를 로그 식으로 나타내면,

$$\log[\mathrm{CuNH_3^{2+}}] = \log[\mathrm{Cu^{2+}}] + \log K_1 + \log[\mathrm{NH_3}] \tag{4.89}$$

또는, $\log K_1 = 3.99$, $\log[\mathrm{NH_3}] = -\mathrm{pNH_3}$, 그리고 $\log[\mathrm{Cu^{2+}}] = -7$이므로,

$$\log[\mathrm{CuNH_3^{2+}}] = -3.01 - \mathrm{pNH_3} \tag{4.90}$$

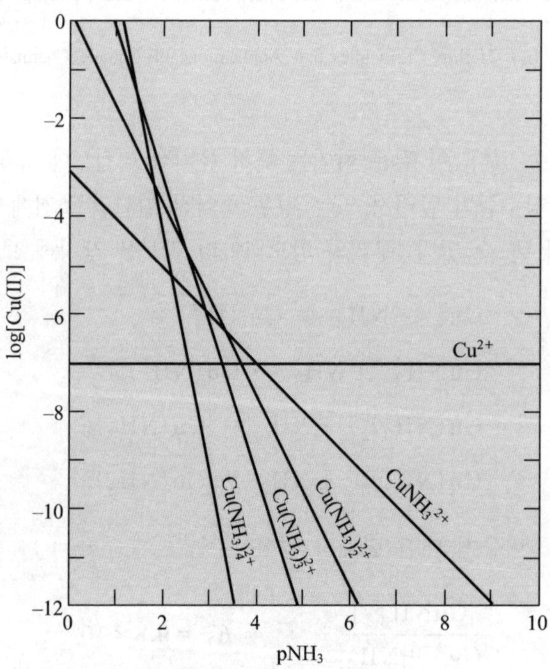

⇧ 그림 4.10 구리의 여러 가지 암모니아 착물의 상대적 농도에 미치는 암모니아 농도의 영향을 나타낸 로그 농도 도표

그림 4.10에서 이 직선의 기울기는 -1이며, $pNH_3 = 0$에서 절편은 -3.01이다. 그 다음 각 착물들에 대한 기울기는 다음 로그식들에서와 같이 음(−)의 값이 점차 커지게 된다.

$$\log[Cu(NH_3)_2^{2+}] = 0.33 - 2pNH_3 \tag{4.91}$$

$$\log[Cu(NH_3)_3^{2+}] = 3.06 - 3pNH_3 \tag{4.92}$$

$$\log[Cu(NH_3)_4^{2+}] = 5.03 - 4pNH_3 \tag{4.93}$$

그림 4.10으로부터 주어진 암모니아 농도에서 어느 착물이 많은 지를 쉽게 알 수 있다. 만일 $[Cu^{2+}]$가 다른 값(예를 들면, 10^{-9})이 되더라도 여러 종들의 상대적인 농도는 변하지 않는다. 선들이 모두 로그값 2단위 아래 쪽으로 이동할 뿐이다.

암모니아는 물속에서 이온화하여 NH_4^+를 생성하는 염기이다. 그림 4.2에는 NH_3와 NH_4^+ 사이의 분배가 pH의 함수로 나타나 있다. pH 7에서는 암모니아의 약 0.5%만이 NH_3의 형태로 있으며, pH 8에서는 약 5%로 증가한다. 자연수에서 pNH_3는 5∼7의 범위 내에서 나타나며, 그림 4.10에서 볼 수 있듯이 Cu^{2+}가 주된 종이다.

도시하수에서의 pNH_3의 범위는 약 3.5∼5.5이며, 이 범위에서는 Cu^{2+}, $CuNH_3^{2+}$나 $Cu(NH_3)_2^{2+}$ 중의 어느 하나가 우세한 종이 된다. 하수 슬러지의 혐기성 소화과정에서는 암모니아가 비교적 높은 농도로 배출되며, pNH_3의 범위가 2.5∼4에 이른다. 이와 같은 조건에서는 구리의 암모니아 착물들이 Cu^{2+}보다 우세한 종으로 된다. pNH_3가 2.5일 때는, 소화조 내의 가용성 구리의 약 0.1%만이 Cu^{2+}의 형태로 존재하게 된다. 혐기성 처리 시스템에서는 중금속의 용해도와 미생물에 대한 독성 잠재력에 미치는 영향을 적절히 고려해 주어야 한다.

착물 형성에 대한 계산을 도표로 나타내는 또 다른 방법으로 각 착물 종의 상대적 농도를 리간드 농도의 함수로 나타내는 **분포 도표**(distribution diagram)를 이용하는 것이 있다. 구리의 암모니아 착물에 대한 분포 도표를 그림 4.11에 나타내었다. 이 도표의 작성은 먼저 $[Cu^{2+}]$에 대한 값을 임의로 가정하고, 예를 들면 1, 그 다음 식 (4.90)에서부터 (4.93)까지의 식들을 이용하여, 주어진 pNH_3에서의 각 종의 농도를 구한다. Cu(Ⅱ)의 전체 몰 농도를 C_T라고 하면,

$$C_T = [Cu^{2+}] + [CuNH_3^{2+}] + [Cu(NH_3)_2^{2+}] + [Cu(NH_3)_3^{2+}] + [Cu(NH_3)_4^{2+}] \tag{4.94}$$

주어진 pNH_3에서의 구리의 각 착물의 분율(fraction)은 다음과 같이 하여 구한다.

$$\alpha_0 = \frac{[Cu^{2+}]}{C_T} \tag{4.95}$$

$$\alpha_1 = \frac{[CuNH_3^{2+}]}{C_T} \tag{4.96}$$

$$\alpha_2 = \frac{[Cu(NH_3)_2^{2+}]}{C_T} \tag{4.97}$$

$$\alpha_3 = \frac{[Cu(NH_3)_3^{2+}]}{C_T} \tag{4.98}$$

$$\alpha_4 = \frac{[Cu(NH_3)_4^{2+}]}{C_T} \tag{4.99}$$

여러 pNH_3 값들에 대하여, 위의 식들을 계산하여 그림 4.11과 같은 분포 도표를 작성한다. 여러 가지 착물 종들 중 비교적 중요한 것을 식별해 내는 데는 로그 농도 도표보다 이 분포 도표를 이용하는 것이 더 빠르다. 뒤에 설명하겠지만, 이 분포 도표는 아주 복잡한 평형 관계도 쉽게 그림으로 나타낼 수 있다.

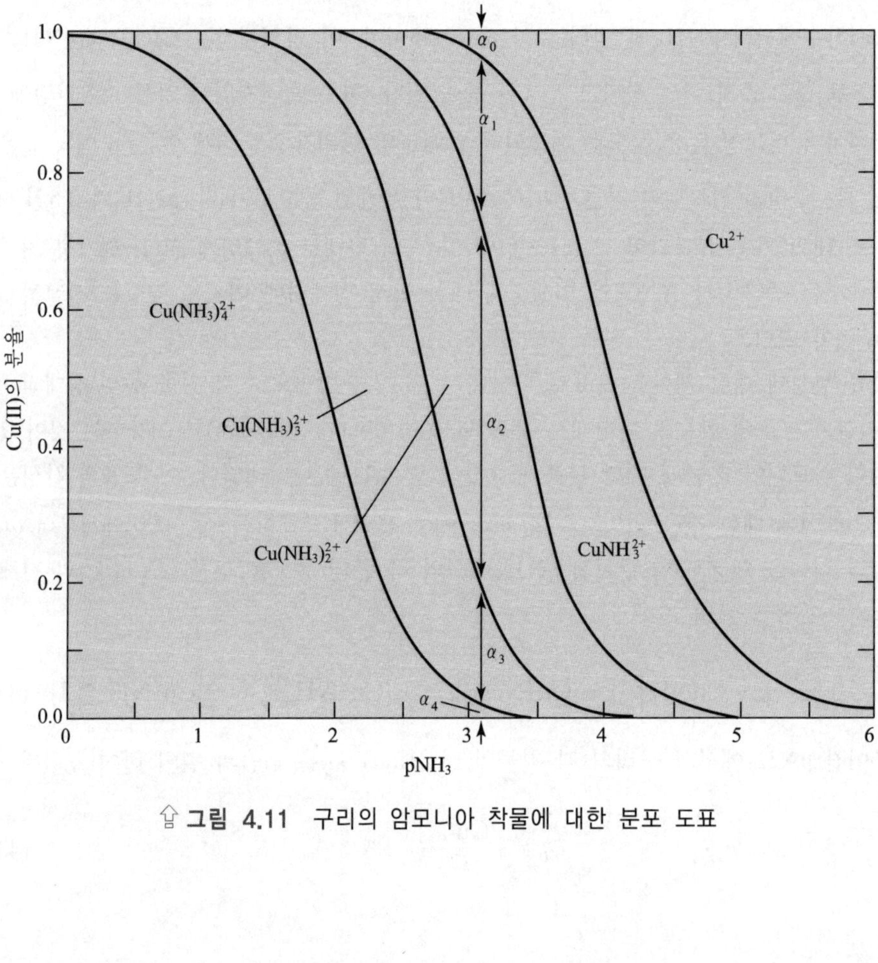

⇧ 그림 4.11 구리의 암모니아 착물에 대한 분포 도표

혼합 리간드 착물

자연수와 폐수에는 때로 Cl^-, NH_3, S^{2-}, OH^- 등과 같은 여러 가지의 리간드들이 들어 있게 되며, 이들은 금속 이온들과 각각 경쟁적으로 착물을 생성한다. 이런 종류의 문제풀이는 수학적으로는 복잡하지 않으나, 각 리간드와 금속에 대한 단계적 평형 관계를 모두 고려해 주어야 한다. 앞에서와 마찬가지로, 먼저 착물을 형성하지 않은 이온의 농도를 가정하고, 주어진 각 리간드에 대하여 각 착물의 농도를 구한다. 그 결과는 그림 4.12와 같이 수은과 Cl^- 및 OH^- 리간드들 사이의 착물에 대한 **우세 영역 도표**(perdominance area diagram)로 가장 잘 나타낼 수 있다. 가로축은 OH^- 즉, pH=14+log[OH^-]를 나타낸다. 또 다른 리간드, 염소이온, Cl^-을 pCl로 하여 나타낸다. 앞서 설명한 것들과 같은 방식으로 계산하여, 주어진 일련의 리간드 농도에서의 우세한 착물을 결정할 수 있다. 그림 4.12에서 선들은 우세한 착물 종들이 바뀌는 위치를 나타낸다.

그림 4.12는 수은의 전체 몰 농도가 10^{-4} 이하일 때 물속에 녹아있는 수은 종들의 분포를 나타낸 것이다. 수은의 농도가 높을 때는, 높은 pH에서 HgO의 침전이 생긴다. 담수에서는 pCl이 보통 2～4이다. pH가 7 이상일 때는, 중성의 $Hg(OH)_2$가 우세한 종인반면, 7 이하에서는 $HgCl_2$가 우세한 종으로 된다. 바닷물에서는 pCl이 0～1이며 $HgCl_4^{2-}$가 우세한 종이 된다. 낮은 pH에서는, 염화 이온의 농도에 따라 양전하, 중성 또는 음전하를 가진

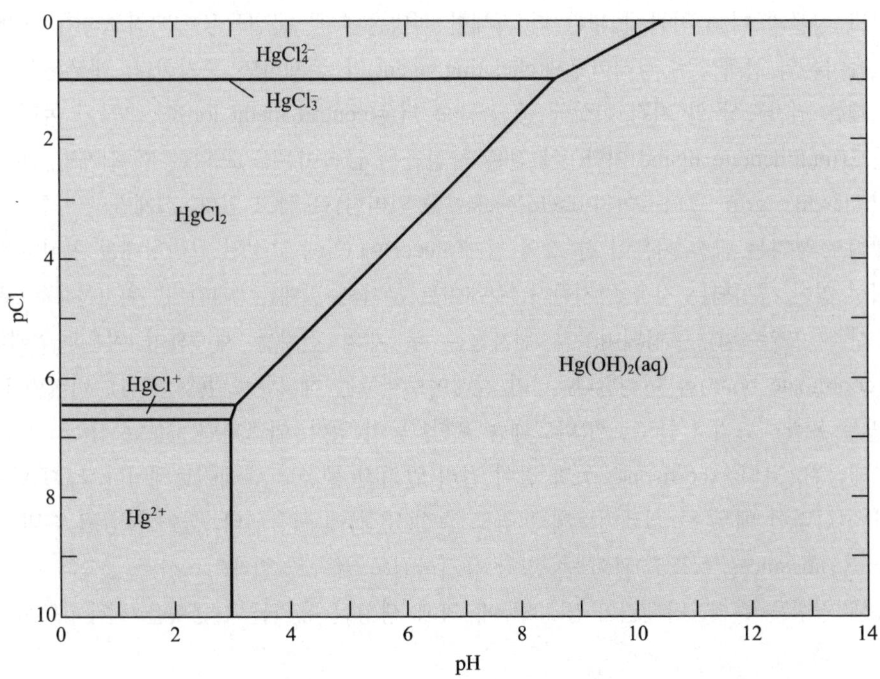

⇧ 그림 4.12 수은의 염화 착물과 수산화 착물에 대한 pH와 염소 이온 농도의 영향을 나타낸 우세 영역 도표

착물이 생성된다.

두 개 이상의 리간드가 포함될 때도 계산 방법은 위에서와 같으나, 포함되는 방정식들이 많아지므로 도표로 나타내기는 더욱 어려워진다. 세 개의 리간드 시스템에 대하여는 삼차원 그래프를 이용할 수 있다. 그러나 물이나 폐수에서 세 개 이상의 리간드가 우세한 종에 대하여 경쟁하는 일은 거의 없다. 문제는 어느 두 리간드가 중요한가를 결정하는 일이다. 착물 평형 문제는 컴퓨터를 이용하여 푸는 방법도 있다.

금속의 다핵 착물들도 용액 속에서 생성될 수 있다. 그 중요한 예로는 Fe(Ⅲ)의 이합체화(dimerization)가 있다.

$$2Fe(H_2O)_5OH^{2+} \rightleftharpoons \left[(H_2O)_4Fe \begin{matrix} H \\ O \\ \diagup \quad \diagdown \\ \diagdown \quad \diagup \\ O \\ H \end{matrix} Fe(H_2O)_4 \right]^{4+} + 2H_2O \tag{4.100}$$

이 식은 간략하게 다음과 같이 쓸 수 있다.

$$2FeOH^{2+} \rightleftharpoons Fe_2(OH)_2^{4+} \tag{4.101}$$

철과 알루미늄의 다핵 착물 종들은 자연수에서 우세종으로 존재하며, 물 및 폐수의 응집처리에서 중요한 역할을 하는 것으로 믿어지고 있다. 자연수 속에 존재하는 중요한 혼합 리간드 착물과 다핵 착물에 대한 더 자세한 설명은 다른 문헌들을[8),9)] 참조하기 바란다.

금속이온의 용해도는 킬레이트제(chelating agent)가 존재하면 증가한다. 대부분의 킬레이트제는 리간드상 한 지점 이상에 중심 금속 이온(central metal ion)이 부착된 **여러 자리 리간드**(multidentate ligand)이다. 이 같은 물질들은 금속이온을 포획한 후 집게발 같은 손잡이(clawlike grip, 그리스어의 **chele**는 claw를 의미함)로 잡고 있다. 집게발과 마찬가지로 킬레이트 분자는 금속 이온이 한 쌍의 집게(pincer)에 의해 고정된 고리형태를 형성하여 비용해성 염이 생성되는 것을 방지한다. 킬레이트 분자의 집게는 "리간드" 원자들로(주로 질소, 산소, 또는 황) 구성되며, 각 원자들은 두 개의 전자를 제공하여 이온과 "배위결합"(coordinate bond)을 형성한다. 천연 킬레이트제로는 헤모글로빈(철 포함), 비타민 B-12(코발트 포함), 그리고 클로로필(마그네슘 포함) 등이 있다. 아스피린, 시트르산(citric acid), 아드레날린, 코티손(cortisone) 등과 같이 널리 알려진 물질도 킬레이트제이다. EDTA는 칼슘과 친화력이 매우 큰 킬레이트제로 경도 측정(18장)에 사용된다. 물에 포함된 휴믹 물질(humic substances, 5.32절)과 같은 천연 유기물질도 금속을 킬레이트시켜 금속의 이동 및 거동에 영향을 준다. 박테리아 및 조류에 의해 생성된 유기물도 금속을 킬레이트시킨다.

---

8) J. N. Butler, "Ionic Equilibrium," Addison-Wesley, Reading, MA., 1964.

9) W. Stumm and J. J. Morgan, "Aquatic Chemistry," 3rd ed., Wiley-Interscience, New York, 1996

경우에 따라서 킬레이트화가 미생물에 필요한 영향금속의 생체이용 가능성을 증가시키거나, 생체이용 가능성을 저하시켜 금속 이온의 미생물에 대한 독성을 감소시키는 역할을 하기도 한다. 킬레이트에 대한 더 자세한 설명은 이 장의 끝에 제시된 참고문헌을 참조하기 바란다.

착물이 포함된 평형문제

착물이 포함된 평형문제도 다른 평형 문제와 같은 방식으로 풀면 된다. 일반적인 절차는 다음과 같다.

1. 관계된 모든 반응식을 적는다.
2. 평형상태에서 존재하는 모든 물질을 열거한다.
3. 적절한 평형(안정도) 상수를 이용하여 평형관계를 표현한다.
4. 금속(*s*) ($C_{T,\text{metal}}$)과 리간드(*s*)($C_{T,\text{ligand}}$)에 대한 물질수지식을 적는다.
5. 필요한 경우 다음에 기초한 가정을 세운다
   (a) $C_{T,\text{metal}}$와 $C_{T,\text{ligand}}$의 상대적인 크기
   (b) 안정도 상수의 크기
6. 필요하고 적절한 경우 전하수지식을 적는다.

예제 4.26은 이 같은 개념을 설명하고 있다. 문제풀이는 그림 4.10에서 4.12에 주어진 바와 같이 도해법을 이용하면 된다.

예제 4.26

물에 포함된 용해성 납의 농도는 1 mg/L, 총 염소이온의 농도는 100 mg/L이다. 납과 염소이온을 포함한 모든 종의 농도는 얼마인가? 활동도 보정은 하지 않으며 납과 수산화 이온으로 구성된 착물은 무시한다 (이 가정은 pH가 매우 낮지 않으면 좋은 생각은 아니다).

해답

$$C_{T,\text{Pb}} = \frac{1\ \text{mg/L}}{207{,}200\ \text{mg/mol}} = 4.83 \times 10^{-6}\ \text{M}$$

$$C_{T,\text{Pb}} = [\text{Pb}^{2+}] + [\text{PbCl}^{+}] + [\text{PbCl}_2] + [\text{PbCl}_3^{-}] + [\text{PbCl}_4^{2-}] = 4.83 \times 10^{-6}\ \text{M}$$

$$C_{T,\text{Cl}} = \frac{100\ \text{mg/L}}{35{,}453\ \text{mg/mol}} = 2.82 \times 10^{-3}\ \text{M}$$

$$C_{T,\text{Cl}} = [\text{Cl}^{-}] + [\text{PbCl}^{+}] + 2[\text{PbCl}_2] + 3[\text{PbCl}_3^{-}] + 4[\text{PbCl}_4^{2-}] = 2.82 \times 10^{-3}\ \text{M}$$

활동도 보정을 무시하면 평형상태는 다음과 같다. 이 문제에서는 총괄평형상수(β)를 이용하는 것이 편리하다. 2장 13절에서 $\beta_1 = K_1$, $\beta_2 = K_1K_2$, $\beta_3 = K_1K_2K_3$, $\beta_4 = K_1K_2K_3K_4$임을 기억하라.

$$Pb^{2+} + Cl^- \rightleftharpoons PbCl^+ \qquad \beta_1 = \frac{[PbCl^+]}{[Pb^{2+}][Cl^-]} \qquad \beta_1 = 10^{1.60}$$

$$Pb^{2+} + 2Cl^- \rightleftharpoons PbCl_2(aq) \qquad \beta_2 = \frac{[PbCl_2(aq)]}{[Pb^{2+}][Cl^-]^2} \qquad \beta_2 = 10^{1.78}$$

$$Pb^{2+} + 3Cl^- \rightleftharpoons PbCl_3^- \qquad \beta_3 = \frac{[PbCl_3^-]}{[Pb^{2+}][Cl^-]^3} \qquad \beta_3 = 10^{1.68}$$

$$Pb^{2+} + 4Cl^- \rightleftharpoons PbCl_4^{2-} \qquad \beta_4 = \frac{[PbCl_4^-]}{[Pb^{2+}][Cl^-]^4} \qquad \beta_3 = 10^{1.38}$$

$C_{T,Pb}$를 $[Pb^{2+}]$에 대해서 풀면

$$4.83 \times 10^{-6} = [Pb^{2+}](1 + \beta_1[Cl^-] + \beta_2[Cl^-]^2 + \beta_3[Cl^-]^3 + \beta_4[Cl^-]^4)$$

$C_{T,Cl}$을 $[Pb^{2+}]$와 $[Cl^-]$ 항으로 풀면

$$2.82 \times 10^{-3} = [Cl^-] + \beta_1[Pb^{2+}][Cl^-] + 2\beta_2[Pb^{2+}][Cl^-]^2 + 3\beta_3[Pb^{2+}][Cl^-]^3 + 4\beta_4[Pb^{2+}][Cl^-]^4)$$

이 문제에 대한 정확한 해를 구하려면 스프레드시트를 시행착오법 또는 수치해석법 등과 같이 컴퓨터를 이용하여야 한다. 또는 관련된 종에 대해 알고 있는 지식을 이용하여 단순화 가정을 사용할 수 있다.

두 물질수지식 중 하나를 단순화시킬 수 있는지 확인하기 위하여 $C_{T,Pb}$와 $C_{T,Cl}$을 비교하자. $C_{T,Pb} \gg C_{T,Cl}$ 이므로 $[Cl^-]$는 Pb-Cl 착물 형성에 의해 완전히 소모되지 않을 것이다. 따라서 $[Cl^-] = 2.82 \times 10^{-3}$이라고 가정할 수 있으므로 $C_{T,Pb}$를 $[Pb^{2+}]$에 대하여 풀면

$$4.83 \times 10^{-6} = [Pb^{2+}](1 + 10^{1.6}(2.82 \times 10^{-3}) + 2(10^{1.78})(2.82 \times 10^{-3})^2 + 3(10^{1.68})(2.82 \times 10^{-3})^3 + 4(10^{1.38})(2.82 \times 10^{-3})^4)$$

위로부터

$$[Pb^{2+}] = 4.34 \times 10^{-6}M = 0.90 \text{ mg/L Pb}$$
$$[PbCl^+] = 4.87 \times 10^{-7}M = 0.10 \text{ mg/L Pb}$$
$$[PbCl_2] = 2.08 \times 10^{-9}M = 4.31 \times 10^{-4} \text{ mg/L Pb}$$
$$[PbCl_3^-] = 4.66 \times 10^{-12}M = 9.65 \times 10^{-7} \text{ mg/L Pb}$$
$$[PbCl_4^{2-}] = 6.58 \times 10^{-15}M = 1.36 \times 10^{-9} \text{ mg/L Pb}$$

납 착화합물과 관련된 염소이온의 농도는 4.87×10^{-6} M 보다 약간 클 따름이므로 $C_{T,Cl} \cong [Cl^-]$ 라는 가정은 옳으며, 오차는 0.2%에 불과하다.

4.9 염의 용해도

염의 용해도와 용해도곱에 대한 기본개념은 앞서 2.13절에서 설명한 바 있다. 용해도 관계에 관한 지식은 자연계에서 암석과 기타 광물이 용해되어 수용액으로 이동하는 과정을 이해하는 데 도움이 된다. 물속의 무기 성분의 변화에 대하여도 용해도에 영향을 미치는 인자들을 고찰함으로써 어느 정도까지는 이해할 수 있다. 용해도에 대한 지식은 상수처리 및 폐수처리에서의 경도를 유발하는 물질, 중금속, 정인산염(PO_4^{3-}), 그리고 일부 유기물의 제거를 위한 방법을 연구하는 데 도움이 된다. 또한, 여러 가지 종류의 오염물질(예를 들어 중금속 및 유기물)은 고체의 표면에 흡착되기 때문에, 그 현상을 설명하기 위해서는 용해도에 관한 지식이 필요하다. 다음부터는 금속의 용해도(S)를 용해성 금속의 총합이라고 정의하자.

$$S = C_{T,\mathrm{metal}} = [\text{자유금속}] + \sum_{i=1}^{n} \text{용해성금속착물} \tag{4.102}$$

용해도에 대한 로그 농도 도표

로그 농도 도표는 산-염기 평형 관계에서와 마찬가지로 용해도를 이해하는 데 매우 유용하다. 그림 4.13은 표 2.5의 용해도곱 상수에 의거하여, 탄산염의 농도와 여러 가지 양이온의 포화농도들과의 관계를 나타낸 것이다(활동도 보정 무시). 용해도곱 상수와의 관계식은

$$[M^{2+}][CO_3^{2-}] = K_{sp} \tag{4.103}$$

이며, 이 식은 다음과 같이 쓸 수 있다.

$$\log[M^{2+}] = pCO_3 + \log K_{sp} \tag{4.104}$$

그림 4.13에서 $[M^{2+}]$는 기울기가 +1인 직선이며, $[CO_3^{2-}]$는 pCO_3의 함수로 기울기가 -1인 직선으로 나타난다. 그림에 보인 양이온들 중에서 Pb^{2+}는 가장 조금 녹으며, Mg^{2+}는 가장 잘 녹는 것을 알 수 있다. 탄산염은 비교적 낮은 농도에서도 용액에서 2가 양이온을 제거하는 데 효과적이다. 수처리에서 칼슘 경도의 제거에는 일반적으로 탄산염 침전법이 이용된다. 일부 고도폐수처리 공정에서는 중금속들도 이 방법으로 대단히 효과적으로 제거하고 있다. $[CO_3^{2-}]$선과 양이온 용해도곱의 선과의 교점은 순수한 물에서의 각 염의 용해도를 나타낸다. 즉,

$$[M^{2+}] = [CO_3^{2-}] = \text{용해도} \tag{4.105}$$

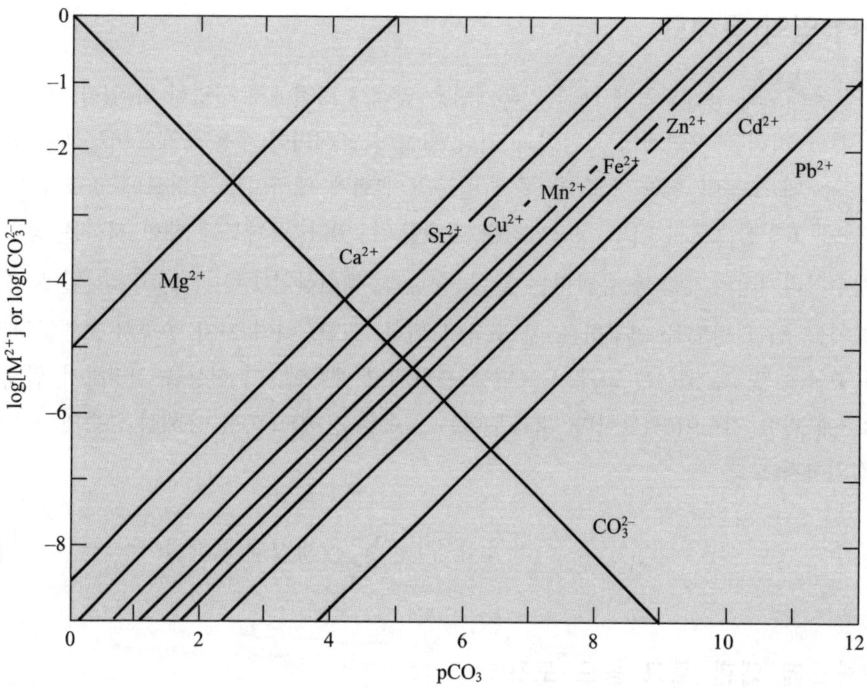

그림 4.13 25℃에서 여러 금속 탄산염들의 용해도를 나타내는 로그 농도 도표

양이온과 음이온의 전하 수가 같지 않을 때는, 양이온의 몰 농도와 음이온의 몰 농도가 같지 않게 되므로, 용해도는 이 교점으로부터 약간 옮겨지게 된다. 그림 4.13에 나타낸 염들의 용해도는 용해도곱의 순서와 같은 순서와 같은 순서를 보이고 있다. 이것은 2.13절에서 설명한 바와 같이 일반적인 것이 아니다. 순서가 이와 같이 된 것은 이 양이온들이 모두 2가이기 때문이다. 1가와 3가의 양이온들에서는 용해도곱 직선의 기울기가 각각 $+\frac{1}{2}$과 $+\frac{3}{2}$으로 된다. 그림 4.13에 보인 것과 같은 간단한 용해도 문제는 로그 농도 도표를 이용하는 것보다 용해도곱을 이용하여 계산하는 것이 더 간단하다. 그러나 착물에 관한 문제의 경우에는 도표를 작성하는 것이 관련된 모든 평형 관계를 간결한 그림으로 완벽하게 나타낼 수 있어서 편리하다. 이에 관한 것은 이 절 후반에서 설명하겠다.

예제 4.27

25℃에서 10^{-3} M의 탄산염을 포함하고 있는 수용액 중의 Ca^{2+}의 용해도를 구하여라.

$$pCO_3 = -\log 10^{-3} = 3$$

그림 4.13으로부터 pCO_3가 3일 때, $\log[Ca^{2+}]$는 -5.3이다. 그러므로

$$S = [Ca^{2+}] = 10^{-5.3} = 5 \times 10^{-6}\ M$$

착물의 용해도 관계

실제의 용해도 관계는 2.13절이나 앞서 설명한 것보다 일반적으로 훨씬 더 복잡하다. 일반적으로 자연수나 폐수에 대한 실제적인 용해도 계산에는 여러 다른 인자들이 고려되어야 한다. 첫째는, 4.3절에서 설명한 용액의 이온 세기가 이온이 활동도에 미치는 영향이며, 보다 정확한 계산이 필요한 경우에는 이것이 반드시 고려되어야 한다.

더욱 중요한 것은, 용해도곱 이외의 다른 평형 관계들이 용액 속의 이온들의 농도에 미치는 영향이다. 일반적으로 양이온이나 음이온은 물과 반응하여 수산화 착물이나 양성자가 첨가된 음이온 종을 생성한다. 또한 양이온이나 음이온들은 용액 속의 다른 물질들과도 착물을 생성할 수 있으며, 그 물질들의 유효농도를 낮춘다. 마지막으로, 다른 이온들이 관심 있는 이온보다 용해도가 낮은 염을 생성하는 수도 있다. 이것이 무시되면, 용해도의 예측이 크게 틀려질 수 있다.

수산화물 염의 용해도에 pH가 미치는 영향 우선, 용액의 pH가 양이온들의 용해도에 미치는 영향을 고려해 보자. 용액 속에 양이온들과 반응하는 다른 어떤 물질도 존재하지 않는다고 가정하면, 양이온과 OH^- 사이의 용해도곱은 다음과 같이 될 것이다.

$$[M^{z+}][OH^-]^z = K_{sp} \tag{4.106}$$

그리고 $\log[M^{z+}] = \log K_{sp} - z\log[OH^-]$ (4.107)

그러나, $\log[OH^-]$는 pH의 함수이므로

$$pH = pK_W - pOH = pK_W + \log[OH^-] \tag{4.108}$$

$$\log[M^{z+}] = \log K_{sp} - z(pH - pK_W) \tag{4.109}$$

그림 4.14는 몇 가지 양이온들에 대한 위와 같은 pH와 $\log[M^{z+}]$ 사이의 관계를 나타낸 것이다. 직선들의 기울기는 식 (4.109)에 따라 $-z$가 된다. 이 그림으로부터, 물 및 폐수처리에서 pH가 양이온의 용해도에 미치는 영향을 이해할 수 있다. 마그네슘 경도는 pH를 11 이상으로 높여, $Mg(OH)_2$를 침전시켜 낮출 수 있다. 구리(Cu), 아연(Zn) 및 크롬(Cr Ⅲ)은 pH 7 이상에서 침전시켜 폐수로부터 제거한다.

약한 산 및 약한 염기의 영향 물의 pH는 그림 4.14에 나타낸 바와 같이 금속 수산화물의 용해도에 영향을 미칠 뿐만 아니라, 다른 평형에도 영향을 미치며, 이것이 다시 또 용해도에 영향을 준다. 산의 염의 용해도가 용액의 pH에 영향을 받는 것이 그 보기이다. 탄산칼슘의 용해도를 예로 설명하기로 한다. 탄산칼슘은 물에 녹아 다음과 같이 이온화한다.

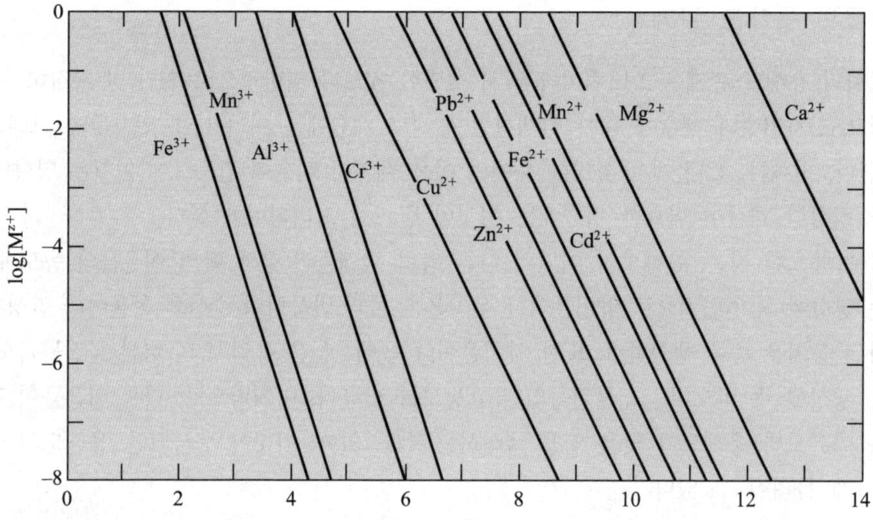

⇧ **그림 4.14** 여러 금속 수산화물의 용해도를 나타내는 로그 농도 도표

$$CaCO_3(c) \rightleftarrows Ca^{2+} + CO_3^{2-} \tag{4.110}$$

이 평형관계는 다음의 용해도곱에 의하여 지배된다.

$$[Ca^{2+}][CO_3^{2-}] = K_{sp} = 5\times10^{-9} \tag{4.111}$$

탄산 이온은 약한 2가 산인 $H_2CO_3^*$의 음이온이며, 이것은 물속에서 다음과 같이 이온화한다.

$$H_2CO_3^* \rightleftarrows H^+ + HCO_3^- \tag{4.112}$$

$$HCO_3^- \rightleftarrows H^+ + CO_3^{2-} \tag{4.113}$$

윗 식들의 이온화 상수는

$$\frac{[H^+][HCO_3^-]}{[H_2CO_3^*]} = K_{A1} = 4.3\times10^{-7} \tag{4.114}$$

$$\frac{[H^+][CO_3^{2-}]}{[HCO_3^-]} = K_{A2} = 4.7\times10^{-11} \tag{4.115}$$

증류수에 이산화 탄소를 불어넣어 만든 용액을 생각해 보자. 이 용액에 NaOH를 첨가하여 pH를 조절하여도 탄산과 탄산기를 포함하는 종들의 전체 몰 농도는 초기의 농도를 그대로 유지한다. 즉, 대기에 대하여 닫힌 계(closed system)이다. 여기서,

$$CO_2 + H_2O \rightarrow H_2CO_3 \tag{4.116}$$

그리고 $$[H_2CO_3^*] = [CO_2] + [H_2CO_3] \tag{4.117}$$

그러므로, 용액 중의 무기탄소의 전체농도(C_T)는 다음과 같이 된다.

$$C_T = [H_2CO_3^*] + [HCO_3^-] + [CO_3^{2-}] \tag{4.118}$$

이제 만일 주어진 pH에서 용액에 $CaCl_2$를 첨가될 때, 어느 $[Ca^{2+}]$ 농도에서 이 용액이 $CaCO_3(s)$로 정확히 포화될 것인가? 이 포화상태의 농도들은 pH와 C_T의 함수로서 어떻게 변화할 것인가? 이와 같은 일련의 문제들의 풀이에 식 (4.111), (4.114), (4.115) 및 (4.118)이 적용된다. 또 이 때는 다음 식도 만족되어야 한다.

$$[H^+][OH^-] = K_W = 10^{-14} \tag{4.119}$$

이 문제의 풀이에서도 다른 문제에서와 마찬가지로, 전하수지가 맞추어져야 한다.

$$2[Ca^{2+}] + [Na^+] + [H^+] = [HCO_3^-] + 2[CO_3^{2-}] + [OH^-] + [Cl^-] \tag{4.120}$$

일반적으로 이 식에서 $[H^+]$는 스프레드시트 등을 이용하여 풀 수 있다. 만일 다른 양이온 또는 음이온이 존재할 때에는 이를 반드시 전하수지에 포함시켜야 한다. 그러나 이 문제에서는 pH가 일정하므로 식 (4.120)은 필요하지 않다. 식 (4.37)로부터 $[CO_3^{2-}]$는 C_T와

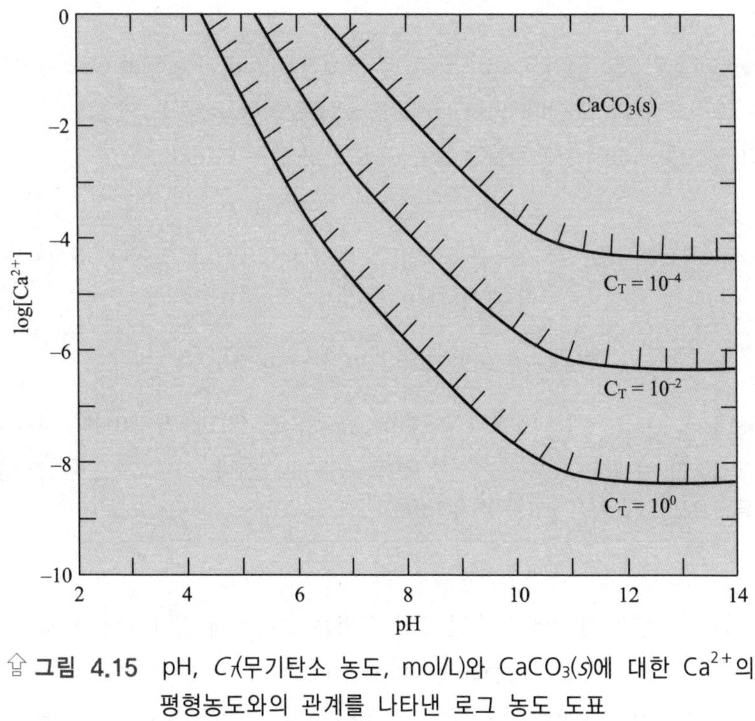

그림 4.15 pH, C_T(무기탄소 농도, mol/L)와 $CaCO_3(s)$에 대한 Ca^{2+}의 평형농도와의 관계를 나타낸 로그 농도 도표

$[H^+]$(또는 pH)의 함수로 주어져 있으므로, $[Ca^{2+}]$는 식 (4.111)에 $[CO_3^{2-}]$의 값을 대입하여 구할 수 있다.

위의 방법으로 구한 pH, C_T 및 $[Ca^{2+}]$의 포화농도의 관계를 그림 4.15에 나타내었다.

예제 4.28

$[Ca^{2+}]$가 10^{-4}이고 C_T가 10^{-2}일 때, 이 용액은 어느 pH에서 $CaCO_3(s)$로 포화되겠는가?

해답

그림 4.15로부터 $\log[Ca^{2+}]=-4$ 이고 $C_T=10^{-2}$, 포화의 pH는 8.0이다. 만일 pH를 이 값 이상으로 올리면 용액은 과포화될 것이며, $CaCO_3(s)$가 침전하기 시작할 것이다.

예제 4.29

pH 10과 $C_T=10^{-2}$인 용액에서 칼슘의 최대 용해도는 얼마인가?

해답

그림 4.15로부터, $\log[Ca^{2+}]=-5.8$, 그러므로 $[Ca^{2+}]=10^{-5.8}=1.6\times10^{-6}$

예제 4.30

어떤 수용액의 초기 $[Ca^{2+}]$가 4×10^{-3}이고 $C_T=10^{-2}$ 이었다. $[Ca^{2+}]$를 $CaCO_3(s)$로 침전시켜 10^{-4}으로 감소시키려고 한다. 평형 관계들을 토대로 하여, 최종 C_T의 농도와 요구되는 양의 칼슘의 제거를 위하여 유지시켜야 하는 용액의 pH를 구하여라.

해답

Ca^{2+}의 침전시켜야 하는 양은 $4\times10^{-3}-10^{-4}$, 즉 3.9×10^{-3}mol/L이다. 침전되는 칼슘 몰당 1몰의 CO_3^{2-}이 용액으로부터 제거되므로

$$C_{T(최종)}=10^{-2}-3.9\times10^{-3}=6.1\times10^{-3}\text{M}$$

그림 4.15로부터, $[Ca^{2+}]=10^{-4}$이고 $C_T=6.1\times10^{-3}$일 때, pH는 약 9.0이다. 따라서 요구되는 양을 제거하기 위해서는 pH를 최소한 9.0으로 올려야 한다. 실제로는, 제거가 충분히 이루어지도록 이보다 더 높은 pH를 이용한다.

앞서 언급한 시스템이 대기에 노출된 경우 상황은 달라지게 된다. $CaCO_3(s)$가 물과 대기와 평형을 이루고 있는 열린 계(open system)를 고려하여 보자. 대기와 평형을 이루고 있는 경우 닫힌 계(closed system)와는 달리 식 (4.118)로 주어진 용해성 무기탄소의 농도는

pH에 따라 변하게 된다. 그러나 이 경우 $[H_2CO_3^*]$는 다음 식과 같이 상수로 주어진다.

$$[H_2CO_3^*] = P_{CO_2}/K_H \tag{4.121}$$

여기서 K_H는 Henry의 법칙상수(25 ° C에서 31.6 atm/M)이고 P_{CO_2}는 대기압으로 표시된 대기 중 CO_2의 분압이다. 이로부터 $[HCO_3^-]$, $[CO_3^{2-}]$, 그리고 C_T값은 P_{CO_2} 및 pH가 기지의 값인 경우 각각 식 (4.114), (4.115) 및 (4.118)을 통하여 구할 수 있다.

만일 pH가 미지수인 경우 pH를 구하기 위해서는 다음과 같은 전하수지식이 필요하다.

$$2[Ca^{2+}] + [H^+] = [OH^-] + [HCO_3^-] + 2[CO_3^{2-}] \tag{4.122}$$

식 (4.112)는 시행착오법을 이용하여 $[H^+]$를 구하거나 식 (4.111), (4.114), (4.115), (4.118) 및 (4.119)을 수치해석법으로 풀 수 있다. 만일 다른 양이온이나 음이온이 존재하면 전하수지에 이들을 포함하여야 한다.

예제 4.31

25℃에서 물과 평형을 이루고 있는 $CaCO_3(s)$를 생각하자. 활동도 보정과 Ca^{2+} 및 CO_3^{2-}의 착물을 무시하는 경우에 (a) 닫힌 계와 (b) $P_{CO_2} = 10^{-3.5}$ atm인 대기에 노출된 열린 계의 평형 pH를 구하라.

해답

앞서 지적한 바와 같이 이러한 종류의 문제는 전하수지를 이용하여 풀 수 있으며, 이는 닫힌 계와 열린 계에 대해 동일하다.

$$2[Ca^{2+}] + [H^+] = [OH^-] + [HCO_3^-] + 2[CO_3^{2-}]$$

또는

$$2[Ca^{2+}] + [H^+] = \frac{K_W}{[H^+]} + C_{T,CO_3}(\alpha_1 + 2\alpha_2)$$

그리고

$$S = C_{T,Ca} = [Ca^{2+}]$$

(a) 닫힌 계에서 1 몰의 $CaCO_3(s)$가 용해되면 1 몰의 탄산이온(C_{T,CO_3})이 생성된다. 그러므로 이 경우에는

$$S = [Ca^{2+}] = C_{T,CO_3}$$

용해도 관계로부터 다음 식을 세울 수 있다:

$$K_{sp} = 5 \times 10^{-9} = [Ca^{2+}][CO_3^{2-}] = S(\alpha_2 S)$$

$$S=[Ca^{2+}]=\sqrt{\frac{5\times10^{-9}}{\alpha_2}}$$

전하수지에 적절한 대입을 하면

$$2\sqrt{\frac{5\times10^{-9}}{\alpha_2}}+[H^+]=\frac{K_W}{[H^+]}+\sqrt{\frac{5\times10^{-9}}{\alpha_2}}(\alpha_1+2\alpha_2)$$

이 식에서 $[H^+]$만이 미지수이다. 이 식은 앞 예제에서와 같이 스프레드시트를 이용하여 풀 수 있다.

닫힌 계에 대한 평형 pH는 9.96이다.

(b) 열린 계에서 $[H_2CO_3^*]$는 식 (4.121)에 주어진 바와 같이 P_{CO_2}에 의해 결정되며 pH와는 무관하다.

$$[H_2CO_3^*]=10^{-3.5}/31.6=10^{-5}\text{ M}$$

그러므로 열린 계에서 C_{T,CO_3}는 P_{CO_2}와 α_0에 의해서 결정된다:

$$C_{T,CO_3}=\frac{10^{-5}}{\alpha_0}$$

$[Ca^{2+}]$ 는 다음과 같이 표현된다:

$$[Ca^{2+}]=\frac{5\times10^{-9}}{\alpha_2 C_{T,CO_3}}=\frac{\alpha_0(5\times10^{-9})}{\alpha_2(10^{-5})}$$

이를 전하수지식에 대입하면

$$\frac{2\alpha_0(5\times10^{-9})}{\alpha_2(10^{-5})}+[H^+]=\frac{K_W}{[H^+]}+\frac{10^{-5}}{\alpha_0}(\alpha_1+2\alpha_2)$$

이 식 역시 $[H^+]$만이 미지수이다. 이 식은 앞서 풀이한 것과 같이 스프레드시트를 이용하여 풀 수 있다.

열린 계에서 평형 pH는 8.35이다. CO_2가 산성 가스이기 때문에 열린 계에서의 pH가 닫힌 계에서의 값보다 낮다는 것은 예측할 수 있다.

이 같은 시스템에 산 또는 알칼리를 첨가할 때 효과는 전하수지를 변화시킴으로써 설명할 수 있다. 예를 들어 HCl이 첨가된 경우 $[Cl^-]$가 전하수지식의 오른 쪽에 첨가되어야 한다.

착물의 영향 착물의 생성도 염의 용해도에 영향을 미친다. 예로, 산-도금 폐수중의 아연을 제거하는 데는 대체로 염기를 가하여 pH를 높여 불용성의 $Zn(OH)_2(s)$가 생성되도록 하는 방법을 사용한다. 그러나 염기가 지나치게 많이 첨가되면, 아연은 OH^-와 가용성의 착물을 형성하게 되어, 다시 용액 속으로 녹게 된다. 이와 같은 아연의 거동을 지배하는 관계식들은 다음과 같다.

용해도곱

$$Zn(OH)_2(s) \rightleftharpoons Zn^{2+} + 2OH^- \tag{4.123}$$

착물형성

$$Zn^{2+} + OH^- \rightleftharpoons Zn(OH)^+ \tag{4.124}$$

$$ZnOH^+ + OH^- \rightleftharpoons Zn(OH)_2(aq) \tag{4.125}$$

$$Zn(OH)_2(aq) + OH^- \rightleftharpoons Zn(OH)_3^- \tag{4.126}$$

$$Zn(OH)_3^- + OH^- \rightleftharpoons Zn(OH)_4^{2-} \tag{4.127}$$

물의 이온화

$$H_2O \rightleftharpoons H^+ + OH^- \tag{4.128}$$

또한, 표 2.5와 Sillen 및 Martell이 보고한 표 4.5로부터 식 (4.123)부터 (4.128)에 대한 평형관계는 다음과 같다.

$$[Zn^{2+}][OH^-]^2 = K_{sp} = 8\times 10^{-18} \tag{4.129}$$

$$[ZnOH^+]/[Zn^{2+}][OH^-] = K_1 = 1.4\times 10^4 \tag{4.130}$$

$$[Zn(OH)_2(aq)]/[ZnOH^+][OH^-] = K_2 = 1\times 10^6 \tag{4.131}$$

$$[Zn(OH)_3^-]/[Zn(OH)_2(aq)][OH^-] = K_3 = 1.3\times 10^4 \tag{4.132}$$

$$[Zn(OH)_4^{2-}]/[Zn(OH)_3^-][OH^-] = K_4 = 1.8\times 10 \tag{4.133}$$

$$[H^+][OH^-] = K_W = 1\times 10^{-14} \tag{4.134}$$

또, 아연의 질량수지도 맞추어져야 한다.

$$C_{T,Zn} = [Zn^{2+}] + [ZnOH^+] + [Zn(OH)_2(aq)] + [Zn(OH)_3^-] + [Zn(OH)_4^{2-}] \tag{4.135}$$

총 용해성 아연의 농도를 나타내는 $C_{T,Zn}$는 아연의 용해도(S)로 정의될 수도 있다. 그림 4.16은 $Zn(OH)_2(s)$에 대하여 포화 용액 중 여러 가지 아연이 종들과 pH와의 관계를 나타낸 로그 농도 도표이다. 주어진 pH에서 용액 중 아연의 농도가 도표 속의 $Zn(OH)_2(s)$의 범위에 들어갈 만큼 충분히 높으면 용액은 과포화되며, 쉽게 $Zn(OH)_2(s)$ 침전물을 형성하게 된다.

그림 4.16은 다음과 같이 작성한다. 주어진 pH에 대하여, 식 (4.134)로부터 $[OH^-]$를 계산하고 식 (4.129)에 대입하여 $[Zn^{2+}]$를 구한다. 이 값을 다시 식 (4.130)에 대입하여

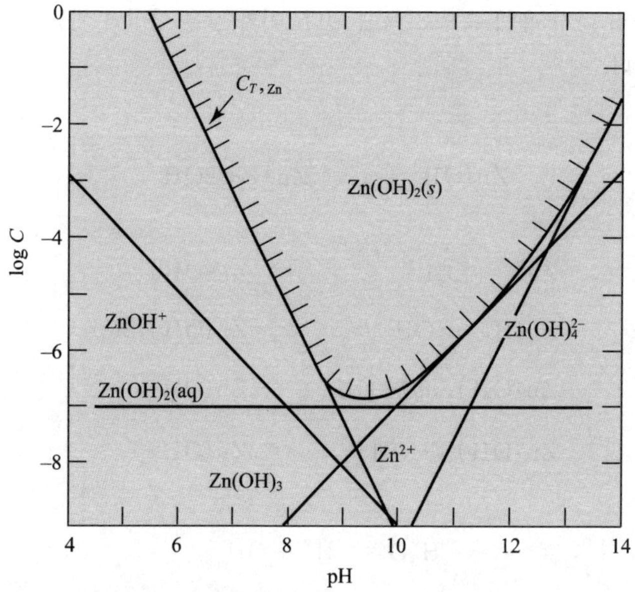

⇧ **그림 4.16** 용액 pH의 함수로 나타낸 $Zn(OH)_2(s)$의 용해도

$[ZnOH^+]$를 계산하며, 계속하여 이런 식으로 각 착물 모두의 농도를 계산한다. 이 값들을 식 (4.135)에 대입하여 용액중 가용성 아연의 전체 농도를 구한다. 이렇게 구한 전체 값(log *C*)들을 pH의 함수로 나타내면 그림 4.16에서와 같은 사선으로 경계지어진 곡선을 얻게 된다.

그림 4.16에서 각 Zn 종류에 대한 log *C*-pH식을 유도할 수 있다. 예를 들어 식 (4.129)의 양변에 log를 취하면

$$\log[Zn^{2+}] = \log K_{sp} - 2\log[OH^-] \tag{4.136}$$

식 (4.134)로부터

$$\log[H^+] + \log[OH^-] = -14 \tag{4.137}$$

식 (4.136), (4.137)과 $pH = -\log[H^+]$로부터

$$\log[Zn^{2+}] = 10.9 - 2pH \tag{4.138}$$

식 (4.130)의 양변에 로그를 취하면

$$\log[ZnOH^+] = \log K_1 + \log[Zn^{2+}] + \log[OH^-] \tag{4.139}$$

식 (4.137)과 (4.138)을 (4.139)에 대입하면

$$\log[ZnOH^+] = 1.05 - pH \tag{4.140}$$

나머지 수산화 아연 착물에 대해서도 유사한 식을 수립할 수 있다.

아연은 두 개 이상의 아연 원자를 포함하는 다핵착물(polynuclear complex)을 생성할 수 있으며, 이들도 용액중 아연의 전체 농도에 더해진다. 그러나 이 예에서는 이들 다핵종들은 고려하지 않았으며, 사실상 평형 농도에 큰 영향을 미치지는 않는다.

그림 4.16은 낮은 pH에서는 Zn^{2+}가 주된 가용성 종이며, 그 다음이 $ZnOH^{+}$임을 보여주고 있다. 아주 높은 pH에서는 $Zn(OH)_4^{2-}$가 주된 종이며, 그 다음이 $Zn(OH)_3^{-}$이다. 분명한 것은, 아연의 용해도를 착물의 형성을 무시하고 식 (4.118)만을 이용하여 계산한다면 잘못된 결론이 내려질 수 있는 점이다.

예제 4.32

어느 pH에 물에 대한 아연의 용해도가 최소로 되는가?

▮해답

그림 4.16로부터 최소 용해도는 pH 9.4에서 나타난다. 이 pH에서 용해성 아연의 전체 평형농도는 $10^{-6.8}$ 또는 1.6×10^{-7} mol/L이다. 주된 용해성 종은 $Zn(OH)_2(aq)$로 1.1×10^{-7} M 이며, 그 다음이 $Zn(OH)_3^{-}$로 3.6×10^{-8} M이고, Zn^{2+}는 1.3×10^{-8} M이다.

예제 4.33

어떤 도금 폐수에 10^{-3} mol/L의 농도로 아연이 들어 있다. 이 용액에 석회(lime)를 가하면, 어느 pH에서 아연이 침전하기 시작하겠는가? 또 아연의 농도를 10^{-5} M 이하로 감소시킬 수 있는 최소의 pH는 얼마인가?

▮해답

그림 4.16으로부터, 아연의 최대 평형 농도 $10^{-3}(\log C=-3)$에 대한 pH는 6.9이다. 이 값 이상의 pH에서 아연은 용액으로부터 침전하기 시작한다.

아연의 농도를 $10^{-5}(\log C=-5)$으로 줄이기 위해서는 그림 4.16으로부터, pH가 7.9가 되어야 한다. 실제 현장에서는 아연이 충분히 그리고 확실히 제거되도록 보다 높은 pH(그러나 9.4는 넘지 않는 범위에서)를 유지해 준다.

금속의 용해도는 수산화물 이외에도 리간드가 존재하면 더욱 복잡하여진다. 암모니아 착물이 $Zn(OH)_2(s)$의 용해도에 미치는 영향에 대한 예를 들어 보자. 표 4.4를 살펴보면 네가지의 아연-암모니아 착물이 존재함을 알 수 있다.

$$\frac{[Zn(NH_3)^{2+}]}{[Zn^{2+}][NH_3]} = K_1 = 151.4 \tag{4.141}$$

$$\frac{[Zn(NH_3)_2^{2+}]}{[Zn(NH_3)^{2+}][NH_3]} = K_2 = 177.8 \tag{4.142}$$

$$\frac{[Zn(NH_3)_3^{2+}]}{[Zn(NH_3)_2^{2+}][NH_3]} = K_3 = 204.2 \tag{4.143}$$

$$\frac{[Zn(NH_3)_4^{2+}]}{[Zn(NH_3)_3^{2+}][NH_3]} = K_4 = 91.2 \tag{4.144}$$

아연에 대한 질량수지는

$$\begin{aligned} C_{T.Zn} &= [Zn^{2+}] + [ZnOH^+] + [Zn(OH)_2] + [Zn(OH)_3^-] + [Zn(OH)_4^{2-}] \\ &+ [Zn(NH_3)^{2+}] + [Zn(NH_3)_2^{2+}] + [Zn(NH_3)_3^{2+}] + [Zn(NH_3)_4^{2+}] \end{aligned} \tag{4.145}$$

암모니아에 대한 질량수지는

$$\begin{aligned} C_{T.N} &= [NH_4^+] + [NH_3] + [Zn(NH_3)^{2+}] + 2[Zn(NH_3)_2^{2+}] \\ &+ 3[Zn(NH_3)_3^{2+}] + 4[Zn(NH_3)_4^{2+}] \end{aligned} \tag{4.146}$$

만일 아연-암모니아 착물의 농도가 $[NH_4^+] + [NH_3]$에 비하여 매우 작다면 암모니아에 대한 질량수지는 다음과 같이 표현할 수 있다.

$$C_{T,N} = [NH_4^+] + [NH_3] \tag{4.147}$$

위에 열거한 식들은 식 (4.129)부터 (4.134)까지 식들과 더불어 총암모니아 농도 $C_{T,N}$가 0.1 M인 경우에 대하여 그림 4.17을 작성하는 데 사용될 수 있다. $[NH_3]$의 농도는 pH의 함수로서 식 (4.147)과 표 4.1에 주어진 평형 관계를 이용하여 구할 수 있다. 그 다음 단계는 아연-수산화 착물을 계산할 때와 같은 방법을 이용하면 된다. 즉, 식 (4.129)를 이용하여 구한 $[Zn^{2+}]$는 $[NH_3]$와 더불어 식 (4.141)을 이용하여 $[Zn(NH_3)^{2+}]$를 구하는 데 사용된다. 또한, $[Zn(NH_3)_2^{2+}]$는 $[Zn(NH_3)^{2+}]$와 식 (4.142)를 이용하여 구할 수 있으며, 이와 같은 방법을 계속하여 원하는 물질의 농도를 구할 수 있다. 이와 같이 구한 값들을 식 (4.145)에 대입하면 총용해성 아연의 농도를 구할 수 있으며 그 값은 그림 4.17에 빗금친 사선으로 경계지어진 선으로 표시되어 있다.

아연-암모니아 착물에 대한 $\log C-pH$ 관계식은 아연-수산화 착물의 경우와 같은 방법으로 구할 수 있다. 예를 들어 식 (4.141)로부터

$$\log[Zn(NH_3)^{2+}] = \log K_1 + \log[Zn^{2+}] + \log[NH_3] \tag{4.148}$$

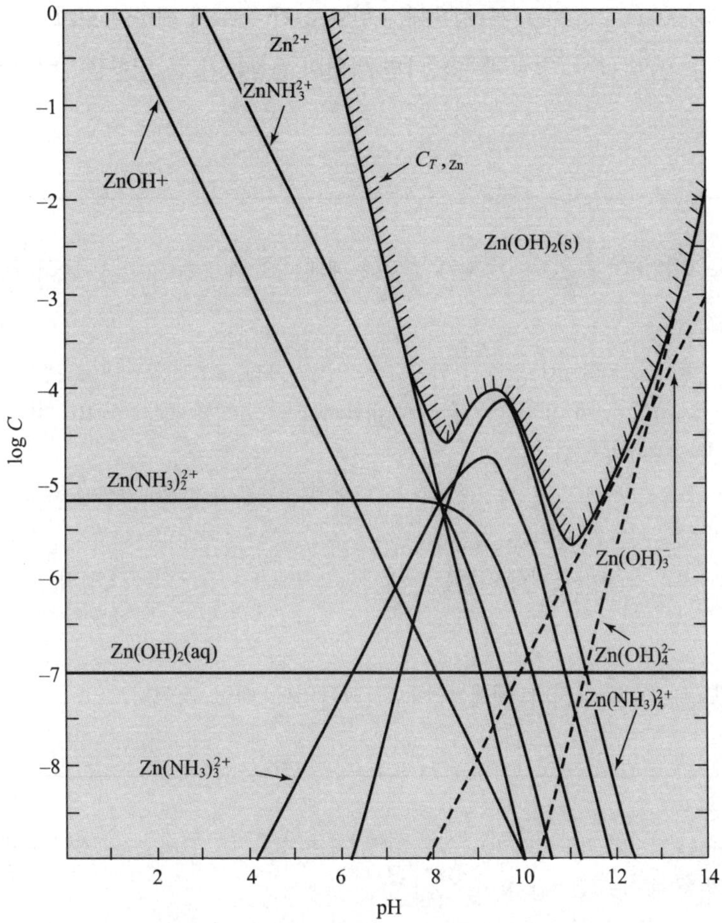

⇧ **그림 4.17** 총 암모니아를 0.1M 포함한 용액에서 pH에 따른 $Zn(OH)_2(s)$의 용해도 변화

식 (4.138)을 식 (4.148)에 대입하면

$$\log[\mathrm{Zn(NH_3)^{2+}}] = 13.08 - 2\mathrm{pH} + \log[\mathrm{NH_3}] \tag{4.149}$$

log $[NH_3]$의 값은 pH의 함수로서 식 (4.147)과 표 4.1에 나타낸 평형관계를 이용하여 결정할 수 있다. 나머지 아연-암모니아 착물에 대한 식도 같은 방법으로 구할 수 있다.

$$\log[\mathrm{Zn(NH_3)_2^{2+}}] = 15.33 - 2\mathrm{pH} + 2\log[\mathrm{NH_3}] \tag{4.150}$$

$$\log[\mathrm{Zn(NH_3)_3^{2+}}] = 17.64 - 2\mathrm{pH} + 3\log[\mathrm{NH_3}] \tag{4.151}$$

$$\log[\mathrm{Zn(NH_3)_4^{2+}}] = 19.60 - 2\mathrm{pH} + 4\log[\mathrm{NH_3}] \tag{4.152}$$

그림 4.16과 4.17을 살펴보면 0.1 M의 암모니아가 존재하는 경우 아연의 용해도가 크게 영향을 받는 것을 알 수 있으며, 이는 특히 pH 7과 11 사이에서 두드러지게 나타나 있다.

총암모니아의 농도($C_{T,\mathrm{N}}$)가 다른 경우에는 반드시 각 농도에 대하여 로그 농도 도표가 작성되어야 한다. 만일 ($C_{T,\mathrm{N}}$)에 매우 낮다면 아연의 용해도가 큰 영향을 받지 않는 것은 명확하다.

예제 4.34

그림 4.17을 이용하여 $C_{T,\mathrm{N}}$이 0.1 M인 경우에 예제 4.32와 4.33을 다시 풀어라

해답

아연의 최소 용해도는 약 pH 11에서 나타난다. 이 pH에서 총용해성 아연($C_{T,\mathrm{Zn}}=S$)은 대략 $10^{-5.7}$ 또는 2×10^{-6} mol/L이다. 이것은 NH_3(pH = 9.4 그리고 용해도 1.6×10^{-7} mol/L)가 없는 경우의 값과 상당히 다르다.

10^{-3} M이 아연을 포함한 도금 폐수에서, 암모니아가 존재하지 않을 때 아연은 pH 6.9 정도에서부터 침전되기 시작할 것이다. 총용해성 아연을 10^{-5} M로 줄이기 위하여 pH 10.3이 요구되는데, 암모니아 착물이 존재하지 않는 경우에는 pH 7.9가 요구되어 상당히 다르다.

금속 용해도에 대한 마지막 예제는 비수산화물염에 대한 것이다.

예제 4.35

25℃에서 AgCl(s), 총 암모니아 10^{-3} M, 총 염소이온 10^{-2} M, 그리고 pH 9인 용액에서 평형상태의 은의 용해도는 몇 mg Ag/L 인가?

해답

Ag^+는 OH^-, Cl^-, 그리고 NH_3와 착물을 형성한다(표 4.4 및 4.5 참조). 그러므로

$$C_{T,\mathrm{Ag}}=S=[\mathrm{Ag}^+]+[\mathrm{AgOH}(aq)]+[\mathrm{Ag(OH)}_2^-]+[\mathrm{AgCl}(aq)]+[\mathrm{AgCl}_2^-]$$
$$+[\mathrm{AgCl}_3^{2-}]+[\mathrm{AgCl}_4^{3-}]+[\mathrm{AgNH}_3^+]+[\mathrm{Ag(NH_3)}_2^+]$$

$$K_{\mathrm{sp}}=3\times10^{-10}=[\mathrm{Ag}^+][\mathrm{Cl}^-] \qquad [\mathrm{Ag}^+]=\frac{3\times10^{-10}}{[\mathrm{Cl}^-]}$$

[Cl⁻]를 알아야 한다. 염소이온에 대한 물질수지는

$$C_{T,\mathrm{Cl}}=[\mathrm{Cl}^-]+[\mathrm{AgCl(aq)}]+2[\mathrm{AgCl}_2^-]+3[\mathrm{AgCl}_3^{2-}]+4[\mathrm{AgCl}_4^{3-}]$$

여기서 $[\mathrm{Cl}^-] \gg$ Ag−Cl 착물의 합이라고 가정할 수 있다. 즉 $[\mathrm{Cl}^-]=0.01$ M.
그러므로

$$[\mathrm{Ag}^+]=\frac{3\times10^{-10}}{[\mathrm{Cl}^-]}=\frac{3\times10^{-10}}{0.01}=3\times10^{-8}\ \mathrm{M}$$

표 4.4에서 Ag-Cl 착물의 자료를 이용하면

$$[AgCl(aq)] = 3\times10^{-8}(0.01)(10^{3.45}) = 8.46\times10^{-7}\,M$$

$$[AgCl_2^-] = 8.46\times10^{-7}(0.01)(10^{2.22}) = 1.40\times10^{-6}\,M$$

$$[AgCl_3^{2-}] = 1.40\times10^{-6}(0.01)(10^{0.33}) = 3.00\times10^{-8}\,M$$

$$[AgCl_4^{3-}] = 3.00\times10^{-8}(0.01)(10^{0.04}) = 3.29\times10^{-10}\,M$$

위로부터 $[Cl^-] \gg Ag-Cl$ 착물의 합이라는 가정은 옳은 것임을 알 수 있다!
$pH = 9.0$에서 OH^-착물에 대한 표 4.5의 자료를 이용하면

$$[AgOH(aq)] = 3\times10^{-8}(10^{-(14-9)})(10^{2.3}) = 5.99\times10^{-11}\,M$$

$$[Ag(OH)_2^-] = 5.99\times10^{-11}(10^{-(14-9)})(10^{1.9}) = 4.75\times10^{-14}\,M$$

$Ag-NH_3$ 착물의 농도를 결정하기 위하여 pH=9.0에서 NH_3 농도를 알아야 한다. 총 암모니아에 대한 물질수지는

$$C_{T,NH_3} = 0.01 = [NH_4^+] + [NH_3] + [AgNH_3^+] + 2[Ag(NH_3)_2^+]$$

여기서도 $Ag-NH_3$ 착물은 NH_4^+와 NH_3 합에 비해 무시할 수 있다고 가정한다.

$$C_{T,NH_3} = 0.01 = [NH_4^+] + [NH_3]$$

식 (4.22) 및 식 (4.20)의 따른 정의에 따라

$$[NH_3] = \alpha_1 C_{T,NH_3} = \left(\frac{1}{[H^+]/K_{A1}+1}\right)(0.01) = \left(\frac{10^{-9}}{10^{-9.26}}+1\right)^{-1}(0.01) = 3.55\times10^{-3}M$$

여기서 표 4.4의 평형상수를 사용하면

$$[AgNH_3^+] = 3\times10^{-8}(3.55\times10^{-3})(10^{3.32}) = 2.23\times10^{-7}M$$

$$[Ag(NH_3)_2^+] = 2.23\times10^{-7}(3.55\times10^{-3})(10^{3.92}) = 6.57\times10^{-6}M$$

위 계산으로부터 $Ag-NH_3$ 착물이 C_{T,NH_3}에 미치는 영향이 작다는 가정이 맞다는 것을 알 수 있다.
용해도 식에 대입하면 다음을 얻는다:

$$\begin{aligned} S &= 3\times10^{-8} + 5.99\times10^{-11} + 4.75\times10^{-14} + 8.46\times10^{-7} + 1.40\times10^{-6} \\ &\quad + 3.00\times10^{-8} + 3.29\times10^{-10} + 2.23\times10^{-7} + 6.57\times10^{-6} \\ &= 9.10\times10^{-6}\,M = 0.98\,mg/L\ Ag \end{aligned}$$

고체 물 경계면에서 흡착

고체-물간의 상호작용에 대한 화학은 이제까지 설명한 용액중 이온과 고체와의 단순한 평형관계보다 훨씬 복잡하다. 고체-물 경계면에서 흡착은 많은 면에서 일어나는 반응(many-faced process)으로서 자연계의 물이나 반응조 내에서 금속, 이온 및 유기물의 거동에 있어 매우 중요한 역할을 한다. 반응조 내에서 흡착 현상 및 그 중요성은 3.13절에, 그리고 유기물의 흡착은 5.34절에 기술되어 있다. 또한 흡착과 관련된 콜로이드 화학은 7장에 소개되어 있다. 다음에는 고체-물 경계면에서의 화학에 대하여 간단히 소개를 하고자 한다. 보다 자세한 내용에 대하여는 Stumm[10]과 Benjamin[11]의 교재를 참조하기 바란다.

금속, 산 및 염기와 산화 금속(Al_2O_3, Fe_2O_3, FeOOH, SiO_2)과의 반응을 이용하여 고체-물 간의 화학에 대한 개념을 소개하도록 하자. 평형 관계에 대한 표현은 이장의 앞에서 제시된 평형 관계와 같은 방법으로 나타낼 수 있다. 산화철을 ≡ FeOH로 표현하고(대부분의 산화 금속은 물에서 표면에 수산화기를 지니고 있다) 중성 표면(neutral surface)을 생각해 보자. 이 표면기(surface group)는 다음에 주어진 산-염기의 평형과 같이 양성자를 주거나 받을 수 있다.

$$\equiv \mathrm{FeOH_2^+} \rightleftharpoons \equiv \mathrm{FeOH} + \mathrm{H^+} \tag{4.153}$$

$$\equiv \mathrm{FeOH} \rightleftharpoons \equiv \mathrm{FeO^-} + \mathrm{H^+} \tag{4.154}$$

활동도 보정을 무시할 경우 이에 대한 평형상수의 표현은

$$K_{A1} = \frac{(\equiv \mathrm{FeOH})[\mathrm{H^+}]}{(\equiv \mathrm{FeOH_2^+})} \tag{4.155}$$

$$K_{A2} = \frac{(\equiv \mathrm{FeO^-})[\mathrm{H^+}]}{(\equiv \mathrm{FeOH})} \tag{4.156}$$

여기서 ( )은 mol/kg 산화철에 대한 표면 종(surface species) 농도를 나타낸다. 만일 표면에서의 농도(고체 면적당 moles), 고체의 비표면적(면적/kg 고체), 그리고 용액중 고체의 농도(kg/L)를 알고 있다면 ( )안의 농도는 M(mol/L)로 표시할 수 있다. 이와 같은 평형상태의 표현은 4.5절에서 산의 이온화에 대한 표현(예를 들어 표 4.1의 탄산)과 매우 유사하다.

금속은 다음에 주어진 평형 관계에 따라 표면에 흡착된다.

$$\equiv \mathrm{FeOH} + \mathrm{M^{2+}} \rightleftharpoons \equiv \mathrm{FeOM^+} + \mathrm{H^+} \tag{4.157}$$

이와 같은 금속-산화물 착물(metal-oxide complexes)을 **표면 착물**(surface complexes)라고

10) W. Stumm. "Chemistry of the Solid-Water Interface." Wiley-Interscience, New York, 1992.
11) M. M. Benjamin, "Water Chemistry," McGraw-Hill, New York, 2002.

부른다. 표면-금속 착물(surface-metal complex)에 대한 평형상수는

$$K_{SM} = \frac{(\equiv \mathrm{FeOM}^+)[\mathrm{H}^+]}{(\equiv \mathrm{FeOH})[\mathrm{M}^{2+}]} \tag{4.158}$$

표면 착물 형성 접근법은 Langmuir 등온흡착식(3.12절) 및 보다 복잡한 흡착 특성 모델에 이용될 수 있다. 이와 같은 평형상태의 표현은 질량수지식, 전하수지식과 더불어 금속이 산화 금속 또는 기타 광물질의 표면에 흡착되는 현상을 포함한 문제를 푸는 데 사용될 수 있다. 다음은 간단한 예이다.

예제 4.36

구리 이온(Cu^{2+})이 수산화 산화철(geothite, FeOOH)에 흡착되는 것을 고려하여, 다음 조건에서 FeOOH의 표면에 흡착하는 구리의 분율을 평가하여라. 이 예제에서 Cu-OH착물은 무시하여라.

해답

$$K_{A1} = \frac{[\equiv \mathrm{FeOH}][\mathrm{H}^+]}{[\equiv \mathrm{FeOH_2^+}]} \qquad \mathrm{p}K_{A1} = 6.0$$

$$K_{A2} = \frac{[\equiv \mathrm{FeO}^-][\mathrm{H}^+]}{[\equiv \mathrm{FeOH}]} \qquad \mathrm{p}K_{A2} = 8.8$$

$$K_{SCu} = \frac{[\equiv \mathrm{FeOCu}^+][\mathrm{H}^+]}{[\equiv \mathrm{FeOH}][\mathrm{Cu}^{2+}]} \qquad \mathrm{p}K_{SCu} = -8.0$$

위 식에서 표면 종의 몰 농도가 사용됨을 주의하여라.

$$\text{총산화 철의 표면농도} = 10^{-6}\,\mathrm{M}$$
$$\text{총구리 농도} = 10^{-6}\,\mathrm{M}$$
$$\mathrm{pH} = 7.0$$

표면종과 Cu 종 농도에 대한 질량수지식은

총산화철의 표면 종$= 10^{-6}\mathrm{M} = [\equiv \mathrm{FeOH_2^+}] + [\equiv \mathrm{FeOH}] + [\equiv \mathrm{FeO}^-] + [\mathrm{FeOCu}^+]$

총구리물질$= 10^{-6}\mathrm{M} = [\mathrm{Cu}^{2+}] + [\equiv \mathrm{FeOCu}^+]$

평형식을 사용하고 적절하게 대입하면

$$10^{-6} = [\equiv \mathrm{FeOH}]\left(\frac{[\mathrm{H}^+]}{K_{A1}} + 1 + \frac{K_{A2}}{[\mathrm{H}^+]} + \frac{K_{SCu}[\mathrm{Cu}^{2+}]}{[\mathrm{H}^+]}\right)$$

$$10^{-6} = [\mathrm{Cu}^{2+}]\left(1 + K_{SCu}\frac{[\equiv \mathrm{FeOH}]}{[\mathrm{H}^+]}\right)$$

위 두 식을 풀고, 적절하게 대입하면 다음과 같다.

$$[\equiv \mathrm{FeOH}] = 2.99 \times 10^{-11}\mathrm{M}$$

$$[\equiv FeOH_2^+] = 2.99 \times 10^{-13} M$$

$$[\equiv FeO^-] = 4.74 \times 10^{-13} M$$

$$[\equiv FeOCu^+] = 1.00 \times 10^{-6} M$$

$$[Cu^{2+}] = 3.34 \times 10^{-11} M$$

이 예제에서, pH 7에서는 본질적으로 구리의 100%가 산화철 표면에 흡착된다. 이는 자연수와 반응조에서 표면 착물의 형성이 금속의 선별화(speciation)에 사용될 수 있는 잠재력이 있음을 나타낸다. pH는 흡착에 큰 영향을 미친다. 예를 들어, 만일 이 예제에서 pH가 2.0이라면, 대략 38%의 구리가 산화 철에 흡착되고 나머지 62%는 해리된 Cu^{2+}로 남아 있을 것이다.

고체-물 경계면에 대한 화학은 용해된 착물과 수산화물(metal hydrolysis) 및 다른 리간드들과의 상호작용의 잠재력 때문에 더욱 복잡하여진다. 더욱이 유기산 또는 휴민산 등의 리간드는 표면 착물의 형성을 방해하거나 촉진시킬 수도 있다. 정전기적 영향도 중요할 수 있다. 표면은 산화-환원반응의 촉매로 사용될 수도 있다. 이와 같은 복잡한 문제를 풀기 위해서는 컴퓨터 모델이 흔히 사용된다. 그러나 이와 같은 현상에 대한 자세한 토의는 이 책에서 다루지 않았다.

| 4.10 | 산화-환원 반응

산화-환원 반응은 환경공학 및 과학에서 다루고 있는 반응들 중 가장 중요한 것에 속한다. 폐수처리과정에 포함된 많은 중요한 반응들은 유기물의 산화, 메탄발효, 질산화(nitrification), 탈질반응(denitrification) 등 박테리아에 의하여 일어나는 산화-환원 반응들이다. 산화-환원 반응은 철과 망간의 가용화와 침전에서도 중요하다. 염소와 오존과 같은 산화제들은 물이나 폐수에서 살균과 동시에 무기물과 유기물을 변화시키는 데 사용되고 있다. 환경에 도입된 물질들의 거동(fate)은, 대체로 그 물질들이 속해 있는 환경의 산화-환원 상태에 의존하고 있다. 또한 환경 분석 시험 방법들도 산화-환원 반응을 이용하는 것이 대부분이다.

산-염기, 용해도 또는 착물 형성반응과 마찬가지로 산화-환원반응들도 평형 상태를 향하여 진행한다. 따라서 산화-환원 평형에 대한 지식은 주어진 환경조건에서 어떤 관심있는 반응이 일어날 수 있는지를 예측하는 데 도움이 된다. 실제로 그 반응이 일어날 것인지 또는 얼마나 빨리 일어나는지 알 수 없으나, 그렇더라도 필요한 반응이 일어나기에 유리하게 하거나 또는 불필요한 반응을 억제하는 데 어떤 조건이 최적인가를 평가할 수 있는 유용한 방법을 제공한다. 산화-환원반응은 대단히 복잡하다. 도식해법을 이용하면 이와 같은 복잡성을 덜 수 있으며, 특정한 경우에 포함된 중요한 인자들을 이해하는 데 큰 도움이 된다.

평형 관계

산화-환원 반응의 계수를 맞추는 방법은 2.7절에서 설명하였으며, 산화-환원 반응의 평형에 대하여는 3.10절에서 간단히 소개하였다. 이 절에서는, 이들 개념을 좀더 자세히 설명하기로 한다.

산화환원(Redox) 반응은 아래의 반쪽반응식과 같이 전자 전달이 포함되어 있다.

$$\mathrm{Ox} + \mathrm{z}e^{-} \rightleftharpoons \mathrm{Red} \tag{4.159}$$

이 같은 일반적인 식에서 “Ox”는 산화된 종을 그리고 ”Red“는 환원된 종을 나타낸다. 평형상태는 다음과 같다

$$K = \frac{\{\mathrm{Red}\}}{\{\mathrm{Ox}\}\{e^{-}\}^{z}} \tag{4.160}$$

$\{e^{-}\}$에 대하여 풀면

$$\{e^{-}\} = \left(\frac{\{\mathrm{Red}\}}{K\{\mathrm{Ox}\}}\right)^{1/z} \tag{4.161}$$

전자 활동도 $\{e^{-}\}$는 다음 두 가지 형태로 표현된다: (1) 측정된 전위는 $-2.3RT\log\{e^{-}\}/zF$와 같으며 단위는 볼트(또는 밀리볼트), 심볼 E로 표현하거나 (2) pE=-log$\{e^{-}\}$인 로그 축척을 이용한다.[12] 비록 활동도에 로그를 취한다는 점에서 pE는 pH(-log $\{H^{+}\}$)와 유사하지만 전자는 H^{+}와 같이 측정될 수 없다는 것이 다른 점이다. 그렇지만 H^{+}가 교환되는 산-염기 반응과 같이 산화환원 반응에서는 하나의 종으로부터 다른 종으로 e^{-}의 교환(전달)이 일어난다. E는 일반적으로 산화환원 전위(Redox potential)라고 불린다. 이 용어는 시스템의 자유에너지와 직접적으로 관련이 있다. NO_3^-가 NH_4^+로 환원되는 반쪽 반응을 예를 들어보자

$$\frac{1}{8}NO_3^- + \frac{5}{4}H^+ + e^- \rightleftharpoons \frac{1}{8}NH_4^+ + \frac{3}{8}H_2O \tag{4.162}$$

$$\Delta G_f^0 \quad \frac{1}{8}(-111.34) \quad 0 \quad 0 \quad \frac{1}{8}(-79.37) \quad \frac{3}{8}(-237.18)$$

---

12) 기호 E와 E_H는 일반적으로 산화환원전위를 나타내기 위하여 사용되며, 단위는 볼트 또는 밀리볼트이다. 아래첨자 H는 전위 측정을 위한 기준 반쪽 반응식으로 $H_2(g)/H^+$ 짝을 이용하였음을 나타내며, 그 값은 0 볼트이다. 기호 pE, pe, 그리고 p는 “-log[e^-]”를 나타낸다. 이 교재에서는 E와 pE를 사용한다.

반응물과 생성물에 대한 표준 생성 자유에너지는 표 3.1 및 부록으로부터 구한 것이다. 규약에 따라, H^+와 e^-의 ΔG^0_{298}는 0이다. 따라서 이 반응의 표준 자유에너지는,

$$\Delta G^0 = \frac{1}{8}(-79.37) + \frac{3}{8}(-237.19) - \frac{1}{8}(-111.34) = -84.95 \text{ kJ}$$

반응의 표준 전극전위는 식 (3.44)을 이용하여 ΔG^0로부터 계산한다.

$$E^0 = -\frac{\Delta G^0}{zF} = -\frac{-84.95}{1(96.485)} = 0.880 \text{ volts}$$

여기서, 96.485 J/volt-*eq* 는 단위를 일치시키기 위하여 필요한 Faraday 상수이다(3.9절 참조). 식 (3.14)와 (3.44)에 나타낸 바와 같이, 산화-환원 반응의 평형 조건은 ΔG^0 또는 ΔE^0로부터 결정할 수 있다.

$$\ln K = 2.3 \log K = -\frac{\Delta G^0}{RT} = \frac{zFE^0}{RT}$$

따라서 식 (4.162)는 평형 상태에서, 다음의 농도 관계를 만족시켜야 한다. (e^-를 제외하고는 몰 농도를 이용)

$$\log \frac{[NH_4^+]^{1/8}}{[NO_3^-]^{\frac{1}{8}}[H^+]^{5/4}[e^-]} = -\frac{\Delta G^0}{2.3RT} = \frac{zFE^0}{2.3RT} \qquad (4.163)$$

위 식은 25℃에서 다음과 같은 형태로 바꾸어 쓸 수 있다.

$$E = E^0 - 0.059 \log \frac{[NH_4^+]^{1/8}}{[NO_3^-]^{1/8}[H^+]^{5/4}} \qquad (4.164)$$

또는

$$pE = pE^0 - \log \frac{[NH_4^+]^{1/8}}{[NO_3^-]^{1/8}[H^+]^{5/4}} \qquad (4.165)$$

여기서

$$z\,pE^0 = -\frac{\Delta G^0}{2.3RT} = \frac{zFE^0}{2.3RT} \qquad (4.166)$$

온도 25℃에서 $pE^0 = 16.9E^0/\text{volt}$ 이고 $pE = 16.9E/\text{volt}$ 이다. 표 2.4에는 수질 분야에서 중요한 여러 가지 반쪽 반응에 대한 pE^0와 ΔG^0가 수록되어 있다.

어떤 계의 산화-환원 전위는 p*E*로 나타내진다. p*E*가 크면 전자 활동도는 낮아지며, 계는 산화되려는 경향을 나타낸다. 즉 반쪽반응이 왼편으로 진행하려 한다. p*E*가 낮으면 계는 환원되려고 하며, 반응은 오른쪽으로 진행하려고 하게 된다.

어떤 주어진 계가 평형을 이루기 위해서는 그 계를 구성하고 있는 성분들에 대한 모든

가능한 산화-환원 반쪽 반응의 E 또는 pE가 같아야 한다. 즉 "전체시스템"에 대해 평형 상태에서는 $E = \mathrm{p}E = 0$이다. 이에 대한 예제가 4.37이다.

예제 4.37

$\mathrm{Fe(OH)_3}(s)$ 및 대기압($P_{O_2} = 0.21$ atm), 그리고 pH 5인 용액에서 평형상태의 $[\mathrm{Fe^{2+}}]$ 농도는 얼마인가?

▮해답

이 문제의 풀이 방법은 여러 가지가 있다. 두 가지 방법을 예를 들기로 하자. 다음 식이 유용하게 사용될 수 있다.

$$\mathrm{Fe(OH)_3}(s) + 3\mathrm{H^+} + e^- = \mathrm{Fe^{2+}} + 3\mathrm{H_2O} \qquad E^0 = 0.947 \text{ volts} \qquad \mathrm{p}E^0 = 16.00$$

$$\frac{1}{4}\mathrm{O_2}(g) + \mathrm{H^+} + e^- = \frac{1}{2}\mathrm{H_2O} \qquad E^0 = 1.229 \text{ volts} \qquad \mathrm{p}E^0 = 20.77$$

방법 1 : 산화환원 전위 E를 사용하자. 평형상태에서 $E = \Delta G = 0$이다. 3.9절에서 보인 바와 같이 첫 번째 반응의 역반응과 두 번째 반응을 더함으로써 균형 산화환원반응식을 세울 수 있다.

$$\mathrm{Fe^{2+}} + 3\mathrm{H_2O} = \mathrm{Fe(OH)_3}(s) + 3\mathrm{H^+} + e^- \qquad E^0 = -0.947 \text{ volts}$$

$$\frac{1}{4}\mathrm{O_2}(g) + \mathrm{H^+} + e^- = \frac{1}{2}\mathrm{H_2O} \qquad E^0 = 1.229 \text{ volts}$$

$$\mathrm{Fe^{2+}} + 0.25\mathrm{O_2}(g) + 2.5\,\mathrm{H_2O} = \mathrm{Fe(OH)_3}(s) + 2\mathrm{H^+} \qquad E^0 = 0.282 \text{ volts}$$

식 (3.45)로부터 이 반응에 대한 평형상수를 계산할 수 있다.

$$\log K = 16.9zE^0 = 16.9(1)(0.282) = 4.77$$

이로부터 활동도 보정을 무시하면:

$$K = 10^{4.77} = \frac{[\mathrm{Fe(OH)_3}](s)[\mathrm{H^+}]^2}{[\mathrm{Fe^{2+}}](P_{O_2})^{0.25}[\mathrm{H_2O}]^{2.5}} = \frac{(1)(10^{-5})^2}{[\mathrm{Fe^{2+}}](0.21)^{0.25}(1)^{2.5}}$$

위 식을 풀면 $[\mathrm{Fe^{2+}}] = 2.51 \times 10^{-15}$ M이다. 이로부터 O_2가 존재하는 경우 $\mathrm{Fe(OH)_3(s)}$가 주종임을 알 수 있다.

방법 2 : pE를 이용하자. 시스템이 평형상태에 있다면 정의에 의하여 pE=0이다. 이는 관련된 두 반쪽 반응식에 대한 pE가 같아야 함을 의미한다(두 반응식 모두 환원방향으로 표현되어야 한다). 주어진 두 반쪽반응식에 대해 식 (4.165)와 유사한 식을 수립하자.

$$\mathrm{p}E_{\mathrm{Fe}} = \mathrm{p}E^0_{\mathrm{Fe}} - \log\frac{[\mathrm{Fe^{2+}}][\mathrm{H_2O}]^3}{[\mathrm{Fe(OH)_3}](s)[\mathrm{H^+}]^3} = 16.00 - \log\frac{[\mathrm{Fe^{2+}}](1)^3}{(1)(10^{-5})^3}$$

$$pE_{O_2} = pE^0_{O_2} - \log\frac{[H_2O]^{1/2}}{(P_{O_2})^{1/4}[H^+]} = 20.77 - \log\frac{(1)^{1/2}}{(0.21)^{1/4}(10^{-5})} = 20.77 - 5.17 = 15.60$$

평형상태에서 $pE_{Fe} = pE_{O_2}$;

$$15.60 = 16.00 - \log\frac{[Fe^{2+}](1)^3}{(1)(10^{-5})^3} = 16.00 - \log[Fe^{2+}] + 3\log(10^{-5})$$

$$\log[Fe^{2+}] = 16.00 - 15.60 - 15 = -14.60$$

$$[Fe^{2+}] = 2.51 \times 10^{-15}\text{M} \quad (\text{방법 1과 동일})$$

로그 농도 도표

그림 4.18에 보인 바와 같이, NH_4^+와 NO_3^-의 상대적 평형 농도가 pE 또는 E의 함수인 것을 로그 농도 도표를 이용하여 설명할 수 있다. 이 그림은 25℃에서, 식 (4.165)를 이용하여 작성된 것이다. 값은 표 2.4로부터 구한 것이다. pH = 7일 때, $[H^+] = 10^{-7}$이므로,

$$pE = 14.88 - \frac{1}{8}\log[NH_4^+] + \frac{1}{8}\log[NO_3^-] + \frac{5}{4}\log(10^{-7})$$

이 식을 다시 정리하면

$$pE = 6.13 - \frac{1}{8}\log[NH_4^+] + \frac{1}{8}\log[NO_3^-] \tag{4.167}$$

또, $C_T = [NH_4^+] + [NO_3^-] = 10^{-3}$ M로 가정하였다.

그림 4.18은 산-염기 로그 농도 도표와 같은 방식으로 작성된다. 즉, 수평선은 $\log C_T$를 나타내며 시스템 포인트는 $pE = 6.13$에 위치하게 된다. 이 시스템 포인트로부터 두 개의 직선, 즉 이 점 왼편에 기울기가 $\frac{1}{8}$인 NO_3^-을 나타내는 직선과 오른편에 기울기가 $-\frac{1}{8}$인을 NH_4^+을 나타내는 직선을 그린다. $pE = 6.13$일 때 $[NH_4^+] = [NO_3^-] = C_T/2$ 이므로, 이 두 사선은 시스템 포인트로부터 $\log\frac{1}{2}$ 또는 -0.3 로그 단위 밑에서 교차하게 된다. 시스템 포인트로부터 0.3 로그 단위 아래의 교점을 지나도록 수평선과 사선을 짧은 곡선으로 연결하여 도표를 완성한다.

그림 4.18에는 두개의 직선이 더 있는 바, 이는 각각 물이 환원될 때와 산화될 때의 pE값들을 나타낸다.

환원

$$H^+ + e^- \rightleftharpoons \frac{1}{2}H_2(g)$$

$$pE = 0.0 - \log\frac{[H_2]^{1/2}}{[H^+]} \tag{4.168}$$

pH = 7에서는,

$$pE = -7 - \frac{1}{2}\log[H_2] \tag{4.169}$$

산화

$$\frac{1}{4}O_2 + H^+ + e^- \rightleftharpoons \frac{1}{2}H_2O$$

$$pE = 20.77 - \log\frac{1}{[O_2]^{1/4}[H^+]} \tag{4.170}$$

pH = 7 에서는,

$$pE = 13.77 + \frac{1}{4}\log[O_2] \tag{4.171}$$

만일 주어진 수계의 pE가 $[H_2]$ 선의 왼편에 있으면, 그 계는 환원되려는 경향이 대단히 커서, 물이 분해되어 H_2를 발생하려 할 것이다. 또, pE가 $[O_2]$선의 오른편에 있을 때 계는 산화되려는 경향이 커지고, 물은 분해되어 O_2를 발생시키려 할 것이다. 자연수계는 pE 값이 이 두 극단의 중간에 존재하는 특성을 나타낸다. 여기에서 O_2와 H_2는 기체이기 때문에 이들의 농도는 대기에서의 부분 압력임을 명심하여야 한다.

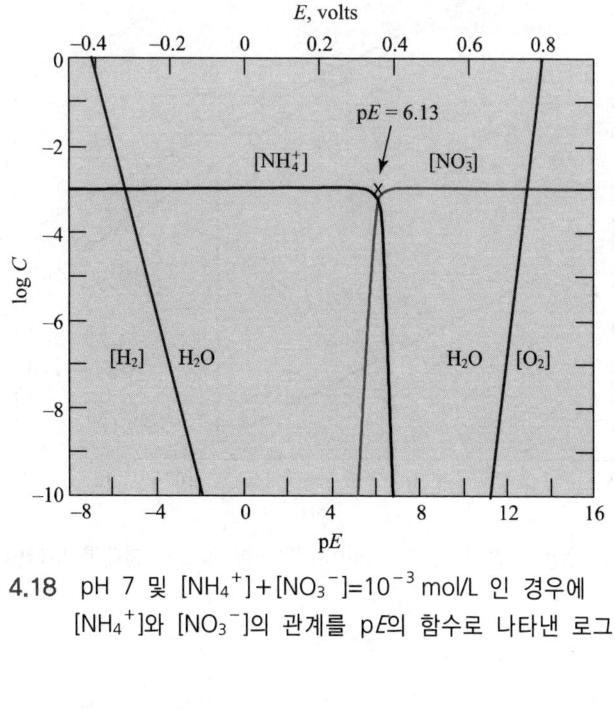

⇧ **그림 4.18** pH 7 및 $[NH_4^+]+[NO_3^-]=10^{-3}$ mol/L 인 경우에 $[NH_4^+]$와 $[NO_3^-]$의 관계를 pE의 함수로 나타낸 로그 농도 도표

pE-pH 도표

그림 4.18은 중성 pH조건을 나타낸 것이다. 식 (4.165)에서 알 수 있듯이, $NH_4^+ - NO_3^-$계에서 pE는 [H$^+$] 즉, pH의 함수이기도 하다. 이는 H^+ 또는 OH^-이 포함되는 어떤 산화-환원 반응에 대하여도 적용된다. 주어진 어떤 산화-환원 반응계에서 pH, pE 및 가장 안정한 종들 사이의 관계는 흔히 우세 영역(predominance area) 또는 pE−pH 도표를 이용하여 설명한다. 그림 4.19는 질소 계(nitrogen system)에 대한 pE−pH 도표이다.

그림 4.19를 작성하기 위하여 다음에 열거한 NH_4^+/NO_3^-, NH_4^+/NO_2^-, NO_2^-/NO_3^-, NH_3/NO_3^-, NH_3/NO_2^-, 그리고 NH_4^+/NH_3 쌍에 대한 관계식이 필요하다. 식 (4.165)는 NH_4^+/NO_3^-에 대한 관계식을 나타내고 있다. 나머지 관계식을 구하기 위해서는 표 2.4에 제시된 반쪽 반응을 이용하면 된다. 이 식들은 아래와 같은 방식으로 구해진다.

사용되는 일반적인 식의 형태는

$$pE = pE^0 - \frac{1}{z}\log\frac{(\text{환원된 형태})}{(\text{산화된 형태})} \tag{4.172}$$

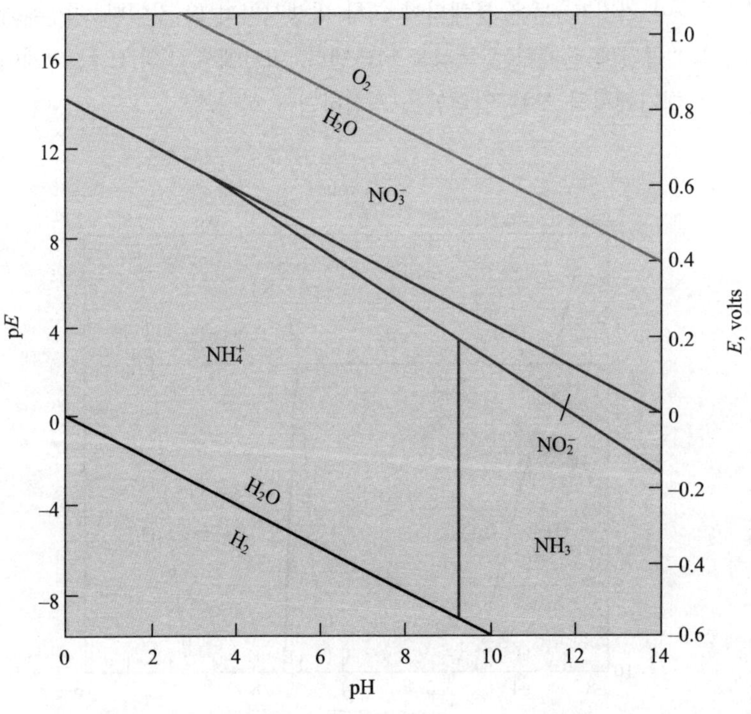

⇧ 그림 4.19 수용액 중의 평형 상태에서 우세한 질소의 형태를 나타낸 pE-pH 도표

여기서 (환원된 형태)는 반쪽 반응에서 환원된 쪽의 물질을, 그리고 (산화된 형태)는 산화된 쪽의 물질을 나타낸다. 만일 반쪽 반응식이 e^-에 대하여 쓰였다면 z=1이다. pE-pH 도표를 그리기 위해서는 식 (4.172)에서 $[H^+]$는 log 항으로부터 분리되어야 한다. 이 경우 식 (4.165)는

$$pE = 14.88 - \frac{5}{4}pH - \frac{1}{8}\log\frac{[NH_4^+]}{[NO_3^-]} \tag{4.173}$$

마찬가지로 표 2.4의 반쪽 반응식 19는 다음과 같이 된다.

$$pE = 15.08 - \frac{4}{3}pH - \frac{1}{6}\log\frac{[NH_4^+]}{[NO_2^-]} \tag{4.174}$$

표 2.4에는 NO_2^-/NO_3^-쌍에 대한 반쪽 반응식이 주어져 있지 않으므로 새로운 반쪽 반응식을 만들어야 한다. 새로운 반쪽 반응식은 표 2.4의 반쪽 반응식 19와 20 또는 21과 22를 조합하여 만들 수 있다. 반쪽 반응식 19와 20에서 NH_4^+를 제거하기 위하여 반쪽 반응식 19에 6을 곱하면

$$NH_4^+ + 2H_2O = NO_2^- + 8H^+ + 6e^-$$

반쪽 반응식 20에 8을 곱하면

$$NO_3^- + 10H^+ + 8e^- = NH_4^+ + 3H_2O$$

위 두 식을 더하면 다음의 식을 얻는다.

$$NO_3^- + 2H^+ + 2e^- = NO_2^- + H_2O$$

$$\frac{1}{2}NO_3^- + H^+ + e^- = \frac{1}{2}NO_2^- + \frac{1}{2}H_2O \tag{4.175}$$

E^0값은 전자－당량기준으로 주어지기 때문에 식 (4.175)에 대한 E^0값은

$$E^0 = \frac{6(-0.892) + 8(0.880)}{2} = 0.844\,\text{volt}$$

이로부터 $pE^0 = 16.9E^0 = 14.26$이다. 따라서 NO_2^-/NO_3^-쌍에 대한 pE-pH식은 다음과 같다.

$$pE = 14.26 - pH - \frac{1}{2}\log\frac{[NO_2^-]}{[NO_3^-]} \tag{4.176}$$

NH_3/NO_3^- 쌍과 NH_3/NO_2^-쌍에 대한 식을 만들기 위해서는 다음의 관계식이 필요하다.

$$K_A = \frac{[NH_3][H^+]}{[NH_4^+]} = 10^{-9.26} \tag{4.177}$$

식 (4.177)에 로그를 취하면

$$\log[NH_4^+] = \log[NH_3] - pH + 9.26 \tag{4.178}$$

식 (4.178)을 (4.173)과 (4.174)에 대입하면

$$pE = 13.72 - \frac{9}{8}pH - \frac{1}{8}\log\frac{[NH_3]}{[NO_3^-]} \tag{4.179}$$

$$pE = 13.54 - \frac{7}{6}pH - \frac{1}{6}\log\frac{[NH_3]}{[NO_2^-]} \tag{4.180}$$

그림 4.19의 직선들은 하나의 우세한 종의 질소 형태로부터 다른 형태의 우세한 종으로 전환되는 점들을 나타낸다. 따라서 이 선에서는 가장 우세한 두 질소 형태의 농도가 같아진다. NH_4^+와 NO_3^- 사이의 직선의 방정식은 식 (4.173)에서 $[NH_4^+]$와 $[NO_3^-]$가 같으므로 다음과 같이 된다.

$$pE = 14.88 - \frac{5}{4}pH \tag{4.181}$$

이 선의 아래쪽 영역에는 더욱 환원된 형태인 NH_4^+이 우세한 종이며, 이 선 위의 영역에서는 산화된 형태가 우세한 종이다. 그림 4.19에서 다른 직선들은 식 (4.174)부터 (4.180)까지를 이용하여 같은 방식으로 구한다. 물이 환원되거나 산화되는 경계를 나타내는 직선은 H_2와 O_2를 1과 같다고 놓고, 식 (4.168)과 (4.170)을 이용하여 구한다. 물속에서 각종 성분들의 안정한 범위는 이들 선의 사이에서 나타난다.

그림 4.19로부터 높은 p*E*에서 계는 산화되려는 경향을 가지며, 가장 높은 산화된 형태인 NO_3^-이 우세하다. 만일 암모니아가 이와 같은 계에 도입된다면 암모니아는 불안정할 것이며, 질산으로 산화될 것이다. 그러나 질산화 박테리아의 촉매작용이 없을 때는, 자연 상태의 온도에서 이 산화 반응의 속도는 대단히 느릴 것이다. 질산화 박테리아는 이 산화반응의 촉매작용을 하며, 방출된 에너지의 일부를 성장에 이용한다. 만일 p*E*가 낮은 계에 암모니아가 도입되면, 이 암모니아는 안정해서 화학적으로나 생물학적으로 산화되지 않는다. 그러므로 주어진 계의 p*E*와 pH가 정의되면, 이 계에 물질이 도입되었을 때 어떤 반응이 일어날 지를 예측할 수 있다.

그림 4.20은 자연수 계에서 중요한 물질의 영역을 나타낸 p*E*-pH 도표이다. 이 도표는 표 2.4의 이산화 탄소의 메탄으로의 환원 반응에 대한 반쪽 반응, 황산 이온의 황화 수소로의

환원 반응에 대한 반쪽 반응 및 N_2와 질산 이온 사이의 변환에 대한 반쪽 반응들을 이용하여 작성한 것이다. 이 산화-환원 반응들은 대개 자연수의 온도 범위에서 박테리아의 작용에 의하여 일어난다. 호기성 영역은 산소[O_2]의 부분압력이 10^{-3} atm 이상인 포기된 물(aerated water)의 상태에 해당한다. 이것은 대부분의 자연 하천, 호수의 표층 및 바다, 그리고 활성슬러지법과 같은 호기성 처리과정의 상태이기도 하다.

그림 4.20에서 아래 부분의 혐기성 영역은, 황산 이온이 황화 수소로 환원되고, 유기물이 메탄 가스로 환원되는 조건들을 나타낸다. 이와 같은 조건들은 유기물 침전물, 오염된 호수의 하층 부분, 위생 매립지 및 혐기성 소화조에서 나타낸다.

위의 두 영역 사이에는 전이영역(transition zone)가 있다. 탈질 박테리아에 의하여 질산 이온이 질소 가스로 환원되는 반응은 이 영역의 아랫 부분에서 일어날 수 있으며, 대체로 자연수-침강물 경계면, 호기성 처리의 박테리아 플록(bacterial floc)의 내부, 토양의 포화대와 탈질을 위하여 특별히 설계된 생물학적 처리공정의 일부에서 나타나는 상태이다. 전이영역의 윗 부분에서 질산 이온은 안정하며, 질산화 박테리아에 의해 암모니아가 산화되어 질산 이온으로 될 수 있다.

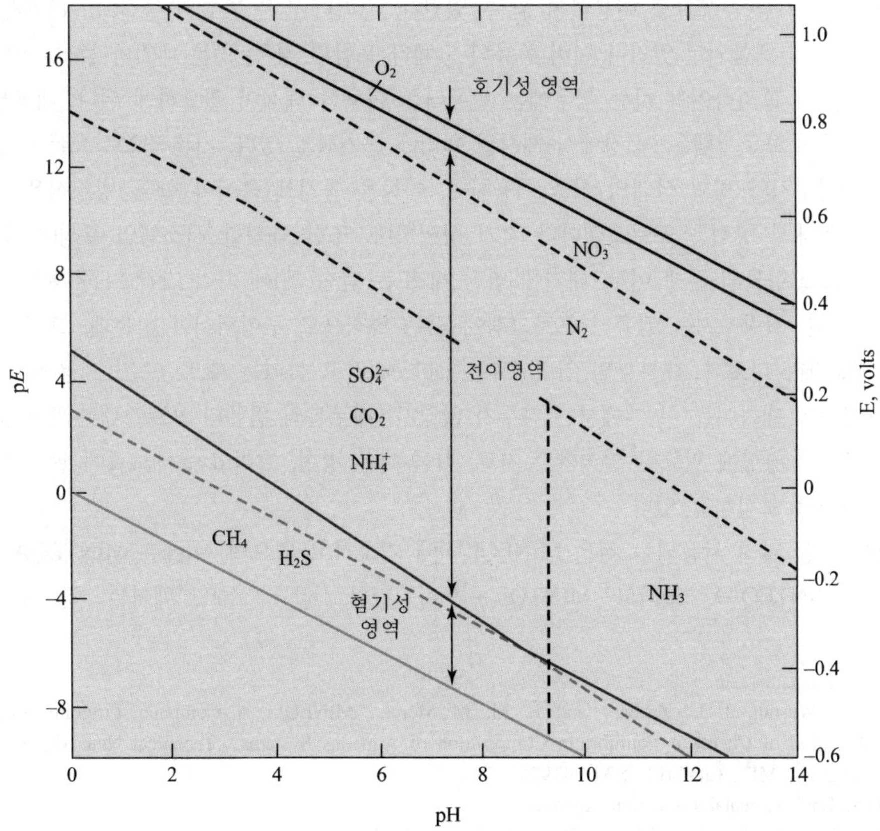

⇧ **그림 4.20** 수계 주요 산화환원 반응의 영역을 나타낸 *pE*-pH 도표

그림 4.20은 여러 가지 산화-환원 반응의 영역과 관계된 p*E*값들이 pH에 의존하고 있음을 나타내고 있다. 중성 pH에서 호기성 조건은 약 13의 p*E*에 있게 되며, 혐기성 조건은 p*E*=-3의 아래에 있게 된다. pH가 1단위 낮아지는 데 대하여 각각의 p*E*값도 거의 1단위씩 증가한다.

철, 망간, 수은 염소 등의 물질이 자연수 계에 도입될 때 일어나게 될 반응은 각각의 p*E*-pH 도표와 그림 4.20에 나타낸 영역들을 비교하여 추측할 수 있다. 이와 같이 도표로 나타내는 방법은 복잡한 계들을 아주 간결하게 표현할 수 있어서 환경공학 및 과학자들이 계를 직관적으로 이해할 수 있게 해준다.

| 4.11 | 컴퓨터를 이용한 평형 문제 해석

4장에서 제시된 화학 평형에 관한 문제들은 단순한 몇 가지 물질과 평형 관계식을 포함한 비교적 간단한 것들이었다. 이들 간단한 문제는 평형상수, 질량수지, 전하수지, 그리고 때로는 양성자 조건과 스프레드시트 또는 문제를 단순화시키는 가정 및 2차 방정식의 유도 또는 로그 농도 도표를 이용하여 풀 수 있었다. 그러나 많은 종류의 물질(즉, 15에서 20가지 정도)이 포함되어 있거나 여러 종류의 고체가 포함된 경우, 또는 대기와 물 사이의 평형을 반드시 고려하여야 하는 경우에는 컴퓨터를 이용한 해석이 필요하게 된다. 대부분의 컴퓨터 해석 프로그램은 이 장에서 제시된 원리에 근거하고 있다. 기본적으로 모든 프로그램은 질량수지와 평형 상태의 식을 이용하며, 이들을 동시에 풀어야 한다. 방정식을 풀기 위한 수치해석 방법은 프로그램마다 각기 상이하다. 또한 해석할 시스템의 특성(산화 대 환원상태, 고형물의 존재 여부, 대기에 열린 계 또는 닫힌 계)에 따라 각각 다른 제약이 있을 수 있다. 질량수지는 컴퓨터 프로그램에 맞는 형식으로 구성되어야 하는데, 그 형식은 프로그램마다 다르다. 대부분의 입력자료는 tableaus라고 불리는 매트릭스가 사용된다. 자세한 형식에 대하여는 이 책에서는 다루지 않았다. 대부분의 컴퓨터 프로그램은 평형상수, 산 - 염기의 평형에 필요한 열역학적 자료, 착물-이온 평형, 그리고 용해도곱에 관한 데이터 베이스를 포함하고 있다.

현재 가장 널리 사용되는 것은 MINEQL[13)]에 기초하고 있으며, 이에는 MINTEQA2[14)], visual MINTEQ[15)], 그리고 MINTQL+[16)]이 있다. 일부 소프트웨어는 인터넷에서

13) J. C. Westall, J. L. Zachary and F. M. M Morel, "MINEQL. A Computer Program for the Calculation of Chemical Equilibrium Composition of Aqueous Systems," Technical Note 18, Parsons Laboratory, MIT, Cambridge, MA, 1976

14) U.S. Environmental Protection Agency.

15) http://www.lwr.kth.se/english/OurSoftware/vminteq/index.htm

16) MINEQL+ is a registered trademark of Environmental Research Software.

download 받거나 구입할 수 있다. 이들 프로그램에서 사용되는 포맷은 Benjamin[17]과 Morel 및 Hering[18]의 책에 주어져 있다.

연습문제

다음 문제들에서 온도는 25℃로 가정하여라. 언급된 경우를 제외하고는 활동도 보정은 무시한다.

4. 1 300 mg/L의 $NaNO_3$와 150 mg/L의 $CaSO_4$를 포함하고 있는 용액 속의 각 이온의 활동도 계수와 활동도를 계산하여라.

답 : Na^+와 NO_3^-는 0.91 및 3.21×10^{-3}, Ca^{2+}와 SO_4^{2-}는 0.69 및 0.76×10^{-3}

4. 2 75 mg/L의 Na^+, 25 mg/L의 Ca^{2+}, 10 mg/L의 Mg^{2+}, 125 mg/L의 Cl^-, 50 mg/L의 HCO_3^- 및 48 mg/L의 SO_4^{2-}를 포함하고 있는 용액 속의 각 이온의 활동도 계수와 활동도를 계산하여라.

4. 3 프로피온산(propionic acid) 10^{-3} mol을 증류수로 희석하여 1 L의 용액으로 만들었다. 이 수용액 속의 각 화학종에 대한 평형 농도를 계산하여라.

답 : $[H^+]=1.8\times10^{-4}$, $[OH^-]=9.29\times10^{-11}$, $[HPr]=8.92\times10^{-4}$, $[Pr^-]=1.08\times10^{-4}$

4. 4 암모니아 10^{-2} mol을 증류수로 1 L의 용액을 만들었다. 이 수용액 속의 각 화학종에 대한 평형 농도를 계산하여라.

4. 5 다음 용액의 평형 pH를 계산하여라.

(a) 10^{-3} M H_2SO_4 (b) 10^{-8} M H_2SO_4

답 : (a) 2.70 (b) 6.96

4. 6 다음 용액의 평형 pH를 계산하여라.

(a) 10^{-4} M NaOH (b) 10^{-8} M NaOH

4. 7 다음의 약한 산 또는 약한 염기를 각각 100 mg/L 포함하고 있는 용액의 pH를 계산하여라.

(a) 아세트산 (b) 하이포아염소산(hypochlorous acid)

---

17) M. M Benjamin, "Water Chemistry," McGraw-Hill, New York, 2002.

18) F. M. M. Morel and J. G. Hering, "Principles and Application of Aquatic Chemistry," Wiley-Interscience, New York, 1993.

(c) 암모니아 (d) 시안산(hydrocyanic acid)

답 : (a) 3.78 (b) 5.13 (c) 10.50 (d) 5.88

4. 8 다음의 약한 산 또는 약한 산의 염들을 각각 50mg/L 포함하고 있는 용액의 pH를 계산하여라.

(a) 탄산 (b) 아세트산 나트륨(sodium acetate)

(c) 하이포아염소산 나트륨 (sodium hypochlorite) (d) 인산

4. 9 pH가 7.4인 용액 속에 존재하는 NH_3와 NH_4^+ 형태의 질소 비를 계산하여라.

답 : 0.014

4.10 다음의 pH를 가진 용액 속에서 하이포아염소산 대 하이포아염소산 이온의 비를 계산하여라.

(a) 6.0 (b) 7.0 (c) 8.0

4.11 이온화 되지 않은 HCN은 물고기에 독성을 미친다. 물고기에 독성을 미치는 HCN 수준이 10^{-6} M라 가정한다. 총시안화물의 농도가 10^{-5} M일 때 어느 정도의 pH에서 HCN이 독성 수준에 도달하는가?

(a) 이온세기 대략 0 (b) 이온세기=0.1 M

답 : 10.27, 10.15

4.12 10^{-2} M 프로피온산 용액의 pH를 구하여라.

4.13 10^{-2} M 프로피온산 나트륨 용액의 pH를 구하여라.

답 : 8.44

4.14 $Ca(OCl)_2$를 첨가하여 0.01 M 용액을 만들었다. 대수 근사법을 이용하여 다음을 구하여라.

(a) 활동도 계수가 무시될 때 용액의 pH는?

(b) 활동도 계수가 포함될 때 용액의 pH는?

답 : 9.92, 9.83

4.15 NH_4Cl을 첨가하여 0.02 M 용액을 만들었다. 대수 근사법을 이용하여 다음을 구하여라.

(a) 활동도 계수가 무시될 때 용액의 pH는?

(b) 활동도 계수가 포함될 때 용액의 pH는?

4.16 아스피린은 살리실릭산(HOC_6H_4COOH)으로부터 생산된다. 25℃에서 살리실릭산의 pK_{A1}=2.97, 그리고 pK_{A2}=13.70이다. 살리실릭산을 첨가하여 농도가 10^{-3} M인 용액을 만들었다.

(a) 스프레드시트를 이용하여 평형 pH를 구하라.

(b) 대수근사식을 이용하여 평형 pH를 구하라.

(c) 구한 pH값이 당신의 위에 어떤 영향을 미칠 것이라고 생각하는가?

답 : 3.20, 3.20

4.17 옥살산(HOOCCOOH)은 이가 산으로 pK_{A1}=1.25, 그리고 pK_{A2}=4.28이다. 옥살산을 첨가하여 농도가 10^{-2} M인 용액을 만들었다. 스프레드시트를 이용하여 평형 pH를 구하라.

4.18 프탈산 나트륨(sodium phthalate)를 첨가하여 농도가 10^{-3} M인 용액을 만들었다. 프탈산 나트륨은 물에 완전히 용해된다고 가정하고, 온도는 25℃, pK_{A1}= 2.95, 그리고 pK_{A2}=5.41이다.

(a) 스프레드시트를 이용하여 평형 pH를 구하라.

(b) 대수근사식을 이용하여 평형 pH를 구하라.

4.19 Na_2CO_3을 첨가하여 0.01 M의 용액을 만들었다.

(a) 활동도 계수가 무시될 때 25℃에서 용액의 pH는?

(b) 활동도 계수가 포함될 때 25℃에서 용액의 pH는?

(c) 활동도 계수가 포함될 때 15℃에서 용액의 pH는? (15℃에서 pK_W=14.34, pK_{A1} =6.41, 그리고 pK_{A2}=10.42 이 값들은 3장의 내용을 이용하여 계산되었다)

4.20 비소산(H_3AsO_4)은 다가산으로 pK_{A1}=2.22, pK_{A2}=6.98 그리고 pK_{A3}=1.53이다. 물에 첨가된 KH_2AsO_4의 총 농도는 0.001 M이다.

(a) 이 용액의 질량수지를 써라.

(b) 이 용액의 전하수지를 써라

(c) 이 용액의 양성자 조건을 써라.

(d) 대수 근사식을 이용하여 평형 pH를 계산하여라.

(E) 스프레드시트를 이용하여 평형 pH를 계산하여라.

4.21 100 mg/L 의 NaH_2PO_4가 용해된 용액에서 각 물질의 농도를 계산하여라.

답 : pH=5.17

4.22 아세트산 0.01M과 아세트산 나트륨 0.01M을 포함한 용액에 대하여 대수 근사법을 이용하여 다음을 구하여라.

(a) 활동도 계수가 무시될 때 용액의 pH는?

(b) 활동도 계수가 포함될 때 용액의 pH는?

답 : 4.74, 4.69

4.23 HCN 0.01 M과 KCN 0.01M을 포함한 용액에 대하여 대수 근사법을 이용하여 다음을 구하여라.

(a) 활동도 계수가 무시될 때 용액의 pH는?

(b) 활동도 계수가 포함될 때 용액의 pH는?

4.24 (a) 황화수소 10^{-3} M 용액에 대한 로그 농도 도표를 작성하여라.

(b) 이 도표를 이용하여, 다음 농도의 물질을 포함하는 용액의 pH를 구하여라.

(1) 10^{-3} M H_2S (2) 10^{-3} M Na_2S

(3) 0.5×10^{-3} M HS^-과 0.5×10^{-3} M S^{3-}

(4) 0.5×10^{-3} M H_2S와 0.5×10^{-3} M HS^-

답 : (1) 5.0 (2) 10.9 (3) 12.9 (4) 7.0

4.25 (a) 황화 수소 10^{-2} M 용액에 대한 로그 농도 도표를 그려라. 닫힌 계로 가정하라.

(b) 이 도표를 이용하여, 다음 농도의 물질을 포함하는 용액의 pH를 구하여라.

(1) 10^{-2} M H_2S (2) 10^{-2} M Na_2S

(3) 0.5×10^{-2} M HS^-과 0.5×10^{-2} M S^{2-}

(4) 0.5×10^{-2} M H_2S와 0.5×10^{-2} M HS^-

4.26 로그 농도 도표를 이용하여 10^{-2} M H_2CO_3와 2×10^{-2} M Na_2CO_3를 포함하는 용액의 pH를 구하여라.

4.27 로그 농도 도표를 이용하여 10^{-2} M 아세트산과 2×10^{-2} M 아세트산 나트륨을 포함하는 용액의 pH를 구하여라.

답 : 5.0

4.28 로그 농도 도표를 이용하여, 10^{-3} M 아세트산과 10^{-3} M 염산을 포함하는 용액의 pH를 구하여라.

4.29 로그 농도 도표를 이용하여, 10^{-3} M Na_2CO_3와 10^{-3} M NaOH를 포함하는 용액의 pH를 구하여라.

답 : 11.1

4.30 로그 농도 도표를 이용하여, 10^{-2} M 아세트산과 10^{-2} M 암모니아를 포함하는 용액의 pH를 구하여라.

4.31 로그 농도 도표를 이용하여, 10^{-1} M 아세트산과 2×10^{-1} M 탄산수소 나트륨을 포함하는 용액의 pH를 구하여라.

답 : 6.4

4.32 로그 농도 도표를 이용하여, 10^{-3} M 아세트산과 10^{-2} M 탄산수소 나트륨을 같은 부피로 혼합하여 만든 용액의 pH를 구하여라.

4.33 로그 농도 도표를 이용하여, 10^{-2} M 프로피온산, 10^{-2} M 아세트산, 10^{-1} M $NaHCO_3$를 같은 부피로 혼합하여 만든 용액의 pH를 구하여라.

답 : 7.0

4.34 로그 농도 도표를 이용하여 0.01 M 아세트산 암모늄 용액의 평형 pH를 구하여라.

답 : 7.0

4.35 로그 농도 도표를 이용하여 0.01 M 탄산 암모늄 용액의 평형 pH를 구하여라.

4.36 예제 4.16에서 계산한 바와 같이 순수한 비의 pH는 5.68이다. 이산화황(SO_2)이 대기중으로 방출되면 pH가 5.68보다 낮은 산성비가 발생한다. 대기가 20 ppb(부피기준, $10^{-7.7}$ atm)의 이산화황을 포함하고 있다고 가정하자. 대기중의 $10^{-3.5}$ atm의 CO_2(예제 4.16 참조)와 SO_2와 평형을 이루고 있는 강우의 pH를 산정하기 위한 식을 수립하시오. CO_2 및 SO_2가 강우의 pH에 미치는 영향에 대하여 논하시오. 다음 식을 사용하여야 한다.

$H_2SO_3(aq) = SO_2(g) + H_2O$ $\quad K_{H_1,SO_2} = 0.80$ atm-L/mol

$H_2SO_3 = HSO_3^- + H^+$ $\quad pK_{A1} = 1.77$

$HSO_3^- = SO_3^{2-} + H^+$ $\quad pK_{A2} = 7.21$

4.37 다음의 농도를 가진 아세트산 용액을 수산화 나트륨으로 적정한다. 각 용액의 당량점 pH를 계산하여라.

(a) 100 mg/L (b) 1,000 mg/L (c) 10,000 mg/L

답 : (a) 8.0 (b) 8.5 (c) 9.0

4.38 다음의 농도를 가진 탄산 수소 나트륨(sodium bicarbonate) 용액을 황산으로 적정할때의 당량점 pH를 계산하여라. 닫힌 계로 가정하라.

(a) 10 mg/L (b) 100 mg/L (c) 1,000 mg/L

4.39 150 mg/L의 탄산 나트륨 용액을 황산으로 적정할 때, 두 단계의 이온화 반응에 대한 당량점 pH를 계산하여라. 닫힌 계로 가정하라.

답 : 8.4, 4.6

4.40 150 mg/L의 황화 나트륨(Na_2S)의 용액을 황산으로 적정할 때, 두 단계의 이온화 반응에 대한 당량점 pH를 계산하여라.

4.41 100 mg/L의 HCl이 들어있는 용액 1L가 있다. 다음을 계산하여라.

(a) 용액의 초기의 pH

(b) 1N NaOH 1 mL를 가한 후의 pH

(c) 1N NaOH 2 mL를 가한 후의 pH

(d) 1N NaOH 3 mL를 가한 후의 pH

(e) 당량점에 도달하기까지 필요한 1N NaOH의 mL수

답 : (a) 2.6 (b) 2.8 (c) 3.1 (d) 10.4 (e) 2.74 mL

4.42 100 mg의 NaOH가 들어 있는 용액 500 mL가 있다. 다음을 계산하여라.

(a) 용액의 초기 pH

(b) 1N H_2SO_4 2 mL를 가한 후의 pH

(c) 1N H_2SO_4 4 mL를 가한 후의 pH

(d) 당량점에 도달하기까지 필요한 1N H_2SO_4의 mL수

4.43 (a) 본문의 근사법을 이용하여 0.001 M 프로피온산 나트륨을 0.1 M HCl로 적정할 때 적정곡선을 그려라.

(b) 완충값이 최대일 때 pH는? 이 때 완충값은?

(c) 완충값이 최소일 때 pH는? 이 때 완충값은?

답 : (b) 4.89, 6.05×10^{-4} M (c) 3.95, 4.71×10^{-4} M

4.44 어떤 용액의 총무기탄소는 10^{-3} M이고, pH는 7.2이다. 탄산염보다 약한 산이나 약한 염기는 존재하지 않지만, 다른 양이온과 음이온은 존재한다. 이온 세기 효과를 무시할 때, 이 용액 1 L를 0.1 M HCl로 적정할 때의 적정 곡선을 그려라. 대기와의 교류는 없다고 가정하여라.

4.45 어떤 용액의 무기탄소는 10^{-3} M이고 pH는 8.23이다. 닫힌 계로 가정하여라.

(a) 이 용액의 pH를 6.3으로 만들기 위하여 필요한 센 산의 적정량은 얼마인가? (용액 L당 HCl의 mol)

(b) 이 용액을 당량점까지 적정하기 위하여 필요한 센 산의 적정량은 얼마인가? (용액 L당 HCl의 mol)

답 : 5×10^{-4} M, 10^{-3} M

4.46 25℃에서 물은 대기와 평형 (CO_2의 분압=5.0×10^{-4} atm)을 이루고 있고, pH는 8.1이다. 총인의 농도는 0.01 M이다. 다른 약한 산이나 염기는 존재하지 않는다. 이 물 1L의 pH를 6.0으로 낮추기 위하여 몇 mL의 0.5 M H_2SO_4가 필요한가?

4.47 500 mg의 아세트산이 들어있는 용액 500 mL의 pH를 5로 올리려면 몇 mL의 1N NaOH를 가해야 하는가?

4.48 (a) 하이포아염소산 10^{-4} M 용액 (25℃)의 로그 농도 도표를 그려라.

(b) (a)에서 구한 도표를 이용하여 (1) 10^{-4} M 하이포아염소산의 평형 pH, (2) 위의 용액 1 L에 0.5×10^{-4} mol의 NaOH를 가한 후의 pH와, (3) 이 용액에 10^{-4} mol의 NaOH를 첨가한 후의 pH를 구하여라.

답 : (1) 5.75 (2) 7.5 (3) 8.7

4.49 (a) 프로피온산의 10^{-4} M 용액에 대한 로그 농도 도표를 그려라.

(b) (a)에서 구한 도표를 이용하여 (1) 10^{-4} M 프로피온산에 대한 평형 pH, (2) 위의 용액 1 L에 0.5×10^{-4} mol의 NaOH를 첨가한 후의 pH, (3) 이 용액에 10^{-4} mol의 NaOH를 첨가한 후의 pH를 구하여라.

4.50 물 1 L에 아세트산(CH_3CO_2H) 2.4 g과 아세트산 나트륨(CH_3CO_2Na) 0.73 g을 녹여 만든 완충용액(염소의 전류 적정을 위한 완충용액에 해당함)의 pH를 계산하여라.

답 : 4.0

4.51 물 1 L에 KH_2PO_4 8.5g과 K_2HPO_4 43.5g을 녹여 만든 완충용액 (BOD 희석용수를 위한 완충용액에 해당함)의 pH를 구하여라.

4.52 KH_2PO_4 100 mg/L와 K_2HPO_4 200mg/L를 포함하고 있는 완충용액에 (a) 20 mg/L HCl을 가하기 전과 (b) 가한 후의 pH를 계산하여라.

답 : (a) 7.40 (b) 6.88

4.53 아세트산 500 mg/L와 아세트산 나트륨 250 mg/L를 포함하고 있는 완충용액에 대하여 pH를 계산하여라.

(a) 초기의 pH

(b) 이 용액에 20 mg/L의 HCl을 가한 다음의 pH

(c) 이 용액에 20 mg/L의 NaOH를 가한 다음의 pH

4.54 CO_3^{2-} 20 mg/L와 HCO_3^- 50 mg/L가 들어있는 완충용액 20 mL에 대하여 pH를 계산하여라. 닫힌 계로 가정하라.

(a) 초기 pH

(b) 0.02 N H_2SO_4 3 mL를 가한 다음의 pH

(c) 0.02 N NaOH 3 mL를 가한 다음의 pH

답 : (a) 6.8 (b) 6.3 (c) 8.1

4.55 다음에 대하여 pH와 완충값을 구하여라.

(a) 0.1 M 아세트산과 0.1 M 아세트산 나트륨

(b) 0.19 M 아세트산과 0.01 M 아세트산 나트륨

(c) 0.02 M 아세트산과 0.18 M 아세트산 나트륨

4.56 다음에 대하여 pH와 완충값을 구하여라.

(a) 0.005 M HOCl과 0.005 M NaOCl

(b) 0.001 M HOCl과 0.009 M NaOCl

(c) 0.008 M HOCl과 0.002 M NaOCl

답 : (a) 7.5, 5.8×10^{-3} (b) 8.45, 2.2×10^{-3} (c) 6.9, 1.26×10^{-3}

4.57 0.1 M 아세트산에 대한 완충값을 pH의 함수로 나타낸 곡선을 그려라.

4.58 0.1 M 염화 암모늄에 대한 완충값을 pH의 함수로 나타낸 곡선을 그려라.

4.59 실험실 반응기의 pH 범위를 7.0 ± 0.3으로 유지하기 위한 완충제를 만들려 한다. 생물학적 반응에 의한 질산화는 다음과 같이 설명된다.

$$NH_4^+ + 2O_2 \rightarrow NO_3^- + 2H^+ + H_2O$$

(a) 질소는 초기에 NH_4Cl 형태로 존재하고 다른 약 산이나 염기는 용액에 존재하지 않

는다고 가정하여라. 완충제로서 적절한 산과 짝염기쌍을 선택하고 NH_4^+ 형태의 질소 50 mg/L의 처리에 필요한 산과 짝염기의 농도를 계산하여라.

(b) 제시된 완충제 시스템의 완충값을 계산하여라.

4.60 0.01 M의 옥살산 일나트륨, NaC_2O_4H와 0.02M의 옥살산 이나트륨, $Na_2C_2O_4$를 혼합하여 완충제를 만들었다. pK_{A1}은 1.25이고 pK_{A2}는 4.28이다.

(a) 이 완충제의 초기 pH는?

(b) 완충값은?

(c) 0.001 M NaOH를 첨가한 후 완충제의 pH는?

답 : (a) 4.58 (b) 1.54×10^{-2} (c) 4.65

4.61 생물학적 탈질과정에서 pH의 변화를 막기 위하여 완충제를 만들려고 한다. 이 공정에서 NO_3^- 1 mol 제거시 1 mol의 OH^-가 생성된다. 10^{-3} M의 NO_3^-를 제거하면서 pH를 7.5±0.5를 유지하고자 한다. 적절한 완충제 시스템을 선택하고, 이 pH 범위를 유지하는 데 필요한 최소 약품의 양을 계산하여라.

4.62 (a) 닫힌 계에서 2.91×10^{-2} M $NaHCO_3$와 4.30×10^{-3} M의 Na_2CO_3가 첨가된 완충용액의 pH는 얼마인가?

(b) 위 완충용액에 10^{-3} M의 H_2SO_4를 첨가한 경우 pH는 얼마인가? 닫힌 계로 가정한다.

(c) 만일 (a)의 완충용액이 $P_{CO_2}=10^{-3.46}$ atm인 대기에 노출된 열린 계라면 pH는 얼마인가? C_{T,CO_2}는 얼마만큼 증가 또는 감소하는가?

4.63 Cu-NH_3 착물의 분포 도표를 이용하여, 다음과 같은 암모니아 농도에서의 우세한 Cu(Ⅱ)종을 밝혀라.

(a) 0.1 mg/L (b) 1 mg/L (c) 10 mg/L (d) 100 mg/L

4.64 로그 농도 도표를 이용하여, $[Cu^{2+}]=10^{-5}$ mol/L와 $[NH_3]=10^{-4}$ mol/L일 때, 구리의 여러 암모니아 착물의 농도를 구하여라.

답 : $Cu(NH_3)^{2+}$, 10^{-5} ; $Cu(NH_3)_2^{2+}$, 2.5×10^{-6} ; $Cu(NH_3)_3^{2+}$, 10^{-7} ; $Cu(NH_3)_4^{2+}$, 10^{-12}

4.65 로그 농도 도표를 이용하여, $[Cu^{2+}]=10^{-4}$ mol/L와 $[NH_3]=10^{-3}$ mol/L일 때, 구리의 여러 암모니아 착물의 농도를 구하여라.

4.66 $[Hg^{2+}]=10^{-7}$ mol/L일 때, 수은의 여러 염화 착물들의 상대적 농도에 미치는 염화 이온 농도의 영향을 나타내는 로그 농도 도표를 작성하여라. 염소 이온 농도가 다음과 같을 때, 어느 착물이 우세한 종이 되는가?

(a) 0.1 mg/L (b) 1 mg/L (c) 10 mg/L (d) 100 mg/L

답 : 모든 조건에서 $HgCl_2$가 우세

4.67 [Al^{3+}]=10^{-4} mol/L일 때, 알루미늄의 여러 불화 착물의 상대적 농도에 미치는 불소 이온(fluoride) 농도의 영향을 나타내는 로그 농도 도표를 작성하여라. 불소 이온 농도가 다음과 같을 때, 어느 착물이 우세한 종이 되는가?

(a) 0.1 mg/L (b) 1 mg/L (c) 10 mg/L

4.68 수은의 염화 착물들에 대한 분포 도표를 작성하여라.

4.69 알루미늄의 불소 착물들에 대한 분포 도표를 작성하여라.

4.70 우세 영역 도표를 이용하여, 염소 이온 농도가 35 mg/L이고 pH가 다음과 같을 때, 우세한 Hg(Ⅱ)의 종(수산화 착물과 염화 착물만)은 어느 것인가?

(a) 6 (b) 7 (c) 8 (d) 9

답 : (a) $HgCl_2$, (b) $Hg(OH)_2$, (c) $Hg(OH)_2$, (d) $Hg(OH)_2$

4.71 Fe(Ⅲ)의 불화 착물과 수산화 착물에 대한 pH와 불화 이온 농도의 영향을 나타내는 우세 영역 도표를 작성하여라. Fe(Ⅲ)농도는 철의 침전이 생기지 않을 정도로 충분히 낮다고 가정한다.

4.72 수은(Hg)는 독성 중금속으로, 가장 독성이 강한 무기물 형태는 자유 금속이온인 "Hg^{2+}"이다. 자연수가 pH=7.8, 총 용해성 Hg(II)=0.5 mg/L, 총 용해성 염소이온 =50 mg/L를 포함하고 있다. 모든 용해성 Hg(II) 종의 농도를 계산하시오. 어느 Hg(II) 종이 가장 농도가 높은가? 고형물은 존재하지 않으며, 주요 리간드는 Cl^-와 OH^-라고 가정하며, 활동도 보정은 무시한다. 만일 추가 가정이 필요하다면, 그 이유를 명확히 제시하고, 가정이 옳은지 확인하여야 한다.

4.73 수은(Hg)과 카드뮴(Cd)는 독성 중금속으로, "Hg^{2+}"와 "Cd^{2+}"가 가장 독성이 강한 무기물의 형태이다. 자연수가 총 용해성 Hg(II)=10^{-6}M, 총 용해성 Cd(II)=10^{-6} M, 총 용해성 염소이온=10^{-3} M를 포함하고 있다. 모든 용해성 Hg(II) 및 Cd(II) 종의 농도를 계산하시오. 어느 Hg(II) 및 Cd(II) 종의 농도가 가장 높은가? 이 문제에서 Hg(II) 및 Cd(II)와 OH^- 착물은 무시하고, 고형물은 존재하지 않는다고 가정하며, 활동도 보정은 무시한다. Hg(II) 및 Cd(II)와 염소이온 착물에 대해서는 표 4.4에 주어진 평형상수를 사용하시오

4.74 Hg(II) 및 Cd(II)와 OH^- 착물을 고려하여 문제 4.73을 다시 풀어 보시오. 물의 pH는 6.5라고 가정한다. 표 4.5를 이용하여 적절한 K값을 추정하시오.

4.75 10^{-3}M의 사이안 이온과 2×10^{-4} M의 니켈이 포함된 pH 9.0의 혼합용액에서 모든 종(즉 HCN, CN^-, Ni^{2+}, $Ni(CN)_4^{2-}$)의 농도를 계산하여라. 모든 가정을 설명하고 증명하여라. 다른 니켈 착물은 무시한다. 다음의 평형식은 유용하다.

$$Ni^{2+} + 4CN^- \rightleftharpoons Ni(CN)_4^{2-} \qquad \beta_4 = 10^{+30}$$

답 : $[Ni^{2+}] = 1.13 \times 10^{-17}$ M

4.76 로그 농도 도표를 이용하여, 물 또는 폐수 속에 포함되어 있는 다음 각 금속이온을 금속 수산화물로 침전시켜 10^{-4} mol/L로 까지 줄이는 데 필요한 최소 pH를 구하여라.
(a) Cr^{3+} (b) Cu^{2+} (c) Zn^{2+} (d) Mg^{2+} (e) Ca^{2+}

4.77 로그 농도 도표를 이용하여, 물 또는 폐수 속에 포함되어 있는 다음 각 금속이온을 금속 수산화물로 침전시켜 10^{-3} mol/L로 까지 줄이는 데 필요한 최소 pH를 구하여라.
(a) Fe^{3+} (b) Fe^{2+} (c) Mn^{2+} (d) Al^{3+} (e) Mg^{2+} (f) Cu^{2+}
답 : (a) 3.2 (b) 9.2 (c) 10.0 (d) 5.0 (e) 10.8 (f) 7.2

4.78 로그 농도 도표를 이용하여, 다음 각 금속 이온을 금속 탄산염(metallic carbonate)으로 침전시켜 10^{-4} mol/L로까지 줄이는 데 필요한 CO_3^{2-}의 최소 농도를 mol/L로 구하여라. 착물은 무시한다.
(a) Mg^{2+} (b) Ca^{2+} (c) Sr^{2+} (d) Zn^{2+} (e) Pb^{2+}

4.79 로그 농도 도표를 이용하여, 다음 각 금속 이온을 금속 탄산염으로 침전시켜 10^{-5} mol/L로 까지 줄이는 데 필요한 CO_3^{2-}의 최소 농도를 mol/L로 구하여라. 착물은 무시한다.
(a) Ca^{2+} (b) Cu^{2+} (c) Fe^{2+} (d) Cd^{2+} (e) Pb^{2+}
답 : (a) 4×10^{-4} (b) 2×10^{-5} (c) 5×10^{-6} (d) 5×10^{-7} (e) 1.6×10^{-8}

4.80 로그 농도 도표를 이용하여, 다음 각각의 Ca^{2+}의 농도가 $CaCO_3$ 침전과 평형을 이루는 최소 pH를 구하여라. 용액 중의 총 무기탄소 농도는 10^{-2} mol/L이다. 착물은 무시한다.
(a) 10^{-3} mol/L (b) 10^{-4} mol/L (c) 10^{-5} mol/L

4.81 문제 4.80에서 용액 중의 총 무기탄소 농도가 10^{-4} mol/L일 때의 최소 pH를 구하여라. 착물은 무시한다.
답 : (a) 9.1 (b) 10.4 (c) $CaCO_3(s)$로 포화되지 않음.

4.82 용액 중의 총 무기탄소 농도 C가 10^{-1} mol/L일 때, $CaCO_3(s)$에 대한 Ca^{2+}의 평형 농도와 pH의 관계를 나타내는 로그 농도 도표를 작성하여라. 착물은 무시한다.

4.83 어떤 물의 초기 Ca^{2+} 농도가 2×10^{-3} mol/L이고, 총 무기탄소 농도는 2×10^{-2} mol/L이었다. $CaCO_3(s)$의 침전법으로 $[Ca^{2+}]$를 2×10^{-4} mol/L로 줄이려고 한다. 이를 효과적으로 수행할 수 있는 최소 pH와 용해되어 있는 무기탄소의 최종 물 농도를 구하여라. 착물은 무시한다.

4.84 용액의 pH의 함수로 하여 $Cd(OH)_2(s)$의 용해도와 포화 용액에서의 다른 수산화 카드뮴 착물의 농도를 나타내는 도표를 작성하여라. $Cd(OH)_2(s)$ 는 어느 pH에서 최소 용해도를 가지는가?
$Cd(OH)_2(s)$의 $K_{sp}=2\times10^{-14}$이다.

4.85 미국인들은 대략 총 8 ton/day의 납을 섭취한다고 보고되어 있다. 납의 음용수 기준은

0.05 mg/L이다. 납과 같은 중금속을 제거하는 방법중 하나인 금속 수산화물의 침전을 이용하기 위해서는 pH를 조절하여야 한다. 로그 농도 도표를 이용하여, 물에서 납의 최소 용해도(S)를 구하여라. 납의 수산화 착물을 반드시 포함시켜라. 최소 용해도에서는 pH는 얼마인가? $Pb(OH)_2(s)$에 대한 K_{sp}는 2.5×10^{-16}이다.

답 : 11.7 mg/L, pH = 11.0

4.86 물에서 Cr^{3+}를 제거하는 일반적인 방법은 $Cr(OH)_3(s)$로 침전시키는 것이다. 환경공학자가 pH를 8.5로 조절하면 총 용해성 Cr(III)의 농도가 1 mg/L 이하로 감소할 것이라고 말하였다. 이 말이 사실인가? 즉, $Cr(OH)_3(s)$가 존재하는 상황에서 pH가 8.5이면 Cr(III)의 용해도가 1 mg/L 이하로 감소하는가? $Cr(OH)_3(s)$에 대한 pK_{sp}는 30.22이다.

4.87 pH 7.0에서 10^{-2} M의 총황산 이온과 $Fe(OH)_3(s)$이 평형 상태를 이루고 있는 용액에서 철 (Fe, mg/L)의 용해도는?

4.88 산업폐수가 카드뮴, 암모니아, 그리고 염소를 포함하고 있으며, $Cd(OH)_2(s)$와 평형 상태이다.

(a) 용해성 Cd의 일반적인 질량수지식을 구하여라.

(b) 암모니아-N의 일반적인 질량수지식을 구하여라.

(c) 염소의 일반적인 질량수지식을 구하여라.

(d) Cd 용해도(S)의 방정식을 구하여라.

4.89 용액에 Ag^+, Ba^{2+}, Ca^{2+}, Pb^{2+}, 그리고 Sr^{2+} 금속이 각각 0.01 M씩 포함되어 있다. 이 용액을 Na_2SO_4로 적정하고자 한다. 착물은 무시한다.

(a) 어떤 금속이 가장 먼저 침전하는가?

(b) 어떤 금속이 마지막으로 침전하는가?

그 이유를 제시하라. $Ag_2SO_4(s)$, $BaSO_4(s)$, $CaSO_4(s)$, $PbSO_4(s)$, 그리고 $SrSO_4(s)$에 대한 K_{sp} 값은 각각 4.80, 9.96, 4.70, 7.80, 그리고 6.55이다.

4.90 물이 $Ca_3(PO_4)_2(s)$ 와 평형 상태에 있다. 이 용액은 양이온과 음이온을 포함하지만, 다른 약한 산, 약한 염기 또는 Ca와 PO_4 공급원을 가지지 않으며 pH 8.6이다. 착물은 무시하여라.

(a) 이 물에서 Ca의 용해도(s)는?

(b) HCl이 물에 첨가될 때 용해도는 증가, 감소 또는 일정한가? 그 이유는 무엇인가?

답 : S=1.46×10^{-4} M, 증가한다.

4.91 산업폐수의 특성이 다음과 같다. 온도 = 25℃, pH = 2.8, 총용존 암모니아성 질소 = 2,000 mg/L, 총용존 니켈(Ni) = 490 mg/L, 그리고 총무기탄소 = 0, 로그 농도 도표를 사용하여 용존 니켈의 농도가 1 mg/L로 되는 pH를 구하여라. pH가 상승하면, 이 용액의 완충능력은 충분한가? 이유를 설명하여라.

4.92 물이 $Ca_3(PO_4)_2(s)$와 평형상태에 있으며 더 이상의 고형물과 화합물이 존재하지 않는다고 가정한다. 이 물의 pH를 풀기 위하여 미지수가 $[H^+]$만으로 이루어진 식을 구하여라. 스프레드시트를 이용하여 이 식의 평형 pH를 구하여라.

답 : pH = 9.59

4.93 물이 대기의 CO_2(부분압력 3.16×10^{-4} atm)와 $CaCO_3(s)$와 평형을 이루고 있으며 pH는 8.1이다. Ca 착물을 무시할 때, Ca의 용해도는?

4.94 물이 $CaCO_3(s)$ 그리고 10^{-4} M NH_4Cl과 평형상태를 이루고 있다. 닫힌 계이고 착물을 무시한다고 가정하여라.

(a) 스프레드시트를 이용하여 평형 pH를 구하라.

(b) pH를 6.0으로 감소시키기 위하여 필요한 0.1 M HCl의 양은 몇 mL인가?

답 : pH = 9.72, 0.32 mL

4.95 닫힌 계에서 25℃의 순수한 물이 $Mg(OH)_2(s)$ 및 $CaCO_3(s)$와 평형을 이루고 있다.

(a) 스프레드시트를 이용하여 이 물의 평형 pH를 계산하시오.

(b) 이 물에서 고형물을 여과하여 걸러낸 다음 $P_{CO_2}= 10^{-3.5}$ atm인 대기에 노출시켜 평형상태가 되도록 하였다. 이 물의 pH를 7.0으로 낮추기 위해서 물 리터 당 몇 mL의 0.1 N HCl이 첨가되어야 하는가?

4.96 산화철은 라듐 이온(Ra^{2+})를 흡수하여 1 : 1의 표면 착물을 형성한다. 10 mg/L의 산화철에 흡수될 수 있는 라듐의 퍼센트를 pH의 함수로 표현하시오. 구한 결과를 pH 3에서 11 범위에서 도시하시오. 양성자를 제외한 다른 금속 이온과의 경쟁은 없다고 가정한다. 적절성을 확인하기 위하여 총 용해성 라듐 농도를 가용한 산화철의 표면 자리(site)와 비교하기를 원하면 단순화 가정을 사용할 수 있다.

$$C_{T,\mathrm{Ra}} = 10^{-10}\ \mathrm{M}$$

산화철에 대하여 pK_{A1}=7.0, pK_{A2} = 9.0, pK_{SRa} = 2.0

표면 자리 밀도(surface density)(=10^{-4} mol/mg iron oxide

(이 문제는 Iowa 대학의 Richard Valentine 교수가 제공한 문제를 약간 수정한 것이다.)

4.97 pH = 7과 $[CO_2]+[CH_4]$=1 atm의 조건에 대하여 $[CO_2]$와 $[CH_4]$의 관계를 pE의 함수로 나타내는 로그 농도 도표를 작성하여라.

4.98 pH = 7과 $[SO_4^{2-}]+[H_2S]=10^{-3}$mol/L의 조건에 대하여 $[SO_4^{2-}]$와 $[H_2S]$의 관계를 pE의 함수로 나타내는 로그 농도 도표를 작성하여라.

4.99 pE-pH 도표를 작성하고, 수계에서 우세한 철의 형태(Fe^{3+}, Fe^{2+}, Fe)를 나타내어라.

4.100 p*E*-pH 도표를 작성하고, 수계에서 우세한 망간의 형태(Mn^{2+}, MnO_2, MnO_4^-)를 나타내어라.

4.101 p*E*-pH 도표를 이용하여, 어떤 수계의 pH가 다음과 같을 때, 호기성 조건을 나타내는 p*E*의 범위를 추정하여라.

(a) 4 (b) 7 (c) 10

답 : (a) 16.0～16.8 (b) 13.0～13.8 (c) 10.0～10.8

4.102 p*E*-pH 도표를 이용하여, 어떤 수계의 pH가 다음과 같을 때, 황화물과 메탄의 생성에 적절한 p*E*의 범위를 추정하여라.

(a) 4 (b) 7 (c) 10

4.103 그림 4.20에서 SO_4^{2-}/H_2S 직선의 p*E*-pH 방정식을 구하여라.

4.104 그림 4.20에서 CO_2/CH_4 직선의 p*E*-pH 방정식을 구하여라.

4.105 산소 분자 [$O_2(g)$]로 Mn^{2+}를 $MnO_2(s)$로 산화시키는 과정을 생각하자.

(a) 표 2.4의 적절한 반쪽 반응식을 이용하여, $MnO_2(s)$가 Mn^{2+}로, $O_2(g)$가 H_2O로 환원되는 과정에 대한 반쪽 반응의 p*E*-pH 방정식을 써라.

(b) pH 7.0이고 총용존 Mn 농도가 10^{-2} M일 때 산소의 부분 압력이 얼마일 때 계에서 Mn^{2+}의 형태가 지배적인가?

(c) pH 7.0일 때 어떤 형태의 Mn [Mn^{2+} 또는 $MnO_2(s)$]이 열역학적으로 일반적인 대기 조건과 알맞은가?(산소 분압은 0.21 atm).

답 : (b) 5.25×10^{-24} atm (c) $MnO_2(s)$

4.106 표 2.4의 자료를 이용하여 HOCl이 Cl^-로 환원되는 반쪽 반응식을 세워라. 이 반쪽 반응식의 E^0를 구하여라.

4.107 표 2.4를 이용하여

(a) 티오 황산이온($S_2O_3^-$)이 원소 황($S(s)$)으로 환원되는 반쪽 반응식을 구성하시오.

(b) 위 반쪽 반응식에 대하여 pH 7에서 p*E*－pH 식을 수립하시오.

4.108 오존[$O_3(g)$]은 NH_4^+를 NO_3^-로 산화시킬 수 있는가? 이를 증명하는 계산을 보여라. 다음 식은 유용하다.

$$O_3(g)+2H^++2e^-=O_2(g)+H_2O \qquad E^0=2.7 \text{ volts}$$

답 : 가능하다.

4.109 일부 공학자는 TCE와 같은 염소계 용매로 오염된 대수층을 복원하기 위하여 강력한 산화제인 과망간산($KMnO_4$)을 주입할 것을 권장하고 있다. 또한 많은 현장에서 Cr중 비교적 독성이 약하고 이동성이 낮은 3가의 Cr(Ⅲ)이 발견되고 있다. $KMnO_4$를 첨가하면

Cr(Ⅲ)이 산화되어 독성이 강하고 이동성이 높은 6가의 Cr(Cr(Ⅵ))으로 산화될 수 있다. 주어진 자료를 이용하여 다음 물음에 답하시오 : 표준상태에서 MnO_4^-는 Cr(Ⅲ)를 산화시킬 수 있는지 근거를 들어 답하시오.

$HCrO_4^- + 4H^+ + 3e^- = Cr(OH)_3(s) + H_2O$ $\qquad E^0 = 1.20$ volts

$MnO_4^- + 8H^+ + 5e^- = Mn^{2+} + 4H_2O$ $\qquad E^0 = 1.491$ volts

4.110 염소 수용액에서 Fe^{2+}가 Fe^{3+}로 산화될 수 있는지에 대하여 고찰하여라.

(a) 이 물에서 전체 반응식의 방정식을 세워라.

(b) 이 반응식이 열역학적으로 가능한가? 이를 증명하여라.

4.111 주어진 식에 대하여 다음 문제를 풀어라.

$$Au^{3+} + 3e^- = Au(s) \qquad E^0 = 1.42 \text{ volts}$$

(a) 순금[Au(s)]을 pH 7.0이고 대기(분압 O_2=0.21 atm)와 평형상태인 물에 넣었다. 평형상태에서 Au^{3+}의 농도는?

(b) (a)에서 주어진 답에서, 1 g의 금을 용해하기 위하여 필요한 물의 부피를 계산하여라. 비교를 위하여, 전체 지구의 부피는 대략 10^{24}리터라고 생각한다.

(이 문제는 Cornell대학의 James Gosett박사의 도움으로 수록되었음)

답 : (a) 6.04×10^{-32} M (b) 8.4×10^{28}

4.112 수은 방울(Hg^0는 상온에서 액체임)이 10^{-2} atm의 산소를 포함한 대기와 평형을 이루고 있으며 pH가 7.0인 물에 놓여 있다. 이 조건에서 Hg^{2+} 농도는 얼마인가? Hg^0가 물과 평형을 이루고 있다고 가정하고, 표 2.4의 자료를 이용하시오.

4.113 자연계에 존재하는 납의 주 종은 $PbO_2(s)$, Pb^{2+}, $Pb(OH)_3^-$, 그리고 $Pb^0(s)$ 등이다.

(a) $PbO_2(s)$의 환원성 용해에 대한 E^0, pE^0, 그리고 ΔG^0는 얼마인가?

$$PbO_2(s) + 4H^+ + 2e^- = Pb^{2+} + 2H_2O \qquad \log K = 49.2$$

(b) $PbO_2(s)$ 용해 반응이 일어난 경우 $PbO_2(s)$가 $PbO(s)$로 환원되는 반응의 p*E*-pH 식을 구하라.

$$PbO(s) + 2H^+ = Pb^{2+} + H_2O \qquad \log K = 12.7$$

(c) 호수의 pH가 6.0이고 대기 중의 산소와 $PbO_2(s)$와 평형을 이루고 있다면 평형 Pb^{2+} 농도는 얼마인가? (이 문제는 Iowa 대학의 Michelle Scherer 교수가 제공한 문제를 약간 수정한 것이다.)

답: (c) 10^{-4} M

4.114 사염화 탄소(CCl_4)같은 염화 용매는 Cl 원소가 H 원소로 대체되는 환원적 탈염화공정에 의해 분해될 수 있다(6장 참조). 예를 들면,

$$CCl_4 + H^+ + 2e^- = CHCl_3 + Cl^- \qquad E^0 = 0.67 \text{ volts}$$

생물학적 현지 복원을 위해서는 전형적으로 아세트산과 같은 전자 공여체가 첨가되며, 산화시 발생하는 전자가 CCl_4의 환원에 이용된다. 산소가 결여된 지하수에서 질산 이온은 전자 수용체로 사용된다. 표 2.4의 자료를 이용하여,

(a) CCl_4가 아세트산을 위한 전자 수용체로 사용되는 것이 가능한가?

(b) CCl_4와 NO_3^-중 어느 전자 수용체가 열역학적으로 우세한가?

4.115 Fe^{2+}와 $Fe(OH)_3(s)$ 사이의 평형 관계는 다음과 같다.

$$Fe(OH)_3(s) + 3H^+ + e^- = Fe^{2+} + 3H_2O \qquad E^0 = 1.06 \text{ volts}$$

(a) 용존 철 농도를 10^{-6} M로 가정하고 이 반쪽 반응식의 p*E*-pH 방정식을 전개하여라.

(b) 많은 미국 중서부의 지하수는 산소가 결여되고 있고, NO_3^-가 포함되어 있다. (a)의 결과와 그림 4.20에서 전개된 식을 사용하여, 산소가 결여되고, NO_3^-가 포함된 중성 pH의 지하수에서 철의 지배적인 형태는 어떤 것인지 결정하여라.

참고문헌

Benjamin, M.M. : "Water chemistry," McGraw-Hill, New York, 2002.

Butler, J. N.: "Ionic Equilibrium, A Mathematical Approach," Addison-Wesley, Reading, MA, 1964.

Chang, R.: "Chemistry," 7th ed., McGraw-Hill, New York, 2002

Dzombak, D. A., and F. M. M. Morel : "Surface complexation Modeling," Wiley-Interscience, New York, 1990.

Martell, A. E., and R. M. Smith : "Critical Stability Constants," vol. 1. Amino Acids, 1974 and vol. 3. Other Organic Ligands, 1977, Plenum, New York.

Morel, F. M. M.: "Principles of Aquatic Chemistry," Wiley, New York, 1983.

Morel, F. M. M., and J. G. Hering : "Principles and Applications of Aquatic Chemistry," Wiley Interscience, New York, 1993.

Pankow, J. F.: "Aquatic Chemistry Concepts," Lewis, Chelsea, MI, 1991.

Sillén, L. G.: Graphic Presentation of Equilibrium Data, chap. 8, "Treatise on Analytical Chemistry," vol 1, I. M. Kolthoff, P. J. Elving, and E. B. Sandell (eds.), "The Interscience Encyclopedia," New York, 1959.

Sillén, L. G., and A. E. Martell: Stability Constants of Metal-Ion Complexes, *Spec. Publ.* 17, 1964, and *Spec. Publ.* 25, 1971, Chemical Society, London.

Smith, R. M., and A. E. Martell: "Critical Stability Constants," vol . 2. Amines, 1975 and

vol. 4. Inorganic Ligands, 1976, Plenum, New York.
Snoeyink, V. L., and D. Jenkins: "Water Chemistry," Wiley, New York, 1980.
Stumm. W.: "Chemistry of the Solid-Water Interface," Wiley-Interscience, New York, 1992.
Stumm. W., and J. J. Morgan: "Aquatic Chemistry," 3rd ed., Wiley-Interscience, New York, 1996.

CHAPTER 5

유기화학의 기초개념

5.1 서 론

환경공학자와 환경과학자가 필요로 하는 유기화학의 정보와 지식은 유기화학자가 필요로 하는 그것과는 아주 다르다. 이러한 차이는 화학자들이 주로 물질의 합성에 관심을 가지는 반면 환경공학자와 환경과학자는 주로 액체, 고체, 기체상태의 폐기물로 존재하는 유기화합물들을 어떻게 분해 제거할 것인가와 환경 속에서 어떻게 반응하는 지에 대하여 관심을 가지기 때문이다. 또 하나의 큰 차이는 유기화학자는 대체로 반응의 생성물에만 관심을 기울이며 반응의 부산물에는 거의 관심을 가지지 않는 점이다. 유기합성 반응들 중에서 85% 이상의 수율을 나타내는 반응은 그리 흔하지 않으므로 공정의 폐기물로 나오게 되는 부산물이나 미반응 원료물질의 양도 막대하게 된다. 더욱이 대부분의 원료물질에 포함되어 있는 불순물들은 반응에 참여하지 않으므로 폐기물 흐름 속에서 유기물 부하로 되어 나타나게 된다. 대표적인 예로, 폼알데하이드(formaldehyde)는 그 제조과정 중에 특별한 조치를 하지 않으면 보통 5%의 메탄올이 불순물로 포함된다. 불행히도 유기화학자들은 환경공학자와 환경과학자가 산업폐기물 문제를 해결하는 데 도움이 되는 반응 부산물의 특성에 대한 정보를 거의 제공하지 않고 있다. 그러나 다행한 것은 현재 환경오염물질을 배출하는 회사들은 막대한 배상책임을 져야 하기 때문에 이것이 달라져가고 있는 것이다. 생산공정과 제품에 의한 환경위해도를 줄이기 위하여 생산공정을 바꾸는 회사들에게 "녹색 화학(green chemistry)"인증서를 수여하고 있다.

환경공학자와 환경과학자는 생화학자와 마찬가지로 유기화학에 관한 기본지식을 반드시 가져야 한다. 그러나 어느 유기화합물을 제조하는 방법이나 반응의 수율 등에 대한 지식은 중요하지 않다. 중요한 것은 이 화합물들이 대기와 토양과 물 그리고 처리반응기에서 특히 생물의 에너지원으로 쓰일 때 어떻게 반응하는 가를 이해하는 것이다. 그래서 이 장에서는 이러한 관점에서 유기화학을 다룰 것이며 개개의 유기화합물보다는 그 유형에 따라 설명하기로 한다.

유기화학의 역사

유기화학은 탄소의 화합물을 다루는 학문이다. 유기화학이라는 학문은 1685년에 출판된 Lémery[1]의 화학책에서 처음 시작된 것으로 생각되고 있다. 이 책에서는 물질들을 그 유래(由來)에 따라 광물(mineral), 식물(vegetable) 및 동물로 분류하고 있으며 식물과 동물에서 유래된 화합물을 유기물(organic)이라 하고 그 밖의 비생물(非生物)에서 유래된 화합물은 무기물(inorganic)이라고 하였다.

1828년까지는 유기화합물은 생명이 있는 식물과 동물에 의해서만 만들어지는 것으로 믿고 있었다. 이것을 **생명력 이론**(vital-force theory)라고 하였으며 이 믿음이 매우 강했기 때문에 유기화학의 발전에 대단히 큰 장애가 되었다. 1828년 Whöler[2]는 우연히 무기화합물인 사이안산 암모늄(ammonium cyanate)을 가열했을 때 성질상 유기물로 간주하였던 요소(urea)가 생성되는 것을 발견하였다. 이 발견으로 생명력 이론이 종식되고 1850년에 이르러서는 근대 유기화학이 확립되게 되었다. 오늘날에는 대략 1천 3백만에 달하는 유기화합물들이 알려져 있으며[3] 이들 중 많은 화합물이 합성화학의 산물(産物)로서 자연에는 유사한 화합물이 알려져 있지 않은 것들도 많다. 약 70,000 가지의 유기화합물이 판매되고 있다.

원소

모든 유기화합물은 탄소에 한 종류 또는 여러 종류의 원소가 결합되어 있는 화합물이다. 탄화수소(hydrocarbon)는 탄소와 수소만으로 이루어진 화합물들이다. 대부분의 화합물들이 탄소, 수소 및 산소를 함유하며 이들 세 원소가 유기화합물을 구성하는 주요 원소라고 할 수 있다. 천연 유기화합물에는 이 밖에도 질소, 인, 황과 때로 할로젠과 금속 원소들이 포함되기도 한다. 합성화합물들에는 이들 외에 여러 가지의 다른 원소들이 들어있는 것들도 있다.

성질

유기화합물은 일반적으로 다음 일곱 가지 점에서 무기화합물과 크게 다르다.

1. 유기화합물들은 대체로 가연성(combustible)이다.
2. 유기화합물들은 일반적으로 녹는점(melting point)과 끓는점(boiling point)이 낮다.
3. 유기화합물들은 대체로 물에 잘 녹지 않는다.
4. 유기화합물들은 하나의 분자식에 대하여 여러 종류의 화합물이 존재할 수도 있다. 이것을 이성질 현상(iosomerism)이라고 한다.

---

1) Nicholas Ĺemery(1645～1715). 프랑스의 물리학자, 화학자
2) Freidrich Wöhler(1800～1882). 독일의 화학자
3) R. Chang. "Chemistry," 7th ed., McGraw-Hill, New York, 2002

5. 유기화합물들은 대체로 이온 반응보다는 분자반응(molecular reaction)을 하므로 반응 속도가 느리다.
6. 유기화합물의 분자량은 대단히 클 수도 있으며 1,000 이상의 것들도 있다.
7. 대부분의 유기화합물은 박테리아의 먹이로 될 수 있다.

원천

유기화합물은 다음의 세 원천(source)에서 유래된다.

1. 천연(nature) : 섬유류, 식물유(vegetable oil), 동물의 유지(油脂, oil and fat), 알칼로이드(alkaloid), 셀룰로오스, 녹말(starch), 당류(sugars) 등
2. 합성(synthesis) : 화학공업에서 합성된 각종 화합물들과 물질들
3. 발효(fermentation) : 알코올, 아세톤, 글리세롤(glycerol), 항생물질, 산 등 유기물질에 미생물이 작용하여 생성된 것들

천연 유기물의 가공과정에서 생성되는 폐기물과 유기합성공업과 발효공업에서 배출되는 폐기물은 환경공학자들과 환경과학자들이 맡아 해결해야 하는 중요한 산업폐기물들과 유해 폐기물들이다.

탄소 원자(carbon atom)

"어떻게 그렇게 많은 종류의 탄소화합물들이 존재할 수 있을까?"하는 의문이 생겨날 것이다. 이것은 두 가지로 설명될 수 있다. 첫째로, 탄소는 네 개의 공유결합(네 개의 전자를 공유하여)을 이룰 수 있다. 이 사실만으로도 많은 가능성을 설명할 수 있으나 가장 중요한 이유는 탄소 원자들끼리 공유결합에 의해 여러 가지 방법으로 서로 결합할 수 있다는 사실이다. 그 예는 곧은 사슬결합(continuous open chain), 곁가지를 가진 사슬결합(chain with branch), 고리결합(ring) 또는 사슬이나 고리 속에 다른 원소를 가진 것들이 있다.

곧은 사슬결합(continuous open chain)

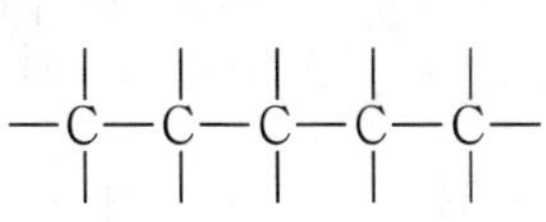

곁가지를 가진 사슬결합(chain with branch)

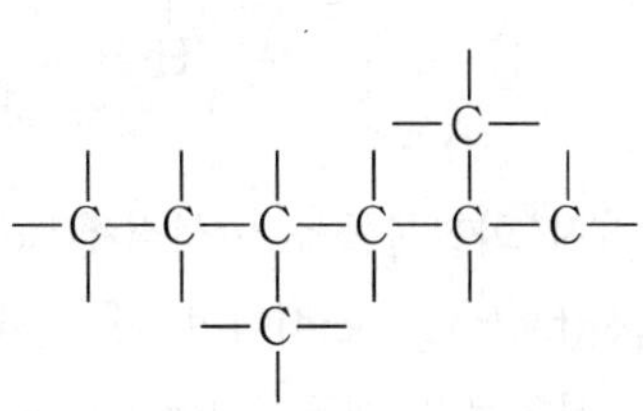

고리결합(ring)

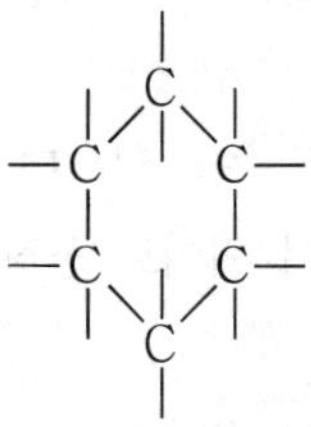

사슬이나 고리 속에 다른 원소 포함

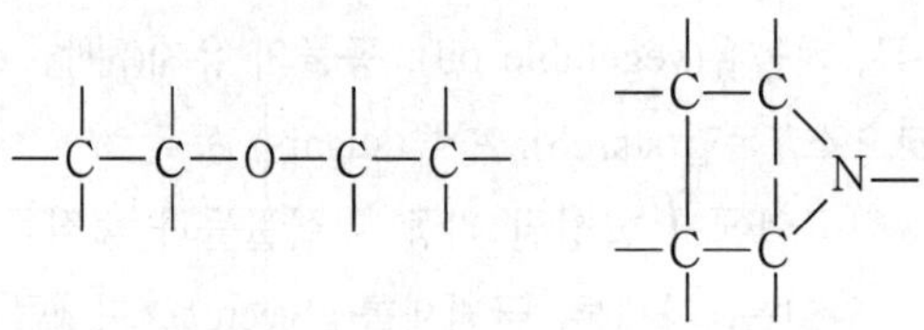

이들 예에서 미루어 알 수 있듯이, 대단히 많은 종류의 화합물들이 존재할 수 있음을 알 수 있다.

이성질 현상(isomerism)

무기화학에서는 하나의 분자식(molecular formula)은 한 가지 화합물만을 나타낸다. 그러나 유기화학에서는 거의 대부분의 경우, 하나의 분자식이 특정한 한 화합물만을 나타내는 경우는 드물다. 예를 들어, 분자식 $C_3H_6O_3$는 최소한 네 가지의 서로 다른 별개의 화합물을 나타낼 수 있으며, 따라서 이것은 단지 그 화합물이 탄소, 수소 및 산소로 이루어져 있다는 것 이외에는 별다른 의미가 없다. 분자식 $C_3H_6O_3$를 가진 네 종류의 화합물은 다음과 같다.

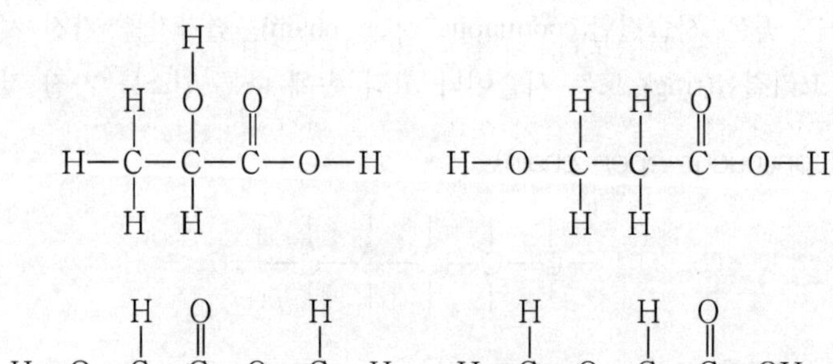

이와 같이 동일한 분자식을 가진 화합물들을 **이성질체**(isomer)라고 한다. 위의 예에서, 처음 두 이성질체는 하이드록시산(hydroxy acid)이며, 세 번째 이성질체는 하이드록시산의 에스터(ester), 그리고 네 번째의 화합물은 메톡시산(methoxy acid)이다. 유기화합물에서는

분자식은 같아도 위와 같이 화학식이 다르면 각 화학식은 일정한 물리적, 화학적 성질을 가진 별개의 화합물을 나타낸다. 분자를 위에서와 같은 방식으로 나타낸 것을 **구조식**(structural formula)이라고 한다. 화학자에게는 이 구조식이 엔지니어의 설계도처럼 이용된다. 많은 경우 구조식은 간략화한 축소 구조식(condensed formula)으로 한 줄로 써서 나타낸다. 예를 들면, 구조식

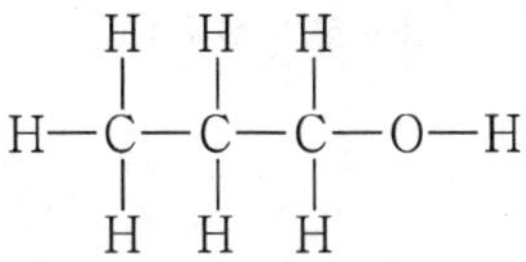

는 다음과 같이 쓸 수 있으며, 공간이 크게 줄어들게 된다.

$$CH_3-CH_2-CH_2OH \text{ 또는 } CH_3CH_2CH_2OH$$

유기화합물들은 크게 나누어 **지방족**(aliphatic), **방향족**(aromatic) 및 **이종원자 고리**(heterocyclic) 화합물의 세 부류로 구분한다. **지방족** 화합물은 분자 내의 특성기(characteristic group)가 곧은 탄소사슬이나 가지 난 탄소사슬(branched carbon chain)에 결합된 것이다. **방향족** 화합물은 특성기가 세 개의 번갈이 이중 결합을 가진 특수한 육원자 탄소 고리(six-membered carbon ring)에 결합되어 있는 화합물들이다. 이 고리(ring)들은 특이한 안정성과 화학적 성질을 나타내며, 여러 유기화합물들중 중요한 그룹에 속한다. **헤테로 고리화합물**은 고리구조 속에 방향족 화합물이 번갈아 이중결합을 가지거나 그렇지 않은 것이며, 탄소 이외의 다른 종류의 원소를 포함하는 화합물들이다.

지방족 화합물

| 5.2 | 탄화수소

탄화수소는 탄소와 수소로만 이루어진 화합물이며 포화형과 불포화형의 두 종류가 있다. 포화 탄화수소(saturated hydrocarbon)는 인접한 탄소원자들이 서로 단일 공유결합으로 연결되고 나머지의 결합들이 모두 수소로 만족된 것이다.

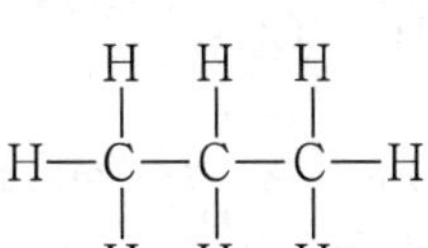

포화 탄화수소

불포화 탄화수소(unsaturated hydrocarbon)는 두개 이상의 공유결합에 의해 결합되고, 나머지는 모두 수소와 결합된 최소한 두개의 탄소원자를 가진 것이다.

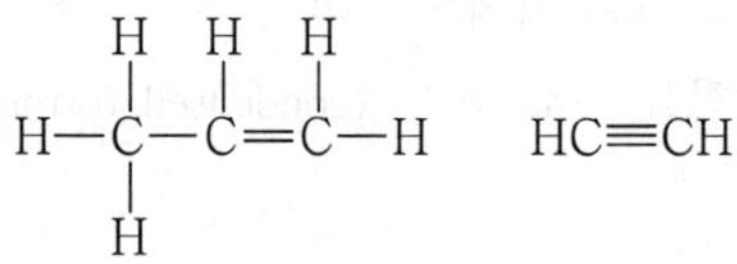

불포화 탄화수소

포화 탄화수소

포화 탄화수소는 탄소 원자 하나로부터 시작해서 다시 탄소원자가 한 개씩 증가하여 형성된 일련의 화합물로서 알케인(alkane) 또는 메탄계열(methane series) 이라고도 한다. 주요 포화 탄화수소원은 석유이며 가솔린과 디젤 연료(diesel fuel)는 모두 여러 가지 탄화수소로 이루어진 혼합물이다.

탄화수소는 각종 유기화합물의 제조 원료로 쓰인다. 석유공업 속에 거대한 석유 화학공업이 존재할 수 있는 것도 바로 이 때문이다. 포화 탄화수소는 대부분의 화학약품에 대하여 비활성(inert)을 나타내며, 이 때문에 초기화학자들에 의하여 파라핀이라고 명명되었다. [paraffin은 라틴어 parum affinis에서 유래된 것이며, 친화성(affinity)이 없다는 뜻이다.]

메탄(methane, CH_4) 메탄은 가장 간단한 탄화수소이며 하수 슬러지(sewage sludge)나 유기폐기물을 혐기성 처리할 때, 최종 생성물로 얻어지므로 환경공학자와 환경과학자에게는 아주 중요한 물질이다. 메탄은 늪 가스(marsh gas)와 천연가스의 주성분이며, 공기 중에 5~15%의 메탄이 포함되면 폭발을 일으킨다. 이와 같은 성질은 메탄을 가스 엔진의 연료로 이용할 수 있게 한다. 광부들은 메탄을 흔히 "폭발성 가스(fire-damp)"라고 부르며 광부들의 노동환경에 특히 위험한 물질이다. 메탄은 또한 중요한 온실 가스(greenhouse gas)의 하나로 생각되고 있다. 즉, 성층권의 메탄농도는 지구의 열수지(heat balance)와 온난화에 영향을 미친다. 분자를 기준으로 하면 중요한 온실가스인 이산화 탄소에 비하여 대기 중에 열을 21배나 더 방출한다.

에탄(ethane, CH_3-CH_3) 이 계열의 두 번째 화합물이다.

프로판(propane, $CH_3-CH_2-CH_3$) 이 계열의 세 번째 화합물이다.

뷰탄(butane, C_4H_{10}) 이 계열의 네 번째 화합물이며 두 개의 이성질체가 존재한다.

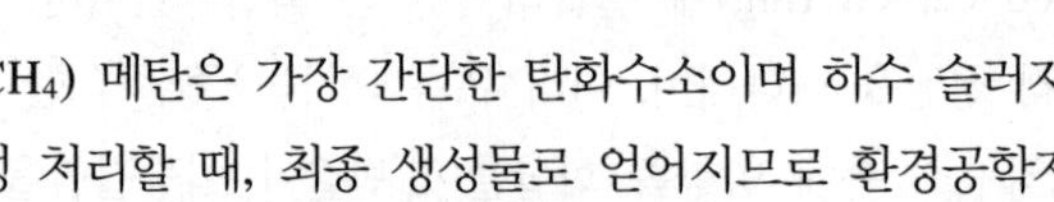

n-뷰탄(*n*-butane) 아이소뷰탄(isobutane)

펜탄(pentane, C_5H_{12}) 이 계열의 다섯 번째의 화합물이며 세 개의 이성질체가 존재한다.

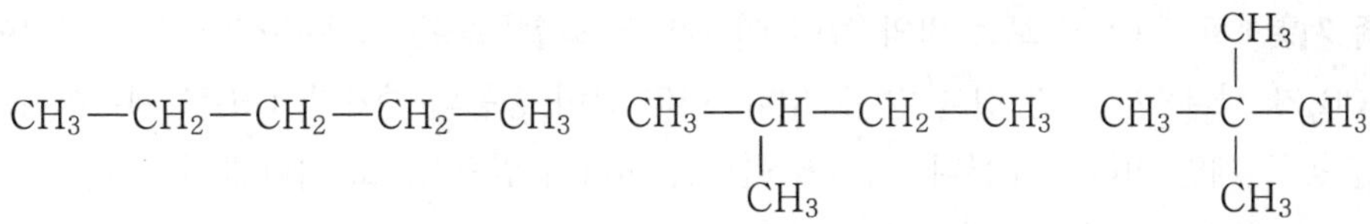

n-펜탄 bp, 36.2°C　　아이소펜탄 bp, 28°C　　네오펜탄(neopentane) bp, 9.5°C

이중 세 번째 이성질체는 테트라메틸메탄(tetramethylmethane) 또는 다이메틸프로판(dimethylpropane)이라고도 불린다.

분자 속의 탄소 수가 증가함에 따라 이성질체의 수도 많아진다. **헥산**(hexane, C_6H_{12})에는 다섯 개의 이성질체가, 그리고 **데케인**(decane, $C_{10}H_{22}$)에는 75개의 이성질체가 존재한다.

물리적 성질 표 5.1에 탄소수 1개부터 10개까지의 노르말 포화 탄화수소 이름과 물리상수를 적어 놓았다. 노르말은 모든 탄소 원자가 직선(straight chain)으로 연결되어 있는 아이소머(isomer)에도 적용되며, 그 외는 가지달린(branched-chain) 화합물이다. 뷰탄의 가지달린 형태와 펜탄의 단순한 가지달린 형태는 일반적으로 *iso*−가 붙는다.

포화 탄화수소는 색과 냄새가 없고 물에 잘 녹지 않으며, 특히 탄소수 5개 이상의 것은 물에 거의 녹지 않는다. 그러나 유기용매에는 대부분이 잘 녹으며, 실온에서 C_5까지의 탄소수를 가진 탄화수소는 기체, $C_6 \sim C_{17}$은 액체, C_{17} 이상은 고체이다. 표 5.1에서와 같이 분자 크기가 커지면 녹는점과 끓는점이 높아진다. 물에 대한 용해도도 일반적으로 분자크기가 커짐에 따라 작아진다. 이러한 상관관계는 환경과 처리반응기 속에서의 유기 화합물의 거동을 이해하는 데 중요하다.

표 5.1 노르말 알케인의 물리상수

이름	화학식	Mp, ℃	Bp, ℃	Sp. gr., 20°/4°*	이성질체수
메탄(methane)	CH_4	−182.4	−161.5	$0.423^{-162°}$	1
에탄(ethane)	C_2H_6	−182.8	−88.6	$0.545^{-89°}$	1
프로판(propane)	C_3H_8	−187.6	−42.1	$0.493^{25°}$	1
뷰탄(butane)	C_4H_{10}	−138.2	−0.5	$0.573^{25°}$	2
펜탄(pentane)	C_5H_{12}	−129.7	36.0	0.626	3
헥산(hexane)	C_6H_{14}	−95.3	68.7	0.655	5
헵탄(heptane)	C_7H_{16}	−90.6	98.5	0.684	9
옥탄(octane)	C_8H_{18}	−56.8	125.6	$0.699^{25°}$	18
노네인(nonane)	C_9H_{20}	−53.5	150.8	0.718	35
데케인(decane)	$C_{10}H_{22}$	−29.7	174.1	0.730	75

20℃(또는 어깨 숫자의 온도)의 화합물 밀도/물의 최대밀도, 즉 4℃물의 밀도

출처 : D.R.Linde(ed.): "Handbook of Chemistry and Physics" 82nd ed.. CRC Press LLC. Boca Raton.2001.

동족 계열 표 5.1에서 보는 바와 같이 이 계열의 화합물들은 그 분자식이 앞의 분자에 대해 CH_2가 하나씩 늘어간 것을 알 수 있다. 이와 같이 공통의 증가항, CH_2로 이루어지는 계열을 동족 계열 이라고 부른다. 이 화합물들은 하나의 일반식으로 나타낼 수 있다. 알케인은 C_nH_{2n+2}의 일반식으로 나타낸다.

라디칼(radicals) 알케인은 앞에서 설명한 바와 같이 비활성이다. 그러나 적당한 조건하에서는 반응을 하여 여러 종류의 화합물을 생성할 수 있다. 따라서 생성물들의 구별을 위해서는 명명법을 이용해야 한다. 알케인 분자에서 한 개의 수소가 바뀐 것에는 어미(語尾) −**에인**(−ane)을 −**일**(−yl)로 바꾸어 부른다. 이 예들을 표 5.2에 나타내었다. 이 명명법은 노르말 분자에 대하여는 대단히 편리하나 이성질체의 유도체들을 명명하는 데는 별로 쓸모가 없다.

표 5.2 알케인 계열 라디칼(알킬기)들의 이름

어미화합물	라디칼	화학식
메탄(methane)	메틸(methyl)	CH_3—
에탄(ethane)	에틸(ethyl)	C_2H_5—
프로판(propane)	*n*-프로필(*n*-propyl)	C_3H_7—
프로판(propane)	아이소 프로필(isoproyl)	$(CH_3)_2CH$—
n-뷰탄(*n*-butane)	*n*-뷰틸(*n*-butyl)	C_4H_9—

명명법*4) 알케인은 어미에 −**에인**(−ane)을 쓴다.** 곧은 사슬화합물은 노르말(normal) 화합물이라고 부른다. 가지난 화합물이나 곧은 사슬화합물의 유도체들에 모두 정확히 이름을 붙이기는 쉬운 일이 아니다. IUPAC(International Union of Pure and Applied Chemistry)에서 제정한 IUPAC 명명법이 일반적으로 사용되고 있다. 이 명명법에서는 탄소 원자의 가장 긴 곧은 사슬을 기본으로 하여 화합물을 명명한다. 몇 가지 예를 들어 이 방법을 설명하겠다.

번호는 곧은 사슬에 결합되어 있는 라디칼에 가까운 쪽의 끝에서부터 붙여간다. 이렇게 하여 번호의 숫자가 가능한 한 낮은 숫자로 되도록 한다. 탄화수소 이외의 화합물에 대하여도 IUPAC 명명법이 사용된다.

---

* 대한화학회에서 제정한 화합물의 명명법도 원칙적으로 IUPAC체계에 따르고 있다. 이 책에서 화합물의 한글이름은 가능한 한 대한화학회에서 정한 바에 따라 명명하였다(역자주).

** 메탄(methane)부터 옥탄(octane)까지의 경우에는 당분간 −ane를 −안으로 적는 것을 허용하고 있다.

$$CH_3-CH_2-CH_2-CH_2-CH_3$$

n-펜탄

$$CH_3-CH_2-CH_2-CH_2-CH_2-CH_3$$

n-헥산

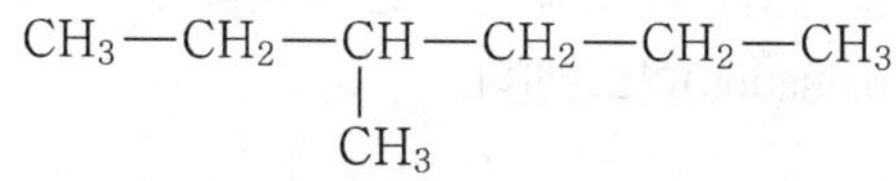

3-메틸헥산(헵탄 이성질체들 중의 하나)

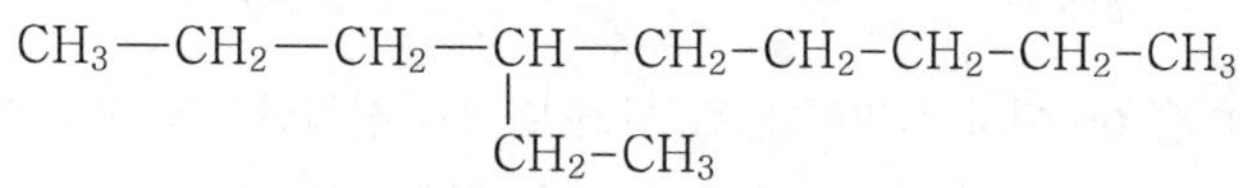

4-에틸노네인(운데케인 이성질체들 중의 하나)

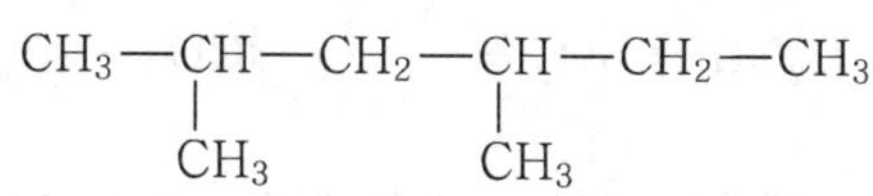

2,4-다이메틸헥산(옥탄 이성질체들 중의 하나)

화학반응 포화 탄화수소는 상온에서 센 산, 센 염기 또는 산화제의 수용액 등과 반응하지 않는다. 높은 온도에서는 진한 황산과 같은 센 산화제에 의하여 산화되어 이산화 탄소와 물을 생성한다. 이 밖의 중요한 반응들로는 다음과 같은 것들이 있다.

1. *산소 또는 공기와의 산화반응* :

$$CH_4 + 2O_2 \xrightarrow{\triangle} CO_2 + 2H_2O \tag{5.1}$$

2. *할로젠에 의한 수소의 치환반응* :

$$CH_4 + Cl_2 \longrightarrow HCl + CH_3Cl \tag{5.2}$$

   이 반응은 대체로 수용액 중에서는 일어나지 않으므로 환경공학자와 환경과학자에게는 별로 중요하지 않다.

3. *열분해 또는 크랙킹(cracking)* : 분자량이 큰 탄화수소를 열처리하면 작은 분자들로 분해 된다. 석유 정유공업에서는 이와 같은 방법으로 가솔린이나 화학합성 원료로 적합한 낮은 끓는점 성분의 수율을 증가시킨다. 큰 분자들은 열처리에 의해 다음과 같이 분해된다.

$$\text{높은 분자량의 알케인류} \xrightarrow[\text{압력}]{\text{열}} \text{낮은 분자량의 알케인류} + \text{알켄류} + \text{수소} + \text{나프텐류(naphthenes)} + \text{탄소} \qquad (5.3)$$

4. *생물학적 산화* : 탄화수소는 호기성 조건(aerobic condition)에서 박테리아에 의해 산화된다. 이 산화반응은 다음과 같이 몇 가지 단계를 거쳐 일어난다. 제1단계는 아주 느린 생물학적 반응으로 말단의 탄소 원자를 공격하여 알코올로 전환시킨다. 이것을 오메가 산화(omega oxidation)라고 한다.

$$\underset{\text{탄화수소}}{2CH_3CH_2CH_3} + \underset{\text{산소}}{O_2} \xrightarrow{\text{박테리아}} \underset{\text{알코올}}{2CH_3CH_2CH_2OH} \qquad (5.4)$$

미생물은 다음 6장에서 설명하게 될 여러 단계의 산화반응을 거쳐 탄화수소를 이산화 탄소와 물로 전환시키며, 이 과정에서 에너지를 얻는다.

$$CH_3CH_2CH_3 + 5O_2 \xrightarrow{\text{박테리아}} 3CO_2 + 4H_2O \qquad (5.5)$$

이 반응, 특히 중간 단계들은 환경공학자와 환경과학자들에게 대단히 중요하다.

불포화 탄화수소

불포화 탄화수소는 대체로 다음과 같이 네 종류로 구분된다.

알켄(alkene) 메탄을 제외한 알케인이 수소를 잃어버리면 불포화 화합물 또는 알켄이 생성된다. 알켄은 모두 이웃한 두 탄소 원자들 사이에 한 개의 이중결합을 가지고 있다.

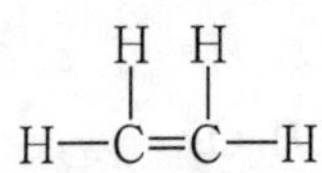

에틸렌 또는 에텐

$CH_3-CH=CH-CH_3$

뷰틸렌 또는 2-뷰텐

이름의 어미에는 **-일렌**(–ylene, 관용명) 또는 **-엔**(–ene)이 붙는다. 알켄은 **올레핀**이라고도 불린다. 알켄 중 특히 에틸렌, 프로필렌과 뷰틸렌은 석유의 크랙킹(cracking)이나 열분해(pyrolysis)에 의해 대량으로 생산된다.

중요한 알겐들의 이름, 구조식 및 물리상수들을 표 5.3에 나타내었다.

탄소수 셋 이상의 알켄들에 대하여는 IUPAC 명명법에 따라 명명하여야 한다. 가지난 사슬의 이성질체에 대한 명명은 대단히 복잡해진다. 그러나 다행히 이 계열에서는 노르말과 곁가지형 화합물을 구별하지 않아도 된다.

표 5.3 대표적인 알켄들의 물리상수

IUPAC 명	구조식	Mp,℃	Bp,℃	Sp,gr.,20℃/4℃	이성질체수
에텐(ethene)	$CH_2=CH_2$	−169	−103.7	$0.568^{-104°}$	1
프로펜(propene)	$CH_2=CHCH_3$	−185.2	−47.6	$0.525^{25°}$	1
1-뷰텐(1-butene)	$CH_2=CH_2CH_3$	−185.3	−6.2	$0.588^{25°}$	3
1-펜텐(1-pentene)	$CH_2=CH(CH_2)_2CH_3$	−165.2	29.9	0.640	5
1-헥센(1-hexene)	$CH_2=CH(CH_2)_3CH_3$	−139.7	63.4	0.673	13
1-헵텐(1-heptene)	$CH_2=CH(CH_2)_4CH_3$	−119.7	93.6	0.697	27
1-옥텐(1-octene)	$CH_2=CH(CH_2)_5CH_3$	−101.7	121.2	0.715	66
1-노넨(1-nonene)	$CH_2=CH(CH_2)_6CH_3$	−81.3	149.9	$0.725^{25°}$	153
1-덴켄(1-decene)	$CH_2=CH(CH_2)_7CH_3$	−66.3	170.5	0.741	377

*20℃(또는 어깨수자의 온도)의 화합물 밀도/물의 최대밀도, 즉 4℃의 물의 밀도
출처 : D.R.Linde(ed.) : "Handbook of Chemistry and Physics." 82nd ed., CRC Press LLC, Boca Raton, 2001

다이올레핀(diolefin) 분자 속에 두개의 이중결합을 가지고 있는 지방족 화합물을 알카다이엔(alkadiene)이라고 하며 줄여서 다이엔이라고 부른다. 고분자를 합성할 수 있는 1.3-뷰타다이엔이 좋은 예이다.

$$CH_2 = CHCH = CH_2$$

알카다이엔(alkadien) 분자 속에 두 개 이상의 이중결합을 가지고 있는 화합물들도 있다. 토마토를 붉은 색을 띠게 하는 물질인 라이코펜(lycopene)이나 당근의 황색 물질이 여기에 속하는 화합물이다.

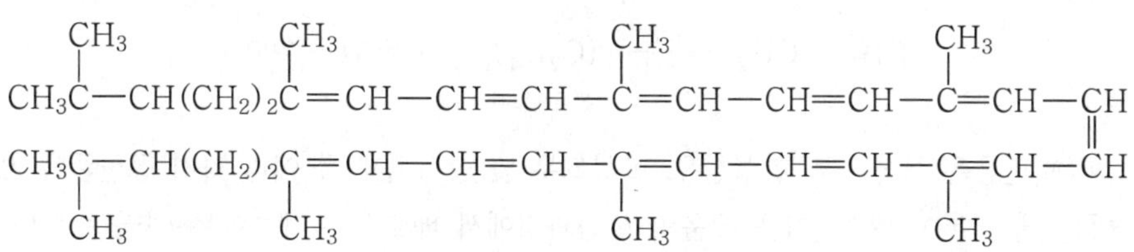

라이코펜(lycopene ($C_{40}H_{56}$))

이 화합물들은 야채 통조림 공장의 폐수에 포함되므로 중요하다. 이와 같은 폐수의 염소 요구량(chlorine demand)은 대단히 높다.

알카인(alkyne) **알카인**은 이웃해 있는 두 탄소 원자 사이에 삼중결합을 가지고 있다.

$$H - C \equiv C - H$$

아세틸렌

이 화합물들은 특히 일부 합성고무 제조공장폐수와 같은 특정한 산업폐수에 들어있게 된다.

화학반응(chemical reaction) 불포화 탄화수소는 환경공학적인 문제를 거의 일으키지 않는다. 그러나 불포화 결합을 가진 유기화합물들은 종류가 많으며, 종류에 관계없이 많은 공통된 성질들을 나타낸다.

불포화 화합물들은 다름과 같은 반응들을 비교적 쉽게 일으킨다.

1. 산화반응(oxidation) : 수용액 속에서도 과망간산 칼륨(potassium permanganate)과 같은 산화제에 의해 쉽게 산화되며 대체로 글라이콜(glycol)이 생성된다.
2. 환원반응(reduction) : 적당한 온도, 압력 및 촉매 조건하에서는 이중결합이나 삼중결합에 수소가 쉽게 첨가된다. 이 반응은 식물유(vegetable oil)를 고체지방으로 만드는 데 이용되며 공업적으로 매우 중요하다. 시판되고 있는 여러 가지 식물성 쇼트닝은 이 반응으로 제조된 것이다.
3. 첨가반응(addition) : 할로젠산(halogen acid), 하이포아염소산(hypochlorous acid)이나 할로젠들은 불포화 결합에 쉽게 첨가된다.

$$\begin{array}{ccccccccccccc} & & & & & & & & \mathrm{OH} & & \mathrm{Cl} & & \\ & & & & & & & & | & & | & & \\ \mathrm{CH_3} & - & \mathrm{C} & = & \mathrm{C} & - \mathrm{H} + \mathrm{HOCl} \rightarrow & \mathrm{CH_3} & - & \mathrm{C} & - & \mathrm{C} & - & \mathrm{H} \\ & & | & & | & & & & | & & | & & \\ & & \mathrm{H} & & \mathrm{H} & & & & \mathrm{H} & & \mathrm{H} & & \end{array} \qquad (5.6)$$

하이포아산염소산과의 반응은 대단히 중요하다. 불포화 화합물이 포함되어 있는 산업폐수는 위에서와 같은 반응때문에 높은 염소요구량을 나타내게 된다.

4. 중합(polymerization) : 불포화 결합을 가진 분자들 중에는 쉽게 서로 결합하여 큰 분자량의 중합체를 형성할 수 있는 것들이 있다.

$$n\mathrm{CH_2 = CH_2} \xrightarrow[\text{압력}]{\text{고온}} \underset{\text{폴리에틸렌}}{(\mathrm{C_2H_4})_n} \qquad n = 70 \sim 700 \qquad (5.7)$$

중합반응은 합성수지, 합성섬유, 합성고무 및 합성세제 등 여러 가지 공산품을 제조하는 데 기본이 된다. 이들 제품의 생산과정에서 배출되는 폐수에는 여러 종류의 고분자 물질들이 섞일 수 있으며, 대개가 높은 염소요구량을 나타낸다. 오래전부터 이러한 폐수의 처리에 염소소독을 사용해 왔으나 인체와 환경에 유해한 유기염소화합물이 생성되는 것이 확인되어 이러한 관행에 재검토가 이루어지게 되었다.

5. 생물학적 산화(bacterial oxidation) : 불포화 화합물의 이중결합은 산화되기 쉬우므로 포화화합물 보다 미생물에 의해 더 쉽게 산화된다.

| 5.3 | 알코올

알코올(alcohol)은 탄화수소의 일차 산화생성물이다.

$$\underset{\text{메탄}}{CH_4} + \frac{1}{2}O_2 \rightarrow \underset{\text{메틸알코올 또는 메탄올}}{CH_3OH} \tag{5.8}$$

$$\underset{\text{프로판}}{CH_3 - CH_2 - CH_3} + \frac{1}{2}O_2 \rightarrow \underset{n-\text{프로필알코올 또는 프로판올}}{CH_3 - CH_2 - CH_2OH} \tag{5.9}$$

이 반응은 알코올을 최종 생성물로 하는 단계에서 멈추지 않기 때문에, 이런 방식으로 알코올을 제조하지 못한다. 그러나 이 반응은 탄화수소의 호기성 조건에서의 생물학적 분해 초기단계를 설명하는 데 이용될 수 있다.

알코올은 **하이드록시 알킬**(hydroxy alkyl) 화합물이라고도 한다. 편의상, 알코올과 기타 유기화합물 속의 알킬기들을 기호 R－로 나타내어, 알코올을 일반식, R－OH로 나타내기도 한다. OH기는 이온화 하지 않으며 따라서 알코올은 반응에서 중성이다. 알코올의 화학은 전적으로 OH기와 관련된다.

알코올의 분류

알코올은 OH기가 결합되어 있는 분자 내에서의 위치에 따라 일차(primary), 이차(secondary) 및 삼차(tertiary) 알코올의 세 가지로 구분된다. OH기가 말단(일차)의 탄소원자에 결합되어 있는 것을 **일차 알코올**이라고 한다.

CH_3-CH_2-OH $CH_3-CH_2-CH_2-CH_2-OH$ $R-OH$

일차 알코올

OH기가 다른 두개의 탄소가 결합되어 있는 탄소 원자에 결합된 것을 **이차 알코올**이라고 하며, OH기가 결합되어 있는 탄소원자를 **이차 탄소 원자**(secondary carbon atom)라고 한다.

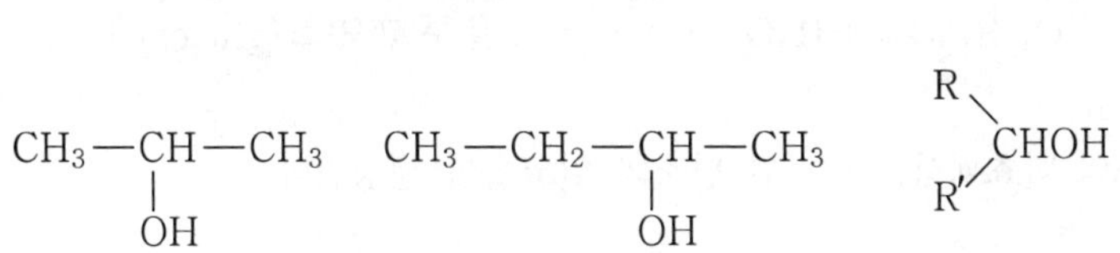

이차 알코올 일반식

또 OH기가 다른 세 개의 탄소가 결합되어 있는 탄소 원자에 있는 것을 **삼차 알코올**이라고 하며, 이 탄소 원자를 **삼차 탄소 원자**(tertiary carbon atom)라고 부른다.

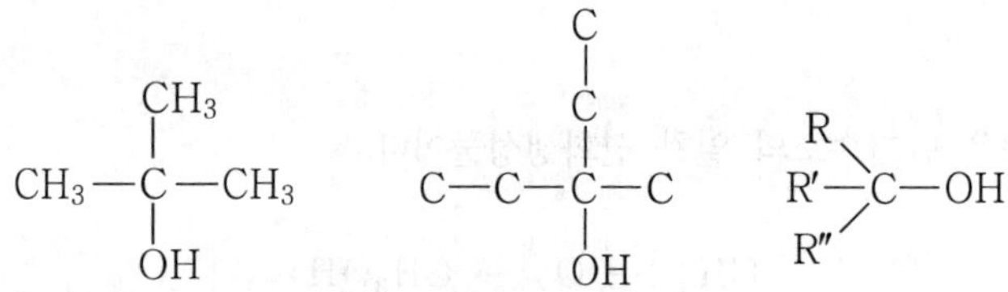

삼차 알코올 일반식

일차, 이차, 삼차 알코올의 화학은 현저한 차이가 있으므로(예를 들면 삼차 알코올의 생물학적 산화반응은 일차 알코올에 비하여 대단히 어렵다) 이 분류방법을 잘 알고 있어야 한다.

공업적으로 중요한 알코올들

공업적으로 중요한 알코올들로는 메틸, 에틸, 아이소프로필 및 $n-$뷰틸 알코올 등이 있다.

메탄올(methanol, CH_3OH) 메탄올(메틸 알코올이라고도 함)은 합성 원료로 널리 이용되고 있다. 또 자동차 라디에이터의 동결방지제로도 사용된다. 주로 천연가스와 수증기로부터 다음 반응에 의하여 합성된다.

$$CH_4 + H_2O \xrightarrow[\text{촉매}]{\triangle \text{ 압력}} CH_3OH + H_2 \tag{5.10}$$

일산화 탄소와 수소로부터 제조하기도 한다.

에탄올(ethanol, CH_3CH_2OH) 에탄올(에틸 알코올)은 유기화합물의 합성, 주류 및 각종 의약품의 제조에 이용된다. 최근에는 재구성 가솔린(reformulated gasoline)의 한 성분으로 연료로 사용되고도 있다. 대부분이 발효에 의해 제조된다. 주류용 알코올은 옥수수, 밀, 호밀, 감자 등 여러 가지 원료에서 얻은 녹말을 발효시켜서 제조하며, 그 반응은 다음과 같다.

$$\text{녹말} + \text{물} \xrightarrow{\text{맥아효소}} \text{말토오스(maltose)} \tag{5.11}$$

$$\underset{\text{말토오스}}{C_{12}H_{22}O_{11}} + H_2O \xrightarrow{\text{효모}} 2\,\text{글루코오스(glucose)} \tag{5.12}$$

글루코오스의 발효에서는 이산화 탄소와 알코올이 생성된다.

$$\underset{\text{글루코오스}}{C_6H_{12}O_6} \xrightarrow{\text{발효}} 2CO_2 + 2C_2H_5OH \tag{5.13}$$

포도주는 포도 속의 당을 발효시켜 제조한 것이다.

공업용 알코올은 대부분 당밀이나 아황산 펄프 폐액(spent sulfite liquor)과 같이 매립하기 곤란한 당이 포함된 용액을 발효시켜 제조한다.

$$C_{12}H_{22}O_{11} + H_2O \xrightarrow{\text{인베르타아제}} \underset{\text{글루코오스}}{C_6H_{12}O_6} + \underset{\text{프룩토오스}}{C_6H_{12}O_6} \tag{5.14}$$

$$\underset{\substack{\text{글루코오스}\\ \text{프룩토오스}}}{C_6H_{12}O_6} \xrightarrow{\text{효모}} 2CO_2 + 2C_2H_5OH \tag{5.15}$$

에탄올을 증류하고 남은 잔류물은 환경공학자가 처리해야 하는 산업폐기물 중의 하나다.

아이소프로판올(isopropanol, $CH_3CHOCHCH_3$) 아이소프로판올(아이소프로필 알코올)은 유기합성에 널리 이용되고 있으며 많은 양이 건성가스(day gas)라고 하여 자동차 연료탱크 속에서 수분이 분리되는 것을 방지하는 용도로 판매되고 있다. 석유정유의 크랙킹에서 생성된 프로필렌(propylene)을 수화(hydration)하여 제조한다.

***n*-뷰탄올(*n*-butanol, $CH_3CH_2CH_2CH_2OH$)** 뷰탄올(*n*-뷰틸 알코올)은 탁월한 용매 중의 한가지인 아세트산 뷰틸(butyl acetate)의 제조 원료이다. 아세트산 뷰틸은 "합성 바나나 기름"이라고도 불리며 천연 바나나 기름의 아세트산 아밀(amyl acetate)과 비슷한 냄새를 낸다. *n*-뷰탄올은 특수한 미생물인 *Clostridium acetobutylicum*을 이용하여 옥수수 녹말을 발효시켜 제조한다. 이 발효과정에서는 많은 양의 아세톤과 약간의 에탄올 및 수소도 생성된다. 필요한 생성물을 증류하고 남은 폐액은 그 처리나 최종적인 폐기가 환경공학자에게 맡겨지게 되는 산업폐기물로 된다. 에탄올을 제조할 때의 폐액과 비슷한 특성을 가지고 있으나 이 경우에는, 부산물(by-product)의 회수율이 좋지 않으므로 같은 방식으로 처리하지 못한다. 메탄올, 에탄올 및 아이소프로판올은 물과 완전히 섞이나 *n*-뷰탄올은 물에 대해 제한된 용해도를 가지고 있다.

알코올의 물리적 성질

짧은 사슬 알코올은 하이드록시 원자단 때문에 극성이 증가하여 물에 완전히 용해된다. 알케인, 알켄과 마찬가지로 알코올도 분자크기가 커짐에 따라 녹는점과 끓는점이 높아지며, 반대로 물에 대한 용해도는 낮아진다. $C_1 \sim C_3$ 알코올은 혼화성(miscibility)이 좋아서 오염된 지표환경의 복원에 공용매(cosolvent)로 사용할 수 있다(3.8절 참조). 탄소수 12개 이상의 것은 무색의 납 같은 고체(waxy solid)이며, 물에 잘 녹지 않는다. 표 5.4에 몇 가지 알코올들의 물리상수를 나타내었다.

명명법

공업적으로 중요한 알코올들은 대개가 관용명(common name)으로 불리운다. 이성질체들 사이의 구별을 위해, 그리고 헥사데칸올(hexadecanol)과 같이 탄소수가 많은 화합물들의 명명에는 IUPAC 명명법을 사용해야 한다.

이 명명법에서는 어미에 **－올**(－ol)을 사용한다. 표 5.4와 표 5.5에 여러 가지 알코올들에 대한 관용명, IUPAC명을 나타내었다. 하이드록시 원자단(OH기)을 가진 가장 긴 탄소 사슬을 명명의 기본으로 하며, 알킬기와 OH기의 위치를 번호로 나타낸다. 예를 들면 아이소뷰탄올은 2-메틸-1-프로판올이 된다.

표 5.4 일차 알코올의 물리상수*

radical명	알코올의 IUPAC명	화학식	Mp,℃	Bp,℃	Sp.gr., 20℃/4°*	이성질체수
메틸(methyl)	메탄올(methanol)	CH_3OH	－97.6	64.6	0.791	1
에틸(ethyl)	에탄올(ethanol)	C_2H_5OH	－114.1	78.2	0.789	1
프로필(propyl)	1-프로판올(1-propanol)	C_3H_7OH	－126.1	97.2	$0.8002^{25°}$	2
뷰틸(butyl)	1-뷰탄올(1-butanol)	C_4H_9OH	－89.8	117.7	0.810	4
아밀(amyl)	1-펜탄올(1-pentanol)	$C_5H_{11}OH$	－78.9	137.9	0.814	8
헥실(hexyl)	1-헥산올(1-hexanol)	$C_6H_{13}OH$	－44.6	157.6	0.814	17
헵틸(heptyl)	1-헵탄올(1-heptanol)	$C_7H_{15}OH$	－34.2	176.4	0.822	39
옥틸(octyl)	1-옥탄올(1-octanol)	$C_8H_{17}OH$	－15.5	195.1	$0.826^{25°}$	89
노닐(nonyl)	1-노난올(1-nonanol)	$C_9H_{19}OH$	－5	213.3	0.827	211**
데실(decyl)	1-데칸올(1-decanol)	$C_{10}H_{21}OH$	6.9	231.1	0.830	507

*20℃ (또는 어깨숫자의 온도)의 화합물 밀도/물의 최대밀도, 즉 4℃물의 밀도

**이성질체의 수는 탄소수로부터 계산하여 구한 것임.

출처 : D. R. Linde(ed) : "Handbook of Chemistry and Physics." 82nd ed., CRC Press LLC, Boca Raton, 2001

표 5.5 알코올의 명명법

구조식	관용명	IUPAC명
CH_3OH	메틸 알코올(methyl alcohol)	메탄올(methanol)
C_2H_5OH	에틸 알코올(ethyl alcohol)	에탄올(ethanol)
$CH_3CH_2CH_2OH$	*n*-프로필 알코올(*n*-propyl alcohol)	1-프로판올(1-propanol)
CH_3 \ $CHOH$ / CH_3	아이소프로필 알코올 (isopropyl alcohol)	2-프로판올(2-propanol)
$CH_3CH_2CH_2CH_2OH$	*n*-뷰틸 알코올(*n*-butyl alcohol)	1-뷰탄올(1-butanol)
CH_3 \ $CHCH_2OH$ / CH_3	아이소뷰틸 알코올 (isobutyl alcohol)	2-메틸-1-프로판올 (2-methyl-1-propanol)
CH_3 \ $CHOH$ / C_2H_5	2차 뷰틸 알코올 (sec-butyl alcohol)	2-뷰탄올(2-butanol)
$(CH_3)_3COH$	3차 뷰틸 알코올(tert-butyl alcohol)	2-메틸-2-프로판올 (2-methyl-2-propanol)

다가 알코올(polyhydroxy alcohol)

한 분자 속에 두개의 하이드록시 원자단을 가진 알코올을 글라이콜(glycol)이라고 한다. 글라이콜들 중 공업적으로 중요한 것은 **에틸렌 글라이콜**(1,2-에탄 다이올)이며 에텐으로부터 제조된다. 에텐에 하이포아염소산을 반응시키면, 에틸렌 클로로하이드린(ethylene chlorohydrin)이 되며,

$$CH_2{=}CH_2 + HOCl \rightarrow \underset{\underset{Cl}{|}}{H_2C}{-}\underset{\underset{OH}{|}}{CH_2} \tag{5.15}$$

에틸렌 클로로하이드린

이것을 중탄산 나트륨(sodium bicarbonate)과 반응시켜 에틸렌 글라이콜을 합성한다.

$$\underset{\underset{Cl}{|}}{H_2C}{-}\underset{\underset{OH}{|}}{CH_2} + NaHCO_3 \rightarrow NaCl + CO_2 + \underset{\underset{OH}{|}}{H_2C}{-}\underset{\underset{OH}{|}}{CH_2} \tag{5.16}$$

에틸렌 글라이콜

이 화합물은 비증발성(nonevaporative)이어서 라이에이터의 부동액으로 널리 사용되고 있다.

글리세린(glycerin) 또는 글리세롤(glycerol)은 3가 알코올(1,2,3-트라이하드록시 프로판)이다.

$$\underset{\underset{OH}{|}}{CH_2}{-}\underset{\underset{OH}{|}}{CH}{-}\underset{\underset{OH}{|}}{CH_2}$$

글리세롤

전에는 비누 제조공업에서 유지(fat and oil)의 비누화 반응으로 다량을 제조하였으나 현재는 많은 양을 합성반응에 의해서 제조하고 있다. 글리세롤은 식품, 화장품, 의약품, 담배 등의 여러 가지 제품에 첨가제로 널리 사용되고 있다. 또 다이너마이트의 주성분인 나이트로글리세린의 제조원료이기도 하다.

알코올의 화학반응

알코올의 화학반응 다음 두 형태의 반응이 특히 중요하다.

에스터 생성반응(ester formation) 알코올은 무기산이나 유기산과 반응하여 에스터를 생성한다. 무기 하이드록시산(inorganic hydroxy acid)과 반응할 때는 "무기" 에스터(inorganic ester)가 생성된다.

$$ROH + H_2SO_4 \rightleftharpoons H_2O + ROSO_3H \tag{5.17}$$

유기산과 반응하면 유기 에스터가 생성된다.

$$ROH + R_1CO_2H \rightleftharpoons H_2O + R_1CO_2R \tag{5.18}$$

유기 에스터에 대하여는 5.6절에서 설명한다.

산화반응(oxidation) 대부분의 알코올은 센 산화제나 여러 가지 미생물에 의하여 쉽게 산화된다. 산화 생성물은 반응하는 알코올의 종류에 따라 달라진다.

일차 알코올은 알데하이드(aldehyde)로 산화된다. 이것을 일반식으로 나타내면,

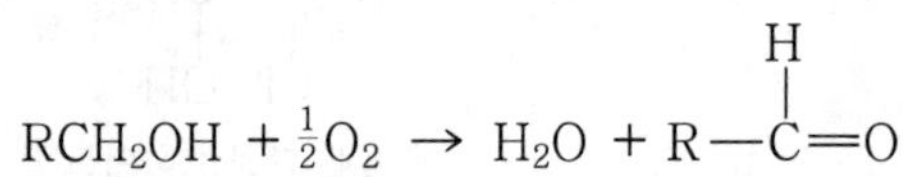

일차알코올 알데하이드 (5.19)

산화제에 따라서는 알데하이드를 산으로 더욱 산화시킬 수 있으므로, 이 점에 유의하여 산화제를 선택하도록 해야 한다.

이차 알코올은 케톤(ketone)으로 산화된다.

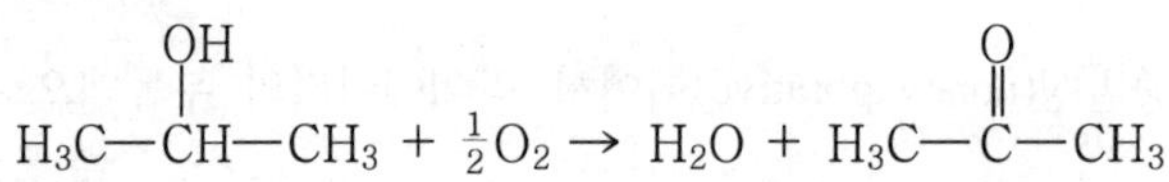

아이소프로필 알코올 아세톤 (케톤) (5.20)

케톤은 쉽게 산화되지 않으므로 완전회수가 가능하다.

삼차 알코올은 수용액 중에서 보통의 산화제에 의하여 산화되지 않는다. 아주 센 산화제로 산화시키면 물과 이산화 탄소로 전환된다.

미생물은 호기성 조건에서 일차와 이차 알코올을 쉽게 산화한다. 최종 생성물은 물과 이산화 탄소이지만 중간 생성물로 알데하이드와 케톤이 존재하는 것으로 알려져 있다. 삼차 알코올은 미생물에 의한 분해가 매우 어려우며 탄화수소에서와 마찬가지로 먼저 말단의 메틸기가 산화되는 것으로 알려져 있다.

5.4 알데하이드와 케톤

알데하이드(aldehyde)는 일차 알코올(ROH)의 산화생성물이며 케톤(ketone)은 이차알코올의 산화 생성물이다.

알데하이드 일차 알코올은 다음과 같이 산화되어 알데하이드로 된다.

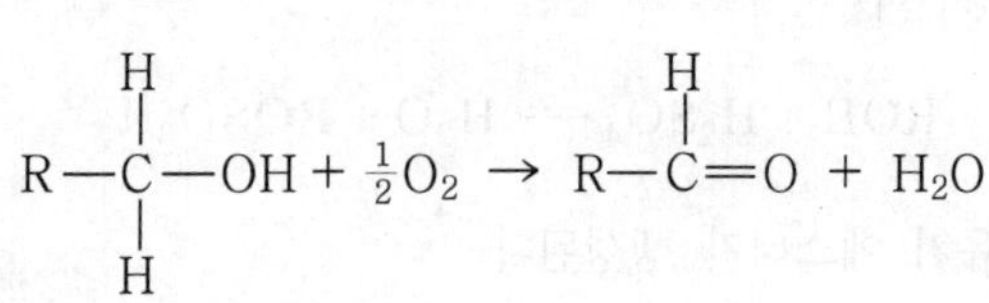

(5.21)

알데하이드는 모두 특징적인 카보닐기(carbonly group), $-\overset{\overset{\displaystyle H}{|}}{C}=O$를 가지고 있다. 일반식은 R－CHO이며, 여기서 R은 CH_3-, CH_3CH_2- 등의 알킬기를 나타낸다.

알데하이드는 불포화 탄화수소의 오존산화에 의해서도 생성된다. 불포화 탄화수소는 먼저 오존에 의해 오조나이드(ozonide)로 된다.

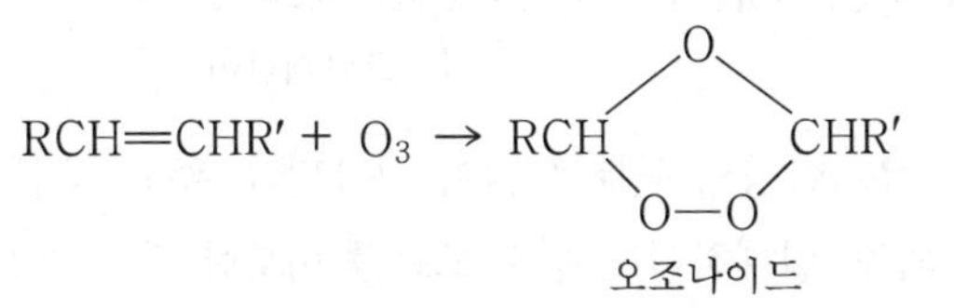

(5.22)

이 오조나이드는 물과 쉽게 반응하여 알데하이드를 생성한다.

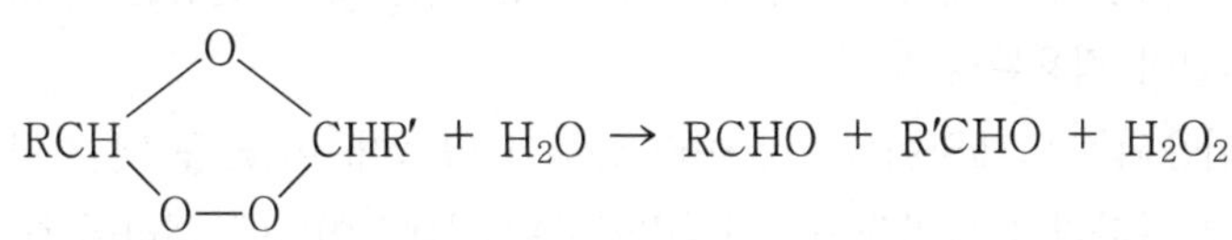

(5.23)

이 반응들은 대기오염에서 특히 중요하다. 자동차 배기가스 중의 불포화 탄화수소가 질소 산화물 존재 하에 태양광선과 산소의 촉매반응으로 생성된 오존과 반응하여 알데하이드를 생성하게 된다. 알데하이드는 눈을 자극하는 원인물질로 대기오염에서 가장 심각한 문제 중의 하나로 되어 있다. 오존의 생성에 촉매작용을 하는 질소산화물은 화력 발전소나 내연기관의 화석연료(fossil fuel)가 고온에서 연소되는 동안에 대량으로 생성된다. 승용차와 트럭엔진의 배기가스가 특히 중요한 발생원이며, 지상에 광범위하게 퍼지게 되어 사람, 동물, 식물들과 접촉할 가능성이 아주 높다.

여러 종류의 알데하이드를 일차 알코올로부터 생성할 수 있으나 공업적으로 중요한 알데하이드는 소수에 불가하다. 알데하이드들은 카복실산의 환원반응으로도 생성될 수 있다.

폼알데하이드(formaldehyde) 메탄올을 산화하면 폼알데하이드가 생성된다.

$$H-\overset{\overset{\displaystyle H}{|}}{\underset{\underset{\displaystyle H}{|}}{C}}-OH+\tfrac{1}{2}O_2 \rightarrow \underset{\text{폼알데하이드}}{H-\overset{\overset{\displaystyle H}{|}}{C}=O}+H_2O \tag{5.24}$$

폼알데하이드는 유기합성의 원료로 널리 쓰인다. 미생물에 대하여 독성(toxic)이 있어 방부액과 생물표본의 보존액으로 사용된다. 한때 폼알데하이드가 포함되어 있는 산업폐수는 독성이 너무 강하여 생물학적 처리를 하지 못하는 것으로 간주하였었다. 그러나 희석하여 그 농도를 1,500 mg/L 이하로 하면 미생물에 의한 분해가 가능하며 최종 생성물로 이산화탄소와 물을 생성하는 것을 알게 되었다. 이와 같은 경험으로부터 산업폐수처리에 **독성한계**(toxicity threshold)의 개념이 도입되게 되었다. 즉, 어느 농도 한계 이하에서는 모든 물질들이 독성을 나타내지 않는다는 것을 의미한다. 완전혼합형 활성슬러지법은 이 개념을 활용한 것이다.

아세트알데하이드(acetaldehyde) 에틸 알코올의 산화에 의해 생성된다.

$$CH_3CH_2OH + \tfrac{1}{2}O_2 \rightarrow \underset{\text{아세트알데하이드}}{CH_3{-}\overset{\displaystyle H}{\overset{|}{C}}{=}O} + H_2O \tag{5.25}$$

아세트알데하이드는 유기합성의 원료로 많이 사용된다. 주요 공업적 용도로는 폼알데하이드와의 축합반응에 의해, 알데하이드 수지 도료를 비롯한 각종 제품의 제조에 중요한 중간체인 펜타에리트리톨[pentaerithritol, $C(CH_2OH)_4$]을 합성하는 것이다. 펜타에리트리톨 제조공장 폐수에 포함된 폼알데하이드의 생물학적 처리에는 앞서 설명한 독성 한계(toxicity threshold)의 개념이 적용된다.

공업적으로 이용되는 알데하이드에는 여러 종류가 있으며, 이들 중 몇 가지의 이름과 구조식을 표 5.6에 나타내었다. IUPAC 명명법에서는 알데하이드에 대하여 어미에 －**알**(－al)을 사용한다.

표 5.6 대표적인 알데하이드들

관용명	IUPAC명	화학식
폼알데하이드(formaldehyde)	메탄알(methanal)	$HCHO$
아세트알데하이드(acetaldehyde)	에탄알(ethanal)	CH_3CHO
프로피온알데하이드(propionaldehyde)	*n*-프로판알(propanal)	C_2H_5CHO
뷰티르알데하이드(butyraldehyde)	*n*-뷰탄알(butanal)	C_3H_7CHO
발레르알데하이드(valeraldehyde)	*n*-펜탄알(pentanal)	C_4H_9CHO
카프로알데하이드(caproaldehyde)	*n*-헥산알(hexanal)	$C_5H_{11}CHO$
헵트알데하이드(heptaldehyde)	*n*-헵탄알(heptanal)	$C_6H_{13}CHO$
아크롤레인(acrolein)	*n*-프로펜알(propenal)	$CH_2{=}CHCHO$
시트랄(citral)		$C_9H_{15}CHO$
시트로넬알(citronellal)		$C_9H_{17}CHO$

케톤

케톤은 이차 알코올의 산화에 의해 생성된다.

$$R{-}\overset{\displaystyle OH}{\underset{\displaystyle H}{\overset{|}{\underset{|}{C}}}}{-}R' + \tfrac{1}{2}O_2 \rightarrow \underset{\text{케톤}}{R{-}\overset{\displaystyle O}{\overset{\|}{C}}{-}R'} + H_2O \tag{5.26}$$

케톤은 카보닐기, $-\overset{O}{\overset{\|}{C}}-$에 두개의 알킬기가 결합되어 있는 것이며, 알데하이드는 한 개의 알킬기와 한 개의 수소원자를 가진 것이다. 케톤의 알킬기들, 즉 R과 R'는 같은 것일 수도 다른 것일 수도 있다.

아세톤(acetone) 아세톤(다이메틸 케톤)은 가장 간단한 케톤이며 아이소프로필 알코올(2-프로판올)의 산화에 의해 생성된다.

$$CH_3-\underset{H}{\overset{OH}{C}}-CH_3 + \tfrac{1}{2}O_2 \rightarrow \underset{\text{아세톤}}{CH_3-\overset{O}{\overset{\|}{C}}-CH_3} + H_2O \qquad (5.27)$$

메틸에틸 케톤(methyl ethyl ketone)* 메틸에틸 케톤은 2-뷰탄올(2-butanol)의 산화에 의하여 제조된다.

$$CH_3-\underset{H}{\overset{H-O}{C}}-CH_2CH_3 + \frac{1}{2}O_2 \rightarrow \underset{\text{메틸에틸 케톤}}{CH_3-\overset{O}{\overset{\|}{C}}-C_2H_5} + H_2O \qquad (5.28)$$

케톤은 공업용 용매와 여러 가지 제품의 합성원료로 사용된다. 몇 가지 케톤들의 이름을 표 5.7에 나타내었다.**

표 5.7 대표적인 케톤들

관용명	IUPAC명
아세톤(acetone)	프로판온(propanone)
메틸에틸 케톤(methyl ethyl ketone)	뷰탄온(butanone)
다이에틸 케톤(diethyl ketone)	3-펜탄온(3-pentanone)
메틸 프로필 케톤(methyl prppyl ketone)	2-펜탄온(2-pentanone)
메틸 아이소프로필 케톤(methyl isopropyl ketone)	3-메틸-2-뷰탄온(3-methyl-2-butanone)
n-뷰틸 메틸 케톤(*n*-butyl methyl ketone)	2-헥산온(2-hexanone)
에틸 프로필 케톤(ehtyl propyl ketone)	3-헥산온(3-hexanone)
다이프로필 케톤(dipropyl ketone)	4-헵탄온(4-heptanone)
다이뷰틸 케톤(dibytyl ketone)	5-노난온(5-nonanone)

알데하이드와 케톤의 화학적 성질

알데하이드와 케톤은 산화의 난이도에 차이가 있다.

---

* 간단히 MEK라고도 한다.(역자주)

** 케톤의 IUPAC 명명법에서는 어미에 -온(one)을 사용한다.(역자주).

1. 알데하이드는 해당하는 산으로 쉽게 산화된다.

$$R-\overset{\displaystyle H}{\overset{|}{C}}=O + \frac{1}{2}O_2 \rightarrow R-\overset{\displaystyle O}{\overset{\|}{C}}-OH \tag{5.29}$$

2. 케톤은 산화되기 어렵다. 케톤은 카보닐기에 수소가 결합되어 있지 않기 때문이다. 따라서 먼저 알킬기 중의 하나가 산화된 다음, 분자가 분해되어 두개 이상의 산이 생성된다.

$$\underset{\text{아세톤}}{CH_3\overset{\displaystyle O}{\overset{\|}{C}}CH_3} + 2O_2 \rightarrow CO_2 + H_2O + \underset{\text{아세트산}}{CH_3COOH} \tag{5.30}$$

아세톤의 경우에는 이산화 탄소, 물, 아세트산(acetic acid)이 생성된다. 이론적으로는 폼산(formic acid)이 생성되어야 하나 이것이 쉽게 산화되어 이산화 탄소와 물로 전환된다. 다이에틸 케톤(3-펜탄온)과 같은 고급 케톤(higher ketone)은 다음과 같이 산화된다.

$$R-\underset{\underset{\displaystyle H}{|}}{\overset{\displaystyle H}{\overset{|}{C}}}-\overset{\displaystyle O}{\overset{\|}{C}}-R' + \frac{3}{2}O_2 \rightarrow R-\overset{\displaystyle O}{\overset{\|}{C}}-OH + R'-\overset{\displaystyle O}{\overset{\|}{C}}-OH \tag{5.31}$$

알데하이드와 케톤은 여러 가지 미생물에 의해서도 유기산들로 쉽게 산화된다. 그러나 유기산(organic acid)들도 미생물의 좋은 먹이(food)이기 때문에 호기성 조건에서의 최종 생성물은 이산화 탄소와 물이다.

5.5 산

산(acid)은 유기화합물이 가질 수 있는 가장 높은 산화상태이다. 계속해서 더욱 산화되면, 무기 화합물인 이산화 탄소와 물을 생성하며 이때, 그 유기화합물은 완전히 분해된 것으로 간주된다.

$$\underset{\text{탄화수소}}{CH_4} \rightarrow \underset{\text{알코올}}{CH_3OH} \rightarrow \underset{\text{알데하이드}}{H_2C=O} \rightarrow \underset{\text{산}}{HCOOH} \rightarrow \underset{\text{완전산화 생성물}}{H_2O + CO_2} \tag{5.32}$$

유기산은 모두 $-\overset{\displaystyle O}{\overset{\|}{C}}-OH$ 기를 가지고 있으며, 이것을 카복실(carboxyl)기라고 부르고 대개는 $-COOH$로 쓴다.*

* 더 간단하게 $-CO_2H$로 쓰기도 한다.(역자주)

한 개의 카복실기를 가진 산은 모노카복실산(monocarboxylic acid)이라고 하며, 두 개 이상을 가진 것을 폴리카보실산(polycarboxylic acid)이라고 한다.

페놀의 유도체들도 산과 같은 특성이 있다. 유기산에도 포화 유기산과 불포화 유기산이 있으며 분자 속에 하이드록시기를 가진 것도 있다.

포화 모노카복실산

유지, 납(vax) 등의 구성성분으로서 여러 가지 포화 모노카복실산(saturated monocarboxylic acid)이 천연에 존재한다. 또 이와 같은 천연물질 속에는 불포화 카복실산도 들어 있으며, 이들을 보통 **지방산**(fatty acid)이라고 한다. 천연물에서 유래한 대부분의 지방산은 짝수의 탄소수와 곧은 사슬 즉, 노르말 구조를 이루고 있다.

물리적 성질 탄소수 9개까지 즉, $C_1 \sim C_9$은 액체이며, 그 밖에는 고체이다. 폼산(formic acid), 아세트산 및 프로피온산(propionic acid)은 아주 자극적인 냄새를 가지고 있다. 나머지 액체산들은 불쾌한 냄새를 내며 뷰티르산(butyric acid)과 발레르산(valeriv acid)이 특히, 불쾌한 냄새를 낸다. 뷰티르산은 부패한 버터에서 나는 특유한 냄새의 원인 물질이다. 낙농산업 폐기물의 처리에서는 뷰티르산이 생성되지 않도록 주의해야 하며 그렇지 않으면 악취문제를 일으키게 된다. 휘발성산(volatile acid, $C_1 \sim C_5$)은 물에 매우 잘 녹는다. 중요한 포화 카복실산의 이름, 화학식, 물리상수 등을 표 5.8에 나타내었다. 이온화도로부터 유기산들은 모두 약한 산에 속하는 것을 알 수 있으며, 이중 폼산이 가장 센 산이다.

| 표 5.8 몇 가지 포화 모노카복실산들의 물리상수*

관용명	IUPAC명	화학식	Mp, ℃	Bp, ℃	sp.gr., 20°/4°*	pKa at 25°
폼산(formic)	메탄산(methanic)	$HCOOH$	8.3	101	1.220	3.75
아세트산(acetic)	에탄산(ethanoic)	CH_3COOH	16.6	117.9	$1.045^{25°}$	4.756
프로피온산(propionic)	프로판산(propanoic)	C_2H_5COOH	−20.7	141.1	0.993	4.87
뷰티르산(butyric)	뷰탄산(butanoic)	C_3H_7COOH	−5.7	163.7	0.958	4.83
발레르산(valeric)	펜탄산(pentanoic)	C_4H_9COOH	−34	186.1	0.939	$4.83^{20°}$
카프로산(caprylic)	헥산산(hexanoic)	$C_5H_{11}COOH$	−3	205.2	0.927	4.85
에난트산(enanthic)	헵탄산(heptanoic)	$C_6H_{13}COOH$	−7.5	222.2	0.918	4.89
카프릴산(caprylic)	옥탄산(octanoic)	$C_7H_{15}COOH$	16.3	239	0.911	4.89
펠라곤산(pelargonic)	노네인산(nonanoic)	$C_8H_{17}COOH$	12.3	254.5	0.905	4.96
카프르산(capric)	데케인산(decanoic)	$C_9H_{19}COOH$	31.9	268.7	$0.886^{40°}$	
팔미트산(palmitic)	헥사데케인산(hexadecanoic)	$C_{15}H_{31}COOH$	63.1	351.5	$0.853^{62°}$	
스테아르산(stearic)	옥타데케인산(octadecanoic)	$C_{17}H_{35}COOH$	68.8	232	0.941	

*20℃(또는 어깨숫자의 온도)의 화합물 밀도/물의 최대밀도, 즉 4℃물의 밀도

출처 : D. R. Linde(ed) : "Handbook of Chemistry and Physics." 82nd ed., CRC Press LLC, Boca Raton, 2001

명명법 탄소수 C_7~C_{10}을 제외한 유기산들에 대하여는 대부분 관용명을 사용한다. 표 5.8에 IUPAC명들을 나타내었다. 유기산의 유도체를 명명할 때는 때로 IUPAC 명명법을 따르지 않고 그리스 문자로 탄소의 위치를 나타내어 구별하는 방법을 쓰기도 한다. 이 방법에서는 카복실기를 기준으로 하여 탄소원자에 다음과 같이 번호를 붙인다.

$$\underset{\delta}{\overset{5}{C}}H_3\underset{\gamma}{\overset{4}{C}}H_2\underset{\beta}{\overset{3}{C}}H_2\underset{\alpha}{\overset{2}{C}}H_2\overset{1}{C}OOH$$

카복실기 다음의 탄소원자를 **알파**(alpha), 그 다음을 **베타**(beta), **감마**(gamma), **델타**(delta) 등으로 쓴다. 말단에 있는 탄소원자는 **오메가**(omega)탄소라고도 부른다. α-아미노산은 특히 중요한 화합물이며 5.22절에서 설명한다.

불포화 모노카복실산

중요한 불포화 모노카복실산(unsaturated monocarboxylic acid)에는 다음과 같은 것 들이 있다.

아크릴산(acrylic acid, CH_2=CHCOOH) 아크릴산은 불포화 결합을 가지고 있는 화합물들의 특성인 중합반응을 할 수 있어서 공업적으로 많은 양이 사용되고 있다. 이 산의 유도체들은 루사이트(Lucite), 플렉시글라스(Plexiglas) 등과 같은 투명한 플라스틱 제품의 제조에 사용된다.

올레산 [oleic acid, $CH_3(CH_2)_7CH=CH(CH_2)_7COOH$]

리놀레산 [linoleic acid, $CH_3(CH_2)_4CH=CHCH_2CH=CH(CH_2)_7COOH$]

리놀렌산 [linolenic acid, $CH_3(CH_2CH=CH)_3(CH_2)_6COOH$]

올레산, 리놀레산과 리놀렌산은 유지 즉, 글리세라이드(glyceride)의 대표적인 구성성분이다. 글리세라이드는 이들 지방산과 글리세롤(5.3절)로 이루어진 에스터(5.6절)이다. 올레산은 사람이나 동물이 음식물로서 섭취해야 하는 필수 유기산으로 생각되고 있다. 글리세라이드 형태로의 리놀레산과 리놀렌산은 아마인유(linseed oil)와 기타 건성유(drying oil)의 주성분이다. 이들의 공업적인 가치는 이중결합의 수에 따라 결정된다.

유기산의 화학적 성질 유기산의 화학적 성질의 대부분은 카복실기에 의해 결정된다. 모든 산들은 공업적으로 용도가 다양한 금속염(metallic salt)을 생성한다. 또한 불포화 유기산은 5.2에서 설명한 이중결합의 특징적인 화학적 성질을 가지고 있다. 불포화 산을 수소로 환원하면, 그에 해당하는 포화 유기산으로 된다. 유기산들은 여러 가지 미생물의 먹이로 되며, 산화되어 이산화 탄소와 물로 된다. 불포화 결합이 존재하면 산화가 쉽고 또, 속도도 빨라지는 것으로 알려져 있다. 분자량이 큰 지방산의 생물학적 분해속도가 느린 것은 물에 대한 용해도가 매우 낮기 때문이다. 이것은 슬러지 소화조(sludge digester)에서 특히 문제가 되는 것으로 여기서 지방질(fatty material)은 표면으로 떠올라 덩어리를 형성하여 스컴층(scum layer)으로 분리되는 현상을 나타낸다.

폴리카복실산

폴리카복실산들 중에서 가장 중요한 것은 곧은 사슬 양단의 탄소에 각 하나씩 두개의 카복실기를 가진 것들이다. 표 5.9에 중요한 다이카복실산(dicarboxlic acid)들을 나타내었다.

아디프산(adipic acid)은 나일론 섬유의 제조에 사용되며, 따라서 이러한 공장폐수 중에 포함될 수 있다.

표 5.9 다이카복실산들

이름	화학식
옥살산(oxalic)	$(COOH)_2$
말론산(malonic)	$CH_2(COOH)_2$
숙신산(succinic)	$(CH_2)_2(COOH)_2$
글루타르산(glutaric)	$(CH_2)_3(COOH)_2$
아디프산(adipic)	$(CH_2)_4(COOH)_2$
피멜산(pimelic)	$(CH_2)_5(COOH)_2$
수베르산(suberic)	$(CH_2)_6(COOH)_2$

하이드록시산

하이드록시 산(hydroxy acid)은 카복실기 이외에 분자내에 OH기가 결합되어 있는 것이다. 그러므로 이들은 산과 알코올로서의 화학적 성질을 함께 나타낸다. 하이드록시 산들은 많은 것들이 특별한 이름을 가지고 있다. 몇 가지 예를 들면

$HOCH_2COOH$	하이드록시아세트산(hydroxyacetic acid), 글라이콜산(glycolic acid)
$CH_3CHOHCOOH$	α – 하이드록시프로피온산(α – hydroxypropionic acid), 락트산(lactic acid)
$HOCH_2CH_2COOH$	β – 하이드록시르로피온산(β – hydroxypropionic acid), 하이드로아크릴산(hydroacrylic acid)
$HOCH_2CH_2CH_2COOH$	γ – 하이드록시뷰티르산(γ – hydroxybutyric acid)

락트산, 즉 α – 하이드록시프로피온산은 우유의 미생물 발효과정에서 생성되기 때문에 낙농폐수에 흔히 포함되어 특히 관심을 갖게 한다. 치즈의 제조과정에서 나오는 유장(乳

漿, whey)속에도 상당한 양의 락트산이 포함된다. 락트산은 소금에 절인 **양배추**(sauerkraut)즙의 주성분으로 소금에 절인 양배추의 부패방지 작용을 한다.

락트산은 또한 **광학활성**을 가진 화합물 이어서 더욱 흥미롭다. 락트산은 편광(polarized light)을 시계반대 방향으로 회전시키는 **좌회전성**(levorotatory)과 편광을 시계방향으로 회전시키는 **우회전성**(dextrorotatory)의 두 가지 형태가 있다. 전에는 좌회전성 형태에 *l*을, 그리고 우회전성 형태에 대하여는 *d*를 사용하여 구별하였으나 현재는 *l* 형태에 (−)부호를, *d* 형태에 (+)부호를 사용하고 있다.

많은 유기화합물들이 광학활성을 나타낸다. 광학활성을 가지기 위해서는 적어도 한개의 **비대칭**(asymmetric) 탄소원자를 가져야 한다. 비대칭 탄소원자는 다음 그림에서와 같이 네 개의 각기 다른 원자단과 결합되어 있는 탄소원자를 말한다.

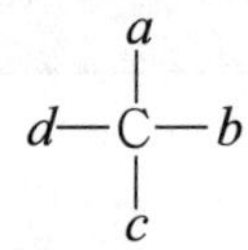

이러한 화합물들은 서로 거울상이어서 포개어지지 않는다. 대칭성이 없는 여러 가지 물체들이 그들의 거울상과 포개어지지 않는다. 예를 들면 왼손과 오른손은 서로 거울상이며 어떻게 해도 포개어지지 않는다. 분자를 포함하여 서로의 거울상이 포개어지지 않는 물체를 **카이랄**(chiral)이라고 하며 분자내의 비대칭 탄소원자를 카이랄 중심이라고 한다. 카이랄 화합물들은 하나 이상의 **카이랄 중심**을 가지고 있다. 서로 다른 카이랄 형태의 분자를 **거울상 이성질체**(enantiomer)라고 한다. 카이랄 화합물들은 거울상 이성질체에 따라 생물학적 활성이나 생물분해성이 다르기 때문에 환경에서 중요하다. 가장 비극적인 사건은 1960년 경 (+)거울상 이성질체가 진정제와 항구토제로 이용되었던 탈리도마이드에 의한 것으로서, 당시 가장 유용한 카이랄 분자인 이 탈리도마이드는 **라세미 혼합물** [(racemic mixture, (+)와 (−)거울상 이성질체의 거의 같은 양의 혼합물, 이러한 혼합물은 (±)의 부호로 나타냄)]의 형태로 시판되었으며 불행하게도 이 약을 복용한 임신부들은 (−)거울상 이성질체 때문에 심각한 장애를 가진 신생아를 출산하게 되었다. 환경공학자와 환경과학자가 유기오염물질의 환경에서의 특성을 이해하는 데에 카이랄 분자의 특성을 이용하게 된 것은 최근에 들어서이다.[4] 락트산에는 하나의 카이랄 중심이 있으며, 따라서 두 개의 광학 이성질체가 존재한다. 락트산의 L 형은 대개 살아 있는 미생물에서 생성된다.

---

4) J. J. Rital et al., Enantiomers of α-Hexachlorocyclohexane as Tracers of Air-Water Gas Exchange in Lake Ontario, *Env. Sci. Tech.*, 31 : 1940∼1945. 1997

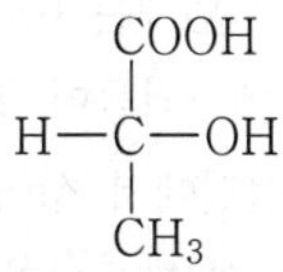
[D-(−)-락트산][5)]
[D-(−)-lactic Acid]

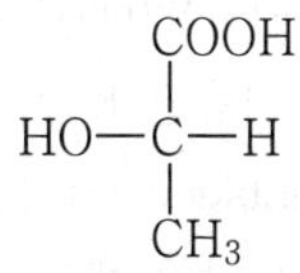
[L-(+)-락트산][5)]
[L-(+)-lactic Acid]

하이드록시 폴리카복실산

여러 종류의 하이드록시 폴리카복실산(hydroxy polycarboxylic acid)이 알려져 있다.

타타르산은 각종 과일, 특히 포도 속에 많으며, 통조림 공장이나 포도주 양조 폐수에 포함된다. 시트르산은 모든 감귤류, 즉 오렌지, 레몬, 자몽 등에 들어있는 산의 주성분이다. 따라서 이와 같은 감귤류를 취급하는 공장의 액체폐기물은 시트르산이 주성분을 이룬다.

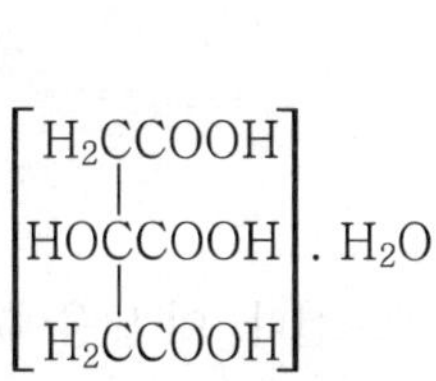
시트르산(citric acid)

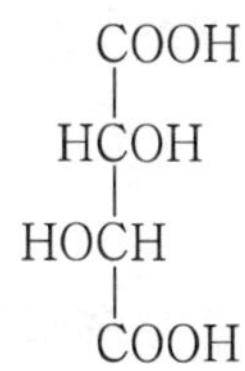
L-(+)-타타르산 [L-(+)-tartaric acid]

| 5.6 | 에스터

에스터(ester)는 산과 알코올의 반응으로 생성되는 화합물이다. 무기화학에서 산과 염기의 반응으로 생성되는 염에 해당한다. 낮은 분자량의 유기산과 알코올의 에스터화 반응은 가수분해(hydrolysis)가 동시에 일어나는 가역반응으로 진행된다. 이 반응을 일반식으로 나타내면 다음과 같다.

$$\mathrm{RCO}-\boxed{\mathrm{OH} + \mathrm{H}}-\mathrm{OR_1} \rightleftharpoons \mathrm{H_2O} + \mathrm{RCOOR_1} \qquad (5.33)$$

에스터의 일반식은

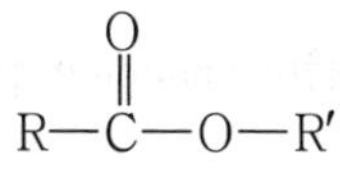

여러 가지 에스터들이 각종 화학제조공업에 원료로 사용되고 있다. 에스터는 대부분 매

5) 부호 D와 L은 비대칭 탄소원자 주위의 배열을 나타내는 것으로서 (+) 또는 (−)와 혼동하지 않기 바란다. 이러한 배열을 나타내는 데는 R과 S를 사용하기도 하며 이에 대한 설명은 이장의 끝에 수록된 유기화학 교재를 참고하기 바란다.

우 좋은 냄새를 낸다. 아세트산 뷰틸(butyl acetate)의 냄새는 바나나 기름(amyl acetate)과 비슷하며 유기용매(solvent)로 사용된다. 여러 가지 에스터들이 향미료와 향료로 사용되고 있다. 에스터들은 항생물질(antibiotics)의 분리 및 정제에서 섞이지 않는 용매(immiscible solvent)로 사용되고 있다. 많은 양이 때로 하수도에 섞여 들어가 산업폐수 문제를 일으키게 된다. 에스터는 여러 가지 미생물이 분비하는 효소에 의해 가수분해되어 그에 해당하는 산과 알코올로 분해된다.

$$\mathrm{R{-}\overset{\overset{\displaystyle O}{\|}}{C}{-}OR'} + \mathrm{HOH} \xrightarrow[\text{효소}]{} \mathrm{RCOOH} + \mathrm{R'{-}OH} \tag{5.34}$$

이 산과 알코올은 다시 5.3절과 5.5절에서 설명한 바와 같이 미생물에 의해 쉽게 산화되어 이산화 탄소와 물로 된다.

| 5.7 | 에 터

에터(ether)는 알코올을 강한 탈수제로 처리하여 제조한다. 이 반응에서, 두 분자의 알코올로부터 한 분자의 물이 제거된다.

$$\mathrm{RO}\boxed{\mathrm{H + HO}}\mathrm{R'} \xrightarrow[\text{탈수제}]{\triangle} \underset{\text{에터}}{\mathrm{R{-}O{-}R'}} + \mathrm{H_2O} \tag{5.35}$$

알코올의 두 부분이 결합하여 하나의 에터 분자를 형성한다. 즉, 알킬기들이 한 개의 산소원자를 사이에 두고 결합된 탄소–산소–탄소 결합, $-\overset{|}{\underset{|}{\mathrm{C}}}-\mathrm{O}-\overset{|}{\underset{|}{\mathrm{C}}}-$ 를 이루게 된다. 에터는용매로 많이 사용된다. 낮은 분자량의 에터는 인화성이 매우 높으며 공기 중에 노출된 채로 두면 폭발성이 큰 과산화물을 생성하기 쉽다. 과산화물은 특히 에터를 증류하여 회수하려고 할 때, 증류와 더불어 그 양이 적어지면 생성되기가 쉬워진다. 다이에틸 에터(diethyl ether)는 마취제로 사용된 적도 있다.

에터는 생물학적 산화를 거의 받지 않는다. 그러나 다행히도 대부분 물에 잘 녹지 않으므로 부상분리(flotation)나 기울여 따름(decantation procedure)으로 산업폐수에서 분리해 낼 수 있다.

메틸 *tert*-뷰틸 에터(methyl *tert*-butyl ether, MTBE)는 환경에서 중요한 에터의 하나

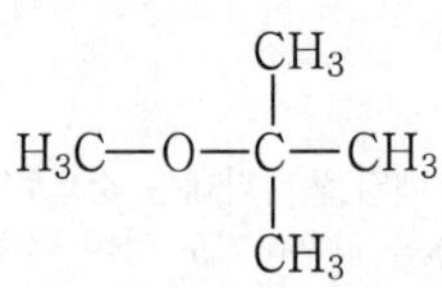

이다. MTBE는 1970년대 말 옥탄가 향상제로 사용하였으나, 최근에는 가솔린의 연소로 방출되는 일산화 탄소를 감소시키기 위하여 가솔린 첨가제로 사용하고 있다. MTBE는 물에 매우 잘 용해되며, 휘발성이고, 입자상 물질에 강하게 흡착되지 않으며 생물분해가 잘되지 않는다. 그러므로 환경에 누출되어 지표수와 지하수에 대량으로 유입되기도 한다. MBTE에 노출되었을 경우 인체에 유해한지에 대하여는 아직 완전히 밝혀지지 않았으나 맛과 냄새를 고려하여 조치기준(action level)을 20 $\mu g/L$로 설정해 놓고 있다.[6] 이와 같은 문제들 때문에 MTBE의 연료첨가제로의 사용금지법안이 제안되어 있다. 에탄올이 MTBE를 대체하는 연료 첨가제이기는 하나 이도 또한 잠재적인 문제를 가지고 있다(3.8절).

| 5.8 | 할로젠화 알킬과 할로젠화 지방족 화합물

할로젠화 알킬(alkyl halide)은 알킬 탄소에 할로젠이 결합되어 있는 지방족 화합물이며 할로젠화 지방족 화합물(halogenated aliphatics)은 이중결합의 탄소에 할로젠이 결합된 것이다. 할로젠화 지방족 화합물들은 유기합성원료로 널리 쓰이고 있으나 공업적으로 중요한 것은 소수에 불과하다. 많은 것들이 인체에 유해하기 때문에 심각한 환경문제를 일으키고 있다. 이들은 버려진 폐기물매립지(waste site), 쓰레기처분지(refuse disposal area)와 산업 및 도시하수에서 흔히 검출되는 유해화합물이다. 미국연방 정부는 이들 화합물들 중 몇 가지에 대하여 먹는 물 최대오염농도(MCLs, Maximum contaminant levels)를 설정해 놓았으며 다른 화합물들에 대하여도 MCLs를 제청해 두고 있다. 표 34.1에 이들을 나타내었다. 할로젠화 지방족 화합물들은 대부분 휘발성이 크기 때문에 대기오염에서도 중요하다.

간단한 할로젠화 알킬

할로젠화 알킬은 사이안화 칼륨(potassium cyanide)과 반응하여 탄소 원자가 하나 증가된 화합물을 생성하므로 유기합성에서 대단히 중요하다.

$$\mathrm{R\cdot \boxed{I + K}\cdot CN \rightarrow KI + R\cdot CN} \tag{5.36}$$

나이트릴(nitrile)
사이안화 알킬(alkyl cyanide)

여기서 생성된 나이트릴(nitrile)을 가수분해하면 산으로 되며, 다시 이 산을 환원하면 알코올로 된다. 알코올은 다시 할로젠화 알킬로 전환시킬 수 있으므로 이 과정을 반복하여 탄소사슬의 길이를 하나씩 늘려갈 수 있다.

---

6) R. Johnson, et al., MTBME-To What Extent will Past Releases Contaminate Community Water Supply Wells, *Env. Sci. Tech.,* **34**(9) : 210A-217A(2000))

염화 메틸(methyl chloride, CH_3Cl)과 염화 에틸(ethyl chloride, C_2H_5Cl)은 각각 클로로메탄과 클로로에탄이라고도 불리며 전에는 냉동제(refrigerant)로 널리 사용되던 것들이다. 클로로에탄은 전에 고옥탄가 안티녹크 가솔린(high-octane antiknock gasoline)의 제조에 사용되었던 테트라에틸 납(tetraethyl lead)의 제조에 대량이 이용되었다.

$$4C_2H_5Cl + 4NaPb(\text{합금}) \xrightarrow{40\sim60°} 4NaCl + 3Pb + \underset{\text{테트라에틸 납}}{(C_2H_5)_4Pb} \quad (5.37)$$

그러나 연료가 연소되는 동안 납은 산화납(lead oxide)으로 전환되어 배기가스 중에 섞여 방출되므로 납 공해(lead pollution) 문제를 일으킨다. 또 납은 대기 중으로 배출되는 연소되지 않은 연료의 양을 줄이기 위해 사용하는 촉매장치를 손상시키기도 한다. 이와 같은 이유로 미국과 유럽에서는 납이 첨가된 가솔린(leaded gasoline)을 사용하지 않고 있다. 염화 바이닐(vinyl chloride, $CH_2{=}CHCl$)은 모노클로로에텐이라고도 부르며 대부분 폴리염화바이닐(PVC, polyvinylchloride)의 제조에 사용된다. 이 화합물은 다할로젠화 에텐(polyhalogenated ethene)의 생물학적 환원반응에 의해서도 생성된다. 따라서 오염된 지하수와 위생매립지로부터 발산되는 기체 속에서 흔히 검출되며 이것은 이러한 경로를 통하여 생성된 것이다. 이 화합물은 휘발성이 매우 크며 발암물질로 알려져 있다. 먹는물의 MCL은 2 $\mu g/L$로 정해져 있다(표 34.1). 염화 바이닐은 휘발성이 크기 때문에 대기오염 문제도 일으킨다.

다할로젠 화합물

여러 가지 종류의 **다할로젠** 화합물(polyhalogen compound)들이 공업적으로 이용되고 있다. 이 화합물들 중 여러 가지가 공중보건과 환경문제 때문에 사용이 규제되고 있으며, 친환경적 대체 물질의 개발이 시급히 요구된다.

1,2-다이브로모에탄(1,2-dibromoethane) 이 화합물은 알켄은 아니지만 이브롬화 에틸렌(ethylene dibromide, EDB)이라고 불린다.

에텐에 브롬(bromine)을 첨가하여 합성한다.

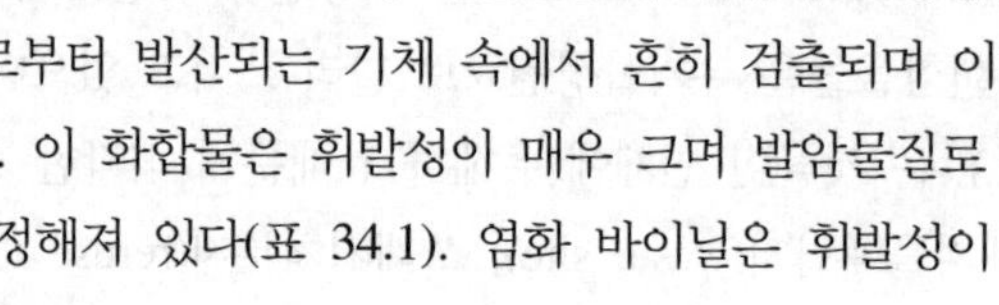

1,2-다이브로모에탄 (5.38)

1,2-다이브로모에탄은 공업적인 용도가 다양하며, 농업분야에서는 살충제로 사용되며, 에틸 가솔린(ethyl gasoline)의 주성분이다. 1980년대 초 훈증 소독한 과일과 채소 및 여러 가지 곡물에서 발견되어 상점에서 이러한 상품들을 수거한 바도 있다. 이 화합물은 지하수

오염물질로 흔히 검출되며 사람의 건강에 대한 위해가능성 때문에 먹는 물 기준이 0.05 μg/L로 정해져 있다(표 34.1).

다이클로로메탄(CH_2Cl_2, dichloromethane) 염화 메틸렌이라고도 부르며 페인트의 제거, 커피의 카페인 제거와 폴리우레탄 제품의 제조에 공업용매로 사용되는 휘발성 액체이다. 이 화합물은 메탄을 염소화하여 제조할 수 있으며, 이 반응으로는 염소화된 메탄 모든 종류를 제조할 수 있다. 다이클로로메탄은 물에 대단히 잘 녹으며 물보다 무겁고 휘발성이 크다. 먹는물의 MCL은 2 μg/L로 정해져 있다.

클로로폼(chloroform, $CHCl_3$) 클로로폼(트라이클로로메탄)은 최초로 사용된 마취제(1847년)이며, 1920년대까지 널리 이용되었다. 공업적으로는 기름(oil), 납(wax) 등의 용매로 사용되며 불연성(nonflammable)이다. 염소로 살균소독(disinfectoin)한 수돗물에서는 클로로폼이 μg/L에서 mg/L까지의 농도 범위로 검출되고 있다. 자연수 중에 흔히 존재하는 생물기원(生物起源)의 유기물질과 염소가 반응하여 생성된다. 클로로폼은 발암가능 물질(potential carcinogen)이어서 음용수 중의 클로로폼과 그 밖의 트라이할로메탄들(trihalomethanes, THMs) 모두를 합한 것에 대한 MCL을 80 μg/L로 설정해 놓고 있다.

사염화 탄소(carbon tetrachloride, CCl_4) 사염화 탄소(tetrachloromethane)는 소규모 장치(Pyrene)의 소화제(消化劑)와 용매로 사용되고 있다. 이 화합물은 독성물질(toxic compound)이므로 사용할 때 환기가 잘 되도록 주의해야 한다. 이것을 소화제로 사용하는 데는 또 다른 위험이 있다. 사염화 탄소는 뜨거운 철과 산소와 접촉하게 되면, 독성이 매우 강한 포스겐(phosgene, $COCl_2$)으로 전환되므로 훈련된 소방사들은 다른 형태의 소화장비들을 사용한다. 사염화 탄소에 대한 MCL은 5 μg/L로 설정되어 있다.

할로젠화 에탄(halogenated ethanes) 여러 가지 할로젠화 에탄들, 특히 에탄의 염소 화합물들이 환경에서 중요하다. 이 화합물들은 대부분 공업용 용매로 사용되고 있다. 이들은 휘발성이 크고 물보다 무겁다. 물에 대한 용해도는 화합물에 따라 다르다. 이들 중 몇 가지 화합물들은 다른 할로젠 화합물들의 변환과정(화학적 및 생물학적)에서 생성되기 때문에 중요하다. 이에 대하여는 5.34절과 제6장에서 설명한다.

1,1,1-트라이클로로에탄(CCl_3CH_3)은 공업용 용매로 널리 쓰이고 있으며 지하수 오염물질들 중에서 흔하게 검출된다. 1,2-다이클로로에탄(CH_2ClCH_2Cl)도 공업용 용매의 하나이다. 이 두 화합물에 대한 먹는물 MCLs(각각 200 μg/L와 5 μg/L)와 1,1,2-트라이클로로에탄($CHCl_2CH_2Cl$) 및 기타 공업용 용매들(5 μg/L)에 대하여도 MCLs가 설정되어 있다.

할로젠화 에텐(halogenated ethenes) 할로젠화 에텐들과 마찬가지로 에텐의 할로젠 화합물들도 환경에서 매우 중요하다. 이들은 휘발성 용매이며 물보다 무겁고 물에 대하여 여러 가지 용해도를 나타낸다. 변환반응(transformation reaction)에서 모체인 에텐 할로젠화물들은 다른 에텐으로 전화될 수 있다. 대표적인 예로는 트라이클로로에텐의 다이클로로에텐으로 그리고 이어서 염화바이닐로의 환원성 탈염소반응(reductive dechlorination)이 있다.

트라이클로로에텐(TCE, CCl_2=CHCl)은 트라이클로로에틸렌이라고도 불리며 불연성 휘발성 액체로 공업용 용매, 그리스 제거, 드라이클리닝 용매와 그 밖에도 여러 가지 가정용 제품에 쓰인다. 전에는 커피의 카페인 제거에도 사용된 적이 있었다. 이 화합물은 지하수 오염물질들 중에서 가장 흔하게 검출되는 화합물이다. 1,1-다이클로로에텐(CCl_2=CH_2)은 1,1-다이클로로에틸렌이라고도 불리며 용매로 사용된다. 이 화합물은 TCE와 1,1,1-트라이클로로에탄의 변화생성물이며 환경에서 검출되고 있다. TCE(5 μg/L)와 1,1-다이클로로에틸렌(7 μg/L)의 두 화합물에 대하여는 먹는물 MCLs가 설정되어 있다.

화학식 CHCl=CHCl을 가진 할로젠화 에텐은 **기하이성질체**(geometric isomer)라고 하는 특별한 형태의 이성질현상을 나타내는 화합물의 예이다. 시스-1,2-다이클로로에텐에서는 염소들이 분자내의 같은 쪽에 있으며 반면 트랜스-1,2-다이클로로에텐에서는 염소들이 분자 내에서 서로 반대쪽에 있다.

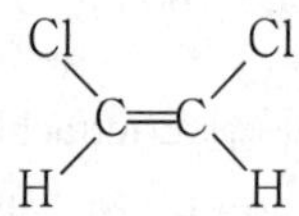
시스-1,2-다이클로로에텐

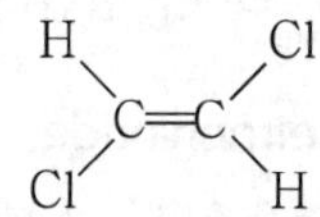
트랜스-1,2-다이클로로에텐

기하이성질체는 물리적성질이 서로 다르기 때문에 환경과 처리반응기 속에서의 거동도 달라질 수 있다. 예로 1,2-다이클로로에텐의 시스와 트랜스 이성질체의 물리적 성질(끓는점을 제외한 나머지의 물성은 20℃에서의 값)을 다음 표에 비교하여 나타내었다.

물성	시스 이성질체	트랜스 이성질체
끓는점, ℃	60.3	47.5
밀도, g/cm^3	1.2837	1.2565
증기압, atm	0.24	0.37
헨리 상수, atm/M	7.4	6.7
물에 대한 용해도, mg/L	3500	6300

시스와 트랜스-1,2-다이클로로에텐은 TCE의 생물학적 변환반응 생성물이며 환경에서 검출되고 있다. 두 화합물에 대하여는 각각 70 μg/L와 100 μg/L로 먹는물 MCLs가 설정되어 있다.

테트라클로로에텐(CCl_2=CCl_2)은 퍼클로로에텐(PCE, perchloroethene)이라고도 하며 공업용 용매로 널리 쓰이고 있어서 지하수 오염물질속에서 흔히 검출된다. 이 화합물의 MCL은 5 μg/L이다.

다이브로모클로로프로판(DBCP, dibromochloropropane) 이 화합물($C_3H_5Br_2Cl$)에는 모두 9개의 이성질체가 있으나, 그 중 1,2-다이브로모-3-클로로프로판이 환경에서 가장 문제가 되고 있다. 이 이성질체는 살충제로 널리 사용되고 있어서 지하수에서 자주 검출된다. 암을 유발하는 것으로 생각되고 있으며 생식(生殖)에 좋지 않은 영향을 미치기 때문에 먹는물 MCL이 0.2 $\mu g/L$로 설정되어 있다.

염화불화탄소(CFCs, chlorofluorocarbons) 염화불화탄소 화합물들은 한 탄소 또는 두 탄소에 염소와 불소(fluorine)를 가지고 있는 화합물들이다. 이들은 상품명인 프레온(Freon)으로도 불리며 안정하고 불연성이며 무독성이어서 오랫동안 냉동제, 용매 및 연무제로 널리 사용되어 왔다. 가장 많이 사용되는 CFCs는 CCl_3F(CFC-11), CCl_2F_2 (CFC-12), CCl_2FCClF_2(CFC-113), $CClF_2CClF_2$(CFC-114)와 $CClF_2CF_3$(CFC-115)이다. 최근에 CFCs 가 자외선에 의해 다음과 같이 반응하여 성층권의 오존층을 파괴하는 "오존구멍"(ozone hole)현상에 관여하는 것이 밝혀졌다.

$$CF_2Cl_2 + h\nu \rightarrow \underset{\text{(Cl 원자)}}{Cl\cdot} + CF_2Cl\cdot$$

$$Cl\cdot + \underset{\text{(오존)}}{O_3} \rightarrow \underset{\text{(산화염소 자유라디칼)}}{ClO\cdot} + O_2$$

$$ClO\cdot + \underset{\text{(O 원자)}}{O} \rightarrow Cl\cdot + O_2$$

$$O + O_3 \rightarrow O_2 + O_2$$

염화불화탄소는 온실 가스로도 알려져 있으며 오존층 파괴와 온실효과 때문에 전세계적으로 그 제조와 사용을 규제하고 있다.

할로아세트산(haloacetic acids, HAA) 할로젠화 지방족 화합물들 중 또 중요한 화합물이 할로아세트 산이다. 이 화합물들은 천연 유기물질이 포함된 음용수의 염소 소독과정에서 생성된다. 다섯가지 할로아세트산(HAA5), 즉 모노, 다이, 트라이클로로아세트산들과 모노와 다이브로모아세트산들, 모두를 합한 것에 대하여 60 $\mu g/L$의 MCL이 설정되어 있다.

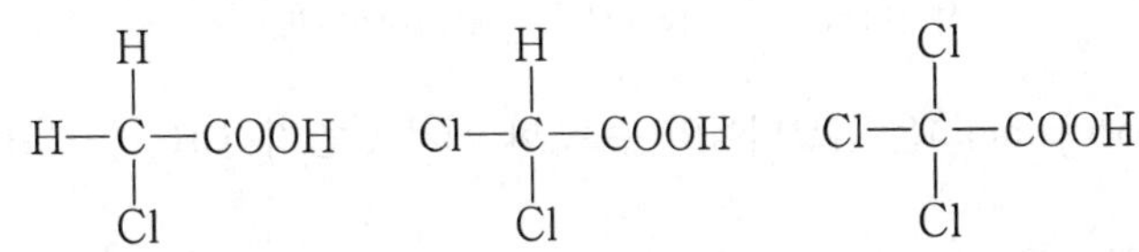

모노클로로아세트산 (monochloroacetic acid) 다이클로로아세트산 (dichloroacetic acid) 트라이클로로아세트산 (trichloroacetic acid)

퍼플루오로화 화합물(perfluorinated compounds) 최근 관심을 끌고 있는 할로젠화 화합물이 퍼플루오로화 화합물이다. 이 화합물에서는 C−H 결합이 모두 C−F 결합으로 치환되어 있으며, 이 결합은 매우 안정하여 환경에서 분해되지 않는다. 퍼플루오로화 화합물은 직물 보호제로 사용되고 있으며, 종이 접시로부터 반도체 피복, 비행기의 유압 작동유에 이르기 까지 여러 가지 제품이 있다. 이 화합물들 중 특히 중요한 것은 그 제조 과정이나 이 화합물로의 분해로 생성되는 퍼플루오로-옥테인-설폰산(perfluoro-octanesulfonate, PFOS)이다.

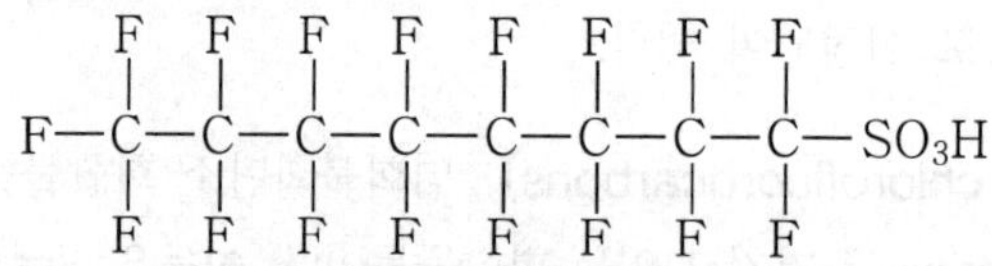

퍼플루오로-옥테인-설폰산
[perfluoro-octane-sulfonate(PFOS)]

이 화합물들은 생물농축성이 있는 것으로 알려져 있으며, 그 발생원과는 거리가 먼 인체와 동물의 혈액에서 검출되고 있다.[7] 실험실에서의 독성 연구에 의하면 이 화합물들은 독성이 있으며, 실험 동물의 간에 여러 가지로 영향을 미치며, 발암물질인 것으로 밝혀졌다.[8),9)]

5.9 질소 화합물

분자내에 질소를 가지고 있는 간단한 지방족 화합물에는 아민(amine), 아마이드(amide)와 나이트릴(nitrile 또는 사이안화물, cyanide)의 세 종류가 있다. 환경에서 중요한 또다른 질소 화합물로는 나이트로사민(nitrosamine)과 아이소사이아네이트(isocyanate)가 있다.

아민

아민은 암모니아의 알킬 유도체로 다음과 같은 일차, 이차, 삼차 아민의 세 가지 형태가 있다.

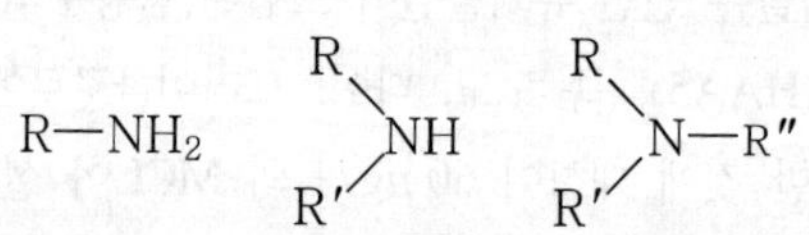

일차아민 이차아민[10)] 삼차아민[10)]

일차 아민(primary amine)은 암모니아의 수소 한 개가 알킬기, CH_3-, C_2H_5- 등으로 치

7) J. P Giesy and K. Kannan, Global Distribution of Perfluorooctane Sulfonate in Wildlife, *Env. Sci. Tech.*, 35: 1339-1342(2001).

8) R. Renner, Growing Concern Over Perfluorinated Chemicals, *Env. Sci. Tech.*, 35: 154A-160A(2001).

9) R. Renner, Perfluorinated Compounds Linked to Carcinogenicity in Vitro. *Env. Sci. Tech.*, 35: 180A(2001))

10) R, R′, R″는 알킬기를 나타낸다. 이들은 모두 같은 것일 수도 다른 것일 수도 있다.

환된 것이다. **이차 아민**(secondary amine)은 두개의 수소가 알킬기로 치환된 것이며 **삼차아민**(tertiary amine)에서는 세 개의 수소가 모두 알키기로 치환되어 있다. 아민은 암모니아와 마찬가지로 염기성이다. 염기성은 일차에서 이차, 삼차 아민으로 갈수록 증가한다.

아민들은 특히 어육(魚肉)이나 사탕무우-설탕 공장과 같은 특정한 산업폐수 중에서 발견된다. 일차 아민과는 쉽게, 그리고 이차 아민과는 일차 아민만큼 쉽지는 않으나 탈아미노화 반응(deamination, 암모니아 제거반응)이 일어나는 것으로 잘 알려져 있다. 삼차 아민은 할로젠화 알킬과 반응하여 다음과 같이 **사차 암모늄염**(quaternary ammonium salt)을 생성한다.

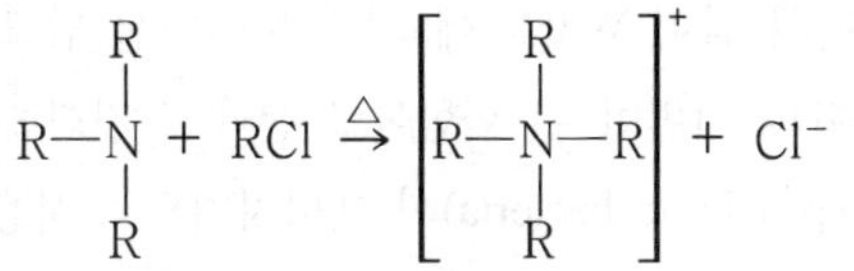

(5.39)

이렇게 하여 생성된 화합물은 실제로는 염화물 염(chloride salt)이며, 이온화하여 사차 암모늄 이온과 염화 이온(chloride ion)으로 된다. 사차 암모늄염은 살균성이 있으며 그세기는 알킬기, R의 종류에 따라 다르다. 이 화합물들은 식품, 음료의 소독제로 이용되어 공중보건 공학자들에게 중요하게 인식되고 있다. 또 어린 아기의 기저귀를 세탁할 때 요소(urea)를 빠르게 가수분해하는 박테리아를 살균하기 위한 소독제로도 쓰인다. 살균용의 사차 암모늄 용액은 여러 가지 상품명으로 시판되고 있다.

아마이드

아마이드(amide)는 유기산과 암모니아가 특별한 조건에서 생성하는 유도체라고 할 수 있다. 암모니아와 유기산은 보통의 반응조건에서는 물론 암모늄염을 생성한다.

$$RCOOH + NH_3 \rightarrow RCOO^- + NH_4^+ \quad (5.40)$$

특별한 반응조건에서는 다음과 같이 아마이드를 생성한다.

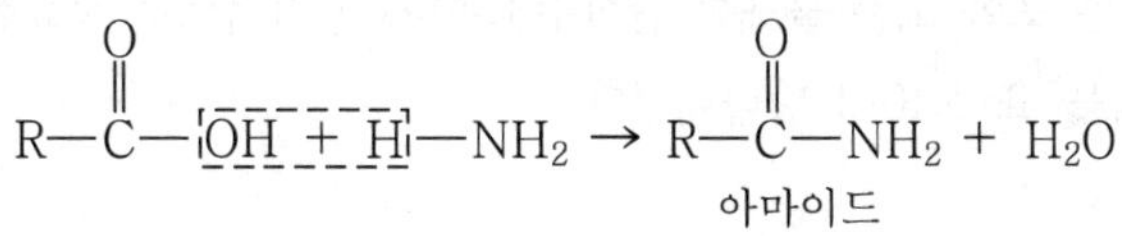

(5.41)

아마이드는 유기합성에서 대단히 중요한 화합물이다. 할로젠과의 반응(Hofmann 반응)으로는 아마이드로부터 탄소 하나가 적어진 아민을 생성 할 수 있다.

$$CH_3CONH_2 + Br_2 + 4NaOH \rightarrow 2NaBr + Na_2CO_3 + 2H_2O + CH_3NH_2 \quad (5.42)$$

이와 같이 하여 탄소사슬의 탄소 수를 하나씩 줄여갈 수 있다.

아마이드 화합물은 환경공학자에게는 그다지 중요하지 않으나, **아마이드기**,

$\left(\begin{matrix} \text{O} \\ \| \\ \text{—C—NH}_2 \end{matrix}\right)$는 5.22절에서 설명하는 **펩타이드 결합**, $\left(\begin{matrix} \text{O} \quad \text{H} \\ \| \quad\ | \\ \text{—C—N—} \end{matrix}\right)$과 관련이 있으므로 중요하다.

$$\begin{matrix} \text{O} \\ \| \\ \text{NH}_2\text{—C—NH}_2 \end{matrix}$$

요소(urea)는 공업적으로 뿐만 아니라 오줌의 주 성분으로서도 중요한 아마이드의 하나다. 농업용 비료의 주성분이며 합성수지 제조에 사용된다.

요소는 앞에서 설명한 바와 같이 Wöhler에 의해 사이안산 암모늄으로부터 우연히 합성되어 그것이 근대 유기화학의 기원이 된 화합물로 본래 유기화합물로 간주하였던 것이었으나 실제로는 부생세균(saprophytic bacteria)이 에너지원으로 사용할 수 없기 때문에 무기화합물이다. 요소는 수용액 속에서 토양 미생물에 의해 가수분해되어 이산화 탄소와 암모니아로 된다. 이들은 다시 수용액 속에서 결합하여 탄산 암모늄(ammonium carbonate)을 생성한다.

$$\begin{matrix} \text{O} \\ \| \\ \text{NH}_2\text{—C—NH}_2 \end{matrix} + H_2O \xrightarrow[\text{효소}]{\text{박테리아}} CO_2 + 2NH_3 \tag{5.43}$$

$$CO_2 + 2NH_3 + H_2O \rightleftharpoons (NH_4)_2CO_3 \tag{5.44}$$

화장실 등에서 나는 강한 자극적인 냄새는 박테리아에 의해서 요소가 분해되어 발생되는 암모니아 가스로 인한 것이다. 소독제를 사용하면 요소의 분해를 방지하여 냄새를 제어할 수 있다.

나이트릴

나이트릴은 유기 사이안화물(organic cyanide)이며 공업적으로 중요한 화합물이다. 일반식은 R-CN 이며 R 는 포화 또는 불포화 탄화수소이다. 공업적으로 중요한 몇 가지 나이트릴의 이름과 분자식을 표 5.10에 나타내었다.

표 5.10 중요한 나이트릴들

나이트릴로의 이름	사이안화물로의 이름	구조식
아세토나이트릴(acetonitrile)	사이안화 메틸(methyl cyanide)	CH_3-CN
프로피오나이트릴(propionitrile)	사이안화 에틸(ethyl cyanide)	CH_3-CH_2-CN
석시노나이트릴(succinonitrile)	-	NC-CH_2CH_2-CN
아크릴로나이트릴(acrylonitrile)	사이안화 바이닐(vinyl cyanide)	CH_2=CH-CN

나이트릴은 주로 합성섬유의 제조에 사용되며 이와 같은 공장의 폐수 속에 포함되어 나온다. 미생물에 대한 독성이 대단히 강한 것들도 있다.

나이트로사민

나이트로사민(nitrosamine) 또는 *N*-나이트로소 화합물들은 일반식, $R_2-N-N=O$를 가지고 있으며 발암물질이어서 환경에서 매우 중요하다. 이들은 환경에서 미생물들의 작용에 의해 생성되며 맥주와 위스키 및 여러 가지 식품에서 검출되고 있다. 전에는 이 화합물들을 공업용 용매로 사용한 적도 있다. 최근에 특히 관심을 끌고 있는 화합물은 *N*-나이트로소다이메틸아민(NDMA)이다.

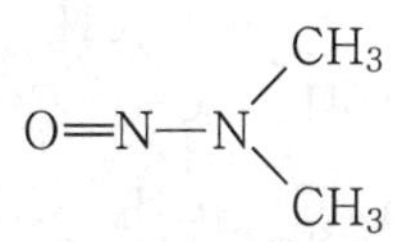

N-나이트로소다이메틸아민(*N*-nitrosodimethylamine, NDMA)

이 NDMA는 로켓연료의 제조에 이용되며, 그 밖에도 여러 가지 산업용 용도를 가지고 있다. 여러 가지 식품 속에서 발견되며 환경 중에서 자연적으로 생성될 수도 있다.[11] 인체 발암물질인 것으로 추정된다. NDMA는 지표수와 처리된 폐수와 음용수에서 검출된다. 최근 NDMA가 전구체인 다이메틸아민(DMA)의 클로로아민화(chloroamination) 과정에서 소독부산물로 생성될 수 있는 것으로 밝혀졌다.[12]

아이소사이아네이트

아이소사이아네이트(isocyanate)는 일반식 $R-N=CO$를 가지고 있으며 공업용 약품으로 널리 이용된다. 메틸아이소사이아네이트(methylisocyanate, $CH_3-N=C=O$)는 인도 보팔의 화학공장폭발로 1,000명 이상이 죽고 수천 명이 부상당한 사고를 낸 물질이다. 이 화합물은 휘발성이 크기 때문에 대기오염 문제도 일으킬 수 있다.

| 5.10 | 고리 지방족 화합물

여러 종류의 고리 지방족 탄화수소(cyclic aliphatic hydrocarbon)들이 알려져 있다. 이들 중 많은 것들이 석유 속에 들어 있으며 석유정유공업에서는 이들을 나프텐(naphthene)이라고 부른다. 이 화합물들의 특징은 고리의 각 탄소가 두개의 수소로 포화(saturated)되어 있

11) M. Alexander, "Biodegradation and Bioremediation." 2nd ed., Academic Press, San Diego, 1999.
12) I. Najm and R. R. Trussell, NDMA Formation in Water and Wastewater, *J. American Water Works Assoc.*, **93**(2): 92-99(201))

는 것이다.

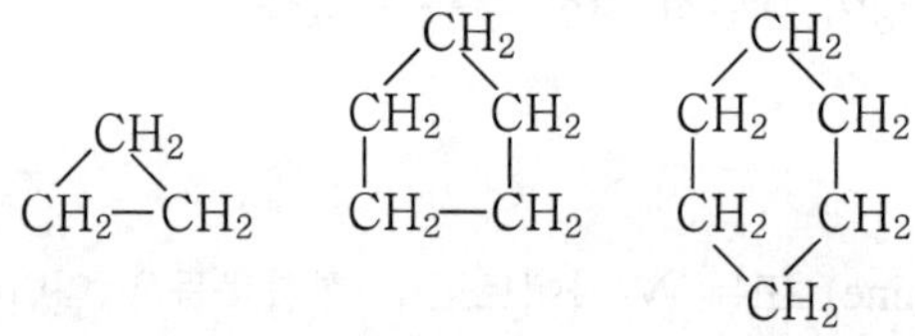

사이클로프로판 (cyclopropane)   사이클로펜탄 (cyclopentane)   사이클로헥산 (cyclohexane)

여러 가지 고리 알코올(cyclic alcohol) 및 고리 케톤(cyclic ketone)들도 있으며 대표적인 예로는 다음의 사이클로헥산올과 사이클로헥산온이 있다.

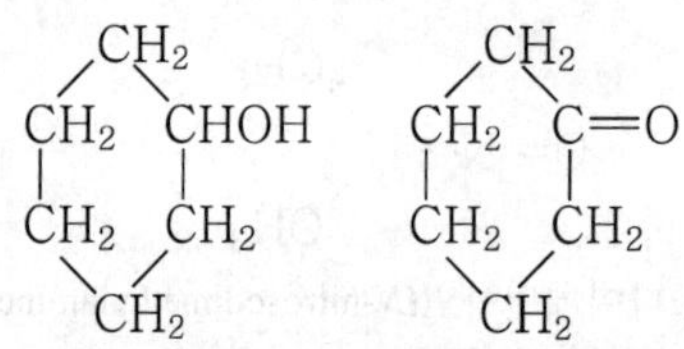

사이클로헥산올 (cyclohexanol)   사이클로헥산온 (cyclohexanone)

| 5.11 | 머캅탄 또는 싸이오알코올

머캅탄(mercaptan) 또는 싸이오알코올(thioalcohol)은 황(sulfur)이 포함된 지방족 화합물이다. 그 구조는 산소가 황으로 치환된 것을 제외하고는 알코올과 같다.

ROH (알코올)   RSH (머캅탄)

머캅탄은 독특한 불쾌한 냄새를 내며 특정한 공장폐수 특히 크라프트(kraft)나 아황산법에 의한 목재펄프 제조공장 폐수 중에 들어 있다. 이들은 물고기에 강한 독성을 나타내며 스컹크가 내는 냄새는 주로 뷰틸 머캅탄(butyl mercaptane)에 의한 것이다.

방향족 화합물

| 5.12 | 서 론

방향족(aromatic) 유기화합물들은 모두 고리화합물이거나 또는 그 구조 속에 방향족 특성을 지닌 고리기(cyclic group)를 가지고 있다. 지방족 고리 속의 탄소 원자들은 모두 두 개씩의 공유결합을 이루고 있는 데 비하여, 방향족 고리 속의 탄소는 한 개만의 공유결합을 가지고 있다.

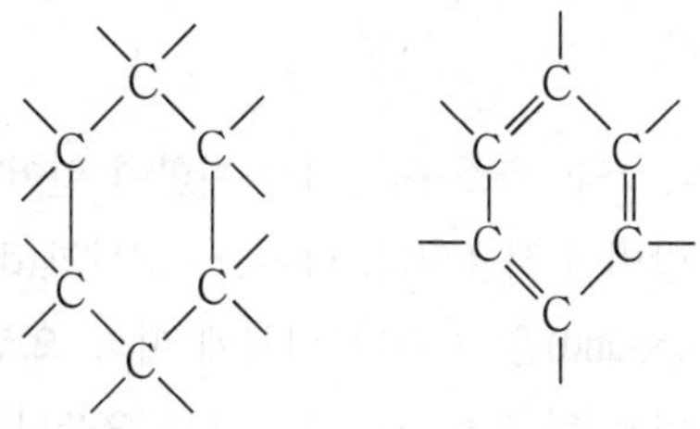

지방족고리 (aliphatic ring)　　방향족고리 (aromatic ring)

가장 간단한 방향족 고리는 여섯 개의 탄소 원자로 이루어진 벤젠고리이다. 벤젠(benzene, C_6H_6)은 방향족 계열 화합물들의 **어미 화합물**(parent compound)이다. 단위구조로 벤젠고리를 기본으로 가진 탄화수소들은 **아렌**(arene)이라고도 부른다. 벤젠 고리는 보통 다음과 같이 Kekule 구조식을 나타낸다.

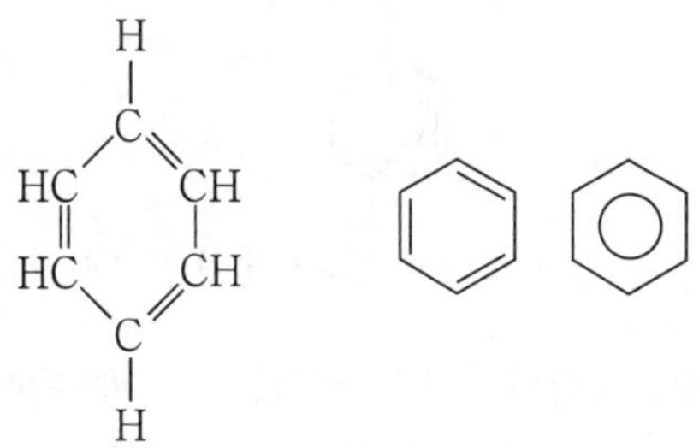

Kekule 벤젠구조식　　간략하게 나타낸 구조식

이 구조식에서는 고리의 탄소 원자들이 하나씩 걸러 이중결합을 가지고 있다. 그러나 이 이중결합은 지방족 계열 화합물의 그것과는 다르다. 예를 들면, 이 이중결합에는 할로젠이 첨가되지 않는다. 구조를 간결하게 표현하려는 목적에서 대부분의 화학자들은 위에서와 같이 간략한 구조식으로 나타낸다.

명명법

간략하게 나타낸 구조식에는 탄소원자가 보이지 않는 점에 유의하여야 한다. 고리의 각 탄소원자들은 모두 같은 환경에 있으며, 그러므로 어떤 한 탄소원자에서 치환반응이 일어나 생성되는 화합물은 나머지 다른 다섯 개의 탄소 원자 중의 어느 것에서 치환이 일어나 생성되는 화합물과도 같다. 예로 모노클로로벤젠(monochlorobenzene, C_6H_5Cl)은 그 구조식을 어떻게 쓴다 해도 오로지 한 개의 화합물만이 있을 뿐이다.

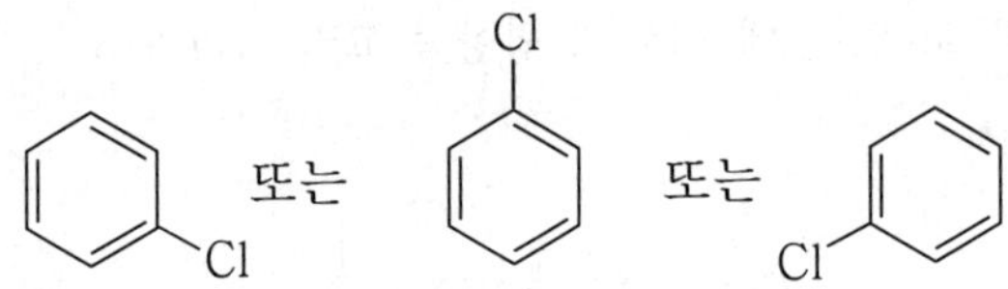

그러나 벤젠 고리의 두 개 이상의 탄소 원자에서 치환이 일어나는 경우에는 명명체계가 필요하게 된다. 주로 다음 두 방법이 사용된다. 다이클로로벤젠(dichlorobenzene)과 같이 2-치환 화합물(disubstituted compound)은 치환된 위치에 따라 **오쏘, 메타** 또는 **파라**로 부른다. 치환기가 서로 인접한 두 탄소 원자에 있을 경우에는 오쏘라는 말을 써서 나타내며, 치환기가 있는 두 탄소 원자사이에 하나의 탄소 원자가 끼어 있을 때는 메타를, 그리고 치환기가 서로 반대쪽에 있는 두 탄소 원자에 있을 때는 파라를 쓴다. 세 개 이상이 치환된 화합물에 대하여는 반드시 고리의 탄소원자들에 시계방향(clockwise)으로 번호를 붙여 명명한다. 예를 들면,

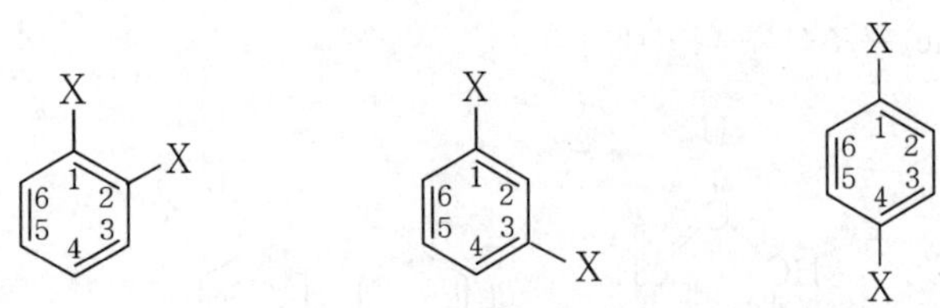

1,2- 또는 오쏘(ortho)위치 1,3- 또는 메타(meta)위치 1,4- 또는 파라(para)위치

벤젠고리가 지방족 화합물에 결합되어 있는 화합물들은 페닐(phenyl) 유도체라고도 부른다. C_6H_5-를 **페닐기**(phenyl group)라고 하며, 따라서 에틸 벤젠(ethyl benzene)은 페닐 에탄(phenyl ethane)이라고도 한다.

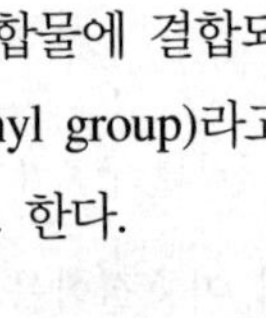

(*m*-클로로나이트로벤젠)
(*m*-chloronitrobenzene)

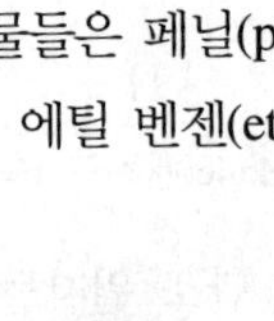

(*o*-다이클로로벤젠)
(*o*-dichlorobenzene)

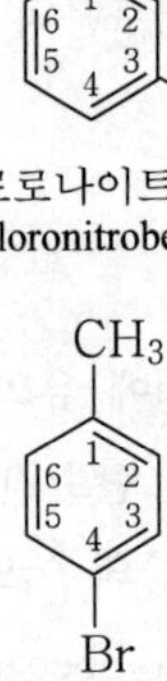

(*p*-브로모톨루엔)
(*p*-bromotoluene)

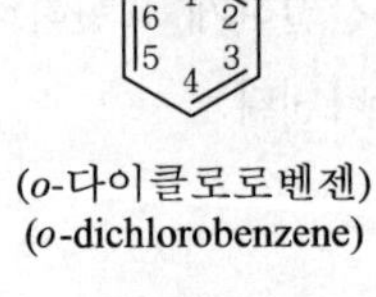

(2,5-다이클로로-1-나이트로벤젠)
(2,5-dichloro-1-nitrobenzene)

| 5.13 | 방향족 탄화수소

방향족 탄화수소에는 두 종류의 동족계열 즉, 벤젠계열(benzene series)과 여러 고리계열(polyring series)이 있다.

벤젠계열

벤젠계열의 동족화합물들은 벤젠의 알킬 치환생성물들이다. 이 화합물들은 석탄타르(coal tar)와 원유(crude petroleum) 속에 벤젠과 함께 들어 있다. 표 5.11에 공업적으로 중요한 벤젠계열의 탄화수소들을 나타내었다.

| 표 5.11 벤젠계열의 탄화수소

이름	화학식	Mp, ℃	Bp, ℃	Sp. gr., 20°/4°
벤젠(benzene)	C_6H_6	5.5	80.0	0.877
톨루엔(toluene)	$C_6H_5CH_3$	−94.9	110.6	0.867
o-자일렌(*o*-xylene)	$C_4H_4(CH_3)_2$	−25.2	144.5	$0.880^{10°}$
m-자일렌(*m*-xylene)		−47.8	139.1	0.864
p-자일렌(*p*-xylene)		13.2	138.3	0.861
에틸벤젠(ethylbenzene)	$C_6H_5C_2H_5$	−94.9	136.1	0.867

D. R. Linde(ed.): "Handbook of Chemistry and Physics," 82nd ed., CRC Press LLe. Boca Raton,2001

톨루엔(toluene) 또는 메틸벤젠은 벤젠의 가장 간단한 알킬유도체이며 **자일렌**(xylene)은 벤젠의 다이메틸(dimethyl) 유도체이다.

자일렌에는 세 개의 이성질체, *o*-자일렌, *m*-자일렌, *p*-자일렌이 존재한다. 에틸벤젠의 이성질체들은 모두 C_8H_{10}의 화학식으로 나타내진다.

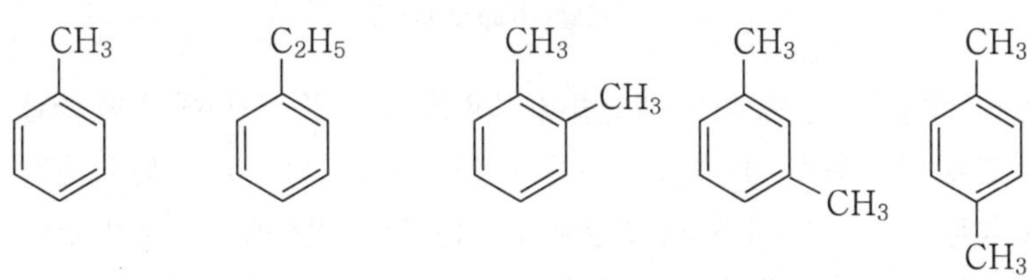

톨루엔 에틸벤젠 *o*-자일렌 *m*-자일렌 *p*-자일렌

벤젠과 이 화합물들 모두를 보통 BTEX군(group)이라고 한다.

벤젠계열의 탄화수소는 유기합성 원료와 용매로 널리 이용되고 있으며 각종 석유 제품(예, 가솔린)의 주성분이다. 비록 이 화합물들이 물에 잘 녹지는 않으나 폐수와 침출수에서 BTEX가 10 mg/L에서 높게는 1000 mg/L까지 검출되고 있다. 이 화합물들은 지하수에서도 자주 검출되며 주로 가솔린 지하저장탱크(underground storage tank, UST)에서의 누출이 원인이다.

벤젠계열 화합물들은 인체에 여러 가지로 해로우며 특히 암을 일으킨다. 벤젠은 백혈병을 일으키는 것으로도 알려져 있다. 현재의 먹는물 MCL은 벤젠 5 μg/L, 에틸벤젠 700 μg/L, 톨루엔 1 mg/L, 자일렌은 이성질체 모두 합해 10 mg/L로 되어 있다.

스타이렌(페닐에텐)은 벤젠의 유도체이며 환경에서 매우 중요한 화합물이다. 이 화합물은 여러 가지 폴리스타이렌 제품(예, 플라스틱, 합성고무)의 생산에 단위체(monomer)로 널리 사용되고 있다. 먹는물 MCL은 100 μg/L로 설정되어 있다.

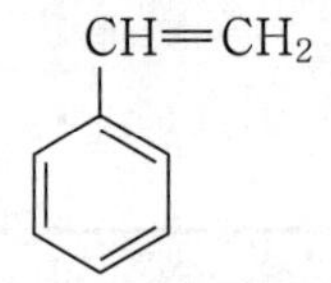

스타이렌(styrene)

여러 고리 탄화수소

여러 종류의 여러 고리 방향족 탄화수소(polycyclic aromatic hydrocarbones, PAHs)들이 알려져 있다. 다음에 그 중 몇 가지만을 소개한다.

나프탈렌(naphthalene, $C_{10}H_8$) 석탄 타르에서 얻어지는 흰색 결정성 화합물로 전에는 방충제로 사용되었으나 지금은 이 대신 *p*-다이클로로벤젠(dichlorobenzene)이 주로 사용되고 있다.

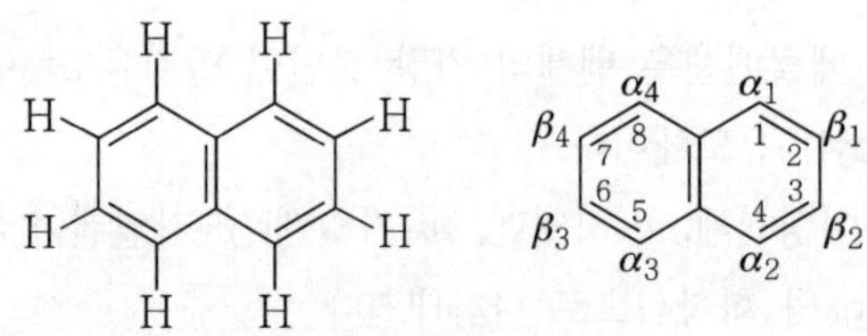

나프탈렌(naphthalene)

이런 유형의 화합물에는 또 다른 명명법이 사용된다. 즉, 두 고리에 함께 결합되어 있는 탄소원자의 곁에 있는 탄소 원자를 α-탄소원자라고 하며 나머지 다른 탄소 원자들은 β-탄소원자라고 부른다. 두 고리에 함께 결합되어 있는 탄소 원자에는 수소가 결합되어 있지 않으므로 번호를 붙이지 않는다. 나프탈렌과 앞서 5.10절에서 설명한 나프텐과 혼동하지 않도록 주의해야 한다.

안트라센($C_{14}H_{10}$)과 페난트렌($C_{14}H_{10}$) 안트라센과 페난트렌은 이성질체들이다. 이들의 구조식을 보면, 여러 고리 방향족 탄화수소 (PAHs)가 어떤 것인지를 확실히 알 수 있게 해준다.

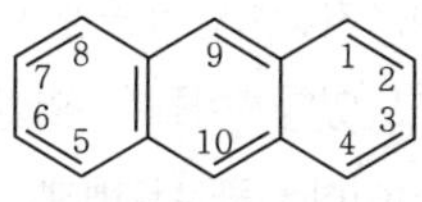

안트라센
(anthracene)

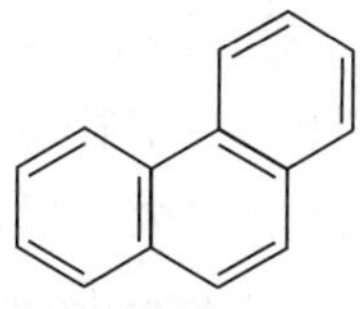
페난트렌
(phenanthrene)

이 밖에도 벤조(*a*)파이렌과 피센같이, 더욱 복잡한 구조의 화합물들도 많이 있다. 벤조(*a*)파이렌은 발암물질일 가능성이 있으며 먹는 물 MCL은 0.2 μg/L로 정해져 있다.

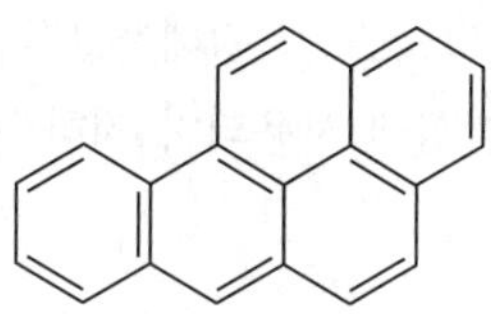
벤조(a)파이렌
(benzo(a)pyrene)

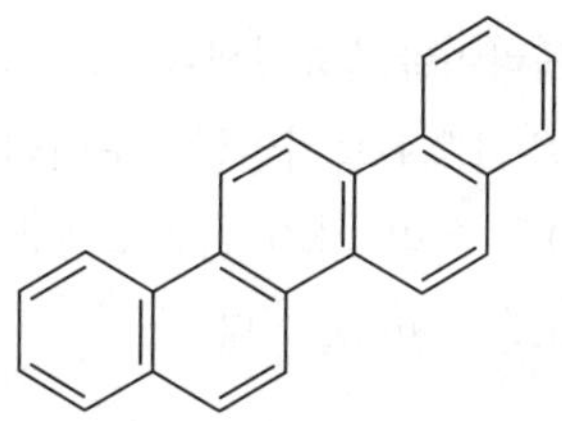
피센
(picene)

두 개의 고리사이에 들어 있지 않은 탄소원자에는 모두 수소원자가 결합되어 있다는 사실을 기억하기 바란다.

나프탈렌과 안트라센은 염료의 제조원료로 널리 쓰이고 있다. 페난트렌 핵은 몰핀(morphine), 비타민 D, 성 호르몬 등과 기타 생물학적으로 대단히 중요한 화합물인 알칼로이드(alkaloid)의 분자 구조 속에 포함되어 있다.

여러 고리 방향족 탄화수소(PAHs)는 연소생성물과 관련이 있으며 18세기 말 굴뚝먼지 속에서 발견되었고 암을 유발하는 것으로 확인된 최초의 화학물질이다. 20세기 초 석탄으로부터 가스(석탄가스 또는 도시가스)를 제조했던 장소와 역시 석탄으로부터 목재의 보존제인 크레오소트(creosote)를 제조해온 장소의 잔류오염물질들에서 자주 검출된다. 분자량이 큰(5개 이상의 방향족고리) 화합물들은 발암물질이며, 박테리아에 의한 분해가 대단히 어렵다.

방향족 탄화수소의 염소화합물

할로젠화 아릴(aryl halide)이라고도 불리는 여러 가지의 중요한 방향족 탄화수소의 염소화합물(chlorinated aromatic hydrocarbon)들이 있다. 이 화합물들은 공업적으로 널리 사용되는 물질들이어서 환경에 비교적 오래 잔류하게 되어 지방족 염소화합물(chlorinated aliphatic compound)들과 마찬가지로 심각한 문제를 일으킨다. 일반적으로 벤젠고리 속의 염소원자의 수가 많아질수록 물에 대한 용해도는 감소하며, 소수성이 커지고 증기압력이 높아진다. 벤젠 염소화물(chlorinated benzene)과 다염화 바이페닐(polychlorinated biphenyl, PCB)의 두 가지가 가장 중요한 유형이다.

벤젠 염소화물 벤젠에서 한 개 이상의 수소가 염소로 치환된 화합물이다. 이들은 용매와 살충제로 광범위하게 사용되는 공업약품이다. 지방족염화물과 마찬가지로 이들도 버려진 매립지와 여러 가지 폐수와 침출수에서 발견되고 있다. 이들은 휘발성이 대단히 크고 물에 조금 또는 약간만 녹으며 소수성(hydrophobic)이다. 클로로벤젠(chlorobenzene)은 먹는물 MCL이 100 μg/L로 정해져 있으며 세 개의 이성질체가 있다. 즉 1,2-다이클로로벤젠(오쏘 이성질체), 1,3-다이클로로벤젠(메타 이성질체), 1,5-다이클로로벤젠(파라 이성질체)이다. 현재의 MCLs는 *p*-다이클로로벤젠에 대하여 7 μg/L, *o*-다이클로로벤젠에 대하여는 600 μg/L 이며 메타 이성질체는 현재 규제하고 있지 않다. 트라이클로로벤젠도 1,2,3-트라이클로로벤젠, 1,2,4-트라이클로로벤젠과 1,3,5-트라이클로로벤젠의 세 가지 이성질체가 있으며 먹는물 MCL은 1,2,4-트라이클로로벤젠이 70 μg/L로 정해져 있다. 헥사클로로벤젠(hexachlorobenzene)은 여러 가지 클로로벤젠의 합성에 사용되며 지하수 오염물질 중에서 검출되고 있고 MCL은 1 μg/L 이다.

다염화 바이페닐(polychloroinated biphenyls, PCBs) 다염화 바이페닐은 다음의 일반식을 가진 클로로벤젠이다.

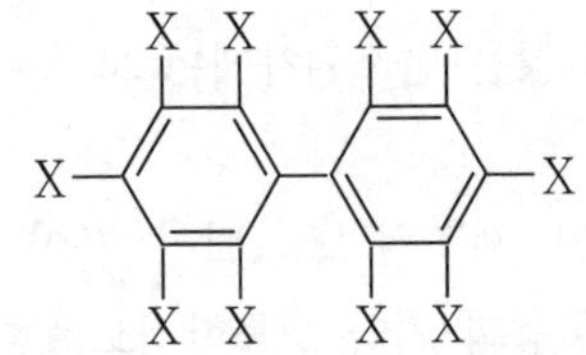

여기서, X는 염소이거나 수소이다. 모두 209종류의 PCB가 있을 수 있으며 이들을 동속체(congener)라고 한다. 비슷한 수의 염소 원자를 가진 동속체군은 Arochlor라 불리며 적당한 숫자(예를 들면 Arochlor 1260)를 사용하여 나타낸다. PCB는 증기압력이 낮고 유전상수(dielectric constant)가 큰 매우 안정한 화합물이다. 변압기와 축전기의 냉각제, 가소제(plasticizer), 용매, 유압작동유 등의 여러 가지 용도로 사용되고 있다. PCB는 소수성이 매우 크며 생물농축(bioconcentration) 되기 쉽다. PCB는 먹이 사슬의 상위[(예, 물고기와 조류(鳥類)]에서 상당한 농도로 검출되고 있다. PCB는 사람의 건강과 환경에 미치는 영향으로 미국에서는 1977년 그 생산을 금지하였다. 먹는물 MCL은 총 PCB에 대하여 0.5μg/L로 정해져 있다. 최근 PCBs는 내분비교란성 화학물질로 분류되었다. 내분비 교란성 화학물질(endocrine-disrupting chemical, EDC)은 호르몬 작용제라고도 하며, 이 물질들은 사람과 야생동물의 생식과 발육에 악영향을 미치는 것으로 보고되고 있다. EDCs에 대하여는 5.32절에 설명을 추가하였다. PCB 폐기물의 처분은 엄격하게 규제되고 있으며 해결이 곤란한 문제이다. PCB 동족체 중 어떤 것들은 미생물에 의하여 분해된다. 염소 원자가 많은 것들은 혐기성 미생물에 의하여 분해되며, 적은 것들은 호기성 미생물에 의하여 분해된다. 그러나 변환속도가 매우 느리기 때문에 일반적으로는 이 화합물들을 고도 난분해성 물질

로 간주하고 있다.

| 5.14 | 페 놀

페놀류(phenols)는 방향족 화합물들 중 가장 중요한 화합물이다.

모노하이드록시 페놀류

중요한 모노하이드록시 페놀류(monohydroxy phenols)에는 다음과 같은 것들이 있다.

페놀(C_6H_5OH) 벤젠의 모노하이드록시 유도체를 페놀이라고 한다. 페놀은 그 분자식과 이름으로부터 지방족 계열의 알코올에 해당하는 방향족 계열 화합물임을 알 수 있다.

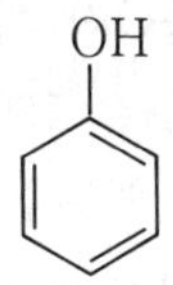

페놀(phenol)

그러나 페놀은 석탄산(carbolic acid)이라고 하는 또 다른 이름을 가지고 있으며, 이온화하여 H^+을 내며($K_A = 1.2 \times 10^{-10}$), 진한 용액은 박테리아에 대하여 강한 독성을 나타낸다. 이 때문에 살균제로 널리 사용되고 있으며 또, 페놀에 비교한 상대적인 살균력(disinfecting power)을 "페놀계수"(phenol coefficient)라고 하여 다른 살균제의 살균력을 평가하는 데도 사용된다. 이 평가방법은 지금은 고전적인 것으로 되었다. 페놀은 코올 타르로부터 회수되며, 많은 양이 합성에 의해 생산되고 있다. 용도로는 유기제품 특히, 페놀수지의 합성원료로 많은 양이 사용되고 있다. 페놀은 석탄가스, 석탄코크스 및 석유 정유공장폐수에 천연성분으로 포함되며 또한, 페놀을 원료로 사용하는 화학공장의 폐수에도 포함되어 있다. 수 년 전까지 폐수 중의 페놀 농도가 25 mg/L 이상이 될 경우에는 생물학적 처리가 불가능한 것으로 여겼었다. 그러나 여러 연구와 실제처리에서 최고 500 mg/L까지는 호기성 박테리아에 의하여 심각한 독성영향 없이 분해 할 수 있음이 밝혀졌다. 페놀과 폼알데하이드에 대한 연구에서 독성한계(toxicity threshold)의 개념이 확립될 수 있었다. 즉, 한계치 이하의 농도에서는 미생물이 그 물질을 먹이로 이용할 수 있으나 이 값 이상의 농도에서는 독성이 강해 먹이로 사용할 수 없으며 미생물의 증식도 할 수 없게 된다. 최근에는 페놀도 2000 mg/L까지 혐기성 박테리아에 의해 아주 잘 분해되는 것으로 알려져 있다.[13)]

---

13) D. J. W. Blum, R. Hergenroeder. G. F. Parkin, and R. E. Speece, Anaerobic Treatment of Coal Conversion Wastewater Constituents: Biodegradability and Toxicity, *J. Water Pollution Control Federation*, **58**: 122-131(1986).

크레솔류(cresols)와 그 밖의 알킬페놀류 페놀 다음의 동족계열 화합물이 크레솔이다.

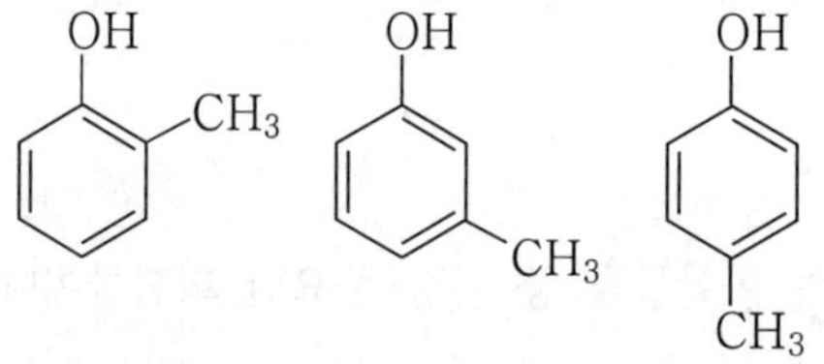

o-크레솔 (*o*-Cresol) *m*-크레솔 (*m*-Cresol) *p*-크레솔 (*p*-Cresol)

이 화합물들도 코올 타르 속에서 발견되며 살균력이 페놀보다 강하나 사람에 대한 독성은 약하다. **라이솔**(lysol)은 크레솔류의 혼합물로서 가정이나 병실의 살균제로 사용된다. 크레솔류는 목재의 방부제로 흔히 사용되는 "크레오소트"(creosote)의 주성분이기도 하다.

크레솔류가 섞여 있는 산업폐수는 생물학적 처리가 곤란하다. 호기성[14]과 혐기성미생물[15]에 대한 연구에 의하면 순수한 크레솔은 250 mg/L 의 농도에서는 독성이 거의 없는 것으로 밝혀져 있으므로 순수하지 않은 크레솔이 나타내는 독성은 공존하고 있는 다른 화합물들의 독성에 의한 것으로 믿어진다. 알킬 페놀류는 최근 내분비 교란성 화학물질로 분류되었다. 알킬 페놀류는 에틸렌 옥사이드와 반응하여 세제, 도료 및 살충제와 같은 제품에 계면 활성제로 널리 이용되는 알킬페놀 에톡실레이트(alkylphenol ethoxylate)를 생성한다. 이 화합물들은 천연의 박테리아의 작용으로 분해되어 알킬 페놀류를 생성하며, 폐수처리장의 배출수와 폐수 슬러지 및 자연수 중에서 발견된다.[16),17)] 노닐페놀은 내분비 교란물질일 가능성이 높은 것으로 생각되고 있다.[18)]

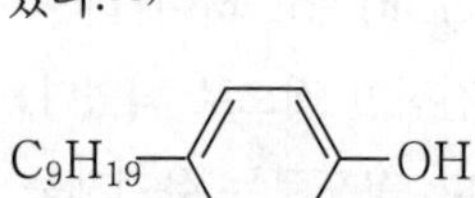

노닐페놀(nonylphenol)

노닐기는 가지가 많은 화합물이어서 생물분해에 내성이 있는 난분해성이다.

페놀류 가운데 또 하나의 중요한 내분비 교란성 화학물질이 비스페놀 A이다.[19)] 비스페

14) R. E. McKinney, H. D. TomLinson, and R. L. Wilcox, Metabolism of Aromatic Compouds in Activated Sludge, *Sewage and Ind. Wastes*, **28**:547-557(1956).)

15) Blum et al., Anaerobic Treatment of Coal Conversion Wastewater Constituents: Biodegradability and Toxicity, *J. Water Pollution Control Federation*, **58**: 122-131(1986).

16) B. E. Erickeson, Akylphenols in Sewage Sludge Applied to Land, *Env. Sci. Tech.,* **36**(1): 10A-11A. 2002,

17) C. Maczka et al., Evaluatiing Impacts of Hormonally Active Agents in th Environment, *Env. Sci. Tech.,* **34**(5): 136A-141A, 2000

18) Maczka et al., Evaluating Impacts of Hormonally Active Agents in the Environment

19) Ibid

놀 A는 폴리카보네이트 플라스틱과 같은 고분자를 비롯하여 염료, 에폭시 피복제, 난연제 등의 여러 가지 공산품을 제조하는 중요한 중간체이다.

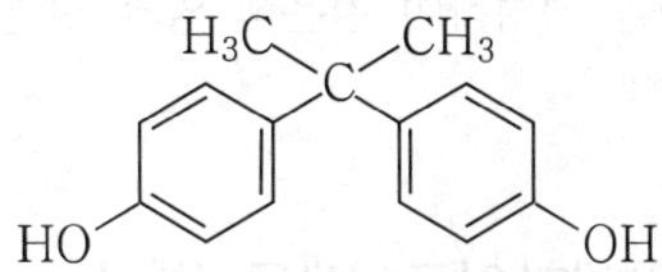

비스페놀 A(bisphenol A)

염화페놀류(chlorinated phenols) 염화페놀류는 목재의 방부제로 쓰인다. 그 중에서 가장 많이 사용되고 있는 것은 펜타클로로페놀이며 먹는물 MCL은 1 μg/L로 정해져 있다.

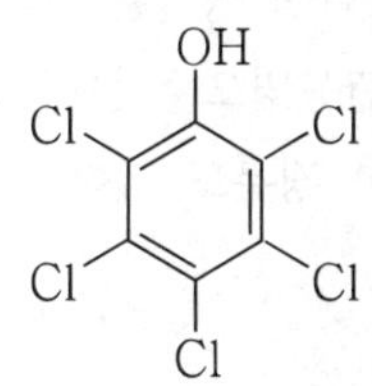

펜타클로로페놀(pentachlorophenol)

폴리하이드록시 페놀(polyhydroxy phenol) 다이하드록시 페놀에는 다음과 같은 세 종류의 이성질체가 존재한다. 모두가 적절히 적응시킨 활성슬러지에 의해 쉽게 산화되는 성질이 있다.[20)]

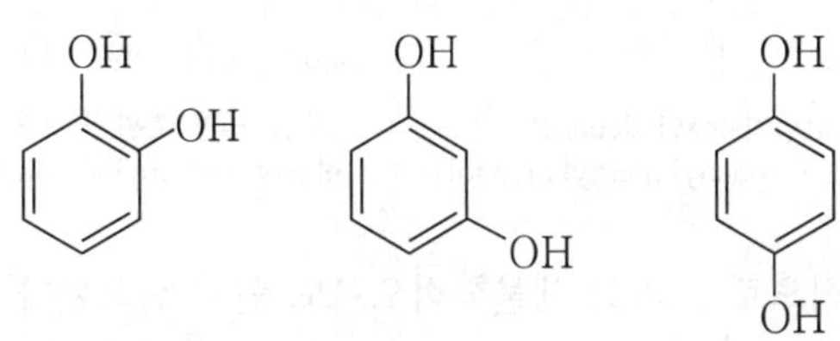

벤젠-1,2-다이올, 파이로카테콜, 카테콜　　벤젠-1,3-다이올, 레조시놀　　벤젠-1,4-다이올, 하이드로퀴논

피로갈롤(pyrogallol) 피로갈롤은 1,2,3-트라이하이드록시 벤젠(1,2,3-trihydroxy-benzene)이라고도 하며 **피로갈산**(pyrogallic acid)이라고도 한다.

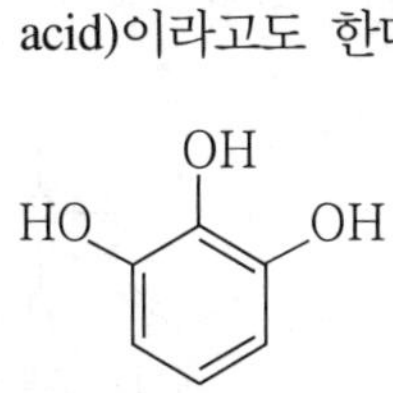

피로갈롤(pyrogallol)

---

20) Blum et al., Anaerobic Treatment of Coal Conversion Wastewater Constituents: Biodegradability and Toxicity, *J. Water Pollution Control Federation,* **58**: 122-133(1986).

이 화합물은 쉽게 산화되며 사진현상에 사용된다. 가죽의 무두질 폐액(spent tan liquor) 속에는 약간의 피로갈롤이 포함되어 있다. 이 폐액이 철분이 함유된 하천으로 방류될 때는 피로갈산 철(ferric pyrogallate)을 생성하여 검은색 잉크 빛깔을 띠게 된다.

| 5.15 | 방향족 알코올, 알데하이드, 케톤 및 산

방향족 알코올, 알데하이드, 케톤 및 산은 모두 벤젠의 알킬 유도체나 벤젠의 동족계열 화합물로부터 생성된다. 화학적인 활성기(group)는 항상 알킬기에 있으며 따라서 방향족 알코올, 알데하이드, 케톤과 산들의 화학적 성질은 각각에 해당하는 지방족 화합물의 성질과 유사하다. 이 화합물들은 대체로 관용명으로 불리고 있으나, 지방족 화합물의 페닐 유도체로 하여 명명하는 것이 더 적절한 경우도 있다.

알코올

방향족 알코올(aromatic alcohol)은 페닐메틸, 페닐에틸, 페닐 n-프로필, 페닐 아이소프로필 알코올 등으로 동족계열을 구성한다.

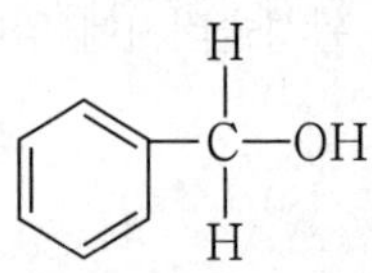

벤질알코올(benzyl alcohol), 페닐메틸알코올(phenyl methyl alcohol)

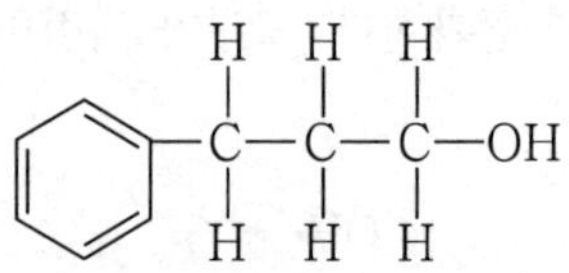

페닐 n-프로필알코올 (phenyl n-propyl alcohol)

방향족 알코올은 화학적으로 그리고 생물학적으로도 쉽게 산화된다. 일차 알코올의 산화에서는 알데하이드가, 이차 알코올의 산화에서는 케톤이 생성된다.

알데하이드

방향족 알데하이드(aromatic aldehyde)는 유기합성에서 중요한 화합물이다.

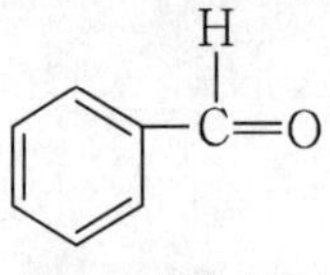

벤즈알데하이드 (benzaldehyde)

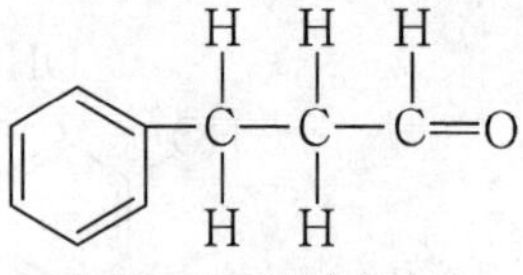

페닐프로필알데하이드 (phenyl propyl aldehyde)

이 알데하이드들은 쉽게 산화되어 각각 해당하는 산으로 된다. 쿠마린(coumarin), 아니스알데하이드(anisaldehyde), 바닐린(vanilin) 등과 같이 매우 복잡한 구조의 알데하이드들은 기분 좋은 냄새를 가지고 있다.

케톤

방향족 케톤(aromatic ketone)에는 두 가지 형태가 있다. 즉, 카보닐기에 하나의 페닐기가 결합되어있는 것과 두개의 페닐기가 카보닐기에 결합되어 있는 것이다.

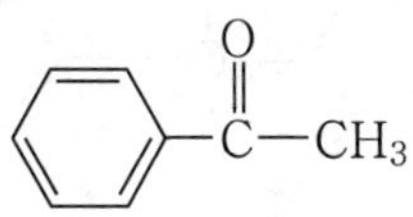

아세토페논
(acetophenone)

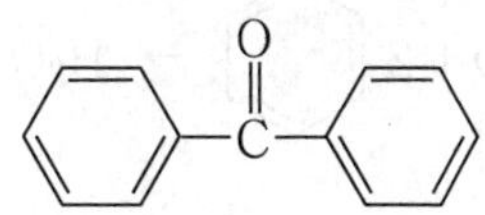

벤조페논
(benzophenone)

방향족 케톤은 화학적 산화나 생물학적 산화에 의해 분자가 분해되어 낮은 분자량의 산과 이산화 탄소를 생성한다.

산

여러 가지 종류의 방향족 모노카복실산(aromatic monocarboxylic acid)이 알려져 있다. 벤즈알데하이드는 산화되어 벤조산을 생성한다. 벤조산 소듐(sodium benzoate)은 식품의 방부제로 사용된다. 살리실산은 아스피린의 제조원료이다.

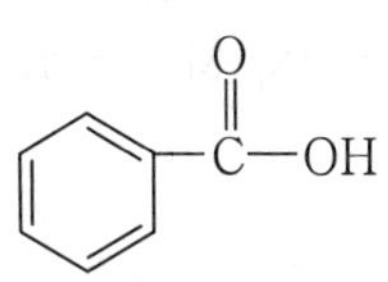

벤조산
(benzoic acid)

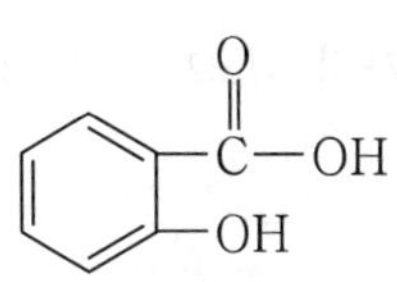

살리실산
(salicylic acid)

나프탈렌을 산화하면, 중요한 다이카복실산(dicarboxylic acid)인 프탈산이 생성된다.

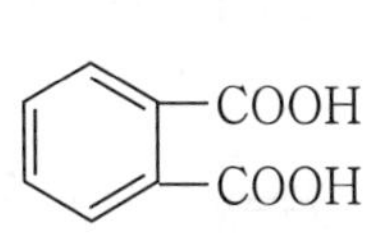

프탈산
(phthalic acid)

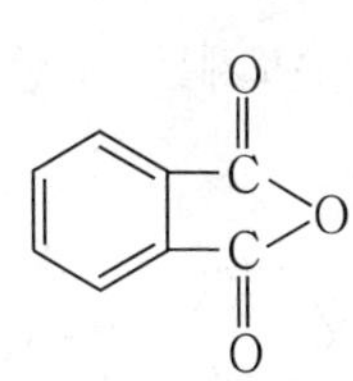

프탈산 무수물
(phthalic anhydride)

프탈산과 프탈산 무수물은 여러 가지 유기화합물의 합성에 중요한 물질이다. 프탈산에스터는 각종 플라스틱 제조에 가소제로 사용되고 있다. 프탈산 다이(2-에틸헥실)[di(2-ethylhexyl) phthalate]의 먹는물 MCL은 6 μg/L로 정해져 있다. 이 프탈산에스터들도 내분비 교란성으로 분류되어 있다.

실험실에서 pH 지시약으로 사용하는 페놀프탈레인도 이 화합물로부터 합성할 수 있다.

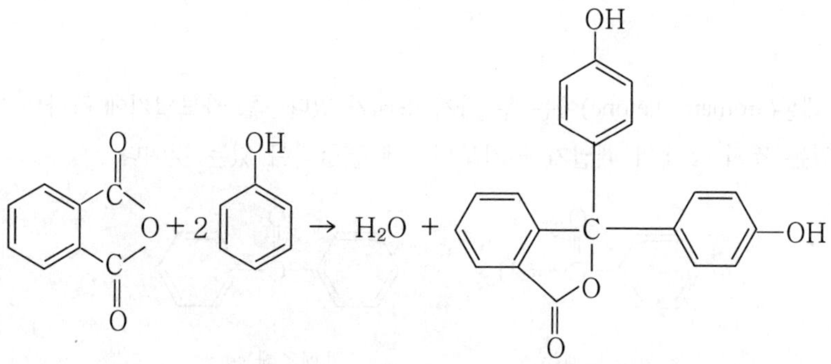

(5.45)

페놀프탈레인(phenolphthalein)

방향족 산들은 생물학적으로 쉽게 산화되며, 최종 생성물은 이산화 탄소와 물이다. 그러나 일부 프탈산에스터들 중에는 생분해에 내성을 가진 것도 있다.

5.16 간단한 질소 화합물

질소를 가진 방향족 화합물들은 암모니아나 질산(nitric acid)의 유도체이다. 앞의 것을 아민(amine)이라고 하며, 뒤의 것은 나이트로 화합물이라고 한다. 이 밖에도 복잡한 구조의 질소 화합물들이 여러 가지 있으나, 이 책에서 다루고자 하는 범위 밖의 것이므로 여기서는 설명하지 않는다.

아민

방향족 아민(aromatic amine)에는 두 가지 형태가 있다. 즉, 페닐기나 기타의 방향족기가 질소에 직접 결합되어 있는 것과, 방향족에 결합되어 있는 알킬기에 질소가 결합되어 있는 것이다. 암모니아의 페닐 유도체는 세 종류로 일차, 이차, 삼차 아민이 있다.

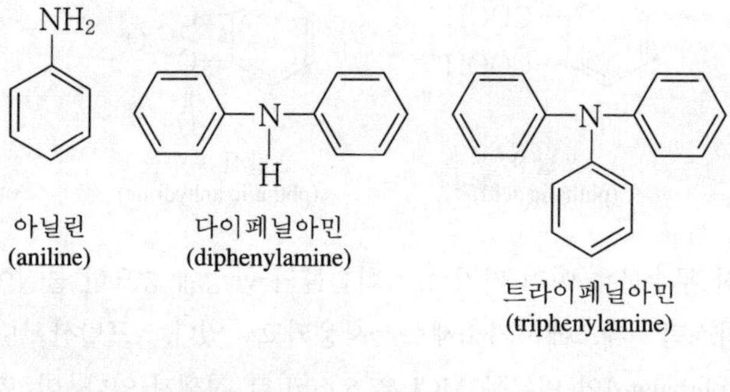

아닐린 (aniline) 다이페닐아민 (diphenylamine) 트라이페닐아민 (triphenylamine)

아닐린은 일차 아민이며, 다이페닐아민은 이차 아민이다. 이들은 모두 염기성이며, 센 산과 반응하여 염(alt)을 생성하며, 유기합성에 중요한 화합물이다. 아닐린 염료(aniline dye)는 아닐린으로부터 유도된다. 설파닐산은 아질산 이온(nitrite)의 비색 정량분석(colorimetric determination)에 사용된다.

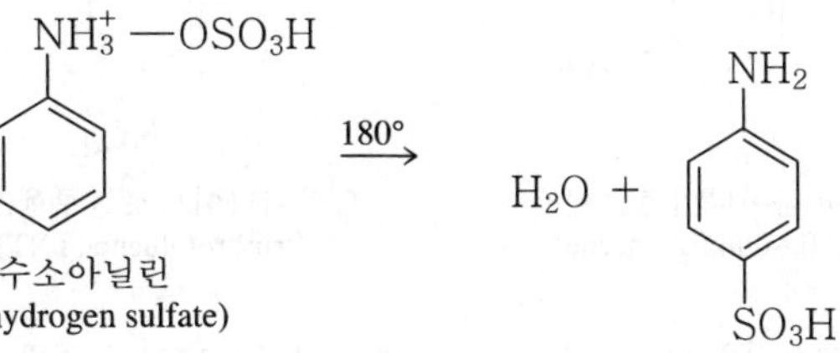

황산수소아닐린
(aniline hydrogen sulfate)

설파닐산
(sulfanilic acid) (5.46)

1-나프틸아민 염산(1-naphthylamine HCl)은 수질분석에 사용되는 중요한 화합물이다.

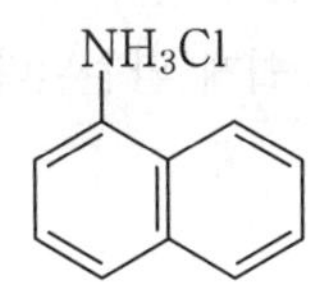

이 화합물의 유도체의 하나인 N-(1-나프틸)-에틸렌다이아민 이염산 [N-(1-naphthyl)-ethylendiamine dihydrochloride]은 설파닐산과 함께 아질산염 질소(NO_2-N)의 분석에 사용되는 화합물이다.

벤질아민(benzylamine, $C_6H_5CH_2NH_2$)은 $-NH_2$기가 분자내 지방족 부분인 알킬기에 결합되어 있는 방향족 아민의 하나다. 공업적으로 그다지 중요한 화합물은 아니다.

나이트로 화합물

질산은 벤젠과 그 밖의 방향족 화합물과 반응하여 나이트로 화합물(nitro compound)을 생성한다.

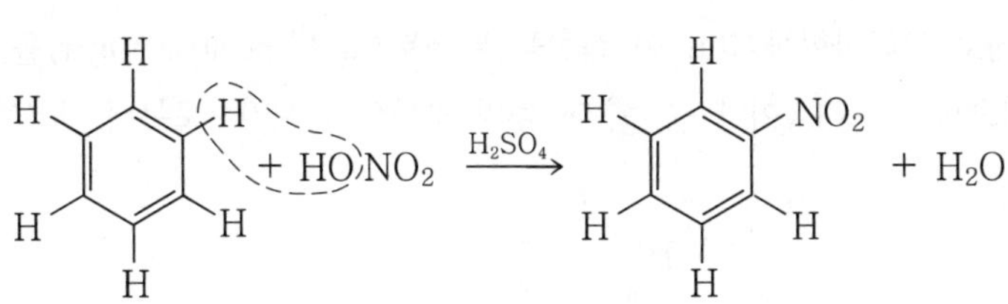

나이트로벤젠
(nitrobenzene) (5.47)

반응에서 생성된 물은 탈수제(dehydrating agent)를 사용하여 제거하여야 하며 보통 황산을 사용한다. 적당한 조건하에서는 나이트로기가 하나 더 도입된다. 주 생성물은 *m*-다이나이트로벤젠이며, 먼저 도입된 나이트로기가 두 번째의 치환을 메타 위치로 배향하기 때문이다. 트라이나이트로벤젠은 합성하기가 매우 어렵다.

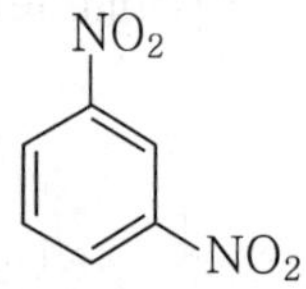

m-다이나이트로벤젠
(*m*-dinitrobenzene)

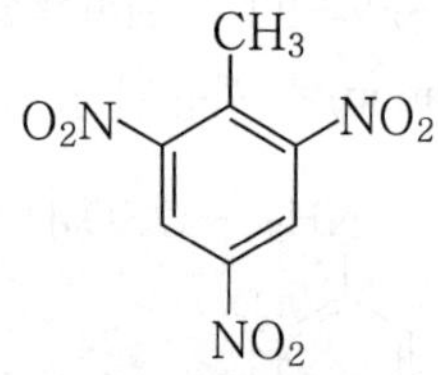

트라이나이트로톨루엔(TNT)
[trinitrotoluene (TNT)]

톨루엔의 나이트로화 반응(nitration)에서 트라이나이트로톨루엔 즉, TNT가 생성된다. 메틸기에 의하여 처음의 나이트로기는 오쏘 위치에서 치환되며, 다음의 나이트로기는 먼저 도입된 나이트로기에 대하여 메타 위치로 치환되어 들어간다. TNT는 군사용 폭약의 주성분으로 널리 사용되고 있다. 호기성 생분해 내성이 비교적 큰 화합물이다. 그러나 환원성 분위기에서는 해당하는 아민으로 아주 쉽게 환원된다.

헤테로 고리화합물

| 5.17 | 헤테로 고리화합물

헤테로 고리화합물(heterocyclic compound)들은 고리 속에 탄소 이외의 다른 원소를 가지고 있는 것이다. 여러 종류의 화합물들이 존재하며 지방족 화합물의 성질을 가진 것과 방향족 화합물의 성질을 가진 것들이 있다. 많은 종류의 화합물들이 생물학적으로 대단히 중요하며, 그 중 몇 가지 화합물들은 환경공학과 환경과학에서도 중요하다.

퓨르알데하이드, 즉 **퍼퓨랄**(furfural)은 산소가 들어있는 5-원자고리(five-membered ring)의 지방족 헤테로 고리화합물이다. 이 화합물은 펜토오스당(pentose sugar)을 탈수시켜 제조한다. 공업적으로는 보리짚이나 옥수수대 등의 곡물산업 폐기물로부터 제조한다.

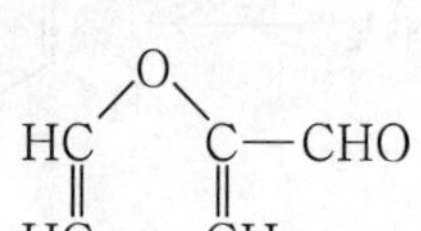

퓨르알데하이드(furaldehyde)

전에는 이것을 모두 소각처분하였으나, 퍼퓨랄을 제조함에 따라 액상 폐기물이 생겨나게 되어 환경공학자의 관심을 끌게 되었다. 퍼퓨랄은 생분해성을 나타낸다.

에폭시화물(epoxide)은 산소 원자가 두개의 탄소와 결합되어 있는 3원자 고리화합물이다. 여러 가지 에폭시화물들이 환경에서 중요하다. 예를 들면, 에틸렌 옥사이드(ethylene oxide)는 유기합성원료[예: 알킬페놀에톡실레이트(5.4절), 합성세제(5.26절)] 멸균제 및 살충제로 사용되고 있는 독성의 에폭시화물이다. 이 화합물은 규제된 대기오염물질이다. 일반적으로 에폭시화물은 반응성이 대단히 크다. 또한 여러 가지 유기물질, 예를 들면 트라이클로로에텐의 생물학적 변환반응의 중요한 중간체인 것으로 밝혀져 있다.

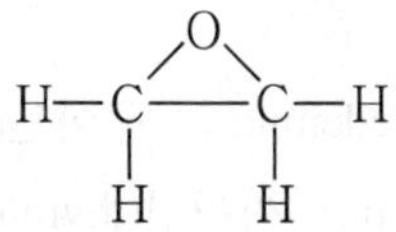

에틸렌 옥사이드(ethylene oxide)

파이롤과 **피롤리딘**은 질소를 포함하는 5-원자고리의 헤테로 고리화합물들이다.

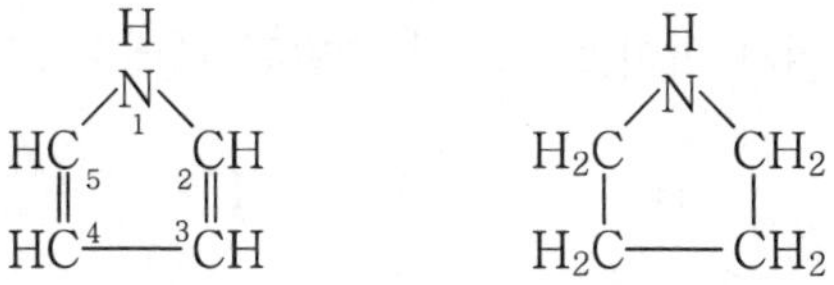

파이롤 (pyrrole) 피롤리딘 (pyrrolidine)

파이롤 고리와 피롤리딘 고리는 니코틴(nicotine), 코카인(concine), 클로로필(chlorophyll), 헤모글로빈(hemoglobin) 등 여러 가지 중요한 천연화합물들의 분자구조 속에 들어있다.

피리딘은 고리 속에 질소가 포함된 6-원자고리의 방향족 헤테로 고리화합물의 하나이다.

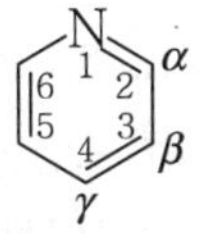

피리딘(pyridine)

이 화합물은 불쾌한 냄새를 내는 액체이며, 에틸 알코올에 첨가하여 음료용으로 쓰지 못하도록 하는 변성제(denaturant)로 사용되며 유기합성의 원료로도 이용된다. 피리딘은 약한 염기성을 가지고 있으며 센 산과 반응하여 염을 생성한다. **니코틴산**(nicotinic acid)은 피리딘 유도체의 하나로 β 위치에 카복실기를 가지고 있다. 이 구조는 모든 세포에 존재하며 유기물의 산화에 관여하는 보조효소(coenzyme)인 NAD의 기본 구성부분이다. 니코틴산은 비타민의 일종이며 사람이나 포유동물에 필수적인 물질로 이것이 결핍되면 펠라그라(pellagra, 이탤리 나병)를 일으킨다.

퓨린과 **피리미딘**은 고리 속에 질소를 가진 화합물로 생물학적으로 대단히 중요하다.

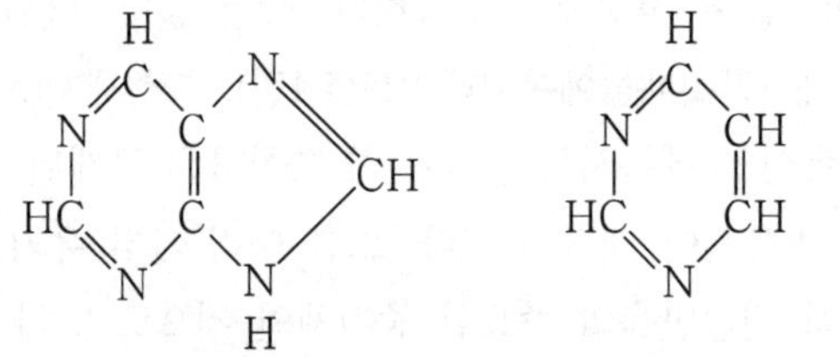

퓨린(purine)　　　　피리미딘(pyrimidine)

퓨린의 중요한 유도체로는 **아데닌**(adenine)과 **구아닌**(guanine)이 있으며 피리미딘유도체로는 **사이토신**(cytosine), **우라실**(uracile), **싸이민**(thymine)이 있다. 이 화합물들은 모든 생명에 대한 유전정보를 운반하는 핵산(nucleic acid)을 구성하는 주요구조로서 핵산염기(base)라고 한다(6.14절). 또한 모든 세포의 기본적 화학에너지의 운반체인 ATP의 주성분이기도 하며, 지방산 분해에 필요한 보조효소 A (coenzyme A)의 주성분이다.

인돌과 **스카톨**은 벤젠고리와 파이롤 고리가 결합된 헤테로 고리화합물의 일종이다.

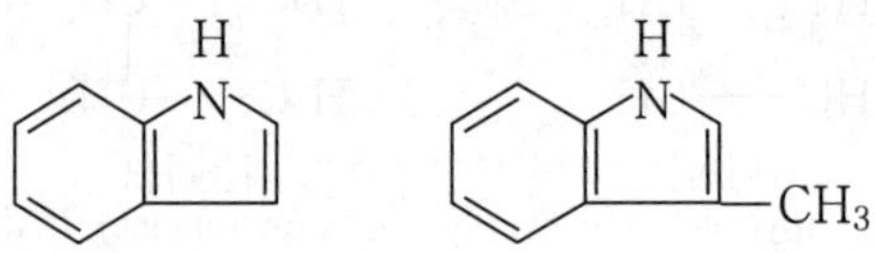

인돌(indole)　　　　스카톨(Skatole)

이 두 화합물은 불쾌한 냄새를 내며, 단백질의 부패과정에서 생성된다. 정상적으로 운전되고 있는 슬러지 소화조에서와 같이 제어된 상태에서는 인돌이나 스카톨이 거의 생성되지 않는다. 또 다른 헤테로고리 질소화합물 중에 중요한 화합물이 폭약인 RDX(hexahydro-1,3,4-trinitro-1,3,5-triazine)와 HMX(octahydro-1,3,5,7-tetranitro-1,3,5,7-tetrazocine)이다. 이 화합물들은 군사 시설의 토양이나 지하수 중의 오염물질로서 검출된다. 특별히 소수성은 아니나 물에 약간만 녹으며, 증기압력이 낮고, 자연환경 조건에서 거의 생물분해가 되지 않는다. 이 화합물들은 여러 지하수 급수 중에서 검출되고 있어서 복원 방법의 개발이 시급하다.

RDX
(hexahydro-1,3,5-trinitro-1,3,5-triazine)

HMX
(octahydro-1,3,5,7-tetranitro-1,3,5,7-tetrazocine)

| 5.18 | 염 료

염료의 여러 가지 형태를 설명하기에는 그 내용이 방대하고 복잡하므로 이 책에서는 다루지 않겠다. 환경공학자와 환경과학자가 섬유 염색산업의 폐수를 처리하려고 하는 경우에는 염료물질에 대한 지식이 필요하게 되므로, 이때는 유기화학 교재나 염료에 대한 책들을 참조하기 바란다. 염료 중에서 황화 염료(sulfur dye)는 독성이 있으므로 주의해야 한다.

식품 및 관련 화합물들

| 5.19 | 개 요

식품(food)은 생물이 에너지원으로 사용할 수 있는 여러 종류의 유기물질들을 일컫는 용어이다. 박테리아의 경우, 이러한 화합물들은 탄화수소를 비롯하여 유기산을 포함한 여러 가지 산화 생성물에 이르기까지 그 범위가 넓다. 고등동물과 사람에게 기본적인 식품은 **탄수화물**(carbohydrate), **지방**(fat) 및 **단백질**(protein)로 한정되게 된다. 이 밖의 유기화합물 즉, 에탄올, 일부 알데하이드와 여러 가지 유기산 등도 식품이나 에너지원으로 이용된다. 그러나 이 화합물들은 필수적인 식품이라기 보다 식욕을 좋게 하거나 또는 다른 이유로 섭취하는 기호식품이라고 할 수 있다.

| 5.20 | 탄수화물

탄수화물은 탄소, 수소, 산소로 구성된 거대 화합물로 수소와 산소가 물 분자에서와 같은 비율로 들어 있다. 즉, 산소 한 원자에 대하여 수소 원자 두 개의 비로 들어 있다. 목재, 제지, 섬유공업 및 식품공업에서는 탄수화물을 가공처리하고 있으며 이들 공장으로부터 나오는 폐기물의 처리는 환경공학자와 환경과학자가 맡아 해결하여야 하는 중요한 일들이다. 탄수화물은 분자구조의 복합도에 따라 다음의 세 종류로 구분된다. 즉, (1) **단당류**(monosaccharide) (2) **이당류**(disaccharide) (3) **다당류**(polysaccharide). 탄수화물은 일반적으로 어미에 **－오스**(－ose)를 붙여 부른다.

단당류

단당류는 모두 알데하이드 또는 케토기 형태의 카보닐기를 가지고 있다. 알데하이드기를 가진 것을 **알도오스**(aldose), 케토기를 가진 것을 **케토오스**(ketose)라고 한다. 이들은 또한 여러 개의 OH기를 가지고 있으므로 글라이콜류(glycols)이기도 한다. 단당류 중에서는 5-탄소당인 **펜토오스**(pentose)와 6-탄소당인 **헥소오스**(hexose)의 두 계열 화합물이 중요하다.

펜토오스 일반식 $C_5H_{10}O_5$를 가지고 있다. 공업적으로 중요한 펜토오스로는 두 가지가 있으며 모두 **알도펜토오스**(aldopentose)이다. 그 하나는 **자일로오스**로 보리짚, 옥수수대, 목화씨 껍질과 같은 유기폐기물질 속에 들어 있는 펜토산(pentosan)을 가수분해(hydrolysis)하여 만든다. 자일로오스는 헤미셀룰로오스(hemicellulose)를 가수분해하여 목재를 펄프화하는 공정에서도 많은 양이 생성된다. **아라비노오스**는 아라비아 고무(gum arabic)나 밀겨(wheat bran)의 가수분해로 만들어진다.

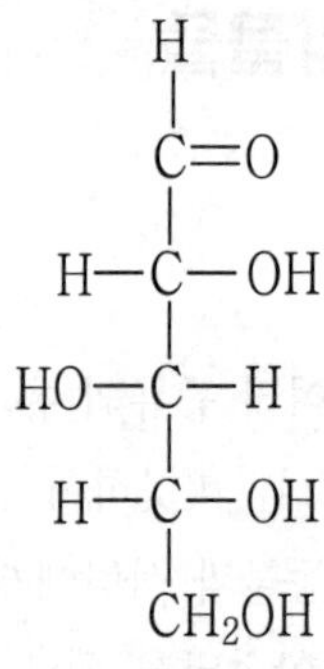

D(–)-자일로오스[21]
[D(–)-xylose]

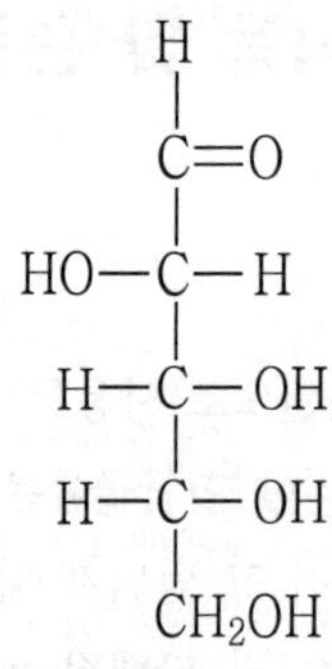

D(–)-아라비노오스[21]
[D(–)-arabinose]

자일로오스와 아라비노오스는 여러 가지 박테리아를 분리하는 세균학적인 일에 사용된다. 즉, 박테리아 중에는 이들 중 하나를 발효시킬 수 있으나 나머지 다른 것을 발효시키지 못하는 것이 있다. 토양이나 폐수로부터 유도된 혼합배양들은 당을 이산화 탄소와 물로 분해한다. 펜토오스 당류는 혐기성 상태에서 효모(yeast)에 의해 발효되지 않으므로 에탄올을 생성하지 못한다. 그러나 호기성 조건에서는 효모 에너지원으로 이용될 수 있으므로 이 원리를 이용하여 아황산 펄프폐액을 처리 할 수 있다.

헥소오스(hexose) 일반식은 $C_6H_{12}O_6$이며, 다음 네 종류의 헥소오스 당류가 중요하다. **글루코오스**(포도당, glucose), **갈락토오스**(galactose), **만노오스**(mannose) 등의 알도오스와 케토오스인 **프룩토오스**(과당, fructose)이다.

글루코오스 알도헥소오스 중에서 가장 흔한 것이다. 과즙(果汁)과 벌꿀 속에 포함되어 있다. 공업적으로는 옥수수 녹말을 가수분해하여 대량 생산한다. 옥수수 시럽(corn syrup)의 주성분이다. 옥수수 시럽과 글루코오스는 캔디 제조에 많이 사용된다.

---

21) 모든 당류는 광학활성을 가지고 있다. 명명법에서 더러 혼동이 있을 수 있으므로 적당한 유기화학 교과서를 참조하기 바란다.

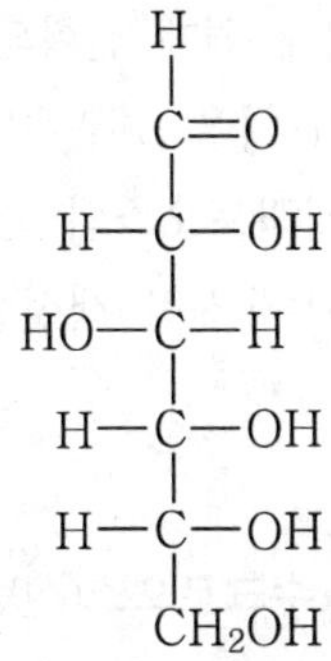

D-(+)-글루코오스
(D-(+)-glucose)

글루코오스는 보통의 설탕보다 덜 달기 때문에 사용목적에 따라 설탕 대용으로 쓰이기도 한다. 글루코오스는 이당류나 다당류를 가수분해하여 비교적 순도 높은 제품을 얻을 수 있는 유일한 헥소오스당이다. 다른 헥소오스당들은 모두 글루코오스와 결합된 형태로 존재하다.

프룩토오스(과당) 유일하게 중요한 케토헥소오스로 천연에서는 벌꿀 속에 존재한다. 사탕수수 설탕(cane sugar)이나 무우 설탕(beet sugar)을 가수분해하면, 수크로오스(설탕) 한 분자로부터 프룩토오스와 글루코오스가 각각 한 분자씩 생성된다.

갈락토오스와 만노오스 갈락토오스와 만노오스는 천연에서 단독으로 존재하지 않는다. 갈락토오스는 일반적으로 젖당(milk sugar)이라고 하는 락토오스(lactose)를 가수분해할 때 글루코오스와 동시에 생성된다. 만노오스는 상아야자 열매(ivory nut)를 가수분해하면 글루코오스와 함께 생성된다.

글루코오스와 갈락토오스는 특히 중요한 물질이다. 글루코오스는 이당류나 다당류를 가수분해할 때, 단일 생성물로 또는 다른 당과 동시에 생성된다. 그러므로 각종 산업폐수에 나타나게 된다. 갈락토오스는 락토오스 또는 젖당의 가수분해로 생성되며 낙농산업폐수 속에서 발견된다.

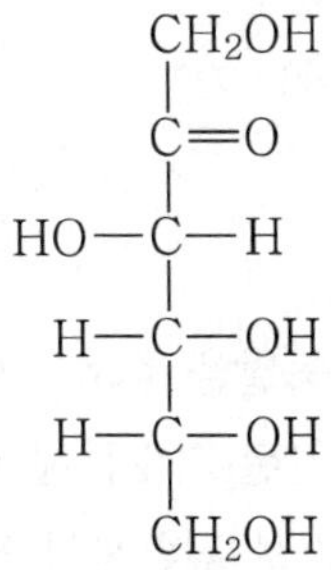

D-(−)-프룩토오스 [D-(−)-fructose]

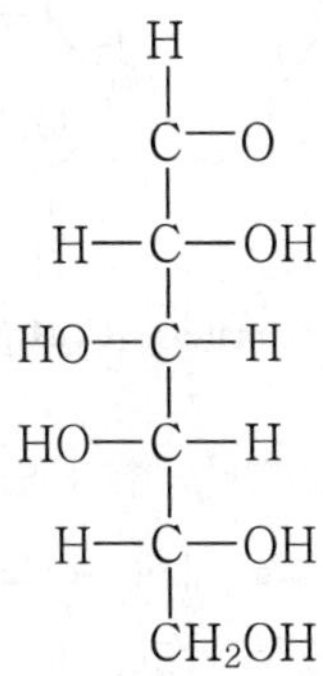

D-(+)-갈락토오스 [D-(+)-galactose]

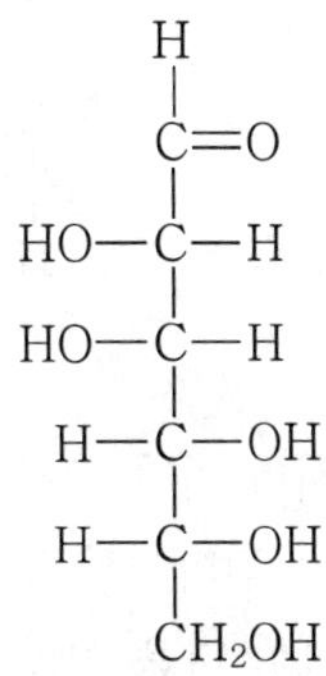

D-(+)-만노오스 [D-(+)-mannose]

이들 두 당은 호기성 박테리아에 의해 쉽게 산화되어 산을 생성하며 만일, pH 완충제(buffer)나 알칼리를 공급하여 조절하지 않을 경우에는 pH가 낮아져 이 단계에서 산화가 정지된다. 락트산(lactic acid, 젖산)은 갈락토오스의 산화 반응 중간체 화합물이다. 이들 두 당들은 혐기성 상태에서 빠르게 발효되어 산을 생성한다.

이당류

일반식으로는 $C_{12}H_{22}O_{11}$로 표현되며 **수크로오스**(설탕), **말토오스**(엿당, maltose), **락토오스**(젖당)의 세 당이 중요하다. 이당류는 모두 두 개의 헥소오스가 결합하여 하나의 분자를 형성한 것이다. 가수분해하면 분자가 분해되어 두 개의 헥소오스를 생성한다.

수크로오스 시판되는 설탕이며, 그 대부분이 사탕수수나 사탕무우로부터 제조된다. 사탕단풍나무(sugar maple)의 수액(樹液)에도 다량의 수크로오스가 들어있다. 수크로오스를 가수분해하면 글루코오스와 프룩토오스가 생성된다.

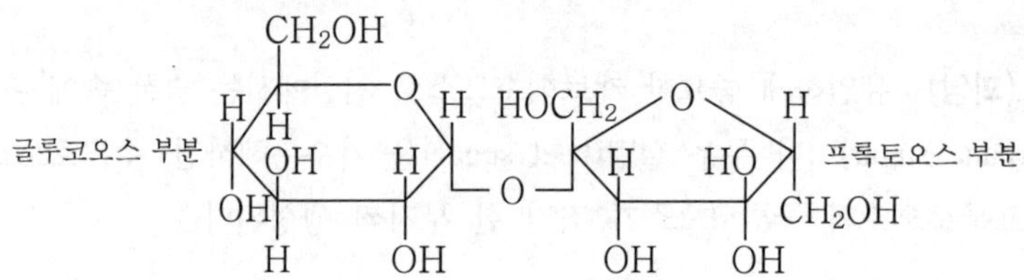

수크로오스 [sucrose ($C_{12}H_{22}O_{11}$)]

말토오스 녹말을 보리의 맥아 속에 존재하는 효소인 **디아스타아제**(diastase)로 가수분해하여 만든다. 공업적으로는 여러 가지 식물로부터 얻은 녹말을 디아스타아제로 가수분해하여 제조하며 유아식품과 맥아유(麥芽乳, malted milk)에 사용된다. 말토오스는 쉽게 가수분해되어 두 분자의 글루코오스를 생성한다.

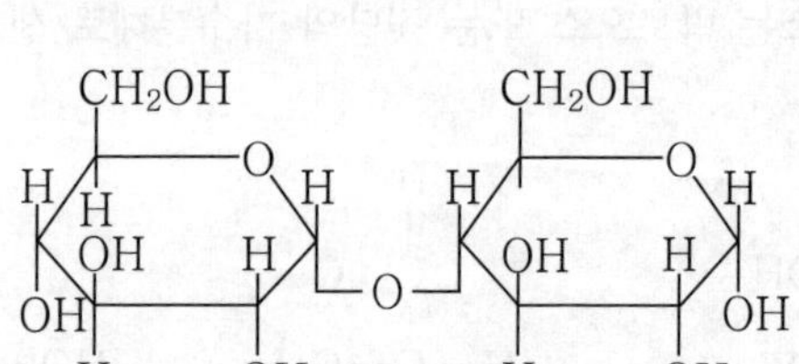

말토오스[maltose ($C_{12}H_{22}O_{11}$)]

녹말을 발효시켜 여러 가지 알코올을 만들 수가 있다. 먼저 녹말을 효소 디아스타아제에 의해 말토오스로 전화시킨다. 말토오스를 다시 효모로부터 생산된 가수분해효소로 글루코오스로 가수분해한 다음 이 글루코오스를 알코올과 이산화 탄소로 전환시킨다(5.3절 참조).

락토오스 락토오스 또는 젖당(milk sugar)은 포유동물의 젖 속에 들어 있다. 가수분해하면 글루코오스와 갈락토오스로 분해된다. 락토오스는 유아식품과 캔디의 제조에 사용되며 건조된 탈지 분유(skimmed-milk)에는 락토오스가 약 60% 들어 있다.

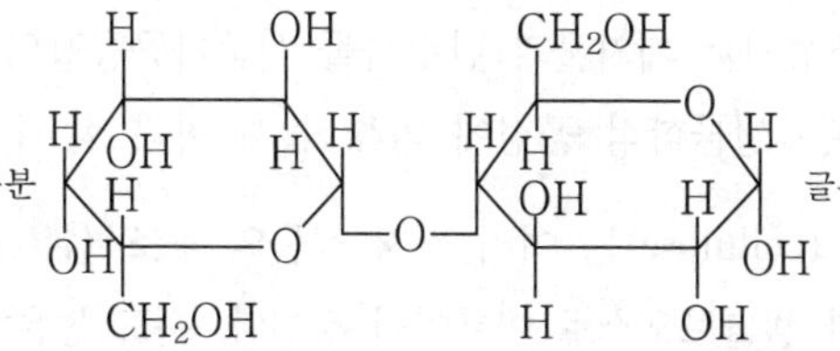

락토오스[lactose ($C_{12}H_{22}O_{11}$)]

다당류

다당류는 모두 헥소오스들 또는 기타의 단당류들의 축합생성물이며, 글루코오스와 자일로오스가 공통적으로 가장 많이 들어 있다. **녹말**(starch), **셀룰로오스**, **헤미셀룰로오스**의 세 다당류가 중요하다. 이들은 모두 복잡한 분자 구조를 가지고 있으며 물에 녹지 않으므로 설탕과 같은 단맛을 내지 않는다.

녹말 녹말은 $(C_6H_{10}O_5)_x$의 일반식으로 나타낸다. 식용으로 재배하는 옥수수, 밀, 감자, 쌀 등에 들어 있다. 싼 값으로 얻을 수 있는 식료품이며 인간에게는 에너지를 공급하는 영양물질이다. 발효공업의 주원료로 사용되며 여러 가지 제품을 얻을 수 있다. 녹말의 분자 구조는 명확하게 밝혀져 있지 않으나 가수분해하면, 단당류인 글루코오스만이 생성된다. 일반식은 다음과 같이 나타낸다.

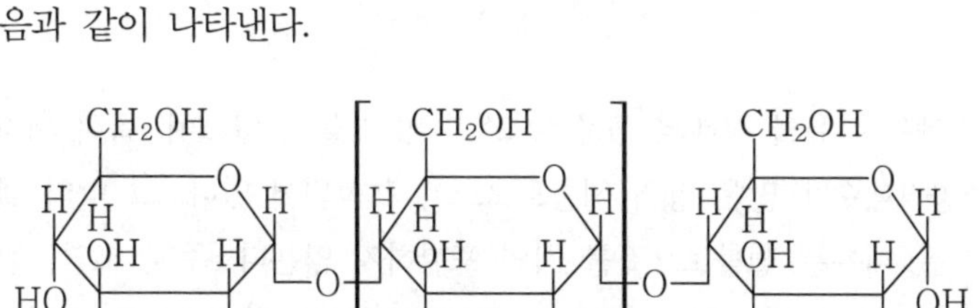

녹말(아밀로오스, x =약 100~1000)
[Starch (amylose)]

녹말은 두 주요 부분으로 구성된다. 한 부분은 글루코오스 단위들이 곧은 사슬로 결합되어 잇는 것으로 **아밀로오스**라고 부르며, 다른 부분은 글루코오스 단위들이 가지난 사슬에 결합되어 있는 것으로 **아밀로펙틴**(amylopectin)이라고 한다. 아밀로오스 분자는 100~1,000개의 글루코오스 단위로 형성되어 있다. 아밀로오스는 물에 녹으며, 또 자신의 무게의 20%까지 요오드(iodine)를 흡수하여 푸른색의 복합체를 형성하므로 요오드법 적정 분석의 지시약으로 사용된다. 아밀로펙틴 분자는 위의 그림에는 보이지 않으나, 아밀로오스

보다 크며 약 500~5,000개의 글루코오스 단위로 생성되며 아밀로오스와는 달리 물에 녹지 않는다. 녹말 속의 글루코오스 단위들은 **알파 결합**(α linkage)이라는 것에 의하여 결합되어 있다. 이 결합은 모든 포유동물과 미생물이 가지고 있는 효소에 의하여 쉽게 가수분해 되므로 이들이 녹말을 식품으로써 사용할 수 있는 것이다.

녹말 제조 공장에서 생성되는 폐기물과 탄수화물 식품가공공장의 폐기물 그리고 녹말을 이용하는 산업의 폐기물은 생물학적 공정에 의해 쉽게 처리 할 수 있다.

셀룰로오스 셀룰로오스(cellulose)는 여러 가지 식물의 구조 섬유(structural fiber)를 형성한다. 면(cotton)은 순수한 셀룰로오스로 이루어진 것이다. 순도 높은 셀룰로오스는 목재로부터 아황산이나 황산 펄프화 공정에 의해 제조할 수 있다. 녹말과 마찬가지로 셀룰로오스도 글루코오스 단위들로 형성되어 있다. 그러나 셀룰로오스에서는 글루코오스 단위들이 **베타 결합**(β linkage)이라고 하는 형태의 결합을 이루고 있으며, 사람을 포함한 포유동물은 이 결합을 가수분해할 수 있는 효소를 가지고 있지 않으므로 셀룰로오스를 소화하지 못한다. 그러나 반추동물(反芻動物)은 소화기 내에 이 β 결합을 가수분해하는 박테리아를 가지고 있다. 반추동물은 이 박테리아의 발효 생성물을 소화할 수가 있으므로 셀룰로오스로부터 간접적으로 영양을 섭취할 수 있다. 셀룰로오스의 β 결합은 다음과 같다.

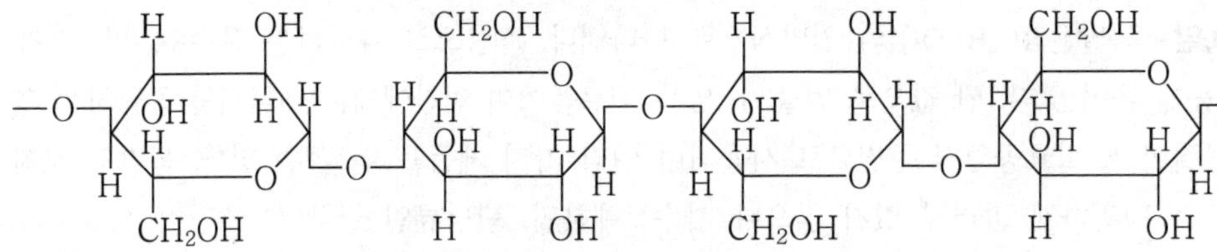

셀룰로오스 분자의 일부

제지공장 폐수에는 부유물 상태의 셀룰로오스가 많이 들어 있으며, 특히 폐지를 재생하는 저질 종이 제조공장폐수에 많은 양의 셀룰로오스가 포함되어 있다. 그 밖의 셀룰로오스 가공공업의 폐수들은 대부분 셀룰로오스를 거의 포함하지 않는다. 주된 오염물질은 무기화합물들과 셀룰로오스 유도체들 그리고 다른 유기화합물들이다. 박테리아들 중에는 셀룰로오스를 가수분해할 수 있는 것들이 있으므로 셀룰로오스를 포함하는 폐수도 생물학적 처리가 가능하다. 그러나 호기성 처리는 속도가 느리다. 셀룰로오스는 대부분 침전시켜 슬러지로 분리해 낼 수 있으므로, 폐수처리에서는 일차처리에서 침강시켜 분리한다. 슬러지는 혐기성 소화로 처리하거나 여과, 원심분리, 소각 등의 물리적 방법으로 처분하다.

헤미셀룰로오스 헤미셀룰로오스(hemicellulose)는 셀룰로오스와 비슷한 특성을 가진 화합물이다. 헥소오스와 펜토오스의 혼합으로 구성되어 있으며 가수분해되어 글루코오스와 펜토오스(대체로 자일로오스)를 생성한다. 대부분의 천연목재는 셀룰로오스, 헤미셀룰로오스 및 리그닌(lignin)과 수지(resin), 핏치(pitch) 등으로 구성되어 있다. 펄프화 공정에서는 리그닌, 헤미셀룰로오스, 수지 등을 녹여 내어 셀룰로오스만이 생성물로 남도록 한다. 따라서, 펄프와 폐액에는 많은 양의 글루코오스와 자일로오스 및 기타의 유기물질들, 주로 리그닌 유도체들이 들어 있게 된다. 리그닌 유도체들은 방향족 구조의 고도복합체이기 때문에 생물학적 분해가 대단히 어렵다. 글루코오스, 자일로오스 및 기타의 유기물질들은 호기성 조건에서 효모나 박테리아에 의하여 분해되어 이산화 탄소와 물로 된다. 효모는 혐기성 조건에서 글루코오스를 알코올로 전환시킬 수 있으나 펜토오스인 자일로오스는 알코올로 발효시키지 못한다.

탄수화물의 가수분해 특성 요약

탄수화물의 가수분해 특성을 그림 5.1에 간단히 나타내었다. 이당류와 다당류는 모두 글루코오스를 생성한다. 수크로오스에서는 프룩토오스를, 락토오스에서는 갈락토오스를 그리고 헤미셀룰로오스에서는 자일로오스를 각각 글루코오스와 함께 생성한다.

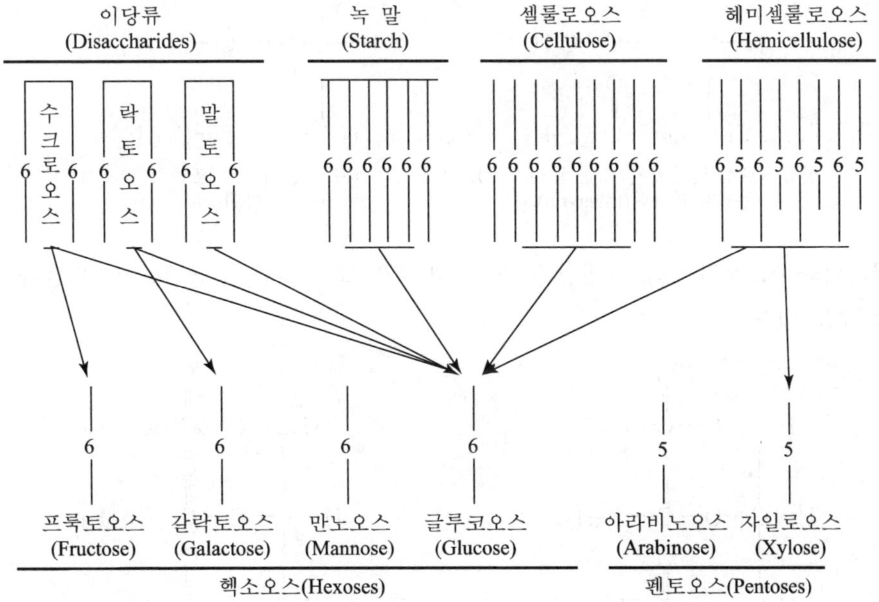

⇧ 그림 5.1 탄수화물의 가수분해 특성

| 5.21 | 유지와 납

유지(fat and oil)와 **납**(wax)은 모두 에스터(ester)이다. 유지는 삼가 알코올인 글리세롤의 에스터이며, 납은 긴 고리의 일가 알코올의 에스터이다. 이들은 모두 가수분해 되어 지방산(fatty acid)과 알코올로 되므로 사람이나 박테리아가 식품으로 이용할 수 있다.

유지

유지는 지방산의 글리세라이드(glyceride)이다. 이 지방산들의 탄소 수는 대개가 16~18개이나, 우유 지방(butter fat)의 에스터 성분에는 뷰티르산(butryric acid), 카프로산(caproic acid) 및 카프릴산(caprylic acid)도 상당히 들어 있으며 불포화 산도 포함되어 있다. 올레산(oleic acid)과 리놀레산(linoleic acid)은 목화씨 기름(cotton seed oil)에 들어 있으며, 아마인유(linseed oil)에는 많은 양의 리놀레산과 리놀렌산(linolenic acid)이 들어 있다. 상온에서 액체인 지방산의 글리세라이드를 **기름**(oil)이 라고 하며, 고체인 것을 **굳기름**(또는 지방, fat)이라고 한다. 화학적 성질은 아주 비슷하나 기름은 주로 짧은 고리의 지방산이나 또는 리놀레산이나 리놀렌산과 같이 불포화도(degree of unsaturation)가 높은 지방산들로 이루어져 있다.

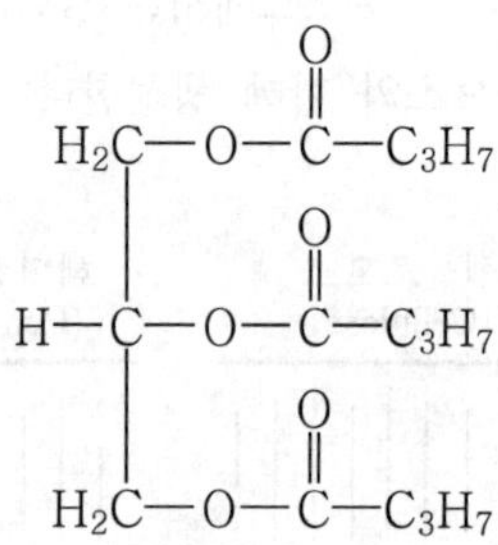

삼뷰티르산 글리세릴(또는 글리세롤),
트라이뷰티린(tributyrin)

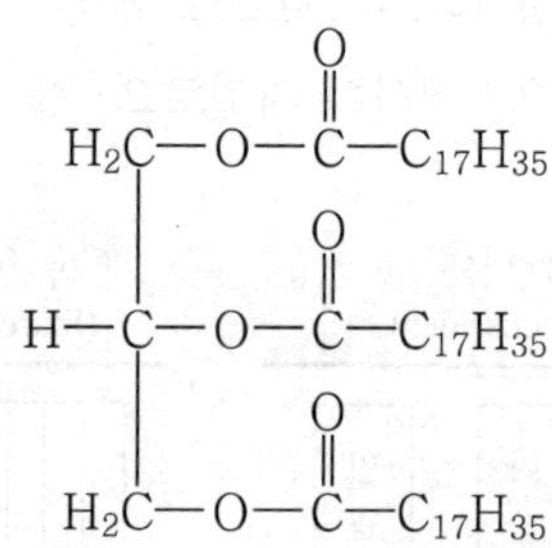

삼스테아르산 글리세릴(또는 글리세롤)
트라이스테아린(tristearin)

글리세라이드 분자 속의 지방산은 위에서와 같이 모두 같을 수도 있으며, 다음과 같이 다를 수도 있다.

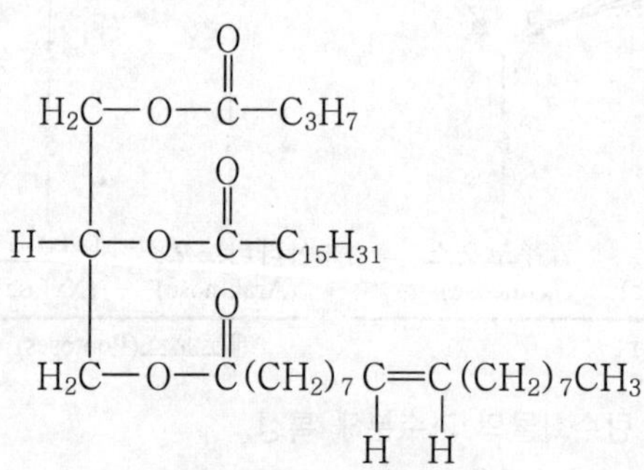

버터에서 발견되는 지방
glyceryl (or glycerol)
oleobutyropalmitate (found in butter fat)

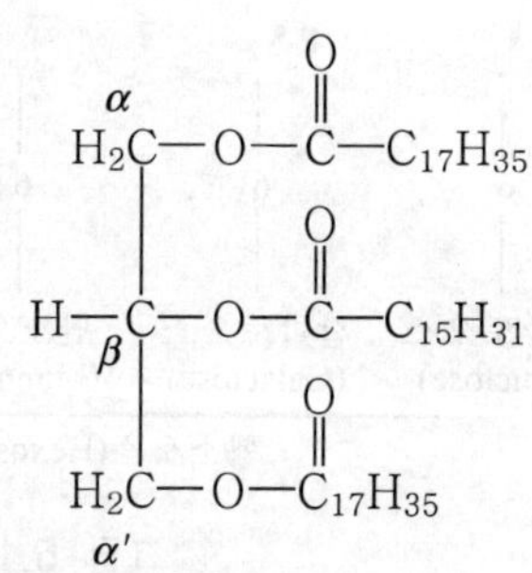

β-Palmito-α, α'-distearin

유지의 글리세라이드를 구성하고 있는 대표적인 지방산들을 표 5.12에 나타내었다. 또 여러 가지 유지에 포함되어 있는 주요 지방산들의 구성비를 표 5.13에 나타내었다.

유지의 반응들로는 다음의 세가지 즉 가수분해, 첨가반응, 산화반응이 중요하다.

Ⅰ표 5.12 유지의 지방산*

이름	화학식	Mp,℃	소재(所在)
뷰티르산(butyric)	C_3H_7COOH	−5.7	
카프로산(caproic)	$C_5H_{11}COOH$	−3	버터
카프릴산(caprylic)	$C_7H_{15}COOH$	16.3	버터, 코코넛 기름
카프르산(capric)	$C_9H_{19}COOH$	31.9	야자 기름, 버터
라우르산(lauric)	$C_{11}H_{23}COOH$	43.2	코코넛 기름
미리스트산(myristic)	$C_{13}H_{27}COOH$	53.9	코코넛 기름, 경납(鯨蠟)
팔미트산(palmitic)	$C_{15}H_{31}COOH$	63.1	육두구(nutmeg), 코코넛 기름
스테아르산(stearic)	$C_{17}H_{35}COOH$	69.6	야자 기름, 동물성 지방
아라키드산(arachidic)	$C_{20}H_{40}O_2$	76.5	동·식물성 유지
베헨산(behenic)	$C_{22}H_{44}O_2$	81.5	땅콩기름
올레산(oleic)	$C_{18}H_{34}O_2$	13.4	베헨유
에룩산(erucic)	$C_{22}H_{42}O_2$	34.7	동·식물성 유지
리놀레산(linoleic)	$C_{18}H_{32}O_2$	−12	무우씨 기름, 겨자 기름
리놀렌산(linolenic)	$C_{18}H_{30}O_2$	−11	목화씨 기름
클루파노돈산(clupanodonic)	$C_{22}H_{34}O_2$	< −78	아마인유

* D. R. Linde(ed.): "Handbook of Chemistry and Physics." 82nd ed., CRC Press LLC, Boca Raton,2001.

Ⅰ표 5.13 유지의 지방산 함량(%)*

이름	Oleic	Linoleic	Linolenic	Stearic	Myristic	Palmitic	Arachidic
버터(a)	27.4			11.4	22.6	22.6	
양지방(羊脂肪)	36.0	4.3		30.5	4.6	24.6	
아주까리 기름(b)	9	3		3			
올리브 기름	84.4	4.6		2.3	Trace	6.9	0.1
야자 기름	38.4	10.7		4.2	1.1	41.1	
코코넛 기름(c)	5.0	1.0		3.0	18.5	7.5	
땅콩기름(d)	60.6	21.6		4.9		6.3	3.3
옥수수 기름(e)	43.4	39.1		3.3		7.3	0.4
목화씨 기름	33.2	39.4		1.9	0.3	19.1	0.6
아마인 유	5	48.5	34.1				
콩기름(f)	32.0	49.3	2.2	4.2		6.5	0.7
유동(油桐)기름(g)	14.9			1.3		4.1	

* E. Wertheim and H. Jeskey, "Introductory Organic Chemistry," 3rd ed., McGraw-Hill, New York, 1956.

a. 기타; caproic, 1.4%: caprylic, 1.8%; capric,1.8%; butyric, 3.2% ; lauric,6.9%를 함유

b. 약 85%의 ricinoleic acid. 1,2-hydroxy-9-octadecenoic acid(mp, 17°), $CH_3(CH_2)_5CHOHCH_2CH=CH(CH_2)_7$ COOH를 함유

c. 기타 ; caprylic, 9.5% ; capric 4.5% ; lauric, 51%를 함유

d. 기타 ; 2.6%의 lignoceric acid를 함유

e. 기타 ; 0.2%의 lignoceric acid를 함유

f. 기타 ; 0.1%의 lignoceric acid를 함유

g. 기타; 79.7%의 eleostearic acid를 함유

가수분해 유지는 에스터이므로 가수분해(hydrolysis)되기가 비교적 쉽다. 가수분해는 NaOH로 처리하는 화학적 방법이나, 박테리아의 효소에 의한 방법으로 일으킬 수 있으며 글리세롤과 지방산이 생성된다. NaOH에 의한 가수분해를 **비누화**(saponification)라고 한다. 박테리아의 작용에 의한 가수분해에서는 부패지방이나 기름이 생성되어 불쾌한 냄새를 낸다. 부패한 버터와 마아가린은 특히 불쾌한 냄새를 낸다.

첨가반응 불포화산이 포함되어 있는 유지는 다른 불포화 화합물들에서와 마찬가지로 이중결합에 염소를 첨가(addition)할 수 있다. 그러나 유지는 비교적 불용성(不溶性)이어서 일반적으로 반응속도가 느리다. 이것이 일부 폐수의 염소 요구량이 높아지는 원인으로 되며, 염소 소독과정에서 유기염소화합물이 생성되고 이중에는 건강에 영향을 미치는 것도 있다. 올레산과 리놀레산이 많이 들어 있는 기름은 **수소화반응**(hydrogenation)으로 굳기름으로 전환시킬 수 있다. 이중결합에 수소가 첨가되어 포화 지방산으로 된다. 콩기름이나 목화씨 기름 등 비교적 값이 싼 기름을 수소화하여 보통 마아가린이라고 부르는 굳기름으로 전환시켜 식품으로 사용할 수 있다. 여러 가지 조리용 굳기름이나 튀김기름(shortening) 등도 이와 같은 방식으로 제조한다. 수소화 반응을 조절하여 요구되는 경도(degree of hardness)를 가진 제품을 만들 수 있다.

산화반응 리놀레산과 리놀렌산 및 기타 고도의 불포화 지방산이 많이 들어 있는 목화씨 기름과 유동 기름(tung oil)들을 **건성유**(drying iol)라고 한다. 공기와 접촉하게 되면, 이중결합에 산소가 반응하여 수지(樹脂)와 같은 물질을 생성한다. 건성유는 유성도료(oil-based paints)의 주성분이다.

납

파라핀 납(paraffin wax)을 제외한 나머지 모든 납(蠟, wax)은 긴 고리의 지방산과 분자량이 큰 알코올의 에스터이다. **밀납**(beeswax)은 팔미트산과 미리실 알코올(miricyl alcohol, $C_{15}H_{31}COOC_{31}H_{63}$)의 에스터이며, 세로트산(cerotic acid, $C_{25}H_{51}COOH$)도 들어 있다. 경납(鯨蠟, spermacetic)은 향유 고래의 머리에서 얻어지며 주 성분은 팔미트산과 세틸 알코올(cetyl alcohol)의 에스터($C_{15}H_{31}COOC_{16}H_{33}$)이다. 라우르산과 미리스트산의 세틸 에스터도 약간 포함되어 있다.

| 5.22 | 단백질과 아미노산

단백질(protein)은 탄소, 수소, 산소 및 질소로 이루어진 복잡한 구조의 화합물이다. 인과 황(sulfur)도 소량 포함하고 있다. 자연계에서 생성되는 유기화합물들 중 가장 복잡한 구조를 가진 화합물로 식물체와 동물체에 널리 분포되어 있다. 모든 원형질(protoplasm)과 효소의 기본적인 부분을 구성하며, 고등동물의 필수 영양소로 근육조직을 구성하고 복원(repair)하는 데 쓰인다. 다당류가 글루코오스 단위들로 구성되어 있듯이, 단백질은 α-아미노산들의 결합으로 형성되어 있다. 단백질을 형성하는 아미노산은 20종류 이상이므로 여러 가지 종류의 단백질이 존재하게 된다.

아미노산

α-**아미노산**은 단백질을 구성하는 기본 단위이다. 대부분의 식물과 박테리아는 단백질의 합성에 필요한 아미노산을 스스로 합성할 수 있는 능력을 가지고 있다. 동물은 아미노산들 중의 일부를 합성할 수 없으며, 따라서 식물로부터 합성된 단백질을 공급받아야만 한다. 이러한 아미노산을 필수 아미노산(indispensable amino acid)이라고 한다.

단백질 속에 들어 있는 아미노산은 모두 α-탄소 원자에 아미노기(amino group)가 결합되어 있어 α-아미노산이라고 불린다.

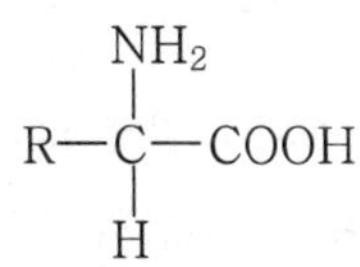

α-아미노산
(α-amino acid)

아미노산의 화학 아미노산은 카복시기와 아미노기를 함께 가지고 있으므로 산으로서의 성질과 염기로서의 성질을 동시에 나타낸다. 그러므로 아미노산들은 **양쪽성**(amphoteric)이며, 산 또는 염기와 염을 생성한다.

산과의 염 생성 반응 :

$$H_2NCH_2COOH + HCl \rightarrow Cl^- + {}^+H_3NCH_2COOH \quad (5.48)$$

염기와의 염 생성 반응 :

$$H_2NCH_2COOH + NaOH \rightarrow H_2O + H_2NCH_2COO^- + Na^+ \quad (5.49)$$

한 개의 아미노기와 한 개의 카복실기를 가지고 있는 아미노산은 수용액 중에서 중성을 나타낸다. 이것은 **자체중화**(self-neutralization)에 의하여, 즉 카복실기의 수소이온이 아미노기로 이동하여 **쯔비터이온**(zwitterion)이라고 하는 양-음(쌍극성)이온으로 되기 때문인 것으로 생각되고 있다.

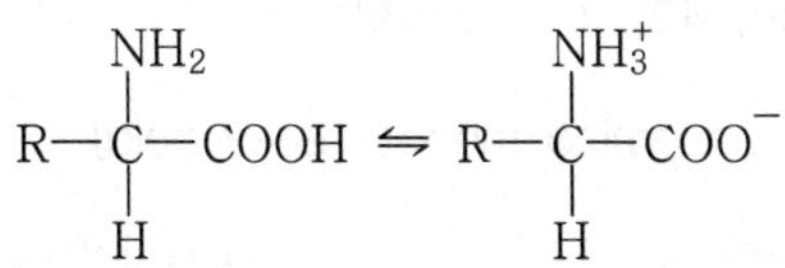

쯔비터이온(zwitterion)

(5.50)

앞서 5.9절에서 설명한 바와 같이, 유기산은 암모니아와 반응하여 아마이드를 생성한다. 각 아미노산 분자의 아미노기와 카복실기도 같은 식으로 반응할 수 있다.

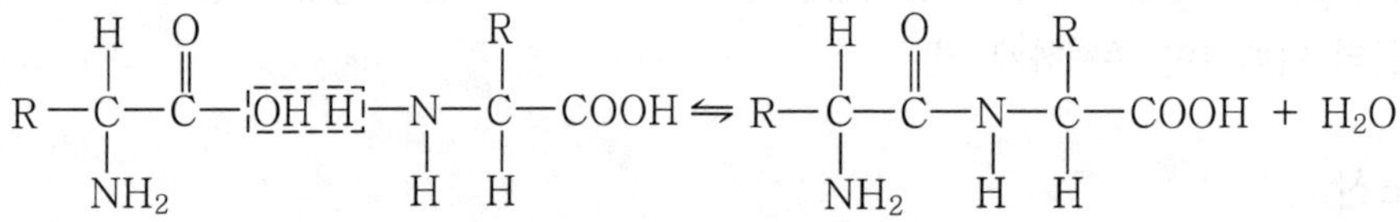

다이펩타이드(dipeptide) (5.51)

아미노기와 카복실기 사이의 이와 같은 결합능력으로, 아미노산들이 크고 복잡한 단백질 분자를 형성할 수 있게 된다. 위에 보인 예에서, 생성된 다이펩타이드에는 아미노기와 카복실기가 각각 한 개씩 자유롭게 남아 있으며 이들은 다시 다른 아미노산 분자와 결합할 수 있다. 다음에 생성되는 분자에도 자유로운 아미노기와 카복실기를 가지게 되어 이 과정은 무한히 반복될 수 있다. 그러나 생화학과정은 필요한 형태의 크기의 단백질 분자가 생성되도록 해준다.

두 개의 아미노산 분자가 결합하여 생성된 분자를 **다이펩타이드**, 세 개의 아미노산 분자로 이루어진 것은 **트라이펩타이드**라고 하며, 셋 이상의 것은 **폴리펩타이드**(polypeptide)라고 한다. 아미노산들 사이의 결합을 특별히 **펩타이드 결합**이라고 하며, 아미노기와 카복실기 사이에서 한 분자의 물을 잃어버리고 이 결합이 형성된다.

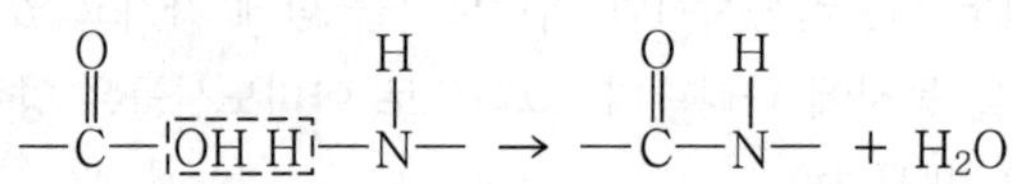

펩타이드 결합(peptide link) (5.52)

아미노산의 분류 단백질의 가수분해를 통하여 약 20여 종류의 아미노산이 분리 확인되어 있다. 가장 간단한 아미노산은 한 개의 아미노기와 한 개의 카복실기를 가진 것이다. 아미노산들 중 일부는 분자 내에 황을 가지고 있는 것도 있다. 한편 두 개의 아미노기와 한 개의 카복실기를 가지고 있어서 반응에서 염기성을 나타내는 것도 있으며 한 개의 아미노기와 두 개의 카복실기를 가지고 있어서 반응에서 산성을 나타내는 것도 있다. 이 밖에도 방향족이나 이종원자 고리기(group)를 가지고 있는 것들도 있다.

글라이신(glycine)을 제외한 모든 아미노산은 광학활성이 있다. 다음에 나타낸 아미노산들 중 * 표시한 것들은 사람에게 필수 아미노산들이다. 각 아미노산의 이름 뒤에 있는 괄호 안의 것은 일반적으로 사용되고 있는 생략형이다.

모노아미노 모노카복실산(monoamino monocarboxy acid)

H_2NCH_2COOH 글라이신 Glycine (Gly)

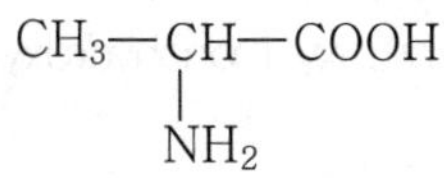

알라닌 Alanine (Ala)

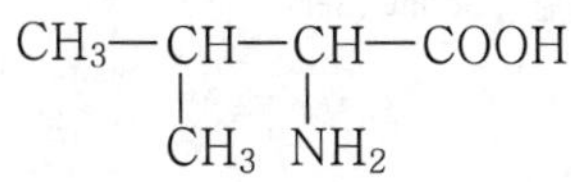

*발린 Valine (Val)

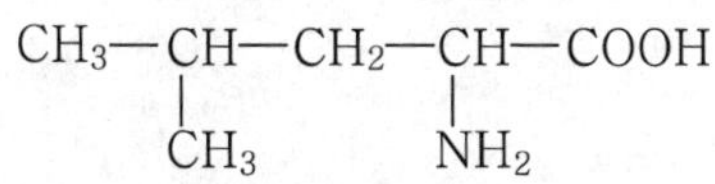

*루신 Leucine (Leu)

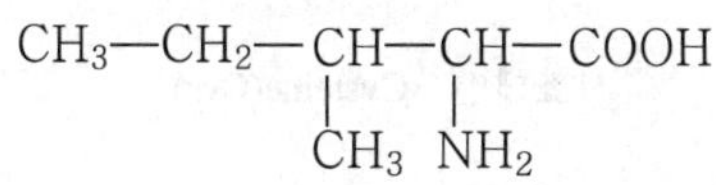

*아이소루신 Isoleucine (Ile)

모노카복시 다이아미노산(monocarboxy diamino acid)

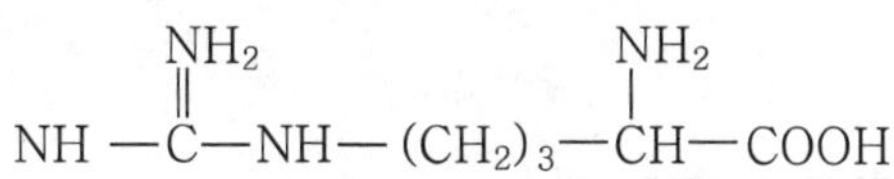

아르기닌 Arginine (Arg)

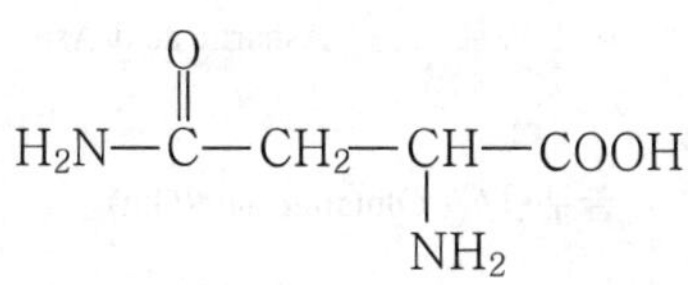

아스파라긴 Asparagine (Asn)

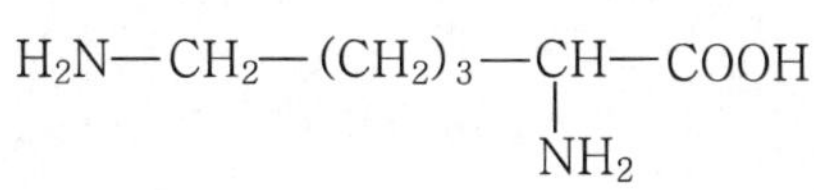

*라이신 Lysine (Lys)

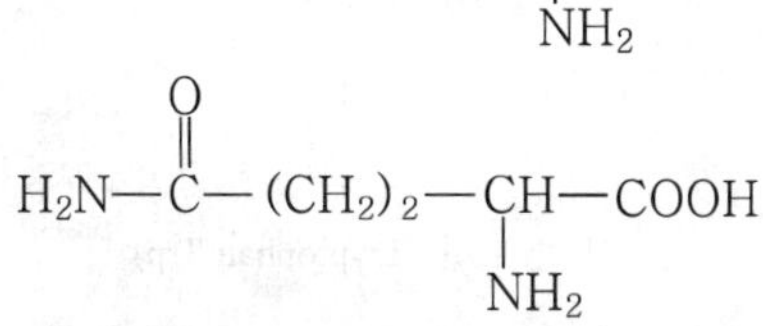

글루타민 Glutamine (Gln)

방향족 동종원자 고리산(aromatic homocyclic acid)

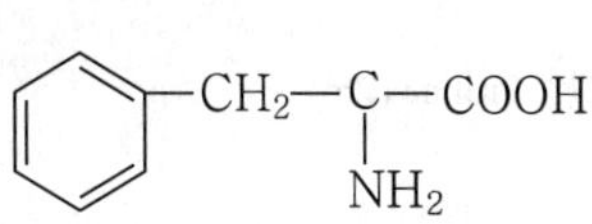

*페닐알라닌 Phenylalanine (Phe)

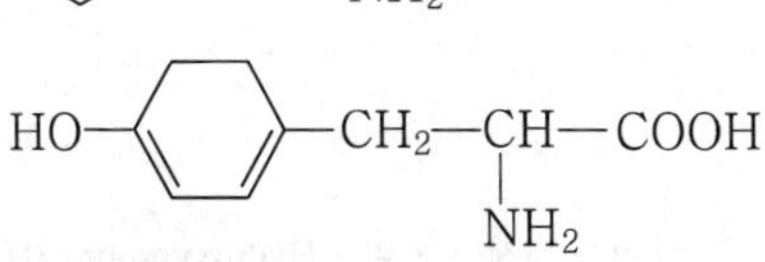

타이로신 Tyrosine (Tyr)

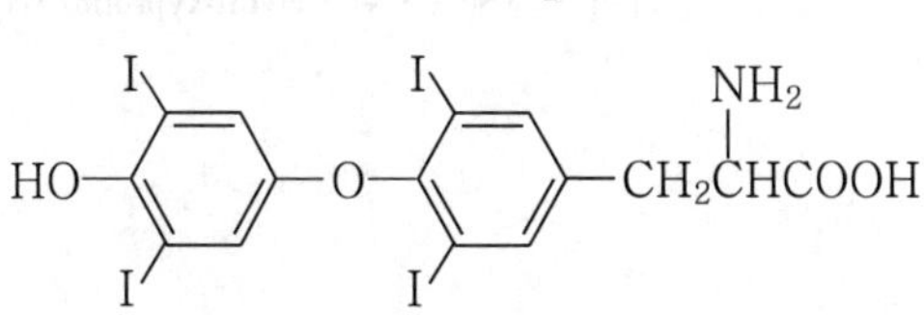

싸이록신 Thyroxine (Thy)

모노아미노 모노카복시 모노하이드록시산(monoamino monocarboxy monohydroxy acid)

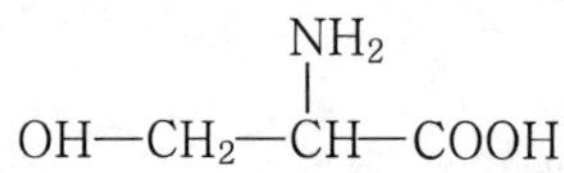

세린 Serine (Ser)

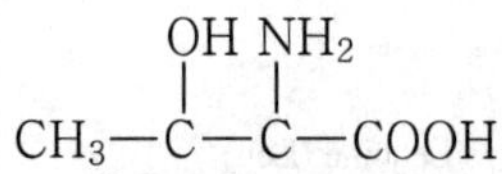

*쓰레오닌 Threonine (Thr)

황을 가진 산(sulfur-containing acid)

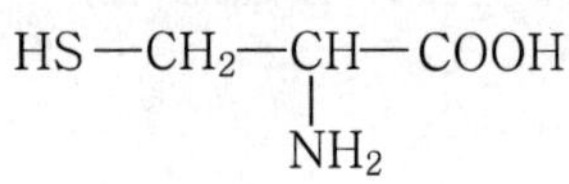

시스테인 Cysteine(Cys)

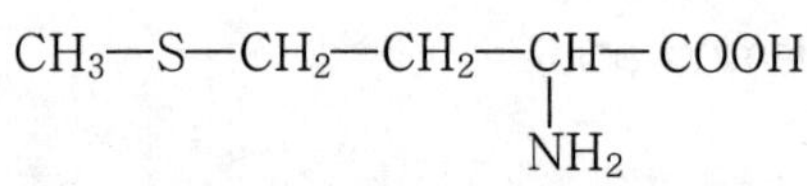

*메티오닌 Methionine(Met)

다이카복시 모노아미노산(dicarboxy monoamino acid)

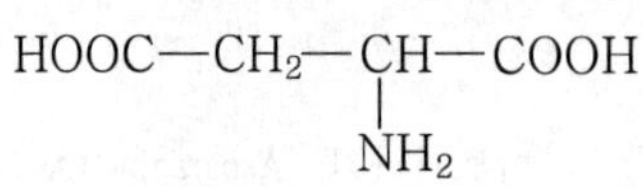

아스파르트산 Aspartic acid(Asp)

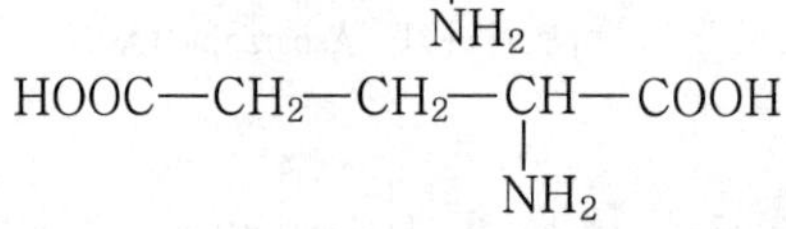

글루탐산 Glutamic acid(Glu)

헤테로 고리 산(heterocyclic acid)

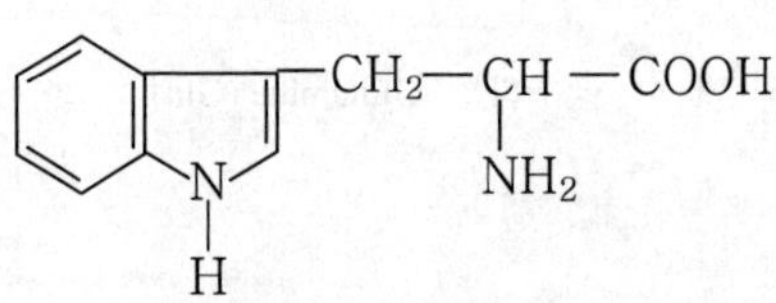

*트립토판 Tryptophan(Trp)

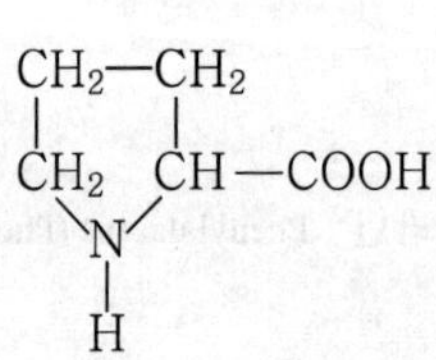

프롤린 Proline (Pro)

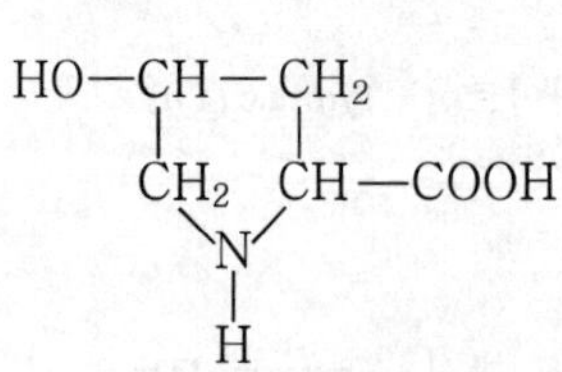

하이드록시프롤린 Hydroxyproline (Hypro)

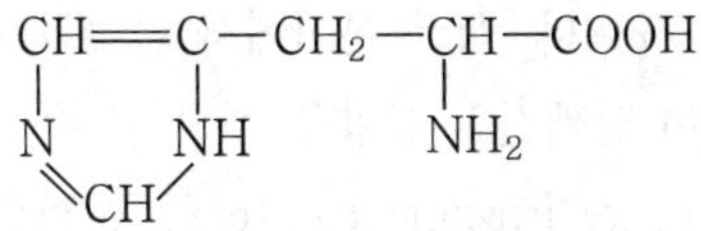

히스티딘 Histidine (His)

단백질은 그 원천(source)에 따라 가수분해에서 생성되는 아미노산의 종류와 생성량이 달라진다. 같은 원천에서 나온 단백질은 대체로 같은 종류의 아미노산들이 같은 조성비로 구성되어 있다. 모든 단백질은 두 종류 이상의 아미노산들로 구성되어 있다.

단백질

단백질은 육류, 치즈, 달걀 및 일부 채소 등에 들어 있으며 사람에게 대단히 중요한 식품이다. 달걀을 제외한 이들 식품가공공장 폐수는 일반적으로 생물학적 공정에 의해 처리할 수 있다.

단백질의 성질 단백질 분자는 대단히 크고 복잡한 화학구조를 가지고 있다. 인슐린(insulin)은 한 분자에 51개의 아미노산을 가지고 있으며, 분자 내의 원자배열이 정확히 밝혀진 최초의 단백질이다. Cambridge대학의 Frederick Sanger는 이 업적으로 1958년에 노벨상을 받았다. 이외에도 단백질 중 원자 배열이 밝혀진 것으로는 124개의 아미노산으로 구성된 리보핵산 가수분해효소(ribonuclease), 158개의 아미노산으로 이루어진 담배 모자이크 바이러스 단백질과 574개의 아미노산들로 구성된 헤모글로빈(hemoglobin)등이 있다. 헤모글로빈은 분자량이 64,500이며 수소, 산소, 질소, 산소와 황의 10000개의 원자와 4개의 철(iron)원자로 구성되어 있다. 이 철원자들은 혈액과 산소가 결합할 수 있게 하는 능력을 부여하기 때문에 다른 원자들 보다도 중요하다. 단백질들 중에는 위의 것들 보다 10~50배나 더 큰 분자량을 가진 것으로 짐작되는 단백질들도 있다.

모든 단백질에는 탄소, 수소, 산소와 질소가 들어 있다. 동물이나 식물 등 그 원천(source)에 관계없이, 모든 단백질의 원소 분석 결과는 다음과 같이 좁은 범위의 원소 조성을 나타낸다.

	percentage
탄소(carbon)	51~55
수소(hydrogen)	6.5~7.3
산소(oxygen)	20~24
질소(nitrogen)	15~18
황(sulfur)	0.0~2.5
인(phosphorus)	0.0~1.0

단백질의 질소 함량은 15~18%로 평균은 약 16%이다. 식품 분석에서 탄수화물과 지방에는 질소가 들어 있지 않으므로 이 값을 이용하여 단백질의 함량을 계산 할 수 있다. 즉, Kjeldahl법(25.3절 참조)으로 질소 함량을 분석하고, 인자(factor) 100/16 즉, 6.25를 곱하여 단백질 함량을 추정할 수 있다. 가끔 이 방법을 이용하여 가정하수, 산업폐수 및 슬러지 중의 유기질소 함량으로부터 단백질 함량을 추정해 낸다(25.3절 참조). 이 폐수들 속에는 단백질 이외에도 질소를 가진 유기물이 존재할 수 있으므로 이 추정은 단지 그 개략적인 것을 파악하는 데만 도움이 된다.

단백질 폐기물의 생물학적 처리 일반적으로 다량의 단백질을 포함하고 있는 폐수는 생물학적 처리방법을 사용해야 한다. 이 과정에서 단백질 분해의 첫 단계는 가수 분해 효소에 의하여 일어나는 가수분해로 생각되고 있다. 이 가수분해는 단백질이 합성될 때의 역방향으로 진행되는 것으로 생각된다.

단백질의 가수 분해 생성물 α-아미노산은 효소작용에 의해 아미노기가 이탈되어, 유리 지방산(free fatty acid)과 기타의 산으로 분해된다. 유리 지방산은 미생물의 먹이가 되어 이산화 탄소와 물로 전환된다.

$$\text{단백질} \rightarrow \text{폴리펩타이드} \rightarrow \text{다이펩타이드} \rightarrow \alpha\text{-아미노산} \tag{5.53}$$

세탁제

5.23 세탁제

세탁제(detergent)는 의류, 식기 및 기타 여러 가지 물건으로부터 오염물질을 제거하기 위해 사용하는 각종 세정용(洗淨用) 물질을 일컫는다. 세탁제의 주성분은 유기물질이며, 수용액 속에서 계면 활성 또는 표면 활성(surface active)인 성질을 가지고 있으며 **계면 활성제**(surfactant)라고도 한다. 계면 활성제는 모두 아주 큰 극성 작용기를 가지고 있으며 이 분자의 한쪽 끝은 특히, 물에 녹으며 다른 쪽은 기름에 잘 녹는다. 물에 녹는 부분은 카복시기, 황산기(sulfate group), 하이드록시기 및 설폰산기(sulfonate group) 등이다. 이들 중 카복시기, 황산기 및 설폰산기의 계면 활성제는 모두 소듐염이나 포타슘염의 형태로 사용된다.

(유용성 부분) (oil-soluble part)	(수용성 부분) (water-soluble part)
유기원자단 (organic group)	$-COO^{-}Na^{+}$ $-SO_4^{-}Na^{+}$ $-SO_3^{-}Na^{+}$ $-OH$

분자 내 유기 원자단의 성상은 계면 활성제의 형태에 따라 크게 달라진다.

| 5.24 | 비 누

보통의 비누(soap)는 유지(油脂)와 수산화 소듐의 **비누화반응**(saponification)으로 제조한다. **비누화반응**은 가수분해에 의해 생성되는 지방산이 중화되도록 알칼리제(alkaline agent)를 사용하는 특수한 가수분해 반응 예이다. 이런 방법으로 반응이 완결되는 방향으로 진행시킨다.

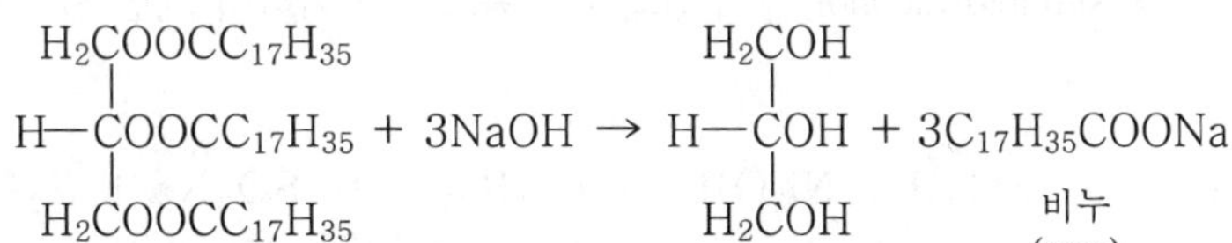

스테아린 (stearin) 글리세롤 (glycerol) 비누 (soap) (5.54)

유지는 글리세롤과 소듐 비누(sodium soap)로 분할된다. 비누의 성질은 유지의 종류에 따라 달라진다. 우지(牛脂)와 목화씨 기름은 품위가 낮은 작업용 비누를 만드는 데 사용되며, 코코넛(coconut)과 기타의 기름(oil)들은 욕실용 비누 제조에 사용된다.

나트륨 비누와 칼륨 비누는 모두 물에 녹는다. 그러나 센물(hard water)의 경우에는 칼슘, 마그네슘 및 기타 경도(硬度, hardness)의 원인이 되는 이온들과 비누가 반응하여 금속비누(metallic soap) 형태로 되어 침전된다.

$$2C_{17}H_{35}COONa(aq) + Ca^{2+} \rightarrow (C_{17}H_{35}COO)_2Ca(s) + 2Na^{+} \qquad (5.55)$$

비누는 경도를 유발하는 이온들이 모두 침전이 된 후에야 계면 활성을 나타낼 수 있으며, 대개 저어서 거품이 생겨나기 시작하는 것으로 알 수 있다.

| 5.25 | 합성세제

1945년 이래 여러 가지 **합성세제**(synthetic detergents)가 개발되어 비누 대신에 사용되고 있다. 합성세제의 장점은 경도를 일으키는 이온들과 불용성 침전을 생성하지 않는 것이다. 상품으로 판매되고 있는 제품의 성분은 20~30%의 계면 활성제와 나머지 70~80%의 보조제(builder)로 이루어져 있다. 보조제는 보통 황산 소듐(sodium sulfate), 트라이폴리인산 소듐(sodium tripolyphosphate), 피로인산 소듐(sodium pyrophosphate), 규산 소듐(sodium silicate) 및 기타 계면 활성작용을 촉진시키기 위한 물질들로 구성된다. 합성 계면 활성제에는 **음이온성**, **양이온성** 및 **비이온성** 등의 세 가지 형태가 있다.

음이온성 세제

음이온성 세제(anionic detergent)는 모두 소듐염이며 이온화하여 Na^+와 음이온으로 하전된 계면 활성 이온으로 된다. 보통 이용되는 것은 모두 황산염과 설폰산염들이다.

황산염 긴 고리의 알코올을 황산으로 처리하면, 계면 활성 성질을 가진 황산염(무기산 에스터)으로 된다. 도데실 알코올(dodecyl alcohol)이나 라우릴 알코올이 흔히 사용된다.

$$C_{12}H_{25}OH + H_2SO_4 \rightarrow C_{12}H_{25}-O-SO_3H + H_2O \quad (5.56)$$

이 황산화 알코올(sulfated alcohol)을 수산화 나트륨으로 중화하여 계면 활성제를 제조한다.

$$C_{12}H_{25}-O-SO_3H + NaOH \rightarrow \underset{\text{황산라우릴 소듐}}{C_{12}H_{25}-O-SO_3Na} + H_2O \quad (5.57)$$

황산화 알코올은 최초로 상품화된 계면 활성제이며 다른 합성세제와 혼합하여 필요한 성질을 가진 혼합 합성세제 제품을 만드는 데 사용된다.

설폰산염 중요한 설폰산염(sulfonate)은 주로 에스터, 아마이드 및 알킬벤젠(alkylbenzene)으로부터 유도된 것이다.

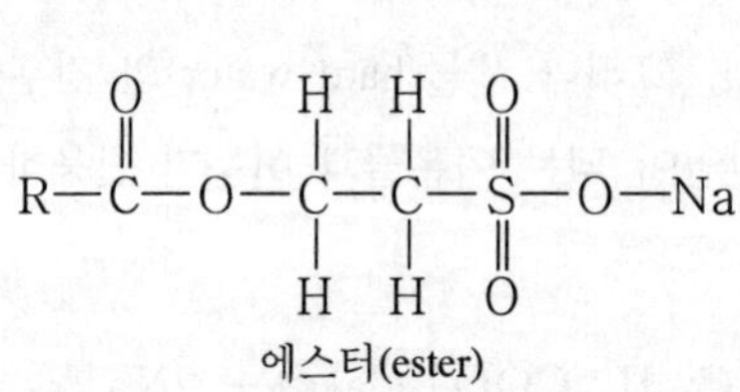

에스터(ester)

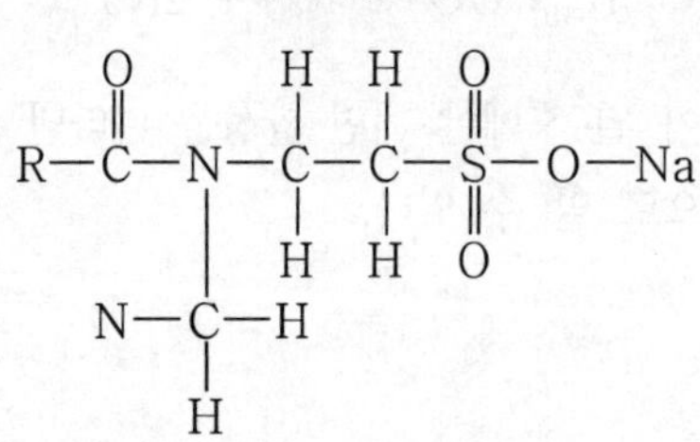

아마이드(amide)

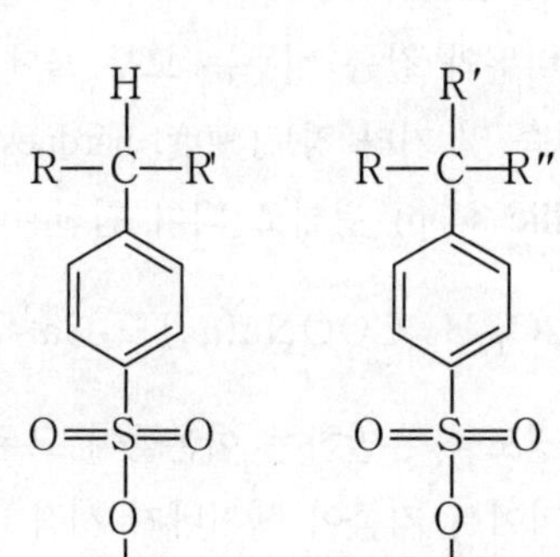

이차(secondary) 삼차(tertiary)

알킬벤젠설폰산염
(sulfonated alkylbenzenes)

에스터와 아마이드는 탄소수 16 또는 18개의 유기산들로부터 유도된 것이다. 과거에는 알킬벤젠 설폰산염(alkylbenzene sulfonate, ABS)을 대부분 프로필렌의 폴리머로부터 합성하였으며, 이 알킬기는 탄소 수가 평균 12개로 가지(branch)가 많다. 현재는 대부분을 곧은 사슬의 파라핀으로부터 만들고 있다. 그러므로 알케인 사슬은 가지가 없으며 벤젠 고리는 주로 이차 탄소 원자에 결합되어 있다. 이것을 LAS(linear alkyl sulfonate)라고 한다.

비이온성 세제

비이온성 세제(nonionic detergent)는 이온화하지 않으며, 분자 내의 원자단(group)에 따라 용해도가 달라진다. 모두 에틸렌 옥사이드(ethylene oxide, C_2H_4O)의 폴리머(polyethoxylates)를 이용하여 이와 같은 성질을 나타내도록 한 것이다.

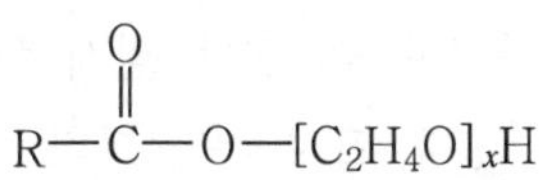

에스터형(ester type)

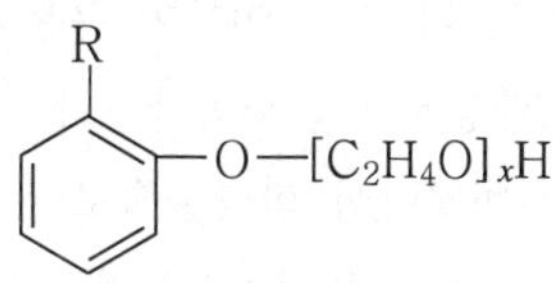

아릴형(aryl type)

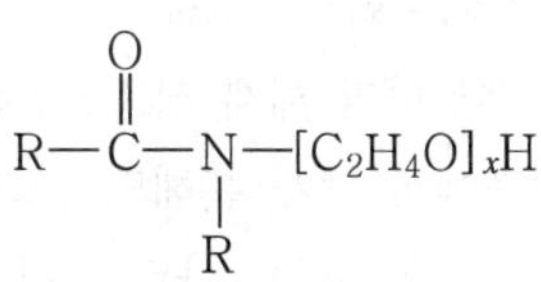

아마이드형
(amide type)

$$HO[C_2H_4O]_xH$$

에틸렌옥사이드 폴리머형
(ethylene oxide polymer type)

노닐페놀(nonylphenol, 5.14절)과 옥틸페놀(octylphenol)에 여러 개의 에틸렌 옥사이드가 결합된 것이 아릴형 세제에서 중요하다.

양이온성 세제

양이온성 세제는 사차 수산화 암모늄(quaternary ammonium hydroxide)의 염이다. 사차 수산화암모늄에서 암모늄 이온의 수소들이 모두 알킬기로 치환된 것이다. 계면 활성은 양이온 부분에 있다.

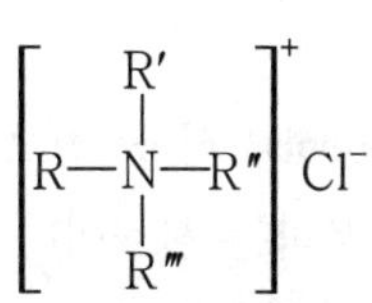

양이온성 세제(a cationic detergent)

양이온성 세제는 살균능력이 있어서 뜨거운 물이 없거나 사용해서는 안 되는 경우의 식기 세척용 위생세제로 사용되고 있다. 또 살균이 중요한 아기들 기저귀의 세탁에도 사용된다. 기저귀를 살균하지 않으면 박테리아가 번식하게 되고 효소를 분비하여 요소(urea)를 가수분해하여 암모니아를 생성한다[식 (5.43)]. 이에 따라 pH가 높아지게 되고 아기의 연한 피부를 상하게 하며 암모니아의 불쾌한 냄새를 내게 된다.

세제의 생물학적 분해

세제는 그 화학적 구조에 따라 생물학적 분해성이 크게 달라진다.[22] 보통의 비누와 황산화 알코올들은 박테리아에 의하여 쉽게 분해된다. 에스터와 아마이드 결합을 가진 합성세제도 쉽게 가수분해 된다. 이때 생성되는 지방산들도 역시 박테리아에 의해 분해된다. 그 밖의 가수분해 생성물들은 그 분자 구조에 따라 박테리아에 의해 분해가 되는 것 들과 분해가 되지 않는 것들이 있다. 에틸렌 옥사이드의 폴리머로부터 합성된 세제들도 생물학적 분해가 잘 된다. 그러나 최근 이들이 부분적으로만 변환되며 남아 있는 알킬 방향족 화합물들이 염소 소독과정에서 염소화나 브롬화되는 사실이 밝혀졌다. 앞서 설명한 바와 같이 알킬페놀류는 내분비교란성 화학물질로 추측되고 있다. 프로펜으로부터 합성된 알킬벤젠설폰산염(alkyl benzene sulfonate)은 생분해 내성이 커서 그대로 남아 1950년대 하천과 지하수에 과도한 거품이 발생되는 원인이 되었다. 이것은 합성화학물질이 환경에 유해한 영향을 미칠 수 있음을 최초로 입증하는 것이었다. 이에 따라 세제 제조산업은 LAS 계면 활성제의 생산으로 전환되었으며 LAS는 호기성 상태에서 쉽게 분해되어, 거품이 생겨나는 심각한 문제를 해결하는 데 도움이 되고 있다. 그러나 비누와는 다르게 혐기성 상태에서는 분해가 잘 되지 않는다. 현재 미국 EPA의 2차 기준(secondary standard)이 적용되고 있으며 거품제(foaming agent)에 대하여 0.5 mg/L로 정해져 있다. 이 2차 기준의 적용여부는 주정부에 달려 있다.

농 약

| 5.26 | 농 약

농약은 유해한 곤충과 설치동물(rodent), 식물, 잡초 등의 불필요한 생물을 방지, 박멸, 구제(驅除) 또는 제어하기 위하여 사용하는 물질이다. 농약은 화학적으로 무기농약, 천연 유기농약과 합성 유기농약의 세 종류로 구분할 수 있다. 또한 대상으로 하는 생물에 따라 살충제(insecticide), 제초제(herbicide), 살조제(algicide) 및 살균제(fungicide) 등으로 구분

---

22) C. N. Sawyer and D. W. Ryckman, Anionic Detergents and Water Supply Problems, *J. Am. Water Works Assoc.*, **49** : 480(1957).

하기도 한다.

합성 유기농약은 제2차 세계대전 중에 개발되어 현재는 그 종류가 수천 종으로 늘어났으며, 년간 총생산량이 약 7억 kg에 달하고 있다. 이들은 주로 농업용으로 쓰이고 있다. 합성 유기농약은 그 화학적 성질에 따라 분류하면 환경에 이 화합물이 유입되었을 때의 거동(behavior)과 잔존율을 보다 잘 판단할 수 있게 된다. 주요 형태로는 유기염소계(chlorinated pesticide), 유기인계(organic phosphorus pesticide)와 카밤산계 농약(carbamate pesticide)이 있다. 최근에는 s-트라이아진계 농약(s-triazine pesticide)도 중요해지고 있으며, 이 밖에도 여러 가지 형태의 합성 농약들이 있다.

5.27 유기염소계 농약

유기염소계농약의 종류는 대단히 많으며, 여러 가지 용도로 광범위하게 사용되고 있다. DDT는 제2차 세계대전 중에 주로 이(louse)와 모기의 방제에 사용되면서 대단히 효과적인 살충제임이 판명되었다. 미국에서는 환경오염을 이유로 사용을 엄격히 제한하고 있으나, 몇몇 나라들에서는 아직도 주요 농약 중의 하나로 사용하고 있다. DDT는 다음과 같은 구조를 가진 방향족 염소화합물이다.

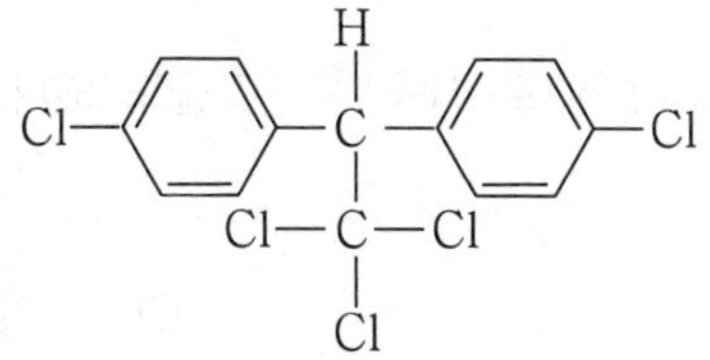

DDT

공업용 품위의 DDT는 세 종류의 이성질체의 혼합물로 되어 있으며, 위에 나타낸 구조의 이성질체가 전체의 70%를 차지한다. DDT는 본래, 2,2-비스(*p*-클로로페닐)-1,1,1-트라이클로로에탄[2,2-bis(*p*-chlorophenyl)-1,1,1-trichloroethane]이라고 하는 긴 이름을 가진 화합물이다.

벤젠과 염소를 햇빛을 쪼이면서 반응시키면 첨가 생성물(addition product)인 BHC(benzene hexachloride)가 생성된다. 여러 종류의 입체이성질체(stereoisomer)가 생성되며, 이중 **린덴**(lindane)이라고 불리는 감마(γ) 이성질체가 살충제로서의 효과가 가장 크다.

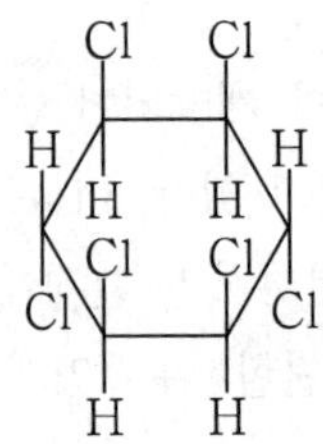

γ-육염화벤젠(린덴)

이 밖에도 엔드린과 디엘드린의 두 염소계 살충제가 널리 사용된 적이 있었다. 이 두 화합물은 서로 이성질체로서 그 구조식은 같으나, 공간 배열(spatial configuration)이 다르며 살충제로서의 효과도 차이가 있다.

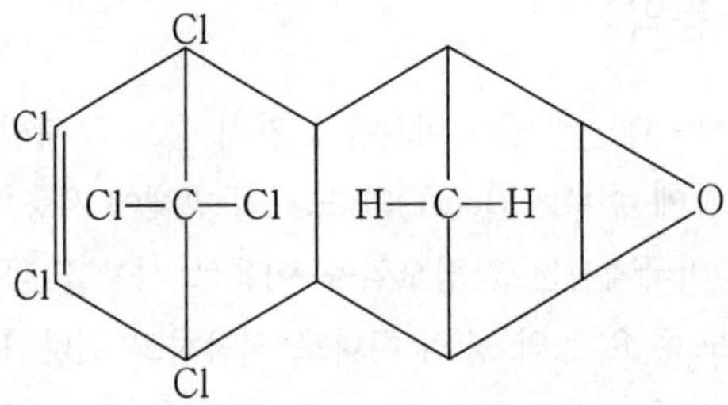

디엘드린(dieldrin) 또는 엔드린(endrin)

유기염소계 농약은 제초제(除草劑)로 사용되는 것들도 있다. 가장 대표적인 것은 2,4-D와 2,4,5-T이다.

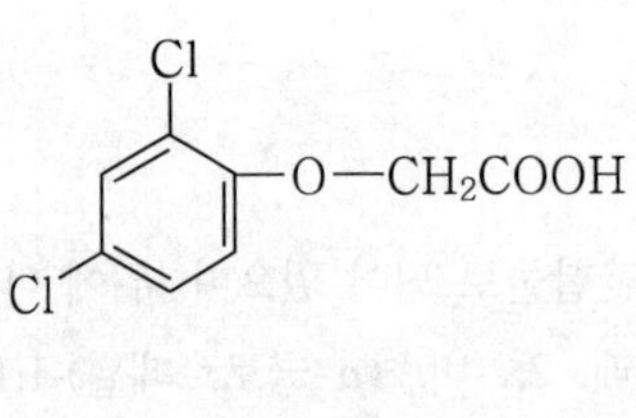

(2,4-D)
2,4-다이클로로페녹시아세트산
(2,4-Dichlorophenoxyacetic acid)

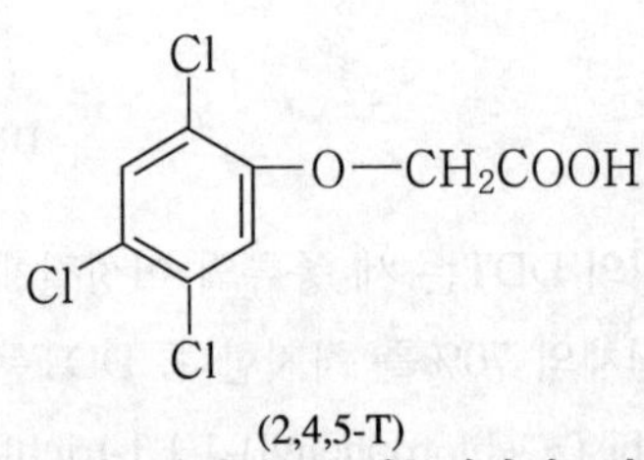

(2,4,5-T)
2,4,5-트라이클로로페녹시아세트산
(2,4,5-Trichlorophenoxyacetic acid)

이 제초제들은 활엽식물을 죽이는 반면, 목초는 죽이지 않는다. 이들은 또한 호수, 연못, 저수지의 수생식물의 방제에도 사용되고 있다. 2,4,5-T의 제조과정에서는 사람에 대한 독성이 대단히 강한 다이옥신(dioxin)이 부산물로 생성되어 사용을 제한하고 있다. 다이옥신은 유기염소화합물의 연소과정에서도 생성된다. 독성이 가장 센 것은 2,3,7,8-테트라클로로다이벤조-*p*-다이옥신(TCDD)이다. 독성이 대단히 강하여 먹는물 MCL은 3×10^{-5} μg/L의 아주 낮은 값으로 설정되어 있다.

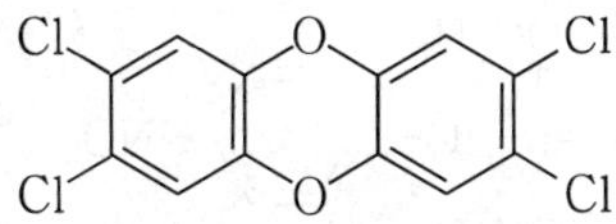

2,3,7,8-테트라클로로다이벤조-*p*-다이옥신(TCDD)
[2,3,7,8-tetrachlorodibenzo-*p*-dioxin (TCDD)]

클로로아세트아마이드류(chloracetamides) 라고 불리는 종류의 화합물들도 넓은 잎을 가진 잡초의 제초제로 널리 사용되고 있다. 가장 대표적인 것은 알라클로르[alachlor, 2-chloro-2',6'-N-(methoxymethyl)-acetanilide]와 메톨라클로르[metolachlor, 2-2-chloro-6'-ethyl-N-(2-methoxy-1-methyl-ethyl)aceto-toluidine]의 두 화합물이다. 이 제초제들은 주로 옥수수와 콩의 재배 때 잡초 제거용으로 사용한다.

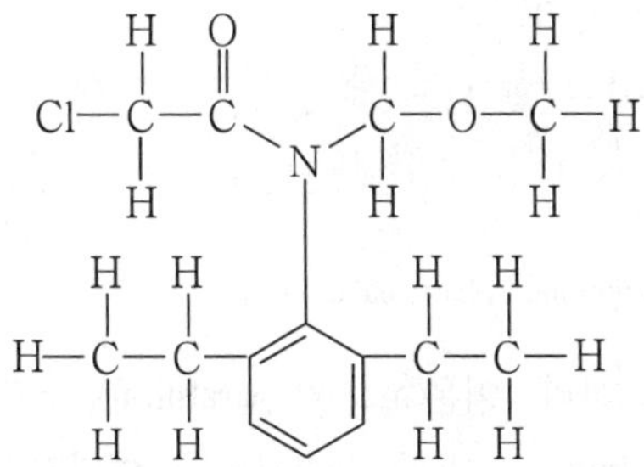

알라클로르(alachlor)

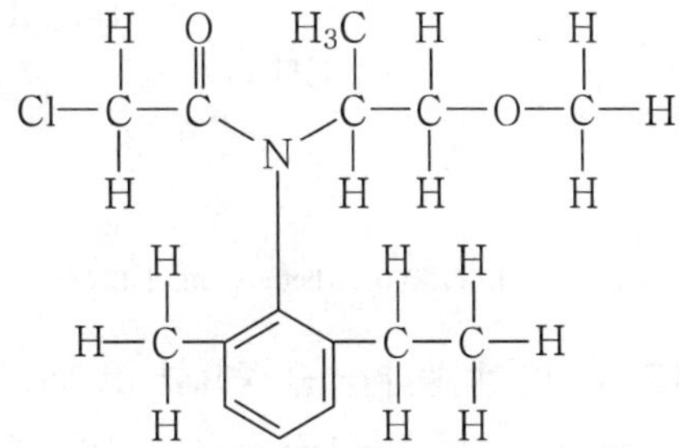

메톨라클로르(Metolachlor)

이 밖의 중요한 유기염소계 농약으로는 알드린(aldrin), 클로르데인(chlordane), 톡사펜(toxaphene), 헵타클로르(heptachlor), DDD, EDB, DBCP 및 1,2-다이클로로프로판 등이 있으며 살충제, 살균제 또는 살선충제로 사용되고 있다. 유기 할로젠계 농약은 모두 잔존율과 인체와 자연에 해를 끼칠 가능성이 높기 때문에 문제가 되고 있다. 현재 미국에서는 알드린과 디엘드린의 사용을 금지하고 있으며, 그 밖의 유기염소계 농약들 중 많은 것들에 대하여도 사용을 엄격하게 제한하고 있다.

5.28 유기인계 농약

유기인계 농약은 제2차 세계대전 후에 중요해진 살충제이다. 이 화합물들은 독일에서 화학무기를 연구하는 중에 개발된 것으로서 일반적으로 해충뿐만 아니라 사람에게도 대단히 강한 독성을 가지고 있다. **파라싸이온**은 1946년 독일에서 미국으로 도입된 중요한 농약으로, 다른 많은 유기인계 농약이 그렇듯이, 그 구조 속에 황, 질소 및 인을 가지고 있는 방향족 화합물이다.

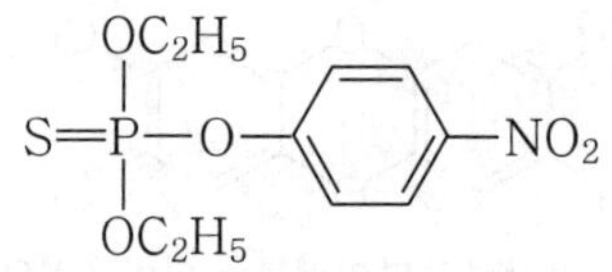

파라싸이온
[*O*,*O*-diethyl-*O*-*p*-nitrophenylthiophosphate(parathion)]

파라싸이온은 광대파리(fruit fly)와 같은 해충에 특히 유효하다. 그러나 사람에 대한 독성도 대단히 세므로 사용에 특별한 주의를 필요로 한다.

말라싸이온은 여러 가지 곤충에 대하여 강한 독성을 나타내나, 다른 유기인제들과는 달리 포유동물에 대한 독성이 약하기 때문에 널리 사용되고 있다.

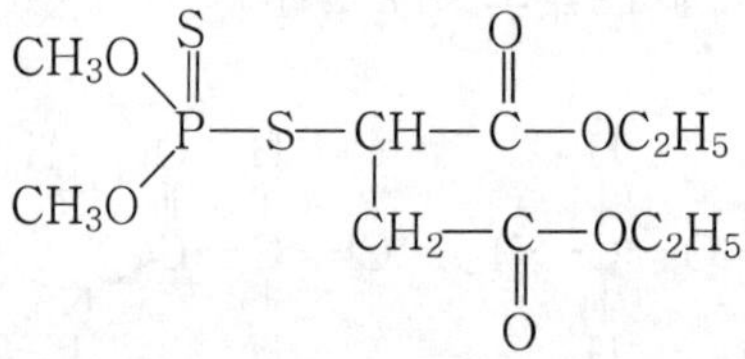

말라싸이온
[*S*-(1,2)-dicarbethoxyethyl-*O*,*O*-dimethyldithiophosphate(malathion)]

이 밖의 유기인계 농약들 중 중요한 것으로 메틸 파라싸이온(methyl parathion), 글리포세이트(glyphosate), 데메톤(demeton), 구싸이온(guthion), 시스톡스(systox), 메타시스톡스(metasystox), 클로르싸이온(chlorthion), 디시스톤(disyston), 디캅톤(dicapthon) 등이 있다.

| 5.29 | 카밤산계 농약

카밤산계 농약은 RNHCOOR'의 일반식을 가진 화합물들이다. 가장 흔히 사용되는 것은 N-페닐카밤산 이소프로필(isopropyl N-phenylcarbamate, IPC) 이다.

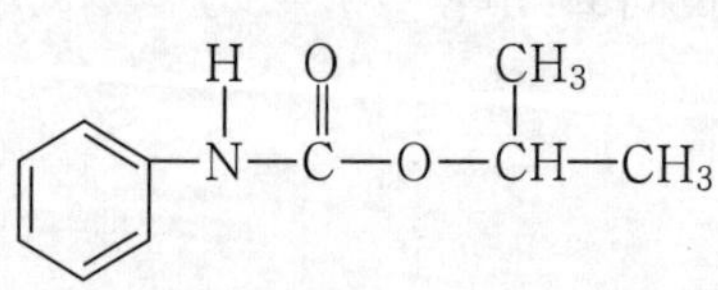

N-페닐카밤산 아이소프로필
[Isopropyl *N*-phenylcarbamate(IPC)]

IPC는 활엽식물에는 피해를 주지 않으며 잡초만을 효과적으로 제거하는 제초제이다. 이 밖에 알디카르브(aldicarb), 카르바릴(carbaryl, Sevin[R]), 카르보프란(carbofuran), 페르밤(ferbam), 캅탄(captan) 등이 중요하다. 일반적으로 카밤산계 농약들은 포유동물에 대한 독성이 낮다.

| 5.30 | s-트라이아진류

s-트라이아진류(s-triazines)라고 불리는 부류의 화합물들은 농업에서는 주로 제초제로 사용되며 (1) 클로로-s-트라이아진류(chloro-s-triazines), (2) 메틸싸이오-s-트라이아진류(methylthio-s-triazines)와 (3) 메톡시-s-트라이아진류(methoxy-s-triazines)의 세 가지 일반적인 형태가 있다.

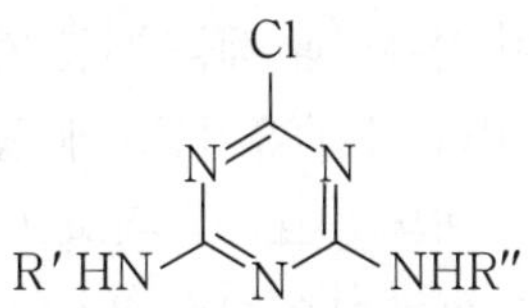

클로로-s-트라이아진
(chloro-s-triazine)

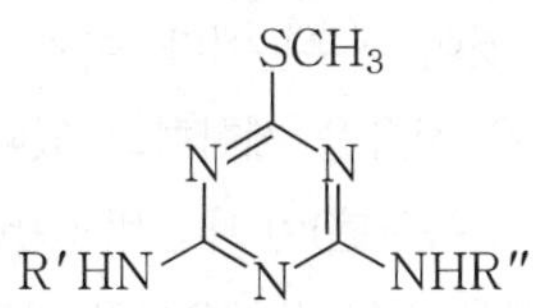

메틸싸이오-s-트라이아진
(methylthio-s-triazine)

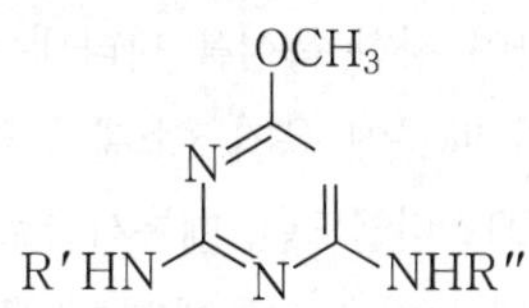

메톡시-s-트라이아진
(methoxy-s-triazine)

가장 많이 사용되는 s-트라이아진류의 두 가지는 아트라진(atrazine, 2-chloro-4-ethylamino-6-isopropylamino-s-triazine)과 사이안아진[cyanazine, 2-chloro-4-ethylamino-6-(1-cyano-1-methylethylamino-s-triazine]이다.

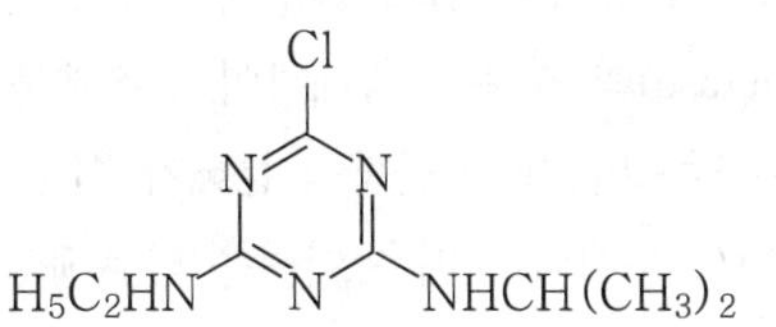

아트라진(atrazine)

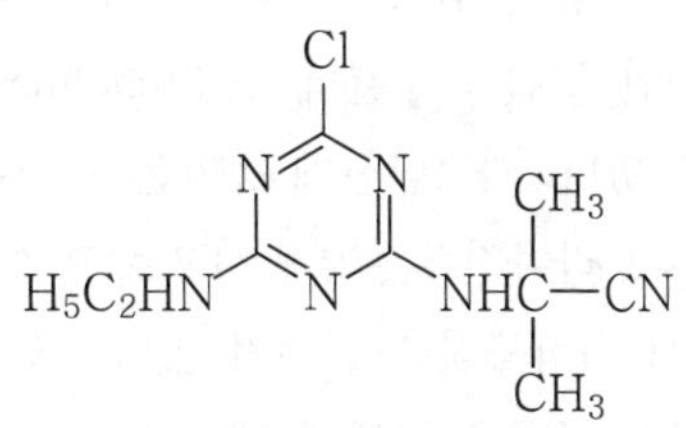

사이안아진(cyanazine)

아트라진은 현재 가장 많이 사용되고 있는 제초제이며, 생물학적 난분해성 물질이므로 농업지역의 지하수와 지표수에서 자주 검출된다.

| 5.31 | 농약의 생물학적 분해성

농약은 직접 살포되거나, 농약이 살포된 지역으로부터 침투 또는 유출되는 물에 의해 지하수원과 지표수원을 오염시킬 수 있다. 실제로 최근 여러 조사에 의하여 많은 지하수와 지표수원이 농약으로 오염된 사실이 확인되었으며, 그 중 한 보고서는 미국 26개주의 지하수에서 46종의 농약이 검출되었음을 밝히고 있다.[23] 일반적으로 오염 농도는 지하수보다 지표수에서 더 높다. 일부 농약은 mg/L 이하의 아주 낮은 농도로 물고기와 기타의 수중생물에 독성을 나타낸다. 수중생물이나 동물의 체내에는 그들이 살고 있는 물속의 농도에 비

23) D. J. Munch, et al., Methods Development and Implementation for the National Presticide Survey, *Env. Sci. Tech.,* **24** : 1445-1451(1990).

하여 수천 배나 높은 농도로 농축되기도 한다. 또한 일부농약은 생물학적으로 난분해성이어서 토양이나 물속에 오랜 기간 동안 그대로 남아 있게 된다. 모든 농약들에서 중요한 것은 어미 화합물(parent compound)들이 대부분 독성이 있는 대사물질로의 불완전 변형반응을 일으킬 가능성이 있는 것이다.

일반적으로 유기염소계 농약은 생물학적으로 난분해성 물질이어서 사용 후 수개월에서 수년까지도 남아 있게 된다. 또한 수중생물이나 이 수중생물들을 먹이로 하는 조류(鳥類)에 대하여 강한 독성을 나타내는 것이 대부분이다. 이와 같이 잔류성과 해를 끼칠 가능성이 높기 때문에 유기염소계 농약은 사용을 제한하고 있다. 여러 가지 유기염소계 농약들(예, DDT, 디엘드린, 메톡시클로르, 톡사펜)이 내분비교란성이 있는 것으로 추측되고 있다. 유기인계 농약은 어류에 대한 독성은 강하지 않으므로 사고에 의해 많은 양이 쏟아져 들어가지 않는 한, 이런 점에서 그다지 문제가 되지 않는다. 또 중성 이상의 pH에서는 아주 빠르게 가수분해되어 독성을 잃어버린다. 그러나 건조된 상태와 같이, 알맞은 상태에서는 수개월이 지나도록 그래도 잔류하는 것들도 있다. 유기인계 농약의 문제는 농부들이 이 농약을 살포하는 동안 직접 접촉하거나, 먼저 살포한 농약이 부착된 식물에 접촉하면서 피해를 입을 가능성이 높은 점이다. 이들 중에는 피부를 통하여 쉽게 흡수되어 신경전달 경로에 중요한 효소인 콜린 가수분해 효소(cholinesterase)의 작용을 방해하여 신경계통을 마비시키는 것들도 있다. 카르밤산계 농약은 독성이 낮으며, 또 생물학적 분해가 쉬운 것으로 알려져 있다. s-트라아진류는 일반적으로 환경에서 분해되기 매우 어려운 난분해성 물질이며 내분비교란성 화학물질로 알려져 있다. 어류와 조류에 대한 독성은 아주 낮다.

농약은 여러 가지로 인체에 해로울 가능성이 있으므로 흔히 사용되는 농약들에 대하여 먹는물 MCLs이 설정되어 있으며 이것을 표 34.1에 나타내었다.

5.32 약리활성 화학물질과 내분비교란성 화학물질

최근 **약리활성 화학물질**(pharmaceutically active chemicals, PhACs)과 **내분비교란성 화학물질**(endocrine-disrupting chemicals, EDCs)의 두 부류의 화학물질에 대한 관심이 높아지고 있다. 이 화합물들은 지표수와 지하수 속에서 그리고 폐수처리 플랜트의 배출수 중에서 ng/L(parts per trillion, ppt)에서부터 μg/L의 농도 범위에 걸쳐 검출되고 있다. 현재 이 화합물들의 환경 속에서의 최종 형태와 영향에 대한 이해, 음용수 급수와 폐수로부터의 제거는 환경공학자와 환경과학자들에게 커다란 과제이다.

약리활성 화학물질(PhACs)

의약은 일반적으로 질병의 치료와 방지에 사용되는 화학물질로 정의된다. 이러한 물질은 암치료(화학요법)와 산아제한을 위해 사용하는 화합물로부터 통증의 완화에 쓰이는 화합물(예, 아스피린, 아이뷰프로펜)과 병균에 감염되는 것을 방지하는 항생제로 이용되는 화합물에 이르기까지 매우 다양하다. 방향제와 살충제, 일광 차단제(sunscreen)와 보존제 등의 퍼스널 케어 제품에도 포함되어 있다. 또한 수의약품(예, 항생제, 성장 호르몬)으로도 사용된다. 인체와 동물의 건강과 관련된 이들 PhAC의 영향에 대하여는 거의 알려진 것이 없다. 그러나 유해 효과(adverse effect)의 가능성이 있으며 그러한 추측들이 현실로 나타나고 있다. 이 화합물들은 대부분 친유성(liphophilic, 동의어는 소수성)이며 활성이 아주 느리게 감소된다(즉, 오랜 시간에 걸쳐 약리활성을 나타낸다.). 그러므로 생물 농축이 될 수 있다. 급수 중의 개개의 PhACs의 농도는 낮으나(일반적으로 0.5 μg/L이며 대부분 ng/L의 범위 내이다) 유사한 활성 모드를 가진 여러 가지 약품들이 존재하게 되면 상당히 영향을 나타낼 수 있다. 궁극적으로 PhACs는 인간의 폐수처리와 가축 생산 등의 활동을 통하여 계속해서 환경으로 유입되기 때문에 그 노출기간이 장기적이 된다. 항생제의 중요한 문제의 하나는 이 화합물의 과용으로 생겨난 항생제 내성 변종의 출현이다. 일반적으로 이것은 복용한 항생제의 대부분이 본래의 화합물과 대사 생성물의 혼합물로 되어 소변과 대변을 통하여 몸(사람, 동물)에서 배출되기 때문이다.

PhACs는 여러 부류의 유기화합물로 이루어져 있다. 지표수와 폐수처리 배출수 중에서 발견되는 예로는 아이뷰프로펜(카이랄 화합물), 아세트아미노펜, 아세틸-살리실산(아스피린), 코데인 등의 진통제 ; 설폰아마이드, 테트라사이클린, 플루오로퀴놀론, 막크롤라이드계(macrolide classes)의 항생제 ; 클로피브린산 [(chlofibric acid) 지질 조절제인 clofibrate(콜레스테롤 저감용)의 환경대사산물]과 카페인 등이 있다. 다음에 몇 가지 화합물의 구조를 나타내었다.

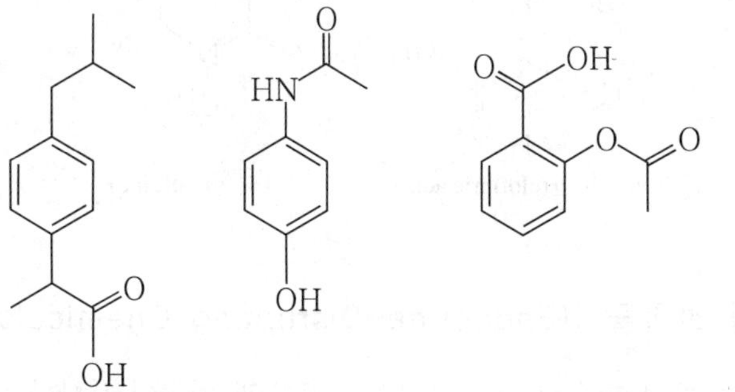

아이뷰프로펜 (ibuprofen)　　아세트아미노펜 (acetaminophen)　　아세틸살리실산 [acetylsalicylic acid (aspirin)]

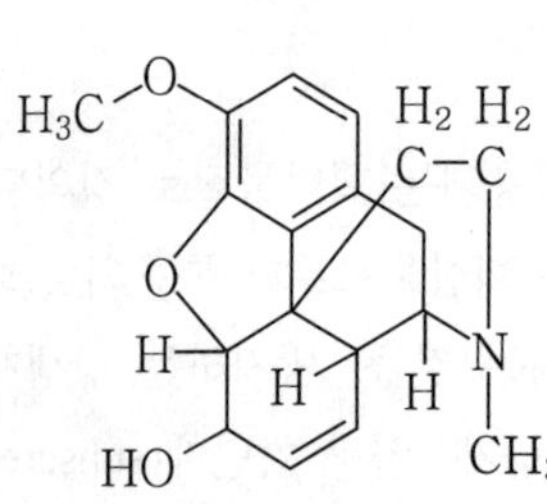

코데인(codeine)

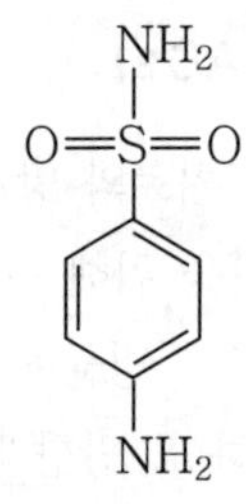

설파닐아마이드(sulfanilamide)

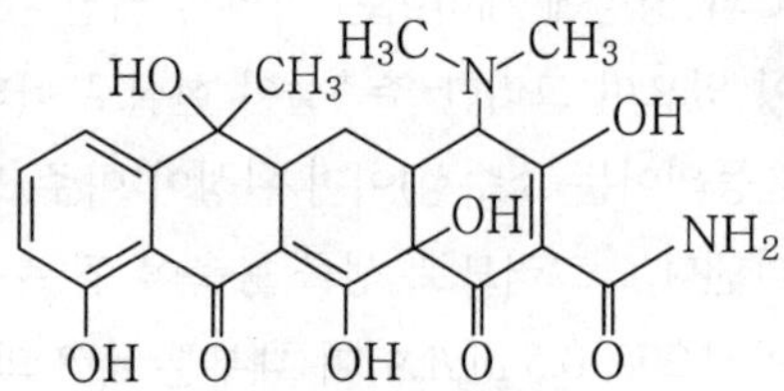

테트라사이클라린(tetracycline)

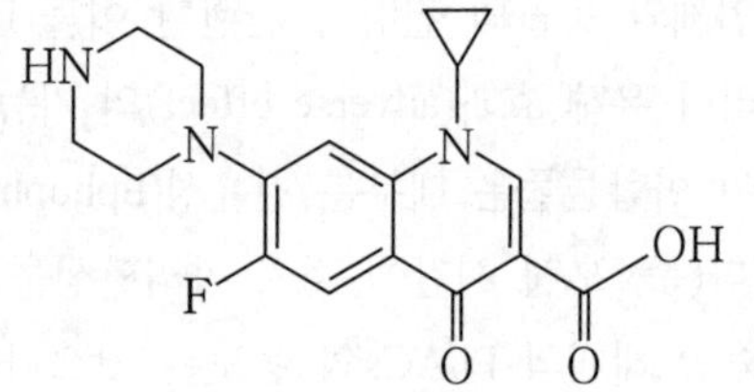

플루오로퀴놀론(fluoroquinolone)

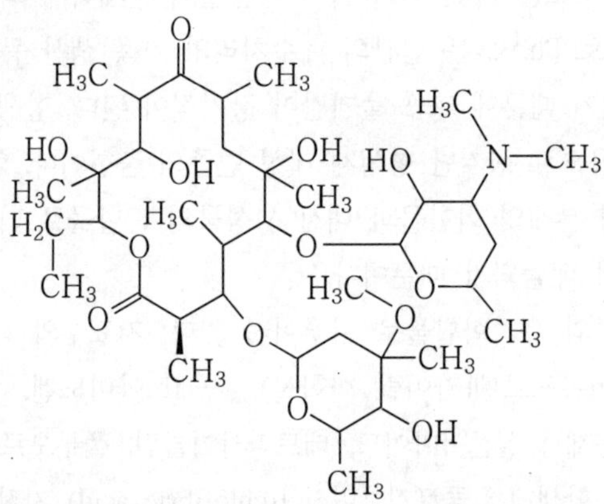

에리쓰로마이신[erythromycin (a macrolide antibiotic)]

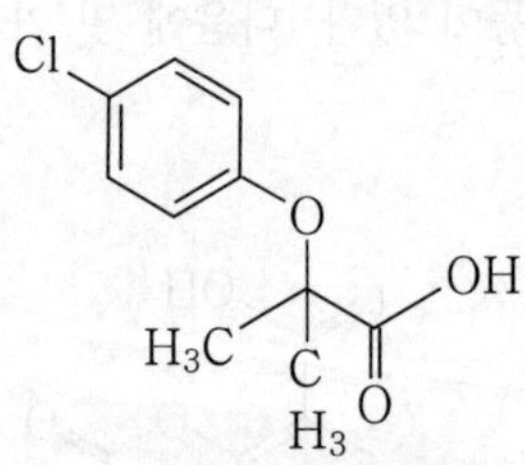

클로피브르산(clofibric acid)

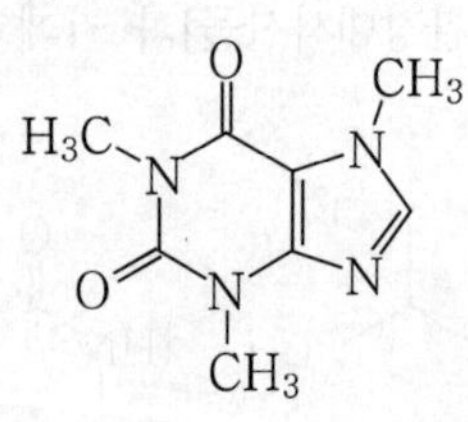

카페인(caffeine)

내분비 교란성 화학물질(Endocrine-Disrupting Chemicals, EDCs)

여러 가지 선(갑상선, 뇌하수체, 송과선, 난소, 고환)과 이들이 생산하는 호르몬[예, 아드레날린, 여성 호르몬(estrogen), 남성 호르몬(testosterone)]이 들어 있는 인간의 내분비계는 생육, 성장, 생식 및 행동을 조절한다. 다음은 테스토스테론과 에스트로젠의 하나인 에스트라다이올의 화학구조를 나타낸 것이다.

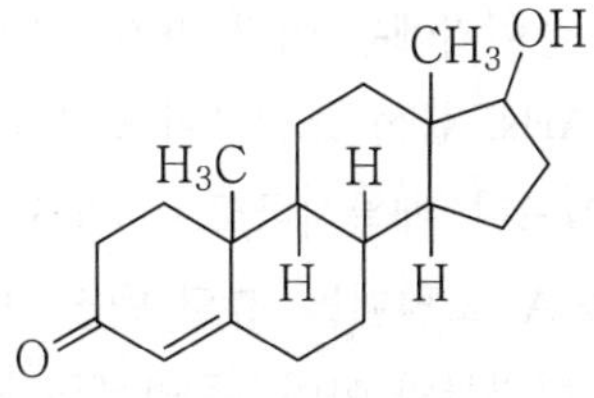

테스토스테론(testosterone)

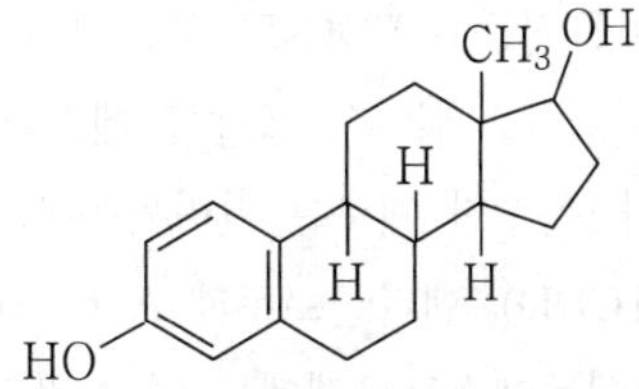

에스트라다이올[estradiol (an estrogen)]

일부 환경에 방출된 합성 유기화학 물질들이 이 내분비계를 방해하거나 교란하는 심각한 문제가 있다. 일반적으로 이러한 화합물들은 인체의 천연 호르몬과 닮아서 수용 분자들과 결합하여 내분비계의 조절 작용을 방해하는 것으로 생각된다. Trussel[24]은 EDCs가 어떻게 내분비계를 방해하는 지를 잘 설명한 훌륭한 총설논문을 발표한 바 있다. EDCs에 의하여 나타나는 영향이 호르몬의 특성이나 어떤 다른 독성학적 메커니즘에 의한 것인지에 대하여는 아직 약간의 논란이 있다.[25] 이러한 이유 때문에 미국 National Research Council의 위원회에서는 EDC 대신에 **호르몬 활성물질**(hormonally active agent, HAA)이라는 용어의 사용을 권장하고 있다.[26] 자연적으로 생성되는 몇 가지 유기 화학물질들(예, 콩과 같은 식물에 의하여 생성되는 파이토에스트로젠)과 무기 화학물질들(예, 납, 수은)도 EDCs와 같은 작용을 할 수 있는 사실에 유의하여야 한다. 일부 PhACs도 또한 EDCs이다(예를 들면 가축에 사용되는 성장 호르몬류).

EDCs는 인체와 동물에 여러 가지로 영향을 미치는 것으로 보고되고 있다. 일부 신경학적 이상이나 면역학적 이상을 보고한 것도 있으나 대부분이 발육 이상에 대한 것이다. 넓은 범위에 걸쳐 연구 보고된 예로는 1950년대에 유산 방지를 위하여 사용되었던 합성 에스트로젠인 다이에틸스틸베스트롤(diethylstilbestrol, DES)의 영향에 대한 것이다. 임신한 동안에 DES를 복용한 어머니에게서 태어난 아이들은 자궁암을 비롯하여 생식기관이상, 미강하 고환, 비정상 정자 등의 여러 가지 문제를 나타내었다. 이러한 영향은 DES를 과다하게 복용했기 때문이었다. 최근의 보고에 의하면 낮은 수준의 EDCs도 동물에게 영향을 미칠 수 있다. 예를 들어 플로리다 악어와 폐수처리장 배수구 근처에 서식하고 있는 수컷 물고기의 발육 이상과 5대호의 물고기와 조류의 숫자 감소 등이 EDC와 관련된 것이다. 인체와 야생동물에 대한 EDC의 영향에 관하여 더 많은 이해가 필요한 것을 강조한다.

---

24) R. R. Trussell, Endocrine Disrupters and the Water Industry, *J. American Water Works Assoc.*, **93**(2):58-65, 2001.

25) National Research Council, "Hormonally Active Agents in the Environment," National Academy Press, Washington, D.C., 1999.

26) 호르몬 활성제를 약자 HAA를 사용하여 나타내어 혼란이 있을 수도 있다. 앞서 5.8절에서 먹는 물의 소독 부산물로 생성되어 오염물질로 규제되고 있는 할로아세트산에 대하여도 HAA를 사용하는 데 유의하여라.

여러 가지 화학물질들이 EDCs로 구분되어 있다. 여기에는 여러 가지 농약, PCBs를 비롯한 유기염소 화합물, 페놀류, 프탈산 에스터, PAHs, 합성 스테로이드, 트라이아진류 등이 포함되어 있다. 특수한 예로는 말라싸이온, 디엘드린, 메톡시클로르, DDT와 그 대사 생성물, 다이옥신(TCDD), 펜타클로로페놀, 비스페놀 A, 노닐페놀, 뷰틸 벤질 프탈산, 아트라진 등이 있다. 파이토에스트로젠에는 여러 가지 플라본류와 아이소플라본류가 있다. PCBs, 말라싸이온, 디엘드린, DDT, 다이옥신, 펜타플루오로페놀, 비스페놀 A, 노닐페놀, 아트라진의 화학구조식은 5.13에서부터 5.30절에 나타내었다. 메톡시클로르, 뷰틸 벤질 프탈산과 제니스테인(genistein), 콩의 아이소플라본의 구조식은 다음과 같다.

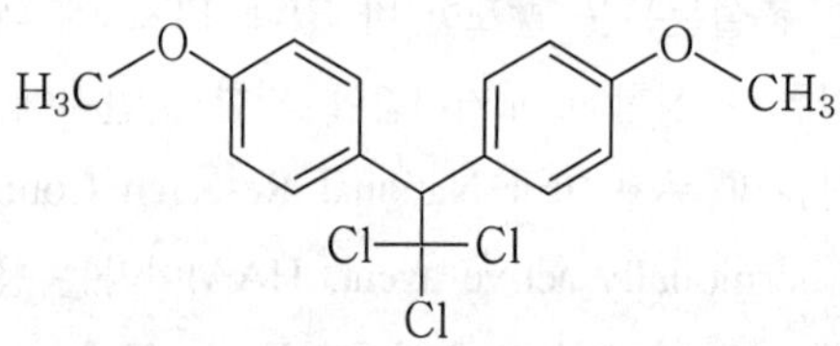

메톡시클로르(methoxychlor)

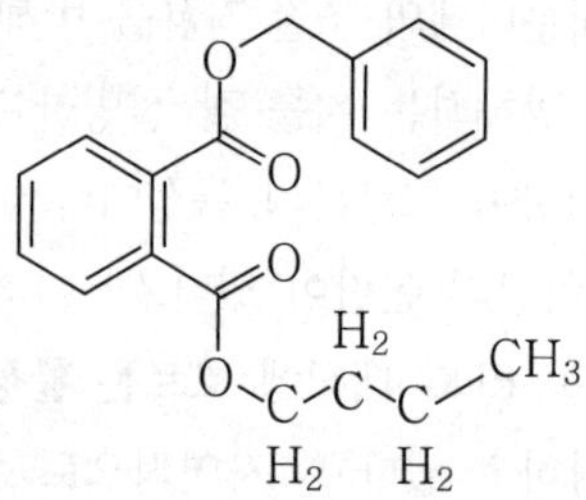

프탈산 뷰틸 벤질(butyl benzyl phthalate)

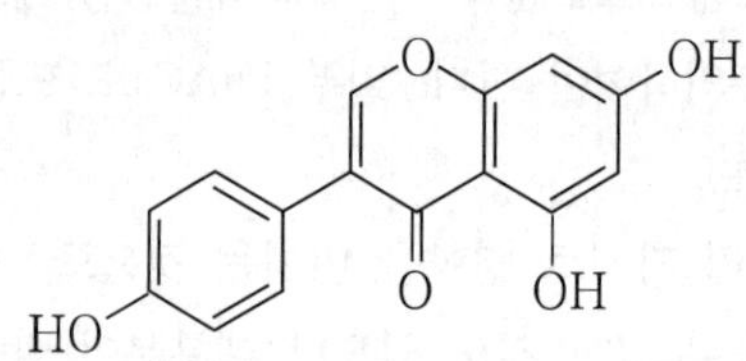

제니스테인(genistein)

환경과 처리공정계에서의 유기물질의 거동

5.33 서 론

여러 가지 형태와 부류의 유기화합물의 물리화학적 특성과 구조적 특성의 물성들에 대한 지식은 환경공학자와 환경과학자가 이 화합물들의 최종 형태(fate), 영향, 제거 및 통제(control)를 위한 공정을 이해하고 예측(prediction)하는 데 필요하므로 매우 중요하다. 앞 절들에서는 유기화합물들을 각 화합물 부류의 작용기들에 따라 설명하였다. 이러한 작용기의 특성은 환경과 처리반응기에서 유기물의 거동을 이해하는 데 도움이 되는 또 다른 중요한 특성이기도 하다. 물리화학적 성질들로는 용해도, 소수성(hydrophobicity), 극성, 휘발성, 밀도와 에너지 함량(energy content)이 있으며 이외에도 여러 가지가 더 있다. 용해도, 소수성, 극성은 유기물질의 서로 다른 상(phase)들 사이의 분배(partition)(예를 들면 고체-액체, 액체-기체 분배)에 어느 정도 관련이 있으며 그 경향성을 이해하는 데 유용하다. 휘발성은 Henry 상수와 증기압력(제2장)을 이용하여 정량적으로 나타낼 수 있으며 기체상과 액체상 사이의 분배를 아는 데 유용하다. 밀도는 물리적 분리 퍼텐셜과 이동특성(transport behavior)의 이해에 유용하다. 에너지 함량은 박테리아 수율(제6장)을 예측하는 데 유용하다. 분자 결합도(molecular connectivity)와 분자 표면적과 같은 구조적 특성은 화합물의 거동과 최종 형태를 예측하는 데 이용할 수 있는 구조-활성도 관계식(structure-activity relationships, SARs)과 물성-활성도 관계식(property-activity relationships, PARs)과 관련지을 수 있다. 이러한 특성에 관한 상세한 설명은 이 책의 범위를 넘어서는 것이므로 이 장의 끝에 수록된 문헌들을 참고하기 바란다.

| 5.34 | 유기물질의 최종 형태

환경과 처리시스템 내에서 유기물질의 이동 특성과 최종 형태에 관한 중요한 공정들을 표 5.14에 나타내었다. 오염지역, 산업폐기물 및 침출수에서 발견되는 유기물질의 최종 형태와 제거방법을 이해하는 데 특히 중요한 공정들은 휘발화(volatilization), 수착(sorption), 변환 반응(transformation reaction)이다.

| 표 5.14 유기화합물들의 최종형태와 관계된 공정들

공 정	공기(air)	물(water)	토양(soil)
기상이동(meteorological transport)	×		
응축(condensation)	×		
침강(settling)	×	×	
휘발(volatilization)		×	×
유출(침식)[runoff(erosion)]			×
여과(filtration)			×
수착(sorptoin)	×	×	×
탈착(desorption)	×	×	×
강우(precipitation)	×	×	
화학적 변형 반응(chemical transfomation)			
광분해 반응(photolysis)	×	×	×
가수분해 반응(hydrolysis)	×	×	×
산화 반응(oxidation)	×	×	×
환원 반응(reduction)	×	×	×
생물섭취(생물농축)[bio-uptake (bioconcentration)]		×	×
생분해반응(생물학적 변형 반응)[biodegradation, (biotransform)]		×	

휘발화

휘발화(volatilization)에 대한 개념은 앞서 2.9절에서 소개하였으며 여기서 요약해서 다시 설명한다. 기체상과 액체상 상이의 화학평형에 대한 Henry상수(K_H)는 다음과 같이 나타낼 수 있다.

$$K_H = \frac{\text{기체상속 농도}}{\text{물속 농도}} = \frac{P_{\text{기체}}}{C_{\text{평형}}} \tag{2.15}$$

K_H는 물과 대기사이의 분배계수라고 생각할 수 있으며 이것은 여러 가지 형태로 나타낼 수 있다. 가장 일반적으로 사용되는 단위는 부분 압력(atm)/몰 농도(mol/L) 또는 atm/M이다. 물과 기체상 속 농도를 모두 몰/부피로 나타내면 Henry 상수 H는 단위를 갖지 않게 된다. 다음 식으로 환산할 수 있다.

$$H = \frac{K_H}{RT} \tag{5.58}$$

여기서 R은 0.08206 atm/M·K 이고, T는 온도(K)이다. Henry 상수는 온도에 따라 크게 달라진다. 즉 유기물질은 온도가 낮아지면 휘발도도 낮아진다. 환경에서 중요한 몇 가지 유기화합물들에 대한 Henry 상수 값들을 표 5.15에 나타내었다. K_H 값이 클수록 그 화합물은 대기로 분배되기 쉽다.

일반적으로 K_H 값이 0.2 atm/M 또는 H가 약 0.01 이하이면 처리장치[예 ; 탈기탑(stripping tower), 폭기못]에서 탈기를 이용하여 물로부터 효율적으로 제거되지 않는 화합물로 간주한다.

K_H 값이 클수록 그 화합물은 더 쉽게 탈기되어 제거될 수 있다. K_H 값은 측정방법과 조건에 따라 달라지므로 문헌에 보고된 값을 이용할 때는 주의하여야 한다.

휘발화에 의한 유기물질 제거를 위한 처리장치를 설계할 때는 3.10절의 다음 관계식이 자주 이용된다.

$$\frac{dC}{dt} = K_L a (C_{\text{equil}} - C) \tag{3.52}$$

여기서 C = 물속 농도(질량/부피)

C_{equil} = 공기속 농도(질량/부피)와 평형을 이룰 때의 물속 농도(질량/부피)

$K_L a$ = 총괄 물질 전달계수(시간$^{-1}$)

공기 농도는 거의 0에 가까우므로 C_{equil} 도 0이 된다. 처리장치가 달라지면 $K_L a$ 값도 달라지며 또한 이 속도는 유기물질에 따라서도 달라진다. 이 값은 온도에 강한 의존성을 나타내는 온도의 함수이며 온도가 증가하면 증가한다.

표 5.15 중요한 유기화합물의 K_{ow}, 물에 대한 용해도, Henry의 법칙상수 값들

화합물	log K_{ow}	물에 대한 용해도(mg/L)	K_H (atm/M)
Yaw의 25℃의 자료			
할로젠화 지방족 화합물			
Methanes			
Cloromethane	0.91	5,900	8.2
Dichloromethane	1.25	19,400	2.5
Chloroform	1.97	17,500	4.1
Bromoform	2.4	3,100	0.59
Carbon tetrachloride	2.83	790	29
Dichlorodifluoromethane	2.16	18,800	390
Ethanes			
Chloroethane	1.43	9,000	6.9
1,1-Dichloroethane	1.79	5,000	5.8
1,2-Dichloroethane	1.48	8,700	1.18
1,1,1-Trichloroethane	2.49	1,000	22
1,1,2-Trichloroethane	1.89	4,400	0.92
Hexachloroethane	3.91	8	25
Ethenes			
Vinyl chloride	1.62	2,700	22
1,1-Dichloroethene	2.13	3,400	23
1,2-*cis*-Dichloroethene	1.86	3,500	7.4
1,2-*trans*-Dichloroethene	2.09	6,300	6.7
Trichloroethene	2.42	1,100	11.6
Tetrachloroethene	3.4	150	26.9
방향족 화합물			
탄화수소			
Benzene	2.13	1,760	5.6
Toluene	2.73	540	6.4
Ethylbenzene	3.15	165	8.1
Styrene	2.95	322	2.6
o-Xylene	3.12	221	4.2
m-Xylene	3.2	174	6.8
p-Xylene	3.15	200	6.2
1,2,3-Trimethylbenzene	3.66	36	7.4
1,2,4-Trimethylbenzene	4.02	35	
Napthalene	3.3	32	0.46(20℃)
Phenanthrene	4.46	1.18	
Anthracene	4.45	0.053	
Fluorene	4.18	1.89	
기타 방향족 화합물			
Chlorobenzene	2.84	390	4.5
1,2-Dichlorobenzene	3.43	92	2.8
1,3-Dichlorobenzene	3.53	123	3.4
1,4-Dichlorobenzene	3.44	80	
1,2,4-Trichlorobenzene			3.0

화합물	log K_{ow}	물에 대한 용해도(mg/L)	K_H (atm/M)
기타 방향족 화합물			
Hexachlorobenzene	5.73	0.0047	
Nitrobenzene	1.85	1,940	0.021
3-Nitrotoluene	2.45	500	0.075
Phenol	1.46	80,000	0.00076
Diethyl phthalate	2.47	1,000	0.00014
2-Chlorophenol	2.15	25,000	0.037
3-Chlorophenol	2.5	25,000	0.00204
Dibenzofuran	4.12		
기타 지방족 화합물			
Methyl *t*-butyl ether	0.94	51,000	0.54
Methyl ethy ketone	0.29	250,000	0.030
Schooner 등의 20℃의 자료			
2-Nitrophenol	1.75	2,100	
Benzo(a)pyrene	6.06	0.0038	0.00049
Acrolein	0.01	210,000	0.0038
Alachlor	2.92	240	
Atrazine	2.69	33	
Pentachlorophenol	5.04	14	
DDT	6.91	0.0055	0.038
Lindane	3.72	7.52	0.0048
Dieldrin	3.54	0.2	0.0002
2,4-D	1.78	900	0.00000172

C. L. Yaws, "Chemical Properties Handbook." McGraw-Hill. New York, 1999. Schnoor et al.. "Processes, Coefficients and Models for Simulating Toxic Organics and Heavy Metals in Surface Waters," U.S. Environmental Protection Agency, EPA/600/3-87/015, June 1987.

예제 5.1

Gossett는 여러 가지 염화 지방족 화합물들의 Henry의 법칙 상수에 대한 온도의 영향을 나타내는 관계식을 개발하였다.[27] 트라이클로로에텐($CHCl_2=CCl_2$)에 대한 K_H(atm–m^3/mol)와 T와의 관계는 다음과 같다.

$$\ln K_H = 11.37 - \frac{4780}{T}$$

미국 중서부 지역 지하수의 가장 낮은 온도와 높은 온도인 10℃(283K)와 25℃(298K)에 대한 K_H(atm/M) 값을 계산하여라.

27) J. J. Gosset. Measurements of Henry's Law Constants for C1 and C2 Chlorinated Hydrocabons. *Env. Sci. Tec.,* **21**: 202-208, 1987.

10℃

$\ln K_H = 11.37 - \dfrac{4780}{283} = -5.52$ $\qquad K_H = 0.0040\ \text{atm-m}^3/\text{mol}$ 또는 4 atm/M

25℃

$\ln K_H = 11.37 - \dfrac{4780}{298} = -4.67$ $\qquad K_H = 0.0094\ \text{atm-m}^3/\text{mol}$ 또는 4 atm/M

TCE의 K_H는 15℃의 온도상승에 따라 두 배 이상으로 증가한다. 이것은 여름철에는 공기 스트립핑을 통하여 지하수 오염물질 중의 TCE를 아주 용이하게 제거할 수 있음을 의미한다. 25℃ K_H 값이 9.4 atm/M로 표 5.15에 주어진 값인 11.6 atm/M 보다 약간 낮은 것은 서로 다른 출처의 자료를 사용했기 때문이다.

예제 5.2

휘발화에 의하여 물에서 유기물질을 제거하는 것은 유기물질을 대기 중으로 강제로 분배시키는 것이라고 생각할 수 있다. 중요한 매개변수는 오염된 물의 일정한 부피와 접촉하게 되는 공기부피와의 비 즉, 공기-물 비(air-to-water ratio)이다. 이 비와 K_H의 중요성을 알 수 있는 쉬운 방법은 일정한 부피의 물에 일정한 부피의 공기가 혼합되는 간단한 평형모델을 이용하는 것이다. 질량수지는 다음 식과 같이 된다.

$$\frac{C}{C_0} = \frac{1}{1 + \left(\dfrac{V_a}{V_w}\right)\left(\dfrac{K_H}{RT}\right)}$$

여기서 C = 물속의 평형농도
C_0 = 물속의 초기농도
V_a/V_w = 공기의 부피를 물의 부피로 나눈 것 (공기-물 비)
T = 절대온도
R = 기체상수

유기염화물 용매인 사염화 탄소와 트라이클로로에텐 대하여 생각해 보자. 물로부터 각각을 95% 제거하는 데 필요한 공기-물 비는 얼마인가? 공기-물 비가 100일 때(공기 스트립핑탑의 대표적인 값은 10∼100), 온도는 20℃로 가정하여라.

25℃에서 RT는 24.5 atm/M. 표 5.15로부터 K_H는 사염화 탄소 29 atm/M, 트라이클로로에텐 11.6 atm/M 이다.

95%를 제거하기 위해서는 C/C_0는 0.05이어야 한다. V_a/V_w에 대한 위의 식을 풀면 다음과 같이 된다.

$$\frac{V_a}{V_w} = \left(\frac{C_0}{C} - 1\right)\left(\frac{RT}{K_H}\right)$$

해당하는 K_H값을 대입하면 V_a/V_w는 사염화 탄소에 대하여 16, 트라이클로로에텐에 대하여는 40이 얻어진다.

V_a/V_w 가 100일 때 C/C_0 는 사염화 탄소에 대하여 0.0084(제거율 99.2%), 트라이클로로에텐에 대하여는 0.0207(제거율 97.9%)가 얻어진다.

용해도

물에 대한 유기 화합물의 용해도는 일반적으로 물이 순수한 유기 화합물[기체(1 atm),액체, 고체]과 평형을 이룰 때의 농도(질량/부피 또는 mol/부피)로 정의된다. 화합물의 용해도에 영향을 미치는 인자들은 여러 가지가 있다. 이들에는 반드시 제한되는 것이 아니나 분자의 크기 ; 분자내 작용기의 특성, 수와 위치 ; 온도 ; pH ; 용해된 염 농도 ; 다른 상(phase)의 존재(즉, 유기 액체, 고체, 기체) 등이 있다. 일반적으로 분자 크기가 증가하면 용해도는 낮아진다. 극성 작용기(예, $-OH$)는 용해도를 증가시키는 경향이 있다. 일반적으로 Cl 원자나 NO_2 원자단이 들어 있으면 용해도가 낮아진다. 온도가 높아지면 고체의 용해도는 일반적으로 휘발성(증기압력 과 K_H)과 마찬가지로 증가한다. 용해도에 대한 열역학적 설명은 본 서에서는 다루지 않으며 관심 있는 독자들은 이 장의 끝에 수록된 교재중에서 Schwarzenbach 등의 저서를 참고하기 바란다. 환경에서 중요한 유기 화합물들의 용해도를 표 5.15에 나타내었다. 용해도는 측정방법과 조건에 따라서 달라지므로 문헌의 값을 이용할 때는 주의하여야 한다.

소수성(hydrophobicity)이란 용어가 사용된다. 흔히 옥탄올-물 분배계수(K_{ow}-수착/ 분배에서 설명)를 이용하여 이 소수성을 나타낸다. 그러나 소수성이란 용어는 "물을 싫어함"이란 뜻이므로 물에 대한 용해도는 화합물의 소수성(물을 "싫어"하는 정도)의 정확한 척도이다. 일반적으로 높은 K_{ow}를 가진 화합물은 물에 대한 용해도가 낮다. 예를 들면 DDT의 K_{ow}는 $10^{6.91}$이며 물에 대한 용해도는 0.0055 mg/L (20℃에서)이다. 그러나 경우에 따라서는 용해도가 낮은 화합물이 특별히 높은 K_{ow} 값을 가지지 않을 때도 있다. 예를 들면 기폭제인 HMX(5.17절)의 용해도는 20℃에서 5 mg/L이며 K_{ow}는 $10^{0.20}$이다.

수착/분배

흡착은 앞서 3.12절에서 처리장치를 이용한 제거의 유용함을 강조하면서 설명하였다. 금속의 표면 흡착은 4.9절에서 설명하였다. 수착(sorption)도 지표수와 지하수 속의 유기물질의 최종 형태와 이동 특성에 영향을 미치는 중요한 공정들 중의 하나다. 자연과정에 대하여는 고체로 분배되는 방식이 정확하게 알려져 있지 않으므로 흡착이나 흡수보다 수착이란 일반적인 용어를 흔히 사용한다. 유기물질의 고체들 사이(예; 지하수의 대수층 고체들, 지표수계의 입자상 물질들과 퇴적물들)의 분배는 액체 용매인 n-옥탄올과 물 사이의 상대적인 분배(옥탄올-물 분배계수, K_{ow})와 물에 대한 용해도와 같은 유기화합물의 물리화학적 성질들을 이용하여 어느 정도 이해할 수 있고 또 예측할 수 있다. K_{ow}는 오래전부터 생체조직과 천연유기물질에 대한 대신으로 사용되고 있다. 예를 들면 의약품 제조산업에서는 약품의 K_{ow}를 흔히 그 활성도(K_{ow} 가 클수록 활성도도 높음)와 연관시킨다. 유기화합물의 생물 지방조직에의 생물 농축도 K_{ow} 와 관계가 있다(5.35절). 환경에서 중요한 몇 가지 유기물질의 K_{ow} 값과 물에 대한 용해도를 표 5.15에 나타내었다. K_H, 용해도와 마찬가지로 K_{ow} 값도 측정하는 방법과 조건에 따라서 크게 달라지므로 주의하여 사용하여야 한다.

대부분의 지표수계와 지하수계에서의 수착은 Freundlich식(3.12절)에 의해 설명될 수 있다. 유기물질의 농도가 낮고 표면 수착점의 수가 아주 많은 경우에는 n 값이 1에 접근하므로 수착은 선형 등온선(linear isotherm, 그림 5.2)으로 된다. 이런 경우에는 K [식(3.84)]를 일반적으로 분배계수, K_p 라고 한다. K_p의 단위는 수착된 유기물질 mg/고체 kg을 유기물 mg/물 L 또는 물 L/고체 kg 으로 나눈 것으로 나타내는 것이 일반적이다. 소수성 유기화합물들의 수착은 흔히 고체들의 유기물 함량에 관계된다. 이것이 이 과정이 실제 흡착이라기 보다는 유기물-유기물 분배 또는 흡수임을 나타내 주는 것이다.[28] 그러므로 분배는 존재하는 천연 유기물질의 특성의 함수일 것으로 기대 될 것이다. 유기 탄소－표준화 분배 계수(organic-carbon normalized partition coefficient), K_{oc}는 K_p를 고체 속의 유기탄소 질량분율로 나누어 계산하기도 한다. 경우에 따라서는 용질과 수착제(sorbent) 사이의 평형은 수일, 수개월 또는 수년이 걸릴 수도 있으므로 여기에 나타낸 선형등온선보다 훨씬 복잡할

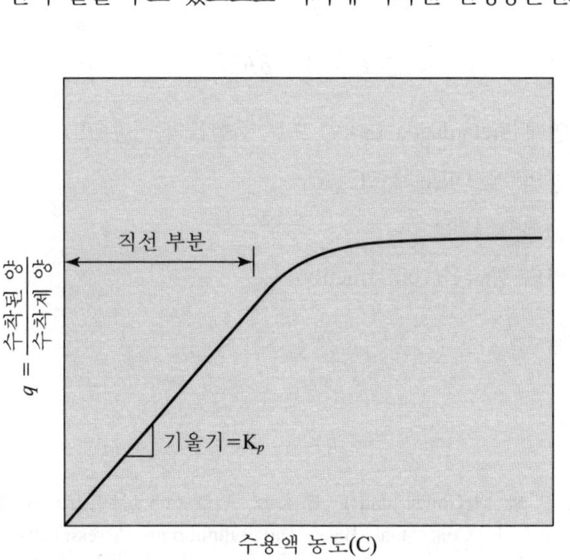

⇧ 그림 5.2 유기물의 수착에 대한 선형 등온선

28) S. W. Karichhoff, D. S. Brown, and T. A. Scott, Sorption of Hydrophobic Pollutants on Natural Sediments, *Water Research*, 13 :241-248(1979).

수도 있다는 것에 유의하여야 한다.[29),30)]

탈착 (물로 다시 분배되는 것)은 대단히 느리게 일어난다. 장기간에 걸쳐 (때로 “숙성” 이라고도 함) 환경 고체와 접촉하고 있는 소수성 화합물에 대하여는 수착은 모든 점에서 비가역일 수도 있다. 이 특성은 토양 복원에 큰 영향을 미친다.

K_{oc} 값은 일련의 여러 고리 방향족화합물들(polycyclic aromatics)과 염화 탄화수소들에서 유도한 다음 식을 이용하여 K_{ow} 로부터 추정하고 있다.[31)]

$$K_{oc} = 0.63(K_{ow}) \tag{5.59}$$

여기서 K_{oc}는 L/유기탄소 kg 으로 나타낸 유기탄소 표준화 분배계수이다. 한편 K_{oc} 값은 물에 대한 용해도에 다음과 같은 관계를 가지고 있기도 하다.[32)]

$$\log K_{oc} = -0.54 \log S + 0.44 \tag{5.60}$$

여기서 S는 몰 분율로 나타낸 화합물의 물에 대한 용해도이다. 시험 대상 화합물들에 대해서는 K_{ow}를 이용하여 K_{oc}를 추정하는 것이 S를 사용한 것보다 잘 맞는 추정값이 얻어졌다.

이러한 개념을 이용하는 것이 편리한 것은 수착으로 인하여 지하수 오염물질의 지연(물의 이동속도와 비교한 화합물의 이동속도)을 이해할 수 있다는 점이다. 다음 식이 이용되고 있다.[33)]

$$t_r = 1 + \rho K_p / e \tag{5.61}$$

여기서 t_r = 지연계수(retardation factor) 또는 화합물의 이동속도 대 물의 이동속도 비

ρ = 토양의 벌크밀도, kg/L

K_p = 분배계수, L/kg

e = 토양의 공극율(void fraction)

29) W. J. Weber, Jr., P. M. McGinley, and L. E. Katz, A Distrubuted Reactivity Model for Sorption by Soils and Sediments, 1. Conceptual Basis and Equilibrium Assessments, *Env. Sci. Tech.* 26: 1955-1962(1992).

30) R. P. Schwarzenbach, P. M. Gschwend, and D. M. Imboden, “Environmental Organic Chemistry,” Wiley-Interscience, New, York, 1993.

31) Karichhoff, et al, Sorption of Hydrohpobic Pollutions on Natural sediments

32) Ibid

33) P. V. Roberts, M. Reingard, and P. L. McGarty, Organic Contaminant Behavior During Groundwater Recharge, *J. Water Pollution Control, Fed.*, **52** : 161-172(1980).

예제 5.3

다음과 같은 조건을 가진 토양에 대한 클로로폼, 클로로벤젠과 DDT의 지연계수를 비교하여라.

$\rho = 2\ \text{kg/L}$

f_{oc} =유기탄소 분율= 0.01(즉 토양에 1%의 유기탄소가 들어 있다.)

$e = 0.20$

이 문제의 풀이에는 다음 식들이 이용된다.

$$K_p = K_{oc} f_{oc}$$

$$K_{oc} = 0.63(K_{ow})$$

$$t_r = 1 + \rho K_p / e$$

표 5.15의 자료로부터

화합물	log K_{ow}	K_{ow}	K_{oc}	K_p	t_r
클로로폼(chloroform)	1.97	93.3	58.8	0.558	6.88
클로로벤젠(chlorobenzene)	0.84	692	436	4.36	44.6
DDT	6.91	8.13×10^6	5.12×10^6	5.12×10^4	5.12×10^5

이 계산으로부터 클로로폼은 계수 7 만큼, 클로로벤젠은 계수 45 만큼, DDT는 계수 약 50,000 만큼 물보다 느리게 이동할 것이라는 사실을 알 수 있다. 이 세 화합물들 중에서 클로로폼은 지하수 흐름을 따라 훨씬 빠르게 이동하며 반면 DDT는 그 오염원으로부터 멀리 이동하지 않을 것으로 예상된다.

변환 반응

변환 반응(transformation reaction)은 표 5.14에 수록된 유기물질의 최종 형태와 제거방법의 선정에 중요하며, 광분해(photolysis), 가수분해, 산화, 환원, 생물학적 변환 반응(biotransformation)이 여기에 속한다. 가수 분해, 산화, 환원은 화학적(abiotic)으로 또는 미생물(biotic)에 의하여 일어날 수 있다. 또 다른 변환반응인 유기 할로젠 화합물에서 일어나는 제거 반응(할로젠화수소 이탈 반응)도 중요하다. 대부분의 경우 미생물에 의하여 일어나는 변환 반응이 무생물적 반응보다 훨씬 빠르다. 광화학 변환 반응(photochemical transformation)이 대단히 빠를 때도 있다. 생물변환 반응에 대하여는 제 6장에서 상세하게 설명한다.

광화학 변환 반응 광화학 변환 반응은 근지표수 환경과 대기 상층부에서 일어나는 유기물질의 중요한 피할 수 없는 반응이다. 촉진된 광화학 반응(enhanced photochemical process)은 일부 유해폐기물의 처리에도 이용되고 있다. 무기오염물질도 광화학 반응으로 변환될 수 있다. 가장 대표적인 것이 광화학 스모그이다. 환경에서 중요한 광화학 반응은 다음 네 가지다. 즉 직접 광분해 반응, 간접 광분해 반응, 산화 반응과 자유라디칼 산화 반응이다.

직접 광분해 반응에서는 유기물이 빛에너지(광자, photon)를 흡수하여 들뜬 상태로 된 다음 생성물(처음과는 다른)로 전환되면서 동시에 이 에너지를 방출한다. 간접 광분해 반응에서는 비과녁 화합물(nontarget compound, 예를 들면 휴민물질과 같은 용존유기물질)이 광자를 흡수하여 들뜨게 된다. 에너지를 띤 분자는 그 에너지를 오염물질(과녁 유기물질)에 전달하여 변환이 일어나도록 한다.

산화 반응과 자유 라디칼 산화 반응(free-radical oxidation)에서는 빛 에너지가 용존유기물, 질산염 또는 Fe(Ⅲ)와 같은 중간체 화합물에 의하여 흡수되어 H_2O_2와 O_3과 같은 산화제(oxidant), 하이드록실 라디칼(·OH)과 과산화 라디칼(·OOR)과 또는 단일항 산소(singlet oxygen, $^1O_2$) 등의 반응성 종(reactive species)과 같은 자유 라디칼을 생성하게 된다. 이 산화제들은 여러 가지 유기물을 산화시킬 수 있다. 특히 염소 화합물들이 이 종들에 의하여 산화되기 쉽다. 자외선과 오존 또는 과산화수소의 혼합물들은 기체와 물속의 미량 유기물의 처리 시스템에 이용되며 이것은 이러한 활성 화학종들의 생성에 의한 것이다. 앞서 5.8절에서 설명한 바와 같이 자유 라디칼 반응들은 오존층의 파괴를 일으킨다.

가수 분해 반응과 기타 친핵성 치환 반응 가수분해 반응은 물이 친핵체(nucleophile)로 작용하여 유기결합을 공격하는 친핵성 치환 반응이다. 친핵체는 전자가 많은 이온들이며(물은 예외), "핵을 좋아하는, 양전하를 좋아하는" 종이다. 이들은 포화결합을 공격한다. 또 다른 친핵체들로는 OH^-, NO_3^-, SO_4^{2-}, HS^-, HCO_3^-와 HPO_4^{2-} 등이 있다. 이러한 변환 반응이 일어나는 동안 유기화합물의 산화 상태는 변하지 않는다. 수계(aquatic system)에서 가장 빈번하게 일어나는 반응이며 무생물적 또는 생물 반응일 수도 있다. 무생물적 반응은 pH의 함수이다. 가수 분해 되기 쉬운 유기화합물들과 친핵성 치환반응을 하는 화합물들은 할로젠화 알킬(지방족 할로젠 화합물), 아마이드, 아민, 카밤산 에스터, 에폭시화물, 에스터, 나이트릴 및 인산 에스터 등이다. 주로 H_2O가 친핵체로 작용하는 예들을 다음에 보였다.

1. 할로젠화 알킬(X=할로젠)

$$R-CH_2X+H_2O \rightarrow R-CH_2OH+H^++X^-$$

$$R-CH_2X+HX^- \rightarrow R-CH_2SH+X^-$$

황철광(예, mackinawite, 간단하게 FeS(s)로 나타냄)도 할로젠화 유기화합물들과 친핵성 치환반응을 일으킬 수 있다. 이들은 환원성 탈할로젠 반응과 또 다른 전자이동

반응을 일으킬 수도 있다.

방향족 할로겐 화합물들은 가수분해되기도 한다. 예를 들면,

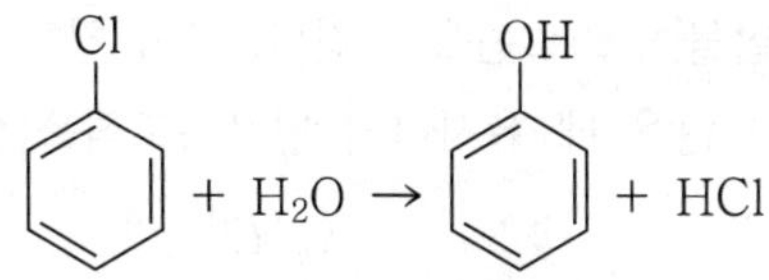

클로로벤젠 (chlorobenzene) 페놀 (phenol)

2. 에스터

$$H_3C-\overset{O}{\overset{\|}{C}}-OCH_3 + H_2O \rightarrow H_3C-\overset{O}{\overset{\|}{C}}-OH + OH-CH_3$$

아세트산 메틸(methyl acetate) 아세트산(acetic acid) 메탄올(methanol)

3. 아마이드

$$R'-\overset{O}{\overset{\|}{C}}-NHR'' + H_2O \rightarrow R'-\overset{O}{\overset{\|}{C}}-OH + H_2NR''$$

아마이드(amide) 산(acid) 아민(amine)

4. 카밤산 에스터(carbamate)들은 CO_2, 아민과 기타의 화합물(예; 알코올)로 전환된다.

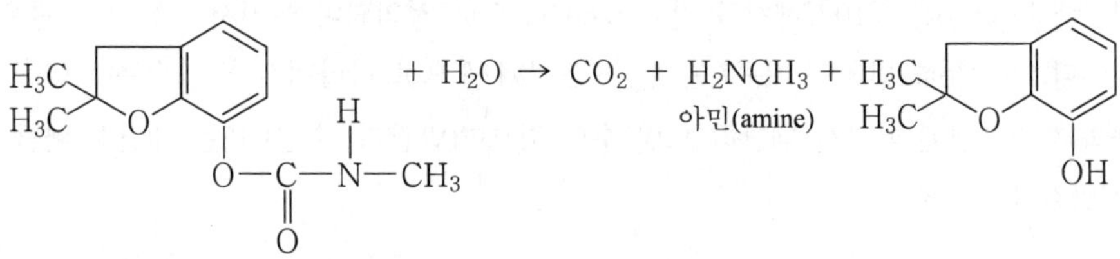

농약인 퓨라단(furadan)

5. 인산 에스터

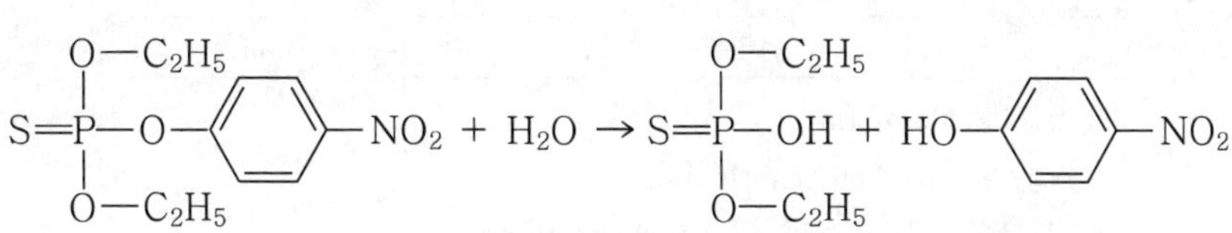

파라싸이온(parathion)

친핵성 치환반응은 전형적인 2차반응 또는 유사 1차 반응으로 나타내진다.

$$속도 = -k_h[C][N] \tag{5.62}$$

여기서 k_h = 가수분해 반응속도상수

$[C]$= 유기물의 농도

$[N]$= 친핵체 농도

마이너스 부호는 유기화합물이 소모됨을 뜻한다. 물이 친핵체일 때 또는 친핵체의 농도가 일정하거나 알려져 있지 않을 때 유사 1차 반응속도식을 이용할 수 있다.

$$\text{속도} = -k_h[C] \tag{5.63}$$

가수분해 반응은 산 또는 염기가 촉매작용을 할 수 있으며 이 경우에는 속도식이 좀 더 복잡해 질 수 있다.

$$\text{속도} = -(k_a[\mathrm{H}^+] + k_n + K_b[\mathrm{OH}^-])[C] \tag{5.64}$$

여기서 k_a = 산촉매 반응속도상수

k_n = 중성 반응속도상수(neutral rate constant)

k_b = 염기촉매 반응속도상수

총괄 가수분해 반응속도 상수는 다음과 같이 나타내진다.

$$k_h = k_a[\mathrm{H}^+] + k_n + k_b[\mathrm{OH}^-] \tag{5.65}$$

반드시 유의하여야 할 일은 이들 속도식에 사용된 단위들이 일치해야 하는 점이다.

환경 속에서의 유기물질의 잔류성(persistence)을 설명하는 데는 반감기 개념이 자주 쓰인다. 반감기($t_{1/2}$)는 3.10절에서와 같이 $0.693/k$ 으로 정의되며 여기서 k 는 1차 반응속도상수이다. 가수분해 반응에서는 k는 k_h 또는 $k_h[N]$ 으로 나타내진다. 가수분해 반응은 유기물과 환경조건에 따라서 대단히 느릴 수도 있으며(반감기, 수년) 또는 대단히 빠를 수도 있다(반감기, 수 초).

예제 5.4

다음은 Jeffers와 그의 공동연구자들에 의하여 보고된 가수분해 반응속도 상수이다.[34)]

화합물	k_h(min^{-1})
클로로폼(chloroform)	7.13×10^{-10}
사염화 탄소(carbon tetrachloride)	3.26×10^{-8}
1,1,1-트라이클로로에탄(1,1,1-trichloroethane)	1.24×10^{-6}
펜타클로로에탄(pentachloroethane)	1.31×10^{-4}
트라이클로로에텐(trichloroethene)	1.07×10^{-12}
테트라클로로에텐(tetrachloroethene)	1.37×10^{-15}

34) P. Jeffers. L. Ward. L. Woytowitch, and L. Wolfe, Homogeneous Hydrolysis Rate Constants for Selected Chlorinated Methanes, Ethanes, Ethenes, and Propanes, *Env. Sci. Tech.,* **23**: 965- 969(1989)

이 자료를 이용하여 다른 변환 반응은 일어나지 않는 것으로 가정하고 환경 속에서의 이 화합물들의 반감기(년)를 계산하여라.

$$\text{반감기} = t_{1/2} = \frac{\ln 2}{k_h} = \frac{0.693}{(k_h)(60)(24)(365)}$$

화합물	$t_{1/2}$(년)
클로로폼(chloroform)	1849
사염화 탄소(carbon tetrachloride)	40
1,1,1-트라이클로로에탄(1,1,1-trichloroethane)	1.1
펜타클로로에탄(pentachloroethane)	0.010(3.7일)
트라이클로로에텐(trichloroethene)	1.23×10^6
테트라클로로에텐(tetrachloroethene)	9.62×10^8

이 자료로부터 지방족 염소 화합물들은 일반적으로 매우 느리게 가수분해되는 것을 알 수 있다. 다른 자료에서는 때로 이 화합물들의 환경에서의 반감기가 훨씬 짧게 나타나 있기도 한데, 이것은 다른 변환반응 아마도 생물반응이 이 화합물들의 최종 형태를 제어하는 데 더 중요하다는 것을 나타낸 것이다.

제거 반응(할로젠화수소 이탈 반응) 제거 반응은 무생물적으로 일어날 수 있으며 또는 미생물에 의해서도 일어날 수 있다. 이 반응들이 여러 가지 유기물질들에서 일어나고 있으나 환경공학자와 환경과학자에게 가장 중요한 반응은 유기 할로젠 화합물에서의 반응이다. 이 반응들은 HX를 방출(할로젠화수소 이탈)하면서 이중결합을 형성하는 것이 공통적인 특징이다.

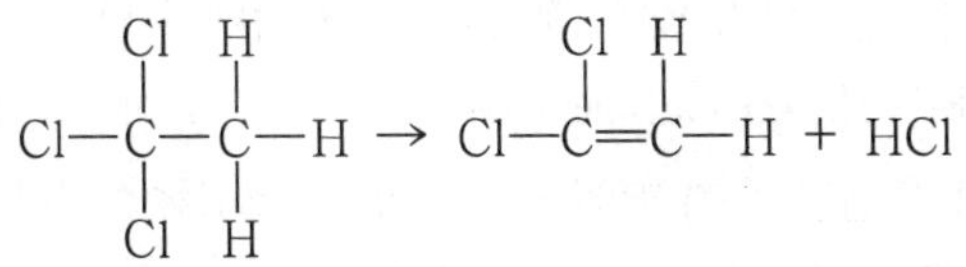

1,1,1-트라이클로로에탄 1,1-다이클로로에텐

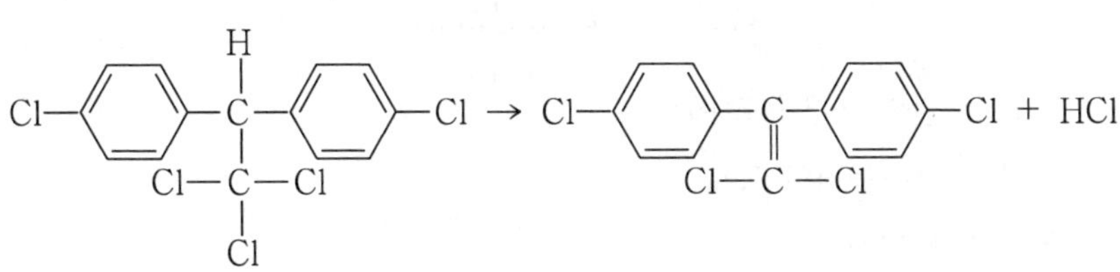

DDT DDE

산화 반응 산화 반응은 유기물질(전자 공여체)이 산화제(전자 수용체)에 한개 이상의 전자를 잃어버릴 때 일어난다. 환경조건에서는 무생물적 반응은 대체로 대단히 느리거나 일어나지 않는다. 가장 보편적인 자연 산화제는 산소 분자, Fe(Ⅲ), Mn(Ⅲ/Ⅳ)이다. 이들은 H_2O_2, O_3 등의 산화제, 하이드록실(OH)과 과산화물(OOR) 등의 자유 라디칼 및 기타 단일항 산소, $^1O_2$ 와 같이 반응성 종들을 광화학적으로 생성하여 매우 빠르게 산화되는 광화학 반응과 아주 대조적이다. H_2O_2, O_3, MnO_4^-(과망간산염) 및 여러 가지 염소 종들(즉, Cl_2, ClO_2)과 같은 센 산화제들은 물과 폐수처리 과정에서 유기물들 산화할 수 있다. 생물학적 산화 반응에 대하여는 제 6장에서 더 상세하게 설명하겠다.

무생물적 산화 반응의 속도는 흔히 2차 반응속도식을 이용하여 나타낸다.

$$\text{속도} = -k_o[C][O_x] \tag{5.66}$$

여기서 k_o = 산화 반응속도 상수

$[C]$ = 유기물 농도

$[O_x]$ = 산화제의 농도

환원 반응 환원반응은 유기물질(전자 수용체)이 환원제(전자 공여체)로부터 한 개 이상의 전자를 얻을 때 일어난다. 고도로 산화된 유기화합물(예, 고도 유기 염소화합물, 방향족 나이트로화합물)은 환원되기 쉽다. 무생물적 환원 반응이 대부분이며 특히 환원 조건(무산소)에서 그렇다. 많은 경우에 무생물적 산화 반응과 미생물에 의해 유도되는 환원 반응을 구별하기 어렵다. 예를 들어 HS^-는 친핵성 치환 반응(가수분해와 친핵성 치환반응 참조)에 참여할 수 있으며 유기물을 환원하면서 원소 상태의 황 [S(*s*)]으로 산화되어 환원 반응을 일으킬 수도 있다. 혐기성 환경에서는 황산염(sulfate)의 생물학적 환원으로 HS^-가 주로 나타난다. 즉, 미생물 없이는 환원 반응은 일어나지 않을 것이다. 환경 속에서 발견되는 환원제들로는 HS^- : 황화철(iron sulfide) 탄산 철(iron carbonate)과 같은 Fe(Ⅱ) 화합물 ; 철과 기타 포르피린류(porphyrins) ; 그 밖의 환원된 유기화합물(천연 유기물질)들이 있다.

무생물적 환원 반응의 속도는 흔히 2차 반응속도식으로 설명된다.

$$\text{속도} = -k_r[C][Red] \tag{5.67}$$

여기서 k_r = 환원 반응속도 상수

$[C]$ = 유기물질의 농도

$[Red]$ = 환원제 농도

여러 가지 형태의 유기물이 무생물적 또는 생물적 환원 반응을 일으킬 수 있다. 몇 가지 예를 다음에 나타내었다.

1. 환원성 할로젠 이탈 반응(reductive dehalogenation)

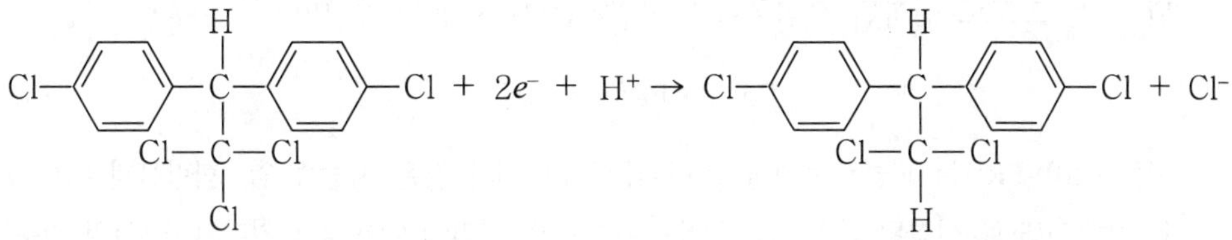

DDT　　　　DDD

테트라클로로에텐(PCE)과 트라이클로로에텐(TCE)의 생물학적 환원성 할로젠 이탈 반응은 오히려 더 문제 많은 생성물(이 경우에는 염화 바이닐)로 변환 반응이 일어날 가능성이 있다. 이 환원반응들은 전체적으로 분자당 $2e^-$의 전자전이로 진행되며 Cl 원자가 H 원자로 치환된다.

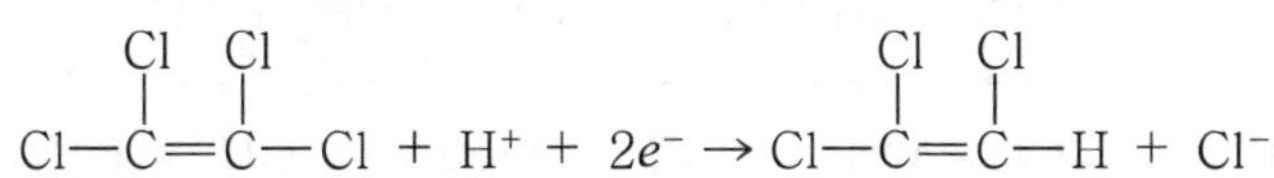

테트라클로로에텐 (tetrachloroethene)　　　　트라이클로로에텐 (trichloroethene)

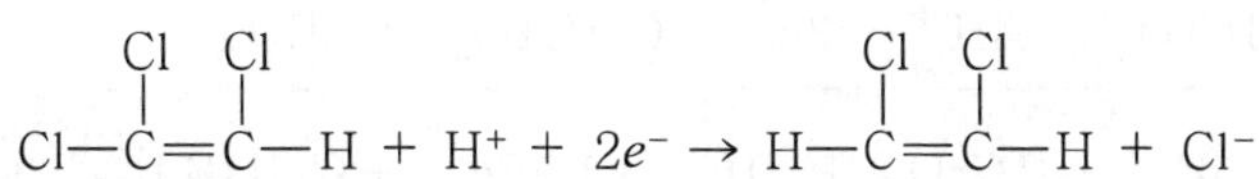

트라이클로로에텐 (trichloroethene)　　　　시스-1,2-다이클로로에텐 (*cis*-1,2-dichloroethene)

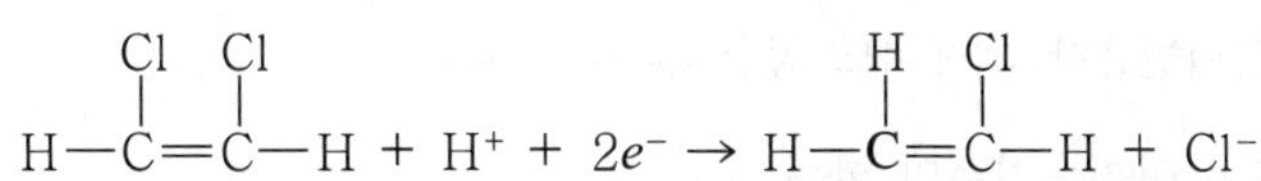

시스-1,2-다이클로로에텐 (*cis*-1,2-Dichloroethene)　　　　클로로에텐(염화바이닐) [chloroethene (vinyl chloride)]

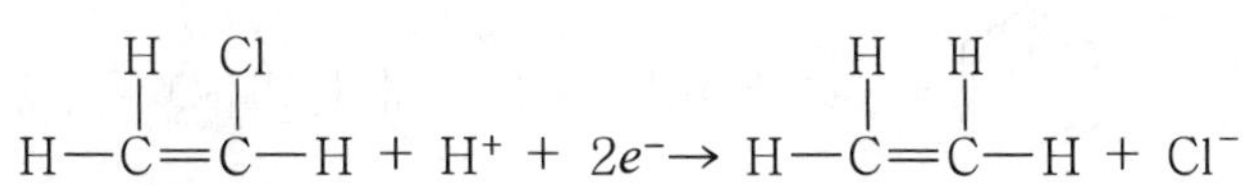

염화바이닐 (vinyl chloride)　　　　에텐 (ethene)

2. 환원성 제거 반응

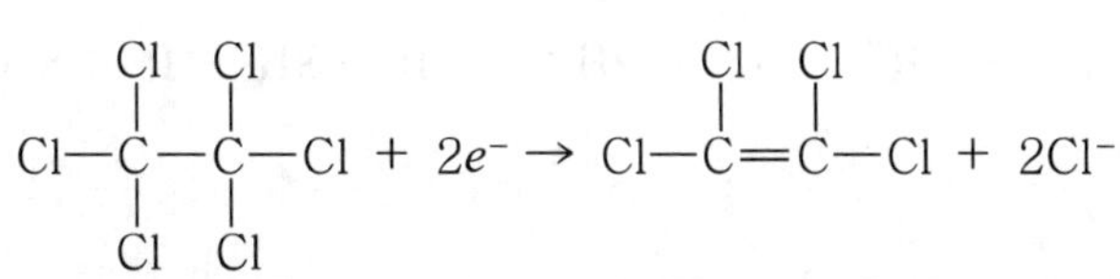

헥사클로로에탄 (hexachloroethane)　　　　테트라클로로에텐 (tetrachloroethene)

금속철(Fe(0))이 포함된 **투수성 반응벽**(permeable reactive barriers, PRB)을 이용한 지

하수 오염물질의 처리는 환원 반응에 근거한 것이다. Fe(0)가 산화(부식) 되면서 방출된 e^-는 고도로 산화된 오염물질을 환원하는 데 이용될 수 있다.

$$Fe^0 \rightarrow Fe^{2+} + 2e^-$$

이들 Fe(0)-PRB는 퍼클로로에텐, 트라이클로로에텐과 같은 지방족 염소화합물과 Cr(Ⅵ)와 같이 고도로 산화된 금속으로 오염된 지하수의 처리에 이용되고 있다. Cr(Ⅵ)의 경우, 이동성이 낮을수록 독성이 약한 3가 형태가 생성된다. 예로 트라이클로로에텐(CCl_2=CHCl)의 에텐(CH_2=CH_2)으로의 환원반응과 크롬산 이온($HCrO_4^-$)의 3가 Cr ($Cr(OH)_3(s)$)으로의 환원 반응의 화학양론 반응식을 다음에 보였다.

$$3Fe^0 \rightarrow 3Fe^{2+} + 6e^-$$
$$CCl_2 = CHCl + 3H^+ + 6e^- \rightarrow CH_2 = CH_2 + 3Cl^-$$

$$3Fe^0 + CCl_2 = CHCl + 3H^+ \rightarrow 3Fe^{2+} + CH_2 = CH_2 + 3Cl^-$$

$$1.5Fe^0 \rightarrow 1.5Fe^{2+} + 3e^-$$
$$HCrO_4^- + 4H^+ + 3e^- \rightarrow Cr(OH)_3(s) + H_2O$$

$$1.5Fe^0 + HCrO_4^- + 4H^+ \rightarrow 1.5Fe^{2+} + Cr(OH)_3(s) + H_2O$$

6장에서 설명하는 바와 같이 환원반응에 필요한 전자들은 여러 종류의 전자주게의 생물학적 산화반응에 의해서도 공급 될 수 있다.

3. 나이트로기의 아미노기로의 환원

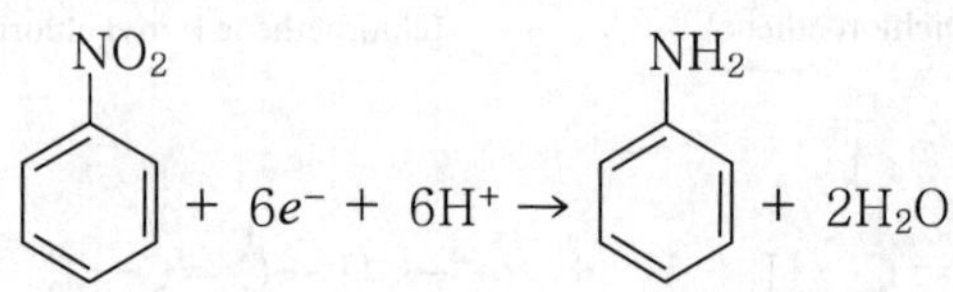

나이트로벤젠 (nitrobenzene) 아닐린 (aniline)

4. 이황화물(disulfide)의 머캅탄으로의 환원

$$R'-S-S-R'' + 2e^- + 2H^+ \rightarrow R'-SH + R''-SH$$

5.35 구조-활성도 관계식과 물성-활성도 관계식

환경과 처리공정에서의 화학물질 특히 유기물질의 물성(예, 용해도)과 활성도(예, 최종형태, 독성)를 예측하기 위한 방법의 개발에 많은 관심이 모아지고 있다. 여기에는 유기화합물의 물리적, 화학적 및 구조적(분자) 특성들이 이용되며, 여러 가지 다양한 구조, 물성과 활성도와의 상관관계를 밝혀내고 있다. 여기서 다루게 되는 구조(structure)는 분자 특성을 말하며, **활성도**(activity)는 독성, 생물변환 반응 또는 생물농축 등과 같은 생물학적 효과(biological effect, 2.12절의 활동도의 정의와는 다르다)를 말한다. 무생물적 반응을 통하여 일어나는 유기화합물의 반응에 대한 퍼텐셜을 말하기도 한다. 물성(property)은 용해도, 휘발성과 액체-액체 또는 고체-액체 분배와 같은 환경에서 중요한 특성들 모두를 포함하고 있는 용어이다. 이 절의 목적은 유기화합물들의 거동(behavior)을 이해하고 예측하는 데 이 관계식들의 특성과 유용성을 소개하려는 것이다. 여기서 사용하는 용어들의 정의 가 이 분야의 다른 사람들이 사용하는 것과 약간 다를 수도 있음을 유의하기 바란다.

구조-활성도, **물성-활성도**, **구조-물성** 및 **물성-물성** 관계식들이 유도되어 있으며 이 모두는 문헌들에서 보통 **정량적 구조-활성도 관계식**(quantitative structure activity relationship, QSAR)이라고 한다. QSAR의 일반적인 목적은 여러 가지 통계적 상관기법을 이용하여 화학물질들의 일련의 주어진 물성 또는 활성도를 때로 디스크립터(descriptor)라고 부르는 이 화합물들의 특성(구조 또는 물성)과 상관시키는 것이다. QSARs는 초기에는 의약품 설계(drug design)와 농약의 처방에 이용되었으나 최근에는 환경 독성학에까지 이용되고 있다. 현재는 환경 자료가 매우 부족한 유기화합물의 영향을 이해하고 예측하는 데 도움이 될 수 있으므로 중요해지고 있다. 현재 사용되고 있는 합성화학물질은 약 70000종으로 추정되며 매년 500～1,000종이 새로이 추가되고 있다. 이 화합물들 가운데 환경영향에 대한 자료가 있는 것은 불과 20% 정도이다.[35)] QSARs는 비록 실험적인 상관 관계식이기는 하나 관련된 원인과 메카니즘을 밝히는 데 도움이 될 수 있는 중요한 정보를 얻을 수 있다. 그러나 QSARs를 유도하는 데 사용한 화합물들과 현저하게 다른 물성(예, 화학구조)을 가진 화합물들에 대하여 QSARs를 이용하려고 할 때는 약간의 주의가 필요하다.

분자 접속성(molecular connectivity), 몰 표면적, 고유 몰부피(intrinsic molar volume), 원자 전하(atomic charge)와 바탕구조(분자) 특성 등을 이용하여 유도한 관계식들은 실험자료 없이도 그 값들을 구할 수 있는 약간의 장점이 있다. 그러나 환경공학자와 환경과학자들은 구조특성과 이 파라미터들의 값들을 결정하는 데 필요한 계산 방법을 알고 있어야 한다. 이러한 자료의 일부는 문헌들에서 찾을 수 있으며 최근에는 판매되고 있는 소프트웨어 패키지들도 많이 나와 있어서 이를 구입하여 이용할 수도 있다.[36)] 이 파라미터들과 그 값들을 결정하는 데 이용되는 방법의 상세한 설명은 이 교재의 범위를 벗어나는 것이므로 여기서는 다루지 않는다.

---

35) S. Postel, in "State of the World 1987," L. R. Brown, et al., eds,. Worldwatch Institute Report, W. W. Norton, New York, 1987.)

36) M. Reinhard and A.Drefahl, "Handbook for Estimating Physiochemical Properties of Organic Compounds" John Wiley & Sons, Inc.,New York, 1999.)

유기화합물의 물성 예측

용해도, K_H, K_{ow}, K_{oc} 등의 환경에서 중요한 물성들을 예측할 수 있는 관계식들이 유도되어 있다. 그 한 예인 용해도에 대한 구조-물성 관계식을 아래에 나타내었다.[37)]

$$\log S = 1.543 + 1.638^o\chi - 1.374^o\chi^v + 1.003\Phi' \tag{5.68}$$

여기서 S = 물에 대한 용해도, 몰/L

$^o\chi$ = 0차, 단순 분자 접속지수(simple molecular connectivity index)

$^o\chi^v$ = 원자가 분자 접속지수(valence molecular connectivity index)

Φ' = 수정된 분극성 파라미터(modified polarizablity parameter)

$^o\chi$, $^o\chi^v$, Φ'값들은 분자 구조로부터 계산 할 수 있으며 실험 자료가 필요하지 않다. 표 5.16은 이 관계식을 이용하여 용해도를 계산하는 데 사용되는 자료의 형식 예를 나타낸 것이다. 위의 관계식 (5.68)은 알코올, 지방족 할로겐 화합물과 방향족 화합물들을 비롯하여 145가지의 유기화합물 자료로부터 유도된 것이다.

표 5.16 몇 가지 유기화합물들의 $^o\chi$, $^o\chi^v$, Φ'값들

화합물	$^o\chi$	$^o\chi^v$	Φ'
페놀(phenol)	4.38	3.83	−4.11
2-클로로페놀(2-chlorophenol)	5.30	4.89	−4.71
펜타클로로페놀(pentachlorophenol)	9.00	9.46	−7.12
나프탈렌(naphthlalene)	5.61	5.61	−6.72
벤조(a)파이렌(benzo(a)pyrene)	10.92	10.92	−12.00

N. N. Nirmalakhandan and R. E. Speece, Prediction of Aqueous Solubility of Organic Chemicals Based on Molecular Structure. 2. Application to PNAs. PCBs. PCDDs etc., *Env. Sci. Tech.,* 23: 708-713(1989).

여러 가지 **물성-물성** 관계식들이 유도되어 있다. 식 (5.59)는 K_{oc}를 K_{ow}와 관계지은 것이며 식 (5.60)은 K_{oc}를 S와 관계지은 것이며 그 대표적인 그 좋은 예이다. 또 다른 한 예로 36종의 유기화합물 자료로부터 유도한 K_{ow}와 S(mol/L)의 식도 있다.[38)]

$$\log K_{ow} = -0.862 \log S + 0.710 \tag{5.69}$$

---

37) N. N. Nirmalakhandan and R. E. Speede, Prediction of Aqueous Solubility of Organic Chemicals Based on Molecular Structure. 2. Application to PNAs, PCBs, PCDDs, etc., *Env., Sci. Tech.,* 23: 708-713(1989))

38) C. T. Chiou, Partition Coefficient and Water Solubility in Environmental Chemistry, in "Assessment of Chemicals," vol, 1, Academic Press, pp, 117-153, 1981.

유기화합물의 활성도 예측

QSARs에서의 활성도는 대체로 독성, 생물변환 또는 생물농축 등의 생물학적 효과와 관계된다. 여러 가지 관계식들이 유도되어 있으며[39] 아래의 몇 가지를 설명하겠다.

생물축적(bioaccumulation) 또는 생물농축(대략적으로 물속의 화합물의 농도 대 표적 생물체 속 그 유기화합물 농도의 비로 정의됨)은 K_{ow}와 관계지을 수 있는 사실이 알려진지는 오래다. 이것은 생물농축을 분배과정(partition process)으로 간주할 수 있기 때문에 가능한 것이다. 다음은 물성-활성도 관계식의 한 예이다.[40]

$$\log \mathrm{BF} = \log K_{ow} - 1.32 \tag{5.70}$$

여기서 BF는 생물농축인자(bioaccumulation factor)이다. 식 (5.70)은 여러 가지 수중생물(어류, 조류, 조개류)과 51종의 유기화합물 자료로부터 유도된 것이다.

생분해성 대 화학 구조와 같은 구조-활성도 관계식을 유도하려는 시도도 이루어져 왔다. 다음은 그 한 예이다.[41]

$$\mathrm{BOD} = 1015(\,|\Delta\delta|_{x-y}) + 1.193 \tag{5.71}$$

여기서, BOD는 5일 동안에 일어난 이론 BOD의 100분율(percentage)이며 $|\Delta\delta|_{x-y}$는 결합사이(예, C－O)의 원자전하 차이의 계수(modulus)이다. 이 관계식은 아민, 페놀류, 알데하이드, 카복시산, 할로젠화 수소와 아미노산들을 비롯하여 79종의 유기화합물들로부터 유도된 것이다.

QSARs의 가장 유망한 용도의 하나는 환경적으로 중요한 생물들에 대한 유기화합물의 독성을 이해하고 예측하는 것이다. 최근 여러 가지 박테리아에 대하여 50 내지 130 종의 유기화합물과의 독성관계를 밝힌 연구가 발표되었다. 호기성 박테리아와 종속영양 박테리아에 대한 **구조-활성도**와 **물성-활성도** 관계식의 각 예를 다음에 나타내었다.[42]

$$\log \mathrm{IC}_{50} = 5.24 - 4.15(V_i/100) + 3.17\beta_m - 0.41\alpha_m \tag{5.72}$$

$$\log \mathrm{IC}_{50} = 5.12 - 0.76 \log K_{ow} \tag{5.73}$$

---

39) Reinhard and Drefahl, “Handbook for Estimating Physiochemical Properties of Organic Compounds.”
40) D. Mackay, Correlation of Bioconcentration Factors, *Env. Sci. Tech.,* **16** : 274-278(1892).
41) J. C. Dearden, and R. M. Nicholson, The Prediction of Biodegradability by the Use of Quantitative Structure-Activity Relationships : Correlation of Biological Oxygen Demand with Atomic Charge Difference, *Pesticide Science,* **17**: 305-310(1986).
42) D. J. W. Blum and R. E. Speece, Determining Chemical Toxicity to Aquatic Species, *Env. Sci, Tech.,* **24** : 284-293(1990).

표 5.17 몇 가지 유기화합물들의 V_i, β_m, α_m 값들

화합물	V_i /100	β_m	α_m
다이클로로메탄(dichloromethane)	0.336	0.05	0.13
클로로폼(chloroform)	0.427	0	0.20
1,1,1-트라이클로로에탄(1,1,1-trichloroethane)	0.519	0	0
트라이클로로에텐(trichloroethene)	0.492	0:03	0.12
벤젠(benzene)	0.491	0.14	0
톨루엔(toluene)	0.592	0.14	0
클로로벤젠(chlorobenzene)	0.581	0.09	0
페놀(phenol)	0.536	0.33	0.06

* D. J. W. Blum, Chemical Toxicity to Environmental Bacteria : Quantitative Structure Activity Relationships and Interspecies Correlations and Comparisons, Ph. D. Dissertation, Drexel University, Philadelphia(1989).

여기서 IC_{50} = 생물반응속도가 50%까지 감소될 때의 농도(mg/L)

V_i = 고유 몰 부피

β_m 과 α_m = 각각 수소 공여체(hydrogen donor) 또는 수용체(acceptor)로서 수소 결합에 참여할 수 있는 능력의 척도

V_i, β_m과 α_m 을 일반적으로 선형 용매화 에너지 관계식(linear solvation energy relationship, LSER) 파라미터라고 한다. 표 5.17에 식 (5.72)를 이용하는 데 필요한 파라미터의 예를 나타내었다.

가장 잘 알려진 물성-활성도 관계식들 중의 하나는 일반적으로 선형 자유에너지 관계식(linear free energy relationship, LFER)이라고 하는 것이며, 반응속도를 평형상수와 관계지은 것이다. 이것은 화학반응 속도론을 열역학과 관계시키는 시도이다. 그 한 예로 16종의 N-페닐카밤산 에스터(N-phenylcarbamates) 계열 화합물의 염기촉매 가수분해 반응에 대한 것을 다음에 나타내었다.[43)]

$$\log k_b = -1.15\,\mathrm{p}K_A + 1.36 \tag{5.74}$$

여기서 k_b는 1차 가수분해 반응속도($M^{-1}s^{-1}$)이며 $\mathrm{p}K_A$는 알코올 또는 이탈기(leaving group)의 $\mathrm{p}K_A$이다. 카밤산 에스터의 가수분해에서는 아민, 알코올, CO_2가 생성되는 데 유의해야 한다. 이탈기는 여러 가지 가운데 나이트로페녹시기(nitrophenolate), 클로로페녹시기

43) R. P. Schwarzenbach and P. M. Gschwend, Chemical Transformations of Organic Pollutants in the Aquatic Environment, in "Aquatic Chemical Kinetics," W. Stumm, ed., Wiley Interscience, New York, 1990.

(chlorophenolates) 및 지방족 할로젠화합물들이 포함되어 있다. 아래에 N-페닐카밤산 4-나이트로페닐($k_b = 2.7 \times 10^5\ M^{-1}s^{-1}$)에 대한 것을 그 한 예로 나타내었다.

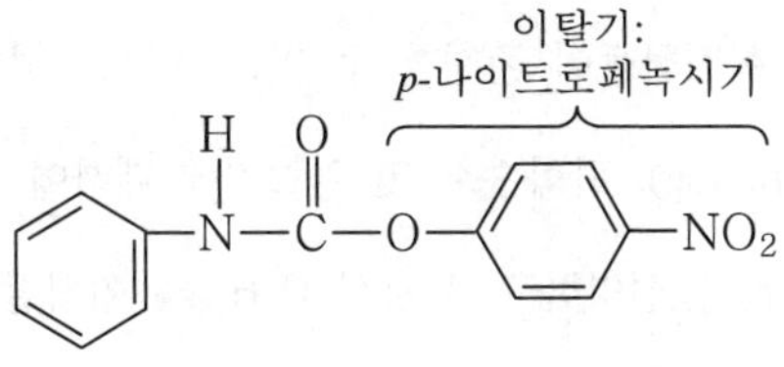

4-Nitrophenyl-*N*-phenylcarbamate

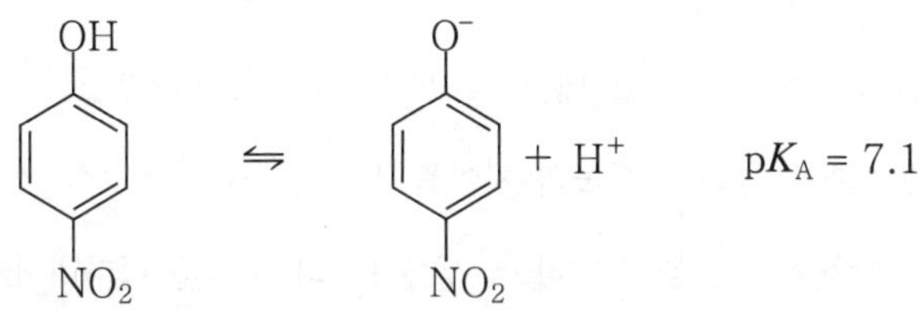

p-나이트로페놀
(*p*-nitrophenol)

p-나이트로페녹시 음이온
(*p*-nitrophenylate)

LFER의 다른 예로는 Fe(0)에 의한 염화 알케인(chlorinated alkane)과 알켄의 환원반응의 표면적-표준화 속도상수(k_{SA}, L/m^2·h)를 이들 화합물에 대한 최저 비점유 분자궤도 에너지(E_{LUMO}, eV)의 계산된 추정값과 관련지은 것이 있다.[44)]

$$\log k_{SA} = -5.603 - 1.49 E_{\text{LUMO}} \qquad (5.75)$$

예를 들면 테트라클로로에텐의 E_{LUMO}는 −1.689 eV 로 추산된다. 식 (5.75)로부터 속도상수는 8.2×10^{-4} L/m^2·h이다. 만일 Fe(0) 투수성 반응벽 표면적-농도가 2 m^2/mL (2000 m^2/L) 이었다면 이 유사-1차-속도상수는 1.64 h^{-1}이 될 것이다.

---

44) M. M. Scherer, B. A. Gallagher, and P. G. Tratnyek, Correlation Analysis of Rate Constants for Dechlorination by Zero-Valent Iron, *Env. Sci. Tech.*, 32 : 3026-3033(1998).

연습문제

5. 1 수많은 종류의 탄소 화합물들이 존재할 수 있는 이유를 설명하여라.

5. 2 동족계열, 동족체(homolog), 탄화수소 및 알킬기에 대하여 설명하여라.

5. 3 이성질 현상(isomerism)을 설명하고, 분자식 C_6H_{14}의 이성질체의 구조식들을 모두 나타내어라.

5. 4 유기화합물과 무기화합물의 일반적인 차이점을 설명하여라.

5. 5 뷰탄 20 g을 완전히 산화하는 데 몇 g 의 산소가 필요한가?

5. 6 지방족 화합물과 방향족 화합물의 차이를 설명하여라.

5. 7 일차, 이차, 삼차 알코올을 설명하고, 생분해성의 순서를 나타내어라.

5. 8 *n*-뷰탄(*n*-butane)이 생물학적 산화로 뷰티르산(butyric acid)이 되기까지의 중간 생성물들의 구조와 이름을 써라.

5. 9 유기화합물들의 산화반응은 왜 환경공학자와 환경과학자에게 중요한가?

5.10 대기 속에 $CH_3-CH_2-CH=CH-CH_3$, 질소 산화물과 물방울이 존재하고 햇빛이 쪼인다면 무엇이 생성될 수 있는가?

5.11 다음 화합물들 중 어느 것이 광학이성질체를 가지는가?

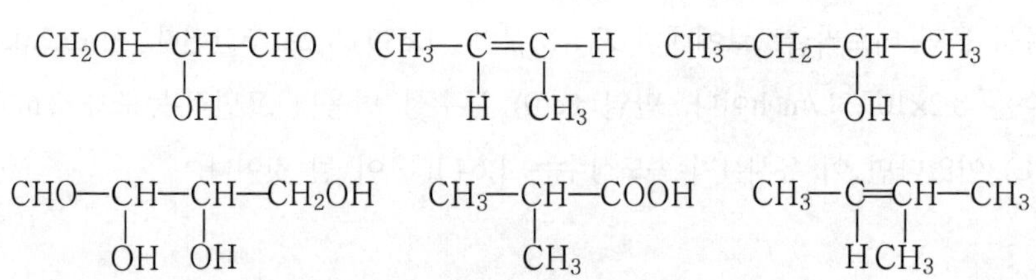

5.12 굳기름과 기름의 일반식을 나타내고, 이들의 차이점을 설명하여라.

5.13 굳기름과 납(wax)의 차이점을 설명하여라.

5.14 글루코오스에는 비대칭 탄소 원자가 몇 개 있는가?

5.15 케토 펜토오스와 알도 펜토오스의 구조식을 하나씩 써라.

5.16 녹말과 셀룰로오스의 생분해성이 서로 다른 데 대한 주요 인자는 무엇인가?

5.17 단백질의 단위구조에 대한 일반식을 써라. 이 단위 구조들이 어떻게 결합되어 단백질을 형성하는 지를 설명하여라.

5.18 어떤 식품 폐기물의 유기질소 함량이 2.5%라면, 단백질의 대략적인 함량은 얼마나 되는가?

5.19 다음 화합물들의 특징을 나타내는 작용기는 무엇인가? 알켄, 알코올, 알데하이드, 케톤, 산, 아민, 아마이드, 에터(ether), 에스터, 방향족 화합물.

5.20 다음의 탄수화물을 가수분해하면, 어떤 종류의 단당류가 생성되는가? 셀룰로오스, 녹말, 헤미셀룰로오스

5.21 계면 활성제는 일반적으로 세 가지로 분류된다. 그 이름과 각각의 예를 들어라.

5.22 합성 농약은 일반적으로 네 가지로 분류된다. 각각의 이름과 생분해성을 설명하여라.

5.23 약리 활성 화학물질(PhACs)이 환경공학자와 환경과학자에게 중요한 이유를 설명하여라. PhACs의 두 예를 들어라.

5.24 내분비 교란성 화학물질(EDCs)이 환경공학자와 환경과학자에게 중요한 이유를 설명하여라. EDCs의 두 예를 들어라.

5.25 다음 화합물의 구조식을 써라.

(a) 3-노넨(3-nonene)
(b) *n*-옥틸 페놀(n-octyl phenol)
(c) 다이메틸 에터(dimethyl ether)
(d) 1,1,2-트라이클로로에탄(1,1,2-trichloroethane)
(e) PCB 중의 한가지
(f) *n*-펜탄산(*n*-pentanoic acid)
(g) 아이소프로판올(isopropanol)
(h) 2,4,6-트라이나이트로톨루엔(2,4,6-trinitrotoluene, TNT)

5.26 다음 화합물들의 구조식을 나타내어라.

(a) 1,2-다이클로로에텐(1,2-dichloroethene)
(b) 다이에틸 케톤(diethyl ketone)
(c) 펜타클로로페놀(pentachlorophenol)
(d) 뷰티르산(butyric acid)
(e) *m*-클로로페놀(*m*-chlorophenol)
(f) PAH(polycyclic aromatic hydrocarbon)의 한가지
(g) 3-펜탄올(3-pentanol)
(h) 1-옥텐(1-octene)

5.27 다음 화합물들의 구조식들을 나타내고 이름(IUPAC 또는 관용명)을 써라.

(a) $CH_3CHOHCH_2CH_3$

(b) 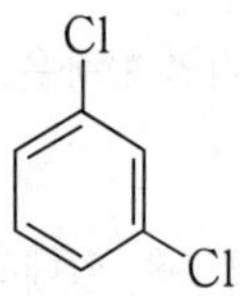

(c) $CHCl_2CH_2Br$

(d) $CH_3OCH_2CH_3$

(e) CH_3CHO

(f) CCl_2CHCl

(g) $CH_3CH_2CH_2COCH_2CH_3$

(h) 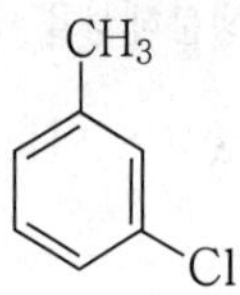

(i) 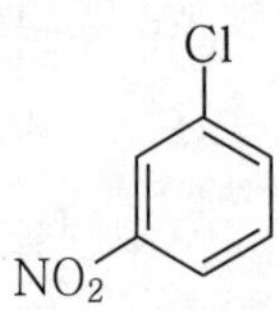

5.28 다음의 이름을 써라.

$$CH_3CH_2\underset{\displaystyle CH_3}{\underset{|}{C}H}-CH_2CH_3 \qquad CH_3CH_2CH_2\underset{\displaystyle CH_2CH_3}{\underset{|}{C}H}-CH_2CH_2OH$$

$$CH_2{=}CH-\underset{\displaystyle CH_3}{\underset{|}{C}H}-CH_3 \qquad CH_3CH_2CH_2COOH$$

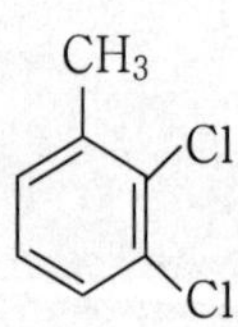

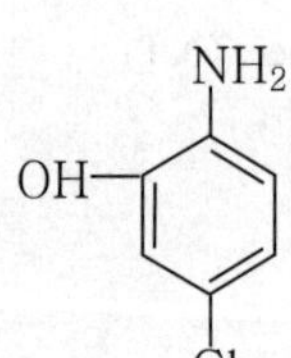

5.29 어느 오염된 지하수에 클로로벤젠 50 μg/L, 다이클로로메탄 25 μg/L, 에틸벤젠 85 μg/L가 포함되어 있다. 본문 5.34절에 설명된 간략화 평형모델(simplified equilibrium model)을 이용하여 이 화합물들 각각의 농도를 5 μg/L 이하로 감소시키는 데 필요한 공기-물 비를 계산하여라. 만일 실제로 이 오염물질들을 제거하기 위한 탈기탑(stripping tower)을 설계한다면 그 때 설계 공기-물 비는 이 계산결과와 비교하여 어떻게 되겠는가? 더 커지는가? 작아지는가? 같아지는가? 이유를 설명하여라.

답 : 48.9 ; 39.1 ; 48.3

5.30 휘발성 유기화합물을 공기스트립핑으로 제거할 때, 다음의 파라미터들이 증가한다면 제거효율은 어떻게 영향을 받겠는가?

(a) H

(b) V_a/V_w

(c) K_La

(d) 온도

5.31 다음 화합물들을 휘발성의 크기순서(대기 중으로 가장 쉽게 분배될 수 있는 것부터)로 배열하여라. 순서를 판단하는 데 사용한 자료와 참고문헌을 밝혀라.

(a) 벤젠(benzene)

(b) 페놀(phenol)

(c) 클로로폼(chloroform)

(d) 브로모폼(bromoform)

(e) 트라이클로로에텐(trichloroethene)

(f) 1,1,1-트라이클로로에탄(1,1,1-trichloroethane)

(g) 테트라클로로에텐(tetrachloroethene 또는 perchloroethene이라고도 함)

5.32 어느 산업체에서 총 100 lb의 트라이클로로에텐(TCE)을 well-capped landfill(즉 이 매립지는 대기와 차단되어 있다고 가정한다)에 버리고 있다. 이 화학물질 매립지는 길이 100 ft, 폭 100 ft, 깊이 10 ft로 되어 있다. 공극 부피(void volume)는 30%이고, 이 틈새의 70%는 물로 채워져 있다. 물에 대한 용해도를 초과하지 않으며, 어떤 다른 변환 반응이나 수착 제거가 일어나지 않는다고 가정하여 수용상(aqueous phase)속의 TCE 농도를 추산하여라. 온도는 25℃로 가정하여라.[만일 이때 생분해반응(혐기성 조건에서는 염화 비닐이 생성될 수 있다)과 수착이 일어난다면, 또 이 매립지가 복개되지 않아서 생성된 상당한 양의 메탄이 대기 중으로 배기된다면 이 문제가 얼마나 복잡해질지를 생각해 보아라.]

답 : 63 mg/L

5.33 어느 폐수가 1100 mg/L 농도의 트라이클로로에텐으로 포화되어 있다. 이 폐수 1백만 liter를 밀폐된 저장탱크(탱크 전체부피=2백만 liter)에 담는다. 액체로부터 몇 %의 TCE가 이 과정에서 제거되겠는가? 온도는 25℃로 가정하여라.

답 : 32%

5.34 표 5.15의 자료를 사용하여 다음 화합물들의 옥탄올-물 분배계수와 물에 대한 용해도로부터 K_{OC}를 추정하여라. 옥탄올-물 분배계수와 물에 대한 용해도로부터 다음 화합물들에 대한 K_{OC}를 추정하여라.

(a) 클로로폼(chloroform)

(b) 1,1,1-트라이클로로에탄(1,1,1-trichloroethane)

(c) 벤젠(benzene)

(d) 클로로벤젠(chlorobenzene)

(e) 페놀(phenol)

(f) 펜타클로로페놀(pentachlorophenol)

(g) 벤조(a)파이렌(benzo(a)pyrene)

(h) 아트라진(atrazine)

5.35 표 5.15의 자료를 사용하여 다음 유기물들 중 어느 것이 지하수를 따라 가장 빠르게 이동할지를 판단하여라. 어느 정도로 빠른가? 계산과정을 모두 보여라. 대수층은 틈새분율 0.20, 벌크밀도 2 kg/L, 유기탄소가 1% 포함되어 있다고 가정하여라.

(a) 벤젠(benzene)

(b) 톨루엔(toluene)

(c) 트라이클로로에텐(trichloroethene)

(d) 1,1,1-트라이클로로에탄(1,1,1-trichloroethane)

(e) 아크롤레인(acrolein)

(f) 나프탈렌(naphthalene)

답 : 아크롤레인이 가장 빠르고 나프탈렌이 가장 느리다.

5.36 온도를 25℃로 가정하고, 테트라클로로에텐(PCE)이 다음과 같은 지하수 대수층에서 지연되는 정도를 추정하여라.

(a) 공극율 0.30, 벌크 밀도 2,000 kg/m^3, 유기탄소 함량 0.25%

(b) 공극율 0.30, 벌크 밀도 2,000 kg/m^3, 유기탄소 함량 1.0%

5.37 H, 물에 대한 용해도, 또는 K_{ow} (화합물의 소수성의 척도)중의 어느 것이 어떤 화합물이 토양과 퇴적물 속에서 입자상물질에 세게 수착될 지를 예측하는 데 적합하겠는가? 이유를 설명하여라.

5.38 다음에 나열한 유기화합물들이 생활-산업 혼합폐수 속에 들어 있다. 이 화합물들을 일차 침전 과정중 폐수 부유성 고형물의 침강에 의하여 제거되기 쉬운 순서로 배열하여라. 그리고 이유를 설명하여라.

(a) 알라클로르(alachlor)

(b) 페놀(phenol)

(c) 펜타클로로페놀(pentachlorophenol)

(d) 아크롤레인(acrolein)

(e) 사염화 탄소(carbon tetrachloride)

(f) 나이트로벤젠(nitrobenzene)

(g) 에탄올(ethanol)

답 : 펜타클로로페놀이 가장 쉽다.

5.39 지하 저장 탱크의 가솔린의 누출로 지하수 오염문제가 나타나고 있다. 대부분의 경우 가장 관심을 갖게 되는 화합물은 MTBE와 BTEX 이다. 표 5.15의 자료를 이용하여 다음에 답하여라.

(a) 어느 화합물이 지하수 속에서 가장 빠르게 이동할 것으로 예상되는가?

(b) 어느 화합물이 공기 스트립핑으로 가장 쉽게 제거될 수 있겠는가?

(c) 어느 화합물이 흡착에 의하여 가장 쉽게 제거될 수 있겠는가?

5.40 다음은 변환 반응들의 타입들이다. 각각에 대하여 특정한 유기물질과의 반응 예를 들어 정의하여라. 본문 중의 반응 예는 사용하지 말 것.

(a) 가수분해반응(hydrolysis)

(b) 이탈반응(elimination)

(c) 산화반응(oxidation)

(d) 환원반응(reduction)

(e) 친핵성 치환반응(nucleophilic substitution)

5.41 반응 예를 들어 할로젠화수소 이탈반응, 환원성 할로젠 이탈반응(reductive dehalogenation)과 환원성 제거 반응 사이의 차이를 설명하여라.

5.42 다음에 보인 농약들은 환경 속에서 변환반응을 일으킨다. 농약의 부류별로 구분하고 환경 속에서 일어날 수 있는 변환반응을 제시하여라. 할 수 있는 데까지 반응의 계수를 맞추고 어떤 조건(즉 호기성, 혐기성)에서 일어날 수 있는지를 밝혀라.

(a)

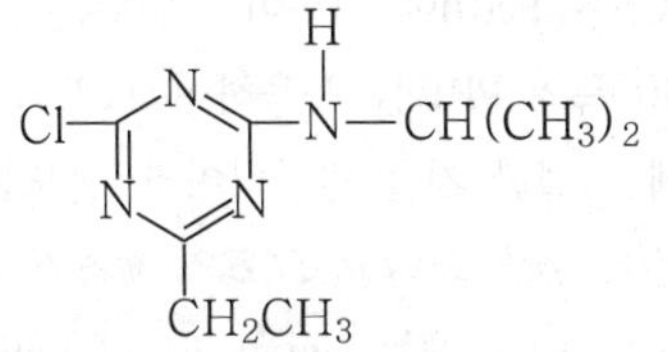

(b)

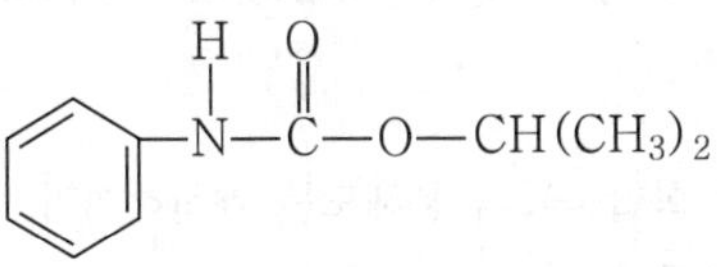

(c)

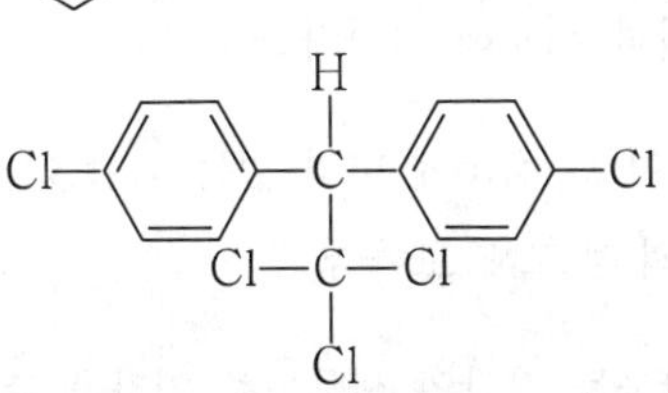

(d)

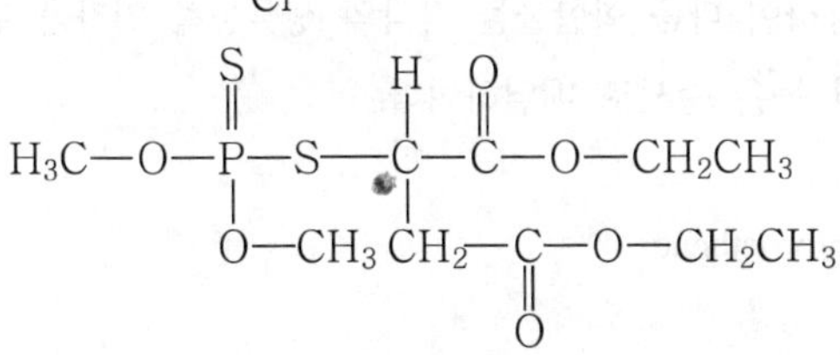

5.43 다음은 살충제인 파라싸이온에 대한 유사 1차 반응속도상수이다.

$k_p = 0.10\ \text{day}^{-1}$ 광분해 반응

$k_h = 0.028\ \text{day}^{-1}$ 가수분해 반응

$k_o = 0.005\ \text{day}^{-1}$ 산화 반응

변환반응 타입별로 파라싸이온의 환경에서의 반감기와 총괄 반감기(overall half-life)를 계산하여라. (주 : 이 문제를 위한 속도상수값들은 University of Iowa의 J. L. Schnoor 교수가 제공한 것임)

답 : 6.9d ; 24.8d ; 139d ; 5.2d

5.44 트라이클로로에텐(TCE)으로 오염된 어느 지하수 플룸(wastewater plume)이 있다. TCE는 금속 철 (Fe(0))에 의해 TCE 농도에 대하여 1차반응 속도식에 따라 환원된다. Fe(0)가 포함된 투수성 반응벽(PRB)으로 차단하여 지하수를 처리한다. 다음의 자료가 준비되어 있다.

PRB로 들어가는 TCE 농도 $= 100\ \mu\text{g/L}$

$$k_{\text{TCE}} = 0.002\ \text{h}^{-1}$$

PRB에 대하여는

$$f_{oc} = 0.01 \quad \rho = 2.8\ \text{kg/L} \quad \text{다공도} = 0.45$$

$$\text{지하수의 선속도} = 0.3\ \text{ft/d}$$

PRB는 유기탄소를 포함하고 있으므로, TCE는 Fe(0)에 의하여 환원되는 동시에 PRB를 통과하는 데는 지연이 있게 될 것이다. 3ft-폭의 PRB를 사용하여 TCE의 농도를 먹는 물의 MCL($5\ \mu\text{g/L}$) 이하로 감소시키는 데 적절한 지를 판단하여라. 온도는 25℃로 가정하여라. *힌트, TCE의 "지연"속도를 계산하여라. 그리고 TCE의 제거가 1차 반응속도식으로 나타내 진다는 사실에 유의하여라.*(주, 이 문제는 University of Iowa의 Michelle Scherer 교수가 제공한 것임.)

5.45 식 (5.68)을 이용하여 표 5.16에 수록된 화합물들의 용해도를 계산하여라. 온도는 25℃로 가정하여라. 이 값들을 표 5.15의 값들과 비교해 보아라.

5.46 식 (5.69)와 표 5.15의 K_{ow} 자료를 이용하여 표 5.16에 나와 있는 화합물들의 용해도를 계산하여라. 이 값들을 문제 5.45의 값들과 비교해 보아라.

5.47 표 5.15의 K_{ow} 자료를 이용하여 다음 화합물들 각각의 생물농축 인자를 추정하여 생물농축도가 낮은 것으로부터 높은 순서로 배열하여라.

(a) 클로로폼(chloroform)

(b) 트라이클로로에텐(trichloroethene)

(c) 벤젠(benzene)

(d) 톨루엔(toluene)
(e) 페놀(phenol)
(f) 벤조(a)파이렌(benzo(a)pyrene)
(g) 아크롤레인(acrolein)
(h) DDT

5.48 표 5.15의 K_{ow}자료를 이용하고 식 (5.72)와 (5.73)을 사용해서 IC_{50}을 추정하고 다음 화합물들을 호기성 종속영양 박테리아에 대하여 독성이 낮은 것으로부터 순서대로 배열하여라.
(a) 다이클로로메탄(dichloromethane)
(b) 클로로폼(chloroform)
(c) 1,1,1-트라이클로로에탄(1,1,1-trichloroethane)
(d) 트라이클로로에텐(trichloroethene)
(e) 벤젠(benzene)
(f) 톨루엔(toluene)
(g) 클로로벤젠(chlorobenzene)
(h) 페놀(phenol)
답 : 가장 낮은 것, 페놀 또는 다이클로로메탄

참고문헌

Brezonik, P. L.: Principles of Linear Free-Energy and Structure-Activity Relationships and their Applications to the Fate of Chemicals in Aquatic Systems, in "Aquatic Chemical Kinetics," W. Stumm, ed., Wiley-Interscience, New York, 1990.

Carey, F. A.: "Organic Chemistry," 4th ed., McGraw-Hill, New York, 2000.

Loudon, G. C.: "Organic Chemistry," 3rd ed., Benjamin/Cummings, Menlo Park, CA, 1995.

Manahan. S. E.: "Environmental Chemistry," 5th ed., Lewis, Chelsea, MI, 1991.

Morrison, R. T., and R. N. Boyd: "Organic Chemistry," 4th ed., Allyn and Bacon, Boston, 1983.

Reinhard, M., and A. Drefahl, "Handbook for Estimating Physiochemical Properties of Organic Compounds," John Wiley & Sons, Inc., New York, 1999.

Schwarzenbach, R. P., P. M. Gschwend, and D. M. Imboden: "Environmental Organic Chemistry," Wiley-Interscience, New York, 1993.

Schwarzenbach, R. P. and P. M. Gschwend: Chemical Transformations of Organic Pollutants in the Aquatic Environment, in "Aquatic Chemical Kinetics," W. Stumm, ed., Wiley-Interscience, New York, 1990.

CHAPTER 6

생화학의 기초개념

6.1 서 론

환경공학을 전공한 공학자 및 과학자 대부분은 생물공학도라고도 할 수 있다. 이는 환경공학자가 미생물을 이용하여 유기성 및 무기성 폐기물을 분해하거나 변환(transformation)시키는 폐기물 처리 시설을 설계하고 운전하는 데에 많은 시간과 노력을 기울이고 있기 때문이다. 그러므로 생화학의 지식은 환경공학에서도 대단히 중요하다. 생화학에 대한 지식은 특히 환경이나 반응조에 외래화학물질(xenobiotocs, 예 ; 할로겐화 유기화합물)의 생물학적 변환을 이해하는 데 매주 중요하다.

이 장의 목적은 독자들에게 생화학의 주요 개념에 대한 기초를 제공하는 것이다. 따라서 환경미생물학에 대한 약간의 토의가 수록되어 있지만 환경미생물학의 기초를 제공하는 것은 그 목적이 아니다. 미생물학과 생화학에 대한 자세한 사항을 원하는 독자는 이장 끝에 수록된 Rittmann과 McCarty의 책 또는 생화학과 미생물학 교재를 참조하기 바란다.

생화학은 생물에 의해서 일어나는 화학적 변화를 다루는 학문 분야다. 이 반응들은 **세포외**(extracellular) 또는 **세포내**(intracellular)에서 일어난다. 이러한 반응들 중에서 가수분해 반응(물의 첨가에 의한 화학결합의 분해)은 성질상 필연적으로 세포 외에서 일어나는 반응이다. 이는 가수분해가 복잡한 구조의 유기물을 분해시켜 세포벽을 투석(dialyze)하여 통과할 수 있을 정도로까지 작게 만들기 때문이다. 가수분해에 필요한 에너지는 무시할 수 있을 정도로 작다. 산화반응은 세포 내에서 일어나며 관련된 각 반응의 자유에너지에 따라 에너지를 생성한다.

생화학 반응은 대체로 0～60℃ 범위의 온도에서 일어난다. 온도범위 0～10℃와 10～40℃ 그리고 40℃ 이상에서 잘 생장하는 미생물들을 각각 **저온성**(psychrophilic), **중온성**(mesophilic), **고온성**(thermophilic) 미생물이라고 부른다. **초고온성**(hypothermophilic)미생물은 65～110℃까지도 견딜 수 있다. 생물에 의하여 일어나는 대부분의 화학반응들은 생물이 관여하지 않을 때보다 훨씬 낮은 온도에서 반응이 일어난다. 이와 같이 반응의 활성화 에너지를 크게 낮추어 주기 위해서는 촉매가 필요하게 된다. 이 촉매에 해당하는 것이 효소(enzyme)이며 생물에 의하여 그 생명활동의 일부분으로써 공급된다. 효소는 반응이 시작되도록 하며, 또 특정한 미생물에 가장 적합한 반응속도가 유지되도록 조절하는 역할을 한다. 이와 같은 메카니즘 때문에 미생물들의 혼합배양(mixed culture)에서는 때때로 미생물균들 사이에 상호 경쟁작용이 나타나기도 한다.

6.2 효 소

효소는 생세포에 의해 만들어지는 온도에 민감한 유기성 촉매이며, 세포내부 또는 외부에서 작용할 수 있는 능력을 가진 물질이라고 정의되고 있다. 효소들 중에는 세포로부터 분비되는 것이 있으며, 이들을 **세포외 효소**라고 부른다. 또 세포의 원형질(protoplasm)에 포함되어 세포 내에서 그 기능을 나타내는 효소가 있으며, 이들은 **세포내 효소**라고 불려진다. 효소는 세포막이나 세포벽에도 존재한다. 효소는 또한 꾸준하게 생산되는 **구성성**(constitutive)과 자극이 있을 때만 생성되는 **유발성**(inducible)으로도 나눌 수 있다. 예를 들어, 유발성 효소는 미생물이 전혀 경험하지 않은 유기물에 노출된 경우에 생산된다.

효소는 특성상 단백질성이다. 그 중에는 단순 단백질인 것도 있으며 복합 단백질인 것들도 있다. 효소는 촉매작용을 하는 반응에 대하여 매우 특이(specific)하다. 효소는 제어하는 반응의 특성에 따라 크게 여섯 가지로 구분된다(표 6.1). 예를 들어 가수분해반응에 촉매작용을 하는 효소들은 **가수분해효소**(hydrolase)라고 하며, 산화-환원 반응에 관여하는 효소를 **산화-환원 효소**라고 한다. 일반적으로 가수분해 효소는 세포외 효소이며, 다른 효소는 세포내 효소이다. 효소는 어미에 －**아제**(－ase)를 붙여 부른다.

이들 효소중 일부는 본래의 촉매기능 이외에도 다른 반응에도 촉매작용을 하기 때문에 특별한 관심의 대상이 되고 있다. 예를 들면 표 6.1에 나타낸 메탄 일산소화효소(methane monooxygenease), 톨루엔 일산소화효소(toluene monooxygenease), 그리고 톨루엔 이산소화효소(toluene dioxygenase)는 해당 호기성 미생물이 메탄, 페놀, 그리고 톨루엔과 벤젠을 생화학적으로 분해하는 초기 산화단계에 관여한다. 또한 이들 효소는 트라이클로로에텐 및 염소화 지방족 화합물이 공동대사(cometabolism)를 통하여 분해되는 과정에도 관여하는 것으로 알려져 있다. 공동대사란 반응이 우연하게 일어나며, 미생물이 물질의 변환과정에서 에너지 등의 이익을 얻지 못하는 반응을 지칭한다. 또 다른 중요한 발견의 하나는 PCE와 TCE 같은 염소에 유기용매를 환원시키며 에너지를 얻는 탈염소 호흡(dehalorespiration)이다. 이들 미생물은 염소 원자를 수소로 대체시키며 제거하는 환원성 탈염소화 효소를 가

표 6.1 효소의 분류

효소	기질	생성물
가수분해효소류(hydrolases)		
1. Carbohydrases :		
a. Glycosidases(당분해) :		
Sucrase	Sucrase	Glucose + fructose
Maltase	Maltase	Glucose
Lactase	Lactase	Glucose + galactose
b. Amylases(전분 분해)		
Diastase, Ptyalin	Starch	Maltose
c. Cellulase	Cellulose	Cellobiose
2. Esterases :		
a. Lipases :		
Lipase	Glycerides	Glycerol + fatty acids
b. Phosphatase	Phosphoric esters	H_3PO_4 + alcohols
3. Proteases :		
a. Proteinases :		
Pepsin, Trypsin	Proteins	Polypeptides
b. Peptidases	Polypeptides	Amino acids
4. Amidases :		
a. Urease	Urea	$NH_3 + CO_2$
5. Deaminases	Amino acids	NH_3 + organic acids
Oxido-reductases(산화-환원반응)		
1. Dehydrogenases		
2. Hydroxylase		
3. Reductive dehalogenase	PCE	TCE
4. Oxidases		
5. Oxygenases		
6. Methane monooxygenase	Methane	Methanol
7. Toluene monooxygenase	Phenol	Catechol
8. Toluene dioxygenase	Benzene	Dihydroxy benzene
	Toluene	Dihydroxy toluene
9. Ammonia monooxygenase	Ammonia	Hydroxylamine
Transferase(작용기의 전달)		
1. Transaminases		
2. ATP		
Lyases(이중결합에의 첨가)		
Isomerases(이성질화반응)		
Ligases(ATP에 의한 결합의 형성)		

지고 있다. 이와 같은 현상에 대한 이해는 앞서 언급한 물질로 오염된 물이나 토양의 처리 가능성을 제시하기 때문에 매우 중요하다.

많은 종류의 효소와 박테리아 조제품들이 정화조, 슬러지 소화조, 기타 처리시설의 운전 관리에서 생겨나는 문제의 해결과 난분해성 유해물질의 분해를 위하여 시판되고 있다. 연구결과에 의하면 가정 하수 및 슬러지 중에는 필요한 양 만큼 생성할 수 있는 능력을 가진 박테리아들이 포함되어 있으므로 외부로부터 효소를 첨가하여도 아무런 유익한 효과를 나타내지 않는 것으로 알려져 있다. 그러나 기능에 이상이 있는 시설에서의 현장연구(정상적인 관리를 행하지 않는 경우)에 의하면 효소의 첨가가 좋은 결과를 나타냈다는 보고도 있다. 실험실 연구도 종종 긍정적인 효과를 나타내는 데 실패한다. 일반적으로 매우 탁월하다고 알려진 대부분의 상품화된 균주를 첨가하여도 외래화학물질의 분해에 큰 도움이 되지 않는다. 비록 예외는 존재하지만 대부분의 현장 공학자 및 과학자들은 확실한 과학적인 실증이 없는 주장에 대하여는 회의적으로 생각할 필요가 있다. 성공적인 적용 예의 하나가 TCE 및 cis-PCE를 에텐으로 변환시키는 것을 가속시키기 위해 농축된 탈염소화균을 첨가한 것이다.[1)]

효소의 활성은 보조인자의 유무, 온도, pH, 그리고 미생물이 사용가능한 미량 영양물질에 영향을 받는다.

| 6.3 | 보조인자

효소중에는 그 활성을 나타내는 데 단백질 구조에만 의존하는 것이 있으며, 또 다른 비단백질 구조체 즉, **보조인자**(cofactor)를 필요로 하는 효소들도 있다. 보조인자는 금속 이온일 수도 있으며 또는 **보조효소**(coenzyme)라고 불리는 복잡한 유기분자일 수도 있다. 때로는 이 두 가지 보조인자를 모두 필요로 하는 경우도 있다. 보조인자로 작용하는 금속 이온으로는 아연, 마그네슘, 망간, 철, 구리, 칼륨 및 나트륨 등이 있다. 효소 단백질은 대부분이 열에 불안정한데 비해 보조효소의 유기구조는 열에 안정하다. 보조인자는 효소 단백질에 견고하게 또한 느슨하게 결합될 수도 있다.

제한된 숫자의 보조효소가 알려져 있으며, 그 중 다음의 것들이 가장 중요하다.

NAD : Nicotinamide adenine dinucleotide, 수소 원자 또는 전자를 이동시키는 효소로 유기물의 산화에 관여한다.

---

1) D.E Ellis, E.J.Lutz, J.M.Odon, R.J.Buchanan, Jr., C.L.Bartlett, M.D.Lee, M.R.Harkness, and K.A. Deweerd, Bioaugmentation for Accelerated In Situ Anaerobic Bioremediation. Env. Sci. Tech., 34:2254-2260(2000)

NADP : Nicotinamide adenine dinucleotide phosphate, 구조와 기능이 NAD와 비슷하나 NAD는 2개의 인(P) 원자를 가지고 있으며, NADP는 3개의 인 원자를 가지고 있다.

보조효소 A(coenzyme A) : 판토텐산(pantothenic acid)의 유도체, 지방산의 대사(산화)와 합성에 관여한다.

플라빈 단백질(Flavoprotiens) : 플라빈 모노뉴클레오타이드(flavin mononucleotide : FMN)와 플라빈 아데닌 다이뉴클레오타이드(flavin adenine dinucleotide : FAD)를 총칭하여 플라빈 단백질이라고 한다. 이들은 수소 원자나 전자를 대사물로부터 산소로 전달하는 데에 중요한 역할을 한다.

보조효소 M(Coenzyme M) : 메탄균에만 존재하는 보조효소로서 메탄 생성시 메틸기의 전달체 역할을 한다.

F_{420} : 메탄균에 포함된 보조효소로서 메탄 생성에 관여하며 몰 당 2몰의 전자를 전달하는 전자전달체 역할을 한다.

F_{430} : 메탄균에 포함된 니켈을 함유하는 새로운 보조효소로서 메탄 생성에 관여한다. 이 보조효소는 염소화 유기화합물의 탈염소화에도 작용한다.

6.4 온도의 영향

생화학 반응은 일반적으로 제한된 온도범위 내에서 온도가 10℃ 증가하면, 그 반응속도가 2배로 증가한다는 van't Hoff의 법칙을 따른다. 그림 6.1은 활성슬러지에 대한 연구 결과를 나타낸 것으로 10℃의 온도 상승에 대하여 반응속도가 2배 이상이 되는 것을 보여주고 있다.[2)]

생화학에서는 온도의 영향을 흔히 Q_{10}값을 사용하여 나타내며, 이것은 어떤 온도에서의 반응속도와 그보다 10℃ 낮은 온도에서의 반응속도의 비를 나타낸 값이다. 표 6.2는 오래전에 연구된 활성슬러지에 의한 호기성 처리와 통상적인 혐기성소화[3)]에서의 Q_{10}값들을 나타낸 것이다. 이들의 일반적인 관계는 아직도 사용되고 있다.

표 6.2의 자료를 검토해 보면 온도 범위와 반응의 특성에 따라 온도의 영향이 크게 달라지게 됨을 알 수 있다. 효소유발 반응의 속도에 온도가 미치는 영향에 관해서는 많은 연구가 이루어져 있다. 모든 생물학적 반응은 효소에 의한 것이므로, 이 자료들은 환경공학 및 과학분야에 큰 도움이 되고 있다. 표 6.3은 몇 가지 종류의 효소들에 온도가 미치는 영향을 나타낸 것이며, 그림 6.2는 아밀라아제에 의하여 녹말을 가수 분해할 때의 여러 온도에서의 활성도를 나타낸 것이다.

---

2) C.N.Sawyer and G.A Rohlich, *Sewage Works J.*, **11**: 946(1939).

3) G.M.Fair and E. W. Moore, *Sewage Works J.*, **6**: 3(1934).

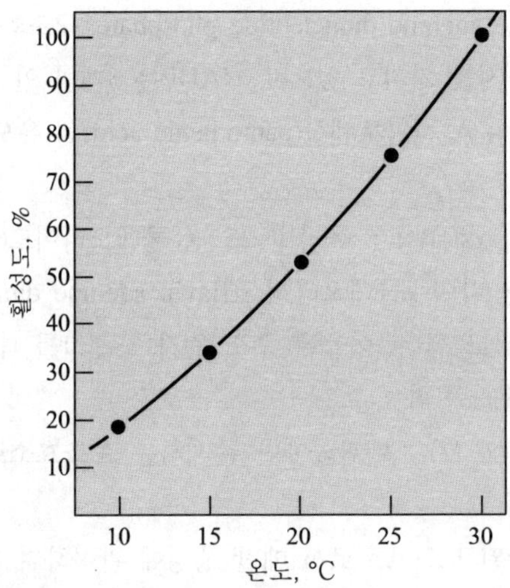

⇧ 그림 6.1 단위시간당 산소요구량으로 측정한 활성 슬러지의 활성도에 미치는 온도의 영향

표 6.2 호기성 및 혐기성 생물학적 처리에 미치는 온도의 영향

처리시스템	온도, ℃	Q_{10}
활성슬러지	10～20	2.85
	15～25	2.22
	20～30	1.89
혐기성 슬러지	10～20	1.67
	15～25	1.73
	20～30	1.67
	25～35	1.48
	30～40	1.0

표 6.3 몇 가지 효소들의 활성도에 미치는 온도의 영향

효소	온도, ℃	Q_{10}
	10～20	1.34
Amylase	15～25	1.59
	20～30	1.44
	25～35	1.27
	30～40	1.17
Pepsin	0～10	2.60
	10～20	2.00
	20～30	1.80
	30～40	1.60
	0～10	1.50
	10～20	1.34
Steapsin	20～30	1.26

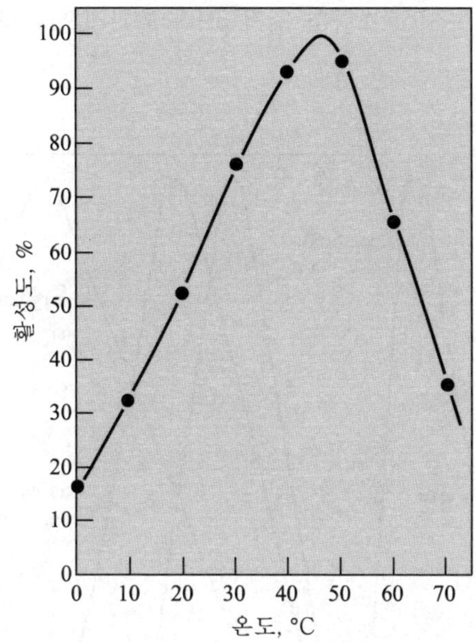

그림 6.2 녹말을 글루코오스로 가수분해할 때 아밀라아제의 활성도에 미치는 온도의 영향

그림 6.2의 자료로부터 제한된 온도 범위 내에서는 온도를 높여주면 생화학 반응에 유리한 효과를 나타내는 것을 알 수 있다. 온도를 더 올리면, 결국 효소의 활성이 저하되는 점에 도달하게 된다. 이러한 변화는 효소의 **변성**(denaturation), 즉 효소 구조의 변화에 기인하는 것으로 생각된다. 생물계에서 고온이 불리한 효과를 나타내는 것은 효소가 변성되거나 생물의 효소 생성 기능이 파괴되기 때문인 것으로 설명될 수 있을 것이다. 두 경우 모두 그 효과는 같다.

혐기성 소화조, 살수여상, 라군, 연못(pond) 등의 설계 및 운전과 관련하여 일찍부터 생물반응의 속도 결정 인자의 하나로 온도의 중요성이 인식되어 왔다. 활성슬러지 공정에서는 온도의 영향을 평가하기가 복잡하다. 이는 ① 유기물 분해속도, ② 산소전달속도, 그리고 ③ 산소용해도의 세 가지 중요한 인자들이 모두 온도의 함수이기 때문이다.

| 6.5 | pH

수소 이온 농도는 생화학 반응의 속도에 영향을 미치는 가장 중요한 인자의 하나다. 생화학 반응은 효소에 의해 유발되고 조절되기 때문에 pH가 효소의 활성에 어떻게 영향을 미치는지 반드시 알고 있어야 한다. 특정한 효소가 효과적으로 작용할 수 있는 pH 범위는 대체로 상당히 좁다. 어떤 효소들은 낮은 pH에서 가장 작용을 잘하며, 또 어떤 효소들은 높은 pH에서 작용을 잘 하기도 하지만 대부분의 효소들은 중성 용액에서 가장 효과적으로 작용한다. 그림 6.3은 몇 가지 효소들의 최적 pH와 효과적으로 작용하는 pH의 범위를 나타낸 것이다.

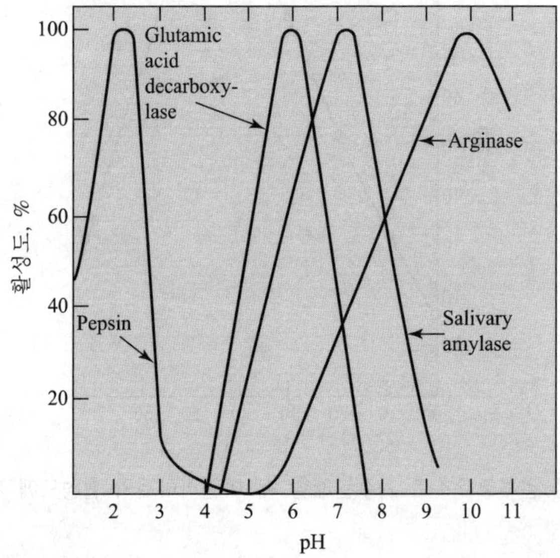

⇧ 그림 6.3 효소활성에 미치는 pH의 영향, 최적 pH 범위가 좁음을 나타내고 있다.

환경공학 분야에 이용되는 대부분의 생물학적 공정들은 거의가 혼합배양(mixed culture) 형태로 작용하는 토양미생물이다. 이 미생물들의 효소 시스템은 본질적으로 중성 용액에서 가장 작용을 잘 하도록 적응되어 있다. 그러므로 pH를 약 6～9의 좁은 범위에 있도록 제어하는 것이 중요하다. pH는 앞서 4.6절에서 설명한 완충작용을 이용함으로써 가장 잘 제어할 수 있다.

| 6.6 | 주요 원소들과 미량 원소들

박테리아는 생물들 중에서 가장 단순한 형태이며, 다른 모든 생물들과 마찬가지로 생존하기 위해서는 번식을 하여야 한다. 많은 종류의 박테리아는 특정한 필수원소들이 이온이나 무기염 형태로 존재하면, 당과 같은 매우 단순한 기질을 이용해서도 잘 자랄 수 가 있다. 박테리아의 세포구성에 대한 경험식은 $C_5H_7O_2N$이며, 약 12%가 질소로 구성되어 있다.

박테리아는 여러 가지 탄소 화합물로부터 단백질을 합성하는 능력이 있는 것으로 알려져 있다. 종이 보전되어 어미와 닮은 자세포를 생성하기 위해서는 충분한 양의 질소가 존재하여야 한다. 즉, 이와 같은 생장증식에는 평균 12%의 질소를 가진 세포를 합성하는 데 필요한 질소가 충분하게 보급되어야 할 것이다. 그러므로 질소는 박테리아의 영양분중 주 영양원소라고 생각되고 있다. 인의 요구량은 일반적으로 질소 요구량의 약 1/5이라고(즉, 질소 1kg당 0.2kg 인이 필요) 알려져 있다. 황(S)도 복합 단백질(conjugated protein)을 생성하는데 필수적인 원소이며 주 영양원소로 다루어지고 있다.

세포의 물질대사에는 이들 외에도 미량의 몇 가지 다른 원소들이 필요하다. 이들은 효소작용이나 생리적 기능에 중요한 것으로 알려져 있다. 칼슘(Ca), 코발트(Co), 구리(Cu), 철(Fe), 마그네슘(Mg), 망간(Mn), 칼륨(K), 셀레늄(Se) 및 아연(Zn) 등은 거의 대부분의 박테리아에 필수적인 원소들이다. 박테리아에 따라서는 이들 외의 다른 원소들을 필요로 하는 것도 있다. 예를 들면, 몰리브덴(Mo)은 질소고정 박테리아에 필수원소이다. 니켈(Ni)은 메탄균에 필요하다.

환경공학자 및 과학자들은 대부분의 경우 가정 하수에 박테리아의 생장에 필요한 주요원소와 미량원소들이 모두 포함되어 있다고 생각해도 무방하다. 그러나 산업폐수의 경우에는 그렇지 않을 수도 있다. 발생원에 이들 금속의 대부분은 효소 활성에 필요한 보조인자로 작용한다. 마찬가지로 유해 폐기물 매립지에서 발생하는 오염된 지하수 및 침출수도 주요원소 또는 미량원소가 부족할 수 있다. 이 같은 영양물질의 제약성을 파악하기 위해서는 폐수의 특성을 정확하게 알아야 할 필요가 있다.

6.7 생분해

생분해는 크게 두 종류로 나눌 수 있다. **광물화**(mineralization)는 유기물이 미생물에 의하여 광물(비유기물질)로 변환되는 것을 일컫는다.

$$\underset{\text{(유기물)}}{\mathrm{C}_a\mathrm{H}_b\mathrm{O}_c\mathrm{N}_d\mathrm{P}_e\mathrm{S}_f\mathrm{Cl}_g} + h\mathrm{O}_2 \rightarrow j\mathrm{H}_2\mathrm{O} + k\mathrm{NH}_4^+ + l\mathrm{PO}_4^{3-} + m\mathrm{SO}_4^{2-} + n\mathrm{Cl}^-$$

광물화시에는 에너지가 발생한다. **생물학적 변환**(biotransformation)은 분해대상 유기물이 완전하게 광물로 분해되지 않고 일부가 다른 유기물로 변환되는 것을 일컫는다. 예로는 트라이클로로에텐이 다이클로로에텐으로 변하는 환원성 탈염소화를 들 수 있다.

$$\mathrm{CCl}_2 = \mathrm{CHCl} + \mathrm{H}^+ + 2e^- \rightarrow \mathrm{CHCl} = \mathrm{CHCl} + \mathrm{Cl}^-$$

발효 역시 생물학적 변환이다. 발효의 예로는 글루코오스가 에탄올로 변환되는 것을 들 수 있다. 일반적으로 발효시에는 에너지가 생성되지만 모든 생물학적 변환시에 반드시 에너지가 생성되지는 않는다.

모든 법칙에는 예외가 존재하지만, 생물학적 변환을 통한 유기물의 환경에서의 거동 또는 처리에 관여하는 다음과 같은 일반적인 법칙을 적용할 수 있다.

1. 단순한 탄수화물 및 아미노산의 생분해성은 매우 높다. 지방 및 기름 등은 용해도의 제약성 때문에 분해가 비교적 어렵다.
2. 탄화수소는 알코올, 알데하이드, 또는 산보다 산화되기 어렵다. 알데하이드는 알코올이나 산보다 독성이 강하다. 불포화 지방족 화합물(이중결합을 가진 것)은 포화 지방족 화합물보다 쉽게 분해된다.
3. 케톤은 알데하이드보다 분해되기 어렵다.
4. 에터(ether)는 생분해가 어렵다.
5. 3차 및 4차 탄소와 질소는 1차 및 2차 탄소와 질소에 비하여 분해가 훨씬 어렵다. 이 같은 사실은 ABS나 LAS계 합성세제의 분해도 차이와도 관련이 있다(5.25절). 4차 질소는 미생물에 대한 독성이 매우 강하다.
6. 에터, 아마이드 그리고 카밤산이온(carbamate) 등의 가수분해는 일반적으로 미생물에 의해 빠르고 쉽게 일어난다.
7. 벤젠고리에 첨가된 염소나 나이트로기($-NO_2$)의 수가 증가할수록 생분해에 대한 저항이 크고 독성이 강해진다.
8. 벤젠고리에서 오쏘(1,2) 또는 파라(1,4)위치에 치환된 물질이 있는 경우보다는 메타(1,3)위치에 치환된 물질이 있는 경우 분해도가 저하된다.
9. 다환 방향족 탄화수소(PAHs)의 고리가 3개 이상이면 생분해가 매우 어렵다.

할로젠화 유기물의 생분해는 더욱 복잡하다. 일반적으로 같은 물질에 대하여 염소 원자의 수가 증가할수록 독성이 강하고 분해도가 낮아진다고 여겨지고 있다. 그러나 그 같은 현상이 미생물과 환경에 따라 변한다. 예를 들어 염소 원자의 수가 많은 PCBs, 사염화 탄소(carbon tetrachloride), 그리고 테트라클로로에텐(tetrachloroethene)은 혐기성 상태에서 비교적 쉽게 분해되며, 같은 물질로서 염소 원자의 수가 적은 일염화 바이페닐(biphenyl)과 클로로에텐(chloroethene, 염화비닐)은 호기성에서 쉽게 분해된다.

다음에 미생물에 의한 변환반응을 열거하였다. 이중 일부는 5.34절에서 토의되었으며, 일부는 다음 절에 보다 자세하게 토의되어 있다.

1. **산화** – 변환중 전자를 방출하는 것
2. **환원** – 변환중 전자를 획득하는 것
3. **가수분해** – 수분의 첨가
4. **치환** – 하나의 기(group)가 다른 기로 치환되는 것(예, Cl^- 대신 HS^- 또는 OH^-)
5. **제거** –탄소에 2중결합을 남기며 원자가 제거되는 것
6. **탈알킬화** – 알킬기가 제거되는 것
7. **탈아미노화** – NH_2기의 이탈

8. **축합** – 저분자 화합물에서 고분자 화합물의 생성
9. **이성질화**(isomerization) – 하나의 이성체가 다른 이성체로 변환되는 것(예, 1,2-cis-다이클로로에텐의 1,2-trans-다이클로로에텐으로의 변환)
10. **고리분해** – 일반적으로 후속 생분해를 위한 고리의 분해

6.8 탄수화물의 생화학

고등동물에 있어서 탄수화물의 주 역할은 에너지원으로 사용되는 것이다. 그러나 미생물의 경우에는 특정한 목적을 위하여 먹이의 종류를 구별하지는 않는다. 그 예로, 박테리아는 탄수화물을 에너지원으로 뿐만 아니라 지방과 단백질의 합성에도 이용한다. 또한, 당연히 탄수화물은 세포조직을 구성하는 데도 이용되며 세포벽 내외부에 다당류로서 저장되기도 한다.

박테리아와 다른 미생물들이 탄수화물을 변환시키는 메카니즘은 식물 및 동물의 체내에서 일어나는 그것과 본질적으로 같은 것으로 믿어지고 있다. 탄수화물 대사의 제1단계는 가수분해반응이며(그림 5.1 참조), 이 분해는 세포벽을 통과하여 이동할 수 있도록 최소한 이당류의 단계까지 진행되어야 한다. 일단 세포벽의 내부로 들어온 단당류(simple sugar)들은 에너지원 또는 합성 원료로 이용된다.

박테리아 단당류로부터 에너지를 얻는 대사의 경로는 환경조건에 따라 호기성(aerobic)과 혐기성(anaerobic)으로 구분된다. 두 가지 경우 모든 첫 단계에서는 다음 6탄당(hexose)의 예에서와 같이 파이루브산(pyruvic acid)으로 전환된다.

$$\underset{\text{6탄당}}{C_6H_{12}O_6} \xrightarrow[\text{효소}]{\text{박테리아}} \underset{\text{파이루브산}}{2CH_3\overset{\overset{\displaystyle O}{\|}}{C}COOH} + 4H \tag{6.1}$$

호기성 조건에서는 파이루브산과 수소가 이산화 탄소와 물로 산화되며 에너지를 얻는다.

$$2CH_3\overset{\overset{\displaystyle O}{\|}}{C}COOH + 4H + 6O_2 \xrightarrow[\text{효소}]{\text{박테리아}} 6CO_2 + 6H_2O \tag{6.2}$$

그러나 혐기성 조건에서는 이와 같은 산화반응이 일어날 수 없으며, 박테리아는 여러 가지 발효 최종 생성물들을 용액으로 방출한다. 최종 생성물의 종류는 관여하는 박테리아의 종과 그 환경조건에 따라 달라진다. 다음은 그 몇 가지 가능한 예를 나타낸 것이다.

$$2CH_3\overset{\overset{O}{\|}}{C}COOH + 4H \xrightarrow[\text{효소}]{\text{박테리아}} 2CH_3\overset{\overset{OH}{|}}{C}HCOOH$$

$$2CH_3\overset{\overset{O}{\|}}{C}COOH + 4H \xrightarrow[\text{효소}]{\text{박테리아}} CH_3CH_2COOH + CH_3COOH + HCOOH$$

$$2CH_3\overset{\overset{O}{\|}}{C}COOH + 4H \xrightarrow[\text{효소}]{\text{박테리아}} 2CH_3CH_2OH + 2CO_2 \tag{6.3}$$

혐기성 조건에서는 이 밖에도 다른 산, 알코올, 케톤들이 생성되기도 한다. 탄수화물의 혐기성 대사과정에서 생성되는 다량의 유기산은 폐수가 가진 완충능력을 초과하면 pH를 낮아지게 하여 미생물의 활성을 방해 또는 정지시키는 경우도 있다. 정상적인 호기성 시스템에서도 탄수화물 폐기물이 갑작스럽게 과부하 될 때에는 대사 중간 생성물인 유기산이 일시에 축적되어 pH가 낮아질 수 있다.

| 6.9 | 단백질의 생화학

단백질은 고등동물에 필수적인 음식물이며, 근육조직의 형성과 복원에 사용된다. 이렇게 사용하고 남은 여분의 단백질은 에너지원으로 사용되거나, 탄수화물과 지방으로 전환된다. 부생세균(saprophytic bacteria)은 단백질 요구량이 아주 적다. 이들 세균의 대부분은 무기질소와 탄수화물, 지방, 알코올과 같은 비단백성유기물로부터 단백질을 합성하는 능력을 가지고 있다. 박테리아의 이와 같은 능력은 단백질 함량이 낮은 식품가공폐수의 일부를 포함하여 각종 산업폐수의 처리에 아주 다행한 일이다. 단백질계 물질을 반드시 첨가해야 한다면, 생물학적 폐수처리의 비용이 대단히 높아졌을 것이다.

단백질의 생물학적 이용의 첫 단계는 5.22절에서 설명한 바와 같이 단계적으로 진행되는 가수분해이다. 세포벽을 통과할 수 있도록 α-아미노산으로까지 가수분해가 진행되어야 한는 것은 이미 잘 알려진 사실이다. 세포 내에서는 아미노산의 **탈아미노화 반응**(deamination)이 일어난다. 탈아미노화 반응은 호기성 조건과 혐기성 조건에서 다르게 일어난다.

호기성 조건에서 탈아미노화 반응

호기성 조건에서 박테리아는 아미노산들의 아미노기를 이탈시켜, 탄소 원자 하나가 적어진 포화 유기산(saturated acid)을 생성하거나,

$$\mathrm{R{-}\underset{H}{\overset{NH_2}{\overset{|}{C}}}{-}COOH + O_2 \xrightarrow[\text{효소}]{\text{박테리아}} R{-}COOH + CO_2 + NH_3} \tag{6.4}$$

또는 탄소수가 같은 하이드록시 카복실산(hydroxy carboxylic acid)을 생성한다.

$$\mathrm{R{-}\underset{H}{\overset{NH_2}{\overset{|}{C}}}{-}COOH + H_2O \xrightarrow[\text{효소}]{\text{박테리아}} R{-}\underset{H}{\overset{OH}{\overset{|}{C}}}{-}COOH + NH_3} \tag{6.5}$$

혐기성 조건에서의 탈아미노화 반응

혐기성 조건에서의 박테리아의 탈아미노화 반응은 환원반응과 함께 진행될 때는 포화유기산을, 환원반응이 동반되지 않을 때는 불포화 유기산을 생성한다.

$$\mathrm{R{-}\underset{H}{\overset{NH_2}{\overset{|}{C}}}{-}COOH + H_2 \xrightarrow[\text{효소}]{\text{박테리아}} R{-}CH_2COOH + NH_3} \tag{6.6}$$

$$\mathrm{R{-}CH_2{-}\underset{H}{\overset{NH_2}{\overset{|}{C}}}{-}COOH \xrightarrow[\text{효소}]{\text{박테리아}} R{-}CH{=}CH{-}COOH + NH_3} \tag{6.7}$$

호기성 및 혐기성 조건에서 생성된 유기산들은 6.10절과 6.11절에서 설명하는 바와 같이 추가적으로 산화된다. 단백질이 혐기성으로 분해되는 경우 중탄산암모늄(NH_4HCO_3)의 형태로 많은 양의 알칼리도가 생성되므로, 단백질의 농도가 높은 경우에는 pH가 매우 높게 증가할 수 있다.

| 6.10 | 유지의 생화학

지방질은 비교적 불용성이기 때문에 분해 또는 동화(assimilation)가 종종 어렵다. 혐기성 슬러지 소화조에서 이 같은 현상은 심각한 문제가 될 수 있다. 지방질은 비중이 낮기 때문에, 부상하기 쉽고 수면에 스컴(scum)를 형성하게 된다. 이 스컴층의 지방질은 박테리아로부터 격리되어 있어서, 박테리아가 이용하기가 어렵게 된다.

지방질의 생물학적 분해는 초기 단계에서는 호기성 상태에서나 혐기성 상태에서 모두 비슷하게 진행하는 것으로 알려져 있다. 첫 단계에서는 가수분해가 일어나서, 앞선 5.21절에서 설명한 바와 같이 글리세롤과 지방산이 생성된다. 지방산은 다음에 나타낸 과정을 거쳐 분해된다.

지방산의 β산화

지방의 가수분해, 아미노산의 탈아민화(deamination), 탄수화물의 발효, 그리고 오메가 산화(omega oxidation, 5.2절)에 의하여 생성된 지방산은 산화에 의해 계속해서 더욱 분해된다. 이 산화는 **Knoop의 이론**에 따라 β 위치의 탄소에서 일어나기 때문에, **β산화 이론**(beta-oxidation theory)이라고도 한다. 이 이론에 의하며, 산화는 단계적으로 연속하여 진행된다. 이 변환에는 보조효소 A(coenzyme A)가 중요한 역할을 하는 것으로 알려져있다. 산화는 효소에 의한 탈수소 그리고 전자와 물의 첨가반응으로 진행되며, 이는 전자 수용체인 FAD와 NAD에 의하여 매개된다.

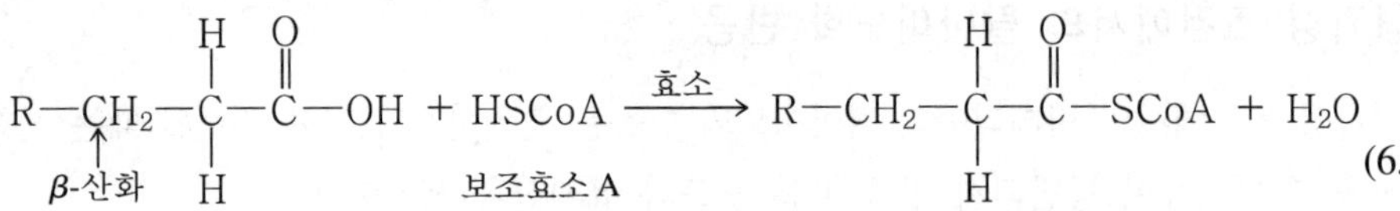

(6.8)

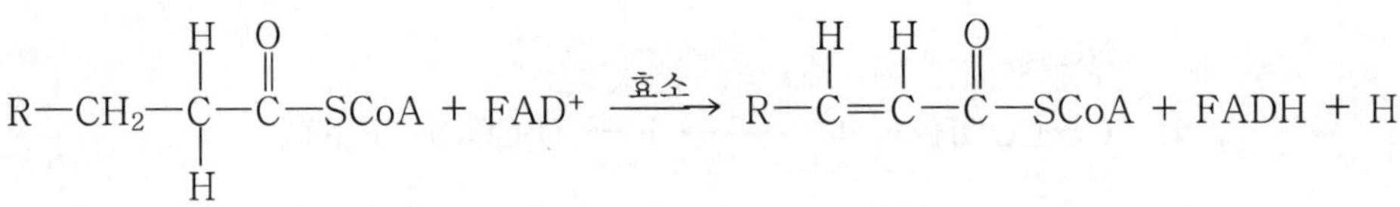

(6.9)

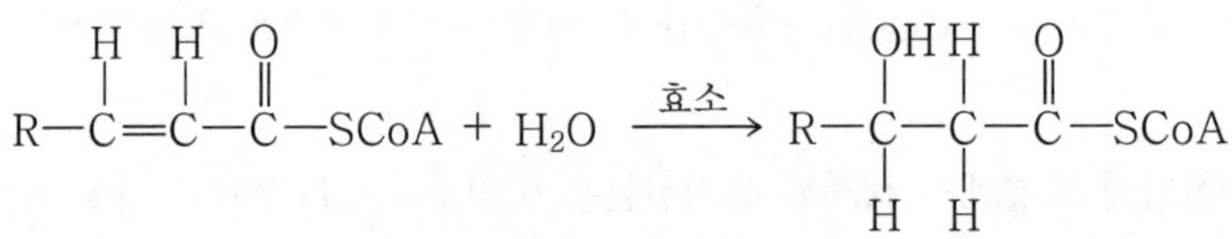

(6.10)

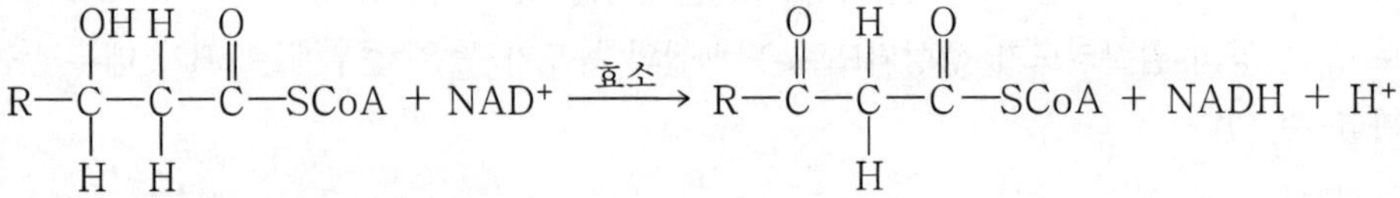

(6.11)

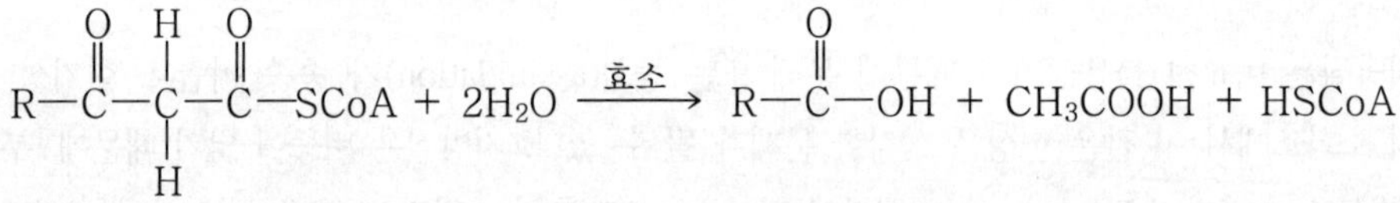

(6.12)

마지막 단계에서는 분자가 분해되어 한 분자의 아세트 산(acetic acid)과 본래의 산보다 탄소 수가 두 개 적은 유기산이 생성된다. 그러므로 이와 같이 β 위치의 탄소가 연속해서 산화되므로, 지방산의 긴 사슬이 조금씩 줄어들면서 아세트 산으로 분절되어 간다. 산화가 진행되는 동안, 한 분자의 아세트 산이 생성될 때마다 4개의 수소와 이에 상응하는 전자가 제거된다. 이렇게 제거된 전자는 NADH 또는 FADH가 지니게 된다. 예를 들어 동물성 지방의 가수분해는 palmitic 산($C_{15}H_{31}COOH$)을 생성한다. 이 산의 β-산화는 각 산화 시마다 아세트산을 떼어내며 진행된다. palmitic 산은 16개의 탄소로 구성되어 있으므로 총 8몰의 아세트산을 생성한다. 이 같은 양론식에 의하면 결과는 다음과 같다. :

$$C_{15}H_{31}COOH + HSCoA + 7FAD^{+} + 7NAD^{+} + 14H_2O \rightarrow$$
$$8CH_3COOH + HSCoA + 7FADH + 7NADH + 14H^{+} \qquad (6.13)$$

호기성 상태에서 FADH 및 NADH가 운반한 전자는 산소분자를 환원시키며 물과 에너지를 생성한다. 그러나 혐기성 조건에서는 박테리아가 이 같은 방식으로 전자를 제거할 수 없기 때문에 다른 방식이 사용되어야 한다. 그 방식은 6.11에 설명되어 있다.

| 6.11 | 일반적인 생화학 대사 경로

앞의 6.8절에서부터 6.10절까지에서는 미생물이 생존하기 위해 탄수화물, 단백질 및 지방을 산화하여 에너지를 얻는 대사경로에 관하여 설명하였다. 산화는 환원된 물질, 즉 전자 공여체(electron donor)로부터 산화된 물질, 즉 전자 수용체(electron acceptor)로의 전자 이동을 수반한다. 일반적으로 생물에 대하여는 "먹이(food)"를 전자 공여체로 간주한다. 유기물은 동물의 경우와 마찬가지로 박테리아와 균류(fungi)의 먹이로 사용된다. 그러나 박테리아들 중 일부는 환원 상태의 무기물, 예를 들면 암모니아, 황화물(sulfide), 분자상태 수소, Fe(Ⅱ) 등을 전자 공여체로 이용하고, 또 에너지원으로 하는 것들이 있다.

박테리아는 일반적으로 세포합성에 사용하는 탄소원 및 에너지 발생방식에 따라 구분된다. 태양광으로부터 에너지를 얻는 미생물은 광합성(photosynthetic) 또는 광영양성(phototrophic)이라고 부른다. 유기물의 산화에서 에너지를 얻는 미생물은 화학유기영양균(chemoorganotrophs), 무기물의 산화에서 에너지를 얻는 미생물은 화학빈영양균(chemolithotrophs)라고 부른다. 세포합성에 유기물을 이용하는 미생물은 종속영양균(heterotrophs), 무기물을 이용하는 것을 독립영양균(autotrophs)이라고 부른다. 이 같은 서로 다른 구분법은 일반적으로 혼용되고 있다. 예를 들어 화학빈영양성균은 일반적으로 독립영양균이고 화학유기영양균은 일반적으로 종속영양균이다.

에너지는 복잡한 일련의 효소반응을 통하여 생합성과 생존을 위해 전자 공여체로부터 생물로 이동하게 된다. 이러한 반응은 식 (6.9) 및 (6.11)에 나타낸 바와 같이 전자 전달체(electron carrier)인 FADH 및 NADH를 형성하는 단계로부터 시작한다. 에너지 이동의 중요한 열쇠가 되는 물질은 뉴클레오타이드(nucleotide)인 아데노신 이인산(adenosine diphosphate ; ADP)이며, 다음과 같은 구조를 가지고 있다.

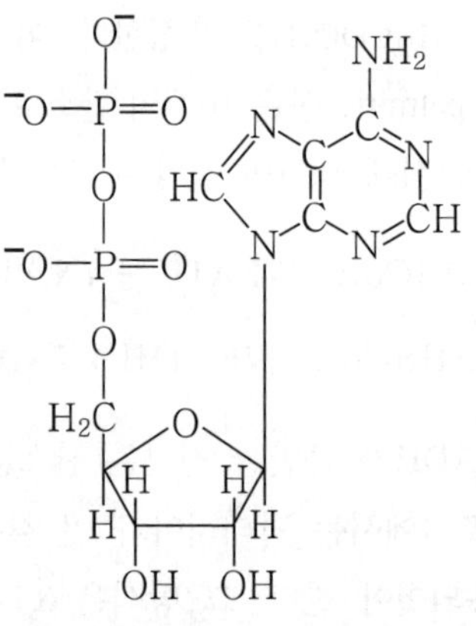

ADP

ADP는 산화반응에서 방출되는 에너지를 이용하여 인산염과 결합하여 다른 뉴클레오타이드인, 아데노신 삼인산(adenosine triphosphate ; ATP)을 생성한다.

$$\mathrm{ADP} + \mathrm{H_3PO_4} = \mathrm{ATP} + \mathrm{H_2O} \quad \Delta G^{0\prime} = 32\ \mathrm{kJ/mol} \tag{6.14}$$

여기서 $\Delta G^{0\prime}$는 pH = 7.0에서 생성자유에너지를 의미한다. 이렇게 생성된 ATP는 셀을 돌아다니며 세포합성, 유지, 운동에 필요한 에너지를 식 (6.14)의 역반응을 통해 공급한다. 이 같은 공정에 대한 일반적인 체계가 그림 6.4에 주어져 있다.

NADH(또는 FADH 및 NADPH와 같은 전자 전달체)에 포함된 에너지를 ATP로 변환시키는 공정은 매우 복잡하며 **양자 기전력**(proton motive force)라고 불리는 양성자(H^+) 구배의 발생을 필요로 한다. 이 공정은 산화성 인산화(oxidative phosphorylation)이라고 불리며 호흡(respiration, 최종 전자 수용체의 환원)과 밀접한 관계가 있다. NADH가 산화되어 전자가 방출될 때, 양성자가 방출되어 셀 멤브레인 외부로 방출된다.

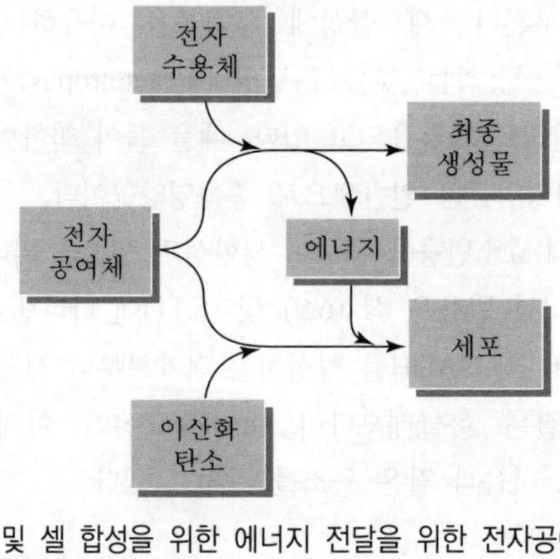

그림 6.4 에너지 및 셀 합성을 위한 에너지 전달을 위한 전자공여체의 생물학적 산화의 개략도. 유기물 전자공여체나 이산화 탄소가 세포합성에 필요한 탄소를 공급한다.

$$NADH = NAD^+ + H^+ + 2e^- \quad \Delta G^0 = -62 kJ/mol \tag{6.15}$$

어떤 사람은 위의 공정을 자동차의 축전지 충전과 유사하다고 설명한다. 이와 같은 구배에 저장된 에너지는 ATP를 생성하는 데 사용되며, 이때 생성에너지의 양은 최종 전자 수용체의 가용성에 따라 달라진다. 예를 들어 호기성 조건에서 일어나는 복잡한 반응을 정리하면 다음과 같다:

$$NADH + 0.5O_2 + H^+ + 3ADP + 3H_3PO_4 \rightarrow NAD^+ + 4H_2O + 3ATP \tag{6.16}$$

Fe(III) 환원 및 탈질(NO_3^-가 최종 전자 수용체인 경우)조건에서는 NAD^+로 산화되는 NADH 몰당 ATP 생성량이 3몰보다는 다소 적다. 완전 혐기성 상태에서는 NADH 몰당 0.5 몰보다 적은 양의 ATP가 생성된다. 그러므로 호기성, 철-환원 및 탈질조건에서는 혐기성 조건보다 NADH 몰당 ATP 생성량이 많다.

이 같은 열역학적인 사항은 그림 6.5에 나타낸 전자 탑(electron tower)을 이용하여 쉽게 파악할 수 있다. 예를 들어 NADH에 포함된 전자는 O_2를 H_2O로 산화시킬 때($\Delta G^{0\prime} = -78.72 - 31 = -109.72$ kJ/eq)[4]가 SO_4^{2-}를 황화물로 환원시킬 때($\Delta G^{0\prime} = -20.85 - 31 = -10.15$ kJ/eq) 보다 훨씬 더 많이 "떨어진다". 그러므로 O_2가 최종 전자 수용체로 사용되는 경우에는 NADH 몰당 약 3몰의 ATP가 생성되지만 SO_4^{2-}가 최종 전자 수용체로 사용되는 경우에는 약 0.3몰의 ATP가 생성된다. 더 자세한 내용은 이 장의 끝에 열거한 참고문헌에 수록되어 있다.

유기물의 산화와 발효 및 ATP로의 에너지 전달을 매우 간략하게 나타낸 것이 그림 6.6이다. 탄수화물, 단백질 및 지방은 각기 다른 장소에서 생화학적 체계에 진입한다. 모든 박테리아가 모든 유기물을 산화시킬 수 능력을 가지고 있지는 않지만 대부분의 박테리아는 적어도 제시된 변환 공정의 일부는 수행할 수 있다. 탄수화물, 단백질, 그리고 지방 이외의 유기물을 이용하려면 박테리아는 그 물질들을 모든 미생물이 사용할 수 있는 제한된 수의 전구물질로 변환시켜 지정된 경로로 진입시켜야 한다. 예를 들어 Kreb cycle이라고 불리는 3-카복실산 회로(tricarboxylic acid cycle)에 들어가기 위해서는 pyruvate로 변환되어야 한다. 유기물의 산화는 일반적으로 유기물로부터 전자(또는 수소원자)의 제거라고 생각할 수 있으며, 이때 도움을 준 보조효소 NAD^+는 NADH로 환원된다. 산화성 인산화과정에서 NADH에 포함된 전자는 일련의 보조효소(전자 전달시스템, electron transport system이라고 불림)를 통하여 궁극적으로는 최종 전자 수용체로 전달된다(예를 들어 호기성 시스템에서는 O_2). 이 같은 전달과정에서 일부 가용한 에너지는 앞서 나타낸 바와 같이 ADP

4) eq=mol of e^-. 예를 들어 식 (6.15)에서 $\Delta G^{0\prime}$ =-62 kJ/mol NADH이다. 2 몰의 e^-가 생성되므로 $\Delta G^{0\prime} = -62 \frac{kJ}{mol\ NADH}\left(\frac{mol\ NADH}{2mol\ e^-}\right) = -31 kJ/eq$

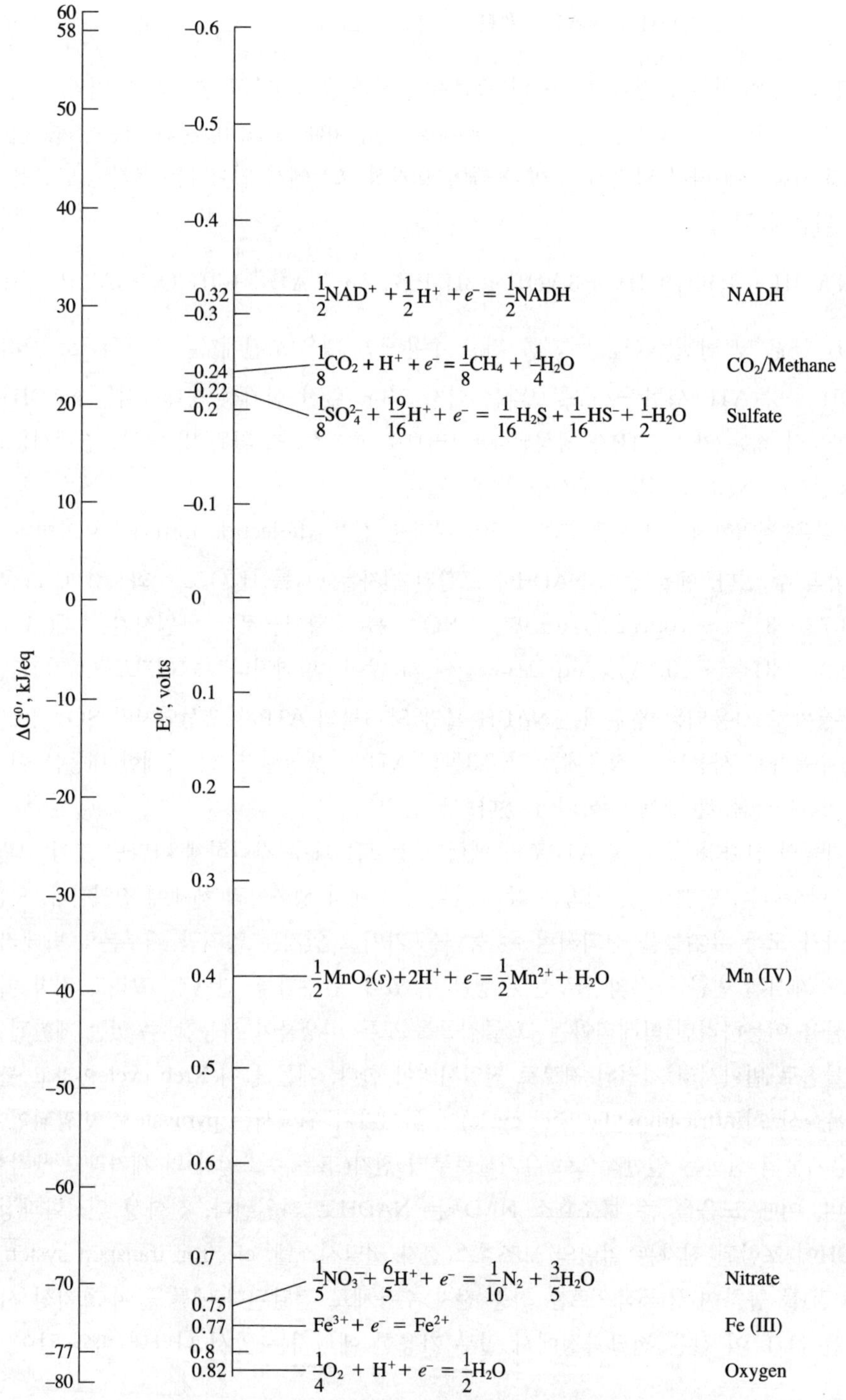

그림 6.5 주요 전자수용체 및 NADH/NAD$^+$의 에너지 함량을 비교한 전자탑(Rittmann and McCarty, *Environmental Biotechnology*, McGraw-Hill, New york, 2801)

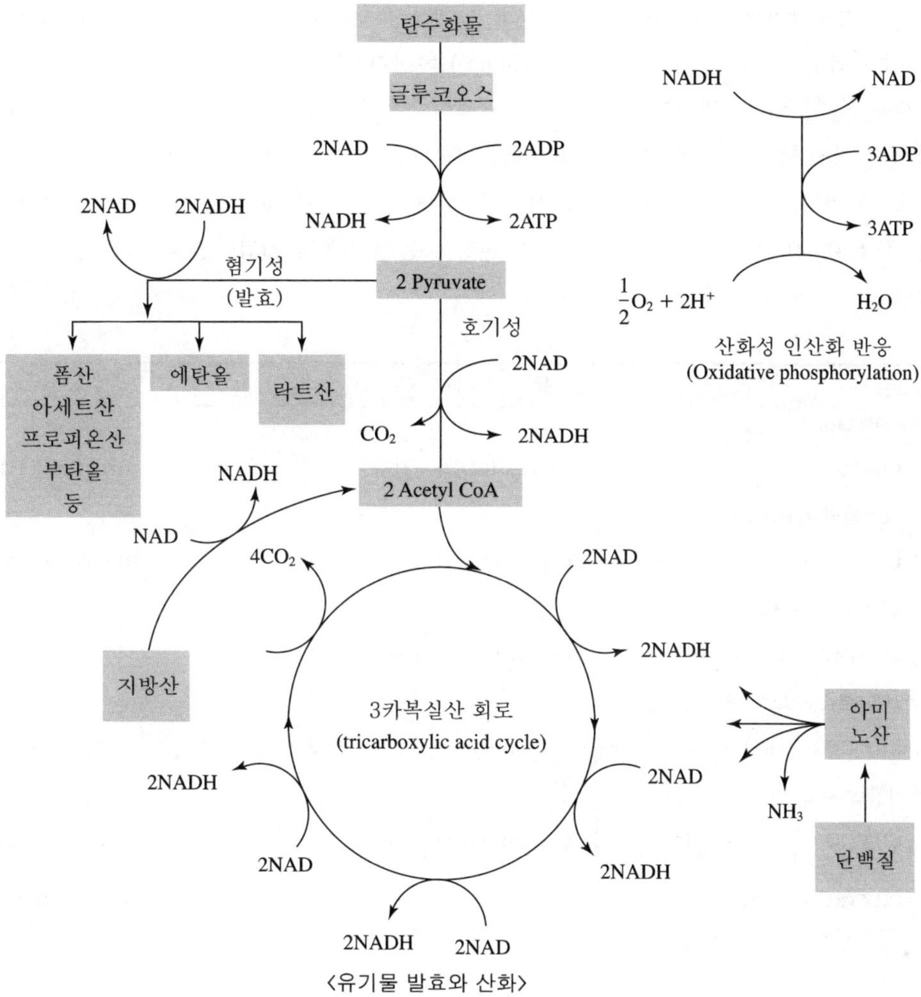

⇧ 그림 6.6 유기물의 호기성 산화 및 혐기성 발효와 방출된 에너지를 NAD를 통해 ATP를 생성하는 전체적인 경로

로 전달되어 ATP를 생성한다. 에너지의 다른 일부는 에너지 전달의 비효율성 때문에 열로 손실된다. 일부 ATP는 글루코오스가 pyruvate로 변환될 때와 같이 유기물의 변환으로부터 직접 생성된다.

호기성 시스템에서 산소는 최종 전자 수용체이며, 유기물 및 무기물 전자 공여체를 산화시키며 자신은 환원이 된다. 산소가 없는 상태에서는 다른 물질들, 즉 질산이온(nitrate), Fe(Ⅲ), Mn(Ⅳ), 황산 이온(sulfate)과 이산화 탄소와 같은 물질들이 전자 수용체로 이용되기도 한다. 그러나 질산 이온은 무산소성(anoxic)이라고 불리는 호기성과 혐기성의 중간조건에서 성장하는 통성 임의성 미생물(facultative organism)에 의하여 이용될 수 있으며, 최종 대사 생성물이 CO_2, H_2O 및 N_2인 것이 특징이다. 이 생성물들은 모두 완전한 혐기성 조건에서 생성되는 메탄 및 H_2S에 비하여 유해하지 않다. 또한, Fe(Ⅲ) 및 Mn(Ⅳ)의 환원시 발생하는 Fe(Ⅱ) 및 Mn(Ⅱ) 역시 수질문제(예를 들어, 녹(staining))를 야기한다.

사용가능한 에너지의 양은 자유에너지를 고려하여 산정할 수 있다. 전자 공여체의 산화와 전자 수용체의 환원에 대한 완전한 반응식은 표 6.4에 나타낸 반쪽 반응식을 조합하여 얻을 수 있다. ΔG^0값은 pH 7 즉, $[H^+]=10^{-7}M$에서의 값인 -39.87 kJ/전자 당량을 사용한다. 표 6.4의 아세트산에 대한 반응 14가 전자 수용체 반응과 결합하면 다음과 같이 될 수 있다.

반 응		$\Delta G^{0'}$ kJ/eq	
호기성(aerobic)			
$\frac{1}{8}CH_3COO^- + \frac{1}{4}O_2$	$= \frac{1}{8}CO_2 + \frac{1}{8}HCO_3^- + \frac{1}{8}H_2O$	-106.13	(6.17)
Fe(Ⅲ) 환원(reduction)			
$\frac{1}{8}CH_3COO^- + Fe^{3+} + \frac{3}{8}H_2O$	$= \frac{1}{8}CO_2 + \frac{1}{8}HCO_3^- + Fe^{2+} + H^+$	-101.68	(6.18)
탈질(Denitrification)			
$\frac{1}{8}CH_3COO^- + \frac{1}{5}NO_3^- + \frac{1}{5}H^+$	$= \frac{1}{8}CO_2 + \frac{1}{8}HCO_3^- + \frac{1}{10}N_2 + \frac{9}{40}H_2O$	-99.61	(6.19)
Mn(Ⅳ) 환원(reduction)			
$\frac{1}{8}CH_3COO^- + \frac{1}{2}MnO_2(s) + H^+$	$= \frac{1}{8}CO_2 + \frac{1}{8}HCO_3^- + \frac{1}{2}Mn^{2+} + \frac{5}{8}H_2O$	-66.3	(6.20)
혐기성(anaerobic)			
$\frac{1}{8}CH_3COO^- + \frac{1}{8}SO_4^{2-} + \frac{3}{16}H^+$	$= \frac{1}{8}CO_2 + \frac{1}{8}HCO_3^- + \frac{1}{16}H_2S + \frac{1}{16}HS^- + \frac{1}{8}H_2O$	-6.56	(6.21)
$\frac{1}{8}CH_3COO^- + \frac{1}{8}H_2O$	$= \frac{1}{8}CH_4 + \frac{1}{8}HCO_3^-$	-3.89	(6.22)

앞서 언급한 바와 같이 각각의 반응들에 대한 표준 자유에너지 값을 보면, 혐기성 반응에서보다 금속 환원, 호기성, 그리고 탈질 반응에서 생물증식에 유용한 에너지가 더 많이 얻어지는 것을 알 수 있다. 마지막 두 반응 즉, 황산 이온의 환원과 메탄 발효 반응에서 가장 적은 에너지가 발생한다. 이 반응들은 특정한 완전 혐기성 박테리아에 의해서만 일어날 수 있으며, 산소, Fe(Ⅲ), NO_3^- 또는 Mn(Ⅳ)가 존재하면 반응이 진행되지 않는다. 메탄 발효는 혐기성 소화조에서 폐기물이 안정화되는 주 반응이며, 부패조(septic tank), 라군(lagoon), 그리고 위생매립지에서의 안정화에도 중요한 역할을 한다. 이때 생성된 메탄 가스는 연료로도 이용할 수 있다. 에너지의 공급이 부족해짐에 따라 대체 에너지로서 메탄발효 프로세스에 대한 관심이 증대되고 있다. 혼합 폐기물의 메탄 발효에서 얻어지는 메탄의 약 70%는 식 (6.22)에 따른 아세트산 발효에 의한 것이다.[5] 아세트산은 탄수화물, 단백질,

5) J. S. Jeris and P. L. McCarty, The Biochemistry of Methane Fermentation Using C^{14} Tracers, *J. Water Pollut. Contr. Fed.*, **37** : 178(1965).

지방 및 기타 유기물의 혐기성 발효에서 중간체(intermediate)로 생성된다.

표 6.4 박테리아 시스템에 대한 유용한 반쪽 반응들

반응 번호	반쪽반응		$\Delta G^{0\prime}$* kJ/eq
	박테리아의 세포합성을 위한 반응(R_c)		
	암모니아를 질소원으로 이용시 :		
1	$\frac{1}{5}CO_2(g)+\frac{1}{20}HCO_3^-+\frac{1}{20}NH_4^++H^++e^-$	$=\frac{1}{20}C_5H_7O_2N+\frac{9}{20}H_2O$	
	질산 이온을 질소원으로 이용시 :		
2	$\frac{5}{28}CO_2(g)+\frac{1}{28}NO_3^-+\frac{29}{28}H^++e^-$	$=\frac{1}{28}C_5H_7O_2N+\frac{11}{28}H_2O$	
	전자 수용체에 대한 반응(R_a)		
	산소 :		
3	$\frac{1}{4}O_2(g)+H^++e^-$	$=\frac{1}{2}H_2O$	-78.72
	철 이온 :		
4	$Fe^{3+}+e^-$	$=Fe^{2+}$	-74.27
	질산 이온 :		
5	$\frac{1}{5}NO_3^-+\frac{6}{5}H^++e^-$	$=\frac{1}{10}N_2(g)+\frac{3}{5}H_2O$	-72.20
	망간 :		
6	$\frac{1}{2}MnO_2(s)+2H^++e^-$	$=\frac{1}{2}Mn^{2+}+H_2O$	-38.89
	황산 이온 :		
7	$\frac{1}{8}SO_4^{2-}+\frac{19}{16}H^++e^-$	$=\frac{1}{16}H_2S(aq)+\frac{1}{16}HS^-+\frac{1}{2}H_2O$	20.85
	이산화 탄소 :		
8	$\frac{1}{8}CO_2(g)+H^++e^-$	$=\frac{1}{8}CH_4(g)+\frac{1}{4}H_2O$	23.52
	전자 공여체에 대한 반응(R_d)		
	유기성 공여체		
	가정하수 :		
9	$\frac{9}{50}CO_2(g)+\frac{1}{50}HCO_3^-+\frac{1}{50}NH_4^++H^++e^-$	$=\frac{1}{50}C_{10}H_{19}O_3N+\frac{9}{25}H_2O$	32.80
	단백질(아미노산, 단백질) :		
10	$\frac{8}{33}CO_2(g)+\frac{2}{33}NH_4^++\frac{31}{33}H^++e^-$	$=\frac{1}{66}C_{16}H_{24}O_5N_4+\frac{27}{66}H_2O$	31.66
	탄수화물(셀룰로스, 전분, 당분) :		
11	$\frac{1}{4}CO_2(g)+H^++e^-$	$=\frac{1}{4}CH_2O+\frac{1}{4}H_2O$	41.25
	지방(기름 및 유지) :		
12	$\frac{4}{23}CO_2(g)+H^++e^-$	$=\frac{1}{46}C_8H_{16}O+\frac{15}{46}H_2O$	27.02
	벤조산 이온 :		
13	$\frac{1}{5}CO_2(g)+\frac{1}{30}HCO_3^-+H^++e^-$	$=\frac{1}{30}C_6H_5COO^-+\frac{13}{30}H_2O$	27.34

표 6.4 (계속)

반응 번호	반쪽반응		$\Delta G^{0\prime}$* kJ/eq
	아세트산 이온 :		
14	$\frac{1}{8}CO_2(g)+\frac{1}{8}HCO_3^-+H^++e^-$	$=\frac{1}{8}CH_3COO^-+\frac{3}{8}H_2O$	27.41
	프로피온산 이온 :		
15	$\frac{1}{7}CO_2(g)+\frac{1}{14}HCO_3^-+H^++e^-$	$=\frac{1}{14}CH_3CH_2COO^-+\frac{5}{14}H_2O$	27.63
	에탄올 :		
16	$\frac{1}{6}CO_2(g)+H^++e^-$	$=\frac{1}{12}CH_3CH_2OH+\frac{1}{4}H_2O$	31.16
	락트산 이온 :		
17	$\frac{1}{6}CO_2(g)+\frac{1}{12}HCO_3^-+H^++e^-$	$=\frac{1}{12}CH_3CHOHCOO^-+\frac{1}{3}H_2O$	32.29
	파이루브산 이온 :		
18	$\frac{1}{5}CO_2(g)+\frac{1}{10}HCO_3^-+H^++e^-$	$=\frac{1}{10}CH_3COCOO^-+\frac{2}{5}H_2O$	35.10
	메탄올 :		
19	$\frac{1}{6}CO_2(g)+H^++e^-$	$=\frac{1}{6}CH_3OH+\frac{1}{6}H_2O$	36.84
	무기성 공여체		
20	$Fe^{3+}+e^-$	$= Fe^{2+}$	-74.27
21	$\frac{1}{2}NO_3^-+H^++e^-$	$=\frac{1}{2}NO_2^-+\frac{1}{2}H_2O$	-41.65
22	$\frac{1}{8}NO_3^-+\frac{5}{4}H^+$ +e-	$=\frac{1}{8}NH_4^++\frac{3}{8}H_2O$	-35.11
23	$\frac{1}{6}NO_2^-+\frac{4}{3}H^+$ +e-	$=\frac{1}{6}NH_4^++\frac{1}{3}H_2O$	-32.93
24	$\frac{1}{6}SO_4^{2-}+\frac{4}{3}H^++e^-$	$=\frac{1}{6}S(s)+\frac{2}{3}H_2O$	19.15
25	$\frac{1}{8}SO_4^{2-}+\frac{19}{16}H^++e^-$	$=\frac{1}{16}H_2S(aq)+\frac{1}{16}HS^-+\frac{1}{2}H_2O$	20.85
26	$\frac{1}{4}SO_4^{2-}+\frac{5}{4}H+$ +e-	$=\frac{1}{8}S_2O_3^{2-}+\frac{5}{8}H_2O$	23.58
27	H^++e^-	$=\frac{1}{2}H_2$	39.87
28	$\frac{1}{2}SO_4^{2-}+H^++e^-$	$=\frac{1}{2}SO_3^{2-}+\frac{1}{2}H_2O$	50.30

* 반응물과 생성물들의 활동도는 1이며, $[H^+]=10^{-7}$이다. $\Delta G^{0\prime}$ 값은 부록A에 주어진 $\Delta G_f^{0\prime}$를 이용하여 계산하였다. Note : 1 kcal = 4.184 kJ

탄수화물의 혐기성 발효에서는 외부 전자 수용체를 필요로 하지 않고 유기물 자체가 전자 수용체로 작용한다. 그림 6.6에 나타낸 바와 같이, 글루코오스로부터 NAD에 의해 제거된 전자는 파이루브산 이온으로 이동하여, 앞서 설명한 것과 같이 여러 종류의 최종 생성물을 생성한다. 유기물질 분해에 관한 생화학적 대사 경로에 대한 지식은 여러 가지 환경 조건에 따라 어떠한 형질 변환이 가능한 지를 이해하는 데 도움이 된다. 이에 대하여는 6.13절에 보다 자세하게 언급하였다.

생물학적 시스템에서는 다른 물질들도 최종 전자 수용체로 작용할 수 있음을 알아둘 필요가 있다. 가장 대표적인 것으로는 산화된 형태의 황(예 $S(s)$, $S_2O_3^{2-}$)등이 있으며 할로젠화 유기화합물(염화 용매 및 방향족 화합물은 환경적으로 매우 중요한 예임)도 그 예가 될 수 있다. 이 같은 반응에 대한 구체적인 토의는 6.13절에 언급되어 있다. 철을 포함한 산화-환원반응은 지하수 환경에서 매우 중요하다. 아질산염(NO_2^-)도 역시 최종 전자 수용체로 작용할 수 있지만 일반적인 환경에서는 그 농도가 그다지 높지 않다.

| 6.12 | 박테리아의 성장과 에너지

미생물은 유기물과 무기물을 산화하여 성장과 생명유지에 필요한 에너지를 얻는다. 종속영양균은 유기물의 일부분을 대사하여 에너지를 얻는 데 이용하고 나머지의 유기물은 세포형성에 사용한다. 반면, 독립영양균은 무기물을 산화하여 에너지를 얻고 이 에너지를 이용하여 이산화 탄소를 환원하여, 세포구성 유기물을 생성한다. 이산화 탄소를 환원하기 위해서는 전자가 필요하며, 이 전자는 나머지 부분의 무기물 전자 공여체를 산화하여 얻는다. 그러므로 종속영양균이나 독립영양균 모두 전자 공여체의 일부분을 에너지로 사용하고 나머지 부분을 세포합성에 이용한다. 전자 공여체에 대한 두 가지 이용 방법을 그림 6.4에 나타내었다.

생물학적 폐수처리 시스템 및 오염된 대수층 복원을 설계할 때, 환경공학자 및 과학자는 거기에서 일어나는 모든 변환(transformation)을 알고 있어야 한다. 전자 공여체의 어느 정도가 에너지로 전환되는지를 알고 있어야 필요한 산소와 질산 이온 또는 황산 이온의 양과 생성된 메탄의 양을 계산할 수가 있다. 질소와 인 등 영양물질의 필요한 양을 계산하기 위해서는 세포합성으로 전환될 부분을 알아야 한다. 또한 폐수처리 공정에서 생성되는 잉여 미생물의 처리와 처분을 위한 슬러지 처리장치도 설계해야 한다. 즉, 전체 시스템에 대한 물질수지(mass balance)를 세워야 한다.

물질수지 식을 세우는 데는 총괄적인 생물학적 변환에 대한 균형 화학반응식을 이용한다. 반응은 세포합성과 에너지에 대한 항을 포함해야 한다. 세포합성 부분에 대해서는 일반적으로 박테리아 세포에 대한 실험식, $C_5H_7O_2N$이 사용된다.[6] 균형 총괄 반응식 R은 표 6.4의 반쪽 반응식들을 이용하여, 다음과 같이 조합하여 구할 수 있다.[7]

$$R = f_s R_c + f_e R_a - R_d \tag{6.23}$$

6) P.L. McCarty, Stoichiometry of Biological Reaction, Progr. in *Water Tecknol.*, **7**: 157, Pergamon, London(1975).

7) Ibid

R_c는 박테리아의 세포합성에 대한 반쪽 반응식들이며, 각 박테리아 세포의 질소원으로 암모니아와 질산 이온 중 어느 것을 사용하는가에 따라 표 6.4의 반응 1이나 반응 2가 된다. R_a는 전자 수용체의 반쪽 반응들을 나타낸 것이며 R_d는 전자 공여체의 반쪽 반응식이다. f_s와 f_e의 값은 각각 전자 공여체의 세포합성과 에너지로 이용된 분율이며, 두 값의 합은 1.0 이어야 한다. 식에서 +부호는 표 6.4의 반쪽 반응식을 그대로 함께 더하는 것을 의미하며, −부호는 먼저 반쪽 반응식을 바꾸어서 표의 반응식의 우변을 좌변으로 한 다음 이 반쪽 반응식을 더하는 것을 의미한다.

f_s의 대표적인 최대치[$f_{s(\max)}$]를 표 6.5에 나타내었다. 이 최대치는 박테리아 세포가 초기에 급속히 성장하는 경우의 값이다. 일반적으로, 전자 공여체와 수용체 사이의 반응들이 더 많은 에너지를 생성하는 것은 $f_{s(\max)}$값이 더 높기 때문이다. 노화되거나 성장이 늦은 배양상태에서는 에너지의 대부분이 세포합성보다 생명유지에 사용되므로, f_s 값이 $f_{s(\max)}$보다 작아진다. 대단히 노화된 세포에서는 f_s값이 $f_{s(\max)}$의 20% 정도 밖에 되지 않는다. f_s의 값은 박테리아의 종류, 에너지의 이동효율, 환경조건에 따라서도 변한다.

표 6.5 박테리아 반응의 대표적인 $f_{s(\max)}$값들

전자 공여체	전자 수용체	$f_{s(\max)}$
종속영양 반응		
탄수화물	O_2	0.72
탄수화물	NO_3^-	0.60
탄수화물	SO_4^{2-}	0.30
탄수화물	CO_2	0.28
단백질	O_2	0.64
단백질	CO_2	0.08
지방산	O_2	0.59
지방산	SO_4^{2-}	0.06
지방산	CO_2	0.05
메탄올	NO_3^-	0.36
메탄올	CO_2	0.15
독립영양 반응		
S	O_2	0.21
$S_2O_3^{2-}$	O_2	0.21
$S_2O_3^{2-}$	NO_3^-	0.20
NH_4^+	O_2	0.10
H_2	O_2	0.24
H_2	CO_2	0.04
Fe^{2+}	O_2	0.07

예제 6.1

(a) 글루코오스의 메탄 발효에 대한 균형 반응식을 구하여라. f_s값은 0.28로 가정한다.
(b) 이 식을 이용하여, 1,000 g 글루코오스의 발효에서 생성되는 메탄의 양과 이 전환과정에서 생성되는 박테리아의 양, 그리고 박테리아 세포의 성장에 필요한 암모니아성 질소의 양을 계산하여라.

해답

(a) $f_e = 1 - f_s = 0.72$

세포합성에 암모니아가 이용된다고 가정하며, 표 6.4에서 R_c=반응 1, R_a=반응 8, R_d=반응 11이다.

$$f_sR_c \;:\; 0.056CO_2 + 0.014HCO_3^- + 0.014NH_4^+ + 0.28H^+ + 0.28e^- = 0.014C_5H_7O_2N + 0.126H_2O$$

$$f_eR_a \;:\; 0.09CO_2 + 0.72H^+ + 0.72e^- = 0.09CH_4 + 0.18H_2O$$

$$-R_d \;:\; 0.25CH_2O + 0.25H_2O = 0.25CO_2 + H^+ + e^-$$

$$R \;:\; 0.25CH_2O + 0.014HCO_3^- + 0.014NH_4^+ = 0.104CO_2 + 0.056H_2O + 0.09CH_4 + 0.014C_5H_7O_2N$$

(b) 총괄 반응식 R에서 0.25 mol 또는 7.5 g의 CH_2O의 대사에는 0.014 mol 또는 0.196 g의 암모니아성 질소가 필요하고, 0.09 mol 또는 2.02 L(STP)의 메탄과 0.014 mol 또는 1.58 g의 세포가 생성됨을 알 수 있다. 따라서 1,000 g의 글루코오스의 발효에서는 다음과 같은 결과를 나타내게 된다.

사용된 암모니아성 질소량= 0.196(1000)/7.5 = 26.1 g
생성된 메탄의 양= 2.02(1000)/7.5 = 269L (STP)
생성된 세포의 양= 1.58(1000)/7.5 = 211 g

예제 6.2

표 6.5의 $f_{s(\max)}$값을 이용하여, NH_4^+를 NO_2^-로 독립영양성 산화(autotrophic oxidation)시키는 반응에 대한 균형 방정식을 구하여라.

해답

표 6.5에서, $f_s = 0.10$, $f_e = 1.0 - 0.1 = 0.9$이다. 암모니아가 세포합성에 이용되므로 표 6.4로부터 R_c=반응 1, R_a=반응 23이다.

$$f_sR_c \;:\; 0.02CO_2 + 0.005HCO_3^- + 0.005NH_4^+ + 0.1H^+ + 0.1e^- = 0.005C_5H_7O_2N + 0.045H_2O$$

$$f_eR_a : 0.225O_2 + 0.9H^+ + 0.9e^- = 0.45H_2O$$

$$-R_d : 0.167NH_4^+ + 0.333H_2O = 0.167NO_2^- + 1.333H^+ + e^-$$

$$R : 0.172NH_4^+ + 0.225O_2 + 0.005HCO_3^- + 0.02CO_2$$

$$0.167NO_2 + 0.005C_5H_7O_2N + 0.333H^+ + 0.162H_2O$$

미생물 발효에 대한 균형 방정식도 같은 방법으로 구할 수 있다. 유기물질이 전자 공여체와 전자 수용체의 두 가지 역할을 하며, 전자 공여체 부분은 산화되어 이산화 탄소로 되고, 전자 수용체 부분은 더 환원된 유기물질로 전환된다. 글루코오스의 에탄올로의 알코올 발효를 예로 들면,

$$C_6H_{12}O_6 = 2CH_3CH_2OH + 2CO_2 \tag{6.24}$$

예제 6.3

글루코오스의 알코올 발효에 대한 계수를 맞춘 방정식을 구하여라. 영양원으로는 암모니아를, 그리고 $f_s = 0.15$라고 가정하여라.

여기서 $f_e = 0.85$, R_c =반응 1, R_d 반응 11, R_a =반응 16이다(에탄올이 최종 생성물이며, 실제로 일어나지는 않지만 개념적으로는 CO_2의 환원에 의해 생성된다고 간주할 수 있다).

해답

$$f_sR_c : 0.03CO_2 + 0.0075HCO_3^- + 0.0075NH_4^+ + 0.15H^+ + 0.15e^- = 0.0075C_5H_7O_2N + 0.675H_2O$$

$$f_eR_a : 0.142CO_2 + 0.85H^+ + 0.85e^- = 0.0708CH_3CH_2OH + 0.2125H_2O$$

$$-R_d : 0.25CH_2O + 0.25H_2O = 0.25CO_2 + H^+ + e^-$$

$$R : 0.25CH_2O + 0.0075HCO_3^- + 0.0075NH_4^+ =$$

$$0.0708CH_3CH_2OH + 0.0075C_5H_7O_2N + 0.078CO_2 + 0.03H_2O$$

이 같은 방식은 전자 수용체, 전자 공여체 및 영양분(N) 요구량, 박테리아 및 최종생성물(예를 들어, CH_4) 생성량 등에 대한 추정량을 제공함과 더불어 다음과 같은 정보를 제공한다. 예를 들어, 예제 6.1 및 6.3에서 중탄산염(HCO_3^-)이 소모되고 CO_2가 생성된다. 그러므로 시스템의 완충능력이 충분하지 않으면 pH가 낮아질 가능성이 있다. 예제 6.2에서는 HCO_3^-가 소모되고 H^+가 생성된다. 마찬가지로 적당한 완충능력이 없다면 박테리아에 독성을 미칠 만큼

pH가 낮아질 수 있다. 이 경우 0.172몰 NH_4^+의 산화시 pH 저하를 방지하기 위해서는 0.338 당량의 알칼리도(0.005 HCO_3^- 더하기 0.333 H^+)가 필요하다. 산화된 NH_4^+ mg 당 필요한 알칼리도를 $CaCO_3$로 나타내면 $\frac{0.338 \times 50}{0.172 \times 14} = 7.02$ mg이다.

| 6.13 | 새로운 생물학적 변환경로

이 절에서는 몇 가지 새로운 분해 경로에 대해서 설명한다. 이 같은 변환은 환경에서 외래(xenobiotic) 및 인위개변적(anthropogenic) 화학물질의 거동 및 이동을 이해하고 물, 폐수 그리고 오염된 대수층 및 침전물로부터 그들 물질을 제거하는 방법을 고안하는 데 중요하다. 이 같은 생물학적 변환은 다음 두 가지 이유에서 새롭다(novel)라고 불린다. 첫째, 일부의 경우 유기물이 성장을 위한 전자 수용체 및 전자 공여체(1차 기질)로 사용되지 않는다. 둘째, 테트라클로로에텐, 트라이클로로에텐, 2-클로로페놀, Cr(VI), 과염소산 이온(ClO_4^-), 그리고 염소산 이온(ClO_3^-) 등은 성장을 위한 전자 수용체로 작용한다. 이 같은 능력은 1990년 이전까지는 대부분 알려지지 않은 것이다.

외래화학물질은 자연적인 생물상(biota)에는 낯선 물질이다. 인위개변적 물질은 합성물질을 일컫는다. 위 두 범주에 드는 물질로는 살충제, PCBs 그리고 염소계 용매 등이 있으며, 이들은 유해하고 독성이 있다. 페놀, BTEXs, PAH 그리고 과염소산 이온, 염소산 이온, 그리고 Cr(VI)와 같은 무기물 등은 자연적으로 존재한다. 위에 언급한 모든 물질은 그들이 환경에 존재할 때 발생하는 여러 가지 인간의 건강 및 환경 문제와 연관이 있다. 그 대표적인 예로는 인간 및 동물에 있어 암, 중추신경계 장애, 출산장애, 내분기계 장애 그리고 특정 기관의 장애 등을 들 수 있다. 이들 물질은 폐수 방류, 사고 및 폐기물의 부적절한 관리, 그리고 저장탱크의 파손 등에 의한 대기오염, 지하수, 지표수, 그리고 퇴적물의 오염과 관련이 있다. 이들 유기물의 대부분은 5장에서 토의되어 있으며, 그 중 중요한 물질의 특성은 표 5.15에 주어져 있다.

5.34절에서 설명한 바와 같이 변환반응은 독성물질의 거동 및 제거에 있어 매우 중요하다. 이 같은 반응은 미생물에 의해 이루어질 수도 있고(biotic), 무생물학적으로 발생할 수도 있다(abiotic). 일반적으로 미생물에 의한 반응은 무생물학적 반응보다 빠르다고 알려져 있지만 반드시 그렇지만은 않다. 대표적인 생물학적 변환반응으로는 가수분해, 산화 그리고 환원을 들 수 있다. 미생물이 관여하는 탈수소할로젠화(dehydrohalogenation) 반응은 아직까지 알려진 바 없다.[8)]

---

8) T. M. Vogel, C.S. Criddle, and P. L. McCarty, Transformations of Halogenated Aliphatic Compounds, *Enc. Sci.Tech.*, 21 : 722-736(1987).

유기물과 무기물을 미생물의 여러 메카니즘을 통하여 변환되며, 이 같은 점은 외래 물질에도 적용된다. 가장 잘 알려진 방법은 물질이 **1차기질**(primary substrate)로 작용하는 것이다. 1차기질은 미생물에 주 에너지원으로 작용하는 유기 또는 무기 전자 공여체(electron donor)이다. 또 다른 방법은 에너지 생산을 위한 전자 수용체(electron acceptor)로 작용하며 변환되는 것이다. 이와 같은 방식으로 변환되는 물질의 예로 트라이클로로에텐과 과염소산 이온을 들 수 있다. 세 번째 변환방식은 물질이 **2차기질**(secondary substrate)로 작용하는 것이다. 2차기질은 농도가 낮기 때문에 미생물 성장에 필요한 충분한 에너지를 생산하지 못하는 것을 말한다. 이 같은 조건 하에서는 2차기질만 존재할 경우 변환될 수 없다. 그러나 성장을 위한 에너지를 공급할 수 있을 만큼 충분히 높은 농도의 1차기질과 함께 존재하면 2차기질은 변환될 수 있다. 그 예가 다이클로로메탄으로, 이는 고농도로 존재하면 1차기질로도 이용될 수 있다. 그러나 다이클로로메탄의 농도가 1 μg/L 이하이면 농도가 너무 낮아 성장을 지속할 수 없다. 이 때 아세트산 이온이 호기성 상태에서 1차기질로 작용하기에 충분한 농도인 1 mg/L로 동시에 존재하면 다이클로로메탄은 아세트산 이온과 함께 산화된다. 네 번째 방식은 **공동대사**(cometabolism)을 통한 변환이다. 이 경우 미생물은 물질을 그 농도에 관계없이 에너지 필요를 만족시키기 위한 1차기질이나 전자 수용체로 작용할 수 없다. 그러나 미생물이 다른 목적으로 사용하는 효소가 화합물과 우연히 접촉하여 그 물질을 변화시킬 수도 있다. 그러한 미생물은 성장과 변환을 담당하는 효소를 생산하기 위하여 1차기질을 필요로 한다. 그 예가 트라이클로로에텐의 공동대사로, 다음 **산화** 부분에 설명되어 있다.

가수분해(Hydrolysis) 또는 친핵성 치환(Nucleophilic Substitution)

가수분해는 미생물이 매개하는 대표적인 치환반응이다. 물은 친핵성 물질이다. 가수분해는 특히 할로젠화 유기화합물의 변환반응에 매우 중요하다. 브롬은 염소보다 좋은 이탈기(leaving group)이기 때문에 염소 화합물보다는 브롬 화합물이 가수분해되기 쉽다. 5.34절에 수록한 모든 가수분해 반응은 미생물이 매개하는 반응이다.

황화수소 이온(HS^-)은 중요한 친핵성 물질로 할로젠화 유기화합물의 무생물학적 변환시에 작용한다. 그렇지만 HS^-는 주로 미생물에 의한 SO_4^{2-}의 환원시에 생성된다(6.12절).

산화

생물학적 산화란 효소촉매 반응에 의하여 전자를 방출하는 과정을 일컬으며, 따라서 최종 전자 수용체가 필요하다(6.12절). 벤젠, 톨루엔, 페놀, 염화벤젠, 다이클로로메탄, 나이트로톨루엔과 같은 일부 외래화학물질 및 독성물질들은 1차기질로 이용되어 광물화된다. 이 경우 반쪽 반응식은 6.12절에서 언급한 바와 같이 구성할 수 있으며, $\Delta G^{0\prime}$는 주어진 유기물에 대한 생성 자유에너지 ΔG_f^0 이 주어지면 계산할 수 있다. 일반적으로 유기물이 환원된 상태일수록 산화를 통하여 사용할 수 있는 에너지가 커진다.

외래화학물질도 공동대사를 통하여 산화될 수 있다. 이에 대한 중요한 예로서는 메탄 일산소화효소, 톨루엔 일산소화효소, 톨루엔 이산소화효소, 그리고 암모니아 일산소화효소와 같은 산화효소(oxygenase)에 의한 TCE의 산화를 들 수 있다. 일 예로 톨루엔 이산소화효소(TDO)는 톨루엔을 시스-톨루엔 다이하이드로다이올(cis-toluene dihydrodiol)로 변환시킨다.[9)]

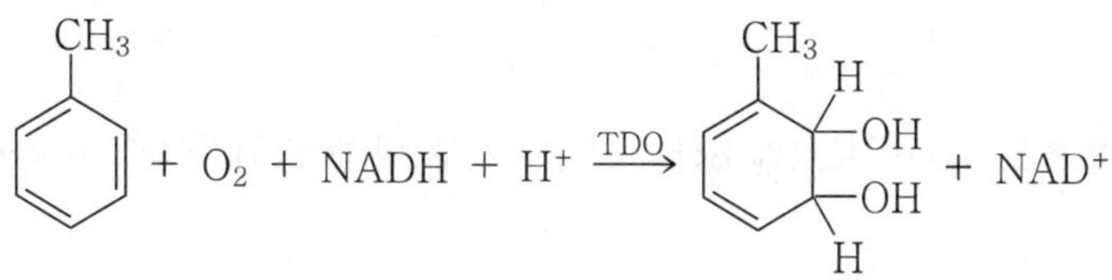

(6.25)

이 효소는 공동대사를 통해 TCE를 4-원소 고리구조로 산화시킨다.

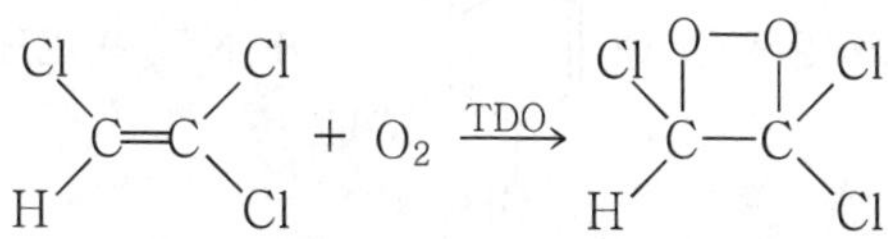

(6.26)

1차기질인 톨루엔을 이용한 성장은 TDO를 생성하여 TCE가 생물학적으로 변환될 수 있도록 한다. 마찬가지로 메탄은 메탄자화균(methanotrophs)의 성장을 촉진하고, 그 결과 메탄 일산소화효소(methane monooxygenase, MMO)를 이용하여 TCE(다른 일부 염화 유기물도 포함)를 공동대사를 통해 변환시킨다.

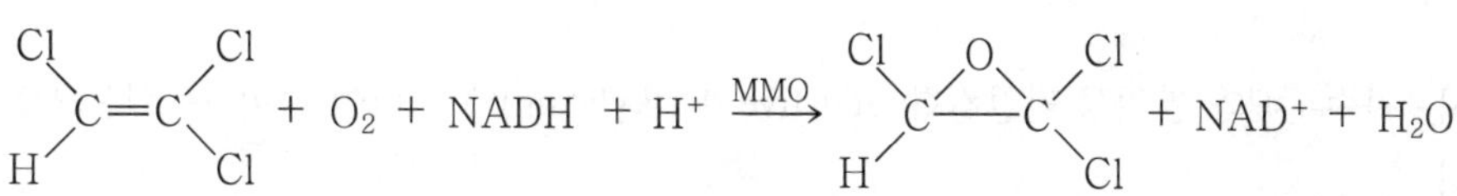

(6.27)

위의 반응이 일어나려면 앞서 지적한 바와 같이 산소분자와 에너지(NADH)가 필요하다. TCE 공동대사의 생성물은 더 분해되어 CO_2, 폼산, 그리고 glyoxylate 등의 물질로 변환될 수 있다. 이 같은 반응은 일부 할로젠화 화합물로 오염된 물을 처리할 수 있는 가능성을 제시하였다.[10),11)]

---

9) G. J. Zylstra, L.P.Wackett, and D. T. Gibson, Trichloroethylene Degradation by *Escherichiacoli* Containing the Cloned *Pseudomonas putida* F1 Toluene Dioxygenase Genes, *Appl. and Env Micro.,* **55**: 3162-3166(1989).

10) S. Li, and L. P. Wackett, Tricholroethylene Oxidation by Toluene Dioxygenase, *Biochem. Biophys. Res. Commun.,* **185**(1) : 443-451(1992)

11) P. L. McCarty, M. N. Goltz, G. D. Hopkins, M. E. Dolan, J. P. Allan, B. T. Kawakami, and T. J. Carrothers, Full-Scale Evalution of In Situ Cometabolic Degradation of Trichloroethylene in Groudwater through Toluene Injection, *Env. Sci. Tech.,* **32**: 88-100(1998).

방향족 고리화합물은 산화반응에 의하여 고리가 분해되는데, 때로는 가수분해가 초기 단계에 포함되기도 한다. 예를 들어, 톨루엔 이산소효소에 의해 생성된 시스-톨루엔 다이하이드로다이올(cis-toluene dihydroxidiol)은 식 (6.25) 산화에 의하여 고리가 분해되어 다이카복실산으로 변환된다.

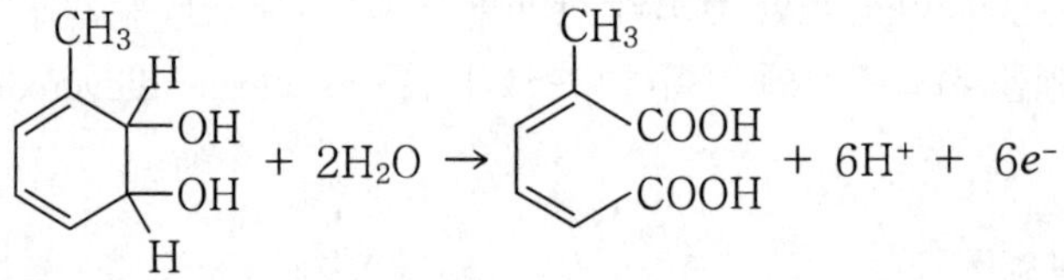

(6.28)

마찬가지 방법으로 *p*-나이트로벤조산과 같은 외래 방향족 화합물도 다이카복실산으로 변환된다.

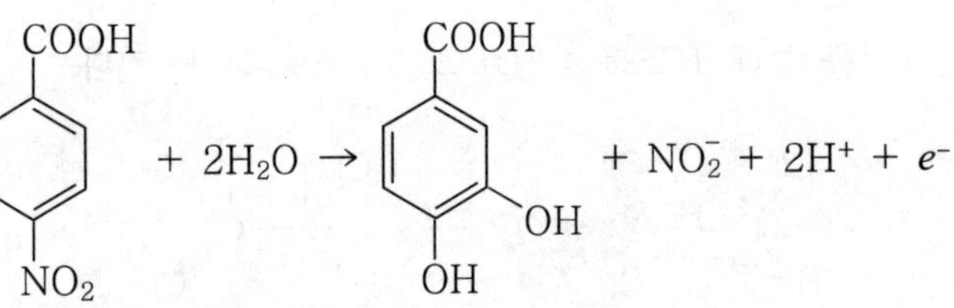

(6.29)

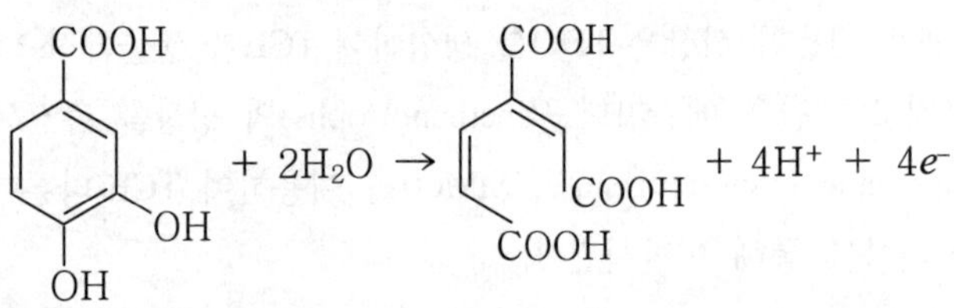

(6.30)

2,4-D는 가수분해와 환원성 탈알킬화(reductive dealkylation)에 의하여 다이카복실산으로 변환된다.

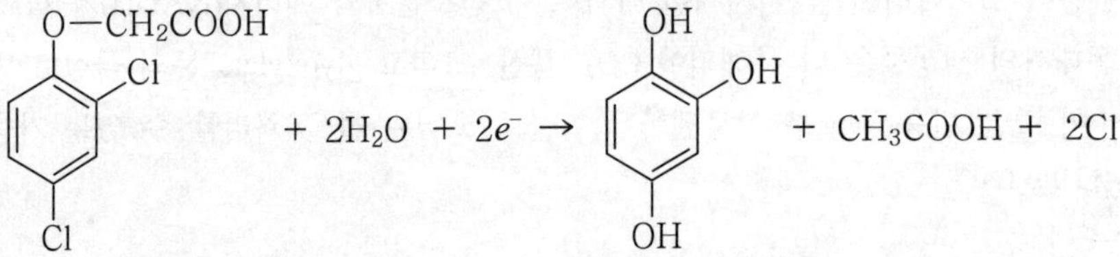

(6.31)

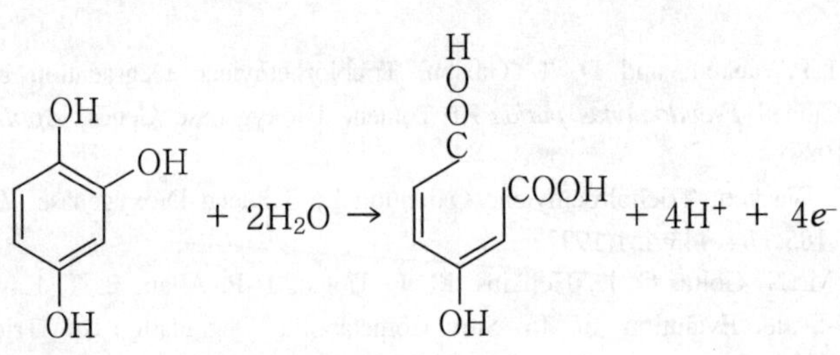

(6.32)

2,4-D에 있는 $-CH_2COOH$기와 같은 곁사슬(side chain)은 고리가 분해되기 전에 제거된다. 이들 카복시산은 궁극적으로 CO_2로 변환된다.

앞서 기술한 바와 같이 할로젠화 외래화합물은 흔히 미생물에 의하여 산화된다. 일반적으로 화합물의 염소 원자가 많아질수록 산화보다는 환원이 용이하게 일어난다. 예를 들어 헥사클로로에탄(C_2Cl_6)의 경우 산화되기 어렵지만 테트라클로로에텐으로 환원되기는 쉽다. 반면 1,2-다이클로로에탄(CH_2ClCH_2Cl)은 산화될 수 있는 가능성이 높으며 클로로에탄은 쉽게 산화된다.

환원

외래화합물질은 환원반응에서 전자 수용체로 작용할 수 있다. 일반적으로 산소, Fe(III), 질산이온, 황산이온 그리고 이산화 탄소는 최종 전자 수용체로 작용할 수 있다. 그러나 염소산 이온(ClO_3^-), 과염소산 이온(ClO_4^-), Cr(VI), 그리고 할로젠화합물도 그 같은 역할을 할 수 있다. 일반적인 환원반응은 5.34에 토의되어 있다.

염소산 이온, 과염소산 이온, Cr(VI), 그리고 할로젠화 지방족 화합물의 전자수용체로서의 잠재력은 자유에너지 또는 반쪽반응식의 환원잠재력을 이용하여 평가할 수 있다. 이들 물질에 대한 반쪽반응식의 잠재력 또는 $\Delta G^{0\prime}$값은 표 6.6에 나타나 있다. 표의 자료는 염소산 이온, 과염소산 이온, 그리고 헥사클로로에탄(CCl_3CCl_3)은 O_2, Fe(III) 그리고 NO_3^-보다 강력한 전자 수용체임을 나타내고 있다. 또한 여러 할로젠화 지방족 화합물 및 1,2 다이브로모메탄(CH_2BrCH_2Br)은 탈질조건에서 전자 수용체로 작용할 수 있으며, Cr(VI)는 Mn(IV) 보다 열역학적으로 우수한 전자 수용체임을 알 수 있다. 표 6.6에 제시된 모든 물질은 황산이온(SO_4^{2-}) 환원 및 메탄생성(CO_2) 조건에서 전자 수용체로 사용될 수 있다. 일반적인 경향은 물질에 염소수가 많을수록(즉, 탄소가 더 산화되었을수록) 전자 수용체로 사용될 수 있는 경향은 강해진다. 이 같은 열역학적인 점은 그림 6.5에 주어진 반쪽반응식에 대한 전자 탑(electron tower)을 통해서도 파악할 수 있다.

환원반응의 대부분은 공동대사이다. 즉, 반응은 미생물의 성장을 위한 에너지를 생성하지 못한다. 그러나 이들 물질의 일부는 전자 수용체로 작용하여 미생물 성장을 위한 에너지를 생성한다. 예를 들어 테트라클로로에텐, 트라이클로로에텐, cis-1,2-다이클로로에텐, 그리고 클로로에텐(바이닐클로라이드) 등은 이 같은 능력을 가지고 있다고 알려져 있다. 이같은 방식으로 염소 화합물을 사용하는 미생물을 탈염소호흡균(dehalorespiring bacteria)이라고 하는 바, 이는 화합물을 최종 전자 수용체로 이용하여 에너지를 생성하기 때문이다. 염소산 이온 및 과염소산 이온 역시 에너지 및 성장을 위한 전자 수용체로 작용할 수 있다. 환원성 효소는 과염소산 이온을 염소산 이온, 그리고 아염소산 이온(ClO_2^-)의 순으로 환원시킨다. 매우 독특한 효소, dismutase가 마지막으로 ClO_2^-를 Cl^-와 O_2로 변환시킨다.

표 6.6 일부 전자 수용체에 대한 반쪽 반응식의 환원 전위와 자유에너지

반응 번호	반쪽반응		$\Delta G^{0\prime}$* KJ/eq	$E^{0\prime}$,† volts
1	$\frac{1}{6}ClO_3^- + H^+ + e^-$	$= \frac{1}{6}Cl^- + \frac{1}{2}H_2O$	-100.04	1.04
2	$\frac{1}{8}ClO_4^- + H^+ + e^-$	$= \frac{1}{8}Cl^- + \frac{1}{2}H_2O$	-94.06	0.97
3	$\frac{1}{2}CCl_3CCl_3(aq) + e^-$	$= \frac{1}{2}CCl_2{=}CCl_2(aq) + Cl^-$	-92.70	0.96
4	$\frac{1}{4}O_2(g) + H^+ + e^-$	$= \frac{1}{2}H_2O$	-78.72	0.82
5	$Fe^{3+} + e^-$	$= Fe^{2+}$	-74.27	0.77
6	$\frac{1}{5}NO_3^- + \frac{6}{5}H^+ + e^-$	$= \frac{1}{10}N_2(g) + \frac{3}{5}H_2O$	-72.20	0.75
7	$\frac{1}{2}CCl_4(aq) + \frac{1}{2}H^+ + e^-$	$= \frac{1}{2}CHCl_3(aq) + \frac{1}{2}Cl^-$	-56.42	0.58
8	$\frac{1}{2}CCl_3CCl_3(aq) + \frac{1}{2}H^+ + e^-$	$= \frac{1}{2}CHCl_2CCl_3(aq) + \frac{1}{2}Cl^-$	-55.04	0.57
9	$\frac{1}{2}CH_2BrCH_2Br + \frac{1}{2}H^+ + e^-$	$= \frac{1}{2}CH_3CH_2Br + \frac{1}{2}Br^-$	-52.49	0.54
10	$\frac{1}{2}CCl_2{=}CCl_2(aq) + \frac{1}{2}H^+ + e^-$	$= \frac{1}{2}CHCl{=}CCl_2(aq) + \frac{1}{2}Cl^-$	-46.81	0.49
11	$\frac{1}{2}CH_3CCl_3(aq) + \frac{1}{2}H^+ + e^-$	$= \frac{1}{2}CH_3CHCl_2(aq) + \frac{1}{2}Cl^-$	-45.54	0.47
12	$\frac{1}{2}CHCl_3(aq) + \frac{1}{2}H^+ + e^-$	$= CH_2Cl_2(aq) + \frac{1}{2}Cl^-$	-45.52	0.47
13	$\frac{1}{2}CHCl{=}CCl_2(aq) + \frac{1}{2}H^+ + e^-$	$= \frac{1}{2}$ *cis*-$CHCl{=}CHCl(aq) + \frac{1}{2}Cl^-$	-44.52	0.46
14	$\frac{1}{2}CHCl{=}CCl_2(aq) + \frac{1}{2}H^+ + e^-$	$= \frac{1}{2}$ *trans*-$CHCl{=}CHCL(aq) + \frac{1}{2}Cl^-$	-42.39	0.44
15	$\frac{1}{2}NO_3^- + H^+ + e^-$	$= \frac{1}{2}NO_2^- + \frac{1}{2}H_2O$	-41.65	0.43
16	$\frac{1}{6}HCrO_4^- + \frac{1}{6}CrO_4^{2-} + \frac{5}{2}H^+ + e^-$	$= \frac{1}{3}Cr^{3+} + \frac{4}{3}H_2O$	-39.61	0.41
17	$\frac{1}{2}MnO_2(s) + 2H^+ + e^-$	$= \frac{1}{2}Mn^{2+} + H_2O$	-38.89	0.40
18	$\frac{1}{8}NO_3^- + \frac{5}{4}H^+ + e^-$	$= \frac{1}{8}NH_4^+ + \frac{3}{8}H_2O$	-35.11	0.36
19	$\frac{1}{2}CH_2{=}CHCl(aq) + \frac{1}{2}H^+ + e^-$	$= \frac{1}{2}CH_2{=}CH_2(aq) + \frac{1}{2}Cl^-$	-34.82	0.36
20	$\frac{1}{2}$ *trans*-$CHCl{=}CHCl(aq) + \frac{1}{2}H^+ + e^-$	$= \frac{1}{2}CH_2{=}CHCl(aq) + \frac{1}{2}Cl^-$	-31.92	0.33
21	$\frac{1}{2}$ *cis*-$CHCl{=}CHCl(aq) + \frac{1}{2}H^+ + e^-$	$= \frac{1}{2}CH_2{=}CHCl(aq) + \frac{1}{2}Cl^-$	-29.79	0.31
22	$\frac{1}{2}CH_3CH_2Br(aq) + \frac{1}{2}H^+ + e^-$	$= \frac{1}{2}CH_3CH_3(aq) + \frac{1}{2}Br^-$	-15.84	0.16
23	$\frac{1}{8}SO_4^{2-} + \frac{19}{16}H^+ + e^-$	$= \frac{1}{16}H_2S(aq) + \frac{1}{16}HS^- + \frac{1}{2}H_2O$	20.85	-0.22
24	$\frac{1}{8}CO_2(g) + H^+ + e^-$	$= \frac{1}{8}CH_4(g) + \frac{1}{4}H_2O$	23.52	-0.24

*$\Delta G^{0\prime}$는 표 3.1 또는 부록 A로부터 $[H^+] = 10^{-7}$이라고 가정하고 기술한 방법으로 계산하였다.
(Note : 1 kcal = 4.184 kJ.)

† $E^{0\prime}$의 값은 $\Delta G^{0\prime}$를 −96.485 kJ/volt − eq로 나누어 계산되었다.

생물계에서 외래화합물의 거동

환경 및 반응조 내에서 외래화합물과 기타 환경적으로 중요한 화합물의 거동은 그 안에서 일어나는 여러 가지 생물학적 및 화학적 반응 중 가장 중요한 반응에 의하여 좌우된다. 이에 대한 예로는 1,1,1-트라이클로로에탄을 들 수 있으며, 표 6.7에 나타낸 것처럼 특히 혐기성 상태에서는 여러 가지 경로에 의하여 분해가 가능하다. 따라서 단 하나의 외래화합물인 경우에도 그 거동은 환경조건에 따라 매우 달라질 수 있다.

표 6.7 혐기성 상태에서 가능한 1,1,1-트라이클로로에탄의 변환경로

경로 1			
CH_3CCl_3	⟶	$CH_2{=}CCl_2+H^++Cl^-$	비생물학적 제거
$CH_2{=}CCl_2+H^++2e^-$	⟶	$CH_2{=}CHCl+Cl^-$	생물학적 환원
$CH_2{=}CHCl+H^++2e^-$	⟶	$CH_2{=}CH_2+Cl^-$	생물학적 환원
$CH_2{=}CHCl+4H_2O$	⟶	$2CO_2+11H^++10e^-+Cl^-$	생물학적 산화
경로 2			
$CH_3CCl_3+H^++2e^-$	⟶	$CH_3CHCl_2+Cl^-$	생물학적 환원
$CH_3CHCl_2+H^++2e^-$	⟶	$CH_3CH_2Cl+Cl^-$	생물학적 환원
$CH_3CH_2Cl+H_2O$	⟶	$CH_3CH_2OH+Cl^-+H^+$	비생물학적 가수분해
$CH_3CH_2OH+3H_2O$	⟶	$2CO_2+12H^++12e^-$	생물학적 산화
경로 3			
$CH_3CCl_3+2H_2O$	⟶	$CH_3COOH+3Cl^-+3H^+$	비생물학적 가수분해
CH_3COOH	⟶	CH_4+CO_2	메탄화
$CH_3COOH+2H_2O$	⟶	$2CO_2+8H^++8e^-$	생물학적 산화

주 : CO_2로 산화되면서 발생한 전자는 CH_4를 생성하거나 SO_4^{2-}, NO_3^- 또는 염소화화합물을 환원시키기 위해 사용될 수 있다.

자료원 : T. M. Vogel, C. S. Criddle, and P. L. McCarty, Transformations of Halogenated Aliphatic Compounds, *Env. Sci. Tech.*, 21: 722~736(1987).

6.14 분자생물학 및 유전자공학

생화학, 미생물학 그리고 분자생물학(유전자 정보의 전달에 관한 연구)의 발전은 환경공학자 및 과학자가 환경문제를 해결하는 데 큰 도움이 되고 있다. 예로서는 생물학적 복원을 위하여 유전자 조작을 통해 특수한 효소 분해경로를 탐색하는 것, 특정 미생물 또는 특정 분해경로의 존재를 확인할 수 있는 정교한 시험도구를 개발하는 것, 그리고 농약과 같은 특정 오염물질을 분석하기 위한 면역분석법(immunoassay)의 개발 등을 들 수 있다. 이 절에서는 용어의 정의, 원리 그리고 잠재적인 이용방안에 대하여 간단하게 소개하고자 한다. 보다 구체적인 정보는 이 장의 마지막에 수록된 생화학과 미생물학 교재를 참고하기 바란다.

용어 및 원리

최근 이 분야의 발전을 주도하고 있는 원리 중 하나가 유전정보(genetic information)의 조작이다. 모든 생물체의 유전정보는 **데옥시리보핵산**(deoxyribonucleic acid, DNA)에 포함되어 있다. DNA는 수백만 개의 뉴클레오타이드(nucleotide)로 구성된 중합체이며, 각 뉴클레오타이드는 6탄당 데옥시리보스(deoxyribose), 퓨린(purine) 또는 피리미딘 염기(pyrimidine base), 그리고 인산염(phosphate)으로 구성되어 있다. 아데닌(adenine, A)과 구아닌(guanine, G)은 퓨린 계이며, 사이토신(cytosine, C)과 싸이민(thymine, T)은 피리미딘 계이다(그림 6.7). 각각의 뉴클레오타이드는 인산-에스터 결합(phosphate-ester linkage)에 의하여 연결되어 하나의 DNA 가닥(strand)을 구성한다(그림 6.8). 대부분의 DNA는 두 가닥의 DNA중 하나에 있는 퓨린 및 피리미딘 염기가 다른 가닥에 있는 상호보완적인 퓨린 및 피리미딘 염기와 수소결합으로 연결된 이중 나선구조를 하고 있다(그림 6.9). 대부분의 경우 구아닌은 사이토신과, 아데노신은 싸이민과 수소결합을 한다. **유전자**(gene)는 특별한 단백질의 생산에 필요한 정보를 가지고 있는 DNA의 일부분이다. DNA를 통한 유전자정보의 전달은 **리보핵산**(RNA)을 필요로 한다. RNA는 구성당분이 리보스(ribose)이며 피리미딘염의 하나가 싸이민 대신 유라실(uracil, 그림6.7)인 점을 제외하고는 한 가닥 DNA와 유사한 구조를 지니고 있다. RNA는 원하는 물질의 제조를 위하여 DNA에 포함된 유전정보를 여러 방법으로 전달한다.

한 세대에서 다음 세대로 유전정보가 전달되는 과정을 간단하게 살펴보면 다음과 같다. DNA에 포함된 유전정보의 일부가 상보성(complementary) RNA로 변환된다. 이 RNA는 세포 내에서 복제가 일어나는 장소로 이동한다. DNA에 포함된 염의 순서는 이 전령(messenger) RNA(리보솜, ribosome)에 포함되어 있으며, 어떤 아미노산, 결과적으로는 어떤 단백질 및 효소가 생산되어야 하는지를 명령한다. 여러 종류의 RNA가 복제장소(replication site)에서 단백질의 합성에 관여한다.

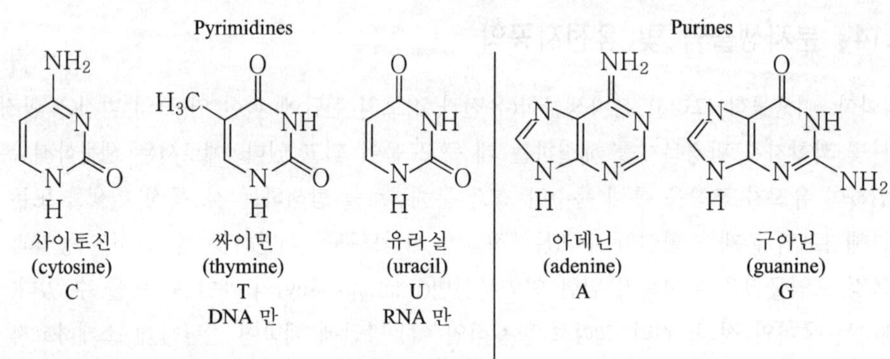

그림 6.7 DNA 및 RNA의 핵산염기

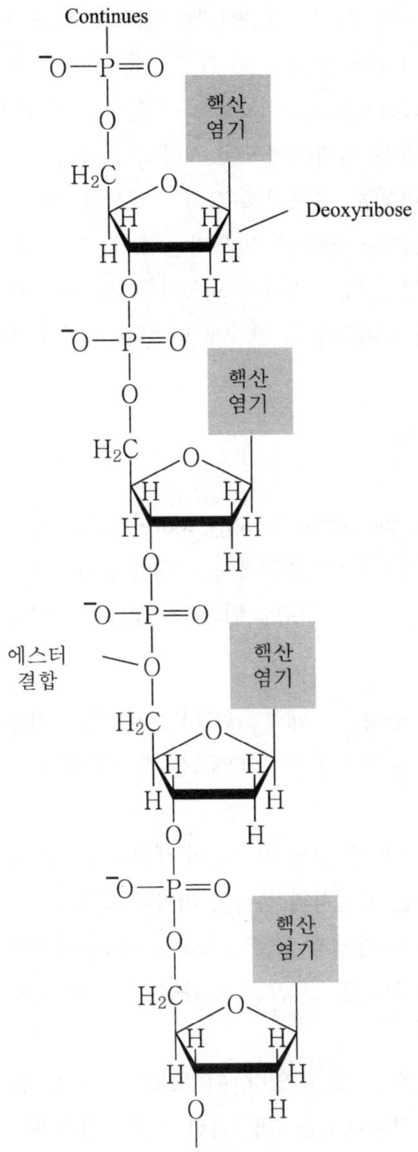

⇧ **그림 6.8** DNA 가닥의 부분 구조

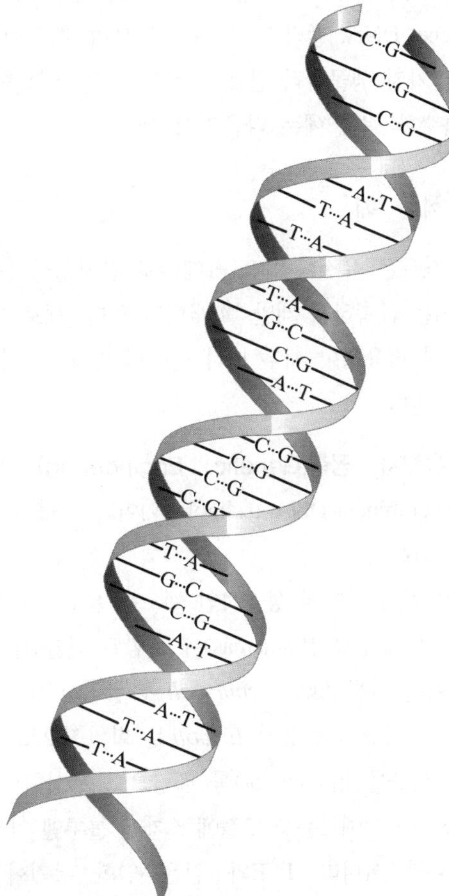

⇧ **그림 6.9** DNA 이중 나선구조의 일부 예

DNA 중 두 가지 형태가 매우 흥미롭다. 하나는 크로모솜(chromosomal) DNA로서, 이는 세포의 신진대사, 성장 그리고 번식에 필요한 모든 기초 정보를 지니고 있다. 다른 또 하나의 DNA는 작고, 분리되어 있으며, 자체 복제가 가능한 **플라스미드**(plasmid)에 포함되어 있다. 플라스미드에 포함된 유전정보는 미생물이 수은과 같은 중금속이나 페니실린과 같은 약품에 저항하는 능력을 지니게 한다. 또한 플라스미드는 이것이 없는 경우 미생물 분해가 불가능한 물질의 반응을 시작시킬 수 있는 중심 효소에 관한 유전정보를 지니고 있다. 플

라스미드의 또 다른 흥미로운 특성의 하나는 세균간에 교환이 가능하다는 점으로 이를 이용하여 효소를 적절하게 조합할 경우 새로운 물질의 분해가 가능할 수 있다는 점이다. 이는 세균에 있어 중요한 적응 메커니즘(adaptive mechanism)이다. 예를 들어 할로젠화 유기화합물의 분해와 같이 환경적으로 매우 중요한 반응은 플라스미드에 저장되어 있다.[12)]

DNA 및 플라스미드에 포함된 대부분의 정보는 미생물, 분해경로 그리고 생산물질에 따라 매우 독특하다. 현재, 과학자들은 이제 위에 열거한 활동을 일으키는 요소(즉, 효소, gene, DNA, 플라스미드 등)를 분리, 확인할 수 있는 능력을 지니게 되었다. 이에 따라 여러 가지 생물학적 반응을 조작, 조절, 이해할 수 있는 가능성도 생기게 되었다. 이에 대한 특수한 적용 예는 다음과 같다.

적용 예

새로운 유전학적 도구(때때로 분자생물학적 도구, molecular biology tool이라고도 불리움)는 급속하게 개발, 소개되고 있다. 새로운 도구들은 환경오염문제를 이해하고 해결하기 위한 적용성이 매우 넓다. 환경공학자 및 과학자는 새로운 개발에 뒤쳐지지 않고 잘 알아야 한다.

유전자 공학(Genetic Engineering) **유전자 공학**은 때로 **DNA 재조합 기술**(recombinant-DNA technology)이라고 불리며 여러 출처에서 얻은 DNA를 재조합하는 것을 다룬다.

유전자 공학의 성공적인 예로는 유전자조작 세균을 통한 인체 인슐린의 생산을 들 수 있다. 사람의 췌장(pancreas)에 포함된 인슐린을 생산하는 유전자의 특성을 파악하고, 분리, 재조합한 다음 *Escherichia coli*에 삽입시킨다. 이 과정을 **유전자 클로닝**(gene cloning)이라고 한다. 이렇게 변형된 *E. coli*는 화학적으로 쉽게 인간의 인슐린으로 변화될 수 있는 인슐린 선구물질(precursor)를 대량으로 생산한다.

또 다른 예로는 6.13절에 소개된 톨루엔 이산소화효소를 들 수 있다. 이 효소의 생산 및 활성 뿐 아니라 TCE와 같은 염화 유기화합물의 생분해 능력과 관련 있는 유전자는 *Pesudomonas putida* F1에서 분리되어 *E. coli*에 삽입된다.[13)] 이렇게 유전자 조작된 *E. coli*는 톨루엔, 아이소프로필-β-D-싸이오갈락토피라노사이드(isopropyl-β-D-thioglactopyranosoid)와 같은 유발기질(inducing substrate)이 존재하는 경우 TCE를 분해시킨다고 알려져 있다. 때로는 이와 같은 효소의 활성은 화학물질의 첨가 이외에도 온도 등에 의하여 유도될 수 있다

---

12) B.E.Rittmann, B.F.Smets, and D.AStahl, The Role of Genes in Biological Processes : Part 1, *Env Sci. Tech.,* **24**: 23-29(1990).

13) G.J.Zylastra, L.P.Wackett, and D.T.Gibson, Trichloroethylene Degradation by *Escherichia coli* Containing the Cloned *Pseudomonas putida* F1 Toluene Dioxygenease Genes, *Appl. and Env. Micro.*, **55**: 3162-3166(1989).

고 보고되어 있다.

생물학적 복원 분야에 있어 적어도 한 가지 이상의 특허 세균이 유전자공학에 의하여 개발되어 있다. A. M. Chakrabarty는 *Pseudomonas* strain에 4개의 플라스미드를 **클로닝**(cloning)하여 여러 종류의 석유화학제품을 분해시킬 수 있는 유전자 조작 세균을 개발하였다.[14] 이와 같은 성공은 일부 공학자 및 과학자에게 유해 폐기물 및 산업 폐기물 오염의 처리에 있어 유전자공학이 매우 중요한 역할을 할 것이며 특정 오염물질 제거를 위한 맞춤 유전자(designer gene)의 개발이 가능할 것이라는 믿음을 주게 되었다.

유전자 공학에 대해 논란의 여지가 없는 것은 아니다. 유전자가 변형된 미생물이 환경으로 방출되는 것에 대한 염려가 있다. 현재 문제가 되는 것의 하나는 유전자 조작 옥수수이다. *Bacillus thuringiensis*라고 불리는 미생물은 특정 곤충을 죽이는 독소를 생산한다. 이러한 유전자가 살충제를 사용하지 않고 곤충들로부터 옥수수를 보호하기 위하여 여러 종류의 옥수수에 클로닝되어졌다. 중요한 관심의 하나는 자연적으로 생성된 독소에 저항을 가진 곤충의 발현이다. 또한 유전자가 다른 종류의 옥수수나 다른 식물에 전이되는 것도 문제가 될 수 있다. 마지막으로 이 같이 유전자 조작된 식물을 오랫동안 섭취할 경우 인체 및 보건 상에 미치는 영향 가능성도 관심사이다.

분자학적 도구(Molecular Tools) 분자학적 도구는 미생물 군집구조(즉, 분자 생태학-어떤 미생물이 어느 정도로 존재하는가) 및 생분해 능력(존재하는 미생물에 의해 어떤 물질이 분해될 수 있는가)을 판단하는 데 사용하는 것이다. 이 분야는 방법이 표준화되고 상업적으로 시판됨에 따라 매우 급속하게 발전하고 있다. 다음에 기술한 것은 현재 널리 사용되고 있는 것의 일부이다. 모든 방법은 추출, 농축(amply), 그리고 특정 미생물 또는 특정 분해 능력을 가진 DNA 및 RNA를 검출하는 것을 기초로 하고 있다. 더 자세한 사항은 이 장 끝에 수록된 참고문헌에 주어져 있다.

현재 사용되고 있는 여러 가지 방법은 리보솜 RNA의 16S 부분에 포함된 염기의 배열(sequence)에 기초하고 있다. 16S RNA의 염기 배열의 일부는 대부분의 생물체에서 일반적이지만, 다른 일부는 주어진 미생물에서만 독특한 것이다. 유전자 탐침(Gene probe)은 오늘날 **올리고뉴클레오타이드 탐침**(oligonucleotide probe)라고 불리며, 15에서 25 염기를 포함한 DNA 또는 RNA로서, 목표 16S RNA(또는 DNA)에 포함된 상호보완적인(complementary) 배열을 만나면 교잡(hybridize)되어 측정할 수 있는 물질을 형성한다. 실험조건은 탐침 DNA가 상호보완적인 배열을 포함하지 않은 셀과 결합하지 않도록 유지하여야 한다. 검출은 일반적으로 측정이 가능한 적절한 표지(예를 들어, 방사성 동위원소, 형광물질)를 붙임으로써 수행할 수 있다. 일부 방법을 사용하려면 RNA 및 DNA를 미생

---

14) P. J. Van Denmark and B. L. Batzing, "The Microbes : An Introduction to Their Nature and Importance," Benjamin/Cummings, Menlo Park, CA, 1987.

물로부터 추출하여야 한다. 이를 위해서는 상업적으로 시판되는 키트(kit)를 흔히 사용한다. 그 방법 중 하나는 **fluorescence in situ hybridization(FISH)**로서, 탐침은 형광물질을 붙여 비활성 미생물에 첨가된다. 그 다음 셀에 내포된 탐침을 고정한 다음 형광현미경을 통해 관찰한다. 이 같은 방식을 이용하여 조사 대상 군집 중에서 원하는 셀을 확인할 수 있다. 예를 들어 탄수화물을 메탄으로 변환시키는 군집에서 메탄균에 형광성을 주어 다른 혐기성 미생물로부터 구별할 수 있다.

미생물 군집으로부터 DNA를 추출한 다음 농축하는 방식을 포함한 또 다른 기법의 하나가 **polymerase chain reaction(PCR)**이다. 이 방식은 특정 기질(예를 들어 아세트산 이온)을 첨가하여 미생물을 농축시키는 방법과 유사하다. 이같이 하는 일반적인 이유는 환경시료에 포함된 미생물의 수가 작기 때문이다. PCR의 목적 중 하나는 16S RNA 암호를 가진 유전자를 복사하는 것이다. 복사된 유전자는 관심의 대상인 미생물에만 특정적인 oligonucleotide 탐침과 교잡(hybridize)시킨다. 예를 들어 가장 일반적인 탐침은 군집 내 모든 미생물의 16S RNA와 결합할 수 있다. 보다 특정한 탐침은 특정 미생물(예를 들어 메탄균 또는 황산 이온 환원균)을 목표로 삼는다. 이 같은 방법으로 군집 내에 존재하는 박테리아의 다양성과 시간에 따른 군집의 변화를 알 수 있다. 이 방법의 제약성은 이미 선별되어 리보솜 DNA의 배열이 알려진 박테리아에만 적용이 가능하다는 점이다. 일반적으로 지구에 존재하는 미생물 중 몇 퍼센트만이 선별되었다고 믿어지고 있다.

박테리아 밀도(또는 관심 있는 특정 유전자의 개수)를 정량화 할 수 있는 유망한 변법이 실시간 정량 PCR(real-time quantitative PCR, RTQ-PCR)이다. 대상 이 방법에서는 미생물의 16S 리보솜 DNA에 포함된 특정한 배열(또는 톨루엔 이산소화효소와 같이 특정 효소의 활성을 책임지고 있는 유전자)을 PCR을 이용하여 증폭시키고, 특별한 형광 oligonucleotide 탐침을 이용한다. PCR 도중 형광의 강도는 증가하고, 이를 측정하여 박테리아 밀도(또는 분해성 유전자의 밀도)를 측정한다.

박테리아의 숫자, 더 정확하게는 특정 대상 유전자의 숫자를 측정할 수 있는 또 다른 유망한 방법은 경쟁 PCR(competitive PCR)이다. 이 방법에서 competitor DNA는 셀의 목표 DNA를 증식(amplify)시키는 데 사용되는 동일한 개시절편(primer)를 사용하여 PCR을 통해 증식되도록 설계된다. 개시절편은(primer)는 특정 DNA 또는 RNA 배열과 반응하도록 첨가된 물질이다. 그 다음 셀로부터 추출된 DNA에 기지의 양의 competitor DNA를 첨가한다. Competitor의 농도를 달리한 여러 시료를 준비한다. 그 다음 개시절편을 첨가한 후 목표 DNA 및 competitor DNA를 동시에 증식시킨다. 증식된 목표 DNA 및 competitor DNA는 전기영동(electrophoresis)을 이용하여 분리한 다음 각각의 양을 비교한다. 이 때 구하는 것은 증식된 목표 DNA 및 competitor DNA의 양이 같은 시료이다. 이때 목표 DNA이 숫자와 기지의 competitor DNA의 숫자가 같게 된다. 이 방법은 비교적 쉽고 간단하다.

분리 및 배열연구가 되지 않은 박테리아를 포함한 군집에 대한 연구를 가능하게 하는 기술도 있다. 이 중 하나의 기술에서는 군집의 DNA를 추출하고 PCR을 이용하여 선택적으로 증식시킨다. 이 같은 선택적 증식을 위해 개시절편을 이용하며, 개시절편은 일부 일반적 또는 특정 기증을 증식시키기 위해 선택된다. 예를 들어 개시절편은 모든 박테리아의 16S rRNA에 대한 것을 수도 있고, 탈염소호흡균인 *Dehalococoides ethenogens*의 16S rRNA일 수도 있다. 또한 primer는 톨루엔 이산소화효소와 같은 특정 효소의 암호를 가진 유전자를 선택하기 위해 설계될 수 있다. 증식된 DNA를 분석할 수 있는 방식의 하나가 denaturing gradient gel electrophoresis(DGGE)이다. 이 방법에서 전기영동은 염기 배열의 차이에 기초하여 증식된 DNA를 분리한다. 각기 다른 band가 형성되며, 각각은 예를 들어 군집에 존재하는 각기 다른 종을 나타낼 수 있다. 추가분석을 위해서는 분리된 band를 제거하는 것도 가능하다. 예를 들어 증식을 여러번 시킨 후 얻은 자료를 컴퓨터에 수록된 기지 박테리아의 16S rRNA의 배열과 시료의 염기 배열을 비교, 분석할 수 있다. 이 같은 방법은 박테리아를 확인하는 데 효과적이다.

이 같은 방식은 *Salmonella*, *Legionella*, 황산 이온 환원균, 메탄균, 그리고 탈염소호흡균과 같은 여러 종류의 미생물을 검출하는 데 성공적으로 사용되었다.[15] 이들 방법은 군집의 구조와 생분해 능력[16),17),18)]을 평가하고, 특정 박테리아 종의 판단 및 정량화하는 데 점차 널리 사용되고 있다.

면역화학적 기술(immunochemical techniques) **면역화학적** 기술은 면역(immunization)을 포함한 분자생물학의 특별한 분야의 하나로 중요한 예로는 면역 분석법(immunoassay)과 면역화학적 탐침(immunochemical probe)를 들 수 있다. 면역 분석법이란 농약 및 PCBs와 같은 특별한 화합물을 검출 및 정량화하는 분석방법을 말한다. 면역화학적 탐침은 특별한 미생물 및 효소(또는 효소의 활성)를 검출하는 데 이용된다.

이러한 방법들은 미생물이 외부 미생물 또는 화합물에 노출되었을 때 면역체계가 반응한다는 점을 이용한다. 일반적인 방법은 쥐나 토끼와 같은 동물을 메탄균과 같은 목적 미생물(target organism), 유전자 또는 화학물질로 면역시키는 과정으로부터 시작된다. **항원(antigens)**이라고 불리는 이 같은 외부물질(foreign substance)은 동물의 면역체계에 **항체**

15) B. G. Olson, Tracking and Using Genes in the Environment, *Env. Sei. Tech.*, **25**: 604-611, 1991.

16) S. J. Flynn, F. E. Löffler, and J. M. Tiedje, Microbial Community Changes Associated with a Shift from Reductive Dechlorination of PCE to Reductive Dechlorination of cis-DCE and VC, *Env. Sci. Tech.*, **34**: 10561061, 2000.16))

17) 18F. E. Löffler, Q. Sun, J. Li, and J. M. Tiedje, 16S rRNA Gene-Based Detection of Tetrachloroethene-*Dechlorinating* and *Desulfuromonas*, and Dehalococcoides Species, *Appl. & Env. Microbiol.*, **66**: 13691374, 2000.

18) K. R. Hristova, C. M. Lutenegger, and K. M. Scow, Detection and Quantification of Methyl tert-Butyl Ether-Degrading Strain PM1 by Real-Time TaqMan PCR, *Appl. & Env. Microbiol.*, **67**: 51545160, 2001.

(antibodies)라고 불리는 특수한 단백질을 형성시킨다. 동물에는 항체를 생성하는 세포가 많으며, 생성된 단백질들의 짝(suite)을 여러 세포로부터의 클론(clone)이라는 의미로 다클론 항체(polyclonal antibody)를 분리하는 것이 중요한데, 이 다클론 항체는 한 종류의 세포에서 합성되며 특정한 항원에만 작용한다. 이 같은 항체는 동물의 지라(spleen)로부터 얻을 수 있다. 대부분의 경우, 이 같은 세포를 배양하는 것이 쉽지 않기 때문에 이들을 암세포와 융합시켜 **hybridomas**라는 특수한 미생물을 만드는데, 이 미생물은 대량 배양이 쉽고 비교적 많은 양의 단클론 항체를 생성시킨다.

분석과정은 목적 미생물(target organism), 유전자 또는 화학물질을 포함한 환경시료를 항체와 반응시키는 과정을 포함한다. 경우에 따라 목적 물질의 존재여부 또는 목적 물질의 농도가 관심의 대상이 될 수 있다. 통상적인 검출방법은 효소연계 면역흡수 분석법(enzyme linked immunosorbent assay, ELISAs)를 이용하는 것이다. 이 방법에서 효소는 항체와 결합되며 그 활성은 시료에서 생성된 색도를 분광 광도계(12장 참조)를 이용하여 측정한다. 이 밖에도 방사성 동위원소 또는 형광물질을 항체에 부착시켜 측정하는 방법도 있다.[19)]

면역화학적 탐침은 메탄균과 황산 환원균과 같은 미생물을 위하여 개발되었다. 면역화학적 기술의 중요한 장점으로는 사용하기 쉽고 비용이 저렴하며, 특정성이 있다는 것이다. 예를 들면 면역화학에 기초를 둔 자가임신진단법이 널리 사용되고 있다.

장래는 면역화학적 기술을 이용하여 가정에서 음용수에 포함된 아트라진과 같은 화학물질의 농도를 저렴하면서도 정확하게 측정하게 할 수 있을 것이다. 현재 상업적으로는 아트라진, cyanazine, alachlor, metholachlor, 2,4-D 등을 위한 키트가 있다. 이들 물질에 대한 검출한계는 최저 0.04 μg/L라고 알려져 있다. 이들 kit는 반-정량적(semi-quantitative)으로 현재는 주로 스크리닝의 목적으로 주로 사용된다. 즉, 시험 키트는 검출한계 이상 또는 이하를 결정한다. 만일 농도를 정확하게 측정하려면 공인된 표준 분석방법(예를 들어 추출 후 가스크로마토그래피)을 사용하여야만 한다. 그 방법들은 이 교재의 Part 2에 기술되어 있다.

6.15 인체 생화학

환경공학자 및 과학자는 사람의 배설물의 처리와 처분에 관여하고 있으므로, 식품으로 섭취한 유기물의 인체 내에서의 주요변화를 잘 알고 있어야 한다.

19) M. Vanderlaan, B. E. Watkins, and L. Stanker, Environmental Monitoring by Immunoassay, *Env, Sci Tech.*, 22: 247-254(1998).

탄수화물

사람이 섭취한 탄수화물의 대부분은 체내에서 이용된다. 체내에서 소화되지 않은 나머지 부분의 탄수화물은 변으로 배출된다. 배출되는 탄수화물의 대부분은 셀룰로오스와 기타의 고분자 다당류이며, 체내에 이들을 가수분해할 수 있는 효소가 없거나, 완전히 가수분해하기에는 장내에서의 체류시간이 너무 짧은 경우에 그대로 배출된다. 음식물을 충분히 씹지 않거나, 위장장애가 있을 경우에는 체류시간이 더욱 짧아지게 된다.

혈류 속으로 동화되어 들어간 탄수화물은 에너지원으로 이용되며, 근육조직과 간장에 글리코겐(동물성 전분)으로 저장되거나, 지방으로 전환되어 지방조직(fatty tissue)에 저장된다. 탄수화물은 산화되어 에너지를 생성하고, 이산화 탄소와 물로 전환된다. 이산화 탄소는 세포 내에서 생성되어 혈액에 의해 운반된다. 혈액은 완충능력을 가지고 있어서, 상당한 양의 CO_2를 운반할 수 있으며 Henry의 법칙 원리에 따라 허파에서 대기 중으로 방출된다.

인체는 혈액 중의 당분(글루코오스)의 양을 조절하는 중요한 기능을 지니고 있으며, 만일 과잉의 당이 축적되면, 그 과잉분 만큼을 소변으로 방출한다. 이것은 신장이 가진 기능의 일부분이다. 당뇨병은 당대사의 부조화로 생겨나는 병이다. 그 때문에 혈당량이 신장의 수용 한계량(renal threshold)을 넘게 되면, 과잉분이 신장에서 분리되어 소변으로 방출된다. 당뇨병에 걸린 사람의 소변 속에는 항상 글루코오스가 존재한다. 당뇨병에 걸린 사람이 탄수화물을 신장의 수용 한계량 이상으로 섭취하면 혈당치가 높아져 혼수상태에 빠질 수도 있다.

지방

천연 지방 물질 속에는 인체의 소화기관에서 가수분해되지 않는 물질이 포함되어 있다. 이 물질들과 소화되지 않은 지방은 변으로 배출된다. 지방은 위 속의 리파아제(lipase)에 의해 상당한 정도까지 가수분해된 다음, 장에서 가수분해가 더 진행되는데, 이때는 담즙의 에멀젼화 작용으로 반응이 촉진된다. 혈액 중에 들어 있는 지방산은 산화되어 에너지를 생성하거나 추후의 이용을 위해 지방조직 내에 저장된다. 이 산화반응의 최종 생성물은 이산화 탄소와 물이다. 그러나 아세톤이 주성분을 이루고 있는 약간의 케톤류(ketones)도 생성된다. 이산화 탄소는 허파에서 대기 중으로 방출된다. 케톤류는 소변으로 배출된다. 당뇨병에 걸렸거나 지방대사가 순조롭지 못한 사람의 소변에서는 정상인 보다 많은 양의 케톤류가 발견된다.

단백질

단백질의 가수분해는 위에서 시작하여 장에서까지 계속 일어난다. 가수분해로 생성되는 아미노산은 혈류 속으로 흡수된다. 완전히 가수분해되지 않은 부분은 배설물로 배출된다. 아미노산은 주로 근육조직의 형성과 복원에 이용되어 인체조직에 고정된다.

단백질 대사의 최종 생성물은 주로 다음의 두 과정을 거쳐 폐기물로 배설된다. 즉, 근육조직의 소모(wearing)와 에너지 획득을 위한 아미노산의 산화반응이다. 아미노산은 먼저 탈아미노화 반응을 일으킨 다음, 에너지 원으로 이용된다. 암모니아는 주로 요소(urea)의 형태로 배출되나 일반적으로 소량의 NH_4^+는 늘 존재한다. 신장의 주된 기능은 혈액 중의 질소계 유기성 노폐물의 분리하는 것이다. 소변 속에 존재하는 여러 가지의 다양한 질소계 화합물로부터 단백질 대사에 여러 가지 복잡한 과정들이 포함되어 있음을 알 수 있다. 소변에는 일반적으로 크레아티(creatine), 크레아티닌(creatinine), 요산(uric acid), 히푸르산(hippuric acid)과 미량의 퓨린염기(purine base) 등이 요소와 암모늄 이온과 함께 들어 있다.

비타민류

비타민 (vitamin)은 자연식품 중에 미소량이 포함되어 있으며, 매우 효능이 높은 유기물이다. 만일, 동물체내에서 필수식품이나 대사전구물질로부터 이들을 자연적으로 합성하지 못하는 경우에는 동물은 반드시 이들을 음식물로 섭취하여야 한다. 비타민은 효소의 전구물질(precursor)로서의 기능과 그 밖에 아직 알려지지 않은 기능이 있다. 일반적으로 동물체내에서의 특정한 화학반응을 조절하는 효소작용이나 호르몬(hormone)과 유사한 역할을 나타낸다. 일부 비타민들을 충분히 섭취하지 않으면, 각기병(beriberi), 구루병(rickets), 펠라그라(pellagra), 괴혈병(scurvy) 등과 같은 비타민 결핍증이 발생된다.

비타민에는 많은 종류가 알려져 있다. 일반적으로 표 6.8과 같이 **수용성**과 **지용성**의 두 가지로 구분된다.

생물학적 처리에서의 비타민의 역할에 관해서는 아직 충분한 연구가 이루어지지 않았다. 몇 종류의 비타민이 산업폐수, 특히 발효공업 폐수에서 회수되고 있으며, 양조공업(distilling industry)에서의 폐기물 처리문제를 해결하는 데는 비타민 회수의 경제적 가치가 중요한 인자가 되고 있다. 활성슬러지에는 비타민 B_{12}가 풍부하게 포함되어 있는 것으로 알려져 있다. 메탄균도 비타민 B_{12}를 생성하는 것으로 알려져 있으며, 생성된 비타민은 염화 지방족 탄화수소의 공동대사를 통한 환원성 탈할로젠화(reductive dehalogenation)를 촉진시키는 것으로 알려져 있다. 환경공학자 및 과학자들은 비타민과 그 중요성에 대해 알고 있어야 한다.

표 6.8 비타민의 종류와 기능

비타민	많이 들어 있는 식품	기능
지용성(fat-soluble)		
A	버터, 간유	눈
D	간유, 계란	Ca대사 구루병 예방
E	면실유, 시리얼	불임 예방
K	채소, 계란노른자	혈액응고
수용성(water-soluble)		
B_2 Thiamine	돼지고기, 통밀, 땅콩	각기병 예방
B_2 Riboflavin	계란, 간, 시리얼, 우유	건강일반
Nicotinic acid	육류, 통밀, 이스트	문둥병 예방
B_6 Pyridoxine	계란노른자, 간, 이스트	피부색조
Biotin	계란노른자, 간, 이스트	피부색조
Pantothenic acid	계란노른자, 간, 이스트	성장
Folic acid group	녹색야채	빈혈 예방
Insitol	과일, 야채	머리카락, 성장
B_{12} Cobalamine	간, 활성슬러지	빈혈 예방
C Ascorbic acid	밀감, 사과	괴혈병 예방

연습문제

6. 1 생물체에서 효소의 역할은 무엇인가?

6. 2 효소작용을 설명할 때, (a) 반응이 일어나는 장소 (b) 효소가 제어하는 반응의 특성에 대하여 사용하는 용어는 각각 무엇인가?

6. 3 환경공학자는 생물학적 폐수처리시설의 설계와 운전제어에서 온도 및 pH와 생화학반응의 관계를 어떻게 이용하고 있는가?

6. 4 메탄 일산소화효소가 환경공학 분야에 어떻게 사용될 수 있는지 설명하라.

6. 5 폐수처리에서 대량으로 생성되는 미생물 슬러지의 처분은 환경공학에서 가장 심각한 문제들 중의 하나이다. 이 문제가 호기성 처리에서보다 혐기성 처리에서 적어지는 이유는 무엇인가?

6. 6 (a) 스테아르산(stearic acid) 한 분자를 완전히 β산화(beta oxidation)했을 때, 몇 분자의 아세트산이 생성되는가?

(b) (a)의 β산화과정에서 스테아르산으로부터 몇 개의 수소 원자가 제거되는가?

6. 7 (a) n-옥탄이 오메가산화(5장에 설명되어 있음)와 베타산화에 의하여 분해되는 과정을 단계별로 설명하여라. 모든 반응의 수지를 맞출 것.

(b) n-옥탄이 베타산화에 의하여 완전히 분해될 때 생성되는 아세트산의 양을 계산하여라.

(c) 베타산화 동안 n-옥탄으로부터 얼마만큼의 수소 원자가 제거되는가?

답 : (b) 4 ; (c) 12

6. 8 폐수 중의 질산 이온(nitrate)을 생물학적 탈질반응에 의해 질소(N_2)로 하여 제거할 때, 메탄올을 이용하는 방법이 있다.

(a) 메탄올을 이용한 질산 이온 제거에 대한 총괄 반응의 균형 방정식을 세워라. $f_{s(\max)}$를 이용하고, 질산 이온이 박테리아의 영양원으로 사용되는 것으로 가정하여라.

(b) 만일 폐수 중의 질산 이온 농도가 100 mg/L 라면, 질산 이온을 완전히 제거하기 위해서는 메탄올 농도를 얼마로 하여야 하는가?

(c) 질산성 질소(nitrate-nitrogen) 중 몇 %가 세포합성에 이용되는가?

6. 9 폐수 중의 지방산은 대체로 아세트산이다.

(a) 아세트산의 호기성 산화반응에 대한 총괄반응의 균형 방정식을 구하여라. 질소원으로는 암모니아를 이용하는 것으로 하고, $f_{s(\max)}$을 적용한다.

(b) 아세트산 100 g을 산화하려면 몇 g의 산소가 필요한가?

(c) 이 아세트산 대사에서 아세트산 g 당 몇 g의 박테리아가 합성되는가?

답 : (a) $0.125CH_3COO^- + 0.0295NH_4^+ + 0.1025O_2$

$= 0.0295C_5H_7O_2N + 0.007CO_2 + 0.0955H_2O + 0.0955HCO_3^-$

(b) 44.5 g (c) 0.45 g

6.10 광산폐수 중 Fe^{2+}를 생물학적으로 산화하면, Fe^{3+}로 침전되어 하천의 붉은색을 제거 할 수 있다.

(a) 이 반응 과정을 담당하는 미생물종의 이름은 무엇인가?

(b) 이 반응은 자발적인가? 답의 근거를 제시하여라.

(c) Fe^{2+}의 생물학적 산화반의의 균형 방정식을 구하여라. $f_{s(\max)}$와 질소원으로 암모니아를 이용하여라.

(d) 1 g의 Fe^{2+}을 산화하는 데 몇 g의 산소가 필요한가?

6.11 폐수의 탈질반응은 독립영양성 생물학적 반응에 의해 일어날 수 있다.

(a) $S_2O_3^{2-}$(산화되어 SO_4^{2-}로 됨)를 이용하는 NO_3^-의 N_2로의 탈질반응에 대한 균형 방정식을 써라. $f_{s(\max)}$와 세포합성을 위한 질소원으로 암모니아를 사용하는 것으로 가정한다.

(b) 1g의 NO_3^-를 환원시키기 위해서는 몇 g의 $Na_2S_2O_3$가 필요한가?

답 : (a) $0.125S_2O_3^{2-}+0.04CO_2+0.01NH_4^++0.01HCO_3^-+0.16NO_3^-+0.055H_2O=$

$0.25SO_4^{2-}+0.01C_5H_7O_2N+0.08N_2+0.09H^+$

(b) 1.99 g

6.12 페놀의 생분해에 대하여 다음의 물음에 답하여라.

(a) 페놀이 $CO_2(g)$로 산화되는 반쪽 반응식을 수립하여라.

(b) 페놀의 생성 자유에너지(free energy of formation)가 −47.5 kJ/mol이라는 사실을 이용하여 이 반응의 $\Delta G^{0\prime}$을 계산하여라.

(c) 혐기성 조건하에서 pH가 7인 경우 페놀이 $CH_4(g)$로 변환되는 것이 열역학적으로 가능한가?

(d) 혐기성 조건하에서 $f_s=0.10$인 경우 페놀이 메탄으로 전환하는 반응식을 작성하여라.

(e) 페놀의 농도가 1,000 mg/L 인 폐수인 경우, 페놀의 98%가 이용된다면 이 때 생성되는 메탄의 양은 얼마인가?

6.13 생물학적 질산화는 NH_4^+이 호기성 미생물에 의하여 NO_3^-으로 변환되는 과정이다.

(a) $f_{s(\max)}$를 이용하여 질산화의 균형 총괄 반응식을 작성하여라.

(b) 25 mg/L의 NH_4^+-N을 제거하는 데 필요한 용존산소의 양은 얼마인가?

(c) 이때 생성된 미생물의 농도를 계산하여라.

(d) 알칼리도($CaCO_3$로 환산)의 소모량은 얼마인가?

답 : (a) $0.13NH_4^++0.225O_2+0.005HCO_3^-+0.02CO_2$

$=0.125NO_3^-+0.005C_5H_7O_2N+0.25H^++0.12H_2O$

(b) 98.9 (c) 7.8 (d) 175

6.14 폐수 처리장으로부터 생성된 탈수 슬러지(화학식은 $C_{10}H_{19}O_3N$) 2,500톤(건조중량)이 위생매립지에 매립되어 있다. 혐기성 조건을 가정하고 이 슬러지의 분해로부터 생성되는 메탄의 양을 계산하여라. 이 문제를 풀기 위하여 적절한 f_s를 가정하여라.

6.15 1992년 1월 1일 M.T. Head 폐기물 처리회사의 고용인이 2백만 리터의 산업폐수를 탱크 트럭을 이용하여 Innocent호에 무단 방류하였다. 폐수는 1,000 mg/L의 벤조산(benzoic acid)과 500 mg/L의 프로피온산을 포함하고 있다. 호수의 총용량은 5억 리터이며, DO는 7.5 mg/L, 그리고 질산 이온의 농도는 0이다. 대기로 부터 산소의 재포기가 없고, 미생물의 성장에 필요한 암모니아성 질소가 충분하며, 호수가 완전혼합형이라고 가정할 때 Innocent 호는 폐수의 무단 방류에 의한 미생물의 활동 때문에 혐기성으로 변할 것인지 예측하여라.

답 : 예

6.16 최근에 테트라클로로에텐(PCE)를 전자 수용체로 이용하여 성장하는 혐기성 "탈염소호흡균"이 발견되었다. 이 미생물은 수소분자(H_2)를 성장을 위한 전자 공여체로 사용한다.

(a) PCE(aq)가 에텐(aq)으로 환원되는 반쪽 반응식을 수립하고, $\Delta G^{0\prime}$을 계산하시오. 부록 A에 수록된 자료를 이용하시오

(b) f_s =0.05라고 가정하여 50 g PCE를 에텐으로 변환시키는 데 필요한 $H_2(g)$의 양을 계산하시오, f_s 가정치가 논리적으로 선택된 근거에 대해 토의하시오.

(c) (b) 단계에서 생성된 박테리아의 양(g)을 구하시오.

(d) 위 반응이 일어나면 pH는 어떻게 변하겠는가? 증가, 감소, 또는 변화 없음

6.17 과염소산(ClO_4^-)는 미국 국방성 산하 현장근처의 지하수에서 흔히 발견되는 산소음이온(oxyanion)이다. 과염소산은 로켓의 고체연료에 산소원으로 널리 사용되어 왔다. 최근에, 과염소산을 성장을 위한 전자 수용체로 사용하여 ClO_4^-를 Cl^-로 환원시키는 여러 미생물이 분리되었다. 일반적으로 이들 미생물이 과염소산을 분해시키기 위해서는 탄소 및 에너지원의 첨가가 필요하다. 그 같은 목적으로 사용될 수 있는 것이 아세트산 이온이다.

(a) 과염소산을 전자 수용체로, 아세트산 이온을 전자 공여체로 이용하는 반응은 열역학적으로 가능한가? 답에 대한 근거를 제시하라.

(b) 만일 가능하다면 균형 반응식을 수립하기 위하여 f_s는 어떤 값을 사용할 것인지 그 이유를 들어 설명하시오. 표 6.5를 참조하여 답을 결정하시오.

(c) (b)에서 정한 f_s를 이용하여 ClO_4^- 50 mg/L을 제거하기 위해 필요한 아세트산 이온의 농도(mg/L)를 계산하시오.

6.18 다음에 주어진 여섯 가지 짝의 화합물에 대하여 어느 것이 빨리 분해될 것인지예 측하고, 그 이유를 구체적으로 설명하여라.

(a)

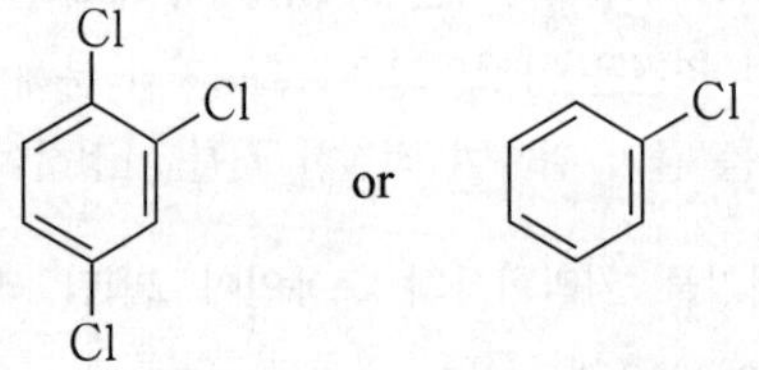

(b)

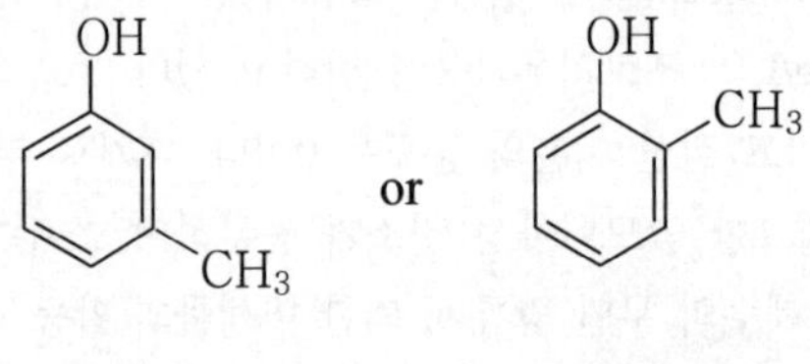

(c) 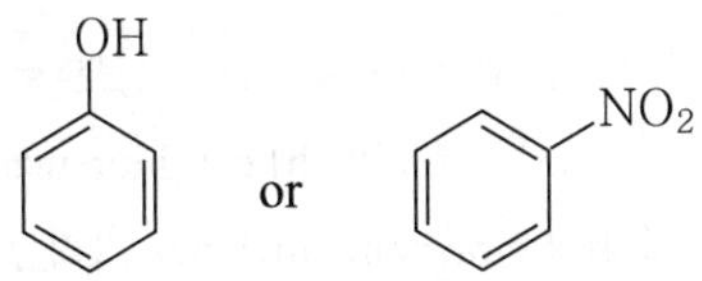

(d) $RCOOCH_2R'$ 또는 RCH_2OCH_2R'

(e) RCH_2CHO 또는 RCH_2COCH_3

(f) $RCH_2C(CH_3)_2CH_2COOH$ 또는 $RCH_2CH(CH_3)CH_2COOH$

6.19 화학자가 다음과 같은 가상 구조를 가진 농약을 개발하였다. 분해경로에 대한 지식을 이용하여 이 물질이 완전히 분해되어 광물로 변할 수 있는 경로를 제시하여라. 풀이 시 적절한 환경조건을 포함시켜라(예, 호기성, 혐기성 등). 가능한 범위 내에서 반응식의 균형을 맞추어라.

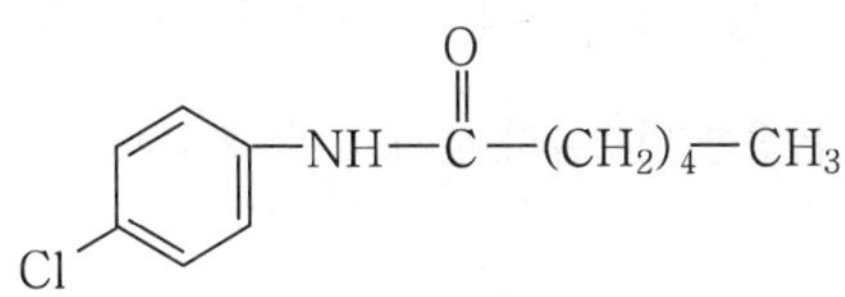

6.20 혐기성 상태에서 1,1,1-트라이클로로에탄(CH_3CCl_3)은 생물학적 산화 또는 환원에 의하여 분해된다.

(a) CH_3CCl_3이 환원에 의하여 무기 염소로 환원되는 반쪽 반응식을 만들어라.

(b) 아세트산을 첨가할 때, (a) 반응식에 필요한 전자를 공급할 수 있는 반쪽 반응식을 만들어라.

(c) (a)와 (b)의 반쪽 반응식을 더하여 CH_3CCl_3가 아세트산이 첨가된 혐기성 미생물 시스템에서 환원성 탈염소화 되는 균형 반응식을 작성하여라.

(d) CH_3CCl_3가 이산화 탄소 및 무기 염소로 산화되는 반쪽 반응식을 만들어라.

(e) 혐기성 상태에서 (d)에서 생성된 전자를 사용할 수 있는 반쪽 반응식을 만들어라.

(f) (d)와 (e)의 반쪽 반응식을 더하여 CH_3CCl_3가 혐기성 미생물 시스템에서 산화되는 균형 반응식을 작성하여라.

6.21 다음의 유기물질을 산화가 가장 쉬운 물질부터 산화가 가정 어려운 물질의 순서로 열거하고, 그 이유를 설명하여라.

(a) 사염화 탄소(carbontetrachloride)

(b) 다이클로로메탄(dichloromethane)

(c) 헥사클로로에탄(hexachloroethane)

(d) 트라이클로로에텐(trichloroethene)

(e) 염화비닐(vinyl chloride)

6.22 오염된 지하수가 다음에 열거된 여섯 가지 외래화학물질, 즉 클로로벤젠(chlorobenzene), 다이클로로메탄(dichloromethane), 헥사클로로에탄(hexachlorethane), 펜타클로로페놀(pentachlorophenol), 테트라클로로에틸렌(tetrachloroethylene) 그리고 염화비닐(vinyl chloride)을 포함하고 있다. 사용될 최종 전자 수용체 및 전자 공여체를 기준으로 위에 열거한 물질을 가능한 모두 제거할 수 있는 생물학적 복원방법을 제시하여라.

6.23 DNA와 RNA의 차이점을 설명하여라.

6.24 환경공학자에게 플라스미드가 중요한 이유를 설명하여라.

6.25 유전자 조작 미생물이란 무엇인가? 환경공학자는 유전자 조작 미생물을 어떻게 사용할 수 있는가?

6.26 올리고뉴클레오타이드 탐침의 작용원리를 설명하시오. 또한 그 제약성은 무엇인가?

6.27 박테리아 군집에서 특정한 미생물의 존재를 파악하려면 어떻게 FISH를 사용하여야 하는가?

6.28 중합체 연쇄반응(polymerase chain reaction)은 무엇인가?

6.29 환경공학 및 과학에서 DGGE는 어떻게 사용될 수 있는가?

6.30 단세포 항체(monoclonal antibody)는 무엇인가?

6.31 면역항체분석(immunoassay)은 무엇인가? 환경공학 및 과학자는 이 방법을 어떤 용도로 사용하는가?

참고문헌

Berg. J. M., J. L. Tymozko, and L.Stryer: "Biochemistry," 5th ed., W. H. Freeman, NewYork, 2002.

Denniston, K. J., J. J. Topping, and R.L.Caret: "General, Organic, and Biochemistry," 3rd ed., McGraw-Hill, New York, 2000

Madigan, M. T., J. M. Martinko, and J. Parker: "Brock Biology of Microorganisms," 9th ed., Prentice-Hall, Inc., Upper Saddle River, NJ, 2000.

Maier, R. M., I. L. Pepper, and C. P. Gerba: "Environmental Microbiology", Academic Press, San Diego, 2000.

Mathews, C. K., K. E. van Holde, and K. G. Ahern: "Biochemistry," 3rd ed., Benjamin

Cummings, Sna Francisco, 2000.

Nelson, D. L., and M. M. Cox: "Lehninger Principles of Biochemistry," 3rd ed., Worth Publishers, New York, 2000.

Rittmann, B. E., and P. L. McCarty: "Environmental Biotechnology, Principles and Applications," McGraw-Hill, New York, 2001.

CHAPTER 7

콜로이드 화학의 기초개념

7.1 서 론

콜로이드 화학(colloid chemistry)은 분산에 관계된 특성을 다루는 학문 분야이다. 콜로이드는 고체, 액체 또는 기체상 속에 있을 수 있다. 이중 환경적으로 중요한 것은 기체상 속에서 일어나는 것이다. 콜로이드 분산은 다음 표 7.1에 나타낸 것과 같이 여덟 가지가 알려져 있다. 이 표의 4번부터 8번의 것들이 환경공학 및 과학 분야에서 흔히 만나게 되는 것들이며 5번부터 8번 부류의 것에는 통속명이 있다.

표 7.1

분류 (class)	분산질 (dispersed phase)	분산매 (dispersion medium)	일반이름 (common name)
1	고체	고체	
2	액체	고체	
3	기체	고체	
4	고체	액체	졸(sol)
5	액체	액체	애멀젼(emulsion)
6	기체	액체	거품(foams)
7	고체	기체	매연(연기, smokes)
8	액체	기체	안개(fogs)

크기

콜로이드 분산은 분산매로부터 분리되어 있는 개개의 입자로 구성되어 있다. 이 입자들은 원자, 분자 또는 이들이 혼합된 집합체들이며 개개의 원자나 분자보다는 크지만, 거친 분산(coarse dispersion)과는 아주 다른 성질을 가질 만큼 충분히 작다. 콜로이드 입자들은 대체로 1~10 nm(nano meter) 또는 0.001에서 1마이크로미터(μm) 범위의 크기를 가지고 있으며, 보통의 높은 배율의 현미경으로도 볼 수 없을 정도다. 다른 분산과의 관계는 다음 그림과 같다.

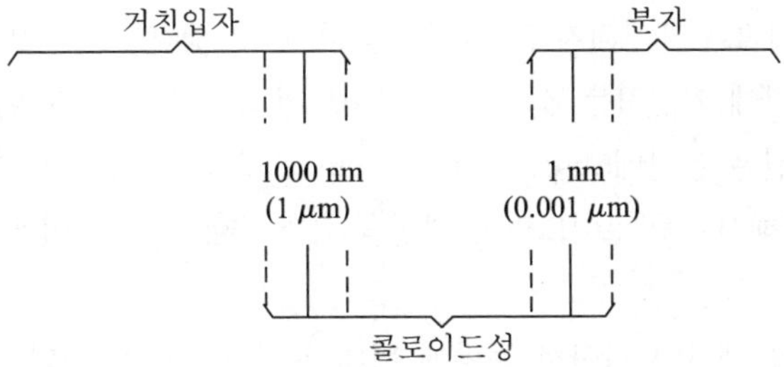

콜로이드 분산은 초미립자 분산(ultrafine dispersion)이라고도 할 수 있으며, 미세한 입자와 분자의 중간 정도 크기를 가지고 있다. 그러나 미세 입자 분산과 콜로이드 분산 및 분자 분산들 사이의 경계를 명확히 정의하는 방법은 없다. 일반적으로 물속의 콜로이드는 직경 10 μm 이하의 입자라고 받아들여지고 있다.

콜로이드 형성 방법

분산매(dispersion medium)에 불용성인 물질들은 콜로이드 분산을 형성할 수 없다. 콜로이드 크기의 입자들은 거친 입자들을 분쇄하여 만들 수 있다. 이와 같은 목적으로 설계된 장치를 **콜로이드 제분기**(colloid mill)라고 한다. 콜로이드 입자들은 암석에 구멍을 뚫거나 폭파하는 작업에서 대량으로 생성된다. 콜로이드 크기의 입자들은 반응시 불용성 화합물을 생성하는 이온들로부터도 만들어 질 수도 있다. 적당한 조건에서는 분자의 집합체들이 침전하거나 여과할 수 있을 정도로 큰 크기의 결정으로 성장하지 못하게 된다. 이와 같은 현상은 3.6절의 결정 성장에서 설명한 바와 같이, 무게 분석에서 자주 나타난다. 자연적으로는 철 산화물(iron oxides)과 실리카(silicates)가 물리적 풍화(physical weathering)에 의하여 콜로이드를 생성하기도 한다. 바이러스, 박테리아, 조류(algae) 등 살아있거나 죽은 미생물도 뭉쳐 있지 않은 경우 콜로이드 분산을 형성한다.

유기물과 유기화합물들 중에는 물에 용해된 것으로 보이기는 하나 참용액(true solution)을 형성하지 않고 콜로이드 분산을 생성하는 것들도 있다. 비누, 녹말, 젤라틴, 우뭇가사리, 아라비아 고무, 알부민 등이 그 예이다. 화산성 점토인 벤토나이트도 같은 성질을 가진 무기물 중의 하나이다. 이 경우에는, 분산매인 물은 첨가된 물질을 분리, 분산시켜 콜로이드 서스펜션(현탁)으로 만드는 능력을 가진다. 그러나 반드시 분자 입자로까지 완전히 분산시킬 능력을 가져야 하는 것은 아니다. 젤라틴, 아라비아 고무, 알부민, 휴믹물질과 같은 경우에는, 개개의 분자가 크기 때문에 분산이 완전히 되어도 콜로이드 범위에 들지 못하는 수도 있다.

일반적 성질

콜로이드의 확산을 언급할 plan **안정성**(stability)이란 용어가 흔히 사용되는데, 이는 콜로이드가 침전 및 여과시 제거되지 않으려는 성질이라고 생각할 수 있다. 콜로이드의 안정성은 그 크기와 전하에 기인하는 것으로, 콜로이드의 화학적 성질과 이온 세기, pH, 그리고 유기물 함량과 같은 분산매(dispersion medium)의 화학적 성질에 영향을 받는다. 콜로이드를 제거하기 위해서는 콜로이드의 안정성을 감소시켜야 한다. 이에 대한 사항은 7.2절에 토의되어 있다.

콜로이드 입자들은 대단히 작아서 질량에 비해 표면적이 아주 크다. 이것은 한 변의 길이가 1 cm인 정육면체를 콜로이드 크기의 정육면체로 축소했을 때, 표면적이 어느 정도로 증가되는지를 생각해 보면 짐작할 수 있을 것이다. 만일 10 nm의 콜로이드 크기의 정육면체가 생성된다면, 그 표면적은 6 cm^2로부터 600 m^2로 증가될 것이다. 이와 같이 작은 질량을 가진 물질이 그처럼 대단한 표면적을 가지는 것은 상상하기조차 어려운 일일 것이다. 이와 같은 큰 표면적 때문에, 표면 현상이 주로 콜로이드 서스펜션의 거동을 제어하게 된다. 이런 점에서 콜로이드 화학은 표면화학과 동의어로 간주되기도 한다. 콜로이드 입자의 질량은 아주 작아서 중력의 영향은 중요하지 않다.

전기적 성질 콜로이드 입자들은 모두 전하를 띠고 있다. 전하의 크기는 콜로이드 물질의 특성에 따라 현저히 다르다. 그림 7.1과 같이 양전하 또는 음전하를 가질 수 있다. 콜로이드 분산의 대부분은 그 안정도를 전하에 의존하고 있다. 같은 전하는 서로 반발하므로 비슷한 전하를 띤 콜로이드 입자들은 서로 뭉쳐서 큰 입자로 될 만큼 가까이 접근하지 못한다.

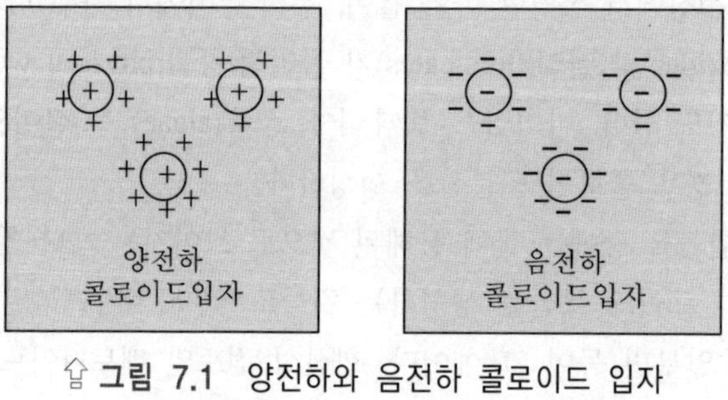

⇧ 그림 7.1 양전하와 음전하 콜로이드 입자

콜로이드의 **계면 동전기**(electrokinetic) 성질은 대단히 중요하며 이에 관한 지식을 이용하여 여러 가지 형태의 콜로이드를 파괴할 수 있다. 더 자세한 것은 다음 7.2절에서 설명하겠다.

콜로이드 입자들이 전기장에 놓이게 되면, 입자들은 그 전하의 반대쪽 극으로 이동한다. 이러한 현상을 **전기영동**(electrophoresis)이라고 하며, 콜로이드 입자의 전하에 관련된 특성과 기타의 성질들을 측정하는 데 광범위하게 쓰이고 있다.

Brown 운동 콜로이드 입자들은 분산매 분자들과 충돌하여 그들의 작은 질량으로 인해 충돌에 의한 힘을 받아 이리 저리로 움직이게 된다. 이 운동은 일부 콜로이드 서스펜션에서 높은 배율의 현미경으로 관찰할 수 있으며 한외 현미경을 이용하면 더 잘 관찰할 수 있다. 이 **Brown 운동**은 처음에는, 생물만의 특성인 것으로 생각하였으나 1827년 식물학자인 Robert Brown은 비생물도 이와 같은 현상을 나타내는 사실을 발견하였다. 입자들이 생물이건 비생물이건 이와 같은 현상을 나타내는 것을 Brown 운동이라고 한다.

Tyndall 효과 일부 콜로이드 입자들의 크기는 가시광선 평균 파장보다 크기 때문에 빛의 투과를 간섭한다. 입자에 닿은 빛은 반사되기도 한다. 이에 따라 빛살에 대하여 직각 또는 이에 가까운 각도에서 콜로이드 입자를 관찰하면, 콜로이드 현탁액(suspension) 속을 통과하는 빛살을 볼 수 있다. 이 현상을 상세히 연구한 영국의 물리학자의 업적을 기려 **Tyndall 효과** 라고 한다. 참용액과 거친 입자의 서스펜션에서는 이와 같은 현상을 일으키지 않으므로, 콜로이드의 존재를 확인하는 데 이 현상이 이용되고 있다. 구름 사이를 뚫고 나오는 태양 광선이 띠로 보이는 것은 대기중에 콜로이드 입자상의 먼지가 포함되어 있을 때 자주 나타나는 현상이다. 강의실에서도 분필가루나 먼지 등이 공기 중에 콜로이드의 형태로 존재하게 될 때, 이 Tyndall 효과를 가끔 볼 수 있다. 물의 혼탁도를 측정하는 방법은 이 Tyndall 효과에 근거를 둔 것이다.

흡 착 콜로이드는 대단히 큰 표면적을 가지고 있으므로, 흡착력도 매우 크다. 대개의 흡착은 사실상 선택적으로 일어나며, 일부 이온들을 선택하여 흡착하고 다른 것들을 배제한다. 이 선택 작용은 전하를 지닌 입자를 만들어 내며, 또 대부분의 콜로이드 분산의 안정도에 기본적인 바탕이 된다. 이 같은 일차적인 역할 외에도 흡착은 콜로이드 표면 전하에 영향을 미치며, 표면적이 클수록 환경적으로 중요한 이온 및 분자를 제거할 수 있는 잠재력이 커진다. 지표수와 관련된 흡착은 3.13(처리공정으로서의 흡착), 4.9(고체-액체 표면에서의 흡착) 그리고 5.34절(수착/분배)에 설명되어 있다.

어는점과 끓는점에 대한 효과 콜로이드 분산은 다른 입자들의 분산과 마찬가지로, 용액의 어는점과 끓는점에 영향을 미친다(2.10절의 Raoult의 법칙 참조). 그러나 이 영향은 콜로이드 입자들의 실제 수가 Avogadro 수에 비하여 훨씬 적기 때문에, 보통의 기기를 가지고는 측정하지 못한다. 대개 콜로이드 서스펜션은 아주 묽은 용액의 범위에 들어 있고 더욱이 각 입자들이 수백, 수천 개의 분자들로 이루어져 있기 때문이다.

투석 콜로이드는 입자 크기가 크기 때문에 보통의 반투막을 통과하지 못한다. 그러므로

3.8절에서 설명한 바와 같이 투석(dialysis)으로 결정질과 콜로이드를 분리할 수 있다.

환경에 있어서 콜로이드의 중요성

콜로이드는 전통적으로 먹는 물에 있어서 탁도제거(13장)와 용수 및 폐수처리 과정에서 발생하는 슬러지의 탈수공정에서 매우 중요한 위치를 차지하여 왔다. 최근에 들어서는 환경 및 반응조에 있어서 오염물질의 거동, 변환 및 이동에 있어 콜로이드의 역할에도 관심이 집중되고 있다. 콜로이드는 금속 및 기타 이온, 많은 종류의 유기화합물, 그리고 방사성 핵종(radionuclides)을 흡착할 수 있다. 산화 및 환원과 같은 대다수의 변환반응 역시 콜로이드 표면에서 활성화된다. 콜로이드는 크기가 매우 작기 때문에 발생원으로부터 멀리 이동할 수 있으며 반응조에서도 유출수와 함께 유출된다. 특히 지하수에서는 대수층(aquifer)의 고형물질에 고정되어졌다고 생각되는 오염물질도 콜로이드와 함께 이동한다. 콜로이드는 금속[1)], 독성 유기화합물[2),3)], 바이러스, 그리고 방사성 핵종[4)]의 거동, 변환 및 이동에 있어 주요한 역할을 하는 것으로 알려져 있다. 최근 나노기술(nanotechnology)의 발전은 상업적으로 생산된 나노입자(5～200 nm 직경)를 이용한 오염물질의 촉매 분해를 가능하게 하였다.[5)]

앞서 토의한 대부분의 내용이 물에서 콜로이드의 중요성에 대한 것이지만, 콜로이드 확산의 중요성은 대기에서 금속, 방사성 핵종, 미생물 입자, 그리고 기타 환경적으로 중요한 화합물의 거동, 변환 및 이동에 있어서도 중요하다.

명명법

콜로이드 계에 적용되는 명명법은 그 형태에 따라 아주 다양하다. 현재, 일반적으로 사용되는 방법은 없다.

7.2 액체 속의 콜로이드 분산

액체 속의 고체, 액체, 기체들의 콜로이드 분산은 환경공학 및 과학 실무에서 자주 접하

1) W. Stumm, "Chemistry of the Solid-Water Interface," Wiley-Interscience, New York, 1992.
2) Y. P. Chin and P. M. Gschwend, Partitioning of Polycyclic Aromatic Hydrocarbons to Marine Porewater Organic Colloids, *Env. Sci. Tech.*, **26**: 1621(1992).
3) R. P. Schwarenbach, P. M. Hschwend, and D. M. Imboden, "Environmental Organic Chemistry," Wiley-Interscience, New York, 1993.
4) J. F. McCarthy and J. M. Zachara, Subsurface Transport of Contaminants, *Env Sci. Tech.*, **23**: 496(1989).
5) D. W. Elliot and W. X. Zhang, "Field Assessment of Nanoscale Bimetallic Particles for Groundwater Treatment," *Env. Sci. Tech.*, **35**: 4922-4926(2001).

는 것들이다. 각 형태에 따라 명명법과 그 거동이 다르므로, 이것을 각각 다음에 설명하기로 한다.

액체 속의 고체

액체 속의 고체 콜로이드 분산은 일반적으로 두 가지 종류가 있다. 즉, 액체와 강하게 결합하는 것과 그렇지 않은 형이다. 액체와 강하게 결합하는 분산은 일반적으로 그렇지 않은 것보다 안정해서 액체로부터 분리하기가 곤란하다. 물과 강하게 결합하는 콜로이드를 **친수성**(hydrophillic)이라 하고, 그렇지 않은 것을 **소수성**(hydrophobic)이라고 한다. 액체 속의 고체의 분산은 때로 졸(sol) 혹은 **서스펜션질**(suspensoid)이라고 한다.

소수성 콜로이드 소수성 콜로이드는 모두 전기적으로 하전되어 있다. 일차 또는 표면 전하는 여러 가지 방법으로 나타내어지며, 양전하 또는 음전하를 띤다. 일차 전하의 부호와 크기는 콜로이드의 특성, 물의 pH와 전반적인 이온 특성들의 함수이다. 수용액의 pH가 낮으면, 양전하의 콜로이드가 많아지고 음전하의 것은 적어진다.

액체 영역중, 환경공학에서 중요한 것은 물 및 폐수로부터 콜로이드 고체를 제거하는 문제이다. 이 콜로이드들은 항상 명확히 소수성의 졸이라고 정의 내릴 수는 없으나, 소수성 졸을 제거하는 것과 같은 방법으로 분리되는 경향을 지니고 있다. 지표수중 천연 착색물질과 가정 하수의 콜로이드성 현탁물질들은 유사 소수-친수성의 음으로 하전된 콜로이드들의 예이며 환경공학 분야에서 중요한 것들이다.

계면 동전기 성질 소수성 콜로이드의 안정성은 소유하고 있는 전하에 달려있다. 일차 전하는, 다음 그림 7.2에 나타낸 것과 같이, 입자 표면의 하전된 군(group)에 의하여 형성되거나 혹은 주위의 매질로부터 흡착하여 얻게 되는 이온층에 의하여 형성되기도 한다.

졸(sol)은 전체로서는 알짜 전하를 가질 수 없으므로 입자들이 소유하고 있는 전하는 반드시 표면 근처의 용액상 속에 있는 반대로 하전된 이온(**반대 이온**, counter ion)들에 의하여 중화되어야 한다. 이와 같은 전기적 중화를 위하여 **전기 이중층**(electric double layer)이 형성되는데, 이는 그림 7.2에 나타낸 바와 같이 (1) 콜로이드 표면에 반대 이온의 흡착된 **고정층**(stern 층이라고도 함)과 (2) 하전된 이온이 섞여 있는 **확산층**(diffuse layer)으로 구성되어 있다. 전단면(shear surface)은 고정층과 확산층을 구분하며 콜로이드의 이동부분(mobile portion)을 결정한다. 결합수(bound water)를 포함한 고정층은 콜로이드와 함께 이동한다. 반대 이온들은 정전기적 인력에 의하여 계면 영역에 축적되지만, 이들은 비교적 느슨하게 잡혀져 있어서 열적 교란을 가해주면, 확산되어 다른 이온들과 자리를 바꾸어 버리다. 이러한 상반된 힘(전기적 인력과 확산)은 전하를 확산층 전체에 분산시키므로 반대 이온의 농도는 입자 계면에서 가장 높고, 계면으로부터 거리가 멀어질수록

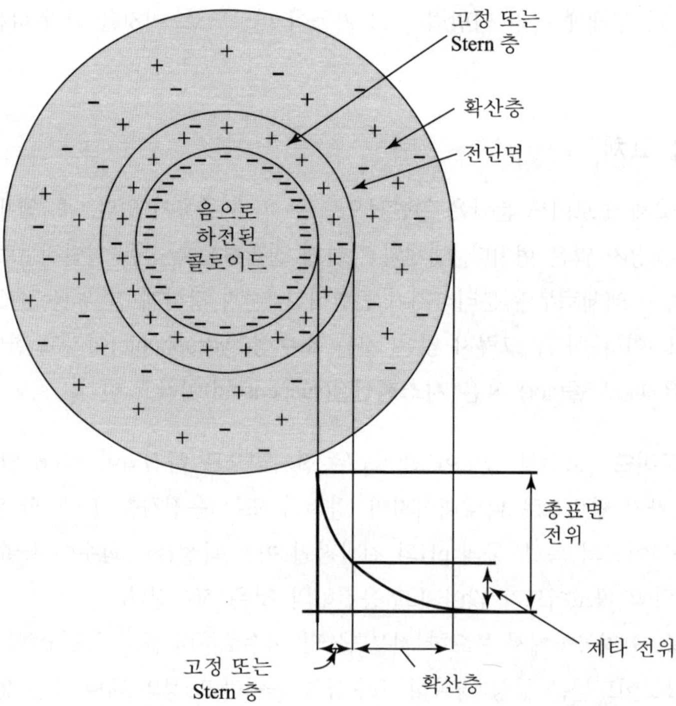

⇧ 그림 7.2 반대 전하를 지닌 콜로이드의 전기 이중층

낮아진다. 물속에 이온들이 높은 농도로 들어 있을 때(이온 세기가 클 때)는, 이 전기 이중층은 확실히 압축될 것이며 더 작아진 부피 속에 들어있게 되므로 용액 속으로 퍼져 나가지 못할 것이다.

입자가 지니고 있는 일차 전하 때문에, 입자 표면과 용액 본체와의 사이에는 전위가 존재하게 된다. 이 전하는 입자 표면에서 최대가 되며 표면으로부터 멀어질수록 감소된다. 비슷한 일차 전하를 가진 유사한 두 콜로이드 입자들이 서로 가까이 접근하게 되면, 각각의 확산층은 상호작용을 나타내기 시작한다. 이들이 더욱 가까워지게 되면, 입자들이 가지고 있는 일차 전하는 서로 반발하게 된다. 입자들이 가까워질수록 반발력은 더욱 강해진다.

입자 사이의 반발력은 입자들이 응집하는 것을 방해하지만, **van der Waals** 힘이라고 하는 인력에 의한 반작용으로 어느 정도 줄어든다. 모든 입자 및 콜로이드 입자들이 그 전하와 조성에 관계없이 이 인력을 가지고 있다. 이 인력의 크기는 콜로이드의 조성과 밀도와 함수관계에 있으나, 수용액 상의 조성에는 무관하다. 입자들 사이의 거리가 멀어질수록 van der Waals 힘은 급격하게 감소한다.

그림 7.3은 두 입자들 사이에 존재하는 알짜 힘(net force)과 두 입자들 사이의 떨어져 있는 거리에 대한 영향을 나타낸 것이다. 두 입자들이 서로 접근하게 되면 서로 떨어져 있

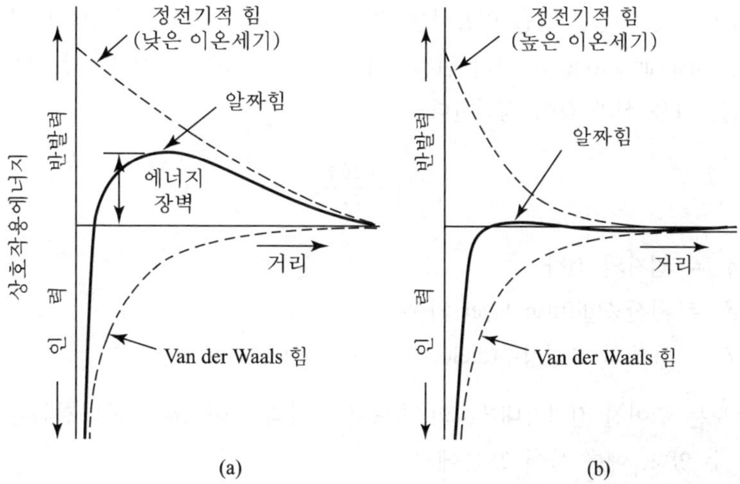

⇧ **그림 7.3** 용액의 이온세기와 콜로이드 입자들 사이의 거리가 입자들 간의 상호작용에 미치는 영향

으려고 하는 정전기적 반발력이 증가한다. 그러나 만일 입자들이 이 에너지 장벽을 넘어 서로 충분히 가까워지게 되면 van der Waals 힘, 즉 인력이 지배적으로 되고 입자들은 합쳐지게 된다. 콜로이드 입자들의 안정성을 낮추어 응집시키려 할 때에는 반드시 이 입자들 사이의 에너지 장벽을 극복할 수 있는 충분한 운동 에너지(kinetic energy)를 가해주거나 다른 방법으로 이 에너지 장벽을 낮추어야 한다. 인력과 반발력에 의하여 콜로이드가 안정하다는 이론은 Derjagin, Landau, Verwey, 그리고 Overbe에 의하여 연구되었기 때문에 DLVO이론이라고 불린다. 비록 DLVO 이론이 콜로이드의 안정성을 기술하는 데는 적절하지만, 최근에는 DLVO 이론이 콜로이드의 화학적 탈안정화의 반응속도(kinetics)를 설명하기에는 부적합하다는 연구결과가 제시되었다.[6),7)]

콜로이드의 안정성과 탈안정화를 위한 조건을 이해하기 위해서는 표면 전하, 표면 전위, 그리고 영전하점(point of zero charge)을 알아야 한다. 표면 전하(단위는 coulombs/m^2)는 전위차 적정(potentiometric titration)을 통하여 실험적으로 측정할 수 있다. 표면 전위(단위는 볼트 또는 밀리볼트)는 직접 측정할 수 없으나, 적어도 다음의 두 가지 방법으로 예측할 수는 있다. 그 중 한 방법은 측정된 표면 전하와 Strumm[8)]에 의하여 제시된 전기 이중층 이론으로부터 계산하는 방법이다. 두 번째 방법은 **제타전위** ζ를 계산하기 위하여 전기장(electric field) 또는 전기영동 이동(electrophoretic mobility)내에서

6) C.R.O'Melia, Kinetics of Colloid Chemical Processes in Aquatic Systems, in, W.Stumm(ed), "Aquatic Chemical Kinetics," Wiley-Interscience, New York, 1990.

7) M.Elimelech and C.R.O'Melia, Kinetics of Deposition of Chemical Particles in Porous Media, Env. Sci. Tech., **24**: 1528(1990).

8) W.Stumm,"Chemistry of the Solid-Water Interface," Wiley-Interscience, New York, 1992.

콜로이드의 이동을 측정한 값을 이용하는 방법이다. 그림 7.2에서 나타낸 바와 같이 제타 전위는 전단면(shear surface)에서의 전위로서 콜로이드 표면의 전위의 참 값보다는 낮다.

제타전위는 다음 식과 같이 정의한다.

$$\zeta = \frac{4\pi\delta q}{D} \tag{7.1}$$

여기서 q = 입자의 전하
δ = 확산층(diffuse layer)의 두께
D = 용액의 유전상수(dielectric constant)이다.

전기이동도는 주어진 전기장내에서의 속도로 측정되며 이로부터 제타전위는 다음과 같이 계산할 수 있다. 예를 들어 25℃에서

$$\zeta = \frac{12.9v}{V_F} \tag{7.2}$$

여기서 ζ = 제타전위(mV)
v = 측정된 속도(μm/s)
V_p = 전기장의 세기(volts/cm)

제타전위를 측정함으로써 가해진 전해질이 콜로이드간의 에너지장벽을 낮추어 주는(즉, 표면 전위 및 전기 이중층의 두께 감소) 효과를 알 수 있으므로, 응집을 위한 최적 조건을 결정하기 위하여 사용할 수 있다.

영전하는 표면 전하가 0인 조건이라고 정의되며, **등전점**(isoelectric point)이라고도 한다. pH는 표면전하에 영향을 미치는 인자중 하나로, 영전하의 pH를 pH_{pzc}로 정의한다.[9] 대부분의 콜로이드는 pH_{pzc}에서 가장 불안정하여 서로 뭉치려는 경향을 가진다. 중요한 세 콜로이드에 대한 pH의 영향은 그림 7.4에 나타나 있다. 용수의 탁도를 증가시킬 수 있는 점토 입자는 철과 알루미늄 콜로이드와는 다른 전하 특성을 가지고 있다. 철염 및 알루미늄염은 물 및 폐수에 포함된 점토 및 기타 탁도 관련 콜로이드를 제거하기 위하여 응집제로 널리 이용되며, 그 공정에 대해서는 불안정화 및 응집 절에서 다루었다. 그림에 나타낸 바와 같이 점토 콜로이드의 영전하점은 pH 4 근처에 있지만 다른 응집제의 경우는 그보다 훨씬 높다. 철 콜로이드(α -FeOOH)의 경우 영전하점은 약 8이며, 알루미늄 콜로이드(γ -Al_2O_3)의 경우는 약 9이다. 금속 산화물과 같은 콜로이드에 대한 pH_{pzc}는 금속, 이온, 그리고 다른 물질의 흡착에 큰 영향을 미친다.

---

9) G. A. Parks, Surface-Energy and Adsorption at Mineral-Water Interfaces : An Introduction, *Rev. in Mineralogy*, 23, 133-175, 1990

탈안정화 및 응집 콜로이드 입자들은 대단히 작아서 중력에 의한 침강만으로는 제거되지 않는다. 그러나 만일, 이 콜로이드들을 불안정화시키면, 큰 입자들로 응집되어 효과적으로 제거할 수 있게 된다. 콜로이드들을 응집시키는 데는 다음과 같은 네 가지의 기본 메카니즘이 있다. (1) 이중층의 압축, (2) 전하의 중화, (3) 침전물에 의한 포착, 그리고 (4) 입자간의 가교 형성이다.

높은 농도의 전해질을 졸에 가해주면, 전기 이중층 내의 이온 농도는 증가할 것이고 따라서 확산층의 두께가 감소될 것이다. Na^+ 대신 Ca^{2+}와 같은 높은 전하를 가진 반대이온을 첨가하여도 같은 효과를 얻게 된다. 이것은 입자 계면으로부터의 거리에 따라 전하가 크게 감소되어, 그림 7.3에 나타낸 바와 같이, 에너지 장벽을 낮추거나 제거하는 데 기인하는 것이다. 에너지 장벽이 축소되거나 제거됨에 따라 입자들은 서로 접근할 수 있게 되어 응집하게 된다.

콜로이드의 전하는 때로 콜로이드에 흡착될 수 있는 반대 전하를 지닌 분자를 첨가하여 중화시킬 수가 있다. 예로, 도데실 암모늄 이온, $C_{12}H_{25}NH_3^+$과 같이 양으로 하전된 유기분자들은 소수성이며, 음으로 하전된 탁도를 유발하는 콜로이드성 입자들에 쉽게 흡착되는 성질이 있다. 유기물과 콜로이드의 서로 반대되는 전하는 상쇄되어 응집이 일어난다. 그러나 도데실 암모늄 이온이 과다하게 투여될 때는, 전하가 역전되어 양으로 하전된 입자로 되고 안정한 콜로이드가 생성될 수 있다.

충분한 양의 Al(III) 및 Fe(III) 염이 첨가된 경우, 그들은 수산화 침전물(예를 들어, $Al(OH)_3(s)$ 및 $Fe(OH)_3(s)$)를 형성한다. 콜로이드 입자는 침전물이 형성될 수 있는 응축점의 역할을 제공할 수도 있으며, 따라서 콜로이드는 침전물에 갇혀 같이 침전한다. 침전물은 가라앉으면서 그들과 접하는 콜로이드를 포획하여 같이 가라앉음으로써 물에서 콜로이드가 제거된다.

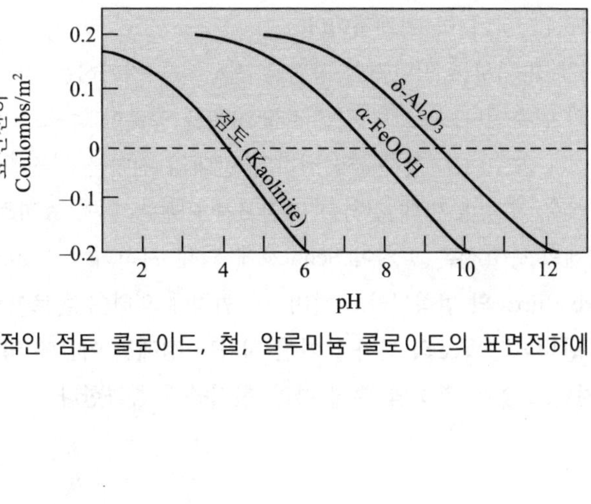

⇧ 그림 7.4 일반적인 점토 콜로이드, 철, 알루미늄 콜로이드의 표면전하에 미치는 pH 영향

마지막으로, 긴 고리의 하전된 합성 또는 천연 고분자(고분자 전해질, polyelectrolyte)는 콜로이드 입자들 사이에 가교를 형성하여 콜로이드들을 불안정화 하는 작용을 할 수 있다. 고분자 상의 한 개의 전하 부위는 콜로이드 입자의 한 부위에 부착되거나 흡착되며, 고분자의 나머지 부분은 용액 속으로 전개된다. 만일 이 전개된 부분이 다른 콜로이드에 부착하게 되면, 이 두 콜로이드는 효과적으로 결합하게 된다. 일반적으로 음전하의 콜로이드들 사이의 가교에는 음으로 하전된 고분자가 아주 효과적이다. 이것은 고분자와 콜로이드의 특별한 부위 사이의 상호작용에 의한 결과로 믿어지며, 이는 콜로이드 입자 전체가 음으로 하전되어 있어도 일부 특별부위가 양전하를 지닐 수 있기 때문이다.

이상과 같은 콜로이드 파괴 메카니즘으로부터 콜로이드를 파괴하는 데는 본질적으로 (1) 끓임 (2) 동결 (3) 전해질의 첨가 (4) 반대 전하의 콜로이드를 첨가한 상호 응집침전과 같은 네 가지 종류의 방법이 있게 된다. 이 중 두 가지 만이 환경공학실무에 널리 이용되고 있다.

소수성 콜로이드 현탁액을 끓이면 콜로이드 입자들의 응집이 일어난다. 이와 같은 현상은 표면 전위의 저하에 의한 것이 아니라, 입자들의 수화된 정도의 변화 또는 입자들 간의 에너지 장벽을 극복하도록 운동 속도를 증가시키는 데 기인하는 것이다(그림 7.3 참조). 화학에서는 콜로이드의 응집에 흔히 끓이는 방법을 사용하나, 환경공학에서 이 방법을 적용하는 것은 일반적으로 비경제적이다.

동결(freezing)은 콜로이드들을 응집시킬 수 있는 또 하나의 방법이다. 동결과정에서는 비교적 순수한 물의 결정이 생성된다. 따라서 콜로이드 물질과 결정성 물질들이 더욱 농축된 상태로 된다. 두 가성적 효과(additive effect)에 의하여 응집이 일어난다. 콜로이드 서스펜션이 더욱 농축됨에 따라 콜로이드 입자들간의 접촉기회가 증가되며, 동시에 전해질의 농도도 증가되어 확산층의 두께가 감소된다. 결국 콜로이드의 응집이 일어나게 된다.

동결방법은 슬러지 탈수의 전처리에서 슬러지의 콜로이드를 파괴하는 데 실용적인 수단으로 제안되었었다. 그러나 기후가 한냉한 지역을 제외하고는 대체로 약품을 사용하여 슬러지를 조정, 여과하는 것이 더 경제적이다.

소수성 콜로이드를 파괴하는 일반적인 방법은 전해질을 첨가하는 것이다. 전해질의 작용의 하나는 이중층의 압축이다. NaCl과 같은 1가 이온을 충분한 농도로 첨가하면 응집을 일으킬 수 있다. 그러나 콜로이드 입자들의 전하와 반대의 전하를 가진 2가 이온의 염을 사용하면 응집력이 더욱 커진다. 반대 전하를 가진 3가 이온은 더욱 효과적이다. 이온의 전하와 응집력과의 관계의 중요성은 일찍이 Schulze에 의해 지적되어, Hardy에 의해 증명되었다. 이것을 **Schulze-Hardy의 법칙**이라고 하며, 이 법칙에 의하여 **콜로이드의 침전은 콜로이드 입자의 전하에 반대되는 부호의 전하를 가진 첨가된 전해질 이온에 영향을 받으며, 이 영향은 그 이온이 지니고 있는 전하의 수에 따라 현저하게 증가한다.**

표 7.2 몇 가지 전해질들의 상대적인 응집능력

전해질	상대적 응집능력*	
	양성콜로이드	음성콜로이드
NaCl	1	1
Na_2SO_4	30	1
Na_3PO_4	1000	1
$BaCl_2$	1	30
$MgSO_4$	30	30
$AlCl_3$	1	1000
$Al_2(SO_4)_3$	30	> 1000
$FeCl_3$	1	1000
$Fe_2(SO_4)_3$	30	> 1000

* 주어진 수치들은 대략적인 것이며, 당량 이온 세기의 용액에 대한 것임.

표 7.2에는 여러 가지 전해질들과 양성 및 음성 콜로이드에 대한 상대적인 응집력을 나타내었다. 표 7.2로부터 환경 실무에서 응집제(coagulant)로 알루미늄과 철의 염들이 주로 이용되는 이유를 알 수 있다. 뚜렷하지는 않으나 염소염에 비하여 황산염들이 더 큰 값을 나타내며, 이에 대하여 간단히 설명하겠다. 반대 전하를 띠고 있는 다가이온들은 콜로이드 입자들의 확산층을 침투해 들어갈 수 있어서, 콜로이드의 전하를 부분적으로 중화할 수 있다.

물에서 콜로이드성 색도와 탁도를 제거할 때 응집제로 사용되는 Al(III)과 Fe(III)염은 여러 가지 메카니즘에 의해 응집제로서 작용한다. Al(III)와 Fe(III)가 물에 첨가되면 이온화되어 3가의 자유 금속이온(Al^{3+}, Fe^{3+})을 생성하며, 이들 이온의 양과 수명은 pH와 알칼리도와 같은 물의 특성에 의해 영향을 받는다. 3가 이온의 일부는 콜로이드 입자와 직접 접촉하여 전하를 중화시킨다. 그러나 대부분의 3가 이온은 수산화물과 결합하여 다핵 착물(예를 들어, $Al_{13}(OH)_{34}{}^{5+}$)을 포함한 여러 종류의 수산화 착물을 형성하는데, 이들 대부분은 양전하를 띄고 있으므로 콜로이드에 흡착하여 전하를 중화시키거나 이중층(double layer)을 압축한다. 이렇게 탈안정화된 콜로이드는 함께 뭉쳐서 큰 입자를 형성하므로 쉽게 침전한다. 만일 양으로 하전된 금속 수산화 착물의 양이 음으로 하전된 색 또는 탁도 유발 입자보다 과량으로 존재하면 전하 역전이 일어나며, 이는 앞서 설명한 도데실암모늄 이온의 경우와 같은 방식으로 일어난다. 과량의 금속 수산화물은 일부는 콜로이드 상태로 존재하며, 같은 방식으로 물에서 제거되어야 한다. 이 때문에 음이온성 Al(II) 및 Fe(III) 염이 중요하다. 만일 염소이온 대신 황산이온이 사용되었다면 2가의 황산 이온은 금속 수산화물 콜로이드의 확산층이 압축되도록 작용하여 콜로이드 시스템의 응집이 완료되는 것을 도와준다(즉, 근접하여 주어진 시간 내에 침전될 수 있는 정도의 큰 입자를 형성한다).

Al(III) 및 Fe(III)를 과량으로 투입하면 수산화물 침전물이 급속하게 생성된다. 콜로이드 입자가 금속 침전물에 갇혀 용액으로부터 제거되기(swept) 때문에 이 같은 제거 기작을 "sweep floc"이라고 한다. 이 같은 반응은 매우 복잡하다. 그림 7.5는 pH가 $Al(OH)_3(s)$의 용해도에 미치는 영향을 나타내고 있다. 많은 종류의 알루미늄(또는 철) 착물이 생성되기 때문에 알루미늄(또는 철)은 낮거나 높은 pH에서는 용해도가 높다. 응집은 용해도가 가장 낮은 pH에서 수행하는 것이 가장 좋다. 이전 문단에서 언급한 바와 같이 다핵 수산화 착물의 생성은 알루미늄(또는 철)의 용해도에 영향을 미친다. 고분자 전해질을 단독 또는 금속 전해질과 함께 첨가하면 앞서 설명한 메카니즘에 의하여 전체 응집 과정을 촉진시킬 수 있다. 응집은 음용수의 염소소독과정에서 생성되는 트라이할로메탄(THM)의 전구물질인 자연 유기물을 제거에도 효율적으로 사용될 수 있으며, 이 같은 적용을 **강화 응집**(enhanced coagulation)이라고 한다.

반대 전하를 가진 콜로이드들을 혼합하면 상호작용에 의해 공동침전이 일어난다. 만일 정전하량으로 똑같은 양이 첨가된다면, 응집 침전이 완전하게 일어난다. 이 방법은 반대 전하를 가진 제2의 콜로이드를 도입하는 데 대량의 물이 필요하며, 또 혼합된 콜로이드 분산질들의 응집에 비교적 긴 시간이 필요하여, 환경공학에서는 거의 사용하지 않고 있다. 그러나 철과 알루미늄의 3가 염들을 물에 첨가했을 때 생성되는 양으로 하전된 콜로이드들은, 음으로 하전된 콜로이드들을 제거하는 데 어느 정도 이와 같은 방식의 작용을 나타내기도 한다.

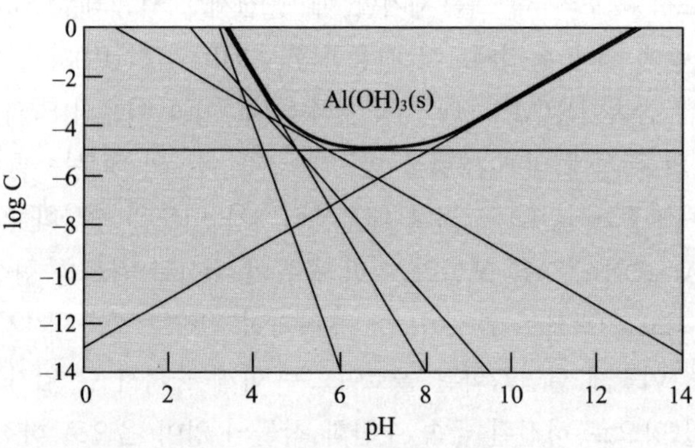

그림 7.5 $Al(OH)_3(s)$의 용해도. 4장에서 기술한 바와 같이 $\log K_{sp} = -32$ 그리고 수산화물과의 다섯 가지 착물을 이용하여 그렸다. : $AlOH^{2+}$, $Al(OH)_2^+$, $Al(OH)_3(aq)$, $Al(OH)_4^-$, 그리고 $Al_3(OH)_4^{5+}$.
착물의 안정도 상수는 다음 책으로부터 구하였다. F. M. M. Morel and J. G. Hering, "Principles and Applications of Aquatic Chemistry," John Wiley & Sons, New York, 1993.

친수성 콜로이드 많은 종류의 친수성 콜로이드 물질들이 알려져 있다. 그 대부분은 식물 또는 동물의 생명활동의 생성물이며, 환경공학 및 과학에서 대단히 중요하다. 비누, 가용성 녹말, 가용성 단백질, 단백질 분해 생성물, 혈청, 우뭇가사리, 아라비아 고무, 펙틴(pectine), 합성세제, 박테리아 및 바이러스 등이 그 예이다. 이 물질들은 가정 하수와 각종의 공장 폐수 중에 포함된다. 그러나 비누는 대개 칼슘 이온과 마그네슘 이온에 의하여 침전되므로, 세탁업의 폐수 이외에는 콜로이드 서스펜션으로 나타나는 일이 거의 없다.

친수성 콜로이드들은 물에 쉽게 분산되며, 그 안정도는 대부분 콜로이드가 가지고 있는 약한 전하량(대체로 음전하)보다는 용매에 대한 친화성에 많이 의존한다. 이와 같은 성질 때문에 수용액으로부터 이들을 제거하기가 곤란하다. 친수성 콜로이드의 안정성은 용액의 pH 및 콜로이드 표면의 이온화기(예, 카복실, 아미노, 페닐, 하이드록실)의 성질에 크게 영향을 받는다. 이중 단백질 및 단백질 분해 생성물과 같은 것들은 중금속 염을 형성하여 불용성으로 된다. 따라서 이러한 물질들은 알루미늄 염과 철(Ⅲ) 염으로 제거할 수 있다. 단백질, 프로테오스(proteose), 펩톤(peptone), 폴리펩타이드 및 아미노산들은 각각의 등전점(isoelectric point)에서 최소의 용해도를 갖는다. 이 등전점(콜로이드의 pH_{pzc} 및 용해성 물질의 경우 분자가 중성인 경우의 pH)은 대부분 pH 4.0～6.5 사이에 있다. 대개의 폐수는 탄산수소 이온(bicarbonate)에 의해 상당한 완충능력을 가지고 있으므로, 폐수의 pH를 조절하여 제거하려고 하는 것은 비경제적이다.

친수성 콜로이드들의 대부분은 소수성 콜로이드를 보호하는 작용을 한다. 이와 같은 작용을 하는 것을 **보호 콜로이드**(protective colloid)라고 한다. 친수성 콜로이드는 소수성 콜로이드가 전해질의 작용을 받지 못하도록 가려막는 작용을 하는 것으로 생각되고 있다. 이와 같은 계에 응집을 일으키기 위해서는 통상적인 폐수처리에서 사용하는 양의 10～20배로 응집염을 대량 투여하여 처리하여야 한다. 친수성 콜로이드에 대한 지식은 소수성 콜로이드에 비하여 매우 부족한 상태다.

액체 속의 액체 계

한 액체 속에 또 다른 액체가 분산되어 있는 콜로이드계를 **에멀젼**(emulsion)이라고 한다. 물론 이 두 액체는 서로 섞이지 않아야 한다. 환경공학 분야에서 중요한 에멀젼은 대개 기름과 물로 구성된 것이다. 대부분의 경우 기름이 물속에 분산되어 있으며, 물이 기름 속에 분산된 것도 있다. 에멀젼은 대부분 그 안정도를 제3의 성분, 즉 **에멀젼화제**(emulsifying agent)에 의존하고 있다.

비누와 합성세제는 세탁, 식기 세척제 및 기타 세척목적에 흔히 사용되는 데서 짐작할 수 있듯이, 우수한 에멀젼화제이다. 5.23에서 토의된 바와 같이 세제는 한쪽 단(끝)에 지방 및 기름에 용해성이 있는 소수성 탄화수소기를, 그리고 다른 한쪽에는 물에 잘 녹은 이온 또는 산소가 많이 첨가된 친수성 기를 가지고 있는 비교적 큰 극성 물질이다. 세제가 기름 방울과 같은 물질과 접하게 되면 소수성 단은 기름 방울에 녹고, 다른 친수성 단은 물에 잔류하게 되어 에멀젼의 특징인 물에서 안정한 방울을 만들게 된다.

단백질, 단백질 분해 생성물, 달걀 노른자, 양털기름(lanolin), 사포닌(saponin)과 아라비아 고무 등은 에멀젼화제로 작용하는 천연 물질들이다. 달걀 노른자는 샐러드 드레싱과 마요네즈에서 에멀젼화제로서 작용한다. 고령토(kaolin), 표포토(fuller's earth), 콜로이드성 점토 및 램프블랙(lamp black) 등은 물속에서 광물성 기름의 좋은 에멀젼화제로 작용하는 것들이다.

기름속 물 에멀젼 기름속 물 에멀젼(water-in-oil emulsion)은 석유공업에서 흔히 볼 수 있다. 이들은 가열에 의하여 쉽게 파괴될 수 있으며, 회수되는 기름의 가치가 높기 때문에 이 처리방법이 실제로 적용되고 있다.

물속 기름 에멀젼 물속 기름 에멀젼(oil-in-water emulsion)은 대개 유백색이며, 이 에멀젼을 파괴하는 데는 에멀젼화제를 불활성화하는 처리방법이 있다. 이 불활성화는 여러 가지 방법으로 가능하나, 경제성을 고려하여 대체로 알루미늄, 철 및 칼슘 등의 염을 응집제로 사용하는 방법이 주로 이용된다.

액체 속의 기체계

액체 속의 기포의 분산은 기포의 크기에 관계없이 성질상 콜로이드로 간주하고 있다. 거품(foam)도 이 범주에 속한다. 펄프공업, 섬유공업, 육류가공업 등의 산업폐수의 처리에서 중요하다. 거품은 혐기성 처리에서, 특히 조건이 맞지 않았을 때, 문제를 일으킨다.

거품은 대체로 높은 표면 활성력을 가져, 공기-물 계면에 농축하는 성질을 가진 친수성 콜로이드에 의하여 안정화된다. 거품은 공기 기포에 의하여 분리된 계면의 포집(collection)이라고 설명되고 있다.

파괴는 대체로 다음 두 가지 방법 중 어느 한 가지를 사용한다. 즉, 물을 뿌려 희석하는 방법과 기계적 작용에 의하여 거품을 깨뜨리거나, 소포제(antifoaming material)를 첨가하는 방법이다. 소포제는 친수성 콜로이드보다 표면장력이 더 낮아야 효과를 나타내며, 콜로이드를 제거하여 거품이 깨지도록 한다.

용존공기 부상법은 생물학적 슬러지의 농축을 위하여 사용되는 공법이다. 이 공법의 처리효율은 액체에 용존된 기체(공기)의 분산에 큰 영향을 받는다는 점을 알아둘 필요가 있다.

| 7.3 | 대기에서 콜로이드 분산

대기에서 액체 및 고체의 분산은 심각한 대기오염 문제를 야기할 수 있으며, 지구 기후 변화에도 큰 영향을 미칠 수 있다. 에어로졸(aerosol)이란 용어는 액체 및 고체의 콜로이드성 분산을 표현하기 위하여 자주 사용한다. 이중 환경공학자의 관심의 대상은 안개(fog), 스모그(smog), 그리고 매연(smoke), 그리고 기타 입자상 에어로졸이다.

안개와 스모그

안개는 공기 속에 액체가 분산된 콜로이드이며 환경공학자는 일반적인 안개에 대하여는 특별한 관심이 없다. 그러나, 지상 근처의 오염된 대기에서는 광화학 및 기타 여러 반응이 일어나 인공적인 안개가 발생한다. 황 및 질소 산화물이 많은 지역에서는 황산 및 질산이 포함된 **산성 안개**(acid fog)가 발생할 수 있다. 이와 같은 안개의 pH는 2.0 정도로 낮은 경우도 있다. 광화학 반응에 의하여 생성된 안개를 **광화학 스모그**라고 한다. 스모그라는 단어는 smoke와 fog를 합성하여 생겨났다. 광화학 스모그는 빛이 존재하는 상황 하에서 탄화수소와 질소 산화물(NO 및 N_2O)이 반응하여 생성된다. 오존, 탄화수소의 질소 유도체(nitro derivative), 그리고 폼알데하이드와 같은 유기화합물이 반응에 의해 생성된다. 이 질소 유도체가 대기중 물을 응축시켜 스모그라고 불리는 콜로이드 분산을 생성하는 것으로 짐작하고 있다. 안개와 마찬가지로, 스모그의 발생량은 매우 많아서 이를 파괴하는 것은 전혀 불가능한 일이다. 따라서 스모그를 방지하는 방법은 탄화수소 및 질소 산화물이 대기로 방출되는 것을 억제하는 방법 밖에 없다. 광화학 스모그는 자동차 배기가스가 주 오염원이며, 호흡기 계통의 질병을 일으키는 것으로 알려져 있다. 또한, 안개는 휘발성 유기물 및 농약과 같은 오염물을 농축한다고도 알려져 있다.

매연 및 기타 입자상 에어로졸

이산화황, 질소 산화물, 그리고 유기물의 화학적 반응을 통해 대기에서 생성된 스모그의 작은 입자들만이 대기의 주요한 입자성 물질은 아니다. 대기의 입자성 물질(PM)에 대한 건강 및 환경에 대한 악영향에 대한 지식이 증가되면서 이들 물질에 대한 관심이 증가되고 있다. 이중 매우 작은 입자성 물질이 호흡과정에서 인체의 방어 기작을 피해 폐에 도달하는 것은 매우 중요한 문제이다. 0.1에서 $1\mu m$ 크기의 작은 입자는 안개(haze)를 야기하여 시정도(visibility)에 영향을 미친다. 이 밖에도 먼지, 검댕, 그리고 연기 등도 대기를 오염시키는 입자성 물질이다. 이 같은 물질은 공장, 소각로, 발전소, 자동차, 트럭, 버스, 건설현장, 비포장도로, 나무, 농작물 폐기물 및 화석연료의 소각, 농지 경작, 그리고 암석의 분쇄 시에 발생한다. 화석연료의 소각 시 발생하는 입자성 물질은 크고 검기 때문에 쉽게 눈에 띄며 검댕 또는 연기라고 불린다. 이들 물질은 전기집진기를 이용하여 제거할 수 있다. 일부 입자성 물질은 매우 작기 때문에 전자현미경을 사용하여야 볼 수 있다. 작은 입자성 물질은 쉽게 침전되지 않기 때문에 대기 중에 오랜 기간 동안 잔류한다.

큰 입자들은 호흡기에 축적되어 천식을 악화시키고 다른 호흡기 문제를 야기할 수 있다. 최근 연구에 의하면 2.5μm 보다 작은 입자성 물질은 폐 깊숙히 침투하여 치사 또는 응급 상태를 야기할 수 있다. 이런 문제는 심폐의 병을 가진 노인이나 천식이 있는 어린이에게는 치명적일 수 있다. 작은 입자는 폐의 기능을 감소시키거나 폐 표피세포 및 구조 그리고 호흡기의 방어 메카니즘의 변화를 유발할 수 있다.

입자성 물질이 건강에 미치는 악영향에 대한 최근의 연구결과 때문에 미국 환경청(EPA)는 1997년에 대기 입자성 물질 기준을 수정하였다. 10μm 보다 작은 입자(PM_{10})에 대한 연평균 기준은 50 $\mu g/m^3$, 24시간 기준은 150 $\mu g/m^3$인 바, 이는 이전 기준과 유사하다. 첨가된 것은 $PM_{2.5}$로 이는 2.5μm 보다 작은 입자에 대한 것이다. $PM_{2.5}$에 대한 연평균 기준은 50 $\mu g/m^3$, 24시간 기준은 65 $\mu g/m^3$이다. 별도의 프로그램에서는 지역적 안개에 대해 언급하고 있다.

매연 이외에도 환경에 중요한 여러 입자상 에어로졸이 있다. 그 예로는 납을 포함한 연료의 연소시 발생하는 납 에어로졸과 대기로부터 자연수에 건조침착되는 황산 암모늄과 같은 무기 황산 이온 등을 들 수 있다. 대기로부터 자연수에 무기 황산 이온이 침착되는 또 다른 경로는 산성비이다.

연습문제

7. 1 다음을 정의하여라 : 졸, 친수성, 에멀젼, 보호 콜로이드, 스모그, 매연, Brown 운동, Tyndall 효과

7. 2 물속의 소수성 콜로이드의 안정성에 기여하는 것은 무엇인가?

7. 3 콜로이드의 일차 전하에 영향을 미치는 인자(factor)들은 무엇인가?

7. 4 물속의 NaCl과 같은 전해질을 첨가하면 콜로이드가 불안정화되는 메카니즘은 무엇인가?

7. 5 Fe(Ⅲ)와 Al(Ⅲ)는 각각 어떤 메카니즘으로 콜로이드를 불안정화 시킬 수 있는가?

7. 6 어떤 물질을 소량 첨가하여 졸을 불안정화 시킬 수 있었으나, 같은 물질을 대량으로 첨가해서는 불안정화시키지 못한 경우 가능한 메카니즘을 설명하여라.

7. 7 졸을 불안정화시킬 수 있는 다음 방법들의 메카니즘을 설명하여라.

(1) 끓음 (2) 동결 (3) 전해질의 첨가

7. 8 제타전위란 무엇인가? 여러 가지 응집방법의 효율을 평가하는 데 있어 제타전위가 어떻게 사용될 수 있는지 설명하여라.

7. 9 $Al_2(SO_4)_3$를 첨가하여 콜로이드에 기인한 탁도의 제거효율을 평가하기 위한 실험을 수행하였다. 이 실험중 라듐이 상당량 제거되는 것을 알 수 있었다. 관측된 라듐 제거를 설명할 수 있는 두 가지 메카니즘을 설명하여라.

참고문헌

Adamson, A. W. : "Physical Chemistry of Surfaces," 6th ed., John Wiley & Sons, New York, 1997.

OMelia, C. R. : Kinetics of Colloid Chemical Processes in Aquatic Systems, in "Aquatic Chemical Kinetics," W. Stumm, (ed.), John Wiley & Sons, New York, 1990.

Stumm, W. : "Chemistry of the Soil-Water Interface," John Wiley & Sons, New York, 1992.

Stumm, W., and J. J. Morgan: "Aquatic Chemistry, Chemical Equilibria and Rates in Natural Waters," 3rd ed., John Wiley & Sons, New York, 1996.

CHAPTER 8

핵화학의 기초개념

8.1 서 론

핵화학(核化學)은 원자핵의 변환을 다루는 학문 분야이다. 원자는 화학 원소의 최소단위의 입자(粒子)이다. 원자들 중에는 자연상태에서 안정한 것도 있으며, 불안정한 것도 있다. 불안정한 원자가 변환을 일으켜 다른 형태의 보다 안정한 형태로 될 때, 방사능 현상을 일으킨다. 방사능(放射能)이란 원자핵으로부터 입자 또는 방사선을 방출하는 것이다. 불안정한 원소가 변화될 때 방출하는 방사능은 인체에 유해하므로, 핵화학은 환경공학자들과 환경과학자들에게 중요한 분야이다. 또한, 방사성 원소는 물의 흐름을 측정하거나 환경 속에서의 물질의 거동을 연구할 때 추적자(tracer)로 이용되기도 한다.

방사능에 관한 연구는, 1895년에 Roentgen이 음극선관(cathode-ray tube)으로부터 나오는 미지 형태의 방사선을 발견하면서 시작되었다. 이 방사선은 몇 가지 염(salt)에 발광성(luminescent)을 띄게 하며, 사진 건판을 감광시킬 수 있었다. 이 방사선을 **뢴트겐 선**(roentgen rays) 또는 **X선**이라고 부른다. 음극선관은 개량하여 현대적인 뢴트겐관 또는 X-선관(X-ray tube)으로 발전되었고, 현재 의료용 및 공업용으로 널리 이용되고 있다. X선과 방사성 물질로부터 방출되는 감마선(gamma ray)은 둘 다 전자파이며, 감마선이 약간 짧은 파장을 가지고 있다. Roentgen이 사진건판을 감광하는 새로운 방사선을 발견하게 되면서, 비슷한 특성의 물질들에 대한 많은 실험 연구가 이루어지게 되었다. Becquerel과 그의 아버지는 1891년 이전부터 인광(phosphorescence)에 대하여 관심을 기울이고 있었다. 그들은 황산 우라닐 칼륨 [$K_2UO_2(SO_4)_2 \cdot 2H_2O$]이 자외선에 의하여 들뜬 상태로 되면, 인광을 발산하는 사실을 확인하였다. Becquerel도 이 우라닐 염으로 X선 방출에 대한 실험을 하여 같은 사실을 발견할 수 있었고, 계속해서 여러 종류의 염과 우라늄을 함유하는 물질을 가지고 실험 관찰한 결과, 이들 염들이 우라늄의 함량에 비례하여 X선을 방출하는 사실을 알았다.

1898년 Pierre와 Marie Curie는 우라늄으로부터 나오는 X선은 우라늄 원소의 특징적인 원자핵적 형상이라고 결론짓고, **방사능**(radioactivity)이라는 이름을 도입하였다. Curie 부부는 그 뒤에도 방사선 물질에 대한 연구를 계속하여 토륨(thorium) 화합물들도 우라늄과 마찬가지로 방사성을 방출하는 사실을 발견하였다. 그들은 또한 어떤 우라늄 광석은 우라늄보다 더 센 방사선을 발산하는 것을 알게 되었고, 우라늄을 추출하고 난 후의 잔류물 속에서 또 다른 물질들을 찾아내었다. 즉, 두 종류의 새로운 방사성 원소인 폴로늄(polonium)과 라듐(radium)을 분리해 내었다. 라듐은 우라늄보다 방사능이 수천 배나 더 세다.

8.2 원자구조

원자 구조의 현대적 개념은 대부분 방사성 물질의 거동으로부터 알게 된 지식을 근거로 하여 얻어낸 것이다. 방사능이 발견되기 이전에는, 원자는 쪼갤 수 없는 것이라고 생각했다. 방사선 원소가 양(陽)과 음(陰)으로 하전된 입자를 방출하는 사실을 발견하게 됨으로써, 새로운 개념의 기초를 쌓게 된 것이다.

핵 이론

1900년까지는, 원자는 쪼갤 수 없는 것으로 생각했었다. 그러다가 1911년에 처음으로, Rutherford가 원자 핵 이론을 제안하게 된다. 이 이론에 의하면, 원자는 양(陽)으로 하전된 작은 핵과 그 주위에 음(陰)으로 하전된 전자의 구름으로 구성되어 있으며, 그 원자의 질량의 대부분을 핵이 가지고 있다.

전자궤도

Bohr는 최초로 원자핵의 주위에 전자가 질서정연하게 배열되어 원자핵 주위의 궤도를 회전하고 있다고 제안하였다. 이 이론은 1913년에 발표되어, 그 이후 일부 수정되기는 하였으나 현대적 지식의 기초가 되었다. 지금은 전자가 핵 주위의 껍질(shell)에 배열되어 있다고 생각하고 있다. Sommerfeld는 Bohr의 이론에 크게 기여하였으며, 일정한 껍질 속의 전자가 여러 에너지 준위에 있음을 증명하였다. 그 외에 특히 화학적 성질에 관해 기여한 사람들로는, Langmuir(8전자계 이론, Octet theory), Mosely, G. N. Lewis와 W. Kossel 등이 있다.

가장 단순한 원자인 수소와 헬륨은 한 개의 전자껍질을 가지고 있으며, 가장 복잡한 원자는 7개의 껍질을 가지고 있다. 껍질 또는 궤도는 원자핵으로부터 떨어져 있는 순서에 따라 K, L, M, N, O, P, Q 라고 하는 이름을 갖는다. 하나의 껍질이 가질 수 있는 전자

표 8.1 몇 가지 일반적인 원소들의 전자배치

기 호	원자수	껍질 내의 전자 수						
		K	*L*	*M*	*N*	*O*	*P*	*Q*
H	1	1						
He*	2	2						
N	7	2	5					
Ne*	10	2	8					
Na	11	2	8	1				
Cl	17	2	8	7				
Ar*	18	2	8	8				
Ca	20	2	8	18	2			
Zn	30	2	8	18	2			
Br	35	2	8	18	7			
Kr*	36	2	8	18	8			
Ag	47	2	8	18	18	1		
Xe*	54	2	8	18	18	8		
Ba	56	2	8	18	18	8	2	
Hg	80	2	8	18	32	18	2	
Pb	82	2	8	18	32	18	4	
Rn*	86	2	8	18	32	18	8	
Ra	88	2	8	18	32	18	8	2

*비 활성기체

의 최대수는 $2n^2$ 이며, 여기서 n 은 껍질의 번호로, K껍질은 1, Q껍질은 7 이다. 표 8.1에 원소의 원자 번호와 전자 배치를 나타내었다. 양으로 하전된 핵은 양성자(proton)와 전자로 구성되어 있다고 오랫동안 생각되었다. 이 이론에 의하면 핵에는 항상 전자보다 과잉의 양성자가 존재하고, 이 과잉분은 궤도상의 전자와 같으며, 따라서 원자의 알짜 전하(net charge)는 영으로 된다.

원자핵 구조의 중성자-양성자 개념

1930년 Bothe와 Becker는 베릴륨 및 리튬과 같은 가벼운 원소가 폴로늄(polonium)으로부터의 α 입자에 의해 충격을 받게 되면 투과력이 강한 이차 방사선(secondary radiation)을 발생하는 것을 발견하였다. 처음에는 이 새로운 방사선을 아주 짧은 파장의 X선이라고 생각하였다. 1932년에 Chadwick는 이 이차 방사선이 양성자와 거의 같은 질량을 가진 중성 입자에 의한 것임을 증명하였다. 이 새로운 입자는 중성자(neutron)라고 명명되었다. 이 입자의 근원은 분명히 충격을 받은 원자핵 이었으며, 이로부터 원자핵 구조의 새로운 개념이 발전되었다. 현재의 실제적인 원자핵 모델은 이것에서 유래한 것이다. 1932년 이래 핵은 중간자(mesons), 뮤온(muon), 경입자(輕粒子, lepton), 그리고 쿼크(quark) 등과 같은 수많은 입자들로 구성되어 있음이 발견되었다. 그러나 이는 환경공학자와 환경과학자가 필요로 하는 핵화학의 지식 중 중요한 내용은 아니다.

우리가 사용할 단순하고 실질적인 모델에 의하면, 모든 원자의 핵은 가장 간단한 수소 원자를 제외하고는 모두 중성자와 양성자로 구성되어 있으며, 이 둘을 **핵자**(nucleon)라고 부른다. 양성자의 수, Z는 원자 번호에 해당하며, 중성 원자 핵 주위의 전자 수와 같다. 중성자의 수, N은 정수(整數)로 나타낸 원자량 A로부터 전자의 수 Z를 뺀 것과 같다. 즉 $N = A - Z$. 원자의 구조는 그림 8.1과 같이 나타낼 수 있다. 원자핵의 직경은 $10^{-12} \sim 10^{-13}$ cm의 크기이며, 원자의 직경은 약 10^{-8}cm이다. 원자핵 물질의 밀도는 대단히 커서, 1 cm^3 당 10^{10} kg으로 추정되고 있다.

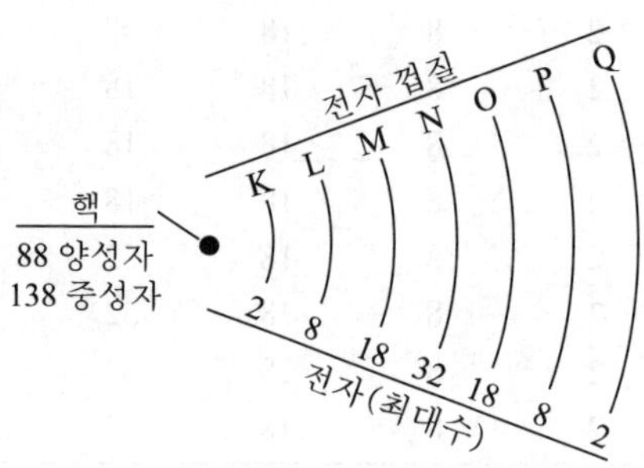

⇧ 그림 8.1 라듐 원자의 구조

동위원소의 명명법

원소는 원자번호(양성자 수, 같은 수의 전자를 가짐)로 정의된다. 그러나 많은 원소들이 여러 가지 질량 수, 즉 여러 가지 중성자 수를 가진다. 이와 같은 동일한 원소의 서로 다른 형태를 **동위원소**(isotope)라고 부른다. 동위원소들 사이의 구별을 위해서는 새로운 표기방법의 기호가 사용된다. IUPAC 명명법에서는 $^{204}_{82}Pb$, $^{206}_{82}Pb$, $^{207}_{82}Pb$, $^{208}_{82}Pb$로 납의 네 가지 동위원소를 나타내며, 각각 82개의 양성자와 82개의 전자를 가진다. 동위원소의 원자번호는 모두 항상 같으므로, 동위원소를 설명하려 할 때는 생략하기도 한다. 그러나 어떤 원소가 다른 원소로 변환되는 방사성 붕괴반응이 일어나는 경우, 예를 들면 ^{238}U가 ^{206}Pb로 변환될 때는 $^{238}_{92}U \rightarrow \ ^{206}_{82}Pb$로 표현하는 것이 가장 적절하다. 핵화학의 지식이 있는 사람이라면, 이 반응이 한 단계로 일어나는 것이 아니며, 여러 중간 단계를 거치게 된다는 것을 알 것이다(그림 8.2 참조).

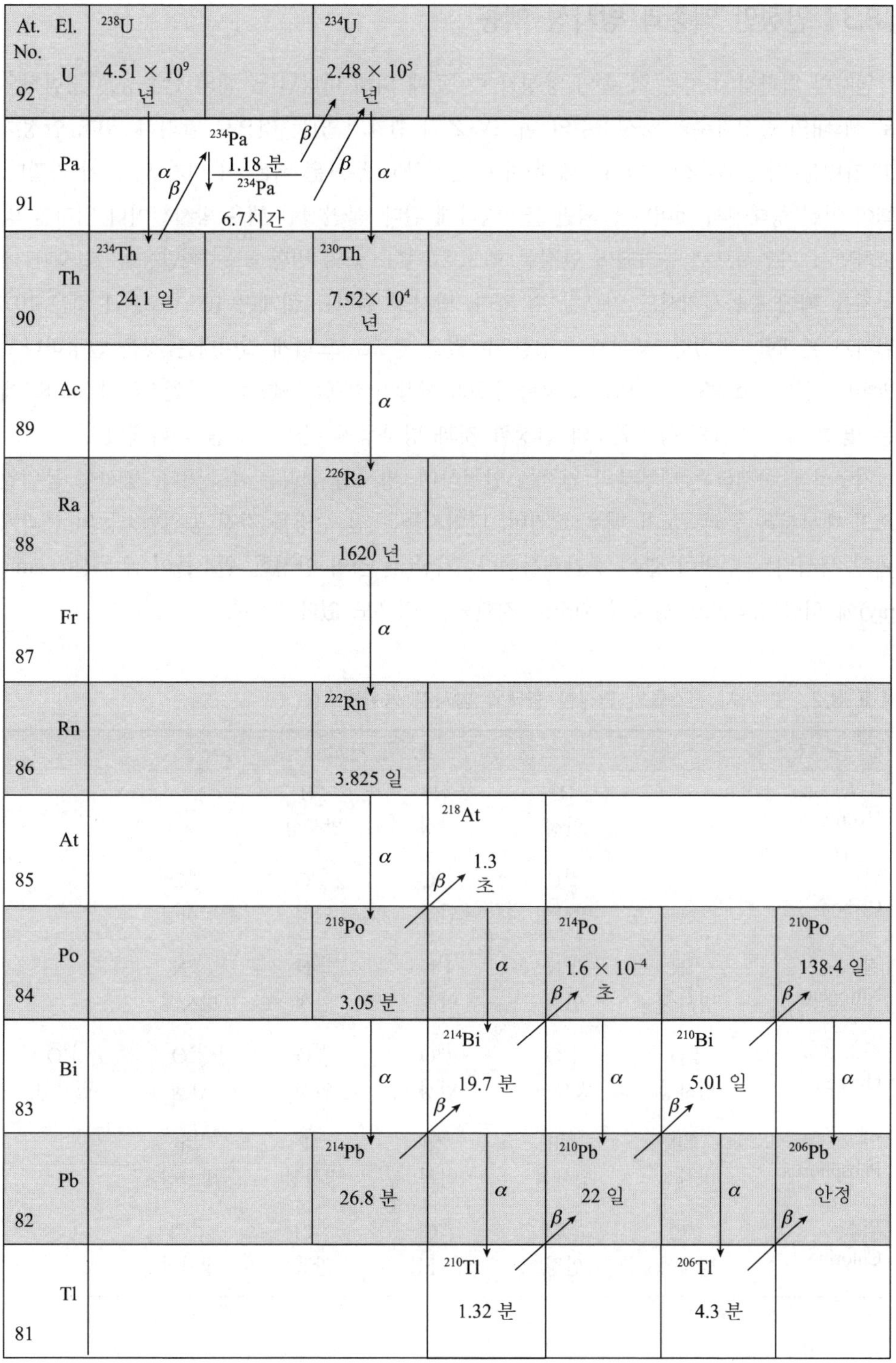

⇧ **그림 8.2** 방사성 우라늄(U)이 안정한 납(Pb)으로 붕괴되는 과정

| 8.3 | 안정한 핵종과 방사성 핵종

원자의 화학적 속성은 핵 속의 양성자 수 Z에 의해 나타난다. 핵의 안정성은 경험적으로 핵 내의 중성자수와 양성자수의 비, N/Z과 관계가 있는 것으로 알려져 있다. 안정하고 가벼운 핵은 N/Z이 약 1인데 비하여 안정하고 무거운 핵은 이 비가 약 2에 가깝다. 핵이 이런 형태에서 벗어나게 되면 불안정하게 된다. 불안정한 핵은 방사선이나 입자를 방출하면서 자연적으로 붕괴되어 안정한 핵으로 된다. 핵의 변환 또는 핵반응은, 입자나 에너지를 핵에 충돌시켜서도 일으킬 수 있다. 방사성 원자는 짧게는 10^{-20}초, 긴 것은 10^{18}년까지 존재할 수 있다. 붕괴가 측정할 수 없을 정도로 느리게 일어나는 것을 안정하다고 말한다. 원자번호 83 이상 또는 원자량이 200 이상인 핵종(核種)들은 불안정하다. 표 8.2에는 몇 가지 원소들의 동위원소와 안정한 것과 방사성인 것의 성분을 나타내었다.

지구상에 존재하는 대부분의 원자는 안정하며, 방사성 원자는 소수이다. 방사성 동위원소의 대부분은 붕괴속도가 매우 느리며, 나머지들은 긴 수명을 가진 동위원소들의 붕괴에 의해 생성되는 수명이 짧은 중간체들이다. 지상(地上)의 안정한 원소들이 우주선(cosmic ray)에 의한 충격으로 방사성 원소로 전환되는 경우도 있다.

| 표 8.2 몇 가지 원소들의 안정한 형태와 방사성 동위원소들

원 소	동 위 원 소					
수소 Hydrogen		$^{1}_{1}H$ 안정	$^{2}_{1}H$ 안정	$^{3}_{1}H$ 방사성		
탄소 Carbon		$^{11}_{6}C$ 방사성	$^{12}_{6}C$ 안정	$^{13}_{6}C$ 안정	$^{14}_{6}C$ 방사성	
질소 Nitrogen	$^{12}_{7}N$ 방사성	$^{13}_{7}N$ 안정	$^{14}_{7}N$ 안정	$^{15}_{7}N$ 안정	$^{16}_{7}N$ 방사성	
산소 Oxygen	$^{14}_{8}O$ 방사성	$^{15}_{8}O$ 방사성	$^{16}_{8}O$ 안정	$^{17}_{8}O$ 안정	$^{18}_{8}O$ 안정	$^{19}_{8}O$ 방사성
인 Phosphorus	$^{20}_{15}P$ 방사성	$^{30}_{15}P$ 방사성	$^{31}_{15}p$ 안정	$^{32}_{15}P$ 방사성	$^{33}_{15}p$ 방사성	
염소 Chlorine	$^{34}_{17}Cl$ 방사성	$^{35}_{17}Cl$ 안정	$^{36}_{17}Cl$ 방사성	$^{37}_{17}Cl$ 안정	$^{38}_{17}Cl$ 방사성	

그 대표적인 예가 우주선에 의하여 $^{14}_{7}N$ 으로부터 $^{14}_{6}C$가 생성되는 것이다. 이렇게 생성된 물질을 포함하고 있는 대기중의 탄소는 생물의 일차 탄소원(primary source of carbon)이 되어, 모든 생물이 한결같이 ^{14}C의 방사성을 지니게 된다.

지구상에 가장 많이 존재하는 방사성 원소는 ^{40}K, ^{238}U, ^{235}U, ^{232}Th 이다. 지각중(地殼中)의 ^{40}K 로부터 방출되는 총 에너지는 4×10^{12} W 로 추정되고 있다. 이 원소들의 붕괴에 의해 생성되는 열이 지구의 냉각을, 그렇지 않다고 가정하는 경우에 비하여, 훨씬 더디게 하고 있다. $^{19}_{40}Kr$은 안정한 동위원소 $^{40}_{20}Ca$과 $^{18}_{40}Ar$으로까지 붕괴되며, 각각 서로 다른 붕괴 메카니즘을 통하여 형성된다.

중금속 방사성 원소들은 우라늄, 토륨, 악티늄의 3가지의 붕괴 계열로 나뉜다. 우라늄 계열은 ^{238}U을 어미 원소로 하며, 14회의 연속적인 변환을 거쳐 최종 생성물인 ^{206}Pb로 된다. 토륨 계열의 어미 원소는 ^{232}Th으로, 10회의 연속적인 변환으로 ^{206}Pb로 되어 그대로 남는다. 악티늄 계열의 어미 원소는 ^{235}U이며, 11회의 연속적인 변환으로 ^{207}Pb로 그대로 남는다. 이 계열의 이름은 변환의 중간단계에서 수명이 긴 동위원소인 ^{231}Pa(프로탁티늄)과 ^{227}Ac(악티늄)이 생성되는 데서 유래한 것이다. 같은 이유로 우라늄 계열은 때로 라듐 계열이라고도 불린다. 그림 8.2는 ^{238}U의 방사성 붕괴과정을 나타낸 것이다. ^{232}Th 과 ^{235}U 도 비슷한 단계를 거쳐 붕괴된다.

방사선의 성질

방사성 물질에 관한 초기의 연구자들은, 방사선은 한 가지 형태로만 존재하며 그 성질은 X선과 비슷하다고 생각하였다. 그 후 여러 연구를 통하여 방사선에는 알파선, 베타선 및 감마선의 세 종류가 존재하는 것을 확인하게 되었다. 그림 8.3에 나타낸 바와 같이, 방사선을 자기장을 통과시켜 분리 확인할 수 있었다. 어떤 종류의 방사선은 음극 쪽으로 약간 굽어져 있었다. 이와 같은 현상은 이 방사선이 양전하를 가졌으며, 또 큰 질량을 가진 것을 의

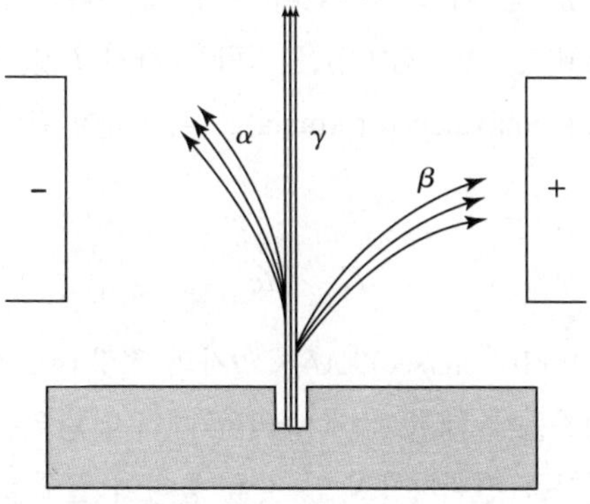

⇧ 그림 8.3 자기장이 알파선, 베타선과 감마선에 미치는 영향

미한다. 이 방사선을 알파 선이라고 부른다. 또 다른 한 방사선은 양극쪽으로 현저하게 굽어졌으며, 이것은 이 방사선이 음으로 하전되어 있고 작은 질량을 가지고 있음을 의미한다. 이것을 베타 선이라고 부른다. 세 번째의 방사선은 자기장에 의해 영향을 받지 않으며, 전하를 갖지 않는 것으로 감마 선이라고 불린다.

알파 선(alpha radiation) 알파 선은 빛이나 X선과 같이 실질적인 전자기 복사선(electromagnetic radiation)이 아닌, 입자로 구성되어 있다. **알파 입자**($^4_2\alpha$)는 실제로 +2의 전하와 질량 4(^{4}He)인 헬륨 이온들이다. 알파 입자들은 원자핵으로부터 1.4~2×10^9 cm/sec (광속도의 약 10%)의 속도로 튀어나오지만, 실온에서 공기중을 10 cm 이상 흐르지 못한다. 보통의 종이 한 장으로도 저지할 수 있다. 하나의 특정한 원소로부터 방출되는 알파 입자들은 모두 같은 속도를 가진다. 이 속도는 원소에 따라 달라진다. 알파 입자들은 그 이동 범위 내에서 대단히 센 이온화 능력을 가지고 있다.

베타 선(beta radiation) 베타 선은 음으로 하전되 입자로 구성되어 있으며, 광속도의 30 ~99%의 속도로 이동한다. **베타 입자**들은 실제 전자이며, 개개 전자의 흐름 속도는 같은 원소에서도, 또 원소의 종류에 따라서도 크게 달라진다. 베타 입자들의 투과력은 그 속도에 따라 다르다. 대체로 공기 중을 약 수백 ft 정도까지 흘러간다. 베타 입자들은 2~3 mm 두께의 알루미늄 판으로 저지될 수 있다. 질량이 작기 때문에 알파 선에 비해 베타 선의 이온화 능력은 훨씬 약하다.

감마 선(gamma radiation) 감마(γ) 선은 실질적인 전자기 복사선으로 광속과 같은 속도로 흐른다. X선과 유사하지만, X선보다 파장이 짧으며, 따라서 더 센 투과력을 가지고 있다. 투과력은 파장이 짧아짐에 따라 증가된다. 감마선을 막기 위해서는 수 cm 의 납이나 수 ft 두께의 콘크리트가 필요하다. 감마선의 단위는 **광자**(photon)이다.

방사선의 에너지

방사성 물질에 의해 생성되는 각종 방사선의 에너지를 아는 것은 중요한 일이다. 알파선과 베타선은 질량을 가지고 있으며, 감마선은 질량을 가지고 있지 않으므로, Einstein의 에너지-질량등식(energy-mass equivalence formula)을 이용하여 단일 시스템으로 에너지를 나타낼 수 있다.

$$E = Mc^2 \tag{8.1}$$

여기서 c는 광속도(2.998×10^{10}cm/sec), M은 입자의 질량 (g), E는 에너지 (g·cm^2/sec^2 또는 erg)이다. 그러나 핵입자들에 대한 보다 편리한 에너지 단위는 **전자볼트**(electron volt), eV 로 이것은 한 개의 전자를 전위차 1 V 인 곳을 통하여 끌어올리는 데 필요한 에너지이다. 환산 인자는 1 eV = 1.602×10^{-12} erg, 또는 1.602×10^{-19} J 이다. 알파입자들, 베타 입자들 및 감마 광자의 에너지는 수천 eV로부터 수백만 eV에 까지 이른다. 이 때문에 에너지 단위는 일반적으로 100만 전자볼트, MeV로 나타낸다.

식 (8.1)은 퍼텐셜 에너지가 원자들 속에 질량으로 저장되었음을 나타내며, 주어진 계에서의 질량의 변화는 같은 양의 에너지 변화를 수반하는 것을 의미한다. 즉,

$$\Delta E = \Delta M c^2 \tag{8.2}$$

불안정한 핵종의 자발적인 방사성 붕괴에는, 열역학 법칙에 따라, 에너지의 방출이 따른다. 변환과정에서의 핵의 질량 손실이 에너지로 된다. 이와 같은 요건으로부터 만일 붕괴에 의한 생성물의 총 질량이 본래의 핵의 질량보다 가벼워지게 되면, 자발적 방사성 붕괴는 어떤 특정한 양식을 따르게 된다. 여분의 질량은 핵 붕괴과정에서 방사선으로 방출된다. 그러므로 원자핵 A가 붕괴하여 핵종 B로 될 때는 방사선 b가 방출된다.

$$A \rightarrow B + b \tag{8.3}$$

질량변화는

$$\Delta M = M_A - (M_B + M_b) \tag{8.4}$$

ΔM이 양(陽)인 경우, 붕괴는 자발적으로 일어난다. 이것은 단지 붕괴가 일어날 수 있음을 의미하며, 붕괴가 반드시 일어나는 것을 의미하는 것은 아니다. 만일 ΔM이 음(陰)이면, 방사성 붕괴는 자발적으로 일어날 수 없으며, 이런 핵종은 안정한다.

방사선의 방출에 의한 원자의 변화

알파 입자의 방출에 의한 원자의 변화는 베타 입자 방출에 의한 변화와는 현저하게 다르다. 이 변화들을 그림 8.2에 나타내었으며, 또한 Fajans, Rutherford 및 Soddy 등이 이것을 다음과 같은 **변위 법칙**(displacement law)으로 체계화하였다.

알파 입자 방출(alpha-particle release) 어떤 원소가 알파 입자를 방출하면, 그 생성물은 어미원소가 주기율 표에서 차지하는 위치로부터 왼쪽으로 두 칸 옮긴 위치의 원소의 성질을 가진다. 즉, 알파 입자의 방출에 의하여, 질량 수는 4개가 감소되며, 핵전자 또는 원자번호는 2가 감소된다. 대표적인 예는 그림 8.2에 나타낸 $^{238}_{92}\mathrm{U}$의 붕괴이다.

$$^{238}_{92}\mathrm{U} \rightarrow {}^{234}_{90}\mathrm{Th} + {}^{4}_{2}\alpha \tag{8.5}$$

베타 입자 방출(beta-particle release) 어떤 원소가 베타 입자를 방출하면, 그 생성물은 주기율 표에서 어미 원소의 위치에서 한 칸 오른쪽으로 옮긴 위치의 원소의 성질을 갖

는다. 베타 입자는 중성자가 양성자로 변할 때 불안정한 핵으로부터 방출된다. 이 변화에서 질량은 변하지 않으며, 원자 번호가 하나 증가한다. 예를 들어 그림 8.2에서

$$^{234}_{90}\mathrm{Th} \rightarrow ^{234}_{91}\mathrm{Pa} + \beta \tag{8.6}$$

감마 선(gamma radiation) 감마 선은 알파 입자나 베타 입자의 방출을 동반하며, 핵의 변환 또는 전자 궤도의 이동에 의하여 방출된 에너지에 의한 것이다.

방사능의 단위

방사능의 단위는 **퀴리**(curie)이다. 전에는 순수한 라듐 1g 이 1초 동안에 붕괴하는 수로 정의하였었다. 그러나 라듐의 상수(constant)값은 수시로 수정을 해주어야만 하므로, 국제 라듐 표준 위원회(International Radium Standard Commission)에서는 3.7×10^{10} 붕괴수/초를 표준 퀴리(Ci)로 정하였다.

퀴리는 주로 방사성 물질의 양을 정의할 때 사용한다. 알파 방출체(alpha emitter)의 1 퀴리는 1초당 3.7×10^{10} 알파 입자를 방출하는 양이다. 베타 방출체의 1퀴리는 1초당 3.7×10^{10} 베타 입자를 방출하는 물질의 양이며, 마찬가지로 감마 방출체의 1퀴리는 1초당 3.7×10^{10} 광자를 방출하는 물질의 양이다. 퀴리는 대단히 큰 수의 붕괴수/초로 표현되므로 각각 10^{-3}, 10^{-6}, 10^{-9} 및 10^{-12} 퀴리에 해당하는 값인 밀리퀴리(mCi), 마이크로퀴리(μCi), 나노퀴리(nCi) 및 피코퀴리(pCi) 등의 단위를 흔히 사용한다. 방사능의 SI 단위는 1 붕괴수/초인 베퀴렐(becquerel, Bq)이며 따라서 1 Ci $=3.7\times10^{10}$ Bq 이다.

뢴트겐(r)은 감마 선이나 X선 방사의 세기를 나타내는 단위이다. 이것은 방사선에 의하여 유발되는 세포 내에서의 이온화로 인한 방사선의 생물학적 영향을 연구하는 데 중요하다. 뢴트겐은 0℃와 760 mmHg 의 압력에 있는 건조공기 1 cm^3 속에서, 1정전기 단위(electrostatic unit, esu)의 전기를 생성할 수 있는 감마 선 또는 X선의 양으로 정의된다. 이것은 공기 1 g 당 1.61×10^{12} 이온쌍의 수와 같고, 83.8 erg의 에너지 흡수량에 해당한다.

뢴트겐은 감마 선 또는 X선에 의해 생성된 이온화의 총량의 단위이며, 이들 방사선의 선량(線量)은 단위 시간당의 뢴트겐으로 환산하여 나타낸다.

알파 입자 및 베타 입자와 함께 중성자와 양성자도 생체 조직에 영향을 미치는 원자 에너지이므로, 세포 내에서 생성되는 이온량을 표현하기 위해서는 또 다른 표현방법이 필요하게 된다. 여기에는 다음 세가지 표현방법이 사용된다.

조사 뢴트겐 흡수량(roentgen-absorption-dose, rad)은 매질(媒質) g 당 100 erg 의 에너지 흡수에 해당하는 방사선의 단위이다. 이 정의는 이온화를 일으키는 어떤 종류, 어떤 에너지의 방사선에도 적용할 수 있다. 생체 물질의 방사선 조사(照射)에 대한 연구에서, 1 뢴트

겐은 약 100 erg/g 조직과 같으며 조직(tissue)의 형태 및 X선과 감마 선의 에너지에 따라서 90∼150 erg/g 에 해당한다.

인체에 대한 허용량을 나타내는 데 rad는 너무 큰 방사선량이 되므로 사람에게만 적용하는 또 다른 단위를 사용하고 있다. **인체 뢴트겐 당량**(roentgen equivalent-man, rem)이 사용되고 있으며, 이것은 인체 내의 에너지의 소산(消散)을 일으키는 방사선량에 해당하는, 즉 생물학적으로 X선의 1 뢴트겐, 또는 약 100 erg/g 의 조사량에 해당한다. 방사선을 직접 다루는 직업 종사자에 대한 미국 직업안전건강국(OSHA)의 기준은 5 rem/year이다.

반감기

방사성 붕괴는 완전한 일분자 반응(unimolecular reaction)이다. 반응속도는 여러 가지 환경조건에서도 일정하다. 방사성 원소의 반감기(half-life)는 원소에 따라 수분의 1초에서부터 12^{12} 년 까지 이르고 있다. 표 8.3에 대표적인 원소들의 반감기를 나타내었다. 일분자 반응 또는 일차 반응 속도론은 3.10 절에서 설명하였다.

표 8.3 일반적인 방사성 동위원소들의 반감기

원자번호	핵종	반감기	방사선의 종류
1	^{3}H	12.3 년	β
6	^{14}C	5730 년	β
11	^{24}Na	15.0 시간	β, γ
15	^{32}P	14.3 일	β
16	^{35}S	88 일	β
19	^{40}K	1.28×10^{9} 년	β
27	^{60}Co	5.3 년	β, γ
35	^{78}Br	6.4 분	β, γ
38	^{90}Sr	28.1 년	β
53	^{131}I	8.0 일	β, γ
55	^{137}Cs	30 년	β
86	^{222}Rn	3.825 일	α
88	^{226}Ra	1620 년	α, γ
92	^{238}U	4.51×10^{9} 년	α
94	^{239}Pu	24,360 년	α, γ

8.4 핵 변환과 인공 방사능

1919년 Rurherford는 한 원소를 다른 원소로 전환시킬 수 있음을 실험적으로 증명하였다. 라듐 C에서 나오는 알파 입자를 질소 기체 속을 통과시키면 양성자가 검출된다. 즉 알파 입자들과 질소 핵의 충돌로, 다음 식에서와 같이 산소의 동위원소와 양성자가 생성된다.

$$^{14}_{7}\mathrm{N} + {}^{4}_{2}\alpha \rightarrow {}^{17}_{8}\mathrm{O} + {}^{1}_{1}\mathrm{H} \tag{8.7}$$

1922년까지 Rutherford와 Chadwick은 주기율표의 보론(boron)으로부터 칼륨(potassium)에 이르는 원소들 중 탄소와 산소를 제외한 모든 원소들이 알파 입자들의 충격을 받게 되면, 핵 변환을 일으키는 사실을 확인하였다.

1930년 비로소 원소들이 알파 입자의 충돌을 받았을 때, 양성자 이외에도 또 다른 방사선이 검출되는 사실을 확인하였다. 그 해 Bothe와 Becker는 폴로늄으로부터 방출된 알파 입자를 베릴륨이나 리튬과 충돌시켜 투과력이 매우 센 중성의 이차 방사선을 발견하게 되었다. 1932년 Chadwick은 이 입자들이 중성자임을 확인하였으며, 그 반응을 다음과 같이 설명하였다.

$$^{7}_{3}\mathrm{Li} + {}^{4}_{2}\alpha \rightarrow {}^{10}_{5}\mathrm{B} + {}^{1}_{0}n \tag{8.8}$$

$$^{9}_{4}\mathrm{Be} + {}^{4}_{2}\alpha \rightarrow {}^{12}_{6}\mathrm{C} + {}^{1}_{0}n \tag{8.9}$$

여기서 중성자는 ${}^{1}_{0}n$으로 나타낸다.

원소의 핵 변환에 대한 세 번째의 중요한 발견은, 우연한 기회에 제 3의 입자를 발견하게 된 데 힘입은 것이다. 1934년 I. Curie와 Joliot는 보론, 마그네슘 또는 알루미늄이 알파 입자들과 충돌하게 되면, 예상한대로 핵변환과 중성자의 방출이 일어나며, 또 **양전자**(陽電子, positron)[1)]가 생성되는 것에 주목하였다. 또한 그들은 알파입자 충격이 멈추어진 후에도 양전자의 방출이 계속되는 것을 알았다. 양전자의 방출은 방사성 물질의 붕괴법칙에 따른 감소로 나타낸다. 또한 그들은 생성된 물질을 분석하여, 이 원소들이 알파 입자에 의한 충격으로 불안정한 핵을 가진 원자를 생성하며, 그것이 방사성 양전자 붕괴를 일으키는 것을 알 수 있었다. 따라서 알파 입자 충격으로 인공적인 방사능 물질의 생산이 가능하게 되었다.

$$^{10}_{5}\mathrm{B} + {}^{4}_{2}\alpha \rightarrow {}^{13}_{7}\mathrm{N} + {}^{1}_{0}n \tag{8.10}$$

$$\quad\quad {}^{13}_{7}\mathrm{N} \longrightarrow {}^{13}_{6}\mathrm{C} + \beta^{+} \qquad t_{1/2} = 10.0\ \mathrm{min}$$

1) 양전자의 존재는, 이 때 이미 예상되었으며, 우주선의 연구로 확대되었다.

$$^{27}_{13}\mathrm{Al} + {}^{4}_{2}\alpha \rightarrow {}^{30}_{15}\mathrm{P} + {}^{1}_{0}n \quad (8.11)$$

$$\hookrightarrow {}^{30}_{14}\mathrm{Si} + \beta^{+} \qquad t_{1/2} = 2.5\ \mathrm{min}$$

안정한 원소를 생성하는 핵 반응과 불안정한 원소를 생성하는 핵 반응 사이에는 아무런 차이점이 없음이 곧 밝혀지게 되었다. Bohr의 개념에 의하면, 모든 충격은 충격 입자를 핵에 흡수시켜 불안정한 핵물질을 생성하게 한다. 이 핵물질의 수명은 대단히 짧으며(10^{-12} ~10^{-14} s), 분해되어 일련의 생성물들을 생성한다. 이 생성물들은 안정한 것일 수도, 불안정한 것일 수도 있다.

중성자의 발견과 인공적인 방사성 원소들을 생성할 수 있게 되면서, 핵 에너지시대의 문을 열게 되었다.

8.5 핵 반응

핵 반응은 여러 가지 입자들의 충격에 의해 유발될 수 있다. 현재, 공업용 및 연구용, 의약용으로 이용되고 있는 방사성 물질의 대부분은 핵 반응기 내에서 또는 입자 가속기 내에서 이와 같은 충격으로 생산하고 있다.

알파 입자 유발 반응

알파 입자는 양전하를 가지고 있으므로, 원자에 접근하기 위해서는 먼저 양으로 하전된 원자핵으로부터의 반발력을 극복해야만 한다. 원소의 원자번호가 증가함에 따라, 알파 입자에 대한 반발력도 증가한다. 이런 이유 때문에, 알파 입자는 원자량이 큰 원소를 핵 변환시키지 못하며, 가벼운 핵을 가진 원소에 대해서만 적용할 수 있다.

알파 입자 유발 반응(alpha-induced reaction)에서는 중성자가 생성되므로 대단히 중요하다.

양성자 유발 반응

양성자는 질량과 전하량의 비가 알파 입자의 반밖에 되지 않기 때문에, 알파 입자에서와 마찬가지의 제약을 알파 입자 이상으로 받는다. 그러므로 양으로 하전된 핵으로부터 더 쉽게 반발을 받게 된다.

중양성자 유발 반응

중양성자[$({}^{2}_{1}\mathrm{H})^{+}$]는, 질량과 전하량의 비는 알파 입자와 같으나, 한 개의 전하만을 가지고 있어서, 양으로 하전된 입자들 중에서 가장 효과적이다. 몇 가지 중양성자 유발 반응(deuteron-induced reaction)은 훌륭한 중성자 원으로 사용된다.

감마 선 유발 반응

감마선과 X선은 핵반응을 일으키는 데는 비효율적이다.

중성자 유발 반응

중성자는 중성이기 때문에, 모든 원소의 핵과의 충돌에 대하여 효과적인 입자이다. 헬륨을 제외한 모든 원소들의 또 다른 원소로의 핵 변환에 중성자를 이용하고 있다.

두 가지 중성자 유발 반응이 흔히 사용된다. 첫째는 n, 감마(n, γ) 반응으로 예를 들면, ^{59}Co에 중성자를 충돌시켜, ^{60}Co를 생성하는 반응이다.

$$^{59}_{27}\mathrm{Co} + {}^{1}_{0}n \rightarrow {}^{60}_{27}\mathrm{Co} + \gamma$$

또는 $$^{59}\mathrm{Co(n, \gamma)}\ {}^{60}\mathrm{Co} \tag{8.12}$$

또 다른 한 가지는 n, p 반응이라고 불리는 것으로, 예를 들면 ^{14}N이 중성자와 충돌하여 ^{14}C와 양성자를 생성하는 것이다.

$$^{14}_{7}\mathrm{N} + {}^{1}_{0}n \rightarrow {}^{14}_{6}\mathrm{C} + {}^{1}_{1}\mathrm{H}$$

또는 $$^{14}\mathrm{N(n, p)}\ {}^{14}\mathrm{C} \tag{8.13}$$

방사화 분석

원소의 정량 분석에서 유도 방사능(induced radioactivity)을 사용하는 분석방법을 **방사화 분석**(activation analysis)이라고 한다. 여기서는 전하를 띤 입자와 광자를 이용할 수도 있으나, 일반적으로 중성자를 미지의 시료와 충돌시킨다. 일정한 시간 동안 조사(照射)를 한 후, 생성된 방사성 핵종을 측정하여, 미지 시료의 원소를 분석한다. 대개는 조사 후에 알고 있는 양의 적당한 운반체(carrier)를 첨가하여, 필요한 방사성 핵종을 화학적으로 분리해야 한다. 운반체는 측정하고자 하는 방사성 핵종의 비방사성 동위원소이며 분리 효율을 결정하는 데 사용된다. 이 분석방법으로 100만분의 1(parts per million, ppm)에서 10억분의 1(parts per billion, ppb)의 낮은 농도의 미량 원소까지도 정확하게 측정할 수 있다.

8.6 핵 분열

중성자가 발견된 후, Fermi는 몇 가지 중금속들에 중성자로 충격을 주었을 때, β선이 방출되는 것을 발견하였다. 우라늄의 충격에서는 방사능이 서로 다른 네가지의 β 입자가 생성된다. 이 방사능은 우라늄과 같은 정도 크기의 질량을 가진 어떤 원소에서도 볼 수 없었던 것이었다. Hahn과 Stassmann은 생성물들을 화학적으로 분석하여 그 해답을 찾아내었다. 그들은 바륨, 란타늄, 스트론튬, 이트륨 및 비활성기체(Xe 또는 Kr), 그리고 알칼리 금속(Cs 또는 Rb)의 동위원소들이 존재하는 것을 알았다. 따라서 이러한 사실로부터, 우라늄 원자에 의한 중성자 포획으로 핵이 파열(破裂)되어 원자량이 작은 여러 종류의 원소를 생성한다고 결론지을 수 있었다. 이것을 **핵분열**(nuclear fission)이라고 한다.

핵분열 반응에서는 막대한 양의 에너지가 방출되므로 중요한 관심사로 되었다. 이 에너지의 방출은 질량의 일부가 에너지로 전환되면서 나타나는 것이다. 1 g 의 ^{233}U, ^{235}U 및 ^{239}Pu의 핵분열 과정에서 방출되는 에너지는 5.3×10^{6} kWh에 상당한다. 이 원소들의 그램원자량의 변화는 매우 근소하므로, 핵분열이 가능한 물질 kg 당 에너지방출량을 다음 표 8.4에 나타내었다.

표 8.4 핵 분열이 가능한 물질 kg 당 방출되는 에너지

2.0×10^{13} cal
8.2×10^{13} J
2.3×10^{7} kWh
6.1×10^{13} ft-lb
7.8×10^{10} Btu

핵 폭발

핵 분열은 중성자 충격에 의해 개시(開始)된다. ^{235}U의 핵 분열과정에서는 분열되는 원자 한 개당 평균 2.5개의 중성자가 방출된다. 따라서, 반응은 한번 분열이 시작되면 자체 영속적이 될 수 있다. 다행히도 초기의 실험적 연구에서는 이렇게 되지가 않았다. 그러나 그때 분열이 가능한 물질의 질량이 충분히 컸었다면, 아마도 틀림없이 이 연쇄반응이 일어났을 것이다. 이 같은 사실은 1945년 New Mexico 주, Alamagordo에서 이루어진 최초의 핵실험 이래 여러번 증명된 사실이다.

핵 폭발에서는 막대한 양의 방사성 물질이 방출된다. 폭발이 일어나는 중심에 가까울수록 그 영향이 크게 나타난다. 어떠한 경우에도, 다량의 방사성 물질이 대기권 상층으로 방출되어 전세계로 운반된다 그리고 다시 방사선 낙진(fallout)으로 되어 특히 비와 눈에 섞

여 계속해서 지구표면으로 되돌아온다. 핵 폭발에서는 약 200종 이상의 핵 분열 생성물이 나타나며, 이들 방사성 혼합물 중 17종이 주요 원소인 것으로 알려져 있다. 스트론튬 90과 세슘 137과 같이, 특히 반감기가 긴 원소(표 8.3 참조)들이 중요하다. 또 분해 생성물들 중에는 인체 내로 들어가 특정한 장소에 농축될 수 있어서 심각한 영향을 미치는 것도 있다. 즉, 스트론튬 90은 뼈에 침착(沈着)되며, 요오드 131은 갑상선에 축적된다.

핵 발전

핵 분열 반응을 제어하여 거기에서 방출되는 막대한 양의 에너지를 유익하게 이용하는 방안에 대한 많은 연구가 이루어져 왔고, 현재 전세계의 많은 나라들이 핵연료를 이용한 발전소를 가동하고 있다. 핵 반응 용기 내에는 핵 분열이 가능한 물질이 임계 질량(critical mass) 이상으로 들어있어야 한다. 폭발을 방지하기 위해서는 핵 분열 반응에서 방출되는 중성자의 수가 목적하는 속도의 연쇄반응으로 지속할 수 있을 정도로만 제어되어야 한다. 여기에는 중성자 흡수제나 중성자 감속제가 사용된다. 카드뮴, 흑연, 중수(deuterium oxide) 등이 우수한 흡수체들이다.

핵 반응기 내에서는, 일반적으로 ^{235}U, ^{238}U 및 ^{239}Pu를 연료로 사용하여 조절된 연쇄반응을 지속시킨다. 붕괴과정에서 이 원소들이 중성자를 생성하여, 비 방사성 원소를 변환시켜 핵 분열 가능 물질이나 방사성 물질로 만들기도 한다. 미국 Tennessee 주의 Oak Ridge 원자로는 주로 의학, 생물학 및 공업적 연구 용도의 각종 방사성 동위원소를 생산하고 있다.

일반적인 원자력발전에서는 ^{235}U가 중성자와 충돌하여 ^{236}U와 핵분열 생성물(fission products), 더 많은 중성자, 감마선, 그리고 많은 양의 에너지를 생성한다.

$$^{235}\mathrm{U} + {}^{1}_{0}\mathrm{n} \rightarrow {}^{236}\mathrm{U} + \text{핵분열생성물} + (2\sim3)\,{}^{1}_{0}n + \gamma + \text{에너지} \qquad (8.14)$$

대부분의 우라늄 광석은 핵분열을 일으키지 않는 ^{238}U이며 극미량의 ^{235}U를 함유하고 있다. 그러므로 ^{235}U를 확보하기 위해서는 다량의 ^{238}U를 채광하여 농축하여야 한다. 현재로서는 ^{235}U로부터 에너지를 생산하는 단계보다는 채광단계에서의 인체에 대한 위험도가 높은 것으로 알려져 있다. 핵 분열 생성물은 ^{123}Cs, ^{131}I, 그리고 ^{90}Sr와 같은 방사성 물질(핵폐기물)을 포함하고 있기 때문에 사용후 연료를 처리하는 과정에 대한 논란이 계속되고 있다.

원자로에는 핵 분열에 의하여 방출되는 열을 냉각시키기 위한 대량의 냉각수를 필요로 한다. 이 냉각수를 하천에 방류하는 경우, 열 오염(thermal pollution) 문제뿐만 아니라 냉각수에 포함된 방사성 물질 및 핵 분열 생성물 등이 심각한 문제를 일으킬 수 있다. 냉각탑을 설치하여 이 물을 방류하기 전에 열을 제거해야 한다. 더구나, 파괴, 지진 및 산업 안전사고로부터의 핵 발전소의 안전 문제와 연료 가공 과정에서 생겨나는 방사성 폐기 물질의 처리 등 심각한 문제들도 있다. 확신을 가질 수 없는 안전성과 에너지 이용의 유용성의 양자간에 논쟁이 계속되고 있다. 이와 같은 논쟁 때문에 최근 미국에서는 새로운 원자력 발전소의 건설을 실질적으로 중단한 상태이다.

증식 원자로(breeder reactor)는 풍부한 $^{238}_{92}U$ 동위원소가 중성자를 흡수하여 결과적으로 $^{239}_{94}Pu$로 변환되는 과정을 이용한다. 이 플루토늄을 연료로 사용하여 중성자와 충돌시킨다.

$$^{239}Pu + {}^{1}_{0}n \rightarrow \text{핵분열생성물} + (2\sim3)\,{}^{1}_{0}n + \gamma + \text{에너지} \tag{8.15}$$

이 공정의 단점은 ^{239}Pu가 매우 독성이 강하며, 반감기가 24,360년으로 매우 길기 때문에 반응기로부터 생성된 폐기물의 처리가 쉽지 않다는 점이다. ^{239}Pu는 핵무기의 가장 중요한 성분이다.

| 8.7 | 핵 융합

두 개 이상의 가벼운 원자핵이 서로 융합(fusion)하면, 질량이 큰 원자핵을 형성할 수 있으며, 일반적으로 질량이 큰 원소들의 핵 분열 때보다 더 많은 에너지를 생성한다. 4개의 수소 원자가 융합하여 1개의 헬륨을 생성할 때 방출되는 에너지는 ^{235}U 및 ^{239}Pu의 핵 분열 물질의 단위 질량당 방출되는 에너지의 7배에 상당한다.

수소폭탄은 **핵 융합**(nuclear fusion)의 원리를 이용한 것으로, 그 엄청난 폭발력은 중수소의 핵 융합에서 비롯되는 것이다. 핵 융합을 개시하는 데는 40,000,000℃ 이상의 온도가 필요하며, 이 때문에 핵 융합을 **열핵 반응**(thermonuclear reaction)이라고도 한다. 핵 융합의 초기에 필요한 고온은 핵 분열 장치를 연결하여 여기서 나오는 열을 이용한다. 결국 원자 폭탄의 발전이 수소 폭탄의 제조를 가능하게 한 것이다.

핵 융합에서 사용하는 연료는, 대체로 중수소(deuterium, $^{2}_{1}H$)와 삼중수소(tritium, $^{3}_{1}H$)로, 중성자를 방출하면서 결합하여 헬륨 $^{4}_{2}He$를 생성한다.

$$^{2}_{1}H + {}^{3}_{1}H \xrightarrow{\triangle\triangle\triangle} {}^{4}_{2}He + {}^{1}_{0}n \tag{8.16}$$

(${}^{1}_{0}n$ → 에너지)

중성자는 에너지로 전환된다. 이 반응에서 본래의 수소 질량의 약 20%가 에너지로 전환된다.

핵 융합 반응 자체에서는 방사성 물질이 방출되지 않으므로 현재 핵 융합 반응을 제어하여 그 에너지를 이용하려는 수많은 연구가 계속되고 있다. 1955년 스위스의 Geneva에서 개최된 원자력 에너지의 평화적 이용을 위한 국제회의에서는 20년 이내에 핵 융합에 의한 에너지를 공업적으로 이용할 수 있을 것이라고 예측하였다. 그러나 이 기간이 이미 경과된 지 오래되었고 가까운 장래에도 그 실현 가능성은 아직 의문시되고 있다. 세계의 에너지 자원 고갈 문제의 극복과 인류의 생활 수준이 저하되지 않도록 해 줄 핵 융합 반응의 제어는 인류의 큰 희망이 되고 있다.

8.8 동위원소 추적자의 이용

안정한 방사성 동위원소들은 지리학, 인류학, 화학, 물리, 의학과 공학에서 추적자(tracer)로 이용되고 있다. 방사성 동위원소, 특히 ^{14}C, ^{32}P와 ^{35}S를 포함하는 화합물들은 생물학, 화학, 의학 등의 분야에서 화학반응 및 생화학반응의 경로를 규명하는 연구에 널리 이용된다. 시간의 경과에 따라 방사성 동위원소들이 안정한 원소로 변화되는 비를 이용하여 광물, 물, 고고학적 인공물의 연대를 추정할 수 있다. 특정한 원소들의 안정한 동위원소 비(ratio)는 이 원자들을 포함하고 있는 분자들에 미치는 물리적, 화학적, 또는 생물학정 작용에 의해서도 변화(**동위원소 분별**, isotope fractionation)할 수 있다.2),3) 이러한 변화들을 이용하여 대규모적인 지층의 변화과정을 추정하고, 지하수원을 찾으며, 오염원을 밝혀내고, 오염물질의 화학적, 생물학적 변형(transformation) 속도를 추정한다. 이들 안정한 방사성 동위원소 추적자는 처리공정의 효율을 평가하고, 환경 속에서의 화학물질의 거동을 밝혀내는 등 수많은 용도로 쓰일 수 있다.

침강 탱크의 통과시간을 구하거나, 하천에서의 혼합이나, 확산, 또는 지하수의 흐름 방향과 유속 등의 측정에 삼중수소(tritium)와 같은 방사성 추적자를 이용하는 방법이 자주 고려되어 왔다. 그러나 일반적으로 이러한 용도로 사용할 때, 허용되지 않은 방사성 원소들이 유출될 수 있으므로 대부분 통제된 연구실에서만 사용할 수 있도록 제한하고 있다. 화학, 생물학, 의학 및 공학 연구용으로 사용하는 방사성 동위원소가 환경문제를 일으킬 수 있다. 즉, 이러한 물질들이 포함된 폐수가 하수나 하천으로 흘러들어 갈 수 있기 때문이다. 하수도와 폐수처리장에서 ^{131}I와 ^{32}P와 같은 방사성 동위원소가 생물 슬라임(biological slime)과 슬러지에 축적될 수 있다. 하천에서는 방사성 물질이 미생물에 축적되어, 먹이사슬을 통해 물고기와 다른 생물체로 옮겨지게 되고, 사람이 이를 섭취할 수 있다. 상수도 수원은 대부분 하천을 사용하므로, 방사성 폐기물을 하천에 방류하는 것은 이 물을 이용하는 모든 사람들에게 중요한 문제다. 이 때문에 수돗물과 폐수 방류수에 대한 방사성 물질의

---

2) E. M. Galimov, *The biological Fractionation of Isotopes.* Academic Press, Orlando,Fl., (1985).
3) D. Clark, P. Fritz, and P. Fritz, *Environmental Isotopes in Hydrogeology*, CRC Press, Boca Raton, FL, (1997).

허용기준이 설정되어 있다. 방사성 물질을 취급하는 연구실은 그 사용과 처분 지침을 반드시 준수하여야 한다.

그러나 현장연구를 위해 사용하는 추적자로는 환경중의 천연 방사성 원소를 이용하거나 또는 부주의 한 인간활동에 의해 환경으로 유출된 인공 방사성 원소를 이용할 수 있다. 예를 들면, ^{14}C는 우주로부터의 우주선(cosmic rays)에 의하여 대기 중의 ^{14}N와의 n, p는 반응을 통하여 대기중에서 끊임없이 생성된다. ^{14}C의 반감기는 5,720년이므로 대기중에서의 생성과 붕괴가 균형을 이루게 되어 ^{14}C의 대기중 농도가 정상상태로 되며 $^{14}C/^{12}C$ 비(ratio)가 거의 일정해 진다. 식물은 자라면서 비슷한 $^{14}C/^{12}C$ 비를 가진 대기중의 이산화 탄소를 흡수한다. 그러나 식물이 죽어서 묻히거나 목재 구조물과 같은 고고학적 인공물질로 될 때는 ^{12}C 동위원소가 안정하므로 시간의 경과에 따라 이 비가 천천히 감소된다. 화석연료와 같이 매우 오래된 탄소에서는 $^{14}C/^{12}C$ 비가 거의 "0"이다. 그러므로 $^{14}C/^{12}C$ 비는 이산화 탄소가 최근의 바이오매스 연소에 의해 생성된 것인지 또는 화석연료의 연소에 의해 생성된 것인지를 판별하는 데 이용될 수 있다. 이 비(ratio)를 측정하여 "0" 이상의 값이 되면, 이로부터 수 천년전의 고고학적 유기물질의 연대를 측정할 수 있다. 1950년대와 1960년대 초의 대기중에서의 핵 실험으로 대기중의 ^{14}C 농도가 현저하게 증가되어 수천년 동안 유지되었던 $^{14}C/^{12}C$ 균형이 깨어지게 되었다.

대기중 핵실험 동안에 생성된 ^{90}Sr과 같은 일부 방사성원소들은 강, 호수, 만, 항구에서의 침강속도를 구하는 데 이용될 수 있는 긍정적인 면도 있다. 핵실험 기간 중에 자연상태 물속의 침전물질중에 혼입된 이러한 방사성원소들은 침전물질 속의 표지(marker) 역할을 하게 되고 실험 후의 평균 침강속도를 구하는 데 자주 이용된다. 침전물의 축적속도는 침강이 과거 침전물 속에 축적된 수은과 PCBs와 같은 유해 오염 물질 위의 보호층을 유지할 수 있을 만큼 충분히 빠르게 일어나는지를 판단하는 데 중요한 자료이다. 대기중 핵실험으로부터 유래한 방사성 원소들이 침강물질에 수직적으로 분포된다는 사실은, 유해물질을 수중 생물체에 해(harm)를 입힐 수도 있는 침전물 표면으로 운반할 수 있는, 안으로 파고드는 생물(생물 교란, *bioturbation*)에 의한 혼합 과정의 중요성을 판단하는 데 유용하기도 하다.

안정한 동위원소들은 인간 건강과 환경에 대한 위험성이 없기 때문에 이들 방사성 동위원소들은 추적자 연구에만 한정해서 사용되지는 않는다. 일반적으로 수소(^{2}H), 질소(^{15}N), 탄소(^{13}C) 및 산소(^{18}O)와 같은 안정한 동위원소들은 자연상태 속에서의 오염물질의 이동과 운명에 대한 연구 분야에 이용될 수 있다. 또한 이들 원소 중 우세한 천연 동위원소들의 많은 양이 실험실에서 널리 이용되고 있으며, 다른 방법으로는 정량화하기 어려운 변화를 분석하는 데 이용할 수 있다. 예를 들면, 벤젠과 톨루엔의 혐기성 미생물분해의 발견은 이 화합물들의 생물분해에 대기중 산소가 필요하다고 생각하고 있던 생화학자들에게는 큰 의

문이었다.[4] 대기 산소가 배양기 속에 유입되어야 한다는 논쟁을 해소하기 위해서, 연구자들은 배양기에 $H_2{}^{18}O$를 넣었을 때 생물분해 중간체 속의 산소가 O_2가 아닌 이 물로부터 생성되는 것을 확인하였다. 이로부터 대기의 산소를 필요로 하지 않는다는 사실을 증명할 수 있었다. 이러한 증명을 토대로 오늘날에는 가솔린으로 오염된 지하수중의 방향족 탄화수소 화합물의 혐기성 생물분해가 자연적으로 일어난다는 사실이 널리 받아들여지게 되었다. 현재, **자연저감**(*natural attenuation*) (자연적인 생물학적, 화학적, 물리적 과정에 의한 오염물질의 질량 또는 농도의 감소)은 지하수 속의 이러한 오염물질을 제거하는 좋은 대체 방법의 하나로 고려되고 있다.

물리적, 화학적, 생물학적 작용이 진행되는 동안 생성된 한 원소의 안정한 동위원소 분별(isotope fractionation)은 환경속에서의 화학물질의 이동과 운명을 판단하는 데 이용될 수 있다. 천연의 소량의 안정한 동위원소들인 ^{13}C(1.1%), ^{34}S(4.2%), ^{15}N(0.37%) 그리고 ^{18}O(0.20%)를 우세한 동위원소인 ^{12}C, ^{32}S, ^{14}N 그리고 ^{16}O와 비교한다. 생물학적 형질변환(transformations)에서는 일반적으로 가벼운 동위원소들이 무거운 것들보다 선호된다. 광합성을 예를 들면, CO_2를 이용해서 성장하는 식물에 있어서 성장배지(growth-medium)중의 CO_2에 비하여 식물체 내의 ^{12}C가 증가하고, 반면 남아있는 성장배지중의 CO_2에는 ^{13}C가 많아진다. 마찬가지로 메탄박테리아가 CO_2를 CH_4로 환원할 때도 본래의 CO_2 속에 있었던 것보다 생성된 메탄에 가벼운 탄소가 더 많이 들어 있게 된다. 생물학적 황산이온(sulfate) 환원에 의하여 황화물(sulfide)로 환원된 황도 본래의 황산이온에서 보다 훨씬 더 가벼워진다. 해양에서의 물의 증발과 같이 물리적 변화가 일어나는 동안에도 증기는 단위질량 기준으로 바닷물보다 ^{18}O를 적게 포함한다. 그러므로 수증기가 응축되어 지상에 비(rain)로 되어 내리면, 이 담수(freshwater)에는 바닷물 속에서 보다 ^{18}O가 적어진다. 이러한 사실은 지하수에 존재하는 염분 발생원(original sources)의 추정을 가능하게 한다.

환경공학자와 환경과학자는 지하수 속의 유기·무기물질의 자연저감이 인간의 건강과 환경에 안전한지를 평가 판단하려고 한다. 이를 위해서는 이러한 화학물질들이 자연적인 물리적, 화학적, 생물학적 작용에 의하여 얼마나 빨리, 그리고 어느 정도까지가 무해하게 되는 지를 측정하여야 한다. 동위원소분별은 이러한 연구에 유용하며 새로운 도구이다. 예를 들면, 테트라클로로에텐(tetrachoroethene)은 혐기성 작용에 의한 환원 탈할로젠화(reductive dehalogenation)반응으로 트라이클로로에텐(trichoroethene), *cis*-1,2-다이클로로에텐(*cis*-1,2-dichloroethene), 염화바이닐(vinyl chloride) 그리고 에텐(ethene)으로 전환되는 것으로 알려져 있다(6.13절 참고). 여러 장소에서 지하수 시료를 채취하기 위해서는 많은

---

4) T. M. Vogel and D. Grbic-Galic. Incorporation of Oxygen from Water into Toluene and Benzene during Anaerobic Fermentative Transformation. *Applied and Environmental Microbiology*, 5: 200-202(1986).

비용이 들기 때문에 이러한 형질변환의 속도와 진행도를 파악하는 데 도움이 될 질량수지를 세우기는 대단히 어렵다. 그러나 실험실적 연구를 통하여 앞서 설명한 동위원소 분별로부터 예상되는 바와 같이 테트라클로로에텐의 형질변환 생성물 속의 탄소는 그 어미화합물의 ^{13}C에 비하여 가벼운 것을 확인하였다.[5),6)] PCE의 TCE로, 그리고 TCE의 *c*-DCE로의 전환 과정에서 일어나는 동위원소 분별은 비교적 작다. 그러나 *c*-DCE의 염화바이닐로, 그리고 염화바이닐의 에텐으로의 형질변환에서 일어나는 분별(fractionation)은 크다. 이러한 연구를 통하여, 형질변환이 진행되는 동안 에텐은 PCE에서 보다 더 낮은 $^{13}C/^{12}C$비를 가지게 되며, 반면 형질변환이 거의 완결될 즈음에는 에텐의 $^{13}C/^{12}C$비가 증가하고, 완결이 되면 동위원소의 질량수지에서 예상된 바와 같이 출발물질인 PCE에서와 같아진다. 형질변환의 종말점에서의 PEC중의 초기 탄소는 모두 에텐(ethene)에 있게 된다. 중간점(intermediate point)에서의 형질변환 정도를 정확하게 판단하기 위해서는 동위원소 분별뿐만 아니라 수리지질학(hydrogeology)과 반응 속도론(kinetics)에 대한 깊은 이해가 필요하다.

동위원소 분별은 지하수에서 Cr(Ⅵ)의 Cr(Ⅲ)로의 환원정도를 판단하는 데도 이용된다.[7)] 크롬산이온(CrO_4^{2-})과 중크롬산이온($Cr_2O_7^{2-}$) 형태의 Cr(Ⅵ)는 독성이 있으며 물에 매우 잘 녹는다. 그러나 중성부근의 pH에서 $Cr(OH)_3(s)$ 형태의 Cr(Ⅲ)로 환원되면 안정한 무독성(non-toxic) 침전물을 형성하게 되어 용액으로부터 크로뮴을 분리할 수 있다. 하류 물 사용자(down-gradient water users)를 보호하는 데에 크로뮴의 화학적, 생물학적 환원반응을 이용하고 있다. 중요한 것은 다시 얼마나 빨리, 어느 정도까지가 주어진 장소에서 일어난 크로뮴 환원인가 하는 것이다. 크로뮴은 질량이 50(4.35%), 52(83.8%), 53(9.50%), 54(2.37%)인 네 가지 안정한 동위원소를 가지고 있다. Cr(Ⅵ) 환원반응이 일어남에 따라, 남아 있게 되는 Cr(Ⅵ) 중에서 가장 풍부한 동위원소들의 비($^{53}Cr/^{52}Cr$)가 증가한다. 이 증가된 정도는 환원반응이 일어난 정도를 나타내는 데 이용될 수 있다. 동위원소분별은 오염물질의 복잡한 이동현상과 운명 문제를 해결하는 유용한 또 하나의 도구이다.

---

5) D. Hunkeler, R. Aravena, and B. J. Butler, Monitoring Microbial Dechlorination of Tetrachloroethene(PCE) in Groundwater Using Compound-Specific Stable Carbon Isotope Ratios: Microcosm and Field Studies, *Environ. Sci. & Tech.*, **33**: 2733-2738(1999).

6) D. L. Song, M. E. Conrad, K. S. Sorenson, and L. Alvarez-Cohen, Stable Carbon isotope Fractionation during Enhanced In Situ Bioremediation of Trichloroethene, *Environ. Sci. Technol.*, **36** : 2262-2268(2002).

7) A. S. Ellis, T. M. Johnson, and T. D. Bullen, Chromium Isotopes and the Fate of Hexavalent Chromium in the Environment, *Science*, **295**: 2060-2062(2002).

8.9 방사선의 인체에 대한 영향

인체에 미치는 방사선의 영향은 **신체적**(somatic) 영향과 **유전적**(genetic) 영향으로 구분된다. 신체적 영향은 개인에 대하여 장애를 일으키는 것으로 빈혈, 피로, 탈모, 백내장, 피부발진(皮膚發疹), 암(cancer) 등이 있다. 유전적 영향은 생식세포의 돌연변이로 유전형질에 변화를 일으키는 것이다. 방사선은 비록 그 양이 작아도 유해한 영향을 끼치게 되며, 특히 유전적 영향이 가장 중요하다. 인간은 다양한 수준의 자연 방사선에 노출되어 있으며 특히 우주(extraterrestrial sources)로부터의 자연 방사선을 받고 있다. 따라서 인위적인 방사선량은 자연적 환경에서의 방사선량 범위 내로 유지해야 한다는 것을 알 수 있다. 그러나 이 범위 내에서도 최대 허용선량을 얼마로 할 것인가는 논란의 대상이 되고 있다.

방사선의 형태가 달라지면 인체에 대한 영향도 다르게 나타나며, 그 영향은 내부피폭(internal exposure)과 외부피폭(external exposure)으로 구분된다. 알파 입자(alpha particles)에 의한 외부피폭은 이것이 피부를 투과하기 어렵기 때문에 피해가 아주 작다. 그러나 알파 입자를 체 내에 섭취하면 장기를 형성하고 있는 물질에 충돌하여 강한 이온화를 일으킬 수 있어서 심각한 피해를 입힐 수 있다. 베타 입자(beta particles)들은 알파 입자들 보다 작고 빠르게 이동하므로 훨씬 먼 거리까지 투과할 수 있다. 베타 입자는 수 mm에서 1 cm까지 피부 속까지 투과할 수 있어 외부피폭으로도 피해를 줄 수 있다. 베타 입자들은 외부피폭보다 내부피폭 쪽이 더 피해를 주나, 그 피해 정도는 알파 입자의 내부피폭 만큼 심하지는 않다. 감마선은 투과력이 매우 강해서, 인체 전체에 장애를 일으키며 가장 위험하다. 생체조직을 파괴할 수 있고 신체에 아주 빠르게 심각한 피해를 입힐 수 있다.

방사선은 생체조직 물질 및 그 조직 속에 포함된 물과의 상호작용으로 대량의 이온화된 종(예, H^+, H_2O^-, H_2O^+, e^-, e^+, H_3O^- 등)들을 생성하며, 이 이온들의 대부분은 반응성이 대단히 높다. 이들은 단백질 및 핵산과 반응하여 효소를 불활성화시켜 세포분열을 저해하며 세포막을 파괴하고 세포의 기능을 저해한다. 이와 같은 방사선의 영향을 알게 되면서 불필요한 방사선 피폭을 방지하려는 노력이 이루어지게 되었다. 의학 및 기타 분야에서 방사성 물질을 이용할 때는 얻게 될 이익과 위험성을 항상 신중히 비교, 검토하여야 할 것이다. 적절한 대책이 마련되었을 경우에만 방사성 물질의 이용이 인류에게 이익이 된다.

방사선 노출이 인체에 미칠 수 있는 영향 때문에 미국 EPA에서는 먹는물 속의 여러 종류의 방사성 물질에 대하여 먹는물 최대 허용농도(MCLs)를 마련해 놓고 있다. 여기에는 알파 입자(15 pCi/L), 우라늄(30 $\mu g/L$, 2003년 12월 8일), ^{226}Ra과 ^{228}Ra(5 pCi/L, $^{226}Ra + ^{228}Ra$) 그리고 베타 입자와 광자 방출자(4 mrem/년) 등이 있다. 앞의 (8.3)에서 설명한 바와 같이 rem은 인체에 일정한 에너지 소실을 일으키는 방사선량에 해당하는 단위이다. 따라서, 단지 물속의 농도만으로 직접 측정될 수 있는 것은 아니다. 노출 경로, 인체와의 접촉 시간, 붕괴속도 그리고 붕괴에 의해 방출되는 에너지에 따라 달라진다. 예전의 미국 표준국(National Bureau of Standards, 현재는 국립표준기술연구소, National Institute of Standards and Technology)에서는 물속의 다양한 방사성물질의 농도(pCi/L)와 rem의 관계를 나타낸 보고서를 발행한 바 있다(Publication 69, 1963). EPA에서는 이 보고서를 하루 2 L의 물을 마시는 사람에 대하여 4 mrem/년에 해당하는 물속의 여러 가지 방사성 원소들의 농도와 관계지어 기준으로 사용하고 있다.[8] 물속의 이 농도는 삼중수소(^{3}H)에 대하여 20,000 pCi/L, ^{14}C에 대하여 2,000 pCi/L, ^{35}S에 대하여 500 pCi/L 그리고 ^{32}P에 대하여는 30 pCi/L이다. 만일 물속에 한 개 이상의 베타입자나 광자 방출자가 존재할 때 총 기여도(total contribution)는 4 mrem/년을 초과할 수 없다. 예를 들면 만일 물에 12,000 pCi/L의 삼중수소와 1,000 pCi/L의 ^{14}C가 포함되어 있다면 전체로는 $(12{,}000/20{,}000 + 1000/2000) \times 4$ 또는 4.4 mrem/년이 된다. 비록 삼중수소나 ^{14}C의 어느 것도 단독으로는 이 기준을 초과하지 않으나 전체로는 MCL을 초과하게 된다.

라돈(Radon)

EPA는 평균적으로 사람은 모든 공급원(source)으로부터 약 360 mrem/년(전 신체 노출량)의 유효 이온화 방사선 투여 상당량(effective ionizing radiation dose equivalent)에 노출되어 있고 이 중 약 2/3는 자연 환경과 라돈으로부터 비롯된 것이며 나머지는 다른 공급원(source), 특히 의학적 진단과 치료에서 비롯된 것으로 제시하고 있다. 우리에게 쪼여지는 자연 방사선의 대부분은 자연적으로 발생되는 방사성 가스인 라돈에 의한 것이다. 라돈은 자연에 풍부한 양이 존재하는 방사성 물질의 하나인 ^{238}U의 핵분열 생성물이다. ^{238}U는 ^{226}Ra으로 붕괴되고 이것이 다시 알파 방출(emission)에 의한 붕괴로 ^{222}Rn을 형성한다. 라돈은 3.82일(days)의 아주 짧은 반감기를 가지며 알파 방출에 의한 붕괴로 일련의 단명 방사성 붕괴생성물(^{218}Po, ^{214}Pb, ^{214}Bi, ^{214}Po, 그림 8.2 참조)을 형성한다. 이 붕괴 생성물들은 폐에 손상을 주나, 라돈 자체는 영향을 미치지 않는다. 라돈은 세 가지 형태가 존재하지만 일반적으로 라돈은 ^{222}Rn을 지칭한다.

8) U.S. Environmental Protection Agency, "Implementaion Guidance for Radionuclides," EPA 816-D-00-002, Office of Water Washington D. C. (January 2002).

라돈은 미국에서 흡연 다음으로 폐암 사망을 일으키는 원인 물질로 보고되어 있다. 미국의 National Research Council의 1999년 보고서[9]에 의하면 매년 미국에서 라돈과 관련이 있는 폐암 사망자는 약 19,000명 이며, 이 중 먹는 물 중의 라돈에 의한 폐암 사망자는 단지 160명에 불과하며, 대부분 실내공기에 의한 것이다. 건물 내 라돈의 대부분은 지하실이나 건물 아래와 접촉하고 있는 토양으로부터 직접적으로 발생한 것이다. 일부는 건물의 자재에서 비롯되기도 한다. 미국 전역의 실외 공기중의 라돈 평균농도는 약 0.4 pCi/L 이며 실내의 평균농도는 약 1.24 pCi/L 이다. 라돈은 또한 우물물에 포함되어 있으며 이 물을 사용하는 가정으로 유입된다. National Research Council[10]의 보고서에 의하면 전형적인 지표수 중의 라돈 농도는 100 pCi/L 이하이나 먹는물로 사용되는 지하수 중의 평균농도는 약 540 pCi/L 이며, 일부 우물물에서는 평균의 400배에 달하는 농도를 나타내기도 한다. 라돈은 물로 샤워하거나 세척하는 동안에 공기중으로 유입된다. 물에 의한 라돈의 위험성은 물을 마심으로써 생기는 것보다 대부분 공기중으로 방출된 라돈을 호흡함으로써 생긴다. 라돈은 흡연자들에게 한층 더 위험하며, 복합적인 피해가 어느 한 가지 만에 의한 것보다 훨씬 크다. 실제로 대부분의 라돈과 관련된 폐암은 담배를 끊음으로써 경감될 수 있다.

EPA는 현재 공기중이나 지하수중의 라돈에 대한 기준을 설정해 놓고 있지 않으며, 이는 라돈에 대한 노출이 주로 EPA가 관할권을 행사할 수 없는 주거환경에서 생기는 것이기 때문이다. 그러나 이 문제는 심각한 것이다. 이 문제를 부각시키기 위하여 EPA는 먹는물 중의 라돈으로부터의 위험도를 감소시키는 한편, 라돈 위험이 가장 높은 장소, 즉 실내 공기에 대하여 각 주정부들이 노력을 집중시켜 라돈에 의한 피폭을 제한하는 방법에 융통성 있게 대처하는 다중매체조직을 제안하고 있다. 첫 번째 선택사항으로 제시된 이 제안은 각 주정부가 실내공기로부터의 건강위험에 역점을 두고 이와 함께 개별 상수도는 먹는물의 라돈농도를 4000 pCi/L 이하로 감소시키도록 하는 것이다. 만일 각 주정부가 단지 먹는물에만 초점을 맞추려는 경우에는 두 번째 선택사항으로 먹는물 속의 라돈 함량을 300 pCi/L 로 감소시키도록 하는 것이다.

---

9) National Research Council, "Risk Assessment of Radon in Drinking Water," National Academy Press, Washington D. C., 1999.

10) Ibid

연습문제

8. 1 알파 선, 베타 선, 감마 선의 차이점을 설명하라.

8. 2 ^{14}C가 1년이 경과된 뒤, 남아있게 될 양은 최초 양의 몇 %이냐.?

8. 3 다음의 붕괴에서 무엇이 생성되겠는가.?

(a) $^{230}_{90}Th$로부터 알파 입자의 방출

(b) $^{49}_{19}K$로부터 베타 입자의 방출

8. 4 다음의 유발 반응에서 무엇이 생성되는가.?

(a) ^{238} U의 (n, 감마)반응

(b) $^{1}_{1}H$의 (n, 감마)반응

(c) $^{6}_{3}Li$의 (n, 알파)반응

(d) $^{10}_{5}B$의 (n, 알파)반응

8. 5 살아있는 동식물체내의 탄소에는, 탄소 g당 1분간에 약 12회의 붕괴를 하기에 충분한 ^{14}C를 포함하고 있다. 어느 유적지의 나무조각이 1분에 4회 붕괴한다면, 몇 년 전의 것인지 추정하여라.

8. 6 질량 1 g이 완전히 에너지로 전환될 때, 방출되는 에너지는 몇 백만 전자 볼트(MeV)이냐?

8. 7 다음의 각 방사성 붕괴에 대해서 8.3 및 8.4절의 식과 같은 형태의 계수를 맞춘 핵 반응식을 써라.

(a) ^{14}C, 베타 붕괴

(b) ^{22}Na, 양전자 붕괴

(c) ^{226}Ra, 알파 붕괴

(d) ^{32}P, 베타 붕괴

(e) ^{3}H, 베타 붕괴

8. 8 ^{24}Na를 포함하고 있는 폐기물은 얼마 동안 저장하여야 그 농도가 초기 농도의 0.1%로 감소되겠는가?

8. 9 땅속 깊은 곳에 처분하여야 할 1 g 의 순순한 ^{239}Pu 가 있다. 암을 발생시키는 ^{239}Pu의 추정 농도는 $1×10^{-6}$ g 이다. 몇 년이 경과하면 ^{239}Pu의 농도가 $1×10^{-6}$ g 으로 유지되겠는가? (참고 : $1×10^{-3}$ g 의 ^{239}Pu는 인체에 매우 치명적이라고 알려져 있다. 따라서, 그 사이 기간의 ^{239}Pu 농도는 독성이 대단히 크다!)

참고문헌

Arnikar, H. J. : "Essentials of Nuclear Chemistry," John Wiley, New York, 1987.

Chopin G. R., O. Liljenzin, and J. Ryberg : "Radiochemistry and Nuclear Chemistry," Butterworth-Heinemann, Boston, 2002

Friedlander, G. : "Nuclear and Radiochemistry," John Wiley, New York, 1981.

Lieser, K. H : "Nuclear and Radiochemistry, Fundamentals and Applications," Weinheim, New York, 1997.

Navŕatil, O. : "Nuclear Chemistry," E. Horwood, New York, 1992.

PART 2

물 및 폐수의 분석

CHAPTER 9

서 론

9.1 정량 분석법의 중요성

각종 정량 분석법은 공학실무에서 초석이다. 환경공학은 일반 엔지니어들이 사용하는 통상적인 측정 장치를 비롯하여 화학자들, 물리학자들 및 생물학자들이 이용하는 여러 가지 측정 기술과 측정 방법을 모두 사용하는 점에서 아마도 그것을 가장 필요로 한다고 할 수 있을 것이다.

환경공학에서의 모든 문제들은 먼저 그 문제를 정의하는 것으로부터 접근하여야 한다. 이와 같은 접근에는 반드시, 현장과 실험실에서, 많은 사람들에 의해 또 여러 종류의 물질들에 대하여 믿을만한 결과를 얻을 수 있는 분석법들을 사용해야 한다. 문제가 일단 정량적으로 정의된 다음, 엔지니어는 문제를 만족스럽게 해결할 시설의 설계작업을 맡게 된다.

시설물의 건설이 완결된 후에 엔지니어는 그 운영을 맡아 경제적이고 만족스러운 운전상태가 유지되는 지를 정량분석법을 이용하여 항상 감독하게 된다. 운전기록은 감독기관에 제출하게 될 보고서를 위해서도 필요하다.

인구 밀도의 증가와 산업기술의 새로운 발전은 끊임없이 기존의 문제들을 더욱 부각시키고 있고, 또 새로운 문제들을 야기한다. 또한 엔지니어는 계속해서 기존의 문제들을 보다 경제적으로 해결할 수 있는 방법들을 모색한다. 즉 새로운 문제들을 해결하는 방안과 기존의 문제에 대한 더 나은 해결방법을 찾으려는 연구가 계속 이어지고 있다. 정량 분석은 이와 같은 연구들에 대한 기초의 역할을 계속할 것이다.

9.2 환경공학 문제의 특성

환경공학 혹은 환경과학분야에서 만나게 되는 대부분의 문제들은 생물체와 그들의 환경 사이의 관계에 대한 것들이다. 이 때문에 정량적인 자료를 얻기 위하여 사용하는 분석법도 흔히 화학적 방법과 생물학적 방법이 혼합된 것이 되며, 그 자료의 해석도 대개는 미생물 또는 인체에 대한 영향과 관련짓게 한다. 또한 시료에 포함된 오염물질의 양이 매우 작으므로, 대부분의 측정은 미량 분석(micro analysis)에 속하게 된다. 이와 같은 이유 때문에 대부분의 화학과에서 가르치고 있는 일반적인 정량 분석 과목들은 환경공학자에게는 기본적인 테크닉을 가르치는 것 이외에는 별다른 의의가 없게 된다. 이와 같은 특별한 요구에 부응하기 위하여 환경공학자를 교육하는 거의 모든 학과들은 환경 분석 화학이라고 하는 특수한 교과목들을 개설하고 있는 것이다.

9.3 표준 분석법

환경공학의 발전과 더불어 문제들을 분석하고 해결하는 데 필요한 실제적인 자료를 제공해 주는 분석 방법들도 발전되어 왔다. 많은 경우, 같은 것을 측정하는 데 여러 가지 방법들이 제안되었으며, 이 방법들의 대부분은 서로 약간씩 변형된 것들이었다. 따라서 분석자들에 의하여 얻어진 분석 자료가 일치하지 않을 때도 있었고, 분쟁이 일어나는 경우에는 분석 방법에 근거한 증거를 평가하기가 곤란할 때도 자주 있었다. 이와 같은 혼란을 해결하기 위한 시도로써, American Public Health Association(APHA)은 이용가능한 여러 가지 분석법들을 연구할 위원회를 위촉하여 1905년에 이 위원회가 추천한 것들을 "Standard Methods of Water Analysis"로서 공포하였다. 그 이후 "Standard Methods"의 범위는 더욱 넓혀져 폐수까지도 포함하게 되었으며, American Water Association(AWWA)과 Water Environment Federation(WEF)이 그 제작에 함께 참여하게 되었다. 1998년에는 21판이 출판되었다.[1]

현재 출판되어 있는 "Standard Methods"는 여기에 수록할 가장 적합한 분석방법들을 선정하기 위하여 그것들을 일일이 시험하고 또 개선된 위원회와 소위원회에서 일하는 수백 명의 노력의 산물이다. 자격을 갖춘 분석자에 의해 "Standard Methods"에서 추천하고 있는 방법을 이용하여 얻어진 증거는 미국의 법정에서 대개 조건없이 받아 들여 지고 있다. 학생들을 위하여 출판된 요약판[2] "Standard Methods"는 이 교재의 보충 교재로 실험 실습을 위하여 사용될 수 있다.

1) A. E. Greenberg, L. S. Clesceri, and., "Standard Methods for the Examination of Water and Wastewater," 21th ed., American Public Health Association, New York, 1998.
2) L. S. Clesceri, A. E. Greenberg, and R. R. Trussell, eds, "Selected Physical and Chemical Standard Methods for Students," 17th ed., American Public Health Association, New York, 1990.

|9.4| 환경시료 분석 과목에서 다루는 범위

한 과목에서 "Standard Methods"에 수록되어 있는 모든 측정 방법들을 가르치려한다는 것은 불가능한 일일 뿐 아니라 현명하지도 못한 일이다. 첫째로, 그와 같이 할 여유가 없으며 둘째로, 측정법 중 많은 것들이 특정한 산업폐수에 대하여만 적용되는 것들이기 때문이다. 또 다른 한편으로는, 분석법에 대한 충실한 기초 지식을 갖추도록 하여, 주어지는 어떤 일이든 실제적이며 공정한 신뢰도를 가지고 그 일을 다루고 해낼 수 있도록 하는 것이 중요하기 때문이다.

특정한 과목 속에 포함시킬 측정법과 그 순서의 선정은 주로 담당교수의 견해에 따라 결정된다. 다음 장들에서 다루고 있는 제목(topic)들은 저자가 환경공학도들의 기초교육을 위하여 필수적인 것으로 판단되는 항목들을 선정한 것이다. 설명의 순서는 저자 개인적인 생각에 의한 것이기는 하나, 상호관련성의 자연스러운 이어짐과 복잡성이 증대되는 순서를 따른 것이다.

환경 시료 분석 과목의 주목적은 학생을 하나의 단순 기술자가 아닌, 연구하는 학생으로 만드는 것이어야 한다. 이와 같은 목적을 위해서 학생은 분석할 물질의 특성과 발생원, 분석방법들의 제한성(limitation), 자료의 해석 방법 및 이 정보가 환경공학 실무에 어떻게 응용되는가를 이해하는 것이 중요하다.

|9.5| 결과의 표현

물 및 폐수의 분야에서 다루게 되는 물질 등은 대부분 묽은 용액 상태이며, 따라서 분석 결과들을 분석화학에서 흔히 사용하는 퍼센트를 써서 나타내는 것은 비실용적이다. 일반적으로 측정되는 양은 수 mg/L이며, 단지 수 μg(microgram)에 불과할 때도 흔히 있다. 물 및 폐수 시료는 대개 피펫을 이용하여 부피를 측정한다. 따라서 그 결과는 mg/L로 나타내는 것이 편리하다. 전에는, 백만분율(parts per million, ppm)이 널리 사용되었으나, 이것은 가끔 잘못 이해되는 수가 있었다. 반면, 토양, 슬러지 및 반고형물은 무게를 측정하므로 ppm (parts per million)을 사용하는 것이 보다 적절하다. 간혹 수용액에 대하여도 ppm 단위가 사용되고 있으나 잘못 이해되는 경우가 있으므로 사용하지 않는 것이 좋다. 학생들은 단위부피당 무게를 나타내는 것은 mg/L, 단위질량당 무게를 나타내는 것이 ppm임을 명심하여야 한다.

parts per million

백만분율(ppm)은 무게 대 무게 비를 나타내는 용어이다. 물 1L의 무게는 대략 1,000 g 또는 1,000,000 mg이므로, 1 mg/L를 ppm과 같은 것으로 간주하였으며, 주로 물에 관한 분석에 널리 사용하였다. 가정 하수와 같이 오염된 물의 분석방법들이 개발되면서도, 가정 하수의 비중은 물의 비중과 완전히 같으므로, ppm과 mg/L 사이의 관계에 대한 개념은 바뀌지 않았다. 그러나 산업폐수가 분석대상물질에 포함되고 이들 대부분이 물과는 다른 비중을 가진 것이 알려지게 되면서부터 ppm과 mg/L 사이의 근사한 관계는 더 이상 적용되지 않게 되었다. 둘 사이의 이와 같은 차이로 인하여 물 및 폐수의 분석에서 ppm을 사용하지 않게 되었고, mg/L의 사용이 많아지게 되었다. 그렇지만 앞서 설명한 바와 같이 반고형물을 분석할 때에는 부피보다는 무게를 측정하므로 ppm이 보다 정확한 표현을 나타내는 단위이다. 때때로, 반고형물 시료에서 아주 적은 농도의 오염물을 측정하는 경우에는 ppb(parts per billion) 또는 ppt(parts per trillion)를 사용하는 것이 바람직하다.

예제 9.1

다음 각 시료에 있어서 TCE의 농도(g/m^3)는 얼마인가?

(a) 밀도가 $2\ g/cm^3$이고 TCE의 함량이 4 ppm인 토양시료

(b) 20° C, 1기압에서 TCE의 함량이 4 ppm인 공기시료

해답

(a) 토양에서 4ppm은 4g· TCE/10^6 g· soil과 같으므로

$$\frac{4\ g}{10^6\ g} \times \frac{2\ g}{cm^3} \times \frac{10^6\ cm^3}{m^3} = 8\ g/m^3$$

(b) 공기중 TCE 4 ppm은 4 g·TCE/10^6 mL·air와 같으므로

$$\frac{4\ mL\ TCE}{10^6 mL} \times \frac{1\ mol\ TCE}{22.4\ L(STP)} \times \frac{131.5g\ TCE}{mol\ TCE} \times \frac{10^3 L}{m^3} \frac{273\ K}{(273+20)\ K}$$
$$= 0.022\ g/m^3$$

위와 같이 ppm으로 나타냈을 때 동일한 농도라 할지라도 이를 g/m^3로 나타내면 토양과 공기중 농도가 아주 다르게 나타나므로 서로 다른 기질에 있어서 질량 농도를 나타내기 위해서는 기본 개념을 잘 이해해야 한다.

Milligrams per Liter

Milligram per Liter(mg/L)는 액체를 다룰 때 무게-부피의 관계를 나타낸 것이며 환경공학자들은 대부분 액체를 다루므로, 이것은 계산에 편리한 기준이 되기도 한다. 다음 식

$$mg/L \times 8.34 = lb/million\ gal$$

은 널리 이용되는 환산식으로 일반적으로 통용되고 있다. 비중이 1.00인 물 및 폐수와 그 밖의 액체들이 관련된 문제에서는 윗 식을 다음과 같이 바꾸어서 이용할 수도 있다.

$$\text{ppm} \times 8.43 = \text{lb/million gal}$$

그러나 이들 이외의 액체들은 비중에 대한 보정을 하지 않으면 심각한 오차가 생겨날 수도 있다. 비중(specific gravity)은 어떤 물체의 무게와 이와 동일한 체적의 4℃ 순수한 물과의 무게의 비를 말한다.

물 시료에 대하여 milligram per liter(mg/L)를 사용하면 오해와 혼란을 일으킬 여지가 없다. 과거에는 분석 결과를 지붕에 대한 아무런 언급없이 ppm으로 보고하였으나 현재는 그것을 mg/L로 보고하고 있으며 또한 mg/L는 미터법(metric system) 단위에도 직접 응용할 수 있다.

$$\text{mg/L} = \text{g/m}^3$$

또는

$$\text{mg/L} \times 10^{-3} = \text{kg/m}^3$$

예제 9.2

어떤 공장에서 벤젠이 20 lb/일 로 유출되어 유량이 10^9 gallons/일 인 하천으로 유입되고 있다. 벤젠이 하천에서 균질하게 혼합된다고 할 때 벤젠의 농도는 얼마인가? SI단위계를 이용하라

해답

$$\text{벤젠 농도} = \frac{20\text{ lb}}{10^9\text{ gallons}} \times \frac{1000\text{ gallons}}{3.79\text{ m}^3} \times \frac{\text{kg}}{2.2\text{ lb}}$$

$$= 2.4(10^{-6})\text{kg/m}^3 \text{ 혹은 } 2.4\mu\text{g/L}$$

SI 단위

전 세계적으로 통용할 수 있는 분석 결과 보고 방법을 일정한 형식으로 개발하기 위하여, 1973년 International Organization for Standardization(ISO)은 International system of unit(SI)[3)]를 공포하였다. 이 단위계는 미국을 포함한 30개국의 ISO위원들과 International Union of Pure and Applied Chemistry(IUPAC)로부터 승인을 받았다. 현재는 대부분의 공학 및 과학 교재들이 주로 이 SI 단위들을 사용하고 있으며 그렇지 않은 교재들에서는 대부분 SI단위계의 토대인 미터 단위계가 계속된 노력으로 대중에게 친숙해져 가고 있다. 그러므로 학생들과 현장 종사자들은 이 단위계의 운용지식을 반드시 가지고 있어야 한다. 다

3) "International Standard 1000" International Organization for Standardization, 1973

행히도 환경화학에서는 미터 단위계가 일반적으로 사용되어 왔으므로 SI 단위계를 적용하더라도 기본적으로 달라지는 것이 거의 없게 되었다.

SI 단위계는 표 9.1에 나타낸 바와 같이 일곱 개의 기본단위로 이루어지며 이 기본단위들을 곱하거나 또는 나눔으로써 유도되는 일련의 유도 단위들이 있다. 예를 들면, 농도에 대한 SI 단위는 kg/m^3이 된다. SI 단위계의 유도 단위들 중에는 일부 특별한 이름과 기호를 가진 것들이 있다. 이 교재에서 다루고 있는 주제들에 유용한 것들을 표 9.2에 수록해 놓았다. 또한 SI 단위계에서는 실용상 중요하거나 특수한 분야에 이용되고 있기 때문에 계속 사용되어야 하는 SI 단위계 이외의 단위들의 사용을 허용하고 있다. 이와 같은 단위들을 다음 표 9.3에 수록하였다. 따라서 농도를 mg/L로 나타내는 것도 SI 단위계에서 허용하고 있는 것이다.

▎표 9.1 SI 단위계의 기본단위

물리적 양	기본 SI단위의 명칭	기호
길이	Meter	m
질량	Kilogram	kg
시간	Second	s
전류	Ampere	A
열역학적 온도	Kelvin	K
물질의 양	Mole	mol
광도	Candela	cd

▎표 9.2 9.2 SI 단위계의 유도 단위

물리적 양	유도 SI단위의 명칭	기호	기본보충 또는 기타 유도 SI단위로 나타낸 것
힘	Newton	N	$1N = 1kg \cdot m/s^2$
압력, 응력	Pascal	Pa	$1Pa = 1N/m^2$
에너지, 일 열량	Joule	J	$1J = 1N \cdot m$
동력	Watt	W	$1W = 1J/s$
전하, 전기량	Coulomb	C	$1C = 1A \cdot s$
전위, 전위차, 장력, 기전력	Volt	V	$1V = 1J \cdot C$
전기커패시턴스	Farad	F	$1F = 1C/V$
전기저항	Ohm	Ω	$1\Omega = 1V/A$
전기전도	Siemens	S	$1S = 1\Omega^{-1}$

❙ 표 9.3 SI 단위계 이외의 허용되는 단위

물리적 양	명칭	기호
부피	Liter	L
밀도	Grams per liter	g/L
농도	Moles per liter	M
시간	Day	d
시간	Hour	h
시간	Minute	min

환경화학에서는 보통 1 mg/L 이하로 존재하는 미량의 유기물질과 금속들에 대하여 관심을 가지고 있다. 이와 같이 낮은 농도를 표현하는 데는 가능한 오염물질 수준의 넓은 범위에 걸쳐 이용할 수 있는 단위계를 사용하는 것이 편리하다. SI 단위계에서는 이것을 표 9.4에 있는 접두어를 사용함으로써 가능해진다. 접두어는 SI 단위들의 배수에 대한 이름과 기호를 만들어 이용한다. 예를 들면 μg/L는 microgram per liter로 부르며, 10^{-6} g/L에 해당한다. 이것이 물속의 미량 물질에 대하여 흔히 사용하는 농도 단위이다. 물속에서 측정되는 농약의 농도는 일반적으로 이보다도 낮으며, 10^{-9} g/L에 해당하는 ng/L(nanograms per liter)로 나타낼 수 있다. 현대의 분석기기들은 picogram대의 양을 검출할 수 있을 정

❙ 표 9.4 SI 단위계의 접두사

단위에 곱해지는 인자	접두사	
	명칭	기호
10^{12}	tera	T
10^{9}	giga	G
10^{6}	mega	M
10^{3}	kilo	k
10^{2}	hecto	h
10^{1}	deca	da
10^{-1}	deci	d
10^{-2}	centi	c
10^{-3}	milli	m
10^{-6}	micro	μ
10^{-9}	nano	n
10^{-12}	pico	p
10^{-15}	femto	f
10^{-18}	atto	a

도로 대단히 민감하다. 농약 1 pg/L는 Chicago시의 상수도에 매일 약 4 mg의 농약을 섞었을 때 나타날 수 있는 농도이다. 이와 같이 적은 농도의 어떤 물질이 공중보건이나 환경에 어떻게 영향을 미치는 지를 파악하기란 어려운 일이다 이와 같이 적은 농도를 측정할 수 있다는 것은 물질들에 대한 "0"농도 한계를 임의로 설정하는 것이 위험함을 의미하는 것이다.

기타의 표현방법들

색도나 탁도와 같은 특정한 측정에서는 기준이 임의의 표준값으로 정해져 있다. 이와 같은 경우에는 분석결과를 0, 1, 5 등의 명칭이 없는 단위로 나타낸다.

많은 양의 부유 고형물과 용존 고형물을 포함하고 있는 슬러지와 일부 산업폐수의 농도는 백분율(percent)로 나타내는 것이 가장 적절하다. 농도가 10,000 mg/L가 넘을 때는[4] 분석 결과를 백분율로 나타낸다. 이는 규칙에 어긋나지만 전부터 계속 사용해오는 것에 대하여는 규칙이 무시된다.

수질화학에서는 분석 결과를 리터당 밀리당량(milliequivalents per liter)으로 나타내기도 한다. 이것은 분석 결과를 다른 화합물로 바로 환산하여 나타낼 수 있게 해준다. 리터당의 밀리당량은 원소나 이온의 mg/L 농도를 그 당량(g)으로 나누어 구한다. 당량에 대하여는 제 11장에서 설명하겠다. Moles/L도 평형 관계를 다룰 때에 필요하므로 자주 사용된다. 그러므로 환경공학도는 여러 가지의 표현 방법과 만나게 되며 이 분야에서 충분한 자격을 갖추기 위해서는 각각에 대한 확실한 지식을 계발하도록 하여야 한다. 이런 점에서 일정한 형태의 표현 방법이 필요한 것을 더욱 잘 알 수 있다.

|9.6| 기 타

환경공학도는 완전판 및 학생용 요약판 "Standard Method"의 서론(Introduction)에 있는 모든 사항에 대해서 잘 알고 있도록 해야 한다. 특히 분석 수질의 품질 보증(quality assurance), 자료의 품질(data quality), 시료의 채취 및 보관, 시험장치, 시약 및 분석방법, 그리고 안전에 대하여 유의하여야 한다. 특히 서론의 뒷부분은 실험실 작업을 하기 전에 반드시 읽어보아야 한다. 대부분의 분석 시료 및 분석에 사용되는 화학 약품은 대단히 위험하기 때문에 실험실에서 작업하는 모든 사람들은 그 위험성과 예방 조치에 관하여 알아두어야 한다. 분석을 마친 시료 및 유해 화합물 용액은 환경 기준에 적합한 방법으로 처분하여야 한다. 특히 최근에 들어서는 그 처분 비용이 매우 높아지기 때문에 화학 약품은 가급적 소량으로 구매하여, 유효기간이 경과하여 폐기처분하는 일이 없도록 하여야 한다.

---

4) 10,000 mg/L는 비중이 1.0일 때 1%에 해당한다.

제 10장에서는 분석의 통계적 기법에 대해 설명할 것이다. 측정에 따른 분석자료를 해석하는 데 있어 종종 불확실한 결과들이 간과되기 쉽고, 이를 적절히 고려하지 않는다면 데이터를 해석하는 데 있어서 최소한의 기본적 통계적 개념을 이해하여야만 한다. 제 11장과 제 12장에서는 환경시료를 분석하는 데 일반적으로 중요하면서도 유용한 몇 가지 항목들을 추가하여 설명하겠다. 그 다음의 장들에서 다루게 될 각 분석법에서 특히 중요한 사항들을 이해하기 위해서는 이 두 장을 다시 참조하게 될 것이다.

연습문제

9. 1 "Standard Methods"를 작성하는 데 있어서 공동으로 참여한 전문기구는?

9. 2 일상적인 화학분석 과정에서 접할 수 없는 환경시료 분석을 위해 필요한 것은 무엇인가?

9. 3 대기중 평균 CO_2의 농도가 몰분율로 0.03%이다. 표준상태 0℃, 1기압에서 CO_2의 농도를 ppm과 mg/L로 나타내시오

9. 4 총고형물의 함량이 3.42%인 슬러지가 있다. 슬러지의 비중이 1.06이라면 총고형물 농도는 몇 g/L인가?

9. 5 1,000,000 gallon의 물에 1000 lb의 석회가 가해졌을 때 이를 mg/L로 나타내면 얼마인가?

9. 6 토양에서 PCB의 농도가 8 ppm으로 측정되었다. 토양의 밀도가 2 kg/m^3이라면 PCB의 농도(g/m^3)는?

9. 7 NaCl의 농도가 85 mM이라면 용액 1 L에는 몇 그램의 NaCl이 함유되어 있는가?

9. 8 중크롬산 칼륨의 당량이 분자량의 1/6이라면 중크롬산 칼륨 1당량이 함유된 용액 1 L에는 몇 그램의 중크롬산 칼륨이 함유되어 있는가?

9. 9 20 ng/L를 kg/m^3로 나타내면 얼마인가?

9.10 유해화학물질을 구입하거나 폐기함에 있어서 어떤 예방조치가 취해져야만 하는가?

9.11 혐기성 소화조에서 50 L의 메탄가스가 20m×80m×5m인 공간에 유입되었을 때 공기중 메탄의 농도는 몇 ppm인가? (1기압, 20℃로 가정하라)

9.12 1 g의 TCE 용액이 5 m^3의 토양에 누출되었다. 토양의 밀도가 2 g/cm^3라고 하면 토양에

서의 TCE 농도는 몇 ppm인가?

9.13 수돗물에 150 μg/L의 클로로폼이 함유되어 있을 때 150,000,000 gallon에 존재하는 클로로폼의 양은 몇 lb인가?

9.14 EPA에서는 먹는물에서 TCE의 최대허용농도(MCL)를 5 μg/L로 설정하고 있다. TCE의 비중이 1.46이라면 200,000,000 gallon의 물에 몇 mL의 TCE가 유입되었을 때 허용농도인 5 μg/L에 도달되겠는가?

CHAPTER 10

분석 자료의 통계학적 분석

10.1 서 론

모든 분석 과정은 오차를 포함하기 마련이다. 그러므로 물, 공기 또는 토양에서 주어진 물질의 측정 농도는 일반적으로 참값과 다르다. 이 같은 점은 분석화학자; 수질, 대기 및 토양의 화학 또는 생물학적 특성을 결정함에 있어 분석 결과에 의존하는 규제당국; 주어진 처리공정의 효율을 평가하는 공학자; 건강 또는 생태학적으로 관심의 대상이 되는 화학물질을 제거함에 있어 효과적이고 신뢰성이 있는 공정을 선택하여야 하는 사람들에게 여러 가지 문제를 일으킨다. 그들의 결정은 중요하기 때문에 분석 자료에 포함된 불확실성에 대하여 이해하고 있어야 한다. 통계학은 불확실성을 다루는 과학으로 불확실성을 측정, 평가한다. 분석화학자, 규제당국, 실무 담당자들이 분석 자료를 이용하여 현명한 판단을 하려면 통계 분석을 잘 알아야 한다. 이 장은 분석 자료의 통계적인 분석 방법에 대한 기초를 다루고 있다. 더 자세한 사항은 다른 교재에서 찾아볼 수 있다. "Standard Methods"[1] 역시 이 책에서 기술한 일부 개념에 대하여 자세히 다루고 있다. 또한 de Levine[2]의 교재 역시 통계 분석을 위한 스프레드시트 사용에 대한 매우 훌륭한 교재이다.

계산기 및 스프레드시트는 자료의 신속한 통계 분석을 위해 필요하다. 그들을 사용함으로써 통계 계산이 간편해졌으며, 그에 따라 더욱 널리 사용되게 되었다. 실제로 휴대용 계산기 및 스프레드시트는 평균값 및 표준편차와 같은 계산 기능을 가지고 있다. 그러나 쉽게 사용할 수 있는 도구가 많아지더라도 그 계산의 뒤에 숨겨진 기초 지식을 제대로 이해하고 있어야 한다. 그렇지 않으면 사용자는 분석 자료가 적절한 것인지도 모르면서 컴퓨터

1) 1L. S Clesceri, A. E. Greenburg, and A. D. Eaton (eds.), "Standard Mothods for the Examination of Water and Wastewater," 20th ed., American Public Health Association, New York, 1998.

2) R. de Levie, "How to Use Excel® in Analytical Chemistry and in General Scientific Data Analysis," Cambridge University Press, Cambridge, MA, 2001.

를 이용한 통계 분석을 수행하는 셈이다. 사용된 가정에 대한 이해가 수반되지 않은 맹목적인 분석은 그릇된 결론을 도출할 수 있으며, 더 복잡한 자료의 분석을 요구할 수도 있다. 이 장이 통계학과 환경공학 및 과학에서 통계 분석의 잠재력에 대한 기본 지식을 제공할 수 있기를 기대한다.

|10.2| 수치 자료의 반올림

먼저 분석 자료에 포함된 불확실성에 대한 적절한 정보를 독자들에게 제공하기 위하여 분석 자료를 어떻게 다룰 것인가에 대해 언급하자. 분석 결과를 보고할 때에는 **유효숫자(significant figures)**로 나타낸다. 예를 들어, 주어진 시료에 대하여 분석기기를 이용한 결과를 스프레드시트로 계산하여 나트륨 농도가 276.539 mg/L라고 기록한 경우를 생각해 보자. 어떤 숫자를 고객에게 제시하여야 하는가? 276.539, 276.5, 276, 또는 280 mg/L 어느 것이나 가능하지만 그중 어느 것이 옳은가? 그 답은 숫자가 얼마나 참값을 가깝게 대변할 수 있는 가에 따라 정해진다. 일반적으로 환경 분석에 있어 시료 채취, 보관, 준비 및 분석 과정에서의 불확실성 때문에 측정값은 참값의 +1% 이내에 드는 경우가 거의 없다. 때때로 측정값은 참값의 +10% 범위에 있다. 최소한 이 같은 불확실성이 보고된 숫자에 포함되어야 한다. 앞에 열거된 숫자 중에서 1%의 오차를 가진 값은 어느 것이며, 10% 오차를 가진 것은 어느 것인가? 그 답은 각각 276 및 280 mg/L이다. 그 이유는 다음과 같다: 276의 1%는 2.76이다. 그러므로 참값의 범위는 273.24에서 278.76 이다. 그렇다면 자리수를 더 제시하는 것보다 276이라고 표기하는 것이 불확실성을 반영하는 보다 나은 방법이다. 고객에게 276.539라는 스프레드시트 값을 제시하여도 아무런 이득을 얻을 수 없으며, 그렇게 하는 것은 사실과는 달리 참값을 더 자세하기 알고 있다는 것을 의미한다. 만일 불확실성이 10%라면 참값은 248과 304 mg/L 사이에 존재할 것으로 기대된다. 이때는 280이 값의 정확도를 정확하게 나타내는 표현이다. 276 mg/L라고 하는 것은 자료의 확실성을 보장하지 못하는 정밀도(precision)를 포함하는 것이다.

유효숫자라는 것은 결과를 표현할 때 0 이외에 사용된 자리수를 의미한다. 예를 들어 10,300, 273, 3.54 그리고 0.0976이 숫자는 모두 세 자리 유효숫자를 가지고 있으며 1%의 불확실성을 내포하고 있다. 또한, 24,000, 560, 0.42 그리고 0.00056은 모두 유효숫자가 두 자리이며, 10%의 불확실성을 의미한다. 요즈음에는 컴퓨터를 이용한 숫자를 널리 사용하므로 사람들의 오해를 불러일으키지 않도록 숫자를 표현할 때 유효숫자 사용에 조심하여야 한다. 또한 불필요한 숫자를 사용하지 않는 경우 표로부터 결과를 읽은 것이 쉬워진다. 부언하자면, 컴퓨터를 이용하여 계산하는 경우 반올림을 너무 심하게 하는 경우 계산상의 오류가 발생할 수 있으므로 유효숫자 수준까지 숫자를 반올림하지 않는 것이 바람직하다.

유효숫자는 주로 결과를 다른 사람에게 보고할 때 적용된다.

|10.3| 정 의

비록 유효숫자를 이용하여 정보에 내포된 불확실성을 나타내는 것이 적절한 방법이기는 하지만, 이 같은 목적을 달성하기 위한 더 좋은 통계학적 방법도 있다. 분석에서의 불확실성과 시료 준비 및 관리 과정에서 실수의 가능성 때문에 분석자들은 일반적으로 분석 과정에서 두개 이상의 분석을 수행한다. 분석에서의 불확실성 때문에 측정 결과는 일반적으로 일치하지 않는다. 이때 분석자는 결과의 중앙 집중도(central tendency)를 보고하고 각각의 결과가 얼마나 차이가 있는지를 나타내기 위한 방법을 사용한다. 중앙 수치는(central value) 다른 각각의 값보다 훨씬 믿을 만하다. 각 개개의 값들과 다른 값들과의 차이의 정도는 결과의 불확실성을 나타내는 또 다른 지표이다. 평균(mean) 및 중앙치(median)는 중앙 집중도를 나타내는 두 가지 척도이다.

평균 및 중앙치

평균, 평균값, 그리고 수학적 평균($\overline{x}$)은 중앙 집중현상을 나타내는 척도로 모든 측정값의 합을 측정횟수로 나누어 구한다.

$$\overline{x} = \frac{\sum_{i=1}^{n} x_i}{n} \tag{10.1}$$

여기서 x_i는 각 측정값이며, n은 측정횟수를 나타낸다.

중앙치는 측정된 값들 가장 중간에 위치한 값이다. 측정값의 개수가 홀수라면 중앙치는 가운데 있는 하나의 값이며, 만일 짝수라면 중앙치는 가운데 위치한 두 숫자의 평균값이다.

예제 10.1

5월중 폐수처리장에서 측정한 유출수의 생화학적 산소요구량(BOD)은 다음과 같다. 평균과 중앙치를 계산하시오.

측정값 : 15, 22, 10, 29, 5, 16, 19, 6, 28, 14, 그리고 17 mg/L

해답

$$\text{평균} = \bar{x} = (15+22+10+29+5+16+19+6+28+14+17)/11$$
$$= 16.45 = 16\ \text{mg/L}$$

각 측정값의 유효숫자를 고려하여 결과를 두 자리 유효숫자로 나타낸 것에 유의하시오. 측정값들의 분포로부터 평균값에 대한 정확도는 그다지 크지 않음을 알 수 있다.
중앙치를 구하기 위하여 측정값을 순서대로 배열한다(5, 6, 10, 14, 15, 16, 17, 19, 22, 28, 29). 이중 중간에 있는 값은 여섯 번째 값으로 16이다. 그러므로 중앙치는 16 mg/L이며, 이 경우에는 평균값과 일치하였다. 그러므로 두 값이 나타낸 중앙 집중도의 정도는 일치한다. 그러나 항상 그런 것은 아니다.

표준편차(Standard Deviation)

표준편차는 주어진 자료의 분포를 나타내는 척도이다. 또한 표준편차는 시료를 여러 번 분석할 때 시료에 포함된 물질의 농도와 같은 값의 불확실성 또는 정밀도(precision)의 척도를 제공할 수 있다. 표준편차 s는 다음과 같이 정의된다:

$$s = \sqrt{\frac{\sum (x_i - \bar{x})^2}{n-1}} \tag{10.2}$$

위 식은 수학적으로 다음과 동일하다.

$$s = \sqrt{\frac{\sum x_i^2 - (\sum x_i)^2/n}{n-1}} \tag{10.3}$$

식 (10.2)는 표준편차가 자료의 각 개개의 값과 평균값의 상대적인 차이를 나타내는 척도라는 것을 의미한다. 차이가 크면 클수록 표준편차는 커진다. 분모의 $n-1$은 **자유도(degree of freedom)**와 관련이 있으며, 단순한 자료 세트의 경우 자료의 수에서 1을 뺀 값이다. 10.5에 설명되어 있는 바와 같이 자료 세트가 혼합된 경우에는 자유도는 달리 표현된다. 식 (10.2)가 표준편차의 정의를 잘 나타내고 있지만 평균값을 계산하지 않은 자료로부터 표준편차를 계산할 때에는 식 (10.3)이 보다 유용하게 사용된다.

표본분산(분산, variance) s^2은 여러 과정의 표준편차를 종합하여야 하는 자료 분석 시에 유용하다. 분산은 표준편차의 제곱이다:

$$s^2 = \frac{\sum (x_i - \bar{x})^2}{n-1} \tag{10.4}$$

예제 10.2

예제 10.1에 주어진 BOD 자료의 표준편차와 분산을 계산하시오.

해답

예제 10.1에 주어진 자료의 평균은 16.45 mg/L이며, 이를 유효숫자를 기준으로 반올림하면 16 mg/L이다. 식 (10.2)와 (10.3)을 이용하여 같은 결과를 얻을 수 있음을 예시한다.

x_i	$(x_i - \bar{x})^2$	x_i^2
15	2.12	225
22	30.75	484
10	41.66	100
29	157.39	841
5	131.21	25
16	0.21	256
19	6.48	361
6	109.30	36
28	133.30	784
14	6.02	196
17	0.30	289
$\sum = 181.00$	618.73	3597
$\bar{x} = 16.45$		

식 (10.2)로부터

$$s = \sqrt{\frac{\sum(x_i - \bar{x})^2}{n-1}} = \sqrt{\frac{618.73}{11-1}} = 7.87 \text{ 또는 유효숫자로 표시하면 } 8 \text{ mg/L}$$

식 (10.3)으로부터

$$s = \sqrt{\frac{\sum x_i^2 - (\sum x_i)^2/n}{n-1}} = \sqrt{\frac{3597 - (181^2/11)}{11-1}} = 7.87$$

또는 유효숫자로 표시하면 8 mg/L

식 (10.2)와 식 (10.3)을 이용한 결과는 같다. 분산은 s^2으로

$$s^2 = (7.87)^2 = 62(\text{mg/L})^2$$

정확도(Accuracy)와 정밀도(Precision)

정확도와 정밀도는 흔히 잘못 사용되는 두 단어이다. 분석 자료를 이용하는 사람은 그 둘에 대한 정확한 의미를 명확하게 알고 있어야 한다. 정확도는 분석한 값이 참값에 얼마나 가까운지를 나타낸다. 정밀도는 둘 또는 그 이상의 측정값이 얼마나 일치하는 지를 나타낸다. 예를 들어, 주어진 분석방법을 이용하여 측정한 염소 이온의 농도가 145, 147, 그

리고 143 mg/L라고 하자. 이 값들은 평균값 145 mg/L에 매우 근접한 값들이다. 그러므로 분석방법은 매우 정밀하다고 말할 수 있다. 그러나 시료를 매우 조심스럽게 준비하여 정밀하게 측정한 결과가 155 mg/L이라면 분석방법은 정확도가 떨어진다고 말할 수 있다. 정밀도가 높다는 것은 분석방법이 완전하다는 것을 의미하지는 않으며, 분석값은 참값 또는 채택값(accepted value)에 충분히 가까울 수 있도록 정확하여야 한다. 주어진 분석방법의 정확도는 순도를 알고 있는 화합물을 조심스럽게 준비한 표준시료를 이용하여 검증할 수 있다. 그와 같은 표준시료는 측정하고자 하는 물질이 "받아들일만한 값"인지를 결정하는 데 사용된다.

측정의 정확도가 부족하다는 것은 측정에 오차가 존재함을 나타낸다. 절대오차 E_a는 측정값과 참값 또는 채택값과의 차이를 의미한다.

$$E_a = x_i - x_t \tag{10.5}$$

여기서 x_i는 참값 또는 채택값이다. 때로 상대오차 E_r이 더 많이 사용된다.

$$E_r = 100\frac{x_i - x_t}{x_t} \tag{10.6}$$

이전 문단에서 절대오차는 145-155 또는 -10 mg/L이며, 상대오차는 100(145 − 155)/155 또는 6.5 퍼센트이다.

오차에는 **무작위(indeterminate, random) 오차**, **계통(determinate, systematic) 오차**, 그리고 **착오(gross error)**의 세 가지 종류가 있다. 무작위 오차는 자료가 평균값 주변에 다소 규칙적으로 분포하도록 한다. 이 같은 오차는 모든 분석 방법에서 조절이 불가능한 많은 변수에 기인한다. 계통 오차는 확인이 가능한 명확한 원인을 가지고 있으며, 이에는 기기 오차, 방법 오차, 개인적인 오차가 포함된다. 기기 오차는 전자기기, 피펫, 그리고 눈금 실린더 등 사용되는 기기와 관련된 고유의 오차이며, 이들 기기는 어느 것이나 완벽하지 않다. 방법 오차는 표준용액을 만들 때 사용하는 화학물의 불순물 함유도, 분석 방법 중 화학적 반응 및 추출의 불완전성 등과 같이 주어진 분석 방법의 물리 및 화학적 측면과 관련이 있다. 개인적인 오차는 실험자의 부주의 또는 실험자 개인적 성질에 의한 것으로, 예를 들면 가스크로마토그래피에 항시 일정한 양의 시료를 주입할 수 없는 능력 등이 포함된다. 착오는 축적을 잘못 읽는 것, 계산을 틀리게 하는 것, 결과를 바르게 쓰지 못한 것, 용액을 적당히 혼합하지 못하는 것과 같은 실험자 측의 부주의에 의한 것이다. 분석자는 실험 결과의 정확도와 정밀도를 결정할 수 있도록 표준 시료를 적절히 사용하여 분석 방법을 항상 검토하여야 한다. 만일 분석을 주어진 기준에 맞추어 할 수 없는 경우에는 오차의 원인을 찾아야 한다. 분석자는 분석 방법 자체로부터 기인하는 오차와 시료 준비 및 분석의 조합에서부터 기인하는 오차를 비교하여 오차의 원인이 어디에 있는지를 파악하고 교정하여야 한다.

| 10.4 | 실험 자료의 분포

대부분의 분석 실험 결과로부터 구한 자료의 분포는 종 모양 또는 **Gaussian 분포**에 접근한다. 이를 **정규분포(normal distribution)**이라고 하며, 그와 같은 곡선의 예가 그림 10.1에 나타나 있다. 그림은 표준편차가 σ인 무한한 자료가 μ로 표시된 평균값 주위에서 분포하는 모습을 나타내고 있다. 그림에서 사용된 기호는 식 (10.1) 및 (10.2)에서 사용된 x및 s와 구분되어 사용되었는 바, x 및 s는 제한된 수의 자료로부터 구한 값에 대한 것이다. 그림 10.1은 무한한 자료의 값들이 z축에 $0(x=\mu)$로 표시된 평균값 μ를 중심한 분포의 상대적인 빈도를 나타내고 있다. z축과 y축의 값을 정규화시키면 곡선 아래의 면적은 1과 같아진다. 주어진 곡선은 다음 식으로 표현할 수 있다.

$$y=\frac{1}{\sqrt{2\pi}}e^{-z^2/2\sigma^2} \tag{10.7}$$

최대 y 값은 $z=\mu$일 때 0.39894이다. 중요한 것은 자료의 68.27 퍼센트는 평균값 $\pm\sigma$, 95.45 퍼센트는 평균값 $\pm 2\sigma$, 99.73 퍼센트는 평균값 $\pm 3\sigma$ 이내에 존재한다는 점이다.

자료가 정규분포를 따른다면 평균값 주위의 빈도분포는 그림 10.1에 나타낸 종 모양을 따르게 된다. 충분한 수의 자료가 있다면 이를 평가하기 위하여 기둥그림표(histogram)를 그려

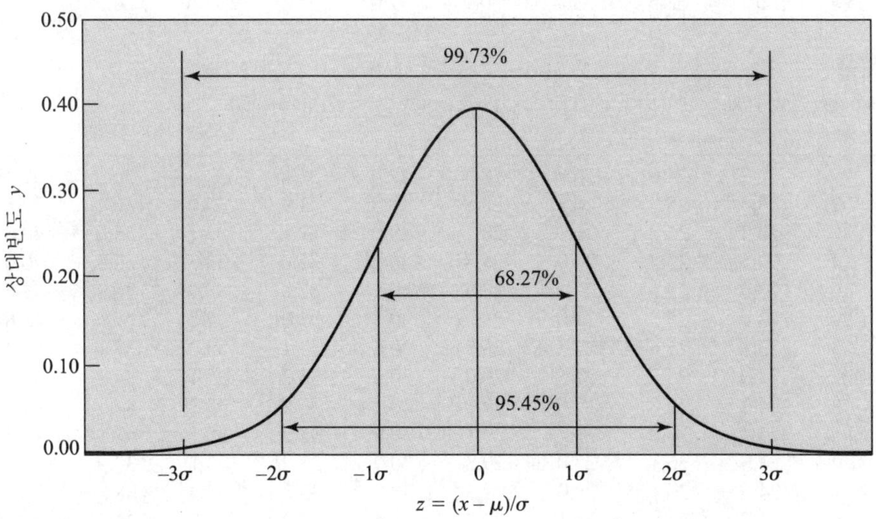

⇧ 그림 10.1 자료의 Gaussian 빈도 분포

서 그 결과를 정규분포 곡선과 비교하면 된다. 이를 위하여 식 (10.7)을 변형한 다음 식을 사용할 수 있다.

$$Y = \frac{ni}{\sigma\sqrt{2\pi}} e^{-z^2/2\sigma^2} \tag{10.8}$$

여기서 n은 자료의 수 그리고 i 는 평가하고자 하는 빈도의 간격을 나타낸다.

예제 10.3

관측정으로부터 여러 날에 걸쳐 채취한 지하수 시료를 분석하여 얻은 트라이클로로에틸렌의 농도(μg/L)가 주어져 있다. 평균(평균 및 중앙치)과 표준편차를 구하고, 자료의 빈도분포를 나타내는 기둥그림표를 그리고 이론적인 정규분포와 비교하시오.

33.2	35.0	25.5	23.6	41.8	27.3	31.8	31.4	26.4	33.4
38.3	37.9	26.4	23.2	39.1	36.4	30.0	29.9	27.9	24.4
33.2	35.2	30.6	22.5	24.7	25.5	28.7	33.6	24.6	29.3
36.3	30.7	28.9	28.0	30.0	9.0	42.2	29.9	25.4	24.0
40.6	28.8	33.7	23.7	35.1	9.4	30.9	33.3	28.8	23.5
33.1	36.6	28.1	21.9	33.9	29.5	22.1	25.8	26.0	25.2
37.5	27.0	35.2	12.9	35.7	37.3	36.8	28.3	27.0	23.3
46.2	29.1	24.0	12.6	33.3	28.9	40.6	27.1	25.2	26.9
33.0	33.2	25.6	14.7	36.0	27.5	31.4	35.9	27.7	27.5
37.8	29.0	32.8	13.3	30.5	7.7	29.0	26.1	24.6	26.1
41.6	30.2	23.8	17.9	32.1	30.6	5.9	25.7	24.8	
49.5	28.5	26.8	19.5	33.7	39.3	30.9	31.9	26.9	
36.0	34.8	23.3	36.9	30.5	29.3	33.2	28.3	23.1	
45.7	26.7	33.3	38.8	30.9	37.0	38.1	32.6	24.9	

▌해답

먼저 자료를 가장 작은 값으로부터 가장 큰 값의 순서로 배열하자 :

5.9	23.2	24.9	26.7	28.3	29.9	31.8	33.4	36.3	39.1
7.7	23.3	25.2	26.8	28.5	30.0	31.9	33.6	36.4	39.3
9.0	23.3	25.2	26.9	28.7	30.0	32.1	33.7	36.6	40.6
9.4	23.5	25.4	26.9	28.8	30.2	32.6	33.7	36.8	40.6
12.6	23.6	25.5	27.0	28.8	30.5	32.8	33.9	36.9	41.6
12.9	23.7	25.5	27.0	28.9	30.5	33.0	34.8	37.0	41.8
13.3	23.8	25.6	27.3	28.9	30.6	33.1	35.0	37.1	42.2
14.7	24.0	25.7	27.5	29.0	30.6	33.2	35.1	37.3	45.7
17.9	24.0	25.8	27.5	29.0	30.7	33.2	35.2	37.5	46.2
19.5	24.4	26.0	27.7	29.1	30.9	33.2	35.2	37.8	49.5
21.9	24.6	26.1	27.9	29.3	30.9	33.2	35.7	37.9	
22.1	24.6	26.1	28.0	29.3	30.9	33.3	35.9	38.1	
22.5	24.7	26.4	28.1	29.5	31.4	33.3	36.0	38.3	
23.1	24.8	26.4	28.3	29.9	31.4	33.3	36.0	38.8	

다음, 자료를 10에서 12개 정도의 세트로 나눌 수 있는 구간을 설정하자. 주어진 자료의 범위는 6에서 50이며, 그 차이는 44이다. 이 차이를 12로 나누면 3.7이다. 따라서 구간은 3 또는 4이므로 3을 선택하자. 다음에 3 단위의 간격으로 값을 배열하자:

구간	자료의 숫자
0.0 − 2.9	0
3.0 − 5.9	1
6.0 − 8.9	1
9.0 − 11.9	2
12.0 − 14.9	4
15.0 − 17.9	1
18.0 − 20.9	1
21.0 − 23.9	11
24.0 − 26.9	25
27.0 − 29.9	25
30.0 − 32.9	18
33.0 − 35.9	21
36.0 − 38.9	16
39.0 − 41.9	6
42.0 − 44.9	1
45.0 − 47.9	2
48.0 − 50.9	1

각 간격 사이에 나타낸 자료의 숫자는 빈도이다. 각 간격에 대한 빈도 대 농도 간격을 나타내면 그림 10.2와 같다.

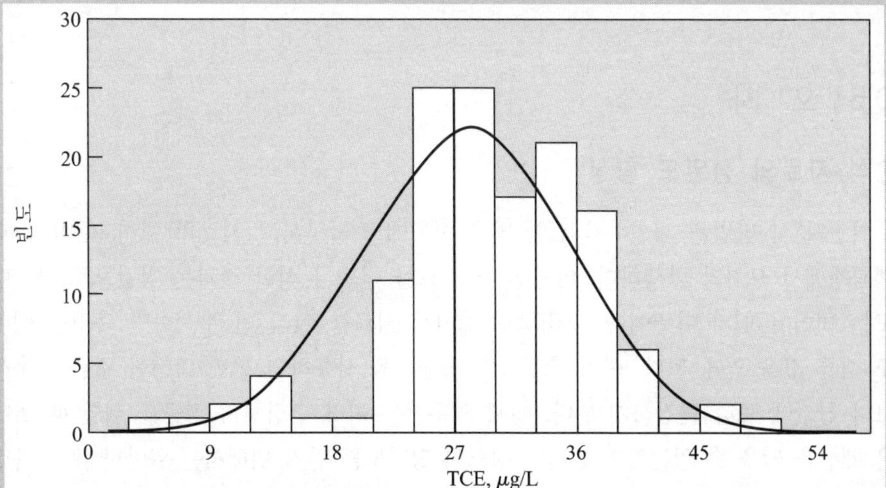

그림 10.2 TCE 자료에 대한 정규빈도분포 곡선의 Gaussian 곡선과 기둥그림표의 비교(예제 10.2)

이제 식 (10.1) 및 (10.3)을 이용하여 평균값 $\bar{x}$ 및 표준편차 s를 구하면 그 값은 각각 29.6 및 7.4이다. 평균값을 표의 136개의 자료의 중앙에 위치한 중앙치와 비교하자. 자료의 수가 짝수이므로 중앙치는 68 및 69번째 자료의 평균으로 (29.9+29.5)/2=29.4이다. 이 값은 평균값과 매우 가까우며, 자료가 정규분포를 따를 경우 당연히 그래야 한다.

만일 $\mu=\bar{x}$이고 $\sigma=s$이라면 자료의 빈도분포를 이론적인 빈도와 비교할 수 있다. 식 (10.8)에 $n=136$, $i=3$을 이용하면 그림 10.2에 나타낸 정규빈도분포 곡선을 구할 수 있다. 그림이 상당히 일치하기 때문에 자료는 정규분포를 따른다고 할 수 있다. 이제 이 같은 비교를 하기 위해서는 매우 많은 자료가 필요함을 알 수 있다. 자료의 수가 많으면 많을수록 비교의 정확도는 높아진다.

또 다른 비교방법은 표준편차에 의해 정의되는 범위 내에 존재하는 자료의 퍼센트를 구하여 이론적인 값과 비교하는 것이다:

평균값 주변범위		실제 자료의 범위		이론적인 범위
		수	%	
±s	22.2−37.0	106	77.9	68.3
±2s	14.8−44.4	125	91.9	95.5
±3s	7.4−51.8	135	99.3	99.7

비록 각 범위 내에 드는 자료의 퍼센트가 정규분포에 근거한 이론적인 값과 다소 차이가 있지만 그 차이가 크지 않기 때문에 자료가 정규분포를 비교적 잘 따르고 있음을 확인할 수 있다. 정규분포를 따르는지를 검증하는 보다 복잡한 방법이 있기는 하지만 이 책의 범위를 벗어나므로 다루지 않았다. 그 방법들은 이 장의 마지막에 주어진 통계학에 대한 참고문헌에 자세히 설명되어 있다.

|10.5| 오 차

분석 자료의 정밀도 향상

주어진 분석 방법을 개선하기 위한 많은 시도에도 불구하고 시료의 채취, 준비, 그리고 분석과정에서 오차가 발생하며, 이에 따라 시료를 한번 분석한 결과는 참값으로부터 어느 정도는 벗어나 있기 마련이다. 그러므로 주어진 시료를 여러 번 분석하면 측정할 때마다 다소 다른 값을 얻게 된다. 여러 측정값의 평균값을 사용하면 한번 측정한 값을 사용하는 것보다 참값에 보다 근접하게 된다. 이때 의문점은 여러 측정치의 평균을 취할 때 얼마나 많은 개선을 얻을 수 있는가와 원하는 정도의 정밀도를 얻기 위해서는 얼마나 많은 측정이 필요한가이다. 이 같은 의문을 해소하는 몇 가지 방법이 있다.

평균의 표준오차(standard error)

표준편차 s를 이용하면 평균값을 중심으로 자료의 분포를 파악할 수 있다. 만일 s가 원하는 값보다 크다면 같은 시료를 더 많이 측정하여 그 값을 줄일 수 있다. 1회의 분석보다는 다수의 분석을 통한 평균값이 참값에 보다 가깝다. **평균의 표준오차** s_m은 평균값을 계산하기 위하여 사용된 분석횟수의 함수이다.

$$s_m = \frac{s}{\sqrt{n}} \tag{10.9}$$

예제 10.4

예제 10.3에 주어진 자료의 행 자료에 대한 평균의 표준오차를 구하고 평균값의 표준편차 s와 비교하시오. 분석은 10개의 값을 가진 행 및 9개의 값을 가진 행의 자료에 대하여 별도로 수행하시오.

해답

n이 9 및 10인 행에 대한 s_m값의 추정치는 각각

$s_{m(n=9)} = \frac{s}{\sqrt{n}} = \frac{7.4}{\sqrt{9}} = 2.5 \qquad s_{m(n=10)} = \frac{s}{\sqrt{n}} = \frac{7.4}{\sqrt{10}} = 2.3$

식 (10.9)를 이용하여 예제 10.3의 위에 제시된 표로부터 구한 각 행의 평균값은

	행	n	행평균 (n=10)	행평균 (n=9)
	1	10	30.9	
	2	10	31.4	
	3	10	28.8	
	4	10	28.4	
	5	10	28.8	
	6	10	28.2	
	7	10	30.1	
	8	10	30.4	
	9	10	29.2	
	10	10	25.7	
	11	9		25.8
	12	9		31.9
	13	9		30.6
	14	9		34.2
행 평균의평균			29.2	30.6
행 평균의 표준편차			1.6	3.5
평균의 표준오차 [식 (10.9)]			2.3	2.5

각 행의 평균값 아래에 표 형식으로 열거한 각 열은 각 행 평균의 평균값 및 표준편차이다. 식 (10.9)를 이용하여 구한 행 평균값의 표준오차 역시 수록되었다.
농도를 결정하기 위해서는 하나의 값을 이용하는 것보다 여러 개의 값을 이용하는 경우 결과가 개선됨을 알 수 있다. 행 평균의 표준편차는 원래 표에 제시된 각 값들의 표준편차인 7.4보다 작음을 알 수 있다. 또한 행 평균의 표준오차 역시 식 (10.9)로 계산한 값과 상당히 일치함을 알 수 있다. 그러나 두 값은 정확히 일치하지는 않는다. $n=10$인 행의 자료에 대한 표준편차 1.6은 계산된 평균의 표준오차보다 다소 작지만 $n=9$인 경우에 계산된 값 3.5는 다소 크다. 이는 계산된 값이 항상 정확한 값은 아니라는 것을 알려 준다. 즉 계산된 값은 많은 불확실성을 가지고 있으며, 그것은 표준편차에서도 나타나 있다. 이 예제는 임의의 자료에서 예상되는 정규변동, 자료의 분석 접근방법, 그리고 적용시 주의하여야 할 점을 예시하고 있다.

합동 자료(pooled data)의 표준편차

좋은 s값을 구하려면 많은 자료가 필요하고, 이는 많은 시간과 노력을 요구한다. 그러나 일련의 서로 다른 자료 세트 중 반복 측정값을 통합하여 보다 나은 s (s_{pooled})를 계산할 수 있다. 이 때 각 부분집합의 평균에 대한 편차의 제곱을 구한다. 각 부분집합에 대한 제곱값을 더한 다음 알맞은 자유도 수로 나눈다. 마지막으로 구한 몫의 평방근을 s_{pooled}로 산정한다. 각 부분집합에 대하여 자유도 1을 잃는다. 이 분석에서 사용되는 자유도 n은 총 측정자료의 수에서 각 부분집합의 수를 뺀 값이다.

예제 10.5

서로 다른 네 가지 물 시료에 대하여 염소 이온농도를 분석하여 그 결과를 수록하였다. 염소 이온 분석에 대한 s_{pooled}을 계산하고 각 독립적인 자료 세트에 대한 표준편차와 비교하시오.

시료번호	분석횟수	염소이온 (mg/L)	평균 (mg/L)	평균과 차의 제곱의 힘
1	4	2,220 ; 2,260 ; 2,230 ; 2,090	2,200	17,000
2	4	3,220 ; 3,200 ; 2,930 ; 3,100	3,110	52,675
3	7	2,460 ; 2,820 ; 2,430 ; 2,540 ; 2,550 ; 2,560 ; 2,580	2,560	95,343
4	3	1,850 ; 1,810 ; 1,730	1,800	7,467
총 분석횟수	18			172,485

■ 해답

시료번호	표준편차의 계산	표준편차 s, mg/L
1	$s=[17,000/(3-1)]^{0.5}$	75
2	$s=[53,675/(3-1)]^{0.5}$	133
3	$s=[95,343/(7-1)]^{0.5}$	126
4	$s=[7,467/(3-1)]^{0.5}$	61
Pooled	$s_{\text{pooled}}=[172,845/(18-4)]^{0.5}$	100

합동(pooled) 표준편차는 100 mg/L로 이는 61에서 133 mg/L 범위로 존재하는 각 시료의 표준편차의 사이에 위치한다. 비록 100 mg/L라는 값이 네 시료에 대한 표준편차의 평균값(99 mg/L)와 유사하지만 합동값은 더 많은 분석이 수행된 시료에 보다 비중을 두고 있다.

신뢰한계 및 신뢰구간

우리는 종종 주어진 일련의 자료에 대한 참 평균값에 관심이 있다. 그러나 그 값을 구하려면 무한대의 측정을 해야 하기 때문에 평균의 참값은 결코 알 수 없다. 반면 통계학적 원리를 이용하면 실험으로 주어진 수준의 확률 하에서 분석한 자료의 참 평균값을 추정할 수 있다. 이와 같은 방법으로 구한 한계를 **신뢰한계(confidence limits, CL)**라고 하며, 그 사이의 구간을 **신뢰구간(confidence interval, CI)**이라고 한다. 여기서 다음과 같은 통계학적 변수 t를 이용한다.

$$\mu\text{에 대한 CL} = \bar{x} \pm \frac{ts}{\sqrt{n}} \tag{10.10}$$

여기서 μ는 참 평균이고 $\bar{x}$는 n개의 자료를 이용하여 계산한 평균값이다. 계수 t는 개념을 창시한 William S. Gosset가 필명으로 “Student”를 사용하였기 때문에 일반적으로 “스튜던트의 t (Student's t)”라고 불린다. 원하는 확률의 수준과 자유도에 따라 t 값은 다르다. 표 10.1은 확률과 자유도에 따른 t 값을 열거하고 있다. $\bar{x}$를 계산하기 위한 자료의 수가 많을수록 식 (10.10)에서 분모가 증가할 뿐만 아니라 분자의 t 값도 작아지기 때문에 신뢰구간은 작아진다. 자료의 수가 많으면 많을수록 계산한 값이 참 평균에 근접할 확률은 높아진다. 확률은 원하는 값을 선정할 수 있다. 일반적으로 95% 확률이 널리 사용된다. 이는 20번 중 한번은 계산한 평균값이 참 평균값으로부터 벗어나 있을 수 있음을 나타낸다.

표 10.1 student's t 의 값

자유도	확률 수준				
	50%	90%	95%	98%	99%
1	1.000	6.314	12.71	31.821	63.66
2	0.816	2.920	4.303	6.965	9.925
3	0.765	2.353	3.182	4.541	5.841
4	0.741	2.132	2.776	3.747	4.604
5	0.727	2.015	2.571	3.365	4.032
6	0.718	1.943	2.447	3.143	3.707
7	0.711	1.895	2.365	2.998	3.499
8	0.706	1.860	2.306	2.896	3.355
9	0.703	1.833	2.262	2.821	3.250
10	0.700	1.812	2.228	2.764	3.169
12	0.695	1.782	2.179	2.681	3.055
14	0.692	1.761	2.145	2.624	2.977
16	0.690	1.746	2.120	2.583	2.921
18	0.688	1.734	2.101	2.552	2.878
20	0.687	1.725	2.086	2.508	2.845
25	0.684	1.708	2.060	2.485	2.787
30	0.683	1.697	2.042	2.457	2.750
40	0.681	1.684	2.021	2.423	2.704
50	0.679	1.676	2.009	2.403	2.678
60	0.679	1.671	2.000	2.390	2.660
80	0.678	1.664	1.990	2.374	2.639
∞	0.674	1.645	1.960	2.326	2.576

예제 10.6

예제 10.1에 주어진 BOD 자료의 평균값에 대하여 95%의 확률 수준으로 신뢰구간을 결정하시오.

해답

예제 10.1에 주어진 자료의 수는 11이므로 자유도는 10이다. 예제 10.1에서 구한 평균은 16 mg/L, 표준편차는 예제 10.2에서 구한 바와 같이 8 mg/L이다. 표 10.1로부터 95%의 확률 수준과 자유도 10에 대한 t는 2.228이다. 따라서

$\mathrm{CI} = \dfrac{ts}{\sqrt{n}} = \dfrac{2.228(8)}{\sqrt{11-1}} = 5.6$ 또는 유효숫자를 고려하여 반올림하면 6 mg/L

그리고, $\mathrm{CL} = 16 \pm 6$ mg/L 또는 10에서 22 mg/L

이 예제는 11개의 자료로부터 평균값을 구하였지만, 표준편차가 크기 때문에 참 평균값이

어떤 값인지를 정확하게 알 수 없음을 예시하고 있다. 만약 80개의 자료가 사용된 경우에도 95%의 확률 수준에서 평균값의 신뢰구간은 ±2 mg/L가 될 것이며, 이는 많은 자료를 사용하였음에도 불구하고 매우 큰 값이다. 이 같은 사실은 적은 수의 자료를 가지고 확정적인 결론을 내리는 것에 대한 강력한 경고를 의미한다.

계산된 결과의 표준편차

때로 표준편차를 알고 있는 분석 자료를 더하거나, 빼거나, 곱하거나 나누어야 할 경우가 있다. 이때 계산된 결과의 표준편차는 사용된 수학 연산에 따라 달라진다.

합과 차의 표준편차 합과 차가 포함된 연산에서 계산 결과의 분산은 각 측정치의 분산의 합과 같다. 그러므로 식 (10.11)에 나타낸 바와 같이 y가 a, b 그리고 c의 함수이라면

$$y(\pm s_y) = a(\pm s_a) + b(\pm s_b) - c(\pm s_c) \tag{10.11}$$

y의 표준편차는

$$s_y = \sqrt{s_a^2 + s_b^2 + s_c^2} \tag{10.12}$$

예제 10.7

공학자가 밀폐된 실험실 반응기에 잔류하는 구리의 질량을 추정하고자 한다. 분석결과에 근거하면 공학자는 초기에 22.3(±1.5) g을 초기에, 그리고 13.5(±1.0) g을 나중에 첨가하였다. 그 다음 한 차례에 걸쳐 14.7(±1.2) g을, 그리고 이후에 5.3(±0.8) g을 반응조로부터 제거하였다.

해답

잔류하는 질량 $= 22.3 + 13.5 - 14.7 - 5.3 = 15.8$ g

그러나 측정의 불확실성 때문에 실제 잔류하는 질량은 다를 수 있다. 식 (10.12)를 이용하여 표준편차를 계산하면 불확실성의 척도는 다음과 같이 계산된다.

$$s_{15.8} = \sqrt{1.5^2 + 1.0^2 + 1.2^2 + 0.8^2} = 2.3 \text{ g}$$

그러므로 공학자는 15.8(± 2.3)g을 반응조에 잔류하는 질량으로 보고하여야 한다.

곱셈과 나눗셈의 표준편차 곱셈과 나눗셈에 대한 표준편차를 구하기 위해서는 약간 다른 방법이 필요하다. 여기서 상대표준편차를 이용하여야 한다. 다음 식을 고려하자.

$$y(\pm s_y) = \frac{a(\pm s_a) \times b(\pm s_b)}{c(\pm s_c)} \tag{10.13}$$

y에 대한 상대표준편차(relative standard deviation) 또는 s_y/y는 다음과 같다:

$$\frac{s_y}{y} = \sqrt{\left(\frac{s_a}{a}\right)^2 + \left(\frac{s_b}{b}\right)^2 + \left(\frac{s_c}{c}\right)^2} \tag{10.14}$$

예제 10.8

공학자가 정상상태에서 운전되는 반응조에서 화학적 산소요구량(COD) 제거 효율을 구하고자 한다. 이 계산을 위해서 공학자는 유입수와 유출수의 유량이 각각 1.5(±0.05) 및 1.4(±0.06) m^3/s로 유출수의 유량이 증발에 의해 감소하는 것을 알았다. 유입수와 유출수의 COD는 각각 195(±22) 및 9(±3) mg/L이었다.
반응조로 유입되는 COD 질량 유입율은 유입유량에 COD 농도를 곱하여 계산할 수 있고, COD 질량 유출율도 같은 방식으로 구하면 된다. COD 제거 효율은?

해답

$$\text{COD 제거효율} = 100\left(1 - \frac{Q_{out}C_{out}}{Q_{in}C_{in}}\right)$$

주어진 정보로부터 비를 계산하면

$$\frac{Q_{out}C_{out}}{Q_{in}C_{in}} = \frac{1.4 \times 9}{1.5 \times 195} = 0.043$$

식 (10.14)에 의하면 표준편차는 0.043이다.

$$\frac{s_{0.043}}{0.043} = \sqrt{\left(\frac{0.05}{1.5}\right)^2 + \left(\frac{3}{9}\right)^2 + \left(\frac{0.06}{1.4}\right)^2 + \left(\frac{22}{195}\right)^2} = 0.36$$

이로부터 $s_{0.043} = 0.043 \times 0.36 = 0.015$
그러므로 물질수지로부터 전반적인 제거효율은 다음과 같이 보정되어야 한다.

$$\text{COD 제거효율} = 100[1 - 0.043(\pm 0.015)] = 95.7(\pm 1.5)\%$$

마지막 계산은 1에서 뺀 값에 100을 곱하여 구하였다. 그러나 이 숫자들은 표준편차가 없는 정확한 값이다. 만일 0을 표준편차로 가정하여 같은 방식으로 구하면 그 결과는 95.7(± 1.5)%와 같은 값을 얻을 것이다.

지수 및 로그의 표준편차 지수가 정확한 숫자인 지수 함수를 계산하는 경우를 고려하자.

$$y(\pm s_y) = [a(\pm s_a)]^x \tag{10.15}$$

이 경우 다시 상대표준편차를 이용하면

$$\frac{s_y}{y} = x\left(\frac{s_a}{a}\right) \tag{10.16}$$

로그에 대해서는

$$y = \ln a \tag{10.17}$$

이 식의 도함수는

$$dy = \frac{da}{a} \tag{10.18}$$

위로부터 y 절대값의 적은 변화는 상대적인 a값의 적은 변화에 대응함을 알 수 있다. 따라서 y의 표준편차는 a의 상대표준편차와 일치한다.

$$s_y = \frac{s_a}{a} \tag{10.19}$$

예제 10.9

BOD 시험에서 BOD의 변화율은 일반적으로 다음과 같은 1차식으로 표현된다:

$$\ln\frac{L_t}{L} = -k't$$

여기서 L_t/L는 시간 t 이후에 남아있는 최종 BOD(L)의 분율을 나타낸다. 만일 속도상수 k가 0.28(±0.05)day^{-1}인 경우 표준 5일 BOD 시험에서 잔류하는 BOD 분율을 계산할 때 불확실성을 표준편차로 표현하면 어떤 값이 되겠는가?

해답

먼저 시간 측정을 정확히 하면 시간에 대한 표준편차는 0으로 할 수 있다. 그 다음, 잔류하는 BOD 분율 L_t/L을 구하기 위하여 식 (10.20)을 지수형태로 표현하자:

$$\frac{L_t}{L} = e^{-k't} = e^{-0.28(5)} = 0.247$$

식 (10.17)과 (10.20)을 이용하면

$$y = -kt \text{ 그리고 } a = L_t/L$$

그러므로 식 (10.19)로부터

$$s_{-kt} = \frac{s_{L_t/L}}{L_t/L}$$

이로부터

$$s_{L_t/L} = s_{-kt}\frac{L_t}{L}$$

곱 $-kt$에 대한 표준편차를 계산하기 위하여 식 (10.14)를 이용하면

$$\frac{s_{-kt}}{-kt} = \sqrt{\left(\frac{s_k}{-k}\right)^2 + \left(\frac{s_t}{t}\right)^2} = \frac{s_k}{-k}$$

그러면 $s_{-kt} = ts_k = 5(0.05) = 0.25$

이로부터 다음을 얻는다. $s_{L_t/L} = 0.25(0.247) = 0.062$

$$\frac{L_t}{L} = 0.247(\pm 0.062)$$

|10.6| 가설의 검정

앞서 변수 t는 평균과 표준편차의 신뢰한계를 구하기 위하여 사용되었다. 또한 t는 두 세트의 자료가 같은 집단으로부터 나온 것인지 또는 다른 집단으로부터 나온 것인지를 검정하는 데 사용될 수 있다. 예를 들어 주어진 물질의 농도를 결정하기 위하여 서로 다른 두 분석방법의 결과를 비교할 수 있다. 만일 각 방법으로 주어진 물질의 농도를 측정한 자료가 있어 각 세트의 평균값을 구하였다면 각 평균값은 약간 다를 수 있으며, 또한 그들은 기지의 표준 농도와도 다를 수 있다. 이 경우 이 같은 차이가 측정에 포함된 불특정한(indeterminate) 오차에 의한 것인지, 또는 사용된 방법의 진정한 차이에 기인한 것인지 알아야 한다. 이와 유사한 의문점은 어떤 처리방법이 평가하고자 하는 공정에 큰 영향을 미치는 지를 평가하고자 할 때에도 생긴다. 이 때에는 처리가 있는 경우와 없는 경우에 결과를 측정하여 결과를 비교한다. 만일 결과에 차이가 발견되면 그 차이가 분석과 관련된 정상적인 불특정한 오차에 기인한 것인지 또는 처리 자체가 공정에 중요한 영향을 미치는지에 대한 의문점이 발생한다.

이 같은 의문점에 대한 통계학적 답을 얻으려면 가설 검정을 이용하면 된다. 여기서는 **귀무가설(null hypothesis)**을 이용한다. 이것은 우리가 비교하려는 수들이 같다고 가정한다. 관측된 차이점이 불특정한 오차에 의한 것이라는 확률은 통계학적 이론을 통하여 계산한다. 일반적으로 관측된 차이가 20번에 한번(즉, 5%) 발생한다면 귀무가설은 의문시되며, 차이는 유의하다(significant)라고 판정된다. 만일 더 엄격한 기준을 적용하고자 한다면 100번에 한번 또는 1% 발생을 가정하면 된다. 이 경우 관측된 두 결과의 차이는 참 차이에 기인한 것이라고 보다 확정적으로 말할 수 있다. 보다 엄격하지 않은 기준, 예를 들어 10%를 선택할 수도 있다. 그러나 일반적으로 가설검정에 사용되는 값은 5%이다. 가설검정의 적용 예를 살펴보자.

실험 평균값 대 참값

분석 방법을 평가하기 위하여 가장 널리 사용되는 방법은 주어진 물질의 농도를 알고 있는 용액을 분석하는 것이다. 이를 위하여 주어진 시료를 여러 번 분석하여 평균값을 구하고 구한 평균값을 알고 있는 값과 비교한다. 대부분의 방법이 그러하듯이 만일 분석방법이 변화성이 있다면 평균값은 참값과 일치하지 않을 것, 즉 $\overline{x}-\mu$는 0이 아닐 것이다. 그러나 차이는 유의(significant)한가? 이 물음에 답하기 위하여 불확실한 오차가 5%인 경우 값의 차이가 얼마만큼 발생할 것인가를 결정하여야 한다. 이를 위해 식 (10.10)을 다음과 같이 수정한다.

$$\overline{x}-\mu=\pm\frac{ts}{\sqrt{n}} \tag{10.21}$$

값 s는 평균값 $\overline{x}$를 가진 n 분석치의 표준편차이다. 표 10.1에서 원하는 수준의 확률, 즉 이 경우에 95%, 그리고 $n-1$의 자유도를 가진 원하는 확률수준을 가진 t 값을 선택한다. 만일 차이가 식 (10.21)의 오른쪽 항의 절대값보다 크다면 귀무가설은 각하되며, 따라서 차이는 95%의 신뢰수준에서 유의하다. 다른 말로 표현하면 5% 정도는 내려진 결론은 옳지 않을 수 있다.

예제 10.10

염소 이온을 분석하기 위한 방법을 개발하여 농도 100 mg/L인 표준용액으로 검량하였다. 25 mg/L의 염소 이온을 포함한 표준용액을 측정할 때 100 mg/L를 이용하여 만든 검량선이 얼마나 잘 맞는지를 알아보고자 한다. 총 5회의 분석을 수행하여 얻는 결과는 20, 22, 28, 24, 그리고 25 mg/L로, 평균은 23.8 mg/L이다. 각 측정치가 명확한 차이를 보인 바, 이 분석방법이 낮은 농도 수준에서도 정확하다고 결론을 내릴 수 있는가?

해답

표 10.1에서 $n-1=4$에 대한 95% 수준의 t 값은 2.78이다. 표준편차는

$$s=\sqrt{\frac{(20-23.8)^2+(22-23.8)^2+(28-23.8)^2+(24-23.8)^2+(25-23.8)^2}{5-1}}=3.0\text{ mg/L}$$

그러면 식 (10.21)의 오른쪽 항은 다음과 같이 결정된다.

$$\pm\frac{ts}{\sqrt{n}}=\pm\frac{2.78\times3.0}{\sqrt{5}}=\pm3.7\text{ mg/L}$$

$\overline{x}$와 μ의 차이는 -1.2 mg/L에 불과하며, 이는 주어진 범위 안에 속한다. 이는 귀무가설을 각하시킬 수 없음을 의미하므로 주어진 분석 방법이 100mg/L 수준에서 검량되었지만 25mg/L 수준에서도 충분히 정확하다고 할 수 있다.

두 실험 평균값의 비교

때때로 서로 다른 두 분석방법이나 두 처리 공정의 결과를 비교할 때가 있다. 종종 결과는 다르다. 이때 의문점은 두 결과에 진정한 차이가 있느냐 또는 그 차이가 통계적인 차이에 기인한 것이냐는 점이다. 이 문제는 참값과 실험 결과를 비교한 이전의 분석과 유사하다. 이를 위한 적절한 형태의 식은

$$\bar{x}_1 - \bar{x}_2 = \pm \frac{ts}{\sqrt{\dfrac{n_1 n_2}{n_1 + n_2}}} \tag{10.22}$$

이 과정에서는 다른 두 시료의 표준편차는 본질적으로 같다고 가정한다. 적절한 t 값은 자유도 $(n_1 + n_2 - 2)$을 이용하여 표로부터 구할 수 있다. 만일 식의 오른쪽 항이 왼쪽 항보다 **크다면** 두 값의 차이는 유의하지 않다고 판단할 수 있다. 만일 **작다면** 차이는 유의하다. 여기서도 95%의 확률수준을 이용한다.

예제 10.11

물에 포함된 트라이클로로에텐(TCE) 농도 측정을 위하여 서로 다른 두 방법으로 측정한 결과를 비교하고자 한다. 문제는 두 결과가 본질적으로 같은지 다른지를 판별하는 것이다. 하나의 시료에 대하여 각 10회에 걸친 분석 결과는 다음과 같다.

검출기	측정된 TCE 농도, mg/L										$\bar{x}$	s
FID	772	858	866	809	794	752	738	774	766	768	790	43
PID	812	778	764	710	733	691	689	724	692	711	730	42

평균값은 각각 790 및 730 mg/L로 약 60 mg/L 차이를 보이고 있지만, 이것은 유의한가?

해답

각기 다른 검출기의 표준편차는 각각 43 및 42 mg/L로 매우 근사하다. 이 경우 자유도는 18(10+10−2)이며, 표 10.1로부터 95% 신뢰수준에 해당하는 t값은 2.101이다. 식 (10.22)의 오른쪽 항을 계산하여 평균값의 차이와 비교하면

$$\frac{ts}{\sqrt{\dfrac{n_1 n_2}{n_1 + n_2}}} = \frac{2.101(42.5)}{\sqrt{\dfrac{10(10)}{10+10}}} = 40 \text{ mg/L}$$

60 mg/L가 40 mg/L보다 크므로 귀무가설은 각하되고, 따라서 "95% 신뢰수준에서 차이는 통계적으로 유의하다"라고 할 수 있다. 즉, 95%의 신뢰수준에서 두 검출기의 분석값은 다르다.

두 표준편차의 비교

예제 10.11에서 두 표준편차는 거의 동일하였다. 그러나 작은 차이가 유의한지 그렇지 않은지를 어떻게 판단할 것인가? 여기서 그 차이가 작으므로 우리가 내린 결정은 믿을 만하다. 그러나 그 차이가 크다면 비교를 하여야 할 것이다. 예를 들어 서로 다른 두 분석 방법에 대하여 그 정밀도를 비교하는 경우를 생각하여 보자. 이 경우 두 평균값을 비교할 때 사용된 개념과 유사한 F 시험(test)라는 통계학적 방법을 이용한다. 이를 위하여 다음 식을 사용한다:

$$F = \frac{s_1^2}{s_2^2} \qquad s_1 > s_2 \tag{10.23}$$

표준편차 중 큰 값을 s_1으로 사용하여 식 (10.23)의 값이 1보다 크도록 한다. 그 다음 계산된 F값들과 표 10.2에 제시된 95% 신뢰수준에 해당하는 적절한 F값을 비교한다. 다른 신뢰수준에 해당하는 값들은 통계학 책에 제시되어 있지만 95% 수준을 가장 널리 이용한다.

표 10.2 95% 확률수준의 F값들

s_2에 대한 n-1	s_1에 대한 n-1											
	2	3	4	5	6	8	10	16	20	40	100	∞
2	19.00	19.16	19.25	19.30	19.33	19.37	19.39	19.43	19.44	19.47	19.49	19.50
3	9.55	9.28	9.12	9.01	8.94	8.84	8.78	8.69	8.66	8.60	8.56	8.53
4	6.94	6.59	6.39	6.26	6.16	6.04	5.96	5.84	5.80	5.71	5.66	5.63
5	5.79	5.41	5.19	5.05	4.95	4.82	4.74	4.60	4.56	4.46	4.40	4.36
6	5.14	4.76	4.53	4.39	4.28	4.15	4.06	3.92	3.87	3.77	3.71	3.67
8	4.46	4.07	3.84	3.69	3.58	3.44	3.34	3.20	3.15	3.05	2.98	2.93
10	4.10	3.71	3.48	3.33	3.22	3.07	2.97	2.82	2.77	2.67	2.59	2.54
16	3.63	3.24	3.01	2.85	2.74	2.59	2.49	2.33	2.28	2.16	2.07	2.01
20	3.49	3.10	2.87	2.71	2.60	2.45	2.35	2.18	2.12	1.99	1.90	1.84
40	3.23	2.84	2.61	2.45	2.34	2.18	2.07	1.90	1.84	1.69	1.59	1.51
100	3.09	2.70	2.46	2.30	2.19	2.03	1.92	1.75	1.68	1.51	1.39	1.28
∞	2.99	2.60	2.37	2.21	2.09	1.94	1.83	1.64	1.57	1.40	1.24	1.00

예제 10.12

예제 10.4에서 10개와 9개의 자료를 가진 행의 평균값은 각각 29.2 및 30.6으로 계산되었다. 또한 각각에 대한 표준편차는 1.6 및 3.5이다. 이들 표준편차는 매우 다른 것으로 보이는 바, 95% 신뢰수준에서 통계학적으로 유의한가?

▌해답

대상 비율은 $3.5^2/1.6^2$ 또는 4.785이다. 가장 큰 표준편차를 구하기 위하여 4개의 자료가, 가장 낮은 표준편차는 10개의 자료를 이용하여 구하였으므로 자유도는 각각 3 및 9이다. 표 10.2에서 F 값은 3.89이며, 이는 4.78보다 작다. 그러므로 귀무가설은 각하되고 95%의 신뢰수준에서 표준편차는 서로 다르다.

위의 결과는 행 자료가 임의의 자료의 집단으로부터 임의로 취해졌기 때문에 다소 어색하다. 이와 같은 배경으로 인하여 결론에 의구심을 갖게 된다. 그러나 통계학적인 분석으로 내린 결론은 20번 중 한번은 틀릴 수 있다는 점을 상기해야 한다. 이 문제가 그 같은 경우인가? 만일 결론이 중요하고 결과를 의문시 할 만한 이유가 있다면 더 연구할 필요가 있다.

분석자가 분석 방법 및 자료 해석의 한계를 아는 것은 매우 중요하다. 만일 99% 신뢰수준(제시되어 있지 않음)에 대한 F 값은 6.99이다. 이 신뢰수준에서는 99%의 확률수준에서 표준편차의 차이가 유의하지 않다는 이전과는 다른 결론을 내리게 된다.

|10.7| 검출한계

인간 및 환경에 악영향을 주는 새로운 오염물질이 지속적으로 발견되고 있고 이들 물질에 대한 노출되어 발생하는 위험을 감소시키기 위하여 규제당국이 정한 기준은 매우 낮기 때문에 이들 물질을 매우 낮은 농도에서 정확하게 측정할 필요성이 증대되고 있다. 음용수에서 많은 오염물질의 최대 허용 농도가 수 μg/L 범위이고(34장 참조) 경우에 따라서는 μg/L 범위이다. 이 같이 낮은 농도는 분석기기 및 분석자에게는 도전적인 것이다. 때때로 규제당국은 그들이 원하는 수준보다 높은 농도를 규제치로 정하는데, 이는 저농도에 대한 믿을만한 측정방법이 없기 때문이다. 또한 어떤 경우에는 분석 한계를 규제기준으로 정하기도 한다. 주어진 물질을 분석할 때 선택된 분석방법이 저농도 분석시에도 일관된 결과를 얻을 수 있는 검출한계를 가져야 함은 자명한 일이다. 분석자는 주어진 분석방법의 검출한계를 어떻게 결정하여야 하는가? 이에는 정해진 규약이 있으므로, 분석자는 이에 대해 익숙하여야 한다.

pH 메타 및 전극을 사용하는 다른 방법들, 가스크로마토그래피, 이온크로마토그래피 등의 분석기기는 환경 시료에 포함된 오염물을 분석하기 위하여 점차 널리 사용되고 있다. 이 같은 기기들은 시료에 대한 전기적 신호를 생성하는 바, 생성된 신호는 저장되거나 농도를 추정할 수 있는 형태의 그림을 그리는 데 사용된다. 분석기기를 검증하려면 바탕시료(blank) 또는 대상 물질이 포함되지 않은 시료를 적용하여 생성된 전기적 반응을 기록한다. 여러 개의 바탕시료에 대한 분석기기의 반응(즉, 피크 높이 또는 피크의 면적)은 일반적으로 다르며, 이는 기기오차 또는 한계를 나타낸다. 여러 개의 바탕시료에 대한 값은 통계적으로 분석하여 표준편차 s_b를 구할 수 있다. 이 값이 기기분석의 불확실성에 대한 척도이며 분석에 내포된 **기기 잡음(instrumental noise)**를 나타낸다. 기기를 보정하기 위해서는 여러 농도의 시료를 측정하여 각 농도에서의 측정치를 기록한다. 어떤 저농도 표준시료에 대한 반응이 s_b와 유사하다면 그 농도를 측정함에 있어 불확실성이 너무 크다는 것은 자명한 일이다.

대부분의 분석에 있어, 시료는 기기분석 전에 추출과정을 거치게 된다. 바탕시료 역시 같은 방법으로 추출하였을 때 구한 표준편차 s_b가 바탕시료만을 기기에 주입하였을 때 표준편차 s_b보다 크게 될 것이다. 그와 같은 s_b값과 식 (10.22)를 이용하여 방법 검출한계(method detection limit, MDL)을 구할 수 있다.

$$\mathrm{MDL} = \overline{x_1} - \overline{x_2} = ts_s\sqrt{\frac{n_1 + n_2}{n_1 n_2}} \tag{10.24}$$

예제 10.13

농약인 린데인이 없는 토양시료를 추출하여 분석한 결과가 다음과 같다: μg/L 린데인=0.3, 1.5, −0.5, 0.7, −1.0, 1.2, 0.1. 이 분석방법에 대하여 99% 신뢰수준에서 (a)단일 분석, 그리고 (b) 네 번 분석의 평균값인 경우 린데인의 검출한계를 구하시오.

해답

s_s는 다음과 같다:

$$\sum x_i = 0.3 + 1.5 - 0.5 + 0.7 - 1.0 + 1.2 + 0.1 = 2.3$$

$$\sum x_i^2 = 0.09 + 2.25 + 0.25 + 049 + 1.0 + 1.44 + 0.01 = 5.53$$

$$s_s = \sqrt{\frac{5.53 - (2.3)^2/7}{7-1}} = 0.89\ \mu\text{g/L}$$

(a) 단일분석에 대해서 $n_1 = 1$이고 자유도의 수는 $1 + 7 - 2 = 6$이다.

표 10.1에서 $t = 3.707$이므로

$$\mathrm{MDL} = 3.707(0.89)\sqrt{\frac{1+7}{1(7)}} = 3.96(0.89) = 3.5\ \mu\text{g/L}$$

(b) 네 번 분석의 경우 $n_1 = 4$이고 자유도의 수는 9, 그리고 $t = 3.25$이다. 이 경우

$$\mathrm{MDL} = 3.25(0.89)\sqrt{\frac{4+7}{4(7)}} = 2.04(0.89) = 1.8\ \mu\text{g/L}$$

표 10.3 각기 다른 분석 검출 한계의 비교

검출한계	정의
기기 검출 한계(IDL)	$1.645(s_b)$
검출의 최저한계(LLD)	$2(1.645)(s_b)$
방법의 검출 한계(MDL)	$3.14(s_s)$
정량화 한계(LOQ)	$10(s_b)$
실제적인 정량화 한계(POQ)	$5(3.14)(s_s)$

출처 : L.S. Clesceri, A. E. Greenberg, and A. D. Eaton(eds.), "Standard Methods for the Examination of Water and Wastewater, 20th ed., American Public Health Association, Washington D.C., 1998.

"Standard Methods"에서는 다른 검출 한계에 대하여 표 10.3에 수록된 바와 같이 정의하고 있다. 그 각각은 각기 다른 용도로 사용된다. 그들 사이의 일대일 관계는 대략 다음과 같다: IDL : LLD : MDL : LOQ : POQ = 1 : 2 : 4 : 10 : 20. 그러므로 주어진 분석에 대한 검출한계를 나타낼 때에는 보고된 자료의 신뢰성을 검토하기 위하여 어떤 값을 사용하였는지를 알고 있어야 한다.

예제 10.13에서 MDL을 구하기 위하여 s_s에 곱해진 계수는 99% 신뢰수준에서 s_s를 구하기 위하여 사용된 시료의 수 및 평균값을 구하기 위하여 사용된 시료의 수에 따라 2.04와 3.96 사이에서 변한다. 표 10.3에서는 MDL을 구하기 위하여 3.14라는 값을 이용하였다. 이는 약간 다른 가정을 사용하였기 때문이다. 표 10.2의 계수를 구하기 위하여 99% 신뢰수준에서 사용한 t 값은 단측(one-sided) 값이며, 이는 7개의 시료 및 자유도 6에 대하여 표 10.1의 값이 98% 확률수준에서 3.143이라는 것과 동일하다.

표 10.3에 나타낸 s_b 및 s_s에 곱하는 다른 특정 계수에 대한 통계적인 기초는 "Standard Methods"에 자세하게 설명되어 있으므로 여기서 다시 반복하지는 않는다. 일반적으로 IDL은 초기 기준점으로 LLD와 같은 보다 정밀한 분석을 위한 표준 시료를 만들기 위한 오염물질의 농도를 결정하는 데 사용된다. 이 같은 표준 시료의 농도는 s_b와 유사하지만 그 값의 5배를 넘어서는 안 된다. 이 용액을 여러 차례 분석하여 좋은 정도의 표준편차를 구한 다음, 그 값을 LLD를 결정하기 위한 보다 나은 s_b로 취한다. MDL는 추출 및 시료 준비과정 등 모든 분석의 오차가 포함된다는 점에서 LLD와 다르다. LOQ는 같은 분석과정과 분석기기를 여러 명의 분석자가 사용하는 실험실에 대한 값으로 계수가 크며, POQ는 여러 분석자와 다른 종류의 기기를 사용하는 서로 다른 실험실에 대한 값으로 그 계수가 가장 크다. 이 같은 분석은 불확실성을 증가시키기 때문에 큰 계수값은 정당하다. 이는 또한 EPA가 주어진 분석방법에 대한 검출한계를 결정할 때 단일 실험실에서 단일기기를 이용하여 세심하게 분석할 경우 얻는 검출한계보다 높은 값을 사용하는 이유이기도 하다. 그러

므로 우수한 연구자의 결과가 국가적으로 규정된 값보다 낮은 값을 자신의 검출한계로 느끼는 것은 정당화 될 수 있다.

|10.8| 로그정규 분포

정규분포는 자료가 취할 수 있는 여러 종류의 분포중 하나이다. 정규분포는 분석 결과에 대한 일반적인 분포이다. 정규분포의 특징은 자료의 분포가 중앙치를 중심으로 대칭으로 분포하며, 중앙치와 최빈값(mode)은 본질적으로 같다. 그렇지 않은 경우 자료는 **왜곡되었다**(skewed)고 한다. 만일 중앙치가 최빈값보다 크면 그 자료는 오른쪽으로 왜곡되었다고 한다. 자료가 왜곡된 경우 그 분포는 정규분포로 잘 표현될 수 없을 수 있다. 정규분포 외에 다른 분포도 있으나 그에 대한 상세한 설명은 이 책의 범위를 넘어선다. 단 환경 분석 자료가 취하는 분포중 로그 분포는 흔히 나타나는 것으로 이에 대해 다음에 간단히 설명하였다.

로그정규분포의 성질

로그정규분포는 산재한 발생원으로부터 주기적으로 방출된 유해 오염물의 경우에 흔히 발견된다. 폐수처리장에서 유해 물질의 농도는 일반적으로 리터당 수 마이크로 그램 또는 나노그램 정도로 낮지만 경우에 따라, 예를 들어 산업체에서 방류되는 경우, 그 농도가 10배 또는 그 이상 높아질 수 있다. 이 같이 높은 농도 분포는 종종 로그정규분포를 따른다[3]. 일간 유량, 홍수 첨두유량, 년간 유량, 그리고 강우자료 등도 로그분포를 따르는 경향이 있다.

로그정규분포를 설명하기 위하여 생물학적 처리공정을 거친 도시 하수를 재이용하기 위하여 3차 처리를 하고 있는 Water Factory 21 유출수의 다이클로로메탄(DCM) 농도를 구하여 정규분포 및 로그정규분포중 어느 것이 잘 맞는지를 분석하였다. 표 10.4는 자료를 오름 순서로 배열한 것이다. 그림 10.3은 자료에 대한 기둥그림표이다. 자료는 최빈값이 10 μg/L 이하의 범위로 왼쪽으로 크게 왜곡되어 있다. 자료 값에 로그를 취하여 기둥그림표를 그린 결과가 그림 10.4에 나타나 있으며, 그 값들은 정규분포를 잘 따르고 있다.

자료를 이용하여 기둥그림표를 그리는 것은 많은 시간을 필요로 한다. 아마 확률종이를 이용하여 분포를 파악하는 것이 보다 나은 방법일 수 있다. 정규 확률 및 로그 확률 종이는 그래프 용지를 파는 상점에서 구할 수 있다. 여기서 사용된 방법은 표 10.4의 자료를 오름순서로 정리한 것이다. 다음 식을 이용하여 구한 값보다 작은 자료의 분율을 구한다.

---

3) R. B. Dean: Estimating the Reliability of Advanced Waste Treatment, *Water and Sewage Works*, (p. 87, June 1976, and p. 57, July 1976).

$$F^*(x_i) = \frac{i - 3/8}{n + 1/4} \tag{10.25}$$

표 10.4

자료번호	DCM, μgL	ln DCM	100[F*(X_i)] % less than
1	1.8	0.59	1.1
2	2.8	1.03	2.9
3	3.6	1.28	4.8
4	3.7	1.31	6.6
5	3.8	1.34	8.4
6	4.0	1.39	10.2
7	4.0	1.39	12.0
8	4.3	1.46	13.8
9	4.3	1.46	15.6
10	4.8	1.57	17.4
11	5.0	1.61	19.2
12	5.0	1.61	21.0
13	5.2	1.65	22.9
14	5.2	1.65	24.7
15	5.6	1.72	26.5
16	5.7	1.74	28.3
17	5.8	1.76	30.1
18	5.8	1.76	31.9
19	6.0	1.79	33.7
20	6.2	1.82	35.5
21	8.8	2.17	37.3
22	9.0	2.20	39.1
23	9.2	2.22	41.0
24	9.3	2.23	42.8
25	9.9	2.29	44.6
26	10.0	2.30	46.4
27	10.5	2.35	48.2
28	11	2.40	50.0
29	12	2.48	51.8
30	13	2.56	53.4
31	14	2.64	55.4

자료번호	DCM, μgL	ln DCM	100[F*(X_i)] % less than
32	14	2.64	57.2
33	14	2.64	59.0
34	14	2.64	60.9
35	15	2.71	62.7
36	16	2.77	64.5
37	17	2.83	66.3
38	18	2.89	68.1
39	18	2.89	69.9
40	19	2.94	71.7
41	21	3.04	73.5
42	23	3.14	75.3
43	23	3.14	77.1
44	24	3.18	79.0
45	25	3.22	80.8
46	25	3.22	82.6
47	28	3.33	84.4
48	32	3.47	86.2
49	33	3.50	88.0
50	38	3.64	89.8
51	50	3.91	91.6
52	60	4.09	93.4
53	60	4.09	95.2
54	65	4.17	97.1
55	72	4.28	98.1
평균	17.0	2.44	
표준편차	16.7	0.89	
$\bar{x}_g$		11.5	
s_g		2.4	
CL	Lower	9.0	
	Uper	14.6	

여기서 i 는 n개의 자료중 i번째 자료에 대한 수이다. 그러므로 가장 낮은 값에 대한 i는 1이다. 만일 40개의 자료가 있다면 가장 낮은 자료보다 낮은 자료의 분율은 (1 − 3/8)/(40 + 1/4) 또는 0.0155이다. 그러므로 1.55%의 자료만이 이 값보다 적을 것이다.

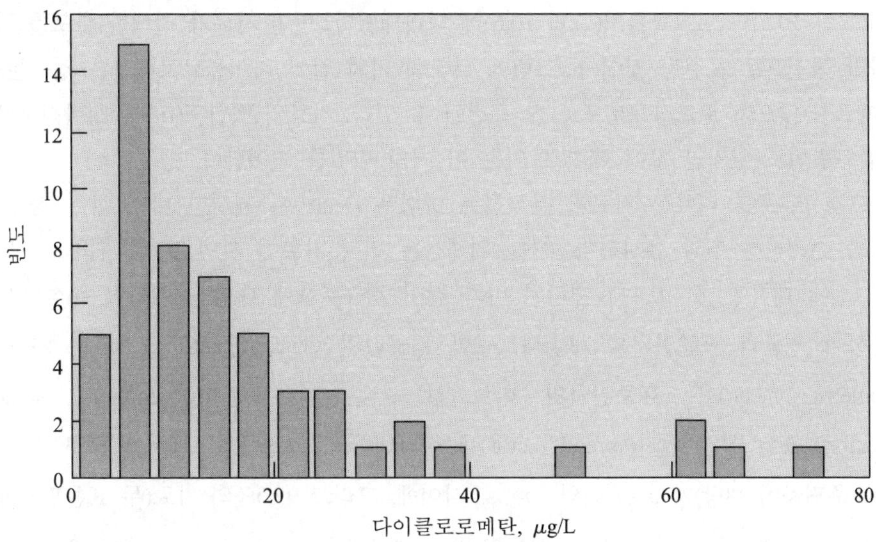

⇧ 그림 10.3 Water Factory 21, Foutain Valley, California에서의 유입 다이클로로메탄 농도의 빈도 분포

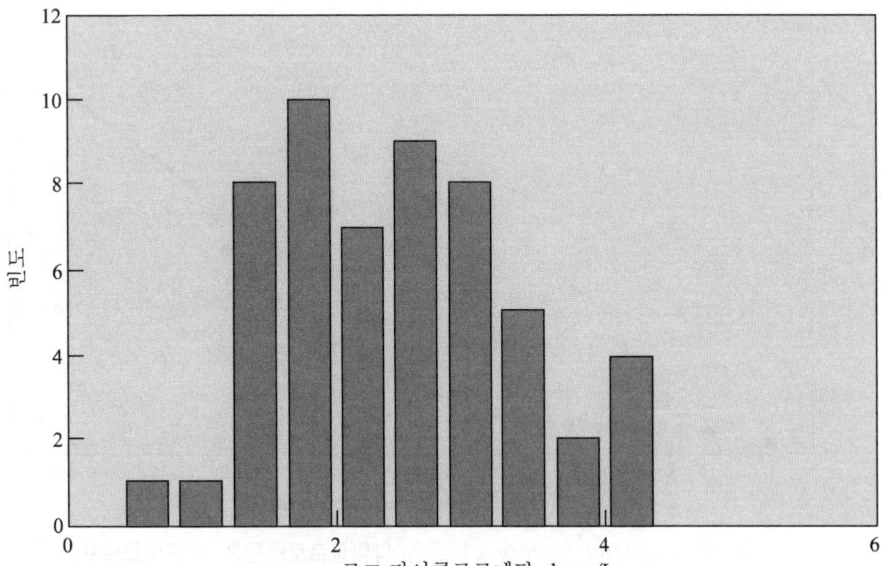

⇧ 그림 10.4 Water Factory 21의 유입 다이클로로메탄 농도의 자연로그를 취한 값의 빈도분포

가장 높은 자료에 대해서 가장 높은 자료보다 높은 자료의 분율은 (40 − 3/8)/(40 + 1/4) 또는 0.984이며, 98.4%의 자료가 이 값보다 낮다. 식 (10.25)는 끝 효과(end effect)를 피하기 위하여 $1/n$와 같은 단순한 식 대신 사용된다.

Water Factory 21의 다이클로로메탄 자료가 어떻게 표현되는지 알아보기 위하여 정규확률지(그림 10.5)와 로그확률지(그림 10.6)에 나타내었다. 만일 자료가 선택한 분포를 잘 따른다면 직선으로 표현될 것이다. 그림에 나타낸 바와 같이 다이클로로메탄은 정규분포를 잘 따르지 않으며 로그정규분포로 잘 표현될 수 있다. 자료의 적합도(fit)를 정량적으로 나타내는 방법도 있지만 그에 대한 토의는 이 책의 범위를 벗어난다.

로그정규분포를 따르는 자료를 분석하는 방법은 Dean[4)]이 제시한 바와 같이 정규분포 자료를 분석하는 것과 유사하다. 이를 위해서는 먼저 자료에 자연로그를 취하고 로그를 취한 값에 대하여 표 10.4에 제시된 바와 같이 정규분포에 대한 통계학적 분석 기법을 이용하여 평균과 표준편차를 구한다. 구한 평균값의 반로그값(antilog) $\overline{x}_g$는 기하평균(geometric mean)을, 표준편차의 반로그값 s_g는 기하표준편차(geometric standard deviation) 또는 분산 인자(spread factor)를 나타낸다. 로그정규분포에서는 68.3%의 자료(한 표준편차에 해당)가 $\overline{x}_g / s_g$와 $\overline{x}_g s_g$ 사이에, 그리고 95.5%의 자료(두 표준편차에 해당)가 $\overline{x}_g / s_g^2$와 $\overline{x}_g s_g^2$ 사이에 존재할 것이다. 계산된 $\overline{x}_g$의 불확실성을 계산하려면 신뢰

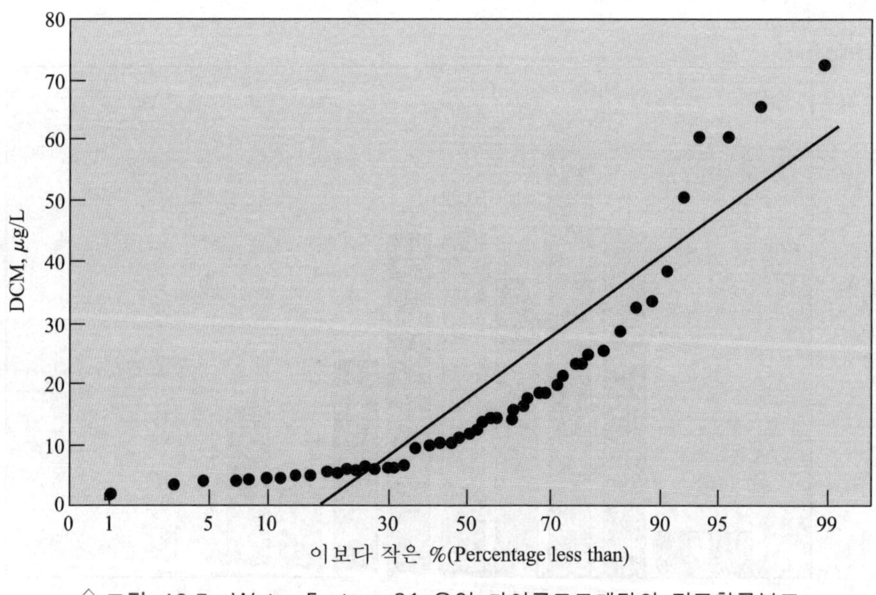

⇧ 그림 10.5 Water Factory 21 유입 다이클로로메탄의 정규확률분포

4) Dean, Estimating the Reliability of Advanced Waste Treatment

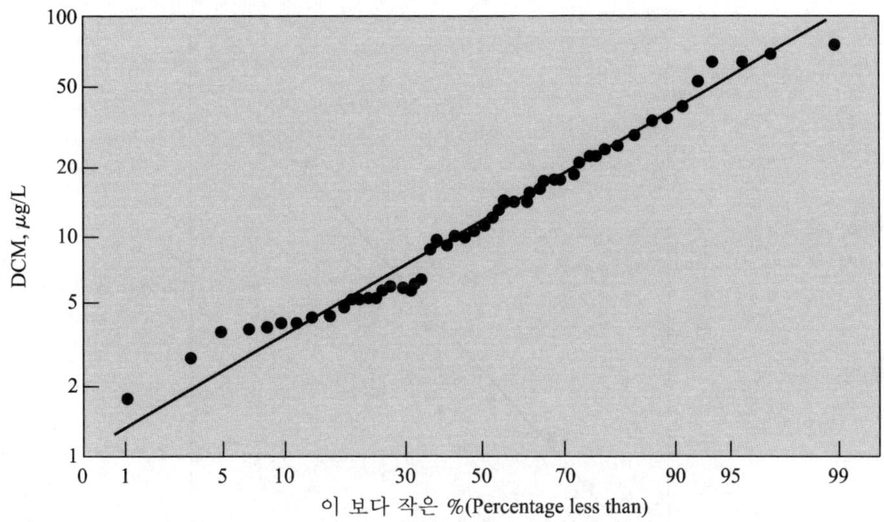

⇧ **그림 10.6** Water Factory 21 유입 다이클로로메탄의 로그정규확률 분포

한계를 다음 식을 이용하여 구하면 된다 :

$$\mathrm{CL} = \overline{x}_g \pm \frac{t s_g}{\sqrt{n}} \tag{10.26}$$

여기서 t는 $n-1$ 자유도에 대한 표 10.1의 적절한 값이다. 다이클로로메탄 자료에 대한 계산 결과가 표 10.4의 마지막에 주어져 있다. 자료의 기하평균은 11.5로, 이는 그림 10.6의 50% 점에서 찾을 수 있다. 기하표준편차 2.4 및 표 10.1로부터 구한 95% t에 대한 값 2.004로부터 95% 신뢰한계를 가진 평균값은 9.0에서 14.6 μg/L이다.

| 10.9 | 회귀분석

선형회귀(linear regression)

기기 보정을 위한 일반적인 방법은 여러 농도의 표준용액에 대한 기기의 반응을 결정하는 것이다. 그 다음 각 농도에 대한 기기 반응을 그래프지에 그린 후 분석을 위한 검량선을 작성한다. 그림 10.7은 물에 포함된 벤젠 농도 분석에 대한 가스크로마토그래피 분석결과를 나타낸 것이다. 비록 절대적인 것은 아니지만 검량선은 직선으로 표현되는 것이 바람직하다. 그림 10.7에 나타낸 바와 같이 자료가 직선을 따르는 경우 불확실도를 분석하기 위한 검량선 분석은 통계적으로 간단히 수행될 수 있다. 이와 같은 분석을 **회귀분석**이라고 한다.

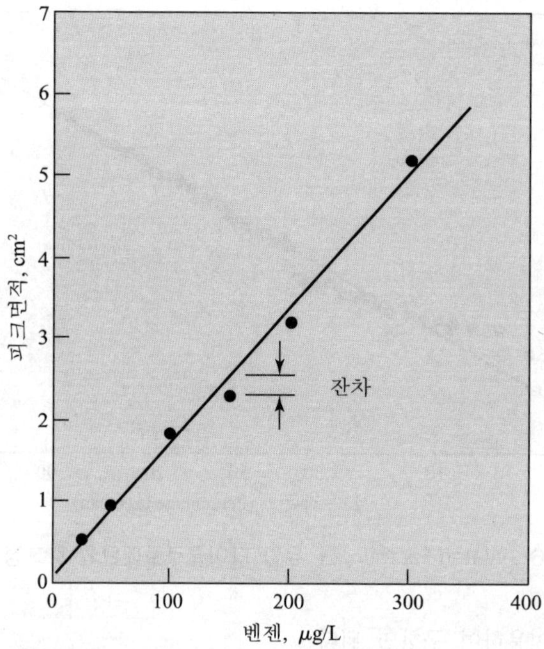

그림 10.7 벤젠 농도를 가스크로마토그래프로 분석하기 위한 검량선

직선은 다음 식으로 나타낸다.

$$y_i = a + bx_i \tag{10.27}$$

여기서 a는 x가 0일 때 y 절편이며 b는 선의 기울기를 나타낸다. 회귀분석의 목적은 a와 b 값과 그들 값의 불확실성을 결정하는 것이다. 이는 자료가 직선을 따른다고 가정한다. 가장 일반적인 방법은 **최소자승법**이다. 직선의 경우 먼저 x_i를 정확하게 안다고 가정한다. 정해지지 않은 오차는 y_i 측정값과 관련이 있다고 가정한다. 표준시료를 정확하게 희석하거나 그 밖의 경우에도 이 같은 가정은 타당하다. 최소자승법에 의하여 구해진 선은 선으로부터 수직 거리 또는 **잔차**(residual)의 제곱을 최소화하여 구한다. 잔차는 그림 10.7에 표시되어 있다. 최소자승법은 y_i 측정값에 대한 잔차제곱의 합을 최소화시키는 a와 b값을 구하는 것이다. 그와 같이 구한 a와 b값은 다음과 같다:

$$b = \frac{\sum[(x_i - \bar{x})(y_i - \bar{y})]}{\sum(x_i - \bar{x})^2} = \frac{n\sum x_i y_j - \sum x_i \sum y_i}{n\sum x_i^2 - (\sum x_i)^2} \tag{10.28}$$

$$a = \bar{y} - b\bar{x} = \frac{\sum x_1^2 \sum y_i - \sum x_i \sum x_i y_i}{n\sum x_i^2 - (\sum x_i)^2} \tag{10.29}$$

값 a와 b은 각각에 대해 제시된 두 개의 식을 이용하여 구할 수 있으며, 그들은 동등하다.

첫째 식은 보다 개념을 잘 설명하고 있으며, 두 번째 식은 계산기나 스프레드시트를 이용할 때 보다 쉽게 이용할 수 있다.

이 경우 네 개의 다른 표준편차를 생각할 수 있다 : 회귀에 대한 표준편차 s_y, 절편에 대한 표준편차 s_a, 기울기에 대한 표준편차 s_b, 그리고 검정곡선으로부터 구한 결과에 대한 표준편차 s_c. 이중 가장 중요한 것은 s_c이지만 네 값 모두에 대한 식을 아래에 나타내었다. 이전과 마찬가지로 각 값에 대하여 두개의 식이 주어져 있다.

$$s_y = \sqrt{\frac{\sum[y_i - (a - bx_i)]^2}{n-2}} = \sqrt{\frac{[\sum y_i^2 - (\sum y_i)^2/n] - b^2[\sum x_i^2 - (\sum x_i)^2/n}{n-2}} \tag{10.30}$$

$$s_a = s_y\sqrt{\frac{\sum x_i^2}{n\sum(x_i - \bar{x})^2}} = s_y\sqrt{\frac{\sum x_i^2}{n\sum x_i^2 - (\sum x_i)^2}} \tag{10.31}$$

$$s_b = \frac{s_y}{\sqrt{\sum(x_i - \bar{x})^2}} = s_y\sqrt{\frac{n}{n\sum x_i^2 - (\sum x_I)^2}} \tag{10.32}$$

$$s_c = \frac{s_y}{b}\sqrt{\frac{1}{m} + \frac{1}{n} + \frac{(\bar{y}_c - \bar{y})^2}{b^2[\sum x_i^2 - (\sum x_i)^2/n]}} \tag{10.33}$$

식 (10.33)에서 m은 주어진 시료에 대한 분석횟수, y_c는 m값의 평균값을 나타낸다. 식 (10.33)은 $x_i \pm ts_c$값에 대한 신뢰한계를 구하는 데 사용될 수 있으며, 이때 t에 대한 자유도는 $n-2$이다.

예제 10.14

그림 10.7에 주어진 회귀선의 기울기와 절편을 구하고, 각각에 대한 표준편차를 구하라. 그림 10.7의 자료 및 관련된 계산은 다음 표에 주어져 있다.

해답

	벤젠 x_i, μg/L	피크면적 y_i, cm^2	x_i^2	y_i^2	x_iy_i
	25	0.54	625	0.2916	13.5
	50	0.96	2,500	0.9216	48
	100	1.82	10,000	3.3124	182
	150	2.30	22,500	5.2900	345
	200	3.20	40,000	10.2400	640
	300	5.17	90,000	26.7289	1,551
Σ =	825	13.99	165,625	46.7845	2,780
평균=	137.5	2.331			

필요한 계산은

$$a = \frac{165{,}625(13.99) - 825(2780)}{6(165{,}625) - (825)^2} = 0.077$$

$$b = \frac{6(2780) - 825(13.99)}{6(165{,}625) - (825)^2} = 0.0164$$

$$s_y = \sqrt{\frac{[46.7845 - (13.99)^2/6] - (0.0164)^2[165{,}625 - (825)^2/6]}{6-2}} = 0.179$$

$$s_a = \sqrt{\frac{0.179^2(165{,}625)}{6(165{,}625) - (825)^2}} = 0.130$$

$$s_b = \sqrt{\frac{6(0.179)^2}{6(165{,}625) - (825)^2}} = 0.00078$$

예제 10.15

시료에 포함된 벤젠을 가스크로마토그래피로 분석하여 피크 면적 1.97 cm^2을 얻었다. (a) 하나의 시료를 분석하였을 때, (b) 시료를 네 번 분석하였을 때 95% 신뢰한계를 이용하여 벤젠 농도를 구하시오.

해답

두 경우 모두 벤젠 농도는 식 (10.27)을 이용하여 구한다. 예제 10.14의 결과를 이용하면

$$x_i = \frac{y_i - a}{b} = \frac{1.97 - 0.075}{0.0164} = 115\ \mu\text{g/L}$$

(a) 이 경우 $m = 1$로 시료는 하나이므로 $\bar{y}_c = 19.7\text{cm}^2$이다. 표준편차를 식 (10.33)을 이용하여 구하면

$$s_c = \frac{0.179}{0.0164}\sqrt{\frac{1}{1} + \frac{1}{6} + \frac{6(1.97 - 2.331)^2}{(0.0164)^2[6(165{,}625) - (825)^2]}} = 11.8$$

a와 b를 결정하기 위하여 각각 자유도를 1씩 잃으므로 95% 신뢰구간에 대하여 자유도는 $6-2=4$이다. 표 10.1로부터 $t = 2.776$이며,

$$95\%\ \text{CL} = \bar{x} \pm ts_c = 115 \pm 2.776(11.8) = 115 \pm 33\ \mu\text{g/L}$$

(b) 두 번째 경우 $m = 4$이므로

$$s_c = \frac{0.179}{0.0164}\sqrt{\frac{1}{4} + \frac{1}{6} + \frac{6(1.97 - 2.331)^2}{(0.0164)^2[6(165{,}625) - (825)^2]}} = 7.12$$

그리고, $95\%\ \text{CL} = \bar{x} \pm ts_c = 115 \pm 2.776(7.12) = 115 \pm 20\ \mu\text{g/L}$

1차 반응식

1차 반응식은 생물학적 및 화학적 시스템에서 일반적으로 나타난다. 그 좋은 예는 BOD 시험으로, 23장에 언급된 바와 같이 1차 반응을 따른다.

$$\frac{dy}{dt} = k' L_t, \quad \frac{dy}{dt} = k'(L_0 - y) = k' L_0 - k' y \tag{10.34}$$

식 (10.34)를 적분하면

$$y = L_0(1 - e^{-k't}) \tag{10.35}$$

여기서 y는 시간 t 동안 측정된 산소 소모량, L_0는 시료의 최종 BOD를 나타낸다. 시간 t 에서 잔류 BOD는 $L_0 - y$이다. 식 (10.35)는 그림 10.8a에 나타나 있다. 이 곡선은 선형회귀분석으로는 직접 분석할 수 없다. 그러나 식 (10.34)는 그림 10.8b에 나타낸 바와 같이 절편이 $k't$ 기울기가 $-k'$인 직선으로 나타낼 수 있으며, 따라서 선형 회귀분석을 할 수 있다. 그 비결은 y와 t 측정값으로부터 반응속도 dy/dt를 결정하는 것이다. 이는 고려하는 시간 전후의 y와 t 값들을 차를 구하여 그 차로부터 dy/dt를 구하면 된다.

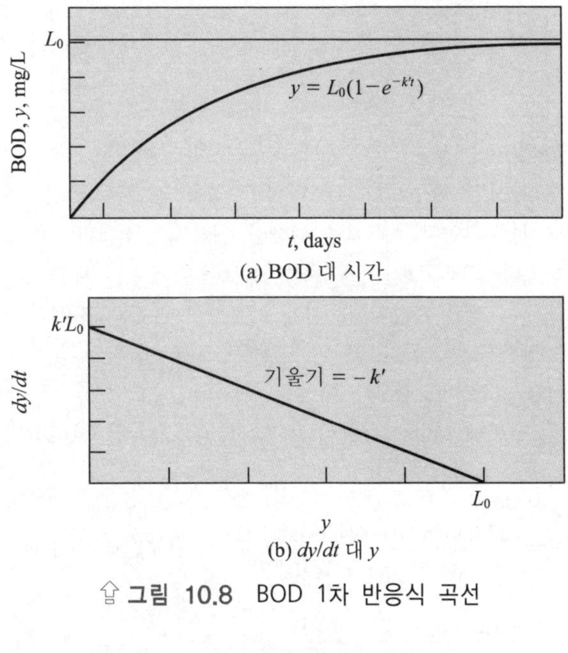

그림 10.8 BOD 1차 반응식 곡선

예제 10.16

다음 BOD 측정자료로부터 속도상수 k'와 최종 BOD를 구하시오. 또한 각각에 대한 표준편차도 구하시오.

시간 t, 일	1	2	3	5	7	9	12
BOD y, mg/L	27	36	53	65	80	89	98

▮해답

BOD 분석 자료를 선형 회귀분석하기 위하여 식 (10.34)를 이용하자. 이를 위하여 BOD와 시간자료로부터 dy/dt를 계산하여야 한다. 이를 위한 절차는 다음 표에 나타낸 바와 같다.

t	$y(x)$	dt	dy	dy/dt (y)	$(dy/dt)^2$ (y^2)	y^2 (x^2)	$y(dy/dt)$ (xy)
0	0						
1	27	2	36	18	324.0	729	486.0
2	36	2	26	13	169.0	1,296	468.0
3	53	3	29	9.67	93.4	2,809	512.3
5	65	4	27	6.75	45.6	4,225	438.8
7	80	4	24	6	36.0	6,400	480.0
9	89	5	18	3.6	13.0	7,921	320.4
12	98						
합계	350*			57.0	681	23,380	2,705
평균	58.3			9.5			

*계산방법상 0과 12일에 대한 dy/dt는 계산하지 않았기 때문에 y 값에 대한 합과 평균을 계산할 때 그 자료는 포함시키지 않았다.

예를 들어, 1일의 dy와 dt는 0일과 2일 값의 차로부터 구하였다. 즉, dt는 2와 0의 차인 2이고 dy는 36과 0의 차이인 36 mg/L이다. 따라서 dy/dt는 36/2 또는 18 mg/L이며, 이를 1일의 y값 27에 상응하는 값이다. 이 같은 방식을 이용하여 8개의 t와 y값으로부터 6개의 dy/dt값을 구할 수 있다. 그러므로 이에 상응하는 6개의 y값을 다음 분석에 사용하였다.
다음에 이 절의 앞에서 소개된 선형회귀분석을 이용하여 식 (10.28)에서 (10.33)의 x 및 y값에 상응하는 계수를 결정하여야 한다. 표 위에 괄호로 나타낸 바와 같이 그림 10.8b에서 y는 가로좌표(x축)이고 dy/dt는 세로좌표(y축)임을 명확하다. 그러므로 유사하게 y축 절편 a는 $k'L_0$이고 기울기 b는 $-k'$에 해당한다(그림 10.8). 식 (10.28) 및 (10.29)와 표에 제시된 적절한 값을 사용하면:

$$k'L_0 = \frac{23{,}380(57.0) - (350)(2{,}705)}{6(23{,}380) - 350)^2} = 21.7 \text{ mg/L}\cdot\text{day}$$

$$k' = -\frac{6(2{,}705) - 350(57.0)}{6(23{,}380) - (350)^2} = 0.21 \text{ day}^{-1}$$

이로부터

$$L_0 = 21.7/0.21 = 103\text{mg/L}$$

식 (10.30)에서 (10.32)를 이용하여 구한 표준편차는

$$s_y = \frac{\sqrt{[(681) - (57.0)^2/6] - (-0.21)^2[23{,}380 - (350)^2/6]}}{6-2} = 1.52$$

$$s_{k'L} = \sqrt{\frac{(1.52)^2(23{,}380)}{6(23{,}380) - (350)^2}} = 1.74\ \mathrm{mg/L \cdot d}$$

$$s_{k'} = \sqrt{\frac{6(1.52)^2}{6(23{,}380) - (350)^2}} = 0.0279\ \mathrm{d^{-1}}$$

L_0에 대한 표준편차를 구하기 위해서는 L_0가 $k'L_0$를 k'로 나누어 구한 점을 명심해야 한다. 그러므로 식 (10.14)를 사용하여야 하며, 그 결과는:

$$\frac{s_L}{L_0} = \sqrt{\left(\frac{s_{k'L}}{k'L_0}\right)^2 + \left(\frac{s_{k'}}{k'}\right)^2} = \sqrt{\left(\frac{1.74}{21.7}\right)^2 + \left(\frac{0.0279}{0.21}\right)^2} = 0.155$$

이로부터 $s_L = 0.155(103) = 16\ \mathrm{mg/L}$이다.

종합하면 $k' = 0.21 \pm 0.028\ \mathrm{day^{-1}}$, 그리고 $L_0 = 103 \pm 16\ \mathrm{mg/L}$

그림 10.9는 원 자료와 구한 k' 및 L_0값으로 그린 선이 잘 일치함을 나타내고 있다.

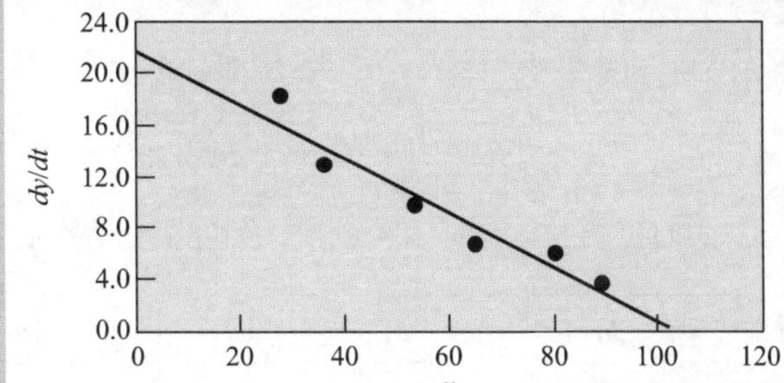

(a) dy/dt 대 y

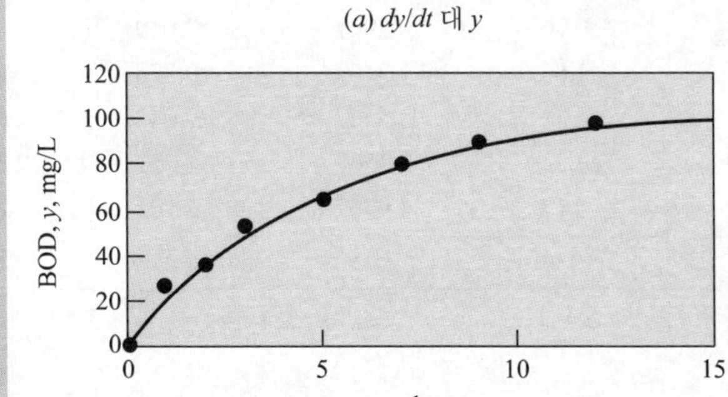

(b) BOD 대 시간

그림 10.9 BOD자료에 대한 회귀 분석 결과

결정계수(Coefficient of Determination)

하나의 변수와 다른 변수와의 상관관계를 나타내는 척도가 결정계수, 또는 r^2이며, 이는 선형회귀분석 결과에 적용된다. 결정계수는 다음과 같이 정의된다:

$$r^2 = \frac{\sum[(a - bx_i) - \bar{y}]^2}{\sum(y_i - \bar{y})^2} \tag{10.36}$$

따라서 결정계수는 계산된 $y - \bar{y}$값과 측정된 $y - \bar{y}$값 제곱의 합에 대한 비이다. 만일 x와 y 사이에 완벽한 상관관계가 성립된다면, 즉 직선이 자료와 완전히 일치한다면 r^2 값은 1이다. 만일 둘 간에 상관관계가 전혀 성립하지 않는다면, 즉 자료와 선이 잘 일치하지 않는다면 r^2 값은 0이 된다. 얼마나 일치하는 지는 r^2 값이 1에 얼마나 가까운지로 판단된다.

예제 10.17

예제 10.14에서 벤젠 농도와 분석 피크 면적의 상관관계 분석 결과에 대한 결정계수를 구하시오.

해답

예제 10.14 결과에 의하면 계산된 피크면적 y_{ic}는 회귀분석선을 풀어 구할 수 있다.

$$y_{ic} = a + bx_i = 0.077 + 0.0164\,x_i$$

$\bar{y}$값은 예제 10.14에 2.331로 주어져 있다. 적절한 계산은 다음에 주어져 있다.

x_i	y_i	y_{ic}	$(y_{ic} - \bar{y})^2$	$(y_i - \bar{y})^2$
25	0.54	0.4867	3.404	3.210
50	0.96	0.8967	2.059	1.881
100	1.82	1.7167	0.378	0.262
150	2.3	2.5367	0.042	0.001
200	3.2	3.3567	1.051	0.754
300	5.17	4.9967	7.102	8.056
$\Sigma =$	13.99		14.036	14.164

표로부터

$$r^2 = 14.036/14.164 = 0.991$$

결정계수가 1에 매우 가까우므로 피크 면적과 벤젠 농도의 상관관계는 매우 우수하다고 말할 수 있으며, 이는 그림 10.7에 잘 나타나 있다.

많은 계산기는 선형회귀분석을 위한 최소자승 프로그램이 내장되어 있다. Excel과 같은 스프레드시트 역시 앞서 설명한 통계학적 계수를 쉽게 구할 수 있다.

비선형 회귀분석

환경공학 및 과학에서 해석하고자 하는 많은 식들이 선형관계를 따르지 않기 때문에 선형회귀분석을 이용하여 분석할 수 없다. 그럼에도 불구하고 최소자승 개념은 여기서도 적용될 수 있다. 비선형 회귀분석에 대한 자세한 토의는 이 책의 범위를 벗어난다. 그에 대해 관심이 있는 사람은 이 장의 끝에 수록된 통계학 교재 및 참고서적을 참고하기 바란다.

예제 10.18

다음의 간단한 예는 비선형 회귀분석의 접근 방법을 예시하기 위하여 사용되었다. 이 문제는 예제 10.16에 주어진 BOD 자료에 대한 것이다. 여기서는 1차 반응식을 선형 형태로 변화시키지 않고 식 (10.35)를 이용하여 직접 BOD(y_c)를 t의 함수로 계산하고자 한다. 이는 측정된 BOD 값 y_i를 알고 있는 각 t_i에 대하여 수행한다. 그 다음 y_i와 y_c 차의 제곱과 그 합을 구한다. 이 때 사용하는 비결은 제곱의 합을 최소화 시키는 k'과 L값을 찾는 것이다. 이를 위해서 먼저 적당한 k'과 L 값을 가정하고, 그 값들을 이용하여 얻은 제곱의 합을 초기값으로 이용한다. 그 다음 k'과 L 값을 각각 조금씩 변화시키며 그 변화가 제곱의 합에 미치는 영향을 파악하여, 제곱의 합을 최소화 시키는 k'과 L 값을 시행착오법으로 구할 수 있다. 이 방법은 계산기를 이용하면 매우 따분한 작업이지만 스프레드시트를 이용하면 쉽게 수행할 수 있다. Excel 스프레드시트는 이 같은 문제를 쉽게 풀 수 있는 solver 기능이 있다. 아래에 주어진 표는 최적의 k'과 L 값을 구하기 위한 스프레드시트의 예를 설명하고 있다.

$k' = 0.217$, $L = 104$

t_i	y_i	y_c	$y_i - y_c$	$(y_i - y_c)^2$
0	0	0.00	0.00	0.00
1	27	20.33	6.67	44.54
2	36	36.69	−0.69	0.47
3	53	49.86	3.14	9.88
5	65	68.99	−3.99	15.93
7	80	81.39	−1.39	1.92
9	89	89.42	−0.42	0.18
12	98	96.49	1.51	2.28
				$\sum$ 제곱 = 75.19

구한 k'과 L은 예제 10.16에서 선형회귀분석을 통해 구한 0.21 day^{-1} 및 103 mg/L와 매우 근사함을 알 수 있다.

10.10 품질보증 및 품질관리

품질보증(quality assurance, QA)은 정확하고 신뢰할 만한 자료의 품질을 유지하기 위하여 환경시료의 수집 및 분석 시 준수해야 할 기본 수칙이다. QA를 따르면 정확도와 정밀도 면에서 신뢰 수준이 높은 자료를 얻을 수 있다. **품질관리**(quality control, QC)는 QA 프로그램의 일부로서 분석자가 신뢰할 만한 자료를 얻기 위하여 따라야 하는 절차이다. QA와 QC에 대한 자세한 사항은 "Standard Methods"에 주어져 있기 때문에 여기서는 간단히 설명하고자 한다.

QA의 기본 원리는 QA 계획에 요약되어 있다. 이 계획은 다음과 같은 사항에 대한 서명을 포함한다: 직원의 구성 및 책임; 시료의 채취, 보관 및 문서화 과정; 분석자에 대한 훈련; 각 분석 방법에 대한 표준 분석 절차(standard operating procedures, SOP); 장비의 보정 및 유지관리 절차; 내부 QC 활동; 자료의 편향(bias) 및 정확도에 대한 평가 절차; 자료의 유추, 정당화 및 보고; 그리고 교정 활동. 많은 사람이 시료의 채취 및 서류화, 시료의 이송, 그리고 분석에 참여할 때 오차의 잠재력이 커지기 때문에 좋은 QA 계획을 개발하여 수행하는 것은 매우 중요하다. 때때로 현장 시료의 분석결과에는 많은 비용이 소요된다. 시료를 조심스럽게 채취하여 표지를 붙이고 관련된 모든 사람이 주어진 임무를 적절하게 수행할 수 있도록 일련의 절차를 만드는 것은 법적으로 규정되어 있다.

QA 프로그램의 일부로서 생성한 자료 및 분석방법에 대한 통계학적 분석을 제대로 이해하고 있어야 하는 분석자에게 품질관리는 의무이다. QC 프로그램은 분석자의 능력에 대한 검정과 생성된 자료의 품질을 결정하고 보증하는 일련의 절차로 구성되어 있다. 그 밖에 외부로부터 제공된 표준시료의 분석과 표준시료를 이용한 분석방법의 검정, 바탕시료의 분석, 기지의 표준시료를 첨가한 시료의 회수율 결정, 가능한 분석 오차 및 분석의 정확도를 결정하기 위한 시료의 반복 분석, 그리고 구한 자료의 품질을 검증하기 위한 관리도의 유지 등이 포함된다. 분석자가 분석의 한계를 이해하고 생성된 자료가 높은 품질을 가지도록 부단히 노력하는 것은 매우 중요하다. QA 및 QC에 관한 자세한 사항은 "Standard Methods"에 주어져 있다.

연습문제

10. 1 다음 두 용어의 차이를 설명하시오.
(a) 평균 및 중앙치
(b) 정확도 및 정밀도
(c) 표준편차 및 분산
(d) 신뢰구간 및 신뢰한계
(e) 기계적 검출한계 및 방법론적 분석한계

10. 2 (a) t test는 어느 경우에 사용되는가?
(b) F test는 어느 경우에 사용되는가?

10. 3 다음 표는 여러 지하수 시료에 대하여 황산이온 농도를 반복하여 분석한 결과이다.

A	B	C	D	E	F
1333	1494	1330	2096	1612	1556
1496	1399	1333	1974	1644	1519
1525	1487	1314	2087	1654	1414
1547	1493	1215	1949	1881	1489
	1402	1218	2314	1793	1449
	1488			1529	

각 자료 세트에 대하여 다음을 계산하시오 : (a) 평균, (b) 표준편차, (c) 분산계수, 그리고 (d) 평균의 표준 오차

10. 4 문제 10.3의 자료 세트에 대하여 95% 신뢰한계를 구하시오.

10. 5 문제 10.3 자료에 대하여 (a) 열 A와 B, (b) 열 C와 D, 그리고 (c) 열 E와 F의 평균값이 95% 신뢰한계에서 차이가 있는가?

10. 6 문제 10.3 자료 중 열 B와 E는 95% 신뢰구간에서 정확도의 차이가 있는가?

10. 7 다음 표는 여러 지하수 시료에 대하여 질산이온 농도를 반복하여 분석한 결과이다.

A	B	C	D	E	F
9	30	24	41	35	35
10	28	20	36	34	57
7	28	22	28	33	44
10	39	26	31	38	52
10		19	28	26	33
10		20	39		

각 세트의 자료에 대하여 다음을 계산하시오 : (a) 평균, (b) 표준편차, (c) 분산계수, 그리고 (d) 평균의 표준 오차

10. 8 문제 10.7 자료 세트에 대하여 95% 신뢰한계를 구하시오.

10. 9 문제 10.7 자료에 대하여 (a) 열 A와 B, (b) 열 C와 D, 그리고 (c) 열 E와 F의 평균값이 95% 신뢰한계에서 차이가 있는가?

10.10 문제 10.7 자료 중 열 B와 E는 95% 신뢰구간에서 정확도의 차이가 있는가?

10.11 문제 10.3의 자료세트를 합동(pool)하여 분석방법에 대한 표준편차를 결정하시오.

10.12 문제 10.7의 자료세트를 합동(pool)하여 분석방법에 대한 표준편차를 결정하시오.

10.13 다음에 주어진 BOD 자료에 대하여 (a) 최종 BOD, L_0, (b) BOD 속도 상수 k', (c) 속도 상수의 표준편차, 그리고 (d) L_0의 표준편차를 구하시오.

t, days	y, mg/L
0	0
1	55
2	128
4	170
6	220
8	260
10	262

10.14 다음에 주어진 BOD 자료에 대하여 (a) 최종 BOD, L_0, (b) BOD 속도 상수 k', (c) 속도 상수의 표준편차, 그리고 (d) L_0의 표준편차를 구하시오.

t, days	y, mg/L
0	0
2	8.1
4	11
7	15.1
9	19.2
11	19.2

10.15 구리에 대한 표준 곡선을 구하기 위하여 황산 구리 표준 용액을 만들어 원자흡광법으로 분석한 결과가 다음과 같다.

농도, μg/L	0	100	200	300	400	500
흡광도	0.003	0.140	0.276	0.429	0.548	0.688

95% 신뢰한계에서 검량선의 기울기와 절편을 구하시오.

10.16 지하수의 용해성 황산 이온 농도를 표준 요오드법(iodometric)과 이온선택성 전극을 이용하여 분석한 결과가 다음과 같다.

시료	A	B	C	D	E	F	G	H	I	J
전극법	130	14	182	4	127	13	154	14	192	154
요오드법	126	13	136	1	130	13	169	13	218	142

이 분석에 전극법이 적당한지 토의하시오.

10.17 물에 포함된 암모니아의 농도를 분광흡광법(spectrophotometry) 분석하고자 한다. 이를 위하여 여러 표준 농도를 분석하여 다음과 같은 결과를 얻어 표준곡선을 만들었다.

농도 mg/L	1	2	4	6
흡광도	0.08	0.16	0.27	0.50

95% 신뢰한계에서 검량선의 기울기와 절편을 구하시오.

10.18 문제 10.15에 주어진 보정 곡선을 이용하여 구리의 농도를 분석한 결과 흡광도는 0.35이었다. 95%의 신뢰구간에서 (a) 하나의 시료만 분석한 경우, 그리고 (b) 여섯 개의 시료를 분석한 경우 구리의 농도를 결정하시오.

10.19 문제 10.17에 주어진 보정 곡선을 이용하여 암모니아의 농도를 분석한 결과 흡광도는 0.42이었다. 95%의 신뢰구간에서 (a) 하나의 시료만 분석한 경우, 그리고 (b) 세 개의 시료를 분석한 경우 구리의 농도를 결정하시오.

10.20 두 학생의 주어진 시료에 대한 화학적 산소요구량 분석을 수행하였다. 학생 A는 네 번 분석하여 표준편차 20 mg/L, 학생 B는 7번 분석하여 표준편차 9 mg/L를 얻었다. 표준편차의 차이는 두 학생이 사용한 분석방법의 차이가 유의함을 의미하는가?

10.21 두 학생의 주어진 시료에 대한 용존 산소 분석을 수행하였다. 학생 A는 다섯 번 분석하여 표준편차 0.4 mg/L, 학생 B는 여덟 번 분석하여 표준편차 0.3 mg/L를 얻었다. 표준편차의 차이는 두 학생이 사용한 분석방법의 차이가 유의함을 의미하는가?

10.22 지하수의 벤젠 분석 방법에 대한 표준편차가 5 μg/L이었다. 평균값의 95% 신뢰구간이 (a) $+4\ \mu g/L$, (b) 그리고 $+3\ \mu g/L$이려면 얼마나 많은 시료를 분석하여야 하는가?

10.23 물의 비소를 결정하기 위한 방법에 대한 표준편차가 2 μg/L이었다. 평균값의 95% 신뢰구간이 (a) $+2\ \mu g/L$, (b) 그리고 $+1.5\ \mu g/L$이려면 얼마나 많은 시료를 분석하여야 하는가?

10.24 다음 계산 결과를 유효 숫자를 이용하여 표시하시오.

(a) $\dfrac{0.275 + 12.20 - 1.6532}{12.71 \times 0.6752}$

(b) $\dfrac{0.76 - 0.123 + 12.1}{0.0123 \times 8.6}$

(c) $7.651 \times 0.1223 - \dfrac{6.245}{12.47}$

(d) $3.1\times 5.2-4.3+2.2$

10.25 다음 계산 결과를 유효 숫자를 이용하여 표시하시오.

(a) $\dfrac{0.25\times 3.1-5.3+7.2}{4.5\times 7.3}$

(b) $\dfrac{0.753\times 67.25-22.68+13.44}{0.1234\times 8.762}$

(c) $0.0023\times 0.045-\dfrac{0.088}{78}$

(d) $352.\times 0.111-11.22+0.115$

10.26 다음 각 계산에 대하여 y에 대한 절대 표준 편차를 유효숫자를 이용하여 나타내시오. 괄호 안의 숫자는 절대 표준편차이다.

(a) $y=7.23(\pm 0.04)+12.76(\pm 0.21)-5.11(\pm 0.11)-0.11(\pm 0.01)$

(b) $y=20.1(\pm 1.2)\times 123(\pm 9.7)-132(\pm 1.6)$

(c) $y=\dfrac{0.123(\pm 0.07)-[0.102(\pm 0.021)\times 1.11(\pm 0.09)]}{0.0165(\pm 0.0021)}$

(d) $y=27(\pm 3.2)(1-e^{-5\times 0.31(\pm 0.032)})$

10.27 다음 각 계산에 대하여 y에 대한 절대 표준 편차를 유효숫자를 이용하여 나타내시오. 괄호 안의 숫자는 절대 표준편차이다.

(a) $y=8.65(\pm 0.55)-1.01(\pm 0.02)-12.7(\pm 1.0)+22.1(\pm 0.87)$

(b) $y=\dfrac{1.25(\pm 0.08)}{0.26(\pm 0.042)}+3.72(\pm 0.93)$

(c) $y=236(\pm 11)\times 2.43(\pm 0.35)/1.62(\pm 0.063)$

(d) $y=3.45(\pm 0.88)^{2.3(\pm 0.56)}$

10.28 다음 자료가 정규 집단으로부터 구한 것인지 정규확률지에 그려 결정하시오.
29.55, 28.13, 22.57, 22.31, 26.08, 30.06, 24.89, 29.58, 24.11, 26.06, 23.20, 25.40
26.94, 27.60, 26.11, 22.04, 24.87, 22.52, 26.31

10.29 도시 대기에 존재하는 안티몬 분석을 위하여 원자흡광광도법과 비색법의 결과를 비교하였다. 두 결과의 차이는 유의한가? 95% 신뢰수준을 이용하여 결정하시오.

원자흡광법: $n=12$ $\bar{x}=10.5\ \mu g/m^3$ $s=2.4\ \mu g/m^3$

비색법: $n=10$ $\bar{x}=8.9\ \mu g/m^3$ $s=1.6\ \mu g/m^3$

10.30 다음 결과는 물에 포함된 질산이온을 반복 분석하여 얻은 결과이다. 자료의 평균과 중앙치를 구하시오. 또한, 이 자료로부터 빈도분포표와 기둥그림표를 그리시오.
10.7, 10.7, 10.5, 10.7, 10.3, 10.7, 10.9, 11.1, 10.5, 9.9, 10.7, 10.9, 11.1, 10.1, 10.3

10.5, 10.9, 10.3, 10.3, 10.5, 10.3, 10.1, 9.7, 10.3, 10.3, 10.1, 10.3, 10.3, 10.7, 9.9
10.7, 10.7, 10.7, 10.1, 10.5, 9.9, 10.5, 10.7, 10.3, 10.1, 10.7, 10.5, 10.5, 11.1, 10.9
10.9, 10.5, 10.5, 10.7, 10.7

10.31 주어진 시료의 Na 농도를 열두 번 분석한 결과 평균은 76.0 mg/L, 그리고 표준편차는 4.3 mg/L이었다. 평균에 대한 95% 신뢰한계를 구하시오.

10.32 주어진 시료의 Ca 농도를 일곱 번 분석한 결과 평균은 122 mg/L, 그리고 표준편차는 6 mg/L이었다. 평균에 대한 95% 신뢰한계를 구하시오.

10.33 폐수 처리장 유출수 시료 30개에 대하여 BOD를 분석한 결과 평균은 20.1 mg/L, 표준편차는 8.2 mg/L이었다. 자료는 정규분포를 한다고 가정한다.

(a) 평균에 대한 95% 신뢰한계를 구하시오.

(b) (a)에서 구한 신뢰한계를 반으로 줄이기 위해서는 얼마나 많은 시료를 분석하여야 하는가?

10.34 폐수 처리장 유출수 시료 17개에 대하여 클로로포름 농도를 분석한 결과 평균은 57 μg/L, 표준편차는 35 μg/L이었다. 자료는 정규분포를 한다고 가정한다.

(a) 평균에 대한 95% 신뢰한계를 구하시오.

(b) (a)에서 구한 신뢰한계를 반으로 줄이기 위해서는 얼마나 많은 시료를 분석하여야 하는가?

10.35 폐수 처리장 유출수 시료 4개에 대하여 다이클로로벤젠 농도를 분석한 결과 기하평균(geometric mean)은 1.2 μg/L, 기하 표준편차는 2.92이었다. 자료는 로그정규분포를 한다고 가정한다.

(a) 기하평균에 대한 95% 신뢰한계를 구하시오.

(b) 95% 이상 신뢰한계가 기하평균의 2배를 넘지 않으려면 얼마나 많은 시료를 분석하여야 하는가?

10.36 폐수 처리장 유출수 시료 13개에 대하여 에틸벤젠 농도를 분석한 결과 기하평균(geometric mean)은 1.1 μg/L, 기하 표준편차는 2.7이었다. 자료는 로그정규분포를 한다고 가정한다.

(a) 기하 평균에 대한 95% 신뢰한계를 구하시오.

(b) 95% 이상 신뢰한계가 기하평균의 1.5배를 넘지 않으려면 얼마나 많은 시료를 분석하여야 하는가?

10.37 다음 자료는 하수처리장 유출수에 대한 다이클로로벤젠 측정 농도(μg/L)이다.

0.12, 0.10, 0.20, 0.32, 0.50, 0.52, 0.56, 0.80, 0.89, 1.31, 1.41, 1.62, 4.1

(a) 로그정규분포를 가정하여 기하평균 농도와 기하표준편차를 구하시오.

(b) 기하평균에 대한 95% 신뢰한계는 얼마인가?

10.38 다음 자료는 하수처리장 유출수에 대한 다이클로로메탄 측정 농도(μg/L)이다.

2.8, 4.0, 4.8, 5.2, 6.0, 6.2, 9.0, 9.8, 10.5, 12.0, 12.5, 17.0, 19.0, 22, 27, 35, 63

(a) 로그정규분포를 가정하여 기하평균 농도와 기하표준편차를 구하시오.

(b) 기하평균에 대한 95% 신뢰한계는 얼마인가?

참고문헌

Anderson, R. L. "Practical Statistics for Analytical Chemists," Van Nostrand Reinhold, New York, 1987.

Caria, M.: "Measurement Analysis: An Introduction to the Statistical Analysis of Laboratory Data in Physics, Chemistry and the Life Sciences," Imperial Callege Press, London, 2001.

Clesceri, L. S., A. E. Greenberg, and A. D. Eaton (eds.), "Standard Methods for the Examination of Water and Wastewater," 20th ed., American Public Health Association, Washington DC, 1998.

de Levie, R.: "How to use Excel® in Analytical Chemistry and in General Scientific Data Analysis," Cambridge University Press, Cambridge, MA, 2001.

Graham, R. C.: "Data Analysis for the Chemical Sciences: A Guide to Statistical Techniques," John Wiley & Sons, New York. 1993.

Meier, P. C., and R. E. Zund: Statistical Methods in Analytical Chemistry, 2nd ed., John Wiley & Sons, New York, 2000.

Miller, J. N., and J. C. Miller: "Statistics and Chemometrics for Analytical Chemistry," 4th ed., Prentice Hall, Upper Saddle River, NJ, 2000.

Otto, M.: "Chemometrics: Statistics and Computer Application in Analytical Chemistry," John Wiley & Sons, London. 1999.

CHAPTER 11

정량 분석화학의 기초개념

11.1 일반적 고찰

정량 분석화학은 환경공학자의 교육에서 필수적인 교과목이라고 할 수 있다. 대부분의 연구와 현장 조사가 이것을 토대로 하고 있다. 그러나 이와 같이 정량 분석으로부터 유용한 기본적인 정보들을 얻고 있음에도 대부분 대학의 정량 분석 교과목에서는 환경공학 기술자에게 매우 필요한 실험 강의와 실습을 시키지는 않고 있다. 이러한 이유로 환경공학과 관련된 학과들에서는 "환경화학", "수질화학(aquatic chemistry)", 또는 "물 및 폐수분석" 등의 과목에서 정량 분석을 다룸으로써 이러한 요구에 부응하고 있다.

최근에는 환경공학을 가르치고 있는 학과들의 대부분이 "Standard Methods for the Examination of Water and Wastewater"를 기준교재로 사용하고 있다.[1] 이 책은 확실한 기본지식을 갖춘 훈련된 분석자들이 사용하도록 꾸며져 있다. 그러나 환경공학도들의 대부분은 그와 같은 기본지식을 가지고 있지 못하므로 이 장에서는 바로 이러한 필요를 충족시키려는 것이 목적이다. 참고용으로 정량 분석의 최신 교재를 한 권씩 마련하기를 권한다. 정량 분석의 모든 교재들이 상세히 다룬 분석화학의 여러 가지를 이 한 장에서 완전히 다루는 것은 불가능하며 또 그럴 필요도 없기 때문이다.

시료 채취

분석 실험에서 믿을 만한 분석 결과를 얻는 데 가장 중요한 것은 시료(sample)이다. 분석 기술의 부족보다는 시료의 채취가 적절하게 이루어지지 않았기 때문에 분석 결과에 오차가 나는 경우가 더 많다. 시료의 채취와 취급에 대하여는 "Standard Methods"에서 매우 적

---

1) L. S. Clesceri, A. E. Greenberg, and A. D. Eaton, (eds.), "Standard Methods for the Examination of Water and Wastewater", 20th ed., American Public Health Association, New York, 1998.

절하게 설명하고 있으나, 순간 시료(grab sample)와 혼합 시료(composited sample) 채취에 대하여는 더 강조할 필요가 있다.

순간 시료 채취는 대체로 시료를 순간적으로 채취하고 그것을 그대로 분석한다. 일반적으로 환경공학 실무에서는 대부분의 시료를 순간적으로 채취한다. 이때 엔지니어가 결정해야 할 주된 사항은 시료 채취빈도의 결정이다. 이 과정에서 엔지니어는 신뢰도와 비용을 비교하여 충분한 수의 시료를 얻을 수 있는 균형점을 찾아 결정하도록 해야 한다. 시료의 수는 채취되는 물질의 특성에 따라 하루에 한 개에서부터 100 개 이상까지도 될 수 있다. 이런 점에서 많은 공학적 판단이 필요하다. 다음의 몇 가지 예를 통해 이것을 설명하겠다.

1. 얼마동안 사용된 깊은 우물을 생각해 보자. 이 우물물의 수질은 일정한 것이며 따라서 한 개의 무작위 채취 시료로 그 수질상태를 파악할 수 있을 것이다.
2. 큰 하천에서와 같이 수질이 천천히 여러 번 바뀌는 곳에서는, 매일 한 개의 시료를 순간 채취하는 것이 적당하다.
3. 물질의 특성이 24 시간의 주기 내에서 현저한 변화를 나타내는 곳에서는 짧은 간격으로 시료를 채취한다. 산업폐수 시료의 채취에서는 매 10 분이나 15 분마다 해야 할 경우도 있다. 각 시료들은 pH, 산도 및 알칼리도와 같은 특성에 대하여 분석을 한 다음, 보다 완전한 분석을 위해 2 시간, 4 시간, 8 시간, 12 시간 또는 24 시간 동안 채취한 시료를 하나의 용기에 담아 혼합시료로 만든다.

혼합시료는 분석결과를 평균값으로 내는 것이 좋은, 폐수처리시설의 효율을 평가하는 데 주로 이용된다. 시료는 24 시간에 걸쳐, 대개 한 시간 내지 두 시간 간격으로 정기적으로 채취하여 이것을 모두 하나의 용기에 모아 한 개의 큰 시료로 만든다. 이때, 체류시간은 고려하지 않아도 되나 다만 각 시료의 양은 반드시 채취 당시의 유량에 비례하여 혼합하여야 한다.

혼합시료를 24 시간보다 짧은 시간 내에 채취할 때는 (폐수처리장의 경우, 보통 8 시간 혼합시료를 사용한다) 체류시간을 무시하면, 심각한 오차가 생겨날 수도 있다. 전형적인 활성슬러지 플랜트에서는 유입에서 유출까지의 체류시간이 대략 8 시간이다. 따라서 8시부터 오후 4시까지 채취한 유입수의 시료들로는 낮 동안의 폐수강도를 측정하는 것이 되나, 이 시간대에 채취한 유출수의 시료들은 오전 8시 이전에 처리장에 들어온 약한 폐수에 대한 처리효과를 측정하는 것이 된다. 짧은 시간 동안에 혼합시료를 채취할 경우, 하류부에서 시료를 채취할 때는 반드시 그때 수반된 처리장치에서의 체류시간에 일치시키도록 하여야 한다. 총 8시간의 체류시간을 주는 전형적인 활성슬러지 처리장에서 최종유출수의 시료채취는 유입수의 시료채취를 시작한지 8시간 후에 시작하여야 한다. 그러므로 8시간 혼합시료의 채취에 총 16 시간이 소요된다.

실험기구와 시약

품질이 좋은 실험기구는 모든 분석에 사용할 수 있다. 재 검정되었거나 표준국(미국)의 눈금이 새겨진 유리기구는 값이 매우 비싸며 일상적인 작업에는 필요치 않다. 용해도가 낮고, 팽창계수가 낮은 파이렉스나 이와 유사한 유리기구를 사용하는 것이 매우 바람직하다. 시약은 반드시 분석용 등급(analytical-reagent grade)이거나 미국화학회에서 정한 순도 표시방법에 맞게 되어 있는 것이라야 한다. 목적에 따라서는 낮은 등급의 약품, 즉 공업용 등급(technical grade)의 것도 사용할 수 있으나 분석자는 반드시 그 시약에 특정한 불순물들이 너무 많이 포함되어 있지 않은 지를 확인하여야 한다. 고순도의 수산화 나트륨(sodium hydroxide)을 필요로 하는 것에 사용할 목적으로 1급 시약(reagent grade)의 수산화 나트륨을 구입하는 것은 실용적이지 못하다. 아주 높은 등급의 것을 구입하여도 역시 불순하기 때문이다. 정제(精製)하기 쉬운 것은 값싼 등급의 것을 구입하여 실험실에서 정제하여 사용하는 것이 비용이 훨씬 적게 된다.

침전(precipitation)

일부 분석법에서는 이온을 침전시켜 분리하고, 그 침전물질의 실무게를 측정하는 방법을 이용한다. 이 분석법에서 믿을 만한 분석결과를 얻기 위해서는 몇 가지 지켜져야 할 필수 조건들이 있다. 다음 사항들은 특히 중요하다.

1. 침전된 물질은 반드시 물에 대한 용해도가 아주 낮아야 한다. 즉, K_{sp}가 아주 작은 것이어야 한다.
2. 침전물은 고순도의 상태이어야 하며 그렇지 않으면 더욱 정제(精製)할 수 있도록 재침전(reprecipitation)시킬 수 있는 것이어야 한다.
3. 100℃ 이상의 온도에서 건조 또는 강열(強熱)하여 일정한 조성을 가진 하나의 화합물로 될 수 있어야 한다.
4. 실온에서 흡습성을 갖지 않아야 한다.

침전법은 또한 정제방법으로도 이용된다. 이때는 필요한 이온을 용액으로부터 침전시키고 여과한 다음 특별한 시약을 써서 다시 용액으로 만들고 무게 분석(weight analysis) 이외의 다른 방법으로 측정한다.

여과(filtration)

침전물 또는 고체의 여과에는 종이, 막(membrane), 또는 유리 섬유 여과지(glass fiber filter)를 사용한다. 환경공학 분야의 측정대상 물질들은 대부분 103℃ 이상의 온도에서 화학적으로 결합되어 있는 물을 잃어버린다. 여과지(분석용 등급, 재 없는 여과지) 또는 유리 섬유 여과지를 이용한 여과는 일반적으로 550℃ 이상의 강열(強熱)이 요구되거나 허용되는 경우에 사용한다. 이 온도에서 여과지는 소멸되고 원하는 잔류물만이 남는다. 이때에는 재 없는 여과지(ashless paper)나 재의 무게가 알려진 여과지를 사용하여야 한다. 그러나 요즈음에는 550℃에서 무게손실이 거의 없는 유리섬유여과지가 고온에서 널리 사용되고 있다. 하지만 이 여과지도 600℃ 이상에서는 녹을 수 있고 유기물 연소를 위한 온도가 550℃이기 때문에 여과지의 종류에 관계없이 550℃를 일반적으로 널리 사용하고 있다.

여과지의 다공율(porosity)은 매우 다양하다. 침전물을 모두 보전할 수 있는 고운 여과지를 사용하는 것이 필수적이기는 하나 거칠수록 여과속도는 빨라진다. 황산바륨(barium sulfate)의 여과에는 아주 고운 여과지를 사용해야 하며 수산화 제일철(ferric hydroxide)은 아주 거친 여과지로 잘 여과된다.

침전물의 분리는 적절한 여과기를 사용하여 수행할 수 있다. 그러나 정량 분석 결과는 다음 두 가지 중요한 인자에 의하여 좌우된다.

1. 침전물 또는 고형물은 본래의 용기로부터 여과기로 모두 옮겨져야 한다.
2. 침전물과 여과기는 물이나 적절한 용매로 세척하여 침전물과 젖은 여과기에 남아있는 용존 고형물을 제거하도록 하여야 한다. 한번 세척한 후 완전히 배수되도록 하며 세 번을 세척하면 충분히 세척된 것으로 간주한다.

건조 또는 강열

건조 잔류물 또는 고형물 측정에 사용하는 온도는 103℃ 및 180℃의 두 가지이다. 과거에는 103~105℃를 주로 사용하였는데, 이는 환경공학에서 다루는 대부분의 잔류물이나 고형물이 천연 유기물로 이보다 높은 온도에서는 상당량의 결합 수분(water of composition)을 방출하기 때문이었다. 103℃에서 충분한 시간동안 건조시키면 자유 수분(free water)을 모두 제거할 수 있고, 결정수(water of crystallization)의 손실을 최소화 시킬 수 있다. 그러나 때때로 유기물의 함량이 낮은 용수의 경우 총고형물 분석을 통하여, 개별로 측정된 무기물의 합으로부터 얻은 값과 유사한 근사치를 얻는 것이 바람직할 때가 있다. 이 같은 목적을 위해서는 건조 온도가 180℃로 규정될 수 있다. 이와 같은 차이 때문에 측정 결과는 온도와 함께 보고되어야 한다.

강열(ignition)은 특별한 규정이 없으면 보통 550℃에서 행하며, 이 온도에서 유기물질은 모두 이산화 탄소와 물로 산화되어 분해되며 무기염들의 휘발이나 분해에 의한 손실을 최소화할 수 있다. 대부분의 강열 잔류물의 주성분은 탄산칼슘(calcium carbonate)이며 550℃에서 안정하다.

건조(desiccation)

건조 또는 강열조작을 한 다음에는 잔류물과 그 용기(도가니, 증발접시 또는 여과지)를 화학저울(analytical balance)에서 칭량(weighing)하기 전에 반드시 실온으로 냉각시켜야 한다. 냉각시키는 동안 공기에 노출된 채로 두면 잔류물과 그 용기는 공기 중의 수분을 흡수할 수 있다. 잔류물과 그 용기를 건조 용기(desiccator) 속에서 냉각시키면 이런 문제가 없게 된다. 건조 용기 속에는 무수 염화 칼슘(anhydrous calcium chloride)과 같은 건조제(desiccant)를 넣어 두어 상대습도가 거의 0%로 유지된다.

11.2 화학저울

화학저울(analytical balance)의 구조와 칭량의 이론은 정량 분석화학 교재들에 잘 설명되어 있다. 이 기기에는 너무 무거운 것을 달지 않도록 주의하여야 한다. 화학저울은 예민한 기기 중의 하나이며 저울과 분동(weight)은 세심하게 주의해서 다루어야 하며, 또 청결하게 유지 관리해야 한다.

자동 분석 저울은 최근 대부분의 실험실이 갖추고 있는 대단히 실용적인 기기이다. 다음에 언급한 과정을 정확히 준수하는 경우 이 저울의 정확도는 0.01 mg에서 1 mg 범위이다.

칭량될 대상 물체가 실온에 있어야 함은 더 말할 여지가 없다. 정량 분석 과목을 수강하는 학생들은 어떻게 공기 흐름이 실온보다 높은 온도에 있는 물체의 무게를 실온의 무게보다 가벼워지게 하고 또 실온보다 낮은 온도의 물체를 더 무겁게 하는 가를 설명할 수 있는 물리지식은 가지고 있을 것이다.

11.3 무게 분석

무게 분석(gravimetric analysis)은 무게에 의하여 분석하는 것이며 최종 분석 결과를 화학저울을 이용하여 얻게 되는 모든 측정들이 이것에 속한다. 총고형물(증발잔류물), 부유고형물(suspended solid), 휘발성 고형물(volatile solid), 그리고 강열잔류 고형물(fixed solid)의 측정이 무게 분석법에 의하여 이루어지며, 이는 무게 분석법이 이들의 분석에 가장 좋은 방법이기 때문이다. 그러나 일반적으로 이 방법은 시간이 많이 걸리므로 가능하면 사용하지 않고 있다. 고형물 측정 및 표준용액 등을 만들 때 외에는 환경공학 분야의 분석에 화학저울을 사용하는 경우는 거의 없다.

무게 분석법으로 수행해야만 하는 고형물의 측정은 매우 중요하므로 환경공학자는 반드시 무게 분석에 대한 기본지식을 가지고 있어야 한다. 많은 부분을 11.1절에서 이미 설명하였으므로 다음에 몇 가지만 더 첨가하여 설명하겠다.

항량

모든 무게 분석의 측정에는 잔류물이나 침전물을 담는 도가니나 접시가 필요하다. 이 그릇의 무게(빈 그릇 무게, tare)를 알고 있어야만 전체무게에서 그것을 빼어 측정하려는 물질의 순 무게(net weight)를 구할 수 있게 된다. 이 경우 자동 분석 저울을 사용하면 정확도는 0.1에서 0.01g까지 얻을 수 있다.

자제나 실리카 도가니(porcelain crucible)와 접시들이 흔히 이와 같은 무게 측정에 사용된다. 백금제 그릇은 많은 장점이 있으나 가격 때문에 특수한 측정 이외에는 사용하지 않는다. 오랜 시간 동안 공기에 노출된 물체에는 먼지 막(film of dust)이 생기며 또 수분을 흡수한다. 자제 그릇은 만들 때 표면에 유약을 바르지 않으며 이 때문에 그 내부로 수분을 흡수한다. 이와 같은 그릇을 적절하게 조치하지 않고 그대로 무게측정에 사용하면 그 최종 분석 결과에 비교적 큰 오차가 생길 수 있다. 소량을 다루는 경우 음의 결과(negative result)가 얻어질 때도 있다.

무게의 측정에 사용할 도가니와 접시는 먼지(dust)와 수분을 제거하기 위한 전처리를 해야 한다. 그릇들을 물로 깨끗이 씻은 다음, 나중 실 무게를 측정할 때와 정확히 같은 조건에서 열처리를 해야 한다. 103℃ 또는 180℃에서의 총고형물을 측정하려는 그릇은 반드시 그 온도에서 건조해야 한다. 접시, 특히 자제그릇을 550℃와 같이 높은 온도에서 가열하면, 필요 이상으로 많은 수분이 제거된다. 접시는 반드시 필요한 온도로 가열하거나 구워야 하며, 건조 용기 속에서 냉각시켜야 하고, 그릇이 항량(constant weight)에 도달할 때까지 무게를 달고 가열하거나 굽고 냉각시킨 다음 칭량하는 일을 반복하여야 한다. 이때 25g 이하의 무게를 가진 작은 접시는 ±0.0002 g을 나타내어야 하며, 이보다 무거운 접시들에 대하여는 ±0.0005g이어야 한다. 한두 번 경험을 해보면, 초보자도 2시간 이하의 첫 가열이나 굽기(filing)가 거의 아무런 의미가 없음을 알게 된다. 이것은 새 접시와 얼마 쓰지 않은 접시에서 특히 그렇다. 항량에 도달한 접시는 건조 용기 속에 보관하여 먼지가 끼거나, 수분이 흡수되지 않도록 한다.

이론적으로는 위에서 설명한 빈 그릇 무게(tare weight)를 구하는 원리는, 접시에 측정하려는 잔류물에도 적용시켜야 한다. 잔류물이 무기물일 때는 그렇게 할 수 있으나, 그것이 유기물일 때는 문제가 된다. 이 물질들은 대체로 오랜 시간에 걸쳐 계속하여 조금씩 결합 수분이 발생하게 된다. 그러나 자유 수분(free water)은 결합 수분보다 훨씬 더 빠르게 제거되므로, 이와 같은 고형물은 그 건조 시간을 규정하여, 결합 수분이 방출되는 것을 물리적으로 방지하여, 이 건조시간이 경과된 뒤 측정한 무게를 항량으로 간주한다. 물속의 총고형물 및 부유 고형물에 대한 건조 시간(수증기 중탕에서 증발시켜 알맞은 건조상태로 만든 다음 또는 건조오븐에서)은 1시간이다. 슬러지와 대부분의 산업폐수 중의 총고형물, 그리고 다른 반 고형물질에 대한 건조 시간(증발시켜 건조상태로 만든 다음)은 10시간으로 되어 있다. 실제로 슬러지와 다른 반 고형물에 대하여는 하룻밤 동안 건조하는 것이 바람직하다.

| 11.4 | 부피 분석

부피 분석(volumetric analysis)은 분석하려는 시료의 특정한 반응을 완결시키는 데 필요한 표준 용액(standard solution)인 액체시약의 부피를 측정하는 정량 분석법의 하나이다. 표준 용액은 농도나 단위 부피당의 반응 역가(reacting value)가 알려져 있는 용액으로 정의된다. 간단한 부피 분석을 수행하는 데 필요한 설비로는 (1) 시료를 정확하게 측정하기 위한 장치, 즉 화학저울이나 또는 피펫(pipet)과 같은 부피측정용 유리기구, (2) 적당한 농도의 표준 용액, (3) 화학량적 종말점에 도달했을 때를 알려주는 지시약, (4) 지시약에 의해 화학량적 종말점까지 도달하는 데 필요한 표준 용액의 부피를 측정하는 정밀하게 눈금이 매겨진 뷰렛(buret) 등이 있다.

부피 분석법은 대체로 무게 분석법에 비하여 시간이 적게 소요되므로, 일반적으로 많이 사용되고 있다. 환경공학에서는 용존 산소, BOD, COD 및 염화물(chloride) 등과 같은 여러 가지 측정에 부피 분석을 이용한다. 부피 정량법에서 정확한 결과를 얻기 위해서는 여러 가지의 개념과 기술들을 이해하고 익히고 있어야 한다.

눈금 매겨진 유리기구

눈금이 매겨진 유리기구에는 두 가지 형태가 있다. 즉, (1) 용량플라스크(volumetric flask)와 눈금실린더와 같이 일정한 부피를 담도록 눈금이 매겨진 것, (2) 피펫과 뷰렛과 같이 지시된 부피를 옮길 수 있도록 눈금이 매겨진 것. 전자를 후자의 대용으로 사용할 경우, 약간의 액체가 용기 내에 항상 남게 되며, 따라서 눈금의 양보다 적은 양이 옮겨지게 되므로 정확도가 요구되는 실험에서는 전자를 후자의 대용으로 사용해서는 안 된다. 피펫은 특정한 조건하에서 일정한 양을 옮기도록 눈금이 매겨져 있으며 옮긴 다음 항상 적은 양의 액체가 남아있도록 되어있다. 피펫에는 전부피 피펫(transfer pipet)*과 Mohr 피펫(눈금 피펫)의 두 가지 형태가 있다. 전부피 피펫 또는 부피 피펫(volumetric pipet)은 볼록한 부분과 오직 한 개의 눈금을 가지고 있다. 피펫은 깨끗이 해야만 규정된 양을 옮길 수 있다. 옮겨 담는 동안에는 피펫을 거의 수직으로 유지하고, 피펫의 끝은 옮겨 담는 그릇의 벽과 접촉시켜야 하며, 끝부분에서 액체 높이가 정지상태에 달한 것을 확인한 다음 5초 동안 액체가 배출되도록 둔다. 부피를 정확하게 측정하여야 하는 경우에는, 전 부피 피펫을 사용해야 한다. Mohr 피펫은 일정한 내경의 유리관으로 만들어진 것으로, 여러 개의 눈금이 매겨져 있다. 용량이 5 mL 이하의 작은 크기의 것들은 아주 정확하게 소량의 액체를 옮길 수 있으나, 용량이 10 mL 이상인 큰 것은 내경과 눈금들이 커서 정확한 양을 옮길 수 없다. Mohr 피펫은 주로 1 mL의 작은 부피를 측정하거나 정확도가 중요시 되지 않는 부피의 측

---

*홀 피펫(whole pipet) 또는 그냥 피펫이라고도 함(역자주)

정에 사용된다.

일반적으로 시료의 측정과 표준 용액의 측정에는 전 부피 피펫을 사용해야 하며, Mohr 피펫은 표준화되지 않은 시약을 옮겨 넣을 때 사용할 수 있다.

눈금이 매겨진 유리기구는 철저하게 청결이 유지되어야 한다. 특히 전부피 피펫과 뷰렛은 이것이 중요하다. 세척에는 최근 이 목적을 위해 만들어진 세제를 사용하거나, 상품화된 물질 사용한다.

당량 또는 노르말 용액

정의에 의하면, 표준 용액은 농도나 단위부피당의 반응 역가가 알려져 있는 용액이다. 부피 분석은 이 표준 용액으로도 수행할 수가 있으나, 역가가 등가(equivalent)인 용액을 만들어 사용하면, 시약 A의 1.0 mL가 정확하게 시약 B의 1.0 mL와 반응하게 되므로 훨씬 더 편리해진다.

다음의 기본식으로부터, 산과 염기의 측정(산도 및 알칼리도)을 위한 당량 용액(equivalent solution) 시스템의 기준을 세운다. 즉,

$$\underset{1.008}{H^+} + \underset{17.007}{OH^-} \rightarrow H_2O \tag{11.1}$$

이 식으로부터, 1 g 원자량 또는 1.008 g의 수소 이온은 1 g 이온 무게(ionic weight) 또는 17.007 g의 수산화 이온과 반응하는 것을 알 수 있다. 수산화 이온에 대하여는 모든 용도에 17만을 쓴다. 이와 같은 양의 수소 이온이나 수산화 이온을 포함하는 용액들은 등가라고 할 수 있다.

화합물의 당량(equivalent weight)은 이용가능한 수소 1 g 원자나 또는 이것의 화학적 등가량을 함유하는 그 화합물의 무게라고 정의된다. 당량은 다음과 같이 결정할 수 있다.

$$\text{당량} = \frac{FW}{Z} \tag{11.2}$$

여기서 FW는 화합물의 화학식량이며, Z는 그 값이 화학적 상황에 따라 정해지는 양(陽)의 정수이다.

산의 경우에는, Z의 값은 1 몰의 산으로부터 얻을 수 있는 H^+의 몰 수와 같다. 즉, HCl의 경우에는 Z = 1, 그리고 H_2SO_4는 Z = 2이다. 아세트산의 경우에는, 아세트산 분자 내 수소원자들 중 한 개만이 이온화하여 용액에 H^+을 방출하므로, Z = 1이다.

$$CH_3COOH \rightarrow CH_3COO^- + H^+$$

염기의 경우에 Z값은 염기 1몰과 반응할 H^+의 몰 수와 같다. 즉 NaOH의 경우에는 Z = 1, 그리고 $Ca(OH)_2$는 Z = 2가 된다.

노르말 용액(normal solution)은 1 L의 용액 속에 어떤 물질 1당량이 들어있는 용액이라고 정의된다. 따라서 1 L의 산 또는 염기의 1노르말 용액을 만들기 위해서는 H^+ 1.008 g 또는 OH^- 17 g의 이온을 내는 데 충분한 양의 화합물과 용액의 부피가 1 L가 되도록 만드는 데 충분한 증류수만 있으면 된다. 용액의 노르말 농도(normality)는 노르말 용액을 나타내는 데 쓰이며, "노르말"을 부호 N을 사용하여 간단하게 표기한다. 따라서 반-노르말 용액은 0.5 N 또는 N/2으로 나타낸다. 노르말 용액의 제조와 표준화(standardization)에 대하여는 제 15장에서 설명하겠다.

노르말 용액은 산 적정법이나 알칼리 적정법이 아닌 다른 부피 분석법에도 이용된다. 예를 들면, 염화물들은 질산 은(silver nitrate)과 같은 시약으로 적정하여 측정하며, 이때의 반응은 다음 식과 같이 염화 이온(chloride ion)이 염화 은(silver chloride)으로 침전하는 반응이 일어난다.

$$\underset{35.5}{Cl^-} + \underset{108}{Ag^+} \rightarrow AgCl(s) \tag{11.3}$$

이 반응에서 Ag^+ 1몰은 Cl^- 1몰과 등가이다. 또 다음식

$$HCl \rightarrow H^+ + Cl^- \tag{11.4}$$

로부터 1몰의 Cl^-은 1몰의 H^+과 등가임을 알 수 있다. 따라서 1몰의 Ag^+은 1몰의 H^+과 등가라고 확실히 말할 수 있다. 그러므로 Ag^+의 1노르말 용액은 1 L에 Ag^+ 1몰을 함유하고 있는 용액이다.

실제로 침전반응에 포함된 화합물의 당량은 식 (11.2)에서 Z를 이론의 산화수(oxidation number)와 같다고 함으로써 구할 수 있다. $BaCl_2$의 당량은 FW/2이다. 알루미늄 또는 황산염이라고도 할 수 있는 $Al_2(SO_4)_3$의 당량은 FW/6이다. 특별한 경우로, 염은 그것이 어떻게 사용되는가에 따라 한 가지 이상의 당량을 가질 수도 있다. 즉 K_2HPO_4의 당량은 반응하는 이온이 칼륨일 때는 FW/2이 되고, 반응하는 이온이 PO_4^{3-}일 때는 FW/3이 된다.

노르말 용액의 세 번째 형태는 용액의 산화력이나 환원력을 나타내는 데 이용되는 것이다. 예로 중크롬산 칼륨(potassium dichromate) 용액, 황산 암모늄 제일철(ferrous ammonium sulfate) 용액 및 싸이오황산 나트륨(sodium thiosulfate) 용액을 들 수 있다. 1노르말 산화성 용액이나 환원성 용액 1 L를 제조하는 데 필요한 화합물의 당량 또는 무게는 다음 식으로부터 유도된다.

$$\underset{23}{Na^0} + \underset{1.008}{H^+} \rightarrow Na^+ + H^0$$

이 반응에서 한 개의 H^+은 한 개의 나트륨 원자로부터 전자 한 개를 취한다. 또는 1몰의 수소 이온은 "1몰의 전자"와 등가라고 할 수 있다. 나트륨은 산화수에 1의 변화를 일으

킨다. 그러므로 산화제 또는 환원제로 쓰이는 화합물의 당량은, Z를 관계된 반응에 참여한 화합물의 산화수와 같다고 놓음으로써 구할 수 있다. 이때는 산화수의 변화를 아는 것이 중요하다. 예를 들어, 과망간산 칼륨(potassium permanganate)은 산성 조건에서 5의 산화수의 변화를 일으키며, 따라서 이렇게 사용될 때의 당량은 FW/5이 된다. 알칼리 조건에서는 3의 산화수 변화를 일으키며, 이때의 당량은 FW/3이 된다. 표 11.1은 일반적으로 사용되는 몇 가지 산화제와 환원제들의 당량을 나타낸 것이다.

표 11.1 몇 가지 흔히 사용되는 산화제와 환원제들의 당량

약품	특성	조건	산화수의 변화	당량
$KMnO_4$	산화제	산성	5	FW/5
$KMnO_4$	산화제	알칼리성	3	FW/3
$K_2Cr_2O_7$	산화제	산성	2×3	FW/6
I	산화제	산성	1	AW/1
$KH(IO_3)_2$	산화제	산성	2×5	?*
$Na_2C_2O_4$	환원제	산성	2×1	FW/2
KI	환원제		1	FW/1
As_2O_3	환원제	산성	2×2	FW/4
$Na_2S_2O_3$	환원제		?	FW/1[†]
$Fe(NH_4)_2(SO_4)_2$	환원제	산성	1	FW/1

* $KH(IO_3)_2$의 경우, 당량을 계산하기 위해서는 반응을 반드시 알아야 한다. 보통의 반응에 대하여는 FW/10이 되나. KI와 반응하는 경우는 FW/12으로 된다.

[†] $Na_2S_2O_3$의 당량은 황의 산화수 변화가 알려져 있지 않기 때문에 간접적으로 계산하여야 한다. 요오드(iodine)와의 반응에서는, 한 분자의 $Na_2S_2O_3$가 요오드 1원자와 등가이다. 그러므로 당량은 FW/1이 된다.

일차 표준 물질

노르말 용액 또는 기타 용액의 정확한 역가(strength)를 측정하거나 표준화하는 데는 순도를 아는 몇 가지 표준물질을 이용하다. 일차 표준 물질(primary standards)은 특정 온도에서 분해되지 않으면서 건조될 수 있고, 아주 정확하게 그 무게를 잴 수 있는 고순도의 염 또는 산성 염(acid salt)이다. 예로, 각각 산과 염기의 표준화에 사용되는 탄산 나트륨(sodium carbonate)과 프탈산 수소칼륨(potassium acid phthalate)을 들 수 있다. 또 아이오딘산수소 칼륨(potassium bi-iodate)과 중크롬산 칼륨은 환원성 용액에 대하여, 옥살산 칼륨(potassium oxalate)은 산화성 용액에 대하여, 그리고 염화나트륨은 은 이온 용액의 표준화에 사용된다. 이런 용도로는 대부분 분석용 등급(analytical-reagent-grade)의 시약을 사용하는 것이 좋다. 일부 연구목적과 판정자료를 얻기 위한 경우에는, 분석이 된 일차 표준 물질을 미국 표준국(U.S. National Institute of Standards and Technology)으로부터 구해서 사용하기도 한다.

이차 표준 물질

일차 표준 물질을 가지고 표준화한 용액을 이차 표준 물질(secondary standard)이라고 하며, 그대로 사용할 수도 있다. 염기 용액을 만들어 사용할 때, 용액이 불안정하여 수시로 재표준화를 하여야 할 경우 귀중한 시간을 절약할 수 있기 때문이다.

지시약의 선정

부피 분석에서는 어떤 방법으로든 화학량적 종말점을 지시해 주는 수단이 필요하며, 이를 위하여 내부 지시약이 주로 사용된다. 어떤 방법을 이용하더라도, 지시약은 반응이 완결되었음을 가능한 한 정확하게 알려주는 것이라야 한다. 적합하지 않은 지시약 또는 지시계를 사용할 경우, 심각한 오차를 유발할 수 있다. 현재 일반적으로 사용되고 있는 지시약과 지시계로는 다음과 같은 여러 가지 유형의 것들이 있다. 즉, 전기측정형, 산염기형, 침전형, 흡착형 및 산화-환원형 등이다. 이 형태들은 모두 환경공학 분야에서도 일상적으로 사용하는 것들이다. 지시약과 지시계에는 이와 같이 여러 가지가 있으므로, 그 유형에 따라 검토 설명하는 것이 가장 바람직할 것이다. 주요한 반응 형태들에 대하여 다음에 설명하기로 한다.

산과 염기의 적정

산과 염기의 적정과 관련된 측정에 사용되는 지시약과 지시계를 설명하기에 앞서 4.5절에서 설명한 바 있는 몇 가지 이론적인 면들을 다시 살펴보는 것이 좋겠다. 첫째로, 적정시약은 항상 센 산이나 센 염기이며, 이것은 물론 이온화도가 높은 것을 의미한다. 그러므로 적정에서는 센 것에 센 것을, 또는 약한 것에 센 것을 더하는 식의 조화를 이루도록 한다. 산과 염기를 적정하는 동안에 일어나는 pH의 변화를 이해하는 것은 중요하며, 4.5절에 몇 가지 예들을 나타내었다.

산과 염기의 적정에서 당량점의 pH는, 이온화상수와 사용되는 물질들의 농도에 따라 달라진다. 그러므로 산 또는 염기 적정에서 종말점을 측정하는 데는 전기측정 지시계(pH 미터)를 사용하는 것이 좋으며, 대부분의 실험실에서 이것을 표준 수단으로 사용하고 있다. 이와 같은 적정을 일반적으로 전위차 적정법(potentiometric titration)이라고 하며, 표준 pH 측정기를 사용하여야 한다.

발색 지시약 여러 가지 천연 유기화합물이나 합성 유기화합물들 중에는 아주 정확한 pH 범위 내에서 색의 변화를 일으키는 것들이 있다. 이 화합물들은 일반적으로 약한 산이거나 약한 염기이며, 중성으로부터 이온화 된 형태로 바뀔 때 색의 변화를 나타낸다. pH 범위에 따라 이용할 수 있는 지시약들을 표 11.2에 나타내었다.

표 11.2 산-염기 지시약들의 특성

지시약	산성의 색	염기성의 색	pH 범위
Methyl violet	Yellow	Violet	0∼2
Malachite green(acidic)	Yellow	Blue－green	0∼1.8
Thymol blue(acidic)	Red	Yellow	1.2∼2.8
Bromphenol blue	Yellow	Blue	3.0∼4.6
Methyl orange	Red	Yellow－Orange	3.1∼4.6
Bromcresol green	Yellow	Blue	3.8∼5.4
Methyl red	Red	Yellow	4.4∼6.2
Litmus	Red	Blue	4.5∼8.3
Bromthymol blue	Yellow	Blue	6.0∼7.6
Phenol red	Yellow	Red	6.8∼8.4
Metacresol purple	Yellow	Purple	7.6∼9.2
Thymol blue(alkaline)	Yellow	Blue	8.0∼9.6
Phenolphthalein	colorless	Red	8.2∼9.8
Thymolphthalein blue	colorless	Blue	9.3∼10.5
Alizarin yellow	Yellow	Lilac	10.1∼11.1
Malachite green(alkaline)	Green	colorless	11.4∼13.0

앞의 4.5절에서 설명한 적정 곡선(titration curve)으로부터, 산 적정이나 염기 적정에서는 pH 7에서의 중성의 개념이 거의 적용되지 않음을 알 수 있었다. 따라서 이 pH 범위에 대한 지시약은 별로 필요가 없게 된다. 센 것과 센 것의 적정 곡선만이 pH 7에서 변곡점을 나타낸다고 할 수 있다. 이온화 상수가 10^{-7} 이상인 모든 산들의 적정 곡선은 pH 8.3 이하에서 변곡점을 나타낸다. 그러므로 이와 같은 산들의 적정에서는 모두 pH 8.3에서 화학량적 종말점에 도달된다고 할 수 있으며, 이 산들의 측정에는 이 pH에서 명확한 변색을 나타내는 어떤 지시약을 사용하여도 만족한 결과를 얻을 수 있게 된다. 페놀프탈레인(Phenolphthalein)은 pH 8.2∼8.4의 범위에서 무색으로부터 분홍색으로 변하며, 환경공학 분야에서도 흔히 사용하는 지시약이다. 페놀프탈레인은 또한 센 염기(수산화물 알칼리도)를 측정할 때 종말점을 구할 수 있는 지시약으로도 유용하며, 이 경우에는 pH 8.3에서 분홍색으로부터 무색으로 변색된다. 페놀프탈레인은 탄산 이온이 탄산수소 이온(bicarbonate ion)으로 전환될 때를 지시해 줌으로써, 그리고 이산화 탄소에 대하여 탄산(CO_2) 모두가 탄산수소 이온으로 전환된 때를 나타내주므로, 탄산 이온(탄산염 알칼리도)을 측정하는 데도 사용된다. 간혹 pH 8.3에서 페놀프탈레인을 대체할 수 있는 지시약으로 메타크레솔 퍼플(metacresol purple)이 사용된다.

약염기성 물질을 측정할 때에는 pH 3.7에서 4.5 사이에서 변색되는 지시약을 사용하여야 한다. 과거에 이를 위하여 널리 사용되었던 시약은 메틸 오렌지(methyl orange)이다. 메틸 오렌지를 대체할 수 있는 지시약들이 제안되고 있으나 그 대부분은 이산화 탄소의 영향을 받으며, 메틸 레드(methyl red)가 그 대표적인 예이다. 현재 "Standard Methods"에서는 메틸 오렌지의 대체 지시약으로 산도 측정시 pH 3.7의 지시약으로는 브롬페놀 블루(bromphenol blue)를, 총알칼리도 측정시 pH 4.5의 지시약으로는 브롬크레솔 그린(bromcresol green) 혹은 브롬크레솔그린-메틸레드 혼합 지시액을 권장하고 있다. 그러나 가장 좋은 대안은 전위차 적정이다.

침전법

환경분석에서 침전의 생성을 이용하는 부피 분석법의 가장 좋은 예는 질산은 적정에 의한 염화물(염화 이온)의 측정이다. 이 적정의 지시약으로는 주로 크롬산 칼륨(potassium chromate, K_2CrO_4)이 사용된다. Cl^-과 마찬가지로, 크롬산 이온(CrO_4^{2-})도 Ag^+과 침전을 생성하다.

$$2Ag^+ + CrO_4^{2-} \rightarrow Ag_2CrO_4(s) \tag{11.5}$$

크롬산 은(silver chromate)은 붉은 색으로, 이 색이 나타나면 Cl^-의 침전반응이 완결되었음을 나타내준다.

CrO_4^{2-}가 이와 같은 기능을 나타내기 위해서는 반드시 $Ag_2CrO_4(s)$의 용해도가 AgCl보다 충분히 커서 검출할 만한 양의 $Ag_2CrO_4(s)$가 생성되기 이전에, 모든 염화 이온들이 완전히 침전되어야 하다. 이것은 $Ag_2CrO_4(s)$의 유효 용해도곱(K_{sp})이 AgCl(s)의 그것보다 약간 커야 한다는 것을 의미한다. 이런 종류의 지시약을 사용할 때는 육안으로 색을 검출해낼 수 있는 충분한 양의 침전을 생성시키기 위해서는 과잉의 시약이 필요하게 되므로, 이 과잉량－보통 지시약 오차(indicator error) 또는 바탕(blank)이라고 함－에 대한 측정이 이루어져야 하며, 적정할 때마다 항상 시행하여야 한다.

산화-환원법

여기에는 두 가지 형태의 지시약이 주로 사용된다. 즉 흡착 지시약과 산화-환원 전위에 따라 변하는 지시약들이다. 흡착 지시약으로는, 요오드 용액을 싸이오황산 나트륨으로 적정할 때의 종말점을 지시해 주는 녹말 용액(starch solution)을 사용하는 것을 예로 들 수 있다. 먼저 연한 황색을 나타내는 요오드 농도가 거의 없어질 때까지 "눈 짐작"(by eye)으로 적정한다. 여기에 녹말 지시약을 첨가하면 푸른색 용액이 생성된다. 이것은 콜로이드상의 녹말 입자들 표면에 요오드가 흡착되어 나타나는 것이다. 적정이 진행됨에 따라, 녹말로부터 요오드가 방출되어 종말점에서는 다시 푸른색이 사라진다. 또 다른 흡착 지시약들로는 적정표준액이 과잉으로 가해졌을 때를 나타내주는 것도 있다. 요오드 용액을 적정 표준액으로 사용할 때, 녹말이 바로 이런 방식으로 작용한다.

산화 환원 전위(oxidation-reduction potential, ORP)의 변화에 따라 변색되는 내부 지시약들도 흔히 사용되고 있다. 이 지시약들은 대개 두 가지의 산화상태로 존재하며, 두 형태가 어떻게 평형을 이루는가에 따라, 현저하게 다른 색을 나타내는 가용성 유기물질들이다. 환경공학자들에게 잘 알려진 예로는 페로인(Ferroin, ferrous 1,10-phenanthroline sulfate)이 있으며, 이 지시약은 화학적 산소 요구량(COD)의 분석에서 과잉의 중크롬산 이온을 측정할 때, 충분한 양의 황산 암모늄 제일철 적정 표준액이 가해졌음을 지시해준다. ORP 지시약의 선택은 관련된 특정한 반응에 대한 화학량적 종말점에서의 ORP에 따라 이루어지며, 이것은 바로 산 및 알칼리 적정 지시약의 선택이 당량점에서의 용액 pH에 따라 결정되는 것과 같다.

산화 환원 반응의 종말점은, 전기측정법으로도 결정할 수 있으며 가장 널리 사용되는 것이 전류 적정법(amperometric technique, 12.3절 참조)이다. Wallace & Tiernan 전류적정기에서 이용하고 있는 회전 백금 전극(rotating platinum electrode)이나 쌍 백금 미소전극(twin platinum microelectrode)을 이용한 시스템과 같은 여러 가지 전극 시스템을 사용할 수 있다.

계산 방법

적정을 통해 얻은 자료는 실용적인 값인 무게로 환산되어야 한다. 시료에 가한 적정 표준액의 양을 측정하는 데는 보통 부피 단위인 mL를 사용하므로, mL당의 실제 작용물질의 무게가 중요하게 된다. 표준용액의 노르말 농도 단위계에서 어떤 물질 1 g당량을 함유하는 용액 1 L는 1 N 용액이다. 이 용액 1 mL는 1/1,000당량을 포함하며, 이것을 흔히 1밀리당량(milliequivalent, me)이라고 부른다. 그러므로 노르말 농도 N인 용액을 사용했을 때는,

$$\text{적정표준액의 mL} \times \text{N} = \text{사용된 적정 표준액 중의 작용물질의 me}$$

당량 용액(equivalent solution)을 사용하는 장점은 사용된 적정 표준액 중의 작용물질의 me이 적정되는 시료 중의 작용물질의 me과 같아지는 것이다. 시료 속의 작용물질의 농도를 결정하기 위해서는 시료의 부피를 알아야 한다. 즉,

$$\text{시료속의 작용물질(me/L)} = \frac{\text{적정표준액의 mL} \times \text{N} \times 1{,}000}{\text{시료부피, mL}} \qquad (11.6)$$

환경화학에서는 물질의 농도를 당량 단위보다는 무게 단위로 보고하는 것이 보통이다. 또한 물질의 농도는 매우 작아서 이것을 g 단위를 써서 나타내는 것은 불편하다. 그러므로 대부분 mg을 사용하며, 결과를 mg/L로 나타낸다. me의 작용 물질의 mg 수는 작용물질의 당량(EW)과 같아진다. 그러므로

$$\text{시료속의 작용물질, mg/L} = \frac{\text{적정표준액의 mL} \times \text{N} \times \text{EW} \times 1{,}000}{\text{시료부피, mL}} \qquad (11.7)$$

시료는 일반적으로 부피로 측정된다. 불필요하고 반복된 계산을 피하기 위해, 때로는 시료의 양과 적정표준액의 노르말 농도를 잘 선정하여 mL로 읽은 뷰렛눈금을 1, 10, 20, 50 또는 100과 같은 어떤 정수로 곱한 것이 L당의 물질의 mg 수가 되도록 하기도 한다. 이 경우에는, 어떤 정확한 값의 노르말 농도 용액을 사용하여야 한다. 이와 같은 용액의 조제와 표준화 그리고 이용에 대하여는 제 15장에서 설명하겠다.

11.5 비색법

분석화학자들은 분석방법을 이용하는 다른 사람들과 마찬가지로, 항상 더 신속한 보다 경제적이며 편리한 방법으로 정량적인 자료를 얻으려고 노력하다. 이러한 목적에서 비색법(colorimetry)이 개발되었으며, 이 중 여러 가지 측정법이 환경공학 분야에서 이용되고 있다. 비색법은 묽은 용액의 범위 내에서 가장 적응성이 좋다. 이것을 다루게 되는 대부분의 물질들이 묽은 용액의 범주 내에 드는 환경공학자에게는 다행한 일이다.

비색법을 이용하여 정량 분석을 할 수 있는 물질들은 일정한 색 특성(color characteristics)을 가진 화합물이어야 하며, 또 그 색의 정도가 측정하고자 하는 물질의 농도에 정비례하는 것이어야 한다. 유색 화합물(有色 化合物) 또는 착물의 용액들은 반드시 Beer의 법칙과 Lambert의 법칙에 따르는 성질을 가져야 한다.

Lambert의 법칙

Lambert의 법칙은 따로 Bouguer의 법칙이라고도 하며, 색을 띠고 있는 액체가 흡수하는 빛의 양을 그 액체의 깊이 또는 두께와 관련시킨 것이다. 이 법칙은 같은 두께의 용액 층은 그것을 통과는 빛을 같은 분율로 흡수한다는 것이다. 그러므로 단색 파장의 빛이 흡수 매질(absorbing medium)을 통과할 때, 그 빛의 세기는 매질의 길이가 증가함에 따라 지수 함수적으로 감소한다. 즉,

$$T = \frac{I}{I_0} = 10^{-a_1 l} \tag{11.8}$$

또는

$$A = \log\frac{I_0}{I} = a_1 l \tag{11.9}$$

여기서 I_0 = 용액으로 입사되는 빛의 세기
I = 용액을 투과해 나오는 빛의 세기
l = 흡수층의 길이
a_1 = 용액의 고유상수
T = 용액의 투과도(transmittance)

$100T$ = 용액의 백분율 투광도

A = 용액의 흡수도(absorbance) 또는 흡광도(optical density)

만일 빛의 세기가 깊이 또는 두께의 증가에 따라 지수 함수적으로 감소한다면, 유색(有色) 용액도 이 법칙에 따른 거동을 나타낼 것이다. 균일 물질(homogeneous material)에 관한 한 이 법칙에 예외는 알려져 있는 것이 없다. 이 법칙은 유색시료의 깊이 또는 두께를 변화시켜 일련의 제조된 표준물 또는 분광 광도계의 범위 내의 어느 수준으로 색을 감소시키려고 할 때 필요하기 때문에 설명하였다. 이 법칙을 잘 알고 응용하면, 시간과 비용을 절약할 수 있다.

Beer의 법칙

Beer의 법칙은 빛의 흡수와 용액의 농도와의 관계에 관한 것이다. 이 법칙은 단색 파장의 빛이 물질층을 통과할 때, 그 투과광의 세기가 흡수매질의 농도가 증가함에 따라 지수함수적으로 감소된다는 것이다. 즉,

$$T=\frac{I}{I_0}=10^{-a_2c} \tag{11.10}$$

또는

$$A=\log\frac{I_0}{I}=a_2c \tag{11.11}$$

여기서 a_2= 용액 고유의 상수

c = 용액의 농도

만일, 실제의 적당한 농도 범위에서 농도에 따라 빛이 지수함수적으로 흡수된다면, 이 유색물질은 Beer의 법칙에 따른다고 말한다. 유색 화합물이나 착물이 Beer의 법칙에 따르는지를 판단하는 가장 좋은 방법은 원하는 농도 범위의 일련의 시료를 만들어 광전 비색계(photoelectric colorimeter) 또는 분광 광도계(spectrophotometer)로 시료들을 시험해 보는 것이다. 측정된 백분율 투광도(percent light transmittance)를 반로그 모눈 종이(semilog paper)에 플로트하여 직선으로 되면, 이 물질은 Beer의 법칙에 따르는 것으로 간주할 수 있다. 색을 띤 시스템들 중에는 Beer의 법칙을 따르지 않는 것들도 많으므로, 어떤 새로운 비색법을 개발하려 할 때는, 이와 같은 시험과정을 반드시 거쳐야 한다.

두 흡수법칙을 조합하면, Lambert-Beer 또는 Bouguer-Beer의 법칙을 얻게 된다. 즉,

$$T=\frac{I}{I_0}=10^{a'cl} \tag{11.12}$$

$$A=\log\frac{I_0}{I}=a'cl \tag{11.13}$$

Lambert-Beer의 법칙은 만일 두 개의 용액에 같은 세기의 빛을 입사시키고 두께를 조절하여 투과광 빛살의 세기가 같아지도록 하면, 투광도가 같아진다는 것이다. 그리고

식 (11.14)는 만일 시료의 두께를 변화시켜 색의 세기를 표준물의 색 세기와 일치시키면, 시료의 농도와 표준물의 농도는 그들의 두께의 비와 관련되는 것을 의미한다.

$$c_1 l_1 = c_2 l_2 \tag{11.14}$$

비색관

비색 분석은 여러 가지 장치로 수행할 수 있다. 그 예로 표준 비색관(standard color-comparison tube), 광전 비색계 또는 분광 광도계 등을 사용하고 있다. 물 및 폐수이 분석에서 이것들은 각각 특정한 용도와 독특한 응용성을 가지고 있다.

비색관은 Nessler관이라도 하며, 오래전부터 비색측정을 위한 표준장치로 사용되어 온 것이다. 그림 14.1에 이러한 유형의 관들을 보였다. 그러나 비색관은 이보다 편리한 광전 비색법과 분광 광도법으로 대부분 바뀌어졌다. 비색관을 이용하는 경우에는 Lambert의 법칙이 적용되도록 동일한 크기 또는 구경을 가진 관들을 사용하여야 정확한 측정이 이루어질 수 있다. 비색관의 사용에서 가장 곤란한 점은 대부분의 표준 색도 용액이 불안정하며, 측정을 할 때마다 새로운 일련의 표준물을 제조해야만 하는 것이다. 여기에 많은 노력과 시간이 들게 된다. 또 하나의 결점은 모든 비색이 육안으로 이루어지고, 사람마다 색에 대한 감수성이 다르기 때문에 생겨나는 "사람에 의한 오차"가 현저한 것이다. 더욱이, 분석자는 표준물들 사이의 값을 보정하여야 한다.

광전 비색계

광전 비색계(photoelectric colorimeter)는 비색 분석에 매우 광범위하게 사용되고 있으며, 그 기계적 제한 범위 내에서는 대단히 만족할 만한 결과를 얻을 수 있다. 광전 비색계는 광전지를 이용하는 전기 측정 장치를 감지 요소(sensing element)로 사용한다.

광전지에 의하여 발생된 전류는 검류계(galvanometer)를 사용하여 백분율 투광도 또는 흡광도로 바꾸어진다. 광원은 보통의 전구를 사용하며, 단색광은 빛살을 색 거르개 (color filter)를 통과시켜 얻는다. 이 단색광을 시료가 들어있는 용기를 통과해 가도록 하고, 투과한 빛이 광전지에 부딪치게 한다. 기기는 "바탕시료(blank sample)"가 들어있는 용기(cell)를 써서 투광도가 100%를 나타내도록 맞추어 놓는다. 바탕 시료는 정규 시료와 같은 방식으로 다루어진 증류수이다. 다음 그림 11.1은 광전 비색계의 구성요소에 대한 계통도를 나타낸 것이다.

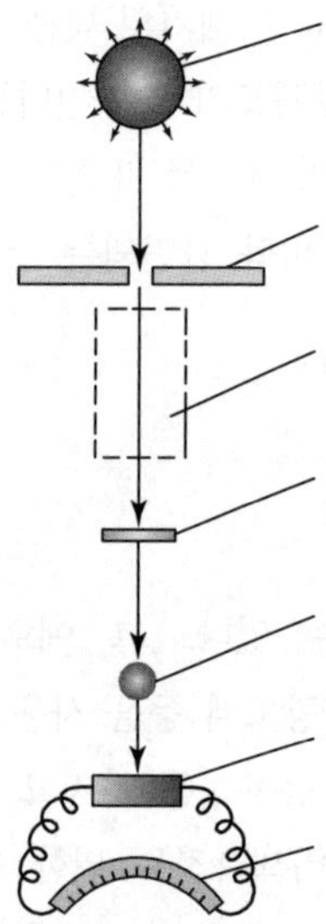

그림 11.1 광전 비색계의 계통도

광전 비색계는 측정하려는 대상물질에 따라 별도의 색 거르개를 사용하여야 한다. 따라서 그 비용이 상당해지며, 이용 범위도 어느 정도 제한된다. 광전 비색계는 연구목적에는 적합하지 않다. 잘 입증이 되어 있는 몇 가지 측정에만 사용을 고려하여야 한다.

분광 광도계

현대의 분광 광도계는 단색광을 얻는 데 유리 프리즘이나 회절격자(diffraction grating) 중의 하나를 사용하며, 환경공학 분야의 비색 분석에 대단히 유용한 기기이다. 이것은 가시 스펙트럼의 어느 파장의 단색광도 선택 사용할 수 있어서 광범위한 이용성을 가지고 있다. 더욱이, 이 기기들은 모두 자외선과 근적외선(near-infrared)영역의 빛도 낼 수 있게 되어 있다. 한 개의 거르개(filter)로 전 가시파장 영역의 빛을 얻을 수 있다. 자외선 영역과 적외선 영역에 대하여는 별도의 거르개를 사용해야 한다. 분광 광도계의 기본 원리는 단색광을 얻는 방법이 다를 뿐, 광전 비색계의 그것과 같다. 그림 11.2에 분광 광도계의 계통도를 나타내었다.

분광 광도계는 여러 가지 물질들을 측정할 때 특히 좋다. 파장을 임의로 선택할 수 있어서 항상 가장 좋은 파장의 빛을 이용할 수 있다. 어느 때나 최적의 파장은 스펙트럼 투광곡선(spectral transmission)을 그려 결정할 수 있다. 이것은 새로운 비색 분석법을 개발하려는 목적의 연구에서 반드시 수행해야 하는 일 중의 하나다. 이 곡선은 용기 속에 유색 용액(colored solution)을 넣고 하나의 시리즈로 하여 여러 가지 다른 파장에서의 투광도를 측정하여 작성한다. 관찰 결과를 직각 좌표의 종이에 그리면, 그림 11.3의 아질산 이온

(nitrite)에 대한 것과 같은 곡선을 얻는다. 가장 큰 흡수를 나타내는 파장－아질산 이온의 경우에는 525 nm－이 사용해야할 최적 파장이 된다.

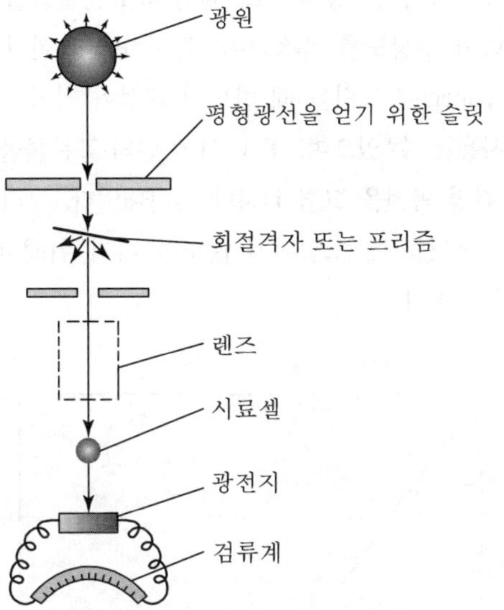

⇧ 그림 11.2 분광광도계의 계통도

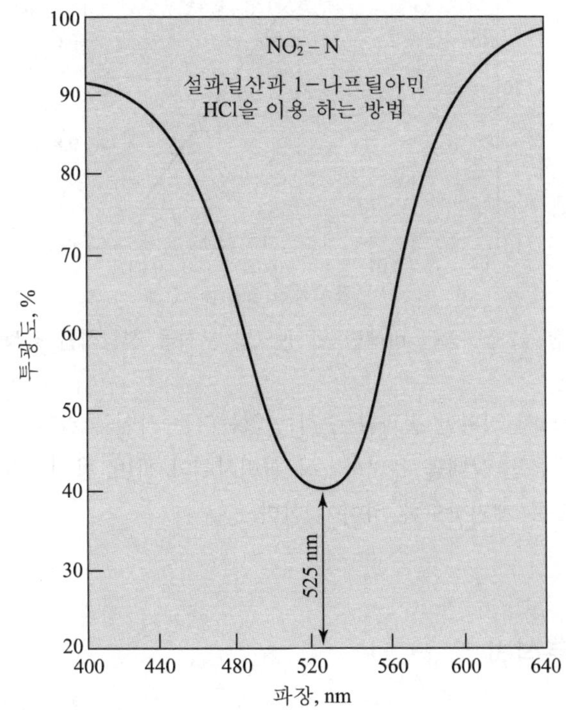

⇧ 그림 11.3 광도법 정량 분석에 필요한 최적 파장의 빛을 나타내는 아질산 이온 또는 아질산 이온-질소의 스펙트럼 투광곡선

검정 및 이용

광전 비색계와 분광 광도계를 어떤 특정한 물질의 정량 분석에 사용하기 위해서는 일반적인 분석방법을 행할 때와 똑같은 방식으로, 일련의 표준물들을 제조하고, 그 측정에 적합한 파장의 빛을 사용하여 투광도를 측정하여, 검정하여야 한다. 이렇게 하여 얻은 자료를 반로그 종이(semilog paper)에 그렸을 때 반드시 직선이 되어야 한다. 주의 깊게 만든 검정 곡선은 수년에 걸쳐 사용할 수 있으며, 또 다시 일련의 표준물을 제조해야 하는 번거로움이 없게 된다. 전형적인 검정 곡선을 그림 11.4에 나타내었다. 그러나 시약 중의 미지성분에 의한 오차와 같은 것이 분석결과에 도입되지 않도록 하기 위해서는 각 시료군에 한 개의 표준물을 포함시키는 것이 좋다.

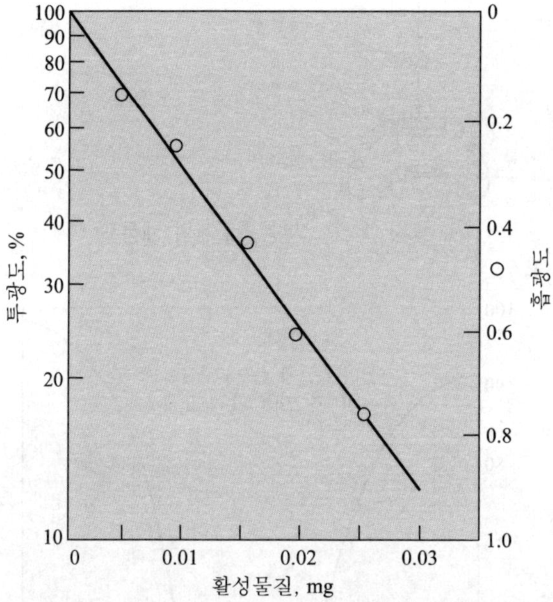

⇧ 그림 11.4 광전 비색법 및 광도법 분석을 전형적인 검정곡선

기기 분석법이 반드시 정확한 결과를 주지는 않는다는 사실을 알아야 한다. 분석자는 항상 기기가 순조로운 운전 상태를 유지하도록 관리하여야 하며, 용기(cell)들을 청결하게 간수하고, 시료의 탁도를 제거하도록 하여야 한다.

11.6 물리적 분석법

환경공학 분야에서는 때때로 물리적 측정량을 근거로 하는 다른 분석법을 이용하기도 한다. 감도 좋은 기기들이 이러한 측정에 흔히 이용되고 있다. 이 기기들은 측정이 신속히 이루어지게 할 뿐만 아니라 극히 낮은 농도로 존재하고 있는 유기물질과 무기물질들을 모두 측정할 수 있게 한다. 또 기기 분석법은 농도의 변화를 기록기에 기록할 수 있어 평가가 편리하므로, 하천과 폐수의 흐름을 연속적으로 감시 관리하는 데도 적합하다. 기기 분석은 이와 같이 중요하므로, 다음 장(제12장)에서 관경공학자들에게 특히 필요한 여러 가지의 기기 분석법을 설명하겠다.

물과 폐수의 분석에 이용되는 물리적 측정법들 중에는 값비싼 기기들을 사용하지 않아도 되는 것들도 있다. 탁도의 측정에 이용되는 두 가지 방법을 다음에 설명한다.

비탁법

보통의 백색광이 미세한 현탁액(suspension)을 투과하는 것과 표준 현탁액을 투과하는 차이를 비교하는 것을 비탁법(turbidimetry)이라고 한다. 원래 탁도를 측정하는 방법은 비탁법에 기초하고 있으나, 다음에 주어진 대체 방법이 물의 탁도를 측정하는 기준방법으로 여겨지고 있다. 그렇지만 황산염은 표준 탁도 측정법으로 측정할 수 있다.

네펠로법

네펠로법(nephelometric method)도 탁도를 측정하는 데 쓰이는 분석법이다. 이 방법에서 빛은 관찰자의 시선(eye) 또는 기기에 부착된 광전지의 직각방향으로 현탁액에 부딪힌다. 산란 입자들에 반사되는 빛(Tyndall 효과)은 기록기에 기록된다. 이 방법을 이용하면 여과된 물속의 매우 낮은 탁도도 측정할 수도 있으며, 이것이 네펠로법의 가장 큰 장점이다. 미생물학에서도 박테리아의 생장속도를 추적하는 데에 네펠로법을 자주 이용한다.

11.7 데이터의 정밀도, 정확도 및 통계적 처리

모든 분석자들은 분석 결과에 대한 정밀도와 정확도의 차이를 분명히 이해하고 있어야 한다. 통계학에 대한 지식은 시료채취 프로그램의 작성에 도움이 되며, 또 얻어진 자료를 통계적으로 처리해야 할 때도 있으므로 대단히 중요하다.

연습문제

11. 1 혼합시료(composition sample)가 순간 시료(grab sample)보다 유리한 경우와 이유에 대해 설명하시오.

11. 2 중량분석, 부피분석, 비색법의 차이점을 간략하게 기술하시오.

11. 3 침전법이 신뢰성을 얻기 위해 요구되는 것은?

11. 4 중량분석법에서 도가니나 접시를 사용하는 데 있어 주의해야 할 점은?

11. 5 중량분석법을 수행하기 전 상태를 안정화하기 위해 용기를 전처리 할 때 요구되는 온도는?

11. 6 환경시료 분석에서 건조온도와 강열온도를 각각 103℃, 600℃로 설정한 취지를 설명하여라.

11. 7 (1) 무게를 달기 전에 시료를 실온으로 냉각해야 하는 이유와, (2) 시료를 건조 용기(desiccator) 속에서 냉각시켜야 하는 이유를 설명하여라.

11. 8 부피분석을 위해 필요로 하는 기구를 나열하시오

11. 9 부피분석에 이용할 수 있는 눈금이 매겨진 유리기구의 두 가지 형태는?

11.10 부피 피펫(volumetric pipet)을 사용할 때 주의할 점은?

11.11 표준용액과 당량용액이 무엇인지 설명하시오

11.12 일차 표준물질과 이차표준물질과의 차이점은 무엇인가?

11.13 다음 물질들의 g 당량을 구하여라

(1) H_2SO_4 (2) HCl (3) $Ca(OH)_2$ (4) CH_3CO_2H

답 : (a) 49, (b) 36.5, (c) 37, (d) 60

11.14 다음 물질들의 g 당량을 구하여라.

(a) 산성용액에서 산화제인 $KMnOn_4$

(b) 은이 포함된 침전반응에서의 Ag_2SO_4

(c) 산화제인 $K_2Cr_2O_7$

(d) 바륨이 포함된 침전 반응에서의 $BaCl_2$

11.15 침전반응에 사용할 $AgNO_3$의 0. 1N 용액 500 mL를 만드는 데 필요한 $AgNO_3$는 몇 g 인가?

답 : 8.5g

11.16 환원반응에 사용할 $Fe(NH_4)_2(SO_4)_2 \cdot 6H_2O$의 0.25N 용액 1 L를 제조하는 데는 이 시약 몇

g이 필요한가?

11.17 부피분석에 이용되는 지시약 5가지와 각각의 예를 드시오.

11.18 산과 염기적정에 사용되는 시약은 센 산인가 약 산인가 또는 센 염기인가, 약 염기인가를 설명하고 이 이유를 서술하시오.

11.19 (a) 전위차 지시계의 예를 드시오. (b) 전위차 지시계나 발색 지시약이 pH 측정기 보다 우수한가? 그 이유는?

11.20 산화-환원법에서 사용할 수 있는 지시약의 종류는?

11.21 산-염기 적정에서 $Ca(OH)_2$를 함유하고 있는 시료 50 mL를 당량점으로까지 적정하는 데 0.02 N H_2SO_4 용액 10 mL가 소모되었다. 시료의 $Ca(OH)_2$ 농도를 mg/L로 구하려라.
답 : 148 mg/L

11.22 염화 이온이 함유된 시료 100 mL를 $AgNO_3$로 적정하여 침전반응이 일어나도록 한다. 당량점에 도달하기까지 10 mL의 0.01N $AgNO_3$가 소모되었다면, 염화 이온의 농도(mg/L)는 얼마인가?

11.23 (a) Lambert의 법칙과 Beer의 법칙의 차이점은 무엇인가?
(b) Beer의 법칙을 따르게 되는 용액은 어떤 용액인가?

11.24 어떤 음용수의 색도를 10 cm 두께를 통해서 관찰했을 때 40의 색도를 가진 표준물의 세기와 같았다. 30 cm두께를 통하여 관찰한다면, 이 시료의 색도는 얼마나 되겠는가?

11.25 비색관법은 어떻게 보정되는가?

11.26 대부분의 분광 광도계에는 두 가지 눈금이 같이 있으며, 하나는 백분율 투광도를 나타내며, 또 하나는 흡광도를 나타낸다. 백분율 투광도가 70일 때 흡광도의 수치는 얼마이겠는가?

11.27 음용수 시료 중의 암모니아성 질소 농도는 비색법으로 분석된다. 만일 어떤 시료의 5.5 cm두께를 통하여 관찰한 색도가 1 mg/L의 표준시료의 40 cm 두께를 통하여 관찰한 색도와 같았다면, 이 시료 속의 암모니아 질소의 농도는 얼마이겠는가?

11.28 비색법에 의한 분석에서, 만일 0.1 mg/L의 아질산성 질소를 함유하고 있는 시료가 85%의 투광도를 나타내었을 때, 이 분석시료가 Beer의 법칙을 따르는 것이라면 0.2 mg/L를 함유하고 있는 시료는 몇 %의 투광도를 나타내겠는가?

11.29 물에서 탁도를 측정하기 위한 방법 2종류와 차이점을 서술하시오.

참고문헌

Clesceri, L. S., A. E. Greenberg, and A. D. Eaton(eds.): "Standard Methods for the Examination of Water and Wastewater," 20th ed., American Public Health Association, Washington DC, 1998.

Day, Jr., R. A., and A. L. Underwood: "Quantitative Analysis," 6th ed., Prentice Hall, Englewood Cliffs, NJ, 1991.

Enke, C. C. : "The Art and Science of Chemical Analysis," John Wiley & Sons, New York, 2001.

Fifield, F. W., and P. J. Haines (eds.): "Environmental Analytical Chemistry," 2nd ed., Blackwell Science, Malden, MA, 2000.

Rubinson, J. F., and K. A. Rubinson: "Contemporary Chemical Analysis," Prentice Hall, Englewood Cliffs, NJ, 1998.

Skoog, D. A., D. M. West, and F. J. Holler: "Fundamentals of Analytical Chemistry," 7th ed., College Pub., Fort Worth, TX, 1996.

CHAPTER 12

기기분석

12.1 서 론

최근의 각종 감도 높은 기기들의 출현은 복잡성을 더해가는 오염물질을 측정하고, 이에 대처하는 분석자들의 능력을 크게 증진시켜주고 있다. 기기 분석법은 용수 및 폐수의 처리 과정 뿐만 아니라 대기질, 지하수 및 지표수의 수질, 토양 오염의 일상적인 감시 등에 폭넓게 이용되고 있다. 기기 분석법을 이용하면 오염 발생원에서 바로 분석 측정을 할 수 있으며, 측정 장소로부터 어느 정도 떨어진 곳에서도 측정 결과를 기록계에 기록할 수 있다. 또한 기기 분석법의 발전으로 인하여 여러 종류의 무기물 및 유기물을 검출하고 정량화하는 것이 가능하여 졌다. 현재는 여러 종류의 기기 분석법이 오염도를 파악하고 처리효율을 제어하기 위하여 일상적으로 사용되고 있다.

pH 측정기와 분광 광도계는 이미 수십 년 전에 개발된 기기로서, 지금은 환경관리에 필수적인 것이 되었다. 이들에 대하여는 이미 11장에서 설명한 바 있다. 최근에 나온 기기들 중 몇 가지도 앞으로 그와 같은 가치를 지니게 될 것이다.

원소나 화합물의 물리적 성질은 거의 모두 기기 분석법의 기본요소로 이용될 수 있다. 유색(有色) 용액의 흡광 능력, 전류를 운반하는 용액의 용량, 또는 기체의 전열 능력 등은 모두 한 물질의 존재를 검출해내는 정성 분석과 그 양을 측정하는 정량 분석의 기초로 이용될 수 있다. 기기 분석법들은 광학적 방법 또는 전기적 방법을 이용하는 것이 대부분이다. 그 외에 다른 유용한 방법들로는 물질들이 가지고 있는 다른 성질, 예를 들어 고체, 액체 및 기체상의 분배(partition) 경향들의 측정값을 이용하는 방법들도 있다. 다음 절들에서 여러 가지 기기 분석법들 중 일반적인 것들의 조작방법과 주요 용도에 대하여 간단하게 설명하겠다.

| 12.2 | 광학적 분석법

광학적 분석법은 복사 에너지와 물질 사이의 상호작용 결과를 측정하는 것이다. 이 분야에서 개발된 최초의 기기가 가시 영역에서 개발되었기 때문에 광학기기라고 불린다. 비록 정확한 표현은 아니지만, 현재에도 이 용어가 넓은 영역의 복사 에너지를 측정하는 기기에 사용되고 있다. 이러한 측정법에 사용되는 복사 에너지는 X-선으로부터 가시 광선을 거쳐, 라디오파(radio wave)에 이르기까지 다양하다. 복사 에너지의 특성을 파악하는 데 가장 흔히 이용되는 변수는 파장이며, 이것은 복사선 파동의 극대와 극대 사이의 길이이다. 파장에는 보통 옹스트롬(angstrom, Å, 1 Å $=10^{-8}$cm) 또는 나노미터(nanometer, nm, 1 nm $=10^{-7}$cm $=$ 10 Å)의 단위를 사용한다. 그림 12.1은 여러 가지 유형의 복사 에너지의 파장 범위를 나타낸 것이다.

복사 에너지는 광자(photon) 또는 물질과 상호작용을 할 수 있는 에너지의 다발들로 구성되어 있다고 볼 수 있다. 광자의 에너지와 파장 λ와의 사이에는 다음과 같은 관계가 있다.

$$E = \frac{hc}{\lambda} \tag{12.1}$$

여기서 h는 planck상수, 6.62×10^{-27}erg·s이고, c는 빛의 속도, 3×10^{10}cm/s이다. 이 방정식으로부터 짧은 파장을 가진 X-선이 상대적으로 높은 에너지를 가지며, 이에 따라 물질에 현격한 변화를 일으킬 수 있음을 알 수 있다. 한편 마이크로파(micro wave)와 라디오파(radio wave)는 파장이 길며 비교적 낮은 에너지를 가지고 있다. 이들과 물질과의 상호작용에 의한 변화는 아주 작아서 검출하기가 어렵다. 에너지 함량이 상이(相異)한 복사선(radiation)을 사용하면, 물질들의 상이한 성질을 측정할 수 있다.

광학적 분석법은 물질이나 용액이 복사 에너지를 흡수하는 능력, 또는 어떤 에너지원에 의하여 들뜰 때의 복사선을 방출(emit)하는 능력, 또는 복사선을 분산(disperse)시키거나 산란(scatter)시키는 능력을 측정하는 것이다. 이 세 가지 원리를 바탕으로 하고 있는 방법들을 각각 다음에 설명한다.

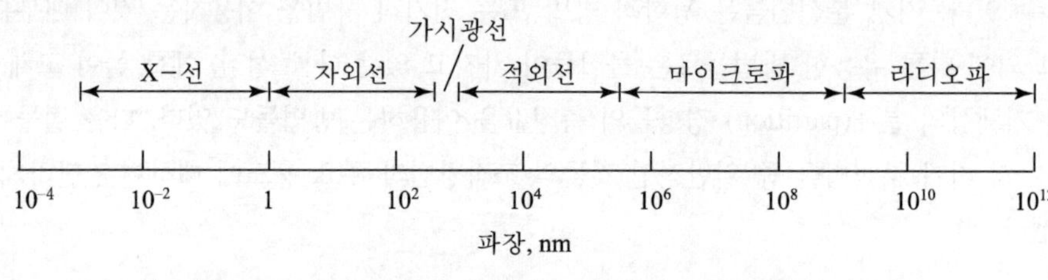

그림 12.1 여러 가지 유형의 복사 에너지에 대한 파장 범위

흡광법

백색광(white light)과 같은 복사 에너지원을 용액에 통과시키면, 투과해 나오는 빛살의 세기는 입사광의 그것보다 낮아진다. 만일 용액이 빛을 산란하는 현탁 입자를 포함하고 있지 않다면, 이러한 세기의 감소는 주로 용액에 의한 흡수 때문이다. 백색광의 흡수 범위는 일반적으로 다른 것들보다 몇 가지 색들에 대해서만 크므로, 결과적으로 투과광은 색을 띠게 된다.

분광 광도계를 이용하여 주어진 용액에서 여러 가지 파장의 가시 광선의 흡수도를 측정하는 방법은 앞서 11.5절에서 설명한 바 있으며, 그 측정 결과를 그림 11.7에 나타내었다. 비색법(colorimetry)도 역시 가시 광선 영역의 스펙트럼을 이용하는 것이다. 그러나 이 밖에 다른 영역에도 같은 원리가 적용된다. 자외선이나 적외선의 흡수에 바탕을 둔 분석법들도 흔히 이용되고 있다.

복사 에너지의 흡수를 측정하도록 되어 있는 기기들은 그림 12.2에서 보는 바와 같은 기본 구성요소로 되어있다. 특정 파장의 광선을 내는 광원, 다른 광선으로부터 필요로 하는 광선을 분리하는 분광기, 시료를 통과하여 나오는 광선을 측정하는 검출기로 되어 있다. 분광 분석기는 11.5절에서 설명한, 단순하고 값이 싼 비색계로부터 넓은 파장범위에 걸쳐 복사선을 흡수하는 용액의 능력을 자동적으로 주사(走査)하고, 이들 측정 결과를 자동적으로 기록해주는 복잡하고 값비싼 것에 이르기까지 여러 가지가 있다. 어떤 기기는 장치되어 있는 광원, 분광기, 검출기가 한정된 범위의 파장에만 사용하기 적합하게 되어 있어서, 모든 파장에서의 흡광도를 측정하는 데는 사용할 수 없는 것도 있다. 수질 분석에는 가시 광선의 흡수를 측정하는 기기가 많이 이용된다. 그러나 자외선이나 적외선의 흡수를 측정하는 기기들도 그 용도가 점차 증가하고 있어서 여기서 간단히 설명을 하겠다.

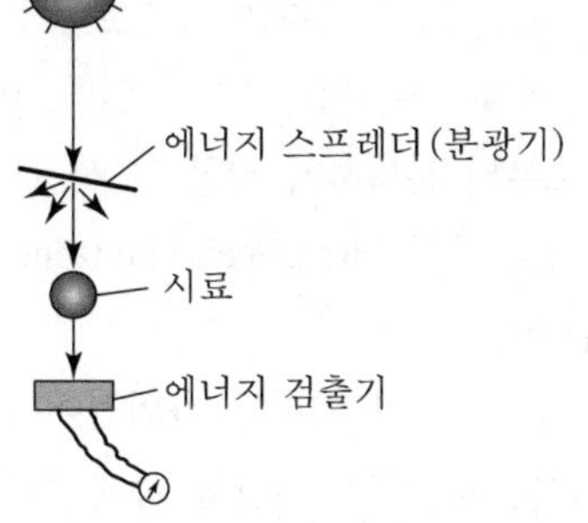

⇧ 그림 12.2 흡광도의 측정에 사용하는 기기들의 기본 구성요소

자외선 분광 광도법(ultraviolet spectroscopy) 분자가 자외선 또는 적외선 영역의 복사 에너지를 흡수하면, 분자 내의 원자가(valence) 또는 결합(bonding) 전자들은 높은 에너지 준위로 들뜨게 된다. 이보다 작은 분자변화도 약간 일어날 수 있으나, 이들은 대개 위의 전자 들뜸(electronic excitation)에 의하여 가로막힌다. 이 때문에 자외선 영역과 가시광선 영역에서는 아주 넓은 흡수 띠(absorption band)를 나타내는 것이 보통이다. 대부분의 기기들이 이 두 영역에서 모두 측정할 수 있도록 만들어져 있다. 자외선 영역은 특히 벤젠 고리를 가진 화합물이나 여러 개의 이중결합을 가진 불포화 곧은 사슬화합물과 같은 유기화합물들을 낮은 농도에서 선택적으로 측정하는 데 적합하지만 일반적인 용도는 많지 않다.

적외선 분광 광도법(infrared spectroscopy) 유기화합물들은 거의 모두 적외선 영역에서 뚜렷한 선택적 흡수를 나타낸다. 그러나 적외선 스펙트럼들은 자외선이나, 가시광선 스펙트럼들에 비하여 대단히 복잡하다. 적외선은 에너지가 낮아서, 분자에 흡수되면, 분자 내의 진동 에너지(vibrational energy)와 회전 에너지(rotational energy)에 모든 종류의 미세한 변화를 일으킨다. 이와 같은 변화를 이해하기 위해서는 약간의 양자역학 지식이 필요하나, 그것은 이 책의 범위를 벗어나는 것이므로 여기서는 다루지 않겠다. 이 분야에 대한 지식을 가진 사람은 이 적외선 스펙트럼들로부터, 미지의 분자 내에 존재하는 특수한 원자단들을 확인해낼 수가 있다. 예를 들면, 짧은 파장의 적외선의 흡수는 분자 내의 수소 원자들의 진동(vibration)을 일으키며, 긴 파장은 삼중결합의 진동을 일으키는 반면, 이보다 더 긴 파장은 이중결합의 진동을 일으킨다. 적외선 스펙트럼들은 복잡하여, 두 상이한 화합물들이 똑같은 곡선을 가지는 일이 거의 없다. 그러므로 적외선 분광 광도계는 농약의 확인과 그 밖에 수로(water way)에서 추출한 복잡한 유기화합물들의 확인에 유용하게 사용할 수 있다.

적외선 분광법은 자외선이나 가시광선 분광법들보다 분자에 대한 훨씬 많은 정보를 얻을 수 있는 반면, 감도는 이들보다 낮아서 물질이 비교적 높은 농도($10^{-4} \sim 10^{-5}$ 몰)일 때 분석이 가능하다. 간단한 분자들에 의한 적외선 스펙트럼들조차도 복잡할 뿐만 아니라, 용액 속에 여러 가지 물질이 존재할 때는 그들 각각의 스펙트럼들 사이의 간섭으로 인하여 확인이나 정량 분석이 거의 불가능해지는 곤란한 문제가 있다. 이와 같은 이유에서 종종 분석 전에 원하는 물질을 방해물질로부터 분리하기 위한 긴 시간의 분리 과정이 필요하다. 세제의 하나인 테트라프로펜 벤젠 설폰산염(tetrapropene benzene sulfonate)의 전형적인 적외선 스펙트럼을 그림 12.3에 나타내었다.

적외선 분광광도계에 의한 정량분석의 원리는 자외선이나 가시 광선 영역에서와 같다. 즉, 순수한 물질의 스펙트럼들을 조사하여, 혼합물 속에 존재하는 다른 화합물에 대한 것보다 현격하게 큰 흡수를 나타내는 파장을 찾는다. 분석은 이렇게 선택된 파장에서의 흡광도를 측정하기만 하면 된다. 이 같은 원리를 이용하여 물속에 유기탄소가 소량으로 존재할 때 총유기탄소(total organic carbon, TOC)를 신속하게 측정하기 위하여 제작된 기기도 있다.

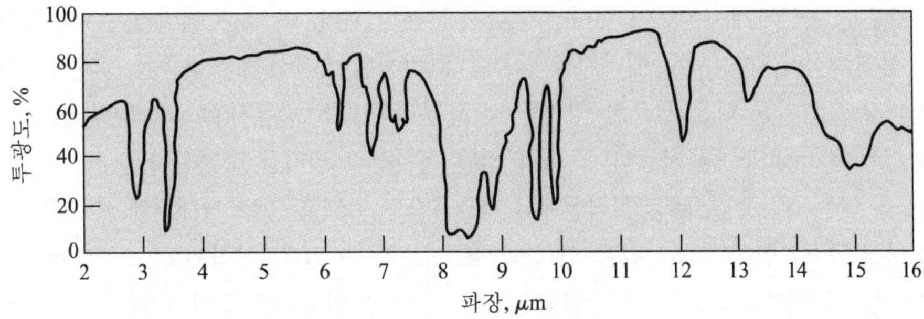

⇧ 그림 12.3 테트라프로펜 벤젠 설폰산 나트륨의 적외선 스펙트럼

여기서는 액체 시료를 노(furnace)에 주입하고, 물을 증발시킨 다음, 촉매를 사용하여 유기탄소를 연소시켜 이산화 탄소로 만든다. 이 이산화 탄소는 산소의 흐름을 따라, 이산화 탄소의 농도를 측정하여 기록하도록 고안된 적외선 분석기(infrared analyzer)로 운반된다. 실제 이 분석법에서는 총 탄소(total carbon)가 측정되나, 만일 시료를 먼저 산성화한 다음 폭기를 하여 무기탄소를 제거하면, 유기탄소만을 선택적으로 측정할 수도 있다.

발광법

환경중에 존재하는 다양한 종류의 중금속은 중금속이 인체와 환경에 미치는 역효과들로 인해 중금속의 검출이나 정량방법에 대해서는 많은 관심들이 있어 왔다. 오래전부터 많은 금속 원소들이 적절한 들뜬 상태로 되면, 특정한 파장의 복사선을 방출하는 것이 알려져 있다. 이것이 소듐(황색빛을 방출한다)과 그 밖의 알칼리 금속들 및 알칼리 토금속들에 대해 잘 알려진 불꽃 시험(flame test)의 기본 원리이다. 불꽃 대신에 훨씬 더 강력한 방법을 사용하여 들뜨게 하면, 대부분의 금속들과 비금속 원소까지도 특징적인 복사선을 방출하게 된다. 적절하게 조절된 조건에서 방출되는 어떤 특정한 파장의 복사선의 세기는 존재하는 원소의 양과 관련지어 질 수 있다. 그러므로 정량적인 측정과 정성적인 분석을 모두 할 수 있게 된다. 방출 스펙트럼들을 이용하는 분석법들은, 사용하는 들뜨기 방법(excitation method), 시료의 특성(고체 또는 액체) 그리고 나타나는 스펙트럼들을 검출하는 방법과 기록하는 방법에 따라 여러 가지로 분류된다. 널리 이용되는 방법들을 다음에 설명하겠다.

원자 발광 광도법(Atomic emission spectroscopy) 이 방법은 불꽃 광도법(Flame photometry)의 가장 단순한 형태로 수질 분석에서 소듐(나트륨), 칼륨 및 칼슘과 같은 알칼리 금속과 알칼리 토금속들의 농도를 측정하는 데 사용된다. 불꽃 광도계의 기본 구성요소들은 그림 12.4에 나타낸 바와 같다. 분석하려는 액체 시료를 조절된 조건에서 불꽃 속으로 분산시키면, 물이 증발되고 무기염(inorganic salt)의 미세한 입자가 남는다. 염들은 다시 성분 원자나 라디칼들로 분해되어 기화(氣化)된다. 금속 원자들을 포함하고 있는 증기(vapor)는 불꽃의 열 에너지에 의하여 들뜬 상태로 되며, 금속 원자들의 전자들을 높은 에너지 준위로 올라가게 된다. 이 전자들이 다시 본래의 위치, 즉 낮은 에너지 준위로 떨어질 때는, 불연속적인 양의 복사 에너지를 방출한다. 방출된 복사선은 프리즘을 통과시켜 여러 가지 파장으로 가른 다음 필요한 영역을 따로 분리해낸다. 광전지(photocell)와 적당한 형태의 증폭기(amplifier)를 사용하여, 이 분리된 복사선의 세기를 측정한다.

불꽃을 얻는 데는 대부분의 실험실에서 가열용으로 가지고 있는 아세틸렌, 수소 또는 보통의 천연가스나 합성가스와 같은 연료가스를 이용할 수 있다. 산화제로는 공기보다는 대개 산소를 사용한다. 고온을 내는 불꽃일수록 더 많은 원소들을 들뜨게 할 수 있어서 그 용도도 넓어진다.

금속들의 방출 스펙트럼은 각기 서로 다르며, 그 세기는 불꽃 내의 원자들의 농도, 사용한 들뜨기 방법 및 들뜬 원자들의 그 후의 변화에 따라 달라진다. 소듐은 589nm의 특성적인 황색 빛을, 리튬은 671 nm의 붉은색 빛을 그리고 칼슘은 423 nm의 푸른색 빛을 방출한다. 이들은 또한 각각 이보다 짧은 파장의 세기가 약한 방출 스펙트럼선도 낸다. 이 원소들의 농도는 기기의 감도(sensitivity)에 따라 1 mg/L 이하까지도 비교적 정확하게 측정할 수 있다. 불꽃 광도법에 의해 중금속을 측정할 때의 검출 한계(Detection limit)는 표 12.1에 나타내었다.

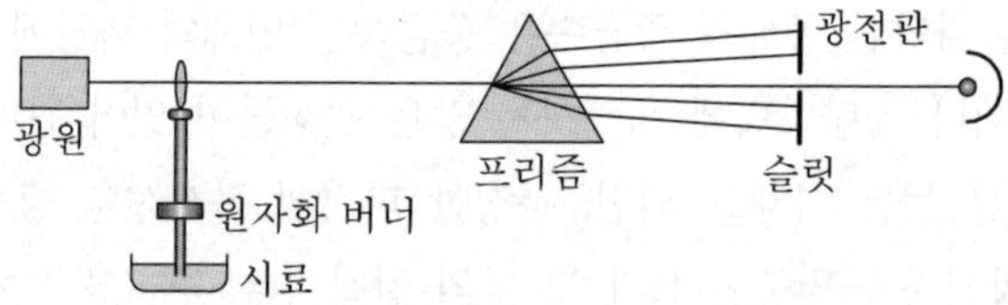

⇧ 그림 12.4 불꽃 광도계의 계통도

표 12.1 "Standard Method"에 의한 방출법으로 금속이나 미량원소 분석시의 검출한계(μg/L)

	원자흡수(Atomic absorption)				
원소	불꽃	직접흡입	전기로	ICP*	CIP/MS†
Aluminum		100	3	40	0.03
Antimony		70	3	30	0.07
Arsenic			1	50	0.025
Barium		30	2	2	0.008
Beryllium		5	0.2	0.3	0.025
Bismuth		6			
Boron				5	
Cadmium		2	0.1	4	0.006
Calcium		3		10	
Cesium		20			
Chromium		20	2	7	0.04
Cobalt		30	1	7	0.002
Copper		10	1	6	0.004
Germanium		10			
Iridium		600			
Iron		20	1	7	
Lead		50	1	40	0.005
Lithium	0.1	2		4	
Magnesium		0.5		30	
Manganese		10	0.2	2	0.002
Mercury		1[a]			
Molybdenum		100	1	8	0.003
Nickel		20	1	15	0.004
Osmium		80			
Platinum		100			
Potassium	100	5		100	
Rhodium		500			
Ruthenium		70			
Selenium			2	75	0.093
Silicon		300		20	
Silver		10	0.2	7	0.002
Sodium	5	2		30	
Strontium	200	30		0.5	0.001
Thallium				40	0.03
Tin		800	5		
Titanium		300			
Uranium					0.032
Vanadium		200	8		0.02
Zinc		5	2		0.02

* ICP=유도 결합 플라즈마 분광 광도계(inductively coupled plasma(spectroscopy))

† ICP/MS=ICP에 질량광도계가 부착된 것

[a] cold-vapor 원자 흡광 광도법으로 수은을 분석하는 경우의 검출 한계는 "Standard method"에 수재되어 있지 않으나 약 1 μg/L 정도이다.

원자 흡수 분광 광도법(atomic absorption spectroscopy) 이 방법은 실제로는 흡광법의 하나이지만 불꽃 광도법과 유사하므로 방출 분광법에 포함시키고 있다. 원자 흡수 분광 광도법은 물속에 미량으로 존재하는 거의 모든 금속 원소들을 측정할 수 있어 환경공학에서는 이미 널리 이용하고 있다. 구리, 철, 마그네슘, 니켈, 아연(zinc)과 같은 원소들을 수분의 1 mg/L까지 정확하게 측정할 수 있다.

원자 흡수 분광 광도법과 불꽃 광도법과의 유사성은 그림 12.4와 그림 12.5를 비교하여 보면 알 수 있다. 불꽃 광도법과 마찬가지로, 원자 흡수 시스템도 불꽃 장치, 방출 스펙트럼선을 분산시키고 분리하는 프리즘 그리고 적절한 증폭기를 가진 검출계(detector)로 이루어진다. 또한, 이 흡수 시스템도 특수한 파장의 안정하고 센 빛을 내는 광원(light source)을 가지고 있다. 원소들은 각각 쉽게 흡수하는 특정 한 파장을 가지고 있다.

측정하려고 하는 원소에 의하여 쉽게 흡수되는 파장을 가진 광원이 불꽃을 통과하도록 하고, 시료를 넣지 않은 채로 그 세기를 측정한 다음, 시료를 불꽃 속으로 주입시킨다. 시료에서 관찰되는 세기의 감소가, 그 원소 농도의 측정치가 된다. 이 방법의 단점은 각 원소에 대하여 반드시 각각 다른 광원을 사용해야 하는 것이다. 다행히도 속빈 음극 램프(hollow cathode lamp)와 같은 광원을 자연에 존재하는 대부분의 원소에 사용할 수가 있다.

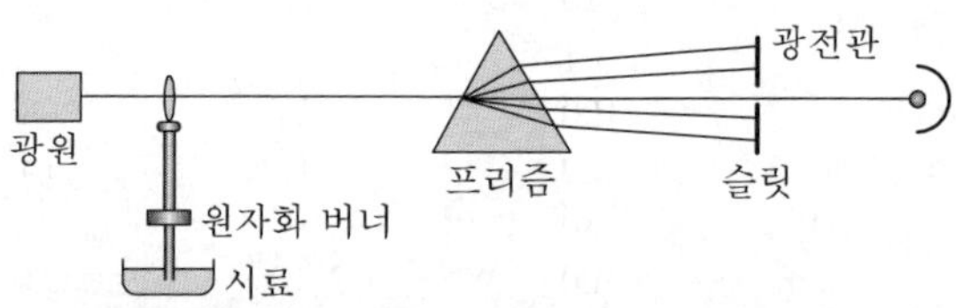

⇧ 그림 12.5 원자 흡수 분광 광도계의 계통도

원자 흡수 분광 광도법의 장점은 많은 원소들에 대하여 매우 전문적이라는 점이다. 흡광도는 불꽃 속의 유리(free)된 들뜨지 않은 원자들의 양에 의존하며, 이들은 들뜬 원자들보다 훨씬 더 풍부하게 존재한다. 그러므로 불꽃 속에서 쉽게 들뜨지 않기 때문에 불꽃 광도계로는 좋은 결과를 얻을 수 없는 아연과 마그네슘과 같은 원소들도 원자 흡광법으로 쉽게 측정할 수 있다.

앞서 기술한 것을 개량한 것이 전열 원자 흡수 분광광도계(electrothermal atomic absorption spectrophotometry)로서 흑연로(graphite furnace)가 부착되어 있으며 여러 가지 중금속들을 표 12.1에 나타낸 것과 같이 μg/L까지 분석할 수 있다. 이 시스템에서는 원자화 버너(atomizer burner) 대신에 여러 온도 시리즈까지 프로그램 할 수 있는 작은 실린더 모양의 흑연로를 사용한다. 음극 램프 광원에서 발생한 복사선은 수평 실린더의 열린 양쪽 끝을 통과하며, 선택된 파장을 원자화-버너법에서와 같은 광전관(phototube)으로 측정한다. 소량

(5～100 μL)의 시료를 실린더의 옆에 있는 구멍을 통하여 안으로 주입하고, 온도 프로그램을 시작한다. 온도는 먼저 시료의 물이 증발되어 금속 염들만이 남게 되도록 100℃를 약간 넘도록 올린다. 그런 다음 온도를 수백 ℃까지 올려 양이온들이 휘발하여 실린더 공간을 채우고, 측정하려는 특정한 양이온들이 음극관(cathode tube)으로부터의 독특한 복사선을 흡수하도록 한다. 흑연로는 이름 그대로 원자들의 밀도를 훨씬 크게 하므로 원자의 흡수 과정에서 더 큰 감도를 가지게 한다. 흑연로 사용 원자 흡광광도계는 미량의 금속 오염물질을 다루는 수질 실험에 널리 사용되고 있다.

유도 결합 플라즈마 분광법(inductively coupled plasma spectroscopy) 수질 분석에는 앞서서 설명한 방법들이 널리 사용되어 왔으나 불꽃보다 더 강력하게 들뜨게 하는(excitation) 방법을 사용하는 여러 가지 방출 분광법들이 점차 널리 사용되어 왔다. 이 방법들도 모든 금속 원소들과 많은 비금속 원소들의 분석에 이용할 수 있다. 방출 분광 광도계들은, 특히 수용액 시료뿐 아니라 고체 시료의 분석에도 적합하다. 따라서 이 기기들은 슬러지와 그 밖의 복잡한 폐기물 중의 금속들을 분석하는 데 흔히 이용된다. 대부분의 방출 분광 광도계의 기본 구성요소도 불꽃 광도계의 그것들과 같다. 오래된 방출법에서는 더 많은 종류의 원소들을 들뜨게 하기 위하여 교류와 직류 아아크(arc) 또는 고압 스파아크(high voltage spark)와 같은 높은 에너지원을 사용하였다. 그렇지만, 유도결합 플라스마(inductively coupled plasma), 즉 ICP법과 같이 플라스마를 이용하는 방법은 비교적 최근인 1970년대에 개발되었으며 표 12.1처럼 물에 포함된 금속을 분석하는 표준 방법으로 자리잡게 되었다. 이 방법의 장점은 보다 강력한 원자화원(atomization source)를 이용하기 때문에 대부분의 금속의 경우, 같은 들뜬 상태(excitation condition)에서 원자 상호간의 간섭이 적은 좋은 스펙트럼을 얻을 수 있기 때문에 동시에 여러 원소의 측정이 가능하다는 점이다. 그러나 단점으로는 가격 및 운영비가 높고, 숙련된 기술자가 필요하며 원자 흡수 분광 광도법에 비해 정도가 떨어질 수 있다는 점이다.

ICP법에서는 아르곤 가스가 3개의 동심 석영관(concentric quartz tube)을 통하여 흐르며, 석영관은 강력한 자기장을 형성하기 위한 라디오파 발생기(radio frequency generator)가 갖추어진 수냉식 유도 코일(induction coil)로 둘러싸여 있다. 불꽃이 아르곤을 이온화시키기 시작하면 이온과 이에 관련된 전자들은 자기장 때문에 석영관 안에서 나선형으로 흐르며, 그들 상호간의 충돌 및 흐름 저항 때문에 열이 발생한다. 이 때 발생하는 온도는 6000에서 8000 K로, 이는 연소 불꽃의 가장 뜨거운 부분으로부터 얻을 수 있는 최대 온도의 약 2～3배 정도이다. 이 온도에서는 거의 모든 분자들이 분해되기 때문에 이들 상호간의 간섭이 적어지고, 원자의 방출도 매우 효율적으로 된다. 분석 시료는 가운데 석영관으로 아르곤 가스 흐름의 앞부분에 도입된다. 각 원소로부터 생성된 방출은 단색화 장치(monochromator) 또는 다색화 장치(polychromator)를 위한 유입 슬릿(slit)을 통하여 집중되며, 스펙트럼의 일부는 분리되어 그 강도가 측정된다. 기기에 사용되는 파장의 범위는 자외선에서 가시선까지(180에서 900 nm) 전 영역을 사용할 수 있다. ICP는 여러 가지 시료를 다루는 능력이 매우 뛰어나기 때문에 많은 실험실에 필수 장비로 되어 있다.

최근에는 ICP에 질량광도계(mass spectrometer)가 부착된 ICP/MS가 개발되어 ICP보다 더 낮은 농도인 ng/L까지도 측정이 가능하게 되었다.

분산과 산란

시료의 탁도(turbidity)는 그것이 빛의 투과에 미치는 효과를 이용하는 비탁법(turbidimetry)이나 빛의 산란에 미치는 효과를 이용하는 네펠로법(nephelometry)에 의하여 측정할 수 있다. 제13장에서 설명하는 바와 같이, "Standard Methods"의 탁도의 측정법에서도 이 특성들을 이용하고 있다. 이 분석법들에서는 투과되어 나오는 빛을 육안으로 검출하고 있으나, 탁도의 연속적인 측정과 기록이 가능한 장점이 있는 전기 광도계를 사용하는 방법도 이용될 수 있다. 또한, 육안으로 잘 구별할 수 없는 것도 전기 광도계를 이용하면 비교적 정확하게 측정할 수 있게 된다. 네펠로법은 아주 묽은 현탁액에 대하여 감도가 대단히 좋다. 그러나 중간 정도의 진한 탁도를 가진 현탁액에 대하여는, 네펠로법이나 비탁법을 모두 사용할 수 있다.

그림 12.6에 나타낸 바와 같이, 비탁법에서는 용액을 통과하는 빛의 양을 측정한다. 탁도가 높을수록 투과되는 빛의 양이 적어진다. 한편, 네펠로법에서는 광원(light source)에 90° 각도로 설치해 놓은 검출계로 혼탁입자들에 의하여 산란되는 빛을 측정한다. 분광 광도계나 광도계(photometer)는 어느 것이나 그대로 탁도계로 쓸 수 있다. 그러나 네펠로법에 대하여는 특별한 장치를 부착시켜야 한다.

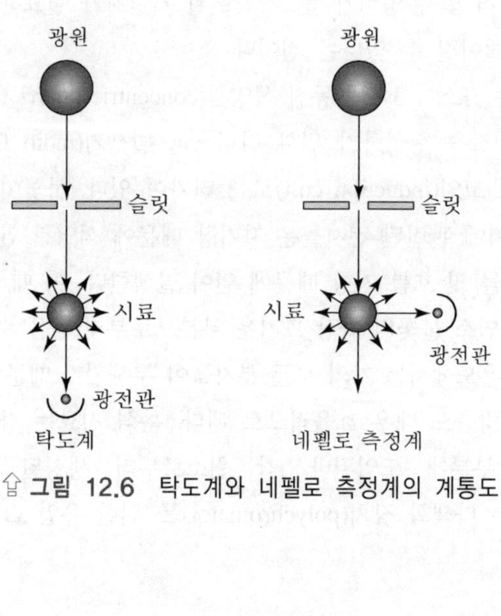

⇧ 그림 12.6 탁도계와 네펠로 측정계의 계통도

탁도의 분석은 어떤 파장의 빛으로도 수행할 수 있으나, 황산 이온을 "Standard Methods"의 탁도 분석법에 의하여 측정할 때는 420 nm의 파장을 사용하도록 되어있다. 이 파장의 빛은 푸른 색으로 이보다 긴 파장인 붉은 빛보다 더 세게 산란되므로, 더욱 감도 높은 분석 결과를 얻을 수 있다.

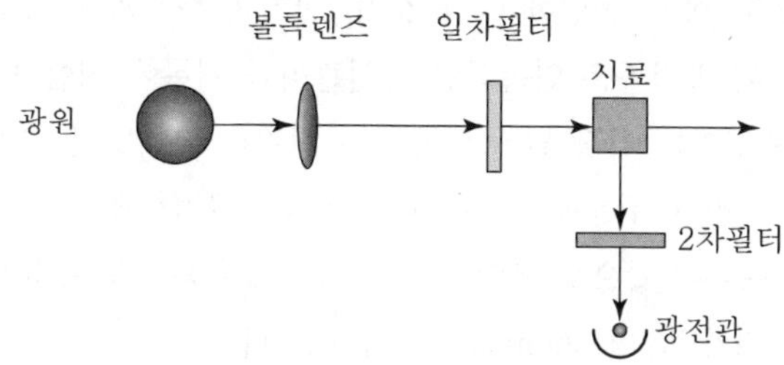

그림 12.7 형광 분석계의 계통도

형광 분석법

많은 유기화합물들과 약간의 무기화합물들은 단일 파장의 복사 에너지를 흡수한 다음, 이보다 약간 긴 파장의 복사선으로 에너지를 방출하는 능력을 가지고 있다. 이러한 현상을 형광(fluorescence)이라고 하며, 이것을 이용하여, 감도가 대단히 높은 분석 기기를 만든다. 그림 12.7에 이 원리를 이용한 형광 분석계(fluorometer)의 계통도를 보였다. 형광은 선택된 파장만을 위한 필터를 사용하는 간단한 기기인 형광 분석계를 이용하여 측정할 수 있다. 형광 분광계(spectrofluorometer)는 분광 광도계와 유사하지만 보다 복잡한 기기로서 시료로부터 원하는 형광 스펙트럼들을 얻기 위하여 단색화 장치를 갖추고 있다. 여러 면에서 형광 분석계와 형광 분광계는 네펠로 측정계와 비슷하다. 먼저 주로 자외선 또는 가시선으로 이루어진 광원으로부터의 빛을 필터(filter)를 통과시켜, 가시 광선(visible light)을 배제한 다음, 시료를 통과해 가도록 한다. 시료 속의 형광 물질은 가시선을 방출하며, 이것을 원자외선 광원에 90°각도의 위치에 설치한 두 번째 필터로 통과시킨다. 이 필터는 산란된 자외선을 배제하여 시료에 의하여 방출된 파장만이 광전지(photo cell)에서 측정되도록 한다. 이 방법은 형광 물질에 대하여 대단히 민감하다. 형광 분석법은 지표수에서 조류농도의 지표로서 클로로필(chlorophyll) 농도나 ATP와 F430(6장)과 같은 중요한 생화학 물질을 측정하기 위하여 널리 사용된다.

수질 연구분야에서 형광 분석법(fluorimetry)의 주요 용도의 또 다른 하나는, 물과 오염물질의 이동을 추적하는 것이다. 즉, 물에 고도의 형광 염료를 넣고, 형광 투시법(fluoroscopic measurement)으로 그들의 이동을 검출하는 것이다. 염료로는 Rhodamine B와 Pontacyl Pink B가 사용되며, 1 $\mu g/L$ 이하의 농도까지도 검출이 가능하다. 그러나 일부 세제들에 포함되어 있는 형광 표백제의 바탕 농도(back ground level)를 압도하도록 많은 양을 투여

해야 하므로, 실질적으로 모든 폐수에 대하여 이용 가능한 것은 아니다.

|12.3| 전기적 분석법

전기적 분석법은 3.9절에서 설명한 바와 같이, 전기적 현상과 화학적 현상 사이의 관계를 이용하는 것이다. 이 방법들은 연속적인 감시관리와 기록에 적합하므로, 특히 수질화학에서 유용하다. pH 측정기는 가장 널리 이용되는 전기적 분석법일 것이다. pH 측정기에서는 유리 전극과 기준 전극(reference electrode)을 용액에 담그고, 이 전극들 사이의 전위(electrical potential) 또는 전압으로 용액 중의 수소 이온 농도를 측정한다. 이와 같은 원리에 의한 방법들을 전위차법(potentiometric)이라고 한다.

또 다른 전기적 방법으로 적절한 전극들을 용액에 집어넣고, 여기서 측정되는 작은 전압을 이용하는 것이 있다. 전극을 통하여 흐르는 전류의 양은 용액의 조성에 따라 달라지며, 따라서 분석 수단으로 이용할 수 있게 된다. 이 원리에 의한 방법을 폴라로그래피법(polarography)이라고 한다. 여러 가지 전기적 분석법에는 변법들도 많이 있으나 이 방법들 사이의 차이는 항상 쉽게 구별되지는 않는다. 3.9절에서 설명한 전기적 분석법들에는 이 밖에도 용액의 전류를 운반하는 능력을 측정하는 전도도법(conductimetry), 주어진 양의 화학변화에 영향을 주는 데 필요한 전기량 사이의 등가관계를 측정하는 전기량법(coulometry)이 있다.

전위차법 분석

화학전지(electrochemical cell)의 원리에 대하여는 3.9절에서 설명하였다. 식 (3.42)는 한 전극의 상대적 전위(potential)와 그에 해당하는 용액 속의 이온종(ionic species) 농도와의 관계를 나타낸 것이었다. 이 식을 사용하면, 한 전극의 전위를 측정함으로써, 용액의 한 성분의 활동도나 농도를 계산할 수 있게 된다. 전위차 분석에는, 측정하고자 하는 특정한 이온을 측정할 수 있도록 만들어진 특수한 전극, 즉, 지시 전극(indicator electrode)과 기준 전극 및 전위 측정장치가 필요하다.

예로, 용액 속의 염소 이온 농도는 그림 12.8에서와 같이 구성된 전지를 사용하여 측정할 수 있다. 그림에서 사용된 기준 전극은 포화 칼로멜 전극으로 대상물질을 측정할 수 있는 전극과 함께 사용되고 있다. 이와 같은 특별한 기준 전극에 대해서는 다음 절에 보다 자세하게 설명되어 있다. 염소 이온을 측정하는 전극은 실제로는 은-염화은 전극이며, 다음의 반응이 일어난다.

$$AgCl(s) + e^- \rightarrow Ag(s) + Cl^- \tag{12.2}$$

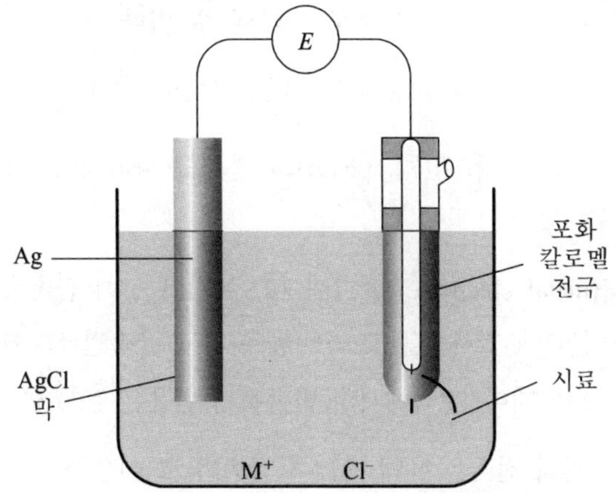

그림 12.8 염화 이온의 전위차법 분석을 위한 전지

이 반쪽 전지(half-cell)의 전위는 식 (3.42)로부터 다음과 같이 된다.

$$E_{\mathrm{Cl}} = E^0_{\mathrm{Cl}} + \frac{RT}{zF}\ln[\mathrm{Cl}^-] \tag{12.3}$$

따라서 전체 전지의 측정된 전위는 다음과 같이 된다.

$$E_{\mathrm{cell}} = E_{\mathrm{Cl}} - E_{\mathrm{SCE}} = E^0_{\mathrm{Cl}} - E_{\mathrm{SCE}} + \frac{RT}{zF}\ln[\mathrm{Cl}^-] \tag{12.4}$$

이 식은 전체 전지의 전위가 염화 이온의 로그 활동도(log activity) 또는 대략적으로 염화 이온의 로그 농도(log concentration)에 따라 변하는 사실을 나타낸다. 표준 염화 이온 용액으로 이 전지를 검정해 놓으면, 이것을 사용하여 미지 용액 중의 염화 이온 농도를 측정할 수 있게 된다. 이것이 모든 전위차법 분석의 기본원리이다. 전극에 대한 중요한 조건은 그것이 측정하고자 하는 이온에만 특성적이어야 하며, 용액 속의 다른 성분들과는 작용하지 않는 것이라야 한다. 다음에 여러 가지 종류의 전극을 설명하였다.

기체전극 기체전극(gas electrode)은 백금이나 금 등의 비반응성(非反應性) 금속조각을 용액과 기체흐름에 동시에 접촉시켜 놓은 것이다. 그림 3.8에 있는 두 전극이 이런 종류이며, 식 (3.39)와 (3.40)의 반응이 기체전극의 대표적인 반응이다. 특히 중요한 기체전극은 수소전극(hydrogen electrode)이며, 다른 전극의 전위를 알기 위한 표준전극으로 사용된다. 수소전극은 백금흑(platinum black)을 피복한 얇은 백금 조각을 1.0 N의 수소 이온 농도 용액에 설치하고, 1 atm의 수소기체흐름이 백금조각의 주위를 감싸도록 한 것이다. 이 전극에서 일어나는 반응은 식 (3.39)이다. 수소전극의 전위를 0으로 놓고, 이것과의 비교에 의한 전위는 앞에 E_{H}를 써서 나타낸다. 실제로는 수소전극은 사용하기가 불편하므로 다른 전극들이 기준으로 사용된다.

수소전극은 간단하게 다음과 같이 기호로 나타낼 수 있다.

$$\mathrm{Pt} \mid \mathrm{H_2}(P\ \mathrm{atm}) \mid \mathrm{HCl}\,(C\ \mathrm{mol/L})$$

수직선은 전극을 구성하는 각 상(相, phase)의 경계를 나타내며, 기체의 압력과 용액의 조성도 함께 나타낼 수 있다.

금속전극 금속전극(metal electrode)은 그림 12.9에서와 같이 금속을 그 금속 이온의 용액 속에 담근 것이다. 물속에 철사줄을 담그어 놓은 것도 금속전극의 한 예이다. 이 전극은 $Fe \mid Fe^{2+}(C)$의 기호로 나타내며, 전극에서의 반쪽전지 반응은 $\frac{1}{2}Fe \rightleftharpoons \frac{1}{2}Fe^{2+} + e^-$이다. 일반적으로 이와 같은 유형의 전극은 용액 속에서 금속과 그 이온들 사이에서 가역적인 전자 이동을 나타내는 은, 구리, 수은, 납 및 카드뮴과 같은 금속들에 대하여 사용할 수 있다. 전위에 재현성을 보이지 않는 금속은 금속 전극으로 사용할 수 없으며, 이는 일반적으로 구조상의 변형이나 결정 변형(crystal deformation) 또는 그 표면에 산화물의 피막이 생성되기 때문이다. 이와 같은 금속들로는 철, 니켈, 코발트 및 크롬이 있다.

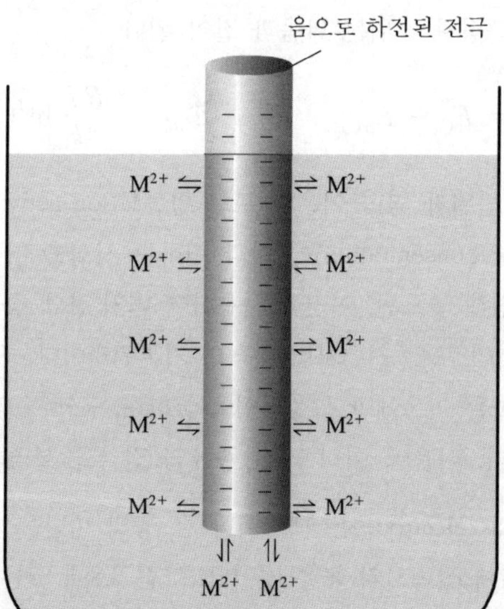

⇧ 그림 12.9 물에 잠긴 금속 전극에서 단일 전극 전위의 발생

산화 환원전극 이 전극은 산화 및 환원된 형태의 두 가지 이온 용액에 담겨진 비 반응성 금속 전극으로 구성되어 있다. 그 예로는 염화 제일철 및 제이철 용액 속에 잠긴 백금선을 들 수 있다. 기준 전극과 함께 사용된 산화 환원 전극을 그림 12.10에 나타내었다.

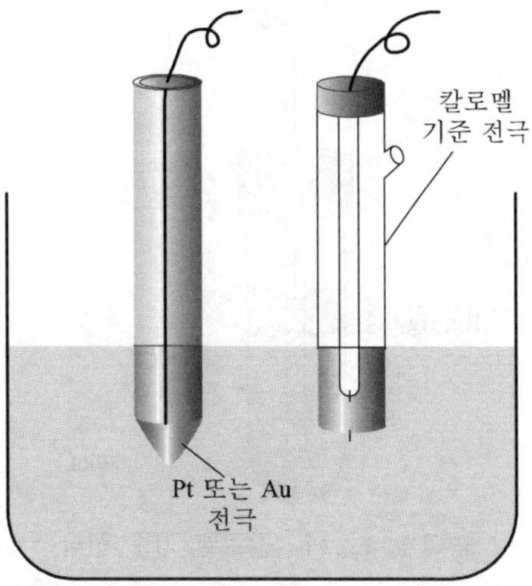

그림 12.10 산화 환원 전위(ORP)의 측정을 위한 전극

산화 환원 전극은 Pt | $FeCl_2$(C), $FeCl_3$(C)로 나타낼 수 있다. 전극에서 일어나는 반응은은 $Fe^{2+} \rightleftharpoons Fe^{3+} + e^-$ 이다. 때때로 산화 환원 전극은 11.4절에 나타낸 바와 같은 산화 환원 적정시의 화학양적 종말점을 찾는 내부지시계로 사용될 수도 있다. 이와 같은 시스템에서 산화-환원 전위나 pE를 측정할 수 있다는 것은 매우 다행한 일이다. 그러나 불행히도, 폐수 시스템은 평형상태에 있지 않으며, 또 여러 가지 산화제와 환원제들을 포함하는 복잡한 것이어서 전위의 측정이 불가능할 때도 자주 있다. 그러나 전극 시스템에 의한 산화-환원 전위의 측정은 한 시스템이 호기성이며 산화되고 있는지 또는 혐기성이며 환원되고 있는지를 나타내 주는 실험적인 방법으로서 유용할 때도 있다.

용해도가 낮은 염과 접촉하는 전극 이 형태의 전극은 금속을 그 금속의 용해도가 비교적 낮은 염류 중의 하나에 접촉시키고, 한편 염은 공통의 음이온이 들어있는 용액 속에 담근 것이다. 그림 12.8에 나타낸 은-염화은 전극이 그 예이다. 이 전극의 가장 대표적인 것은 칼로멜 전극(calomel electrode)이며, 기준전극(reference electrode)으로 널리 쓰인다. 그림 12.11은 칼로멜 전극의 주요 부분을 나타낸 것이다. 이 전극은 Hg를 용해도가 낮은 Hg_2Cl_2 용액 속에 넣은 다음 이들을 KCl 용액 속에 담근 것으로 Hg | Hg_2Cl_2 | KCl(C)의 기호로 표시된다. 이 전극에서 $Hg + Cl^- \rightleftharpoons \frac{1}{2}Hg_2Cl_2 + e^-$의 반응이 일어난다. 칼로멜 전극은 pH 측정, 산화-환원 전위 측정에 기준 전극으로 사용되며, 사용방법이 쉽고 안정하여 기준 전극을 필요로 하는 대부분의 전기화학적 분석에 사용되고 있다.

칼로멜 전극은 사용된 KCl 용액의 농도에 따라 노르말(1N), $\frac{1}{10}$노르말($\frac{1}{10}$N) 및 포화

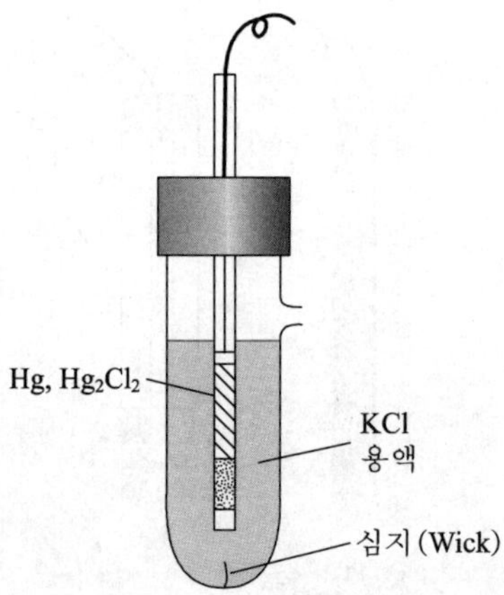

⇧ 그림 12.11 칼로멜 기준 전극

표 12.2 25°C에서 칼로멜 기준 전극의 표준전위

KCl의 농도	E_H, volt
0.1 N	−0.334
1.0 N	−0.281
포 화	−0.242

(saturated)의 세 종류가 있다. 칼로멜 전극의 전위는 사용된 KCl 용액 농도의 함수이다. 수소전극에 대한 이들 각각의 전위를 표 12.2에 나타내었다. 전극을 이용하여 얻은 자료를 정확히 이해하기 위해서는, 칼로멜 기준전극을 만들 때 사용한 KCl의 농도를 반드시 알고 있어야 한다. 일반적으로, 포화 KCl 용액으로 된 포화 칼로멜 전극이 흔히 사용되므로 측정 결과는 E_H보다는 E_{SCE}로 나타내는 것이 보통이다.

막 전극 수질분석에 중요한 또 다른 일반적인 종류의 전극으로 막 전극(membrane electrode)이 있다. 막 전극은, 금세기초 Cremer에 의하여 서로 다른 수소 이온 농도를 가진 두 용액 사이에 얇은 유리 막(glass membrane)을 놓았을 때, 이 막의 양쪽에 전위차가 생가는 것이 경험적으로 관찰되면서 발전되기 시작하였다. 이것이 계기가 되어 유리 막 전극이 개발되기에 이르렀고, 이는 pH의 전위차법 측정에 널리 쓰이고 있다. 그 이후 여러 가지 이온 선택성 막이 개발되어 왔다. 막 전극은 K^+, Na^+, F^-, Ca^{2+}, NO_3^-, NH_4^+, S^{2-}와 그 밖에 여러 가지의 전위차법 측정에 직접 이용할 수 있다. 막 전극은 일반적으로 세 가지로 분류된다. 즉, (1) 유리 전극, (2) 액체 막 전극(liquid-membrane electrode), (3) 기체 투과막(gas permeable membranes)과 (4) 결정성 막전극(crystalline membrane electrode) 또는 침전 전극(precipitate electrode)이다. 전위차를 나타내는 메카니즘은 이 네 부류가 모두 같다. 유리전극은 가장 널리 쓰이고 있는 것이므로, 이에 대하여는 좀더 자세히 설명하며, 나머지 기타의 막 전극 시스템에 대하여는 일반적인 설명만을 하겠다.

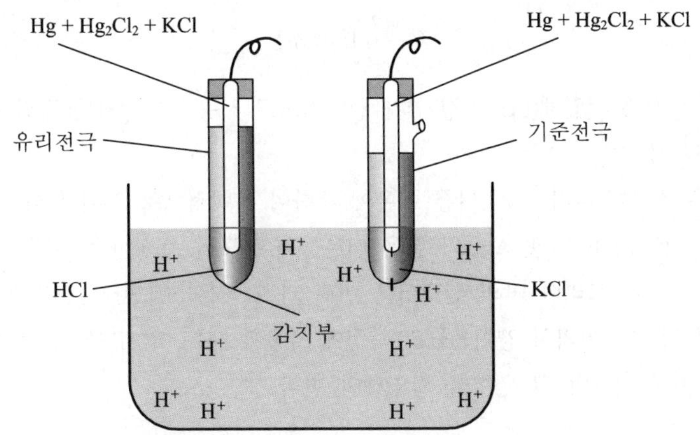

⇧ 그림 12.12 pH 측정용 유리전극을 사용하는 전극 시스템

유리 전극(glass electrode) pH의 측정에는 거의 모두 유리 전극을 사용하고 있다. 이러한 용도의 전극은 비색법을 사용할 수 없는 진한 색을 띤 용액과 다른 전극들은 거의 전혀 사용할 수 없는 산화성 매질과 환원성 매질 및 콜로이드 시스템 속에서도 그 기능을 나타낸다. 초기의 유리 전극은 알칼리성 용액에서 Na^+에 대하여도 전위를 나타내었으나, 오늘날에는 이 나트륨의 방해를 최소화할 수 있는 전극들이 개발되어 이용되고 있다. 그러나 이 방해 작용을 이용하여 나트륨 전용의 유리막 전극이 개발될 수 있었다.

유리 전극의 작용에 대하여는 현재 많은 것이 잘 밝혀져 있다. 전극의 감지부에 사용되는 유리는 그 전송과 두께를 고려하여야 하기 때문에 특수한 특성을 가진 것이라야 한다. 이 전극의 구조는 주변의 유체와 전기적으로 직접 연결되도록 하는 구멍이나 심지가 없는 것을 제외하고는 칼로멜 기준 전극과 근본적으로 같다. pH 측정용 유리 전극 내부의 전해질은 KCl 용액보다는 약간 센, 일정한 세기를 가진 산 용액이다. 이 pH 측정용의 유리 전극은 그림 12.12에 보인 바와 같이 표준 칼로멜 기준 전극과 짝지워 사용한다.

pH 전극에 발생된 단일 전극 전위(single-electrode potential)는, 전극 내부의 전해질의 활동도, $\{H_e^+\}$에 비례하여 용액 속의 수소 이온 농도, 더 정확하게는 활동도, $\{H_e^+\}$에 의하여 결정된다. 실제 이 전위는 유리 막의 양쪽에서 흡수된 H^+의 상대적인 활동도에 의하여 결정된다고 하는 것이 일반적이 생각이다. 즉,

$$E_{\text{obs}} = k + 0.059 \log \frac{\{H_c^+\}}{\{H_e^+\}}$$

여기서 k는 상수이다. 이 식은 다시 다음과 같이 쓸 수 있다.

$$E_{\text{obs}} = K + 0.059 \log \{H_c^+\}$$

또는 $$E_{obs} = K - 0.059\ \mathrm{pH}$$

pH 측정에는 전자 전압계(pH 측정기)가 일반적으로 사용되며, pH를 직접 읽을 수 있도록 눈금이 매겨져 있다.

유리 전극은 조성에 따라 각기 다른 이온에 대하여 선택적으로 전위를 나타내며, 이것을 이용하여 Na^+, K^+, NH_4^+ 및 Ag^+와 같은 이온들의 농도를 측정하는 유리 전극들이 상품으로 시판되고 있다. 그러나 막의 선택성은 여러 가지 이온들에 따라 달라지며 감도도 다르다. 유리 전극을 H^+이외의 양이온들의 측정에 사용할 때는, 먼저 물속에 방해 작용을 하는 이온들의 존재 여부와 그 영향을 확인해야 한다.

액체 막 전극(liquid membrane electrode) 액체 막 전극은 유리 전극보다는 최근에 개발된 것으로, 이것을 사용하여 Ca^{2+}, Mg^{2+}와 같은 다가(polyvalent)의 양이온과 질산 이온 등과 같은 특정한 음이온들의 활동도를 직접 전위차 법으로 측정할 수 있다. 이것은 또한 특정 음이온의 측정에도 이용되어 액체 막 전극은 질산염의 측정을 위한 "Standard Methods"의 기본이 되고 있다. 유리 전극의 유리막 대신에 다공성(多孔姓) 유리판이나 플라스틱판 사이에 넣은 액체를 사용한다. 이 액체는 물과 섞이지 않으며, 용액의 이온들과 교환할 수 있는 작용기를 가진 유기 화합물이 사용된다. 특정한 양이온 또는 음이온들에 대하여 센 친화력을 가지 작용기를 선택하여 사용하므로 이 액체 막 전극도 독특한 특성을 가질 수 있게 된다. 용액 속에 설치하면, 전극의 이온은 물-액체 교환기 계면의 내부의 이온들과 교환되면, 이 때 나타나는 전위를 측정한다. 이 전극들을 사용할 때도 다른 막 전극들을 사용할 때와 같은 주의사항이 지켜져야 한다.

기체 투과막 프로브(Gas permeable membrane probe) 전극이라고 불리는 어떤 전기화학적 장치들은 실은 전기 화학 셀(cells)로 이루어져 있으므로 프로브(probe)라고 하는 것이 더 타당성이 있다. 이러한 장치들은 pH 전극과 기준전극으로 구성되어 있으며, 전극들은 기체 투과막 내의 내부용액(internal solution)에 담겨져 있다.

암모니아나 이산화 탄소와 같은 기체가 이 방법을 통해 분석되어질 수 있다. 예로서 이산화 탄소 프로브는 내부용액이 중탄산나트륨과 염화나트륨으로 구성되어 있으며 이산화 탄소가 막을 통해 확산될 때 이산화 탄소가 내부 용액과 혼합되고 제 4장에서 언급된 이산화 탄소/중탄산 평형관계를 통해 pH에 영향을 미치게 된다. 이때 측정된 pH로 시료의 이산화 탄소 농도를 정량할 수 있다. "Standard Methods"에서 암모니아에 대한 분석방법으로는 또한 기체투과막 프로브를 이용한 방법이 이용되고 있으며 이때 내부용액으로는 염화 암모늄이 사용된다. 먼저 시료의 암모늄이 기체상태의 암모니아로 전환되어 pH가 11 이상까지 증가되고 암모니아는 막을 통해 염화 암모늄 용액과 혼합되어 NH_3/NH_4^+ 평형에 의해 pH에 영향을 미치게 된다. 물에서 약산과 염기를 형성하는 HCN, HF, H_2S, SO_2, NO_2 등 가스는 기체 투과막 프로브를 이용하여 측정할 수 있다.

결정성 막 전극(crystalline membrane electrode) 결정성 막 전극은 시료 용액과 기준 용액의 사이에 음이온들에 대하여 선택적인 고체 막(유리 막을 제외한)을 가지고 있다. 막은 일반적으로 측정하고자 하는 음이온의 용해성이 낮은 염으로 구성되어 있다. 이와 같은 염은 액체 막 전극에서와 같이 음이온과 선택적으로 결합하며 이 때의 전위를 측정하면 된다. 플루오르화 이온(fluoride)에 대한 결정성 막 전극은 현재 물 분석에서 "Standard Methods"로 이용되고 있다. 이 막은 전기전도도가 증가되도록 희토류 원소(rare earth)로 표면을 처리한 플루오르화 란탄(lanthanum fluoride)의 결정으로 만든 것이다. 이 막은 플루오르화 이온의 활동도의 변화에 정량적인 반응을 나타내며, 다른 음이온들에 비하여 플루오르화 이온에 대하여 수천 배 높은 선택도를 나타낸다.

전극 사용시의 유의사항 플루오르화 이온 전용 전극의 예를 들어, 전극을 사용하여 농도를 직접 측정할 때의 몇 가지 한계(limitation)에 대하여 설명하겠다. 전극은 활동도를 측정하는 것이며 농도를 측정하는 것이 아니다. 주어진 농도에 대하여, 2.12절과 4.3절에서 설명한 바와 같이, 활동도는 이온 세기(ionic strength)에 따라 변한다. 그러므로 전극을 사용하여 농도를 측정하려면 이 전극을 비슷한 이온 세기를 가진 표준 용액으로 검정(calibration) 하여야 한다. 또한 전극은 특수한 이온종을 측정하며, 그 종의 착물을 측정하지는 못한다. 플루오르화 이온은 Al(Ⅲ), Fe(Ⅲ) 및 Si(Ⅳ)와 착물을 형성하며, 이들 양이온과 결합된 플루오르화 이온의 양은 플루오르화 이온 전극에 의하여 측정되지 않는다. 이러한 방해에서 벗어나기 위해서는 용액의 pH를 변화시키거나 이 방해 이온들과 더 쉽게 착물을 형성하는 물질을 첨가해 주는 것이 좋다. 이온 전용 전극은 수질의 신속하고 정기적인 그리고 자동적인 감시관리에 대단히 유용하다. 그러나 거기에는 한계(limitation)가 있으며, 분석자는 각각의 특성한 이온들에 대한 것을 잘 알고 다루어야 한다. 새로운 전극 시스템들이 계속해서 개발되어 나오고 있다. 물 및 폐수의 분석과 관련하여, 이것들이 많은 분석상의 단점들을 해결해 줄 수 있는 가능성이 있으므로 앞으로도 개발을 계속해야 할 것이다.

폴라로그래피 분석법

두 전극 사이에 가해진 전압과 그 결과 생성된 전류와의 관계를 이용하는 분석방법을 전압-전류법(voltammetry)이라고 한다. 폴라로그래피법은 전압-전류법의 일종이지만 적하 수은 전극(dropping mercury electrode)과 같은 특별한 비활성 전극(inert electrode)을 사용한다는 점에서 구분된다. 비록 폴라로그래비피법이 "Standard Methods"에서 권장하고 있는 방법은 아니지만, 중금속 측정을 위한 산화 전극 벗김 분석(anodic stripping voltammetry), 염소 측정을 위한 전류 적정(amperometric titration), 그리고 용존 산소 및 암모니아를 측정하기 위한 막 전극과 더불어 표준 또는 표준으로 제안된 중요한 측정방법의 기초가 된다. 따라서 환경공학자는 이 같은 분석법들의 기본적 원리에 대하여 이해하고 있어야 한다.

폴라로그래피 분석 그림 12.13에 폴라로그래피 분석을 위한 전기회로의 계통도를 나타내었다. 전극에는 0에서 3 volt까지 변화되는 전압을 걸어준다. 제어장치의 정확한 전압이 전압계(voltameter)로 기록된다. 이 전압은 용액을 통하여 전류가 흐르기 때문에 생기는 것이며, 그 양은 마이크로암미터(microammeter)로 읽어낸다. 전극을 주어진 용액에 담그고, 걸어진 전압을 점차적으로 증가시키면, 전류는 전위(potential)가 용액 속에 존재하는 어떤 이온의 환원을 일으키기에 충분한 점에 도달하기까지는 거의 0에 머물러 있게 된다. 이 점에서, 비활성 전극으로부터 전해질의 환원 반응이 시작되며, 전압을 증가시키면 Ohm의 법칙, $E= IR$ 에 따라 전류의 급격한 상승이 일어난다.

환원 반응이 일어나면서 비활성 전극 부근의 이온들이 고갈되고, 확산에 의하여 새로운 이온들이 전극으로 이동해간다. 전압을 계속해서 증가시키면, 전극으로의 이온들의 확산 속도에 의하여 전류는 한계점에 도달하게 된다. 이 전압에서의 확산속도, 즉 전류는 용액 중의 환원되는 이온들의 농도에 비례한다.

단일 이온에 대한 전형적인 전류-전압 곡선의 한 예를 그림 12.14에 나타내었다. 곡선의 A점을 반파 전위(half-wave potential)라고 부르며, 이것은 전류가 확산 전류(diffusion current)의 반값일 때의 전위이다. 이 전위는 포함된 이온의 표준 환원 전위와 관계가 있으며, 환원되는 물질의 특성을 측정하는 수단으로도 쓰인다. 그러므로 반파 전위는 그 이온의 확인을(정성 분석) 그리고 확산 전류는 그 존재하는 양을 결정해 준다(정 량 분석). 용액 속에 환원되는 이온들이 여러 개 존재할 때는, 그림 12.15에 보인 바와 같이 각각의 반파 전위에 도달될 때마다 전류의 증가가 일어난다. 만일 이들 개개의 곡선이 충분히 떨어져 있어 서로 방해하지 않는다면 이 반파 전위는 특정한 이온의 확인에 이용할 수 있게 되고, 앞서의 이온에 의해 생성된 것 다음의 증가된 확산 전류로부터 그 이온의 농도를 계산할 수 있다.

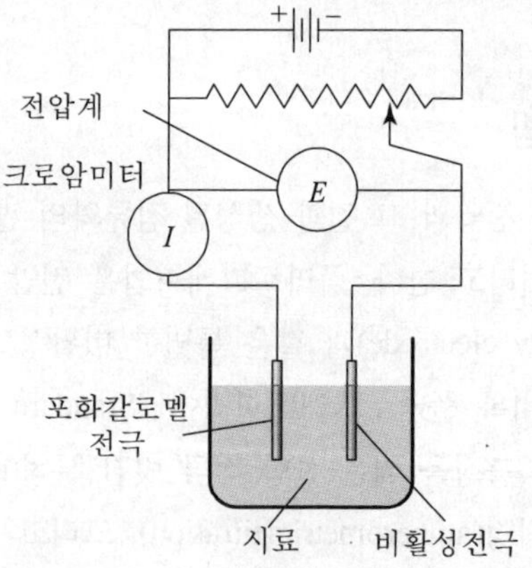

⇧ 그림 12.13 폴라로그래피 분석을 위한 전기 회로

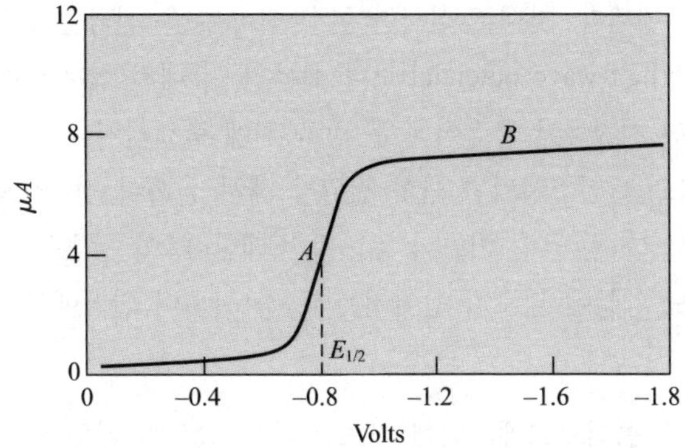

⇧ 그림 12.14 단일 이온의 폴라로그래피법 분석을 위한 전형적인 전류-전압 곡선

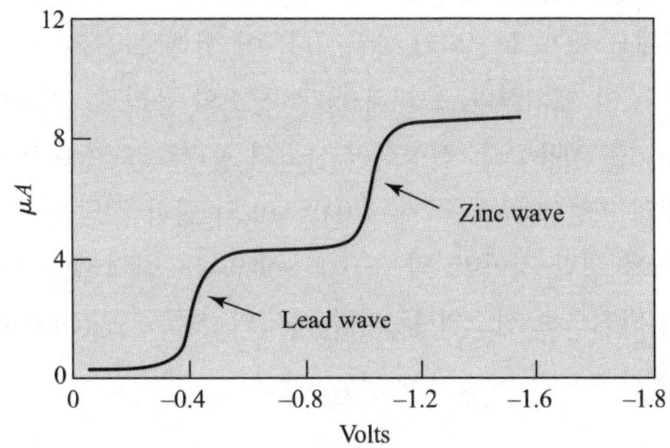

⇧ 그림 12.15 단일 용액 속이 납과 아연의 전류-전압 곡선

폴라로그래피 분석법에서의 비활성 전극은 보통 적하 수은 전극을 많이 사용하며, 이것은 금속 수은이 모세관으로부터 일정한 속도로 방울져 떨어지도록 만들어진 것이다. 수은 방울은 계속 새로 생성되어 떨어지므로 항상 깨끗한 수은이 용액과 접촉하게 되고, 환원되는 이온들에 의한 오염도 피할 수 있다. 이외에도 유동 수은 전극(stream mercury electrode), 회전 전극 또는 귀금속 전극(noble-metal electrode)과 같은 전극들이 사용되고 있으며, 경우에 따라 적하 수은 전극보다 좋은 결과를 보이기도 한다.

산화 전극 벗김 분석 폴라로그래피법을 직접 수질 분석에 이용하는 경우에는 감도가 낮기 때문에 인체 및 환경적으로 중요한 금속이 저농도로 존재하는 경우 측정이 곤란할 수 있다. 산화 전극 벗김 분석법(anodic stripping voltammetry)은 납, 아연 및 카드뮴과 같은 특정 금속에 대해 mg/L까지 감도가 매우 높은 폴라로그래피법의 수정 방법으로서 이들 금속에 대해서는 "Standard Methods"에서도 제시한 방법이다. 이 방법에서는 폴라로그래피법에서 사용하는 전극과 유사한 전극으로 현수 적하 수은 전극(hanging-drop mercury electrode) 또는 박막 수은 전극(thin mercury film electrode)이 함께 사용된다. 분석은 두 단계 과정을 거쳐 수행된다. 첫째로 신선한 현수 적하 수은 전극을 만들고, 측정하고자 하는 금속의 반파 전위(half-wave potential)보다 십분의 이 내지 십분의 삼 볼트가 적은 전위를 건다. 이후 정해진 시간동안 금속이 수은 방울 위에 축적되기를 기다린다. 두 번째 단계로는 전압을 선형적으로 감소시키면 산화 전위라 해서 금속이 전극으로부터 이탈된다. 이때 수반되는 전류의 크기는 금속 이온의 농도에 비례한다. 이 방법은 첫 단계에서 수은 방울 위에 축적된 농도 때문에 감도가 높아지는데, 감도는 이 단계에서 사용한 시간의 함수이다.

막 전극 막 전극은 폴라로그래피법에 기초를 두고 있으며 기체 및 비이온성 물질의 측정에 유용하다. "Standard Methods"에서는 용존 산소 및 암모니아의 측정을 위하여 사용되는 방법이다. 폴라로그래피법 분석에서 가장 유의해야 할 방해 물질의 하나는 산소이며, 이것이 비활성 전극에서 쉽게 환원되기 때문이다. 이 방해 물질은 시료에 질소와 같은 비환원성 기체를 통해 주어 제거한다. 그러나 용존 산소의 폴라로그래피법 측정에서는 산소의 환원성(reducibility)을 이용한다. 전형적인 산소의 폴라로그램(polarogram)을 그림 12.16에 나타내었다. 두개의 파동(wave) 중 약 −0.05 volt의 반파 전압을 가진 첫 번째 것은 O_2가 H_2O로 환원될 때에 생긴 것이며, 약 −0.09 volt의 두 번째 것은 O_2가 H_2O_2로 환원될 때에 생긴 것이다. 일반적으로 산소의 두 파동 사이의 전류 고원(current plateau)의 중심점이 정량 분석에 이용된다.

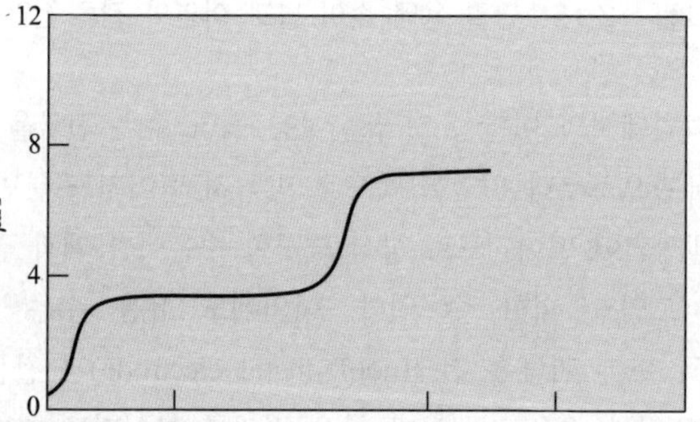

⇧ 그림 12.16 산소의 전류-전압 곡선

한때 적하 수은 전극을 이용하여, 용존 산소를 측정할 수 있도록 특별히 고안된 기기가 시판된 적이 있었다. 그러나 용존 산소 측정에 전문적으로 사용될 수 있는 기체 투과성 막 전극이 개발되어 수질감시 뿐만 아니라 생물학적 처리공정에서 폭기율의 조절에도 유용하게 사용되고 있다. 현재는 용존 산소의 측정에 훨씬 더 좋은 다른 전극들이 개발되어 수질 분야의 많은 연구에 대단히 유용하게 쓰이고 있다. 그림 12.17은 이러한 전극 시스템 중 하나의 계통도를 나타낸 것이다. 금이나 백금과 같은 비활성 금속을 음극(cathode)으로 사용하며, 양극(anode)으로는 은이 이용된다. 이들을 염화칼륨이나 기타의 전해질 용액으로 전기가 통하게 한다. 이 전지(cell)는 폴리에틸렌이나 테플론(teflon)으로 만들어진 통기성 막(gas permeable membrane)을 사용하여 시료와 분리시켜 놓는다. 이 막은 음극과 양극을 방해작용을 하는 고체들과 액체들에 의한 오염으로부터 보호한다. 약 0.5～0.8 volt의 전위

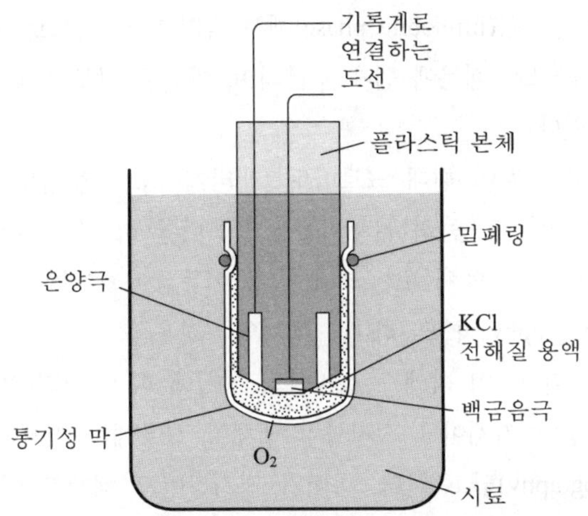

⇧ 그림 12.17 산소 전극 시스템의 계통도

를 양극과 음극에 걸어주면, 막을 통과한 산소가 음극에서 환원되어 전류가 흐르게 된다. 생성되는 전류의 크기는 시료 속 산소의 양에 비례한다. 이 방법의 또 다른 변법으로 비활성 전극 대신에 납 음극(lead cathode)을 사용하고, 수산화칼륨과 같은 염기성 전해질을 사용하는 것이 있다. 이 전극은 은 양극(silver anode)과 함께 사용하면 산소를 환원하는 데 외부에서 전압을 걸어 줄 필요가 없는 충분한 전위를 가진 갈바니 전지(galvanic cell)를 형성한다. 이 형태의 전극을 이용한 기기로 용존 산소 농도를 측정할 때는 반드시 용액을 저어주어야 믿을만한 결과를 얻게 된다. 가끔 용존 산소 프로브(probe)를 전극이라고 부른다. 그러나 이는 단순한 전극이라기 보다는 하나의 완전한 전기화학 셀(electrochemical cell)이기 때문에 프로브(probe)라고 부르는 것이 타당하다.

|12.4| 크로마토그래피

크로마토그래피는 각 물질이 다른 상(phase)에 가진 친화력을 이용하여 혼합 물질을 분리하는 방법을 총칭하여 말한다. 예를 들어, 이산화 탄소는 메탄보다 물에 잘 녹기 때문에 두 기체가 혼합된 경우 물과 접촉시키면 이산화 탄소는 메탄보다 물에 잘 녹게 된다. 이

같이 각 물질이 지닌 성질을 이용하여 성분별로 분리할 수 있다. Michael Tswett라는 생물학자가 식물 추출물로부터 클로로필과 다른 색소를 분리하는 방법을 가지고 1906년에 최초로 현대식 크로마토그래피에 대한 논문을 발표하였다. 그 당시 클로로필의 분리는 탄산칼슘으로 충전된 유리 컬럼에 클로로필과 색소가 포함된 석유 에테르 용액을 통과시키며 수행하였다.

컬럼을 통과하는 색소들은 석유 에테르에 대한 친화력이 다르기 때문에 이동상(mobile phase) 및 탄산 칼슘 정지상(immobile phase)에서 각기 다른 속도로 이동한다. 이 같은 분리성은 색소의 색이 다르기 때문에 쉽게 구분되며, 발현된 강도는 각 색소의 농도를 측정하는 데 이용할 수 있다.

Tswett이 설명한 바와 같이 현대 크로마토그래피에서도 혼합물의 분리를 위해서는 두 개의 다른 상을 이용하며, 그 중 하나는 이동상이고 다른 하나는 정지상이다. 정지상은 고체 또는 액체이며 이동상은 액체 또는 기체이다. 이동상이 기체일 경우를 기체 크로마토그래피(gas chromatography)라고 하며, 액체일 경우를 액체 크로마토그래피(liquid chromatography)라고 한다. 이 밖에도 정지상의 특성에 따라 여러 용어들이 사용되고 있다. 예를 들어, 이동상이 기체이고 정지상이 액체일 경우에는 기체-액체 크로마토그래피(gas-liquid chromatography)라고 한다. 종이가 정지상이고 액체가 이동상인 경우는 종이 크로마토그래피(pater chromatography)라고 한다. 액체 크로마토그래피는 최근에 크게 발전하였으며 그 결과 HPLC (high performance liquid chromatography)가 개발되었다. 일부 HPLC 기기는 이온 교환 수지를 정지상으로 사용하기 때문에 이온 크로마토그래프(ion chromatography)라고 한다.

크로마토그래피에 의한 분리는 크로마토그래피 기기의 중요한 부분의 하나이며, 그 나머지 하나는 물질을 검지하고 정량화하는 부분이다. 현재에는 여러 가지 검출기(detector)가 개발되어 있으며, 이들은 각기 특정 물질군에 대하여 감도가 높다.

다음에서는 기체 크로마토그래피와 액체 크로마토그래피를 환경 실무에 중요한 물질을 측정할 수 있는 검출기와 더불어 설명하였다. 크로마토그래피 기기는 현재 환경공학 및 과학 분야에서 널리 사용되고 있으며, 복잡한 혼합물의 성분 분석을 ppb 또는 μg/L 단위까지 측정할 수 있다. 이 같은 유용한 기기의 발전으로 인하여 환경 공학자들은 고도화된 산업사회에 있어 화학물질의 독성들에 대하여 언급할 수 있게 되었다.

기체 크로마토그래피

기체 크로마토그래피는 1951년에 개발된 대단히 유용한 기기분석법이다. 이것이 개발되기 이전에는 많은 어려움과 긴 시간이 필요했던 환경공학 분야의 각종 일상적 분석들이 현재는 이 기기를 이용함으로써 간단하게 이루어지고 있다. 기체 크로마토그래피는 액체 시료를 기화(vaporization)한 다음, 각 성분 기체들로 분리시켜 이들 개개의 확인과 정량적 측

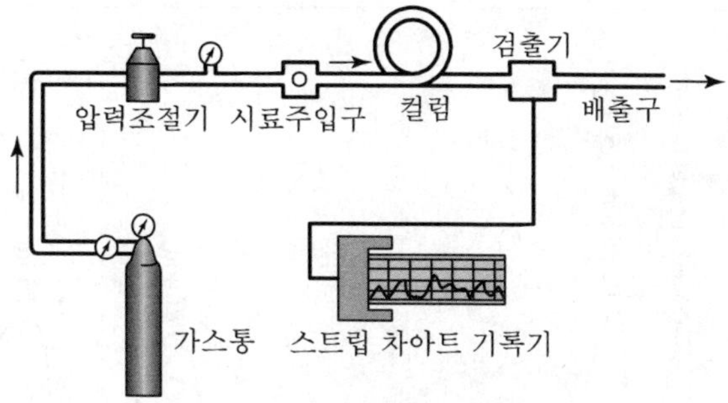

그림 12.18 기체 크로마토그래프의 계통도

정을 할 수 있게 한다. 그림 12.18은 전형적인 기체 크로마토그래프의 구성요소들의 계통도를 나타낸 것이다. 이 기기는 감압 밸브, 즉 일정 압력 조절기(constant-pressure regulator)를 가진 기체 실린더, 시료 주입구(injection port), 크로마토그래프 컬럼(chromatographic column), 검출기(detector), 배출관(exit line)과 스트립 차아트 기록기(strip chart recorder)의 기본 구성요소들로 이루어져 있다.

기체 실린더에는 수소, 헬륨 또는 질소와 같은 운반 기체(carrier gas)가 들어 있으며 이 운반 기체는 계속해서 미리 정해준 온도와 유속으로 크로마토그래프 결합을 통과해 나간다. 소량의 분석할 시료는 주사기(syringe)를 이용하여 시료주입구로 주입한다.

주입구에서 시료의 성분들은 속성 증발(flash evaporation)되어 기체상태로 전환된다. 일정한 유속으로 흐르는 운반 기체가 기체 성분들을 크로마토그래프 컬럼으로 운반해 간다. 기체 성분들은 각기 다른 속도로 이동하게 되며, 각기 다른 시간에 컬럼으로부터 용리되어 나온다. 운반 기체 속에 존재하는 이 기체 성분들을 화학적 방법이나 물리적인 방법으로 검출하여 검출기에 감응(response)된 것이 대체로 전기적분(electric integration) 후에 기록기에 입력되게 한다. 이렇게 해서 얻은 크로마토그램의 한 예를 그림 12.19에 나타내었다. 각각의 봉우리(peak)는 하나의 특정한 화합물 또는 컬럼을 같은 속도로 이동하는 화합물들의 혼합물을 나타낸다. 각각의 화합물이 컬럼을 통하여 나오는 시간은 그 화합물이 가진 독특한 특성이며, 그 화합물의 머무름 시간(retention time)이라고 한다. 봉우리의 면적은 시료 속의 그 화합물의 농도에 비례한다.

크로마토그래프 컬럼은 일반적으로 유리 또는 금속으로 길이가 약 1～10 m이다. 일부 컬럼은 지름이 3～6 mm로 실리콘 유(silicone oil)나 폴리에틸렌 글리콜과 같은 비 휘발성 액체중 하나에 비활성 고체를 침지(impregnated)시킨 것으로 충전한다. 기체 시료가 컬럼을 통과해 가는 동안 성분들은 컬럼 내의 정지 액체상(stationary liquid phase)과 이동기체상(moving gas phase)의 사이에 분배된다. 액체상에 비교적 잘 녹는 성분들은 잘 녹지 않는 성분보다 컬럼을 느린 속도로 이동하게 된다. 정지상과 컬럼의 길이를 적절하게 선택하면, 대부분의 기체물질들을 이 방법으로 분리시킬 수가 있다. 지름이 0.2～0.5 mm이고 길이가

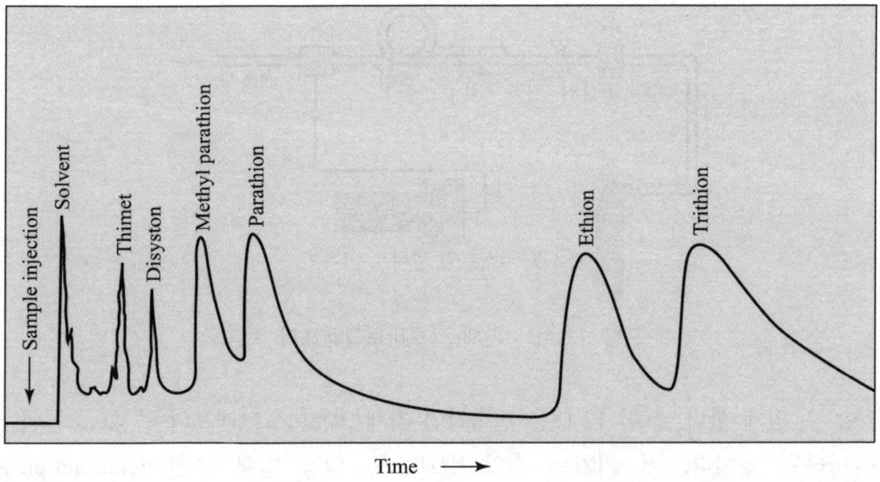

그림 12.19 전자포획 검출기를 사용하여 농약 분석에서 얻어진 크로마토그램

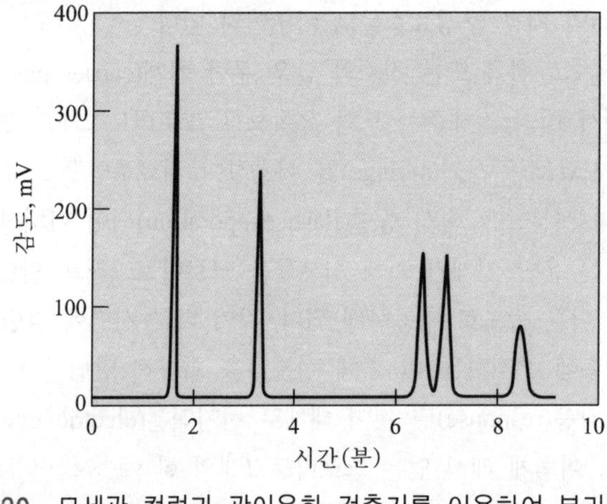

그림 12.20 모세관 컬럼과 광이온화 검출기를 이용하여 분리성을 향상시킨 가스크로마토그래프의 예. 왼쪽부터 벤젠, 톨루엔, 에틸벤젠, *m*-xylene과 *o*-xylene

20～30 m인 모세관 컬럼(capillary column)을 이용하면 봉우리의 분리성이 훨씬 좋아진다. 이 모세관은 안쪽 벽에 고체상(solid phase)을 가지고 있어서, 유기성분들을 함유한 기체가 이 모세관 컬럼의 중심을 통과하는 동안 유기물질들이 기체와 정지상 사이에 분배되어 각기 다른 시간에 컬럼으로부터 용리되어 나온다. 충전물질이 없으므로 오염물질의 분산이 최소화되어, 그림 12.20에 나타낸 바와 같이 20가지 이상의 화합물로 이루어진 혼합물도 각 성분별의 분리가 훌륭하게 이루어진다. 그러므로 이 컬럼들로는 대단히 복잡한 혼합물들 중의 많은 화합물들을 확인할 수 있다.

시료와 컬럼의 온도는 컬럼을 통해 이동하여 검출기에 도달하기까지 시료가 계속 기체상태에 있도록 충분히 높은 온도로 유지되어야 한다. 기체 크로마토그래피는 휘발될 수 있거나 또는 휘발성 물질로 전환될 수 있는 물질만을 검출할 수 있다. 정해진 시간동안 온도를 프로그램으로 지정하여 증가시키면 기기의 유용성을 크게 할 수 있다. 이 경우 단 하나의 컬럼을 이용하여 액체상에 용해도가 다른 여러 가지 물질을 분리할 수 있다.

검출기는 여러 가지가 쓰이고 있다. 검출기는 용리되어 나오는 기체들의 화학적 성질이나 물리적 성질에 감응하여 이것을 전기 신호로 바꾸어 기록이 될 수 있게 한다. 검출기중 하나가 용리(elution)되어 나오는 기체들의 열전도도(thermal conductivity)의 차이를 감응(response)하는 열전도도 검출기이다. 이 검출기에는 크로마토그래프 컬럼으로부터 용리되어 나오는 기체들의 흐름에 가열된 철사줄(heated wire)이 설치되어 있다. 기체들은 열전도도나 철사줄로부터 열을 빼앗아 가는 능력이 각기 다르므로, 기체들이 통과해가는 동안 철사줄의 온도가 변하게 된다. 이것이 철사줄의 저항 즉 전기적 반응변화를 일으키게 되고 이를 기록 또는 적분한다. 열전도도 검출기는 감도가 높지 않지만 환경공학 분야에서 특히 혐기성 소화에서 생성되는 메탄이나 이산화 탄소 등 기체들의 분석에 유용하다.

이 밖에도 특정한 유기물질이나 무기질들에 감도가 높은 검출기들이 있다. 불꽃 이온화 검출기(flame ionization detector)는 아마 가장 널리 사용되는 것으로 유기화합물을 감응하며 수증기에는 감응하지 않는다. 그러므로 물시료(water sample)를 미리 분리 처리하지 않고, 직접 주입해도 된다. 유기화합물들이 불꽃 속에서 탈 때 이온 및 전자를 생성한다. 불꽃 이온화 검출기는 이 같은 원리를 이용하여 기체가 크로마토그래프 컬럼에서 용리되어 타고 있는 동안 버너와 포착 전극(collector electrode) 위에 수 백 볼트의 전위를 걸고 전하를 지닌 입자들이 운반할 수 있는 전위를 측정한다. 이 검출기를 이용하면 수 mg/L 농도를 지닌 유기산과 석유계 탄수화소를 분리하여 측정할 수 있다. 광이온화(photoionization) 검출기도 이와 유사한 원리를 이용하지만, 분자를 이온화시키기 위하여 불꽃 대신 105～150 nm 범위의 강력한 자외선을 이용한다는 점이 다르다. 이 방법은 이중결합을 지닌 저분자 유기물에 특히 효과적이다.

농약, 트라이할로메탄 및 유기염소계 용매 농도는 대체로 1 μg/L 이하이므로 이것을 물에서 추출(extraction)한 다음, 전자 포획 검출기(electron capture detector), 전기량 검출기(coulometric detector)또는 전기전도도 검출기(electrical conductivity detector)를 사용하여 측정한다. 전자포획 검출기는 할로젠 원자나 극성 작용기를 가진 화합물이 ^{63}Ni 또는 삼중수소(tritium)와 같은 방사능 방출원으로부터 방출되는 베타 입자들을 포착하는 능력을 측정한다. 전기량 검출기는 감도가 높지는 않으나, 염소와 같은 특정한 원소를 가진 화합물들에는 독특한 성능을 보인다. 이 검출기에서는 크로마토그래프 컬럼으로부터 용리된 것을 태운 다음, 그 생성물들을 적정 셀(titration cell) 속에 흡수시키고, 방출된 염화 이온들을 전기적으로 생성시킨 은 이온들로 연속적으로 적정한다. 이 전기적 응답이 기록기에 기록되도록 한다. 또 다른 방법으로는 연소시 발생하는 HCl을 용액에 흡수시켜 전기 전도도의 증가분을 측정하는 방법도 있다.

이 밖에도 기체밀도 및 전극에서의 전위변화 등의 성질을 측정하는 검출기들과 질량 분석법도 현재 이용되고 있다. 질량 분석계(mass spectrometer)는 기체 크로마토그래프 컬럼으로부터 용리되어 나오는 주어진 유기화합물의 양을 나타내줄 뿐만 아니라, 각각의 유기물의 확인까지도 할 수 있다. 기체 크로마토그래프에 질량 분석계를 결합시킨 GC/MS를 사용하면 대기 및 물에 포함된 수백종의 유기물을 확인할 수 있으며 유해 폐기물로 오염된 지역에 존재하는 물질을 분석하기 위하여 보편적으로 사용되고 있다. 기체 크로마토그래피의 기능을 더욱 확장한 새로운 기기들이 계속해서 개발되고 있다.

여러 종류의 기체 크로마토그래피법이 “Standard methods”의 각종 휘발성 유기화합물의 분석방법으로 정해져 있다. GC는 미국 EPA에서 지정한 주요 오염물질, 맛 및 냄새 유발물질, 그리고 다양한 종류의 휘발성 유기화합물(volatile organic compounds, VOCs)의 측정에 사용되고 있다. 측정 감도를 높이기 위하여 미량 유기 물질들은 purge-and-trap 또는 이와 유사한 방법으로 농축시키기도 한다. 이 방법에서 시료에 포함된 휘발성 유기화합물은 시료에 기포를 일으킬 정도로 공급되는(bubbling) 질소와 같은 비활성 기체와 함께 증기 상태로 컬럼으로 이동한다. 이 때 시료는 수 mL에서 1리터 정도를 이용하며, 휘발성 유기물은 포착 컬럼(trap column) 내의 충전물에 흡수된다. GC와 연결된 포착 컬럼에 운반기체(carrier gas)를 통과시키고 온도를 증가시키면 흡수된 유기물이 GC로 유출된다. 이 방법은 휘발성 유기물을 효율적으로 농축시켜 측정 감도를 증가시킬 뿐 아니라 유기물을 시료의 경계면과 물 자체로부터 분리시킨다. 이와 같은 방법으로 μg/L 수준까지 좋은 정밀도를 가지고 측정할 수 있다.

고성능 액체 크로마토그래피

HPLC는 비휘발성 물질이나 열에 불안정한 물질의 측정에 효율적이기 때문에 기체 크로마토그래피로 측정할 수 없는 물질에 사용할 수 있다. 그 같은 물질로는 아미노산, 단백질, 핵산, 탄화수소, 지방산, 탄수화물, 페놀, 농약, 항생제, 금속-유기물 종류, 그리고 여러 종류의 무기물을 들 수 있다. 이 절에서는 흡착 및 분배(partitioning)에 기초한 HPLC 방법을 주로 토의하고자 한다. 다음 절에서는 이온 교환에 기초를 둔 방법에 대하여 소개할 것이다.

HPLC 시스템의 기본 구조는 그림 12.21에 나타나 있다. 하나 이상의 용매 저장통으로부터 탈기체화(degassed)를 거친 용매를 최고 400기압 정도의 압력으로 컬럼 시스템에 유입시킨다. 펄스 감쇄기(prefilter)는 유량을 고르게 하며, 전처리 컬럼(precolumn) 또는 보호컬럼(guard column)은 용매중의 입자상 물질 및 오염물질을 제거하여 분석 컬럼의 수명을 연장시킨다. 때로는 시료에 포함된 원하지 않는 오염물질의 제거를 위하여 보호 컬럼을 시료 주입 후에 사용하기도 한다. 시료는 주사기 또는 시료 루프(sample loop)를 이용하여 주

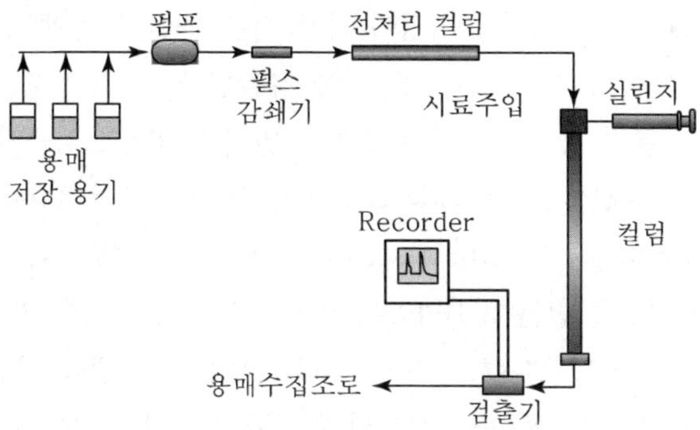

그림 12.21 고성능 액체 크로마토그래프 시스템의 계통도

입하여 용매와 함께 분석 컬럼을 통과하며 성분별로 분리된다. 컬럼 출구에 측정하고자 하는 물질에 알맞은 검출기를 연결하고 검출기의 반응을 저장, 분석, 기록한다. 폐기된 용매는 안전하게 처리되도록 수집한다. HPLC 시스템의 기본적 구성은 기체 크로마토그래피와 유사하며, 기록된 출력도 그림 12.19 및 12.20에 나타낸 바와 유사하다.

용매, 컬럼 충전, 그리고 검출기는 측정하고자 하는 물질의 종류와 검출기의 감도에 따라 결정되어야 한다. 컬럼은 가열 또는 비가열 상태에서 모두 사용할 수 있지만, 일반적으로 측정대상 물질의 머무름 시간(retention time)을 조절하기 위하여 일정한 온도를 유지할 수 있는 온도 제어장치가 필요하다. 용매로는 헥산과 같이 극성(polarity)이 작은 물질로부터 물 및 메탄올과 같이 극성이 강한 물질이 사용되며, 경우에 따라 혼합물질도 사용될 수 있다. 성분 분리는 하나의 용매를 이용하거나(등용매 용리, isocratic elution) 둘 이상의 용매를 이용한다(기울기 용리, gradient elution). 후자의 경우 사용되는 용매의 극성 차가 크거나 각기 다른 용매를 주어진 시간 동안 변화시키는 프로그램을 이용하여 공급한다. 이와 같은 방식으로 성분 분리 효율은 매우 높아질 수 있다.

분석 컬럼은 약 10에서 30 cm 정도로 기체 크로마토그래피에 사용되는 컬럼보다 매우 짧으며 직선 형태이다. 전형적인 내경은 4～10 mm이다. 충전물은 확산을 방지하기 위하여 3～10 μm 정도의 균일하고 작은 물질을 사용한다. 충전제는 유기물상(organic phase)으로 표면처리된 실리카와 같은 비활성 물질로 만들어지는데, 유기물상은 원하는 물질을 이동상 및 정지상 사이에서 원하는 정도로 분배시킬 수 있는 성질을 지녀야 한다. 최근에는 분석 시간을 단축시키고 폐기 용매의 양을 감소시키기 위하여 소구경의 짧은 컬럼을 많이 사용한다.

HPLC는 이동상 및 정지상의 상대적인 극성에 따라 구분되기도 한다. 정상 크로마토그래피(normal-phase chromatography)는 이동상이 헥산과 같은 비극성 물질이고 정지상이 물과 같은 극성 물질인 경우를 말한다. 역상 크로마토그래피(reverse-phase chromatography)의 경우 이동상이 물 및 메탄올과 같은 극성 물질이고, 고정상은 탄화수소와 같은 비극성

물질이다. 정상 크로마토그래피에서 극성이 가장 작은 물질이 컬럼으로부터 먼저 유출되며, 역상 크로마토그래피의 경우에는 가장 늦게 유출된다.

용매, 컬럼, 그리고 운전 방법에도 많은 종류가 있지만 HPLC 검출기 역시 종류가 다양하다. 검출기는 밀도, 유전상수(dielectric constant), 또는 굴절율(refractive index)과 같은 용매의 성질(bulk property)과 형광(fluorescence), UV 흡수, 전도도와 같은 측정 대상물질 또는 용매의 특성에 영향을 받는다. HPLC는 분석자로 하여금 많은 가능성을 제시하여 주기 때문에, 측정 대상물질 및 필요한 감도에 따라 올바른 시스템을 선정하여야 한다. 현재 HPLC의 가장 큰 단점은 경우에 따라 물질의 확실한 확인이 불가능하다는 점이다. 즉, 두 가지 물질이 동시에 유출되는 경우 분석자는 어떤 물질이 존재하는지 파악할 수 없다. 이 경우 다른 종류의 컬럼, 용매, 그리고 검출기를 사용하면 도움이 될 수 있으나 시간이 많이 요구되고 다른 물질의 간섭이 발생할 수 있다. 기체 크로마토그래피의 경우 이 같은 문제는 질량 분석기(mass spectrometer)를 이용하여 해결할 수 있다. 현재 질량 분석기가 HPLC와도 함께 쓰이고 있기 때문에 이 같은 문제는 곧 해결될 것이다.

이온 크로마토크래피

이온 크로마토크래피는 HPLC의 한 방법으로 분석 컬럼으로 이온 교환 수지를 사용한다. 전형적인 기기는 그림 12.22에 나타내었다. 점토, 지올라이트와 같은 천연 이온 교환 수지는 물에서 경도를 일으키는 Ca^{2+} 및 Mg^{2+}와 같은 다가 양이온을 제거하기 위하여 환경공학 분야에서 널리 사용되어 왔다(19장). 합성 이온 교환 수지는 오랫동안 사용되어 온 천연 이온 교환 수지보다 효율면에서 우수하다. 양이온 교환 수지에 NaCl 용액을 통과시키면, 수지의 음전하를 중화시키기 위하여 Na^+ 이온이 수지에 잔류하게 된다. 경도가 있는 물을 수지에 통과시키면 수지에 친화력이 큰 다가 양이온들은 Na^+를 대치하게 되며, 그 결과 경도가 제거된다. 이온 크로마토그래피는 양이온과 음이온을 동시에 교환할 수 있는 수지의 장점을 이용한다. 실질적으로 유기물 및 무기물과 양이온 및 음이온 등 모든 형태의 이온은 이온 크로마토그래피에 의하여 측정이 가능하다.

HPLC와 마찬가지로 이온 크로마토그래피에도 여러 종류가 있다. 원칙적으로 HPLC와 같이 시료는 분석 컬럼의 앞 부분에 주입하지만(그림 12.21), 컬럼은 이온 교환수지로 충전되어 있다. 시료에 포함된 이온은 수지에 농축된다. 다음, 측정하고자 하는 이온과 경쟁하는 용매에 포함된 이온이 컬럼을 통과하며 측정하고자 하는 이온과 교환된다. 각 이온들의 수지에 대한 친화력이 다르므로 컬럼에서 각기 다른 시간에 유출되어 정량 분석이 가능해진다. 검출기로는 용매와 용출되는 이온간의 상대적인 전도도 차이를 측정하는 전도도 검출기(conductivity detector, 3.9절 참조)가 가장 널리 쓰인다. 그러나 전도도 차가 작을 경우에는 다른 방법이 필요하게 되는데, 그 중 가장 널리 쓰이는 방법이 억제 컬럼(supressor column)을 분석 컬럼 앞에 설치하는 방법이다. 억제 컬럼은 제2의 이온 교환 수지를 가지고 있어 시료의 전도도를 증가시킴으로써 시료에 포함된 이온의 측정이 용이해진다. 용매 속의 이온을 제한된 이온화율을 지닌 다른 물질로 바꾸기 때문에 시료에 포함된 측정 대상 이온의 전도도를 변화시키지 않는다. 이와 같은 방법으로 시료의 전도도를 증가시킴으로써 물에 포함된 이온의 측정이 용이해진다. 이 밖에도 자외선이나 가시광선의 흡수를 이용한 검출기가 사용되기도 한다.

이온 크로마토그래피는 환경공학의 분야에 있어서 물에 포함된 염소, 브롬, 아질산염, 질산염, 인산염 및 황산 이온 등 일반적인 음이온의 분석에 매우 널리 쓰이고 있다. 이전에는 이와 같은 음이온들을 분석하기 위하여 각각 다른 방법을 이용하였으므로 시간도 많이 소모되었을 뿐 아니라 정확도도 높지 않았다. 현재에는 이들 이온을 이온 크로마토그래피를 이용하여 동시에 빠르고 정확하게 분석할 수 있게 되었다. 이온 크로마토그래피는 이들 수질항목을 측정하기 위하여 "Standard Methods"에서 지정하고 있는 방법의 하나로, 분석기가 있는 경우 이 방법을 사용하는 것이 바람직하다.

모세관 전기영동(capillary electrophoresis)

전기영동은 전하를 띠고 있는 물질들이 전기장 내에서 각기 다른 속도록 이동하는 원리를 이용한 분리공정으로 그 원리는 제 3.9장 전도도 항에서 언급되어졌다. 모세관 전기 영동법은 약품, 식품, 천연물, 생물학적 물질 및 농약 등의 다양한 물질을 분리하는 데 사용되고 있다. "Standard Methods"에서도 플루오르화물, 염화물, 황산염, 질산염, 브롬화물 및 아세트산염 등의 무기이온성 물질을 분석하는 데 모세관 전기영동법이 제안되고 있으며, 이온크로마토그래피법에 대응할 수 있는 분석방법으로 알려져 있다.

모세관 전기영동 장치는 완충액이 채워진 내경 25～100 μm, 길이 50～100 cm의 모세관으로 구성되어 있으며, 이 모세관은 동일한 완충액이 채워진 두 개의 용기 안에 위치하고 있다. 두 개의 완충액 용기 안에는 플래티늄 호일(foil) 전극이 설치되어 있고 전극은 10～30 kV 용량의 전류공급장치에 연결되어 있다.

모세관 전기영동기를 이용하여 음이온을 분석하기 위해서는 모세관의 한쪽 끝(보통 양극)에 소량의 시료를 주입한 후 양끝에 전장을 걸면 모세관 내의 음이온이 각기 다른 속도로 양극(anode)쪽으로 이동하며, 양극쪽으로 이동된 음이온은 검출기(detector)에서 감지된다. 검출기로는 UV 검출기가 사용되며, UV 셀(cell)에는 크롬산 나트륨이 함유된 완충액이 채워지도록 한다. 완충액 내의 음이온인 크롬산 이온은 UV를 흡수하는 성질을 가지고 있으나, 모세관을 통해 분리된 시료의 음이온이 셀에 유입되면 크롬산 이온을 치환하여 흡광도가 감소되게 된다. 이 값을 측정하여 음이온의 양을 분석하게 되며, 이 방법은 분석시간이 빨라 5분 이내에 완료될 수 있다.

|12.5| 기타 기기분석법

지금까지 설명한 것들 이외에도 여러 가지 기기분석법들이 있다. 이들 방법은 환경문제가 점차 복잡해지고, 저농도 유기물 및 무기물이 환경 및 인체에 미치는 영향에 대한 관심이 고조되면서 최근에 들어서 관심의 대상이 되고 있다. 다음에는 이들 방법에 대하여 간단하게 소개하였다.

질량 분석법

앞의 12.4절에서 설명한 것과 같이, 질량 분석법(mass spectrometry)을 기체 크로마토그래피와 연결한 GC/MS(HPLC(LC/MS), ICP(ICP/MS)를 사용하면, 물과 폐수 속에 들어있는 많은 유기물질과 무기물질들을 각각 확인하고, 또 정량 분석을 할 수 있다. 질량 분석계는 하전된 기체 분자들이나 이온들을 그들의 질량에 따라 분류해 내는 기기이다. 분석하려는 물질을 기화시킨 다음, 빠른 속도로 움직이는 전자들과 충돌시켜 양으로 하전된 이온들로 전환시킨다. 이렇게 생성된 이온들은 기체흐름으로부터 전기장(electrical field)에 의하여 끌리게 된다. 이 이온들은 기기의 형태에 따라, 몇 가지 방식으로 가속화되어 그들의 질량 대 전하(mass to charge, m/z)의 비에 따라 분리된다. 적당한 검출기를 사용하여 서로 다른 질량을 가진 입자들을 정성적으로나 정량적으로, 또는 이 두 가지를 동시에 기록한다. 질량 분석법은 ^{15}N와 같은 안정한 동위원소를 이용한 추적자에 대한 실험이나, 산소에 대한 동위원소비를 측정하여 각기 다른 수원으로부터 나온 물의 경과된 시간을 결정할 때 유용하게 쓰인다.

기체 크로마토그래프로부터 용리되어 나오는 물질들과 같은 유기물질의 확인에 사용할 때는, 유기분자를 빠른 속도로 움직이는 전자들로 충격을 주어 여러 개의 하전된 토막(fragment)들로 유기분자들을 깨뜨린다. 각 토막의 질량 대 전하의 비(m/z)를 측정하는 것은 각 토막의 상대적인 양을 측정하는 것이 된다. 모든 분자들은 일정한 일련의 조건에서 충격을 받으면, 그림 12.22에 나타낸 것처럼 그 물질 고유한 방식으로 토막이 난다. 알고 있는 물질과 미지 물질의 질량 대 전하의 비와 토막의 밀도를 비교하여, 미지 물질을 확인해 낼 수 있다. MS는 현재 환경분석에서 광범위하게 사용되는 강력한 측정방법이다. 또한 환경공학 분야의 분석에서 많은 어려운 문제들을 해결하는 데 도움이 되고 있고, 유기물질들의 환경에서의 특성과 거동을 이해하고 측정기법을 개발하는 데 크게 이바지하고 있다.

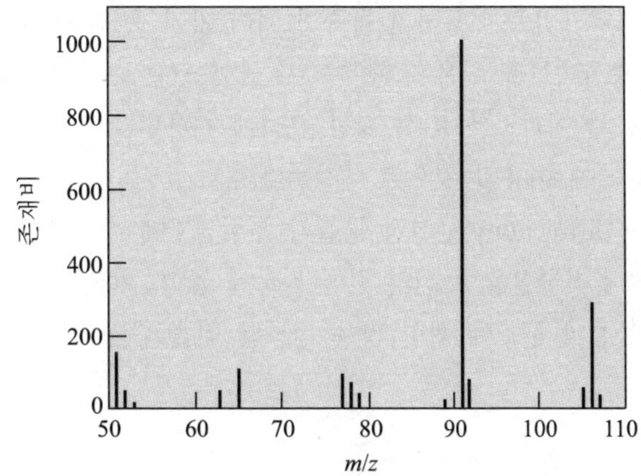

그림 12.22 GC/MS 시스템을 이용한 에틸벤젠의 스펙트럼. m/z값은 분자에 전자 충돌이 가해진후 분자 이온에 대한 질량대 전하비를 나타낸다. 91에서의 봉우리(peak)는 메틸기가 손실되며($^{12}C_6H_5{=}^{12}CH_2^+$이온) 발생하는 이온에 해당하며, 106의 조그만 봉우리는 $^{12}C_6H_5{}^{12}C_2H_5^+$이온을 나타낸다. 큰 봉우리 부근의 작은 봉우리들은 같은 화학구조를 가지고 있지만, 다른 동위원소 구성을 가진 이온에 기인한다. 예를 들어 ^{13}C원자는 m/z 값을 한 단위 증가시킨다.

X-선 분석

X-선은 짧은 파장을 가진 높은 에너지의 전자기 복사선(electromagnetic radiation)이다. 이들도 가시선과 같이 긴 파장의 복사선들과 같은 방식으로 분석에 이용된다. X-선 흡수(X-ray absorption)도 다른 복사선들과 마찬가지로 흡수법칙(absorption law)을 따른다. 단지 이것은 분자가 아닌 원자에 대한 현상인 점이 다르다. X-선 흡수법은 주로 낮은 원자량의 물질들로 구성된 물질들 속의 무거운 원소들의 양을 측정하는 데 이용된다. 그 한 예로 용액 속의 우라늄의 양을 측정하는 것이 있다.

X-선 방출법(X-ray emission)이나 X-선 형광법(X-ray fluorescence)은 금속들과 기타 고체상태 시료의 연구에 이용된다. 높은 에너지의 X-선으로 시료에 충격을 주면 X-선은 특정한 원소들에 의하여 흡수가 되고, 보다 낮은 에너지의 X-선을 재방출한다. 이 충격 X-선들은 한 개의 원자로부터 한 개의 전자를 떼어내어 원자의 전자 껍질들의 하나에 "구멍"(hole)이 난 불안정한 원자로 만든다. 이 원자는 바깥 껍질들로부터의 전자들의 단일 전이 또는 다중 전이에 의하여 그 구멍을 채워 안정도를 되찾게 된다. 한 개의 전자가 전이될 때마다 원자는 낮은 에너지 상태로 옮겨가게 되며, 이들 처음 상태와 최종 상태 사이의 에너지 차에 해당하는 파장의 복사선을 방출하게 된다. 방출된 복사선의 에너지는 방출하는 원소들에 따라 독특하므로 이것을 분석에 이용할 수 있다. 이 방법은 앞서 설명한 바 있는 형광 분석법과, 각각의 복사선이 서로 다른 에너지를 가진 점을 제외하고는 같은 원

리의 방법이다. X-선 형광법을 이용하면 물속의 여러 가지 중금속을 빠르게 분석할 수 있다. 먼저 시료 속의 중금속들을 이온 교환 수지가 들어 있는 여과지(filter paper)를 통과시켜 여기에 농축하고, 이 여과지를 X-선 형광 분석에 사용한다. 이 기기 분석법은 앞으로 물과 폐수의 분석에 크게 이용될 것으로 예상된다.

X-선 회절법(X-ray diffraction)은 결정 물질의 분석연구에 중요하다. X-선은 결정의 표면을 반사해 나온다. 결정물질을 X-선의 진행 경로에 놓고, 회전시키면서 그 반사 패턴을 조사 연구하면, 그 물질의 구조에 관한 많은 정보를 얻을 수가 있다.

핵 자기 공명법

핵 자기 공명법(NMR, nuclear magnetic resonance spectroscopy)은 물질의 원자 핵들을 검출하고 확인하는 데 사용된다. 이 방법은 라디오파 영역에서 핵의 복사선 흡수를 측정하는 데 기초를 두고 있다. 흡수도를 측정하기 위해서는 먼저 측정 대상물질을 자기장에 놓은 후 핵이 복사선을 흡수할 수 있는 에너지 상태가 되도록 하여야 한다. 이 방법은 특수한 화학분석이 필요한 경우나 유기물 및 무기물의 구조를 밝히기 위하여 사용되며, 고도의 전문기기 분석법으로 점차 그 적용 예가 많아지고 있다.

방사능 측정

환경 또는 방사성 추적자를 사용하는 연구에 있어서는 방사능 측정을 위한 기기분석법이 흔히 사용된다. 특별한 종류의 방사선, 방출 주파수(frequency of emission) 또는 두 가지 모두를 측정하기 위한 여러 가지 종류의 기기가 있다. 이러한 기기에 대한 논의는 이 책의 범위를 벗어나기 때문에 다루지 않았다.

연습문제

12. 1 기기 분석의 기초로 사용될 수 있는 물질 또는 원자의 물리적 특성을 열거하여라.

12. 2 복사에너지와 물질 또는 용액간의 상호작용중 광학 방법이 측정하고자 하는 것은 무엇인가?

12. 3 하나의 기기를 이용하여 모든 파장의 흡광도를 측정할 수 없는 이유는 무엇인가?

12. 4 (a) 가시광선 (b) 자외선 (c) 적외선의 파장범위와 (d) 조사 에너지가 가장 높은 파장범위, (e) 조사 에너지가 가장 낮은 파장범위를 기술하시오.

12. 5 복사 에너지의 흡광도를 측정하기 위한 분석 기기의 기본 요소는 무엇인가?

12. 6 자외선 또는 가시 광선을 흡수하는 분자와 적외선을 흡수하는 분자 사이에는 어떤 차이점이 생기는가?

12. 7 다음 열거한 방법들의 유사점과 차이점은 무엇인가?
(a) 방출법 (b) 분산과 산란을 근거로 측정하는 법, 그리고 (c) 형광 분석법

12. 8 금속을 측정하기 위하여 사용할 수 있는 방법들을 열거하고, 각 방법의 장점 및 단점을 설명하여라.

12. 9 형광 분석기와 형광 분광 광도계의 기본적인 차이점은 무엇인가?

12.10 광학적 분석법과 방출법의 기본적인 차이점을 설명하시오.

12.11 원자흡수 분광광도법과 불꽃 광도법의 차이점을 기술하시오.

12.12 금속성분을 분석하는 데 있어 원자흡수 분광광도계에 비해 ICP의 장점을 기술하시오.

12.13 탁도(turbidimety)와 네펠로계(nephelometry)의 차이점을 기술하시오.

12.14 다음 물질을 분석하기 위해 사용되는 기기분석 방법은?
(a) 수은 (b) 트라이클로로에텐 (c) 암모니아 (d) 소듐 (e) 벤젠 (f) 카드뮴
(g) 아세테이트

12.15 다음 물질을 분석하기 위해 사용되는 기기분석 방법은?
(a) 클로로폼 (b) 칼륨 (c) 납 (d) 질산염 (e) 셀레늄 (f) 톨루엔 (g) 아연

12.16 전위차 적정법과 폴라로그래피법의 기본적인 차이점은 무엇인가?

12.17 전위차 적정법으로 측정할 수 있는 수용액 물질을 여섯 가지 이상 열거하여라.

12.18 폴라로그래피법으로 측정할 수 있는 수용액 물질을 네 가지 이상 열거하여라.

12.19 폴라로그래피법의 기본원리를 설명하여라.

12.20 금속성분을 분석하는 데 있어서 직접 흡입방식의 원자흡광 광도계와 전기로 방식의 원자흡광 광도계의 차이점을 기술하시오.

12.21 수중에서 일반적인 무기성 양이온과 음이온을 분석하기 위해 사용되는 이온선택 전극과 이온크로마토그래피법의 장ㆍ단점을 서술하시오.

12.22 막전극의 종류 4가지와 각각의 원리를 설명하시오.

12.23 크로마토그래피법의 기본 원리를 설명하여라.

12.24 기체 크로마토그래피, 액체 크로마토그래피, 그리고 기체-액체 크로마토그래피의 차이점은 무엇인가?

12.25 크로마토그래피 시스템의 기본 요소는 무엇인가?

12.26 충전 컬럼과 모세관 컬럼의 준비 및 운영에 있어서 차이점은 무엇인가?

12.27 기체 크로마토그래피에서 검출기의 종류와 각 검출기별 측정이 용이한 물질의 종류를 열거하여라.

12.28 기체 크로마토그래피 분석을 위하여 물질이 지녀야 할 특성은 무엇인가?

12.29 고성능 액체 크로마토그래피가 기체 크로마토그래피에 비하여 지니는 장점은 무엇인가? HPLC의 가장 큰 단점을 열거하고 기체 크로마토그래피에서는 이 같은 단점을 어떻게 해결하는 지 설명하여라.

12.30 정상(normal-phase) 및 역상(reverse-phase) HPLC의 차이점은 무엇인가?

12.31 이온 크로마토그래피법이 기타 액체 크로마토그래피법과 다른 점은 무엇인가? 이온 크로마토그래피법으로 측정이 용이한 물질은 어떤 것이 있는가?

12.32 다음에 열거된 물질의 분석을 위하여 일반적으로 사용되는 기기 분석법을 열거하여라.
(a) 금속 (b) 무기 이온 (c) 휘발성 유기물 (d) 비휘발성 유기물

12.33 환경공학 분야에서 질량분석법은 어떤 용도로 사용되는가?

12.34 질량분석법의 기본적인 원리를 기술하시오.

참고문헌

Clesceri, L. S., A. E. Greenberg, and A. D. Eaton (eds.): "Standard Methods for the Examination of Water and Wastewater," 20th ed., American Public Health Association, Washington, DC, 1998.

Robinson, J. W.: "Undergraduate Instrumental Analysis," 5th ed., Marcel Deker, New York, 1995.

Rouessac, F., and A. Rouessac: "Chemical Analysis, Modern Instrumentation Methods and Techniques," John Wiley & Sons, Chichester, England, 2000.

Settle, F. A.(ed.): "Handbook of Instrumental Techniques for Analytical Chemist," Prentice Hall, Englewood Cliffs, NJ, 1997.

Skoog, D. A., F. J. Holler, and T. A. Nieman: "Principles of Instrumental Analysis," 5th ed., Saunders College Pub., Philadelphia, 1998.

Willard, H., J. Merritt, J. Dean, R. Settle(eds.): "Instrumental Methods of Analysis," 7th ed., Wadsworth Publishing, Belmont, CA, 1988.

CHAPTER 13

탁 도

13.1 개 요

탁하다(turbid)는 말은 빛의 통과를 방해하거나 가시 심도(visual depth)를 제한하는 부유물질을 포함하고 있는 물에 대하여 사용하는 용어이다. 탁도(turbidity)는 여러 가지 부유물질에 의하여 생겨나며, 그 크기 범위는 콜로이드 분산질로부터 굵은 분산질에 이르며, 난류도(degree of turbulance)에 따라 달라진다. 호소(湖沼)와 같이 비교적 정체된 상태에 있는 물에서의 탁도는 대부분 콜로이드 분산과 대단히 미세한 분산질에 의하여 생겨나며, 하천수와 같이 흐르는 상태의 물에서는 대부분 비교적 굵은 분산질에 의하여 생겨난다.

탁도는 여러 가지 물질에 의하여 생겨날 수 있다. 빙산이 유입되는 하천과 호수들에서의 탁도는 대부분 빙산의 분쇄 작용에 의하여 생성된 콜로이드 크기의 바위 부스러기들이 원인이 되고 있다. 미국의 Glacier National Park의 푸른색과 초록색을 띤 아름다운 호수들과 강들이 그 대표적인 예이다. 강물은 산악지대에서 평야로 흘러 내려가면서, 흙을 흐트러지게 하는 농사와 기타의 작용을 받아 탁도를 나타내게 된다. 홍수 때에는 많은 양의 표토가 하천으로 씻겨 들어가게 된다. 이 물질들은 대부분이 점토와 실트를 포함한 천연 무기물이며, 또 상당한 양의 유기물도 포함하고 있다. 하천이 해양으로 흘러가는 동안 도시를 통과하게 되면 처리 또는 미처리된 가정 하수와 산업폐수가 유입된다. 가정 하수는 탁도를 일으키는 많은 양의 유기물과 약간의 무기물을 강물에 유입시킬 수 있다. 일부 산업폐수도 탁도를 일으키는 많은 양의 무기물과 유기물을 함유하고 있다. 가로(街路)의 청소를 통해서도 탁도를 발생하는 많은 무기물과 약간의 유기물이 유입된다. 강물에 유입된 유기물은 박테리아의 먹이로 쓰일 수 있으므로, 성장한 박테리아와 그 밖의 미생물들이 또 다른 탁도의 원인이 된다. 폐수와 농업 용수 유출수 중의 질소와 인 같은 무기 영양소는 조류(algae)의 성장을 촉진하게 되어 역시 탁도를 유발한다.

이상으로부터 탁도를 유발하는 물질들은 순수한 무기물로부터 주로 천연의 유기물에 이르기까지 매우 다양한 것을 알 수 있다. 탁도를 발생하는 물질들의 이와 같은 상이성(相異性)은 그 제거를 위한 정확한 기준의 설정을 불가능하게 한다.

| 13.2 | 환경에서의 중요성

탁도는 다음과 같은 세 가지 요인들 때문에 공공급수에서 중요하다.

심미감(aesthetic)

공공급수의 소비자들은 탁도가 없는 물을 기대하며, 또 요구할 권리가 있다. 일반인들은 가정 하수가 대단히 탁한 사실에 놀란다. 음용수의 탁도는 폐수에 의한 오염 가능성과 그로부터 야기되는 보건상의 위해(危害)와 자동적으로 결부된다. 이러한 불안은 예전에 수인성(水因性) 전염병이 상수도 사업을 곤경에 처하게 했던 사실을 누구나 알고 있기 때문이다.

여과성(filter ability)

물의 여과(filtration)는 탁도가 증가함에 따라 더욱 어려워지게 되며, 비용도 많이 들게 된다. 완속 모래 여과(slow sand filter)의 사용은 대부분의 지역에서 비실용적이 되고 있다. 탁도가 높아서 여과지(filter)의 가용 시간이 짧고 정수 비용이 많이 들기 때문이다. 급속 모래 여과(rapid sand filter)도 전처리로 시행하는 화학적 응집에 의한 탁도 제거가 효과적으로 이루어졌을 때 만족한 운전 상태를 얻을 수 있게 된다. 그렇지 않으면 여과지의 운전 시간이 단축되고 불량한 수질이 얻어지게 되므로, 특별한 구조의 여과지를 사용해야 된다.

소독(disinfection)

공공급수의 소독(disinfection)은 대개 염소, 오존, 또는 이산화 염소로 수행한다. 소독이 효과적으로 이루어지기 위해서는 소독제와 미생물들이 접촉해야 한다.

탁한 물에서도 대부분의 유해한 미생물들이 소독제의 작용에 노출된다. 그러나 탁도가 도시하수의 부유 고형물이나 가축 사육지의 유출로 야기된 경우에는 많은 병원성 미생물들이 이들 입자에 둘러 싸여 소독을 하여도 죽지 않고 보호되게 된다. 예로서, 1993년에 미국 위스콘신주 밀워키에서 오염된 수돗물을 섭취한 사람들 약 370,000명에게 설사를 동반한 수인성 질병이 폭발적으로 발생하여 이중 약 100여명이 사망하였고 4,000여명이 병원에 입원한 사건이 발생하였다. 그 원인은 원생동물인 *Crytosporodium parvum*으로 밝혀졌으며, 이는 주로 가축의 장에 기생하는 병원균으로 강우시에 농경지에서 유출되어 상수도 시스템으로 유입되었기 때문으로 생각되어진다. 또 다른 원생동물인 *Giardia lamblia* 도 최근 몇 년 동안 많은 수인성 질병을 야기하였다. 이러한 미생물들은 염소 소독에 저항성이 강해 잘 사멸하지 않으므로 여과조작 등을 통해 이를 제거하는 것이 중요한 공정으로 알려져 있다. 이러한 최근의 문제들로 인해 미국 환경청에서는 2002년 1월 초 음용수에서 탁도의 기준을 보다 엄격하게 강화하여 1 NTU를 초과하지 못하도록 하였으며, 1개월 동안 매일 측정한 시료의 95%가 0.3 NTU를 초과하지 못하도록 하였다. 한편 WHO의 지침에는 외관으로부터 야기되는 소비자의 불만을 해소시키기 위해 음용수에서 탁도를 5 NTU로 제안하였으나 적정한 소독여부를 판단하기 위해서는 탁도 평균값을 1 NTU로 제안하고 있다.

13.3 탁도의 표준 단위

자연수에서 탁도를 유발하는 물질들은 매우 다양하므로, 어떤 임의의 표준을 사용할 필요가 있다. 선정된 표준은

$$1 \text{ mg } SiO_2/L = 1 \text{ 탁도의 단위}$$

이며 사용된 실리카(silica)는 입자 크기가 반드시 특정한 규격에 맞는 것이어야 한다.

현재는 탁도 측정에 순수한 실리카 표준 현탁액을 사용하지는 않는다. 실리카 표준 현탁액은 과거에 탁도 측정기기의 표준이었던 Jackson candle 탁도계를 보정하는 데 사용되었었다. 이 기기는 다소 조잡한 기기로서 현탁액의 탁도를 표준 촉광(candle)이 없어지는 현탁액의 두께로부터 시료의 탁도를 측정하였다. “Standard Methods” 17판부터는 표준 분석법으로 Jackson candle turbidimeter를 사용하지 않고 있으며, 사용에 있어 보다 실용적이고 감도가 높으며 믿을 만한 네펠로법(nephelometry) 원리를 이용한 방법이 사용되고 있다. 또한, 실리카 표준 현탁액도 포마진(formazin) 고분자 현탁액을 이용한 표준액으로 대치되었다. 그러나 포마진 현탁액도 처음에는 Jackson candle 탁도계로 보정되었기 때문에 탁도 측정에 있어 Jackson candle 탁도계와 네펠로법 사이에는 약간의 상관관계가 존재한다. Jackson candle 탁도계는 빛이 직선적으로 투과할 때 간섭을 측정하는 반면, 네펠로법에서는 입자에 의한 빛의 산란도를 측정한다. 이와 같은 근본적인 차이 때문에 경우에 따라 두 측정법에 의한 결과는 큰 차이를 나타낼 수도 있다. 이와 같은 혼란을 방지하기 위하여 네펠로법에 의하여 측정된 탁도의 단위는 네펠로 탁도단위(NTU)로 나타낸다.

13.4 측정 방법

현재 탁도를 측정하는 표준 분석법은 네펠로법의 원리를 이용하는 기기를 사용하는 방법들이다. 분석 기기는 시료에 광원을 비추고, 정보취득 장치(readout device)를 갖춘 하나 이상의 광전 검출기(photoelectric detector)를 이용하여 입사광 경로의 직각 방향에서 빛의 산란도를 측정한다. 표준 현탁액으로는 입자상 포마진 고분자 용액을 사용하는 것이 원칙이나 상업적으로 판매하고 있는 스타이렌 다이바이닐 벤젠 입자체(beads) 등도 사용될 수 있다. 자세한 사항은 "Standard Methods"를 참조하기 바란다. 포마진 용액을 사용할 때 40 NTU는 40 Jackson 탁도단위(JTU)와 동일하다. 기기 보정을 위한 저탁도의 표준액이 있는 경우, 이 방법을 이용하면 0.02 NTU까지 측정이 가능하다. 시료의 탁도가 40 NTU를 넘는 경우 탁도가 없는 물로 30～40 NTU가 되도록 희석하여 측정하며, 탁도는 측정된 값에 희석율을 곱하여 결정한다. 이 같은 방법으로 하나의 기기를 이용하여 매우 광범위한 탁도를 측정할 수 있다. 또한, 공정 제어를 위하여 연속적으로 물의 탁도를 측정하는 자동화 시스템을 구축할 수도 있다.

13.5 탁도 자료의 용도

탁도의 측정값들은 상수도 분야에서 특히 중요하다. 가정 하수와 산업 폐수 처리 분야에서는 이용하는 일이 별로 없다.

상수도

상수 원수에서 탁도의 변화를 파악하는 것은 수처리 장치를 운영하는 데 있어 기본적이고 중요하다. 즉, 탁도 자료는 다른 자료와 함께 어떤 상수 원수를 공공급수에 이용하려 할 때, 화학적 응집과 여과의 특별한 처리를 해야 할지의 여부를 판단하기 위하여 사용된다. 고지대나 산지(山地)에 상수원을 가지고 있는 곳에서는 탁도가 낮으므로 염소 처리 외에는 비록 원생동물 등의 병원균에 대한 우려가 증대될 지라도 다른 처리를 할 필요가 없다.

하천을 상수원으로 하는 경우에는 대체로 탁도가 높으므로 화학적 응집처리가 필요하다. 탁도 자료는 각각의 약품 및 그 투여량에 따른 처리의 효율성을 판단하는 데 이용된다. 그러므로 가장 효율적이고 경제성있는 약품을 선정하는 데 도움이 된다. 또 이 자료는 약품의 주입을 위한 설비와 저장을 위한 설비의 설계에도 필요하다.

탁도 자료는 처리장의 운전에서 매일의 소요되는 약품의 양을 결정하는 데에도 도움이 된다. 이것은 특히 저수 시설이 되어 있지 않은 하천 물에 중요하다. 여과기 앞의 침전조 물의 탁도 자료는 약품 투여량을 조절하여 급속 모래 여과에 과도한 부하(負荷)가 걸리지 않도록 방지하는 데 유용하다. 마지막으로, 여과수의 탁도 자료는 여과기의 운전이 순조롭게 이루어지는 지를 검사하는 데 필요하다.

가정 하수와 산업 폐수의 처리

부유고형물 측정자료는 보통 폐수 처리장에서의 부유고형물 제거의 효율을 판단하는 데 이용된다. 그러나 이 측정은 시간이 많이 걸리며 화학적 처리를 이용하는 처리장에서는 약품의 투여량을 수시로 변화시켜야 한다. 반면 탁도 자료는 빠르게 얻을 수 있고, 또 필요한 정보를 얻을 수 있으므로 유용하게 이용할 수 있다. 이 자료를 사용함으로써 약품 투여량을 최소한의 양으로 조절할 수 있으며 또 양질의 처리수를 얻을 수 있게 된다.

연습문제

13. 1 다음의 물에서 탁도를 유발하는 물질들의 특성을 설명하여라.
   (a) 홍수시의 하천수(河川水)
   (b) 오염된 하천수
   (c) 가정하수

13. 2 일반적으로, 탁도를 물속의 부유 물질의 무게 농도와 연관시킬 수 없는 이유는 무엇인가? ("Standard Methods"를 참조하여라)

13. 3 현재 미국 EPA 기준에 의한 상수의 탁도 한계는 얼마로 정해져 있는가? 또 왜 그와 같은 한계가 제정되었는가를 설명하여라.

13. 4 네펠로법에 의한 탁도측정법이 Jackson 탁도법보다 우수한 이유를 기술하시오.

13. 5 탁도 표준물질로 현재 실리카가 사용되지 않는 이유는?

13. 6 NTU란 무엇인가?

13. 7 탁도측정에 있어서 검출한계는 얼마인가?

13. 8 수처리 공정을 운영하는 데 있어서 탁도측정 자료는 어떠한 용도로 이용되는가?

13. 9 폐수처리 공정에서 탁도측정 자료는 어떠한 용도로 이용되는가?

참고문헌

Clesceri, L. S., A. E. Greenberg, and A. D. Eaton (eds.): "Standard Methods for the Examination of Water and Wastewater," 20th ed., American Public Health Association, Washington, DC, 1998.

CHAPTER 14

색 도

14.1 개 요

지표수, 특히 늪이 있는 지역으로부터의 유출수는 색깔을 띠고 있을 때가 많아서, 이 색을 제거하기 위한 처리를 하지 않고는 가정용수나 일부 공업용수로도 부적당할 때가 자주 있다. 착색 물질(coloring material)은 물이 나뭇잎, 침엽수의 침엽, 목재 등과 같은 유기물 부스러기와 접촉하면서 일어나는 여러 분해단계에서 생겨나며, 아주 다양한 식물 추출물들로 구성되어 있다. 리그닌의 분해로 생성된 탄닌(tanin), 휴민산(humic acid) 및 휴민산염(humate)은 주요 착색물질로 간주되고 있다. 철은 때로 휴민산 철(Ⅲ)(ferrichumate)로 존재하여 색을 나타낼 잠재성이 높다.[1)]

물속에 존재하는 천연의 착색물질들은 주로 음으로 하전된 콜로이드 입자들로 존재하고 있다.[2)] 따라서, 알루미늄이나 철과 같은 3가의 금속 이온을 가진 염을 사용하여 응집시켜 쉽게 제거할 수 있다.

지표수는, 그것이 실제로는 색을 띠지 않을 때도, 유색(有色)의 부유물질로 인하여 짙은 색을 나타내는 경우가 있다. 미국 남대서양 연안 주의 Piedmont 고원지대에서와 같이 붉은 점토가 흘러나오는 지역의 하천들은 홍수 시기에는 짙은 색을 나타내게 된다. 이와 같이 부유물질에 의하여 생겨나는 색을 겉보기 색(apparent color)이라고 하며, 식물이나 유기추출물 콜로이드로 인한 색은 참 색(true color)이라고 하여 구별된다. 물 분석에 있어서 이 겉보기 색과 참 색과의 구별은 중요한 사항이다. 색도(color intensity)는 일반적으로 pH가 증가하면 따라서 증가한다. 그러므로 색도와 함께 pH를 기록해 두는 것이 좋다.

---

1) T. R. J. McCrea, *J. Amer. Water Works Assoc.*, **25**: 931(1933).
2) T. Saville, *J. New Engl. Water Works Assoc.*, **31**: 78(1917).

지표수는 짙은 색깔을 띤 폐수로 오염되면 색을 띠게 된다. 그 중에서도 특히 섬유산업의 염색 작업에서 나오는 폐수와, 제지공업의 펄핑 작업에서 생성된 폐수가 중요하다. 염색폐수는 쉽게 인식할 수 있고 추적이 되는 여러 가지의 색을 낸다. 목재의 펄핑 작업에서는 리그닌 유도체와 그 밖의 용해된 형태의 물질을 포함하고 있는 많은 양의 폐액이 생성된다. 리그닌 유도체들은 짙은 색을 띠고 있으며, 생물학적 난분해성 물질들이다. 이 물질들이 자연수로에 버려지게 되면, 대단히 먼 거리에까지 색도를 나타내게 된다. 이와 같은 이유에서 색도를 지닌 폐수의 방류는 엄격하게 규제되고 있다.

14.2 공중보건에서의 중요성

늪과 수풀에서 천연 물질의 분해작용으로 생성된 착색 물질을 포함되고 있는 물은 유해하거나 독성을 가진 것으로 생각되고 있지는 않다. 그러나 이 천연의 착색 물질들은 물의 외양(外樣)을 오줌과 같은 황갈색을 띠게 하여, 소비자들이 그것을 연상하게 되고 이러한 물을 마시는 것을 자연히 싫어하게 마련이다. 또한 천연 유기물을 포함하고 있는 물은 염소로 소독할 때, 현재 큰 관심의 대상이 되고 있는 클로로폼(chloroform), 다른 종류의 트라이할로메탄, 그리고 기타 여러 종류의 유기 염소화합물을 생성한다.

물을 공급하는 사람은 공공단체이든 또는 개인이든 위생적으로 안전한 물을 제공해야 하는 책임이 있다. 공중보건을 맡은 관리들은 수돗물이 아무리 위생적인 관점에서는 안전하다고 해도 그것이 심미적으로 부적당하다면 소비자들이 다른 음요수원을 찾게 된다는 사실을 알아야 한다. 소비자들이 대개 안전한 가정 수도수를 꺼려하여, 관리되지 않은 샘이나 개인 우물로부터의 물을 사용함으로써 병원균을 유포(流布)시킬 수도 있게 된다. 이 때문에 사람들이 사용할 물의 색도는 15단위를 넘지 않도록 해야 하며, 이는 미국 EPA와 WHO의 2차 허용기준치로 규정되어 있다.

14.3 측정 방법

탁도와 마찬가지로 자연의 색은 여러 가지 물질들로 인한 것이므로, 그 측정을 위해서는 어떤 임의의 표준을 채용해야 한다. 이 표준이 색의 측정에 직접 또는 간접으로 사용된다. 대부분의 시료는 부유물질을 제거하는 전처리를 하여야만 참 색(true color)을 측정할 수 있다. 전처리 방법은 신중하게 선정하여 오차가 발생하지 않도록 하여야 한다.

표준 색도 용액

천연의 착색 물질을 포함하고 있는 물은 황갈색을 띤다. 경험적으로 염화 백금(Ⅳ)산칼륨(potassium chloroplatinate, K_2PtCl_6) 용액에 소량의 염화 코발트(cobalt chloride)로 연하게 색깔을 낸 것이 자연적인 색에 대단히 유사한 것으로 알려져 있다. 색의 명암은 염화코발트의 양을 증가시키거나 감소시킴으로써 자연적인 색조와 맞도록 변화시킬 수가 있다.

백금(K_2PtC_6로서) 1 mg/L에 의하여 나타나는 색을 색도의 표준 단위로 취한다. 대개는 500 mg/L의 백금을 포함하는 K_2PtCl_6의 저장액을 만들어 쓴다. 여기서 염화코발트를 첨가하여 적절한 색조를 띠게 한다. 저장액은 500단위의 색도를 가지게 되며, 이것을 희석하여 한 시리즈의 실제 분석용 표준액을 제조한다. 그림 14.1에 보인 바와 같은, 흔히 Nessler관이라고 부르는 비색관(color-comparison tube)에 표준액을 담는다. 0에서부터 70까지의 색도 단위를 가진 한 시리즈의 표준액을 사용하며 먼지와 물이 증발되는 것을 방지하면 여러 달 동안을 쓸 수 있다. 비색관은 "Standard Methods"의 서론에 설명되어 있는 APHA(미국 공중보건 협회) 표준에 맞추어 설치하여야 한다.

분석대상 시료는 부유물질을 함유할 수도 있으며, 이것은 참 색의 측정을 방해한다. 겉보기 색은 시료가 있는 그대로에서 측정한다. 참색을 측정하기 위해서는 부유물질을 반드시제거하여야 한다. 시료 중의 부유 고형물은 보통 원심분리로써 분리할 수 있으며, 분석에는 상층액을 사용한다. 여과는 여과재료에 색이 흡착될 가능성이 있으므로 좋지 않다.

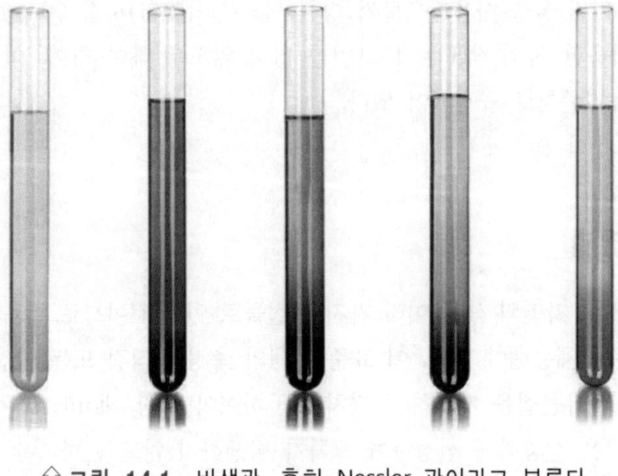

⇧ 그림 14.1 비색관, 흔히 Nessler 관이라고 부른다.

70단위 이하의 색도를 가진 시료는 준비된 표준액과의 직접 비색으로 분석 결과를 얻으며, 70단위 이상의 색도를 가지 시료에 대하여는 표준액 범위 내의 색이 나타나도록 시료를 증류수로 희석하고, 사용한 희석양에 대한 보정계수를 써서 색도를 계산한다.

전용 기기를 이용하는 방법

여러 종류의 기기가 색도 측정을 위해 개발되어 있으며, 더러는 표준 색도 용액을 필요로 하지 않는 것도 있다. 이러한 기기들의 대부분은 색도 표준액과 유사한 여러 가지로 착색된 유리 판(glass disk)을 사용하고 있다.

이 전용 분석 기기는 훈련된 분석화학자를 고용하지 않고 있는 수질 실험실 및 현장에서 표준 색도 용액의 사용이 어려운 경우에 많이 이용되고 있다. 그러나 이 방법은 유리판의 색이 변하거나 손의 지문이나 먼지 등으로 그 특성이 변할 수 있어서, 색의 측정을 위한 표준적인 분석법으로 채택되지 않고 있다. 아주 중요한 분석에는 항상 K_2PtCl_6의 표준 용액에 대하여 표준화하여 사용하여야 한다.

가정 하수와 산업 폐수에 이용할 수 있는 분광광도법

산업폐수는 짙은 색을 띤 것이 많으며, 일부는 생물학적 난분해성인 색소 물질을 함유하기도 한다. 하천으로 유입되는 방류수의 색도는 제거대상이다. 황갈색 폐수의 색의 평가는 위에서 설명한 표준 방법으로 수행할 수 있다. 그러나 이 분류에 들지 않는 색을 평가하고 측정하는 데는 다른 측정시스템을 사용하여야 한다. "Standard Methods"에는 색도를 측정하는 데 있어서 사용될 수 있는 분광광도법 3가지가 수재되어 있다. 첫 번째는 400~700 nm 파장 범위의 일반 분광광도계를 이용하여 색도표에 주어진 여러 파장에서 시료의 투과율(%)을 측정하고, 이를 일정한 식에 의해 계산한 후 시료의 최대 흡수파장, 휘도(luminance), 순도 등을 결정하는 방법이며, 다른 2가지 방법은 필터 광도계를 이용하여 각기 다른 3가지 색의 필터로 색도를 측정한는 방법인데, 이 방법은 흡광광도법과 유사한 특성을 가지고 있다. 이러한 방법들은 백금 표준액을 이용한 방법보다 훨씬 더 세밀한 결과를 얻을 수 있으며, 급수 과정에서 색도의 발생원을 파악하거나 색도 제거 공정의 효용성을 평가하는 방법으로 이용되고 있다. 하지만 이러한 측정 결과들은 미국 환경청이나 WHO의 음용수 색도 기준치인 15도(color unit)와 직접 호환하여 적용할 수 없으므로 음용수의 안전성을 확보하기 위한 모니터링 방법으로는 적절치 못하다.

14.4 색도 자료의 해석의 이용

가정용수에 사용되는 지표수의 색도는 앞에서 설명한 바와 같이 주요 관심사의 하나이다. 대부분의 산업공정에서도 색이 없는 물을 사용하여야 할 때가 많다. 색도의 제거는 투자비와 운전 경비를 고려할 때 그 비용이 많이 드는 일이다. 또한, 자연수에서의 색도는 염소 소독시에 트라이할로메탄을 생성시킬 수 있는 잠재력을 간접적으로 나타내는 지시항목이다. 그러므로 음용수 공급을 위해서는 화학적 처리를 하지 않아도 되며 트라이할로메탄의 형성이 처리장에서 문제를 일으키지 않을 수 있는 충분히 낮은 색도를 가진 용수원을 찾도록 하여야 한다. 그러나 이러한 "바램"은 성공할 수도, 그렇지 못할 수도 있다. 적합한 용수원을 찾았을 때는 비용이 많이 드는 화학적 처리를 할 필요가 없다는 것을 의뢰인이 만족할 수 있도록 하기 위한 변수로서 색도 자료를 이용해야 할 것이다. 그렇지 못한 경우에는 적절한 수질의 용수를 제조하기 위해서 보다 비용이 많이 드는 처리공정이 필요하다는 사실을 색도 자료를 다른 자료들과 함께 이용하여 증명하게 될 것이다.

화학적 처리 플랜트를 설계하기 위해서는 사용할 약품 중 가장 적합한 것과 또 필요한 양을 규명하기 위한 연구가 이루어져야 한다. 색이 있는 물을 다룰 때에는 이와 같은 판단의 기본 자료로서 색도 측정 결과를 사용한다. 이러한 자료가 구비되어야만 약품 주입장치의 선정과 저장 공간의 설계가 적정하게 이루어질 수 있다.

처리시설이 가동된 후에는 원수와 처리수의 색도를 측정하여 사용하는 약품의 투여량을 조절하여 경제적인 운전이 이루어지도록 하고, 또 허용 한계 내에 잘 맞는 낮은 색도의 물이 생산되도록 한다.

연습문제

14. 1 물이 색을 띠게 되는 원인을 간단히 설명하여라.

14. 2 겉보기 색과 참 색과의 차이를 설명하여라.

14. 3 일반적으로 설정되어 있는 색도의 한계치와, 또 그러한 기준이 설정된 이유를 설명 하여라.

14. 4 색도의 표준 단위로는 무엇이 사용되는가?

14. 5 표준 색도 용액의 제조에 염화 코발트(cobalt chloride)를 첨가하는 목적은 무엇인가?

14. 6 색도를 측정하는 데 있어 흡광광도법과 백금 표준용액법의 차이점을 기술하시오.

14. 7 색도에 대한 측정결과는 어떤 용도로 사용되는가?

14. 8 물에서 색도 유발 물질에 의해 야기될 수 있는 문제는 무엇인가?

14. 9 일반적으로 물에서 색도를 제거하는 방법은 무엇인가?

참고문헌

Clesceri, L. S., A. E. Greenberg, and A. D. Eaton (eds.): "Standard Methods for the Examination of Water and Wastewater," 20th ed., American Public Health Association, Washington, DC, 1998.

CHAPTER 15

표준용액

15.1 개 요

부피법 정량에 의한 물과 폐수의 분석에 익숙한 화학자들은 정확한 노르말 농도(normality)의 표준 시약을 사용함으로써 그 결과를 mg/L로 계산해 내는 데 시간을 크게 절약하고 있다. 정확한 노르말 농도의 용액을 제조하는 것은 그 논리적 체계를 이용하면 별로 시간이 걸리는 일은 아니다. 물질들의 특성에 따라 두세 가지의 중요한 단계를 거치면 된다.

적절한 노르말 농도의 선정

물과 폐수의 분석에서는 그 결과를 일부 특정한 이온이나 원소 또는 화합물의 mg/L로 환산하여 나타내는 것이 보통이다. 일반적으로, 표준 적정 시약은 측정하려고 하는 물질의 1 mg이 1 mL에 해당하는 세기를 갖도록 만드는 것이 가장 편리하다. 따라서 표준 용액 1 L는 측정하려고 하는 물질의 1,000 mg 또는 1 g에 상당하게 된다. 적정제의 필요한 노르말 농도는 측정하려는 물질의 당량 대 1의 관계식으로부터 구한다(2.2절 및 11.4절 참조). 예를 들면, 암모니아와 암모니아성 질소 및 알칼리도($CaCO_3$로써)를 측정하는 산 용액의 노르말 농도는 다음과 같이 구한다.

	암모니아	암모니아-질소	알칼리도($CaCO_3$로써)
$\frac{1}{\text{당량}}$	= 1/17 = N/17	1/14 = N/14	1/50 = N/50
	= 0.0588N	0.0714N	0.02N

이산화 탄소(CO_2로써)와 무기 산도($CaCO_3$로써)를 측정하는 염기성 용액의 노르말 농도는

$$\begin{array}{lll} & CO_2 & \text{산도}(CaCO_3\text{로써}) \\ \dfrac{1}{\text{당량}} & = 1/44 = N/44 & 1/50 = N/50 \\ & = 0.0227N & 0.02N \end{array}$$

염화 이온(chloride)이나 염화 나트륨의 측정을 위한 질산 은(silver nitrate) 용액의 노르말 농도는

$$\begin{array}{lll} & \text{염화이온} & \text{염화 나트륨} \\ \dfrac{1}{\text{당량}} & = 1/35.45 = N/35.45 & 1/58.44 = N/58.44 \\ & = 0.0282N & = 0.0171N \end{array}$$

산소의 측정을 위한 환원제의 노르말 농도[1]는

$$\begin{array}{ll} & \text{산소} \\ \dfrac{1}{\text{당량}} & = 1/8 = N/8 \\ & = 0.125N \end{array}$$

산화제의 노르말 농도도 같은 방식으로 구한다.

적정 시약의 표준용액 1 mL는 측정하려는 물질 1 mg과 등가의 세기를 가지고 있으므로, 1 L의 시료를 적정할 때 읽는 뷰렛(buret)의 눈금으로부터 직접 mg/L로 결과를 얻을 수 있음을 쉽게 알 수 있다. 그러나 시료를 1 L나 사용한다는 것은 불편한 일이므로, 다음의 간단한 공식을 이용하여 계산을 한다.

$$\text{사용된 적정제의 mL} \times \frac{1000}{\text{mL sample}} = \text{mg/L}$$

용존 산소의 측정에서와 같이 고정된 크기의 시료를 사용할 때는 적정제의 농도를 조정하여 적정제 1 mL가 1 mg/L와 등가가 되도록 한다.

적절한 노르말 농도 용액의 제조

표준 용액을 분석저울에서 정확히 칭량할 수 있는 알려진 순도를 가진 물질로부터 만들 수 있는 경우에는, 필요한 양을 칭량하여 용량 플라스크(volumetric flask)에 옮겨 담고 적절한 부피가 되도록 희석한다. 이렇게 만든 용액은 일차 표준 용액에 의한 표준화(농도 결정)를 하지 않고도 그대로 사용할 수 있다.

그러나 표준 용액을 만드는 데 사용되는 물질들의 순도가 정확히 알려져 있지 않거나 정확하게 칭량하기가 불가능한 경우도 많다. 이런 경우에는 용액의 세기를 요구하는 것보다 약간 세게 만든다. 표준화가 완료하기까지는 눈금 실린더(graduated cylinder)를 사용하는

---

1) 실제로는 N/40용액을 사용하는 것이 실용적이다. 이유는 22.4절에 설명되어 있다.

것이 편리하다. 표준화에는 적절한 일차 표준 용액을 사용한다.

일차 표준 용액에 의한 용액의 표준화

물 및 폐수 분석의 경우 용액을 정확한 노르말 농도로 표준화하는 과정은 다소 독특하며, 보통의 정량분석화학 교재에는 설명되지 있지 않다. 여기에는 다음과 같은 여섯 가지 기본 단계가 있다.

1. 표준화하여야 할 용액 1 L에 상당하는 일차 표준 물질의 무게를 정확하게 계산한다.
2. 약 20 mL의 용액을 만들 수 있는 양의 가열 건조한 일차 표준물 3～4개의 시료를 칭량한다. 칭량은 정확히 이루어져야 하며, 만일 그 순도가 100%에서 현저하게 벗어날 때는 그에 대한 보정을 해주어야 한다.
3. 보정된 무게의 각 시료와 반응하는 데 필요한, 요구되는 노르말 농도의 적정제의 부피를 계산한다.
4. 충분한 양의 증류수와 필요한 그 밖의 시약들을 각 일차 표준 물질 시료에 가하여 용액을 만들고, 이들 중 둘을 표준화하려는 시약으로 필요한 종말점까지 적정한다. 적정 부피는 위의 단계 3에서 계산한 양보다 작아야 한다. 이것은 용액의 세기가 요구되는 것보다 센 것이며, 실제의 적정 부피와 계산한 양 사이의 차이는 부족한 물의 양을 나타낸다.
5. 남은 용액에 가해 주어야 할 물의 양을 계산한다. 뷰렛의 내용물을 눈금 실린더의 저장 용액에 쏟아 넣고, 남은 용액의 전체 부피를 측정한다. 가해야 할 물의 양은 다음 식으로 계산할 수 있다.

$$\frac{\text{남아있는 부피}}{\text{실제 적정 부피}}(\text{계산된 적정 부피} - \text{실제 적정 부피}) = \text{mL}$$

   적정 부피 각각에 대하여 따로 계산하고, 지시된 최소량의 물을 가한다.[2)] 물을 가해 준 다음 잘 섞고, 이 새 용액으로 뷰렛을 헹구어 낸 다음 다시 채우도록 한다.
6. 일차 표준 시료를 다시 적정하고, 위에 보인 실제 적정부피와 계산된 값 사이의 관계식을 이용하여 적절한 농도를 가지게 될 때까지 단계 4와 단계 5를 반복한다. 이렇게 만든 용액은 요구되는 노르말 농도를 가진 것으로 간주할 수 있다.

2) 초보자는 지나치게 희석되지 않도록 약간 적은 양의 물을 넣도록 한다.

| 15.2 | 1.0N 및 0.02N H_2SO_4용액의 제조

황산 표준 용액은 주로 $CaCO_3$로 환산하여 나타내는 알칼리도의 측정에 사용된다. $CaCO_3$의 당량은 50이므로, N/50 용액이 필요하다. 이 시약은 많은 양을 사용하게 되므로, N/1 산 저장용액을 만들고, 이것을 간단히 희석하여 N/50 용액으로 만들어 사용하는 것이 가장 편리하다.

시중에서 판매되는 황산의 순도는 약 96%에서 98%까지 다양하다. 더욱이 황산은 흡습성이 있어서 그 무게를 정확히 달기가 매우 곤란하다. 그러므로 이 용액은 적당한 일차 표준 물질을 사용하여 표준화하여 만들어야 한다. 황산 나트륨이 일차 표준 물질로 흔히 사용된다. 분석용 등급(analytical grade)의 시약이 적당하며, 사용하기 전 140℃에서 1시간 동안 건조한 다음 건조 용기(desiccator) 속에 보관해 둔다.

필요한 진한 황산 양의 계산

계산을 단순화하기 위해서 1 L를 기준으로 하기로 한다. 정의에 따라, 1.0 N 산 용액 1 L는 1.008 g의 유효 수소이온을 포함한다. 계산은 다음과 같이 된다.

$$1\ \text{FW},\ \text{즉}\ 98\ \text{g}\ \text{순수한 황산} = 2.016\ \text{g}\ \ H^+$$

$$\frac{\text{FW}}{2},\ \text{즉}\ 49\ \text{g}\ \text{순수한 황산} = 1.008\ \text{g}\ \ H^+$$

진한 황산(concentrated H_2SO_4)이 96%의 순도를 가진 것이라면,

$$\frac{49}{0.96} = 51\ \text{g}\ \ \text{진한 산} = 1.008\ \text{g}\ \ H^+$$

용액의 농도는 1.0 N 보다 약간 높게 하는 것이 바람직하다. 이것을 확실히 하기 위하여, 5% 과잉량을 취한다. 즉,

$$51 \times 1.05 = 53.5\ \text{g}$$

1.0N 산 용액의 제조

대략 53±1 g의 진한 산을 작은 비이커에 담아 수평 저울(trip balance)에서 무게를 단다. 1 L짜리 눈금 실린더에 약 50 mL의 증류수를 담은 다음, 산을 여기에 넣는다. 비이커 내용물을 증류수로 씻어 내어 그 물을 실린더에 더하고, 1 L 눈금까지 물을 채운다. 저어주거나, 큰 비이커에 부었다가 다시 실린더에 옮겨 넣는 방법으로 완전히 혼합되도록 한다.

필요한 일차 표준 물질의 양의 계산

탄산 나트륨이 일차 표준 물질로서 적합하다. 탄산 나트륨의 분자량은 106이며, 황산과 메틸오렌지 종말점인 pH 3.7에 이를 때까지 반응할 때의 당량은 53이다. 그러므로, "≎"기호를 당량을 나타내는 기호로 이용하면

$$53\ g\ Na_2CO_3 \doteqdot 1000\ mL\ \ 1.0\ N\ \ H_2SO_4$$

또는

$$1.06\ g\ Na_2CO_3 \doteqdot 20\ mL\ \ 1.0\ N\ \ H_2SO_4$$

1.00～1.01 g씩 Na_2CO_3의 무게를 정확히 달아 4개의 시료를 만들고, 15.1절의 단계3에서 설명한 대로 처리한다.

0.02 N 산 용액의 제조

1.0 N 산 용액을 사용할 수 있을 때는, 요구되는 1.0 N 산의 양을 조심스럽게 덜어내어 용량 플라스크에서 희석하면, 1.0 N 이하의 어떤 노르말 농도의 용액이라도 쉽게 제조할 수 있게 된다. 어느 노르말 농도의 산 용액으로부터 다른 노르말 농도의 일정한 부피의 산 용액을 만드는 데 필요한 양은 다음 관계식으로 계산할 수 있다.

$$mL \times N = mL \times N$$

만일 1.0 N 산 저장용액으로부터 1 L의 0.02 N 산 용액을 만들어야 할 필요가 있을 때는 다음과 같이 계산하면 된다.

$$mL \times 1.0 = 1000 \times 0.02$$
$$mL = 20$$

20 mL의 1.0 N 산을 증류수로 희석하여 1000 mL로 만들어 완전히 혼합하면, 대부분의 용도에 적합한 0.02 N 용액을 얻게 된다. 정확을 기하기 위하여 일차 표준 물질의 칭량된 양으로 만든 시료로 이 0.02 N 산의 노르말 농도를 검사해 두는 것이 바람직하다.

15.3 1.0N 및 0.02N NaOH 용액의 제조

수산화 나트륨의 표준 용액은 이산화 탄소 및 산도를 측정하는 데 사용된다. 이산화 탄소가 수산화 나트륨과 반응하여 페놀프탈레인 종말점인 pH 8.3에 도달할 때의 당량은 44이며, 이것은 다음 식으로도 계산된다.

$$\underset{44}{CO_2} + Na^+ + \underset{17}{OH^-} \rightarrow Na^+ + HCO_3^- \tag{15.1}$$

그러므로 0.0227N NaOH 용액이 이산화 탄소의 측정에 가장 적합하게 되나. 무기 산도(mineral acidity)는 항상 탄산 칼슘으로 환산하여 나타내며, 탄산 칼슘의 당량은 50이므로, 0.02N 염기 용액을 그 측정에 사용한다.

실제로는 1.0N NaOH 용액을 저장 용액으로 만들어, 황산에 대하여 했던 것과 마찬가지로 이것을 희석하여 낮은 노르말 농도의 용액을 만들어 사용하는 것이 가장 편리하다. 이산화 탄소를 별로 많이 측정하지 않는 실험실에서는 0.0227N과 0.02N 용액을 둘 다 만들어 가지고 있을 필요는 없다. 이런 경우에는 두 측정에 모두 0.02N 용액을 사용하고, 이산화 탄소를 측정할 경우에는 뷰렛에서 읽는 눈금을 0.88의 인자로 보정하여 준다.

수산화 나트륨의 결정이나 입자는 순수한 것을 판매하지 않으므로 구입할 수가 없다. 이는 제조 과정에서 공기 중의 이산화 탄소와 반응하여 생성된 탄산 나트륨이 항상 오염물질로 존재하기 때문이다. 분석용 품위의 시약이라 할지라도 몇%의 탄산 나트륨이 포함되어 있으며, 정제하지 않고는 표준 용액을 제조하는 데 사용하기에는 부적당하다. 정제 방법에는 여러 가지가 있으나, 수질 분석 실험실에서는 두 가지 방법만이 주로 쓰인다. 정제된 수산화 나트륨은 50% 용액의 형태로 시판하는 것이 있다.

수산화 나트륨 표준 용액의 제조에는 일차 표준 물질이 필요하며, 프탈산 수소칼륨(potassium acid phthalate, $KHC_8H_4O_4$)이 당량이 높고, 또 그 밖의 성질도 좋아서 가장 우수하다. 이것은 사용하기 전에 100～105℃에서 1시간 동안 건조한 다음 건조 용기(desiccator)에 넣어 보관하였다가 사용한다.

NaOH의 정제

모든 수산화 나트륨은 역시 같은 염기성을 가진 탄산 나트륨을 제거하기 위한 정제과정을 거쳐야 한다. 두 가지 방법을 흔히 이용하는 순서에 따라 설명하겠다.

1. 탄산 나트륨은 진한 수산화 나트륨 용액(대략 50%, 즉 18 M)에 비교적 잘 녹지 않는다. 만일 100 g의 막대모양이나 입자형의 수산화 나트륨을 500 mL의 증류수에 넣으면, 수산화 나트륨은 녹을 것이며, 탄산 나트륨은 녹지 않고 남을 것이다. 남은 용액은 떠있는 탄산 나트륨으로 인하여 혼탁해진다. 며칠간 가만히 놓아두면, 탄산염은 떠오르거나 가라앉으며, 표준 용액의 제조에 만족하게 사용할 수 있을 정도로 탄산염이 제거된 맑은 용액이 남는다. 사이펀(siphon)으로 정제된 50% 용액을 파이렉스 병으로 옮기고, 고무마개를 하여 공기를 차단한다. 정제된 50% 수산화 나트륨 용액은 제조하는 데 많은 시간이 소요되므로, 충분한 양을 마련해 두는 것이 좋다.
2. 수산화 나트륨의 묽은 용액을 수산화 바륨(barium hydroxide)으로 침전시켜도 탄산염을 제거할 수 있다.

$$2Na^{+} + CO_3^{2-} + Ba(OH)_2 \rightarrow BaCO_3(s) + 2NaOH \tag{15.2}$$

생성된 탄산 바륨 침전물은 여과를 해서 제거하거나(이때 공기 중의 이산화 탄소와 접촉되지 않도록 해야 한다), 가라앉게 가만히 놓아 둔 다음 정화된 용액을 사이펀으로 다른 병에 옮겨 담는다. 정제된 용액은 과잉으로 쓰인 수산화 바륨과 처음에 존재한 탄산 나트륨에 상당하는 수산화 나트륨의 양이 남으므로 반드시 표준화를 해야 한다.

필요한 NaOH 양의 계산

이 계산을 위해서, 50% 농도의 정제된 수산화 나트륨을 이용하여, 1.0 N 용액 약 1 L를 제조한다고 가정한다. 정의에 따라, 1.0 N 염기용액 1 L는 L당 1.008 g의 H^+ 또는 17 g의 OH^-의 당량을 포함한다. 계산은 다음과 같이 된다.

$$1\ \text{FW, 즉 } 40\ \text{g 순수한 NaOH} = 17\ \text{g}\ OH^-$$

정제된 NaOH 저장 용액의 농도는 50%이므로

$$\frac{40}{0.5} = 80\ \text{g}\ \ 50\%\ \text{NaOH} = 17\ \text{g}\ OH^-$$

NaOH 저장 용액의 농도는 정확히 50%는 아니므로, 용액은 1.0 N보다 약간 세게 만드는 것이 바람직하다. 10% 과잉으로 취하면,

$$80 \times 1.1 = 88\ \text{g}$$

1.0N NaOH 용액의 제조

가능한 한 빠르게 공기 중의 이산화 탄소 흡수를 최소화시키면서 정제된 50% 수산화 나트륨 용액 88±1 g을 작은 삼각 플라스크에 담아 수평저울에서 무게를 단다. 1 L들이 눈금 실린더에 이산화 탄소를 제거한 증류수 500 mL를 담고, 여기에 수산화 나트륨 용액을 넣는다. 삼각 플라스크를 이산화 탄소가 제거된 증류수로 씻고, 그 씻은 물은 실린더에 넣는다. 이산화 탄소를 제거한 증류수로 거의 1 L까지 희석하고, 공기와의 접촉을 최소화하면서 플런지형 젓게(plunger-type stirrer)로 완전히 혼합하도록 한다. 표준화가 완료될 때까지 실린더 위에 비이커를 엎어 놓거나 다른 것으로 덮개를 하여 용액이 공기와 접촉되지 않도록 한다.

필요한 일차 표준 물질 양의 계산

프탈산 수소칼륨은 가장 우수한 일차 표준 물질이다. 이 화합물은 100% 순수한 형태로

얻을 수 있으며, 그 당량은 분자량과 같은 204이다. 그러므로 당량을 의미하는 "≎"기호를 사용하면

$$204\text{ g } KHC_8H_4O_4 \ \hat{=}\ 1000\text{ mL } 1.0\text{ N } NaOH$$

또는

$$2.04\text{ g } KHC_8H_4O_4 \ \hat{=}\ 10\text{ mL } 1.0\text{ N } NaOH$$

$KHC_8H_4O_4$를 2.0～2.2 g 씩 무게를 달아 4개의 시료를 만들고 15.1절의 단계 3에서 설명한 것과 같이 한다. 적정은 페놀프탈레인 종말점 또는 pH 8.3까지 한다. 표준화가 완료되면, 이 1.0 N 용액을 공기와 차단되도록 고무마개를 한 파이렉스병 속에 보관하도록 한다.

0.02 N NaOH 용액의 제조

0.02 N 산 용액을 제조할 때와 비슷한 순서로 한다. 1.0 N 수산화 나트륨 용액은 반드시 이산화 탄소를 제거한 물로 희석하도록 하며, 파이렉스 병에 보관하고, 공기중의 이산화 탄소와 접촉하지 않도록 해야 한다.

이차 표준 용액의 표준화

수산화 나트륨의 1.0 N과 0.02 N 용액은 황산 용액을 사용해서도 표준화할 수 있다. 산 용액은 이차 표준 물질로 쓰이며, 그 제조과정에서의 오차는 수산화 나트륨용액에도 포함된다. 최종 적정점은 반드시 메틸 오렌지 또는 브롬페놀 블루 지시약 또는 pH 3.7을 이용하여 구하며 적정제(titrant)로는 산 또는 수산화물 중의 어느 것이나 임의로 선택하여 사용할 수 있다. 대체로 산 용액을 사용하는 것이 편하다.

연습문제

15. 1 다음을 정의하여라.
몰 용액(molar solution), 노르말 용액(normal solution), 표준 용액, 몰, 당량, 밀리당량 (milliequivalent)

15. 2 탄산염을 제거한 수산화 나트륨 용액의 제조방법을 설명하여라.

15. 3 (a) 1.22 g의 Na_2CO_3를 메틸오렌지 종말점까지 중화하는 데 황산 용액 16.2 mL가 필요하였다. 이 황산 용액의 노르말 농도는 얼마인가?

(b) 위의 용액을 물로 희석하여 정확히 1.0 N의 용액을 만들려고 한다. 이 용액이 927 mL가 있다면 몇 mL의 물을 넣어야 하는가?

15. 4 0.2 g의 HCl을 중화하는 데 필요한 1.0 N NaOH는 몇 mL인가?

15. 5 프탈산 수소 칼륨 3.75 g의 시료를 페놀프탈레인 종말점으로까지 적정하는 데 NaOH용액 15.0 mL가 필요하였다. 460 mL의 NaOH 용액이 남아있다면, 이 용액을 정확히 1.00 N로 만들기 위해 가해야 할 물은 몇 mL인가?

15. 6 Na_2CO_3 1.50 g의 시료를 메틸오렌지 종말점까지 적정하는 데 H_2SO_4 용액 25.0 mL가 필요하였다. 980 mL의 H_2SO_4용액이 남았다면, 이 용액을 정확히 1.00 N로 만들기 위해서는 얼마의 물을 가해야 하는가?

15. 7 0.0227 N NaOH 500 mL를 제조하는 데 필요한 1.00 N NaOH 용액은 몇 mL인가?

15. 8 0.05 N Ha_2SO_4 2 L를 제조하는 데 필요한 1.00 N H_2SO_4 용액은 몇 mL인가?

15. 9 적절한 방법으로 표준화한다고 가정하고, 35% 염산으로부터 1.0 N 산 용액 2 L를 제조할 경우에 취해야 할 35% 염산의 무게는 얼마인가?

15.10 중크롬산 칼륨은 폐수의 COD를 측정하기 위해 산성 상태에서 사용되면 그 결과는 O_2 mg/L 로 나타내진다. 중크롬산 칼륨 용액 1 mL가 산소 10 mg에 대응하기 위해서 중크롬산 칼륨 몇 g이 용액 1 L에 가해져야 하며, 이 용액의 노르말 농도는 얼마인가?

15.11 황산제일철암모늄($Fe(NH_4)_2(SO_4)_2$) 용액은 COD 실험에서 적정용액으로 사용된다. 황산제일철암모늄 용액 1 mL가 산소 1.0 mg에 대응하기 위해서 황산제일철암모늄 몇 g이 용액 1 L에 가해져야 하며, 이 용액의 노르말 농도는 얼마인가?

참고문헌

Clesceri, L. S., A. E. Greenberg, and A. D. Eation (eds.): "Standard Methods for the Examination of Water and Wastewater," 20th ed., American Public Health Association, Washington, DC. 1998.

CHAPTER 16

pH

16.1 개 요

pH는 용액의 산 또는 알칼리 상태의 세기를 나타내는 데 널리 사용되는 용어로 수소 이온 농도, 더 정확하게는 수소 이온 활동도를 나타내는 것으로, 환경공학의 거의 모든 부분에서 중요하다. pH는 상수처리 분야에서는 화학적 응집, 살균소독, 단물화 및 부식 방지에서 반드시 고려되어야 하는 인자이다. 생물학적 폐수처리 공정에 있어서는 관여하고 있는 생물들의 성장에 적합한 범위의 pH가 유지되도록 조절되어야 한다. 폐수의 응집, 슬러지 탈수나 사이안화 이온(cyanide ion)과 같은 특수한 물질을 산화시키는 화학적 처리에서는 pH가 더욱 좁은 범위 내에서 유지되도록 조절되어야 한다. 이러한 이유들 뿐만 아니라 pH, 산도, 알칼리도 사이의 상관성 때문에, pH의 이론적인 면과 함께 실질적인 면을 잘 이해하는 것은 대단히 중요한 일이다.

16.2 이론적 고찰

pH의 개념은 산과 염기의 보다 완전히 이해를 향한 일련의 발전 과정에서 도출된 것이다. 초기에는 산과 염기를 맛의 차이로 구분하였으며, 뒤에 이들이 지시약(indicator)이라고 하는 특정한 물질에 어떤 방식으로 영향을 주는 가로 구분하게 되었다. 1776년 Cavendish에 의한 수소의 발견으로 곧 모든 산들은 원소 상태의 수소를 포함한다는 사실이 밝혀지게 되었다. 화학자들은 또한 산과 염기 사이의 중화 반응은 항상 물을 생성하는 사실을 알게 되었다. 이것과 그 밖의 지식으로부터 염기들은 하이드록실기(수산기)를 포함한다고 결론지을 수 있었다.

1887년 Arrhenius는 이온화 이론을 발표하였다. 이때부터 산은 해리하여 수소 이온 또는 양성자를 생성하는 물질로 생각하게 되었으며, 염기는 해리하여 수산화 이온을 내는 물질인 것으로 생각하게 되었다. Arrhenius의 이 개념에 의하면, 센 산과 센 염기는 수용액 내에서 거의 모두 이온화하는 것이며, 약한 산과 약한 염기는 조금 이온화하는 것이다. 이러한 주장에 대한 증명은 수소 이온의 농도 또는 활동도를 측정할 수 있는 적절한 장치가 개발될 때까지 미루어져야 했었다.

수소 이온 농도의 측정

수소 전극(12.3절)은 수소 이온 농도를 측정하는 데 적합한 장치인 것으로 밝혀졌다. 이것을 사용함으로써, 순수한 물은 해리하여 10^{-7} mol/L의 수소 이온 농도를 가진다는 것을 알게 되었다.

$$H_2O \leftrightharpoons H^+ + OH^- \tag{16.1}$$

물은 해리하여 수소 이온 각각에 대하여 수산화 이온 하나씩을 생성하므로, 10^{-7} mol의 수산화 이온이 동시에 생성되는 것은 분명한 일이다. 평형상수식에 대입하면 다음과 같이 된다.

$$\frac{\{H^+\}\{OH^-\}}{\{H_2O\}} = K \tag{16.2}$$

그러나 물의 농도는 대단히 커서, 미소한 정도의 이온화에 의해서는 거의 줄어들지 않아 일정하다고 생각할 수 있으므로(활동도는 1.0), 식 (15.2)는 다음과 같이 볼 수 있다.

$$\{H^+\}\{OH^-\} = K_W \tag{16.3}$$

그리고 25℃의 순수한 물에 대하여는

$$\{H^+\}\{OH^-\} + 10^{-7} \times 10^{-7} = 10^{-14} \tag{16.4}$$

이것을 물의 이온곱(ion product) 또는 이온화상수(ionization constant)라고 한다. 산이 물에 가해지면 이온화하여 수소 이온의 활동도가 증가한다. 결과적으로 수산화 이온 농도는 이온화 상수에 맞추어 감소되지 않으면 안 된다. 예를 들어, 산이 가해져 $\{H^+\}$가 10^{-1}으로 증가하였다면 $\{OH^-\}$는 10^{-13}으로 감소되어야 한다.

$$10^{-1} \times 10^{-13} = 10^{-14}$$

마찬가지로, 만일 염기가 물에 가해져 $\{OH^-\}$가 10^{-3}으로 증가하였다면, $\{H^+\}$는 10^{-11}으로 감소한다. 용액이 아무리 산성이나 염기성이라 할지라도 $\{OH^-\}$나 $\{H^+\}$는 결코 0으로 까지 감소될 수 없다는 것은 반드시 알고 있어야 할 중요한 사항이다.

pH의 개념

수소 이온 농도를 몰 농도로 나타내는 일은 다소 불편한 일이다 이러한 난점을 극복하기 위하여, Sørenson(1909)은 이 값들을 음의 로그를 취하여 나타낼 것을 제안하고 이 값을 기초 pH^+로 표시하였다. 그가 제안한 기호는 간단한 표현인 pH로 바뀌게 되었다. 이것을 식으로 나타내면

$$pH = -\log\{H^+\} \quad 또는 \quad pH = \log\frac{1}{\{H^+\}} \tag{16.5}$$

그리고 pH 눈금은 보통 0에서 14까지로 나타내져 있으며, 25℃에서 pH 7이 완전한 중성을 나타내도록 되어 있다.

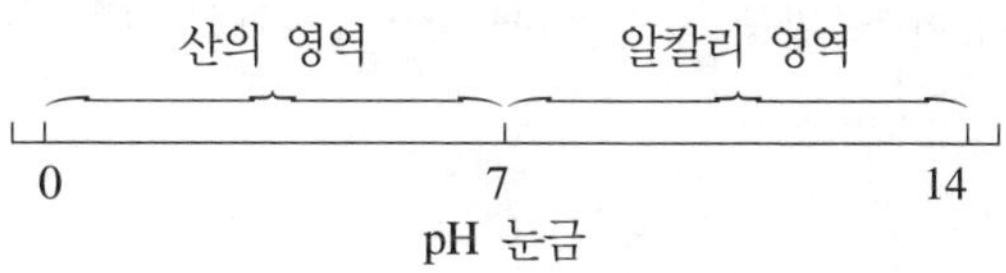

K_W 값은 온도에 따라 변하기 때문에 중성 pH 값도 온도에 따라 변하여 0℃에서는 7.5 그리고 60℃에서는 6.5가 된다. 산성은 pH 값이 감소함에 따라 증가하고, 알칼리성은 pH가 증가함에 따라 증가한다.

|16.3| pH의 측정

수소 전극은 pH 측정을 위한 절대적 표준이다. 그러나 수소 전극은 다루기가 어렵고 일반적인 용도, 특히 현장 연구나 플래티늄 블랙(platinum black)에 흡수되는 물질을 포함하고 있는 용액에는 사용하기에 부적당하다. 여러 가지 지시약들을 수소 전극을 사용하여 보정한 여러 pH 범위에서의 색상 특성을 측정해 놓은 것이 있다. 이것으로부터 특정한 pH 범위 내에서 뚜렷한 색의 변화를 나타내는 지시약을 선정하여 사용함으로써 pH를 상당히 정확하게 측정할 수 있게 되었다. 여섯 개 정도의 지시약을 사용하면, 환경공학에 관련된 범위의 pH를 측정할 수가 있다(11.4절 참조). 이 지시약의 사용도 유리 전극(glass electrode)이 개발되어 이용되면서부터 바뀌게 되었다.

1925년경 다른 거의 모든 이온들에 방해받지 않으면서, 수소 이온 농도에 비례하여 전위(potential)를 나타내는 전극을 유리로 만들 수 있는 사실이 발명되었다. 이 유리 전극을 사용하는 것이 pH의 표준 측정법으로 되어 있다.

유리 전극에 의한 측정

유리 전극을 장치한 pH 측정기는 많은 회사들에 의해 제작되어 있다. 비교적 값이 싼 전지로 작동되는 휴대용으로부터 값이 비싼 대단히 정밀한 기기까지 있다. 110볼트 교류로 작동되는 장치가 개발된 것은 1940년경이었으며 ±0.1pH 단위 이내로 pH를 측정할 수 있어서 실험실에서 일상적으로 사용하기에 적합하다. 소형의 전지로 작동되는 휴대용 장치는 현장작업에 아주 적합하다.

pH의 측정은 사용하는 전극의 형태에 유의하면 광범위한 종류의 물질들과 극심한 조건에서도 행해질 수 있다. 높은 온도에서와 10이 넘는 pH값을 측정할 때는 이 용도에 맞게 만든 특수한 유리 전극을 사용하면 정확히 측정할 수 있다. 반고체 물질의 pH는 spear-type 전극으로 측정할 수 있다. pH 측정기는 대개 정확히 알려져 있는 pH의 완충 용액으로 표준화하여 사용한다. 완충 용액은 pH 값의 1～2단위 내에 있는 것을 사용하는 것이 바람직하다.

|16.4| pH 자료의 해석

pH 자료는 항상 수소 이온 활동도로 환산하여 해석하여야 하며, 이것은 물론 산이나 염기성 상태의 세기를 나타내는 척도이기도 하다. 그러나 $[H^+]=\{H^+\}$라고 가정할 수 있으므로,

pH 2일 때 $[H^+]=10^{-2}$

pH 10일 때 $[H^+]=10^{-10}$

pH 4.5일 때 $[H^+]=10^{-4.5}$

pH는 총산도(total acidity)나 총알칼리도(total alkalinity)를 측정하는 것은 아니다. 이 사실은 같은 중화값(neutralizing value)을 가진 0.1N의 황산 용액과 아세트산 용액의 pH를 비교해 봄으로써 알 수 있다. 황산용액의 pH는 황산의 이온화도가 높기 때문에 대략 1 정도이며, 아세트산 용액의 pH는 이온화도가 낮으므로 약 3이다.

경우에 따라서는 용액의 pOH 또는 수산화 이온 농도가 주관심사일 때도 있다. pOH는 식 (16.3)의 관계식을 이용하여 pH로부터 구하는 것이 관례이다. 다음의 관계식이 자주 이용된다.

$$pH + pOH = 14 \tag{16.6}$$

또는

$$pOH = 14 - pH \tag{16.7}$$

용액의 $[OH^-]$는 용액의 산도가 아무리 높아져도 0까지 감소하지는 않는다는 것에 유의

해야 한다. 이것은 $[H^+]$가 용액이 알칼리성이라 할지라도 0으로는 결코 될 수 없는 것과 같다. 하지만 이론적으로 pH 자체만을 고려했을 때에는 $\{H^+\} \geq 1.0$ 인 경우에는 pH가 0 또는 2 이하까지도 될 수 있다.

pOH 또는 수산화 이온 활동도 개념은 특히 수산화물을 생성하는 침전반응에서 중요하다. 예를 들면, 석회에 의한 물의 단물화(softening)에서 그리고 철과 알루미늄염을 이용하는 화학적 응집과정에서의 Mg^{2+}의 침전이 있다.

연습문제

16. 1 (a) pH와 수소 이온 농도와의 관계, (b) pH와 수산화 이온 농도 사이의 관계를 설명하여라.

16. 2 (a) 1.008 g/L의 수소 이온이 들어 있는 용액, (b) 0.1008 g/L의 수소 이온이 들어 있는 용액, (c) 1.7×10^{-8} g/L의 OH^-이 들어 있는 용액의 pH를 구하여라.

16. 3 pH 4.0인 용액과 pH 6.0인 용액이 있다. 각 용액의 (a) 수소 이온 농도, (b) 수산화 이온 농도를 구하여라

16. 4 pH가 1이 감소된다면 수소 이온 농도는 얼마나 증가하겠는가?

16. 5 수소 이온 농도가 50% 감소된다면 pH는 얼마나 증가하겠는가?

16. 6 2.0 N HCl 용액의 pH는 대략 얼마인가?

16. 7 0.02 N NaOH 용액의 pH는 대략 얼마인가?

16. 8 수소 이온 농도가 3.0×10^{-2} mol/L라면 수산화 이온 농도는 얼마인가?

16. 9 pH 측정에는 어떤 종류의 전극이 사용되며, pH 측정기를 보정하는 방법은?

참고문헌

Clesceri, L. A., E. Greenberg, and A. D. Eaton (eds.): "Standard Methods for the Examination of Water and Wastewater," 20th ed., American Public Health Association, Washington, DC, 1998.

Day, Jr., R. A., and A. L. Underwood: "Quantitative Analysis," 6th ed., Prentice Hall, Englewood Cliffs, NJ, 1991.

Enke, C. G.: "The Art and Science of Chemical Analysis," John Wiley & Sons, New York, 2001.

Skoog, D. A., D. M. West, and F. J. Holler: "Fundamentals of Analytical Chemistry," 7th ed., College Pub., Fort Worth, TX, 1996.

CHAPTER 17

산 도

|17.1| 개 요

대부분의 자연수, 가정하수 및 산업폐수는 주로 이산화 탄소-탄산수소 이온 계(carbon dioxide-bicarbonate system)에 의한 완충 작용을 받고 있다. 여러 가지 약한 산들에 대한 적정 곡선을 나타낸 그림 4.8의 탄산(carbonic acid)의 곡선을 보면, pH가 8.5 정도로 상승하기 전까지는 화학량적 종말점(stoichiometric end point)에 도달하지 않는 것을 알 수 있다. 이와 같은 사실로부터 일반적으로 pH 8.5 이하의 모든 물은 산도(酸度)를 가지는 것으로 간주한다. 대체로 pH 8.2～8.4의 페놀프탈레인 종말점을 기준점(reference point)으로 취한다. 그림 4.8의 탄산의 적정 곡선을 보면, pH 7.0에서 현저한 양의 이산화 탄소가 중화(中和)되지 않고 남아있는 것을 알 수 있다. 또한 이산화 탄소(탄산) 만으로는 pH가 4.5 이하의 값으로 내려가지 않는 것도 알 수 있다.

그림 4.7은 센 산에 대한 적정곡선을 나타낸 것으로, 이 곡선의 특성으로부터 산의 중화

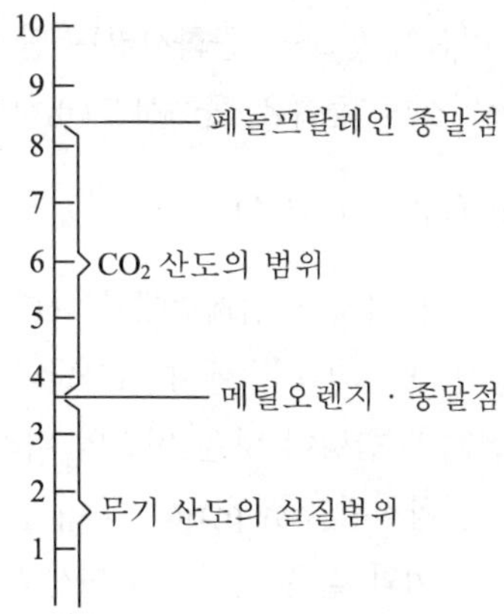

그림 17.1 보통의 물과 폐수의 분석에서 중요한 산도의 유형(類型)과 pH 범위

반응은 pH 4에서 완전히 종결된다고 할 수 있다. 따라서 탄산과 센 산의 적정 곡선의 특성으로부터 자연수의 산도는 이산화 탄소나 센 무기산(mineral acid)에 의하여 유발되는 것을 확실히 알 수 있다. 그림 17.1에 나타낸 바와 같이 이산화 탄소는 물에서 pH 4 이상에서 산도에 중요한 물질이며, 무기산은 pH 4 이하에서 중요한 물질이다.

|17.2| 산도의 발생원과 특성

이산화 탄소는 모든 자연수에 포함되어 있는 보편적인 성분의 하나이다. 이산화 탄소는 대기로부터 흡수되어 지표수로 들어갈 수 있다. 물론 Henry의 법칙에 따라 물속의 이산화 탄소 농도가 대기 중의 이산화 탄소의 부분 압력과 평형을 이루는 농도보다 낮을 때만 이와 같은 흡수가 일어날 수 있다. 이산화 탄소는 유기물, 특히 오염된 물속의 유기물의 생물학적 산화에 의해서도 생성될 수 있다. 이때에는 광합성의 활성이 작을 경우, 물속의 이산화 탄소의 농도가 대기 중의 부분 압력과 평형을 이루는 농도보다 높아지게 되고 이산화 탄소가 물속에서 빠져나가게 된다. 결론적으로 지표수는 끊임없이 이산화 탄소를 흡수하거나 방출함으로써 대기 중의 이산화 탄소와 평형을 이룬다고 할 수 있다. 대기 중 이산화 탄소의 부분 압력은 낮기 때문에, 평형에서 존재할 수 있는 양은 대단히 적다.

지하수 및 성층화된 호수와 저수지의 심수층(hypolimnion)의 물은 많은 양의 이산화 탄소를 포함할 때가 자주 있다. 이러한 현상은 박테리아에 의해 물속의 유기물이 산화, 분해되어 생성된 이산화 탄소가 이러한 조건에서는 대기 중으로 방출되지 않기 때문에 생겨난다. 이산화 탄소는 호기성 박테리아와 혐기성 박테리아에 의한 산화반응의 최종생성물이다. 그러므로 그 농도는 본래 존재하던 용존 산소의 양에 의해 제한을 받지 않는다.

지하수는 보통 30~50 mg/L의 이산화 탄소를 함유한다. 이것은 특히 탄산수소 이온(bicarbonate)을 형성함으로써 이산화 탄소를 중화시키는 탄산 칼슘이나 탄산 마그네슘을 충분히 함유하지 못한 토양으로 스며 들어온 물에서 그러하다.

$$CO_2 + CaCO_3(s) + H_2O \rightarrow Ca^{2+} + 2HCO_3^- \tag{17.1}$$

무기산도(mineral acidity)는 여러 가지 산업폐수에서 나타나며, 특히 금속 가공 공장의 폐수와 일부 합성 유기물질 생산 공장의 폐수에서 나타난다. 자연수 중에도 무기 산도를 포함하는 것들이 있다. 폐광(廢鑛)과 함량이 낮은 원광의 버려진 더미 등을 통해 흘러나오는 물은 황, 황화물(sulfide) 또는 황철광(iron pyrite) 등이 존재할 경우, 상당한 양의 황산이나 황산의 염을 포함하게 된다. 이와 같은 물질들의 황산과 황산염으로의 전환은 호기성 조건에서 황산화 박테리아에 의하여 일어난다.

$$2S(s) + 3O_2 + 2H_2O \xrightarrow{\text{박테리아}} 4H^+ + 2SO_4^{2-} \tag{17.2}$$

$$FeS_2(s) + 3\frac{1}{2}O_2 + H_2O \xrightarrow{\text{박테리아}} Fe^{2+} + 2H^+ + 2SO_4^{2-} \tag{17.3}$$

중금속의 염들, 특히 Fe(Ⅲ) 및 Al(Ⅲ) 등과 같은 3가의 금속 이온들은 물속에서 가수분해되어 무기 산도를 발생시킨다.

$$FeCl_3 + 3H_2O \rightleftharpoons Fe(OH)_3(s) + 3H^+ + 3Cl^- \tag{17.4}$$

이들의 존재(存在)는 중화되는 동안 이들을 포함하고 있는 용액의 pH가 증가되면 침전이 생성되는 것으로부터 알 수 있다.

많은 산업폐수들이 유기산(organic acid)들을 포함하고 있다. 이들의 존재와 성질은 전위차 적정 곡선(electrometric titration curve) 또는 기체 크로마토그래피를 사용하여 측정할 수 있다.

|17.3| 이산화 탄소와 무기 산도의 중요성

산도(acidity)는 위생학이나 공중 보건학적 견지에서는 별로 중요하지 않다. 맥아 음료와 탄산 음료 속에는 어떤 자연수보다도 훨씬 많은 양의 이산화 탄소가 들어 있으며, 아무런 해로운 효과를 나타내지 않는 것으로 확인되어 있다. 무기 산도(mineral acidity)가 포함되어 있는 물은 마셔도 인체와 관련된 문제는 일으키지 않으나 맛은 좋지 않다.

산성인 물이 문제가 되는 것은 부식성(腐食性) 때문이며, 그래서 부식을 일으키는 물질을 제거하거나 제어하는 데 드는 경비가 문제가 된다. 거의 모든 물에서의 부식 인자(corrosive factor)는 이산화 탄소이지만, 산업폐수의 경우는 대부분 무기산도가 인자(因子)이다. 석회(lime) 또는 석회-소오다회(soda ash)법으로 단물화(water-softening)할 때 이 두 가지를 함께 해결하여야 한다.

생물학적 처리방법을 사용하는 경우에는 pH가 반드시 6~9.5의 범위 내로 유지되어야 한다. 이 기준을 지키기 위해서는 pH를 적절한 수준으로 조절해야 할 경우도 있으며, 이때 필요한 약품의 양의 계산은 대부분의 경우 산도를 기준으로 한다.

발전소 및 자동차에서 사용하는 화석 연료는 연소시 질소산화물 및 황산화물을 생성시키고, 이들 물질은 대기중에서 비에 노출되면 물과 결합하여 질산 및 황산으로 변한다.

이로 인하여 생성된 산성비는 pH 완충 능력이 작은 호소 등의 pH를 저하시키고, 수생생물에 악 영향을 주며, 알루미늄과 같은 물질이 토양에서 지표수로 용출되는 양을 증가시킬 수 있다. 이 같은 이유에서 연소에 의해 대기중으로 방출되는 황산화물 및 질소산화물의 양을 규제하고 있다.

|17.4| 측정 방법

이산화 탄소와 무기 산도는 모두 알칼리 시약의 표준 용액을 사용하는 방법으로 측정할 수 있다. 무기산들은 pH 3.7 또는 메틸오렌지 지시약을 이용하여 측정한다. 이 같은 이유에서 무기 산도를 메틸오렌지 산도(methyl orange acidity)라고도 한다. 시료를 페놀프탈레인 종말점(phenolphthalein end point)인 pH 8.3까지 적정하여 무기 산도와 함께 약한 산에 의한 산도까지 측정한다. 이 총산도(total acidity)를 페놀프탈레인 산도라고도 한다.

이산화 탄소

이산화 탄소에 대하여 믿을 만한 결과를 얻기 위해서는 사용하는 방법에 관계없이, 시료의 채취, 취급 및 분석에 각별한 주의가 필요하다. 이산화 탄소가 신중히 고려되어야 하는 물에서는 이산화 탄소가 대기 중의 부분 압력보다 훨씬 큰 부분압력을 가지고 있기 때문이다. 그러므로 공기에 노출되지 않도록 해야 하며, 노출이 되어도 최소한이 되도록 하여야 한다. 따라서 공기에의 노출과 온도변화를 피할 수 있는 채취지점에서 직접 분석하는 것이 가장 좋은 결과를 얻을 수 있다.

시료는 용존 산소를 측정하기 위한 시료를 채취할 때와 같은 방법으로 채취해야 한다. 즉 채수기(submerged tube 또는 pipe inlet)를 사용하여, 공기 방울이 생기지 않도록 하면서, 채취용기를 흘러 넘치게 하여 공기와 접촉된 물이 배제되도록 하여 채취한다. 시료를 실험실로 옮겨서 분석해야 하는 경우에는, 시료병을 완전히 채우고 에어 포켓(air pocket)이 생기지 않도록 마개를 잘 덮어야 한다. 온도는 가능한 채취한 지점의 온도와 비슷하게 유지해야 한다.

적정법(titration method) 공기와의 접촉을 최소한으로 하기 위해서는 눈금 실린더 또는 비색관(比色管, color-comparison tube)에 시료를 채취하여 적정하는 것이 가장 좋다. 비색관이나 실린더를 흘러 넘칠 때까지 채우고, 과잉분은 사이펀으로 뽑아내거나 피펫(pipet)으로 제거하여 시료의 양을 적절히 조절한다. 적당한 양의 페놀프탈레인 지시약을 넣은 후, 이산화 탄소의 손실이 최소한으로 되도록 하면서 적정한다. 대체로 첫 번 적정에서는 과도하게 저어주게 되므로 이산화 탄소의 현저한 양이 소실(消失)된다. 믿을 만한 결과는 두 번째 시료를 적정하여 구할 수 있으며, 이때는 교반(stirring)하기 앞서 첫 번 적정에서 구한 양의 적정 표준액(titrant)을 넣는다. 이렇게 하면 이산화 탄소의 큰 손실 없이 적정을 할 수 있다. 종말점에서는 약간 느리게 도달하게 되므로 분홍색을 30초 동안 지속해서 나타낼 때까지 적정하는 것이 바람직하다.

수산화 나트륨(sodium hydroxide)을 표준 시약으로 사용할 때는 탄산 나트륨(sodium carbonate)이 포함되지 않은 것이라야 한다. 중화반응은 다음과 같이 두 단계로 일어난다.

$$2NaOH + CO_2 \rightarrow Na_2CO_3 + H_2O \tag{17.5}$$

$$Na_2CO_3 + CO_2 + H_2O \rightarrow 2NaHCO_3 \tag{17.6}$$

식 (17.6)으로부터 수산화 나트륨 속에 탄산 나트륨이 들어 있을 경우에는 오차가 생기게 됨을 알 수 있다. 이 문제를 해결하는 방법으로는 탄산 나트륨 용액을 표준 적정액으로 사용하여 이산화 탄소를 정정하는 것이 좋다. 탄산나트륨은 식 (17.6)에 보인 바와 같이 이산화 탄소와 정량적으로 반응하므로 이 능력을 이용할 수가 있다. 또한 분석용 등급(analytical grade)의 시약을 쉽게 구할 수 있는 아주 좋은 이점(利點)이 있기도 하다.

pH와 알칼리도로부터 계산하는 방법 시료 속의 이산화 탄소의 양은 탄산(carbonic acid)에 대한 이온화 방정식으로부터 계산할 수도 있다. pH가 대략 8.5 이하일 때는 탄산의 일차 이온화 상수를 이용할 수 있으며, 수소 이온 농도 및 탄산수소 이온(bicarbonate ion)농도와 K_{A1}값을 알면,

$$\frac{[H^+][HCO_3^-]}{[H_2CO_3^*]} = K_{A1} \tag{17.7}$$

실제로는 이 식에서의 $[H_2CO_3^*]$는 탄산과 유리 이산화 탄소(free carbon dioxide) 몰농도의 합에 해당되며, 이것은 이 두 형태를 구별하기가 어렵기 때문이다. 유리 이산화 탄소가 이 전체 합의 약 99%를 차지하므로 이 식은 비록 상당히 잘 맞는 것이기는 하나 참 평형식(true equilibrium expression)의 근사적인 식일 뿐이다.

다음에 식 (17.7)의 사용 예를 설명하겠다. 만일 $K_{A1} = 4.3 \times 10^{-7}$, $[H^+] = 10^{-7}$ 이고 $[HCO_3^-] = 4.3 \times 10^{-3}$이라면, CO_2 농도는 $(10^{-7})(4.3 \times 10^{-3})/(4.3 \times 10^{-7}) = 10^{-3}$ mol/L 또는 44 mg/L로 된다. 그러나 이 계산이 보다 정확히 이루어지기 위해서는 4.3절에서 설명한, 공존하는 다른 이온들의 영향과 K_{A1} 또는 K_W에 대한 온도의 영향을 반드시 고려해 주어야 한다. 이와 같은 인자들을 고려하려면, 유리 이산화 탄소의 계산 과정이 복잡하게 되므로, "Standard Methods"에 있는 계산 도표(nomographic chart)를 사용하여 시료의 pH, 알칼리도, 용존 고형물(dissolved solids) 및 온도로부터 유리 이산화 탄소의 양을 구한다.

pH와 알칼리도를 측정하여 이산화 탄소를 구하는 것이 정확도가 높은 결과를 얻을 수 있으나, 반드시 그렇지는 않다. 이 방법에서는 총고형물(total solid) 농도를 반드시 알아야 하기 때문이다. 이를 위해서는 별도의 분석, 즉 무게 분석법이나 혹은 전도도법에 의한 측정 분석이 필요해 진다. 또한 작은 변화에도 큰 오차가 생겨나게 되기 때문에 pH는 아주 정확히 측정되어야 한다. 예를 들면 pH 측정에서 0.1이 부정확하였다면, 이산화 탄소에 약 25%의 오차가 생겨나게 된다. 그러므로 실험실이나 시료채취 현장에서 이와 같은 방법으로 해서 얻은 결과가 적정법에서 설명한 사항들에 충분한 주의를 기울여 가며 적정해서 얻은 결과보다 더 믿을 만하다고는 할 수 없다. 각각의 방법들에 포함되어 있는 난점(難點)들을 고려할 때, 이산화 탄소 농도가 2 mg/L 이상일 때는 적정방법이 적당하며, 이보다 낮은 농도의 경우에는 적정 오차가 훨씬 커질 수 있으므로 계산방법이 더 좋다.

현장 분석법(field method) 적정법을 사용하는 것이 여러 가지 이점이 있으며, 또 실용상 만족할 만한 정확도를 가진 결과가 구해진다.

메틸오렌지 산도

pH가 4 이하인 모든 자연수(自然水)와 대부분의 산업폐수는 무기산도 또는 메틸오렌지 산도를 포함한다. 무기산(mineral acid)들은 pH가 약 3.7로 상승하였을 때 완전히 중화되는데(그림 4.7 참조), 일반적으로 pH미터를 이용할 수 없는 곳에서는 색깔이 있는 지시약을 사용한다. 이전에는 메틸오렌지를 널리 사용하였지만 최근에는 pH 3.7에서 색의 변화가 큰 브롬페놀 블루(bromphenol blue)가 권장되고 있다. 메틸오렌지 산도는 $CaCO_3$로 환산하여 그 결과를 보고한다. $CaCO_3$는 당량(equivalent weight)이 50이므로, 0.02N NaOH를 표준 적정 시약으로 사용하며 이 용액 1 mL는 1 mg의 산도와 등가이다.

페놀프탈레인 산도

경우에 따라서 시료 중의 무기산과 약한 산들로부터 비롯되는 총 산도(total acidity)를 측정할 필요가 있다. 대부분의 약한 산들은 pH 8.3까지 적정하는 동안 완전히 중화되므로, 이 적정에는 페놀프탈레인 또는 메타크레솔 퍼플(metacresol purple) 지시약을 사용할 수 있다. 중금속의 염(salt)이 존재할 때는 시료를 가열하여 끓인 다음 적정을 하는 것이 바람직하다. 가열을 하면 금속염(metal salt)의 가수분해(hydrolysis)가 빨라져서, 적정을 더 신속하게 완결지을 수 있게 해준다. "Standard Methods"에서는 가수분해속도를 증가시키기 위해 과산화 수소를 첨가하는 것을 제안하고 있다. 이때도 적정표준시약으로는 0.02N NaOH를 사용하며, 페놀프탈레인 산도도 $CaCO_3$로 환산하여 나타낸다.

17.5 산도 자료의 용도

이산화 탄소의 측정은 공설급수의 분야에서 특히 중요하다. 새로운 급수원(給水源)을 개발할 때는 처리방법과 시설에서 반드시 고려해야 하는 중요한 인자(factor)이다. 대부분의 지하급수원(地下給水源)은 이산화 탄소에 의한 부식 특성(corrosive character)이 있으므로 이를 제거하기 위한 처리를 해야 한다. 따라서 이산화 탄소의 함량은 이를 폭기(aeration)하여 제거할 것인지 또는 단순히 석회나 수산화 나트륨으로 중화시킬 것인지 등 그 처리방법을 선택 결정하는 데에 중요한 인자이다. 장치의 크기, 필요한 약품양, 저장장소의 크기와 처리비용 등은 모두 이산화 탄소의 함량에 따라 결정된다. 이산화 탄소는 석회 또는 석회-소오다회 단물화에서 필요한 약품의 양을 추정하는 데도 중요한 고려사항이기도 한다.

무기산도를 나타내는 대부분의 산업폐수는 하천이나 하수관 또는 어떤 종류의 처리장으로든 방류하기에 앞서 반드시 중화시켜야 한다. 약품의 양, 약품 주입기(chemical feeder)의 크기, 저장장소 및 비용(cost) 등은 산도에 대한 실험자료에 의해 결정된다.

연습문제

17.1 자연수에 있어서 산도의 원인은 무엇인가?

17.2 (a) 수중의 무기산도를 측정하는 데 이용되는 pH 범위는?
(b) 수중의 총산도를 측정하는 데 이용되는 pH범위는?

17.3 물에서 산도를 측정하는 이유를 설명하시오.

17.4 시료의 pH를 그 물의 산도로부터 계산할 수 있는가? 이유를 설명하여라.

17.5 상당한 농도의 아세트산(acetic acid)을 포함하고 있는 것으로 알려진 폐수시료 중의 이산화 탄소를 적정법으로 측정할 수 있는가? 이유를 설명하여라.

17.6 물에서 이산화 탄소를 측정하는 방법과 각 방법들의 장,단점을 기술하시오.

17.7 현장에서 채취 측정한 시료의 pH가 6.8이었다. 분석을 위해 실험실로 옮겨 가지고 가서 측정하였더니 pH가 7.5로 상승하였다. 이와 같은 변화가 일어날 수 있게 된 이유를 설명하여라.

17.8 어떤 자연수의 pH가 7.3이고 탄산수소 이온 농도(HCO_3^-로서)가 30 mg/L라면 이 산화 탄소의 함량은 얼마로 추산되겠는가? 용존 고형물(dissolved solid)의 이온 활동도(ion activity)에 대한 영향은 무시하고 물의 온도는 25℃로 가정한다.

17.9 (a) 어떤 상수(上水)의 탄산수소 이온 농도가 50 mg/L이고, CO_2 함량이 30 mg/L인 것으로 나타났다. 이 물의 pH를 추산하여라(물의 온도는 25℃다.)

(b) 위의 물을 폭기시켜 CO_2 함량을 3 mg/L로 감소시켰다면, pH는 얼마로 되겠는가?

17.10 공기는 부피로 평균 0.032%의 이산화 탄소를 포함한다. 물에서의 이산화 탄소의 Henry의 법칙 상수, K_H는 20℃에서 26 atm/M이다.

(a) 식 (2.15)를 사용하여, 해면(sea level)에서 대기 중의 이산화 탄소와 평형을 이룰 때 물속의 이산화 탄소의 농도를 계산하여라.

(b) 위의 계산결과를 바탕으로 하여 10 mg/L의 이산화 탄소를 포함하는 시료물을 이산화 탄소에 대한 적정을 행하기 전에, 격렬하게 흔들어 주어 공기에 노출시켰다면 어떤 일이 일어나겠는가?

17.11 어떤 시료의 메틸오렌지 산도가 60 mg/L이다. pH를 4.3으로 올리는 데 필요한 석회(lime)의 양을 $Ca(OH)_2$의 mg/L로 계산하여라.

참고문헌

Clesceri, L. S., A. E. Greenberg, and A. D. Eaton (eds.) : "Standard Methods for the Examination of Water and Wastewater," 20th ed., American Public Health Association, Washington, DC, 1998.

CHAPTER 18

알칼리도

18.1 개 요

물의 알칼리도(alkalinity)는 산을 중화(中和)할 수 있는 능력의 크기를 말한다. 때로는 산 중화 능력(acid neutralization capacity, ANC)이라는 용어도 사용된다. 자연수의 알칼리도는 약한 염기나 센 염기에 의하여 나타날 때도 있으나, 주로 약한 산의 염들에 기인한다. 탄산수소염(bicarbonate)은 식 (17.1)에서 보는 바와 같이 토양의 염기성 물질(basic material)과 이산화 탄소와의 반응에 의해 상당한 양이 생성되므로, 알칼리도의 주된 형태로 나타난다. 그 밖에 약한 산의 염들, 즉 붕산염(borate), 규산염(silicate), 인산염 등이 소량(小量) 존재하기도 한다. 생물학적 산화가 대단히 어려운 몇 가지 유기산, 예를 들어 부식산(humic acid)과 같은 것들은 자연수에 알칼리도를 나타내게 하는 염을 생성한다. 오염된 물이나 혐기성 상태의 물에서는 아세트산, 프로피온산, 황화 수소와 같은 약한 산의 염들이 생성될 수 있으며, 이들은 알칼리도를 증가시킨다. 경우에 따라서는 암모니아나 수산화물들이 물의 총 알칼리도를 나타내는 경우도 있다.

특정한 조건에서는, 자연수가 탄산염 알칼리도와 수산화물 알칼리도(hydroxide alkalinity)를 다량(多量) 포함할 수도 있다. 이러한 상태는 특히 조류(藻類)가 번성하고 있는 표면수에서 특히 확실하게 나타난다. 조류는 때로 물에서 어느 정도의 유리 및 결합 이산화 탄소를 제거하여 pH를 9～10까지 상승시키기도 한다. 이와 관련된 화학은 18.7절에서 설명하겠다. 보일러 용수는 항상 탄산염 알칼리도 및 수산화물 알칼리도를 포함한다. 화학적으로 처리된 물, 특히 석회(lime) 또는 석회-소오다회에 의해 단물화된 물은 탄산염과 여분의 수산화물을 포함하게 된다.

많은 물질들이 물의 알칼리도에 기여할 수 있으나, 자연수 중에서 알칼리도를 나타내는 주된 것은 다음과 같이 pH값이 높은 순서에 따라 분류될 수 있는 세 부류의 물질들에서 기인된다. 즉 (1) 수산화물, (2) 탄산염, (3) 탄산수소염. 실제로 자연수에서 이들 이외의 다른 물질에 의한 알칼리도는 중요하지 않으며 무시해도 된다.

물의 알칼리도는 주로 약한 산의 염 및 센 염기들에 기인하며, 4.6절에서 설명한 바와 같이, 이 물질들은 산이 첨가될 때 pH가 저하되는 것을 억제하는 완충작용을 나타낸다. 따라서 알칼리도는 완충 능력의 척도이기도 하며 이러한 점에서 폐수처리에서 이용범위가 대단히 넓다.

|18.2| 공중보건에 미치는 영향

지금까지 알려진 바로는 물의 알칼리도는 공중보건에 거의 영향을 미치지 않는다. 그러나 고농도의 알칼리성 물은 때때로 pH가 높아 이 물을 마시는 일부 소비자들로부터 외면을 받기도 한다. 이 때문에 미국 환경청에서는 pH에 대한 기준 상한치를 8.5로 규정하고 있다.

|18.3| 알칼리도의 측정 방법

알칼리도는 0.02N 황산으로 적정하여 측정하며, 탄산칼슘 등가량(equivalent)으로 환산하여 나타낸다. 초기 pH가 8.3이 넘는 시료에 대해서는 두 단계의 적정을 한다. 첫 번째 단계에서는 pH가 8.3으로 될 때까지 적정하며, 이때 페놀프탈레인 지시약은 분홍색에서 무색으로 변한다. 적정의 두 번째 단계에서는 pH 약 4.5로 될 때까지 적정하며, 이 pH는 메틸오렌지 종말점에 해당한다. 시료의 pH가 8.3 이하일 때는 pH 4.5까지 한번의 적정을 한다.

첫 번째 적정에서 종말점으로 pH 8.3을 선정한 것은 4.5절에서 설명한 알칼리 정량 측정법(alkalimetry)의 기본원리와 같다. 이 값은 탄산 이온이 탄산수소 이온으로 전환되는 당량점에 해당한다.

$$CO_3^{2-} + H^+ \rightarrow HCO_3^- \tag{18.1}$$

적정의 두 번째 단계에서 종말점으로 약 4.5의 pH를 사용하는 것은 탄산수소 이온이 탄산으로 전환되는 당량점에 거의 일치하기 때문이다.

$$HCO_3^- + H^+ \rightarrow H_2CO_3 \tag{18.2}$$

식 (4.66)에 의하면, 이 적정에 대한 정확한 종말점은 시료 중의 초기의 탄산수소이온의 농도에 따라 결정될 것이다. 표 4.2의 탄산의 탄산수소 이온에 대한 이온화 상수(pK_B)를 사용하면 식 (4.66)은 다음과 같이 된다.

$$\mathrm{pH}(\text{탄산수소 이온, 당량점}) = 3.19 - \frac{1}{2}\log[\mathrm{HCO_3^-}] \quad (18.3)$$

0.01 M의 $[HCO_3^-]$는 $CaCO_3$로 500 mg/L 알칼리도에 해당하며 당량점은 4.19가 된다. 적정하는 도중 탄산수소염으로부터 생성되는 탄산이나 이산화 탄소가 용액에서 소실(消失)되지 않아야만 이러한 값을 얻을 수 있다. 페놀프탈레인이나 메타크레솔 퍼플 지시약으로 pH 8.3에서, 브로모크레솔 그린이나 혼합 브롬크레솔 그린 메틸레드 지시약은 pH 4.5에서 변색점을 나타내나 알칼리도의 측정에 있어, 이론적인 화학량적 실제 pH는 전기 적정법(electrometric titration)에 의해 가장 정확하게 구할 수 있다. 특히 이러한 사실은 단지 탄산수소염 한 가지 만에 의하여 나타나는 결과의 총합이 총알칼리도로 되는 자연수에서 중요하다. 적정 곡선(그림 18.1)의 변곡점에서의 pH를 종말점으로 취한다. 식 (18.3) 또는 "Standard Methods"로부터 얻을 수 있는 여러 알칼리도에 대한 당량점에서의 pH값은 단지 순수한 탄산수소염 용액에 대해서만 적용되며, 가정하수나 산업폐수 또는 자연수에 적용해서는 안 된다.

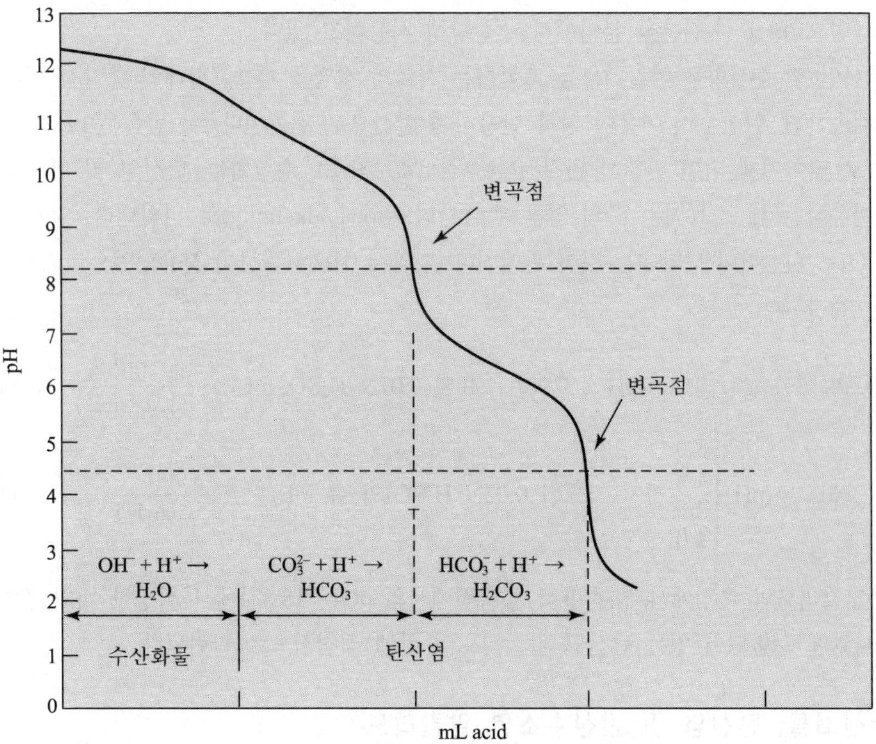

⇧ 그림 18.1 수산화물-탄산염 혼합물에 대한 적정곡선

18.4 알칼리도의 표현 방법

알칼리도의 측정은 여러 가지 물질들에 대하여 광범위하게 이루어지고 있다. 즉 비교적 순수한 물에서부터 도시하수, 산업폐수 등의 오염된 물과 소화슬러지에 이르기까지 다양한 물질들에 대하여 알칼리도를 측정하게 된다. 알칼리도를 표현하는 방법에는 여러 가지가 있으므로, 다음에 그 방법을 어느 정도 상세하게 설명하고 또 이 방법들이 적용되는 분야를 간단히 소개하겠다.

페놀프탈레인 알칼리도 및 총알칼리도

그림 4.7의 센 염기(수산화물 알칼리도)에 대한 적정 곡선과 그림 4.9의 탄산 나트륨(solid carbonate)에 대한 적정 곡선을 보면, 모든 수산화물은 pH가 10으로 감소되는 동안 완전히 중화되면, 탄산 이온은 pH가 8.3으로 감소될 때 탄산수소 이온으로 전환되는 것을 알 수 있다. 수산화물과 탄산염을 포함하는 혼합물에서 탄산염은 그림 18.1에서 보는 바와 같이 pH 8.3 에서만 변곡점을 나타내는 적정 곡선으로 바뀐다. 이러한 이유로, 페놀프탈레인 종말점까지 측정한 알칼리도를 페놀프탈레인 알칼리도(phenolphthalein alkalinity)라고 표현하는 것이 일반적인 관례로 되어 있다. 현재 이 용어는 폐수처리 현장에서 널리 사용되고 있으며, 또 수질분석 분야에서도 상당히 사용하고 있다.

탄산염 및 수산화물 알칼리도를 포함하는 시료의 적정을 페놀프탈레인 종말점 이하로까지 계속하면, 탄산수소 이온이 산과 반응하여 탄산으로 전환된다. 이 반응은 pH가 약 4.5 이하로 낮아지게 되면 완전히 완결된다(그림 18.1 참조). 수산화물, 탄산염 및 탄산수소염과 반응하는 데 소요되는 산의 양을 총알칼리도(total alkalinity)로 나타낸다. 알칼리도는 $CaCO_3$로 환산하여 나타내는 것이 관례이다. 따라서 0.02N 황산이 사용되었으므로, 다음과 같이 계산한다.

$$\text{페놀프탈레인 알칼리도} = (\text{pH 8.3까지 소요된 0.02N } H_2SO_4 \text{ mL}) \times \frac{1000}{\text{시료(mL)}} \tag{18.4}$$

$$\text{총알칼리도} = \left(\text{pH} \begin{cases} 5.0 \\ 4.8 \\ 4.6 \\ 4.0 \end{cases} \text{까지 소요된 0.02N } H_2SO_4\text{의 총 mL}\right) \times \frac{1000}{\text{시료(mL)}} \tag{18.5}$$

총알칼리도의 측정에서, 화학량적 종말점에서의 pH는 18.3절에서 설명한 바와 같이 초기 시료에 포함되어 있는 탄산염 알칼리도의 양에 직접적으로 관련된다.

수산화물, 탄산염 및 탄산수소염 알칼리도

수질 분석에서는 때로 여러 형태의 알칼리도의 양과 종류를 알아야 할 때가 있다. 특히 이 자료는 단물화 공정(water-softening process)과 보일러 용수의 분석에서 필수적이다. 수산화물, 탄산염 및 탄산수소염 알칼리도는 센 염기들과 탄산 나트륨에 대한 적정 곡선에서 얻은 기초자료로부터 계산하는 것이 관례다(그림 4.7 및 4.9 참조). 이러한 계산에는 보통 다음과 같은 세 가지 방법이 사용된다. (1) 알칼리도 측정값 만을 이용한 계산, (2) 알칼리도와 pH 측정값을 이용한 계산, (3) 평행상수식에 의한 계산. 첫 번째 방법은 고전적 방법이며, 페놀프탈레인 알칼리도와 총알칼리도로부터 여러 가지 형태의 알칼리도를 계산하는 경험적인 관계식에 근거한 것이다. 이 방법은 관련 기초과학 지식이 없는 기술자들과 그 밖의 사람들이 흔히 이용하고 있다. 이 방법에 의한 결과는 pH가 9 이상인 시료에 대해 근사값 만을 제공할 뿐이다. 그러나 단물화, 부식 방지, 높은 pH에서의 물때(scale)의 생성 방지 분야에 관심이 있는 수질 화학자와 엔지니어들은 이온 종(ionic species)과 농도를 보다 중요하게 생각한다. 그러므로 모든 pH값에서의 수산화 이온, 탄산 이온 및 탄산수소 이온 농도를 정확하게 계산할 수 있어야 한다. 이것은 두 번째 또는 세 번째 방법으로 계산하여 얻을 수가 있다.

두 번째 방법은 실제로 사용할 수 있을 만큼 충분히 정확한 값을 구할 수 있으며, 페놀프탈레인 알칼리도와 총알칼리도 측정값을 이용한다. 한편, 수산화물 알칼리도를 직접 계산하기 위해서는 초기 pH값의 정확한 측정값이 요구된다.

세 번째 방법에서는 탄산에 대한 여러 평형상수식을 사용하여 여러 형태의 알칼리도의 농도를 계산한다. 이 방법은 정확한 pH 측정이 행해지면, 수 mg/L 정도가 존재할 때도 각 성분의 상당히 정확한 값을 구할 수 있다. 낮은 농도의 성분들이 중요할 때도 있다. pH의 측정과 동시에 총알칼리도 측정이 행해져야 한다. 또한 이온 활동도에 대한 보정을 위해서는 용존 고형물이 측정되어야 하며(4.3절), 적합한 평형상수의 선정을 위해서는 온도의 측정을 반드시 이루어져야 한다. 이들 방법에 대한 기본사항을 이해하는 것은 중요하며, 이에 대하여 다음에 계속해서 설명하겠다.

알칼리도 측정값으로부터의 계산

이 방법으로는 페놀프탈레인 알칼리도와 총알칼리도가 구해지며, 이들 측정치로부터 알칼리도의 세 가지 형태, 즉 수산화물, 탄산염 및 탄산수소염 알칼리도를 계산해낸다. 이 방법에서는 수산화물 알칼리도와 탄산수소염 알칼리도가 같은 시료 속에 존재할 수 없다고 가정(정확하지는 않으나)하여 계산할 수 있다. 여기에는 다음과 같은 다섯 가지 경우만이 존재할 수 있다. 즉 (1) 수산화물만 존재, (2) 탄산염만 존재, (3) 수산화물과 탄산염이 존재, (4) 탄산염과 탄산수소염이 존재, (5) 탄산수소염만 존재. 그림 4.7과 4.9를 보면 pH 8.3 으로 떨어지기까지 충분한 양의 산을 가하는 동안, 수산화물은 완전히 중화되고, 탄산염은 같은 정도로 pH가 감소될 때 정확히 1/2이 중화됨을 알 수 있다. −pH 약 4.5로 될 때까지 적정을 계속하면, 수산화물 중화에 소요되는 산의 양은 무시할 수 있을 정도로 적으며, 탄산염에 대해서는 pH 8.3까지 적정하는 데 사용된 산의 양과 정확히 같은 양이 들게 된다. 이것이 각 알칼리도의 존재 형태와 그 양을 결정하는 데 필요한 기본자료들이다. 그림 18.2는 여러 가지 알칼리도가 공존(共存)할 때의 전형적인 적정 형태를 나타낸 것이다.

수산화물만 존재하는 경우 수산화물 알칼리도만을 포함하는 시료의 pH는 보통 10 이상으로 높다. 적정은 페놀프탈레인 종말점에서 완결되며, 이 경우 수산화물 알칼리도는 페놀프탈레인 알칼리도와 같아진다.

탄산염만 존재하는 경우 탄산염 알칼리도만을 포함하는 시료의 pH는 8.5이거나 이보다 약간 높다. 페놀프탈레인 종말점까지의 적정량은 전체 적정량의 정확히 1/2이며, 이 경우 탄산염 알칼리도는 총알칼리도와 같다.

수산화물과 탄산염이 존재하는 경우 수산화물 및 탄산염 알칼리도를 포함하는 시료는 pH가 높으며, 대개 10 이상이다. 페놀프탈레인 종말점으로부터 브롬크레솔 그린 종말점까지의 적정량은 탄산염 알칼리도 적정량의 1/2을 나타낸다. 따라서 탄산염 알칼리도는 다음과 같이 계산한다.

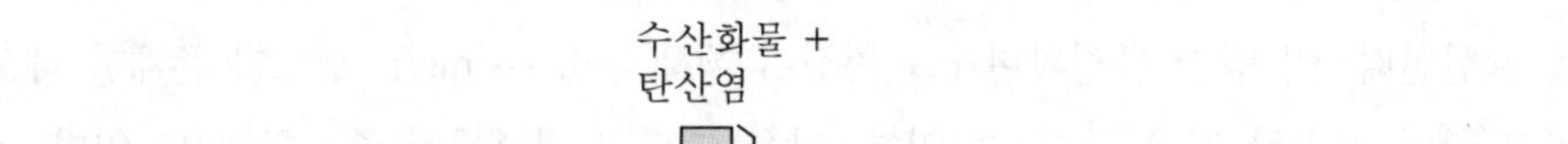

⇧ 그림 18.2 여러 종류의 알칼리도를 함유하는 시료의 적정과 형태

$$\text{탄산염 알칼리도} = 2\,(\text{pH 8.3에서 4.5까지의 적정량}) \times \frac{1{,}000}{\text{시료}(\text{mL})}$$

또한 수산화물 알칼리도는 다음과 같이 된다.

$$\text{수산화물 알칼리도} = \text{총알칼리도} - \text{탄산염 알칼리도}$$

탄산염과 탄산수소염이 존재하는 경우 탄산염과 탄산수소염 알칼리도를 포함하고 있는 시료의 pH는 8.3보다 높으며, 대개 11보다는 낮다. 페놀프탈레인 종말점까지의 적정량은 탄산염 알칼리도의 1/2을 나타낸다. 탄산염 알칼리도는 다음과 같이 계산한다.

$$\text{탄산염 알칼리도} = 2\,(\text{pH 8.3까지의 적정량}) \times \frac{1{,}000}{\text{시료}(\text{mL})}$$

그리고 탄산수소염 알칼리도는 다음과 같이 계산한다.

$$\text{탄산수소염 알칼리도} = \text{총알칼리도} - \text{탄산염 알칼리도}$$

탄산수소염만 존재하는 경우 탄산수소염 알칼리도만을 포함하고 있는 시료는 pH가 8.3 이하이다. 이 경우 탄산수소염 알칼리도는 총 알칼리도와 같다.

이상의 근사법들은 다음에서 설명하는 보다 정확한 방법으로 바뀌어져 가고 있다.

알칼리도와 pH측정치로부터의 계산

이 방법에서는 pH, 페놀프탈레인 알칼리도 및 총알칼리도를 측정하여 수산화물 알칼리도, 탄산염 알칼리도 및 탄산수소염 알칼리도를 계산해 낸다.

수산화물 알칼리도 수산화물 알칼리도는 물의 해리상수를 이용하여, pH 측정값으로부터 계산한다.

$$[OH^-] = \frac{K_W}{[H^+]} \tag{18.6}$$

이 계산에서는 $[H^+]$의 결정을 위한 pH의 정확한 측정값이 요구된다. 1 mol/L의 수산화물 농도는 $CaCO_3$로서 50,000 mg/L의 알칼리도에 해당하므로, 위의 식을 다음과 같이 나타내는 것이 더 편리해진다.

$$\text{수산화물 알칼리도} = 50000 \times 10^{(\text{pH} - \text{p}K_W)} \tag{18.7}$$

25℃에서 pK_W = 값은 14.00이다. 그러나 이 값은 0℃에서는 14.94, 40℃에서는 13.53으로 바뀐다. 따라서 온도 측정이 중요하며, 온도에 따라 보정된 pK_W 값을 사용해야 한다. pH, 온도 및 수산화물 알칼리도들 사이의 관계를 그림 18.3에 나타내었다. 실제 사용할 때

는 무시할 수도 있어서 대개의 경우 필요하지는 않지만, 더욱 정확하게 나타내기 위해서는 이온 활동도에 영향을 미치는 용존 고형물의 농도를 측정해야 한다.

"Standard Methods"의 계산도표(nomograph)를 이용하면 pH, 온도 및 용존 고형물의 측정량으로부터 수산화물 알칼리도를 신속하게 계산할 수가 있다.

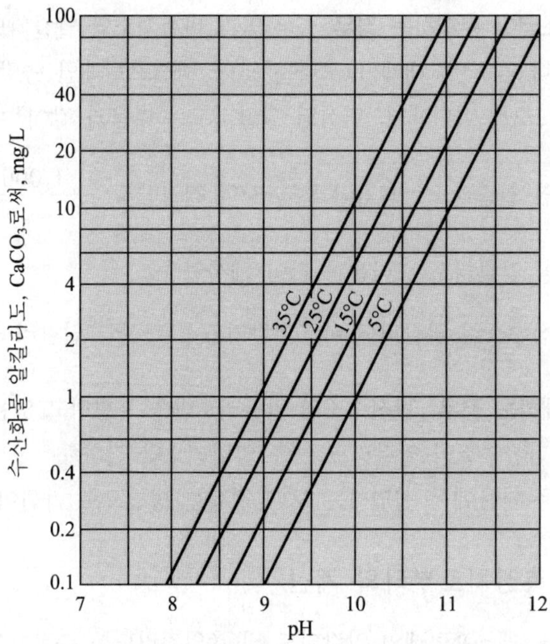

⇧ 그림 18.3 여러 온도에서의 수산화물 알칼리도와 pH의 관계

탄산염 알칼리도 수산화물 알칼리도가 일단 결정되며, 앞서의 원리에 따라 탄산염 알칼리도 및 탄산수소염 알칼리도를 계산해 낼 수 있다. 페놀프탈레인 알칼리도는 수산화물 알칼리도에 탄산염 알칼리도의 반을 더한 값과 같으므로 탄산염 알칼리도는 다음과 같이 계산된다.

$$\text{탄산염 알칼리도} = 2\,(\text{페놀프탈레인 알칼리도} - \text{수산화물 알칼리도}) \qquad (18.8)$$

탄산수소염 알칼리도 pH 8.3에서 4.5까지의 적정량은 탄산염 알칼리도의 반에 탄산수소염 알칼리도 모두를 더한 것이다. 따라서 수산화물 알칼리도와 탄산염 알칼리도 값을 빼고 남은 알칼리도가 탄산수소염 알칼리도이다. 그러므로 탄산수소염 알칼리도는 다음과 같이 계산된다.

$$\text{탄산수소염 알칼리도} = \text{총알칼리도} - (\text{탄산염 알칼리도} + \text{수산화물 알칼리도}) \qquad (18.9)$$

평형상수식에 의한 계산[1)]

평형상수식과 용액 속의 전기적 중성(electroneutrality), 즉 전하수지를 고려하여 여러 형태의 알칼리도의 분포를 계산할 수도 있다. 용액이 전기적 중성을 유지하기 위해서는 양이온들의 당량 농도를 합한 것이 음이온들의 당량 농도를 합한 것과 같아야 한다. 총알칼리도는 음이온들을 생성하는 알칼리도와 결합하고 있는 소수 이온을 제외한 모든 양이온들의 당량 농도를 측정하는 것이다. 따라서 예제 4.17과 같이 알칼리도와 결합되어 있는 양이온들과 음이온들의 당량농도는 다음과 같은 관계를 갖게 된다.

$$[H^+] + \frac{\text{알칼리도}}{50{,}000} = [HCO_3^-] + 2[CO_3^{2-}] + [OH^-] \tag{18.10}$$

여기서 고려되어야 하는 평형상수식은 물에 대한 평형상수식인 식 (18.6)과 탄산의 2차 이온화에 대한 평형상수식이다. 즉,

$$\frac{[H^+][CO_3^{2-}]}{[HCO_3^-]} = K_{A2} \tag{18.11}$$

이다. pH 측정값으로부터, 식 (18.6)을 사용하면 $[H^+]$ 및 $[OH^-]$가 결정된다. 미지의 항은 $[HCO_3^-]$ 및 $[CO_3^{2-}]$일 뿐이므로, 이것은 식 (18.10)과 (18.11)을 연립하여 풀어서 구할 수 있다. 즉

$$\begin{matrix}\text{탄산염 알칼리도} \\ (\text{mg/L as } CaCO_3)\end{matrix} = \frac{50{,}000\left[(\text{알칼리도}/50{,}000) + [H^+] - (K_W/[H^+])\right]}{1 + [H^+]/2K_{A2}} \tag{18.12}$$

$$\begin{matrix}\text{탄산수소염 알칼리도} \\ (\text{mg/L as } CaCO_3)\end{matrix} = \frac{50{,}000\left[(\text{알칼리도}/50{,}000) + [H^+] - (K_W/[H^+])\right]}{1 + 2K_{A2}/[H^+]} \tag{18.13}$$

25℃에서 K_W는 10^{-14}, K_{A2}는 4.7×10^{-11}이다. 그러나 이 값들은 온도에 따라 크게 변한다. 또한 4.3절에서 설명한 바와 같이 이온의 농도에 따라 이온 활동도도 크게 달라진다. 이에 대한 보정에는 시간이 많이 소요되므로, "Standard Methods"의 탄산염 및 탄산수소염을 구할 수 있는 계산도표를 작성하여 이용한다. 식 (18.12) 및 (18.13)과 마찬가지로 계산도표에서도 $CaCO_3$로 나타낸 알칼리도를 구하게 된다. 탄산 이온이나 탄산수소 이온의 실제 농도를 구해야 할 때는 다음의 환산식을 사용하여 CO_3^{2-}나 HCO_3^-의 mg/L의 농도로 환산한다.

$$\text{mg/L } CO_3^{2-} = \text{탄산염 알칼리도(mg/L)} \times 0.6 \tag{18.14}$$

1) E. W. Moore, *J. Amer. Water Works Assoc.*, **31**: 51 (1939).

$$\text{mg/L } HCO_3^- = \text{탄산수소염 알칼리도(mg/L)} \times 1.22 \qquad (18.15)$$

물 농도는 mg/L 농도를 1 몰의 이온의 무게인 mg으로 나타낸 양으로 나누어주면 된다.

$$[CO_3^{2-}] = \frac{\text{mg/L } CO_3^{2-}}{60{,}000} \text{ 그리고 } [HCO_3^-] = \frac{\text{mg/L } HCO_3^-}{61{,}000} \qquad (18.16)$$

| 18.5 | 자연수에서 이산화 탄소, 알칼리도 및 pH의 관계

이산화 탄소는 물과 다음과 같이 반응한다.

$$CO_2 + H_2O \rightleftharpoons H_2CO_3 \rightleftharpoons HCO_3^- + H^+ \qquad (18.17)$$

$$M(HCO_3)_2 \rightleftharpoons M^{2+} + 2HCO_3^- \qquad (18.18)$$

$$HCO_3^- \rightleftharpoons CO_3^{2-} + H^+ \qquad (18.19)$$

$$CO_3^{2-} + H_2O \rightleftharpoons HCO_3^- + OH^- \qquad (18.20)$$

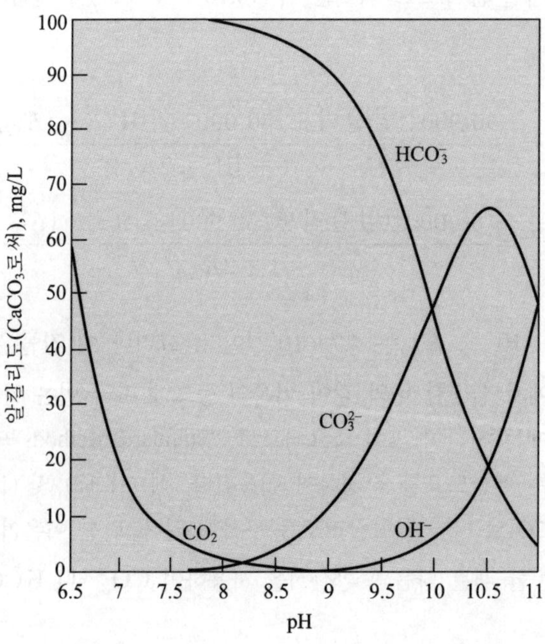

⇧ **그림 18.4** pH 변화에 따른 이산화 탄소와 세 가지 형태의 알칼리도와의 관계 (25℃에서 총 알칼리도 100 mg/L를 가진 물에 대하여 계산된 값들임)

모든 식들이 HCO_3^-를 포함하고 있으므로, 이산화 탄소와 알칼리도의 세 형태가 평형을 이루고 있는 한 계에 모두 포함되어 있다는 것을 알 수 있다. 이 계에서 어느 한 가지라도 그 농도가 변하게 되면 평형이 이동하게 되고, 다른 이온들의 농도를 바뀌게 하며, pH가 변하게 된다. 반대로 pH가 변하여도 이 관계들이 변하게 될 것이다. 그림 18.4는 실제 환경공학 업무에서 중요시되는 pH 범위에서 100 mg/L의 총 알칼리도를 갖는 물에서의 이산화 탄소 및 세 가지 형태의 알칼리도와의 관계를 나타낸 것으로 식 (17.7), (18.7), (18.12)와 (18.13)을 이용하여 작성한 것이다. 그림 18.4는 예에 불과한 것이며, 이 관계는 총알칼리도 및 온도 등에 따라 달라진다.

18.6 알칼리도 자료의 용도

알칼리도에 관한 자료는 환경공학 실제 업무에서 여러 용도로 사용된다.

화학적 응집

용수 및 폐수의 응집에 사용되는 약품들은 물과 반응하여 불용성 수산화물 침전을 생성한다. 이 반응에서 생성되는 수소 이온은 그 물의 알칼리도와 반응한다. 그러므로 알칼리도는 응집제가 작용하는 pH 범위에서 완충 작용을 나타낸다. 응집이 효과적으로 일어나고 완결되기 위해서는, 알칼리도는 응집제에 의하여 생성되는 산에 의하여 소멸되는 것 이상으로 과잉으로 존재하여야 한다.

단물화

알칼리도는 침전법에 의한 물의 단물화에서 소요되는 석회 및 소오다회의 양을 계산하는데 반드시 고려되어야 하는 중요한 항목이다. 단물화한 물의 알칼리도는 그 물이 음용수 수질기준에 부합되는지의 여부를 판단할 때 검토하는 사항 중의 한 항목이다.

부식방지

알칼리도는 부식 방지(corrosion control)에 있어 중요한 지표로 된다. Langelier지수[2]를 계산하기 위해서는 알칼리도를 반드시 알아야 한다.

---

2) W. F. Langelier, *J. Am. Water* Works Assoc., **28**: 1500(1936) : T. E. Larson and A. M. Buswell, *J. Am. Water Works Assoc.*, **34**: 1667(1942).

완충 능력

알칼리도 측정값은 폐수와 슬러지의 완충 능력(buffer capacity)을 평가하는 수단으로도 된다. 또한 산성비의 영향을 억제 할 수 있는 자연수의 용량을 평가하기 위해서도 사용된다.

산업폐수

많은 단속기관이 유입수역(流入水域)에 가성소오다(수산화물) 알칼리도가 포함된 폐수의 방류를 금지하고 있으며, 도시당국도 하수도에 가성소오다 알칼리도를 포함하는 폐수의 방류를 금지하고 있다. pH와 마찬가지로 알칼리도는 폐수의 생물학적 처리에 대한 순응도를 결정하는 중요한 인자이다.

| 18.7 | 환경공학에서 중요한 기타의 사항들

환경공학자는 이산화 탄소-알칼리도-pH 관계의 설명을 필요로 하는 여러 가지 실제 상황과 자주 만나게 된다.

폭기에 따른 pH의 변화

수중의 이산화 탄소, 암모니아, 휘발성 유기화학물 등은 보통 폭기를 하여 제거한다. 이산화 탄소는 산성의 기체이므로, 제거하게 되면 식 (18.7)에서와 같이 $[H^+]$가 감소하고 따라서, pH가 상승하게 된다. 보통 공기는 부피로 약 0.0032%의 이산화 탄소를 포함한다. 25 ℃에서의 이산화 탄소에 대한 Henry의 법칙상수(식 (2.15))는 약 31.6 atm/M 이며, 따라서 공기와 접촉하고 있는 물의 이산화 탄소의 평형 농도는 $10^{-3.46}$ (44,000)/3.16 이나 0.48 mg/L이다. 식 (17.7)로 계산하면, 알칼리도 100 mg/L를 포함하는 물을 공기 중의 이산화 탄소와의 평형농도까지 폭기시키면 pH가 약 8.6이 된다. 높은 알칼리도를 가진 물일수록 폭기에 따라 더 높은 pH로 되며, 낮은 알칼리도를 가진 물일수록 낮은 pH로 되는 경향이 있다.

조류(algae)의 번성에 의한 pH 변화

대부분의 지표수에는 조류(藻類)가 번성하며, 조류가 빠르게 자라는 지역, 특히 수심이 얕은 물에서는 pH가 10까지 올라가는 것이 관찰된다. 조류는 광합성 작용을 통하여 이산화 탄소를 이용하므로 이산화 탄소가 제거되어 그와 같이 높은 pH를 만든다. 이산화 탄소를 제거하기 위한 폭기의 경우, 적당한 알칼리도를 가진 물의 pH는 8~9로 상승되나, 조류는 유리 이산화 탄소의 농도를 공기와의 평형 농도 이하로 감소시킬 수 있으므로, pH가 더욱 높아질 수 있게 된다. pH가 상승함에 따라 알칼리도의 형태가 바뀌게 되므로, 이에 따라 다음의 평형상수식과 같이 탄산수소염과 탄산염으로부터 조류성장에 필요한 이산화 탄소를 생성하게 된다.

$$2HCO_3^- \rightleftharpoons CO_3^{2-} + H_2O + CO_2 \tag{18.21}$$

$$CO_3^{2-} + H_2O \rightleftharpoons 2OH^- + CO_2 \tag{18.22}$$

따라서 조류에 의한 이산화 탄소의 소비는 알칼리도의 형태를 탄산수소염에서 탄산염으로, 그리고 탄산염을 수산화물 알칼리도로 변화시킨다. 그러나 이러한 변화가 있는 동안에도 $CaCO_3$와 같은 탄산염의 침전이 일어나지 않는다면 총알칼리도는 일정한 것에 유의해야 한다. 조류는 그 성장을 저해하는 pH인 대략 10～11에 도달할 때까지 계속하여 물속의 이산화 탄소를 소비할 수 있다.

야간에는 조류가 이산화 탄소를 소모하는 양보다 생산하는 양이 많아진다. 이것은 호흡과정이 광합성 과정보다 크게 일어나기 때문이다. 이러한 이산화 탄소의 생산은 반대 효과를 나타내게 되고, pH를 감소시킨다. 조류의 광합성 및 호흡으로 인해 지표수에서 pH의 일변화(日變化)가 일어나는 것은 흔히 있는 현상이다.

상당한 양의 Ca^{2+}을 포함하고 있는 자연수에서는, 식 (18.21)에 의하여 탄산 이온 농도가 충분히 많아져 $CaCO_3$ 용해도곱을 초과하게 되면 탄산 칼슘의 침전이 일어난다.

$$Ca^{2+} + CO_3^{2-} \rightleftharpoons CaCO_3(s) \tag{18.23}$$

대체로 침전은 pH가 10에 도달하기 전에 일어나며, 이것이 도달 가능한 pH의 최고 한계가 된다. 조류작용으로 인한 이산화 탄소의 제거에 의해 침전되는 탄산 칼슘은 호수에 이회토(泥灰土)의 퇴적을 일으킨다. 이회토 퇴적물은 석회암의 전구물질(precursor)이다.

보일러 용수의 알칼리도

보일러 용수는 탄산염 알칼리도와 수산화물 알칼리도를 포함한다. 모두 공급수중의 탄산수소염으로부터 유도된다. 이산화 탄소는 보일러 용수에 녹지 않으며, 수증기와 함께 제거된다. 이 때문에 pH가 증가하게 되고, 알칼리도의 형태가 식 (18.21)과 (18.22)에 보인 바와 같이 탄산수소염에서 탄산염으로, 그리고 탄산염에서 수산화물 형태로 바뀐다. 극심한 상태에서는 11.0이 넘는 pH가 나타날 때도 자주 있다. 만일 Ca^{2+}의 농도가 높으면 탄산칼슘의 침전의 형성 될 수도 있다.

연습문제

18\. 1 알칼리도의 정의와 자연수중에서 알칼리도를 유발하는 물질을 기술하시오.

18\. 2 알칼리도 유발물질이 자연수중에 존재할 때 유익한 점을 서술하시오.

18\. 3 물의 알칼리도를 측정하기 위해 적정시 종말점을 확인하기 위해 사용되는 지시약의 종류로는 어떤 것이 있는가?

18\. 4 알칼리도를 측정하는 데 있어서 종말점을 확인하기 위하여 사용되는 지시약의 종류로는 어떤 것이 있는가?

18\. 5 자연수중에 존재하는 알칼리도의 형태 3가지를 기술하시오.

18\. 6 알칼리도는 일반적으로 $CaCO_3$로 나타낸다. 이 화합물의 분자량은 얼마이며 알칼리도를 $CaCO_3$로 환산하는 방법을 설명하시오.

18\. 7 물속에 HCO_3^-가 85 mg/L, CO_2^{3-}가 120 mg/L, OH^-가 2 mg/L 함유되어 있을 때의 알칼리도를 $CaCO_3$로 계산하시오.

18\. 8 포기에 의해 수중의 이산화 탄소를 제거하면 자연수중에 존재하는 3가지 형태의 알칼리도는 어떻게 변화되는가?

18\. 9 물에 이산화 탄소를 주입하면 총알칼리도는 어떻게 변화되는가?

18.10 어떤 시료들을 분석하였더니 pH가 다음과 같았다. 5.5, 3.0, 11.2, 8.5, 7.4, 9.0. 각 시료에 대해 탄산수소염 알칼리도, 탄산염 알칼리도 및 수산화물 알칼리도 중 어느 형태의 알칼리도가 존재할 수 있는지 판단하여라.

18.11 다음 시료들에 대해 페놀프탈레인 알칼리도와 총알칼리도를 계산하여라.

(a) 50 mL의 시료를 페놀프탈레인 종말점까지 도달시키는 데 0.02 N 황산 5.3mL가 필요하였다. 브롬크레솔 그린 종말점까지 도달시키는 데 총 15.2 mL가 소모되었다.

(b) 100 mL의 시료를 페놀프탈레인 종말점까지 도달시키는 데 0.02 N 황산 20.2 mL가 필요하였다. 브롬크레솔 그린 종말점까지 도달하는 데는 총 25.6 mL가 소모되었다.

18.12 다음 표에 나타낸 시료에 대해 다음의 방법으로 수산화물 알칼리도, 탄산염 알칼리도와 탄산수소염 알칼리도를 계산하여라.

(1) 알칼리도 측정값만을 사용하여

(2) 알칼리도와 pH 측정값을 사용하여

단, 시료크기는 100 mL, 적정 시약은 0.02 N 황산을 사용하며, 수온은 25℃이다.

시료	시료의 pH	종말점에 도달하기 까지 총 소요되는 적정시약의 부피(mL)	
		페놀프탈레인	브롬크레솔 그린
A	11.9	10.0	15.5
B	10.0	14.4	38.6
C	11.2	8.2	8.4
D	7.0	0	12.7

18.13 다음 표에 나타낸 시료에 대해 수산화물 알칼리도, 탄산염 알칼리도, 탄산수소염 알칼리도를 계산하라.

(a) 알칼리도 측정값만을 이용하여

(b) 알칼리도와 pH를 이용하여

단, 시료의 크기는 20mL, 적정시약은 0.02N 황산을 사용하여, 수온은 25℃이다.

시료	시료의 pH	종말점에 도달하기 까지 총 소요되는 적정시약의 부피(mL)	
		페놀프탈레인	브롬크레솔 그린
A	8.3	0	30
B	10.3	7.4	14.4
C	11.0	8.0	13.5
D	7.0	0	28.1

18.14 용존염(dissolved salt)이 이온의 활동도에 미치는 영향을 무시할 수 있다고 가정하고, 다음의 경우를 계산하여라. 수온은 25℃이다.

(a) 시료의 pH가 10.3이고, 탄산염 농도가 CO_3^{2-}로서 120 mg/L일 때, 탄산수소 이온 농도(mg/L HCO_3^-로)를 계산하여라.

(b) 위 용액의 수산화물 알칼리도, 탄산염 알칼리도와 총알칼리도를 계산하여라.

참고문헌

Clesceri, L. S., A. E. Greenberg, and A. D. Eaton (eds): "Standard Methods for the Examination of Water and Wastewater," 20th ed., American Public Health Association, Washington, DC, 1998.

CHAPTER 19

경 도

19.1 개 요

일반적으로 센물(降水, hard water)은 거품을 내는 데 많은 양의 비누를 필요로 하며, 온수 파이프, 난방장치, 보일러와 기타 물을 가온할 때 사용하는 장치에 물때(scale)를 생성하는 물을 일컫는다. 일반인은 경제적인 측면이나 세탁을 할 때 겪게 되는 곤란 때문에 비누 사용량에 관심을 가지나, 엔지니어는 물때 문제가 가장 큰 관심사이다.

합성세제의 출현으로 센물을 가정용수로 사용할 때의 곤란한 문제들은 대부분 사라졌으나, 일부 세탁과 인체 위생에는 비누가 더 좋으므로, 센물은 여전히 해결되어야 할 문제로 남아 있다. 물때의 문제는 수질화학에 대한 지식이 진보되고, 응용원리를 완전히 설명하지는 못하지만 물때의 생성을 방지할 수 있다고 주장하는 여러 가지 설비가 개발되어 왔음에도 불구하고 여전히 중요한 과제로 되고 있다.

비록 일반 대중으로부터의 요구는 적은 편이지만, 단물화(water-softening)공정을 통해 경도(hardness)를 제거하여야 하는 경우는 아직도 많다. 경도가 비정상적으로 높은 곳을 제외하고는 공설 처리장에서의 단물화 보다는 개인과 산업체가 자체적으로 시설을 갖추는 경향을 나타내고 있다.

물의 경도는 장소에 따라 현저하게 다르게 나타난다. 일반적으로 지표수는 지하수 보다 경도(硬度)가 낮다. 물의 경도는 접촉하고 있는 지층의 특성을 반영한다. 그림 19.1은 미국의 지역에 따른 수돗물의 일반적 특성을 나타낸 것이다. 단물(軟水, soft water)은 New England, 남부 대서양 연안 및 북서부의 태평양 연안에 있는 주들에서 나타난다. Iowa, Illinois, Indiana, Arizona, New Mexico 및 대평원의 주들은 경도가 높은 물을 가지고 있다.

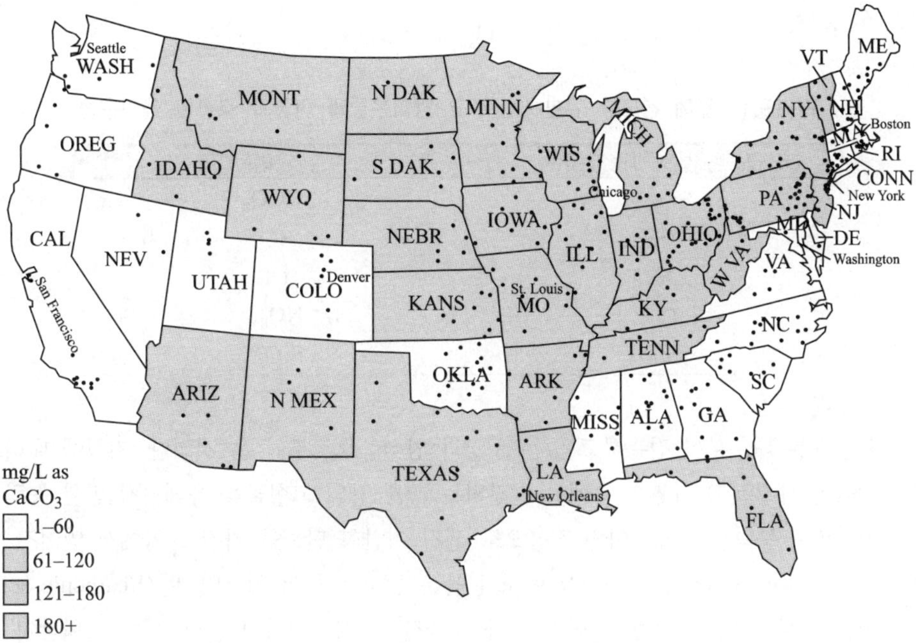

• Location of cities considered
Weighted average hardness, by states, of water furnished in 1932 by public supply systems in over 600 cities in the United States.

그림 19.1 미국 상수의 경도 특성(자료 : *U.S. Geological Survey Pater* 658)

물은 그 경도에 따라 일반적으로 다음과 같이 분류된다.

mg/L	경도의 정도
0～75	단물
75～150	약간 센물
150～300	센물
300 이상	대단히 센물

19.2 경도의 근원과 원인

경도는 2가의 금속 양이온에 의하여 생긴다. 이 이온들은 비누와 반응하여 침전을 생성할 수 있으며, 또 물속의 특정한 음이온들과 결합하여 물때를 형성할 수가 있다. 경도를 유발하는 주요 양이온들은 칼슘, 마그네슘, 스트론튬, 철(Ⅱ) 및 망간(Ⅱ) 이온들이다.

표 19.1은 양이온들과 이들과 결합되는 음이온들을 자연수에서 함량이 많은 순서에 따라 함께 나타낸 것이다. 때로 알루미늄과 철(Ⅲ) 이온들도 물의 경도를 높인다고 생각되고 있다. 그러나 자연수의 pH값 정도에서의 이들의 용해도는 매우 낮아서 그 이온 농도들을 무

시할 수 있다.

표 19.1 물에 경도를 유발하는 주요 양이온들과 이들과 결합된 음이온들

경도를 발생하는 양이온	음이온
Ca^{2+}	HCO_3^-
Mg^{2+}	SO_4^{2-}
Sr^{2+}	Cl^-
Fe^{2+}	NO_3^-
Mn^{2+}	SiO_3^{2-}

물의 경도는 대부분이 접촉하고 있는 토양과 암석층으로부터 온 것이다. 지상에 내리고 있는 빗물은 대부분의 자연수 속에서 발견되는 많은 양의 고형물을 용해시킬 만한 능력은 없다. 이 용해 능력은 박테리아의 작용으로 생긴 이산화 탄소를 가진 토양에서 얻어진 것이다. 토양수(soil water)에는 이산화 탄소가 높은 농도로 들어 있으며, 탄산(carbonic acid)과 평형을 이루고 있다. 이렇게 해서 pH가 낮아진 물에는 염기성 물질, 특히 석회암이 용해된다. 그림 18.2는 이산화 탄소의 발생 장소와 그것이 어떻게 토양과 석회암층의 불용성

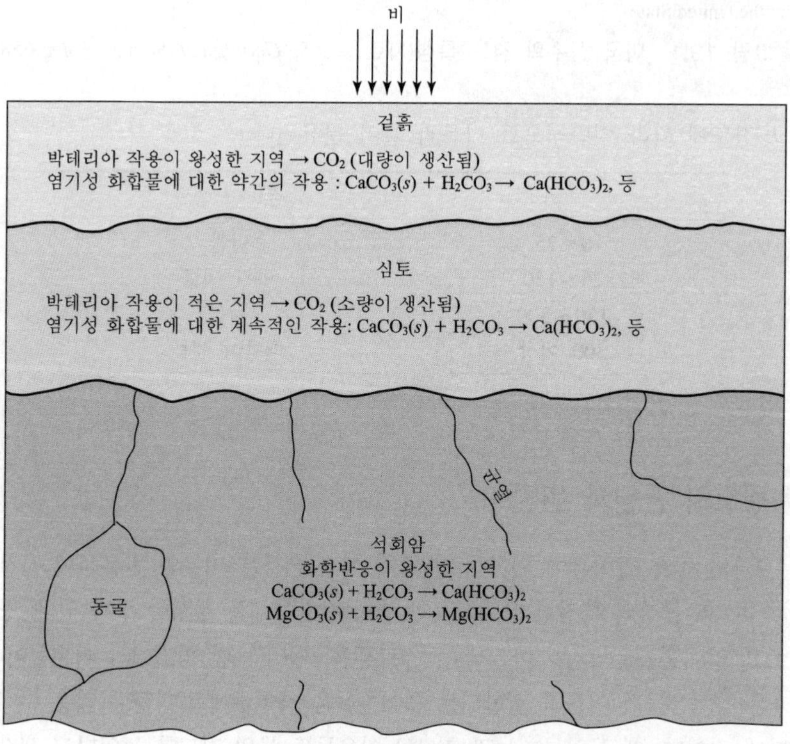

그림 19.2 이산화 탄소와 경도를 유발하는 물질들의 용액의 근원

탄산염에 접근하여 가용성 탄산수소염(중탄산염)으로 전환되는가를 보여주고 있다. 석회암은 순수한 탄산염이 아니며 황산염, 염화물 및 규산염(silicate) 등의 불순물을 포함하고 있으므로, 이들 물질들은 탄산염들이 용해됨에 따라 표면으로 노출되어 나오게 되고 물의 용매작용을 받아 용액 속으로 녹아 들어가게 된다.

일반적으로 센물은 표토층이 두텁고 석회암층이 존재하는 곳에서 생긴다. 단물은 표토층이 얇고 석회암층이 없거나 드문 지역에서 나온다.

19.3 공중보건상의 중요성

센물은 단물과 마찬가지로 사람들이 사용하는 데 별 불편은 없다. 일부사례에서 Ca^{2+}, Mg^{2+}은 심장질환에 억제효과가 있는 것으로 알려지고 있다. 그러나 센물 속의 이온들이 비누와 먼저 반응하여 세정작용을 하지 못하게 하므로 비누의 가격이 싸더라도 세탁 용도로는 적합하지 못하다.

19.4 측정 방법

경도는 보통 $CaCO_3$로 환산하여 나타낸다. 여러 가지 측정방법들이 오랜 기간 동안에 걸쳐 제안되어 왔으나, 그 중 두 가지 방법이 현재 표준 방법으로 이용되고 있다.

계산에 의한 방법

경도를 측정하는 가장 정확한 방법은 전 항목에 걸친 분석에 의하여 구한 2가 이온들을 근거로 계산하는 방법으로 전 항목 분석이 가능한 경우 가장 좋은 방법이다. 중요한 각 2가 양이온의 농도는 12장에 설명된 원자 흡광도법이나 유도 결합 플라스마법, 이온 크로마토그래피, 또는 특수 이온 전극을 이용하여 구할 수도 있다.

또 최근에는 일부 센물에서 현저한 양의 스트론튬(strontium, Sr)이 발견되고 있다. 따라서 총경도를 계산할 때, 스트론튬을 포함하지 않으면 계산값에는 상당한 오차가 발생할 수도 있다.

각 이온에 의하여 생겨나는 경도는 다음의 일반식을 사용하여 계산한다.

$$\text{경도}(\text{mg/L})\ \text{CaCO}_3\text{로써} = \text{M}^{2+}(\text{mg/L}) \times \frac{50}{\text{M}^{2+}\text{의 EW}} \tag{19.1}$$

여기서 M^{2+}는 2가의 금속 이온을 나타낸 것이다.

예제 19.1

다음의 분석자료로부터 경도를 계산하여라.

양이온	농도, mg/L	음이온	농도, mg/L
Na^{+}	20	Cl^{-}	40
Ca^{2+}	15	SO_4^{2-}	16
Mg^{2+}	10	NO_3^{-}	1
Sr^{2+}	2	Alkalinity	50

해답

2가 이온인 Ca^{2+}, Mg^{2+}, Sr^{2+}만이 경도를 일으킨다.

양이온	EW	경도, mg/L as $CaCO_3$	
Ca^{2+}	2.0.0	(15)(50)/(20.0)	=37.5
Mg^{2+}	12.2	(10)(50)/(12.2)	=41.0
Sr^{2+}	43.8	(2)(50)/(4.38)	= 2.3
		경도합계	=80.8

EDTA 적정법

이 방법은 에틸렌다이아민테트라아세트산(ethylenediamineteraacetic acid, EDTA)의 용액이나 그 나트륨염을 적정 표준액으로 사용하는 방법이다.

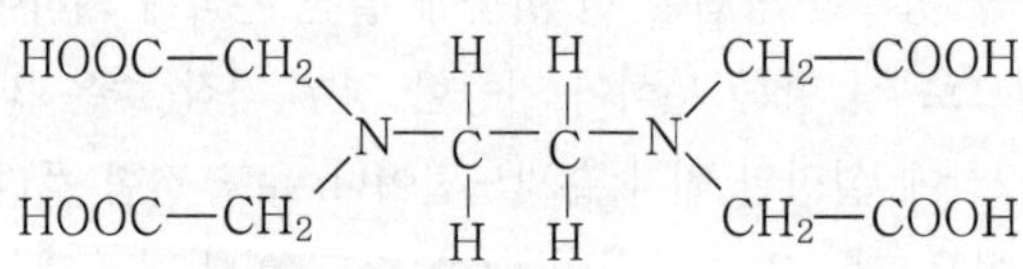

산

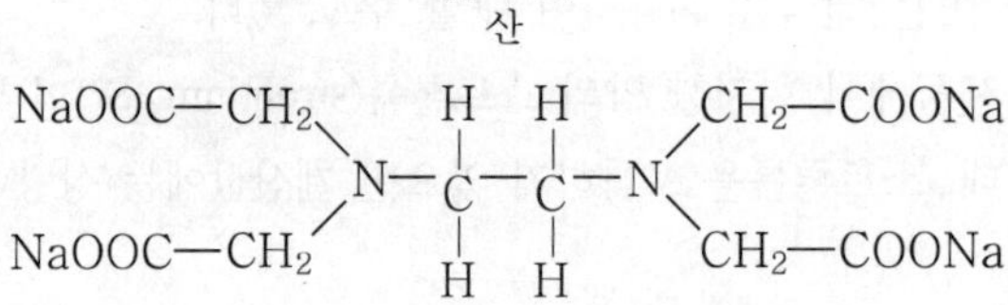

나트륨 염

이 화합물들을 일반적으로 EDTA라고 하며, 다음 식에서 보인 바와 같이 Ca^{2+}, Mg^{2+} 및 기타 경도를 발생하는 2가 이온들과 대단히 안정한 착이온을 형성하는 킬레이트제이다.

$$M^{2+} + EDTA \rightarrow [M{\cdot}EDTA]_{착물} \qquad (19.2)$$

따라서 EDTA로 경도를 측정하기 위해서는 EDTA가 과잉으로 존재하거나 경도를 유발하는 이온들이 모두 착물로 되었음을 알려주는 적절한 지시약이 필요하게 된다.

이와 같은 지시약으로 가장 우수한 것이 염료인 에리오크롬 블랙 T(Eriochrome Black T)나 칼마자이트(Calmagite)이다. 본래 푸른색인 이 지시약은 소량을 pH 10 정도의 샘물에 가하면, 다음 반응식에서와 같이 약간의 Ca^{2+}과 Mg^{2+}이온들과 결합하여 약한 착이온을 형성한다.

$$\underset{\text{청색}}{M^{2+} + \text{Eriochrome T}} \rightarrow \underset{\text{붉은 포도주색}}{(\text{M} \cdot \text{Eriochrome Black T})_{\text{착물}}} \tag{19.3}$$

EDTA로 적정하는 동안, 나머지의 경도를 유발하는 이온들은 모두 (19.2)식에 따라 착물을 형성하게 된다. 그리고 나서 EDTA는 경도를 우발하는 이온들과 보다 안정한 착물을 형성할 수 있어서, 포도주색의 착물(M Eriochrome Black T)을 분해하게 된다.

EDTA 적정법에는 특정한 방해물질들이 있을 수 있으나, 적절한 조치를 통하여 극복할 수 있으므로, 매우 정밀하고 정확한 결과를 얻을 수 있으며, 각각의 양이온을 측정하지 않아도 되는 장점을 가지고 있다. 현재 가장 흔히 채용되고 있는 방법이다.

|19.5| 경도의 형태

총경도(total hardness) 외에도, 때로는 경도를 종류별로 알아야 할 때가 있다. 경도는 다음의 두 가지로 분류된다. 즉 (1) 금속이온에 관한 것, 그리고 (2) 이 금속이온들과 화합하고 있는 음이온들에 관한 것이다.

칼슘 및 마그네슘 경도

자연수에서 나타나는 경도의 대부분은 칼슘과 마그네슘에 의하여 유발된다. 칼슘과 마그네슘 경도 각각의 양을 반드시 알아야 할 때도 있다. 즉, 예를 들면 석회-소오다회 단물화에서 소요되는 석회의 양을 계산하기 위해서는 마그네슘 경도 또는 Mg^{2+}의 양을 반드시 알아야 한다. 칼슘과 마그네슘 경도는 19.4절에서와 같이 전 항목에 걸친 분석 결과로부터 계산할 수도 있으나, 이와 같은 분석이 항상 이루어지는 것은 아니므로, 칼슘과 마그네슘 경도를 별도로 측정하여 구하게 된다. 만일 칼슘 경도를 측정하였다면, 마그네슘 경도는 다음과 같이 전 경도에서 칼슘 경도를 뺀 값으로 결정한다.

$$\text{총경도} - \text{칼슘 경도} = \text{마그네슘 경도} \tag{19.4}$$

이 방법은 자연수 경도의 대부분이 이들 두 이온들에 의한 것이므로, 합리적이고 믿을 수 있는 값을 얻을 수 있다. 칼슘 경도를 측정하는 대부분의 방법은 스트론튬 경도가 함께 포함된 결과를 얻게 된다.

탄산염 및 비탄산염 경도

물속에 존재하는 탄산수소염과 탄산염 알칼리도를 합친 것에 해당하는 총 경도의 부분을 탄산염 경도(carbonate hardness)라고 한다. 알칼리도와 경도는 모두 $CaCO_3$로 환산하여 나타내므로, 탄산염 경도는 다음과 같이 되는 것을 알 수 있다. 즉

알칼리도 < 총경도일 때는,

$$\text{탄산염 경도(mg/L)} = \text{알칼리도(mg/L)} \tag{19.5}$$

알칼리도 ≧ 총경도일 때는,

$$\text{탄산염 경도(mg/L)} = \text{총경도(mg/L)} \tag{19.6}$$

탄산염 경도는 보일러에서 가열하거나 석회로 단물화하는 동안 화합된 탄산수소 이온과 탄산 이온들과 함께 침전되는 경향이 있으므로 특히 유의해야 한다.

$$Ca^{2+}(aq) + 2HCO_3^-(aq) \rightarrow CaCO_3(s) + CO_2(g) + H_2O(l) \tag{19.7}$$

$$Ca^{2+}(aq) + 2HCO_3^-(aq) + Ca(OH)_2(s) \rightarrow 2CaCO_3(s) + 2H_2O(l) \tag{19.8}$$

또한 이것은 그림 19.2에서 설명한 바와 같이 총경도 중 석회암에 대한 탄산의 작용에서 비롯된 부분으로 간주할 수 있다. 탄산염 경도는 계속해서 끓이면 침전을 생성하므로, 전에는 일시 경도(temporary hardness)라고도 하였다[식 (19.7) 참조].

탄산염 경도 이외의 나머지 경도의 양을 비탄산염 경도(noncarbonate hardness)라고 하며, 다음과 같이 계산하여 구할 수 있다. 즉,

$$\text{비탄산염 경도(NCH)} = \text{총경도} - \text{탄산염 경도} \tag{19.9}$$

알칼리도와 마찬가지로 모든 형태의 경도는 $CaCO_3$로 환산하여 나타내므로, 식 (19.5), (19.6) 및 (19.9)의 계산은 바로 이루어진다. 이것은 알칼리도와 경도를 통상 $CaCO_3$로 환산하여 표현하는 이유를 설명해 주는 좋은 보기이다. 비탄산염 경도는 끓여도 제거되거나 침전하지 않으므로 전에는 영구 경도(permanent hardness)라고 하였다. 비탄산염 경도의 양이온들은 황산 음이온, 염화 이온 및 질산 음이온 등과 회합되어 있다.

유사 경도

상당량의 Na^+을 포함하고 있는 바닷물, 염분이 소량 포함되어 있는 물과 기타의 물은 공통 이온 효과(common ion effect)로 인하여 비누의 작용을 방해한다(2.13절). 나트륨은 경도를 유발하는 양이온은 아니나, 그것이 높은 농도로 존재할 때 나타내는 이와 같은 작

용을 유사 경도(pseudo-hardness)라고 한다.

19.6 환경공학 분야에서 경도의 용도

물의 경도는 가정용수나 공업용수로서의 적합성을 판단하는 데 사용되는 중요한 고려사항의 하나이다. 엔지니어는 경도를 근거로 하여 단물화 처리의 필요성 유무를 판단하게 된다. 물속의 칼슘과 마그네슘 경도의 상대적인 양과 탄산염 경도와 비탄산염 경도의 상대적인 양은 가장 경제적인 단물화 공정의 유형을 결정하는 데 필수적인 인자이며, 그 설계에 중요한 고려사항들이다. 경도의 측정 결과는 단물화 공정의 일상적인 관리를 위한 기본 자료로도 쓰인다.

연습문제

19. 1 물의 경도란 무엇이며, 무엇에 의하여 생기는지 설명하여라.

19. 2 물에서 경도를 측정할 때 만족스럽지 못한 결과가 나오게 되는 원인은 무엇인가?

19. 3 물을 끓였을 때 가끔 침전물이 형성되는 원인은 무엇인가?

19. 4 "Standard Methods"에서 경도를 측정하는 방법은?

19. 5 경도를 측정하는 EDTA 측정법의 원리를 설명하여라.

19. 6 영구경도와 일시경도의 차이점을 설명하시오.

19. 7 물속 마그네슘과 칼슘에 의해 유발되는 경도가 얼마인지 알고자 하는 이유는 무엇인가?

19. 8 어떤 물을 분석하여 다음의 결과를 얻었다.

양이온	mg/L	음이온	mg/L
Na^+	20	Cl^-	40
K^+	30	HCO_3^-	67
Ca^{2+}	5	CO_3^{2-}	0
Mg^{2+}	10	SO_4^{2-}	5
Sr^{2+}	2	NO_3^-	10

총경도, 탄산염 경도와 비탄산염 경도를 각각 $CaCO_3$ mg/L로 구하여라.

19. 9 어떤 물을 분석하여 다음과 같은 결과를 얻었다.
총경도, 탄산염 경도와 비탄산염 경도를 각각 $CaCO_3$로 나타내시오.

양이온	(mg/L)	음이온	(mg/L)
Na^+	30	Cl^-	60
K^+	5	HCO_3^-	45
Ca^{2+}	36	CO_3^{2-}	1
Mg^{2+}	12	SO_4^{2-}	60
Sr^{2+}	1	NO_3^-	2

참고문헌

Clesceri,. L. S., A. E. Greenberg, and A. D. Eaton(eds.): "Standard Methods for the Examination of Water and Wastewater," 20th ed., American Public Health Association, Washington, DC, 1998.

CHAPTER 20

잔류 염소와 염소 요구량

|20.1| 개 요

공설급수 및 폐수의 방류수에 대해 소독을 시행하는 주된 목적은 수인성 질병의 확산을 방지하기 위한 것이다. 소독은 염소를 이용하여 널리 행해져 왔고, 또 일반적으로 인식되어 있어 지금은 염소 소독이 당연한 것으로 받아들여지고 있다. 환경 공학자는 인류를 괴롭힌 가혹한 전염병의 유래를 잘 이해하고 일부 전염병에 대해서는 물 그 주된 매개체가 된다는 사실을 인식하여야 한다. 여기서, 염소 소독을 시험하게 되는 역사적인 면들을 상세히 설명하는 것은 불가능하므로 널리 읽히는 책자를 추천한다.[1] 최근에는 염소 소독이 건강에 영향을 미치는 트라이할로메탄과 기타 유기물을 생성하는 것이 밝혀졌다. 따라서 이 같은 물질을 생성시키지 않는 클로라민, 이산화 염소 및 오존을 사용하는 경향이 증가되고 있다. 환경공학자들은 소독에 관련된 화학 및 그 제한성을 알고 있어야 한다. 중요한 제한 점 중의 하나는 *Giardia lamblia Cryptosporodium parvm* 과 같이 질병을 유발하는 원생동물이 염소 소독만으로는 충분히 제거되지 않으므로 여과 등을 철저히 하는 것이 요구된다.

전염병의 초기 역사

전염병은 태고 이래로 인류에게 저주의 대상이었으며, 인구 밀도가 증가됨에 따라 문제의 심각성은 더욱 심화되었다. 14세기에는 "흑사병"이라는 전염병이 유럽을 휩쓸어 약 25%에 달하는 인구가 사망하였으며 1664～1665년의 겨울 London에서는 전염병이 발생하여 인구의 14%에 달하는 70,000여 명이 사망하였다.

---

1) M. J. Rosenau, "Preventive Medicine and Hygiene," Appleton-Century-Crofts. New York, 1935 ; S. C. Prescott and M. P. Horwood, "Sedgwick's Principles of Sanitary Science and Public Health," Macmillan, New York, 1946.

산업혁명으로 많은 사람들이 도시로 이주(移住), 집단화하여 살게 됨에 따라 전염병 발생 빈도도 증가하였다. 1854년까지는 전염병의 발생 원인과 전파 형태에 관한 많은 이론적 가설이 있었으나 그 원인에 대한 공통적인 견해는 없었다. 정확한 증명을 해 줄 수 있는 세균학이 이때까지 등장하지 않았었기 때문이다.

1854년 London에서 국지적으로 아시아 콜레라가 발생하였다. 이때 John Snow와 John York는 그 당시 가능했던 수단에 의한 면밀한 조사로 전염의 근원이 Broad Street Pump의 물에 의한 것임을 밝혀내었다. 인류에게 큰 피해를 입힌 전염병 중의 하나인 아시아 콜레라의 주요 전염 매개체가 물이라는 것이 확인됨에 따라 Broad Street Pump에 의한 전염병은 공중보건공학(public health engineering)의 초석이 되었다. 이러한 발견으로 해서, 1830년 경에 시작된 완속 모래 여과(slow sand filter)의 실용성이 인정되고 그 사용이 가속화되었다.

세균학은 1870년 경부터 시작된 것으로 여겨지고 있다. 1875년 Robert Koch는 탄저병(anthrax)을 유발하는 세균의 순수배양에 성공하였다. 이것은 큰 의미를 갖는 업적으로 몇 년뒤 장티프스를 유발하는 병원체(1884)와 아시아 콜레라(1883) 및 그 외 많은 병원체의 순수 배양이 이루어지는 계기가 되었다. 이러한 발전들은 물이 전염병의 주된 매개체일 수 있음을 확실히 밝혀주는 방법들을 제공하였다.

독일 Hamburg에서 1892년에 발생한 콜레라는 수인성 질병에 대한 인식에 있어 또 다른 이정표가 되었다. 전염병이 창궐하는 동안 상수원으로 사용되던 하천수에서 실제로 콜레라균이 발견되었다. 또한 병원균의 제거에 완속 모래 여과가 효과가 있음을 알게 되었다.

1872년, 스위스 Lausen에서 전염병인 장티프스가 발생된 것은 급수원인 샘물의 오염이 원인이었다. 이것은 상당히 먼 거리에 떨어져 있던 오염원의 물이 병원균이 없는 지하수로 흘러가서 발병을 일으킨 것이어서 주목할 사실이다. 이러한 현상은 특히 균열과 틈새가 생긴 석회암 지역에서 실제로 나타나고 있다.

염소 소독의 역사

응급조치를 위해 상수에 염소 소독을 실시한 것은 1850년경 부터였다. 특정한 질병들이 물에 의해 전염된다는 사실이 밝혀지면서 전염병이 발생된 동안에는 하이포아염소산염(Hypochlorite)에 의한 응급조치가 보편적으로 행해지게 되었다.

1904년에 이르러 영국에서는 공설급수에 연속적인 염소 소독을 실시하기 시작하였다. 미국에서는 그 얼마 후인 1908년 George A. Johnson이 Chicago의 Union Stock Yards에 있는 Bubbly Creek 여과 처리장에서 하이포아염소산 칼슘으로 처리를 하기 시작하였다. 1909년에는 New Jersey주의 Jersey시에서 Boonton 상수를 하이포아염소산 이온으로 처리하기 시작하였다. 이것이 미국에서 공설급수에 염소 소독을 하는 최초의 시도이었으며, 공중보건을 위하여 상수를 염소 소독해야 한다는 시민의 권리를 지지하는 현명한 판결을 내린 유명한 법정사건이 된 것이었다. 이때부터 상수의 염소 소독이 확산되어 현재는 거의 관례적으로 실시되고 있다.

초기에는 공설급수에 대한 염소 소독의 시행이 신속히 보급되지는 않았다. 그것은 그 당시 이용 가능했던 하이포아염소산 칼슘(calcium hypochlorite)을 저장하는 동안 그 물질의 불안정성 때문이었다. 1912년경 염소 가스 주입장치가 개발되면서, 염소 소독이 급속도로 보급되게 되었다. 살균 소독 목적을 위한 염소사용이 증가됨에 따라 상대적으로 수인성 질병사고가 감소하게 되었다. 그림 20.1은 미국에서 상수의 염소 소독 및 우유의 멸균을 주로 한 현대적 공중위생서설이 장티푸스에 의한 사망률에 미치는 대체적인 영향을 나타낸 것이다 또 그림 20.2는 장티푸스의 중요성이 계속 감소되고 있는 것을 1946년부터 1970년까지 발생된 수인성 질병수로 나타낸 것이다. 현재 주 관심사는 전염성 간염, 바이

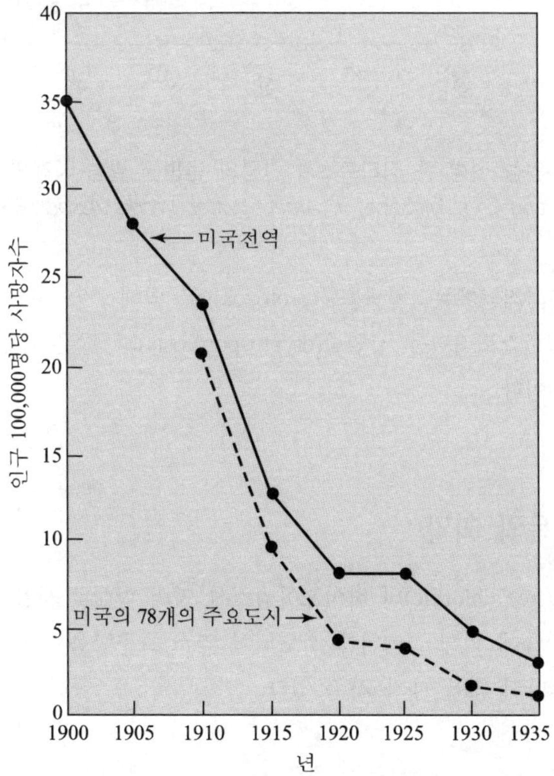

⇧ **그림 20.1** 미국 전지역과 78개 주요 도시에서의 장티프스와 파라티프스에 의한 사망률
(A. E Gorman and A. Wolman, *J. Amer. Water Works Assoc.*, February 1939)

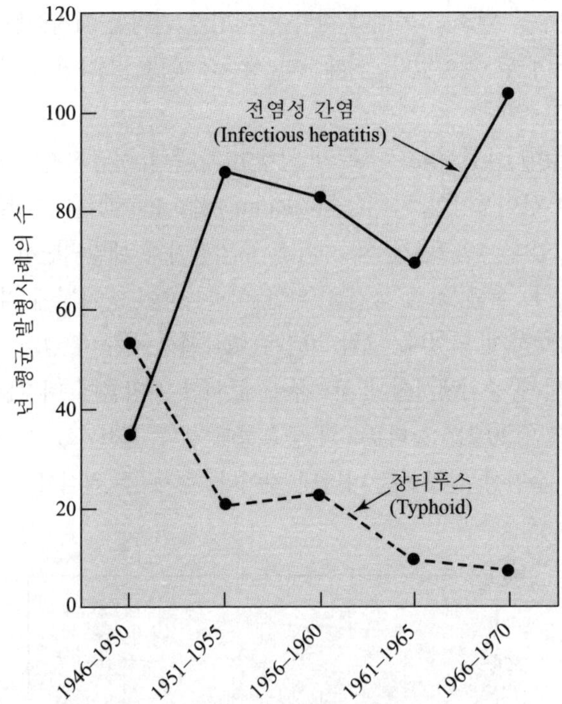

그림 20.2 수인성 질병 중 장티프스와 간염의 년평균 발생 사례의 수-1946～1970 (G. F. Craun and L. J. McCabe, *J. Amer. Water Works Assoc.*, **65** : 74, 1973)

러스 전염, 그리고 최근에는 원생동물(protozoa)에 의해 기인하는 지아디아 감염증(giardiasis) 및 크립토스포리디움 감염증(cryptospordiosis)과 같은 수인성 질병의 원인이 증가하고 있다는 점이다.

20.2 염소 소독의 화학

염소는 유리 염소(free chlorine)나 하이포아염소산 염의 형태로 사용된다. 둘 모두 센 산화력이 있어서, 부반응에 의해 급속하게 소모되어 염소 요구량을 초과하여 첨가될 때까지 소독력이 거의 나타나지 않을 때가 자주 있다.

물과의 반응

염소는 물과 반응하여 하이포아염소산과 염산을 생성한다.

$$Cl_2 + H_2O \rightleftharpoons HOCl + H^+ + Cl^- \qquad (20.1)$$

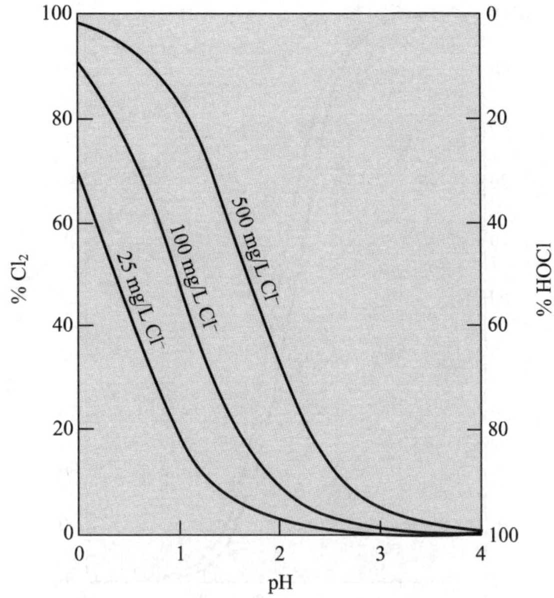

⇧ 그림 20.3 25℃의 물속에서의 염소와 하이포아염소산의 분포에 미치는 pH와 염화 이온 농도의 영향

$$\frac{[H^+][Cl^-][HOCl]}{[Cl_2]} = 4 \times 10^{-4} \ (25℃) \tag{20.2}$$

이 평형은 pH가 2～3인 진공 염소 살균기에서 염소를 포함한 물과 살균소독을 위하여 물에 염소수를 첨가하여 접촉이 이루어지는 순간에 주로 이루게 된다(그림 20.3). 반응의 특성은 유리 염소에 의하여 지배된다. 때로 삼염화 질소(nitrogen trichloride, NCl_3)와 같은 화합물이 생성되기도 한다. 이러한 효과를 최소화시키기 위해서는 염소 주입기에 사용하는 물을 고순도의 것을 사용하고, pH가 장소에 따라 낮아지는 것을 방지하기 위해서는 염소수가 주입되는 곳에 급속혼합을 해야 한다. 묽은 용액에서와 pH가 4 이상인 상태에서는 위의 평형은 오른쪽으로 크게 이동하여 Cl_2는 거의 존재하지 않게 된다. 생성되는 하이포아염소산은 약한 산이며, pH 6 이하에서는 거의 해리되지 않는다.

$$HOCl \rightleftharpoons H^+ + OCl^- \tag{20.3}$$

$$\frac{[H^+][OCl^-]}{[HOCl]} = 2.7 \times 10^{-8} \ (20℃) \tag{20.4}$$

그림 20.4에 용액 속의 OCl^- 과 HOCl의 상대적인 양을 위의 식 (20.4)의 평형상수식에 따라서 pH의 함수로 하여 나타내었다. 이 평형 상태는 매우 빠르게 도달된다.

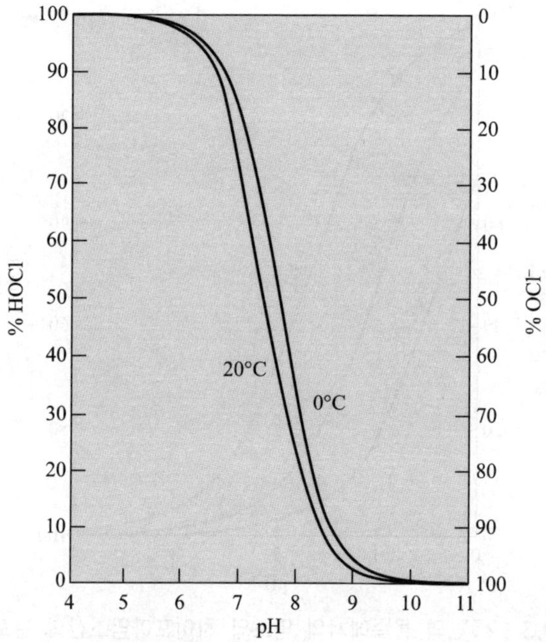

그림 20.4 물속의 하이포아염소산과 하이포아염소산 이온의 분포에 대한 pH의 영향

하이포아염소산 염은 하이포아염소산 나트륨 용액의 형태와 고농도 하이포아염소산 칼슘(high-test Ca Hypochlorite)의 건조된 형태로 사용된다. 하이포아염소산 나트륨 용액은 같은 지역에서 공급이 가능하거나 염용액으로부터 현장에서 제조가 가능하며, 폐수의 살균 소독과 같이 대량을 필요로 하는 곳에서 흔히 사용한다. 하이포아염소산 칼슘은 소량이 필요하거나 간헐적 주입이 필요한 경우에 일반적으로 사용된다. 두 화합물 모두 물에서 다음과 같이 이온화하여 하이포아염소산 이온을 발생한다.

$$Ca(OCl)_2 \rightarrow Ca^{2+} + 2OCl^- \qquad (20.5)$$

$$NaOCl \rightarrow Na^+ + OCl^-$$

물론 OCl^-이온은 식 (20.3)에 따라 수소 이온과 평형을 이룬다. 그러므로 염소나 하이포아염소산의 어느 것이 첨가되는 지에 관계없이 물에서 똑같은 평형을 이루게 된다고 할 수 있다. 중요한 차이는 평형 상태에서의 OCl^-과 HOCl의 상대적인 양에 대한 pH의 영향과 효과이다. 염소는 pH를 낮추어 주며, 반면 하이포아염소산 이온은 pH를 증가시키는 경향이 있다.

물속의 불순물과의 반응

염소와 하이포아염소산은 암모니아 및 자연발생적 휴믹(humic) 물질을 비롯한 여러 종류의 물질들과 반응한다.

암모니아와의 반응 암모늄 이온은 암모니아 및 수소 이온과 함께 평형 상태를 이루고 있다[식 (2.45)]. 암모니아는 염소 또는 하이포아염소산과 반응하여 각각의 상대적인 양과 pH에 따라 일클로라민, 이클로라민 및 삼클로라민을 생성한다.

$$NH_3 + HOCl \rightarrow NH_2Cl + H_2O \quad \text{[일클로라민(monochloramine)]} \tag{20.6}$$

$$NH_2Cl + HOCl \rightarrow NHCl_2 + H_2O \quad \text{[이클로라민(dichloramine)]} \tag{20.7}$$

$$NHCl_2 + HOCl \rightarrow NCl_3 + H_2O \quad \text{[삼클로라민(trichloramine)]} \tag{20.8}$$

일클로라민과 이클로라민은 상당한 살균력을 가지고 있으므로, 잔류염소 측정의 대상이 된다. 위 반응의 화학적 고찰은 20.3절에서 상세히 다루겠다.

기타 반응 염소는 여러 가지 물질들, 특히 환원제와 반응한다. 대부분의 반응이 매우 빠르게 진행되지만 대단히 느리게 일어나는 반응도 있다. 이러한 부반응은 소독 목적을 위한 염소 사용을 곤란하게 만들고 있다. 부반응의 염소 요구량이 만족된 다음이라야 소독이 이루어질 수 있게 된다. 그 결과 수많은 소독부산물이 생성되고 있으며 소독 부산물의 보건학적 중요성으로 인해 최근 미국 환경청이나 WHO에서는 음용수에서 기준을 설정, 관리하고 있다(제34장 참조).

황화 수소와 염소의 반응은 환원제와의 반응 형태를 보여주는 좋은 보기이다.

$$H_2S + Cl_2 \rightarrow 2HCl + S \tag{20.9}$$

Fe^{2+}, Mn^{2+} 및 NO_2^- 등은 상수 속에 존재하여 염소와 반응하는 무기 환원제들이다.

불포화 결합을 가지고 있는 유기 화합물들도 하이포아염소산과 첨가반응을 하므로 염소 요구량을 증가시킨다.

$$-\underset{|}{\overset{H}{\overset{|}{C}}}=\overset{H}{\overset{|}{C}}- + HOCl \rightarrow -\underset{Cl}{\underset{|}{\overset{H}{\overset{|}{C}}}}-\underset{OH}{\underset{|}{\overset{H}{\overset{|}{C}}}}- \tag{20.10}$$

염소는 또한 수중의 다른 할로젠들과도 반응한다. 예를 들어 하이포아염소산은 브롬화물과 반응하여 하이포아브롬산(hypobromous acid)을 생성한다.

$$Br^- + HOCl \rightarrow HOBr + Cl^- \tag{20.11}$$

HOBr도 살균제이기는 하나, 염소보다 더 빠르게 반응한다. 이 때문에 수중에 브롬 화합물이 존재할 경우, 염소가 더욱 반응성이 큰 것처럼 보이게 된다. HOBr도 유기물과 반응한다.

염소는 페놀과도 반응하여 물에 맛과 냄새를 유발하는 모노－, 다이－ 및 트라이클로로페놀을 생성한다. 앞서 설명한 하이포아브롬산(hypobromous acid) 뿐만 아니라 염소도 원수에 포함된 휴믹 물질과 반응하여 트라이할로메탄과 할로아세트산과 같이 여러 종류의 할로젠화 물질을 생성한다. 이렇게 형성된 물질 중 최초로 발견된 것은 트라이할로메탄(trihalomethane, THM)[2]으로서 이 물질은 인간에 발암성을 지닌 것으로 알려져 있으며, 음용수에서는 80 μg/L로 규제되고 있다. 가장 중요한 형태의 THM은 클로로폼, 브로모다이클로로메탄, 다이브로모클로로메탄, 그리고 브로모폼이다. 브롬화 물질은 원수중에 브롬이 미량 포함된 물을 염소 소독할 때 발생한다. 미국에서 80개 지역의 상수를 조사한 결과 염소 소독에 기인한 클로로폼의 평균 농도는 21 μg/L이었으며, 최대치는 300 μg/L에 달하였다.[3] 염소 소독 과정에서 생성되는 THM과 할로아세트산, 그리고 현재 규제되고 있지 않은 다른 할로젠화 유기물을 감소시키기 위하여 여러 정수장에서 이산화염소, 오존, 자외선 조사와 같은 대체 소독방법을 고려하고 있다. 그러나 앞서 설명한 바와 같이 염소 소독의 장점은 대단히 크다. 더욱이, 염소 소독은 배수관망 내에서 잔류 염소를 이용하여 역사이폰 작용이나 교차 연결(cross connection)에 의하여 발생할 수 있는 세균의 오염을 안전하게 방지할 수 있는 유일한 방법이다. 다른 소독법들도 나름대로의 장·단점을 지니고 있다. 다른 대체 소독방법을 추구하는 것이 바람직하기는 하지만, 염소 소독에 의하여 발생하는 유기 염소 화합물을 최소화시키는 노력도 동시에 필요하다. 이를 위해서는 여러 가지 방법이 있다. 예를 들어, 오존을 1차 소독제로 사용하고 암모니아를 첨가한 후 염소 소독을 하면 생성되는 클로라민은 배수관망 내에 잔류 소독효과를 나타내지만 천연 유기물과의 반응성은 자유 염소에 비하여 매우 낮다.

이와 같이 소독제로 여러 화학약품을 사용하는 경우 소독 후 잔류 물질의 분석이 보다 복잡해진다.

|20.3| 잔류 염소량의 공중 보건상의 중요성

소독은 유해한 미생물을 사멸시키기 위한 공정이며, 원칙적으로 완전 멸균된 물이 되게 하지는 못한다. 이러한 일반적인 원칙은 염소, 이산화염소 및 오존 소독에도 적용된다. 소독에는 두 가지 인자가 가장 중요하다. 즉, 접촉시간 및 살균제의 농도이다. 이들 이외의 인자들이 일정할 때, 살균작용은 다음과 같이 표현된다.

$$\text{사멸} \propto C^n \times t \quad (n > 0) \tag{20.12}$$

---

2) J. J. Rook, "*Water Treat. Exam.*," **23** : 234(1974).

3) A. A. Stevens et al., J. *Amer. Water Works Assoc.* **68** (11) : 615 (1976).

중요한 것은 똑같은 양의 사멸에 살균제의 농도가 낮을 때는 긴 접촉시간이 필요하며, 반대로 농도가 높을 때는 접촉시간이 짧아진다.

염소, 하이포아염소산 및 하이포아염소산 이온을 유리 잔류 염소(free chlorine residual)라고 하며, 클로라민을 결합 잔류 염소(combined chlorine residual)라고 한다. 연구에 의하면, OCl^-보다 HOCl의 생성에 유희한 낮은 pH에서는 유리 잔류 염소가 소독에 더 효과적이며, 특정시간에 일정한 사멸을 이루기 위해서는 유리 잔류 염소보다 높은 농도의 결합 잔류 염소의 농도와 종류를 아는 것이 중요하다.

암모니아와 하이포아염소산과의 반응속도는 pH와 온도에 따라 크게 달라진다. 반응속도는 pH 8.3에서 가장 빠르고, pH가 이보다 높아지거나 낮아짐에 따라 급격하게 느려진다. 이 때문에 10분이나 15분 심지어는 60분 동안의 접촉시간이 경과된 후에 공존하는 유리 잔류 염소와 결합 잔류 염소가 나타나는 것이 보통이다.

암모니아를 포함하고 있는 물에 과잉량의 염소가 존재할 때 나타내는 반응에 대하여, 특히 고찰해 볼 필요가 있다. 염소 대 암모니아의 몰비(mole ratio)가 1 : 1일 때는 일클로라민과 이클로라민이 모두 생성된다. 각각의 상대적인 양(量)은 pH의 함수이다. pH는 두 화합물의 상대적인 생성속도와 또 이들 사이의 열역학적 평형에도 영향을 미치기 때문이다. 낮은 pH에서는 이클로라민의 양이 더 많아진다.

염소 대 암모니아의 몰비가 증가할수록 삼클로라민이 생성되며, 또 암모니아가 N_2 또는 NO_3^-로 산화되는 양이 많아진다. pH 6~7에서의 염소 소독에서 원래 수중에 존재하는 암모니아성 질소 1 mol에 대하여 염소 1.5 mol이 첨가될 때, 이 반응들은 완전히 완결된다. 보통 암모니아 1 mol에 대해 염소 약 1 mol을 첨가했을 때 잔류 클로라민이 최대가 되며, 염소 대 암모니아 몰비가 1.5일 때 최소로 낮아진다. 염소를 더욱 첨가하게 되면 유리 잔류 염소를 생성한다. 암모니아가 모두 N_2 또는 더 높은 산화상태로 전환될 정도로 물의 염소 소독이 이루어진 것을 “불연속점 염소 소독”(break-point chlorination)이라고 하며, 그것은 그림 20.5에서 볼 수 있듯이 잔류 염소 곡선의 특성이 특이하게 나타나기 때문이다.

이론적으로 암모니아를 완전히 삼염화질소(삼클로라민)로 전화시키기 위해서는 3 mol의 염소가 필요하며, 질산염(NO_3^-)으로 완전히 산화시키기 위해서는 4 mol의 염소가 필요하다. 그러나 pH 6~7의 범위에서는 다음과 같은 총괄반응이 우세한 경우, 단지 1.5 mol만이 필요한 것을 알 수 있다.

$$2NH_3 + 3Cl_2 \rightarrow N_2 + 6H^+ + 6Cl^- \tag{20.13}$$

pH가 낮을수록 높은 염소 대 암모니아의 비가 요구되는 것은 약간의 삼클로라민이 생성되기 때문인 것으로 추측되며, pH가 높을수록 높은 비가 요구되는 것은 약간의 질산 이온이 생성되기 때문으로 추측된다.[4] 최근 이와 관련된 중간 단계의 반응들에 대한 특성과 속도가 연구되고 있다.[5] 반응식 (20.13)은 불연속점(break point)까지 도달하는 데 암모니아 1 g당 염소 7.6 g이 소요됨을 보여준다.

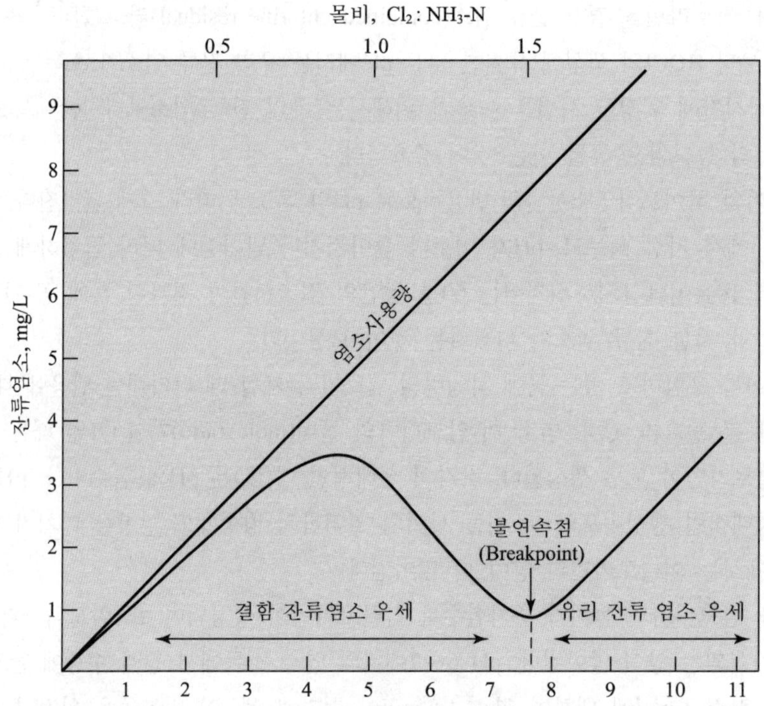

⇪ **그림 20.5** 전형적인 불연속점을 나타내주는 잔류 염소곡선. 물의 암모니아-질소 함량, 1.0mg/L

불연속점 염소 소독은 상수에 암모니아가 들어 있을 경우, 높은 살균력을 가지 유리 잔류 염소가 잔류되도록 하는 데 필요하다. 불연속적 염소 소독은 또 폐수처리에서 25.4절에서 설명하는 이유 때문에 암모니아를 제거할 필요가 있을 경우, 그 제거 방법의 한 가지로 이용할 수 있다.

유리 잔류 염소는 살균력이 세기는 하나, 배수관망에서 대게 빠르게 소산(消散)되어 버린다. 이 때문에 암모니아로 최종 처리하여 유리 잔류 염소를 보다 지속성이 큰 결합 잔류

---

4) Pressly, et al., "Nitrogen Removal by Breakpoint Chlorination," U.S. Dept. of Interior Report (Sept. 1970).

5) Wel, I. W. "Chlorine-Ammonia Breakpoint Reactions; Kinetics and Mechanisms," Ph.D. thesis, Harvard University, Cambridge, MA, May 1972; B. Savnier, and R. E. Selleck, Kinetics of Breakpoint Chlorination and Disinfection, SERL Rept. 76-2. University of California, Berkeley. May, 1976.

염소로 전환시켜야 할 때가 자주 있다.

|20.4| 측정 방법

1940년에야 비로소 클로라민과 유리 잔류 염소의 살균력의 차이가 밝혀지게 되었다. 그 이전에는 이들을 구별하여 분석하는 방법이 개발되어 있지 않았다. 따라서 잔류 염소량을 측정하는 방법은 총염소량(total chlorine)을 측정하는 구 방법과 유리 잔류 염소 및 결합 잔류 염소를 측정하는 신 방법으로 구분할 수 있다.

총잔류 염소(total chlorine residual)

잔류 염소를 측정하는 일반적인 모든 방법은 그 산화력을 이용한다. 따라서 어떤 다른 종류의 산화제가 존재할 경우, 측정에 방해가 된다. 보통 2가 이상의 망간과 아질산 이온이 가장 흔한 방해물질로 나타난다.

오쏘톨리딘법 1909년, Phelps는 잔류 염소의 측정에 비색 지시약으로 오쏘톨리딘(othotolidine)의 사용을 제안하였다. Ellms와 Hauser(1913년)는 표준색 사용법을 구체화시켜 정량적 분석 시험이 가능하게 되었다. 얼마 지나지 않아 실험실에서나 현장에서 모두 사용할 수 있는 비색 유리판이나 밀폐된 표준 비색액을 사용하는 잔류 염소 분석 전용의 기기가 개발되었다. 염소 소독을 정밀하게 제어할 수 있는 간단한 분석시험법의 등장은 상수의 염소 소독이 널리 이용되게 한 중요한 계기가 되었다. 분석시험법이 간편함으로 해서, 소량의 상수라 하더라도 실질적인 소독 방법으로 염소 소독을 해할 수 있게 되었다. 그렇지만 오쏘톨리딘법은 현재 사용되고 있는 다른 방법에 비하여 정확도가 상대적으로 낮을 뿐만 아니라 오쏘톨리딘 역시 현재 발암성이 있는 물질로 알려져 있다. 이와 같은 이유에서 이 방법은 "Standard Methods"에 기술된 표준 분석법으로부터 제외되었다.

아이오딘법 아이오딘법(Iodometric method)은 대체로 분석법이 처음 개발된 1913년까지 염소 소독의 관리에 기본으로 이용된 역사적으로 흥미 있는 분석법이다. 이 분석법은 유리 잔류 염소와 결합 잔류 염소의 아이오딘 이온을 유리 아이오딘으로 전화시키는 산화력을 이용하여 측정하는 방법으로 반응은 다음과 같다.

$$Cl_2 + 2I^- \rightarrow I_2 + 2Cl^- \tag{20.14}$$

$$I_2 + \text{녹말} \rightarrow \text{푸른색} \quad (\text{정성시험}) \tag{20.15}$$

녹말을 첨가하면, 잔류 염소가 존재한다는 증거로 아이오딘이 푸른색을 띠게 된다. 그러나 푸른색의 색도(色度)를 판단할 수는 있으나 이것이 잔류 염소량을 나타내지는 않는다.

아이오딘법은 방출되는 아이오딘을 표준 환원제로 적정하는 경우 총잔류 염소량의 정량적 측정수단으로 이용할 수 있다. 흔히 쓰이는 시약은 싸이오황산 나트륨(sodium thiosulfate)으로, 푸른색이 사라질 때가 종말점이 된다. 아이오딘법은 총 염소농도가 1 mg/L 이상인 경우에 적합하며, 폐수에서 잔류염소를 측정하기 위해 사용되는 아이오딘법은 전술할 방법과 반대로 표준 환원제인 싸이오황산나트륨이나 산화 페닐아르신(phenylarsine oxide)이 시료에 가해져 염소와 반응하고, 남아있는 환원제를 표준 아이오딘으로 적정하여 염소농도를 측정하는 방법이다. 종말점은 아이오딘 용액을 첨가함에 따라 초기에 무색에서 청색으로 변색되는 점으로 한다. 다음에 논의될 전류 적정법(ampherometric titration)에 사용되는 장치가 여기서도 또한 사용될 수 있으며, 잔류염소의 양은 초기에 가해진 환원제의 양과 잔류염소와 반응하고 남아 있는 환원제 양과의 차이에 의해 계산되어진다.

$$I_2 + 2NaS_2O_3 \rightarrow Na_2S_4O_6 + 2NaI \tag{20.16}$$

$$I_2 + 2S_2O_3^{2-} \rightarrow S_4O_6^{2-} + 2I^- \tag{20.17}$$

유리 잔류 염소와 결합 잔류 염소

유리 잔류 염소와 결합 잔류 염소의 상대적인 소독력에 대한 지식이 발전함에 따라 이 두 종류의 잔류 염소를 구별하여 측정하는 방법이 중요하게 되었다. 현재 사용되고 있는 방법은 여러 가지가 있으며, 이 중 가장 널리 사용되는 것은 전류 적정법 및 DPD법이다.

전류 적정법 산화 환원 적정방법은 유리 잔류 염소 및 결합 잔류 염소를 측정하는 최소로 개발된 방법들 중의 하나이다. 이 같은 적정법을 사용하는 기기 중 하나가 전류 적정기(ampherometric titrator)로서, 이는 폴라로그래피의 원리를 이용한다. 이 기기에 내장된 전극은 산화 환원 적정에 관련된 반응이 완결된 것을 나타낸다.

적정 시약으로는 일반적으로 환원제인 산화페닐비소(phenylarseneoxide, C_6H_5AsO)를 사용한다. 이 시약은 6.5～7.5에서 유리 잔류 염소와 정량적으로 반응한다. 이 반응은 pH 7.5 이상에서는 느리게 일어난다. 또한 아이오딘화 이온이 존재하는 경우, pH 6.0 이하에서는 클로라민들도 환원된다. 클로라민은 아이오딘화 이온을 유리 아이오딘으로 산화시키고, 산화페닐 비소가 이 유리 아이오딘을 환원시키므로, 클로라민을 측정할 수 있게 된다. 따라서 pH를 약 7로 조절하여 적정한 다음, pH 약 4에서 적정하는 2단 적정법을 사용하면 유리 잔류 염소와 결합 잔류 염소를 구별해서 측정할 수 있다. pH 3.5 이상에서 적정을 하므로 아질산 이온 및 망간 산화물의 방해작용을 받지 않는다. 중성 pH에서 소량의 아이오딘

이 존재하는 경우 유리 염소와 모노클로라민을 별도로 추정하는 것이 가능하다. 그러므로 제 3의 적정을 통하여 세 가지 중요한 잔류 염소의 형태를 추정할 수 있다. 전류 적정법은 색이나 탁도의 방해를 받지 않기 때문에 일부 폐수의 잔류 염소량을 측정할 때 특히 유용하다.

DPD법 DPD법의 측정 원리는 전류 적정 방법과 비슷하다. N,N-다이에틸-페닐렌다이아민(N,N-diethyl-*p*-phenylenediamine, DPD)을 유리 잔류 염소가 포함되어 있는 시료에 참가하면, 즉시 반응이 일어나 붉은색이 나타난다. 소량의 아이오딘화물을 시료에 참가하게 되면, 다이클로라민이 반응하게 되어 색이 더욱 붉어지게 된다. 앞서 언급한 세 단계로 각각을 측정한 후 pH 6.2∼6.5의 중성에서 나타내는 붉은색의 색도를 측정하면, 유리 잔류 염소, 모노클로라민 및 다이클로라민의 농도를 결장할 수 있게 된다. 발색된 색의 색도는 붉은 색이 사라질 때까지 제일철 이온(ferrous ion, ferrous ammonium sulfate)으로 적정하거나 직접 비색분석하여 결정할 수 있다. 이 방법은 비교적 사용하기가 쉽다.

20.5 염소 요구량의 측정

염소 요구량(chlorine demand)은 투여한 염소의 양과 접촉이 끝난 후의 유리 잔류 염소량과 결합 잔류 염소량, 즉 총잔류 염소량과의 차이이다. 염소 요구량은 물의 종류에 따라 다르며, 같은 물이라 하더라고 투여되는 염소량, 요구되는 잔류량, 접촉시간, pH 및 온도에 따라서도 달라진다. 실제로 사용하려고 하는 형태에 따라 염소 또는 하이포아염소산 염으로 분석 시험을 행하여야 한다.

염소 요구량의 측정은 일련의 시료수에 알고 있는 여러 가지 다른 양의 염소나 하이포아염소산 염을 넣어서 처리하여 쉽게 구할 수 있다. 시료는 일반적인 수온의 온도 범위의 것이어야 하며, 요구되는 접촉 시간이 경과한 후에 염소 요구량을 완전히 충족시키고 남은 시료중의 잔류 염소량을 측정하여 투여량으로부터 염소 요구량을 구한다.

20.6 이산화 염소에 의한 소독

염소 소독의 설명에는 이산화 염소(chlorine dioxide)를 포함시켜야 하며, 그것은 이산화 염소가 유리 염소와 하이포아염소산 염보다 몇 가지의 장점을 가지고 있기 때문이다 이산화 염소는 하이포아염소산과 같은 정도의 효과적인 산화제로서, 특히 높은 pH에서 강한 살균력이 있다. 2001년 최근 미국 환경청에서는 탄저균에 감염된 발신자 불명의 편지에서 균을 제거하기 위해 한 건물의 공기 중에 800 ppm의 이산화염소를 사용한 예도 있다. 이

산화염소는 암모니아와 반응하지 않아 클로라민이 생성되지 않으며, 또한 천연 유기물과도 반응하지 않으므로 클로로폼이나 기타의 트라이할로메탄을 생성하지 않는다. 이산화염소는 다른 형태의 염소와 결합하여 불쾌한 맛을 내는 염소화 페놀류(chlorinated phenols)를 생성하는 페놀 화합물을 분해하는 장점이 있다.

이산화 염소는 불안정한 기체이므로, 대개 처리장에서 아염소산 소듐(sodium chlorite, $NaClO_2$)과 강한 염소 용액을 혼합하여 생성시킨다.

$$2NaClO_2 + Cl_2 \rightarrow 2ClO_2 + 2NaCl \tag{20.18}$$

염소를 약간 과잉으로 첨가하여 pH를 4 이하로 낮추면 이산화 염소의 생성량이 증가된다. 그러나 이산화 염소는 다른 형태의 염소에 비해 고가이며 사용 경험이 많지 않기 때문에 수처리에 널리 이용되지 못하고 있다. 또한 이산화 염소를 사용하는 경우 건강에 영향을 미칠 수 있는 잠재력이 있는 아염소산염(chlorite)이 생성될 수도 있다. 따라서, 새로운 소독제의 장단점이 확실하게 파악되기 전까지는 수처리 시설에서 새로운 소독 방법을 적용하는 데에 세심한 주의를 기울여야 한다.

물에 잔류하는 이산화 염소를 측정하기 위해서는 아이오딘법, 전류 적정법(amperometric titration) 또는 DPD법이 사용될 수 있다. 이산 화염소를 다른 형태의 잔류 염소와 구별하기 위해서는 이산화 염소의 화학적인 측면에 대하여 알아 둘 필요가 있다. pH가 12 이상으로 높은 경우 이산화 염소는 아염소산염 및 염소산염(chlorate)으로 해리되기 때문에 중성 이상의 pH에서 측정할 수 없다.

$$2ClO_2 + H_2O \rightarrow 2H^+ + ClO_2^- + ClO_3^- \tag{20.19}$$

중성 pH에서 DPD 또는 산화페닐 비소와 같은 환원제로 적정하는 경우 염소산염이 형성되지만 이산화염소의 산화력의 일부만이 측정될 수 있다.

$$ClO_2 + e^- \rightarrow ClO_2^- \tag{20.20}$$

그렇지만 pH를 2 정도로 낮추면 형성된 염소산염은 더욱 환원되어 염소 이온으로 변하며, 이는 측정시 같은 당량의 요오드를 산화시킨다.

$$ClO_2^- + 4H^+ + 4e^- \rightarrow Cl^- + 2H_2O \tag{20.21}$$

따라서, pH를 변화시키면서 각기 다른 종류의 염소 화합물의 환원을 억제할 수 있는 화학약품을 사용함으로써 유리 염소, 결합 염소, 이산화 염소, 그리고 염소산염 등을 측정할 수 있다. 만일 일부 염소 화합물의 농도를 알고 있다면 염소 화학반응에 대한 지식을 활용하여 적정 단계를 줄일 수도 있다.

20.7 오존 소독

오존(O_3)은 염소의 대용으로 사용할 수 있는 강력한 소독제의 하나이다. 오존의 장점은 저농도에서도 매우 강한 살균력을 지니고 있다는 점이다. 오존의 단점으로는 반드시 현장에 설치되어야 하는 오존 발생장치의 설치비 등을 포함한 운영비용이 높다는 점을 들 수 있다. 또한, 오존은 잔류 효과가 없기 때문에 배수관망에서 수질 보호를 위하여 클로라민(chloramine)과 같은 대체 소독제와 병행하여 사용하기도 한다. 또 다른 오존의 장점으로는 사용시 할로젠화 유기 화합물을 생성시키지 않는다는 점이다. 그렇지만 오존은 휴믹 물질과 반응하여 생물학적으로 분해가 용이한 물질을 생성한다. 그 결과 배수관망에서 미생물이 성장할 수 있으며, 이는 수질 및 관망에서 물의 흐름에 치명적이 될 수 있다. 이와 같이 잠재적인 문제점과 그 해결 방안에 대한 연구는 현재 진행중이다. 오존은 물에 포함된 유기물과 강한 반응성이 있기 때문에, 때때로 맛과 냄새를 유발하는 유기물의 분해에 사용하기도 한다. 또한, 오존은 배수단계 이전에 환원된 철 및 망간을 산화시켜 비용해성 산화물을 형성시켜 제거하는 데 사용되기도 한다.

잔류 오존의 측정을 위하여 제시된 분석방법은 오존의 유기물 산화능력에 기초를 두고 있다. 오존 측정시 비색법을 이용하기 위해서는 청색 물감인 인디고(indigo)가 사용된다. 산성 상태에서 오존은 인디고를 산화, 탈색시키므로 오존을 포함한 시료가 지닌 표준 인디고 용액의 탈색도를 분광 광도계로 측정하면 된다.

20.8 염소 요구량 및 잔류 염소량 자료의 용도

물 및 폐수에 대한 소독제 요구량의 측정 결과는 설계에서 대단히 중요한 사항이다. 소독제 요구량은 필요한 소독제 주입기의 용량, 소요되는 소독제의 양, 적재 용기의 형태 및 취급과 저장에 필요한 모든 장치를 결정하는 데 기준이 된다.

잔류 염소량은 실제 소독작업에서 첨가해야 하는 소독제의 양을 조절하여, 염소가 소실되지 않고 효율적으로 소독에 사용되도록 하는 데 이용된다. 수돗물에서는 일정한 양의 소독제가 잔류되어야 한다. 잔류 염소는 가정하수와 산업폐수의 염소 소독을 관리하는 데도 이용되며, 목적한 소독이 이루어지고 있는지를 즉각적으로 판단할 수 있는 유일한 기준이기도 하다.

연습문제

20. 1 수돗물 소독의 중요성에 대해 설명하시오.

20. 2 수처리 시설에서 잔류염소 측정의 중요성에 관해 설명하시오

20. 3 염소 소독시 물에 존재하는 암모니아에 의해 생성될 수 있는 중요한 염소화합물의 종류는?

20. 4 유리 잔류염소와 결합 잔류 염소의 장·단점을 기술하시오.

20. 5 염소 소독에 대한 접촉시간, 잔류 염소량과 pH의 영향을 설명하시오.

20. 6 잔류염소를 측정하는 데 오쏘톨리딘법이 더 이상 권장되지 않는 이유는?

20. 7 잔류 염소 측정에 있어 아이오딘법의 원리는?

20. 8 유리 잔류 염소, 클로라민 및 방해물질들을 각각 따로 구별하여 잔류 염소량을 측정하는 분석법 한 가지의 개요를 설명하여라.

20. 9 적절한 평형상수식을 사용하여 염소를 첨가하면 물의 pH가 낮아지고 하이포아염소산염을 첨가하면 반대로 pH가 높아지게 되는 이유를 설명하여라.

20.10 pH 6.8과 20℃에서 유리 염소가 HOCl과 OCl^-로 나타나는 비율을 계산하여라.

20.11 불연속점 염소소독은 무엇이며, 물에서 염소화합물의 형태는 어떻게 변화되는가?

20.12 Chick의 법칙에 의하면, 염소 소독으로 박테리아가 죽는 속도는 일차 반응 속도식에 따른다고 한다. 이것이 사실이라고 가정하고, 0.1 mg/L의 잔류 염소로 80%의 박테리아를 죽이는 데 2분이 걸렸다면, 같은 잔류 염소로 99%의 박테리아를 죽이기 위해서는 접촉시간이 얼마나 필요하겠는가?(3.10절 참조)

20.13 염소 요구량의 측정결과는 어떠한 목적으로 이용되는가?

20.14 염소가 소비되는 반응을 나타내는 식 3가지를 기술하시오.

20.15 급수시설에서 대체소독제의 사용을 고려하게 된 원인인 염소소독으로 인한 단점을 기술하시오.

20.16 병원균을 소독하기 위해 사용가능한 소독제와 장·단점에 관해 설명하시오.

20.17 (a) 음용수에서 THM이 생성되기 위한 조건은?
(b) 음용수에서 생성될 수 있는 THM의 형태는?
(c) 염소 화합물보다 브롬 화합물의 생성량이 많은 원인은?

참고문헌

Clesceri, L. S., A. E. Greenberg, and A. D. Eaton (eds.): "Standard Methods for the Examination of Water and Wastewater," 20th ed., American Public Health Association, Washington, DC. 1998.

CHAPTER 21

염화물

21.1 개 요

염화물(chlorides)은 모든 자연수 중에 여러 가지 범위의 농도로 나타나고 있다. 염화물의 함량은 대체로 무기물질 함량이 증가함에 따라 증가한다. 고지와 산간지역 상수는 염화물 농도가 아주 낮으나, 하천과 지하수는 대개 높은 함량을 나타낸다. 바닷물은 자연수가 부분적으로 증발되고 남은 잔류물이 유입된 것이므로, 염화물 농도가 대단히 높다.

염화물은 여러 가지 경로를 통해 자연수로 들어간다. 물의 용해력으로 표토와 심층토의 염화물이 용해된다. 해수는 작은 물방울이나 소금 결정으로 비산하여 내륙으로 옮겨진다. 이와 같은 발생원들은 그것이 도달하는 내륙지역에 계속적으로 염화물들을 공급하게 된다. 해수는 유입되는 강, 특히 깊은 강으로 밀려들어간다. 농도가 진한 바닷물은 하류로 흘러가는 담수(fresh water)의 밑을 통하여 상류로 이동한다. 상류에서는 담수와 염수(salt water)가 항상 섞여 있게 된다. 수로(水路)가 깊고 약간 경사져 있는 Hudson강의 경우에는, 해수가 상류 약 80 km까지 침투해 들어간다.

이와 같은 해수의 침입은 Hudson강을 상수원으로 개발하려는 New York시의 커다란 장애요소로 되고 있다. 해양에 인접해 있는 지역의 지하수는 해수와 정역학적 균형(hydrostatic balance)을 이룬다. 따라서 지하수를 과도하게 퍼 올리게 되면 해수쪽의 정수두(hydrostatic head)와 차이가 생기게 되고, 담수역으로 해수가 침입해 들어간다. Florida와 California의 여러 곳에서 이와 같은 염수 침입이 일어나고 있다.

미국 남서부 지방에서 관개용수로 사용하고 있는 물의 대부분은 증발산에 의하여 소실되기 때문에 관개용수에 포함된 염류(salts)는 토양에 잔류하게 된다. 토양의 곡물 생산력 감소를 막고 관개용수가 방류될 때 지표수의 염화물을 증가시키는 것을 방지하기 위하여 염류는 제거하여야 한다. 이와 같은 현상과 자연적인 증발은 강의 길이가 매우 긴 미국 콜로라도강(북쪽 지역에서 남쪽 Mexico까지)의 염화물 농도를 매우 높게 증가시키고 있다.

사람의 배설물, 특히 오줌에는 사람의 음식물과 함께 섭취한 염화물에 해당하는 양의 염화이온이 포함된다. 이 염화물의 양은 개인당 평균 6 g/일이며, 하수 중의 Cl^-의 양을 보통의 하수보다 약 15 mg/L 이상으로 증가시킨다. 따라서 이런 폐수는 유입 하천의 염화이온 농도를 현저히 증가시키게 된다. 많은 산업 폐기물이 상당한 양의 염화물을 포함하고 있다. Ohio River 계곡과 유전 염수(oil-field brines) 및 기타의 염수가 하천에 유입되는 모든 지역에서는 산업폐기물에 포함되어 있는 염화물에 의한 지표수의 오염방지가 주요 관심사가 되고 있다.

|21.2| 염화물의 중요성

적당한 농도의 염화물은 사람에게 해가 없다. 농도가 250 mg/L 이상이 되면 물이 짠 맛을 내게 되고, 많은 사람들이 불쾌감을 가제 된다. 공설급수의 염화이온의 농도 한계를 250 mg/L로 정한 것은 바로 이 때문이다. 상수원(上水源)이 부족한 지역에서는 2000 mg/L의 염화이온을 포함하고 있는 수원도 가정용으로 사용하며, 일단 이 물에 적응을 한 사람들은 특별한 영향을 받지 않는다.

농업용 관개용수중 염화물 농도는 일반적으로 총염도(salinity)로 규제하고 있다. 증발산은 식물의 뿌리가 있는 지역의 염화물 및 염분 농도를 증가시키므로 식물세포와 그 주위를 둘러싸고 있는 물 사이의 삼투압 차에 의하여 곡물이 수분을 흡수하기 어렵게 된다. 이 같은 이유 때문에 염류에 민감한 식물에 사용되는 관개용수의 염화물 및 총염분의 농도는 먹는물의 기준과 같거나 낮아야 한다.

세균학적 분석 방법이 개발되기 전에는 여러 가지 형태의 염화이온과 질소에 대한 화학적 분석 방법이 폐수에 의해 지하수의 오염을 측정하는 기준으로 사용되었다. 염화물 분석 시험은 염소이온 농도가 낮은 지역에서 특별한 유용성을 가지고 있다.

환경공학에서는 염화물들을 추적자(tracer)로 사용하기도 한다. 그러나 염화이온 농도를 충분히 증가시키기 위해서는 많은 양이 필요하고, 또 밀도류(density current)를 생성하는 경향이 있어서 대부분의 경우 사용하기에 불편하다. 대체 추적자로 미량분석이 가능한 유기성 염료가 널리 사용되고 있다. 그러나 지하수의 경우 토양/물 비가 매우 높고 유기성 염료의 흡착성이 크기 때문에 물보다 훨씬 느리게 이동하게 된다. 따라서, 이 경우에는 염화물 또는 브로민화물과 같이 상대적으로 농도가 낮은 물질을 추적자로 이용하는 것이 좋다.

|21.3| 측정방법

"Standard Methods"에는 염화물을 분석하기 위한 방법으로 여러 가지 방법이 수재되어 있다. 그 중에는 질산은 용액으로 시료를 적정할 때 은-염화은 전극을 이용하여 종말점을 구분하는 전위차 적정법(12.3절)과 여러 가지 음이온 농도를 동시에 분석할 수 있는 이온 크로마토그래피법(12.4절)이 있다. 이러한 기기분석 방법은 값비싼 장비를 필요로 하나, 은 적정법(Argentometric method) 또는 Mohr법과 질산은 적정법과 같은 방법을 이용하는 경우에는 값도 싸고 현장에서 손쉽게 실험을 수행할 수도 있다.

또 다른 방법으로는 페리사이아나이드(ferricyanide)법이 있다. 이 방법은 비색법(colorimetric method)의 일종으로 많은 시료를 자동으로 손쉽게 분석하는 데 적합한 방법이다. 이 원리는 두 가지 적정법과 비색법 다음에 설명될 것이다.

Mohr법(은 적정법)

Mohr법에서는 적정에 질산 은 용액을 사용하며 "Standard Methods"에서는 0.0141 N 용액의 사용을 추천하고 있다. 이 농도는 N/71 용액으로 이 용액 1 mL는 0.5 mg의 염화 이온과 등가이다. 질산 은 용액은 순수한 염화 나트륨으로 만든 표준 염화물 용액으로 표준화할 수 있다. 적정하면 염화 이온은 흰색의 염화 은으로 침전된다.

$$Ag^+ + Cl^- \rightleftharpoons AgCl(s) \quad (K_{sp} = 3 \times 10^{-10}) \tag{21.1}$$

종말점은 육안으로는 검출할 수 없으며 Ag^+이 과잉으로 존재함을 나타낼 수 있는 지시약을 사용해야 한다. 이러한 지시약으로는 보통 크롬산 이온을 내는 크롬산 칼륨이 사용된다. 염소 이온 농도가 없어지면, 은 이온 농도가 증가하게 되고, 크롬산은의 용해도 곱을 초과하는 수준이 되면, 적갈색의 침전이 생성되기 시작한다.

$$2Ag^+ + CrO_4^{2-} \rightleftharpoons Ag_2CrO_4(s) \quad (K_{sp} = 5 \times 10^{-12}) \tag{21.2}$$

이것은 염소 이온이 모두 침전되었다는 증거이다. 식별할 수 있을 정도의 $Ag_2CrO_4(s)$를 생성하는 데는 과잉량의 Ag^+이 필요하게 되므로, 지시약 오차 또는 지시약 바탕값(indicator blank)을 반드시 측정해야 하며, 전체 적정량에서 빼주어야 한다.

정확한 결과를 얻으려면 다음과 같은 몇 가지 유의사항이 지켜져야 한다.

1. 시료의 양을 되도록이면 100 mL로 일정하게 사용하여야 한다. 이렇게 하면 종말점을 나타내는 데 필요한 이온 농도가 일정하게 될 것이다.
2. pH가 반드시 7～8 사이에 있도록 해야 한다. Ag^+은 높은 pH에서는 AgOH로 침전되며, 낮은 pH에서는 CrO_4^{2-}가 $Cr_2O_7^{2-}$으로 바뀐다.

3. 지시약은 CrO_4^{2-}의 농도가 적당하게 되도록 한정된 양을 사용해야 한다. 그렇지 않으면 $Ag_2CrO_4(s)$가 너무 빨리 생성되거나 충분한 시간 내에 생성되지 않는다.

지시약 오차나 지사약 바탕값은 변색 정도를 감지하는 개인의 능력에 따라 어느 정도 달라지며 대체로 적정 시약의 0.2∼0.4 mL 정도이다. 만일 적정에 사용한 질산 은이 정확히 0.0141 N이었다면, 염소 이온 농도의 계산은 "Standard Methods"에 나와 있는 것과 같이 간단하게 이루어진다.

$0.0141 \times 35.45 = 0.5$이므로

$$Cl^-(mg/L) = \frac{(mL\ AgNO_3 - 바탕값) \times 0.5 \times 1000}{mL, 시료} \tag{21.3}$$

질산 수은법

질산 수은법으로 염화물들을 측정하는 방법은 시료의 pH를 약 2.5로 조절한 다음 적정하므로 Mohr법에서 보다 방해물질에 대한 영향이 훨씬 작다. 이 조건에서 Hg^{2+} 이온은 Cl^-과 결합하여 가용성(可溶性)인 $HgCl_2$ 착물을 생성한다. 그러므로 Mohr법에서 보다 종말점을 검출하기가 쉬워진다. Cl^-농도가 영에 가까워짐에 따라, Hg^{2+}의 농도가 가해 준 질산 수은만큼 증가하게 된다.

$$Hg^{2+} + 2Cl^- \rightleftharpoons HgCl_2(aq) \quad (\beta_2 = 1.7 \times 10^{13}) \tag{21.4}$$

여분의 Hg^{2+}의 존재를 나타내는 지시약으로는 다이페닐카바존(diphenylcarbazon)을 사용하며, 독특한 자주색을 낸다. 비록 작은 값에 불과하지만, Mohr법에서와 마찬가지로 바탕값의 수정이 필요하다. 지시약에 질산을 가하여 시료의 pH를 2.5로 낮춘다. 미지 시료, 표준 용액 및 바탕 시료도 이 pH로 일정하게 유지되도록 해야 한다. pH 지시약은 pH 2.5에서 청-록색을 내는 xylene cyanol FF를 사용하며, 적정하는 동안 다이페닐카바존에 의하여 생겨나는 엷은 색깔을 가려주어 종말점이 잘 나타나도록 해준다.

"Standard Methods"에서는 0.0141 N 질산 수은을 사용하여 염소 이온을 측정하도록 추천하고 있다. 이 용액 1mL는 0.5mg의 Cl^-과 등가이며, 따라서 이 경우에도 $AgNO_3$와 같은 세기의 용액을 사용하므로 위의 계산 방법이 그대로 적용된다.

페리사이아나이드법(ferricyanide)

기기적인 방법으로 자동화 페리사이아나이드법(ferricyanide)이 있으며, 이 방법은 비색법의 일종으로 적정액 중 싸이오사이안산수은(mercury thiocyante)에 포함된 수은 이온이 염소이온과 용해성 착물을 형성한다. 이 착물은 첨가된 3가 철 이온과 반응하여 싸이오사이

안산 이온을 방출하며 빨간색을 띤 싸이오사이안산 철을 형성하는데, 그 색의 강도는 염화물의 농도에 비례한다.

21.4 염화물 자료의 용도

많은 지역에서 자연수 중의 염화물 함량은 상수원, 사업용수 및 농업용수를 선정하는 데 중요한 고려사항이 되고 있다. 기수(brackish water)를 가정용으로 사용해야만 하는 곳에서는 염화물의 양이 탈염장치(脫鹽裝置)의 종류를 결정하는 데 중요한 인자가 된다. 해수의 침입이 문제가 되는 지역에서는 염화물을 측정하여 지하수의 펌핑 정도를 조절한다. 해수의 염분과 높은 농도의 염화물을 포함하는 산업폐수가 유입되는 지역에서는 유입 수역이 안전하도록 관리하여야 하며, 이것을 규제하는 데 염화물의 측정 결과가 훌륭한 역할을 한다.

염화물은 화학적 산소 요구량(COD)의 측정에서 방해물질로 작용한다. 그러므로 그 존재하는 양을 기준으로 하여 수정을 하거나, 또는 $HgSO_4$와 같은 착화제를 넣어 주어야 한다.

염화 나트륨은 오랜 역사를 지닌 추적자이다. 그 주된 용도의 하나는 우물의 오염을 추적하는 것이다. 여기에는 다음과 같은 다섯 가지 좋은 이유들이 있다.

1. 그 존재를 육안으로 검출할 수 있다.
2. 물의 일상적인 성분이며, 독성 효과가 없다.
3. 염화 이온은 토양층에 흡수되지 않는다.
4. 생물학적 처리공정에서 양에 변화가 없다.
5. 염화 이온은 쉽게 측정된다.

염화물 추적자는 다른 방법을 적용할 수 없는 지역에서 앞으로도 계속 사용이 될 것으로 예상된다.

연습문제

21. 1 상수 속에 염화물이 높은 농도로 존재할 때 유의할 사항을 설명하라.

21. 2 미국 환경청에서 음용수의 염화물을 2단계 기준(secondary standard)인 권고기준으로 제정한 이유는 무엇이며, 그 권고치는 얼마인가?

21. 3 "Standard Method"에서 염화물 농도 측정을 위해 이용할 수 있는 방법과 각 방법간의 장·단점을 기술하시오.

21. 4 Mohr법과 질산 수은법에서 염화 이온 농도를 계산할 때, 바탕값 보정치를 적정양(titration value)에서 빼주어야 하는 이유를 설명하여라.

21. 5 우연하게 시료에 과잉량의 지시약을 넣고 Mohr법으로 염화 이온을 측정하였다면, 그 결과는 실제값보다 높겠는가, 낮겠는가, 같겠는가? 이유를 설명하여라.

21. 6 Mohr법으로 염화이온을 측정할 때 시료의 pH는 얼마이어야 하는가? 이유를 설명하여라.

21. 7 (a) Mohr법에 의한 염화이온 측정에서, 염화 이온 농도가 0.2 mg/L로 감소되었을 때, 용해도곱 원리를 이용하여, 은 이온의 평형 농도를 mg/L로 구하여라.

(b) 만일 크롬산염 지시약의 농도가 5×10^{-3} mol/L이었다면, 적색 침전의 생성이 시작되기 직전에 존재하게 될 과잉량의 은 이온은 몇 mg/L이어야 하는가?

21. 8 질산 수은법으로 염화이온을 측정할 때, 지시약에 질산을 넣는 이유는 어떤 목적에서인가?

21. 9 문제 21.7(a)에 주어진 것과 동일한 조건에서 질산 수은법으로 염화물을 측정할 수은이온의 농도를 추정하시오.

21.10 페리사이아나이드법에 의해 염화물을 측정할 때 색의 변화는?

참고문헌

Clesceri, L. S., A. E. Greenberg, and A. D. Eaton(eds.): "Standard Methods for the Examination of Water and Wastewater," 20th ed., American Public Health Association, Washington, DC. 1998.

Day, Jr., R. A., and A. L. Underwood: "Quantitative Analysis," 6th ed., Prentice Hall, Englewood Cliffs, NJ, 1991.

Skoog, D. A., D. M. West, and F. J. Holler: "Fundamentals of Analytical Chemistry," 7th ed., Saunders College Pubs., Fort Worth, TX, 1996.

CHAPTER 22

용존 산소

|22.1| 개 요

모든 생물체는 여러 가지 형태의 산소에 의존하여 성장과 생식에 필요한 에너지를 생산하는 대사과정을 유지한다. 호기성 과정은 자유 산소(free oxygen)를 요구하므로 가장 큰 관심의 대상이다. 인간은 자신이 숨쉬고 있는 공기 중의 산소 함량에 매우 큰 관심을 가지고 있다. 경험으로부터 산소의 함량이 현저히 감소되면 불편해지고 죽을 수도 있다는 것을 알기 때문이다. 이와 같은 이유로 실내공간의 인원수를 통풍 용량 이내로 신중히 제한하는 것이다.

환경공학자도 인간과 관련하여 대기의 상태뿐만 아니라 액체 속에, 가장 풍부하고 중용한 액체인 물속에, 존재하는 "대기의 상태"에 큰 관심을 가지고 있다.

대기 중의 기체들은 모두 어느 정도 물에 녹는다. 질소와 산소는 물과 화학적으로 반응하지 않으므로, 물에 아주 조금 녹는다. 그 용해도는 그들의 부분 압력에 정 비례한다. 주어진 온도에서 포화 상태에 있는 양은 Henry의 법칙을 이용하여 계산할 수 있다. 질소와 산소의 용해도는 자연수에서 관심을 가지고 있는 범위의 온도에서도 크게 변화된다. 그림 22.1은 760 mmHg (1 atm)의 압력에서 공기와 평형을 이루고 있는 증류수 또는 고형물 함량이 낮은 물에 대한 두 기체의 용해도 곡선을 나타낸 것이다. 염수(saline water)에서의 용해도는 더 낮아진다. 대기 중에서 나타나는 부분 압력 조건에서, 질소는 산소보다 물에 더 많이 용해된다. 포화 상태의 용존 기체는 물을 기준으로 공기중의 산소 함량보다 거의 두 배에 가까운 약 38%의 산소를 포함한다.

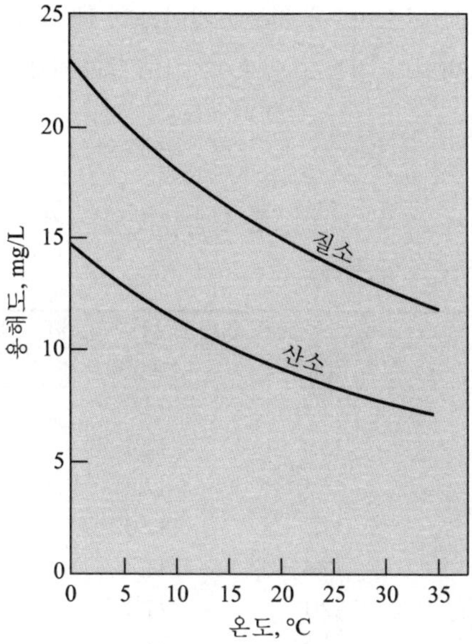

⇧ 그림 22.1 760mmHg에서 공기로 포화된 증류수에 대한 산소와 질소의 용해도

담수(fresh water)에 대한 대기 중 산소의 용해도는 1 atm의 압력과 0℃에서 14.6 mg/L, 35℃에서는 약 7 mg/L이다. 산소는 아주 조금 녹는 기체이므로, 그 용해도는 주어진 온도에서 대기 압력에 따라 변하게 된다. 이것은 고도가 높은 지역에서 중요하다. 생물학적 산화 반응속도는 온도에 따라 증가하고 산소 요구량도 따라서 증가되므로, 용존 산소가 적어지는 고온 상태는 자연수에서는 대단히 중요하다. 폐수처리 현장에서 용존 산소 결핍과 관련된 악조건의 대부분은 온도가 높고, 산소의 용해도가 최소로 되는 여름철에 생겨난다. 이와 같은 이유로 용존 산소의 농도는 악조건에서 최대로 이용가능한 약 8 mg/L로 생각하는 것이 관례이다.

산소의 낮은 용해도는 자연수의 자정 능력을 제한하는 주요 인자이며, 이 때문에 폐수를 유입 하천에 방류하기 전에 반드시 처리하여 오염물질을 제거하여야 하는 것이다. 호기성 생물학적 처리 공정에서 산소의 제한된 용해도는 매질(medium)에 의한 산소의 흡수속도를 지배하고 따라서 폭기의 경비를 지배하게 되므로 대단히 중요하다.

염분을 함유하고 있는 물에 대한 산소의 용해도는 깨끗한 물에 비해 낮다. 이 때문에 주어진 온도에서의 용해도는 담수로부터 하구(河口)로, 그리고 해양으로 갈수록 감소된다. 표 22.1은 이와 같은 영향을 나타낸 것이며, 산소의 용해도를 온도와 염화물 함량의 함수로 하여 나타내었다. 염화물 농도는 바닷물-담수의 혼합물을 시료로 하여 측정한 것을 사용한 것이다. 바닷물의 염화물 함량은 약 91,000 mg/L이다.

오염된 물에 대한 포화값도 깨끗한 물에 대한 그것보다 낮다. 오염된 물에 대한 값과 깨끗한 물에 대한 값의 비(比)를 β값이라고 한다. 오염된 물에 대한 산소의 용해속도는 깨끗한 물에 대한 것보다 대체로 낮으며, 이 비를 α값이라고 한다. 폐수에 따라서는 β값이 0.8, α값이 α값은 0.4의 낮은 범위의 것들도 있으며, 이 α값과 β값은 폭기장치의 선정에서 중요한 설계 인자들이다.

표 22.1 760mmHg에서 20.9%의 산소를 포함하고 있는 건조 공기와 평형을 이루고 있는 물에 대한 용존 산소의 용해도

온도	염화물 농도, mg/L				
℃	0	5000	10,000	15,000	20,000
0	14.6	13.8	13.0	12.1	11.3
1	14.2	13.4	12.6	11.8	11.0
2	13.8	13.1	12.3	11.5	10.8
3	13.5	12.7	12.0	11.2	10.5
4	13.1	12.4	11.7	11.0	10.3
5	12.8	12.1	11.4	10.7	10.0
6	12.5	11.8	11.1	10.5	9.8
7	12.2	11.5	10.9	10.2	9.6
8	11.9	11.2	10.6	10.0	9.4
9	11.6	11.0	10.4	9.8	9.2
10	11.3	10.7	10.1	9.6	9.0
11	11.1	10.5	9.9	9.4	8.8
12	10.8	10.3	9.7	9.2	8.6
13	10.6	10.1	9.5	9.0	8.5
14	10.4	9.9	9.3	8.8	8.3
15	10.2	9.7	9.1	8.6	8.1
16	10.0	9.5	9.0	8.5	8.0
17	9.7	9.3	8.8	8.3	7.8
18	9.5	9.1	8.6	8.2	7.7
19	9.4	8.9	8.5	8.0	7.6
20	9.2	8.7	8.3	7.9	7.4
21	9.0	8.6	8.1	7.7	7.3
22	8.8	8.4	8.0	7.6	7.1
23	8.7	8.3	7.9	7.4	7.0
24	8.5	8.1	7.7	7.3	6.9
25	8.4	8.0	7.6	7.2	6.7
26	8.2	7.8	7.4	7.0	6.6
27	8.1	7.7	7.3	6.9	6.5
28	7.9	7.5	7.1	6.8	6.4
29	7.8	7.4	7.0	6.6	6.3
30	7.6	7.3	6.9	6.5	6.1

*G. C. Whipple and M. C. "Whipple, Solubility of Oxygen in Sea Water", *J. Amer. Chem. Soc.*, **33**: 362(1911).

|22.2| 환경에서 용존 산소의 중요성

액체의 폐기물에서 용존 산소는 그 생물학적 변화가 호기성 미생물에 의해 일어나는지 또는 혐기성 미생물에 의해 일어나는지를 판단하는 인자가 된다. 전자는 자유산소를 사용하여, 유기물과 무기물을 무해한 최종 생성물로 산화하는 반면, 후자는 황산염과 같은 특정한 무기염의 환원을 통해 이러한 산화를 일으키는 것으로 최종 생성물이 때로 매우 해로운 것일 수도 있다. 두 형태의 미생물은 자연에 보편적으로 존재하고 있으므로 호기성 미생물에 유리한 상태(호기성 조건)로 유지시키는 것이 대단히 중요하며, 그렇지 않을 경우에는 혐기성 미생물이 자라게 되어 나쁜 상태로 바뀌어 진다. 그러므로 용존 산소의 측정은 오염물질이 유입되는 자연수와 가정하수, 산업폐수를 정화하는 호기성 처리공정을 호기성 상태로 유지하는 데 있어서 매우 중요한 일이다.

용존 산소의 측정값은 이 밖에도 여러 가지 목적에서 쓰이며 환경공학에서 가장 중요한 단일시험 항목 중의 하나이다. 하천 오염의 제어에서 요구하는 대부분은 어류와 기타 수중생물(水中生物)의 성장과 생식에 유리한 조건을 유지시켜 주어야 하는 것이다. 즉, 수중생물들이 항상 건강한 상태를 유지할 수 있는 충분한 농도로 용존 산소가 존재하도록 해 주어야 한다.

용존 산소의 측정은 BOD 측정의 바탕이 된다. 그러므로 가정하수와 산업폐수의 오염도를 평가하는 데 이용되는 가장 중요한 측정항목이다. 생물학적 산화반응의 속도도 여러 시간 간격에 걸쳐 시스템 내의 잔류 용존 산소를 측정하여 잴 수 있다.

호기성 처리 공정은 모두 용존 산소에 의존하므로, 용존 산소의 검출시험은 적절한 양의 공기를 공급하여 정확히 호기성 상태가 유지되도록 폭기속도를 조절하고 과도한 공기의 공급을 방지하는 데 반드시 필요하다.

산소는 철 및 강철제품, 특히 배수관망과 수증기보일러에서 부식(corrosion)을 일으키는 중요한 인자이다. 물리적 화학적 방법으로 보일러 급수의 산소를 제거하는 것은 화력발전소에서 흔히 하는 일이다. 이 때도 용존 산소의 검출시험 결과를 이용하여 제어한다.

|22.3| 용존 산소 측정을 위한 시료의 채취

용존 산소의 측정에 사용할 시료를 채취할 때는 적당한 양을 조심스럽게 다루는 데 익숙해져 있어야 한다. 대부분의 시료의 용존 산소 농도는 포화 농도 이하일 것이므로, 공기 중에 노출이 되면 측정 결과에 오차가 생겨나게 된다. 이 때문에 "Standard Methods"에서 설명한 것과 같은 특수한 시료 채취 기구가 필요해진다. 이 기구들도 시료를 병에 담는 동안에는 시료와 공기의 접촉을 피할 수 없다. 그러나 시료병을 흘러넘칠 수 있도록 공간을 두면 채취되는 혼합물이 분석대상을 대표하는 시료가 될 수 있다. 대부분의 시표채취 기구들이 병 부피의 두 배 내지 세 배가 흘러넘치도록 되어 있어서 대표적인 시료를 채취할 수 있게 되어 있다. 또한 산소는 대부분의 고무나 플라스틱 튜브를 손쉽게 통과하므로 시료채취에 이들 재료를 사용할 경우는 각별한 주의를 요한다.

용존 산소의 측정을 위한 시료는 대부분 완전한 분석 측정을 하기 곤란한 현장에서 채취된다. 산소 농도는 생물학적 활동 때문에 시간에 따라 급격하게 변화하므로, 시료를 채취한 후 곧 "고정"(fix)시키는 것이 관례다. 일반적으로 시료를 용존 산소의 검출에 사용하는 시약으로 처리한 다음, 실험실로 옮겨 적정을 한다. 그러나 요오드 요구량이 높은 시료를 이와 같이 하여 측정하면 실제보다 낮은 결과가 얻어지게 되므로 이런 경우에는 시료에 0.7 mL의 진한 황산과 0.02 g의 아자이드화 나트륨(sodium azide)을 첨가하여 보존하는 것이 좋다. 이렇게 하였을 때는 시료에 과잉의 산이 포함되므로 알칼리-아이오딘 시약(alkali-iodide reagent)은 통상의 2 mL보다는 3 mL를 가해 주어야 한다. "고정"한 시료는 분석이 완료될 때까지 어두운 곳에 얼음과 함께 보관해두는 것이 훨씬 정확한 결과를 얻을 수 있게 한다.[1] 시료를 이와 같이 화학적 처리하여 "고정"하면 모든 생물학적 활동이 완전히 정지되어, 6시간까지 최종 단계적인 적정을 지연시킬 수 있다.

용존 산소를 측정하는 표준 분석법에는 두 가지가 있다. 비록 오래되었지만 아직 중요하게 사용되고 있는 방법은 아이오딘 적정(iodometric procedure)을 이용하는 산화 환원 적정법이다. 두 번째 방법은 막 전극을 이용하는 폴라로그래피의 변법으로 이 방법은 아이오딘 적정을 통하여 검정한 후에 사용된다.

|22.4| 용존 산소 측정을 위한 표준시약의 선정

용존 산소를 측정하는 현대적 방법들의 대부분은 시료 속에 들어 있는 산소의 양에 해당하는 양의 아이오딘을 방출시키는 반응을 이용하는 것으로, 여기서 방출된 아이오딘의 양을 환원제인 표준 용액을 사용하여 측정한다. 환원제는 대체로 싸이오황산 나트륨(sodium thiosulfate)을 사용하며, 종말점은 녹말 용액(starch solution)으로 결정한다. 산소의 측정에 관련된 반응들은 모두 산화 환원 반응이다. 그러나 종말점을 나타내는 지시약으로 사용되는 녹말은 묽은 용액으로부터 아이오딘화 이온과 결합하여 녹말-아이오딘 복합물을 형성하며 밝은 푸른색을 내며, 아이오딘이 모두 아이오딘화 이온으로 환원되면 무색으로 되돌아간다.

1) R. Proges, "Dissolved Oxygen Determinations for Field Surveys." *Journal Water Pollution Control Federation* **36**: 1247(1964).

0.025N 싸이오황산염 용액의 선정

산소의 당량은 8이다. 물 및 폐수의 분석에 사용되는 적정 시약 대부분의 노르말 농도는 1 mL가 측정하려는 물질 1 mg과 등가가 되도록 조정되어 있으므로, 이에 따른다면 싸이오황산염의 농도는 0.125 N을 사용하여야 한다. 그러나 이 농도는 너무 진하여 아주 많은 양의 시료를 적정하지 않으면 용존 산소를 정확히 측정할 수가 없다. 적정에는 200 mL의 시료를 사용하는 것이 관례로 되어 있다. 적정 시약을 관례적으로 사용하는 농도의 1/5인 것을 사용하면, 200 mL의 시료에 대하여 얻어지는 결과는 사용된 적정액의 mL로 보면, 1 L의 시료를 0.125 N 시약으로 처리한 것과 같아진다. 그러므로 200 mL의 시료를 적정하는데 0.025 N [(0.125N)×(1/5)] 싸이오황산염 용액을 사용하면 용존 산소 농도, mg/L는 적정액의 부피와 같아 계산할 필요가 없게 된다.

0.025N 싸이오황산염의 제조와 표준화

싸이오황산 나트륨($Na_2S_2O_3 \cdot 5H_2O$)은 비교적 순수한 형태의 것을 구할 수 있다. 그러나 수화(水和)된 물 때문에 일정한 조성을 가진 화합물로 건조할 수가 없다. 습도가 낮은 상태에서는 실온에서도 물을 잃어버린다. 그러므로 요구되는 농도보다 약간 진한 용액을 만들고 일차 표준 시약으로 표준화하여야 한다.

싸이오황산 나트륨의 당량은 대부분의 다른 환원제들과 마찬가지로(표 11.1 참조) 그 분자식과 예상되는 원자가 변화로부터 계산해야 한다. 이 경우에는 아이오딘에 대하여 계산하여야 한다.

$$2Na_2S_2O_3 \cdot 5H_2O + I_2 \rightarrow Na_2S_4O_6 + 2NaI + 10H_2O \qquad (22.1)$$

반응식 (22.1)로부터 싸이오황산 나트륨의 한 분자는 아이오딘 원자 하나와 등가(equivalent)인 것을 알 수 있다. 아이오딘 한 원자는 한 개의 전자를 얻어 아이오딘화 이온으로 바뀌므로, 싸이오황산 이온 한 분자가 테트라싸이온산 이온(tetrathionate)으로 산화되면서 한 개의 전자를 공급하였음이 명백해진다. 즉

$$2S_2O_3^{2-} + I_2 \rightarrow S_4O_6^{2-} + 2I^- \qquad (22.2)$$

이와 같은 고찰로부터 싸이오황산 나트륨의 당량은 그 분자량과 같다고 결론지을 수 있다. 따라서 분자량의 1/40, 즉 6.205 g을 조금 넘게 취하여 1L의 용액을 만들면 0.025N을 약간 상회하게 된다. 대개 6.5 g이면 충분하다.

싸이오황산 용액은 중크롬산 칼륨(potassium dichromate)이나 아이오딘산 수소칼륨[potassium bi-iodate, $KH(IO_3)_2$]의 두 일차 표준 시약들 중의 하나로 표준화한다. 이 두 화합물은 모두 100% 순수한 형태의 것을 구할 수 있다. 0.025 N 용액을 제조하는 것이 관례

이며, 화학저울로 정확한 양을 달아 용량플라스크 속에서 희석하여 적절한 부피로 만든다. 두 표준 시약들은 산성 용액 속에서 아이오딘화 이온과 반응하여 자유 아이오딘(free iodine)을 방출한다.

$$2IO_3^- + 10I^- + 12H^+ \rightarrow 6I_2 + 6H_2O \tag{22.3}$$

방출된 아이오딘은 이용된 산소와 화학적으로 등가이다. 그러므로 만일 20 mL의 0.025 N $K_2Cr_2O_7$ 또는 0.025 N $KIO_3 \cdot HIO_3$(표 11.1 참조)를 사용하여 표준화하였다면, 정확히 20 mL의 0.025 N 싸이오황산염 용액이 적정에 사용되어야 한다. 만일 이 싸이오황산염 용액이 요구되는 것보다 진할 때는 15.1절에서 설명한 원리에 따라 물로 희석하여 적절한 세기의 농도로 만든다.

싸이오황산염 용액은 박테리아의 작용과 이산화 탄소에 의해 침해를 당한다. 황세균(sulfur bacteria)은 호기성 조건에서 싸이오황산이온을 황산이온으로 산화하며, 이산화 탄소는 pH를 낮추어 싸오황산 이온이 SO_3^{2-}와 S°로 분해되게 한다. SO_3^{2-}는 용존 산소에 의하여 SO_4^{2-}로 전환된다. 이와 같은 박테리아와 이산화 탄소에 의한 침해는 싸이오황산염 용액 1 L당 0.4 g의 NaOH를 첨가하여 방지할 수 있다. pH가 높아져 박테리아의 성장을 막을 수 있고, 또 용액에 녹을 수 있는 소량의 이산화 탄소에 의해 pH가 낮아지는 것을 방지한다. 과다한 NaOH는 역시 용액을 불안정하게 하므로 과잉이 되지 않도록 해야 한다.

|22.5| 용존 산소의 측정법

초기의 용존 산소 측정법에서는 시료를 가열하여 용존된 기체들이 빠져나오게 하고 이 기체들을 모아 기체 분석법에 의하여 산소를 분석하였다. 이 방법에서는 많은 양의 시료가 필요하고 또 시간이 매우 많이 걸린다.

현재는 Winkler법 또는 아이오딘 적정법(iodometry)과 이것을 개량한 변법들이 표준 부피법으로 사용되고 있다. 이 방법은 산소가 알칼리 조건에서 Mn^{2+}를 더 높은 원자가 상태로 산화하고, 이 높은 원자가 상태의 망간이 산성조건에서 I^-을 자유 I_2로 산화하는 능력이 있는 사실에 바탕을 두고 있다. 그러므로 여기서 방출된 I_2의 양은 본래 존재하던 용존 산소와 등가로 된다. 아이오딘을 표준 싸이오황산 나트륨으로 적정하여 측정하고 용존 산소의 농도로 환산한다.

Winkler법

개량되지 않은 Winkler법은 여러 가지 물질로부터 방해를 받는다. 아질산 이온(nitrite)과 Fe^{3+}와 같은 산화제들은 I^-를 I_2로 산화하는 능력이 있어서 실제값보다 아주 높은 값이 얻어지게 한다. 또 Fe^{2+}, SO_3^{2-}, S^- 및 폴리싸이온산염(polythionate) 등과 같은 환원제는 I_2를 I^-로 환원하여 실제값보다 아주 낮은 값을 나타내게 한다. 개량되지 않은 Winkler법은 비교적 순수한 물에 대해서만 적용할 수 있다.

Winkler법 분석에서는 다음과 같은 반응들이 일어난다.

$$Mn^{2+} + 2OH^- \rightarrow Mn(OH)_2(s) \text{ (흰색침전)} \tag{22.4}$$

산소가 존재하지 않을 때는 시료에 $MnSO_4$와 알카리-아이오딘화물 시약(NaOH + KI)을 첨가하면 순수한 $Mn(OH)_2(s)$의 침전이 생성된다. 시료 속에 산소가 들어 있을 때는 Mn^{2+}의 일부가 Mn^{4+}로 산화되어 갈색의 수화된 산화물로 침전한다. 이 때의 반응은 보통 다음과 같이 나타낸다.

$$Mn^{2+} + 2OH^- + \frac{1}{2}O_2 \rightarrow MnO_2(s) + H_2O \tag{22.5}$$

또는

$$Mn(OH)_2 + \frac{1}{2}O_2 \rightarrow MnO_2(s) + H_2O \tag{22.6}$$

Mn^{2+}의 $MnO_2(s)$로의 산화는, 때로 산소 고정(fixation of the oxygen)이라고도 부르며, 낮은 온도에서는 특히 느리게 일어난다. 더욱이 산소를 모두 반응시키기 위해서는 응결된 물질들이 용액 전체를 움직여 다니도록 해야 하므로 시료는 적어도 20초 동안 격렬하게 흔들어 주어야 한다. 기수(brackish water)나 바닷물의 경우에는 접촉시간을 더 길게 해야 한다.

모든 산소가 완전히 반응하도록 충분한 시간 동안 흔들어 준 다음, 플록(floc)이 침강되도록 두어 마개 아래쪽으로 최소한 5 cm의 액체가 맑아지도록 한다. 그 다음 황산을 넣는다. 낮은 pH 조건에서는 MnO_2가 I^-을 산화하여 자유 I_2를 생성한다.

$$MnO_2(s) + 2I^- + 4H^+ \rightarrow Mn^{2+} + I_2 + 2H_2O \tag{22.7}$$

I_2는 물에 잘 녹지 않으나 용액중 과잉 아이오딘화 이온과 결합하여 보다 용해성이 높은 삼아이오딘 이온(tri-iodate)을 형성하므로 용액으로부터 I_2가 이탈하는 것을 방지한다.

$$I_2 + I^- \rightleftharpoons I_3^- \tag{22.8}$$

시료병에 마개를 덮고, 반응이 완결되어 아이오딘이 시료 전체에 고르게 분포되도록 적어도 10초 동안 흔들어 준다.

이것으로 0.025N 싸이오황산염으로 적정하기 위한 준비가 완료된다. 0.025 N의 싸이오황산염을 사용하는 것은 적정에 200 mL의 시료를 사용하는 것을 전제로 한 것이다. Winkler법 분석을 위하여 가해 준 시약들로 시료는 어느 정도 희석이 된다. 그러므로 적정에는 200 mL를 약간 상회하는 시료를 취할 필요가 있다. 분석에 300 mL들이 병을 사용했다면, 1 mL의 $MnSO_4$와 1 mL의 알칼리-KI 용액이 사용된다. 병 속의 시료는 약 2 mL가 넘쳐 나오게 되므로 이에 대한 보정을 해주어야 한다. 2 mL의 산을 가할 때는 산화된 플록은 조금도 넘쳐 나오지 않는다. 그러므로 이 경우에는 보정을 할 필요가 없다. 처음 두 시약을 첨가한 것에 대한 보정을 하기 위해 적정시에는 201 mL의 처리된 시료를 취한다.

본래의 시료 200 mL에 해당하는 양의 시료를 0.025 N 싸이오황산나트륨 용액으로 적정하여 그 결과를 mL로 내면, 이 값을 직접 mg/L로의 용존 산소로 해석할 수 있다.

Winkler 아자이드 변법

용존 산소의 측정에서 가장 자주 나타나는 방해 물질의 하나는 아질산 이온(nitrite ion)이다. 아질산 이온은 주로 생물학적 공정을 이용하는 하수처리장의 유출수와 강물 및 배양시킨 BOD 시료에서 나타난다. 아질산 이온은 Mn^{2+}를 산화시키지는 못하나, 산성조건에서 I^-를 자유 I_2로 산화한다. 특히 좋지 않은 것은 환원된 형태인 N_2O_2로 이것은 적정하는 동안 시료에 섞여 들어가는 산소에 의해 산화되어 다시 NO_2^-로 전환되고, 이것이 반복하여 반응을 일으키게 되므로, 기대하였던 값을 훨씬 초과하는 높은 오차를 나타내게 한다. 이 반응들은 다음과 같이 나타낼 수 있다.

$$2NO_2^- + 2I^- + 4H^+ \rightarrow I_2 + N_2O_2 + 2H_2O \tag{22.9}$$

그리고

$$N_2O_2 + \frac{1}{2}O_2 + H_2O \rightarrow 2NO_2^- + 2H^+ \tag{22.10}$$

아질산 이온에 의한 방해가 있을 때는 영구 종말점(permanent end point)을 얻을 수 없다. 녹말 지시약의 푸른색이 사라지면, 곧 반응(22.10)에 의하여 생성된 아질산 이온이 I^-과 반응하여 I_2를 생성하게 되고, 녹말 지시약의 푸른색이 다시 나타나게 된다.

아질산 이온의 방해는 아자이드화 나트륨(NaN_3, sodium azide)을 사용하여 쉽게 해결할 수 있다. 알칼리-KI 시약에 아자이드화물을 섞는 것이 가장 편리하다. 황산을 첨가하면 다음의 반응이 일어나서 NO_2^-이 분해된다.

$$NaN_3 + H^+ \rightarrow HN_3 + Na^+ \tag{22.11}$$

$$HN_3 + NO_2^- + H^+ \rightarrow N_2 + N_2O + H_2O \tag{22.12}$$

아자이드 변법(azide modification method)은 이와 같은 방법으로 아질산 이온의 방해를 배제하여 본래의 Winkler법의 단순성을 유지하는 측정방법이다.

Winkler법의 Rideal-Stewart변법

Rideal-Stewart 변법 또는 과망간산염(permanganate) 변법은 아질산 이온을 비롯한 환원성 물질에 의하여 야기되는 여러 가지 방해작용의 영향을 극복하려는 목적에서 고안된 방법이다. 이 방법에서는 시료를 산성조건에서 과망간산 칼륨(potassium permanganate)으로 전처리한다. 과망간산염을 과잉으로 가해주어 시료 속에 들어 있는 환원제들을 산화한다. 과잉분은 환원제인 옥살산 칼륨(potassium oxalate)을 넣어 분해한다. 이 시약은 약간의 과잉으로는 자유 아이오딘과 반응하지 않는다. 이 때의 반응들 중 일부는 다음과 같다.

$$5NO_2^- + 2MnO_4^- + 6H^+ \rightarrow 5NO_3^- + 2Mn^{2+} + 3H_2O \tag{22.13}$$

$$5Fe^{2+} + MnO_4^- + 8H^+ \rightarrow 5Fe^{3+} + Mn^{2+} + 4H_2O \tag{22.14}$$

$$\text{알데하이드} + MnO_4^- + H^+ \rightarrow \text{acids} + Mn^{2+} + H_2O \tag{22.15}$$

$$-\overset{\displaystyle H}{\overset{|}{C}} = \overset{\displaystyle H}{\overset{|}{C}} - + MnO_4^- + H^+ \rightarrow \text{acids} + Mn^{2+} + H_2O \tag{22.16}$$

반응식 (22.13)에서 생성된 NO_3^-는 이 분석 시험이 이루어지는 조건에서는 I^-을 산화키지 못한다. 10 mg/L 이하의 농도일 때는 Fe^{3+}도 방해작용을 하지 않는다. 그 농도가 10 mg/L 이상일 때는 방해를 하지 않는 이온 농도로 낮아지도록 반드시 처리하여야 한다. 이런 목적으로 플루오르화 칼륨을 첨가하며, 이 화합물은 F^-을 내어, 이것이 Fe^{3+}와 반응하여 이온화하지 않은 FeF_3를 생성한다.

$$Fe^{3+} + 3F^- \rightarrow FeF_3 \tag{22.17}$$

과잉의 $KMnO_4$는 옥살산 칼륨을 첨가하여 분해시킨다.

$$5(COO^-)_2 + 2MnO_4^- + 16H^+ \rightarrow 10CO_2 + 2Mn^{2+} + 8H_2O \tag{22.18}$$

과잉의 과망간산 칼륨을 분해한 다음부터는 과망간산 칼륨의 작용을 돕기 위해 초기에 가했던 산의 영향이 제거되도록 추가해야 하는 알칼리-KI의 양을 제외하고는 본래의 Winkler법과 같이 한다. 싸이오황산염으로 적정하는 데 필요한 시료의 부피를 계산하기 위해서는 첨가한 시약들의 부피에 대하여 적절한 보정을 해주어야 한다.

|22.6| 용존 산소 전극

현장에서 바로 용존 산소의 측정이 이루어질 수 있는 용존 산소 전극(dissolved oxygen electrode)의 이용은 그것이 개발된 이래 점차 중요성을 더해 가고 있다. 12.3절의 폴라로그래피 분석법에서 설명한 바 있는 이 전극들은 저수지와 하천의 용존 산소 분포도(profile)를 작성하는 데 특히 유용하다. 전극들을 여러 깊이로 놓고, 표면에 위치한 마이크로미터(micrometer)에 연결하여 용존 산소 농도를 읽을 수 있다. 또한 생물학적 폐수처리 탱크에 설치하여 어느 위치에서나 용존 산소 농도를 모니터할 수 있다. 이러한 탱크에서의 생물학적 산소 이용 속도는 BOD병에 혼합액(mixed liquor)을 담아 넣고, 용존 산소 전극을 담그어 산소가 소모되는 속도를 관찰하여 측정할 수 있다. 용존 산소 전극을 이용하면 BOD실험시 용존 산소 측정을 빠르게 마칠 수 있기 때문에 많은 양의 시료를 분석하여야 하는 경우에 매우 편리하다.

막 전극은 대개 Winkler법으로 용존 산소를 분석한 시료 물을 측정하는 방법으로 보정한다. 따라서 Winkler법 분석에서 어떤 오차가 있었다면, 그것은 전극의 보정값으로 옮겨지게 된다. 용존 산소를 측정하는 동안 중요한 것은 음극(cathode)에서 산소가 환원됨에 따라 막(membrane)에서 산소가 고갈되므로, 실제값보다 낮은 값이 읽혀지지 않도록 시료를 전극 옆으로 충분히 이동시켜 주어야 하는 일이다. 막전극은 산소 퓨개시티(fugacity)를 측정하여 분압 보정한다. 이 결과를 용액의 농도로 변화하기 위해서 표 22.1에 나타낸 것과 같이 온도와 염분농도, 전도도 등이 측정되어져야 한다. 막전극은 온도에 매우 민감하므로, 용존 산소의 측정과 더불어 온도를 정확하게 측정하여 보정하거나, 더미스터(thermister)와 전도도측정기 또는 자동 온도 보정장치가 있는 기기를 사용해야 한다.

|22.7| 용존 산소 자료의 용도

용존 산소 자료는 광범위한 용도를 가지고 있다. 이에 관해서는 22.1절의 개요에서 이미 설명하였다.

연습문제

22. 1 강과 하천의 용존 산소를 상당한 농도로 유지하여야 하는 이유를 설명하여라.

22. 2 물에서 산소의 용해도에 영향을 끼치는 인자들은 무엇인가?

22. 3 용존 산소 분석을 위해 시료를 채취하는 데 있어서 주의할 점은?

22. 4 용존 산소의 고정은 가능한 한 현장에서 하여야 하는 이유 두 가지를 들어라.

22. 5 용존 산소 분석을 위하여 강과 같은 장소에서 동시에 두 개의 시료를 채취하였다. 하나의 시료는 채취 후 즉시 "고정"을 시켰고, 다른 하나는 나중에 실험실에서 처리하였다. 두 번째 시료의 분석 결과가 실제보다 낮아지게 될 두 가지 가능한 요인을 설명하여라.

22. 6 대기압이 0.88 atm, 온도가 16℃, 염소이온 농도가 1,000 mg/L일 때 용존 산소의 용해도는 얼마인가?

22. 7 대기압이 740 mmHg일 때 용존 산소 농도가 5.3 mg/L이고, 수온이 22℃인 시료 중의 용존 산소의 백분율 포화도(percent saturation)를 계산하여라. 시료의 염도는 100 mg/L로 가정한다.

22. 8 용존 산소를 측정하는 개량하지 않은 Winkler법(unmodified Winkler method)에서 중요한 반응 모두를 화학반응식으로 요약하여 나타내어라.

22. 9 Winkler 법에 의해 용존 산소를 측정할 때 방해작용을 일으키는 원인물질 5가지를 나열하고 방해작용을 억제하기 위해 이용되는 변법에는 어떠한 것이 있는지 나열하시오.

22.10 아이오딘법으로 용존 산소를 측정할 때 아자이드가 어떤 반응에 의해 아질산 이온의 방해를 제거하는지 설명하시오.

22.11 아이오딘 측정법의 변법적인 Rideal-Stewart 변법의 측정 목적은 무엇인가?

22.12 용존 산소 측정에 사용하는 싸이오황산염 용액의 제조에서 때때로 첨가하는 NaOH의 기능은 무엇인가?

22.13 용존 산소를 측정할 때, 용존 산소 전극이 Winkler법 분석보다 좋은 장점들은 무엇이냐? 또 단점들은 무엇인가?

22.14 용존 산소 전극을 이용하여 물속의 용존 산소 농도를 측정하기 위해서 측정되어져만 하는 또 다른 측정인자들은 무엇인가?

참고문헌

Clesceri, L. S., A. E. Greenberg, and A. D. Eaton (eds.): "Standard Methods for the Examination of Water and Wastewater," 20th ed., American Public Health Association, Washington, DC, 1998.

Day, Jr., R. A., and A. L. Uunderwood: "Quantitative Analysis," 6th ed., Prentice Hall, Englewood Cliffs, NJ, 1991.

Skoog, D. A., D. M. West, and F. J. Holler : "Fundamentals of Analytical Chemistry," 7th ed., Saunders College Pubs., Fort Worth, TX, 1996.

CHAPTER 23

생화학적 산소 요구량

23.1 개 요

생화학적 산소 요구량(biochemical oxygen demand, BOD)은 일반적으로 박테리아가 호기성 조건에서 생분해성 유기물을 안정화시키는 데 필요한 산소의 양(量)이다. "생분해성" 유기물이란 용어는 박테리아가 먹이로 이용할 수 있는 유기물을 의미하며, 박테리아는 이 유기물을 산화하여 에너지를 얻는다.

BOD 분석법은 가정하수와 산업폐수를 호기성 상태에 있는 자연수로(自然水路)에 배출할 때 이들 하수와 폐수의 오염세기(pollutional strength)를, 이때 요구되는 산소로 환산하여 측정하는 방법으로 널리 이용되고 있다. 이 측정은 하천 오염방지 업무에서 가장 중요한 일 중의 하나이다. 이 측정은 유입수역의 자정능력을 평가하려는 연구와 규제 업무에서 대단히 중요하다.

BOD 분석은 가능한 한 자연적인 상태와 유사한 조건에서, 생물(주로 박테리아)이 폐수중에 들어있는 유기물을 이용하면서 소모하는 산소를 측정하는 생물학적 정량법(bioassay procedure)이다. 측정이 정량적으로 이루어지도록 하기 위해서는 시료중의 용존 산소 농도가 감소됨에 따라 재폭기(reaeration)되지 않도록 공기로부터 시료를 보호하여야 한다. 또한 물에 대한 산소의 용해도는 20℃에서 9 mg/L로 한계가 있으므로, 오염도가 높은 폐수는 이 시험이 수행되는 전 기간에 걸쳐 용존 산소가 존재할 수 있도록 희석하여야 한다. 이 분석법은 생물학적 정량법이므로 생물들이 아무런 장애없이 작용할 수 있는 환경 조건을 만들어 주어야 하는 것이 특히 중요하다. 이러한 조건은 독성 물질이 없어야 하고, 박테리아의 성장에 필요한 보조 영양소, 즉 질소, 인 및 특정한 미량 원소들이 모두 반드시 존재해야 하는 것을 뜻한다. 자연 조건에서의 유기물의 생물학적 분해는 여러 가지 생물군에 의하여 일어나며, 이때 반응은 이산화 탄소와 물을 최종 생성물로 하는 본질적으로 완전한 산화 반응이 일어난다. 그러므로 중요한 것은 이 분석에 보통 "식종"(seed)이라고 부르는 혼합 생물군이 존재하여야 하는 것이다.

BOD 분석은 미생물이 유기물을 이산화 탄소와 물로 산화하기 위한 배지(培地)로서 사용하므로 일조의 액상 산화 과정(wet oxidation procedure)이라고도 할 수 있다. 어느 일정한 양의 유기물을 이산화 탄소, 물 및 암모니아로 전환시키는 데 필요한 산소의 양 사이에는 정량적인 관계가 존재하며, 이것은 다음과 같은 일반식으로 나타낼 수 있다.

$$C_nH_aO_bN_c + \left(n + \frac{a}{4} - \frac{b}{2} - \frac{3}{4}c\right)O_2 \rightarrow nCO_2 + \left(\frac{a}{2} - \frac{3}{2}c\right)H_2O + cNH_3 \quad (23.1)$$

이 관계식으로부터 BOD 자료는 유기물이 산화되는 동안에 이용한 산소의 양 뿐만 아니라 유기물의 양으로 환산하여 해석할 수 있음을 알 수 있다. 이 개념은 BOD가 나타나는 속도를 이해하는 데에 기본이 된다.

BOD 분석에 수반되는 산화 반응은 생물학적 활성에 의한 것이며, 반응이 진행되는 속도는 유효 개체수와 온도에 크게 지배된다. 그러므로 온도를 자연상태 물의 중앙치인 20℃에서 분석을 수행함으로써 온도의 영향이 일정해 지도록 한다. 자연수 중 유기물의 안정화에 기여하는 주요한 생물들은 토양에서 생겨난 형태들이다. 20℃와 분석이 수행되는 조건에서 이 생물들의 대사과정 진행속도는 많은 시일이 걸려 평가되어야 한다. 이론적으로 유기물의 생물학적 산화가 완결되기 까지 소요되는 시간은 무한히 길다. 그러나 실제로는 이 반응을 20일에 완결되는 것으로 간주해도 무방하다. 그래도 결과를 얻는 데 20일이나 되는 기간이 소요되는 것은 아무래도 비실용적이다. 경험을 통하여 총BOD의 거의 대부분이 5일 이내에 나타나는 것을 알게 되었고, 이에 따라 5일의 배양기간(incubation period)을 기준으로 하는 분석방법이 개발되어 이용되고 있다. 그러므로 5일 BOD값은 총BOD의 일부만을 나타내는 사실에 유의하여야 한다. 그 정확한 비율은 “식종”의 특성과 유기물의 성질에 따라 달라지며, 실험에 의해서만 측정될 수 있다. 가정하수와 대부분의 산업폐수의 경우, 5일 BOD값은 총 BOD의 약 70~80%인 것으로 알려져 있다. 이것은 전체를 충분히 나타낼 수 있는 백분율이므로 대부분의 경우 5일 BOD값을 사용하고 있다. 5일 배양기간이 선택된 것은 23.3절에서와 같이 암모니아의 산화에 의한 방해를 최소화할 수 있기 때문이기도 한다.

|23.2| BOD 반응의 특성

BOD 반응의 반응속도론에 대한 연구들은 이 반응들이 성질상 거의 실제로 “1차반응”임을 밝히고 있다(3.10절 참조). 즉, 반응의 속도는 활성 미생물 개체군에 따라 다르기는 하나, 어느 순간에 남아 있는 피산화성(oxidizable) 유기물의 양에 비례한다. 일단 생물 개체군에 미소한 변화만이 일어나는 수준에 도달한 후에는, 반응 속도는 생물들이 이용할 수 있는 먹이의 양에 의하여 제어되며, 다음과 같이 나타낼 수 있다.

$$\frac{dC}{dt} = k'C \tag{23.2}$$

여기서 C는 시간 t에서의 생물학적 분해가능한 유기물질(오염물질)의 농도를 나타내며, k'는 반응의 속도상수다. 이 식은 먹이 또는 생물학적 분해 가능한 유기물질의 농도 C가 감소됨에 따라 반응속도가 점차 감소되는 것을 의미한다.

자연수에 있어서 생물학적으로 분해가능한 유기물에 관해 많은 관심을 기울이는 것은 이러한 물질들이 식 (23.1)과 같은 반응에 의해 산소를 소모하여 물의 산소농도를 감소시키기 때문이다. 그러므로 생물학적으로 분해가능 유기물질의 양을 소모된 산소의 당량으로 나타내는 것이 일반화되었으며, BOD를 고려할 때 C를 L_t로 나타내는 것이 관례화 되었다. 여기서 L_t는 최종 BOD(BOD_L) 혹은 생물학적 분해가능 유기물질의 산소 당량을 나타낸다.

예제 23.1

어떤 시료의 생물학적 분해가능 유기물질의 농도 C_0가 37mg/L이며, 시료에 함유된 물질의 경험적인 분자식을 $C_6H_{11}ON_2$라고 할 때 이 물질의 산소 당량농도 L_0는 얼마인가?

해답

식 (23.1)로부터

$$C_6H_{11}ON_2 + \left[6 + \frac{11}{4} - \frac{1}{2} - \frac{3}{4}(2)\right]O_2 \rightarrow 6CO_2 + \left[\frac{11}{2} - \frac{3}{2}(2)\text{RIGHT}\right]H_2O + 2NH_3$$

혹은

$$C_6H_{11}ON_2 + 6.75O_2 \rightarrow 6CO_2 + 2.5H_2O + 2NH_3$$

시료에 함유된 유기물질의 분자량(FW)은 $6(12)+11+16+2(14)=127$ 이며, 유기물질을 산화시키기 위해 요구되는 산소량은 $6.75(32)=216$ 이므로 유기물질의 산소 당량을 다음과 같이 나타낼 수 있다.

$$L_0 = \frac{37}{127}(216) = 63 \text{ mg/L}$$

그러므로 시료의 산소당량 또는 최종 BOD는 63 mg/L가 된다.

생물학적 분해가능 유기물질 농도 대신에 BOD의 산소당량을 이용하여 식 (23.2)는 다음과 같이 나타낼 수 있다.

$$-\frac{dL_t}{dt} = k'L_t \tag{23.3}$$

식 (23.3)을 적분하면, 다음 식이 얻어진다.

$$\frac{L_t}{L_0} = e^{-k't} = 10^{-kt} \tag{23.4}$$

어떤 경우에는 e 보다 밑수로 10을 사용하는 것이 더 유리하며, 이때 $k = k'/2.303$이 된다. 식 (23.4)는 시간 t가 경과된 후에 남아있는 생물학적 분해가능 유기물질의 분율을 나타낸 것으로 $e^{-k't}$와 같다.

대개의 경우 BOD를 고려할 때 최종 BOD_L의 잔류량보다는 일정한 시간 동안 생물분해에 의해 소모된 산소량에 관심을 가지게 되므로 소모 BOD는 y로 나타낼 수 있다.

$$y = (L_0 - L_t) \tag{23.5}$$

식 (23.4)와 식 (23.5)를 결합하면

$$y = L_0(1 - e^{-k't}) = L_0(1 - 10^{-kt}) \tag{23.6}$$

BOD 실험에서 측정된 값은 L_t라기 보다는 y가 되며, 생물학적으로 분해가능한 유기물질의 생물산화에 의해 소모된 산소인 y는 밀폐된 BOD병에서 시간이 경과됨에 따라 감소된 산소농도로서 쉽게 측정되어진다. 만일 시간이 길어져 20일쯤 되면 $e^{-k't}$는 0에 가까워지며, y의 값은 L_0와 거의 같아지게 된다.

BOD 실험과 같은 생물학적 정량법(bioassay) 이외의 방법으로 L_0를 보다 직접적으로 측정할 수 있는 좋은 방법은 거의 없으며 BOD 실험은 생물학적으로 분해 가능한 유기물질과 생물학적으로 분해 불가능한 유기물질을 구분할 수 있다.

폐수나 도시하수뿐 아니라 자연수에도 종종 휴민산(humic acid) 등과 같이 생물학적으로 분해 불가능한 물질이 다량 함유되어 있으므로 BOD 시험과 같은 생물학적 정량법에 의해서는 총 유기물 함량을 측정할 수 없다.

예제 23.2

시료의 최종 BOD_L이 120 mg/L이다. 이 시료의 k'값이 0.28day^{-1}이라면 소모된 BOD는 얼마이며, (a) 3일 후 (b) 5일 후 (c) 10일 후에 남아있는 BOD(mg/L)는 얼마인가?

해답

$L_0 = BOD_L$이므로 이를 식 (23.6)에 대입하고 시간의 함수로서 소모 BOD인 y를 푼다. 그 다음 식 (23.5)를 이용해서 잔존 BOD_L의 농도 L_t를 계산한다.

(a) $y_3 = 120(1 - e^{-0.28 \times 3}) = 68\ \text{mg/L}$ $L_3 = 120 - 68 = 52\ \text{mg/L}$

(b) $y_5 = 120(1-e^{-0.28\times5}) = 90\ \text{mg/L}$ $\qquad L_5 = 120-90 = 30\ \text{mg/L}$

(c) $y_{10} = 120(1-e^{-0.28\times10}) = 113\ \text{mg/L}$ $\qquad L_{10} = 120-113 = 7\ \text{mg/L}$

여기서 우리는 10일 우에는 최종 BOD의 약 94%가 소모되는 것을 알 수 있었다. 그러므로 처음 10일간에 소모되는 산소량은 최종 BOD 120 mg/L에 근사한 값을 나타내게 될 것이다.

그림 23.1은 예제 23.2에 대해 시간의 함수로서 산소 소모량 y와 잔존 BOD(L_t)와의 관계를 이상적으로 나타낸 것이다. 하지만 실제로 이러한 결과들은 당연한 것은 아니고 산소 섭취 곡선은 그림 23.2와 같이 나타내어 질 수도 있다. 정상적인 BOD 1차 반응식과 BOD 실험결과는 생물학적으로 분해가능한 물질들의 산화 정도에 따르지만, 식 (23.1)에 나타낸 것과 같이 유기물 분해로 생성된 암모니아와 같은 환원성 물질들이 시료에 존재할 경우에도 산화에 의해 산소를 소모하는 것으로 나타나게 된다. 그러한 영향은 그림 23.2에 나타내진다. 총 산소소모량은 탄소성 물질의 산화에 소모된 산소량과 질소의 산화 또는 질산화에 소모된 산소의 양을 합한 것이다.

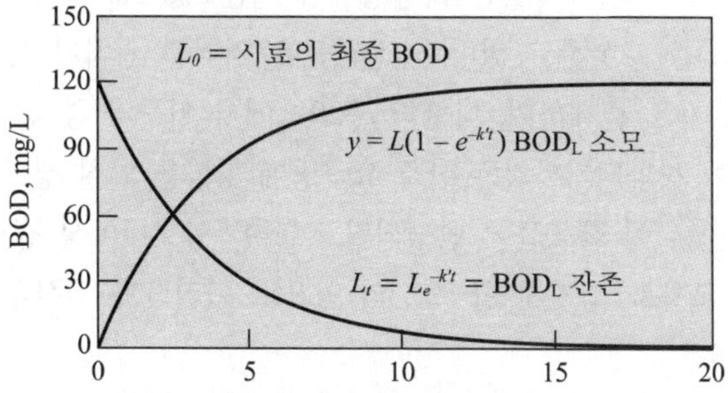

그림 23.1 시간의 함수로서 산소당량 혹은 BOD$_L$로 나타낸 생물학적 분해가능 유기물의 변화

시료에 있어서 질산화에 관여하는 미생물의 수는 많지 않으므로 질산화에 의한 산소의 소모는 그림에 나타내 진 것과 같이 5일~10일 전에는 나타나지 않는다. 그러므로 5일 전까지 소모된 산소의 양은 탄소계(carbonaceous) BOD로 나타낸다. 그러나 5일전에 질산화가 일어나게 되면 분석자들은 질산화가 일어난 시기와 처리방법 등을 알 수 있어야만 하며, 이에 대해서는 다음에 설명된다.

올바른 BOD의 측정을 위해서는 토양 속에 존재하는 미생물에 상응하는 미생물을 얻을 수 있는 혼합배양의 중요성이 언급되고 있다. 혼합배양 미생물이 토양이나 가정하수로부터 유도되었을 때는 BOD 분석 시료 속에 존재하는 탄소성 물질(carbonaceous matter)을

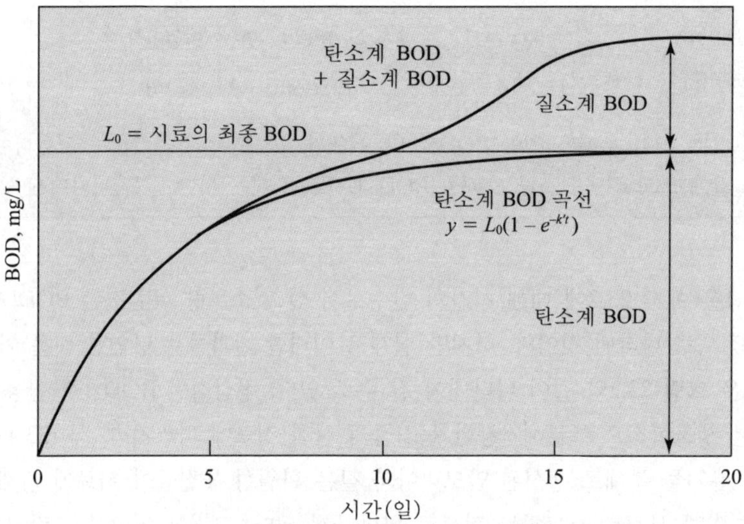

⇧ 그림 23.2 탄소계 물질과 질소계 물질의 산소요구량을 나타내는 BOD곡선

이용하는 종속 영양 미생물들을 포함하며, 혼합배양은 대개 이들 외에도 보통 비탄소질물질을 산화하여 에너지를 얻는 특정한 독립영양성 세균(autotrophic bacteria), 특히 질산화균(nitrifying bacteria)을 포함하고 있다. 질산화균은 처리를 거치지 않은 가정하수 속에는 대개 비교적 적은 숫자로 존재하며, 다행히도 20℃에서 이들의 증식속도는 정규 BOD 시험에서 약 8～10일이 경과되기까지는 산소 요구량에 영향을 미칠 정도의 큰 개체군으로까지는 되지 않는다. 일단 이 생물들이 안정되면, 이들은 암모니아성 질소를 산화하여 BOD 시험결과에 심각한 오차를 생기게 할 정도의 양으로 아질산과 질산을 생성한다.

$$2NH_3 + 3O_2 \xrightarrow{\text{아질산균}} 2NO_2^- + 2H^+ + 2H_2O \qquad (23.7)$$

$$2NO_2^- + O_2 \xrightarrow{\text{질산균}} 2NO_3^- \qquad (23.8)$$

실제로 무기질소의 산화는 하천의 용존 산소를 고갈시킬 수 있으며, 엔지니어는 이 영향을 반드시 고려해 주어야 한다. 그러나 이 영향의 평가에 통상의 BOD 측정값을 이용하는 것은 바람직하지 않다. 암모니아성 질소는 BOD 희석수에 필수 영양소로 첨가되며, 이것이 산화되어 폐수의 분석 결과에 오차가 생길 수 있기 때문이다. 질산화 반응에 의한 용존 산소의 이용 가능한 양은 폐수 속의 각각의 질소 형태를 분석하여 식 (23.7)과 (23.8)로 주어진 산소와 질소 사이의 화학양론적 관계를 이용함으로써 가장 정확히 평가된다.

예제 23.3

예제 23.1에 나타낸 BOD 결과를 토대로 생물학적으로 분해 가능한 유기물질이 산화되는 동안에 방출된 암모니아성 질소가 완전히 산화되는 데 요구되는 질소계 BOD를 구하고 탄소계 BOD와 질소계 BOD를 합한 총 BOD를 추정하라

해답

예제 23.1에 나타낸 화학양론 식을 토대로 유기물질 mol당 2 mol의 암모니아성 질소가 생성되며, 암모니아성 질소는 식 (23.7)과 식 (23.8)에 따라 4 mol 또는 4×32 = 128 g의 산소를 소모하게 된다. 그러므로

질소계 BOD(nitrogenous oxygen demand) $= \frac{37}{127}(128) = 37\ \mathrm{mg/L}$

총 BOD(탄소계 BOD + 질소계 BOD) $= 65 + 37 = 102\ \mathrm{mg/L}$이 된다.

질산화 생물에 의한 방해작용은 어떤 방법으로든 제거하지 않으면 총탄소계 BOD의 실질적 측정이 어려워진다. 질산화 박테리아에 의한 방해작용은 정규 BOD 시험에서의 배양기간을 5일로 택하는 중요한 이유의 하나였다.

살수여상 및 활성슬러지법과 같은 생물학적 처리수에 대하여 BOD 분석을 하는 경우, 이 유출수에는 표준 5일 배양기간 동안에도 상당한 양의 산소를 이용할 수 있는 질산화 생물 개체군이 포함될 때가 자주 있다. 이런 경우 플랜트 효율을 측정하기 위해서는 잔류 탄소성 BOD(residual carbonaceous BOD)의 양을 파악하는 것이 중요해 진다.[1] 질산화균의 작용은 2-클로로-6-트라이클로로메틸 피리딘(2-chloro-6-(trichloro methyl)pyridine, TCMP)과 같은 특수한 억제물질을 사용하여 질산화 반응에 의한 방해를 배제하여 잔류 탄소성 BOD를 측정할 수 있게 된다.

강과 하구의 시료들도 상당한 양의 질산화 생물 개체군들을 포함할 때가 자주 있다. 이러한 물의 탄소성 BOD를 측정하는 표준 분석법은 알려져 있는 것이 없다. 더욱이 조류(藻類)가 나타날 때는 조류가 산소를 소모하기도 하고 생산하기도 하므로 강과 하구의 BOD 자료의 해석을 곤란하게 한다.[2]

1) C. N. Sawyer and L. Bradney, *Sewage Work J.*, **18**: 1113(1946).

2) T. F. Wisniewski "Oxygen Relationships in Streams," U. S. Public Helath Service Seminar, *R. A. Taft Sanitary Eng. Center Tech. Rept.* W58-2, Cinciccati, Ohio(March, 1958); G. P. Fitzgerald, "The Effect of Algae on BOD Measurements," *J. Water Pollution Control Federation*, **36**: 1524(1964).

| 23.3 | BOD의 측정방법

BOD는 용존 산소를 측정하여 구한다. 따라서 결과의 정확도는 용존 산소를 측정할 때의 정확도에 크게 영향을 받는다. BOD는 몇몇 시료의 경우 직접 측정할 수도 있으나, 일반적으로는 희석법이 요구된다.

직접법

5일 BOD가 7 mg/L를 넘지 않은 시료에 대하여는 희석할 필요가 없으며, 그대로 폭기하여 시험 초기의 용존 산소 수준이 포화 농도에 가깝게 되도록 하면 된다. 대부분의 강물들이 이 범주에 속한다.

보통의 분석법에서는 시료를 약 20℃가 되도록 조정하고, 확산 공기로 폭기하여 시료의 용존 기체 함량을 포화 농도에 가깝게 증가시키거나 감소시킨다. 그 다음, 두 개 이상의 BOD병에 이 시료를 채운다. 이때 최소한 하나는 즉시 용존 산소의 양을 측정하고, 나머지들은 20℃에서 5일 동안 배양한다. 5일이 지난 후, 배양된 시료 속에 남아 있는 용존 산소의 양을 측정하고, 5일 값에서 0일의 값을 빼어 5일 BOD를 계산한다.

BOD의 직접 측정법(dilution method)은 시료를 변형시키지 않으므로, 자연환경에 가장 가까운 조건에서 결과가 얻어진다. 그러나 불행히도 대부분의 시료들은 이 시험에서 이용할 수 있는 용존 산소에 비하여 더 큰 BOD값을 가지고 있다.

희석법

BOD의 희석 측정법(dilution method)은 23.2절에서 설명한 바와 같이, 유기물의 생화학적 분해속도는 그 순간에 존재하는 산화되지 않은 물질의 양에 정비례한다는 기본 개념을 바탕으로 하는 것이다. 이 개념에 의하면, 폐수의 희석액에서 이용되는 산소의 비율은 희석액 중의 폐수의 함량 백분율에 정비례한다. 예를 들어 10%의 희석액은 100% 시료의 1/10의 속도로 산소를 이용하게 된다. BOD 반응의 이러한 수학적 전개의 근거는 경험을 바탕으로 한 것이므로 이 개념의 타당성은 아무런 문제없이 인정되고 있다.

생물학적 정량법에서는 작용하는 데 필요한 것을 방해하는 모든 환경요인과 영양소의 요인들을 제어하는 것이 중요하다. BOD 분석에서는 유기물이 생물학적으로 안정화되는 속도에 영향을 미치는 모든 것이 철저히 제어되어야 하고, 매 시험에서의 재현성이 높게 유지되어야 함을 뜻한다. 중요한 사항들로는 (1) 독성물질이 없을 것, (2) 알맞은 pH와 삼투조건(osmotic condition)이 유지될 것, (3) 이용 가능한 보조 영양원소들이 존재할 것, (4) 표준 온도를 유지할 것, (5) 토양 기원(soil origin)의 혼합 미생물(mixed organism)의 충분한 개체군이 존재할 것 등이다.

BOD 시험의 대상이 되는 폐기물의 종류는 미생물이 없는 산업폐수로부터 미생물이 풍부한 가정하수에 이르기까지 매우 다양하다. 산업폐수는 대부분 BOD가 대단히 높으며, 따라서 산소의 한정된 용해도에 따른 요건에 맞추기 위해서는 매우 높은 희석율을 적용하여야 한다. 가정하수에는 질소, 인과 같은 보조 영양원소들이 충분히 포함되어 있으나 대부분의 산업폐수는 이 원소들 중의 한 가지 또는 둘 모두가 결핍되어 있다. 이와 같은 제한요인들로 인하여 BOD 분석에 사용하는 희석수를 이용하여 분석대상 시료가 갖지 못한 인자들을 보상해 주어야 한다. 이와 같은 제한요인들이 항상 밝혀져 있는 것은 아니므로, 모든 우연성에 대비할 수 있는 희석수를 사용하는 것이 안전하다. 그러나 가정하수를 분석하려고 할 때는 이와 같은 준비는 불필요하며 바람직하지도 않다.

희석수 BOD 분석에 이용되는 물의 종류는 다양하다. 자연의 지표수가 이상적인 것으로 보일 수도 있으나, 여기에는 여러 가지 단점들이 있다. 즉 BOD가 일정하지 않고 미생물 개체군이 일정하지 않으며(조류와 영향을 미칠 수 있는 질산균의 개체군이 포함될 때가 자주 있음), 또 무기물 함량이 일정하지 않다. 수돗물도 사용되어 왔으나, 지표수가 가진 제한요인들의 대부분과 잔류 염소에 의해 독성을 나타낼 가능성도 있다. 오랜 경험을 통하여 증류수나 탈염수(demineralized water)로부터 제조한 합성 희석수가 위에서 언급한 변수들의 대부분을 제어할 수 있으며 BOD 분석에 가장 적당한 것으로 밝혀져 있다.

그러므로 증류수나 탈염수가 BOD 희석수 제조에 사용되며, 이 물속에는 독성물질이 없어야 한다. 염소 또는 클로라민(chloramine)과 구리는 BOD 실험시 가장 흔히 나타나는 방해물질들이다. 대부분의 경우, 염소가 없는 증류수를 얻기 위해서는 탈염소(脫鹽素)한 물을 증류기에 넣어야 한다. 구리의 오염은 대개 구리로 만들어진 응축기(condenser)때문이다. 음용수로부터 제조한 증류수는 BOD가 대개 충분히 낮으므로, 알맞은 범위의 온도를 유지시키는 것 외에는 저장하여 수질을 개선하지 않아도 된다.

희석수의 pH는 부생세균의 활동에 영향을 미치지 않은 6.5~8.5 범위 내로 유지하면 된다. 인산염 시스템의 완충제를 사용하여 용액의 pH를 약 7.0으로 유지하는 것이 관례다. pH 조건을 항상 알맞게 유지시키기 위해서는 완충제가 반드시 필요하다.

삼투 조건은 완충 능력(buffer capacity)을 부여하기 위해 넣어주는 인산 칼륨과 인산 나트륨에 의하여 적당하게 유지된다. 또한 희석수에 주입하는 칼슘과 미그네슘으로 인하여 총염 함량(total salt content)이 높아진다.

완충 능력을 부여하고, 적절한 삼투조건을 유지시키기 위하여 가한 칼륨, 소듐, 칼슘 및 마그네슘염들은 또한 미생물들이 그 생장과 대사에 필요로 하는 원소들을 공급해 주는 것이 된다. 염화 제이철(ferric chloride), 황산 마그네슘 및 염화 암모늄 등은 철, 황 및 질소에 대한 필요조건을 충족시켜 준다. 인산염 완충제는 필요한 인을 공급해 준다. 질소성 산소요구량(nitrogenous oxygen demand)을 측정하려고 하는 경우에는 질소를 제거하여야 한다.

희석수는 이제 필요한 미생물을 제외하고 BOD 측정을 위한 모든 필수적인 물질들을 포함하고 있다. "식종" 목적으로는 여러 가지 종류가 사용될 수 있다. 경험에 의하면 가정하수, 특히 합류식 하수도(combined sewer system)의 폐수에는 다른 어떤 것보다 잘 균형을 이루고 있는 생물 개체군이 들어 있으며, 대체로 희석수 1 L당 2 mL의 하수면 충분하다. 일부 강물도 사용할 수 있으나, 영향을 미칠 만한 양의 조류(藻類)와 질산화균을 포함하고 있는 물은 사용하지 않도록 주의하여야 한다.

희석수는 희석배율에 상관없이 균일한 미생물 개체군이 확실히 들어 있어야 한다. 또한 희석수에 들어 있는 유기물도 폐수의 안정화에 관여하는 것과 같은 형태의 미생물과 접촉하는 기회를 가져야 한다. 하수나 다른 물질을 이용한 "식종"은 이 같은 점을 확실하게 보장하여야 한다. 흔히 후자는 무시되는 경우가 많고, 그 결과 실제값보다 높은 잘못된 결과가 얻어진다.

마지막으로 사용에 앞서 희석수는 산소로 포화되도록 폭기시켜야 한다.

바탕(blank)에 요구되는 사항 희석법으로 BOD를 측정할 때는 "식종" 물질이 들어 있는 희석수에도 유기물이 포함되어 있고, 이 희석수를 시료에 가해주므로 피산화성 유기물이 증가될 수 있다. 그러므로 이에 대한 보정을 해주어야 한다. "Standard Method"에서는 희석된 시료에서 식종으로 인해 소모된 산소의 양을 정확히 측정하기 위해 식종수 자체에 대한 BOD 실험을 병행하여 실시할 것을 권장하고 있다. 하지만 일반적인 식종에서 식종수 자체에 대한 보정치는 그다지 크지 않으므로 이를 보정하기 위해 또 다른 단계의 실험이 수행되어야만 하는 지에 대해서는 논란의 여지가 있으므로 식종수 대신 식종 희석수나 바탕시료의 초기 용존 산소 농도와 5일 후의 용존 산소 농도변화를 정확하게 측정하여 식종으로 인한 BOD값을 보정하여야 한다.

BOD 시료는 매 세트(set)마다 적어도 세 개의 바탕 시료를 포함시켜야 한다. 생물학적 분석에는 어느 정도의 생물학적 변화량이 있게 마련이다. 바탕값은 모든 BOD 계산에 기준 값으로 사용되므로, 그 통계학적 신뢰도는 중요하다. 대체로 세 개의 바탕값이면 그와 같은 신뢰도를 부여할 수 있으나, 무엇보다도 분석자 자신이 만족할 수 있는 값을 구하도록 해야 한다.

폐수의 희석 BOD를 측정하기 위해서는 희석 비율을 결정하여야 한다. 보통은 세 가지의 희석액을 만드는 것이 적당하다. 시료의 강도를 어느 정도 정확히 알고 있을 때는 두 가지 희석액을 이용해도 좋다. 시료의 강도를 모를 때는 상당히 넓은 범위에 걸쳐 희석액들을 만들어야 하며, 경우에 따라서는 네 종류나 다섯 종류의 희석액을 만들어야 할 때도 있다. 어느 경우

든지 연속적으로 희석하여 BOD가 중복되어 측정될 수 있도록 하여야 한다.

BOD는 0.5 mg/L 이하의 산소 농도에 영향을 받지 않는 것으로 알려져 있다. 또한 2 mg/L 미만의 산소 소모량(oxygen depletion)을 나타내는 희석액의 BOD값도 통계적으로 믿을 만하지 못한 것으로 알려져 있다. 그러므로 최소한 2 mg/L의 산소 소모량을 나타내고, 배양 기간의 끝에 남아있는 용존 산소가 최소한 0.5 mg/L인 시료에 대하여 BOD를 계산하는 것을 관례로 하고 있다. 대체로 이와 같은 제한 사항은 산소의 소모된 농도 범위가 2～7 mg/L이어야 하는 것을 의미한다. 이와 같은 지식을 이용하여, 여러 가지 희석비에 따른 측정가능한 BOD의 범위를 나타내는 표를 작성할 수 있다. 표 23.1은 백분율 기준으로 작성한 희석액과 약 300 mL들이 병에 직접 피펫으로 넣어 만드는 희석액에 대한 혼합비율을 나타낸 것이다. 시료의 BOD를 추정하고, 이 추정한 값을 근거로 하여 한 개의 희석율을 정하는 것이 관례이다. 다른 두 개의 희석액중 하나는 이보다 높게 또 하나는 낮게 하여 준비한다. 예로 어떤 시료가 1000 mg/L의 BOD를 가지는 것으로 추정되었다면, 표 23.1로부터 0.5% 혼합액을 사용해야 하는 것을 알 수 있다. 만일 0.2%와 1.0%의 혼합액을 포함시킨다면, 측정 가능한 BOD의 범위는 200에서 3500 mg/L까지 확장되며, 처음 추정할 때 생길 수 있는 오차를 보상할 수 있다.

피펫으로 직접 넣는 방법(direct-pipeting technique)에서 0.5 mL 미만의 양을 취하여 희석해야 하는 시료들에 대해서는 병에 넣은 양이 심각한 오차 없이 측정될 수 있도록 예비 희석액을 만들어 사용해야 한다. 이 방법으로 BOD를 측정할 때는 병의 부피를 정확히 알아야 한다.

표 23.1 시료의 희석율과 측정 가능한 BOD 범위

혼합물을 사용할 때		300mL 병에 피펫으로 직접넣을 때	
% 혼합비	BOD의 범위	mL	BOD의 범위
0.01	2,000～70,000	0.02	30,000～105,000
0.02	10,000～35,000	0.05	12,000～42,000
0.05	4,000～14,000	0.10	6,000～21,000
0.1	2,000～7,000	0.20	3,000～10,500
0.2	1,000～3,500	0.50	1,200～4,200
0.5	400～1,400	1.0	600～2,100
1.0	200～700	2.0	300～1,050
2.0	100～350	5.0	120～420
5.0	40～140	10.0	60～210
10.0	20～70	20.0	30～105
20.0	10～35	50.0	12～42
50.0	4～14	100	6～21
100	0～7	300	0～7

배양병(incubation bottle) BOD 분석에 사용하는 병에는 유리 마개가 갖추어져 있어야 하며, 마개를 끼울 때 공기가 잡혀 들어가지 않도록 접촉 부분이 연마(grind)되어 있어야 한다. 또 배양기간 중 병 속으로 공기가 들어가지 못하도록 병은 물로 밀봉(water seal)할 수 있는 형태의 것이라야 한다.

BOD 분석에 사용되는 병은 반드시 유기물이 완전히 제거된 것이어야 한다. 병의 세척에는 양질의 세제를 사용하는 것이 좋다. 세제를 사용했을 때는 병의 벽에서 자라나기 쉬운 질산화균이 제거되도록 뜨거운 물로 씻어 내야한다. 병은 사용하기 전에 세척제가 모두 제거되었는지를 주의 깊게 확인하여야 한다. 보통은 수돗물로 네 번을 씻어내고 마지막으로 증류수나 탈염수(demineralized water)로 씻어내면 안심하고 사용할 수 있다.

초기 용존 산소(initial dissolved oxygen) BOD가 200 mg/L 이하인 시료들은 시료의 양을 1.0% 과잉으로 사용해야 한다. 만일 시료의 용존 산소가 희석수의 그것과 크게 다를 때 이에 대한 보정을 하지 않으면 최종 결과에 심각한 오차가 발생할 수 있다. 20% 이하로 희석한 시료에 대하여는 대체로 20℃에서 포화되도록 포기시키면 용존 산소의 농도가 희석수의 값과 같다고 간주할 수 있다. 이 시료들에 대하여는 용존 산소 농도를 측정할 필요가 없으며, 또 어떤 순간 산소 요구량(immediate oxygen demand)도 만족시키다. 20% 이상으로 희석한 시료는 별도로 용존 산소 농도를 측정하여야 한다.

BOD의 계산 직접법에 의한 BOD 분석은 식종이나 희석에 따른 보정이 필요치 않으므로 다음과 같이 간편한 식으로 나타낼 수 있다.

$$\mathrm{BOD}_5\,(\mathrm{mg/L}) = D_1 - D_2 \quad \text{(식종이나 희석을 하지 않은 경우)} \tag{23.9}$$

여기서 D_1과 D_2는 각각 시료의 초기 용존 산소 농도와 5일간 배양후의 용존 산소 농도를 나타낸다. 만일 식종이 되지 않은 희석수를 이용하여 시료를 희석한 경우에는 식 (23.9)와 같이 희석에 대한 보정이 이루어져야 한다.

$$\mathrm{BOD}_5\,(\mathrm{mg/L}) = \frac{D_1 - D_2}{P} \quad \text{(식종되지 않은 희석수로 희석한 경우)} \tag{23.10}$$

여기서 P는 BOD 병에 주입된 시료의 양과가 희석수에 의해 가득 채워질 BOD병의 부피와의 비를 나타내며, 표 23.1은 BOD 측정농도별 시료혼합 %를 나타낸 것으로 이 경우에 P는 시료혼합 %/100이 된다. 만일 300 mL 용량의 BOD 병과 피펫으로 직접 시료를 주입하게 될 때에 P는 시료 주입량(mL)/300mL가 된다.

마지막으로 만일 식종된 희석수가 사용된 경우에는 식종액과 희석수 모두에 대한 보정이 되어야 하며, 다음식과 같다.

$$\mathrm{BOD}_5(\mathrm{mg/L}) = \frac{(D_1 - D_2) - f(B_1 - B_2)}{P} \quad \text{(식종된 희석액이 사용된 경우)} \tag{23.11}$$

여기서 B_1은 식종액의 초기 용존 산소 농도(mg/L)를, B_2는 식종액의 5일 배양 후 용존 산소 농도(mg/L)를 나타내며, f 는 배양된 시료에 있어서의 식종비를 나타낸다. 또한 식종에 대한 보정은 식종 희석수의 용존 산소 바탕값으로부터 직접 산출할 수도 있다. 이때 B_1과 B_2는 식종 희석수의 초기 용존 산소 농도와 5일 배양 후의 용존산소 농도를 나타내며, f 는 시료에 대한 희석수의 비율로 $1 - P$로 나타낼 수 있다. 이것을 식 (23.11)에 대입하면 다음과 같다.

$$\mathrm{BOD}_5(\mathrm{mg/L}) = \frac{(D_1 - D_2) - (1 - P)(B_1 - B_2)}{P} \tag{23.12}$$

$$\mathrm{BOD}_5(\mathrm{mg/L}) = \frac{(B_2 - D_2) - (B_1 - D_1)}{P} - (B_1 - B_2) \tag{23.13}$$

식종이 적정하게 이루어지기 위해서는 $B_1 - B_2$는 0.1 mg/L에서 0.2 mg/L 범위로 유지되어야 한다. 그러므로 식 (23.13)의 마지막 항은 일반적으로 무시되어질 수 있으며, 시료가 20℃로 조절된 상태에서 시료의 용존 산소를 희석수와 같이 거의 포화상태로 증가시키기 위해 포기를 시킨 경우에 $B_1 - D_1$은 0에 가까워지게 되므로 이것 또한 무시되어질 수 있으며 다음과 같이 아주 단순화된 식으로 나타낼 수 있다.

$$\mathrm{BOD}_5(\mathrm{mg/L}) = \frac{B_2 - D_2}{P} \tag{23.14}$$

식 (23.14)와 같이 단순화된 식도 종종 간편하고 유용하게 이용될 수 있다. 이는 "Standard Methods"에 명기된 식 (23.11)을 이용한 BOD 실험의 변이계수(coefficient of variation)가 약 15%로 아주 큰데, 이 식이 보다 정확한 결과를 도출하기 위해서는 부수적인 분석 노력이 수반되어야 하기 때문이다.

예제 23.4

각기 다른 300 mL BOD병 3개에 시료를 각각 2 mL, 5 mL, 10 mL를 가하고 식종 희석수로 가득 채운 후에 시료의 BOD_5를 측정하고자 한다. 이때 동일한 희석수를 채운 BOD병 3개의 바탕시험으로 하였으며, 20℃에서 5일간 배양하였다. 시료를 배양하기 전 후의 용존 산소 측정치는 다음과 같다.

시료의 양(mL)	초기 DO(mg/L)	5일 후의 DO(mg/L)
2	8.1	5.6
5	8.0	1.7
10	8.1	0.0
바탕시험 평균	8.2	8.0

시료의 BOD_5는 얼마인가?

해답

5일 후의 DO 농도는 초기 DO 농도보다 최소한 2 mg/L 낮게 측정되어져야 하며 5일후에 남아 있는 DO 농도는 0.5 mg/L 이상이어야 하므로 이를 만족할 수 있는 것은 2 mL와 5 mL의 시료를 취한 경우만이 해당되므로 두 시료에 대해 식 (23.13)을 적용하면 다음과 같다.

$$2\text{mL의 시료 : } BOD_5 = \frac{(8.0-5.6)-(8.2-8.1)}{2/300} - (8.2-8.0) = 345\text{ mg/L}$$

$$5\text{mL의 시료 : } BOD_5 = \frac{(8.0-1.7)-(8.2-8.0)}{5/300} - (8.2-8.0) = 366\text{ mg/L}$$

BOD_5는 두 측정치의 평균값인 356 mg/L를 취할 수 있다. 하지만 $B_2 - D_2$ 값에서 오차의 가능성은 시료의 양이 5 mL인 경우보다 2 mL인 경우가 상대적으로 더 클 것이므로 오차의 가능성이 적을 값인 366 mg/L를 BOD_5로 하는 것보다 평균값인 356 mg/L를 이용하는 것이 더 타당성이 있는지에 대해서는 더 논의되어져야 한다.

"Standard Methods"에서는 비록 단순히 평균값을 취할 것을 권장하고 있지만 통계적인 분석을 통해 더욱 정확한 측정값을 결정할 수 있다.

단순화된 식 (23.14)를 이용할 경우에는 더 적은 측정 자료만으로도 가능하며, 그 결과는 다음과 같다.

$$2\text{mL의 시료 : } BOD_5 = \frac{(8.0-5.6)}{2/300} = 360\text{ mg/L}$$

$$5\text{mL의 시료 : } BOD_5 = \frac{(8.0-1.7)}{5/300} = 378\text{ mg/L}$$

평균 BOD_5는 369 mg/L로, 식 (23.13)을 토해 얻어진 측정값 356mg/L보다 4% 이내의 차이를 나타내나 23.13식을 이용하기 위해서는 더욱 많은 자료와 비용이 요구된다.

23.4 생화학적 산화 반응의 속도

오랜 동안 BOD 반응의 속도상수, k'는 20℃에서 0.23/day라고 간주되어 왔다. 이 값은 미국과 영국의 오염된 강물과 가정하수에 대한 광범위한 연구를 통해 확인된 것이었다. BOD 시험이 산업폐수의 분석에 널리 응용되고, 또 합성 희석수의 이용방법이 확립됨에 따라 k'값이 0.23/day보다 훨씬 높은 것으로 알게 되고, 폐기물의 종류에 따라 크게 달라지는 데 주목하게 되었다. 또한 가정하수의 k' 값도 매일같이 달라지며, 평균 약 0.40/day로 초기에 사용하던 0.23/day보다 큰 것을 알게 되었다. 생물학적 폐수처리장 유출수의 k'값은 본래의 폐수의 k'값보다 훨씬 낮은 것도 알게 되었다. BOD 값에 영향을 미치는 또 다른 인자로는 온도가 있다. 온도 영향의 크기와 실험실에서 측정한 값을 현장조건에 맞게 나타내려 할 때 보정하는 방법은 3.10절에서 설명하였다. 표 23.2는 반응속도 상수 k'와 BOD와의 관계를 보인 것이다.

표 23.2 BOD에 대한 반응 속도 상수 k'의 영향

시간, 일	총 BOD %				
	k' = 0.10	0.20	0.30	0.40	0.50
1	10	18	26	33	39
2	18	33	45	55	63
3	26	45	59	70	78
4	33	55	70	80	86
5	39	63	78	86	92
6	45	70	83	91	95
7	50	75	88	94	97
10	63	86	95	98	99
15	78	95	99	99+	99+
20	86	98	99+	99+	99+

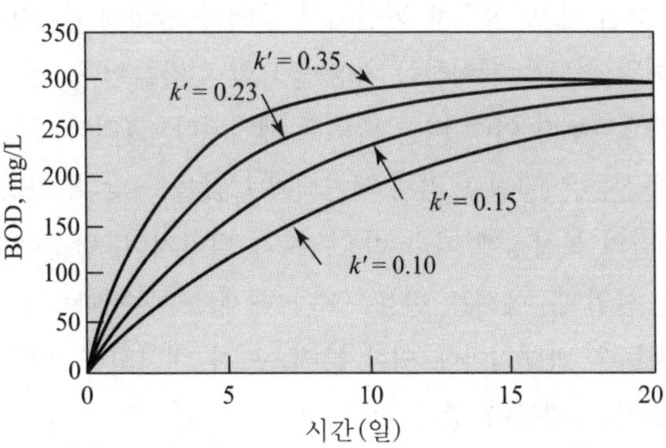

그림 23.3 BOD 반응에 미치는 속도상수 k'의 영향(L_0가 300mg/L 일 때)

BOD 반응 진행과정을 측정할 때 k'값의 중요성을 그림 23.3에 설명하였다. 일정한 L_0 값을 가진 폐수의 경우 약 15일이 경과되기까지 모든 시간(일)의 BOD값에 큰 폭의 차이를 나타내는 것을 알 수 있다. 전에는 일반적으로 k'값을 0.23/day라고 가정하여 5일 BOD

값으로부터 L_0값을 계산하였다. 그림 23.4는 5일 BOD가 200인 시료의 L_0값이 k'값에 따라서 어떻게 변하는 지를 나타낸 것이다.

k'값의 변화가 왜 이와 같이 반응속도에 차이를 내는 지에 대하여 고찰해 볼 필요가 있다. 여기에는 두 가지의 주요 인자가 관련된다. 즉 (1) 유기물의 특성, (2) 생물의 유기물을 이용하는 능력이다.

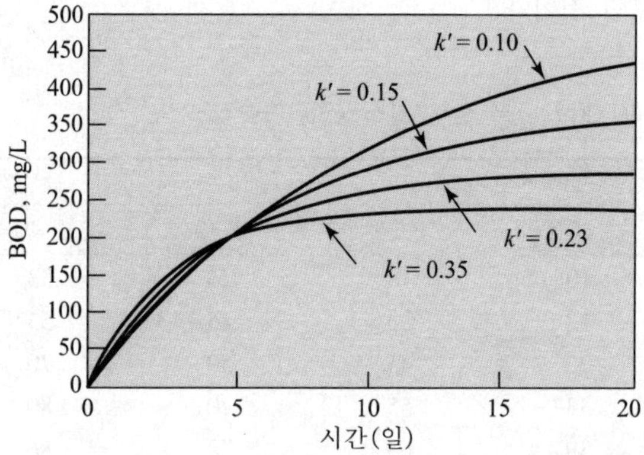

⇧ **그림 23.4** BOD 반응에 미치는 속도상수 k'의 영향(5일 BOD를 200mg/L로 가정함)

가정하수와 산업폐수에 들어 있는 유기물의 화학적인 특성과 미생물에 의한 이용 가능도(availability)는 매우 다양하다. 참 용액(true solution) 속에 들어 있는 유기물은 미생물들이 쉽게 이용할 수 있으나, 콜로이드와 거친 서스펜션을 구성하는 부분은 먼저 가수분해 작용을 받아야만 박테리아의 세포 속으로 확산되어 들어가 산화될 수 있다. 가수분해 속도와 확산속도는 가수분해의 속도를 제어하는 가장 중요한 인자들이다. 글루코오스와 같은 단순한 이 기질들은 용액으로부터 아주 빠른 속도로 제거된다. 그리고 k'값들도 마찬가지로 높다. 이보다 복잡한 물질들은 훨씬 느리게 제거되며 k'값들도 낮다. 가정하수와 같이 복잡한 물질들에서는 그 물질의 복잡성에 따라 반응속도가 달라지며, 단순한 형태의 가용성 화합물을 포함하고 있는 산업폐수에서는 반응속도가 대체로 아주 빠르다. 리그닌(lignin)과 같은 일부 유기 화합물들은 박테리아에 의한 분해속도가 대단히 느리다. 일부 합성세제들도 이와 같은 범주에 속하는 것들이 있다.

일부 산업폐수, 특히 합성에 의하여 생겨난 유기화합물과 천연물질들에서는 볼 수 없는 화학구조를 가진 유기화합물을 포함하고 있는 산업폐수의 BOD 반응에서는 지체기간(lag period)을 나타내는 일이 자주 있다. BOD 시험에 사용되는 "식종" 생물들은 그 물질들을 먹이로 이용할 수 있는 특정한 박테리아를 포함할 수도 그렇지 않을 수도 있다. 포함하고 있지 않을 때는 그 물질은 BOD를 나타내지 않을 것이다. 때로 이 물질을 산화할 수 있는 박테리아가 아주 소량만이 존재하는 경우가 있다. 이때는 어느 기간 동안(수일이 걸릴 수도 있다.) 산화 반응의 속도가 느려서 측정 가능한 BOD를 검출할 수 없게 된다. 그러나 충분한 시간이 경과되면, 이 특정한 박테리아의 개체군이 정상적인 속도로 산화 반응을 일으킬 수 있는 수준으로 증가된다. 그림 23.5에 나타낸 것과 같은 지체 기간 문제는 "식종"용 물을 그 폐수가 유입되는 강에서 채취하여 사용함으로써 해결할 수 있다. 이 물은 유입 지점으로부터 충분히 떨어진 하류에서 채취하여야 한다. 폐수 유입 지점 하류의 바위에 붙어 있는 미생물이 "식종"에 적합할 때도 있다. 잘 순응된 식종균은 가끔 폐기물에 오랜 기간 동안 노출된 토양으로부터도 구할 수 있다. 또한 잘 순응된 식종균은 중화시킨 폐수에 소량의 하수를 섞은 혼합물을 실험실에서 수일 동안 폭기시켜 얻을 수도 있다. 그러나 외래 물질에 순응할 수 있는 미생물은 환경 내에 항상 존재하지 않기 때문에 보다 광범위하게 찾을 필요가 있다. 경우에 따라 그 같은 미생물은 존재하지 않을 수 있다.

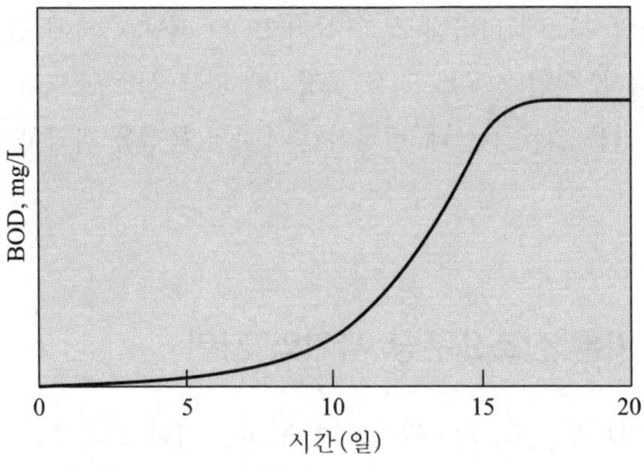

⇧ 그림 23.5 미생물에 순응된 유기물질이 존재할 때 시간에 따른 BOD 변화

지체 기간 현상은 때로 식종 미생물이 유기물을 이용할 수 있는 적절한 효소 시스템을 가지지 못한 것으로 설명할 수 있다. 그러나 적절한 미생물이 존재하는 경우 시간이 경과하면 미생물은 새로운 먹이에 적응하게 되어 필요한 효소를 구성하게 된다. 또 다른 인자는 미생물이 방해물질에 순응하는 동안 산화의 시점을 지연시키거나 미생물의 성장 및 유기물 산화를 방해하는 독성 유기물 및 무기물의 존재이다. 분석자는 이러한 BOD 시험의 제약성과 그 대처 방법을 알고 있어야 한다.

생화학 반응의 속도 k'와 크기 L_0는 여러 가지 방법으로 평가되어질 수 있다. 시간 경과에 따른 BOD 측정결과들로부터 산출되어질 수 있는 k'과 L_0를 평가하기 위한 절차는 10.9절의 회귀분석에서 설명된 바 있다. 그 때 탄소계 BOD만을 구하기 위해서는 질산화로 인한 산소 소모량을 보정하기 위해 시간에 따른 질소의 형태변화를 측정할 필요가 있다.

"Standard Methods"에서는 시간에 따른 산소소모량을 산출하고 L_0를 추정하기 위해서 2가지 방법을 제안하고 있다. 한 가지 방법은 여러 개의 BOD병이나 커다란 용기에 시료를 넣고 시간경과에 따라 산소 소모량과 질소형태의 변화량을 측정하는 방법이다.

어떤 경우에 있어서도 탄소계 BOD는 총 산소 섭취량에 질산화에 사용된 산소 소모량을 빼서 산출되어지며, 최종 BOD를 산출하기 위해서는 회귀분석이 이용된다.

또 다른 방법으로는 호흡계(respirometer)를 이용하여 연속적인 산소 섭취량을 측정하는 방법이다. 이 방법은 L_0를 측정하는 데 목적이 있는 것이 아니라 폐수의 특성을 좀 더 파악하기 위해 사용된다. 시료 희석정도에 따라 산소 섭취량을 관찰하면 생물분해과정에서 독성물질의 존재여부를 평가할 수 있고 시간에 따른 산소 섭취정도를 관찰함으로써 유기물질에 대한 생물학적 순응(biological acclimation) 여부를 평가할 수 있으며 BOD 측정곡선이 그림 23.5에 나타난 것과 같을 경우에는 미생물이 유기물질에 순응된 것으로 판단할 수 있다.

질산화 과정은 그림 23.2에 나타낸 것과 같이 BOD 배양 후기에 산소를 소모하므로 이를 보정할 필요가 있다. 어떤 경우라도 시간 경과에 따른 산소 소모량을 측정하는 것은 생물학적 폐수처리 공정을 설계하는 데 결정적인 폐수의 특성을 파악하기 위해 가장 중요한 것이다.

23.5 L_0값과 이론 산소요구량 사이의 차이

유기물의 최종 BOD 또는 L_0값은 관련된 화학 반응식[식 23.1 참조]으로부터 계산한 이론 산소 요구량(theoretical oxygen demand)과 같다고 생각하였다. 예로 글루코오스가 이산화 탄소와 물로 산화되는 반응에는 글루코오스 1몰당 192g의 산소 또는 글루코오스 1 mg당 1.065mg의 산소가 필요하다.

$$\underset{180}{C_6H_{12}O_6} + \underset{192}{6O_2} \rightarrow 6CO_2 + 6H_2O \tag{23.15}$$

대부분의 BOD 연구는 300 mg/L 농도의 글루코오스 용액을 가지고 수행하고 있다. 이 용액의 이론 산소 요구량은 320 mg/L이다. 이 용액의 BOD를 실제로 측정해 보면 20일 값[3]과 계산된 L_0값이 250∼285의 범위, 또는 이론값의 약 85%를 나타낸다. 이 결과로부터 글루코오스의 전부가 이산화 탄소와 물로 완전히 전환되지 않는 것을 알 수 있다. 이와 같은 차이에 대한 설명에는 생물학적으로 분해되는 유기물의 변환에 대한 이해가 필

3) A. Q. Y. Tom, Investigations on Improving the BOD Test, Sc. D. Thesis, Massachusetts Institute of Technology, 1951.

요하다.

유기물이 박테리아에 의해 산화되기 위해서는 그 유기물은 박테리아의 성장과 증식을 위한 에너지를 얻을 수 있는 먹이가 되어야 한다. 이것은 유기물의 일부분이 박테리아의 세포 조직으로 전환되는 것을 의미한다. 세포 조직으로 전환된 부분은 그 생물들이 생명을 유지하기 위해 세포 조직으로부터 에너지를 얻어야 할 때(내호흡, endogeneous respiration)까지 산화되지 않은 채로 있게 된다. 박테리아가 죽으면 다른 박테리아의 먹이로 되어, 다시 이산화 탄소와 물과 세포 조직으로의 변환이 일어난다. 살아있는 박테리아나 죽은 박테리아나 모두 원생동물(protozoa)과 같은 고등생물의 먹이로 된다. 변환이 될 때마다 계속 산화가 일어나지만, 최종 분석 결과를 보면 상당한 양의 더 이상 생물학적 분해를 받기가 아주 어려운 유기물이 남게 된다. 이 유기물을 일반적으로 부식질(腐植質, humus)이라고 부르며, 이 유기물의 양이 최종 BOD와 이론 산소 요구량 사이의 차이에 해당한다.

|23.6| 실측한 반응속도와 1차 반응속도와의 차이

가용성 유기물을 이용한 BOD 연구결과들은[4] 이 반응이 "1차" 반응속도론을 따른다는 가정에 어떤 한계가 있음을 보여주고 있다. 대부분의 경우, 탄소성 BOD 반응의 진행은 그림 23.2에서와 같은 모양의 두 단계(phase)가 나타나는 것을 볼 수 있다. 그러나 제2단계는 그림에서 설명하고 있는 바와 같은 질산화 때문이 아닌 원생동물의 이차적인 작용 때문인 것으로 생각되고 있다. 이 생화학적 작용의 순서는 다음과 같이 설명될 수 있다. 배양 1~2일 째에는 박테리아에 의하여 가용성 유기물이 빠르게 소모되어 약 30~50%가 산화되며, 나머지는 23.5절에서 설명한 바와 같이 박테리아의 세포로 전환된다. 이와 같은 전환이 완결되면, 산화속도가 감속되었음을 나타내는 "정체기"(plateau)가 생기며, 박테리아 대사의 내호흡기(內呼吸期)에 접어들게 된다. 1~2일 내에 반응속도의 2차 상승이 일어나는데, 이것은 포식자(predator)이며, 박테리아를 먹이로 이용하는 원생동물(protozoa) 개체군이 증가되기 때문이다. 이 시기들 사이에서의 정체기의 발생과 기간은 박테리아 개체군의 피이크와 원생동물 개체군 사이의 시간 간격에 따라 두드러지게 나타난다. 이러한 관찰 결과는 BOD 분석에 원생동물이 중요한 역할을 할 수 있음을 말해준다.

4) A. W. Busch, "BOD Progression in Soluble Substrates," *Sewage and Ind. Wastes,* **30**: 1336 (1958); M. N. Bhatla and A. F. Gaudy, Role of Protozoa in the Diphasic Exertion of BOD. *J. Sanit. Eng. Div., Am. Soc. Civil Engrs.,* **91**: SA3, 63 (1965).

이러한 관찰 결과는 BOD 자료의 해석에 주의해야 한다는 것이지, 복잡한 폐기물이 포함되어 있는 하천오염 문제를 해결하기 위해 "1차 반응"속도론을 이용하는 것이 쓸모없는 일이라는 뜻은 아니다. 가용성 유기물과 입자상의 유기물을 포함하고 있는 이와 같은 폐수 대부분의 BOD 진행곡선은 개개의 화합물에 대한 산화반응의 총화(summation)를 나타내는 "혼성"(composite)곡선들로 되려는 경향이 있다. 각 화합물들의 분해속도는 서로 아주 크게 다르므로, 곡선의 융기 부분과 가라앉은 부분(valley)이 수평으로 되어, 비교적 고른 "일차"반응 형태의 곡선이 얻어지게 된다.

|23.7| BOD 자료의 용도

BOD 자료는 환경공학 분야에 광범위한 용도를 가지고 있다. 이것은 가정하수와 산업폐수의 강도를 그것을 안정화시키는 데 소요되는 산소의 양으로 환산하여 구하는 중요한 분석 시험법이다. 또한 유입수역 내에 존재하는 생물학적으로 산화 가능한 유기물의 양을 측정하여, 산화반응이 어떤 속도로 일어날 것인지 또는 BOD의 진행이 어떤 속도로 나타날 것이지를 결정하는 데 이용할 수 있는 유일한 분석방법이다. 그러므로 BOD는 유기물 부하량을, 요구되는 용존 산소 수준으로 유지되도록 제한하여야 하는 하천오염 통제에 주요 기준으로 쓰인다. BOD의 측정은 하천의 자정능력을 측정하는 연구에 이용되며, 또 관리자에게는 하천으로 유입시키는 유출수의 수질을 검사하는 수단으로 쓰이게 된다.

폐기물의 BOD에 대한 자료는 처리시설의 설계에서 중요한 고려사항이 된다. 그것은 처리방법의 선택에 이용되는 인자의 하나이며 장치, 특히 살수여상과 활성슬러지 등의 크기를 결정하는 데 이용된다. 처리장이 조업에 들어간 후에는, 분석 결과가 여러 공정들의 효율을 평가하는 데 이용된다.

대부분의 시당국과 하수도국이 폐수처리 운전 경비를 하수도세로 충당하고 있다. 연방 자금에 의하여 설치된 도시 하수도에 폐수를 투입하는 산업체들에게 운전 및 유지관리 비용을 분담하도록 요구하고 있다. BOD는 특히 이차 처리에 생물학적 처리 공정을 이용하고 있는 지역에서 이 분담금을 계산하는 데 일반적으로 이용되는 인자들 중의 하나다.

연습문제

23. 1 BOD 분석결과는 수질오염 방지에서 어떤 용도로 쓰이는 지 설명하여라.

23. 2 믿을 만한 BOD 자료를 얻기 위하여 갖추어야 할 요건 다섯 가지를 들어라.

23. 3 BOD 분석에 사용하기 적합한 희석수의 요건 다섯 가지를 들어라.

23. 4 BOD 분석에서 다음의 각 화합물이 어떤 목적들로 쓰이는 지 설명하여라.

(a) $FeCl_3$ (b) $MgSO_4$ (c) K_2HPO_4 (d) NH_4Cl (e) $CaCl_2$

23.5 BOD분석에서 20℃ 이하의 온도를 가진 하천수는 어떻게 전처리하여야 하는가를 설명하여라.

23.6 생물학적으로 쉽게 산화되지 않은 산업폐수의 BOD 측정을 위한 적절한 식종은 어떻게 얻어질 수 있는 지 설명하여라.

23.7 BOD 실험에서 식종이 필요한 이유를 설명하라.

23.8 폐수의 가능한 잠재 질소성 산소요구량(nitrogenous oxygen demand potential)을 추정하는 데 표준 BOD 분석 시험을 사용하지 않는 것이 좋은 이유를 설명하여라.

23.9 폐수의 BOD_5가 160 mg/L로 예상되며, 시료를 3단계로 희석하여 배양하고자 한다. 배양병의 용량이 310 mL라면 각각의 배양병에 주입되어야 하는 시료는 몇 mL 인가?

23.10 폐수의 BOD_5가 300 mg/L로 예상되며, 시료를 3단계로 희석하여 배양하고자 한다. 각각의 배양병에 주입되어야 하는 시료 혼합액은 몇 %인가?

23.11 BOD 실험중 질산화 반응이 일어나는 데 영향을 미칠 수 있는 요인은 무엇인가?

23.12 5일 BOD 분석에서 질산화 반응을 제어하는 데 이용할 수 있는 방법은 무엇인가?

23.13 엔지니어는 BOD 분석과정의 복잡한 생화학 반응을 일차 반응속도론을 이용하여 설명한다. 무엇으로 정당함을 증명할 수 있는가?

23.14 어떤 인자들이 BOD 분석에서 생화학적 산화 반응속도에 영향을 미치는가?

23.15 BOD 분석에서 원생동물은 어떤 중요한 역할을 하는가?

23.16 BOD 실험에서 식종에 사용된 미생물이 산업폐수에 함유된 유기물을 생물학적으로 분해하는 데에 잘 순응되지 않았다면 이를 어떤 방법으로 확인할 수 있는가?

23.17 산업폐수에서 k'과 L_0를 산출하는 방법을 설명하라.

23.18 어떤 산업폐수의 분석에서 다음과 같은 자료를 얻었다. 20℃에서 5일 동안 배양한 후의 바탕 시료(blank) 속의 잔류 용존 산소는 7.80 mg/L이었으며, 이 폐수의 0.1% 희석액 속에서는 2.80 mg/L이었다.

(a) 이 폐수의 5일 BOD는 얼마였는가?

(b) 이 폐수 10,000리터 속에는 몇 kg의 5일 BOD가 포함되는가?

23.19 다음 자료로부터 하천수의 탄소계 10일 BOD를 산출하시오. (시료는 희석되지 않은 것으로 가정)

분석치, mg/L	0일	10일
DO	8.3	1.4
NH_3-N	2.1	0.8
NO_2^--N	0.0	0.1
NO_3^--N	0.5	2.1

23.20 다음 자료로부터 하천수의 탄소계 12일 BOD를 산출하시오. (희석된 시료 혼합액에는 10%의 시료가 함유)

분석치, mg/L	0일	10일
Blank	8.2	8.1
희석된 시료		
DO	8.0	1.4
NH_3-N	1.1	0.6
NO_2^--N	0.0	0.0
NO_3^--N	0.2	1.1

23.21 문제 23.19와 23.20에서 무기성 질소화합물의 합이 초기 0일 때보다 배양후기인 10일, 12일에 더 높게 나타나는 이유를 설명하여라.

23.22 다음의 용존 산소값들은 310 mL BOD병 속에서 5일 동안 배양한 후에 얻은 것이다. : 세 개의 바탕 시료 속에서 각각 7.7, 7.9 및 7.9 : 시료를 각각 2.5 및 10 mL를 포함하고 있는 병 속에서 6.5, 4.0 및 0.5 mg/L이었다.
시료의 0일 용존 산소는 0.0 mg/L이었다. 이 폐수의 5일 BOD는 얼마냐?

23.23 다음의 305 mL BOD병에 바탕시료와 시료를 넣고 5일간 배양한 후 측정한 용존 산소 농도를 나타낸 것이다. : 세 개의 바탕 시료의 DO는 8.2, 8.0, 8.1 mg/L였으며, 시료를 각각 0.5, 1, 2, 4, 8 mL를 포함하고 있는 BOD 병의 DO 농도는 7.4, 6.5, 4.9, 1.5, 0.0 mg/L였다. 배양전 시료의 DO농도가 0.0 mg/L라면 5일 BOD는 얼마인가?

23.24 어떤 폐수의 시료를 20℃에서 7일 동안 배양하였더니, 208 mg/L의 BOD를 나타내었다. (k=0.15/일로 가정한다.)

(a) 5일 BOD를 계산하여라.

(b) 10일 BOD를 계산하여라.

(c) 최종 BOD를 계산하여라.

23.25 다음의 물질들 200 mg/L를 포함하는 시료의 탄소성 BOD값과 최종 BOD값은 대략 얼마가 되겠는가? BOD 분석에서 모두 쉽게 산화되는 것으로 가정하여라. (0.10/일로 계산하여라.)

(a) 아세트산(acetic acid)

(b) 뷰탄올(butanol)

(c) 글루코오스(glucose)

(d) 벤조산(benzoic acid)

(e) 알라닌(alanine)

참고문헌

Clesceri, L. S., A. E. Greenberg, and A. D. Eaton (eds.) : "Standard Methods for the Examination of Water and Wastewater," 20th ed., American Public Health Association Washington, DC. 1998.

CHAPTER 24

화학적 산소 요구량

|24.1| 개 요

화학적 산소 요구량(chemical oxygen demand, COD)의 분석도 가정하수와 산업폐수의 오염 강도를 측정하는 데 널리 이용된다. 이 분석은 반응식 (23.1)에 따라 오염물질을 이산화 탄소와 물로 산화시키는 데 필요한 총 산소의 양으로 환산하여 측정하는 것이다.

모든 유기화합물들은, 몇 가지만을 예외로 하고, 산성 조건에서 센 산화제에 의하여 산화될 수 있다. COD 분석은 이 특성을 이용하고 있다. 산화수가 −3인 아미노질소(aminonitrogen)는 식 (23.1)에 나타낸 것과 같이 암모니아성 질소로 전환된다. 그러나 이보다 높은 산화 상태에 있는 유기질소는 질산염으로 전환된다.

COD의 측정과정에서 유기물은 그 물질의 생물 분해성에는 무관하게 이산화 탄소와 물로 전환된다. 예를 들면, 글루코오스와 리그닌(lignin)도 완전히 산화된다. 따라서 COD값은 BOD값보다 크며, 생물학적 난분해성 유기물의 양이 많은 경우에는 훨씬 더 커진다. 리그닌 함량이 높은 목재 펄프 폐수가 그 좋은 예다. 앞서 23.5절에서 설명한 이유들 때문에 글루코오스와 같은 물질의 COD는 그 L_0값보다 항상 더 크다.

COD 분석 시험의 주요 제한 사항들 중의 하나는 생물학적으로 산화될 수 있는 유기물과 생물학적으로 비활성(inert)인 유기물을 구별할 수 없는 점이다. 또한 자연적인 조건에서 생물학적으로 활성인 물질이 안정화되는 속도에 관해서는 아무런 정보도 얻을 수 없다.

COD 분석의 큰 장점은 짧은 시간 내에 분석 결과를 얻을 수 있는 점이다. BOD 측정에는 5일이 소요되는 데 비하여 이 측정은 약 3시간 정도에 마칠 수 있다. 이 때문에 많은 경우 BOD의 대용으로 이용되고 있다. COD 자료는 충분한 실험을 통하여 COD와 BOD간의 믿을 만한 상관인자를 구하게 되면 BOD 값으로 환산하여 해석할 수도 있다.

|24.2| COD 분석의 변천 과정

화학적 산화제는 오염된 물의 산소 요구량의 측정에 오래전부터 사용되어 왔다. 과망간산 칼륨 용액이 다년간 사용된 바 있었고, 그 측정값은 과망간산염에 의한 산소 소비량(oxygen consumed)이라고 불리었다. 과망간산염(permanganate)에 의하여 일어나게 되는 산화 반응은 화합물들의 형태에 따라 여러 가지로 크게 달라지며, 또 산화도도 사용된 시약의 세기에 따라 달라진다. 산소 소비값들은 5일 BOD값에 비하여 항상 현저하게 작았다. 이것은 과망간산염이 이 산화 반응을 어느 특정한 종말점까지 일으키는 능력이 없음을 말해주는 것이다.

황산 세륨(ceric sulfate), 아이오딘산 칼륨(potassium iodate), 중크롬산 칼륨(potassium dichromate) 등도 화학적 산소 요구량의 측정을 위해 광범위하게 연구되어 온 산화제들이다. 중크롬산 칼륨은 여러 가지 유기물을 이산화 탄소와 물로 거의 완전히 산화시킬 수가 있어서 모든 산화제들 중 가장 실용적인 것으로 알려져 있다. 산화제는 항상 과잉량을 사용해야 하므로, 유기물의 산화에 실제로 사용된 양을 계산하기 위해서는 반응이 끝난 뒤 남아있는 여분의 양을 측정하여야 한다. 중크롬산 칼륨의 여분량을 측정하는 것은 비교적 쉬운 일로, 이것이 중요한 장점이다.

중크롬산 칼륨으로 유기물을 완전히 산화시키기 위해서는 용액은 센 산성이어야 하며, 온도가 높아야 하다. 그러므로 처음부터 들어 있던 휘발성 물질과 또 소화(消化)하는 동안에 생성되는 휘발성 물질들은 이탈을 방지하지 않으면 날아가 버리게 된다. 이를 위해서는 보통 환류 냉각기(reflux condenser)를 사용하며, 휘발성 유기물의 별다른 손실 없이 시료를 끓일 수 있다.

일부 유기화합물들, 특히 낮은 분자량의 지방산(fatty acid)들은 촉매를 사용하지 않으면 산화되지 않는다. 촉매로는 은 이온이 효율적인 적용을 나타내는 것으로 알려져 있다. 방향족 탄화수소들과 피리딘(pyridine)은 어떤 조건에서도 산화되지 않는다.

|24.3| 중크롬산염에 의한 화학적 산소 요구량

중크롬산 칼륨은 높은 순도의 것을 비교적 값싸게 얻을 수 있는 화합물이다. 분석용 품위의 시약을 103℃에서 건조한 다음 직접 무게를 달고 알맞은 부피로 희석하여 정확한 노르말 농도의 용액을 만든다. 중크롬산 이온은 센 산성용액에서 산화력이 큰 산화제이다. 이때 일어나는 반응은 유기질소가 모두 환원된 상태(산화수는 −3)이므로 다음과 같은 일반식으로 나타낼 수 있다.

$$C_nH_aO_bN_c + dCr_2O_7^{2-} + (8d+c)H^+ \xrightarrow{\triangle}$$

$$nCO_2 + \frac{a+8d-3c}{2}H_2O + cNH_4^+ + 2dCr^{3+} \quad (24.1)$$

여기서 $d = 2n/3 + a/6 - b/30 - c/2$

앞서 설명한 바와 같이 중크롬산염은 COD 측정에 이상적인 시약이다.

노르말 농도의 선택

COD 분석결과는 mg의 산소로 환산하여 보고한다. 산소의 당량은 8이므로, 산화제는 N/8, 즉 0.125 N 용액을 사용하여 측정하는 것이 논리적일 것이며, 그 결과는 15.1절에서 설명한 일반적인 절차에 따라 계산할 수 있다. 그러나 경험에 의하면 보다 진한 중크롬산염 용액이 좋은 감도를 나타내므로 N/4, 즉 0.25 N 용액을 사용하는 것이 좋다. 중크롬산염의 0.25 N 용액 1 mL는 2 mg의 산소와 등가이므로 이 분석 실험에서 측정될 수 있는 COD의 범위가 두 배로 되어 더 많은 양의 시료를 시용할 수 있게 된다.

여분의 산화제 양의 측정

COD의 측정에서는 시료 속의 유기물이 산화제에 의하여 모두 확실히 완전하게 산화되도록 과잉량의 산화제를 사용하게 된다. 모든 시료에 적당한 양을 과잉으로 첨가해 주어야 한다. 물론 어떤 방법으로든지 이 과잉량을 측정하여 실제 감소된 산화제의 양을 결정할 수 있어야 된다. 이 측정에는 보통 환원제 용액이 사용된다.

환원제 용액은 거의 모두 공기와 접촉하지 않도록 특별히 주의해야 하며, 그렇지 않으면 녹아 들어간 산소에 의하여 점차 산화된다. 제일철 이온(ferrous ion)은 중크롬산염에 대한 아주 좋은 산화제다. 용액은 순수하고 안정한 형태로 얻을 수 있는 황산암모늄 제일철(ferrous ammonium sulfate)로 만드는 것이 가장 좋다. 그러나 이 시약은 용액 상태에서도 공기 중의 산소에 의하여 산화되므로, 시용할 때마다 표준화를 하여야 한다.

표준화에는 0.25 N 중크롬산 용액을 사용한다. 황산 암모늄 제일철과 중크롬산염과의 반응은 다음과 같이 나타낼 수 있다.

$$6Fe^{2+} + Cr_2O_7^{2-} + 14H^+ \rightarrow 6Fe^{3+} + 2Cr^{3+} + 7H_2O \quad (24.2)$$

바탕시험

COD와 BOD 분석은 모두 시료 속에 들어 있는 유기물의 산화에 요구되는 산소의 양을 측정하는 것이다. 그러므로 시료 속에 들어 있는 양 만이 측정되도록 하여야 하며, 외부에서 들어가는 유기물이 있어서는 안 된다. 그러나 BOD 분석에서는 외부로부터 유기물이 들어가는 것을 배제하기란 불가능하며, COD 분석에서도 그것은 마찬가지이므로 두 분석에 모두 바탕시료(blank sample)에 대한 측정이 요구된다.

지시약

모든 산화-환원 반응들은 종말점에서 매우 현저한 산화-환원 전위(ORP)의 변화를 일으킨다. 이 변화는 전위계(electometer)를 써서 쉽게 검출해 낼 수 있다. 산화-환원 지시약을 이용할 수도 있다. 페로인(ferroin＝ferrous 1,10-phenanthroline sulfate)은 중크롬산염이 제일철 이온에 의하여 모두 환원되었음을 나타내주는 훌륭한 지시약이다. 이 지시약은 대단히 예민한 색 변화를 나타내며, 중크롬산염이 환원되면서 생성하는 초록색의 Cr^{3+}이 존재해도 쉽게 검출해 낼 수 있다.

계산 방법

COD의 측정에 비록 산화제를 사용하지만, 이것이 COD의 계산에 직접 이용되지는 않는다. 실제로 사용된 산화제의 양은 환원제 용액을 이용하여 결정해야 하기 때문이며, 또 산화제의 세기는 시간에 따라 달라지며, 그 노르말 농도가 정확히 0.25N일 수 없으므로 이 경우에는 환원제의 양과 관련지우는 것이 더 간단해 진다.

COD는 다음 식을 사용하여 계산한다.

$$\text{COD}(\text{mg/L}) = \frac{8000(\text{바탕의 적정값} - \text{시료의 적정값})\,[\text{Fe}(\text{NH}_4)_2(\text{SO}_4)_2\text{의 N}]}{\text{시료의 부피mL}} \tag{24.3}$$

낮은 COD값을 가진 시료에 대한 변법

COD 분석은 50 mg/L 이상의 COD를 가진 시료에 대하여 정밀하고 정확하다. 이 보다 묽은 시료에 대하여는 묽은 중크롬산염 용액을 사용함으로써 가해지는 중크롬산염의 양과 환류시킨 후에 남는 양 사이에 적절한 차이가 생겨나도록 하는 것이 좋다. 시료가 묽은 경우에는 오염되지 않도록 주의해야 하며, 정확한 결과를 얻기 위해서는 숙달된 분석 기술이 요구된다. 또한 어느 방법에서든 진한 황산의 부피, 시료와 중크롬산염 용액을 합친 부피의 비를 1 : 1로 유지하는 것도 중요하다. 이 비가 작을 때는 용액의 산화력이 현저하게 감소될 것이며, 반대로 이 비가 크면 바탕 시료의 중크롬산염 소비량이 너무 많아지게 된다.

유해 폐기물 발생 억제 방안

COD 측정시에는 다량의 유해 폐기물을 포함한 액체가 발생한다. 과거에는 이 액상 폐기물을 수돗물과 희석하여 방류하였으며, 이에 따라 상당량의 산, 크롬, 은 그리고 수은(24.4절에 기술된 바와 같이 염소 화합물 형성을 위하여 첨가)이 처리장이나 지표수까지 이동되었다. 이 같은 이유에서 COD 폐수를 하수도에 버리는 것은 억제 또는 금지되었으며, 따라서 COD 폐수는 지정된 용기에 보관, 저장하여 지정된 유해 폐기물 처리장에서 처리되어야 한다. 이 같은 문제점은 적법한 절차를 밟아 COD 폐수에서 은 및 수은을 회수함으로써 완화시킬 수 있다. 또 다른 문제의 완화 방안은 대체 측정방법을 사용하는 것이다. "Standard Methods"에는 시료 및 시약의 사용량이 적은 두 가지의 밀폐-환류법(closed-reflux method)이 기술되어 있다. 이 방법에서 환류는 밀폐된 용기를 사용하지만, 측정 원리는 전통적으로 사용되어 온 개방-환류법(open-reflux method)과 같다. 적은 시료량을 사용하면서 충분한 감도를 얻기 위하여 저농도의 황산 암모늄 제일철을 이용한다. 변법으로 부피분석법 대신에 비색법을 이용할 수도 있는데, 이는 600 nm 파장에서 흡수되는 오렌지색의 Cr(Ⅳ)이 유기물을 산화시키면 420 nm 파장에서 흡수되는 푸른색의 Cr(Ⅲ)으로 변하는 점을 이용한 것으로 이 두 파장에서 시료가 산화됨에 따라 변화된 색을 측정하여 유기물의 농도를 정량할 수도 있다. COD 측정시 밀폐-환류법을 이용할 경우에는 사용되는 시약값이 비싸지는 경향은 있으나 재래식 개방-환류법에 비해 실험하기가 편리하고 유해 화학폐기물의 발생량을 감소시킬 수 있으므로 이 방법이 더 선호되고 있다.

위에서 설명한 내용은 밀폐-환류법의 사용 가능성을 정당화시키고 있지만 개방-환류법에서도 유사한 변법을 사용할 수 있다. 즉, 50 mL 시료 대신 10 mL의 시료를 사용할 수 있다. 이 경우 5.00 mL의 중크롬산 및 15 mL의 은이 첨가된 황산을 사용한다. 황산 암모늄 제일철의 농도를 0.25 N에서 0.025 N로 감소시켰기 때문에 적절한 측정감도를 유지할 수 있다. 환류 장치는 부피가 큰 시료 측정시에 사용한 것과 동일한 것을 이용한다. 이 같은 변법을 통하면 측정 감도를 감소시키지 않고도 시료의 양을 1/5로 감소시킬 수 있다. 앞서 낮은 COD 시료에 대하여 기술한 바와 같이 시료의 양을 감소시키는 경우에는 진한 황산과 전체 시료의 부피비가 항상 1 : 1을 유지하여야 한다.

24.4 무기물질의 방해작용

일부 환원상태에 있는 무기물질의 이온들은 COD 분석 조건에서 산화를 일으키게 되고 따라서 분석 결과가 실제보다 높은 값으로 된다. 염화물들은 대부분은 폐수 중에 대체로 높은 농도로 들어 있어서 가장 큰 문제를 일으킨다.

$$6Cl^- + Cr_2O_7^{2-} + 14H^+ \rightarrow 3Cl_2 + 2Cr^{3+} + 7H_2O \qquad (24.4)$$

다행히 이 방해물질은 다른 시약들을 가하기 앞서 황산 제이수은(mercuric sulfate)을 첨가하여 제거할 수가 있다. 수은 이온은 염화 이온과 결합하여 아주 조금 이온화하는 염화 수은착물(2.13과 4.8을 참조하라)을 생성한다.

$$Hg^{2+} + 2Cl^- \rightleftharpoons HgCl_2 \quad (\beta_2 = 1.7 \times 10^{13}) \qquad (24.5)$$

수은 이온이 과잉으로 존재하게 되면 염화 이온 농도는 아주 낮아지게 되고 중크롬산염에 의해 거의 산화되지 않는다. 그러나 시료 속에 포함된 수은이 하수도에 유입되지 않도록 조치하지 않으면 수은염의 사용은 또 다른 문제를 일으킬 수도 있다.

아질산 이온은 질산 이온으로 산화되며, 이 방해작용은 중크롬산염 용액에 설팜산(sulfamic acid)을 첨가하여 해결할 수 있다. 그러나 아질산 이온이 폐수나 자연수 속에 문제될 만한 양으로 들어있는 경우는 거의 없다. 이것은 제일철과 황화물들과 같은 그 밖의 가능한 방해물질들도 마찬가지다.

24.5 COD 자료의 용도

COD의 측정은 산업 폐기물의 분석에 널리 이용되고 있다. 특히 하수관망으로 유실되는 것을 측정하고 제어하려는 조사에 유용하다. 비교적 빠른 시간 안에 결과를 얻을 수 있어서, 착오를 그 날로 바로 잡을 수 있는 조처를 취할 수 있다. BOD 분석과 COD 분석을 함께 수행하면 독성조건과 생물학적 난분해성 유기물의 존재를 확인하는 데 도움이 된다. 이 분석은 빠르게 그 결과를 얻을 수 있어서, 처리시설의 운전상태의 평가에 널리 이용되고 있다.

연습문제

24. 1 COD 분석의 환경공학 실무에서의 용도를 네 가지 들어라.

24. 2 COD 분석에서 산화되지 않는 유기화합물들의 일반적인 기(group)들은 어떤 것이 있는가?

24. 3 (a) COD실험에서 환류하는 동안 일어나는 화학적 변화는 무엇인가?
(b) COD실험에 의해 환원된 질소화합물(-Ⅲ)이 산화되는가?

24. 4 COD 실험시 가장 큰 방해작용을 일으키는 무기성 물질은 무엇이며 방해작용을 억제할 수 있는 방법은 무엇인가?

24. 5 포화 유기지방산은 중크롬산염으로 산화하기가 매우 어렵다. 표준 COD 분석법에서 이러한 문제점을 해결하기 위해서는 어떠한 방법을 취해야 하는가?

24. 6 다음과 같은 조건에서 측정한 COD값은 실제값에 비해 높아지겠는가? 낮아지겠는가, 아니면 같아지겠는가? 이유를 간단히 설명하여라.

(a) 황산 제이수은(mercuric sulfate)을 넣지 않았을 때

(b) 황산 은(silver sulfate)을 넣지 않았을 때

(c) 황산 암모늄 제일철의 노르말 농도를 사용하기 2주 전에 측정한 것과 같다고 가정하였을 때

24. 7 같은 폐수에 대하여 COD와 BOD 분석 결과가 서로 다른 값을 나타내는 이유를 설명하여라.

24. 8 개방-환류법과 밀폐-환류법을 이용하여 COD를 분석할 때의 장·단점을 비교하라.

24. 9 비색법에 의해 COD를 분석할 때 측정 파장과 그 파장이 이용되는 이유를 설명하라.

24.10 COD가 낮은 시료를 측정할 때 분석 도중에 어떤 변화가 관찰되는가?

24.11 (a) COD 분석중에 발생되는 화학물질중 환경에 악영향을 끼칠 수 있는 물질은 무엇인가?

(b) COD 분석중에 발생되는 유해 폐기물을 감소시키기 위해서는 실험방법 중 어떤 절차를 변화시켜야 하는가?

24.12 다음 물질 300 mg/L를 포함하고 있는 용액의 COD(theoretical COD)는 얼마인가?

(a) 에틸 알코올 (b) 페놀 (c) 류우신(leucine)

24.13 (a) 뷰탄올(butanol) 500 mg/L를 포함하고 있는 용액의 COD를 추정해 보아라.

(b) 만일 이 화합물이 생물학적으로 쉽게 분해되는 것이라면 5일 BOD는 얼마로 예상되는가?

24.14 다음 분석 결과로부터 각 폐수의 생분해성의 난이도를 비교해 보아라.

폐수	mg/L	
	5일 BOD	COD
A	240	300
B	100	500
C	120	240

참고문헌

Clesceri, L. S., A. E. Greenberg, and A. D. Eaton(eds.): "Standard Methods for the Examination of Water and Wastewater," 20th ed., American Public Health Association, Washington, DC, 1998.

Skoog, D. A., D. M. West, and F. J. Holler: "Fundamentals of Analytical Chemistry," 7th ed., Saunders College Pubs., Worth, TX, 1996.

CHAPTER 25

질 소

25.1 개 요

질소 화합물들은 대기와 모든 동식물의 생존에 중요한 화합물이므로 환경공학자들이 크게 관심을 가진다. 질소의 화학은 질소가 여러 가지의 산화 상태를 가질 수 있고, 이 산화 상태가 생물에 의하여 변화될 수 있으므로 매우 복잡하다. 더욱 흥미로운 것은 박테리아에 의하여 생겨나는 산화 상태의 변화가 호기성 조건이니 혐기성 조건 중 어느 것이 지배적인가에 따라 양성적일 수도 음성적일 수도 있는 것이다.

질소는 다음과 같이 일곱 가지의 산화 상태로 존재할 수 있으며, 환경 중에서는 이들 모든 화합물들에 관심을 가진다.

-Ⅲ	0	Ⅰ	Ⅱ	Ⅲ	Ⅳ	Ⅴ
NH_3	$-N_2$	$-N_2O$	-NO	$-N_2O_3$	$-NO_2$	$-N_2O_5$

세가지 형태의 질소 화합물은 물과 결합하여 무기 이온종을 형성하며, 수중에서 높은 농도로 존재할 수도 있다.

$$NH_3 + H_2O \rightarrow NH_4^+ + OH^- \tag{25.1}$$

$$N_2O_3 + H_2O \rightarrow 2H^+ + 2NO_2^- \tag{25.2}$$

$$N_2O_5 + H_2O \rightarrow 2H^+ + 2NO_3^- \tag{25.3}$$

수중에 존재하는 암모늄 이온, 아질산 이온, 질산 이온은 수질 환경에서 중요한 항목으로 급수시설과 지표수에서는 오래전부터 그 농도가 규제되어 왔다. 무기 질소 화합물의 또 다른 산화상태는 기체상태로 존재하는 N_2, N_2O(nitrous oxide), NO(nitric oxide), NO_2(nitrogen oxide)로서 이들은 물에서의 용해도가 한정되어 있다. 질소는 수많은 유기화학물질에 있어서 매우 중요한 원소이며, 환원된 형태인 N(Ⅲ)는 단백질과 핵산을 구성하는 아미노산의 필수원소로서 모든 생명체에 있어서 필수불가결한 물질이다. 하지만 지구 대기의 구성물질인 질소가스를 제외하고 산화상태의 모든 질소화합물은 환경적인 문제에서 유발되며, 생물학적, 화학적, 광화학적 과정을 통해 화학적인 형태나 산화상태로 빠르게 전환된다. 질소 형태의 일부가 해로운 물질로 전환되는 것을 막고 유용하게 이용될 수 있는 용도를 파악하기 위해 환경공학자나 환경과학자들은 질소화학이나 질소순환을 잘 이해할 필요가 있다. 질소순환은 그림 25.1에 나타내었다.

질소 순환에서 보듯이 대기는 방전(electrical discharge), 질소고정 박테리아나 조류의 작용, 연소과정에 의해 끊임없이 질소를 내 보내는 저장조와 같은 역할을 한다. 뇌우(electrical storm)에 의해 질소는 NO로 산화되고 NO는 오존에 의해 대기 중에서 NO_2로 산화되며, 광분해시에는 다시 NO로 환원되게 된다. 이러한 산화환원 반응에 의해 NO와 NO_2 사이에는 일정한 농도가 유지되며, 이때 일반적으로 NO가 NO_2에 비해 훨씬 높은 농도로 존재하게 된다. NO와 NO_2를 통틀어 NO_x라고 하며, 자동차 내연기관 등의 연소과

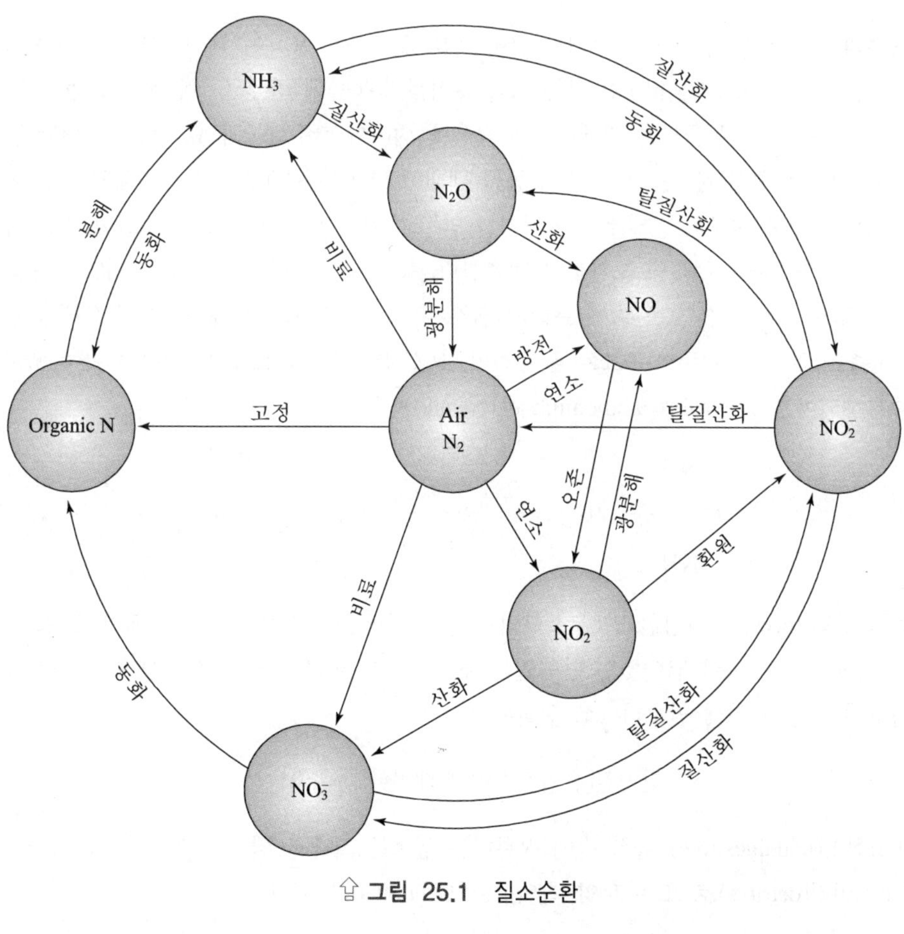

⇧ 그림 25.1 질소순환

정에서 N_2가 NO, NO_2로 전환되게 된다. 대기 중에서 NO_2는 다시 N_2O_5로 전환되며, 이는 식 (25.3)과 같이 대기 중에서 수분과 결합하여 질산 이온과 질산을 생성하여 강우로서 지표면에 도달된다. 질산 이온은 또한 화학비료의 생산공정에서 질소나 암모니아를 직접 산화시켜서도 제조한다. 질산 이온은 식물체에 비료로 작용하며, 단백질로 전환된다.

$$NO_3 + CO_2 + \text{녹색식물} + \text{햇빛} \rightarrow \text{단백질} \tag{25.4}$$

대기중의 질소는 질소순환에 따라 질소고정 박테리아에 의해 단백질로 전환된다. 질소고정 박테리아에는 조류와 유사한 특성을 가진 광합성 *cyanobacteria*가 있다.

$$N_2 + \text{질소고정 박테리아} \rightarrow \text{단백질} \tag{25.5}$$

또한 암모니아와 암모니아 화합물이 토양에 살포되면 식물체는 암모니아를 이용하여 더 많은 단백질을 생산하게 된다. 요소는 암모니아 화합물의 하나로 서서히 암모니아를 방출하게 된다.

$$NH_3 + CO_2 + \text{녹색식물} + \text{햇빛} \rightarrow \text{단백질} \tag{25.6}$$

동물과 사람은 대기 중이나 무기 화합물 속의 질소를 이용하여 단백질을 생성하는 능력이 없다. 반추동물을 제외하고는, 식물이나 초식성의 동물에 의존하여 단백질을 얻는다. 여러 개의 위를 가진 동물들은 박테리아의 작용에 의하여 탄수화물과 요소로부터 단백질 소요량의 일부를 생성하는 능력이 있다. 동물 체내의 단백질은 대부분이 동물체의 성장과 근육조직의 복구에 사용되며 일부는 에너지를 얻는 데에도 사용된다. 동물이 살아 있는 동안에는 질소 화합물을 체내의 노폐물로 방출한다. 동물이 죽으면 체내에 저장되었던 단백질은 폐기물로 처분된다. 오줌 속에 포함된 질소는 단백질의 대사 분해물로부터 유래한 것이다. 오줌 속의 질소는 주로 요소로 존재하며, 요소 분해효소(urease)에 의하여 아주 빠르게 가수분해되어 탄산 암모늄(ammonium carbonate)으로 된다.

$$(NH_2)_2C{=}O + 2H_2O \xrightarrow{\text{요소분해효소}} (NH_4)_2CO_3 \tag{25.7}$$

동물의 변(feces)은 상당한 양의 소화되지 않는 단백질(유기질소)이 포함되어 있다. 이것과 동식물의 사체 속에 남아있던 단백질은 대부분 호기성 조건 또는 혐기성 조건에서 종속영양균의 작용에 의해 암모니아로 전환된다.

$$\text{단백질(유기질소)} + \text{박테리아} \rightarrow NH_3 \tag{25.8}$$

비소화성(nondigestible) 물질 속에 잔류하는 질소는 그대로 남아서 물 또는 퇴적물에서는 부스러기(detritus)로 또는 토양 속의 부식토(humus)로 된다.

식물은 박테리아가 요소와 단백질에 작용하여 발생하는 암모니아를 이용해 식물성 단백질을 직접 생성할 수 있다. 암모니아가 식물이 필요로 하는 양보다 과잉으로 발생되면, 이 여분은 독립 영양성 질산화 세균에 의하여 산화된다. 아질산균으로 알려진 나이트로소모나스(*Nitrosomonas*)는 호기성 조건에서 암모니아를 아질산 이온으로 전환시키며, 이 산화반응으로부터 에너지를 얻는다.

$$2NH_3 + 3O_2 \xrightarrow{\text{박테리아}} 2NO_2^- + 2H_2O \tag{25.9}$$

아질산 이온은 질산화 세균인 나이트로박터(*Nitrobacter*)에 의하여 산화되며, 이것을 질산균이라고 부른다.

$$2NO_2^- + O_2 \xrightarrow{\text{박테리아}} 2NO_3^- \tag{25.10}$$

생성된 질산 이온은 식물에 비료로 쓰여진다. 식물의 생장에 필요한 양보다 과잉으로 생성된 질산 이온은 토양이 그것을 보유할 능력이 없으므로 토양 속으로 침투되어 물로 옮겨지게 된다. 이것은 종종 지하수에 질산 이온 농도를 비교적 높아지게 하며, 미국의 Illinois와 Iowa, 기타 중서부 지역에서 커다란 문제로 되고 있다. 질산화에 의해 약간의 N_2O가 생성될 수 있다.

혐기성 조건에서는 질산 이온과 아질산 이온이 둘 다 탈질 반응(denitrification)에 의해 환원된다. 질산 이온은 아질산 이온으로 환원되고 다시 아질산 이온이 환원되는 것으로 추측되고 있다. 아질산 이온의 환원은 몇몇 박테리아에 의하여 암모니아로까지 일어난다. 그러나 대부분은 암모니아 대신 질소 기체로 환원되어 대기 중으로 날아간다. 이것은 토양 속이 혐기성 상태로 될 때 토양에서 시료의 심각한 손실이 일어나게 한다. 또한 몇몇 탈질산화 박테리아는 질산 이온을 환원하여 N_2O를 생성하고 토양이나 물에 존재하는 N_2O는 대기중으로 들어가 광합성 작용을 통해 환원하여 질소 가스를 생성하게 된다. 그리고 여기(excited state)된 산소에 의해 질소 가스는 N_2O와 NO로 전환되게 된다. 이 장에서는 여러 가지 화학적, 광화학적, 생물학적인 과정을 통해 물이나 토양, 대기 중에서 일어나는 질소의 전환에 대해 설명하고 있다.

|25.2| 환경에서 질소 화합물의 중요성

질소는 모든 생명체의 필수 원소이나 환경중에서 특정한 질소화합물이 과량으로 존재하면 커다란 문제를 야기할 수 있다. 토양이나 수 환경뿐 아니라 대기환경 중에서도 몇몇 질소화합물들은 문제시 될 수 있다.

대기 환경에서 질소화합물의 문제점

대기 환경에서 질소화합물과 관련된 문제로는 광화학 스모그, 지구 온난화, 오존층 파괴 등의 3대 환경 문제를 들 수 있다. 광화학 스모그는 산화된 유기물질이나 NO_x, 햇빛 등이 일정한 기상조건하에서 결합하여 생성되며, 복잡한 과학적, 광화학적 반응에 의해 고농도의 오존과 유기화합 물질이 생성되어 눈의 자극, 가시거리 감소, 농작물 피해, 건강 재해를 유발하게 된다. 자동차는 광화학 스모그를 유발하는 원인물질인 산화된 유기물질과 NO_x의 대표적인 발생원으로, 자동차가 많은 도시 지역에서는 광화학적 스모그로 인해 많은 피해가 발생된다.

과거 수세기 동안 광범위한 화석연료의 사용으로 인해 대기중의 이산화 탄소 농도가 증가되었으며, 이산화 탄소는 지구로부터 방출되는 열을 차단하여 지구의 온도를 상승시키는 온실효과(greenhouse effect)를 가져오게 된다. 기체상태의 질소화합물 또한 온실효과를 나타내는 원인물질로 작용하게 되나 1980년에서 1990년까지 지구의 온도를 상승시킨 원인의 55%가 이산화 탄소이며, 연료나 생물자원(biomass)의 연소시에 발생되는 NO_x나 농업용 비료사용량 증가와 그에 따른 탈질산화 과정에서의 질소화합물(N_2O) 증가로 인한 온도 상승은 약 6% 정도를 차지할 것으로 추정된다.[1)] 대기중의 NO_x의 양은 CO_2에 비해 작으므로 1분자의 N_2O는 200분자의 CO_2와 동일한 열흡수 용량을 가지고 있다. NO_x는 한편으로는 도시지역에서 광화학 스모그로 인한 오존생성의 원인물질이 되나 또 한편으로는 성층권에 있어서 오존층을 파괴하는 원인물질로도 작용한다는 것이다.

성층권의 오존은 과도한 자외선 노출로 인해 야기되는 해로운 문제로부터 지구상의 생명체를 보호하는 중요한 역할을 한다.

클로로플루오로카본(CFCs)의 광범위한 사용은 오존층 파괴의 원인으로 잘 알려져 있으며, NO_x또한 오존층 파괴의 원인이 된다. 대기중에서 N_2O와 NO_2는 NO로 전화되며 NO는 성층권에 도달하여 오존과 반응하여 오존을 파괴하게 된다.

수질환경에서 질소화합물의 문제점

위생의 지표 오염된 물은 충분한 기간 동안 놓아두면 자정작용에 의하여 정수된다는 것은 오래전부터 알려진 사실이다. 그림 25.2에서 보는 바와 같이 물을 마셨을 때 건강에 장해를 일으키거나 질병에 걸릴 가능성은 시간의 경과와 온도가 상승함에 따라 감소한다.

---

1) R. Rosswall, "Greenhouse Gases and Global Change: International Collaboration," *Env. Sci. Tech.*, **25**(4) : 567, 1991.

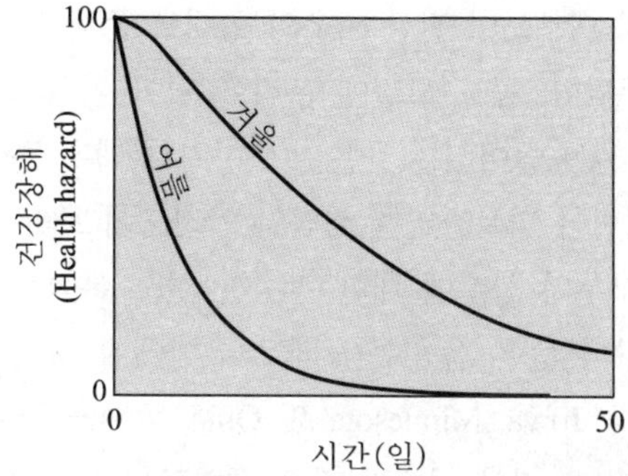

그림 25.2 지표수 ; 건강장해와 오염기간과의 관계

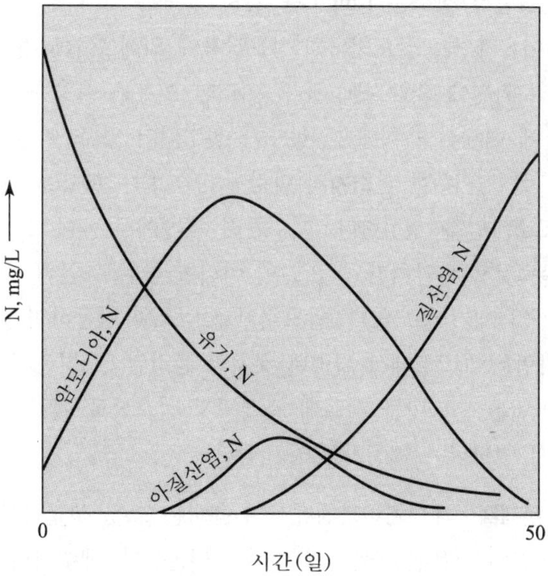

그림 25.3 호기성 조건의 오염된 물에서 나타나는 질소 형태의 변화

위생 수질의 측정에 1893년경 개발된 세균학적 방법(bacteriological method)이 이용되기 이전에는, 주로 화학적 방법을 이용하여 오염물질의 존재를 확인하였다. 염화 이온 시험법도 이와 같은 화학적 방법 중의 하나였다(21.2절 참조). 그러나 이 방법으로는 오염이 언제 일어났는 지는 증명하지 못하였다. 화학자들은 폐수와 오염된 담수를 다루면서, 질소의 대부분이 본래 유기질소의 형태(단백질)와 암모니아로 존재하고, 시간이 경과됨에 따라 이 유기질소가 점차적으로 암모니아성 질소로 전화되고, 다시 호기성 조건에서는 암모니아가 아질산 이온과 질산 이온으로 산화되는 것을 알게 되었다.

이 진행과정은 대략적으로 그림 25.3에서와 같이 일어나는 것으로 알려져 있으며, 이 지식을 근거로 하여 위생 수질의 보다 정밀한 해석이 이루어질 수 있었다. 예를 들어, 유기질소와 암모니아성 질소를 주로 포함하는 물은 최근에 오염된 것으로 간주되며, 큰 위험성이 있는 것으로 된다. 질소의 대부분이 질산 이온의 형태로 존재하고 있는 물은 오래 전에 오염이 일어난 것으로 간주되며, 공중 보건에 우려할 일이 거의 없음을 나타낸다.

상당한 양의 아질산 이온이 들어있는 물은 판단하기가 매우 곤란한 특성이 있다. 대장균군에 대한 세균학적 시험법이 먹는물의 위생적인 안전도에 보다 신뢰도 높은 상세한 기준을 제공하게 되면서, 대부분의 상수에 대한 광범한 질소 분석은 불필요하게 되었다.

1940년 질산 이온 함량이 높은 음용수가 때로 유아에게 청색증(methemoglobinemia)을 일으키는 것이 보고되었다. Iowa, Minnesota 및 Ohio 등 이러한 문제가 가장 심각했던 지역에서의 집중적인 연구결과, 질산 이온 함량을 제한하여야 한다는 결론을 얻게 되었다.[2)] 이 같은 이유에서 미국 EPA의 최대 오염물질 농도 규제안은 공공 급수 중의 질산성 질소 농도는 10 mg/L, 아질산성 질소는 1 mg/L를 넘지 않도록 되어 있다.

청색증은 아질산 이온과 헤모글로빈과의 상호작용에 의해 유발되며, 아질산 이온은 소화기간에서 질산이온의 환원에 의해 생성된다. 이러한 이유로 음용수에서는 질산이온 뿐만 아니라 아질산 이온에 대해서도 최대오염농도가 설정되어 있다. 아질산 이온은 또한 아민과 화학적으로(특히 살균을 위한 염소처리 과정에서[3)]) 또는 효소들[4)]과 결합하여 발암물질로 알려진 나이트로소아민을 생성한다. 폐수처리 과정에서는 N-나이트로소다이메틸아민(NDMA)도 생성되는 것으로 알려지고 있으며, 이러한 물질로 인해 폐수의 재사용이나 지하수 오염 등의 문제가 제기되고 있다. 암모니아는 염소와 반응하여 클로라민(chloramine)을 생성하며, 클로라민은 20.2절에서 설명된 것처럼 유리염소보다는 살균력이 낮은 것으로 알려져 있다. 클로라민은 염소만큼 빠르게 소실되지 않으므로 살균력을 지속시키기 위해 때로는 급수과정에서 암모니아를 첨가하기도 한다.

영양소와 관련된 문제들 폐수처리과정에서 이용하는 모든 생물학적 처리 공정들은 6.6절에서 설명한 바와 같이 사용된 생물들의 증식에 의존한다. 폐수처리 시설을 계획할 때는 이 생물들에 필요한 충분한 양의 질소가 폐수에 포함되어 있는 지를 확인해야 한다. 부족한 경우에는 외부 질소원을 공급해주어야 한다. 일반적으로 암모니아성 질소와 유기 질소의 양을 측정하여 이에 필요한 자료를 얻게 된다.

질소는 조류(algae)의 성장에 필수적인 비료 원소 중의 하나이다. 질소와 다른 비료 물질들로 인하여 처리수나 비처리수의 유입수역 내에서 조류의 성장이 과도하게 일어날 때가 있다. 질소 분석은 이와 같은 문제에 대한 정보를 얻는 수단으로도 중요하다.

---

2) K. F. Maxcy. Report on Relation of Nitrate Nitrogen Concentration in Well Waters to the Occurrence of Methemoglobinemia in Infants. *Natl. Acad. Sci.-Research Council Sanit. Eng. and Environment Bull.*, 264, 1950.

3) J. Choi and R. L. Valentine, "Formation of *N-nitrosodimethylamine* (NDMA) from reaction of monochloramine: a new disinfection by-product," *Water Research*, **36**: 817824 (2002).

4) M. Alexander, "Biodegradation and Bioremediation," Academic Press, San Diego, 1994.

강과 하구에서의 산화반응 암모니아의 아질산 이온과 질산 이온으로의 독립 영양성 전환에는 식 (25.9)과 (25.10)에 나타낸 바와 같이 산소를 필요로 한다. 따라서 암모니아성 질소가 유입되고 이것이 연속적으로 산화되고 있는 강과 하구(何口), 특히 생장이 느린 질산화 박테리아에 필요한 긴 체류시간이 가능한 수역에서는 용존 산소의 감소가 심각하게 일어날 수 있다. 이 문제는 유출수를 염소나 자외선으로 살균하여 최소화할 수 있다. 질소 분석은 이러한 문제가 생길 지의 여부를 판단하고 암모니아 방류를 감소시키기 위해 설계된 처리 공정의 운영에 중요하다.

생물학적 처리 공정의 제어 질소의 측정 결과는 생물학적 처리에서 정수의 정도를 조절하는 데 자주 이용된다. BOD 분석시험을 통하여 유기물의 효과적인 안정화는 질산화 단계로의 산화를 거치지 않고도 이루어질 수 있음을 알았다. 이것은 암모니아 제거가 별도로 규정되지 않은 경우에 시간과 공기 소요량을 크게 절약하게 하다.

폐수에서 질소를 제거하기 위한 바람직한 방법으로는 탈질산화 공정이 있으며, 이 방법을 통해 방류수역에서 조류나 수생식물의 비정상적인 성장을 예방할 수 있다. 호기성 처리 공정에서 암모니아와 유기질소는 먼저 아질산 이온과 질산이온으로 전환되며, 폐수가 무산소조에 유입되면 탈질산화가 일어나 아질산 이온과 질산이온이 질소가스로 전환되어 대기 중으로 방출되게 된다. 탈질산화 과정이 일어나기 위해서는 유기물질이 존재해야 하며, 유기물질은 질소가 제거되는 과정에서 산화되어 에너지로 전환된다. 대표적인 유기물질로는 메탄올이 있으나 값이 비싸므로 처리되지 않은 폐수 등을 주입하는 방법이 흔히 이용되고 있다.

질산화 과정에서는 많은 산소가 요구되므로 하천에서 질산화로 인해 산소가 소모되는 것을 막기 위해서는 처리시설 유출수에 질산이온이 존재하도록 하여야 한다. 질산이온이 함유된 유출수는 순환되어 무산소 상태의 폐수와 혼합되고 혼합된 폐수의 유기물질은 탈질산화 과정에서 산화된다.

유기물질의 양이 감소되는 것은 보통 호기성 단계에서 이루어지나 요구되는 산소량은 크지 않다. 탈질산화 공정에서 생성된 질소가스는 때로는 활성슬러지 공정에서 문제가 된다. 질산이온이 함유되어 있는 최종 침전지에서 슬러지 체류시간이 길게 되면 질소가스가 생성되어 슬러지를 부상시키게 된다. 이를 슬러지 부상(rising sludge)이라 한다. 폐수처리공정에서 물속에 존재하는 질소의 형태를 분석하는 것은 처리공정을 조절하고 처리 목표를 달성하는 데 있어 아주 중요하다. 미국의 일부 주에서는 어류에 대한 독성 가능성 때문에 암모니아를 규제하고 있다. 분자성 암모니아가 독성이 있다는 것은 잘 알려진 사실이다. 그러나 암모늄 이온은 독성이 없다. 다음에 나타낸 이 두 화합물 사이의 평형 관계는 pH에 의존한다.

$$NH_3 + H^+ \rightleftharpoons NH_4^+$$

그림 25.4는 대부분의 자연수가 가지고 있는 pH 범위에서 암모니아성 질소의 농도에 따른 자유 암모니아(free NH_3)와 암모늄 이온 사이의 관계를 나타낸 것이다.

자유 암모니아 농도가 약 0.2 mg/L 이상일 때는 여러 가지 어종들에 대하여 치명적일 수 있다. 미국의 National Research Council Committee는 통상적인 안전 계수를 적용하여, 유입수역에 허용되는 자유 암모니아의 농도를 0.02 mg/L 이하로 할 것을 권장하고 있다.[5] 이것과 그림 25.4에 나타낸 자료로부터 pH 8 이하이고 암모니아성 질소 농도가 1 mg/L이하인 유입 수역에서는 암모니아의 독성은 문제가 되지 않는 것을 확실히 알 수 있다.

암모니아의 독성 문제는 암모니아 자체를 제거하거나 질산화 반응에 의하여 제어할 수 있다. 경우에 따라 이 한계치는 유출수 중에서 나타날 수 있는 총질소의 양으로 대체되기도 한다. 이 규제 조건은 때로 암모니아의 제거로 충족시킬 수도 있으나, 질산화 반응과 탈질 반응을 필요로 하는 경우가 많다. 이와 같은 새로운 규제 때문에도 질소 모든 형태의 측정 방법이 대단히 중요해 진다.

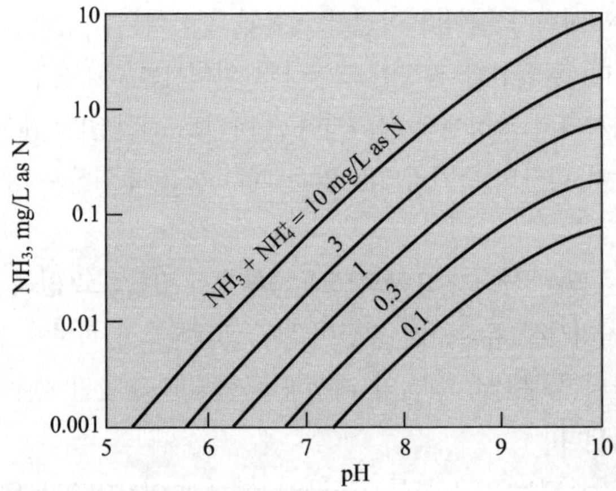

⇧ 그림 25.4 물속의 자유 암모니아 농도에 대한 pH와 암모니아성 질소 농도 ($NH_3 + NH_4^+$)의 영향

5) Committee on Water Quality Criteria, *Water Quality Criteria,* 1972, Superintendent of Documents, Washington, DC, 1972.5)).

| 25.3 | 분석법

수자원에서 관심을 가지는 질소는 네 가지 형태의 것으로 그림 5.1의 질소순환의 바깥쪽 원에 위치한 암모니아, 아질산 이온, 질산이온, 유기질소를 말하며, 각각의 물질을 측정하기위한 방법에 대한 설명이 필요하다. 음용수와 오염된 물속에 존재하는 양은 다르므로, 물에 적용하는 방법들과 폐기물에 대하여 적용하는 방법도 약간 달라진다. 분석결과는 질소로 환산하여 나타내는 것이 관례이며, 형태가 바뀔 때도 환산할 필요 없이 이 값을 그대로 이용할 수 있게 된다.

암모니아성 질소

암모늄 이온으로 존재하거나 이것과 평형을 이루고 있는 모든 질소는

$$NH_4^+ \rightleftharpoons NH_3 + H^+ \tag{25.11}$$

암모니아-질소로 간주된다. "Standard Methods"에는 네 가지의 암모니아성 질소 측정법이 제시되어 있다. 이 중 두 가지는 비색법이며, 하나는 부피 분석법, 그리고 마지막 한가지는 암모니아 선택성 막 전극을 이용하는 기기분석법이다.

직접 네슬러화법(direct Nesslerization) 이 방법은 네슬러 시약과 암모니아가 반응하여 생성된 노란색을 비색법으로 측정하는 것이나 네슬러 시약에 수은이 함유되어 있고 분석과정에서 이 용액이 버려지므로 "Standard methods"에서는 이 방법이 삭제되었다.

직접 페네이트 첨가법 이 방법은 암모니아를 측정하기 위한 표준 비색법으로 알칼리성 페놀 용액, 하이포아염소산염, 그리고 망간염을 첨가하여 수행한다. 망간은 페놀, 하이포아염소산염, 그리고 암모니아가 포함된 반응의 촉매로 작용하여 매우 푸른 빛을 지닌 인도페놀을 형성시킨다. 이 방법은 네슬러화법과 유사한 방해(interference)를 받는다. 암모니아성 질소는 이 방법에 의해 0.02~0.2 mg/L까지 측정된다.

증류에 의한 분석법 직접 네슬러화법과 페네이트법은 색과 탁도가 있는 시료에 대하여는 큰 오차를 나타낸다. 따라서 많은 시료들에 이들 방법을 적용할 수 없게 된다. 증류에 의한 분석법은 방해물질로부터 암모니아를 증류하여 분리해 내고, 앞서 설명한 페네이트법을 포함한 여러 가지 방법에 의해 암모니아성 질소를 측정하는 방법이다.

암모늄 이온은 식 (25.11)에서와 같이 암모니아와 수소 이온과 평형을 이루고 있다. pH 7 이상에서는, 평형은 오른쪽으로 이동하게 되고, 시료를 가열하여 끓이면 생성된 수증기와 함께 암모니아 기체가 방출된다.

$$NH_4^+ \xrightarrow{\Delta} NH_3\uparrow + H^+ \tag{25.12}$$

암모늄 이온이 분해되어 생성된 암모니아가 제거되면 수소 이온은 잔류액에 축적되어 pH가 낮아지므로, 완충제를 사용하여 수소 이온을 결합시켜야 한다. pH를 9.5로 유지하여 평형 상태를 오른쪽으로 이동시키기 위하여 붕산염 완충제가 쓰인다. 이보다 높은 pH에서는 물이 끓는 온도에서 유기물로부터도 암모니아가 발생할 수 있으므로 좋지 않다. 경험에 의하면, 500～1000 mL 정도의 시료를 사용하고, pH를 9.5로 유지하면 200 mL의 물이 증류되어 나올 때 용액 중의 자유 암모니아가 모두 빠져 나온다. 기체 상태의 증류된 물은 응축기를 통하여 산성 용액이 포함된 플라스크에 모아진다. 산성 용액은 자유 암모니아를 휘발성이 없는 암모늄염으로 변화시킨다(식 25.12의 역방향). 산성 용액은 후속 측정법에 사용된다. 네슬러화법이나 적정법을 사용하기 위해서는 붕산을, 페네이트법이나 막 전극법을 이용할 경우에는 묽은 황산 용액을 이용한다. 적정법 및 막 전극법은 부피분석과 암모니아 선택 전극법에서 설명될 것이다.

소량의 암모니아성 질소가 들어 있는 시료의 경우에는 증류액 중의 질소를 적정하는 데 대개는 페네이트법을 이용한다. 암모니아성 질소를 mg/L로 계산할 때는 시료의 크기 뿐 아니라 증류액의 부피도 고려해 주어야 한다. 증류가 끝날 무렵에는 증류액의 양이 200mL를 넘지 않도록 세심한 주의가 필요하다. 계산에는 다음 식을 이용한다.

$$\text{mg/L } NH_3 - N = \frac{V_D}{V_{DA}} \times A \times \frac{1000}{s} \quad (25.13)$$

여기서 V_D = 증류액의 mL

V_{DA} = 실제 사용한 증류액의 mL

A = 증류액 중 NH_3-N의 mg이며

s = 증류에 사용한 시료의 mL이다.

부피 분석법 가정하수와 대부분의 산업폐수의 경우와 같이 시료의 암모니아성 질소 농도가 2 mg/L를 넘는 경우 앞서 설명한 바와 같이 증류와 붕산을 이용한 암모니아 흡수 후에 표준 황산 용액을 이용하여 적정함으로써 농도를 측정할 수 있다. 이 때 화학식은 다음과 같다. 먼저, 붕산은 우수한 완충제로서 다음의 반응식에서와 같이 증류수중 암모니아와 결합하여 암모늄 이온과 붕산 이온을 생성한다.

$$NH_3 + H_3BO_3 \rightarrow NH_4^+ + H_2BO_3^- \quad (25.14)$$

이렇게 되면 4.6절의 완충 작용에서 설명한 바와 같이 pH가 약간 낮아지게 되나, 붕산을 과잉으로 사용하면 암모니아의 흡수에 알맞은 pH 범위를 유지할 수 있다. 그런 다음 네슬러화 방법이나 황산과 같은 센 산으로 역적정(back titration)하여 암모니아를 측정한다. 역적정은 실제로는 용액 속에 존재하는 붕산 이온의 양을 산으로 측정하는 것이다. 즉,

$$H_2BO_3^- + H^+ \rightarrow H_3BO_3 \quad (25.15)$$

따라서 붕산용액의 pH가 그 초기값보다 감소되었을 때는, 암모니아에 해당하는 센 산의 양이 그만큼 추가된다. 이 적정에는 내부 지시약이 필요하지 않은 전기 적정법(electrometric method)을 이용하는 것이 가장 편리하다. 종말점의 pH는 일정한 부피의 붕산 용액을 암모니아를 제거한 증류수로 요구되는 증류액의 부피와 같은 양으로 희석하고, 이 혼합물의 pH를 측정하여 구하는 것이 가장 정확하다.

많은 수질화학자들은 암모니아를 붕산 용액 속으로 증류한 다음 암모니아성 질소를 측정하는 데 N/14 또는 0.0714 N 황산 용액을 사용하고 있다. N/14 또는 0.0714 N 산 용액 1 mL는 질소 1.0 mg과 등가이므로 0.02 N 산을 사용할 경우에 필요한 계수(factor) 0.28을 사용하지 않아도 된다. 더욱이 적정에 소요되는 산 용액의 부피가 0.02 N에 비해 또는 0.0714N은 아주 적어지게 되며, 이것은 시약의 보존에서 중요한 인자이며, 또 적정하는 동안 과도하게 희석되는 것을 방지할 수 있다.

암모니아 선택 전극법에 의한 분석법 이 방법은 12.3절에서 설명된 것처럼 가스 투과막을 이용하는 방법으로 시료의 pH가 11 이상으로 올라가면 암모늄 이온이 암모니아로 전환되어 막을 통해 확산되고 내부 용액이 pH를 변화시키게 된다. 이러한 변화가 내부의 pH 유리전극에 의해 측정되어지며 검량선을 이용하여 시료중의 암모니아성 질소농도를 계산하게 된다. 검량선은 암모니아 표준용액에 의해 적정되어야 한다. 또 다른 방법은 검량선에 의한 것이 아니라 시료에 일정한 양의 암모니아 표준용액을 가한 후에 변화된 pH로부터 암모니아성 질소를 측정하는 방법이 사용될 수 있다.

유기 질소

유기 화합물 속에 들어있는 모든 질소는 유기 질소로 간주할 수 있다. 여기에는 아미노산, 아민, 아마이드, 이미드, 나이트로 화합물 및 그 밖에 여러 가지 화합물들이 포함된다. 이들 대부분은 특정한 산업폐수에만 포함되므로 물 분석에서는 별로 중요하지 않다.

가정하수에 들어있는 유기 질소는 단백질이거나 폴리펩타이드 및 아미노산과 같은 단백질의 분해물이다. 그러므로 수질분석에서는 다른 형태의 유기물에는 관계없이 앞서 열거한 형태의 것들을 확실하게 분석할 수 있어야 한다. 실제로 나이트로 화합물을 제외한 대부분 형태의 질소가 이런 방법으로 측정되고 있다.

질소를 포함하는 유기 화합물의 대부분은 암모니아의 유도체이므로 질소의 산화수는 암모니아의 질소와 같이 −3이다. 유기물이 산화되면 질소는 암모니아의 형태로 방출된다. 표준 분석법으로는 황산을 산화제로 사용하는 Kjeldahl 분석법이 이용되고 있다. 일부 난분해성 유기물의 산화를 촉진시키기 위해서는 염-구리 혼합액(concentrated Salt-copper mixture)가 이용된다. 이때의 반응을 알라닌(alanine, α-aminopropionic acid)의 산화 반응을 예로 들어 설명하겠다. 이 반응에서 탄소와 수소는 산화되어 이산화 탄소와 물로 되며, 황산 이온은 환원되어 이산화 황(sulfur dioxide)으로 된다. 아미노기는 암모니아로 되어 방출되며, 산과 결합하여 암모늄염을 생성하게 되므로 산성 분위기를 이탈하지 않는다.

$$\underset{\text{알라닌}}{CH_3CHNH_2COOH} + 7H_2SO_4 \xrightarrow[\text{촉매}]{\Delta} 3CO_2 + 6SO_2 + 8H_2O + NH_4HSO_4 \qquad (25.16)$$

이 산화 반응은 황산의 끓는점(340℃)보다 약간 높은 온도에서 빠르게 진행된다. 황산의 끓는점은 산화속도를 증가시키기 위하여 황산 나트륨이나 황산 칼륨을 첨가하여 360~370 ℃까지 증가시킨다.

유기질소 모두가 암모니아로 되어 나오도록 하기 위해서는 유기물의 완전 소화(digestion)가 필수적이다. 소화가 완결되는 조건에 따라 때로 오차가 생겨날 수 있으므로 약간의 설명이 필요할 것으로 보인다. 다음은 소화가 진행되는 동안 시료에 나타나는 변화를 차례로 설명한 것으로, 이것을 이용하여 판별하는 것이 가장 확실하다.

1. 과잉의 물이 제거되고 유기물과 반응할 진한 황산이 남는다.
2. 황산의 끓는점에 도달하게 되면, 플라스크 내에 많은 흰색 증기가 생성된다. 소화가 막 시작되려는 단계이다.
3. 유기물이 황산에 의하여 탈수되어 혼합물이 검은색을 띠게 된다.
4. 탄소의 산화 반응이 일어난다. 이때는 이산화 탄소와 이산화 황이 발생되어 아주 작은 기포(氣泡)가 생성되면서 끓는다.
5. 유기물이 완전히 분해되면 시료 용액이 맑아진다.
6. 모든 유기물이 확실히 완전 분해되도록 시료가 맑은 용액으로 된 후에도 최소한 20분을 더 소화시켜야 한다.

유기 질소를 암모니아성 질소로서 발생시킨 다음에는, 앞서 설명한 암모니아성 질소의 분석에서와 비슷한 방법으로 분석할 수 있다. 과잉의 황산은 중화하여 시료의 pH가 약 11이 되도록 조정한다. 이 조건에서는 식 (25.12)에 나타낸 평형이 오른쪽으로 크게 이동하게 되며, 암모니아를 쉽게 증류해 낼 수 있게 된다. 증기 속에 포함된 암모니아성 질소는 암모니아 분석을 위한 증류법에서 사용한 방법을 이용하여 앞서 설명한 여러 가지 방법 중 하나로 분석한다. 유기 질소의 계산은 앞서의 암모니아성 질소와 같은 방식으로 한다.

아질산성 질소

아질산성 질소는 폐수처리장의 유출수의 경우에도 1 mg/L 이상의 농도로 들어 있는 경우는 거의 없다. 지표수와 지하수에서의 농도는 대체로 0.1 mg/L 미만이다. 따라서, 이와 같이 낮은 농도를 측정하기 위해서는 감도가 높은 측정법이 필요하며, 비색법은 그 정도의 감도를 제공한다. 다른 표준 분석법으로는 12.4절에 기술된 이온 크로마토그래피를 이용한 기기분석법이 있다. 이온 크로마토그래피를 이용하면 한 시료를 가지고 여러 가지 음이온을 동시에 측정할 수 있지만, 아질산성 질소의 농도가 매우 낮거나, 아질산성 질소만을 분석하는 경우에는 비색법을 사용하는 것이 경제적이고 바람직한 방법이다.

비색법을 사용할 때에는 Griess-Ilosvay 다이아조화법(diazotization method)의 변법이 이용되고 있다. 이 방법에는 설파닐산(sulfanilic acid)과 N-(1-나프틸)-에틸렌 다이아민 이염산[N-(1-naphthyl)-ethylenediamine dihydrochloride]의 두 가지 유기 시약이 사용된다. 반응은 다음과 같이 나타낼 수 있다.

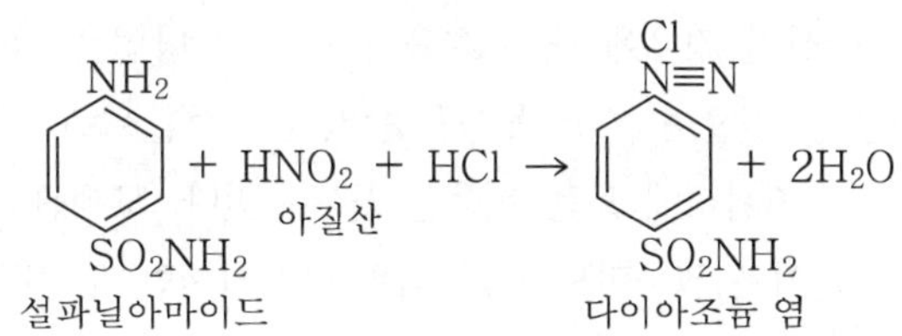

(25.17)

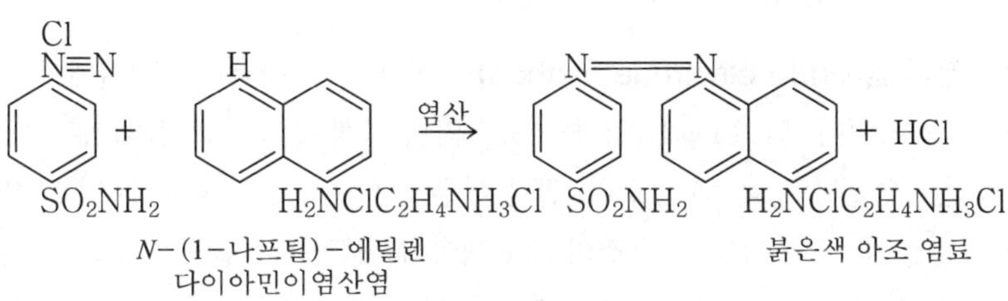

(25.18)

산성 조건에서 아질산 이온은 아질산으로 되어 설파닐산의 아민기와 반응하여 다이아조늄염(diazonium salt)을 생성하며, 이것이 N-(1-나프틸)-에틸렌다이아민 이염산과 결합하여 엷은 붉은색의 아조 염료를 생성한다. 색도는 시료 속의 아질산성 질소의 양에 정비례하여 나타나며, 색도 표준액과의 비교로 측정하거나 광도법(photometric method)으로 측정한다. 육안으로 비교하는 비색법에서는 표준 물질들이 영구적이 아니어서 분석을 할 때마다 새로 만들어야 하므로 광도계로 측정하는 것이 더 편리하다.

질산성 질소

질산성 질소(nitrate nitrogen)의 측정은 신빙성 있는 결과를 얻기가 가장 어려운 분석의 하나라고 할 수 있다. 최근까지 여러 측정법이 개발되어 왔으나 모든 측정법이 각기 나름대로의 제약성을 지니고 있으므로 분석자는 이를 숙지하고 있어야 한다. 자외선 분광 광도법은 실험 초기에 시료의 희석배수를 결정하거나 어떤 방법을 써야할 지를 결정하는 예비 실험(screening procedure) 위하여 사용될 수 있다. 이 같은 예비 실험과 네 가지의 표준 분석법을 다음에 기술하였다.

자외선 분광 광도법에 의한 예비 실험 물속의 질산 이온은 파장이 220 nm인 자외선을 흡수한다. 이것을 이용하여 12.2절에서 설명한 바와 같이 질산 이온의 측정에 이 광학적 분석법을 사용할 수 있다. 이 방법은 매우 예민하기는 하나, 자외선 분광 광도계를 필요로 한다. 이 분석에서는 220 nm의 자외선을 흡수하는 물질이 있을 경우 화합물들이 있을 경우 방해를 받는다. 이러한 물질들로는 아질산 이온, 6가 크롬 및 그 밖에도 여러 가지 유기 화합물들이 있다. 그러므로 이 방법은 주로 예비조사를 위하여만 사용되며 만일 예비 조사 이상의 용도로 사용할 때에는 주의하여야 한다.

이온 크로마토그래프법과 모세관 이온 전기 영동법 이온 크로마토그래프법은 질산성 질소의 농도가 0.2 mg/L 이상인 경우에 매우 효율적이다. 이 방법은 질산성 질소의 분석시 방해물질의 영향을 줄일 수 있으며, 다른 물질을 동시에 분석할 수도 있다. 이 방법의 단점으로는 기기의 구입 및 유지관리에 드는 비용을 들 수 있다. 모세관 이온 전기 영동법은 12.4절에서 설명되었으며 이온 크로마토그래피법과 유사하지만 운영비가 훨씬 적게 든다. 검출을 위해서는 자외선 흡수 방법이 이용된다.

질산 이온 전극법(nitrate electrode method) 질산 이온 전극은 12.3절에서 설명한 일종의 액체 막 전극이며, 약 1 mg/L 이하의 농도의 질산성 질소를 검출해 낼 수 있다. 이 전극법의 장점은 한번 보정을 해 놓으며, 질산 이온을 신속하게 분석할 수 있는 점이다. 또한 연속적인 검출이 매우 쉬우며, 공정의 자동제어에 적합하다. 단점은 염화 이온과 탄산수소 이온 등과 같은 여러 가지 공통이온의 방해를 받으며, 질산 이온 농도가 아주 낮은 경우 때로 전극의 감도가 좋지 못한 점이다.

카드뮴 환원법(cadmium reduction method) 질산 이온의 분석에 대단히 감도 높은 방법이 이 카드뮴 환원법이다. NH_4Cl-EDTA 용액이 첨가된 시료를 여과한 후 카드뮴 아말감 입자들이 들어 있는 특수하게 제작한 컬럼(column) 속으로 통과시킨다. 질산 이온은 컬럼을 통과하면서 카드뮴에 의하여 정량적으로 환원되어 아질산 이온으로 된다. 이렇게 생성된 아질산 이온은 앞서 설명한 다이아조화 방법으로 측정하다. 시료에 본래 들어 있던 아질산 이온도 함께 측정되므로 이 방법으로 측정한 것은 결과적으로 질산성 질소와 아질산성 질소의 합계이다. 질산 이온의 농도를 측정하기 위해서는 아질산 이온만을 따로 분석하여야 하며, 카드뮴 환원법에서 구한 결과에서 이 값을 빼야 한다. 아질산 이온에 대한 다이아조화법의 감도 때문에 질산 이온은 0.01 mg/L까지의 낮은 농도를 검출할 수 있다. 질산성 질소 농도가 1 mg/L 이상인 시료는 카드뮴 컬럼을 통과시키기 전에 희석하여 측정할 수 있다.

이따금 질산 이온의 표준 용액을 컬럼으로 통과시켜 질산 이온이 아질산 이온으로 정량적으로 전환되는지를 확인한다. 그렇지 않을 경우에는 컬럼을 재생시키거나 시료의 유속을 조절하여 정량적인 전환이 일어나도록 하여야 한다. 이 분석법은 또 자동 분석법으로 사용했을 때도 좋은 결과를 나타내고 있다.

총질소

물에서 총 질소는 암모니아성 질소, 아질산성 질소, 질산성 질소, 유기질소를 모두 합한 것으로 질소 가스와 같은 기체 상태의 질소는 포함되지 않는다. 물속에서 질소가스의 농도는 그림 22.1에 나타난 것처럼 대기에서 질소가스의 평형에 따라 보통 15～20 mg/L로 매우 높다. 하지만 질소 가스는 반응성이 없으므로 수질에 미치는 영향은 거의 없다. 물속에 존재하는 총질소의 농도를 파악하는 것보다 4가지 형태 각각의 질소 농도를 파악하는 것이 더욱 중요하므로 각각의 질소 형태에 대한 분석 방법 또한 중요하다. 총질소는 각각의 질소화합물의 합으로 구할 수 있으나 "Standard Methods"에서는 총 질소 함량을 측정하기 위한 분석방법이 수재되어 있다. 이 방법은 물속에 존재하는 총질소의 양을 신속하게 측정하는 데 유용할 것이며, 세 가지 형태의 질소화합물의 농도를 알 때 나머지 한 가지 화합물의 농도를 측정하는 데도 이용될 수 있다. 예를 들어 유기질소를 측정하기 위해서는 킬달분해 과정을 거쳐야 하나 총질소 농도와 세 가지 형태의 무기 질소화합물의 농도를 알면 킬달분해 없이 유기질소의 농도를 산출할 수 있다. 유기질소의 농도는 총질소에서 세 가지 형태의 질소화합물의 농도를 빼면 된다.

"Standard Methods"에서 총질소를 측정하는 방법은 암모니아, 아질산, 유기질소를 질산이온으로 산화한 후 산화된 질산이온을 카드뮴 환원법에 의해 아질산 이온으로 환원한 후 다이아조화법에 따라 측정하는 방법이다. 환원된 질소화합물을 질산 이온으로 산화시키기 위해서 과황산($S_2O_8^{2-}$)가 포함된 알칼리성 분해용액을 시료에 혼합한 후 100～110℃로 가열한다. 이때 유기질소는 암모니아로 전환되어 방출되고 환원성 질소 화합물은 황화 과황산(Ⅶ)이 황화 황산(Ⅵ)으로 환원되는 과정에서 질산 이온으로 산화되게 된다. 이 방법은 킬달 분해법에 비해 신속하고 간편하며 자동화된 방법에 적합하다.

25.4 질소 자료의 용도

현재 음용수 속에 존재하는 질소 화합물에 대한 자료는 살균 작업에 주로 이용된다. 물에 들어 있는 암모니아성 질소의 양은 불연속점 염소소독(breakpoint chlorination)에서의 자유 잔류 염소(free chlorine residual)를 얻는 데 필요한 염소의 양을 대부분 결정지으며, 결합 잔류 염소(combined chlorine residual)가 관련될 때는 모노 클로라민 대 다이클로라민의 비를 어느 정도 결정짓는다. 질산염의 측정치는 상수가 미국에서 유아의 청색증(methemoglobinemia)의 제어를 위한 최대 오염물질 농도기준에 맞는지를 판단하는 데 중요하다.

질소 자료는 폐수처리에서 대단히 중요하다. 질산화를 억제하면 호기성 처리의 비용을 최소화할 수 있다. 질소의 산화가 요구될 때 질산화나 탈질산화를 통해 변화되는 질소 형태 변화를 이해하는 것이 공정을 제어하는 데 필수적이다. 암모니아와 유기 질소의 측정은 호기성 생물학적 처리에 충분한 양의 이용 가능한 질소가 존재하는지를 결정하는 데 중요하다. 만일 충분하지 않은 경우에는 이들 자료를 이용하여 외부 질소원으로부터 공급해야 할 양을 계산할 수 있으며, 많은 경우 이것은 중요한 경제적인 고려 사항의 하나가 된다.

폐수 슬러지를 비료로 판매할 때는 슬러지의 질소 함량이 비료로서의 가치를 판단하는 데 주요 함수가 된다. 자연수의 생산력(productivity)은 조류 정장으로 나타내며, 이것은 자연수에 유입되는 비료 물질과 관계가 깊다. 여러 가지 형태의 질소가 주요 관심사로 된다. 또한 환원 형태의 질소는 자연수 속에서 산화되며, 용존 산소 자원에 영향을 미친다. 이와 같은 이유에서 질소 자료는 하천 오염관리 계획에서 자주 필요로 하는 자료이다.

연습문제

25. 1 자연수 속에는 일반적으로 어떤 형태의 질소가 들어 있는가?

25. 2 수질 오염 관리에서 질소분석의 의의를 설명하여라.

25. 3 어느 하천의 세 지점에서 채취한 시료 중의 여러 질소 형태에 대한 분석결과가 다음과 같았다.

지점	위치	DO mg/L	질소 농도,mg/L			
			org-N	NH_3-N	NO_2-N	NO_3-N
1	폐수방류지점	7	3	4	0	0
2	8 km 하류	2	1	2	1	3
3	16 km 하류	0	1	0	0	2

질소 순환의 지식을 이용하여 각 질소 형태간의 상대적인 변화와 1지점에서 3지점의 하류로 갈수록 총질소가 감소되는 현상을 설명하여라.

25. 4 가정하수(生下水) 또는 호기성 생물학정 폐수 처리장의 유출수에 대하여 다음 각각의 항목중 어느 것이 최고 농도인가? 이유를 설명하여라.
(a) 유기 질소 (b) NH_3-N (c) NO_2^--N (d) NO_3^--N

25. 5 폐수에서 총질소 농도를 감소시키기 위해서 이용될 수 있는 생물학적 공정은 무엇인가?

25. 6 먹는 물에서 질소의 규제농도와 이를 규제하는 이유를 설명하시오

25. 7 NO_x의 정의와 환경에 미치는 문제점은 무엇인가?

25. 8 환경 중에서 N_2O의 발생원과 이로 인한 환경문제는 무엇인가?

25. 9 질소의 산화상태를 나열하고 각각의 물질이 환경에 미치는 영향을 설명하시오.

25.10 하천에 배출된 암모니아로 인해 발생할 수 있는 환경문제를 설명하시오.

25.11 생물학적 폐수처리 공정에서 질산화를 억제하여야 하는 이유를 설명하시오.

25.12 폐수처리 과정에서 산소 요구량을 줄이기 위해 폐수를 질산화 하고자 할 때 취할 수 있는 방법을 설명하시오.

25.13 살균과정에서 암모니아성 질소의 작용에 관하여 설명하시오.

25.14 암모니아성 질소를 측정하기 위해 이용될 수 있는 측정방법 4가지를 설명하시오.

25.15 폐수에서 유기질소를 측정하는 방법은?

25.16 아질산성 질소를 측정하기 위해 이용될 수 있는 비색법의 원리에 관하여 설명하시오.

25.17 질산성 질소를 측정하기 위해 이용될 수 있는 방법은?

25.18 물에서 총 질소를 측정하기 위해 이용될 수 있는 방법 2가지를 설명하시오.

25.19 0.25 mM의 암모니아와 0.02 mM의 아질산 이온, 0.75 mM의 질산이온, 1.3 mg/L의 유기질소가 물에 존재할 때 총질소 농도(mg/L)는 얼마인가?

25.20 암모니아 1.3 mg/L, 아질산 이온 0.25 mg/L, 질산이온 15.1 mg/L, 유기질소 0.9 mg/L가 물에 존재할 때 총질소 농도(mg/L)를 산출하시오.

25.21 물에서 총 질소 농도가 11.2 mg/L였다. 유기질소를 직접 분석하지 않고 시료의 유기질소 농도를 산출할 수 있는 방법에 관하여 기술하고 유기질소를 직접 화학적 방법으로 측정했을 때와 비교하여 장단점을 설명하시오.

참고문헌

Clesceri, L. S., A. E. Greenberg, and A. D. Eaton (eds.): "Standard Methods for the Examination of Water and Wastewater," 20th ed., American Public Health Association, Washington, DC, 1998.

Skoog, D. A., F. J. Holler, and T. A. Nieman: "Principles of Instrumental Analysis," 5th ed., Saunders College Pubs., Philadelphia, 1998.

Skoog, D. A., D. M. West, and F. J. Holler, "Fundamentals of Analytical Chemistry," 7th ed., Saunders College Pubs., Fort Worth, TX, 1996.

CHAPTER 26

고형물

26.1 개 요

환경공학자는 음용수를 비롯하여 오염된 물, 가정하수와 공장폐수 및 처리공정에서 생성되는 슬러지에 이르기까지 여러 가지 액체와 반액체(semiliquid) 물질 속에 들어 있는 고형물질(solid matter)의 측정에 관여한다. 엄격히 말해, 액체에 들어 있는 물을 제외한 모든 물질이 고형물질로 분류된다. 그러나 고형물의 정의는 보통 103~105℃에서 건조할 때 증발 잔류물(residue upon evaporation)로 남는 물질을 말한다. 이 온도에서 상당한 증기 압력(vapor pressure)을 가진 물질들은 당연히 증발과 건조하는 동안 모두 소실된다. 잔사 또는 고형물질은 시료 속의 물질들 중 105℃에서 무시할 만한 증기 압력을 가진 것들만을 나타낸다.

고형물의 분석에서 다루게 되는 물질들은 매우 다양한 무기물과 유기물이므로 그 분석은 특성상 경험적이게 되며, 분석 과정이 비교적 단순하다. 대부분의 분석이 무게 분석법(gravimetric method)에 의해 이루어지므로, 이 분석을 할 때는 먼저 11.3절에 설명한 내용을 반드시 참조하도록 해야 한다. 침강성 고형물(settleable solid)의 측정과 비전도율(specific conductance)을 측정하여 계산하는 용존 고형물만은 예외이다. 고형물에 대한 분석에서의 주요 문제들은 각종 고형물들, 즉 예를 들면 용존 고형물, 부유물질(현탁 고형물, suspended solid), 휘발성 고형물(volatile solid) 및 강열잔류 고형물(fixed solid) 등의 양에 대한 자료를 얻기 위한 각 분석법들과 관련된 것이다.

용존고형물과 부유고형물

액상시료에서 총고형물(total solid)은 총용존고형물(total dissolved solid)과 총부유 고형물(total suspended solid)로 이루어지며, 총용존고형물은 공극의 크기가 2 μm이거나 이보다 더 작은 필터를 통과할 수 있는 물질을 말하며 여과지에 걸러지는 물질을 총부유고형물이라고 한다.

액체 속에 존재하는 용존 물질(dissolved matter)과 부유 물질(suspended matter)의 양과 성질은 매우 다양하다. 먹는물에는 대부분의 물질이 용해된 형태로 존재하는데, 무기염(inorganic salt)이 주성분이며 그 밖에 소량의 유기물과 용존 기체들이 있다. 음용수의 총 고형물(total solid)의 함량은 대체로 20～1000 mg/L의 범위 내에 있으며, 총용존 고형물의 양의 증가에 따라 경도(hardness)도 증가한다. 총고형물 측정 시 온도가 103～105℃인 것과는 달리 용수의 총용존 고형물을 측정하기 위한 온도는 180℃이다. 이에 대한 이유는 11.1절에 설명한 바와 같이, 후자의 경우 고온을 사용함으로써 기계적으로 결합된 물을 제거할 수 있기 때문이다. 이 때 시료의 유기물 농도는 매우 낮기 때문에 고온에서의 유기물 손실을 무시할 수 있다. 다른 모든 액체시료에서는 부유성 콜로이드 및 현탁물질의 양은 오염도에 따라서 증가한다. 슬러지는 고형물질의 대부분이 부유성인 극단적인 예이며, 용해된 부분은 별로 중요하지 않다. 용존 물질과 부유 물질의 양은 시료를 여과하여 여과된 부분과 여과되지 않은 부분으로 나누어 측정한다.

휘발성 고형물과 강열 잔류물

가정하수와 산업폐수 및 슬러지 시료에 대하여 고형물을 측정하는 주 목적 중의 하나는 그 속에 들어 있는 유기물의 양을 측정하는 데 있다. 이 분석법에서는 유기물을 기체인 이산화 탄소와 물로 전환시켜 휘발시키는 방법을 이용한다. 이때 온도를 조절하여 무기물의 분해와 휘발이 일어나지 않도록 하면서 유기물을 완전 산화시킨다. 이렇게 고온 산화 및 휘발을 통하여 감소된 무게를 유기물량으로 간주한다. 한 가지 주의할 것은 여기에서 사용되는 새로운 용어인 휘발성 고형물(volatile solids)은 시료의 총 유기물을 나타내는 것으로 제34장에 기술된 휘발성 유기물(volatile organics)과 다르다는 점이다. 휘발성 유기물은 실온에서 단순한 폭기에 의하여 쉽게 제거되는 미량 유기화합물의 집단을 나타낸다. 이와 같은 휘발성 유기물은 초기 증발 및 건조과정에서 용액으로부터 손실되기 때문에 고형물 시험으로 측정할 수 없다.

표준 분석법에서는 550℃로 강열(强熱)한다. 이 온도는 유기물, 특히 다음 식 (26.1)에서와 같이 탄수화물과 기타의 유기물이 열분해(pyrolysis)되어 생성되는 탄소가 적당한 속도로 산화될 수 있는 최저온도이다.

$$C_x(H_2O)_y \xrightarrow{\triangle\triangle} xC + yH_2O\uparrow \tag{26.1}$$

$$C + O_2 \xrightarrow{\triangle} CO_2 \tag{26.2}$$

또한 550℃에서는 무기염의 분해반응도 최소화된다. 건조하는 동안 배출되지 않은 암모늄염이 휘발해 버리나, 나머지 다른 대부분의 무기염들은 비교적 안정한다. 탄산 마그네슘(magnesium carbonate)은 예외로 다음 식과 같은 반응을 한다.

$$MgCO_3 \xrightarrow[350℃]{\triangle} MgO + CO_2 \uparrow \tag{26.3}$$

부유물질 중의 휘발성 고형물 함량을 측정할 때 용존 무기염들은 여과 과정에서 제거되므로 고려하지 않는다. 슬러지의 분석에서는 암모늄염들이 주로 탄산수소 암모늄(ammonium bicarbonate)의 형태로 존재하며 증발 및 건조 과정에서 완전히 휘발해 버리므로, 휘발성 고형물의 측정을 방해하지 않는다.

$$NH_4HCO_3 \xrightarrow[105℃]{\triangle} NH_3 \uparrow + H_2O \uparrow + CO_2 \uparrow \tag{26.4}$$

슬러지 속에 들어 있는 그 밖의 불안정한 무기염들의 양은 보통 총고형물의 양에 비해 아주 적으므로 그 영향을 일반적으로 무시한다.

휘발성 고형물의 측정에서 강열 온도의 조절이 이루어지지 않았을 때는 큰 오차가 생겨날 수 있다. 그러므로 온도를 정확히 조절할 수 있는 회화로(muffle furnace)에서 연소시켜야 한다. 탄산 칼슘(calcium carbonate)은 825℃ 이상에서 분해되며, 휘발성 고형물의 분석시료 속에서 일반적으로 나타나는 무기염의 주성분이므로 이것이 분해될 경우 상당히 큰 오차를 나타내게 된다.

슬러지의 휘발성 고형물을 측정할 때는 초기 단계에서 주의하지 않으면 이 과정에서 시료가 비산(飛散)되어 물리적 또는 기계적 손실이 생겨나게 되므로 큰 오차를 나타내게 된다. 시료를 회화로(muffle furnace)에 넣기 전에 분젠(bunsen) 버어너로 가연성 물질이 모두 분해되도록 미리 시료를 조심스럽게 태우면 비산을 피할 수 있다. 강열이 적절하게 이루어지면, 이때 생긴 무게 손실로부터 대부분의 도시 슬러지에 대한 유기물의 양을 아주 정확히 측정할 수 있게 되며, 잔류물의 양은 회분(ash) 또는 강열잔류 고형물이 된다. 또 하나 주의할 점은 산업폐수의 휘발성 고형물 측정시 짧은 사슬 유기산, 알코올, 케톤, 알데하이드, 그리고 탄화수소와 같이 휘발성이 강한 물질은 증발 및 건조 과정에서 쉽게 손실된다는 것이다. 이러한 경우 COD 및 TOC 측정값이 총유기물 함량을 보다 정확하게 나타낼 수 있다.

침강성 고형물

침강성 고형물(settleable solid)은 가만히 놓아 둔 상태에서 중력(重力)에 의하여 침강하는 부유물 중의 고형물이다. 물보다 비중이 큰 거친 입자들만이 침강하게 된다. 슬러지는 침강성 고형물의 축적물이다. 이 측정값은 침강 장치(sedimentation nuit)의 설치 필요 유무를 결정하고 자연 수역으로 유입되는 폐수 흐름의 물리적 거동(physical behavior)을 파악하기 위한 공학분야에서 중요하다.

26.2 환경공학에서 고형물 측정의 중요성

물에 들어 있는 용존 고형물의 양은 그 물이 가정용으로 적합한지를 판단하는 기준이 된다. 일반적으로 총고형물 함량이 500 mg/L 이하인 물이 이 용도에 가장 바람직하다. 고형물 함량이 높은 물은 통변성(通便性, lexative)을 자주 나타내며, 때로 이에 적응되지 못한 사람들에게는 역효과(逆效果)를 나타낸다. 이것은 승객들의 후생에 관심을 기울여야 하는 운수회사와 여행객에게 중요하다. 많은 지역들에서 고형물 함량이 500 mg/L이하인 자연수를 찾기란 불가능하다. 따라서 어떤 형태로든 처리하지 않으면 이 기준에 맞출 수 없게 된다. 그러나 대부분의 경우 고형물 함량을 줄이기 위한 처리를 실시하지는 않고 있다. 이런 물을 일상적으로 사용하는 사람들에게는 질병을 일으키지 않는다. 음용수에 대하여는 일반적인 기준으로 1000 mg/L를 상한치로 권장하고 있다.

26.3 상수 중의 고형물 측정

고형물 측정의 대상이 되는 물질은 아주 다양하므로, 그 분석법도 여러 가지가 이용되고 있다. 그러므로 물과 폐수 및 슬러지로 구분하여 설명하는 것이 가장 좋겠다. 상수에 대하여는 용존 고형물의 양이 주요 관심사이다. 그러므로 총고형물의 측정과 비전도율 측정방법이 가장 중요하게 된다. 부유물에 대한 분석은 그 양이 매우 적으므로 거의 실시하지 않는다. 이들은 탁도를 측정함으로써 더 쉽게 평가할 수 있다.

총고형물

총고형물은 무게를 알고 있는 용기 속의 시료를 증발 건조하여 쉽게 측정할 수 있다. 백금 접시는 사용하기 전에 무게를 일정하게 할 수 있으므로 이것을 사용하는 것이 가장 좋다. 바이코오 용기(vycor ware)를 사용해도 좋다. 자제 접시(porcelain dish)는 무게가변하기 쉬우므로 사용하지 않는다. 일반적으로 가정용수에 대한 휘발성 고형물(유기물 함량)의 측정은 고려의 대상이 되지 않는다. 이렇게 얻어진 결과를 유기물로 생각하기에는 신빙성이 없기 때문이다. 가정용수의 유기물 함량이 중요한 경우에는 COD, BOD 또는 TOC를 측정함으로써 더 정확한 정보를 얻을 수 있다.

비전도율

상수의 용존 고형물 함량을 신속하게 구할 수 있는 방법은 비전도율(比塼導率, specific conductance) 측정법이다. 이것은 시료의 전류를 운반하는 능력을 측정하는 즉, 물속의 이온화된 물질의 농도를 측정하는 방법이다. 상수 중의 대부분의 용존 무기물은 이온화된 형태로 존재하며 비전도율을 나타내게 된다. 이 측정법은 여러 가지 이온들의 특성과 이들의 상대적인 농도 및 물의 이온 세기에 영향을 받으나, 상수 중 용존 무기물 함량의 변화를 추정하는 데는 실용적이다. 또한 경험적인 계수를 사용하여 비전도율로부터 시료 중의 용존 무기물 함량을 대략적으로 추정할 수도 있다. 비전도율과 계수를 사용하는 방법은 3.9절에 설명되어 있다.

용존고형물과 부유물질

탁도(turbidity)의 측정이 필요한 자료를 얻기에 불충분한 경우 일반적으로 유리섬유여과지로 여과하여 부유 물질을 적정하기도 한다. 대체로 상수에 들어 있는 부유물질은 소량이므로, 대단히 많은 양의 시료를 여과하여 측정하지 않으면 큰 오차가 생길 수 있다. 여과지로 시료수를 여과하여 여과액에서 총고형물을 측정하는 방법이 좋다. 여과하지 않은 시료 속의 총고형물과 여과한 시료 속의 총고형물의 차이를 측정하여 부유물질의 양을 구한다.

26.4 오염된 물과 가정 하수에서의 측정

가정하수와 오염도가 낮은 물의 폐수강도를 평가하는 데는 침강성 고형물과 부유 물질의 측정이 대단히 중요하다.

침강성 고형물

침강성 고형물의 측정은 폐수의 분석에서 특히 중요하다. 이 분석에는 보통 임호프콘(Imhoff cone)을 사용하며, 정치상태(靜置狀態)에서 1시간의 침강시간(settling time)을 준다. 시료는 실온에 가깝게 유지되어야 하며, 고형물의 정상적인 침강을 방해하는 태양 직사광이 들지 않는 곳에서 수행해야 한다. 측정된 결과는 mL/L로 환산하여 나타낸다.

총고형물

오염된 물과 가정하수에 대한 분석에서는 총고형물 측정치는 정확하게 해석하기가 곤란하기 때문에 별로 중요하지 않다. 대부분의 경우, 원래 물속의 용존 고형물의 양은 오염된 폐수 중에 존재하는 전체 양의 많은 부분을 차지하고 있고 또 그 함량의 변화가 크므로 운반수(carriage water) 중에 본래 존재하고 있던 고형물의 양을 알지 못하면 자료의 평가가 불가능해진다. 본래 이 분석법은 폐수 속에 들어 있는 오염물질의 양을 평가하는 수단으로 고안된 것이었다. 그러나 이러한 오염물질의 강도는 BOD와 COD의 분석으로 더 정확하게 판단할 수 있으므로, 이와 같은 목적을 위해 총고형물을 분석해야 할 의의가 없게 된다.

일부 폐수처리공정, 특히 침강(sedimentation)을 이용하는 처리공정에서는 물의 밀도가 급격하게 변화되면 역효과가 나타나게 된다. 만조(滿潮) 때 하수관망에 해수가 자주 들어오게 되는 해안도시에서와 높은 농도의 무기 폐기물이 간헐적으로 유입되는 산업도시에서 이와 같은 현상이 일어날 수 있다. 두 가지는 물의 밀도에 큰 변화를 일으킬 수 있다. 물론 이와 같은 오염도 염화물 측정법이나 비전도율 측정법으로 더 쉽게 검출할 수 있으나, 총고형물 분석시험도 이와 같은 변화의 검출에 아주 유용하게 쓸 수 있다.

부유물질(현탁 고형물)

오염된 물의 분석에서 부유물질(현탁 고형물, suspended solid)의 측정은 대단히 중요하다. 이것이 가정하수의 강도 평가와 처리장치의 효율을 구하는 데 이용되는 중요한 매개변수(parameter) 중의 하나다. 하천오염방지 연구에서 시간이 제한인자(limiting factor)가 아닌 경우 부유물질은 모두 침강성 고형물로 간주한다. 생물학적 응집과 화학적 응집에 의해 석출(deposition)이 일어나게 된다. 그러므로 부유물질의 측정 결과는 BOD와 완전히 같은 의미로 간주되고 있다.

부유물질의 측정에 있어 앞서 11.1절과 11.3절에서 설명한 바와 같은 적절한 조처를 취하지 않았을 경우에는 큰 오차가 생겨나게 된다. 많은 양의 시료를 여과하는 것은 어려우므로, 시료의 크기는 보통 50 mL 정도로 제한하고 있다. 제거되는 고형물의 무게가 20 mg 이상이 되는 경우는 거의 없으며, 대부분 10 mg 이하이므로 무게를 측정할 때 작은 실수가 대단히 큰 오차를 유발할 수 있다. 이를 방지하려면 약 10 mg의 무게 증가가 생길 수 있도록 가능한 한 충분한 양의 시료를 여과한다. 생물학적으로 처리한 폐수나 오염도가 낮은 물의 시료는 여과에 500 mL 이상이 필요할 때도 자주 있다.

부유물질 중 휘발성 고형물의 함량은 고형물의 양이 워낙 적어서 튀어나가는 현상이 일어나지 않으므로 머플 로에서 직접 유리섬유 여과지를 강열하여 측정할 수 있다. 부유 물질은 80%가 휘발성 물질인 경우도 자주 있다. 강열잔류 고형물(fixed solid)이 2mg 이하일 때도 흔히 있다. 이 분석법에서 특히 주의하여야 할 것은 여과지가 손실되지 않도록 해야 하는 것이다. 600℃의 온도는 여과지의 용융점에 가까우므로 노의 온도는 550℃를 넘어서는 안 된다. 건조하여 연소시키는 동안 여과지에 약간의 무게 손실이 일어나므로 여과지만을 시료와 꼭 같은 방식으로 처리하여 적절히 보정할 수 있도록 바탕시험(blank test)을 한다.

부유물질의 양은 mg/L로 나타내며, 휘발성 부유물질(volatile suspended solid)의 양은 대개 부유물질 중의 퍼센트로 나타낸다.

26.5 산업폐수에 이용하는 측정법

산업폐수에는 여러 가지 다양한 물질이 포함되어 있으므로 분석할 때는 가능한 한 중요한 자료들이 모두 얻어질 수 있도록 모든 항목의 측정을 하여야 한다. 따라서 가정하수에 적용하였던 일반적인 고형물의 분석법이 모두 중요하다. 침강성 고형물의 분석이 특히 중요하며, 그 측정 결과는 일차 침전조의 필요성 유무를 결정하는 데 중요한 근거로 이용되기 때문이다. 또한 총고형물의 측정도 특별한 의미를 가진다. 대부분의 산업폐수에는 용존 무기염의 함량이 대단히 높으며, 이것은 총고형물 분석으로 쉽게 측정할 수 있다. 용존 무기염들의 농도와 특성은 폐수의 호기성 처리에 대한 효율을 결정하는 인자들이다. COD 및 TOC 분석 시험법이 개발되기 전까지는 총고형물 중의 휘발성 고형물 함량이 유기물의 양을 측정하는 방법으로 널리 이용되었었다. 이것은 목재-펄프 공장 폐액의 리그닌(lignin)과 같은 생물학적으로 비활성(inert)인 유기물의 양을 평가하는 대단히 유용한 방법이었다. 그러나 25.1절에서 설명한 바와 같이 시료를 증발시킬 때 고농도의 유기물이 손실되므로 총 유기물의 함량이 높은 산업폐수의 경우 TOC나 COD 결과가 보다 믿을만하다.

26.6 슬러지 고형물 측정

일차 슬러지(raw sludge)와 소화 슬러지(digested sludge)의 분석에는 총고형물의 측정과 휘발성 고형물의 측정이 중요하다. 두 가지 모두 건조 과정에서의 휘발성 유기화합물의 손실 때문에 약간의 오차가 생길 수 있다. 이 인자는 일차 슬러지와 완전히 소화된 슬러지 시료에서는 별로 중요하지 않으나 상당한 양의 휘발성산(volatile acid)이 포함되어 있는 불완전하게 소화된 슬러지를 분석할 때 중요해진다. 이 손실은 휘발성 고형물의 분해로 잘못 이해되는 경우가 자주 있다.

일차 슬러지와 소화 슬러지 시료는 피펫(pipet)으로 덜어낼 수 없으므로, 미리 무게를 달아 놓은 접시에 담아 시료 무게를 측정한다. 일반적으로 지금 약 7.5 cm의 작은 자기제 증발접시를 사용한다. 접시를 일정 무게로 될 때까지 강열하여 휘발성 고형물의 신빙성있는 측정이 이루어지도록 해야 하는 것이 중요하다. 슬러지의 특성은 아주 불균일하므로, 균질화하지 않은 시료는 비교적 많은 양인 25～50 g을 사용한다. 따라서 시료를 증발시키고 남은 잔류물의 양이 상당히 많아지게 된다. 대개는 시료를 103℃에서 여러 시간 동안 건조하여 수분이 모두 제거되도록 해야 한다. 대체로 하룻밤 정도를 건조하고 있다.

슬러지 중의 휘발성 고형물 함량의 측정은 대단히 중요하다. 정확한 결과를 얻기 위해서는 26.1절에서 설명한 바와 같다. 튀어나가지 않도록 주의하여야 한다. 총고형물과 휘발성 고형물의 측정에서 자료를 수집하는 단계들은 잘못 알고 있는 경우가 많다. 다음은 전형적인 자료와 계산 과정을 보인 것이다.

화학저울로 측정한 접시의 무게	30.160 g
어림저울로 측정한 접시의 무게	30.5 g
접시 + 시료의 무게	70.8
시료의 무게	40.3
접시 + 건조 슬러지 고형물의 무게	32.780
슬러지 고형물의 무게	2.620
슬러지 중의 고형물 퍼센트	$\frac{2.62}{40.3}\times 100 = 6.50\%$
접시 + 회분의 무게	30.720
휘발성 물질의 무게	2.06
휘발성 물질의 퍼센트	$\frac{2.06}{2.62}\times 100 = 78.7\%$

강열잔류 고형물(fixed solid)의 퍼센트는 휘발성 고형물의 퍼센트로부터 쉽게 계산될 수 있으므로 보고할 필요가 없다.

활성슬러지 중 고형물 측정은 특별한 경우에 속한다. 대개 비교적 낮은 농도로 들어있기 때문에 총고형물의 측정에 큰 오차가 도입될 수 있으며, 이것은 용존 고형물의 측정에서도 마찬가지다. 활성슬러지는 부유물질을 측정하는 데 사용하는 방법에 의해 측정하는 것이 관례이다. 이렇게 하면 용존 고형물은 여과액으로 나가게 된다. 활성슬러지 고형물의 측정에는 여러 가지 변법들이 이용되고 있으나, 휘발성 고형물이 요구될 경우에는 유리섬유 여과법을 이용하는 것이 가장 좋다. 시료의 양은 여과에 문제가 있으므로 5 mL 또는 아마도 10 mL로 제한해야 할 것이다.

26.7 환경공학에서 고형물 자료의 용도

공설급수와 산업용수에 대하여는 총용존성 고형물 양의 측정만이 중요하다. 이것은 상수의 개발을 위한 적합성을 판단하는 데 이용된다. 단물화(softening)가 요구될 경우 침전법에서는 고형물이 감소되고, 이온교환수지법에서는 고형물이 증가되므로, 총고형물의 농도에 따라 담수와 공정의 형태가 결정된다. 부식방지(corrosion control)는 흔히 pH의 조절을 통해 안정화된 물을 생산하는 방법으로 수행한다. 이 때 안정화에 필요한 pH는 알칼리도 및 온도뿐 아니라 총고형물의 양에도 어느 정도 의존하게 된다.

침강성 고형물의 측정 결과는 두 가지 중요한 용도가 있다. 첫째는, 생물학적 처리공법을 이용하는 처리장에서의 일차 침전조의 필요성 유무의 판단과 그 설계를 위한 산업폐수의 분석에 널리 이용된다. 이 분석 시험은 또 폐수처리장에서 침전조의 운전 효율을 판단하는 데도 널리 이용되고 있다. 대규모 처리장의 운전에서도 소규모 처리장에서와 마찬가지로 대단히 중요하다.

부유 고형물과 휘발성 부유물질(volatile-suspended-solid)의 측정은 가정하수와 공장폐수의 강도를 평가하는 데 쓰인다. 이 분석 시험은 특히 일차 침전조에서 침강성 고형물을 제거한 후, 남게 되는 부유물질의 양을 측정하여 이차처리인 생물학적 처리시설에 대한 잔류물질의 부하(負荷)를 결정하는 데 유용하게 사용된다. 대규모 처리장에서는 처리장치들의 효율을 측정하는 수단으로써 정기적으로 부유물질을 측정한다. 하천오염 관리에서는 보통 부유물질의 제거가 BOD 제거와 마찬가지로 중요하다. 부유물질과 휘발성 부유물질 측정 결과는 활성슬러지 공정에서의 폭기조 고형물을 제어하는 데도 이용된다.

총고형물과 휘발성 고형물의 분석시험은 보통 슬러지의 고형물 측정에만 이용된다. 이 측정은 슬러지 소화, 진공 여과 및 소각 장치의 설계와 운전에 필수적이다.

연습문제

26. 1 총고형물과 총용존성 고형물, 총부유성 고형물의 차이점을 설명하시오.

26. 2 다음 각 고형물의 분석이 수질오염 관리에 중요한 이유를 설명하여라.
(a) 도시상수의 총용존 고형물(total dissolved solid)
(b) 가정하수의 총고형물과 휘발성 부유물질
(c) 슬러지의 총고형물과 휘발성 고형물
(d) 가정하수의 침강성 고형물

26. 3 휘발성 고형물의 측정 결과로부터 얻을 수 있는 중요한 지식은 무엇인가?

26. 4 (a) 총고형물을 분석하기 위해 건조온도를 103℃에서 105℃로 설정하는 이유를 설명하시오.
(b) 총고형물을 측정하는 데 있어서의 건조 조건과 일부 시료의 경우 건조온도를 180℃로 하는 이유를 설명하시오.

26. 5 (a) 휘발성 고형물을 분석하기 위해 회화온도를 550℃로 하는 이유를 설명하시오.
(b) 휘발성 고형물을 회화시키기 위한 온도가 550℃보다 더 높거나 낮은 경우에 야기될 수 있는 문제점을 설명하시오.

26. 6 유기산, 알코올, 알케인 등이 함유된 산업폐수에서 총 휘발성 고형물 분석을 통해 유기물 농도를 측정하고자 할 때 발생될 수 있는 문제점에 관하여 설명하시오.

26. 7 완전히 소화되지 않은 슬러지에서 유기물 농도를 파악하기 위해 휘발성 고형물을 측정하고자 할 때 발생될 수 있는 문제점을 기술하시오.

26. 8 휘발성 고형물을 분석하기 위해 유리섬유여지를 사용하고자 할 때 주의할 점은?

26. 9 임호프콘(Imhoff corn)실험으로 측정할 수 있는 항목은 무엇인가?

26.10 슬러지에 함유된 휘발성 고형물을 측정하기 위해 회화로에서 시료를 회화시키고자 할 때 주의할 점과 그 이유를 설명하시오.

26.11 휘발성 고형물을 측정하고자 할 때 주의할 점과 그 이유를 설명하시오.

26.12 다음과 같은 상태에서 분석한 결과는 실제 값에 비교하여 높아지겠는가? 낮아지겠는가? 또는 같아지겠는가? 이유를 설명하여라.
(a) 아직 식지 않은 따뜻한 도가니의 무게를 달았을 때
(b) 탄산 마그네슘의 함량이 높은 슬러지 시료를 600℃에서 연소시켜 유기물 함량을 추정할 때
(c) 증기 압력이 높은 유기물을 다량 함유하고 있는 시료의 휘발성 고형물을 분석하여 유기물 함량을 추정할 때
(d) 600℃가 아닌 800℃에서 연소시켜 시료의 유기물 함량을 추정할 때

26.13 어떤 가정하수가 350 mg/L 의 부유물질을 함유하고 있다. 일차 침강시설에서 이 중 65%가 제거된다. 5.0%의 고형물을 함유하고 있는 슬러지는 침강된 폐수 100만 L당 몇 L가 생성되겠는가?

참고문헌

Clesceri, L. S., A. E. Greenberg, and A. D. Eaton (eds.): "Standard Methods for the Examination of Water and Wastewater," 20th ed., American Public Health Association, Washington, DC, 1998.

CHAPTER 27

철과 망간

27.1 개 요

철과 망간은 둘 다 공설급수에 심각한 문제를 일으키는 물질이다. 이 문제는 지하수의 경우에 더욱 광범위하고 심각하나, 일부 하천수 및 저수지의 경우에도 특정 계절에 곤란한 문제가 나타난다. 어떤 지하수원에는 철과 망간이 거의 없는 데 비해 어떤 것들은 많은 양을 포함하고 있는 것은 무기화학의 관점만으로는 설명할 수 없는 불가해한 현상이다. 최근의 발전과 경험으로는 생물화학적 변화, 더 정확히 말해 생물학적 반응에 의해 초래된 환경 조건의 변화가 주된 요인인 것으로 지적되고 있다. 철과 망간은 거의 모든 토양 속에 상당한 양이 불용성의 형태로 존재하므로, 토양과의 접촉을 통하여 어떻게 그 많은 양이 물로 들어갈 수 있는 지를 설명하려면 이들이 어떻게 가용성 형태로 전환되는지를 고찰해야 한다.

토양과 광물 속에 들어 있는 철은 주로 불용성인 산화 제이철(ferric oxide)과 황화 철(iron sulfide, pyrite＝황철광)이다. 지역에 따라서는 아주 조금 밖에 녹지 않는 탄산 제일철(ferrous carbonate, siderite＝능철석)로도 나타난다. 지하수에는 일반적으로 상당한 양의 이산화 탄소가 포함되어 있으므로(17.2절 참조), 탄산 칼슘과 탄산 마그네슘이 용해되는 것과 같은 방식으로 탄산 제일철도 다음과 같은 반응으로 용해될 수 있게 된다.

$$FeCO_3 + CO_2 + H_2O \rightarrow Fe^{2+} + 2HCO_3^- \tag{27.1}$$

그러나 철에 의한 문제는 토양 속에 불용성의 제이철 화합물(ferric compound)이 존재하는 지역에서 주로 나타난다. 이러한 고체 형태의 철은 거의 용해되지 않으며, 용존 산소가 존재하는 한 상당한 양의 이산화 탄소가 존재하여도 마찬가지다. 그러나 환원성 조건(혐기성 상태)에서 제이철은 제일철로 환원되어 쉽게 용해된다.

토양 속의 망간은 주로 이산화 망간(manganese dioxide)으로 존재하며, 이것은 이산화 탄소가 포함되어 있는 물에 아주 불용성이다. 환원성 조건(혐기성 상태)에서는 이산화물(dioxide form)인 망간이 산화상태 Ⅳ에서 Ⅱ로 환원되어, 산화 제이철과 마찬가지로 쉽게 용해된다.

철과 망간이 생물학적 반응의 결과로 환경 조건에 변화가 생겨 상수로 용해되어 들어가는 현상에 대한 확인은 다음과 같은 다섯 가지의 증거로부터 찾아진 것이다.

1. 상당한 양의 철이나 망간 또는 이 둘을 함께 포함하고 이는 지하수에는 항상 용존 산소가 결핍되어 있고, 이산화 탄소의 함량이 높다. 철과 망간은 Fe(Ⅱ)와 Mn(Ⅱ)로 존재한다. 이산화 탄소의 함량이 높은 것은 박테리아에 의한 유기물의 산화 반응이 잘 일어나고 있음을 나타내는 것이며, 용존 산소의 결핍은 혐기성 상태로 되었음을 나타내는 것이다.
2. 수년동안 철과 망간의 함량이 낮은 양질(良質)의 물을 생산해 내던 우물이, 그 주변의 토양에 유기 오염물이 유입되면 이 토양 속이 혐기성 상태로 되어 저질(低質)의 물로 바뀌는 것을 알게 되었다.
3. 저수지에서 철과 망간의 문제는 성층화(成層化)된 저수지와 관련시켜 왔으나 이 문제는 혐기성 상태에 있는 심수층(hypolimnion)에서만 나타난다. 가용성 철과 망간은 가을철 역전(overturn)이 일어나기까지 심수층에 들어있는 바닥이 뻘로부터 방출된다. 이 같은 현상은 저수지 전역으로 분포되며, 충분한 시간이 지나 자연상태에서 산화되어 침전되지 않으면 저수지를 상수원으로 이용할 때 문제를 일으키게 된다.
4. 열역학적 고찰로부터 산소가 포함되어 있는 물에서는 Mn(Ⅳ)와 Fe(Ⅲ)만이 철과 망간의 안정한 산화상태라는 것을 알았다.[1)] 그러므로 이러한 형태는 심한 혐기성 환원 조건에서만 가용성인 Mn(Ⅱ)와 Fe(Ⅱ)로 환원될 수 있다.
5. 연구 결과에 따르면 철 환원 박테리아가 혐기성 상태에서 Fe(Ⅲ) 및 Mn(Ⅳ)를 에너지 대사를 위한 전자 수용체로 이용하여 환원된 형태의 Fe(Ⅱ) 및 Mn(Ⅱ)를 형성시킨다고 알려져 있다.[2)] 그러므로 미생물은 철 및 망간의 환원을 위한 환원상태를 만들어 줄 뿐만 아니라 직접 환원시키며 이익을 얻기도 하다.

지하수 대수층(帶水層)의 충전을 위한 산소가 포함된 물을 지하로 유입시키면, 때로 물 속에 가용성 철의 함량이 증가되는 것을 볼 수 있으며, 이는 반드시 혐기성 조건이어야 한다는 위의 설명과는 반대되는 현상이다. 이것은 산소가 불용성 황철광(pyrite, FeS_2)의 산화

1) J. J. Morgan and W. Stumm, The Role of Multivalent Metal Oxides in Limnological Transformations, as Exemplified by Iron and Manganese, *Proc. Intern. Conf. on Water Pollution Research*, Pergamon Press, New York, 1964.

2) D. R. Lovely, *E. J. P. Phillips*, and D. J. Lonergan, Hydrogen and Formate Oxidation Coupled to Dissimilatory Reduction of Iron or Manganese by *Alteromonas putrefaciens*, *Appl. Environ. Microbiol.*, **55**: 700-706(1989).

반응으로 소모되어 혐기성 상태로 되고 가동성 황산철(iron sulfate)이 형성되기 때문인 것으로 설명된다.

$$2FeS_2 + 7O_2 + 2H_2O \rightarrow 2Fe^{2+} + 4SO_4^{2-} + 4H^+ \tag{27.2}$$

요컨대 상당한 양의 철과 망간이 상수(上水)로 들어가게 되는 데는 혐기성 상태가 필수적인 것은 확실한 것으로 생각된다. 혐기성 상태에서만 철과 망간의 가용성 형태인 Fe(Ⅲ)와 Mn(Ⅱ)가 열역학적으로 안정하다.

27.2 환경에서 철과 망간의 중요성

지금까지는 철과 망간이 포함된 음용수는 마셔도 별다른 피해가 없는 것으로 알려져 있다. 이 물이 공기에 노출되어 산소가 들어가면, 철과 망간이 Fe(Ⅲ)와 Mn(Ⅳ)로 산화되어 콜로이드 침전을 형성하여 탁도가 유발되고 미관상 아주 좋지 않게 된다. 이 산화 반응의 속도는 빠르지 않으므로, 폭기되는 물속에서도 잠시 동안은 환원된 형태를 그대로 유지할 수 있다. 이러한 현상은 특히 철의 산화에는 pH 6 이하에서, 망간의 산화에서는 pH 9 이하에서 나타난다. 또한, 철과 망간은 물속의 휴믹 물질과 결합하여 각기 혼자 존재할 때보다 산화에 대한 저항성이 커지는 착물(complex)을 형성하기도 한다. 산화속도는 특정한 무기 촉매가 존재하거나 미생물의 작용이 있게 되면 증가한다. 산화속도는 특정한 무기 촉매가 존재하거나 미생물의 작용이 있게 되면 증가한다. 철과 망간은 세탁을 방해하며, 배관 시설물에 보기 흉한 얼룩을 내며, 또 철 박테리아(iron bacteria)의 성장으로 배수관망에 장애를 일으킨다. 철은 또 아주 낮은 농도에서도 감지될 수 있는 맛을 낸다. 이 때문에 미국 EPA의 2차 최대오염물질 기준에서 공공용수에 철은 0.3 mg/L, 망간은 0.05 mg/L 이상이 포함되지 않도록 규제하고 있다.

27.3 철의 측정 방법

철의 측정 방법으로는 대단히 많은 방법들이 개발되어 있다. 공장폐수에서와 같이 비교적 많은 양의 철을 측정하는 경우에는 일반적으로 침전법이 사용된다. 그러나 대체로 적은 양이 들어 있는 수돗물에는 비색법이 더 정확하다. 비색법은 대개 측정하려는 이온에 대하여 대단히 특성적(特性的)이며, 최소의 전처리만을 요구하는 장점이 있다. 철은 원자 흡수 분광 광도법 또는 유도 결합 플라스마 분광법으로도 측정하다(12.2절 참조).

페난트롤린

페난트롤린 법(phenanthroline method)은 인산염이나 중금속 등 방해물질이 존재할 때를 제외하고는 현재 물속의 철을 측정하는 좋은 표준 분석법이다. 이 분석법은 1, 10-페난트롤린이 Fe^{2+}와 결합하여 주황색의 착물 이온을 생성하는 것을 이용한다. 여기서 나타나는 색도는 Beer의 법칙을 따르며, 육안이나 광도법에 의한 비색으로 쉽게 측정된다.

분석하려는 시료는 대개 대기와 접촉이 된다. 따라서 약간의 Fe(Ⅱ)가 Fe(Ⅲ)로 산화되어 수산화 제이철(ferric hydroxide)로 침전한다. 그러므로 모든 철이 가용성의 상태에 있는지를 확실히 해야 할 필요가 있다. 시료를 염산으로 처리하여 수산화 제이철을 용해시킨다.

$$Fe(OH)_3 + 3H^+ \rightarrow Fe^{3+} + 3H_2O \tag{27.3}$$

1,10-페난트롤린은 Fe(Ⅱ)의 측정에만 유효하므로, Fe(Ⅲ)의 형태로 있는 철은 모두 제일철의 상태로 환원시켜야 한다. 환원제로 하이드록실아민(hydroxylamine)을 사용하면 아주 쉽게 환원시킬 수 있다. 이때의 반응은 다음과 같이 나타낼 수 있다.

$$4Fe(\text{III}) + 2NH_2OH \rightarrow 4Fe(\text{II}) + N_2O + H_2O + 4H^+ \tag{27.4}$$

1,10-페난트롤린은 세 분자가 하나의 Fe^{2+}과 착물 이온(complex ion)을 형성한다. 이 반응은 다음과 같이 나타낼 수 있다.

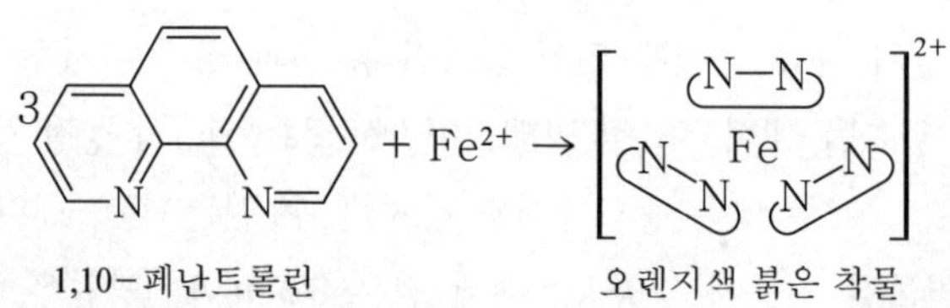

(27.5)

이 분석법의 적절한 변법을 이용하면, 총철(total iron)과 용존 철(dissolved iron) 및 부유성 철(suspended iron)을 측정할 수 있다. 그러나 이렇게 구별하여 측정하는 것이 통상적인 것은 아니다. 이런 분석이 필요할 때는 시료의 채취와 운반과정에서 어떤 변화도 일어나지 않도록 세심하게 주의해야 한다. 여러 가지에 의해 오차가 생겨날 수 있으므로 분석자가 시료의 채취와 분석을 모두 맡아서 하는 것이 가장 바람직하다. 인산염과 중금속과 같은 방해물질이 존재할 때는 HCl로 시료를 산성화하고, 다이아이소프로필 에터(diisopropyl ether)로 추출한 다음, 페난트롤린 용액을 첨가하는 방법으로 좋은 결과를 얻을 수 있다.

|27.4| 망간의 측정 방법

환경공학 실무에서 망간은 상수에서 주로 문제가 된다. 그 농도는 1～2 mg/L를 넘는 경우는 거의 없으며, 따라서 비색법을 이용하는 것이 가장 좋다. "Standard Methods"에서는 두 가지 비색법을 추천하고 있다. 두 방법 모두 보다 낮은 산화상태에 있는 망간이 Ⅶ로 산화되어 짙은 색의 과망간산 이온을 생성하는 것을 이용한다. 색은 망간의 농도에 정비례하여 나타나며, 상당히 넓은 범위의 농도에 걸쳐 Beer의 법칙이 성립되며, 육안이나 광도측정법에 의해 쉽게 측정된다. 염화물은 산성 매질 속에서 환원 작용으로 방해를 하므로, 이들의 양향을 배제하기 위한 조치를 취해야 한다. 그 밖의 환원제들은 대부분 과망간산 이온을 생성시키기 위해 사용하는 센 산화제에 의하여 비활성으로 된다. 망간은 원자 흡수 분광 광도법 또는 유도 결합 플라스마 분광법으로도 측정된다(12.2절 참조).

과황산염법

과황산염법(persulfate method)은 염화물 방해를 방지하기 위해 시료를 전처리할 필요가 없으므로 망간의 일상적 측정에 가장 적합하다. 산화제로 보통 과황산 암모늄(ammonium persulfate)이 이용된다. 이 시약은 오래 보관해 두면 변질이 되므로, 시료를 정기적으로 분석하지 않는 곳에서는 사용된 과황산의 효능을 확인하기 위한 조처로 매 세트의 시료에 표준 시료를 포함시켜 분석하는 것이 좋다.

염화물의 방해작용은 Hg^{2+}을 첨가하여 중성 $HgCl_2$ 착물을 생성시켜 해결한다. $HgCl_2$의 안정화 상수는 1.7×10^{13}이므로, 염화 이온의 농도는 과망간산 이온의 생성에 영향을 미칠 수 없는 아주 낮은 수준으로 감소된다.

과황산염에 의하여 낮은 원자가의 망간을 과망간산염으로 산화하는 데는 촉매로 Ag^+이 필요하다. 이 산화 반응은 다음과 같이 나타낼 수 있다.

$$2Mn^{2+} + 5S_2O_8^{2-} + 8H_2O \xrightarrow{Ag^+} 2MnO_4^- + 10SO_4^{2-} + 16H^+ \tag{27.6}$$

희석에 양질의 증류수를 사용하고, 시료가 대기 중의 먼지에 의해 오염되지 않도록 신중한 주의를 기울이면, 과망간산 이온에 의해서 발색된 색은 수 시간 동안 안정하다.

|27.5| 환경공학 분야에서 철과 망간 자료의 용도

새로운 급수원을 개발할 때, 특히 지하수원을 이용할 때 철과 망간의 측정 결과는 중요한 고려사항이 된다. 이 기준 만으로도 수원으로의 적합성 여부를 판단할 수 있다. 철의 함량이 0.3 mg/L 이상이거나 망간 함량이 0.05 mg/L 이상인 수원인 경우에 엔지니어는 반드시 처리의 여부를 판단해야 하며, 처리해야 할 경우에는 최선의 처리 방법을 선정해야 한다. 철과 망간의 함량비는 유기물질의 함량과 함께 처리 유형을 결정하는 데 인자(因子)로 쓰인다. 처리장치의 효율도 철과 망간의 정기적인 시험분석을 통하여 결정된다. 또한 측정 자료는 배수관망에서 곤란한 문제를 일으키는 철-고정 박테리아(iron-fixing bacteria) 문제를 해결하는 데도 도움이 된다.

주철관과 강관(鋼管)의 부식(corrosion)은 배수관망에 "붉은 물" 문제를 자주 일으킨다. 철의 측정 결과는 부식의 정도를 판단하고, 또 이러한 문제를 해결하는 데 유용하다. 부식과 그 방지의 방법에 대한 연구에서는 금속의 손실된 정도를 평가하는 데 여러 가지 유형의 시험 분석을 필요로 한다. 철의 측정도 그 중의 하나다.

연습문제

27. 1 상수 속의 철과 망간의 환경상의 중요성을 설명하여라.

27. 2 자연수 중에 들어 있는 철과 망간의 여러 가지 산화 상태를 설명하여라. 또 어떤 조건에서 이들 각 형태가 안정한지를 설명하여라.

27. 3 철과 망간이 어떻게 지하수 속에 섞여 들어가는지를 설명하여라.

27. 4 급수시설에서 철 농도를 측정하기 위해 일반적으로 이용되는 분석 방법은?

27. 5 급수 시설에서 망간 농도를 측정하기 위해 일반적으로 이용되는 분석 방법은?

27. 6 페난트롤린법으로 측정하기 위해서는 철이 어떤 형태로 존재해야 하며, 또 철이 어떻게 이 형태로 전화되는지를 간단히 설명하여라.

27. 7 망간의 측정에 대한 다음을 설명하여라.

(a) 과황산 암모늄의 기능은 무엇인가?

(b) Ag^+의 기능은 무엇인가?

(c) $HgSO_4$의 기능은 무엇인가?

(d) 망간은 어떤 산화 상태에 있어야 비색법으로 측정되는가?

CHAPTER 28

플루오르화물

28.1 개 요

수질공학자는 최소한 두 가지 점에서 플루오르화물(fluoride)의 측정에 관심을 갖는다. 공학자는 플루오르화물을 과다하게 포함하고 있는 상수로부터 이를 제거하기 위한 장치를 설계하고 운전하는 일을 하기도 하지만 지역 보건기관에 의하여 상수 중에 플루오르화물이 결핍되어 있다고 판단될 때는 적정한 수준으로 이를 첨가하는 일도 맡게 된다. 일부 지역, 특히 공장의 인근 지역에서는 플루오르화물에 의한 대기오염과 식물의 오염이 심각한 문제로 되고 있다. 이 경우 소와 기타 초식성(草食性) 동물의 뼈와 치아의 손상에 대한 방지대책이 세워져야 한다.

상수도의 플루오르화물 농도가 높을 때의 영향

사람의 치아에 얼룩이 진 것을 반상치(斑狀齒, dental fluorosis)라고 하며 이것이 알려진 것은 오래 전의 일이다. 일찍이 미국 이민국에서는 유럽의 특정지역에서 오는 사람들이 심각하게 손상을 입은 치아를 가진 반면, 다른 지역의 사람들은 얼룩이 전혀 없거나 거의 없는 것을 알게 되었다. 이것이 치과 의료 당국으로 하여금 반상치의 발병조건이 지역인자(local factor)에 의한 것임을 믿게 하는 계기가 되었다. 이러한 사실이 알려진 직후, 본래부터 미국에 살고 있던 주민들 가운데서도 반상치의 보고가 나타나기 시작하였다. 반상치는 주로 Great Plains와 Rocky Mountain이 있는 주들의 도시에서 나타났으나, 그로부터 약 20년이 지나가기까지도 그 원인을 밝혀내지는 못했었다.

플루오르화물이 반상치의 원인이라는 구체적 확증은 1930년, 미국의 Aluminum Co.의 Churchill에 의하여 밝혀졌다.[1] Arkansas의 Bauxite시는 주민들 중 반상치의 이환율(罹患率)이 높은 것으로 보고된 도시 중의 하나였다. Churchill은 분광사진법분석(spectrographic

1) H. V. Churchill, *Ind. Eng. Chem.*, **23** : 996 (1931).

analysis)으로 Bauxite시의 상수에서 상당한 양의 플루오르화이온을 발견하였다. 그는 Colorado주 Colorado Springs의 치과의사인 McKay와 공동으로 반상치가 나타나는 5개 지역과 아무런 문제가 없는 40개 지역의 물을 연구 검토하였다. 이 연구로부터 그들은 먹는 물 중의 플루오르화물 농도가 과다할 때 반상치를 일으킨다고 결론지었다. 그들의 자료에 의하면, 플루오르화 이온 농도가 1.0 mg/L 이하일 때는 반점이 생겨나지 않으며, 이 농도를 넘으면서부터 반점의 심한 정도가 증가한다.

상수의 과다한 양의 플루오르화물이 반상치의 원인으로 밝혀지면서, 곧 그 제거방법에 대한 연구가 개시되었다. 이 물을 인산삼칼슘(tricalcium phosphate), 탄화골분(bone char), 골분(骨粉, bone mill) 및 활성 알루미나와 같은 여러 가지 유형의 탈플루오르 매체(defluoridation media) 속으로 통과시키면, 이온 교환과 수착(sorption)의 두 작용에 의하여 플루오르화물이 제거되는 것을 알았다. 플루오르화물은 석회를 이용한 단물화(lime softening)공정에서 고농도의 백반(alum)을 이용하는 경우 수산화마그네슘 또는 백반 응집(coagulation)에 의하여 제거되기도 한다. 이 같은 방법들이 실제 사용되고 있기는 하지만 실제로 플루오르화물의 제거 공정을 운영하고 있는 시설의 수는 적다.

상수도의 플루오르화물 농도가 낮을 때의 영향

치아 플루오르 중독 문제와 관련하여 공설급수의 플루오르화물 함량에 큰 관심이 모아지게 되었고, 플루오르화물에 대한 많은 관련 보고들이 나오게 되었다. 당연히 치과 전문가들은 플루오르화물이 다른 치아 질병과 관련이 있는지의 여부를 판단하기 위해 이 지식을 이용하게 되었다.

1938년 Dean[2)]은 반상치가 생기면 충치가 덜 생겨난다는 보고서를 발표하였다. 이로부터 미국의 여러 공설급수의 플루오르화물 농도와 충치와의 상관관계에 대한 광범위한 연구가 이루어지게 되었다. Dean[3)]에 의하여 연구된 결과들을 요약한 것을 다음 그림 28.1에 나타내었다. 이러한 지식으로부터, 충치-플루오르화물 가설(假說)이 태동하게 되었다. 최적의 치아 건강을 위해서는 공설급수에 약 1 mg/L의 플루오르화 이온이 들어 있는 것이 바람직하다. 이 농도가 낮아지면, 충치 문제가 심각해지며 농도가 증가하면 치아의 반상치 문제가 생긴다.

---

2) H. T. Dean, *Public Health Repts.* (*U.S.*), **53** : 1443 (1938).
3) H. T. Dean, *J. Amer. Water Works Assoc.*, **35** : 1161 (1943)

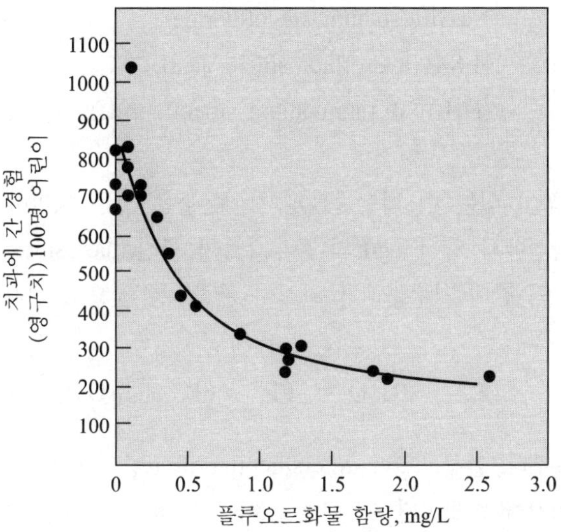

그림 28.1 음용수 중의 플루오르화물 농도와 충치와의 관계

충치-플루오르화물 가설은 플루오르화물 농도가 낮은 공설급수에 플루오르화물을 첨가하여 약 1mg/L로 까지 농도를 높이는 계획에 대한 근거로 쓰이고 있다. 첨가되는 플루오르화물의 생리적 영향과 충치 예방의 "천연" 플루오르화물의 대용 물질로써의 효능에 대한 의구심 때문에 10년에 걸쳐 여러 도시에서 실험연구를 수행하였다. 연구결과, 보충한 플루오르화물의 안정성이 확실히 증명되었으며, 또 첨가한 플루오르화물이 "천연" 플루오르화물과 마찬가지로 충치를 예방하는 데 효과적임이 밝혀지게 되었다. 이에 따라 American Dental and Medical Association을 비롯한 많은 공중보건 관련기구들에 의하여 천연 플루오르화물이 결핍되어 있는 공설급수에 플루오르화물 첨가 계획이 추진되었다. 이 계획은 여러 지역에서 커다란 반대에 부딪히기도 하였으나, 점차적으로 진전되어 1970년에는 미국 내 4500개 도시의 8천4백만 주민들에게 플루오르화물을 첨가한 수돗물을 공급하게 되었다.[4] 첨가량은 플루오르화물을 측정하여 조절한다.

28.2 플루오린과 그 화합물의 화학

플루오린(fluorine)은 활성이 가장 높은 원소로 알려져 있으나 환경공학에서는 원소 형태로 이용되지는 않는다. 이 원소는 간단한 구조의 플루오르 화합물들과 또 많은 착이온들을 형성한다. 공설 급수에 첨가하는 플루오르화물들의 주요 형태는 다음과 같다.

4) F. J. Maier, 25 Years of Fluoridation, J. *Amer. Water Works Assoc.*, **62** : 3 (Jan. 1970).

NaF	Na_2SiF_6(sodium silicofluoride)
CaF_2	H_2SiF_6(hydrofluorosilicic acid)
H_2F_2	$(NH_4)_2SiF_6$(ammonium silicofluoride)

플루오린을 포함하고 있는 이 화합물들과 착이온들은 모두 해리하여 플루오르화 이온을 낸다. 수처리 작업에서 약 1 mg/L의 플루오르화 규산(fluorosilicate)을 주입하면 다음 반응식에서 보인 바와 같이 가수분해가 완전히 완결되는 것으로 생각하는 것이 일반적이다.

$$SiF_6^{2-} + 3H_2O \rightleftharpoons 6F^- + 6H^+ + SiO_3^{2-} \tag{28.1}$$

이와 같은 사실로부터, 플루오르화 규소(silicofluoride) 중의 플루오르화 이온의 양은 플루오르화 이온에 민감한 방법이면 어떤 법을 이용하더라도 측정할 수 있다.

|28.3| 플루오르화물의 측정 방법

플루오르화물의 표준 분석법으로는 현재 전극법, 두 가지 비색 분석법, 그리고 이온 크로마토그래피의 네 가지 방법이 있다. 전극법이 가장 간단하기는 하나, 확장된 눈금 pH 미터(expanded scale pH meter)와 특수한 전극을 사용해야 한다. 이 전극법의 원리와 제한 사항들에 관하여는 12.3절의 막 전극(membrance electrode)에서 설명하였다. 12.4절에 기술되어 있는 이온 크로마토그래피법을 이용하면 플루오르화물과 다른 음이온을 동시에 분석할 수 있다. 그러나 이 방법으로 플루오르화물을 분석하는 경우에는 다른 방해 음이온으로부터 플루오르화물을 효과적으로 분리할 수 있는 컬럼과 용리액(eluent)을 사용하여야 한다. 이 세 가지 방법은 모두 다른 이온들에 의하여 방해작용을 받으며, 비색법 분석을 시행하기 앞서 플루오르화물들을 방해 이온들로부터 분리해야 할 때도 자주 있다. 이때의 분리에는 암모니아성 질소의 측정에서와 같은 방식의 증류법을 이용한다. 플루오르화물의 경우에는 산성화 된 용액을 증류하는 것이 다르다. 산성 조건에서 플루오르화 이온은 모두 다음 반응식에 따라 아주 조금 이온화하는 플루오르화 수소로 전환된다.

$$F^- + H^+ \xrightarrow{\triangle} HF\uparrow \tag{28.2}$$

플루오르화 수소는 수증기와 함께 증류되어 응축물에 들어 있게 된다.

방해 이온들의 양이 영향을 미치지 않을 정도로 포함되어 있는 시료와 정제 과정을 거쳐 얻은 증류수는 위에 언급한 방법들 중의 한 가지를 이용하여 분석한다. 비색법에는 플루오르화 이온에 의하여 미리 형성된 색을 탈색하는 과정이 포함된다. 미리 형성되는 색은 사용하는 방법에 따라 알리자린 물감(alizarin dye)이나 SPANDS 물감이 지르코늄 이온(zirconium ion)과 작용하여 생긴 것이다. 이렇게 발색된 색을 흔히 "레이크"(lake)라고 부르며, 지르코늄의 함량이 감소되면 색도도 감소된다. 플루오르화 이온은 지르코늄 이온과 결합하여 안정한 착이온, ZrF_6^{2-}를 생성하며, 색의 레이크의 세기도 따라서 감소된다. 알리자린 물감이 사용되었을 때의 반응은 다음과 같이 나타낼 수 있다.

$$\underset{\text{붉은 색}}{(Zr-alizarin\ lake)} + 6F^- \rightarrow \underset{\text{노란색}}{alizarin + ZrF_6^{2-}} \tag{28.3}$$

이 탈색 작용은 플루오르화 이온 농도의 함수이며, 이 농도에 정비례한다. 즉, Beer의 법칙이 역으로 만족된다. 비색은 육안 또는 광도측정법으로 할 수 있다. 온도와 시간은 중요한 변수이므로 분석할 때마다 매번 비색을 위한 표준 시료를 만들어야 한다. 광도측정법을 이용하는 경우에는 보정 곡선을 만들 때 사용한 것과 같은 접촉 시간과 온도를 유지하도록 하여야 한다. 광도측정법을 이용할 때도 최소한 한 개 이상의 표준 시료를 시료와 함께 측정하도록 한다.

SPANDS법은 현재 유용하게 사용되고 있는 비색법이다. 플루오르화 이온과 반응 혼합물에 산을 과잉으로 넣어 주었을 때 생겨나는 지르코늄 이온이 거의 순간적인 반응속도로 반응을 한다. 그러므로 이 방법에서는 시료와 시약을 혼합한 후 즉시 측정을 할 수 있다. 조건을 약간 바꾼 변법이 개발되어 있으며, 알리자린 물감을 이용할 때보다 SPANDS 물감을 사용할 때 방해작용을 덜 받게 된다. 알리자린 물감 방법은 분석 시료가 많은 경우 자동화 비색법을 사용할 때 자주 쓰인다.

28.4 플루오르화물 자료의 용도

상수 속의 플루오르화물이 공중보건상 중요한 것으로 밝혀지면서 플루오르화물의 측정은 더욱 대단히 중요해지고 있다. 충치예방을 위해 플루오르화물을 적정수준으로 첨가해야 하는 경우에는 천연적으로 포함되어 있는 플루오르화물의 양을 알아야만 첨가해야 할 플루오르화물의 적절한 양을 판단할 수가 있다. 또 첨가를 하는 경우에도 적절한 양의 약품이 투입되었는지를 확인하기 위해서는 처리수에 대한 감시가 항상 이루어져야 한다. 대개는 처리장 뿐 아니라 배수관망에서도 시료를 채취한다.

천연적인 플루오르화물 함량이 U.S. EPA가 추천하고 있는 상한값을 초과하는 지역에서는 물의 플루오르화물의 함량을 측정하여 수원으로의 개발이 적절한가를 판단할 수 있다. 현재 플루오르화물에 대한 MCL은 뼈의 플루오르 중독을 막기 위하여 4 mg/L로 정해져 있다. 또한 강제성이 없는 2차 MCL은 반상치를 막기 위하여 2 mg/L로 정해져 있다. 장치의 규모와 설계는 플루오르화물의 함량에 따라서 결정될 것이다. 플루오르화물의 측정은 또한 제거 장치를 개선하려 할 때도 판단의 기준으로 이용된다.

연습문제

28. 1 상수처리에서 엔지니어가 플루오르화물의 측정을 필요로 하는 세 가지 경우를 설명하여라.

28. 2 (a) 급수시설에서 과도한 불소가 검출되었을 때 문제점은 무엇인가?
(b) 불소가 없을 경우에는 어떠한 문제가 야기될 수 있는가?

28. 3 불소를 분석하기 위해 이용될 수 있는 방법은 무엇인가?

28. 4 과다한 플루오르화물 함량을 가진 음용수에서 플루오르화물을 제거하는 방법을 설명하여라.

28. 5 방해 이온들로부터 플루오르화물 이온을 분리하기 위한 증류 과정에 앞서 시료를 산성화하는 목적은 무엇인가?

28. 6 전극법 및 이온 크로마토그래프법으로 플루오르화물을 측정할 때 어떤 주의사항이 지켜져야 하는가?

28. 7 비색법에 의한 측정에 있어 플루오르화물과 다른 물질에 대한 발색의 차이점은 무엇인가?

CHAPTER 29

황산염

|29.1| 개 요

황산 이온은 자연수 속에 들어 있는 주요 음이온의 하나다. 황산 이온이 과다하게 포함된 수돗물을 마시면 설사를 일으키게 되므로 공설급수에서 중요하게 다루어진다. 이 때문에 EPA에서는 음용수의 경우 상한값을 250 mg/L 로 권장하고 있다. 황산염은 공설급수에서 뿐만 아니라, 산업용수에서도 이것이 상당한 양 포함된 물을 사용하는 경우 보일러와 열교환기에 물때(scale)를 생성하므로 중요하다.

황산염은 폐수의 취급과 처리에서 생겨나는 두 가지 심각한 문제에 대한 간접적인 원인이 되므로 자주 큰 관심을 끌고 있다. 다음 반응식에 나타낸 바와 같이 황산이온이 혐기성 상태에서 환원되어 생성되는 황화 수소에 의한 악취 문제와 하수관의 부식문제이다.

$$SO_4^{2-} + \text{유기물질} \xrightarrow{\text{혐기성 세균}} S^{2-} + H_2O + CO_2 \tag{29.1}$$

$$S^{2-} + 2H^+ \rightleftharpoons HS^- \tag{29.2}$$

$$HS^- + H^+ \rightleftharpoons H_2S \tag{29.3}$$

이와 같은 변환을 이해하기 위해서는 그림 29.1의 황 순환(sulfur cycle)에 대한 지식이 필수적이다.

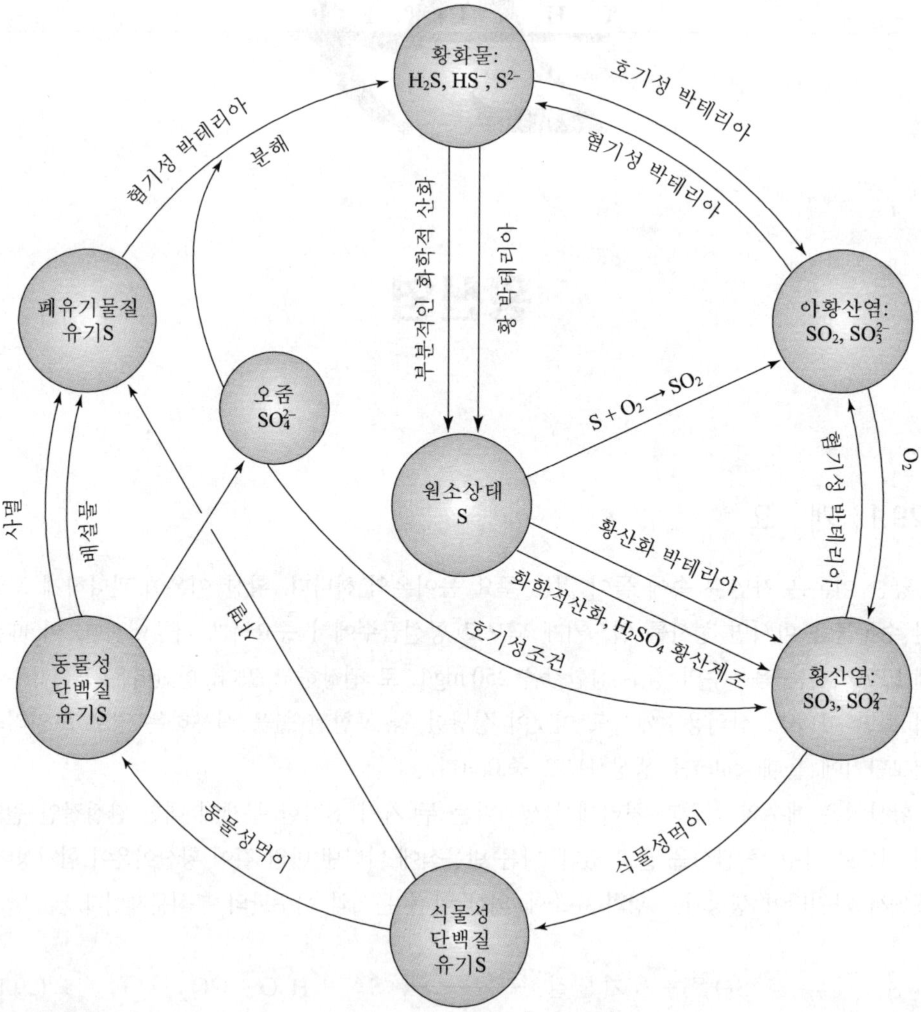

그림 29.1 황 순환(sulfur cycle)

악취문제

용존 산소와 질산염이 존재하지 않을 때는 황산이온이 혐기성 박테리아에 의하여 일어나는 생화학적 산화반응을 위한 산소원(더 정확하게는 전자 수용체)으로 쓰인다. 혐기성 상태에서 황산 이온은 황화 이온(sulfide ion)으로 환원되며, 황화 이온은 일차 이온화 상수, $K_{A1} = 9.1 \times 10^{-8}$이고 $K_{A2} = 1.3 \times 10^{-13}$인 황화 수소를 생성하여 평형을 이룬다. 그림 29.2에 10^{-3}M 용액의 여러 가지 pH에서의 H_2S, HS^- 및 S^{2-}들 사이의 평형 관계를 나타내었다. pH 8 이상에서는 용액 속에 들어 있는 대부분의 황이 환원된 형태인 HS^-와 S^{2-} 이온으로 되며, 자유 H_2S의 양은 매우 작아서 그 부분 압력이 무시할 수 있을 정도로 낮으므로 악취 문제가 생겨나지 않는다. pH 8 이하에서는 평형의 위치가 이온화하지 않은 H_2S가 생성되는 방향으로 빠르게 이동하며, pH 7에서는 약 80%가 H_2S로 존재한다. 이와 같은 상태에서는 황산이온이 환원되어 상당한 양의 황화 이온이 생성되면 황화 수소의 부분압력이 충분히 커지게 되고 심각한 악취 문제를 일으킨다. 대기중 농도가 20 ppm 이상이면 독성이 있기 때문에 피해야 한다.

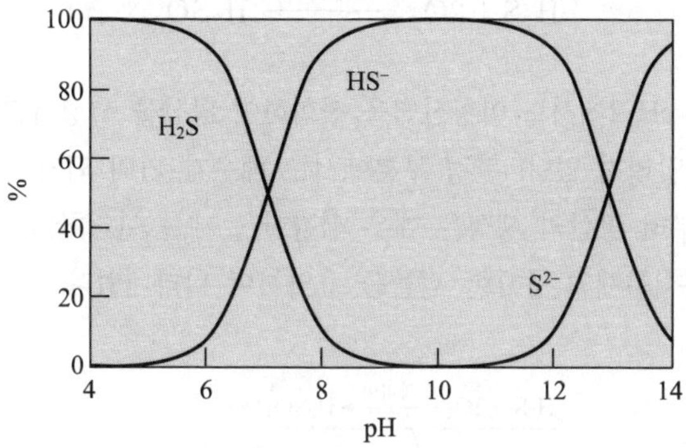

⇧ 그림 29.2 황화 수소의 평형에 미치는 pH의 영향

하수관의 부식

미국의 많은 지역 특히 남부지역 주에서 가정하수의 온도가 높고, 하수관에서의 체류시간이 길며, 황산염 농도가 높은 경우에 콘크리트 하수관에 "관정" 부식(crown corrosion)이 중대한 문제로 되고 있다. 이 같은 문제들은 항상 황산 이온이 환원될 때 생성되는 황화 수소와 관련되어 나타나며, 이 황화 수소가 부식을 일으킬 때도 자주 있다. 실제로, H_2S 또는 이것의 수용액인 황화 수소산(hydrosulfuric acid)은 탄산(carbonic acid)에 비하여 약한 산이며, 양질의 콘크리트에는 거의 영향을 미치지 못한다. 그러나 중력식 하수관에서는 관정 부식이 일어나며, 황화 수소가 그 간접적인 원인이 되고 있다.

중력식 하수관 내에서는 폐수 중 황화물의 생물학적 변화에 적합한 특이한 환경이 형성된다. 하수관은 그 수송과정에서 계속하여 생물학적 반응이 일어나고 있는 처리 시스템의 한 부분이다. 이 반응에는 산소가 필요며, 만일 하수관 속에 들어 있는 공기로부터 자연적인 재폭기에 의해 충분한 양이 공급되지 않을 때는 황산이온이 환원되어 황화 이온을 생성하게 된다. 일반적인 가정하수의 pH에서는 황화물의 대부분이 황화 수소로 전화되며, 그 중 일부는 폐수 위의 대기 중으로 날아간다. 하수관이 통풍이 잘되고, 벽과 크라운이 건조된 상태에 있을 때는 아무런 피해를 주지 않는다. 그러나 통풍이 잘되지 않으면, 수분이 벽과 관정에 모여지게 되고 황화 수소가 하수관내 대기 중의 부분 압력에 따라 이 물에 녹아 들어간다. 그러나 이런 것으로는 피해를 입히지 않는다.

황화 수소를 황산으로 산화시킬 수 있는 박테리아는 자연의 어느 곳에나 있으며, 가정하수 속에도 항상 존재한다. 하수관 속으로 폐수가 꽉 차서 흐를 때 또는 다른 어떤 방식으로 이러한 미생물의 일부가 하수관의 벽과 관정에 쉽게 부착될 수 있다. 하수관 속 폐수의 윗 부분은 대체로 호기성 상태일 때가 많으므로 이 박테리아들이 황화 수소를 황산으로 산화하며, 이 센 산이 콘크리트를 부식하다.

$$H_2S + 2O_2 \xrightarrow{\text{박테리아}} H_2SO_4 \tag{29.4}$$

Thiobacillus 균은 pH 2에서도 아황산염을 산화하여 황산을 생성시킬 수 있어 이와 같은 문제를 일으킨다고 알려져 있다. 관정 부분에서는 배수가 거의 되지 않기 때문에 이 부분에서 아황산염으로부터 황산의 생성은 매우 심각한 문제를 야기한다. 그림 29.3에 하수관망에서의 악취와 부식문제의 중요한 점들을 요약하여 나타내었다.

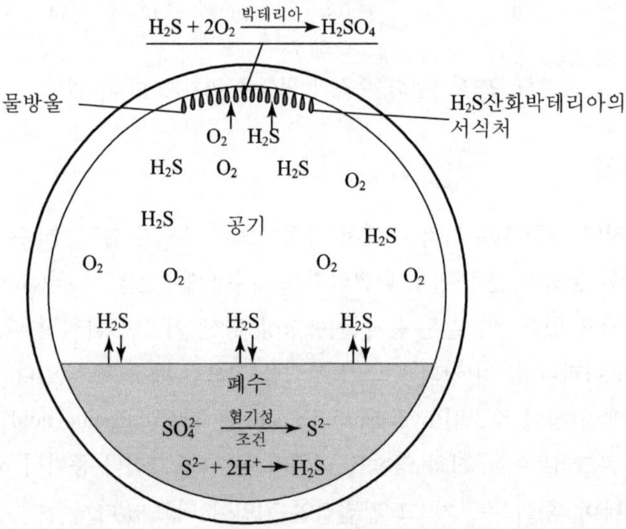

⇧ **그림 29.3** 하수관 내에서 황화 수소의 생성과 황화 수소의 산화로 생성된 황산에 의한 크라운 부식(관정부식)

기타 관심사항

폐기된 석탄 광산 및 개발 후 폐기된 광물의 퇴적물로부터 배수된 물이 방류되는 지역의 물은 pH가 낮을 뿐 아니라 황산염의 농도 역시 높을 수 있다. 무기성 아황산염은 미생물과 화학적인 반응에 의하여 황산으로 산화된다.

$$2FeS_2(\text{pyrite}) + 7O_2 + 2H_2O \xrightarrow{\text{bacteria}} 2Fe(\text{II}) + 4SO_4^{2-} + 4H^+ \tag{29.5}$$

따라서, 광산폐수가 유입되는 경우 황산염의 농도가 높아질 뿐만 아니라 pH가 낮아지고 철의 농도도 높아져 수질을 악화시킨다. 이와 같은 이유에서 광산의 표토를 교체하거나 광산을 폐광할 때에는 위에 언급한 반응을 유도시키는 산소 및 물의 유입을 차단하도록 주의하여야 한다.

화석연료의 연소시 발생하는 기체상 황산화물은 빗물과 결합하여 황산으로 변한다. 그 결과 발생하는 산성비 대하여는 17.3절에 설명되어 있다.

|29.2| 분석 방법

황산염의 측정방법에는 크게 다섯 가지의 표준 분석법이 있다. 12.4절에 언급한 이온 크로마토그래피법과 모세관 이온 전기영동법은 가장 좋은 방법들로 0.1 mg/L의 낮은 농도까지 측정이 가능하다. 다른 세 가지 방법은 다음에 기술한 것과 같이 첨가된 과잉 염화 바륨으로부터 비용해성 황산 바륨을 생성하는 것을 이용한다. 따라서 세 가지 측정법의 차이는 형성된 침전물의 무게를 구하는 방법이다. 비탁법(turbidimetric method)은 침전물이 빛이 통과를 간섭하는 성질을 이용한다. 메틸티몰 블루(methylthymol blue)법은 첨가된 바륨 중 황산염과 결합한 바륨의 양을 계산하기 위하여 과잉 바륨의 양을 비색법으로 측정한다. 분석 방법의 선택은 측정 결과의 용도와 시료 중 황산이온의 농도에 따라 결정된다. 다음에 황산 바륨의 형성을 이용하는 세 가지 측정 방법에 대하여 설명하였다.

무게 분석법

무게 분석법(gravimetric method)은 가장 정확한 결과를 얻을 수 있으며, 바륨 첨가 분석법 세 가지 중 10 mg/L 이상의 황산이온 농도에 적합한 표준 분석법이다. 앞서 지적하였듯이 이 방법에서는 바륨 이온(barium ion)을 황산염과 반응시켜 아주 조금밖에 녹지 않는 황산 바륨이 생성되도록 하여 정량한다.

$$Ba^{2+} + SO_4^{2-} \rightarrow BaSO_4(s) \tag{29.6}$$

염산으로 산성화시킨 시료수에 염화 바륨(barium chloride)을 약간 과잉으로 넣고, 끓는점 가까이까지 가열하면 침전물이 생성된다. 시료를 산성화하여, 알칼리성이 높은 물에서 끓는점 가까이로 가열할 때 생기기 쉬운 $BaCO_3(s)$의 침전이 생성될 가능성을 없앤다. 염화 바륨을 과잉으로 사용하여 황산염을 완전히 침전시킬 수 있는 공통이온이 생성되도록 한다.

황산 바륨은 불용성(不溶性)이 크므로($K_{sp} = 1 \times 10^{-10}$), 침전물의 대부분이 콜로이드 형태로 되려는 경향이 커서 보통의 여과 방법으로는 분리할 수 없다. 시료를 끓는점에 가까운 온도에서 2~3시간 동안 소화(digestion)시키면 3.6절에서 설명 한 원리에 따라 콜로이드가 결정상태로 바뀌게 되고, 여과하여 분리해 낼 수 있게 된다. 황산 바륨의 결정은 대개 아주 작아서, 특수한 여과지(황산염 측정용)를 사용해야 한다. 모든 결정들이 확실히 여과지에 걸리도록 세심한 주의를 기울여야 하며, 여분의 염화 바륨과 기타의 염들을 충분히 씻어 내어 완전히 제거하여야 한다. 이 방법은 황산염을 대단히 정확하게 측정할 수는 있으나, 시간이 많이 소요되는 것이 큰 단점이다. 침전된 황산 바륨만의 무게는 여과후 여과지를 소각시킨 후 측정하거나 침전물과 여과지의 무게를 함께 측정한 후 미리 측정한 여과지의 무게를 빼 줌으로써 계산할 수 있다.

비탁법

황산염의 비탁법 측정에서는 시료에 염화 바륨을 첨가한 후 형성된 황산 바륨의 콜로이드 형태의 황산 바륨 침전물이 생성되는 경향이 염화 마그네슘, 질산 칼륨, 아세트산 소듐, 그리고 아세트산 등을 포함한 산성 완충 용액 속에서 더욱 증가되는 현상을 이용한다. 황산 바륨의 콜로이드 현탁액이 생성되는 과정을 표준화하면, 여러 가지 용도에 적합한 정량적인 분석결과를 얻을 수 있다. 이 방법으로는 매우 빠르게 분석할 수 있고 황산이온 농도가 10 mg/L를 훨씬 넘는 시료도 소량을 취하여 권장하는 시료 크기인 50 mL로 희석하여 분석할 수 있으므로 널리 이용되고 있다. 이 측정법에는 여러 가지 변수들이 도입되므로, 보정 곡선을 만들 때 사용한 조건과 분석 조건을 비교 확인할 수 있도록 시료 각 세트(set)마다 최소한 한 대의 황산염 표준 시료를 포함시켜 분석하는 것이 좋다.

자동화 메틸티몰블루법

시료의 분석량이 많은 경우에는 자동화된 분석법이 매우 효율적이다. 자동화 분석법에 사용되는 연속흐름 분석기기에서는 시료의 흐름 속에 화학약품이 자동적으로 투입 및 교반된다. 그 다음 화학적인 반응을 위한 표준 시간이 경과한 후, 색도나 탁도를 측정하기 위한 셀(cell)에 시료를 유입시킨다. 황산염의 자동화 측정법에서는 먼저 염화 바륨이 낮은 pH의 시료에 자동적으로 투입되어 황산 바륨 침전물을 형성한다. 이후 시료의 pH는 10으로 조정된다. 그 다음 메틸티몰블루 시약을 첨가하여 과잉 바륨과 결합시켜 푸른색 킬레이트를 형성하게 한다. 착물을 형성하지 않은 잔류 메틸티몰블루는 회색빛을 띠며, 이를 자동적으로 측정하여 시료 속에 포함된 황산염의 농도를 계산한다. 이 방법을 사용할 때 기기는 반드시 표준 황산 이온 용액으로 검정하여야 하며, 화학약품의 첨가도 정확하여야 하고, 간섭물질이 존재하여도 안 된다. 이에 대한 검사는 앞서 언급한 자동화 분석과정의 순서를 그대로 따라 수행하면 된다.

|29.3| 황산염 자료의 용도

자연수중 황산염 함량은 그것이 공설급소와 산업용수로서 적합한지를 판단하는 데 이용되는 중요한 검토사항의 하나이다. 폐수의 황산염 함량은 그것이 황화 수소로 환원될 때 생겨날 수 있는 문제의 정도를 판단하는 중요한 인자이다. 슬러지와 산업폐기물의 혐기성 소화에서, 황산염은 황화 수소와 환원되며, 메탄과 이산화 탄소와 함께 발산(發散)된다. 이 기체가 가스 엔진(gas engine)에 사용되는 것이면 황화 수소의 함량이 부피로 750 ppm을 초과해서는 안 된다. 소화조에 공급하는 슬러지나 폐기물의 황산염 함량을 알면, 생성되는 기체 중의 황화 수소 함량을 계산해 낼 수 있다. 또 이 자료를 이용하여, 황화수소를 제거할 필요성 유무를 판단할 수 있고, 제거를 위해 기체 세정시설(scrubbing facility)을 설치해야 할 경우 소요되는 장치의 크기를 설계할 수 있다.

혐기성 처리공정에서 황산염의 농도는 매우 중요하다. 고농도의 황산염이 함유된 유기성 폐수를 혐기성 처리하는 공정에서 황산염 환원 박테리아는 메탄생성 미생물 만큼이나 중요하며, 처리과정에 생성된 황화물은 메탄생성 미생물에 독성작용을 끼치게 된다. 그러므로 황산염은 메탄생성 공정에서 극히 악영향을 끼칠 수 있으며, 지하수가 트라이클로에텐이나 테트라클로로에텐과 같이 염소화된 유기용매에 오염되었을 때 지하수에 황산염이 높은 농도로 존재하면 혐기성 분해과정에 의해 유기물이 분해되는 것을 방해하게 된다.

많은 유기화합물들이 황산염, 설폰산염(sulfonate) 및 황화물의 형태로 황을 포함하고 있다. 이러한 폐기물들이 호기성으로 처리되는 동안, 분해 또는 이화작용(dissimilation)에 의해 탄소에 결합된 황이 황산 이온으로 방출된다.

연습문제

29. 1 황산염 농도가 높은 수돗물과 배출 폐수의 영향을 설명하여라.

29. 2 하수관의 "크라운" 부식이 일어나는 데 동시에 필요한 세 가지 조건을 설명하여라.

29. 3 황산염을 분석하기 위해 이용될 수 있는 측정방법은?

29. 4 황산염 농도를 무게법 정량(gravimetric determination)으로 정확히 측정하기 위하여 취해야 할 세 가지 주의사항을 설명하여라.

29. 5 황산이온의 무게 분석(gravimetric analysis)에서 시료를 소화하는 목적은 무엇인가?

29. 6 무게 분석법에 의한 황산 이온 농도의 측정에서, 400 mL의 시료로부터 0.0360 g의 $BaSO_4$를 얻었다. 이 시료 중의 황산 이온은 몇 mg/L인가?

29. 7 비탁법(turbidimetric method)에 의해 황산이온의 농도를 분석할 때, 매번 꼭같은 과정이 적용되어야 하는 이유를 설명하여라.

29. 8 비탁법에 의한 황산이온 농도의 측정에서 조절계(conditioning reagent)를 사용하는 두 가지 목적을 설명하여라.

29. 9 메틸티몰블루법으로 황산염을 분석할 때 시료에서 황산염 농도가 증가됨에 따라 발색 정도가 감소되는 원인은 무엇인가?

29.10 평형 관계를 이용하여, 다음과 같은 pH에서의 H_2S, HS^- 및 S^{2-} 형태 황화물의 상대적인 비를 계산하여라.

(a) pH 6.0 (b) pH 7.5 (c) pH 10.0

29.11 혐기성 폐수처리 공정을 운영하는 과정에서 폐수의 황산염 함량에 관심을 기울이는 이유를 설명하시오.

참고문헌

Clesceri, L. S., A. E. Greenberg, and A. D. Eaton (eds.): "Standard Methods for the Examination of Water and Wastewater," 20th ed., American Public Health Association, Washington, DC, 1998.

CHAPTER 30

인과 인산염

|30.1| 개 요

인산염(phosphate)의 측정은 환경공학이나 환경과학 분야의 여러 현상에 미치는 인 화합물들의 영향이 여러 가지로 확인됨에 따라 그 중요성이 빠르게 증대되고 있다. 공학적으로는 인산염 또는 보통 다중 인산염(polyphosphate)이나 축합 다중 인산염(condensed polyphosphate)으로 불리는 인산염의 무수물 형태(dehydrated form) 화합물인 무기인 화합물들만이 중요하다. 유기인 화합물들은 대체로 덜 중요하다.

상 수

다중 인산염은 일부 공설급수에서 부식 방지제로 이용되며, 또 일부 단물화된 물(softened water)에서 재탄산화(recarbonation)하지 않고 탄산 칼슘을 안정화시키는 데도 사용된다.

모든 지표수원에는 작은 수중생물들이 살고 있다. 이중 물속을 자유롭게 떠돌아다니는 생물을 플랑크톤이라고 하며, 환경공학에서 대단히 중요한 생물이다. 플랑크톤에는 동물인 동물성 플랑크톤(zooplankton)과 식물인 식물성 플랑크톤(phytoplankton)이 있다. 식물성 플랑크톤은 클로로필을 가진 생물들인 조류(藻類 및 cyanobacteria)이며, 그 생장은 물속 영양원소인 질소나 인의 양에 크게 영향을 받는다. 연구에 의하면 조류 및 cyanobacteria의 생장에는 질소와 인이 필수성분이며, 대체로 이 원소들 양의 한계가 성장속도의 조절 인자로 된다. 질소와 인이 풍부한 곳에서는 수화 현상(水華 現象, algal blooming)이 일어나며, 이것은 공해를 일으키는 원인으로 된다. 경험에 의하면 이러한 수화는 질소 또는 인 그리고 둘 다의 양이 아주 적을 때는 나타나지 않는다. 여름철의 생장조건에 필요한 무기인의 한계수준은 약 0.005 mg/L, 즉 5 μg/L 정도인 것으로 알려져 있다.

폐수처리

가정하수에는 인 화합물들이 비교적 많이 들어 있다. 합성세제가 개발되기 이전에는 무기인 함량은 대개 2~3 mg/L 정도, 그리고 유기는 화합물은 0.5~1.0 mg/L이었다. 무기인의 대부분은 사람의 배설물인 오줌에 섞여 나오는 단백질의 분해산물 중의 인산염이다. 방출되는 인의 양은 섭취한 단백질 양과 함수관계를 나타내며, 미국인의 경우 한 사람당 평균 배출량은 약 1.5g/day이다.[1)]

대부분의 가정용 강력 합성세제에는 "증강제"(builder)로 다량의 다중 인산염이 포함되어 있다. 대부분 12~13%의 인, 즉 다중 인산염을 50% 이상 포함하고 있다. 이 물질들이 비누 대용으로 사용되면서 가정하수의 인 함량이 크게 증가되었다. 인산염을 주 구성성분으로 하는 합성세제의 사용을 법령으로 제한하지 않았다면 다중 인산염의 합성세제 제조업체들의 매상고로 미루어 현재의 가정하수에는 두 배 내지 세 배의 무기인을 포함하게 되었을 것이다.

폐수의 생물학적 처리공정에 관여하는 모든 생물들은 증식과 새로운 세포조직의 합성에 인을 필요로 한다. 가정하수에서는 들어있는 한정된 양의 유기물질을 안정화시키는 데 필요한 양보다 훨씬 많은 양의 인을 포함한다. 이와 같은 사실은 생물학적 처리장으로부터의 유출수에 많은 양의 인이 포함되는 것으로부터 알 수 있다. 그러나 대부분의 공장폐수에는 처리에 이용되는 미생물의 최적 생장에 필요한 인의 양이 충분히 들어 있지 않다. 이런 경우에는 무기인을 첨가하여 부족한 양을 보충해 주어야 한다.

슬러지의 비료 가치

폐수처리에서의 큰 문제 중의 하나는 호기성처리 및 혐기성처리에서 남게 되는 슬러지의 처분이다. 모든 슬러지에는 상당한 양의 질소와 인이 포함되어 있으므로 비료로서의 가치가 있다. 소화 슬러지의 총인(total phosphorus) 함량은 보통 약 1%이며 가열 건조한 활성 슬러지에는 약 1.5%가 포함되어 있다.

보일러 용수

화력발전소에서는 보일러의 스케일을 방지하는 데 인 화합물을 널리 사용하고 있다. 복합 인산염을 사용하면 이들은 높은 온도에서 오쏘인산염으로 빠르게 가수 분해된다. 오쏘인산염을 측정하여 인산염 농도의 수준을 조절한다.

---

1) C. N. Sawyer, Factors Involved in Disposal of Sewage Effluents to Lakes, *Sewage and Ind. Wastes*, **26** : 317 (1954).

30.2 중요한 인 화합물들

환경공학 분야에서는 여러 가지 다양한 인화합물들을 다루게 된다. 다음 표 30.1에 가장 중요한 것들을 수록하였다.

표 30.1 환경공학에서 중요한 인 화합물들

이 름	화학식
Orthophosphates(오쏘인산염) :	
Trisodium phosphate	Na_3PO_4
Disodium phosphate	Na_2HPO_4
Monosodium phosphate	NaH_2PO_4
Diammonium phosphate	$(NH_4)_2HPO_4$
Polyphosphates(다중 인산염) :	
Sodium hexametaphosphate	$Na_3(PO_3)_6$
Sodium tripolyphosphate	$Na_5P_3O_{10}$
Tetrasodium pyrophosphate	$Na_4P_2O_7$

다중 인산염(인산 무수물)은 모두 수용액 속에서 천천히 가수분해되어 본래의 오쏘형태로 되돌아간다.

$$Na_4P_2O_7 + H_2O \rightarrow 2Na_2HPO_4 \tag{30.1}$$

가수분해속도는 온도의 함수로, 온도가 끓는점에 가까워짐에 따라 빠르게 증가한다. 이 속도는 또 낮은 pH에서 증가하며, 복합 인산염(complex phosphate)의 측정을 위한 시료의 조제에서도 이 현상을 이용한다. 복합 인산염의 가수분해는 박테리아 효소에 의해서도 영향을 받는다. 순수한 물속에서는 가수분해의 속도가 대단히 느리지만, 폐수 속에서는 빠르다. 실험 연구에 의하면 피로인산염(pyrophosphate)은 일부 물속에서는 삼인산염(tripolyphosphate)보다 빠르게 가수분해되나, 더 느린 경우도 있다. 다중 인산염이 오쏘인산염으로 완전히 전환되기까지는 몇 시간에서 며칠이 걸릴 수 있으며 특히 낮은 온도 또는 높은 pH에서 그렇다.

이와 같은 고찰로부터 인 또는 인산염의 측정에서 총무기인의 정확한 측정값을 얻으려면 다중 인산염을 측정하는 분석방법이 적용되어야 하는 것을 알 수 있다.

30.3 인 또는 인산염의 측정 방법

엔지니어에게는 오쏘인산염, 다중 인산염 및 유기인의 함량이 중요한 때가 자주 있다. 다행히 오쏘인산염은 분석에 사용하는 조건의 pH, 시간과 온도에서 안정하여 다중 인산염으로부터의 방해를 거의 받지 않고 측정할 수 있다. 다중 인산염과 유기인 화합물은 오쏘인산염으로 전환시켜 측정한다.

오쏘인산염

오쏘인산염(orthophosphate : H_3PO_4, $H_2PO_4^-$, HPO_4^{2-}, PO_4^{3-})의 인은 무게법, 부피 분석법 또는 비색법에 의하여 정량적으로 측정할 수 있다. 무게 분석법은 대량의 인이 존재하는 경우에 이용된다. 그러나 통상적인 산업 현장에서도 이와 같은 경우는 나타나지 않는다. 부피 분석법은 인산염의 농도가 50 mg/L 이상일 때 적용할 수 있으나, 이와 같은 농도는 보일러 용수와 소화조 상층액을 제외하고는 나타나는 일이 거의 없다. 이 방법은 침전의 생성, 여과, 조심스러운 침전의 세정 그리고 적정의 순서로 이루어지는 데 시간이 많이 소요된다. 용수 및 폐수에 대한 표준 방법은 정확도는 약간 떨어지기는 하지만 비색법을 이용하고 있다.

오쏘인산염의 측정에는 세 가지 비색법이 이용되고 있다. 기본 원리는 모두 같으며, 최종 단계인 발색에 사용하는 시약의 특성이 다르다. 기본적인 화학반응은 다음과 같다. 즉, 인산 이온이 몰리브덴산 암모늄(ammonium molybdate)과 산성 조건에서 반응하여 몰리브도인산(molybdophsphate) 착화합물을 생성한다.

$$PO_4^{3-} + 12(NH_4)_2MoO_4 + 24H^+ \rightarrow$$
$$(NH_4)_3PO_4 \cdot 12MoO_3 + 21NH_4^+ + 12H_2O \tag{30.2}$$

많은 양의 인산염이 존재할 때는 포스포몰리브덴산 염이 황색 침전을 형성하게 되므로 여과하여 부피정량 분석에 사용할 수 있다. 인산염 농도가 낮을 때는 황색의 콜로이드 졸(sol)이 생성되며, 중간 정도의 농도에 알맞은 비색 정량 분석법을 이용한다. 물 분석에서는 흔히 나타나는 범위인 30 mg/L 이하의 인산염 농도에 대하여는 콜로이드 졸의 황색을 분별할 수가 없으므로, 다른 방법으로 발색시켜야 한다. 변법 중의 하나인 바나듐(vanadium)을 첨가하는 방법은 바나도몰리브도 인산(vanadomolybdophosphoric acid) 착물을 생성시킴으로써 더 짙은 황색을 얻을 수 있어 mg/L 이하의 낮은 농도의 인을 분석할 수 있게 된다.

포스포몰리브덴산 암모늄에 포함되어 있는 몰리브덴(molybdenum)도 쉽게 환원되어 인산염의 양에 비례하여 청색의 졸을 생성한다. 여분의 몰리브덴산 암모늄은 환원되지 않으므로 분석을 방해하지 않는다. 환원제로는 아스코르빈산(ascorbic acid) 또는 염화 제일주석(stannous chloride)을 사용한다. 생성된 이 착색 화합물은 몰리브덴 블루(molybdenum blue) 또는 헤테로폴리 블루라고 부른다. 환원제로 염화 제일주석을 사용할 때의 화학반응은 다음과 같이 정성적(定性的)으로 나타낼 수 있다.

$$(NH_4)_3PO_4 \cdot 12MoO_3 + Sn^{2+} \rightarrow (\text{몰리브덴 블루}) + Sn^{4+} \tag{30.3}$$

염화 제일주석을 사용하여 분석하는 과정에서 시료에 과다한 방해물질이 존재할 경우에는 추출과정을 이용하면 감도가 증가되고 또 정확한 결과를 얻을 수 있다. 이때는 염화 제일주석을 넣기 전에 벤젠-아이소뷰탄올 용매로 시료의 포스포몰리브덴산염을 추출한다.

다중 인산염

다중 인산염은 황산으로 산성화시킨 시료를 최소 90분 동안 끓이면 오쏘인산염으로 전환된다. 20psi의 고압솥(autoclave) 속에서 가열하면 빠르게 가수 분해된다. 가수 분해를 빠르게 하기 위해 가한 여분의 산은 몰리브덴산 암모늄 용액을 넣기 전에 먼저 반드시 중화(中和)시켜야 한다. 다중 인산염으로부터 생성시킨 오쏘인산염은 본래의 시료 속에 들어있던 오쏘인산염과 함께 측정되며, 측정 방법은 오쏘인산염에서 설명한 세 가지 중의 하나를 이용한다. 다중 인산염의 양은 다음과 같이 계산하여 구한다.

$$\text{총무기인산염} - \text{오쏘인산염} = \text{다중 인산염} \tag{30.4}$$

유기인

산업폐기물이나 슬러지 중의 유기인 함량을 측정해야 할 때가 자주 있다. 이 분석에서는 유기물을 분해하여 인이 인산 이온으로 방출되도록 하는 방법을 이용한다. 유기물은 "Standard Methods"에 수록되어 있는 세 가지의 습식 산화(wet oxidation) 또는 소화(digestion)방법 중의 어느 하나를 이용하여 분해한다. 산화제로는 과염소산(perchloric acid), 황산-질산 또는 과황산염(persulfate)이 사용된다. 과염소산은 가장 격렬한 산화제이지만 사용하기가 가장 위험한 물질이다. 폭발에 의한 피해를 입지 않도록 특수한 후드(hood)에서 소화를 해야 하며, 약품을 가할 때 특히 주의해야 한다. 그러므로 과염소산 소화 방법은 이 방법이 꼭 필요한 경우에만 경험이 있는 분석자들에 의해서 수행되어야 한다. 과황산염 소화법은 얻어진 결과가 잘 맞는지 경험적으로 확인된 경우에 사용한다.

소화가 끝난 다음의 인 분석은 오쏘인산염에서와 같은 방법으로 한다. 유기인 분석에서는 인의 모든 형태(총인)가 측정되므로, 다음과 같이 계산하여 유기인의 양을 구한다.

$$\text{총인(total P)} - \text{무기인(inorganic-P)} = \text{유기인(Org-P)} \quad (30.5)$$

30.4 인 자료 용도

인 자료는 생명의 유지에 필수적인 인자로서의 중요성이 인식됨에 따라 환경공학 분야에서도 더욱 중요해지고 있다. 과거에는 이 자료가 급수 및 배수관의 부식 방지와 보일러의 물때(scale)방지를 위한 인산염의 투여량을 조절하기 위한 용도로 주로 사용되었다. 인의 측정 결과는 지표수의 생물학적 생산성을 평가하는 데 대단히 중요하며, 많은 지역에서 유입 수역, 특히 호수와 저수지로 배출되는 인의 양을 제한하고 있다. 인의 측정은 많은 지역에서 폐수처리장의 운전과 하천오염에 대한 연구를 위해 정기적으로 시행하고 있다. 생물학적 폐수처리법에서는 인이 영양소로 중요하므로 여러 가지 산업폐기물에 대해서 그리고 폐수처리장의 운전 중에 반드시 인을 측정한다.

연습문제

30. 1 다중 인산염의 용도를 설명하시오.

30. 2 방류 수역에서 인산염의 배출량을 규제하는 이유를 설명하시오.

30. 3 산업폐수를 생물학적으로 처리하는 공정에서 때때로 인을 첨가하는 이유를 설명하시오.

30. 4 오쏘인산염을 측정하는 데 이용될 수 있는 분석방법은?

30. 5 오쏘인산염, 다중 인산염과 유기인들 사이의 차이점을 설명하여라. 비색정량 분석에서는 어느 형태의 인이 사용되는가?

30. 6 인 분석에서는 인의 세 가지 형태들 사이의 구별을 어떻게 하는가?

30. 7 일반적으로 사용되는 다중 인산염의 형태는?

30. 8 가정하수를 시료로 하여 분석할 때, 박테리아의 작용을 방지하기 위하여 시료를 산성화시키고 수일 동안 저장해 두었다가 분석한 오쏘인산염의 함량은 본래의 시료 속에 들어있던 양보다 높아지겠는가? 낮아지겠는가? 같아지겠는가?

참고문헌

Clesceri, L. S., A. E. Greenberg, and A. D. Eaton (eds.): Standard Methods for the Examination of Water and Wastewater, 20th ed., American Public Health Association, Washington, DC, 1998.

CHAPTER 31

기름과 그리스

|31.1| 개 요

가정하수와 산업폐기물 및 슬러지의 기름(oil) 및 그리스(grease) 함량은 이와 같은 물질들의 최종처분을 위한 취급과 처리에서 중요한 검토사항이 된다. 기름 및 그리스는 물에 대한 용해도가 매우 작고 액체상(aqueous phase)으로부터 분리되려는 경향이 있어서 특별한 관심을 끌고 있다. 비록 이와 같은 특성이 부상분리 장치를 이용하여 기름 및 그리스를 분리하는 데 유용하기는 하나, 폐수를 관을 통해 이송하려 할 때 복잡한 문제를 일으키며, 생물학적 처리장치를 훼손하고, 유입 수역(receiving waters)에 배출될 때 곤란한 문제를 일으키게 된다.

정육업의 폐수, 특히 양과 소의 도살장에서 나오는 고체지방이 포함된 폐수는 하수관의 배수용량을 크게 떨어뜨린다. 이러한 경험과 처리 및 최종처분과 관련한 기타의 요인들 때문에 그리스성 물질을 하수관망이나 유입수역에 배출하는 것을 법적으로 규제하고있으며, 많은 산업체들에게 이 폐수를 배출하기 앞서 기름 및 그리스를 회수하는 일차 처리시설을 하도록 의무화하고 있다.

폐수처리에서도 기름 및 그리스는 여러 가지 문제를 일으킨다. 기름 및 그리스를 스캐빈져(scavenger)로 분리하여 버리거나, 소각하는 처리장은 거의 없다. 따라서 기름 및 그리스는 일차 침전조에서 스컴(scum)으로 분리되어 대개는 침강된 고형물들과 함께 처리시설로 옮겨진다. 슬러지 소화조에서는 기름 및 그리스가 분리되어 표면으로 떠오르게 되고 농후한 스컴층을 형성한다. 이것은 기름 및 그리스의 물에 대한 용해도가 대단히 낮고, 비중이 낮은 데서 기인하는 것이다. 스컴 문제는 특히 정육업과 유지(油脂)공장에서 배출되는 기름 및 그리스 함량이 높은 폐수가 공설 하수관망에 들어오게 될 때 더욱 심각해진다. 그리스 함량이 높은 슬러지는 진공 여과시에도 곤란한 문제를 일으킨다.

하수의 기름 및 그리스는 일차 침전조에서 모두 제거되지는 않는다. 상당한 양이 처리된 폐수에 남게 되고 입자가 매우 작은 에멀션(emulsion)을 형성한다. 에멀션화제(emulsifying agent)는 후속 이차 처리시설이나 유입하천에서 생물학적으로 분해되며, 이때 생성된 미세한 기름 및 그리스 입자들은 큰 입자에 뭉쳐지면서 물에서 분리된다. 활성슬러지 공정에서는 그리스가 "그리스 볼"(grease ball)로 축적되어 최종 침전조의 표면에 떠서 보기 흉한 상태로 될 때가 자주 있다. 살수여상과 활성슬러지법에서 그리스의 양이 대단히 많은 경우 생물체에 들러붙어 액체로부터 생물세포 내부로의 산소 이동을 방해하는 나쁜 영향을 미친다. 이런 현상을 "질식"작용(smothering action)이라고도 한다.

최종 침전조의 부유 그리스의 분리 현상은 고속 프로세스(high-rate process)를 사용하는 일부 처리장에서 문제된다. 이것은 에멀션화제를 파괴하지만 이때 방출되어 나오는 그리스를 충분히 흡착할 능력을 지니지 않았거나 산화시킬 만큼 미생물의 양이 충분하지 않거나 접촉시간이 짧은 데에 원인이 있다. 따라서 최종 침전조나 유입 유역 내에서와 같이 정치(靜置)된 상태에서는 그리스가 분리된다.

선박 운항과정에서 유출된 원유나 정제유로 인해 어류나 포유류, 물새 등이 피해를 입게 되고 해변가가 오염되게 된다. 원유나 정제유의 누출은 바다에서의 선박사고나 화물을 선적하기 위해 항구에 접안한 배에서 배 밑바닥에 고인 기름이 혼합된 물을 배출하는 과정에서 일어나게 된다. 자동차 등에서 도로에 누출된 기름이나 그리스는 고농도로서 비가 올 때 하수관로로 씻겨 들어가 관로를 오염시키게 되므로 해양에 환경오염물질로서 매우 중요하다. 해양에 누출된 기름이나 그리스의 발생원을 파악하기 위해서는 기름이나 그리스의 성분을 분석하는 방법이 이용된다.

|31.2| 기름과 그리스의 분석 방법

그리스는 헥세인(hexane)에 의해 수용액이나 현탁액에서 추출되어지는 다양한 형태의 유기 물질로서 탄화수소, 에스터, 기름, 지방, 왁스, 고급 지방산 등이 있으며 미끈미끈하고 폐수처리 과정에서 문제를 야기한다. 헥세인은 일반적으로 그리스 계통의 거의 모든 물질들에 대해서는 용해력이 우수하나 다른 유기물질에 대해서는 용해력이 아주 작으므로 "Standard Method"에서는 기름과 그리스 추출용매로서 헥세인을 정하고 있다. 하지만 최근에는 폭발의 위험성이 적은 CFC-113으로 알려진 1,1,2-트라이클로로-1,2,2-트라이플루오로에탄으로 대치되어 왔다. CFC-113를 포함한 모든 클로로플루오로카본(CFCs)은 용매와 냉각제로서의 성질이 우수하기 때문에 공업적으로나 상업적으로 널리 사용되어 왔으나 성층권에 있는 유익한 오존층을 파괴하는 주원인으로 알려져 상업적으로는 사용이 금지되어 있다. 그러므로 "Standard Method"에서는 분배-적외선법(partition- infrared procedure)을 제외하고는 헥세인을 사용하는 것으로 전환하였다. 헥세인을 사용하는 데 있어서 헥세인의 잠재적인 폭발위험성을 인식하여야 하며, 환경과 안전을 유지하기 위해 용매를 회수하기 위한 노력을 기울여야 한다. 헥세인 추출법은 휘발유와 같은 저분자량 탄화수소는 측정할 수 없는데, 이는 이들 물질이 용매에 잘 분배되지(partition) 않기 때문이다. 또한, 물과 슬러지에 대한 표준 분석법에서는 추출단계 전에 103℃에서 시료를 건조하기도 한다. 그 결과 이온도 이하의 끓는점을 가진 물질들은 모두 날아가 버리며, 또 103℃에서 큰 증기 압력을 가진 물질들도 상당한 양이 손실된다. 가정하수 중에는 비정상적인 경우를 제외하면 이런 화합물은 대개 소량으로 포함되어 있으므로 석유공업의 폐기물을 제외하면 문제가 되는 경우는 거의 없다. "그리스"로 구분되는 물질들 대부분은 103℃에서 매우 낮은 증기 압력을 가지고 있으므로, CFC-113에 의한 추출로 100% 완전히 회수될 수 있다. 건성유(乾性油)가 포함되어 있을 경우에는 건조하는 동안 불포화 결합(unsaturated linkage)에 약간의 산화가 일어나 불용성(不溶性)으로 바뀐다. 그러나 대개는 이와 같은 기름이 가정하수에 대단한 정도로 들어 있는 경우는 없다.

그리스의 측정에 이와 같은 방법을 사용하는 것이 대단히 부정확하고 정밀하지 못한 것으로 생각될 수 있으나, 이 방법은 가정하수 및 산업폐기물과 슬러지의 수용액상으로부터 유리되어 특수한 문제를 일으키는 물질들을 합리적으로 측정하기 위해 수년 동안 노력한 결과 얻어진 것이다. 기름 및 그리스의 측정에 완전히 익숙해지고, 휘발성 물질과 비휘발성 물질들의 상대적 중요성을 이해한다면 이 분석 방법과 그 한계를 이해할 수 있게 된다.

31.3 분석 방법

그리스를 측정하는 통상적인 방법은 모두 기름 및 그리스성 물질이 유기용매에 의해 추출이 잘 되도록 용액을 처리하는 방법에 따라 구분되며, 위에서 설명한 바와 같은 약간의 제한 사항이 있게 된다. 물과 슬러지에 적용하는 방법이 서로 조금씩 다르므로 이를 분리하여 설명하겠다.

물 및 폐수

비교적 깨끗한 물의 기름이나 그리스의 함량을 정기적으로 측정하는 일은 없으며, 사고에 의해 오염된 특별한 경우를 제외하고는 거의 측정하지 않는다. 분석 방법은 오염물질의 휘발성에 따라 선정한다. 모든 표준 측정방법은 끓는점이 높은 물질들을 측정하지만 70℃에서 상당한 증기 압력을 나타내는 물질들은 다음에 기술된 분배-적외선법(partition-infrared) 또는 탄화수소(hydrocarbon)법에 의해 측정한다.

가정하수에서 유지, 왁스 및 지방산 등은 기름 및 그리스로 구분되는 주요물질들이다. 산업폐수는 간단한 에스터들을 포함하는 수가 있으며, 같은 범주에 속하는 한두 가지 다른 화합물들을 함유할 수 있다. "기름"은 가솔린에서부터 중유(重油) 및 윤활유에 이르는 광물질(mineral)에서 유래한 낮은 분자량으로부터 높은 분자량의 여러 가지 다양한 탄화수소 물질들이다. 그리스는 높은 분자량의 탄화수소와 동물성 및 식물성의 글리세라이드들을 나타낸다. 지방산들은 칼슘과 마그네슘 비누와 같이 주로 침전된 형태로 나타나며, 용매에 녹지 않는다. 측정시 염산으로 시료의 pH를 약 1.0 정도가 되도록 산성화하면 유리 지방산(free fatty acid)으로 된다. 이 반응을 식으로 나타내면 다음과 같다.

$$\mathrm{Ca(C_{17}H_{35}COO)_2 + 2H^+ \rightarrow 2C_{17}H_{35}COOH + Ca^{2+}} \qquad (31.1)$$

물 및 폐수에 포함된 기름 및 그리스를 측정하는 방법은 크게 네 가지가 있다. 이들 방법은 모든 헥세인으로 초기추출한다. 분배-무게 측정법(partition gravimetric method)에서는 헥세인을 물로부터 분리한 후 증발시켜 잔류 물질을 기름 및 그리스 함량으로 측정한다. 분배-적외선법(partition-infrared method)에서는 헥세인 추출물질을 적외선 주사(infrared scanning)를 통하여 측정한다. 이 방법에서 측정의 정확도는 검정을 위하여 사용되는 분석대상 기름 및 그리스와 유사한 구성을 가진 표준 물질의 선택에 달려 있다. 이 방법이 무게 측정법에 비하여 가지는 장점은 분석속도가 빠르다는 것이다. 세 번째 방법은 수용액 상태의 기름 및 그리스를 제거하기 위하여 헥세인 추출 전에 초기산화 및 여과단계를 거치는 방법이다. 이 방법은 무게 측정법에 비하여 휘발성 탄화수소까지 포함하여 측정할 수 있으나 시간이 많이 걸린다.

여과는 기름 및 그리스로 구분되는 물질들을 효과적으로 분리하고, 그다지 중요하지 않은 저분자량의 가용성 물질을 여과액(filtrate)에 섞여 나가도록 한다. 여과한 물질을 건조하여 물을 제거함으로써 용매가 쉽게 시료에 침투할 수 있게 되며, 통상적으로 사용하는 4 시간의 추출로 그리스의 분리를 끝낼 수 있게 된다. 이 방법은 또 추출에 사용할 시료의 물을 상당히 제거할 수 있으므로 건조 과정이 더욱 간단해 진다. 추출장치로는 단속적인 회분식 추출을 하는 Soxhlet 추출기를 이용한다.

네 번째 표준 분석법은 석유화학제품계 탄화수소를 보다 선택적으로 측정하기 때문에 동물 및 식물성 지방산과 지방물질을 측정할 수 없다. 따라서, 이 방법은 기름 및 그리스 측정법이라기 보다는 탄화수소 측정법이라고 할 수 있다. 이 방법에서는 헥세인 추출물에 실리카 겔을 첨가하여 지방 물질을 제거한 다음 잔류 헥세인 용매를 앞서 제시한 세 가지 방법 중 하나로 분석한다.

슬러지

슬러지는 대개가 여과하기 곤란한 경점성(硬粘性)과 특성이 있으며, 용매 추출을 위하여 건조하는 데도 매우 오랜 시간이 걸린다. 표준 분석법에서는 약품으로 탈수하는 방법을 이용하며, 여과와 건조를 할 필요가 없게 된다. 이 방법에서는 일정한 양의 시료 무게를 달고, 식 (31.1)의 반응으로 지방산이 유리되도록 산성화시킨 다음, 적당한 양의 $MgSO_4 \cdot H_2O$를 넣어 모든 물과 완전히 결합하여 더 높은 수화된 형태인 $MgSO_4 \cdot 7H_2O$가 생성되도록 한다. 화학적 결합수를 포함한 시료는 분쇄하여 그리스 추출장치에 넣는다. Soxhlet 추출장치와 헥세인은 그리스가 아닌 유기물과 $MgSO_4 \cdot 7H_2O$로부터 그리스를 분리하는 데 사용된다.

|31.4| 기름 및 그리스 자료의 용도

환경공학 실무현장에서의 기름 및 그리스 측정은 여러 가지 용도를 위해 어느 정도 정기적으로 수행하고 있다. 대부분의 도시에서 기름 및 그리스가 포함된 산업폐수를 하수관망이나 수역(水域)으로 방유하는 것을 법령으로 규제하고 있으며, 이와 같은 규제 목적을 달성하기 위하여 기름 및 그리스를 분석한다. 이와 같은 물질들을 제거하기 위해 폐기물을 처리해야 하는 산업체들에서는 이 시험분석법이나 이 방법의 변법을 사용하여 처리 장치의 효율을 판단하고 또 방류수의 기름 및 그리스 함량을 규제치 내로 유지한다.

폐수처리 시설의 주요 목적 중의 하나는 기름 및 그리스가 주성분인 보기 흉하고 불쾌한 부상 물질(floating matter)을 제거하는 일이다. 원폐수와 침전시킨 폐수에 대한 기름 및 그리스 측정 결과로부터는 일차 침전조의 효율을 알 수 있고, 최종 유출수에 대한 측정 결과로부터 이차 처리장치의 효능과 동시에 실제로 유입수역으로 방류되는 양을 알 수 있다. 후자는 특히 위락지역으로 방류하는 경우에 중요하다.

기름 및 그리스의 측정 결과는 슬러지의 처분에 여러 가지로 이용된다. 주어진 소화조에 대하여 부피가 적정하게 조절되었을 때는 생 슬러지(raw sludge)와 소화 슬러지에 대한 측정 결과로부터 혐기성 소화에 의하여 분해되는 그리스를 계산할 수 있다. 소화조에 스컴 문제가 발생할 때도, 기름 및 그리스의 측정 결과로부터 대단히 가치있는 정보를 얻는 수가 자주 있다. 슬러지의 기름 및 그리스 함량은 비료로의 이용이 적합한지를 판단하는 인자의 하나이며, 구매자들도 그 함량 백분율이 특정한 값을 넘지 않을 것을 보장하도록 요구하기도 한다.

연습문제

31. 1 배출수역에서 기름과 그리스의 배출원과 환경에 미치는 영향에 관하여 설명하시오.

31. 2 가정하수에 포함되는 기름 및 그리스의 네 가지 중요한 발생원을 들어라.

31. 3 기름과 그리스를 구성하고 있는 유기성분의 종류를 나열하시오.

31. 4 폐수처리장에서 기름 및 그리스에 의하여 발생되는 운전상의 곤란한 점 다섯 가지를 지적하여라.

31. 5 도시하수나 산업폐수에 함유된 기름과 그리스를 분석하기 위해 이용될 수 있는 방법은?

31. 6 슬러지에 함유된 기름과 그리스를 분석하는 방법은?

31. 7 그리스를 추출하기 위해서 사용되는 용매와 이 용매의 장단점을 설명하시오.

31. 8 폐수와 슬러지 시료를 기름 및 그리스를 분리하기 앞서 산성화하는 이유를 설명하여라.

31. 9 다음을 설명하여라.

(a) 굳기름(fat)

(b) 납(wax)

(c) 비누

(d) 동물성 및 식물성 기름

(e) 광유(鑛油, mineral oil)

참고문헌

Clesceri, L. S., A. E. Greenberg, and A. D. Eaton (eds.): Standard Methods for the Examination of Water and Wastewater, 20th ed., American Public Health Association, Washington, DC, 1998.

CHAPTER 32

휘발성 산

|32.1| 개 요

휘발성 산(volatile acid)의 측정 결과는 폐수의 혐기성 처리 공정에서 제어를 위하여 많이 이용한다. 폐수의 혐기성 처리 공정에서 일어나는 유기물의 생화학적 분해에서는, 앞서 6.7절로부터 6.11절에 걸쳐 설명한 바와 같이, 복잡한 물질들이 각종 통성(facultative) 및 혐기성(anaerobic)균에 의하여 가수분해되어 저분자량의 화합물들로 전환된다. 여기서 생성되는 저분자량 화합물들 중 아세트산, 프로피온산(propionic acid), 부티르산(butyric acid)과 비교적 적은 양이지만 아이소부티르산(isobutyric acid), 발레르산(valeric acid), 아이소발레르산(isovaleric acid) 및 카프로산(caproic acid) 등과 같은 짧은 고리의 지방산(fatty acid)들이 중요하다. 이들 저분자량 지방산들은 대기압에서도 증류될 수 있으므로 휘발성 산(揮發性酸)이라고 한다. 혐기성 소화에서 이들 휘발성 산들이 축적되면 시스템의 완충 능력(buffering capacity)을 초과하여 pH가 부적당한 수준으로 떨어지며, 그 결과 악영향을 미칠 수 있다.

안정화된 조건에서 운전되는 혐기성 소화조 내에서는 세 종류의 박테리아가 함께 균형을 이루어 작용하여 유기물을 분해한다. 산 생성균(acidogenic organisms)이 먼저 유기물을 초산과 수소로 분해한 다음, 메탄 생성균(methane forming bacteria)이 메탄과 이산화 탄소로 전환시킴으로써 완결된다(그림 32.1).

충분한 수의 메탄 생성균 개체군이 존재하고 환경조건이 적합하면, 메탄 생성균은 산 생성균에 의해 생성되는 산이 생성되는 대로 빠르게 이것을 이용한다. 따라서 산은 자연적인 완충제의 중화 능력을 초과할 정도로 축적되지 않으며, 또 pH도 메탄 생성균에 유리한 범위 내에 있게 된다. 이와 같은 상태에서의 슬러지 소화 또는 폐수의 혐기성 처리시 휘발성 산의 함량은 대체로 아세트산으로 나타내면 50～250 mg/L의 범위 내에 있게 된다.

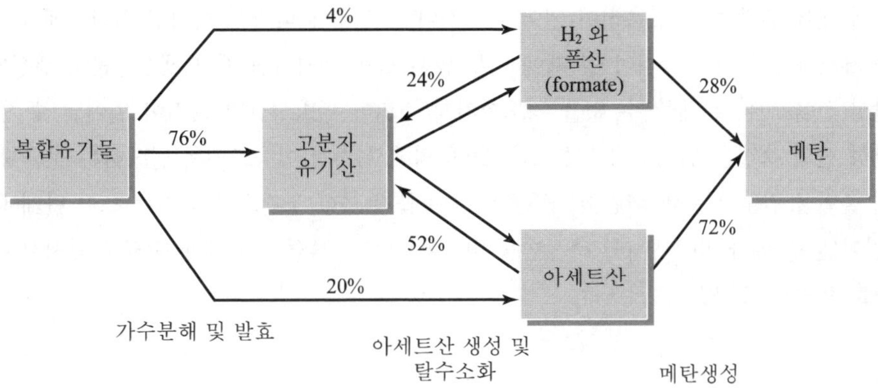

⇧ **그림 32.1** 복잡한 유기물의 메탄 발효 단계, 퍼센트는 각 경로에 따른 폐기물 COD의 전환율을 나타낸다.(*P.L McCarty, One Hundred Years of Anaerobic Treatment, in "Anaerobic Digestion 1981", Hughes et al., eds., Elsevier Biomedical Press, Inc., B. V. Amsterdam. pp. 3-22, 1981*)

메탄 생성균은 자연에 흔하며, 가정하수와 그 슬러지 중에는 항상 약간씩 들어있다. 그러나 이 개체군은 산 생성균에 비하여 대단히 적다. 이 개체군 수의 차이는 "식종"을 하지 않을 때, 혐기성 처리조의 운전 초기단계에서 겪게 되는 문제의 원인이 된다. 생하수(生下水) 슬러지 및 대다수의 산업폐수는 완충 능력이 비교적 낮으며, 혐기적으로 발효되도록 두면, 적은 수의 메탄 생성균이 소비할 수 있는 것보다 훨씬 빠르게 휘발성 산이 생성된다. 따라서 완충제는 곧 소비되어 버리고, 유리산(free acid)이 남아 pH가 낮아진다. pH 6.5 이하에서 메탄 생성균은 심각하게 저해를 받는 데 비하여 산 생성균은 pH가 약 6까지 낮아져도 아무런 저해를 받지 않는다. 이와 같이 불균형된 조건에서는 슬러지에 포함된 고형물의 함량에 따라 휘발성 산의 농도가 2,000～6,000 mg/L 정도로까지 계속하여 증가한다. 이런 경우에는 슬러지 및 폐수의 석회(lime)와 같은 중화제를 가해 주거나 희석하여 메탄 생성균에 유리한 pH로 만들어 주지 않으면 메탄 생성이 활성화되지 않는다. 휘발성 산의 측정은 pH의 측정과 함께 혐기성 소화의 초기 단계의 환경조건을 제어하는 데 중요하다.

혐기성 소화조의 순조로운 운전을 위해서는 메탄 생성균과 산 생성균 사이에 균형이 잘 유지되어야 한다. 메탄 생성균은 환경 조건과 부하량의 변화에 대단히 민감하며 특히 pH와 온도의 변화에 대하여 산 생성균에 비해 훨씬 크게 영향을 받는다. 이와 같은 요인들 중 어느 하나의 변화에 의해 생겨나는 방해작용은 휘발성 산의 분해속도를 감소시키게 된다. 이어서 시스템 내에 휘발성 산이 축적되기 시작한다. 산 생성균은 메탄 생성균보다 훨씬 빠르게 증식하는 것으로 알려져 있다. 먹이의 부하가 증가되면, 휘발성 산은 성장속도가 느린 메탄 생성균에 의하여 분해되는 속도보다 더 빠르게 생성된다. 이와 같은 차이로 시스템 내에 휘발성 산의 축적이 일어나는 것이다. 경우에 따라서 혐기성 처리조에서 슬러지를 제거해야 하거나 옮겨야 할 때에 너무 많은 양을 제거하면 메탄 생성균군이 생성되는 휘발성 산을 미처 분해할 수 없을 정도까지 감소되어 휘발성산의 축적이 일어날 수 있다. 휘발성 산의 측정은 위에서 설명한 요인들에 의해 혐기성 반응조에서 발생하는 불균형 조건의 출현을 검출하는 데 대단히 중요하며 순조롭지 못한 조건으로 되려는 초기 단계에 즉시 알아낼 수 있다. 따라서 pH 측정법을 비롯한 다른 방법들보다 대개 수일을 앞서서 운전 상태를 파악할 수 있다.

|32.2| 이론적 고찰

휘발성 산은 앞서 6.7절부터 6.11절까지 설명한 바와 같이 탄수화물, 단백질, 지방의 혐기성 분해 과정에서 생성되는 중간체(intermediate)이다. 그림 32.1은 가정하수 슬러지와 같은 복합 폐기물이 메탄 가스로 전환되는 동안에 거치게 되는 네가지 주요 단계들을 나타낸 것이다. 처음 두 단계는 가수분해 및 발효로서 같은 미생물에 의해 수행된다. 이 단계에서 탄수화물, 단백질, 지방, 그리고 기름과 같은 복합 유기물은 가수분해되어 기초 물질로 변환된 다음, 발표에 의하여 지방산, 알코올, 이산화 탄소, 암모니아, 그리고 수소 등을 생성한다. 세 번째 단계인 아세트산 생성(acetogenesis) 및 탈수소화(dehydrogenation)에서는 특별한 종류의 혐기성균이 고분자 유기산을 발효시켜 아세트산, 수소, 그리고 포름산을 생성한다. 네 번째 단계에서는 메탄 생성균이 수소, 폼산, 그리고 아세트산을 메탄으로 변환시킨다. 세 번째 단계에서 아세트산을 생성하는 균들은 네 번째 단계의 메탄균이 수소, 폼산, 그리고 아세트산의 농도를 충분하게 낮게 유지시켜 세 번째 단계 반응이 열역학적으로 가능하여야만 활동을 하기 때문에 이들 두 단계는 매우 밀접한 관계를 유지하고 있다. 이 같은 밀접한 관계 때문에 불과 수 년전까지만 하더라도 메탄균이 세 번째와 네 번째 단계의 반응을 동시에 수행한다고 믿어져 왔다. 각 단계에 관여하는 미생물의 분리 연구는 매우 어렵지만, 이를 통하여 세 번째와 네 번째 단계가 각기 다른 과정임을 알게 되었다.

아세트산은 위의 단계를 거쳐 휘발성산들 중 가장 많이 생성되며, 거의 모든 유기물의 혐기성 처리에서 중간체로 생성된다. 가정하수 슬러지와 같은 복합 폐기물에서는 유기물의 약 72%가 아세트산으로 전환된 다음, 최종적으로 메탄 가스로 바뀐다. 산업폐수의 처리에서도 이와 유사한 높은 구성비가 발견되었다.

따라서 폐기물의 혐기성 생물학적 분해에서는 대량의 유기산이 생성된다. 이 산들이 생성되는 대로 빠르게 메탄으로 전환되지 않으면, 산의 농도가 증가되고 pH가 낮아지게 된다. 혐기성 처리에서 pH가 낮아지는 것을 막아주는 주요 완충제는 탄산 수소염(bicarbonate)이며, 탄산(carbonic acid)과 평형을 이루어 수소 이온 농도를 조절한다(4.5절).

$$H_2CO_3^* \rightleftharpoons H^+ + HCO_3^- \tag{32.1}$$

$$\frac{[H^+][HCO_3^-]}{[H_2CO_3^*]} = K_{A1} \tag{32.2}$$

$$[H^+] = K_{A1}\frac{[H_2CO_3^*]}{[HCO_3^-]} \tag{32.3}$$

혐기성 소화공정의 일반적인 온도인 35℃에서 K_{A1}은 4.8×10^{-7}이다. Henry의 법칙에 의하면, 기체상에서 이산화 탄소의 부분 압력과 용액 속의 탄산 농도 사이에도 평형관계가 존재한다.

$$CO_2(aq) = CO_2(g) \tag{32.4}$$

$$CO_2(aq) + H_2O = H_2CO_3 \tag{32.5}$$

그리고 정의에 따르면 $$[H_2CO_3^*] = [CO_2(aq)] + [H_2CO_3] \tag{32.6}$$

Henry의 법칙에 따라 기체상과 액상에서 이산화 탄소의 농도는 다음과 같다.

$$\frac{[CO_2(g)]}{[H_2CO_3]} = K_H \tag{32.7}$$

혐기성 소화공정의 일반적인 온도인 35℃에서 K_H는 38 atm/M이다. 식 (32.3)과 (32.7)을 결합하고 pH에 대해 풀면 다음 식과 같다(여기서 활동도에 대한 보정은 무시한다).

$$pH = \log\frac{K_H}{K_{A1}} + \log\frac{[HCO_3^-]}{[CO_2(g)]} = 7.9 + \log\frac{[HCO_3^-]}{[CO_2(g)]} \tag{32.8}$$

혐기성 소화공정에서 소화조의 pH나 중탄산의 농도와 가스 중의 이산화 탄소 함량과의 관계는 그림 32.2와 같다.

예제 32.1

소화조에서 중탄산의 농도를 알칼리도로서 측정한 결과 $CaCO_3$로서 2,500 mg/L였으며, 소화가스 중의 이산화 탄소의 함량이 30%였다. 소화조 내의 가스 압력이 1 atm이라면, 소화조 내의 pH는 얼마가 되어야 하는가?

해답

중탄산의 농도는 $CaCO_3$로서 나타내어지므로 $CaCO_3$의 당량으로 50,000을 대입하면 $[HCO_3]$ = 2,500/50,000, 또는 0.5가 된다. 기체상태의 이산화 탄소 농도는 대기중 분압과 같다. 소화조 내의 가스압력이 1 atm이므로 이산화 탄소의 분압은 부피분율과 같아 $[CO_2(g)] = 0.3$이 된다. 그러므로 식 (32.8)로부터 다음과 같이 계산할 수 있다.

$$pH = 7.9 + \log\frac{0.05}{0.3} = 7.1$$

그림 32.2를 사용해도 동일한 결과를 얻을 수 있다.

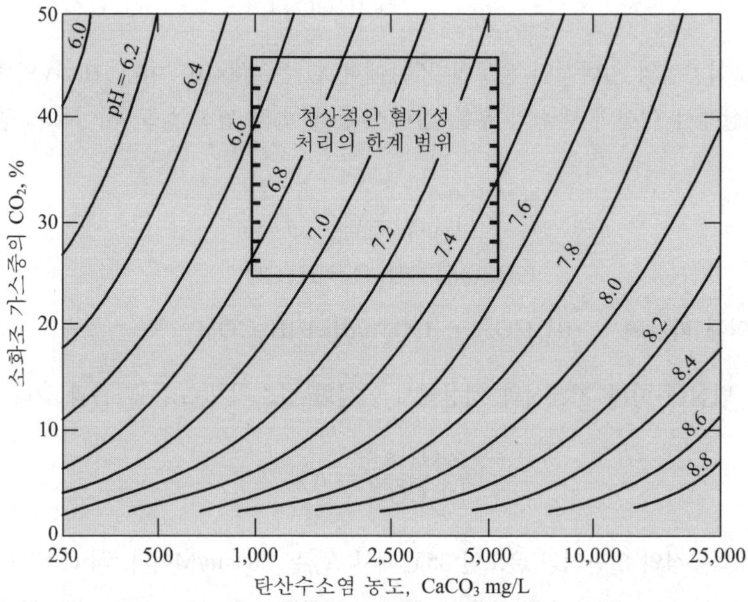

⇧ **그림 32.2** 35℃에서의 pH, 탄산수소염 농도와 이산화 탄소 농도 사이의 관계(*P.L. Mc Carty, Anaerobic Waste Treatment Fundamentals, Public Works, 123 : October 1964.*)

그림으로부터 탄산수소염 농도가 높아질수록 소화조 기체 중 이산화 탄소 함량 퍼센트가 낮아지고, pH는 높아지는 것을 알 수 있다.

혐기성 반응조 내에 휘발성산이 축적되면, 이들이 탄산수소염 완충제를 분해하여 이산화 탄소 농도를 증가시킨다.

$$R-COOH + HCO_3^- \rightarrow R-COO^- + H_2O + CO_2 \qquad (32.9)$$

이러한 변화는 그림 32.2에서 볼 수 있듯이 pH를 점차 낮아지게 한다. 탄산수소염 농도가 $CaCO_3$로서 1,000 mg/L 이하로 감소되었을 때 산이 더욱 축적되면 pH를 대단히 빠르게 떨어뜨리게 된다. 그러므로 메탄 생성균에 유리한 pH 조건을 유지시켜 주기 위해서는 외부로부터 염기성 물질을 첨가하여 완충 능력이 유지되도록 하거나 휘발성 산의 생성속도를 조절하는 조치가 취해져야 한다.

휘발성 산의 농도가 증가됨에 따른 pH 변화문제는 이미 잘 설명되었다.

예제 32.2

만일 휘발성 산의 농도가 초산으로서 거의 0에서 2,000 mg/L까지 급격하게 증가되고 가스 내 이산화 탄소의 함량이 35%까지 증가되었다면 예제 32.1 경우 pH는 얼마가 되겠는가?

해답

식 (32.9)에 의하면 휘발성 산은 중탄산 알칼리도를 소모하게 될 것이다. 초산의 당량이 60,000 mg이므로 중탄산 알칼리도는 0.05 − (2,000/60,000) 또는 0.0167 M 또는 $CaCO_3$로서 835 mg/L가 될 것이다. 이산화 탄소의 분압이 0.35 atm까지 증가될 것이므로 식 (32.8)을 사용하면

$$pH = 7.9 + \log\frac{0.0167}{0.35} = 6.6$$

가 된다. 이와 같이 급격한 pH의 감소는 소화조를 운영하는 데 있어서 문제가 되므로 pH를 조절하는 것이 타당할 것이다.

휘발성 산의 농도는 보통 초산(mg/L)으로서 나타내며, 초산의 당량은 60 g이므로 크로마토그래피법에 의해 각각의 휘발성 산의 농도를 측정하고자 하는 경우에는 각각의 밀리몰 농도를 합한 후에 60을 곱해서 얻어진 초산의 값(mg/L)을 휘발성 산의 농도로 한다.

예제 32.3

소화조 슬러지에서 각각의 휘발성 산을 측정한 결과는 다음과 같다. 휘발성 산의 농도를 mg/L로 나타내어라.

해답

휘발성 산	농도 mg/L	당량 g	농도 mM	농도 mg/L(초산으로)
Formic	5	46	0.11	7
Acetic	760	60	12.67	760
Propionic	310	74	4.19	251
Butyric	110	88	1.25	75
Isobutyric	40	88	0.45	27
Pentanoic	10	102	0.10	6
Hexanoic	20	116	0.17	10
총 휘발성 산				1140

각 휘발성 산의 질량 농도 mg/L를 각 산의 당량(분자량과 같다)으로 나누면 각 산의 밀리몰 농도를 구할 수 있으며, 이것에 초산의 당량을 곱하면 예제 32.3 표에 나타낸 것과 같이 초산으로서 나타낸 질량 농도를 구할 수 있다. 이 질량 농도를 합하면 총 휘발성 산의 농도는 1,140 mg/L가 된다. 또 다른 방법으로는 각 산의 mM 농도를 합한 후에 초산의 당량인 60을 곱해도 동일한 결과를 얻게 된다.

32.3 휘발성 산의 측정 방법

현재 "Standard Methods"에는 휘발성 산을 측정하기 위한 두 가지 방법이 기술되어 있다. 그 중 하나는 컬럼-분배 크로마토그래피를, 다른 하나는 증류를 이용하는 방법이다. 비록 표준 분석법으로 인정이 되고 있지는 않지만 오늘날 많은 연구실에서는 기체 크로마토그래피나 이온 크로마토그래피(12.4 참조)를 이용하여 각 휘발성 유기산의 농도를 측정하고 있다. 장래에 전체 공정의 통제에 있어서 각 휘발성 유기산의 중요성에 대하여 보다 많이 인식되면 이들 방법이 표준 분석법으로 자리잡을 것이다.

크로마토그래피 분리

컬럼-분배 크로마토그래피법으로는 모든 휘발성 산을 거의 100% 가깝게 아주 빠르게 측정할 수 있다. 다른 유기산들 즉, 피루브산(pyruvic acid), 프탈산(phthalic acid), 푸마르산(fumaric acid), 락트산(lactic acid), 석신산(succinic acid) 및 옥살산(oxalic acid)까지도 어느 정도 측정된다. 그러나 슬러지의 소화에서는 일반적으로 이 산들이 높은 농도로 나타나지는 않으므로, 컬럼-분배 크로마토그래피법에 의한 측정 결과와 증류 방법에 의한 측정결과는 대체로 거의 일치한다. 이 방법에서는 휘발성 산 이외에 다른 산들도 함께 측정되므로 "Standard Methods"에서는 이 방법을 휘발성 산이 아닌 "유기산"을 위한 측정 방법으로 나타내고 있다.

크로마토그래피법은 본래 휘발성 산을 개별적으로 분리하여 측정하도록 하였던 방법을 변형한 것이다.[1)] 분배 크로마토그래피에서는 두 종류의 용매를 사용한다. 하나는 규산(silicic acid)과 같은 고체 흡착제 위나 안에 고정시켜 컬럼 속에 설치한다. 분리하려고 하는 물질들을 포함하고 있는 시료를 컬럼의 맨 위로 넣는다. 다음에 두 번째 용매, 즉 이동용매(mobile solvent)를 컬럼에 넣고 이 물질들이 분리되도록 한다. 이 물질들은 고정되어 있는 용매와 이동하는 용매들 사이에 계속해서 분배되며, 이에 따라 각 물질들의 이동속도

1) H. F. Mueller, A. M. Buswell, and T. E. Larson, Chromatographic Determination of Volatile Acids, *Sewage and Ind. Wastes*, **28** : 255 (1956).

에 차이를 나타내게 되어, 각각을 분리해 낼 수 있게 된다. 정지상(stationary phase)에 보다 이동상(mobile phase)에 더 잘 녹는 물질들이 먼저 컬럼으로부터 나온다. 이것은 12.4 절에서 설명한 기체, 액체 및 이온 크로마토그래피의 일반적인 원리와 같다.

혐기성 폐기물 처리 시스템의 일상적인 운전에서는 주로 휘발성 산의 측정결과를 이용하여 시스템이 균형을 이루고 있는지를 판단하고 제어 관리한다. 따라서 산 개개의 농도보다는 전체 휘발성 산의 농도가 더 중요하다. 이러한 목적에 따라 컬럼-분배 크로마토그래피 방법을 단순화시켜, 시료 중의 무기산들과 기타의 염들로부터 휘발성 산을 분리하여 총휘발성 산(total volatile acid)을 분석하고 있다. 먼저 여과 또는 원심분리로 시료 중의 부유성 고형물을 제거한 다음, 황산과 같은 센 무기산으로 시료를 산성화하여, 이온화된 형태의 휘발성을 이온화되지 않는 형태로 전환시킨다.

$$R-COO^- + H^+ \rightarrow R-COOH \tag{32.10}$$

이온화되지 않는 유기산은 이동 용매인 클로로폼-뷰탄올에 대단히 잘 녹는다.

이렇게 산성화한 시료를 오븐에서 건조한 규산이 들어 있는 짧은 컬럼에 균일하게 분포시킨다. 규산은 시료 물을 쉽게 흡수하여, 정지 용매상(stationary solvent phase)을 이룬다. 다음에 일정한 양의 클로로폼-뷰탄올 혼합액을 컬럼으로 통과시키면, 정지 수용액상(stationary water phase)보다는 이 혼합물에 훨씬 잘 녹는 이온화되지 않은 형태의 휘발성 산들이 이동 용매와 함께 선택적으로 운반된다. 중요한 것은 휘발성 산들이 모두 추출되도록 충분한 양의 이동 용매를 첨가하여야 하는 것이지만 무기산들까지도 운반될 정도로 많아서는 안 된다.

추출한 휘발성 산은 페놀프탈레인을 지시약으로 하여 수산화 나트륨으로 적정하여 측정한다.

$$R-COOH + NaOH \rightarrow R-COO^- + Na^+ + H_2O \tag{32.11}$$

물은 유기용매에 녹지 않으므로, 메탄올에 수산화 나트륨을 녹여 만든 용액을 적정에 사용한다. 그러나 이 용액은 불안정하므로 자주 표준화하거나 매일 새로 만들어서 사용하여야 한다. 이 용액은 적당한 양의 1.00 N의 수산화 나트륨 수용액을 메탄올로 희석함으로써 쉽게 만들 수 있다. 앞서 설명한 클로로폼-뷰탄올을 이용한 분리 및 추출법은 클로로폼의 발암성 때문에 흄후드(fume hood) 안에서 실시하여야 한다.

증류법

직접 증류법(direct-distillation method)은 대개 휘발성 산을 정기적으로 측정할 때 이용한다. 휘발성 산의 농도를 ±50 mg/L 이상으로 정확하게 알아야 할 필요는 없으므로 이 방법은 대부분의 실제적 용도에 이용할 수 있을 만큼 정확도를 가진 결과를 얻을 수 있으며 빠르게 분석할 수 있는 방법이다. 이 방법에서는 옥탄산(octanoic acid)까지의 낮은 분자량의 지방산들이 물의 끓는점인 100℃에서 상당한 증기 압력을 가지는 성질을 이용한다. 그러므로 슬러지 증류액은 상당한 양의 이산들을 포함할 것이다. 표 32.1은 이 산들의 증기 압력을 나타낸 것이다.

혐기성 반응조의 pH는 대체로 6.5～7.5의 범위 내에 있으며, 이 조건에서 유기산들은 대부분 이온의 형태로 존재하여 증류할 수가 없다. 황산과 같은 센 비휘발성 산을 가해주면 식 (32.10)과 같이 유기산들이 증류가 가능한 이온화되지 않은 형태로 전환된다. 대체로 충분한 양의 산을 가하여 pH가 1.0 이하가 되도록 한다.

표 32.1 100℃에서의 휘발성 산들의 증기압력

산	100℃에서의 증기압력, atm
폼산(formic)	0.99
아세트산(acetic)	0.55
프로피온산(propionic)	0.24(계산값)
부티르산(butyric)	0.092(계산값)
발레르산(valeric)	0.037
헥산산(hexanoic)	0.014
헵탄산(heptanoic)	0.005
옥탄산(octanoic)	0.002

자료 : "International Critical Table," McGraw-Hill, New York.

표 32.1의 증기 압력 자료로부터, 낮은 분자량의 지방산들이 증기 압력이 더 높으므로 더 쉽게 증류될 것으로 생각할 것이다. 그러나 실제로는 그렇지가 않다. 포름산, 아세트산 및 프로피온산들은 묽은 수용액을 증류하여 분리하기가 대단히 곤란한 것들이다.[2] 그것은 이 수용액의 특징이 이상적(ideal)이지 않기 때문이다. 산분자들과 물 분자들 사이에 분자 회합(molecular association)이 일어나며, 이것은 산에 따라 달라진다. 따라서 3.5절에서 설명한 세 부류의 이성분 혼합물(binary mixture)이 모두 형성된다.

폼산과 물은 Class Ⅱ 혼합물을 형성하며, 묽은 용액을 증류하면 물이 증기상의 주성분이 된다. 아세트산과 물은 Class Ⅰ 혼합물을 형성하며 증기상의 대부분은 물이다. 두 경우 모두 증기를 분리하면 순수한 물과 비증류된 액체에 잔류하는 산이 생성된다. 그러므로 휘발성 산을 측정하기 위해서는 증기가 분별 증류되는 것을 최소화해야 한다.

프로피온산, 부티르산 및 기타의 지방산들은 물에 녹으며 Class Ⅲ 혼합물을 형성한다. 증류액은 산이 모두 증류될 때까지 항상 일정한 비로 산과 물을 포함한다.

2) A. M. Buswell and S. L. Neave, Laboratory Studies on Sludge Digestion, *Illinois State Water Survey Bull.*, **30** : 76 (1930).

증류 플라스크 내에서 혼합물의 위쪽 플라스크 벽이 과열되는 것을 주의하여 방지한다면 증류하기 전에 시료로부터 부유성 고형물을 분리해야 할 필요는 없다. 그러나 플라스크의 벽이 과열되면, 센 산에 의해 부유성 고형물의 일부가 분해되어 유기산이 생성될 수 있다. 또 황산이 환원되어 이산화 황이 생성될 수도 있다. 산무수물(acid anhydride)인 이산화 황은 증류액에 녹아 아황산(sulfurous acid)을 생성하며, 측정 결과가 실제값보다 대단히 높아지게 한다. 전열기를 사용하면 이와 같은 일이 생기는 예가 거의 없으나, 조절되지 않은 기체 불꽃으로 가열할 때는 이런 현상이 자주 나타난다.

이 측정법에서는 증류속도가 중요하므로 주의하여 세심하게 조절해야 한다. 증류속도가 느리면 플라스크의 목(neck)에서 상당한 분별이 일어나 휘발성 산이 증류액으로 옮겨지지 않게 된다. 적당한 양의 증류액이 받아지면 증류를 멈추도록 주의해야 한다. 플라스크 속의 잔류물은 과잉의 황산과 접촉하고 있으므로, 증류가 진행됨에 따라 산은 점점 농도가 진해진다. 증류를 과도하게 진행시키면 황산이 다른 유기물을 분해하게 될 것이며, 또 위에서 설명한 바와 같이 환원이 일어날 수 있다.

증류한 산들은 표준화한 NaOH 용액으로 페놀프탈레인 종말점까지 적정하여 정량적으로 측정한다[식 (32.6)]. 이 방법에 따라 시료를 처리하면 휘발성 산의 약 70%가 증류된다. 이 같은 점은 휘발성 산의 함량 계산시 고려하여야 한다.

32.4 휘발성 산 자료의 용도

휘발성 산의 측정 결과는 유기물의 혐기성 분해에 대한 자료와 메탄 생성균의 최적 활성에 가장 적합한 환경조건을 조성해 주는 데 필요한 지식을 제공한다. 하수 슬러지 뿐만 아니라 여러 종류의 산업폐수에 대하여 혐기성 처리를 보다 효율적으로 적용하기 위해서는 혐기성 공정에 관련된 복잡한 화학적, 생물학적 과정을 정확하게 이해하고 있어야 한다. 이 같은 관점에서 볼 때 공정에서 휘발성 산의 역할에 대한 지식 및 산 생성균과 메탄 생성균이 균형을 이루지 못하는 시점의 지시계로서 휘발성 산 측정의 중요성은 매우 크다.

휘발성 산의 자료는 폐수처리장 및 기타 처리시설에서 혐기성 소화조의 일상적인 관리에 대단히 중요하다. 이들 자료는 장치를 설계 용량대로 운전되도록 제어하는 데에 특히 긴요하다. 고율 처리 공정(high-rate treatment process)의 개발과 더불어, 정확한 측정이 보다 신속하게 이루어져야 할 것이므로 이 분석법은 앞으로 더욱 중요해 질 것이다. 휘발성 산의 분석은 적당한 경비로 신속하게 가장 필요한 자료를 얻을 수 있는 방법이다.

연습문제

32. 1 혐기성 슬러지 소화에서 휘발성 산의 측정이 중요한 이유를 설명하여라.

32. 2 (a) 휘발성 산을 정의하여라.
(b) 혐기성 처리 과정에서 가장 많이 생성되는 휘발성 산들은 어떤 것들인가?
(c) 가장 많이 생성되는 휘발성 산들은 각각 어떤 일반적인 부류의 유기화합물로부터 생성되는가?

32. 3 휘발성 산의 농도를 측정하기 위해 이용할 수 있는 측정방법은?

32. 4 휘발성 산의 분석에서 시료를 산성화시키는 목적은 무엇인가?

32. 5 컬럼-분배 크로마토그래피를 이용하여 휘발성 산을 분리하는 원리를 설명하여라.

32. 6 휘발성 산을 분석하기 위해 증류법을 이용할 때 원리를 설명하시오.

32. 7 분자량이 작은 휘발성 산들이 100℃에서 더 높은 증기 압력을 가지고 있는데도 큰 분자량의 산들보다 증류액에 더 낮은 회수율(fractional recovery)을 나타내는 이유를 설명하여라.

32. 8 직접 증류법에 의한 휘발성 산의 분석에서 주의하여야 하는 사항들은 무엇인가?

32. 9 가스크로마토그래프로 각 휘발성 산의 농도를 측정한 결과가 다음과 같았다.
formic acid 5 mg/L, acetic acid 160 mg/L, propionic acid 220 mg/L, butyric acid 90 mg/L, isobutyric acid 70 mg/L, pentanoic acid 50 mg/L, hexanoic acid 60 mg/L총 휘발성 산의 농도는 초산으로서 몇 mg/L인가?

32.10 만일 대기압이 0.9 atm이고 이산화 탄소의 농도가 28%, 중탄산의 농도가 $CaCO_3$로서 4,000 mg/L인 소화조의 pH를 계산하시오.

32.11 예제 32.1에서 휘발성 산의 농도가 3,000 mg/L까지 증가되었고 소화조 가스의 이산화 탄소 함량이 40%까지 증가되었을 때 소화조의 pH를 계산하시오.

참고문헌

Clesceri, L. S., A. E. Greenberg, and A. D. Eaton (eds.): Standard Methods for the Examination of Water and Wastewater, 20th ed., American Public Health Association, Washington, DC, 1998.

CHAPTER 33

가스의 분석

|33.1| 개 요

슬러지와 일부 액체 폐기물, 특히 BOD값이 1,500 mg/L를 넘는 액체 폐기물의 혐기성 분해 처리방법은 포함되어 있는 유기물이 쉽게 메탄 발효되는 것들일 때 가장 경제적인 처리방법으로 여긴다. 혐기성 처리공정은 운전경비가 저렴하고 유용한 에너지를 얻을 수 있으므로 많이 이용되는 처리방법이다.

슬러지의 혐기성 소화에서 생성되는 기체는 대체로 33～38%의 이산화 탄소와 55～65%의 메탄, 소량의 수소, 약간의 질소 그리고 미량의 황화 수소로 이루어져 있으며, 발열량(heating value)은 대략 22,000 kJ/m^3(600 Btu/ft^3 또는 5,300 kcal/m^3)다. 이 기체의 열량은 도시 슬러지 소화조의 온도를 적절히 유지하는 데 필요한 열을 공급하고도 남는다. 산업폐수의 경우에도 폐수의 농도 및 온도에 따라서 과잉의 기체가 발생될 수 있다. 여분의 기체로는 전력을 생산하여 다른 유용한 목적에 쓸 수 있다.

혐기성 소화에서 생성되는 기체의 조성은 소화조의 환경조건에 따라 다소 달라지게 된다. 특히 소화조를 초기 가동할 때와 같이 소화가 시작되는 기간과 소화가 방해를 받아 정상적으로 되지 않을 때 급격하게 변화한다. 혐기성 반응조의 운전을 일관성 있게 하고 기질(substrate)을 규칙적으로 공급하면, 생성되는 기체의 조성이 상당히 일정해진다. 그러나 이산화 탄소와 메탄의 비는 분해되는 기질의 특성에 따라 매우 크게 달라진다. Buswell과 Boruff는 세 가지 일반적인 부류의 유기물이 메탄 발효에서 생성하는 이산화 탄소와 메탄의 비가 다음과 같음을 보고한 바 있다.[1)]

1) A. M. Buswell and C. S. Boruff, The relation between the Chemical Composition of Organic Matter and the Quality and Quantity of Gas Produced during Sludge Digestion, *Sewage Works J.*, 4: 454 (1932).

	이산화 탄소	메탄
탄수화물(carbohydrate)	50	50
저분자 지방산(low-MW fatty acid)	38	62
고분자 지방산(high-MW fatty acid)	28	72
단백질(protein)	24	76
	31	69

메탄 발효의 대상이 되는 유기물(대개의 경우 조성은 알 수 없음)은 매우 다양하므로 그 연료적 가치를 판단하고, 경우에 따라 처리조의 운전 상태를 점검하기 위해 생성되는 기체를 분석하는 것이 일반적이다. 이 방법은 혐기성 처리에 문제가 발생할 때 생성되는 기체 중에 이산화 탄소의 함량이 증가되는 사실을 이용하는 것이며, 휘발성 산을 측정하여 그 상태를 점검하는 대신에 이 기체 분석방법을 이용할 수 있다. 이산화 탄소의 측정 결과로 휘발성 산의 측정을 대체할 수 있는 지의 여부는 경험에 의해 판단하게 된다. 생성되는 기체 중의 이산화 탄소 대 메탄의 비는 기질에 따라 달라지므로 이산화 탄소 함량 만을 기초로 하여 해석하는 것은 잘못된 결론으로 유도될 수도 있음을 당연히 생각해야 한다.

최근에 들어서 수소 농도를 혐기성 처리의 운전상태를 나타내는 또 다른 지시계로 사용하려는 시도가 있다. 수소는 32.3절에서 언급한 바와 같이 혐기성 처리에서 매우 중요한 역할을 한다. 혐기성 공정이 효율적으로 운영되기 위해서는 수소를 이용하는 메탄균에 의하여 수소 농도가 반드시 0.01% 이하로 유지되어야만 한다. 소화조에 이상 상태가 발생하는 경우 수소 농도는 약 10에서 100배까지 증가하므로, 수소 농도가 증가하는 경우에는 보다 세심하게 소화조를 관리하여야 한다. 그러나 앞으로 언급할 기체 분석법에는 수소 농도를 앞서 제시한 농도만큼 저농도로 측정할 수 없기 때문에 환원 가스 검출기(reduction gas detector)와 같은 특수한 기기적 접근이 필요하다.[2)]

33.2 분석 방법

가스의 분석에는 보통 부피 분석(volumetric analysis)이나 기체 크로마토그래피 분석 중 한가지가 이용된다. 그러나 황화 수소는 대개의 경우 그 양이 아주 적어서 이 두 방법으로 측정하지 못한다. 일반적으로 부피 분석이 상당히 정확하며, 산소, 메탄, 수소 및 이산화 탄소의 측정에 적합한 방법이다. 질소는 대개 간접적인 방법으로 측정한다. 부피 분석에는

2) D. P. S Smith and P. L. McCarty Energetic and Rate Effects on Methanogenesis of Ethanol and Propionate in Perturbed CSTRs. *Biotechnology and Bioengineering* **34**: 39(1989)

상당히 긴 시간이 소요되지만 장치가 비교적 간단하고 사용하기 전에 보정을 할 필요가 없으므로 간헐적으로 분석하는 경우에 적합하다.

기체 크로마토그래피 분석은 매우 빠른 것이 장점으로 기체에 따라서는 수분 내에 분석할 수 있다. 그러나 분석하려는 각 기체에 대하여 기기를 보정해야 하며, 오븐이 일정한 온도에 도달되도록 해야 하고, 또 검출기(detector)의 감응(response)이 안정되어야 한다. 이와 같은 요건을 반드시 갖추어야 하므로, 매주 여러 번씩 분석을 하는 곳에서는 기기를 항상 운전상태로 보존해 둘 수 있어서, 정기적인 분석업무를 수행해야 할 때 이 분석법이 적합하다. 이 방법은 부피 분석만큼 정확하지는 않으나, 실제 이용하는 데는 충분히 정확한 결과를 얻을 수 있다. 기체 크로마토그래피로는 수소, 산소, 질소, 메탄, 이산화 탄소 및 황화 수소를 분리할 수 있지만 컬럼 및 검출기(detector)가 하나인 경우 정기적인 분석에는 실용적이지 못하다. 더욱이 소화조 기체 중의 수소나 황화 수소의 양은 대개 아주 적어서 이런 농도를 정확하게 측정하기는 곤란하다. 기체 크로마토그래피는 주로 소화조 기체 시료 속에 들어있는 메탄, 이산화 탄소 및 "공기"(질소와 산소)의 상대적인 함량비를 측정하는 정기적인 분석에 아주 적합하다. 보통은 이 기체들이 관심있는 주요 성분 기체들이다.

33.3 부피 분석법

초기의 부피 분석법에서는 수소와 메탄을 동시에 천천히 연소시킨 다음 이산화 탄소와 산소를 따로 측정하는 방법을 사용하였다. 메탄의 연소로 생성되는 이산화 탄소의 양을 측정한 다음 Gay-Lussac의 결합부피의 법칙(2.9절)을 이용하여 기체 혼합물 중의 메탄과 수소의 양을 측정한다.

과거에는 수소와 메탄을 같은 장치 내에서 느린 연소를 시키는 기구가 사용되기도 하였다. 그러나 이 장치는 수소와 메탄의 측정 조작 중에 폭발이 일어날 위험성이 있으므로 사용하지 않는 것이 좋다. 보다 좋은 장치는 수소와 메탄을 분리시키는 장치이다. 수소는 혼합 기체를 산화 구리(cupric oxide)를 채운 가열장치를 통과시켜 산화하고, 메탄은 별도의 장치에서 혼합 기체를 비교적 낮은 온도에서 촉매와 접촉시켜 산소로 산화시키므로 폭발할 위험성이 전혀 없게 된다.

이산화 탄소

이산화 탄소는 기지(旣知)의 부피, 보통은 100mL의 시료를 수산화 칼륨(potassium hydroxide)의 용액과 접촉시켜 측정한다. 이산화 탄소는 수산화 칼륨과 반응하여 다음 방정식과 같이 탄산 칼륨을 생성한다.

$$\underset{1\text{ 부피}}{CO_2} + 2KOH \rightarrow \underset{0\text{ 부피}}{K_2CO_3} + H_2O \tag{33.1}$$

반응이 진행됨에 따라 이산화 탄소는 기체상(氣體相)으로부터 소모되어 없어지고 탄산 칼륨으로 바뀌어 액체상에 남는다. 따라서 이 기체의 감소된 부피가 이산화 탄소의 함량이 된다. 실제로는 기체 속에 들어 있는 황화 수소도 역시 수산화 칼륨과 다음 반응식에서와 같이 반응한다.

$$\underset{1\text{ 부피}}{H_2S} + 2KOH \rightarrow \underset{0\text{ 부피}}{K_2S} + 2H_2O \tag{33.2}$$

그러나 대개의 경우 황화 수소의 부피는 대단히 작아 무시할 수 있다.

이산화 탄소의 흡수에 수산화 나트륨 대신 수산화 칼륨을 사용하는 것은 탄산 칼륨의 용해도가 더 크기 때문이다. 수산화 나트륨을 사용하게 되면 탄산 나트륨의 침전이 생기게 되고 일부가 부상하여 모세관을 막아 기체가 이동하지 못하게 된다.

산 소

이론적으로는 혐기성 소화조에서 생성되는 기체 속에 산소가 존재할 가능성은 전혀 없다. 그러나 시료를 채취하는 동안과 기체 분석기에 주입하는 동안에 소량이 섞여 들어갈 수가 있다. 따라서 산소의 분석에도 익숙해져야 한다. 산소 함량이 0.1∼0.2 % 이상이 되면 대체로 시료의 채취와 기체 분석기로 시료를 운반할 때의 기술에 문제가 있음을 의미한다.

혐기성 처리조 기체 속의 산소는 일반적으로 알칼리성 피로갈롤(alkaline pyrogallol)을 이용하여 측정한다. 알칼리성 조건에서 피로갈롤(1,2,3-트라이하이드록시 벤젠)은 산소에 의하여 산화된다. 이 반응의 최종 생성물인 이산화 탄소와 유기산은 모두 흡수용액 중에서 칼륨염으로 된다. 만일 알칼리성 피로갈롤과 접촉시키기 전에 시료 중의 이산화 탄소를 모두 제거하였다면 시료의 부피가 감소되는 것은 산소가 제거되기 때문일 것이다.

수 소

메탄과 함께 섞여 있는 수소는 290℃∼300℃의 온도 범위를 유지시킨 산화 구리(CuO) 위로 기체 혼합물을 통과시켜 수소만을 측정할 수 있다. 이 조건에서 수소는 산화되어 물로 되나 메탄은 산화되지 않는다. 생성된 수증기를 본래의 시료 온도로 냉각하여 응축시킨 다음 측정한 시료의 부피는 본래의 부피보다 작아지게 된다. 가열된 산화 구리와 접촉된 다음에 감소 부피로부터 수소의 함량을 측정한다.

메 탄

수소를 제거한 다음 잔류기체 중의 메탄은 느린 연소법이나 촉매 산화법으로 측정할 수 있다. 두 방법 모두 산소를 사용하지만 측정 방법은 매우 다르다.

촉매 산화법(catalytic oxidation) 이 방법에서는 메탄과 산소를 포함하는 기체 혼합물을 사용하며, 발화점(kindling point) 이하의 온도에서 촉매를 이용하여 산화한다. 따라서 폭발의 위험이 없다. 필요한 산소의 부피는 다음 방정식에 의하여 결정한다.

$$\underset{1\text{부피}}{CH_4} + \underset{2\text{부피}}{2O_2} \rightarrow \underset{1\text{ 부피}}{CO_2} + \underset{0\text{ 부피}}{2H_2O} \tag{33.3}$$

즉, 메탄 1부피를 산화시키는 데는 산소 2부피가 필요하며, 1부피의 이산화 탄소가 생성된다. 생성된 2부피의 수증기는 최종 기체 부피를 측정하는 온도에서는 응축되어 물이 되므로 0부피로 된다. 메탄 1 부피에 대하여 산소는 2부피가 소요된다. 반응을 확실히 완결시키기 위해서는 과잉이 되도록 최소한 2.5 부피를 공급하여야 한다.

이산화 탄소, 산소 및 수소에 대한 분석을 끝낸 다음 메탄을 포함하는 잔류 기체의 부피는 초기에 100 mL를 사용하였을 경우, 약 60～70 mL 정도가 된다. 분석장치 속에서 직접 60～70 mL의 기체와 이것의 2.5배 부피의 산소를 섞는 것은 불가능하다. 100 mL들이 뷰렛을 사용할 때, 시료 부피 2.5배의 산소를 혼합할 수 있는 메탄 시료의 최대 크기(maximum-size)는 약 28 mL이다. 대개는 시료크기가 20～25 mL 정도가 되도록 여분의 잔류 기체를 빼어 버린다. 그러나 이 기체를 버리기 싫은 경우에는, 이 과잉분을 산소 흡수 피펫 속에 저장하고, 필요한 때 사용할 수 있도록 한다. 다음으로 이렇게 조절한 양의 시료와 산소를 섞고, 이 기체 혼합물을 촉매와 접촉시킨다.

연소 반응에 사용한 기체중 메탄 함량은 두 가지 방법으로 결정한다. 식 (33.3)에서 알 수 있듯이, 1 부피의 메탄을 산화시키는 데는 2 부피의 산소가 소비되며, 1 부피의 이산화 탄소가 생성된다. 감소된 기체의 부피는 소비된 산소의 양이다. 이 양은 메탄의 2배에 해당하는 것이므로,

$$\text{메탄의 부피} = \frac{1}{2}(\text{감소된 전체 부피})$$

전체 감소된 부피를 측정한 후의 잔류 기체 속에는 본래의 메탄과 같은 부피의 이산화 탄소가 들어 있게 된다. 이 혼합 기체를 수산화 칼륨 용액과 접촉시킨 다음 흡수된 잔류 기체의 부피를 측정해서도 분석할 수 있다.

메탄의 최종 함량은 메탄이 포함된 시료 중 실측에 사용한 몫으로부터 구한 값을 전체 부피로 수정한 것을 기준으로 하여 계산하여야 한다. 예로 이산화 탄소, 산소 및 수소를 제거한 다음의 부피가 65 mL이었고, 그 중 25 mL를 메탄을 측정하는 데 사용하였다면, 여기서 얻어진 값에 65/25의 인자를 곱하여 메탄의 백분율(%)을 구해야 한다.

느린 연소법(slow combustion) 메탄을 느린 연소법으로 분리 측정하는 것은 일반적으로 보급된 방법은 아니다. 이 방법에서의 분석 절차는 수소와 메탄의 혼합 측정에서와 본질적으로 같다. 자료의 해석도 촉매 산화법에서 설명한 것과 같은 방식으로 한다.

질 소

질소는 비활성 기체이므로 보통은 기체 분석과정이 끝날 때까지 변하지 않고 그대로 남게 된다. 질소의 이와 같은 성질로부터 최종 잔류기체는 질소만을 포함한다고 생각할 수 있다. 관례적으로 질소의 함량은 100에서 이산화 탄소, 산소, 수소 및 메탄 함량 퍼센트(%)의 합계를 빼어 구한다. 이 차이는 비활성 기체의 함량을 나타내는 것이며, 이것을 질소 함량으로 보고한다.

오차(誤差)의 발생원

기체 분석에서 중요한 오차 발생원은 다음의 다섯 가지가 있다.

시료의 채취, 보관, 취급 시료를 채취할 때 특별히 주의를 기울이지 않으면 공기가 섞여 시료가 오염된다. 시료는 항상 유리나 금속 채취관에 채취하도록 하며, 오랜 기간 동안 보관해야 할 때는 특히 이러한 용기를 사용해야 한다. 탄성 고무로 된 기구(氣球)는 수소와 메탄이 투과해 나가므로 부적당하다. 시료 채취관으로부터 기체 시료를 분석장치로 옮기기 위해서는 치환용 유체(displacing fluid)가 필요하며, 이 과정에서 시료에 약간의 변형이 일어날 수 있다. 또 분석장치의 입구에서 약간의 공기가 섞여들 수도 있다.

차단 유체(confining fluid) 수은은 모든 기체에 불용성(不溶性)이므로 이상적인 차단유체이기는 하나, 밀도가 크고, 값이 비싸며, 인체에 유해할 수 있기 때문에 오늘날에는 거의 사용하지 않는다. 일반적인 용도, 즉 고도의 정밀성이 요구되지 않는 경우에는 약간 낮은 차단성을 가진 유체를 사용할 수 있다. 물은 이와 같은 용도로 사용하기에는 대부분의 기체에 대한 용해력이 너무 커서 부적합하다. 그러나 20%의 황산 나트륨과 5%의 황산을 포함하는 수용액은 용해력이 현저히 줄어들게 된다. 보통의 휴대용 분석장치에는 이 혼합물 용액이 사용되나 분석결과에 약간의 오차가 있게 된다.

메탄의 불완전 연소 메탄을 연소시킬 때 연소 초기에는 산소가 높은 농도로 존재하게 되나, 연소가 진행됨에 따라 소모되고 또 생성된 이산화 탄소에 의해 회석(dilution)이 되어, 산소의 농도는 현저하게 줄어든다. 산소의 부피가 기체 시료 크기의 2.5배로 유지되지 않으면 산소부족 현상이 생기게 된다. 불완전 연소는 실제보다 질소 함량이 높아지고 메탄 함량은 낮아지는 오차의 원인이 된다.

온도의 변화 기체 분석에서는 작은 온도 변화에도 심각한 오차가 생길 수 있다. 이것은 특히 높은 온도에서 반응을 시켜 측정하게 되는 수소와 메탄에서 중요하다. 연소가 끝난 후, 기체의 온도가 본래의 온도로 완전히 돌아가기 전에, 남은 부피를 측정하기 쉽다. 이렇게 되면 경우에 따라 양(陽)이나 음(陰)의 오차가 생기게 된다.

33.4 기체 크로마토그래피 분석

기체 크로마토그래피는 기체 분석을 정기적으로 수행할 때 사용하기 좋은 빠르고 간단한 방법이다. 이 방법의 원리에 대하여는 앞서 12.4절에서 설명하였다. 혐기성 처리조의 기체 분석에는 대체로 열전도도 검출기(thermal conductivity detector)를 장착한 기기를 사용하며, 시료 기체가 기기를 통과해 가도록 하는 운반기체(carrier gas)로는 보통 헬륨(He)을 사용한다. 분석에 필요한 기체 시료는 단지 1～2 mL 정도이며, 시린지(syringe)를 사용하여 기기에 주입한다. 기기에 따라서는 기체 시료 주입구(gas sampling port)가 장치되어 있어서 시료의 측정과 주입이 간단히 이루어지도록 한 것도 있다.

기체 크로마토그래피의 사용에서 가장 중요한 사항의 하나는 기체를 성분별로 분리하는 컬럼에 사용하는 충전 물질(packing material)의 선택이다. “Standard Methods”에는 이 기체들을 분리하는 데 특히 유효적절하면서 현재 시판되고 있는 충전물질들이 수록되어 있다. 혐기성 처리조 기체의 정기적 분석을 위해서는 공기(산소와 질소), 메탄 및 이산화 탄소를 분리하는 컬럼이 필요하다. 그러나 공기 중의 두 성분들도 분리할 수 있는 컬럼들을 사용하는 것이 바람직하다. 여기에서도, 부피 분석법에서 설명한 바와 마찬가지로, 산소의 함량을 측정하여 시료의 채취가 적절하게 이루어졌는지를 확인할 수가 있다.

대부분의 기기들이 충분히 안정된 상태에서는 일정한 운전온도와 기체 유속에서 기체 크로마토그램의 봉우리 높이(peak height)와 기체 성분의 농도 사이에 일차식이 성립된다. 순수한 기체를 여러 가지 다른 부피로 기체 크로마토그래피에 주입하여 얻은 기체 부피 대 피이크 높이를 도시하여 표준 곡선으로 작성한다. 시료 중의 주어진 기체의 부피 백분율(%)은 그 측정된 부피를 주입한 시료 전체부피로 나누어 구한다.

열전도도 검출기는 시간이 경과함에 따라 감도(感度)가 떨어지며, 따라서 주어진 기체 부피에 대한 피이크 높이의 감소는 메탄, 이산화 탄소 및 공기에 대하여 같은 비례로 나타나는 것으로 알려져 있다. 혐기성 처리조 기체는 거의 모두 이 기체들로 구성되어 있으므로, 이들 기체 각 농도의 합계는 거의 100%가 된다. 그러므로 검출기의 감도가 떨어져서 이 합계 이하로 현저하게 감소되어도, 별다른 분석 오차를 나타내지는 않게 된다. 즉 각 성분에 대한 백분율(%)은 각각의 합계가 100%가 되도록 비례적으로 계산하여 보정하면 된다. 예로 만일 측정한 세 성분들의 백분율(%)의 합계가 90이고, 또 측정된 메탄의 백분율이 54%이었다면, 그 실제 백분율(%)은 54(100/90), 즉 60%로 된다.

오차의 발생원

부피 분석법에서와 마찬가지로 시료의 채취, 보관 및 취급에서 오차가 생길 수 있다. 또한 기기의 온도 변화 또는 운반기체 유속의 변화, 검출기 감도의 변화, 컬럼 충전물질의 변질 및 주입된 기체 시료부피의 부정확성 등은 모두 오차가 생겨나는 원인이 된다. 혐기성 처리조 가스는 메탄, 이산화 탄소 및 공기의 백분율(%)의 합계가 100%에 가까워야 한다. 만일 그렇게 되지 않았다면, 이는 위의 여러 가지 오차 발생원들 중의 어느 하나에서 원인을 찾을 수 있을 것이다.

|33.5| 황화 수소

황화 수소(hydrogen sulfide)의 측정은 가스를 가스 엔진용 연료로 사용하려고 할 때 특히 중요하다. 대부분의 엔진제작자들은 부식에 의한 손상을 방지하기 위해 연료 기체중에 황화 수소(H_2S)가 50 grain/100 ft^3(1.14 mg/L) 이상이 되지 않도록 규정하고 있다.

가스 속의 황화 수소는 일반적으로 Tutweiler장치를 사용하여 측정한다. 기본적인 분석 절차는 다음과 같다. 기체 시료를 소량의 녹말 지시약(starch indicator)이 들어 있는 장치에 넣는다. 소량의 아이오딘 표준 용액을 세 개 잘 흔들어 섞으면서 조금씩 가한다. 아이오딘은 황화 수소와 다음 반응식에서와 같이 반응한다.

$$H_2S + I_2 \rightarrow 2HI + S \tag{33.4}$$

아이오딘이 충분히 가해져 황화 수소가 모두 산화되고 나면, 여분의 아이오딘에 의하여 녹말 지시약이 전형적인 푸른색을 나타내게 된다. 아이오딘 용액의 세기로부터 황화 수소의 농도를 계산한다.

|33.6| 가스 분석 자료의 용도

기체분석은 기체의 연료로서의 가치에 대한 자료가 중요한 폐수처리장에서 널리 사용되고 있다. 또한, 가스 구성비에 대한 정보는 휘발성 산, pH 그리고 다른 분석치에 대한 보조 정보 또는 일부 분석치의 대체 정보로서 소화조의 운영을 조절하는 데 큰 도움이 될 수 있다. 정상적인 운영 상황하에서는 메탄 및 이산화 탄소의 구성비가 크게 변하지 않는다. 가스 구성비가 크게 변하는 것은 처리공정 운영상태의 변화 또는 폐수 및 슬러지의 구성비 또는 유입량 변화를 나타내는 신호로 받아들일 수 있다. 따라서, 이와 같은 변화는 보다 세심하게 처리공정을 관찰하고 통제할 필요를 제시하는 경계 신호로 사용될 수 있다.

황화 수소의 측정 결과는 슬러지 가스를 가스엔진의 연료로 사용할 때, 특히 폐수 중의 황산염 함량이 높은 지역에서 계속 중요한 고려사항이 될 것이다.

연습문제

33. 1 기체 분석은 혐기성 폐수처리 공정의 제어에 어떻게 이용되고 있는가?

33. 2 혼합기체를 크로마토그래피에 의하여 분리하는 원리를 설명하여라.

33. 3 (a) 부피 분석법에서 시료 중의 질소의 분율은 어떻게 결정하는가?

(b) 이 방법으로 질소 함량을 결정할 때 특히 중요한 오차 발생원은 어떤 것들이 있는가?

참고문헌

Clesceri, L. S., A. E. Greenberg, and A. D. Eaton (eds.): "Standard Methods for the Examination of Water and Wastewater," 20th., American Public Health Association, Washington, DC, 1998.

CHAPTER 34

미량 오염물질

|34.1| 개 요

식품에 함유된 미량 유기오염물질과 미량 무기오염물질에 대해서는 오래 전부터 조사가 이루어져 왔으며[1] 1960년대 이후에는 공공급수 분야에서도 그 관심이 증대하고 있다.[2] 여기에서 미량(trace)의 뜻은 1 mg/L 이하의 낮은 농도를 말한다. 사람들은 물이나 공기에 함유된 오염물질에 주된 관심을 기울이나 물에 함유된 화학적 오염물질이 인체에 끼치는 영향을 대해서는 역학적인 연구나 통계학적인 연구를 통해 쉽게 규명할 수 없다. 이는 식품이나 물의 경우 인체의 소화기나 신장, 간 등의 주요 기관에 함유되어 있기 때문이다. 보통 식품이 물보다 인체에 끼치는 영향이 큰 것으로 생각되나 최근 많은 역학적 조사에서는 몇몇 건강장애(낮은 출생률, 태아 성장저해, 암)가 먹는물의 오염과 관련이 있을 것이라고 보고된 바 있다. 이러한 점에서 합성 유기화학물질은 매우 중요하므로 몇 가지 유기화합물질에 대해서 먹는 물에서 기준을 설정하여 규제하고 있으며, 그 항목은 점차 증가되고 있는 실정이다.

공공급수에서 미량 유기 또는 물기물질은 식물이나 동물과 같은 자연 발생원이나 합성 유기화학산업에서 유래된다. 지표수에는 많은 양의 미량물질이 함유도리 가능성이 많으며, 지하수 또한 예외는 아니다. 특히 일부 천층수의 경우에는 많은 양의 산업용 화학물질을 함유한 경우도 있다. 지표수에는 조류(algae)나 균류(fungi)로부터 용출된 맛과 냄새의 원인이 되는 다양한 화학물질이 함유되어 있다. 다이메틸 설파이드와 같은 황 함유 화합물과 메틸 머캅탄, 아이소프로필 머캅탄, 뷰틸머캅탄 등의 머캅탄류가 여기에 포함된다. 조류인

1) National Research Council, Committee on Food Protection, "Toxicants Occurring Naturally in Foods," National Academy of Sciences, Washington, DC, 1973.
2) AWWA Committee Report, Organic Contaminants in Water, *J. Amer. Water Works Assoc.*, **66**: 682 (1974).

actinomycetes로부터 유래된 지오스민(geosmin)도 이러한 화합물질의 일종이다.[3]

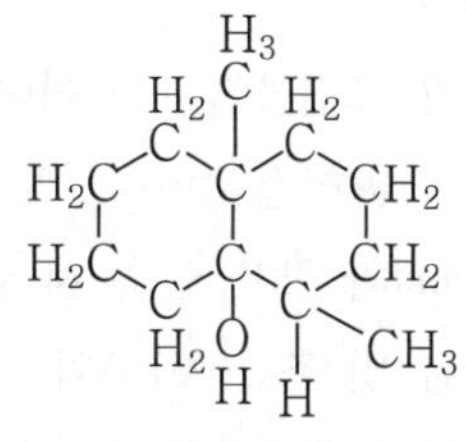

지오스민

식물체의 분해작용에 의해서는 높은 굴절특성을 가진 착색 물질들이 용출된다. 탄닌(tannin)을 제외하고 이러한 착색 물질의 특성에 대해서는 알려진 바가 없으나 이러한 물질들을 대부분이 중합체이고 분자량이 크며 페놀의 성질을 가지고 있다. Christman과 Minear[4]에 따르면 분자구조는 다음과 같다.

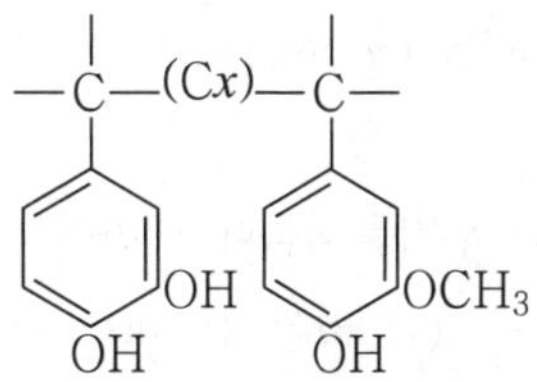

이러한 물질들은 토양 유기물에 함유된 부식토(humus)와 유사하므로 보통 휴믹물질(humic materials)이라고 한다. 인간과 동물의 배설물에는 용해성 내화 유기물질이 함유되어 있으며, 이러한 물질들과 고도처리 방식에서조차 처리되지 않고 배출수에 함유되게 된다. 어류나 개구리, 거북, 뱀 등과 같은 수생 동물의 배설물에도 이와 같은 내화성 물질이 함유되어 있다고 생각하는 것은 당연하다. 인간의 배설물에 있는 용해성 내화 유기물질은 크게 음식물 중에서 체내에 흡수되지 않는 물질이나 신장과 간장에서 배설된 노폐물이 원인이 된다. 온혈이나 냉혈동물의 배설물에서 유래한 미량 유기물질이 함유된 공공급수가 심미적 영향 이외에 공중보건학적 위해성을 나타낸 근거는 거의 없다. 예외가 가능한 것은 염소 처리과정에서 물에 함유된 휴믹물질이 클로로폼과 할로젠화 유기화합물을 생성하게 된다는 것이다.

하지만 공공급수에서 미량오염물질과 관련된 주요한 관심사로는 폐수 방류로 인해 지표수와 지하수에 유입된 다양한 합성 화학물질, 도시화와 산업화로 인한 합성물질, 육상과

3) D. Jenkins, Effects of Organic Compounds-Taste, Odor, Color, and Chelation, Organic Matter in Water Supplies; Occurrence, Significance, and Control, in V. L. Snoeyink and M. F. Whelan (eds.), *Univ. Illinois Bull.,* 70: 15 (June 4, 1973).

4) R. F. Christman and R. A. Minear, Organic Compounds in Aquatic Environments, in S. D. Faust and J. V. Hunter (eds.), p. 119, Marcel Dekker, New York, 1971.

해상 수송과정에서 사고로 인한 누출, 그리고 이러한 물질들의 무분별한 사용이나 환경으로의 무분별한 배출 등을 들 수 있다.

문헌에 나타나고 있는 최초의 미량 오염물질은 납이며, 이는 납 급수관이 널리 이용되었기 때문에 이에 대한 정밀검사에서 밝혀진 것이다. 보호피복(protective coating) 방법이 개발되지 않았던 시기에 New England와 같은 연수 지역(soft water area)에서 특히 이 문제가 심각하였다. 아연과 구리도 도금 및 조류(藻類)의 성장 억제를 위한 구리염의 사용이 증가되면서, 각각 1923년과 1926년부터 문제가 되기 시작하였다. 거의 비슷한 때, 요오드화물(iodide)이 일부 수돗물, 특히 Pennsylvania의 수돗물 중에 상당한 양이 들어있는 것이 발견되었다. 1931년에는 Churchill이 과다한 플루오르화물(fluoride)이 치아의 법랑질에 반점이 생기는 것과 관계가 있음을 밝혀내었다. 철과 망간을 다룬 문헌들도 대단히 많으며, 이들은 공중보건에 대한 우려보다는 주로 이 금속들로 인해 생겨나는 불쾌감 때문에 관심의 대상이 되고 있다. 구리와 아연 이외에 공중보건에 중요한 무기물질들의 농도를 제한하는 미국 Public Health Drinking Water Standards가 제정된 것은 1962년에 이르러서였다.

공중보건과 수질공학에서 미량의 무기물질들에 대하여 다시 주목하게 된 것은 다음의 네 가지 중요한 요인에서 비롯된다. 즉, (1) 일본의 Jintsu강의 카드뮴이 들어있는 물을 마신 농부들 사이에 발생했던 "이타이-이타이"(아프다-아프다)병의 발생, (2) 실험실과 주로 염소 제조 산업체로부터 배출된 금속 수은이 메틸 수은으로 전환된 후, 수중생물(水中生物)에 축적되어 주로 물고기를 통해 천연 먹이 연쇄를 따라 사람에게 옮겨지는 사실의 발견, (3) 특정한 형태의 유기물 및 무기물이 발암성을 지닐 수 있다는 사실의 입증, (4) 미국 내 많은 지역에서 상수(上水)의 보충을 위한 폐수의 고의적인 재순환(purposeful recycling)이 내포한 위험성의 확인.

1962년에 Rachel Carson이 저술한 "침묵의 봄"[5]이 출판된 후에는 농업과 삼림에 광범위하게 사용되는 살충제와 제초제, PCB(polychlorinated biphenyl), 그리고 다양한 할로겐화 유기화합물에 대해 특별한 관심이 기울여지게 되었다. 과거에는 이러한 화합물질들이 수생 식물이나 동물의 조직에 저장되거나 농축되어 생식작용에 영향을 미치게 될 가능성에 대해 관심을 가져왔으나 더욱 중요한 점은 이러한 동물을 섭취하는 인간에게 잠재적인 위험성이 있다는 것이다. FDA에서는 미시간호에서 잡힌 Coho 연어에서 비정상적인 PCB가 검출된 후에 연어의 판매를 금지시킨 것이 한 예이다.

DDT, 2,4-D, 2,4,5-T, PCB, chlordane 등과 같은 염소화 유기화합물은 생물학적 분해과정에서 저항성이 있으므로 특별히 고려되어져야 한다. 1970년대에 염소화 화합물의 발생원이 새롭게 밝혀졌다. 이것은 소독을 위해 사용되는 염소와 관계가 있었으며 염소소독이

5) R. Carson, *Silent Spring*, Houghton Hifflin Co., Boston (1962).

실시되는 하수 배출구 아래에 위치한 하천에 서식하는 물고기가 사멸한다는 많은 연구 보고서로 인해 그 위험성은 더욱 고조되었다. 이러한 결과들은 70년 동안 질병을 예방하는 데 큰 역할을 해온 음용수의 소독제로서 염소 사용의 안정성에 심각한 의구심을 불러일으키게 되었다.

1974년 New Orleans와 Cincinnati의 공공급수에 대한 연구에서 166종의 유기화합물이나 유도체(염소나 브롬 유도체)가 분리, 확인되었다. New Orleans에서 검출된 유기 화합물의 대부분은 1 μg/L 이하를 나타내었으며, 많은 것이 1～10 μg/L 범위를 나타냈으나 클로로폼은 6개의 최종 급수시설에서 40～150 μg/L 범위를 나타냈다. 비슷한 농도의 클로로폼이 다른 지역들에서도 검출되었으며, 이러한 결과는 염소와 자연적으로 발생되는 유기화합물과의 반응에 의해 생성되는 것으로 밝혀졌다.

한때 이러한 것은 단지 지표수가 미량 유기물질로 오염되었기 때문으로 생각되었으나 1980년대 초반에 조사된 연구에서는 지하수를 급수하는 경우에도 오염이 된 것으로 밝혀졌다. 몇몇 연구에서는 미국 도시 지하수의 1/4～1/3이 합성 유기물질이나 무기물질로 오염된 것으로 보고되고 있다. 트라이클로로에텐, 테트라클로로에텐, 1,1,1-트리클로로에탄, 다이클로로메탄과 같은 염소화 용매나 바이닐클로라이드와 같은 분해산물, 석유계 탄화수소인 BTEX 그룹 등은 가장 빈번하게 검출되는 오염물질이다. 크롬, 수은, 비소 그리고 다른 많은 유해 무기물질 또한 발견된다. 유해폐기물의 폐기, 사고로 인한 누출, 저장탱크의 누출 등이 발생된 지점에서 오염물질의 농도는 μg/L에서부터 10～100 mg/L까지의 범위를 나타낸다.

상수원수의 경우에는 정상적인 상태에서는 유기물질이나 무기물질의 농도가 심각한 질병이나 사망에 이를 정도의 독성범위를 나타내는 것은 전혀 고려할 필요가 없다. 규명된 여러 화합물질 중에는 중추신경계에 영향을 미치거나 발암성을 가진 것으로 알려진 것도 있으며 기형성이나 변이원성을 가진 물질이 존재할 가능성도 있다. 이러한 화합 물질들의 일부는 출산 결함, 태아 성장저해, 중추신경계 장애 또는 기타 건강상에 악영향을 끼칠 수 있다. 공공급수에서 이러한 물질의 중요성은 앞에 설명된 이유로 확신하기는 어려우나 발생원을 관리하고 적정한 수처리를 통해 이러한 물질들의 존재를 최소화하기 위한 모든 노력을 기울여야 한다. 최근에는 물에서 내분비계 장애물질에 대한 관심이 집중되고 있다.

또한 끊임없이 증대되고 있는 관심사로는 대기중의 미량 오염물질에 관한 문제이다. 수백만 킬로그램의 무기, 유기물질이 화석연료의 연소뿐 아니라 다양한 산업공정에서 대기중으로 배출된다. 미국에서는 1991년에 통과된 공기청정법(Clean Air Act)으로 인해 유독물질, 즉 공기 중에 존재하는 미량 오염물질의 존재여부에 많은 관심을 기울이게 되었다. 대기중에서 미량 오염물질의 폭로 농도와 폭로 기간 등을 평가하는 것은 수질에 비해 어려우므로 그로 인한 건강 영향을 파악하는 것은 더욱 어려운 문제이다.

|34.2| 안전한 음용수법

상수 문제의 위험성은 1972년에 미국 국회로 하여금 Safe Drinking Water Act(SDWA)로 알려진 Public Law 93-523을 제정하게 하였다. 이 법을 해석하고 미국 내 모든 공공 급수시설에 적용되는 먹는물 수질기준을 수립하는 것을 새로 탄생된 Environmental Protection Agency(EPA)에 의뢰되었다. SDWA는 1986년에 수정안이 통과되어 보다 강력하게 되었다. SDWA에 따라 규제대상 미량 오염물질(특히 유기 오염물)의 수가 크게 증가하였다.

SDWA는 EPA로 하여금 건강과 관련된 오염물질에 대하여 법 집행이 가능한 1차 먹는물 기준(Primary Drinking Water Standards)과 먹는물의 심미적인 기준에 악영향을 미칠 수 있는 오염물질에 대하여 법 집행이 불가능한 2차 먹는물 권고치(secondary Drinking Water Guideline)를 수립할 것을 요구하였다. 1차 기준에는 최대 오염물 농도(maximum contaminants levels, MCLs)가 수록되어 있으며, 2차 권고치에는 2차 최대 오염물 농도(secondary maximum contaminants levels, SMCLs)가 수록되어 있다. 미국 연방정부는 단지 법 집행이 가능한 MCLs를 담당한다. SMCLs는 용수 공급자와 국민을 위한 권고치로 사용되지만, 때때로 주정부 수준에서의 법집행을 위하여 사용되기도 한다.

법집행이 가능한 MCLs 이외에도 EPA는 건강과 관련된 각각의 물질에 대하여 법집행은 불가능하지만 최대 오염물 농도 목표(maximum contaminants level goal, MCLG)를 정하였다. MCLG는 적절한 안전율의 범위 내에서 인체 건강에 알려지거나 예상되는 악영향이 없는 농도를 기준으로 설정되었으며, 그 목표를 달성하기 위하여 필요한 비용과는 무관하다. MCLs는 분석기기의 한계성, 최선 기술, 처리 기술, 기준을 달성하기 위한 기타 방법, 그리고 경제적 제약을 고려하여 가급적 MCLGs에 근접하도록 정하였다. EPA는 발암성 물질이라고 알려져 있거나 가능성이 있는 물질의 MCLGs는 0로 정한다는 방침을 적용하고 있다. 이 같은 방침은 발암 물질은 비록 가능성은 매우 낮지만 단 하나의 물질이라도 암을 유발할 수 있기 때문에 한계 농도(threshold concentration)가 있을 수 없다는 가정에 기초하고 있다. MCLG가 0이라는 것은 전혀 없다는 것이다. 그러나 모든 분석법에는 검출 한계가 있기 때문에 0이라는 것은 개념일 뿐이며 실제로 측정되거나 법으로 집행할 수 있는 성질의 것은 아니다. 비발암성 물질에 대한 MCLGs는 오염물에 장기에 걸친 노출에도 영향이 없는 수준을 기준으로 하고 있으며, 여기에는 안전율도 포함되었다. 이는 일정 한계(threshold)까지는 생물체가 독성물질을 무해화하거나 허용할 수 있다는 가정에 근거를 두고 있다. 따라서 비발암성 물질에 대한 MCLs와 MCLGs는 같은 경우가 종종 있다.

EPA는 또한 SDWA에 근거하여 추후 먹는물 수질기준에 우선적으로 추가될 오염물질 목록을 제정하였다. 이 목록에 등재될 화학물질은 건강에 악영향을 끼치고 공공급수 시설에서 빈번히 검출되며, 그 독성이 공중보건에 위해를 가할 정도로 농도가 높은 물질로 EPA는 이러한 물질들을 SPWA에 설정하여야 하는지의 여부를 결정하기 위한 평가 절차를 거치게 된다. 이 목록에 가솔린에 함유되어 있는 MTBE(methyl tert-butyl ether)와 로켓 연료인 퍼클로레이트(ClO_4^-)가 설정되어 있으며, 이러한 물질들은 최근 많은 오염된 지하수에서 검출되는 것으로 보고 있다. MTBE는 5.7절을, 퍼클로레이트는 34.5절을 참고하라.

먹는물 수질기준은 WHO에서도 제정하고 있으며, 이 기준치는 각 나라에서 건강에 유해성이 있는 것으로 알려진 오염 물질의 농도를 최소화하도록 적절하게 관리하면 공공급수의 안전을 확보할 수 있는 기준농도로서 이용될 수 있다. WHO의 기준은 강제 규정이 아니고 환경, 사회, 경제 문화 등이 균형 있게 잘 발달된 나라들에서 적용하기 위한 기준이다. 일반적으로 WHO의 수질기준 항목은 EPA의 1차 또는 2차 기준보다 많은 항목이 설정되어 있다.

|34.3| 먹는물 수질 기준

2002년 현재 미량 유기 오염물질 및 무기 오염물질에 대한 미국 EPA와 WHO의 먹는물 수질 기준은 각각 표 34.1 및 34.2에 나타나 있다. 미량 오염물질에 대한 2차 최대 오염물 농도는 표 34.3에 나타내었다. 에피클로로하이드린(epichlorohydrine), 아크릴아마이드(acrylamide), 구리, 납과 같은 일부 물질에 대한 MCL은 수치로 기준을 정하지 않고 최선의 적용 가능한 처리 기술(best available treatment technology)을 적용할 것이라고 명시하고 있다. 이와 같은 사항은 오염물의 감시가 경제적 또는 기술적으로 가능하지 않다고 판단될 때 허용된다. 에피클로로하이드린과 아크릴아마이드는 응집보조제에 포함된 불순물로서 정량적으로 측정하는 것이 어렵기 때문에 수처리에 사용되는 화학약품에기준치 이상 포함되지 않은 것을 확인하면 된다. 구리와 납은 흔히 가정의 급수관 등에서 부식에 의하여 발생하기 때문에 MCL로 규제하기 어려운 물질이다. 따라서 처리장에서 급수되거나 배수관망에서 채취한 시료에 이들 물질이 없다고 하여도 수돗물에도 없다고 생각할 수는 없다. 이 경우 MCLs를 만족시키기 위해서는 감시, 부식 통제, 국민 신고(public information), 그리고 관 교체 등을 포함한 매우 복잡한 수처리 기술을 사용하여야 한다.

표 34.1 미량 유기 화학물질에 대한 미국 EPA와 WHO의 먹는물 수질 기준

오염물질	EPA		WHO
	MCLG, mg/L	MCL, mg/L	기준, mg/L
Pesticides and herbicides			
Alachlor	Zero	0.002	0.02
Atrazine	0.003	0.003	0.002
Carbofuran	0.04	0.04	0.007
Chlordane	Zero	0.002	0.0002
Dibromochloropropane(DBCP)	Zero	0.0002	0.001
2,4-D	0.07	0.07	0.03
1,2-Dichloropropane	Zero	0.005	0.04
Diquat	0.02	0.02	0.01
Endrin	0.002	0.002	
Ethylene dibromide(EDB)	Zero	0.00005	
Heptachlor	Zero	0.0004	0.00003
Heptachlor epoxide	Zero	0.0002	0.00003
Lindane	0.0002	0.0002	0.002
Methoxychlor	0.04	0.04	0.02
Pentachlorophenol	Zero	0.001	0.009
Picloram	0.5	0.5	
Simazene	0.004	0.004	0.002
Toxaphene	Zero	0.005	
2,4,5-TP(Silvex)	0.05	0.05	0.009
Disinfection byproducts			
Bromate	Zero	0.010	0.025
Chlorite	0.8	1.0	0.02
Haloacetic acids(total)		0.060	
Monochloroacetic acid			
Dichloroacetic acid	Zero		0.05
Trichloroacetic acid	0.3		0.1
Bromoacetic acid			
Dibromoactic acid			
Trihalomethanes(total)		0.080	
chloroform			0.2
Bromodichloromethane	Zero		0.06
Dibromochloromethane	0.06		0.1
Bromoform	Zero		0.1
Cyanogen chloride(as CN)			0.07
Chlorinated solvents and related chemicals			
Carbon tetrachloride	Zero	0.005	0.002

1,2-Dichloroethane	Zero	0.005	0.03
1,1-Dichloroethene	0.007	0.007	0.03
cis-1,2-Dichloroethene	0.07	0.07	0.05
trans-1,2-Dichloroethene	0.1	0.1	0.05
Dichloromethane	Zero	0.005	0.02
Tetrachloroethene	Zero	0.005	0.04
1,1,1-Trichloroethane	0.02	0.2	2
1,1,2-Trichloroethane	0.003	0.005	
Trichloroethene	Zero	0.005	0.07
Vinyl chloride	Zero	0.002	0.005
Aromatic hydrocarbons			
Benzene	Zero	0.005	0.01
Benzo(a)pyrene	Zero	0.0002	0.0007
Ethylbenzene	0.7	0.7	0.3
Styrene	0.1	0.1	0.02
Toluene	1	1	0.7
Xylenes(total)	10	10	0.5
Other chlorinated synthetic organic compounds			
Chlorobenzene	0.1	0.1	0.3
p-Dichlorobenzene	0.075	0.075	0.3
o-Dichlorobenzene	0.6	0.6	1.0
1,2,4-Trichlorobenzene	0.07	0.07	0.02
Hexachlorobenzene	Zero	0.001	
Hexachlorobutadiene			0.0006
PCBs	Zero	0.0005	
Dioxin(2,3,7,8-TCDD)	Zero	$3(10)^{-8}$	
Epichlorohydrin	Zero	TT*	0.0004
Hexachlorocyclopentadiene	0.05	0.05	
Other nonchlorinated synthetic organic compounds			
Acrylamide	Zero	TT*	0.0005
Dalapone	0.2	0.2	
Di(2-ethylhexyl)adipate	0.4	0.4	0.08
Di(2-ethylhexyl)phthalate	Zero	0.006	0.008
Dinoseb	0.007	0.007	
EDTA			0.6
Endothall	0.1	0.1	
Glyphosate	0.7	0.7	
Nitrilotriacetic acid			0.2
Tributyltin oxide			0.002
Oxamyl(vydate)	0.2	0.2	

*최선의 적용가능 처리기술

표 34.2 미량 무기 오염 물질에 대한 미국 EPA와 WHO의 먹는물 수질 기준

오염물질	EPA		WHO
	MCLG, mg/L	MCL, mg/L	기준, mg/L
Metals			
Antimony	0.006	0.006	0.005
Barium	2	2	0.7
Bery llium	0.004	0.004	
Boron			0.5
Cadmium	0.005	0.005	0.003
Chromium (total)	0.1	0.1	0.05
Copper	1.3	TT*	2
Lead	Zero	TT*	0.01
Manganese			0.5
Mercury	0.002	0.002	0.001
Nickel	0.1	0.1	0.02
Selenium	0.05	0.05	0.01
Thalium	0.0005	0.002	
Uranium			0.002
Others			
Arsenic	Zero	0.01	0.01
Asbestos	7 MFL†	7 MFL†	
Cyanide	0.2	0.2	0.07

* 최선의 적용가능 처리기술

† 1,000,000 섬유/L(Million fibers/L)

표 34.3 심미적 영향 미량 오염물질에 대한 미국 EPA 먹는물 2차 기준과 WHO의 먹는물 수질기준

오염물질	EPA	WHO
	2차 기준 mg/L	기준 mg/L
Aluminum	0.05 ~ 0.2	0.2
Copper	1	1
Foaming Agents	0.5	
Hydrogen sulfide		0.05
Iron	0.3	0.3
Manganese	0.05	0.1
Silver	0.1	
Zinc	5	

비록 독성이 강한 물질이라도 환경에서 쉽게 분해되는 물질은 먹는물 수질 기준에 규제를 받지 않는다. 그 예의 하나는 인 계의 파라티온 농약인데, 이는 물에서 쉽게 가수분해된다. 그러나 이 같은 점은 이들 물질이 물에 존재하여도 걱정할 필요가 없다는 것은 아니며, 단지 이들 물질이 먹는물에서 유해한 수준으로 존재할 가능성이 매우 낮다는 것을 의미한다.

미량 오염물질은 통상적으로 유기 및 무기 오염물질로 나뉘어진다. 유기 오염물질에 대하여는 5장에서 상세히 토의되었기 때문에 여기서는 단지 일반적인 사항만을 언급하였다. 그러나 미량 무기 오염물질에 대하여는 이 책에서 간단하게 다루었기 때문에 보다 일반적인 토의를 34.5절에 수록하였다.

34.4 미량 유기 오염물질

먹는물에서 규제하는 대부분의 유기 오염물질은 인간이 합성한 염소 화합물이다. 농약 및 제초제는 가장 대표적인 종류의 하나로서 이들 물질이 치사성(lethal property) 때문에 사용되고 있는 점을 고려하면 놀랄 바가 아니며, 따라서 가장 먼저 규제 대상이 되어야 한다. 이들 중 카보퓨란(carbofuran)과 다이켓(diquat)을 제외한 대부분의 물질은 할로젠 화합물이다. 유기염소화합물들도 먹는물에서 규제되고 있는 미량 유기 오염물질의 상당 부분을 차지하고 있다. 할로젠 화합물은 일반적인 독성, 비교적 높은 소수성(hydrophobicity, 이는 이들 물질이 지방에 축적되도록 한다), 많은 사용량, 그리고 생분해의 저항성 때문에 선정되었다.

염소 소독 부산물에 대한 관심도 점차 증가하고 있다. 염소 소독 부산물은 염소 소독 과정에서 형성되는 수많은 화합물로서 잠재적인 독성으로 인해 관심이 증대되고 있다. 급수과정에서의 소독은 수인성 질병을 예방하기 위해 필수적인 과정이나 소독 부산물이 발생되어 문제가 되므로 이를 최소화하기 위한 노력을 기울여야 한다. 법적으로 규제되고 있는 소독 부산물의 종류는 과거 10년 동안 꾸준히 증가되었으며, 현재는 트라이할로메탄 뿐만 아니라 할로아세트산(haloacetic acid)도 포함되어 있다. 할로아세트산과 트라이할로메탄은 각 그룹에 있는 화합물질들의 총량에 대한 MCLs가 정해져 있으며, 각 그룹에 속한 화학물질 중에 내의 특히 유해성이 강한 화합물질에 대해서는 각각의 항목에 대한 MCLGs가 설정되어 있다.

염화 유기용매와 관련된 염소화 지방족 화합물(chlorinated aliphatic compounds, CAHs)도 먹는물에서 규제되고 있는 미량 유기 오염물질을 구성하는 큰 종류의 하나이다. 이들 물질은 휘발성 유기탄소(volatile organic carbon, VOC)라고 불리는 물질군에 속하며, 지하수에서 널리 검출되기 때문에 규제 대상이 되었다. 방향족 탄화수소(benzo(a)pyrene 제외)

와 염화벤젠과 같은 기타 합성 유기염소화합물도 VOCs에 속하며 이는 표 34.1에 수록되어 있다. VOC는 폭기과정에서 쉽게 제거되어 대기 중으로 방출되기 때문에 지표수에서는 일반적으로 큰 문제가 되지 않는다. 그러나 기체상과 접하고 있고 난류도가 낮은 지하수에 있어서는 한번 오염이 되면 VOC의 농도는 매우 높게 유지된다. 이들 물질은 농약보다는 상대적으로 소수성이 작기 때문에 지하수나 토양에서 쉽게 이동한다. 가장 일반적인 지하수 오염 물질은 염화 용매와 방향족 탄화수소이다. CAH중 지하수에서 가장 흔히 발견되는 물질로는 다섯 가지 유기염소 용매, 사염화 탄소(carbontetrachloride), 테트라클로로에틸렌(tetrachloroethylene), 트라이클로로에틸렌(trichloroethylene), 그리고 1,1,1-트라이클로로에탄(1,1,1-trichloroethane), 다이클로로메탄(dichloromethane)과 이들 물질의 화학적, 생물학적 분해산물인 다이클로로에틸렌(dichloroethylene) 이성체, 염화 바이닐(Vinyl chloride) 및 클로로폼(chloroform) 등이다. 지하수에서 발견되는 주요 방향족 물질은 BTEX라고 불리는 벤젠, 톨루엔, 에틸 벤젠, 그리고 자일렌(xylene)과 같은 휘발유의 성분중 수용성 물질이다.

이 밖에도 먹는물에서 규제하는 미량 유기 오염물질에는 사회에서 여러 용도로 사용되며 독성, 용해도, 그리고 생분해에 대한 저항성이 높은 여러 물질도 포함되어 있다. 표 34.1에 수록된 이외의 물질들도 EPA에 의하여 규제가 검토되고 있는 중이다.

34.5 미량 무기 오염물질

표 34.2에 수록된 중요 미량 무기 오염물질 중 불소화합물과 셀레늄을 제외한 모든 물질은 제조공장이나 금속 가공공정에서 발생하는 산업폐기물이다. 따라서 산업폐수를 하수도 시스템으로 유입시키는 것을 허용하는 도시는 하수 처리수를 지표수나 지하수로 방류하기 전에 오염물질을 제거하는 것이 미량 무기물질의 농도를 규제치 이하로 유지할 수 있는 가장 실질적인 방법이다. 이 때문에 하수관망이 오래전에 건설되어 공장의 하수도와 연결되어 있는 도시에서는 특히 문제가 된다.

금 속

안티모니 안티모니(antimony)의 산화 상태는 (Ⅲ) 및 (Ⅴ)로 할로젠화물, 산소 및 황과 화합물을 형성한다. 이것은 방염(flameproofing) 직물, 고무의 가황, 페인트 생산, 반도체, 열전기 기기, 불꽃놀이, 그리고 주혈흡충증(schistosomiasis) 및 리슈마니아즘(leishmaniasis)을 치료하는 구충제에 사용된다. 안티모니는 화학적 및 생물학적으로 비소와 유사하며, 독성도 유사하다. 주로 소화기, 심장, 기관지, 피부, 그리고 간에 독성을 미친다. 여성에 있어 출산에 영향을 미칠 수 있다는 증거도 있다.

바 륨 바륨염은 주로 페인트, 리놀륨(linoleum), 종이 및 드릴링 머드(drilling mud)의 제조에 사용된다. 다행히도 그 주요 형태는 아주 불용성(不溶性)인 황산염이다. 바륨에 대한 한계를 1.0 mg/L 설정한 것은 실험용 동물에 대한 장기간에 걸친 시험에서 근육과 심장 혈관계에 부조(不調)와 신장손상(腎臟損傷)을 나타내었기 때문이다.

베릴륨 베릴륨(beryllium)은 특수합금 제조, X선 회절관(diffraction tube)과 네온사인을 위한 전극, 핵 반응기, 그리고 로켓 연료에 사용된다. 베릴륨은 흔한 물질이 아니고 산화물 및 수산화물의 용해도가 낮으며, 중성 pH에서 토양에 흡착되는 성질이 강하기 때문에 자연수에서는 높은 용도로 존재하지 않는다. 베릴륨은 동물에 암을 유발하는 것으로 알려져 있기 때문에 인간에게도 발암물질이 될 수 있다.

카드뮴 카드뮴은 전지(電池), 페인트, 플라스틱 등의 제조에 널리 이용된다. 또한 너트 및 볼트와 같은 철제품의 부식방지를 위한 도금에도 사용되고 있다. 물에 존재하는 카드뮴은 대부분이 도금공업에서 유래한다. 과다한 수준에서는 "이타이-이타이"병을 일으키는 원인이 되며, 이 병에 걸리면 뼈가 부서지기 쉬워지며, 극심한 통증이 따른다. 낮은 수준에서도 카드뮴에 장기간에 걸쳐 노출되면 고혈압, 남성의 불임증, 신장손상과 독감증세와 비슷한 병을 일으킨다. 최근에는 담배 연기에도 상당한 양이 포함되어 있는 것이 발견되었다.

크 롬 크롬은 물속에서 주로 용해성 크롬산염[Cr(Ⅳ)]의 형태로 존재한다. 크롬 3가 [Cr(Ⅲ)] 상태의 것들은 자연수 속에서 완전히 가수분해되어 수산화물로 침전되며 용액 중에는 적은 양만이 남는다. 더욱이 이 3가 상태의 화합물은 인체 건강에 해롭지 않은 것으로 알려져 있다. 크롬은 합금, 내화물(耐火物), 촉매, 산화크롬(chromic oxide) 및 크롬산염의 제조산업에 널리 이용되고 있다. 산화크롬은 도금공업에서 크롬산을 제조하는 데 주로 이용된다. 크롬산염은 페인트에 이용되며, 또 실험실에서의 "세정 용액"(cleaning solution)의 제조에 많이 사용된다. 후자의 대부분은 결국 하수관망으로 들어가게 된다. 크롬산염에 중독이 되면 피부손상과 간장장애를 일으킨다. 크롬산염은 또한 발암성(carcinogenic)인 것으로 믿어지고 있으며, 이 때문에 먹는물 중의 허용한도를 1.0 mg/L로 제한하고 있다.

구 리 구리(copper)는 여러 가지 상업적인 목적으로 널리 사용되지만, 먹는물의 주오염원은 급수에 사용하는 구리관의 부식이다. 구리는 소화기에 자극성이 있지만 수 mg/L 농도에서는 일반적으로 인체에 유해하지 않다. 그러나 Wilson병이라고 불리는 구리대사 결함이 있는 사람들은 그 농도에서도 영향을 받을 수 있다. 먹는물에서 구리의 농도를 1.3 mg/L로 제한함으로써 그와 같은 문제를 방지할 수 있으며, 또한 고농도의 구리가 존재하는 경우 발생할 수 있는 맛의 문제도 방지할 수 있다.

납 납(lead)은 독성이 매우 크며 발암 가능성이 있는 물질로 알려져 있다. 납의 독성은 오래전부터 알려져 왔다. 납은 수많은 어린이의 피 속에 건강에 악영향을 미칠 수 있는 농도 범위도 존재한다. 납은 뇌와 콩팥에 손상을 미치는 것으로 확인되었다. 어린이들에게 납은 정신박약과 성장 후에도 경련(convulsion)을 일으킬 수 있다. 이와 같은 이유 때문에 납으로 된 수도관의 사용이 중지되었고 어린이들이 목재를 입에 물어 페인트를 흡입할 수 있어 납을 기제(基濟)로 한 내부장식용 페인트도 사용이 금지되었다. 그러나 납은 동관 이음부의 납땜으로부터 먹는물에 유입되고 있다. 가솔린에 함유된 사에틸 납의 대부분이 산화납의 형태로 대기중으로 배출되는 것이 알려진 후에 가솔린에 납을 첨가하는 것이 금지되었다.

수 은 수은은 아말감, 과학기기, 전지, 아아크 등(燈), 금 및 은의 추출 및 전기분해에 의한 염소의 제조 등 광범위한 용도를 가지고 있다. 수은염은 식물의 병과 해충을 제거하는 데 훈증제(燻蒸劑)로 사용되고 있다. 또 선박의 오염방지 페인트와 텐트나 방수포(防水布)의 곰팡이 방지제로도 쓰인다. 사람에 대한 수은 중독의 가장 큰 사건은 1950년대 말경에 일본의 Minamata만에서 나는 해산물의 섭취에서 비롯된 것이다. 수은의 발생원은 이 만으로 폐수를 유입시키는 화학공장이였음이 밝혀졌다. 모두 111건의 사고가 보고되었으며, 그 중 43명이 죽었다. 중독이 된 어머니에서 태어난 아이들은 선천적인 결함을 나타내었다.

미국 및 캐나다에서도 St.Clair호에서 잡은 물고기에서 비정상적으로 높은 수은양을 보임으로써 수은 중독의 가능성이 문제로 나타나게 되었다. 이 수은의 주 발생원은 염소-알칼리 공장에서 사용하는 수은 전극인 것으로 밝혀졌다. 수은이 물고기에서 높은 농도로 나타나는 것은 메틸화 수은 화합물인 CH_3Hg^+, $(CH_3)_2Hg$, 때문인 것으로 밝혀져 있으며, 이들은 혐기성 조건인 바닥의 진흙 속에서 박테리아의 작용으로 생성된 것으로 보인다.

최근 수은 독성에 대한 연구의 대부분은 메틸화 수은에 집중되고 있다. 수은의 이와 같은 극심한 영향 때문에 현재 먹는물 수질에 대한 기준을 0.002 mg/L, 즉 2 μg/L의 아주 낮은 수준으로 정해 놓고 있다.

니 켈 니켈(nickel)은 전기도금에 사용되며 전기도금 세척액은 이 금속의 염이 물에 유입되는 주요한 경로이다. 니켈은 인간에게 독성이 크지 않은 것으로 알려져 있지만 흡입된 니켈은 발암성이 있다는 증거가 있기도 하다. 그러나 구강을 통한 흡입이 발암성의 증가에 미치는 영향은 작다.

셀레늄 자연수중 에 셀레늄(selenium)이 함유된 지역은 미국 내에서 California와 South Dakoda와 같은 건조한 지역의 일부로 한정되어 있다. 셀렌의 화학결합 특성은 황과 매우 유사하며 원소 상태의 셀렌 금속뿐만 아니라 selenites(SeO_3^{2-}), selenates(SeO_4^{2-}), 그리고 셀렌화 수소(H_2Se)로 존재한다. 산업체에서는 광전지 및 정류기와 같은 전기부품의 제조로 주로 사용된다.

대다수의 동물이나 인간은 셀레늄을 저농도로 섭취하여야 하지만, 고농도인 경우에는 독성이 매우 크기 때문에 기준을 설정하는 것이 복잡하다. 일 예로 셀레늄은 토양 속에 미량으로 존재하는 원소이지만, 특정한 곡류 및 목초에 축적될 수 있어서 이를 섭취한 인간이나 동물에 해를 끼칠 수 있다. 셀레늄은 동물에 대하여 충분한 골격의 형성을 방해하고 알칼리병(alkali disease)과 현운증(眩暈症, blind stagger)을 일으킬 수 있다. 이 같은 문제가 동물에게 심각한 것은 동물은 제한된 지역의 식물을 섭취하기 때문이다. 가장 심각한 셀레늄 문제는 1983년에 비옥한 미국 California의 San Joaquin Valley에서 발생하였으며, 이 지역에서 셀레늄을 함유한 염성 지하수를 관개하여 Kesterson Reservior에 저류한 후에 많은 물새가 죽거나 기형이 발생하였다. 이후 저수지의 물은 방류되었지만, 이는 그 계곡 지역에서 염분이 많은 물을 증발시키기 위하여 농부들이 사용하는 수많은 작은 연못으로 문제를 전가시키게 되었으며, 아직 그에 대한 적절한 해결책은 없는 실정이다. 그러나 음식으로 섭취하는 셀레늄은 부족한 경우가 더 많다. 그 결과 먹는물에서 셀레늄의 기준치는 1962년 미국 PHS의 기준치인 0.01 mg/L에서 현재 MCL인 0.05 mg/L로 상향 조정되었다.

탈 륨 탈륨(thallium)염은 쥐약, 반도체 연구, 그리고 0도 이하에서 작동하는 스위치에 사용되는 수은 합금을 제조하는 데 사용된다. 탈륨염은 독성이 매우 강하며, 그 영향은 축적성이 있다. 따라서 인간에 대한 만성적인 노출 기준은 매우 낮아야 한다. 탈륨은 주로 소화기, 신경계, 피부, 그리고 심장계에 독성 영향을 미친다.

비금속

비 소 비소는 자연수 중에서 산화상태가 Ⅲ가와 Ⅴ가의 형태로 존재하며, 아비산(H_3AsO_3)과 그 염류, 비산(H_3AsO_5)과 그 염류를 형성한다. 비소는 자연수 중에 아주 광범위하게 분포되어 있으며 그 함량은 5 μg/L에서 약 5% 이상까지도 존재하는 것으로 알려져 있다. 또한 미국 서부지방의 일부 지역 지하수에서는 1000 μg/L 이상의 비소가 검출되는 것으로 보고되고 있다. 비소는 또한 광산에서의 채굴과정, 비소계 살충제의 사용, 화석연료의 연소과정에서 배출된 낙진 등으로 인해 수계로 유입되게 된다.

비소의 독성(arsenicosis)은 피부 착색에서부터 피부 경화(skin hardening)나 각화증(keratosis), 피부암까지 다양하며 방광암, 폐암, 신장암도 유발할 수 있다. 또한 괴저(壞疽)로 인한 말초 혈관질병(black foot disease), 고혈압과 허혈성(虛血性)심장질환, 간 질환, 빈혈, 당뇨병 등을 유발할 수도 있다.

1920년대에 지표수와 비소에 오염된 지하수를 번갈아가며 음용하던 대만의 한 마을 사람들에게서 피부암이 널리 퍼졌다고 보고된 바 있으며, 가장 치명적인 비소 오염사건으로는 1980년대 후반 방글라데시의 서 벵골에서 발생하였다. 인구밀집과 안전한 음용수의 부족으로 인해 방글라데시에서는 1970년대에 약 4백만 개의 지하수 취수 관정을 설치하였으며, 이 결과 높은 유아 사망률이 반으로 격감하였으나 1993년에 이 관정을 통해 취수한 지하수에서 비소가 3000 μg/L까지 함유된 것으로 밝혀졌다. 서 벵골에서는 비소와 관련된 약 5,000명의 환자가 발생하였다. 일부에서는 약 200,000명의 환자가 발생한 것으로 추정하기도 하였다. 방글라데시에서는 환자수가 밝혀지지 않았으나 서 벵골에 비해 몇배 더 많을 것으로 추정된다. 유사한 문제가 최근 베트남에서 보고되었다.

비소와 관계된 건강문제에 관한 인식이 점점 증가됨에 따라 먹는 물에서의 허용 가능한 농도를 재검토하여 미국 EPA에서는 그 MCL을 2001년에는 WHO의 기준과 동일한 0.020 mg/L로 설정하였다.

석 면 석면(asbestos)은 자연적으로 발생하는 가늘고 긴 강한 섬유상의 수화 규산염 광물(hydrated silicate minerals)을 총칭하는 것으로 섬유로 제조하기가 쉽고, 열 및 화학적 내성이 강하기 때문에 상업적으로 널리 이용된다. 석면은 건설업계에서 바닥 타일과 같은 시멘트 형태의 제품 및 단열제로 가장 널리 사용된다. 물 관련 분야에서는 과거에 먹는물 공급을 위한 석면 시멘트관으로 사용되었다. 석면은 자동차 브레이크 라이닝(brake lining)으로도 사용된다. 직업상 대기중의 석면에 노출이 있을 경우 석면폐(asbestosis)를 유발할 수 있고 특히 폐암과 같은 암에 걸릴 확률이 높아진다. 석면 또는 흡연 중 한 가지보다는 두 가지 원인이 동시에 존재하는 경우 발암 가능성이 훨씬 높기 때문에 석면에 의한 발암 가능성은 흡연자의 경우에 더 높다. 석면을 함유한 먹는물이 건강에 미치는 영향에 대한 증거는 아직 확실하지는 않지만 석면이 발암물질로 알려져 있기 때문에 먹는물에서 수질 기준을 정하고 있다.

석면은 물에서 빛의 통과를 방해하지 않을 정도의 매우 작은 입자로 존재하기 때문에 탁도가 낮은 물에서도 MCL의 범위인 수백만 입자/L의 범위로 존재할 수 있다. 석면은 관산 및 석면을 포함한 광물질에 노출된 지역의 자연적인 유출수를 통하여 먹는물에 포함되게 되며, 이 경우 MCL을 초과할 수도 있다. 석면은 주로 상업적으로 채광된 대표적인 형태인 귀감람석(chrysotile)과 각섬석(amphibole)의 형태로 존재한다. 이 두 가지의 크기, 구조 및 화학적인 성질은 다르다. 먹는물 MCL이 적용되는 것은 10 μm 이상의 길이를 가진 것인데 이는 긴 섬유들이 암을 유발한다고 알려져 있기 때문이다. 물에 포함된 섬유는 대부분 이보다 작은 것들이다.

사이안화물 사이안화물(cyanide)은 도금 가공시의 세척수와 석유 정유공장과 석탄 코오크스 공장의 폐수로부터 물에 유입된다. 사이안화 이온은 독성이 미치지 않는 낮은 농도인 경우 호기성균이 에너지원으로 사용할 수 있어서 반감기(half-life)가 비교적 짧다. 이 때문에, 도시 하·폐수의 처리에 생물학적 처리 시스템을 적용하는 곳이나 체류기간이 수 일 정도인 자연수에서는 거의 문제가 되지 않는다. 기준을 0.2 mg/L로 설정한 것은 산업시설로부터 직접 자연수로 유입되는 것을 방지하려는 뜻이 포함된 것이 분명하다.

퍼클로레이트 퍼클로레이트(ClO_4^-)는 현재 SDWA나 WHO에서는 규제되고 있지 않은 항목이나 EPA에서는 기준에 등재 후보항목으로 선정하고 있다. 퍼클로레이트는 자연적으로 생성되기도 하며, 인위적으로도 만들어지나 대부분은 인간활동에 기인한다. 퍼클로레이트는 로켓 추진제의 기본 성분으로서 대다수의 퍼클로레이트 문제는 이를 제조하는 공정이나 로켓 연료의 부적절한 폐기로부터 야기되게 된다. 1990년대에는 먹는물에서의 퍼클로레이트 오염사고가 증가되고 있으며, 미국 20개주에서 퍼클로레이트가 검출된 것으로 확인된 후에 먹는물에서 이를 제거하기 위한 방법과 SDWA에 규제 화학물질로 설정할 것을 검토하고 있다. 퍼클로레이트는 갑상선에서의 아이오다인 섭취를 방해하여 갑상선 종양을 유발할 수 있다. 퍼클로레이트로 인한 잠재적인 건강 위해성 사전 평가를 기초로 EPA에서는 이를 예방하기 위한 섭취 농도를 0.00003 mg/kg·일로 하였다. 이를 먹는 물에서의 농도로 환산하면 1 μg/L이며, 퍼클로레이트에 대한 MCL설정여부는 검토가 진행되고 있다.

34.6 이차 기준치과 권고치

표 34.3은 미국 EPA의 이차 기준치로(SMCLS) 설정된 몇 몇 미량오염물질과 WHO의 기준치 또는 수재되어 있다.

백반(alum)형태의 알루미늄은 수처리에 있어 응집제로 널리 사용되는 것이다. 알루미늄은 배수시스템에서 음용수의 후응집(postprecipitation)이나 색도 제거에 사용하는 것을 방지하기 위하여 이차 기준치가 규정되어 있다.

구리나 아연은 물에 금속성 맛을 유발하는 물질이기 때문에 이차 기준치로 정하여졌다. 구리는 앞서 설명한 바와 같이 MCL도 규정되어 있다. 아연염은 독성이 매우 낮기 때문에 이차 기준치만이 정해져 있다. 아연은 광산이나 전기도금 공장의 폐수, 그리고 아연도금관의 부식으로부터 발생한다.

물의 거품은 소비자가 당연히 거부하는 것이다. 물의 합성세제 기준이 0.5 mg/L인 것은 합성세제에 의한 거품의 발생에 근거를 두고 있다.

아연과 망간에 대한 문제는 26장에서 다루었기 때문에 여기서는 더 이상 설명하지 않는다.

은은 자연수 중에서 심각한 오염물질은 아니지만 용해성 은염은 매우 우수한 살균제이다. 용해성 은은 아주 미량을 흡수하여도 피부와 눈을 검게 한다(은 중독, argyria). 은을 살균 목적으로 사용하는 것을 방지하기 위하여 이차 기준치가 0.1 mg/L로 정해져 있다.

|34.7| 미량 분석

미량 오염물질의 분석은 그 농도가 매우 낮기 때문에 용이하지 않으며, ppb 또는 그 이하 농도의 측정이 가능한 매우 복잡한 최신 분석기기를 사용하여야만 가능하다. 미량 오염물질은 검출이 어려울 뿐만 아니라 물에 ppm 단위 이상으로 포함된 다른 구성성분에 의한 방해작용을 받기 쉽다. 분석과정에 사용되는 화학약품, 예를 들어 물에서 오염물질을 추출하기 위한 용매류 역시 방해물질을 포함해서는 안 된다. 미량 분석을 위해서는 원하는 오염물질에 맞는 특별한 방법과 용액 속에서 다른 오염물질과 원하는 오염물질을 분리할 수 있는 과정을 별도로 또는 동시에 사용하여야 한다. 모든 미량 분석은 12장에서 기술한 바와 같은 기기 분석법을 이용하여야 한다.

미량 유기 오염물질은 일반적으로 기체 크로마토그래피(GC)를 이용하여 분석하지만, 고성능 액체 크로마토그래피(HPLC)를 적용하는 예도 점차 늘고 있다. 두 방법 모두 분리 후 검출 및 정량화하는 원리에 근거를 두고 있다. 대부분의 유기 오염물의 분리는 두 단계로 구성되어 있다. 첫째로 오염물질은 물로부터 분배작용(partitioning)에 의해 기체상(gas stripping) 또는 용매상으로(liquid/liquid extraction) 분리된다. 이 과정을 통하여 관심의 대상이 되는 오염물질과 다른 구성물질이 대부분 분리된다. 이후 GC 및 HPLC의 이동상(mobile phase)에 주입하기 전에 분리된 오염물질의 농축 또는 분리 과정을 추가할 수도 있다. 추가적인 오염물질의 분리는 오염물질이 GC와 HPLC의 충전 컬럼(packed column) 또는 모세관 컬럼(capillary column)을 통과하며 컬럼 내의 이동상 및 고정상에 각기 달리 분배됨으로써 이루어진다.

이상적으로는 앞에서 제시한 단계를 통해서 측정 대상 오염물질이 분리되어서 검출기를 거치며 정량적으로 분석되어야 하지만 대부분의 경우 분리는 완벽하게 이루어지지 않는다. 그러나 측정대상 오염물질에만 매우 민감하고 방해물질에는 그렇지 않은 검출기를 사용하면 만족할 만한 정량 분석을 할 수 있다. 예를 들어, GC에는 전자 포착(electron capture) 및 전기량(coulometric) 검출기와 같이 할로젠 화합물에 매우 민감한 검출기가 있다. 따라서 비할로젠 화합물은 같은 시간에 검출기를 통과하여도 방해작용을 하지 않는다. 가장 특수한 검출기는 질량 분석계(mass spectrometer, MS)라고 할 수 있는데, 이를 이용하면 여러 오염물질 중에서 원하는 한 가지의 물질을 측정할 수 있다. MS는 가끔 음용수 중 몇 가지 오염물질의 분석을 위한 유일한 수단을 제공한다. 비교적 저렴한 GC 분석에 의하여 측정된 오염물질이 봉우리(peak)가 측정하고자 하는 오염물질의 참봉우리(true peak)인지 확인하기 위하여 분석 초기에 GC/MS가 자주 사용된다. 이렇게 확인한 후에는 비교적 저렴한 GC를 이용하여 정규적인 분석을 수행하면 된다. HPLC와 MS를 조합한 기기 역시 개발되었으나, 현재 GC/MS가 사용되는 만큼 널리 사용되지는 않는다.

오염물질을 확인하기 위해서는 GC/MS 이외에도 비교적 비용이 저렴한 다른 방법도 사용될 수 있다. 예를 들어, 두 개의 서로 다른 오염물질이 주어진 GC에서 같은 시간에 유출하여 검출될 때, 다른 종류의 컬럼과 검출기를 갖춘 GC를 사용하면 각기 다른 시간에 유출시켜 검출할 수도 있다. 그러므로 표준 시료에 대한 감응(response)을 알고 있는 두 개의 서로 다른 GC에서 미지 오염물질의 감응들을 비교함으로써 오염물질을 확인할 수 있다. 만일 감응이 같다면, 오염물질은 표준 시료에 포함된 물질과 동일한 것일 가능성이 매우 높다.

휘발성 유기화합물(VOC)은 탈기(gas stripping)에 의하여 물로부터 쉽게 기체상으로 분리되는 미량 유기 오염물질이다. 이 때 오염물질은 0.2 atm/M 이상의 비교적 높은 Henry의 법칙 상수를 가져야 한다.(5.34절 참조). Henry의 법칙 상수가 10 atm/M 이상인 물질은 물이 가득 차지 않은 용기에서 용기의 빈 공간(head space)에 존재하는 공기로 쉽게 이동한다. 이와 같은 성질을 이용하여 용기중의 액체와 기체를 주어진 시간동안 충분하게 교반하여 오염물질이 기체 및 액체상에서 평형을 이루게 한 다음, 기체상의 시료를 주사기로 체취하여 GC를 이용하여 분석하는 방법이 헤드 스페이스 분석법(head space analysis)이다. 분석된 기체상의 농도는 Henry의 법칙상수와 물과 공기의 상대적 비를 알면 원래 물 시료 중의 농도로 환산할 수 있다. 그렇지만 휘발성이 매우 강한 오염물질을 측정하기 위한 보다 일반적인 방법은 퍼지-트랩(purge and trap)이다. 이 방법에서는 특별히 고안된 퍼지실(purging chamber)에 질소나 헬륨과 같은 비활성 기체를 기포가 일도록 공급하며 액체 시료에 있는 휘발성 유기 오염물질을 기체상으로 이동시킨다. 이후 기체상에 존재하는 오염물질은 흡수 트랩(sorbent trap)을 통과하며 기체로부터 분리된다. 퍼지가 끝나면 트랩을 가열하고 비활성 기체로 역세척하여 오염물질을 탈착시켜 기체 크로마토그래프 컬럼으로 보낸다.

휘발성이 낮은 VOC도 물로부터 탈기에 의하여 분리될 수 있다. 폐쇄회로 탈기장치(closed-loop stripping analysis, CLSA)라고 불리는 이 방법은 물에서 오염물질을 분리하기 위하여 퍼지-트랩보다 오랜 시간동안 시료에 기체를 공급시킨다. 다시 기체상의 오염물질은 활성탄과 같은 고체상 흡수제에 농축된다. 탈기용 기체(stripping gas)의 사용량과 그에 포함된 방해 오염물질의 영향을 최소화시키기 위하여 기체는 일반적으로 폐쇄회로로 구성된 액체 시료와 흡수제 사이를 계속해서 재순환시킨다. 이렇게 농축된 오염물질은 액체 추출(liquid extraction)을 이용하여 흡수제로부터 분리된 후 GC에 주입된다.

농약은 Herny의 법칙 상수가 크지 않기 때문에 물로부터 탈기시켜 분리할 수 없다. 일반적으로 농약은 다이클로로메탄(dichloromethane)과 헥산의 혼합액과 같이 물과 섞이지 않는 용매를 이용하여 액체/액체 추출법으로 분리한다. 추출 후 대부분의 용매를 증발시켜 오염물질을 농축시킨다. GC에 시료를 주입하기 전에 추가 단계를 통하여 물에서 함께 추출된 방해 오염물질을 제거하여야만 하는 경우도 있다. 일부 관심대상 오염물질중 친수성(hydrophilic)이 큰 것은 휘발성이 크지 않고, GC에서 기체상으로 존재할 수 없는 정도로 휘발성이 낮은 것은 용매 추출이 불가능하다. 이 경우 물질의 물리적 성질을 바꾸는 유도체화(derivatization)가 필요하다. 예를 들어 카복실산(carboxylic acid)은 이에 상응하는 메틸 에스터(methyl ester)로 변화시키면 추출이 가능하여 GC로 분석할 수 있다. 간혹 적용할 수 있는 또 다른 방안으로는 산 추출(acid extraction)이 있는데, 이는 산을 비이온화 형태로 만들어 보다 소수성이며 휘발성이 강하게 하는 것이다.

이상에서 언급한 방법들은 비교적 복잡하고, 시간이 많이 걸리며, 비용도 많이 든다. 그러나 많은 종류의 오염물질이 일반적으로 동시에 분석이 가능하다. 따라서 몇 가지의 서로 다른 분석 방법을 이용하면 표 34.1에 수록된 대부분의 미량 유기 오염물질을 측정할 수 있다. 예를 들어 소독 부산물, 유기염소계 용매 및 관련물질, 그리고 염화 벤젠은 전해질 전도도(electrolytic conductivity) 또는 미량 전기량(microcoulometric) 검출기를 이용하는 퍼지-트랩 GC를 이용하여 한꺼번에 측정할 수 있다. 앞에서 언급한 검출기중 하나에 광이온화 검출기(photoionization detector)를 직렬로 연결하여 이용하면 방향족 탄화수소(benzo(a)pyrene 제외)도 함께 측정할 수 있다. 표 34.1에 수록된 대부분의 할로젠화물 농약은 용매 추출과 전자포착 검출기(electron capture detector)를 장착한 GC를 이용하면 측정할 수 있다. 그러나 신뢰성 있는 분석 결과를 얻기 위해서는 분석자는 많은 기술, 지식, 그리고 경험을 가지고 있어야 하며, 많은 횟수의 검정(calibration)이 필요하다.

표 34.2 및 34.3에 수록된 미량 금속의 농도를 측정하는 표준 분석법은 12.2절에서 설명한 원자 흡수 분광 광도법이다. 일반적으로 먹는물 수질 기준 정도의 낮은 농도의 미량무기물을 원자 흡수 분광 광도법으로 측정하기 위해서는 흑연 노(graphite furnance)가 필요하다. 수은을 측정하기 위해서는 불꽃없는 원자 흡수 분광 광도법이라고 하는 또 다른 변법이 이용된다. 여기서는 수은을 원자 상태로 환원하고 공기 흐름을 이용하여 시료로부터 생성된 증기를 수은 음극선관(mercury cathode-ray tube)으로부터의 복사선 행로 속으로 밀어 넣는다. 수은 증기는 그 농도에 비례하여 복사선을 흡수하므로 일반 원자 흡수 분광 광도법에서와 마찬가지로 검출기에 도달하는 복사선의 감량도를 기록하면 된다. 중금속 측정의 대안의 하나로 12.2절에 설명된 유도 결합 플라즈마 방법을 이용할 수 있다. 이 방법은 여러 가지의 금속을 한 번에 측정할 수 있다는 장점이 있지만, 초기 투자 비용이 높을 뿐 아니라 대부분의 금속의 검출 한계가 먹는물의 MCLs보다 높다는 단점을 지니고 있다. 하지만 질량 광도계가 부착된 ICP는 검출한계를 훨씬 더 낮출 수 있다.

표 34.2 및 34.3에 수록된 기타 미량 무기 오염물질은 일반적으로 특별히 개발된 분석

방법을 사용하여 측정한다. 비소는 흑연 노를 갖춘 원자 흡수 분광 광도법으로 측정하거나 유도 결합 플라즈마로 분석한다. 석면은 전자 회절 분석장치(electron diffraction analysis)를 갖춘 전자 현미경을 이용하여 확인하고 계수한다. 사이안화물의 측정을 위해서는 산성화 시료를 폭기하여 방해물질과 분리한 다음, 염기성 용액에 HCN을 모은다. 모아진 사이안화물은 농도에 따라 적정법, 비색법 또는 사이안화물용 전극을 이용하여 분석한다.

미국 EPA는 현재 여러 미량 오염물질을 먹는물의 수질 기준에 추가시키는 것을 고려하고 있다. 또한, 대기, 물 및 유해물질 처리장에는 법으로 규제되거나 감시가 필요한 많은 기타 유해화학물질이 있다. 미량의 오염물질을 측정할 수 있는 현대 분석 방법이 갖추어지면서 인간의 건강 및 환경에 악영향을 미치는 광범위한 화학물질에 대한 인식 폭이 넓어지게 되었고, 이는 환경공학 분야에 큰 영향을 미치게 되었다. 공학자들이 복잡한 환경문제를 해결하기 위해서는 화학자, 미생물학자, 물리학자, 사회과학자, 그리고 공학자들 사이의 팀웍이 필요하다는 것은 매우 자명하다. 미량 오염물질의 농도를 측정하기 위한 분석 방법의 한계와 능력을 명확하게 파악하는 것은 환경문제에 효과적으로 대처할 수 있는 능력에 큰 영향을 미치므로 각 개인은 반드시 이를 숙지하고 있어야 한다.

연습문제

34. 1 1차 및 2차 음용수 규제(primary and secondary drinking water regulations)에 있어 국민의 관심과 법 집행의 성격의 차이는 무엇인가?

34. 2 MCL과 MCLG의 차이점은 무엇인가?

34. 3 발암물질에 대한 MCLG의 규제치와 그 설정 배경을 설명하여라.

34. 4 음용수 수질기준(MCLs)의 값이 0이 아닌 이유는 무엇인가?

34. 5 에피클로로하이드린(epichlorohydrine), 아크릴아마이드(acrylamide), 구리, 그리고 납과 같은 미량 오염물질에 대하여 음용수 MCLs 값을 수치로 정하지 않은 이유는 무엇인가?

34. 6 MCLs에 의하여 규제되고 있는 유기물의 대다수를 차지하고 있는 유기물의 일반적인 종류를 들고 규제를 하게 된 물질의 특성을 설명하여라.

34. 7 음용수에서 트라이할로메탄의 일반적인 발생원은 무엇인가?

34. 8 MCLs에 포함된 대다수의 물질을 포함하는 할로젠화 유기화합물의 종류를 세 가지 들어라.

34. 9 휘발유에 포함된 성분중 지하수 오염과 밀접한 관계가 있고 MCLs로 규제되고 있는 물질을 나열하여라.

34.10 (a) 중금속이 음용수 MCLs에 의하여 규제되고 있는 이유는 무엇인가? (b) 중금속중 SMCLs에 의하여 규제되고 있는 물질은 어떤 것인가? (c) MCLs와 SMCLs에 의하여 동시에 규제되고 있는 중금속은 어떤 것인가?

34.11 (a) 인체에 가장 유해한 Cr의 산화수는 몇인가?
(b) 인체에 가장 유해한 수은의 형태는 무엇인가?

34.12 음용수 MCLs에서 규제되고 있는 무기물 중 인체에 도움이 되기도 하고 유해하기도 한 물질은 무엇인가?

34.13 음용수 MCLs에서 규제되고 있는 대다수의 무기 및 유기 오염물질을 분석하려면 어떤 분석 기기를 선택하겠는가?

34.14 음용수 중 미량 오염물질을 정확하게 분석하기 힘든 이유를 설명하여라.

34.15 검출 및 정량화 단계 이전에 미량 유기 오염물질을 간섭물질과 분리하는 방법에는 어떤 것이 있는가?

34.16 크로마토그래피에서 나타난 피크가 측정하고자 하는 물질인지 확인하기 위한 방법에는 어떤 것이 있는가?

참고문헌

Pontius, F. W.: Regulatory Compliance Planning to Ensure Water Supply Safety, *J. AWWA*, 94(3) 52-64 (2002).

Safe Drinking Water Committee: "Drinking Water and Health," Vol 1 (1977), Vol 2 (1980), Vol 3 (1980), Vol 4 (1982), Vol 5 (1983), Vol 6 (1986), Vol 7 (1987), Vol 8 (1987) and Vol 9 (1989), National Academy Press, Washington, DC.

부록 A

열역학적 성질값들, 25℃

물질	ΔG_f^o kJ/mol	인용문헌	ΔH_f^o kJ/mol	인용문헌
		무기화합물		
$H^+(aq)$	0.00	k	0.00	k
$H^+(10^{-7})(aq)$	−39.87	g		
$H_2(g)$	0.00	l	0.00	l
$H_2(aq)$	17.57	j	−4.18	j
$H_2O(g)$	−228.6	l	−241.8	l
$H_2O(l)$	−237.18	l	−285.80	l
$H_2O_2(aq)$	−134.097	g	−191.13	h
$OH^-(aq)$	−157.2	l	−230.0	l
$O_2(g)$	0.00	k	0.00	k
$O_2(aq)$	16.32	j	−11.71	j
$O_3(g)$	165.7	l	142	l
$Ba^{2+}(aq)$	−560.8	k	−537.6	k
$BaSO_4(s)$	−1362.2	k	−1473.2	k
$Br^-(aq)$	−104.0	j	−121.5	j
$Ca^{2+}(aq)$	−553.6	k	−542.8	k
$CaCO_3(s)$	−1128.76	l	−1206.87	l
$CaF_2(s)$	−1175.6	k	−1228.0	k
$Ca(OH)_2(s)$	−896.76	l	−986.6	l
$CaSO_4 \cdot 2H_2O(s)$	−1795.7	l	−2021.1	l
$CaSO_4(s)$	−1322.0	k	−1434.5	k
$CO(g)$	−137.28	h	−110.54	h
$CO_2(g)$	−394.38	l	−393.51	l
$CO_2(aq)$	−386.23	l	−412.92	l
$C(s)$	0.00	h	0.00	h
$H_2CO_3(aq)$	−623	l	−699	l
$HCO_3^-(aq)$	−586.85	k	−692.00	k
$CO_3^{2-}(aq)$	−527.80	k	−677.10	k
$Cl_2(g)$	0.00	k	0.00	k
$Cl_2(aq)$	6.90	j	−23.40	j
$Cl^-(aq)$	−131.30	l	−167.20	l
$ClO^-(aq)$	−36.8	k	−107.1	k

물질	ΔG_f^o kJ/mol	인용문헌	ΔH_f^o kJ/mol	인용문헌
		무기화합물		
$ClO_2(aq)$	117.6	j	74.9	j
$ClO_2^-(aq)$	17.1	j	−66.5	j
$ClO_3^-(aq)$	−3.4	j	−99.2	j
$ClO_4^-(aq)$	−8.6	j	−129.3	j
$Cr^{3+}(aq)$	−215.5	j	−256	j
$CrO_4^{2-}(aq)$	−727.9	j	−881.1	j
$Cr_2O_7^{2-}(aq)$	−1301.0	j	−1490	j
$HCrO_4^-(aq)$	−764.8	j	−878.2	j
$Cu^{2+}(aq)$	65.5	j	64.8	j
$F^-(aq)$	−278.8	k	−332.6	k
$Fe^{2+}(aq)$	−78.87	j	−89	k
$Fe^{3+}(aq)$	−4.60	g	−48.5	k
$Fe(OH)_2(s)$	−483.54	l	−568.2	l
$FeS(s)$	−100.4	k	−100.0	k
$FeS_2(s)$	−166.9	l	−178.2	k
$Hg^{2+}(aq)$	153.6	j	172.4	j
$I_2(s)$	0.00	j	0.00	j
$I^-(aq)$	−51.59	j	−55.19	j
$IO_3^-(aq)$	−128.0	j	−221.3	j
$Mg^{2+}(aq)$	−454.8	k	−466.9	k
$Mg(OH)_2(s)$	−833.5	k	−924.5	k
$Mn^{2+}(aq)$	−228.0	j	−220.7	j
$MnO_2(s)$	−465.1	k	−520.0	k
$Na^+(aq)$	−261.9	k	−240.1	k
$NH_3(g)$	−16.4	k	−45.9	k
$NH_3(aq)$	−26.65	l	−80.83	l
$NH_4^+(aq)$	−79.37	l	−132.50	l
$HNO_2(aq)$	−42.97	j	−119.20	j
$NO_2^-(aq)$	−37.2	g	−104.6	k
$HNO_3(aq)$	−111.3	j	−207.3	j
$NO_3^-(aq)$	−111.34	g	−207.4	k
$PO_4^{3-}(aq)$	−1018.7	k	−1277.4	k
$HPO_4^{2-}(aq)$	−1089.3	j	−1292.1	j
$H_2PO_4^-(aq)$	−1130.4	j	−1296.3	j
$H_3PO_4(aq)$	−1142.6	j	−1288.3	j
$S(s)$	0.00	k	0.00	k
$H_2S(g)$	−33.4	k	−20.6	k
$H_2S(aq)$	−27.87	g	−39.3	l
$HS^-(aq)$	12.05	g	−17.6	l
$H_2SO_4(l)$	−690.0	k	−814.0	k
$S^{2-}(aq)$	79.5	k	30.1	k
$SO_3^{2-}(aq)$	−486.6	g	−635.5	k
$SO_4^{2-}(aq)$	−744.63	g	−909.3	k
$S_2O_3^{2-}(aq)$	−513.4	g	−652.3	k
$Se(s)$	0.00	l	0.00	l
$SeO_3^{2-}(aq)$	−373.8	l	−512.1	l
$SeO_4^{2-}(aq)$	−441.1	l	−607.9	l
$H_2Se(aq)$	77.0	l	75.7	l
$Zn^{2+}(aq)$	−147.1	l	−153.9	k
$ZnS(s)$	−201.3	k	−206.0	k

물질	ΔG_f^o kJ/mol	인용문헌	ΔH_f^o kJ/mol	인용문헌
	무기화합물			
Acid-dicarboxylic				
Fumarate($^{2-}$)(*aq*)	−604.21	g		
Fumaric acid(*aq*)	−647.14	g		
l-Malate($^{2-}$)(*aq*)	−845.08	g		
Oxalacetate($^{2-}$)(*aq*)	−797.18	g		
Oxalate($^{1-}$)(*aq*)	−699.1	h	−818.0	h
Oxalate($^{2-}$)(*aq*)	−674.9	h	−824	h
Succinate($^{2-}$)(*aq*)	−690.23	g		
Succinic acid(*aq*)	−746.38	g		
Acid-monocarboxylic				
Acetate($^{-}$)(*aq*)	−369.41	g	−486.0	k
Acetic acid(*aq*)	−399.6	e	−488.4	e
Acetic acid(*l*)	−389.9	k	−484.3	k
Acrylate($^{-}$)(*aq*)	[−286.19]	g		
Benzoic($^{-}$)(*aq*)	−245.6	d		
Butyrate($^{-}$)(*aq*)	−352.63	g		
Caproate($^{-}$)(*aq*)	[−335.96]	g		
Crotonate($^{-}$)(*aq*)	−277.4	g		
Formate($^{-}$)(*aq*)	−351.0	k	−425.6	k
Formic acid(*aq*)	−356.1	h	−410	h
β-Gluconate($^{-}$)(*aq*)	[−1128.3]	g		
Glycerate($^{-}$)(*aq*)	[−658.1]	g		
Glycolate($^{-}$)(*aq*)	−530.95	g		
Glyoxylate($^{-}$)(*aq*)	−468.6	g		
β-Hydroxybutyrate($^{-}$)(*aq*)	[−506.3]	g		
β-Hydroxypropionate($^{-}$)(*aq*)	−518.4	g		
β-Ketobutyrate($^{-}$)(*aq*)	−493.7	g		
α-Ketoglutarate($^{-}$)(*aq*)	−797.55	g		
Lactate($^{-}$)(*aq*)	−517.81	g		
Palmitate($^{-}$)(*aq*)	−309.5	e		
Palmitic acid(*s*)	−305	g	−891.5	k
Propionate($^{-}$)(*aq*)	[−361.08]	g		
Pyruvate($^{-}$)(*aq*)	−474.63	g		
Valerate($^{-}$)(*aq*)	[−344.34]	g		
Acid-tricarboxylic				
cis-Aconitate($^{3-}$)(*aq*)	−922.61	g		
Citrate($^{3-}$)(*aq*)	−1168.34	g		
Isocitrate($^{3-}$)(*aq*)	−1161.69	g		
Alcohol				
n-Butanol(*aq*)	−171.84	g		
Ethanol(*l*)	−174.8	e	−277.7	e
Ethanol(*aq*)	−181.75	g		
Ethylene glycol(*l*)	−323.21	g	−460.0	k
Ethylene glycol(*aq*)	[−330.5]	g		
Glycerol(*l*)	−477.06	g	−669.6	k
Glycerol(*aq*)	−488.52	g		
Mannitol(*aq*)	−942.61	g		
Methanol(*aq*)	−175.39	g	−245.9	l
n-Propanol(*aq*)	−175.81	g		

물질	ΔG_f^o kJ/mol	인용문헌	ΔH_f^o kJ/mol	인용문헌
	무기화합물			
Isopropanol(*aq*)	−185.94	g		
Sorbitol(*aq*)	−942.7	g		
Aldehyde				
Acetaldehyde(*aq*)	−139.9	g		
Acetaldehyde(*l*)	−137.6	k	−192.2	k
Acetaldehyde(*g*)	−133.0	k	−166.2	k
Butyraldehyde(*l*)	−119.67	g	−239.3	k
Formaldehyde(*aq*)	−130.54	g		
Formaldehyde(*g*)	−102.5	k	−108.6	k
Amino acid				
L-Alanine(*aq*)	−371.54	g		
L-Arginine(*aq*)	−240.2	g		
L-Asparagine·H_2O(*aq*)	−763.998	g		
L-Aspartate($^-$)(*aq*)	−700.4	g		
L-Aspartic acid(*aq*)	−721.3	g		
L-Cysteine(*aq*)	−339.78	g		
L-Cystine(*aq*)	−666.93	g		
L-Glutamate($^-$)(*aq*)	−699.6	g		
L-Glutamic acid(*aq*)	−723.8	g		
L-Glutamine(*aq*)	−529.7	g		
Glycine(*aq*)	−370.788	g		
Glycine($^+$)(*aq*)	−384.19	g		
Glycine($^-$)(*aq*)	−314.96	g		
L-Leucine(*aq*)	−343.1	g		
Isoleucine	−343.9	g		
L-Methionine(*aq*)	−502.92	g		
L-Phenylalanine(*aq*)	−207.1	g		
L-Serine(*aq*)	−510.87	g		
L-Threonine(*aq*)	[−514.63]	g		
L-Tryptophane(*aq*)	−112.6	g		
L-Tyrosine(*aq*)	−370.7	g		
L-Valine(*aq*)	−356.9	g		
Aromatic				
Benzene(*g*)	129.700	f	82.93	h
Benzene(*aq*)	133.9	i		
Benzoic acid(*s*)	−245.6	g		
Benzyl alcohol(*l*)	−31.25	g		
Biphenyl(*aq*)	275.2	c		
o-Cresol(*g*)	−37.1	g		
m-Cresol(*g*)	−40.54	g		
p-Cresol(*g*)	−32.09	g		
Ethylbenzene(*g*)	130.574	h	29.9	k
Ethylbenzene(*aq*)	136	i		
Phenol(*s*)	−47.6	g		
Phenol(*aq*)	−47.5	i		
Toluene(*g*)	122.290	h	50.5	k
Toluene(*aq*)	127	i		
m-Xylene(*g*)	118.847	h	17.3	k
m-Xylene(*aq*)	122.9	i		

물질	ΔG_f^o kJ/mol	인용문헌	ΔH_f^o kJ/mol	인용문헌
	무기화합물			
o-Xylene(*g*)	122.077	h	19.1	k
o-Xylene(*aq*)	124.6	i		
p-Xylene(*g*)	121.135	h	18.0	k
p-Xylene(*aq*)	125.2	i		
Carbohydrate				
Dihydroxyacetone(*aq*)	[−445.18]	g		
D-Erythrose(*aq*)	[−598.3]	g		
D-Fructose(*aq*)	−915.38	g		
α-D-Galactose(*aq*)	−923.53	g		
α-D-Glucose(*aq*)	−917.22	g		
Glyceraldehyde(*aq*)	[−437.65]	g		
Glycogen(per glucose)(*aq*)	−662.33	g		
D-Heptose(*aq*)	[−1,077]	g		
α-Lactose(*aq*)	−1515.24	g		
β-Lactose(*aq*)	−1570.09	g		
β-Maltose(*aq*)	−1497.04	g		
D-Ribose(*aq*)	[−757.3]	g		
Sucrose(*aq*)	−1551.85	g		
Haloaliphatic				
Bromoethane(*g*)	−54.39	k		
Bromoethane(*l*)	−85.35	k		
Bromoethane(*aq*)	−49.88	i		
1-Chloropropane(*g*)	−23.53	b	−131.9	k
1-Chloropropane(*aq*)	−7.32	b		
Chloroethane(*g*)	−43.01	b	−112.1	k
Chloroethane(*aq*)	−36.83	b		
Chloroethene(*g*)	51.46	b	37.2	k
Chloroethene(*aq*)	59.65	b		
Chloromethane(*g*)	−58.4	b	−81.9	k
Chloromethane(*aq*)	−52.71	b		
1,2-Dibromoethane(*l*)	−20.67	l	−80.8	l
1,2-Dibromoethane(*aq*)	−9.03	i		
1,1-Dichloroethane(*g*)	−73.23	b	−127.7	k
1,1-Dichloroethane(*aq*)	−68.69	b		
1,2-Dichloroethane(*g*)	−73.78	b	−126.4	k
1,2-Dichloroethane(*aq*)	−72.93	b		
1,1-Dichloroethene(*g*)	24.16	b	2.8	k
1,1-Dichloroethene(*aq*)	32.23	b		
cis-1,2-Dichloroethene(*g*)	24.33	b	4.6	k
cis-1,2-Dichloroethene(*aq*)	27.8	b		
trans-1,2-Dichloroethene(*g*)	26.54	b		
trans-1,2-Dichloroethene(*aq*)	32.06	b		
Dichloromethane(*g*)	−68.8	b	−95.4	k
Dichloromethane(*aq*)	−66.11	b		
1,2-Dichloropropane(*g*)	−83.01	b	−162.8	k
1,2-Dichloropropane(*aq*)	−79.88	b		
Hexachloroethane(*g*)	−54.88	b	−143.6	k
Hexachloroethane(*aq*)	−49.62	b		
Pentachloroethane(*g*)	−70.18	b	−142.0	k

물질	ΔG_f^o kJ/mol	인용문헌	ΔH_f^o kJ/mol	인용문헌
	무기화합물			
Pentachloroethane(*aq*)	−68.26	b		
1,1,1,2-Tetrachloroethane(*g*)	−80.26	b		
1,1,1,2-Tetrachloroethane(*aq*)	−77.75	b		
1,1,2,2-Tetrachloroethane(*g*)	−85.48	b	−149.2	k
1,1,2,2-Tetrachloroethane(*aq*)	−88.92	b		
Tetrachloroethene(*g*)	20.48	b	−10.9	k
Tetrachloroethene(*aq*)	27.59	b		
Tetrachloromethane(*g*)	−53.5	b	−95.7	k
Tetrachloromethane(*aq*)	−45.1	b		
1,1,1-Trichloroethane(*g*)	−76.12	b	−144.4	k
1,1,1-Trichloroethane(*aq*)	−69.04	b		
1,1,2-Trichloroethane(*g*)	−77.41	b	−151.3	k
1,1,2-Trichloroethane(*aq*)	−77.64	b		
Trichloroethene(*g*)	19.86	b	−9.0	k
Trichloroethene(*aq*)	25.41	b		
Trichloromethane(*g*)	−70.06	b	−102.7	k
Trichloromethane(*aq*)	−66.5	b		
Haloaromatic				
Chlorobenzene(*g*)	99.2	a		
Chlorobenzene(*aq*)	102.3	a		
1,2-Dichlorobenzene(*g*)	82.7	a	30.2	k
1,2-Dichlorobenzene(*aq*)	84.3	a		
1,3-Dichlorobenzene(*g*)	78.6	a	25.7	k
1,3-Dichlorobenzene(*aq*)	81.8	a		
1,4-Dichlorobenzene(*g*)	77.2	a	22.5	k
1,4-Dichlorobenzene(*aq*)	78.3	a		
1,3,5-Trichlorobenzene(*g*)	52.6	a	−13.4	k
1,3,5-Trichlorobenzene(*aq*)	56.8	a		
Hexachlorobenzene(*g*)	33.3	a	−35.5	k
Hexachlorobenzene(*aq*)	46	a		
2-Chlorobenzoate(⁻)(*aq*)	−237.9	a		
3-Chlorobenzoate(⁻)(*aq*)	−246	a		
4-Chlorobenzoate(⁻)(*aq*)	−239.5	a		
2,4-Dichlorobenzoate(*aq*)	−276.4	a		
2-Chlorobiphenyl(*aq*)	259.6	c		
2,4′-Dichlorobiphenyl(*aq*)	235	c		
2,2′,4,4′,6-Pentachlorobiphenyl(*aq*)	162.7	c		
2,2′,4,4′-Tetrachlorobiphenyl(*aq*)	185.9	c		
2,4,4′-Trichlorobiphenyl(*aq*)	210.6	c		
2-Chlorophenol(*aq*)	−56.8	a		
2-Chlorophenol(⁻)(*aq*)	−8.1	a		
2,4-Dichlorophenol(*aq*)	−84.4	a		
2,4-Dichlorophenol(⁻)(*aq*)	−39.4	a		
Pentachlorophenol(*aq*)	−112.3	a		
Pentachlorophenol(⁻)(*aq*)	−86.6	a		
Hydrocarbon				
Acetylene(*g*)	209.2	g	227.4	k
Butane(*aq*)	−0.21	b		
Butane(*g*)	−15.707	h	−124.7	h

물질	ΔG_f^o kJ/mol	인용문헌	ΔH_f^o kJ/mol	인용문헌
	무기화합물			
Ethane(*aq*)	−17.43	b		
Ethane(*g*)	−32.89	h	−84.67	h
Ethene(*aq*)	81.43	b		
Ethene(*g*)	68.180	b	52.4	k
Methane(*aq*)	−34.74	b		
Methane(*g*)	−50.79	h	−74.6	k
Pentane(*aq*)	9.24	b		
Pentane(*g*)	−8.20	h	−146.9	k
Propane(*aq*)	−7.32	b		
Propane(*g*)	−21.606	h	−103.8	k
Ketone				
Acetone(*aq*)	−161.17	g		
N-containing, other				
Creatine(*aq*)	−264.3	g		
Urea(*s*)	−196.82	g	−333.1	k
Urea(*aq*)	−203.76	g	−319.2	l
Purine				
Hypoxanthine(*aq*)	89.5	g		
Quanine(*s*)	46.99	g		
Urate($^-$)(*aq*)	−325.9	g		
Uric acid(*aq*)	−356.9	g		
Xanthine(*s*)	−165.85	g		

[a]J. Dolfing and B. K. Harrison, Gibbs Free Energy of Formation of Halogenated Aromatic Compounds and Their Potential Role as Electron Acceptors in Anaerobic Environments, *Env. Sci.Tech,* **26**(11): 2213–2218 (1992).

[b]J. Dolfing and D. B. Janssen, Estimates of Gibbs Free Energies of Formation of Chlorinated Aliphatic Compounds. *Biodegradation,* **5**(1): 21–28 (1994).

[c]D. A. Holmes, B. K. Harrison and J. Dolfing, Estimation of Gibbs Free Energies of Formation for Polychlorinated Biphenyls. *Env. Sci. Tech,* **27**(4): 725–731 (1993).

[d]M. T. Madigan, J. M. Martinko and J. Parker. *Brock Biology of Microorganisms,* 8th ed., Prentice Hall, Upper Saddle River, NJ, 1997.

[e]P. L. McCarty, Energetics and Bacterial Growth. In S. D. Faust and J. V. Hunter eds., *Organic Compounds in Aquatic Environments,* Marcel Dekker, Inc, New York, 1971, pp. 495–531.

[f]R. H. Perry, D. W. Green and J. O. Maloney, *Perry's Chemical Engineering Handbook,* 6th ed., McGraw-Hill Book Company, New York, 1984.

[g]R. K. Thauer, K. Jungermann and K. Decker. Energy Conservation in Chemotrophic Anaerobic Bacteria, *Bacteriological Reviews,* **41**(1): 100–180 (1977).

[h]R. C. Weast and M. J. Astle, CRC *Handbook of Chemistry and Physics,* 61st ed., CRC Press, Inc., Boca Raton, FL, 1980.

[i]Estimated from ΔG_f^o for gas or liquid and from aqueous solubility concentrations, with ΔG_f^o corrected by $-RT \ln K$.

[j]W. Stumm and J. J. Morgan, *Aquatic Chemistry, Chemical Equilibria and Rates in Natural Waters*, 3rd ed., John Wiley & Sons, New York, 1996.

[k]D. R. Linde, ed., *Handbook of Chemistry and Physics*, 82nd ed., CTC Press, Inc., Boca Raton, FL, 2001.

[l]F. D. Rossini, D. D. Wagman, W. H. Evans, S. Levine, and I. Jaffe, *Selected Values of Thermodynamic Properties*, Circular of the National Bureau of Standards 500, U.S. Government Printing Office, Washington, D.C., 1952.

Note: Values in brackets are reported to have been obtained by approximate calculation.

The physical state of each substance is indicated after the substance name as crystalline or solid (*s*), gas (*g*), liquid (*l*), or in water solution (*aq*).

부록 B

약어, 로마자 기호, 그리스어

기호	정의
	약어
ABS	Alkylbenzene sulfonate (branched detergent)
ADP	Adenosine diphosphate
ANC	Acid neutralization capacity
APHA	American Public Health Association
ATP	Adenosine triphosphate
AW	Atomic weight
AWWA	American Water Works Association
BF	Bioconversion factor in structure activity relationship
BHC	Benzene hexachloride
BOD	Biochemical oxygen demand (mg/L)
BOD_5	5-Day biochemical oxygen demand at 20°C (mg/L)
BOD_L	Ultimate biochemical oxygen demand (mg/L)
BTEX	Benzene, toluene, ethylbenzene, and xylene
CAH	Chlorinated aliphatic hydrocarbon
CFC	Chlorofluorocarbon
CI	Confidence interval
CL	Confidence limits
CLSA	Closed-loop stripping analysis
COD	Chemical oxygen demand (mg/L)
2,4-D	2,4-Dichlorophenoxyacetic acid
DBCP	1,2-Dibromo-3-chloropropane
DDT	2,2-bis(*p*-chloro-phenyl)-1,1,1-trichloroethane
DES	Diethylstilbestrol
DGGE	Denaturing gradient gel electrophoresis
DLVO	Colloidal stability theory by Derjagin, Landau, Verwey, and Overbeek
DMA	Dimethylamine
DNA	Deoxyribonucleic acid
DNAPL	Dense non-aqueous phase liquid
DO	Dissolved oxygen
DPD	*N*,*N*-diethyl-*p*-phenylenediamine

기호	정의
	약어
EDB	Ethylene dibromide (1,2-Dibromoethane)
EDC	Endocrine disrupting chemical
EDTA	Ethylenediaminetetraacetic acid
ELISA	Enzyme linked immunosorbent assay
E_{LUMO}	Lowest unoccupied molecular orbital energy (eV)
emf	Electromotive force
EPA	U.S. Environmental Protection Agency
EW	Equivalent weight (g)
F_{430}	Electron carrier enzyme in methanogenic bacteria
FAD	Flavin adenine dinucleotide (oxidized form)
FADH	Flavin adenine dinucleotide (reduced form)
FISH	Fluorescence in-situ hybridization
FW	Formula weight (g)
GC	Gas chromatograph
GC/MS	Gas chromatograph/ mass spectrometer
HAA	Haloacetic acid or hormonally active agent
HMX	Octahydro-1,3,5,7-tetranitro-1,3,5,7-tetrazocine
HPLC	High performance liquid chromatograph
IC_{50}	Concentration at which biological activity is reduced 50 percent
ICP	Inductively coupled plasma
IDL	Instrument detection limit
IPC	Isopropyl *N*-phenylcarbamate
IR	Infrared
ISO	International Organization for Standardization
IUPAC	International Union of Pure and Applied Chemistry
LAS	Linear alkylbenzene sulfonate detergent
LC	Liquid chromatography
LFER	Linear free-energy relationship
LLD	Lower limit of detection
LNAPL	Light non-aqueous phase liquid
LOQ	Limit of quantification
LSER	Linear solvation energy relationship
MCL	Maximum contaminant limit
MCLG	Maximum contaminant limit goal
MDL	Method detection limit
meq	Milliequivalent
MS	Mass spectrometer
MTBE	Methyl *tert*-butyl ether
MW	Molecular weight
NAD	Nicotinamide adenine dinucleotide (oxidized form)
NADH	Nicotinamide adenine dinucleotide (reduced form)
NAPL	Non-aqueous phase liquid
NDMA	*N*-Nitrosodimethylamine
NMR	Nuclear magnetic resonance spectroscopy
NO_x	Oxides of nitrogen
NTU	Nephelometric turbidity unit
ORP	Oxidation-reduction potential
OSHA	U.S. Occupational Safety and Health Administration
PAH	Polycyclic aromatic hydrocarbon
PCB	Polychlorinated Biphenyl
PCE	Tetrachloroethene (perchloroethylene)

기호	정의
	약어
PCR	Polymerase chain reaction
PFOS	Perfluro-octane-sulfonate
PhAC	Pharmaceutically active chemical
pH_{pzc}	The pH at the point of zero charge on a surface
PM	Particulate matter
PM_{10}	Particulate matter less than 10 μm in size
$PM_{2.5}$	Particulate matter less than 2.5 μm in size
POQ	Practical quantification limit
ppb	Parts per billion
ppm	Parts per million
ppt	Parts per trillion
PZC	Point of zero charge for a surface
QA	Quality assurance
QC	Quality control
QSAR	Quantitative structure-activity relationship
rad	Roentgen-absorption-dose for radiation
RDX	Hexahydro-1,3,5-trinitro-1,3,5-triazine
rem	Roentgen-equivalent-man dose for radiation
RNA	Ribonucleic acid
rRNA	Ribosomal ribonucleic acid
RTQ-PCR	Real time quantitative polymerase chain reaction
SCE	Standard calomel electrode
SDWA	Safe drinking water act
SI	International System of Units
SPADNS	Sodium 2-(parasulfophenylazo)-1,8-dihydroxy-3,6-naphthalene disulfonate
2,4,5-T	2,4,5-Trichlorophenoxyacetic acid
TCDD	2,3,7,8-Tetrachlorodibenzo-*p*-dioxin
TCE	Trichloroethene
TCMP	2-Chloro-6-(trichloromethyl) pyridine
TDML	Total daily maximum load
TDO	Toluene dioxygenase
THM	Trihalomethane
TOC	Total organic carbon
TOTX	Total concentration of species *X*
U.S. EPA	United States Environmental Protection Agency
UV	Ultraviolet
VOC	Volatile organic compound
WEF	Water Environment Federation
WHO	World Health Organization
	로마자 기호
a	Interfacial area to volume of water (m^{-1})
a_1	Constant related to Lambert's law
a_2	Constant related to Beer's law
a'	Constant in Lambert-Beer law
A	Constant in equation describing effect of temperature on reaction rate
A	Constant in Rankine formula
A	Absorbance
b	Coefficient in BET Isotherm equation
B	Constant in Rankine formula
B	Dissolved oxygen concentration of biological seed in BOD analysis
c	Concentration of particles affecting osmotic pressure (mol/m^3)

기호	정의
	약어
PCR	Polymerase chain reaction
PFOS	Perfluro-octane-sulfonate
PhAC	Pharmaceutically active chemical
pH_{pzc}	The pH at the point of zero charge on a surface
PM	Particulate matter
PM_{10}	Particulate matter less than 10 μm in size
$PM_{2.5}$	Particulate matter less than 2.5 μm in size
POQ	Practical quantification limit
ppb	Parts per billion
ppm	Parts per million
ppt	Parts per trillion
PZC	Point of zero charge for a surface
QA	Quality assurance
QC	Quality control
QSAR	Quantitative structure-activity relationship
rad	Roentgen-absorption-dose for radiation
RDX	Hexahydro-1,3,5-trinitro-1,3,5-triazine
rem	Roentgen-equivalent-man dose for radiation
RNA	Ribonucleic acid
rRNA	Ribosomal ribonucleic acid
RTQ-PCR	Real time quantitative polymerase chain reaction
SCE	Standard calomel electrode
SDWA	Safe drinking water act
SI	International System of Units
SPADNS	Sodium 2-(parasulfophenylazo)-1,8-dihydroxy-3,6-naphthalene disulfonate
2,4,5-T	2,4,5-Trichlorophenoxyacetic acid
TCDD	2,3,7,8-Tetrachlorodibenzo-*p*-dioxin
TCE	Trichloroethene
TCMP	2-Chloro-6-(trichloromethyl) pyridine
TDML	Total daily maximum load
TDO	Toluene dioxygenase
THM	Trihalomethane
TOC	Total organic carbon
TOTX	Total concentration of species *X*
U.S. EPA	United States Environmental Protection Agency
UV	Ultraviolet
VOC	Volatile organic compound
WEF	Water Environment Federation
WHO	World Health Organization
	로마자 기호
a	Interfacial area to volume of water (m^{-1})
a_1	Constant related to Lambert's law
a_2	Constant related to Beer's law
a'	Constant in Lambert-Beer law
A	Constant in equation describing effect of temperature on reaction rate
A	Constant in Rankine formula
A	Absorbance
b	Coefficient in BET Isotherm equation
B	Constant in Rankine formula
B	Dissolved oxygen concentration of biological seed in BOD analysis
c	Concentration of particles affecting osmotic pressure (mol/m^3)

기호	정의
	로마자 기호
K	Equilibrium, formation, stability, or distribution coefficient or constant
K_A	Ionization constant for an acid
K_{ads}	Adsorption coefficient in Langmuir isotherm equation (L/g)
K_B	Ionization constant for a base
K_H	Henry's constant for gas (atm/M)
K_{inst}	Instability constant
$K_{\text{L}}\text{a}$	Overall mass gas-liquid transfer rate (d^{-1})
K_{oc}	Contaminant water organic carbon partition coefficient
K_{ow}	Octanol/water partition coefficient
K_{p}	Contaminant water soil partition coefficient (mg organic sorbed/kg solids)
K_{s}	Half-velocity coefficient in bacterial reaction (mg/L)
K_{sp}	Solubility product
K_W	Ionization constant of water
l	Length (m)
L_0	Ultimate BOD (mg/L)
L_t	BOD remaining (mg/L)
M	Molarity of solution (moles/L)
n	Number of moles or of values
n	Exponent in Freundlich isotherm equation
N	Normality of solution (eq/L)
N	Number of neutrons in an atom
p	Vapor pressure of substance (atm)
pE	Negative of logarithm of hypothetical electron concentration
pE^0	Negative of logarithm of hypothetical electron concentration under standard conditions
pH	Negative of logarithm of proton molar concentration
pK	Negative of logarithm of an equilibrium constant
pOH	Negative of logarithm of hydroxide molar concentration
P	Pressure (atm)
P	Fraction of BOD bottle represented by sample
P_{gas}	Partial pressure of gas (atm)
P_i	Vapor pressure of compound in mixture (atm)
P_i^0	Vapor pressure of pure compound (atm)
q	Heat added (J)
q	Mass contaminant adsorbed per unit of adsorbent (g/g)
q	Charge at the shear surface of colloid
q_{m}	Maximum contaminant adsorption that can occur per unit of adsorbent (g/g)
q_p	Heat absorbed at constant pressure (J)
q_{rev}	Heat absorbed with slow reversible process (J)
q_{v}	Heat absorbed at constant volume (J)
Q	Flow rate through a capillary tube (m/s)
Q	Flow rate into or out of a reactor (m^3/d)
Q_{10}	Fractional increase in biological reaction rate for 10°C rise
r	Radius (m)
r	Coefficient of determination
R	Universal gas constant (atm-L/mol-K)
R	Electrical resistance (ohm)
s	Standard deviation for a small or finite data set
s_g	Geometric standard deviation or spread factor
s_m	Standard error of the mean
S	Entropy of system (J/K)

기호	정의
	로마자 기호
S	Concentration of substrate for bacteria (mg/L)
S	Water solubility of compound (mg/L or mole fraction)
t	Time (s, min, hr, d, or year)
t	Value for a student's t-test
$t_{1/2}$	Half life (d)
t_r	Retardation factor of contaminant in groundwater
T	Temperature (°C or K)
T	Transmittance of solution
V	Volume (L)
V	Overall rate of bacterial reaction (mg/L-d)
V_A	Volume per mol of solvent (m^3)
V_F	Applied electric field in zeta potential measurement (V/cm)
V_i	Intrinsic molar volume
V_s	Volume solvent (m^3)
V_w	Volume water (m^3)
w	Work of expansion (J)
W_n	Weight of substance in water after n extractions (mol/L)
$\bar{x}$	Mean, average, or arithmetic mean for a small or finite data set
$\bar{x}_g$	Geometric mean
x_i	Numerical value of *i*th measurement
X	Concentration of bacteria (mg/L)
X_i	Mole fraction of compound in mixture
y	BOD exerted at any time *t* (mg/L)
Y	Frequency of occurrence for small or finite data set
z	Electron equivalents per mole
Z	Charge on ion
Z	Number of protons in atom
	그리스어 기호
α	Ionization fraction for mass balance equation
β	Buffer index or buffer intensity
β	Proportionality constant in generalized gas law
β_n	Overall constant for complex where n = 1, 2, 3, etc.
${}^0\chi$	Coefficient in structure-property relationship
${}^0\chi^v$	Coefficient in structure-property relationship
$\Delta\delta_{x\text{-}y}$	Modulus of atomic charge differences across common bonds
δ	Thickness of diffuse layer of colloid or surface (m)
ϕ	Coefficient in structure-property relationship
γ	Activity coefficient
γ	Surface tension (dyne/cm or N)
Γ	Sorbed concentration or adsorption density (g/g)
κ	Specific conductance (1/ohm-cm)
κ_s	Standard specific conductance (1/ohm-cm)
λ	Equivalent ionic conductance (S-cm^3/eq)
λ	Wavelength of radiation (cm)
Λ	Equivalent conductance (S-cm^3/eq)
μ	Ionic strength of solution
μ	Liquid viscosity
μ	Mean value for an infinite data set
π	Osmotic pressure (atm)
θ	Temperature coefficient in generalized gas law (atm-L/K)
ρ	Density of soil or liquid (g/cm^3)
ρ	Specific resistance (ohm-cm)
σ	Standard deviation for an infinite data set
ζ	Zeta potential (mV)

찾아보기

INDEX

Chemistry for Environmental Engineering and Science, 5th

환경화학

정가 39,000원

인 쇄 2005년 3월 2일 초판 1쇄
발 행 2022년 3월 10일 2판 6쇄
저 자 Sawyer·McCarty·Parkin
역 자 김덕찬·배재호·문경환
발행인 정우용
발행처 도서출판 동화기술
경기도 파주시 광인사길 201(문발동, 파주출판도시)
Tel (031)955-4211~6 donghwapub@nate.com
Fax (031)955-4217 www.donghwapub.co.kr
(등록) 1977년 12월 19일/9-16호

Printed in Korea
ISBN 978-89-425-1755-8